the SUN as a STAR

To Conrad,
with Appreciation
Stuart Jordan

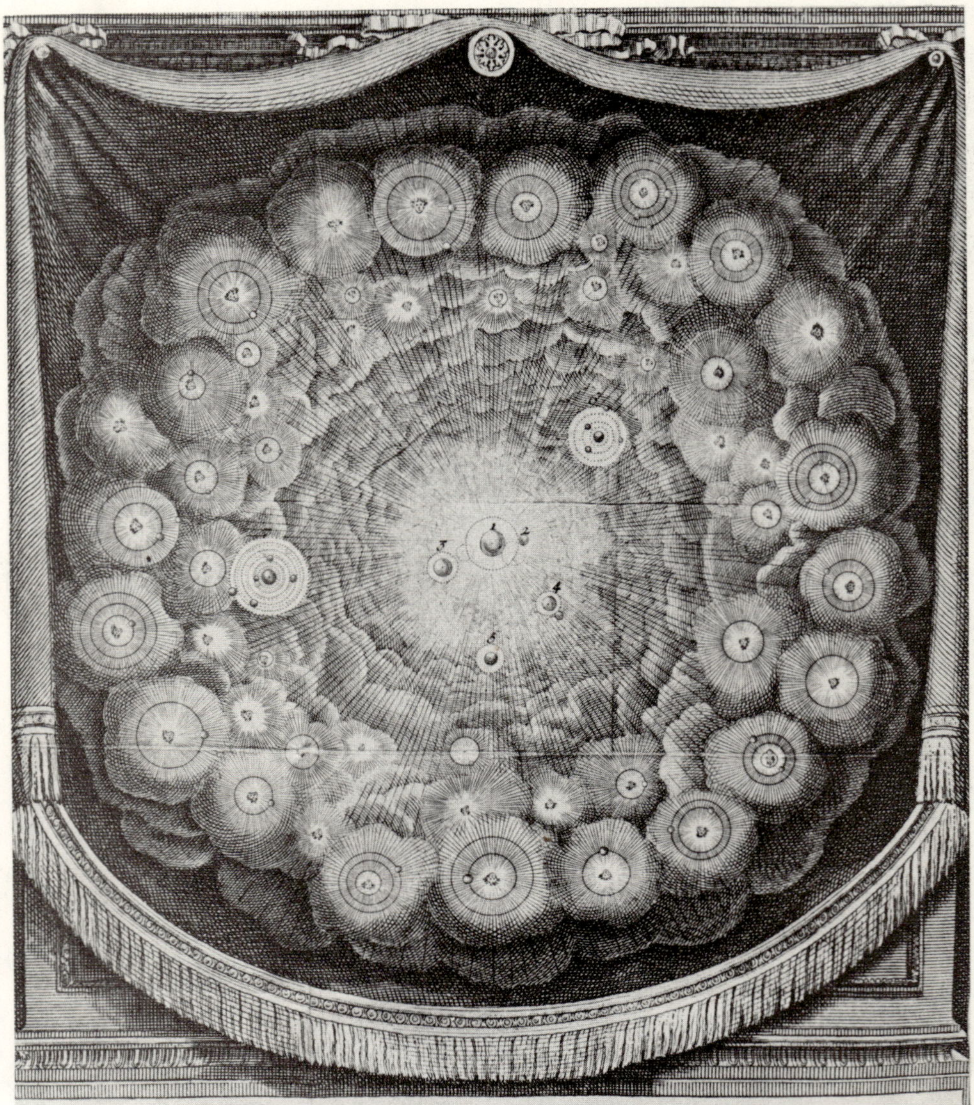

1 Le Soleil. 2 Mercure. 3 Venus. 4 La Terre. 5 Mars. 6 Jupiter. 7 Saturne

. . . Assurons-nous bien du fait, avant que de nous inquiéter de la cause. Il est vrai que cette méthode est bien lente pour la plupart des gens, qui courent naturellement à la cause, et passent par dessus la vérité du fait; mais enfin nous éviterons le ridicule d'avoir trouvé la cause de ce qui n'est point.

. . .
. . .

. . . De grands physiciens ont fort bien trouvé pourquoi les lieux souterrains sont chauds en hiver, et froids en été; de plus grands physiciens ont trouvé depuis peu que cela n'était pas.

–Fontenelle, Histoire des Oracles
Chapitre IV, pp. 20 et 23

NASA SP-450

the SUN as a STAR

Stuart Jordan, Editor/Author

Series Organizers

Stuart Jordan, Organizer NASA
Richard Thomas, Organizer CNRS

Senior Advisers

Leo Goldberg, Adviser NASA
Jean-Claude Pecker, Adviser CNRS

MONOGRAPH SERIES ON NONTHERMAL PHENOMENA IN STELLAR ATMOSPHERES

1981

Centre National de la
Recherche Scientifique
Paris, France

NASA
National Aeronautics and
Space Administration
Scientific and Technical
Information Branch
Washington, D.C.

Library of Congress Card Catalog No. 81-600064

PREFACE TO SERIES

About one century has elapsed since the Henry Draper spectral classification scheme was introduced to try to identify like kinds of stars by physical properties. The early one-letter classification has evolved into a very complex acronym with numerical subdivisions and symbols defining various kinds of peculiarity in stellar observations. During this time, our understanding of the variety of atmospheric regions which must exist to produce some of these spectral features has grown rapidly. The original classification referred to a black-body-like photosphere. Today, by analogy with the Sun, we recognize many layers above the photosphere which, although transparent to most visual wavelengths, become very striking when observed in the far-UV, the X-ray, the infrared, and the radio spectral regimes. We recognize chromospheres, coronae, stellar winds, and even more extended regions such as emission envelopes, nebulae, and dust clouds. Stellar classification and stellar atmospheric modeling are clearly in a stage of rapid continuing development. In particular, the farther the regions described here are found from the star, the more will their physical behavior be due to nonthermal phenomena, and the less will they be influenced by the gravitational field of the star and by the thermodynamic equilibrium associated with an extremely opaque medium.

More than two decades ago, the series *Stars and Stellar Systems* was generated under the general editorship of G.P. Kuiper. That series reviewed the status of astronomy and astrophysics at what we might call the beginning of a new era of extensive observations in the nonvisible wavelength regimes, many of them accessible only from space. We are now in the midst of this new era. These more recent observations continue to yield new insights into the outer atmospheric layers of the Sun and other stars. The new insights have forced us to reconsider the adequacy of the older HD system of classification and its classical successors, as well as of the assumptions underlying the classical theories for diagnosis and modeling of stellar atmospheres. All of these were reviewed in the Kuiper series' volume on *Stellar Atmospheres.* The present series will emphasize some of the current attempts to establish a new set of empirically based theoretical guidelines for treating stellar atmospheres. These new guidelines are intended as an elaboration of and also, where appropriate, as a revision of the classical guidelines, to permit a more comprehensive treatment which incorporates the recent new observations in a reasonable way.

To further put the current series, *Nonthermal Phenomena in Stellar Atmospheres,* in perspective in relation to the older series, *Stars and Stellar Systems,* the current series is far less comprehensive, being restricted to stellar atmospheres and, in some cases, subatmospheric boundary conditions. However, the approach is deliberately more critical because the new ideas required to interpret the new data are still in an early and frankly controversial stage of development, while the older thoeries on which the Kuiper series focused were relatively "standard" at that time. These new volumes are intended primarily as a stimulus to researchers to probe the unknown, starting with the new data, and not mainly as a compendium of what was known at the inception of the space era. The earlier series served that function well. For this reason the first priority in these volumes will be a review of the highest quality data, particularly the more recent data which exhibit nonthermal phenomena. Observation of the full electromagnetic spectrum exposes to view regions of the atmosphere that are transparent to visible light. The UV spectrum reveals the structures of chromospheres and coronae, the X-ray spectrum is emitted from regions which are very hot, the IR spectrum relates both to the very cold layers of the circumstellar surroundings and to all layers, hot and cold, which are opaque to IR photons, while the radio spectrum gives evidence of both thermal emission and of energetic nonthermal processes.

In the light of these new extensions of the wavelength regimes covered by stellar spectra, conventional taxonomy provides only a very provisional labeling, useful and necessary in most statistical studies, but insufficient to describe the intricate nature of physical phenomena and the variety of physical parameters that control the appearance of many stellar spectra. It is also true that theoreticians had long ago generally exhausted the possibilities for modeling stellar atmospheres with only two or three parameters. They have, of course, continued to introduce physical improvements in their models, such as taking account of departures from LTE, or of the ionization in convection zones, etc. But these models, which are barely adequate for unambiguous fitting of the visible spectra, fail completely when confronted by the various new features observed in other spectral regimes. Because of this failure, it is not at all clear that stars which astronomers have called peculiar in the past are, in fact, fundamentally different from stars classified as normal. Until superior models emerge, we cannot be sure that the statistically defined abnormalities are anything more than spectral signatures of large-amplitude nonthermal processes which exist with smaller amplitudes in many stars classified as normal.

In the early days of these recent observational developments, many theorists thought of the new features largely as perturbations modifying the basic classical description. For example, they tried to perturb their models slightly by adding a superficial hot layer labeled "chromosphere," and by representing parametrically the emission features at the centers of such intense spectral lines as Hα and K(Ca II). But adding layers ad hoc without considering their possible interactions with the lower regions is physically inconsistent. Whether we talk about shells, winds, or magnetic features, they must be compatible, in the framework of physical laws, with the values of the other parameters characterizing the star. It may well be, for example, that a star of T_{eff} equal to, say, 10^4 K cannot have a dust shell of high opacity; or perhaps it can. However, we cannot blindly accept that such dust shells can occur without full investigation of the processes by which dust grains condense, grow, and are destroyed in a given stellar environment. Nor can we accept them without asking whether the IR and radio excesses they were introduced to produce may not come from chromospheric-coronal emission instead.

Historically, the analysis of stellar spectra may be thought of as proceeding in three sequential stages. The first is based on taxonomy and rough modeling and leads to very approximate estimates of a few basic parameters, such as T_{eff}, g, and chemical composition, while bypassing consideration of any anomalous features in the spectrum. The second is an attempt to explain each anomalous spectral feature in terms of some structural property of the stellar atmosphere, e.g., a circumstellar shell of some temperature and density at a certain distance from the star, a warm chromosphere, or a hot corona. This leads to a provisional, parametric description of the atmosphere of a star which is often physically contradictory: one group of spectral features may require a low density shell, another a high density shell. The red supergiant α Orionis (M2 Iab) offers a good example of the anomalies that are found in this second stage of analysis. For instance, the interferometrically measured diameter is found to decrease with increasing wavelength, which is explained by dust scattering in the circumstellar shell, but this model requires that the dust be located 1-3 stellar radii from the star, whereas observations of emission at 11μ put the dust no closer than 10 stellar radii. Another example is given by the variability of some B stars, such as γ Cas, which appears at different times in three different guises–as a normal B star, as a Be star, and as a B-type shell star. Still another case is that of Sirius, which has been regarded as a bona fide A0 main sequence star for years, but which now appears to show some spectral anomalies, possibly linked with metallicity.

The third and ultimate stage of analysis, which is an order of magnitude more difficult than the preliminary ones, aims at models of the atmosphere that will be compatible with all known facts about the star and with the laws of physics. Such models will clearly be neither in LTE nor static, and, therefore, we shall be obliged to take account of all physical processes that may be operating in the star, including some not now recognized as important by astrophysicists.

It is the intent of this series of books to help set the stage for this last step. At the very least, these monographs will try to define some types of observations to be made and some types of models to be constructed before we can approach a full understanding of stellar structure. A good example is the solar case in which we can foresee what new observational and theoretical vistas might emerge from the Solar Maximum Mission and the Solar Polar Mission. Certainly the coming of radioastronomy, infrared astronomy and space research have made it possible for us to handle the first two steps discussed above.

The principles of classical taxonomy are a necessary starting point for all parts of the H-R diagram. In consequence, for each spectral type, several forthcoming volumes of this series will examine thoroughly those phenomena that are not included in the classical description. A typical problem that will be considered is the contrast between stars labeled B and Be respectively. What parameter or physical process has been overlooked that might provide a connecting link between these two subclasses of stars? It will be argued that there may be no such thing as a peculiar B star when observed over the whole spectral range. Had we begun the analysis with the far-UV region of the spectrum, our notion of what is normal would have been quite different, and any attempt at one- or two-dimensional classification would have led to a labeling system completely incompatible with the HD system or its successors.

We also try to assess those physical phenomena and processes, necessary to the analysis, which are not taken into account by the physics of classical stellar atmospheres. Thus one volume will be devoted to the empirical, nonthermal thermodynamic modeling of atmospheric structures and phenomena as they are known in physics and as they are observed in chromospheres, coronae, and stellar winds. Another will treat the subject of astrophysical gasdynamics in its relevance to a coherent understanding of nonthermal processes in the atmospheres and subatmospheres of stars. There is now a broad range of observable phenomena in stars that may be used for testing theories of pulsation, rotation, convection, and their coupling. Other phenomena, also probably necessary for the complete physical representation of stellar atmospheres, are not treated extensively in the series. One example is magnetogasdynamic phenomena, although some aspects are treated in the solar and gasdynamics volumes. Another is the interaction of stellar atmospheres, including extended atmospheres, with very high energy particles. These important topics have been largely omitted to permit a concentration on those nonthermal phenomena which many stellar astrophysicists deem both vital to understanding atmospheres in the decade ahead *and* also tractable during this period.

We hope that readers of these books will sense the emergence of a new point of view in stellar diagnosis and in stellar astrophysics, a global approach which assigns to the whole spectrum and to all its features the same a priori weight as a basis for diagnosis, a physical approach which tries to limit the astrophysicist to the interpretation of the observed spectra, no matter how elaborate they may be,and an approach which considers each star as a physical object to be understood, by itself, in a coherent way, not simply statistically.

Because so many of the data which exhibit nonthermal phenomena have come from observations made from space, we hope that the delineation of the above trends will be useful in planning observing programs from space in the 1980's, particularly in the UV, far-UV, and X-ray regimes, as well as in helping to coordinate these with ground-based observing programs in the visual, IR, and radio regimes. We trust these observations will also stimulate relevant laboratory investigations.

–Prepared by the Series' Senior Advisers
and the Organizers
Paris, November 1980

PREFACE TO THIS VOLUME

The purpose of this book is to stimulate research. It was written to be used more than admired. Indeed, if it serves its purpose well, it will be used a great deal in the current decade and not much thereafter. The reason is that solar-stellar astrophysics is a very rapidly developing field, in which today's exciting new idea is often rapidly superceded by tomorrow's even more engaging hypothesis. Consequently, this volume, like most others in the series, emphasizes *observational data* and *possible physical mechanisms,* critically examined, much more than formal atmospheric models and detailed computational procedures. The importance of observations and their implications is illustrated by the recent observations of long period solar pulsations made at the South Pole. These new results, obtained too recently for inclusion in this book, seem to substantiate some of the tentative remarks made here in Chapter 3. We shall know soon.

The careful reader of the book will discover that most observed solar phenomena are still not well understood, in the sense that it is clearly demonstrable that a proposed physical process offers a complete and unique explanation for the phenomenon in question. Thus, while the stellar astronomer will, it is hoped, gain useful insights into what *might* be taking place in a particular stellar atmosphere from these chapters, he must be cautioned against too much extrapolation of what may be rather speculative astrophysics even on the Sun. Perhaps the most useful contribution these chapters could make is to promote a critical, physically sound approach to interpreting stellar spectra.

Having said this, it is necessary to note that some solar problems have been solved quite satisfactorily, and some parameters of wide utility to stellar astronomy are well known for the Sun. It will be noted in this volume that the nature of the solar 5-minute oscillation is a problem that has been rather satisfactorily solved in just the last decade; in consequence, detailed characteristics of the oscillation are now being used to probe the solar convection zone, with important implications for some very fundamental problems, including that of the solar dynamo. As for basic astronomical characteristics of the Sun, it is well known to be a very common, ordinary star, which is fortunate in making its understanding relevant to a broad class of other stars. Some important solar parameters listed in Allen's *Astrophysical Quantities* are: spectral type, G2 V; effective temperature, 5770 K; surface gravity, 2.74 $\times 10^4$ cm s^{-2}; mass, 1.99 $\times 10^{33}$ g; radius, 6.96 $\times 10^{10}$ cm. The solar mass $M_\odot$ and radius $R_\odot$ are typical values for late-type main sequence dwarfs and, as such, are often used to "normalize" equations in astrophysics.

From the beginning, the organization of this book was intended to create *both* a clear separation of the mainly "observational" chapters (Part II) from the "theoretical" chapters (Part III) *and* an intimate coupling between chapters in the two different parts which treated similar subjects. Thus, readers will find the following sets of chapters closely related; Chapters 2 and 3 with 8-11; Chapter 4 with 12 and 13; Chapter 5 with 14-16; Chapter 6 with 17; Chapter 7 with 18. Chapter 1 is a general introduction to the theme, "The Sun as a Star." Chapter 19, written after Chapters 1-18 were completed, is a somewhat speculative summing up in the light of what appears in the remainder of the book. The Summary, which appears in French and English, is simply a review of the contents of the book prepared by the editor. A short index appears at the end. It is rather limited, but was motivated by a clear choice between either preparing a proper index and delaying production several months, because of printing schedules, or keeping close to the original schedule. The latter option was adopted. By the same token, while every effort was made to ensure as much uniformity in style and notation as possible, the careful reader will note some departure from this goal. In this regard, succeeding books in the series should be more uniform, as they were started later, after most conventions were settled.

A number of acknowledgments are in order. First, the Centre National de la Recherche Scientifique (CNRS) in France and the National Aeronautics and Space Administration (NASA) in the United States have provided support for the editing and production of these books. Within NASA, at least eight individuals have assisted with administrative matters to date. They are David Bohlin, John C. Brandt, Harold Glaser, George Pieper, Jeffrey Rosendhal, Nancy Roman, Adrienne Timothy, and Edward Weiler. Eileen Sapcariu, as copy editor, brought formal order to twenty widely different manuscripts in the shortest possible time. All of these people, and more, deserve this editor's gratitude. Janet Lesh provided the French translation of the Summary. Leo Goldberg and Jean-Claude Pecker, as Senior Advisers for the series, were extremely patient while this first and, in many respects, most complex volume of the series was being written, and while general procedures for the entire series were still being settled. I particularly thank them for insisting on certain matters of importance to the scientific content, and yielding on others in the interest of expediting publication. Lawrence Cram, Robert Rutten, and Jack Zirker contributed many valuable ideas toward the organization of the book during the summer of 1978. Most of all, I thank Richard N. Thomas for having the idea for this series in the first place and for establishing as its imperative a thorough discussion of observations and a critical review of theory in each volume.

Collectively, the greatest thanks for this book must go to the authors. *Every* author met the final deadline, and the majority also met the preliminary deadline for manuscripts. The authors received no compensation from the supporting agencies for writing these chapters beyond their "complimentary copies." It is a pleasure to be associated with such people.

We hope the quotation by Fontenelle in the frontispiece will set the stage for this book, by emphasizing the importance of careful observations in the progress of science. The following is a rough translation:

> Let us be assured of the matter of fact, before we trouble ourselves with inquiring into the cause. . . . I will not be so ridiculous as to find out a cause for what is not. . . .
>
> Some learned physicists have found out the reason why places under ground are hot in winter and cool in summer; some greater physicists have since discovered it is not so.

The Sun, because of its proximity, is perhaps a good place to start, at least in pursuing the "minienlightenment" of solar-stellar astrophysics. Let us hope.

The Editor
Greenbelt, December 1980

RÉSUMÉ

Aperçu Général du Volume

Le soleil est la seule étoile qui nous fournit des données à haute résolution spatiale. Cette résolution des éléments superficiels et le grand flux radiatif du soleil permettent des études détaillées des composantes structurelles atmosphériques et des processus physiques solaires, études tout à fait impossibles pour toute autre étoile. On croît actuellement qu'un grand nombre de ces composantes et processus solaires sont d'importance dans les autres étoiles; en effet, les preuves de l'existence des chromosphères, des couronnes, et des vents dans de nombreuses étoiles sont convaincantes, et leur nombre croît rapidement avec les nouvelles observations faites à partir de l'espace. Mais ce n'est que pour le soleil que les données sont souvent de qualité suffisante pour permettre des études astrophysiques définitives des mécanismes physiques de base qui produisent les phénomènes observés. C'est pour cette raison que les astronomes appellent parfois le soleil "la Pierre de Rosette" ou "l'atome d'hydrogène" de l'astronomie. Le soleil, plus que toute autre étoile, nous aide et à déchiffrer le code cosmique et à vérifier nos théories des phénomènes stellaires. Ces idées seront plus longuement exposées dans la partie I de ce volume, "l'Introduction" de Rutten et Cram (Chapitre 1).

Un grand nombre des phénomènes solaires observés–et, surtout, des phénomènes du plus grant intérêt actuel pour les astrophysiciens solaires–sont nonthermiques. Par nonthermique, nous voulons dire ces phénomènes dynamiques qui ne peuvent avoir lieu que dans une étoile qui s'écarte de l'équilibre thermique statique. Nous insistons donc sur les champs de vitesses et les champs magnétiques, et leurs effets. Tous ces phénomènes dynamiques sont considérés ici, en plus des écarts à l'équilibre thermodynamique local (ETL) statique dans le transfert radiatif. En d'autres mots, plus familiers pour l'astronomie traditionnelle, les processus nonthermiques considérés dans ce volume sont compris dans les écarts à l'ETL, l'équilibre radiatif, et l'équilibre hydrostatique. À cause de la haute conductivité électrique du plasma solaire, ces écarts donnent souvent lieu à de forts courants et champs magnétiques, et donc à d'importants phénomènes hydromagnétiques et plasmiques; et la présence des instabilités hydrodynamiques et des mouvements massiques systématiques font que les pulsations, les ondes, et la "turbulence" (encore mal définie en astronomie et mal comprise en général) sont inévitables, comme l'affirment les observations. Nous sommes évidemment très loin des jours du problème "classique" de Milne–l'ETL, l'équilibre radiatif, et l'équilibre hydrostatique–et bien loin même des jours "demiclassiques" de la théorie non-ETL statique, où l'on ignorait les écarts à l'équilibre radiatif et hydrostatique. Nous sommes aussi bien loin des jours où des modèles de l'atmosphère solaire à une dimension, du moins au-dessus de la photosphère, suffisaient pour expliquer beaucoup des phénomènes observés. Cette situation, qui est assurément fâcheuse–fâcheuse pour l'astronome stellaire qui désire se servir des modeles solaires–sera considérée à la fin de ce résumé.

L'importance des phénomènes nonthermiques dans les atmosphères stellaires a été récemment accentuée surtout par les *observations*. Tandis que quelques théoriciens maintiennet depuis longtemps que les considérations thermodynamiques exigent la présence de certains processus nonthermiques, c'est le déluge récent d'observations solaires à assez grande résolution spatiale et temporelle, et d'observations stellaires à haute résolution spectrale et à moyenne résolution temporelle, qui a convaincu la plupart des astronomes de la grande importance de ces processus. Pour cette raison, ce volume insiste sur le rôle essentiel des observations pour le développement de notre connaissance, et il comprend autant d'exemples que possible des données observationnelles pertinentes. En général, on met l'accent sur les observations solaires elles-mêmes, et non sur les instruments et les techniques employées. Cependant, à propos des observations, on revoit les procédés diagnostiques qu'on utilise pour traduire les données en modèles de densités, températures, et—quand il est possible—vitesses et champs magnétiques. On insiste sur une appréciation critique des hypothèses sur lesquels les techniques diagnostiques sont basées, plutôt que sur les détails des techniques elles-mêmes; mais on revoit brièvement quelques techniques diagnostiques qui sont particulièrement utiles. La partie observationnelle et diagnostique de ce volume—la partie II—comprend aussi quelque discussion des modèles des régions et des éléments principaux de l'atmosphère solaire.

La deuxième partie principale de ce volume—la partie III—consiste en interprétations théoriques des données solaires décrites dans la partie II. Le lecteur doit noter la proche correspondance entre certains chapitres de la partie II et d'autres de la partie III. Par exemple, un astronome stellaire qui s'intéresse aux couronnes et aux vents stellaires ferait bien de lire le Chapitre 5 de Zirker dans la partie II, et aussi les chapitres pertinents de Wentzel, Hollweg, et Kopp dans la partie III. L'accent est différent dans les deux parties, mais les sujets traités sont d'habitude semblables, en partie à cause d'une certaine collaboration entre les auteurs. Essentiellement, la discussion théorique met l'accent sur deux choses: les genres de processus physique qu'on trouve, ou qu'on pense actuellement, être d'importance pour l'explication des observations solaires, et les "signatures" observationnelles critiques de ces processus physiques. Puisqu'il n'est pas encore toujours clair, même dans l'astrophysique solaire, quels sont les processus dominants ou quelles observations fournissent les preuves les plus évidentes pour un processus ou l'autre, le lecteur doit évaluer ces discussions avec prudence, pour déterminer les conditions dans lesquelles un certain processus serait important dans l'astrophysique stellaire. Ici les auteurs ont essayé de se rendre utiles, en proposant un certain nombre de relations solaire-stellaires possibles.

La dernière division principale, la partie IV, est une discussion assez spéculative du soleil en tant qu'étoile. Ici, les auteurs considèrent l'évolution apparente de la relation solaire-stellaire, en se basant sur les observations, et ils discutent de la meilleure façon d'utiliser le soleil comme laboratoire astrophysique, pour vérifier de nombreuses théories de l'astrophysique stellaire.

Les Observations et les Diagnostiques

Le Chapitre 2, de Beckers, "La Dynamique de la Photosphère Solaire," concentre son attention sur les phénomènes hydrodynamiques et magnétiques dans la photosphère solaire et dans la zone convective sous-photosphérique, dans la mesure où l'on peut les déduire des observations. Le style est assez compréhensif, mais il exclut notamment toute discussion détaillée des pulsations et des oscillations, qui sont traitées par Deubner dans le Chapitre 3.

La question de la profondeur de la zone convective est revue à la lumière des recherches récentes basées sur les modes p, dont le plus connu est l'oscillation à période de cinq minutes. Cette question reste ouverte dans l'astrophysique solaire, et elle est importante pour les études des zones de convection dans les étoiles froides. On présente et discute quelques observations solaires récentes intégrées (à disque entier), dans le cadre de leur utilité dans l'interprétation des spectres stellaires (qui sont forcément "à disque entier"). Le point principal de Beckers est que l'interprétation de ces spectres solaires à l'aide du peu qu'on connaît de la microturbulence solaire suggère que les valeurs élevées de la microturbulence stellaire qui sont souvent signalées sont dues à l'effet d'avoir fait la moyenne sur un grand nombre de sortes de mouvements qui sont très différents les uns des autres. La solution qu'il propose est d'obtenir et interpréter des spectres stellaires à plus grande résolution spectrale.

La nature de la rotation solaire est discutée, en fonction de sa dépendance à la fois de la latitude—la rotation différentielle—et de la profondeur. Des études de cette dernière variation sont devenues possibles parce qu'on a récemment compris le mécanisme du mode p, ce qui permet l'utilisation des observations des modes p comme outil diagnostique (Chapitre 3). Des changements séculaires éventuels de la rotation solaire sont considérés comme moyen de déterminer la redistribution de la quantité de mouvement angulaire à l'intérieur de la zone convective. Une correspondance éventuelle avec le cycle des taches solaires est également discutée. On a détecté d'autres champs de vitesses solaires à grande échelle, mais ceux-ci défient jusqu'à présent toute déscription définitive, à cause de la très grande sensibilité demandée des mesures. En particulier, on a besoin de faire de nouvelles recherches pour établir l'existence et les propriétés des cellules convectives géantes qu'ont signalées certains auteurs.

Les propriétés de la supergranulation et de la granulation sont décrites. Les supergranules, qui seraient des cellules convectives à moyenne échelle, sont assez bien connus du point de vue des observations; ils seraient à plus grande dimension et durée de vie près des régions actives, que sur le soleil tranquille. Des correspondances avec les champs magnétiques jouent un grand rôle dans leurs caractéristiques observées. On a récemment étudié de grands granules "explosifs" et pénétrants, qui peuvent jouer un rôle important dans la génération des ondes dans la partie supérieure de la photosphère. Les variations observées des propriétés des granules peuvent fournir une sonde diagnostique utile pour la partie supérieure de la zone convective.

On peut actuellement résoudre des champs de vitesses solaires à des échelles jusqu'à 10^{-4} diamètres solaires. Le décalage vers le rouge au bord du soleil, les largeurs nonthermiques des raies, et les effets de saturation et de dissymétrie des raies fournissent des preuves indirectes de l'existence de champs de vitesses non résolus. Un des résultats récents discutés par Beckers est le décroissement apparent, à travers le photosphère, du champ de vitesses nonthermique et non résolu qu'on déduit des largeurs des raies faibles. La grandeur et l'origine de ce champ de vitesses dans la convection pénétrante et les ondes acoustiques photosphériques sont importantes pour la question de la génération des ondes et le chauffage de l'atmosphère.

Les derniers sujets considérés par Beckers sont les taches et les champs magnétiques solaires. Les taches solaires sont importantes pour l'astrophysique stellaire parce qu'elles fournissent un laboratoire où l'on peut étudier les conditions plasmiques typiques des atmosphères stellaires en présence de champs magnétiques de l'ordre du kilogauss. En général, les ombres des taches font apparaître peu de mouvements; jusqu'à présent, les plus significatifs de ceux-ci sont sans doute les oscillations à périodes de 180 et 300 secondes. Une oscillation à période de 250 secondes, qui est observée en H-alpha dans les pénombres des taches, peut être une onde MHD qui s'échappe des ombres. On discute aussi la nature des prétendus rouleaux convectifs observés dans les pénombres, et leur interprétation éventuelle comme instabilité convective dans un champ magnétique horizontal, qu'on connaît depuis des dizaines d'années et qu'on appelle l'effet Evershed.

Des éléments magnétiques à petite échelle spatiale (≤ 1 arcsec ou $\lesssim 730$ km) paraissent maintenant être la composante principale du champ magnétique du soleil. On obtient le champ intégré du soleil en prenant la somme vectorielle de ces champs locaux. Le champ magnétique dans ces éléments localisés n'est pourtant pas petit par rapport au champ des tâches: il est typiquement de l'ordre de 1500 gauss. Il existe une terminologie très spécialisée dont on se sert dans la physique solaire pour décrire les différents petits éléments magnétiques, selon les lieux et les longueurs d'onde où on les observe.

Le Chapitre 3, de Deubner, "Les Pulsations et les Oscillations," traite des modes g (force restauratrice gravitationnelle), des modes p (force restauratrice à pression), et des ondes acoustiques d'assez haute fréquence qu'on a observé, ou dont on a signalé l'observation, dans l'atmosphère solaire. Ce chapitre présente une critique particulièrement bien réfléchie des techniques observationnelles et diagnostiques qui sont d'importance ici, puisqu'on a souvent besoin d'analyses délicates des spectres de puissance des signaux faibles. Ceci est surtout vrai pour les modes g de bas ordre, dont on a signalé l'existence avec des périodes jusqu'à presque trois heures.

Les observations publiées de ces pulsations globales, nonradiales et à longue période, n'ont que récemment établi leur nature et même leur existence. Certains auteurs indiquaient qu'un dépouillement correct de l'influence de l'atmosphère terrestre sur le signal démontrerait l'origine locale, et donc non solaire, de ce signal. En outre, on prétendait que la période observée, de 160 secondes, pouvait être une période de battement entre deux pulsations de plus haute fréquence. Enfin, il n'est toujours pas clair si les pulsations à périodes inférieures à une heure environ sont des modes g de haut ordre ou des modes p de bas ordre. De meilleures observations sont actuellement en cours. Si l'ensemble du soleil est en train d'osciller avec de très longues périodes, cette pulsation pourrait fournir une sonde diagnostique utile pour l'intérieur—une sonde qui pourrait s'adapter à d'autres étoiles froides.

Le mode p le plus familier s'observe le mieux dans l'oscillation solaire à période de cinq minutes, dont le caractère est maintenant établi hors de doute raisonnable (voir le Chapitre 10). Par conséquent, la séparation des crêtes des modes p, qu'on observe sur le diagramme diagnostique qu'on obtient en portant la fréquence en fonction du nombre d'onde horizontal, s'est révelée comme diagnostique utile pour l'étude de la variation de la rotation solaire en fonction de la profondeur dans la zone convective. Ceci pourrait beaucoup améliorer notre connaissance de la zone convective et du dynamo solaire, avec des avantages évidents pour notre compréhension des enveloppes convectives dans d'autres étoiles froides. Deubner donne des raisons pour croire que les amplitudes des modes p seraient assez grandes dans quelques autres étoiles froides, où ils seraient aussi une sonde utile. Les observations qu'on a interprétées comme ondes acoustiques de haute fréquence dans la photosphère sont discutées par Deubner, qui fait une estimation du flux d'énergie mécanique dans ces ondes au niveau de formation des raies spectrales qu'on observe. Si cette interprétation de ces observations s'avère valable, il y a plus d'énergie dans ces ondes que ce qui est nécessaire pour compenser les pertes d'énergie de *toute* l'atmosphère solaire au-dessus de la photosphère (mais pas forcément après l'inclusion de l'amortissement radiatif dans la photosphère elle-même). Puisque cette interprétation est quelque peu en question, Deubner revoit les autres preuves et donne aussi une critique de ses propres travaux; les deux discussions impliquent que le flux d'énergie dans les ondes acoustiques, qu'on déduit de ces données, n'est peut-être pas si grand après tout. À cause de l'importance évidente de cette question pour le chauffage des atmosphères solaire et stellaires, Deubner pousse sa résolution aussitôt que possible.

Le Chapitre 4, de Athay, "La Chromosphère et la Région de Transition," commence avec un aperçu général de la situation observationnelle dans la chromosphère et la région de transition, et de quelques-unes des questions qui sont posées par cette situation, et qui restent ouvertes aujourd'hui. On définit la chromosphère comme cette partie de l'atmosphère solaire qui se trouve entre le minimum de température et une température de 25,000 K, valeur choisie pour comprendre le plateau de Lyman à l'intérieur de la chromosphère. La région de transition se situe alors entre la chromosphère ainsi définie, et la couronne à un million de degrés. On reconnait que ces définitions sont assez arbitraires, mais elles sont nettement basées sur les observations; cela est important, parce que les recherches récentes montrent qu'il n'y a pas de rapport simple entre le chauffage et les régions principales de l'atmosphère.

De la plus grande importance pour les futures études des phénomènes nonthermiques dans ces régions est peut-être la prédominance partout de fluctuations à la fois spatiales et temporelles. Des fluctuations en température, en densité, et en vitesse, qui croissent en amplitude avec la hauteur, impliquent que l'atmosphère n'existe peut-être pas dans un état thermodynamique stable et statique. Cette situation, en combinaison avec la domination, qui grandit en fonction de la hauteur, des processus physiques locals par les champs magnétiques très concentrés, implique à son tour que le dernier modèle "valable" serait un modèle stochastique, où les valeurs moyennes des paramètres thermodynamiques locals (qui varient rapidement) et les processus physiques (qui sont souvent hydromagnétiques ou plasmiques) ne représentent les conditions locales nulle part dans l'atmosphère à un moment donné. L'astrophysique solaire ne fait que commencer à s'adresser à cette orientation essentiellement statistique vers la création des modèles atmosphériques.

Cette situation complexe n'implique pas qu'on ne peut pas étudier soigneusement un certain nombre de processus physiques importants, ou qu'un nombre assez petit de ces processus ne peut pas *dominer*, même dans un modèle statistique. Athay note que les mécanismes qui transportent l'énergie mécanique vers le haut vont, en général, aussi transférer une quantité de mouvement à l'atmosphère. Toute tentative d'expliquer les échelles de hauteur observées dans l'atmosphère doit tenir compte de ce phénomène. De plus, il est maintenant assez certain que le mécanisme de Cayrel pour produire une élévation de la température en équilibre radiatif ne peut pas, à lui seul, donner lieu à l'inversion de température à la base de la chromosphère, car l'effet de serre est trop fort. Les details du bilan d'énergie à l'endroit où la température solaire est minimale deviennent donc un problème important à résoudre, avec des implications importantes, du moins pour les autres étoiles froides. Le mécanisme de Cayrel, le chauffage mécanique, et l'effet de serre se réunissent pour déterminer la structure de cette région où, à cause de la densité relativement élevée, de petites augmentations de la température moyenne ont un effet énorme sur les besoins d'énergie mécanique. Pour cette raison, Athay remarque que les modèles actuels de la photosphère solaire en équilibre radiatif ne sont pas encore assez précis pour évaluer les besoins de chauffage—il faut une erreur $\Delta T < 100$ K à la température minimale.

Un examen critique de la "microturbulence" solaire conclut que celle-ci n'est ni "micro" par son échelle ni "turbulente" par sa nature. On prétend que l'échelle n'est pas forcément petite par rapport au libre parcours du photon. La meilleure explication des largeurs nonthermiques observées relève des effets réunis des flux systématiques et des mouvements ondulatoires.

Athay traite d'un grand nombre de sujets d'une utilité éventuelle pour l'astronome stellaire. Les observations EUV du soleil recouvrent une partie beaucoup plus grande du disque que les observations en Hα; avec leurs meilleures caractéristiques diagnostiques, cela fait que les données EUV sont beaucoup plus précieuses pour la diagnostique chromosphérique dans les autres étoiles. On décrit les spicules et les fibrilles, les éléments essentiels de la structure fine chromosphérique. On rappelle les nombreuses raies de la chromosphère et de la région de transition qui sont utiles pour la diagnostique. En passant en revue les techniques traditionnelles, on discute la théorie élémentaire de l'ETL pour les raies spectrales qui sont optiquement épaisses, avec les effets de la largeur de Doppler variable et de la redistribution partielle; et l'utilisation des rapports d'intensité pour les raies qui sont optiquement minces. On discute le modèle de Vernazza, Avrett et Loeser (VAL), en jugeant qu'aucun modèle solaire à une dimension ne représente bien les régions chromosphériques observées à des températures supérieures à 8000 K. Quelques modèles recents de la région de transition, à deux dimensions, sont considérés; les observations récentes indiquent qu'un modèle satisfaisant devrait incorporer à la fois le comportement dynamique et la géometrie à plusieurs dimensions de cette région. On décrit le rôle de l'ionisation de l'hydrogène comme thermostat, pour régler le gradient de température dans la chromosphère; et le rôle semblable de la conduction thermique dans la région de transition. Le chapitre se termine par une discussion des observations récentes qui semblent limiter rigoureusement le rôle du chauffage par des ondes au-dessus du milieu de la chromosphère, où se forment les centres à émission des raies H et K du calcium ionisé, et des raies h et k du magnésium ionisé.

Le Chapitre 5, de Zirker, "La Couronne Solaire et le Vent Solaire," prend en considération les observations relatives à quatre questions fondamentales: Comment la couronne se chauffe-t-elle? Quel est l'agent accélérateur du vent solaire? Pourquoi est-ce que la couronne et le vent sont soumis à des changements à la fois transitoires et séculaires? Les réponses a ces questions vont aider les astronomes stellaires à comprendre les processus de chauffage et d'accélération dans les atmosphéres extérieures des étoiles, où les données spatiales récentes montrent que des couronnes et des vents se rencontrent souvent. En outre, les preuves du couplage de la couronne et du vent solaire à la circulation sous-photosphérique, par le champ magnétique engendré à l'intérieur du soleil, suggèrent un moyen d'étudier les champs de vitesses à grande échelle qui se trouvent sous la surface des étoiles, en observant leurs "signatures" dans les couronnes et les vents solaires, surtout à propos du comportement séculaire de ceux-ci.

Zirker donne des exemples d'observations solaires qui mettent en évidence la structure globale de la couronne; elle paraît très inhomogène, en général dissymétrique, et variable à des échelles de temps courtes (transitoires) et longues (séculaires). Il y a, pourtant, trois sous-régions coronales différentes, qui dans leur ensemble caractérisent la couronne entière. Ce sont les régions actives (qu'on appelait autrefois les condensations), les régions tranquilles, et les cavités coronales; la première et la dernière de ces régions sont les mieux définies et les plus intensivement étudiées. Quand on observe les régions actives à grande résolution spatiale, on voit qu'elles consistent d'éléments en forme de boucle, qu'elles sont les grandes composantes les plus chaudes et les plus denses de la couronne, et qu'elles semblent coïncider avec des configurations fermées du champ magnetique. Les cavités coronales, par contre, sont vraisemblablement des régions à champ magnétique ouvert, qui consistent de rayons et de plumes se dirigeant essentiellement hors du soleil, avec des températures et des densités beaucoup moins élévées. Les régions tranquilles sont quelque chose entre les deux; elles présentent un éclat intermédiaire et une structure amorphe, vaguement bouclée. On peut déterminer les températures, les densités, et quelques vitesses dans la couronne à partir du rayonnement photosphérique diffusé par les électrons libres et les poussières, à partir du rayonnement radioélectrique aux longueurs d'onde de l'ordre du décimètre et du centimètre, et à partir des raies coronales, interdites comme permises (celles-ci se trouvent surtout aux longueurs d'onde de l'EUV et des rayons X peu énergétiques). Il est très difficile de mesurer des valeurs du champ magnétique dans la couronne; à cause de son importance, Zirker décrit quelques-unes des techniques qui sont actuellement en cours de développement. Jusqu'à présent, presques toutes nos estimations du champs magnétique coronal se dérivent—situation peu satisfaisante—des extrapolations numériques des champs de potentiel photosphériques.

On passe en revue les propriétés observées du vent solaire, en insistant sur les courants à grande vitesse (jusqu'à 800 km s^{-1}), qui naissent surtout dans les cavités coronales. L'origine des courants à petite vitesse n'est pas certaine. À cause des correspondances entre les fluctuations de vitesse et de champ magnétique, on croit avoir observé des ondes d'Alfvén dans le vent solaire, ce qui a des implications importantes pour le chauffage et l'accélération (voir la partie III). Le champ magnétique interplanétaire ouvert qui est associé au vent solaire a une "structure sectorielle" bien définie, avec deux ou quatre secteurs de polarité magnétique opposée (quand on regarde le pôle solaire). Les courants à grande vitesse sont toujours unipolaires; ils restent compris dans une seule secteur.

Ayant décrit les caractéristiques générales et observationnelles de la couronne et du vent solaire, Zirker termine son chapitre en passant en revue quelques-uns des détails observationnels saillants des cavités coronales et des boucles dans les régions actives, en mettant l'accent sur les caractéristiques qui sont liées aux problèmes de chauffage et de dynamique. Les courants doivent s'accélérer à de grandes vitesses en une distance de quelques rayons solaires, ce qui impose une contrainte rigoureuse aux theories du chauffage du vent solaire. Les cavités coronales sont étroitement liée à la région de transition sous-jacente par de grands flux d'enthalpie, dans lesquels le flux d'énergie peut être beaucoup plus grand que le flux conducteur qui descend. Des données de Skylab montrent que les cavités coronales se développent d'une manière trés systématique. Les boucles des régions actives ont des températures plus élévées au sommet et dans une gaine extérieure, qui entoure de la matière plus froide. Le bilan d'énergie et la stabilité thermique *exigent* un flux entre les parties coronales et les parties chromosphériques, et, en général, entre les parties chaudes et froides des boucles, bien que le bilan global d'énergie soit la seule chose à être considérée jusqu'à présent. On a observé un flux vers le bas à partir des boucles; jusqu'à présent, il n'y a aucune preuve de l'éxistence d'un flux persistant *à l'intérieur* des boucles, peut-être parce que la résolution spatiale des observations coronales disponibles n'est pas suffisante.

Le Chapitre 6, de Zwaan, "La Structure Magnétique Solaire et le Cycle d'Activité Solaire," s'ouvre en mettant l'accent sur le résultat saillant de la magnétographie solaire moderne à haute resolution: à savoir, qu'une grande partie du champ magnétique solaire est concentrée dans de petits éléments à champ fort. Le champ observé à petite résolution spatiale se décompose d'habitude en éléments à petite échelle quand la résolution est améliorée, surtout dans les régions inférieures de l'atmosphère. Il y a pourtant une certaine tendance à "s'épanouir" en fonction de la hauteur.

Il y a une hiérarchie bien définie des éléments magnétiques du soleil (voir aussi le Chapitre 2). En commençant avec les assemblages les plus grands à champ assez uniforme, ils sont: taches solaires, pores, facules et filigranes, et noeuds magnétiques. Les caractéristiques générales des *taches* comportent une ombre uniforme at obscure (donc relativement froide), entourée d'une pénombre plus claire, à structure horizontale. Les champs magnétiques typiques sont de 2900 ± 400 gauss, et les températures effectives de 4000 ± 100 K. Tous les autres champs superficiels solaires, en dehors des taches, se présentent à des échelles d'une seconde d'arc ou moins, quand on les observe à grande résolution spatiale. On décrit les *pores* comme "de petites ombres sans pénombres"; leurs champs magnétiques varient de 2000 à 2500 gauss. Les *facules* se présentent en émission brillante (elles étaient définies d'origine par des observations en lumière blanche près du bord); elles sont liées aux plages et aux réseaux chromosphériques. Les *filigranes* sont les éléments à structure fine ou à haute résolution des régions faculaires, avec des sections d'une demi-seconde d'arc ou moins (365 km sur le soleil), et des champs de 1000 à 2000 gauss. Les noeuds magnétiques sont plus grands que les filigranes, mais plus petits que les pores; ils ont aussi des champs de l'ordre du kilogauss, mais ils ni se voient ni dans le continu, ni dans les ailes des raies. Les taches, les pores, et les noeuds magnétiques se trouvent *uniquement* dans les régions actives. Le soleil ne présente aucun champ global bipolaire plus intense que quelques gauss, quoiqu'on ait observé des champs bipolaires à dimensions plus petites que 5 secondes d'arc.

Les propriétés générales des divers éléments magnétiques solaires comportent: une ressemblance au champ qui se trouve au bout d'un long solenoïde; une orientation généralement verticale dans la photosphère avec une composante horizontale qui croît en fonction de la hauteur; des tubes de flux qui ont des durées de vie beaucoup plus longues que les échelles de temps dynamiques (ce qui entraîne un problème intéressant de la stabilité hydrodynamique, qu'on discutera au Chapitre 17); et une tendance pour les petits éléments de champ dans l'atmosphère inférieure à s'unir en assemblages à plus grande échelle et à champ presque uniforme dans la couronne.

Zwaan donne une discussion détaillée des régions actives solaires, où presque toute l'activité magnétique solaire a lieu (sauf l'activité du réseau qui est enfoncé dans la partie "tranquille" de l'atmosphère). L'astrophysicien stellaire s'intéressera surtout à la description de la façon dont les régions actives solaires surgissent, évoluent jusqu'à leurs dimensions maximales, et puis déclinent. Le développement est plus rapide que le déclin. Les régions activent tendent à se développer près des régions actives existantes, et les éruptions ont tendance à surgir dans de grandes régions actives complexes (ce qui implique une grande tension dans le champ magnetique avant l'éruption). Enfin, on déduit des informations fondamentales pour la contrainte des modèles du dynamo solaire et de la convection sous-photosphérique, à partir des études de la croissance et du déclin des régions actives individuelles et de l'ensemble des régions actives.

On décrit le cycle de l'activité solaire, ainsi que l'intérruption apparente de ce cycle au dix-septième siècle (intérruption qu'on appelle le minimum de Maunder). Une possibilité intéressante à cet égard est que, quoiqu'il existe normalement une périodicité bien déterminée dans la fréquence des taches et la fraction du disque solaire qui est recouverte par des régions actives, celle-ci peut être en correspondance inverse avec la fréquence de surgissement des régions actives éphémères. Le taux global du surgissement du flux magnétique serait donc plus ou moins constant; seul le *caractère* du dynamo solaire changerait. Le chapitre se termine en discutant les signatures observationnelles éventuelles des cycles d'activité stellaires.

Le Chapitre 7, de Brown, Smith, et Spicer, "Les Observations des Éruptions Solaires et Leur Interprétation," commence en décrivant les principales caractéristiques observationnelles des éruptions solaires: l'augmentation énorme et rapide de l'intensité des rayonnements électromagnétiques dans la région de l'éruption, s'étendant sur une grande partie du spectre, des ondes radioélectriques jusqu'aux rayons gamma (et parfois comprenant ceux-ci); la génération des rayonnements de particules à grande énergie, jusqu'à l'ordre du GeV; les expulsions fréquentes et transitoires de masse coronale, jusqu'à 10^{13} kilogrammes de matière, qui peuvent, dans certaines conditions, emporter la plus grande partie de l'énergie de l'éruption.

On a observé que l'énergie totale libérée pendant une éruption solaire varie de 10^{21} a 10^{25} Joules. Il est convenable de décrire les éruptions par trois phases observées: (1) la phase *précurseur*, caractérisée par certaines signatures radiatives et quelquefois, peut-être, par des changements de la configuration du champ magnétique de la région active associée; (2) la phase *éclair*, qui dure d'une à cinq minutes et dont la phase dite impulsive fait partie, où a lieu l'augmentation rapide de l'intensité et du volume du rayonnement électromagnétique; (3) la phase *principale* ou *graduelle*, qui peut durer des heures et qui est caractérisée par un déclin lent d'intensité. Les observations appuient l'adoption de "l'hypothèse d'accélération à deux phases" pour les éruptions solaires; celle-ci suppose que la phase éclair est associée au mécanisme principal de libération d'énergie, tandis que les sursauts prolongés, les événements transitoires, etc. sont associés à une libération d'énergie secondaire, qui comporte des chocs engendrés dans la libération d'énergie principale.

Le chapitre comporte une ample discussion des rayonnements des éruptions solaires et des processus de transfert de l'énergie. On considère en détail aussi la question de l'origine thermique ou nonthermique des rayons X solaires à grande énergie, qui ne se produisent que pendant les éruptions. Quoique le spectre de ces rayons X présente un déclin exponentiel, ce qui suggère une origine nonthermique, il est possible de construire un tel spectre en additionnant les contributions de nombreuses sources thermiques, dont l'opération continue fournirait une explication alternative des émissions des éruptions solaires. On interprète souvent ces émissions en résponse chromosphérique à un faisceau très anisotrope d'électrons engendré dans la couronne pendant la phase éclair; et les données radioélectriques appuient en quelque sorte cette interprétation. Pourtant, le temps de déclin du rayonnement chromosphérique est trop long pour qu'un seul faisceau soit la source unique du chauffage. En général, les processus de transfert de l'énergie à l'intérieur d'une éruption sont toujours mal compris, et les observations qui sont actuellement disponibles sont insuffisantes pour résoudre beaucoup de ces questions. Mais on s'attend à ce que les données de la Solar Maximum Mission (SMM) limitent de beaucoup le domaine des possibilités.

Presque toutes les études des éruptions solaires supposent que la source de leur énergie dans l'atmosphère est le champ magnétique, et il y a de fortes raisons observationnelles pour soutenir cette hypothèse. Malheureusement, la détermination des grandeurs et des gradients des champs magnétiques dans les régions actives est un problème observationnel difficile; à la fin, on aura besoin aussi de connaître leur comportement temporel. Parce qu'on ne s'attend pas à la solution de ce problème observationnel dans le proche avenir, il est surtout important de contraindre le problème des éruptions autant que possible par des observations d'autres sortes–les sursauts radioélectriques, les expulsions de particules à haute énergie et les événements massiques transitoires, ainsi que les données visibles, UV, EUV, et à rayons X et gamma. Cela se fait actuellement à l'aide du programme SMM, avec des résolutions spatiales jusqu'à presqu'une seconde d'arc.

L'astrophysicien stellaire trouvera plusieurs exemples des signatures observationnelles de certains mécanismes de transfert de l'énergie, ainsi qu'une discussion assez complète des rayonnements typiques des éruptions solaires. Ces observations devraient s'avérer utiles pour la détection et l'explication des phénomènes d'éruption sur d'autres étoiles.

Les Interprétations Théoriques

Le Chapitre 8, de Gilman, "La Circulation Globale et le Dynamo Solaire," considère les efforts théoriques les plus récents à faire un modèle de la rotation différentielle solaire à grande échelle et de la convection, et aussi les derniers modèles du dynamo solaire, qu'on estime responsable de la génération du champ magnétique observé. Puisque le dynamo est magnétohydrodynamique, et depend de la circulation sous-photosphérique, on considère d'abord ce dernier phénomène.

Le flux principal à grande échelle qu'on a observé avec confiance sur le soleil est la rotation différentielle. La vitesse de rotation à l'équateur solaire est environ 40 pourcent plus grande que sa valeur aux pôles. Le problème principal théorique est de trouver un mécanisme qui transporte la quantité de mouvement associée vers l'équateur d'une façon compatible avec toutes les observations des champs de vitesses solaires, y compris la variation de la vitesse rotationnelle en fonction de la profondeur. En effet, d'après les études préliminaires des modes p, cette vitesse semble augmenter dans les couches superficielles de la zone convective, jusqu'à une profondeur de 20,000 km. Les recherches théoriques récentes appuient vigoureusement l'idée de l'existence sur le soleil de cellules convectives géantes, à une échelle beaucoup plus grande que la supergranulation. Il est donc très important de faire des efforts observationnels pour établir leur existence (voir le Chapitre 2).

Le procédé théorique général pour traiter la circulation globale et la convection est de calculer les mouvements globaux (la rotation différentielle et la convection des cellules géantes) et de traiter les mouvements à petite échelle (la supergranulation et la granulation) par paramètres, en supposant un certain mécanisme pour le transport de la quantité de mouvement angulaire. Les deux mécanismes qu'on considère d'habitude sont: (1) la circulation méridionale dissymétrique, où la diffusion des mouvements à petite échelle donne lieu à une accélération équatorielle nette; (2) des écarts à (1), où des corrélations de vitesse entre la direction est-ouest et, soit la direction nord-sud, soit les mouvements radiaux, donnent lieu à l'accélération équatorielle nette. Les cellules géantes jouent un rôle critique dans le deuxième cas, où la dynamique se calcule explicitement, de sorte que les mouvements non résolus jouent un rôle moins critique. Gilman offre une critique des deux méthodes, en favorisant la seconde mais en remarquant qu'il faut toujours traiter correctement la convection, et ajouter aux calculs les mouvements non résolus à petite échelle, sous forme de paramètres. Il remarque aussi qu'aucun modèle actuel n'est compatible avec toutes les observations. On fournit quelques exemples des modèles de vitesses qu'on a calculés.

La théorie actuelle d'un dynamo hydrodynamique s'est développée en trois étapes, et présente trois points de vue assez différents sur ce qui fait marcher le dynamo. En général, le problème est d'engendrer le champ magnétique solaire observé à partir des différents mouvements convectifs sous-photosphériques, qui sont limités par rétroaction des forces corporelles électromagnétiques sur le plasma en mouvement, et qui doivent être assez forts pour se maintenir contre la dissipation de Joules. Les trois versions de la théorie qu'on décrit ici diffèrent surtout selon l'importance relative accordée à la rotation différentielle (l'effet ω) et la turbulence cyclonique (l'effet α), et aussi selon leur traitement de la diffusion des champs magnétiques superficiels après leur éruption de la zone convective. On recontre donc le "dynamo α-ω," un deuxième système qui prédit l'éruption de champs forts dans les groupes de taches et leur diffusion subséquente au hasard, et le "dynamo α^2." On offre une discussion critique de ces théories de dynamo, et on juge que des solutions compressibles et autonomes (ou dynamiques plutôt que cinétiques) aux problèmes, qui sont toujours en cours de développement, devront indiquer la représentation physique correcte. Naturellement, la théorie "finale" du dynamo solaire devra expliquer le comportement séculaire des champs magnétiques solaires (le cycle solaire) tout en fournissant un cliché exact des champs à un moment donné.

L'astrophysicien qui s'interésse à la circulation à grande échelle et aux dynamos stellaires est conseillé d'obtenir les meilleures estimations possibles (1) de la profondeur de la zone convective stellaire (s'il y en a une) et (2) de la vitesse moyenne de rotation. À partir de ces deux paramètres, la théorie qu'on a créée pour le soleil peut s'utiliser pour estimer la largeur de la zone de convection et la rotation différentielle de l'étoile. Étant donné ces valeurs et une théorie améliorée du dynamo solaire, il sera bientôt possible de construire un modèle grossier du dynamo stellaire.

Le Chapitre 9, de Moore, "La Convection Pénétrante," traite des flux convectifs à des échelles plus petites que celles des flux discutés par Gilman: à savoir, la granulation et la supergranulation. L'orientation est celle d'un physicien spécialiste de la dynamique des fluides, qui connaît la convection turbulente au laboratoire terrestre et qui se sert de ce qu'on y apprend pour guider ses modèles théoriques de ce processus dans l'atmosphère solaire. La convection pénétrante se rapporte à la tendance normale des éléments fluides jaillissants à pénétrer au-delà de la zone d'instabilité convective, jusque dans la région supérieure qui est, à premier ordre près, en équilibre radiatif. Dans le soleil, la transition à l'équilibre radiatif à lieu à la base de la photosphère visible. On peut se faire un modèle de la convection pénétrante en ajoutant le terme explicite de la poussée d'Archimède à l'équation de mouvement de l'élément fluide. (Ce terme s'exclut implicitement du traitement classique de Schwarzchild de l'instabilité convective.) Un des effets intéressants de la convection pénétrante est la stabilisation du gradient radiatif dans une région stable, car les remous viennent vraisemblablement brouiller les grands gradients, là où les transitions des régions superadiabatiques ont lieu.

On fournit une critique de la théorie de la longueur de mélange, que les astronomes emploient couramment pour traiter les enveloppes convectives des étoiles. Les solutions numériques pour la convection à deux dimensions dans un gaz polytropique font apparaître toujours des cellules qui s'étendent de haut en bas, tandis qu'en utilisant la théorie de la longueur de mélange, on suppose que les échelles verticales et horizontales sont comparables. Une discussion des travaux récents suggère que le rayonnement dans la partie supérieure des régions convectives, qui est optiquement mince, joue un rôle prédominant en déterminant l'échelle de la convection. De plus, de travaux théoriques appliqués au soleil appuient l'idée d'une échelle intermédiaire pour la convection, avec une valeur entre l'échelle de la granulation (10^3 km) et celle de la supergranulation (5×10^4 km). Les sources des différentes échelles de convection, si elles existent, peuvent correspondre aux zones d'ionisation de H, He I, et He II. On peut s'attendre à des phénomènes semblables dans d'autres étoiles froides.

On discute quelques résultats expérimentaux obtenus pour la convection en eau au-dessus de la glace, qui offrent, après un changement convenable d'échelle, des connaissances utiles pour le dégré de pénétration des éléments convectifs dans la photosphère solaire. Ce dégré dépend fort du changement total de la poussée de l'élément en fonction de la profondeur, mais il ne depénd que peu de la "vigueur" du mouvement de l'élément.

Moore termine son chapitre avec un modèle possible de la distribution du flux de granulation. La thèse principale est que, lorsque le flux turbulent s'est établi, de "nouveaux" granules se forment des fragments des anciens granules qui s'effondrent; ils ne se forment pas par un processus quelconque de génération indépendante spontanée à l'intérieur de la zone convective supérieure. Ce résultat s'ensuit des modèles numériques de flux à symétrie axiale qui, dans des conditions solaires, entraînent "l'effondrement" des éléments cohérents à un nombre de Reynolds de 300 environ. On prétend que ce modèle est homologue par les observations des granules explosifs, qui seraient de grands éléments convectifs pénétrants.

Le Chapitre 10, de Leibacher et Stein, "Les Oscillations et les Pulsations," discute quelques-uns des mécanismes qui seraient impliqués dans la génération des oscillations photosphériques à période de cinq minutes, les oscillations chromosphériques à période de trois minutes, et les mouvements à périodes de 40 à 160 minutes, pour lesquels il y a quelques preuves observationnelles. On discute plusieurs aspects de ces problèmes, mais le propos le plus saillant de ce chapitre est sans doute que le mécanisme de base de l'oscillation solaire à période de cinq minutes est maintenant bien compris. Les observateurs et les théoriciens solaires se sont mis d'accord—exemple frappant de l'interaction de la théorie et des observations dans la dernière dizaine d'années—sur l'idée que l'oscillation solaire à période de cinq minutes, qu'on observe dans la photosphère et aux environs de la température minimale, est la réponse évanescente de l'atmosphère à la force motrice d'une onde statique de pression qui est attrapée dans une cavité sous-photosphérique résonante, dont les limites réfléchissantes sont définies par la structure de la température dans la zone convective supérieure. On a observé ces modes p évanescents (qu'on appelle ainsi parce que la force restauratrice est à pression) sur un domain étendu de fréquences spatiales et temporelles, de sorte que leur position sur le diagramme diagnostique (k-ω) a été dessinée dans un detail suffisant pour faire apparaître la structure de crête qui est maintenant bien connue, et qui est prédite par les équations du problème quand on les résoud avec des conditions limites convenables.

Il y a au moins deux raisons pour insister sur l'importance d'avoir une solution de ce problème. D'abord, comme l'a déjà remarqué sans doute le lecteur attentif de ce résumé, il y a très peu de problèmes solaires aussi délicats que celui-ci qu'on a assez bien *résolus*. Un grand nombre de phénomènes sont maintenant beaucoup mieux compris; il est même possible que certains problèmes soient presque résolus sans que les astrophysiciens solaires s'en rendent compte. Mais voici un exemple d'un phénomène important et complexe qu'on comprend bien, dans la meilleure tradition de la recherche scientifique. Et puis, parce que le mécanisme des modes p est bien compris, on a récemment employé ces modes avec une certaine réussite pour sonder la variation de la vitesse rotationnelle solaire en fonction de la profondeur. On obtient ainsi de nouvelles contraintes observationnelles aux théories de la circulation á grande échelle et du dynamo, qui sont actuellement en cours de développement (voir le Chapitre 8). Avec la connaissance de l'oscillation à période de cinq minutes, l'astrophysique solaire offre aux astrophysiciens stellaires la possibilité d'employer des observations des modes p pour sonder directement les couches sous-photosphériques de quelques autres étoiles, au moins.

Leibacher discute aussi d'autres oscillations observées, y compris l'oscillation à période de trois minutes, qui serait une résonance ayant lieu dans une cavité mince dans la basse chromosphère. Pourtant, bien que cette explication soit normale et facilement comprehensible, on ne l'a pas vérifiée par des observations au même dégré que l'oscillation à période de cinq minutes.

On décrit aussi, du point de vue théorique, d'autres pulsations à périodes plus longues: des modes p de bas ordre et de divers modes g possibles. Si les modes g à longue période s'avèrent présents dans de nombreuses étoiles, ils pourront fournir des sondes excellentes de l'intérieur profond, dans la mesure où on peut les observer.

Un des éléments les plus utiles de ce chapitre est la description soignée, en mots simples, des divers mécanismes physiques qu'on analyse. Cette description se trouve avant le développement du traitement mathématique.

Le Chapitre 11, de Stein et Leibacher, "La Génération des Ondes," traite surtout de la génération des ondes à assez courtes périodes par la turbulence dans la photosphère solaire inférieure, au sommet de la zone de convection. Ce sont les ondes que les théoriciens étudissent depuis plus de trente ans comme source éventuelle du chauffage de l'atmosphère. Les périodes sont typiquement de l'ordre de 100 secondes ou moins; mais on considère aussi la génération des ondes intérieures par la convection pénétrante dans la photosphère supérieure, et ces ondes ont en général des périodes beaucoup plus longues. À part des ondes gravitationnelles, les modes principaux qu'on considère sont les ondes acoustiques et les ondes d'Alfvén. Elles sont engendrées dans le plasma solaire, qui est fort conductif, partout où il y a un champ magnétique et une perturbation dynamique du milieu.

Le mouvement turbulent du plasma de la basse photosphère est normalement considéré par les astrophysiciens solaires comme le mécanisme fondamental de la génération des ondes acoustiques et des ondes d'Alfvén, et on le passe en revue dans le plus grand détail ici. Cette théorie est une variation d'une théorie conçue par Lighthill, spécialiste de l'aérodynamique, pour calculer la puissance émise en ondes acoustiques par un moteur à réaction. Ce chapitre revoit la méthode de calculer la puissance émise (le flux total pour le chauffage des couches supérieures) et dans les ondes acoustiques, et dans les ondes d'Alfvén. Les ondes d'Alfvén qui sont engendrées dans la basse photosphère y sont absorbées très vite dans la plus grande partie du soleil, mais la puissance calculée qui y est engendrée en ondes acoustiques dépasse d'environ un ordre de grandeur les diverses estimations des pertes radiatives dans l'atmosphère extérieure, selon le modèle de la zone convective supérieure qu'on choisit dans le calcul. Ce résultat a inspiré le grand effort qu'on a mis à créer des modèles atmosphériques solaires qui sont chauffés par ces ondes, qui sont en effet des ondes hydromagnétiques à mode rapide, en présence d'un champ magnétique. Alors, quand la pression magnétique est assez forte par rapport à la pression de gaz locale, l'énergie de l'onde peut se propager sous forme d'onde d'Alfvén le long des lignes de champ, et dans de certaines conditions elle pourrait en principe se propager jusque dans la couronne. Quoiqu'on n'estime plus que ce tableau simple soit satisfaisant, pour des raisons qui seront données aux chapitres suivants, on croit toujours que les ondes acoustiques fournissent une source probable de l'énergie nécessaire pour donner lieu à l'inversion de témperature chromosphérique (voir le Chapitre 12).

Les auteurs considèrent aussi le problème général de la génération des ondes par une instabilité oscillatoire thermique. On revoit le rôle de l'instabilité oscillatoire thermique dans la génération des ondes d'Alfvén. Il y a une courte discussion de la méthode de changer l'échelle de quelques-uns des résultats, pour les appliquer aux atmosphères stellaires.

Le Chapitre 12, de Jordan, "Le Chauffage Chromosphérique," passe en revue les efforts à vérifier que la chromosphère solaire se chauffe par la dissipation en chocs des ondes acoustiques qui sont engendrées par la turbulence dans la basse photosphère. La conclusion principale de ce chapitre est qu'on a maintenant tout lieu de croire que l'inversion de température solaire se produit à cause de chauffage de cette provenance, mais qu'un tel chauffage de la région de la chromosphère où se forment les centres à émission des raies H et K du calcium n'est pas encore établi, et qui le chauffage chromosphérique par ces ondes dans la région où il y a une perte d'énergie en Lα est maintenant douteux. Ces conclusions s'ensuivent de considérations observationnelles aussi bien que théoriques, mais ici on met l'accent sur les aspects théoriques.

Un résultat intéressant des récherches récentes est la détermination que l'amortissement radiatif des ondes acoustiques dans la photosphère peut tirer plus d'énergie de ces ondes que les besoins d'énergie mécanique de *toute* l'atmosphère extérieure au-dessus du minimum de température. Une seconde conclusion, peut-être encore plus étonnante, est qu'une atmosphère "ondulée" dans un état toujours transitoire peut, à cause des changements temporels liés au passage des ondes, avoir une structure de température moyenne presque identique à celle d'une photosphère en équilibre radiatif, bien qu'elle soit soumise à un chauffage énorme et à de nettes pertes radiatives à cause de la dissipation radiative des ondes! Ce qui est important pour l'astronome stellaire est l'implication que les estimations de l'énergie méchanique demandée pour donner lieu à une certaine structure de temperature dans l'atmosphère doivent se rapporter à la nature détaillée du mécanisme de chauffage; les estimations qui ne se rapportent qu'aux écarts de la témperature à la distribution qui règne en équilibre radiatif pourraient être fortement erronées.

Ce chapitre passe en revue plusieurs arguments théoriques qui favorisent la génération de l'inversion de témperature solaire par la dissipation des ondes acoustiques par chocs. Y compris sont la coïncidence de l'épaisseur de la photosphère avec la distance calculée pour la formation des chocs, quand on emploie les dernières techniques nonlinéaires en fonction du temps; et la grandeur du flux mécanique calculé qui reste au minimum de température, qui est grossièrement comparable aux diverses estimations des pertes radiatives nettes de la chromosphère. Pourtant, on n'a pas encore démontré que cette énergie restante pourrait effectivement chauffer la chromosphère dans les régions où ont lieu les pertes. On décrit brièvement les techniques untilisées dans les calculs les plus récents. Des techniques semblables, basées sur la méthode des caractéristiques dans la dynamique des fluides, sont maintenant en usage pour calculer des modèles de chromosphère stellaire.

La discussion se termine en résumant quelques désaccords actuels entre les efforts à calculer des modèles de chromosphère stellaire et les observations des étoiles. Au cas de la chromosphère solaire, il est évident que la prochaine démarche est d'incorporer dans le modèle théorique, de façon autonome, le chauffage magnétohydrodynamique engendré par les ondes en présence de champs magnétiques. Un tel traitement, qui entraînera la solution d'un problème complexe, à plusieurs dimensions, en magnétohydrodynamique radiative, pourrait éventuellement donner une solution théorique au problème du chauffage dans une grande partie de la chromosphère; mais il est également possible que le chauffage de la chromosphère solaire soit si complexe, à cause de la structure complexe de cette région (voir le Chapitre 4), que la théorie "finale" du chauffage de la chromosphère sera de nature statistique. C'est à dire qu'il peut être nécessaire d'additionner, de façon spatiale et temporelle, un grand nombre de processus pour produire un modèle moyen de la chromosphère solaire qui soit compatible avec toutes les observations.

Le Chapitre 13, de Withbroe, "Le Chauffage de la Région de Transition," décrit le bilan d'énergie dans la région de transition solaire, qui sépare la chromosphère de la couronne. En effet, le problème central de la région de transition est sans doute le bilan d'énergie global et local, plutôt que le chauffage mécanique local, parce que des observations récentes à grande résolution ont démontré que cette région est extrêmement complexe. La région de transition présente tous les problèmes de la chromosphère sauf la nécessité de traiter des transitions radiatives qui sont optiquement épaisses, selon le choix de raies diagnostiques. La région de transition est caractérisée par une structure à plusieurs dimensions qui est réglée par les champs magnétiques locaux, qui sont généralement plus importants pour les processus physiques locaux que dans la chromosphère; par des champs de vitesses à grande amplitude, qui sont parfois supersoniques par rapport aux températures ambiantes de la région de transition; et par la conduction thermique électronique et les très grands flux d'enthalpie entre la région de transition et la couronne, deux effets qu'on peut souvent laisser de côté dans les études chromosphériques. Withbroe revoit ce problème général et démontre la complexité inhérent du bilan d'énergie dans cette région, en s'appuyant sur l'équation d'énergie. Cette situation résulte essentiellement du fait que (1) il y a un grand gradient de température ici, ce qui garantit une conduction thermique considérable, et (2) l'émissivité radiative du plasma solaire diminue en fonction de la température au dessus de 10^5 K environ, ce qui, conjointement avec (1), exige un grand flux massique entre la chromosphère et la couronne. Autrement dit: le plasma solaire n'a aucun état hydrostatique qui soit stable du point de vue thermique aux températures qui règnent dans la plus grande partie de la région de transition.

Lorsqu'on comprend le problème général du bilan d'énergie dans la région de transition, on peut faire quelques affirmations sur le besoin de chauffage mécanique. Aux températures les plus basses de cette région, le plasma solaire a probablement peu besoin de chauffage mécanique. Il y a maintes façons d'obtenir une configuration stable ici du point de vue thermodynamique, on équilibrant les effets du flux conductif (qui peut entraîner ou non un chauffage local, selon la dérivée seconde du gradient de la température), du flux d'enthalpie, et des pertes radiatives locales. Quoique le chauffage mécanique local puisse aussi avoir lieu ici, les équations du problème et les observations solaires actuelles ne l'exigent pas. Puisque ces observations et théories ont manqué de démontrer la présence du chauffage mécanique ici, il est d'usage dans l'astronomie solaire de le négliger. Des observations futures pourront éventuellement dicter le contraire.

Ce qui est du plus grand intérêt pour les astrophysiciens stellaires, c'est sans doute les preuves d'un chauffage mécanique considérable dans la région de transition supérieure et la basse couronne. Puisqu'une grande partie de la région de transition inférieure peut sans doute se chauffer par la conduction en bas, à partir de la partie supérieure, et puisque de grands flux d'enthalpie semblent exigés pour atteindre un bilan d'énergie globale, un chauffage considérable dans les régions supérieures, où les températures sont près de celles de la couronne, serait exigé et pour compenser les pertes radiatives et pour chauffer les régions inférieures. On a cherché l'origine de ce chauffage dans les ondes, mais cette tentative s'est heurtée à des difficultés observationnelles aussi bien que théoriques. Withbroe revoit brièvement le rôle éventuel des processus plasmiques qui peuvent tirer de l'énergie au champ magnétique local pour chauffer la région de transition supérieure.

Le Chapitre 14, de Wentzel, "Le Chauffage Coronal," commence en se demandant quelles lecons tirées des études de la couronne solaire peuvent s'appliquer aux couronnes stellaires. Ayant remarqué les ressemblances et les différences entre le soleil et quelques autres étoiles qui ont été assez bien observées, Wentzel finit par dire: "Il appartient donc au théoricien d'insister sur les aspects qualitatifs importants, surtout ces aspects qui sont valables sur un grand domaine de paramètres coronaux, et d'éviter les processus qui dépendent de valeurs numériques habilement choisies." Il dit alors: "La leçon la plus importante de la couronne solaire est qu'elle est structurée par inhérence." Tandis que la connaissance actuelle des champs magnétiques stellaires est insuffisante pour établir la mesure où ceci est vrai pour les couronnes stellaires, on ne doute pas que notre compréhension de la physique de la couronne solaire s'est avancée en même temps que les observations qui mettent en évidence les détails de sa structure, dominée par les champs magnétiques.

À propos du chauffage de la couronne, Wentzel passe en revue quelques-uns des mécanismes qu'on a considérés pour chauffer les composantes bouclées bien définies, qu'on voit dans les régions actives, et aussi des mécanismes susceptibles de chauffer le reste de la couronne dans les régions qui sont quelque peu amorphes, ou qui se trouvent à la base des cavités coronales (voir aussi les Chapitres 5 et 15). En liant la couronne à la chromosphère et à la région de transition sous-jacentes, il note que, du point de vue théorique, on peut regarder ces régions comme "des filtres de porosité assez inconnue" pour filtrer la provision d'énergie de la photosphère.

On discute la dissipation des courants électriques, aussi bien que le chauffage par de divers mécanismes pour la dissipation des ondes d'Alfvén. Wentzel remarque que si la dissipation des courants électriques est efficace, c'est parce que les conditions physiques locales favorisent l'infraction de quelques-unes des hypothèses de la magnétohydrodynamique classique, de sorte que les phénomènes plasmiques deviennent importants. La séparation de charge en présence de champs électriques et d'oscillations plasmiques à haute fréquence peut avoir lieu parce que les chocs entre particules sont trop rares pour rétablir la description simple à "fluide." La nature de la conductivité électrique change de son caractère classique, dominé par les chocs, à une valeur "anormale" qui est beaucoup plus basse; la résistivité anormale correspondante augmente de façon dramatique. La dissipation anormale devient très efficace pour la conversion en chaleur de l'énergie qui réside essentiellement dans les champs électromagnétiques locaux. Wentzel discute les possibilités pour le chauffage anormale des boucles observées dans les régions actives. Ce processus pourrait éventuellement expliquer leur longues durées de vie, qui sont quelque peu surprenantes.

Les théories du chauffage coronal par des ondes n'ont pourtant pas disparues, bien que les observations du flux énergétique ondulatoire aux hauteurs de la chromosphère et de la région de transition ont posé des questions profondes sur la disponibilité de l'énergie résiduelle nécessaire pour chauffer la couronne (voir le Chapitre 4). Par contre, les travaux solaires récents ont bien éliminé la possibilité que des ondes acoustiques engendrées dans la basse photosphère, et se propageant comme ondes acoustiques (c'est à dire, sans transformation de mode quand les conditions locales changent en fonction de la hauteur) puissent chauffer la couronne. Ou bien ces ondes changent de caractère—en ondes d'Alfvén, par exemple—ou leur caractère dans la photosphère était différent d'emblée, à cause des grands champs magnétiques locaux dans la région de formation. Wentzel considère deux possibilités intéressantes pour le chauffage coronal par ondes: (1) le chauffage des composantes coronales à grande échelle dans la couronne quiescente et à la base des cavités coronales, par des ondes corporelles d'Alfvén de périodes solaires "typiques" plus grandes que 100 secondes, là où l'échelle horizontale des composantes permettrait leur propagation; (2) le chauffage des boucles dans les régions actives par des ondes superficielles d'Alfvén de périodes semblables, là où une brusque discontinuité dans le champ magnétique a la surface de la boucle présente les conditions nécessaires à la conversion de l'énergie ondulatoire en chauffage.

Le Chapitre 15, de Hollweg, "Le Bilan d'Énergie du Vent Solaire," présente une extension normale des idées du chauffage coronal qu'on a discutés au chapitre précédant. Tandis que Wentzel considère les divers mécanismes pour le chauffage de ce qu'on appelle souvent la "basse" couronne, et la plupart de ses remarques se rapportent aux composantes qui se trouvent à beaucoup moins qu'un rayon solaire au-dessus de la photosphère, Hollweg concentre son attention sur la situation bien au-delà d'un rayon solaire, où les observations récentes, surtout celles faites à partir des satellites en orbite terrestre et du Skylab Apollo Telescope Mount, ont mis en évidence le besoin d'un chauffage considérable et aussi un transfert de la quantité de mouvement au vent solaire, a des distances variant de très peu à plusieurs rayons solaires.

Hollweg commence son chapitre en donnant une liste de quelques-unes des hypothèses classiques qu'on utilise depuis vingt ans pour construire des modèles théoriques du vent solaire; puis, il se met à considérer les façons de modifier quelques-unes de ces hypothèses, pour obtenir un meilleur accord avec les observations récentes. Les hypothèses classiques citées sont: (1) l'accélération du flux résulte de la somme des gradients de pression thermique de toutes les espèces; (2) le flux est décéléré par la gravitation; (3) l'approvisionnement du vent solaire en énergie vient surtout de la conduction de chaleur hors du soleil; (4) l'échange d'énergie entre les électrons et les protons se produit par des chocs de Coulomb; (5) la pression radiative et la pression qui est due aux mouvements ondulatoires font une contribution négligeable au bilan de chaleur (ce qui est une version quelque peu modifiée de l'hypothèse (1)). On démontre que, quoique ces hypothèses fournissent des aperçus extremément utiles de la dynamique globale grossière du vent solaire (voir le Chapitre 16), elles ne donnent pas de modèles capables d'expliquer un nombre des éléments observés. Ceux-ci comportent: les grands flux massiques qu'on a observé à 1 u.a. dans les courants à grande vitesse; la température protonique relativement élevée, et la température électronique relativement basse qu'on a observées, par rapport aux prédictions basées sur la conductivité classique; et le fait que le flux d'énergie à 1 u.a. est dominé par le flux d'énergie cinétique et non par le flux de chaleur créé par la conduction électronique, comme l'aurait voulu la théorie classique. Pour obtenir un meilleur accord avec les observations, Hollweg considère surtout des modifications des hypothèses (1), (3), (4), et (5). Il met l'accent sur la physique macroscopique du système, mais il remarque qu'une grande masse de physique plasmique microscopique est à la base de la nouvelle méthode, et qu'une grande partie de cette physique microscopique n'est pas très bien comprise.

Quand on remplace l'hypothèse (4) par un traitement amélioré du flux de chaleur créé par la conduction électronique, basé sur la théorie cinétique, on est amené à la conclusion qu'on doit changer l'hypothèse (3) aussi. Comme le dit l'auteur, "Les preuves théoriques et observationnelles suggèrent qu'on ne peut pas comprendre le bilan d'énergie du vent solaire en supposant que la source principale d'énergie provient du flux de chaleur créé par la conduction électronique." Ici on cite des preuves observationnelles de l'existence des ondes d'Alfvén dans la couronne "extérieure" (voir le Chapitre 5), et l'on formule le problème théorique du traitement de ces ondes dans le plasma du vent solaire. En remarquant que ces ondes peuvent aussi transporter une quantité de mouvement considérable dans le vent solaire, ce qui est exigé pour expliquer les grands flux massiques et énergétiques qu'on observé à 1 u.a., Hollweg finit par dire que "le mode d'Alfvén semble donc le plus susceptible à contribuer au bilan d'énergie du vent solaire." Le chapitre se termine avec une discussion de la question si le chauffage et l'accélération d'Alfvén se produiront à la bonne distance du soleil pour donner lieu aux éléments observés des courants à grande vitesse à 1 u.a., et il résume quelques-uns des problèmes qui restent à résoudre pour la vérification de cette nouvelle image révisée de la physique du vent solaire. Quoiqu'il ait beaucoup de réserves, l'auteur finit sur un ton optimiste en disant que le schéma révisé est susceptible de s'avérer correct pour le soleil, mais il avise les astrophysiciens stellaires d'appliquer les théories du vent stellaire aux étoiles avec prudence, surtout puisque les astrophysiciens solaires n'ont pas encore examiné toutes les conséquences des processus et des éléments à petite échelle dans le vent solaire.

Le Chapitre 16, de Kopp, "Le Chauffage et l'Accélération du Vent Solaire," complète une série de trois chapitres étroitement apparentés, sur la couronne et le vent solaire. En particulier, on doit lire ce chapitre avec le Chapitre 15, car Kopp concentre son attention sur le problème classique dynamique de l'origine des éléments grossiers, à grande échelle, du vent solaire et peut-être de nombreux vents stellaires, tandis que Hollweg, qui met l'accent plutôt sur le bilan d'énergie dans le vent, insiste sur des écarts importants a ce schéma, qui semblent nécessaires à la lumière de certaines observations récentes. Les deux chapitres sont pourtant très complémentaires, et ils traitent de nombreuses questions semblables de points de vue assez différents. Les deux auteurs prennent une position critique qui laisse ouverts plusieurs points d'intérêt commun.

Kopp commence en remarquant que la question importante du chauffage et de l'accélération du vent solaire repose sur des déductions qui sont basées presque entièrement sur des observations faites à la distance de l'orbite terrestre. Ces observations sont soit du vent solaire *in situ* à 1 u.a., soit de la couronne à un niveau généralement en-dessous de celui où le vent est chauffé et accéléré; en aucun cas elles ne font apparaître directement les conditions physiques dans la région d'intérêt. Alors, comme c'est le cas avec tant de questions astrophysiques, il devient important surtout de créer une formulation autonome, en examinant avec prudence chaque hypothèse qu'on fait. Dans cet esprit, la première partie principale développe avec soin les équations fondamentales du problème du vent solaire. Il est naturellement entendu dans les remarques de l'auteur que des observations futures des conditions physiques détaillées dans la région principale de chauffage et d'accélération, de quelques uns à plusieurs rayons solaires, vont faire énormément du bien à l'astrophysique solaire-stellaire. Afin de mettre en évidence la dynamique grossière du vent solaire et de permettre une comparaison rapide avec les étoiles, qu'on observe toujours à résolution spectrale modérée, on ne développe que le traitement hydrodynamique à un seul fluide.

À partir des équations fondamentales ainsi dérivées, on peut créer une série de modèles de vent solaire de complexité croissante. Même des modèles basés sur une dynamique "incomplète" sont utiles. Les travaux antérieurs de Parker, qui ont démontré qu'une couronne à haute température doit s'étendre à une vitesse supersonique dans le champ gravitationnel d'une étoile, ont évité le problème dynamique complet en s'abstenant de résoudre une équation d'énergie, mais ils sont toujours d'une valeur générale, et ils ont fourni un grand stimulant aux recherches sur les vents stellaires. Quand on ajoute l'équation d'énergie, Kopp démontre que le chauffage conductif est insuffisant, à lui seul, pour donner lieu aux flux de masse et d'énergie cinétique qu'on observe à 1 u.a.–ce que Hollweg signale aussi. D'autre part, on peut augmenter le flux massique aussi bien que le flux d'énergie cinétique en ajoutant de la chaleur sur une étendue assez grande en rayons solaires. En général, le chauffage dans la région subsonique (près du soleil) va surtout pour augmenter le flux massique du vent solaire, tandis que le chauffage dans la région supersonique (à une distance de plusieurs rayons solaires) augmente le flux d'énergie cinétique à de grandes distances, sans effet comparable sur le flux massique.

Il est possible de créer des modèles dynamiques formels, où le chauffage se produit sans transfert de quantité de mouvement. Mais Kopp remarque qu'il est raisonnable pour des raisons physiques "de supposer que des forces mécaniques autres que les gradients de pression thermique jouent un rôle important dans l'accélération du vent solaire." Il se met donc à ajouter un terme à l'équation dynamique pour représenter une force corporelle qui agit sur le fluide. On considère la question de l'endroit où on doit ajouter cette quantité de mouvement pour situer convenablement le point critique de la transition supersonique. En résumant, Kopp démontre que l'emplacement des régions où l'on ajoute de l'énergie et une quantité de mouvement au vent solaire est peut-être encore plus important que la quantité de chaque variable qu'on ajoute; et en déterminant ces régions à partir des contraintes observationnelles, on est mieux placé pour évaluer un mécanisme donné, tel que l'hypothèse des ondes d'Alfvén qu'on décrit au Chapitre 15.

Le Chapitre 17, de Spruit, "Les Tubes de Flux Magnétiques," entame la dernière portion principale de la partie III de ce volume, en décrivant les théories récentes des tubes de flux magnétiques sur le soleil. Les observations à haute résolution, qu'on a revues au Chapitre 2 et surtout au Chapitre 6, ont démontré que le champ magnétique sur la plus grande partie de la surface solaire consiste en de très petits éléments à des échelles spatiales plus petites qu'une seconde d'arc, et à des champs d'environ 1500 gauss. Ces éléments, qu'on appelle des tubes de flux magnétiques, et d'autres plus grandes comme les taches solaires, posent un grand nombre de questions interéssantes; une de ces questions est le problème de leur stabilité, qui a récemment été l'objet d'une attention particulière. Les tubes de flux sont importants pour l'astrophysique stellaire, parce que leur comportement collectif est essentiellement réglé par le dynamo stellaire, dont le dynamo solaire est l'exemple le mieux étudié (voir le Chapitre 8), en partie à moyen des tubes de flux et de leur évolution. De plus, il paraît maintenant que le chauffage de l'atmosphère solaire extérieure est, dans la plupart des cas, un processus très localisé, qui est étroitement lié aux champs magnétiques locaux (qui ressemblent aux tubes de flux) et souvent réglé par eux. Les implications stellaires sont évidentes.

Spruit considère les problèmes de l'équilibre mécanique et thermique des tubes de flux en établissant les équations fondamentales; il considère ensuite des applications qui varient des plus petits tubes de flux observés jusqu'aux plus grands assemblages magnétiques sur le soleil, les taches solaires. On résoud le problème fondamental pour le cas d'un tube de flux à symétrie axiale et à orientation verticale dans la zone convective. On justifie la symétrie axiale par la stabilité évidente des taches, surtout aux perturbations qui ne sont pas à symétrie axiale; on justifie l'orientation verticale par l'existence de fortes poussées d'Archimède dans les couches supérieures de la zone de convection. Les configurations du champ magnétique en équilibre font apparaître une configuration à champignon quand la pression magnétique augmente par rapport à la pression de gaz hydrostatique, en fonction de la hauteur.

Un tube de flux vertical peut être instable de deux façons fondamentales. L'instabilité à cannelure, ou à échange, se produit si le contenu en énergie peut être diminué par un changement, qui n'est pas à symétrie axiale, de la forme du tube. Des instabilités convectives se produisent si l'énergie peut s'augmenter en déplaçant le gaz verticalement le long des lignes de champ; elles sont analogues à l'instabilité convective normale, mais modifiées par les forces magnétiques. On discute un critère de stabilité contre l'instabilité à cannelure, aussi bien que les conditions de stabilité convective. On considère l'application aux taches solaires.

En considérant la stabilité de tubes de flux très minces, Spruit passe en revue les travaux récents sur les ondes tubulaires, en traitant le cas isothermique aussi bien que les cas plus généraux. On démontre que, dans une atmosphère isothermique, les modes d'un tube sont des ondes évanescentes ou se propageantes, tandis que dans le cas nonisothermique, des instabilités convectives se produisent. Si le flux est en bas, le champ a tendance à s'écrouler, se fortifier, et donner lieu à une nouvelle configuration en équilibre; cela s'ensuit du fait qu'un champ plus fort a tendance à rendre le tube plus stable. Un flux en haut, par contre, a tendance à disperser le champ. Cet écroulement convectif à une configuration stable en équilibre serait la raison pour laquelle une grande partie du champ magnétique solaire superficiel se trouve dans de petits éléments à grand champ. On peut donc s'attendre à un processus physique semblable pour les champs magnétiques à petite échelle dans les atmosphères stellaires.

On présente une discussion de l'évolution des régions actives solaires et des taches solaires, à propos des "dynamos α-ω" qu'on a déjà considérés au Chapitre 8. On décrit et évalue ici les effets de la poussée magnétique et d'autres effets. Le chapitre se termine par une discussion des tubes de flux en tant que structure prototype pour les boucles observées dans les régions actives coronales (voir le Chapitre 5).

Le Chapitre 18, de Spicer et Brown, "La Théorie des Éruptions Solaires," complète la partie III, à orientation théorique, par une discussion d'un problème qui est actuellement l'objet d'une étude spatiale importante—la Solar Maximum Mission—et aussi d'un vif débat théorique sur ses divers mécanismes éventuels. C'est un sujet à la mode dans la physique solaire d'aujourd'hui, et il s'est récemment élargi pour comprendre l'étude des réactions nucléaires dans l'atmosphère solaire pendant les éruptions, aussi bien que la perte de grandes quantités de masse et d'énergie des régions en éruption, par des flux transitoires qui sont poussés par des ondes de choc dans le milieu interplanétaire. Les astrophysiciens stellaires qui s'intéressent aux étoiles éruptives, ou qui s'efforcent de comprendre des variations irrégulières du rayonnement stellaire qui défient toute explication plus conventionnelle, doivent trouver cette discussion utile. Il faut pourtant insister sur le fait que le problème des éruptions solaires est toujours loin d'être résolu.

Ce chapitre met l'accent sur les mécanismes physiques qui *pourraient* être efficaces si les conditions physiques locales (qu'on ne peut pas encore observer) étaient convenables. En partie pour cette raison, les auteurs s'efforcent de mettre l'accent sur les façons dont les observations actuelles limitent le nombre de possibilités physiques. Les solutions finales attendront sans doute des données à plus haute résolution, surtout en ce qui concerne le champ magnétique, ses gradients locaux, et son comportement transitoire. Les auteurs critiquent une tendance à se construire des modèles de régions en éruption qui sont compatibles avec l'énergetique globale mise en évidence par les observations, mais qui n'aident pas à distinguer entre les mécanismes concurrents. Leur point de vue est celui d'un physicien plasmique qui vient au problème des éruptions solaires en connaissance des observations, mais sans préférence pour aucune des théories générales qui paraissent dans la littérature solaire depuis vingt ans. Le lecteur doit se rappeler qu'*aucune* méthode, y comprise celles qu'on favoriserait implicitement ici, ne peut se vérifier complètement à présent.

D'abord on passe en revue les équations et les idées fondamentales, pour faire connaitre au lecteur les principes fondamentaux de la magnétohydrodynamique et de la physique plasmique qu'on rencontre souvent dans les études de la physique des éruptions. On considère les conditions où les champs magnétiques locaux dominent les pressions de gaz et les densités d'énergie locales, et où la grande résistivité "anormale" remplace la résistivité classique. On s'adresse assez longuement à la question de la stabilité hydrodynamique d'une configuration donnée, avec une classification soigneuse des instabilités selon la nature de la force motrice, la facilité de leur excitation dans les conditions locales, et l'amplitude de l'instabilité. On discute les instabilités ion-cyclotron, les instabilités de Bunemen, les instabilités à déchirement, et d'autres qui sont connues depuis longtemps des physiciens plasmiques mais qui se sont appliquées plus récemment aux éruptions solaires. On revoit une série de conditions éventuelles qui pourraient entrainer le déchirement et la réconnexion des lignes de champ magnétique, l'acceleration des courants, et le chauffage rapide anormal du plasma ambiant.

Ce chapitre est sans doute un des plus difficiles pour le nonspécialiste. Le sujet est complexe par inhérence, et on n'a pas encore déterminé de nettes signatures observationnelles d'un grand nombre des processus. Néanmoins, un des processus d'importance pour le soleil et pour au moins quelques autres étoiles est l'extraction d'énergie d'un plasma atmosphérique stellaire enfoncé dans des champs magnétiques assez forts, qui sont susceptibles d'être tordus d'une manière quelconque. On espère que le lecteur intéressé, muni de patience et d'intuition physique, verra les fils unificateurs qui relient les théories formelles de la dissipation d'énergie magnetique, afin qu'il contribue aussi à la recherche des "discriminateurs" critiques observationnels dans les éruptions solaires et stellaires.

Le Soleil en Tant qu'Étoile: Quelques Spéculations

La dernière division de ce livre, et son dernier chapitre, est la partie IV ou *le Chapitre 19, de Rutten et Cram*, "Le Soleil en Tant qu'Étoile." Ce chapitre commence par une courte récapitulation des raisons pour lesquelles les astronomes stellaires doivent s'intéresser au soleil. Dans les paroles des auteurs: "La contribution la plus importante que l'astrophysique solaire peut faire à l'astrophysique stellaire est d'indiquer le chemin vers une méthodologie améliorée pour l'interprétation des observations stellaires et pour la construction des modèles d'atmospheres stellaires." Puisque les données stellaires récentes, obtenues par des engins spatiaux, démontrent que des phénomènes nonthermiques se rencontrent couramment dans les étoiles, la connaissance de ces phénomènes qu'on gagne des études solaires doit s'avérer très précieuse.

On s'adresse au problème de l'intérpretation des spectres solaires à résolution spatiale d'une manière qui a un sens pour l'astronome stellaire, qui est obligé de travailler avec la résolution spectrale et parfois la résolution temporelle pour étudier des phénomènes à inhomogénéité spatiale. On remarque qu'avec une résolution spectrale suffisamment grande, l'astrophysicien stellaire peut souvent déterminer le type de processus physique qui a lieu. À partir d'une connaissance des processus physiques et de leur comportement sur le soleil, on peut développer un schéma autonome de l'atmosphère stellaire. Un exemple en est la connaissance de l'influence des champs magnétiques sur la structure et la dynamique d'une atmosphère extérieure stellaire, qui est basée sur le cas solaire. Bien que cette méthode autonome ait ses inconvénients, elle fournit un guide utile aux phénomènes atmosphériques stellaires, et elle peut sans doute fort contraindre le problème stellaire. Alternativement, on peut regarder le soleil comme une étoile lointaine en intégrant des spectres qui proviennent de parties différentes du disque, ou en utilisant des techniques observationnelles spéciales pour obtenir des spectres à disque entier. On décrit quelques-unes de ces techniques, aussi bien qu'un certain nombre d'autres techniques observationnelles et instruments solaires qui s'appliquent plus fréquemment aux autres étoiles.

Ensuite il vient une discussion du soleil en tant que "laboratoire astrophysique"— où les auteurs veulent dire, spécifiquement, un laboratoire naturel pour vérifier les hypothèses et les méthodologies du transfert radiatif hors ETL, de la dynamique radiative des gaz compressibles, de la dynamique magnétique des gaz, et de la physique plasmique, dans les conditions qui si recontrent dans le soleil. Bien qu'il ne soit pas un laboratoire au sens terrestre de fournir des conditions experimentales qui sont reglées par le chercheur, le soleil fournit néanmoins une abondance de phénomènes, qui se répètent assez bien, dans des plasmas à haute température et à basse densité qui seraient difficiles, sinon impossibles, de simuler sur la terre. La discussion met l'accent sur les processus physiques qui se rencontrent. Ils sont, évidemment, les types généraux de processus qu'on reconnaît ou qu'on s'attend à rencontrer, dans d'autres atmosphères stellaires.

Dans la dernière partie de ce chapitre, les auteurs reviennent à la question de la construction d'un modèle global de l'atmosphère solaire. Il y a ici une question importante: la mesure où la variation radiale des paramètres thermodynamiques du modèle à elle seule est suffisante pour décrire la physique fondamentale de l'atmosphère. D'un côté, on peut regarder l'existence de chromosphères, couronnes et vents comme des manifestations d'un flux d'énergie cinétique et d'un flux massique dans une direction surtout radiale, ce qui entraîne certaines conclusions générales sur la distribution de la température et la densité dans l'atmosphère extérieure, en conséquence du chauffage mécanique et du transfert d'une quantité de mouvement au dehors. De l'autre côté, prétendent les auteurs, la structure nonradiale de l'atmosphère extérieure peut vraisemblablement jouer un rôle essentiel en déterminant les processus (parfois prédominants) qui se produisent et les endroits où ils se produisent. Un exemple en est l'influence profonde des champs magnétiques sur la détermination des ondes qui peuvent se propager, et les régions où elles se propagent, dissipent leur énergie, et transfèrent leur quantité de mouvement au milieu ambiant. Les mécanismes de dissipation des courants électriques dépendent également du champ. Va-t-on voir sortir un modèle global général à une dimension des atmosphères solaire et stellaires, ou faut-il dénicher patiemment tous les effets à plusieurs dimensions des données observationnelles stellaires, avant même de construire des modèles très généraux des atmosphères stellaires? C'est une question passionnante et très importante pour l'astrophysique stellaire; les études du soleil nous aideront sans doute à y trouver la réponse.

SUMMARY

Overview of the Volume

The Sun is the only star that provides us with data of high spatial resolution. This resolution of surface features and the large radiative flux from the Sun permit detailed studies of solar atmospheric structures and physical processes that are clearly impossible for any other star. Many of these solar structures and processes are currently thought to be important in other stars; indeed, the evidence for chromospheres, coronae, and winds in many stars is both compelling and growing rapidly with the new observations made from space. Yet, only for the Sun are the data often of sufficient quality to permit definitive astrophysical studies to be made of the underlying physical mechanisms causing the observed phenomena. It is for this reason that astronomers sometimes refer to the Sun as the "Rosetta Stone" or as the "hydrogen atom" of astronomy. The Sun helps us, as no other star can, both to crack the cosmic code and to test our theories of stellar phenomena. These points are considered further in Part I of this volume *by Rutten and Cram,* "Introduction."

Many of the observed solar phenomena and, particularly, many phenomena of greatest contemporary interest to solar astrophysicists are nonthermal. By nonthermal, we mean those dynamical phenomena which can occur only in a star that departs from a body in static thermal equilibrium. Thus, we emphasize velocity fields and magnetic fields and their effects. All of these dynamical phenomena are considered here in addition to departures from static local thermodynamic equilibrium (LTE) in radiative transfer. In language more familiar to traditional astronomy, the nonthermal processes considered in this volume fall under departures from LTE, radiative equilibrium, and hydrostatic equilibrium. Because of the high electrical conductivity of the solar plasma, these departures often give rise to strong currents and magnetic fields and, hence, to important hydromagnetic and plasma phenomena; and the presence of hydrodynamic instabilities and systematic mass motions makes pulsations, waves, and "turbulence" (still ill defined in astronomy and poorly understood in general) inevitable, as observations confirm. We are obviously far beyond the days of the "classical" Milne problem of LTE, radiative equilibrium, and hydrostatic equilibrium, and even well beyond the "semiclassical" days of static non-LTE theory in which departures from radiative and hydrostatic equilibrium were ignored. We are also well beyond the days when one-dimensional models of the solar atmosphere, at least above the photosphere, were adequate to explain many of the phenomena observed. This admittedly disturbing situation—disturbing to the stellar astronomer wishing to use solar models—is considered at the end of this summary.

The importance of nonthermal phenomena in stellar atmospheres has been brought into sharp focus of late mainly by *observations.* While some theorists have long argued that thermodynamic considerations demand that certain nonthermal processes occur, it is the recent flood of relatively high spatial and temporal resolution solar observations and high spectral and medium temporal resolution stellar observations that have convinced most astronomers of their great importance. For this reason, this volume emphasizes the vital role of observations in the development of our understanding, and includes as many examples of relevant observational data as could reasonably be accommodated. Emphasis is generally on the solar observations themselves, not on the instruments and techniques employed. However, the diagnostic procedures used to translate the data into models of densities, temperatures, and when possible, velocities, and magnetic fields are reviewed in connection with the observations. Emphasis is more on a critical assessment of the assumptions underlying the diagnostic techniques than on the detailed techniques themselves, but some particularly useful diagnostic techniques are reviewed briefly. The observational and diagnostic part of the book, Part II, also includes some discussion of models of major solar atmospheric regions and features.

The second major part of the book, Part III, consists of theoretical interpretations of the solar data described in Part II. Readers should note the close correspondence between certain chapters in Part II and others in Part III. For example, a stellar astronomer interested in stellar coronae and winds would be well advised to read both Zirker's Chapter 5 in Part II and also the chapters on these subjects by Wentzel, Hollweg, and Kopp in Part III. The emphasis in the two parts differs, but similar topics are usually treated, in part due to some collaboration between authors of similar subjects. Basically, the theoretical discussion emphasizes two things: the types of physical processes that have been found to be, or are currently throught to be, important in explaining solar observations, and the critical observational "signatures" of these physical processes. Since it is still not always clear, even in solar astrophysics, what processes are dominant or what observations provide the clearest evidence for one process versus another, the reader must exercise considerable judgment in evaluating these discussions and in determining under what conditions a particular process might be important in stellar astrophysics. The authors have tried to be helpful here, by suggesting a number of possible solar-stellar connections.

The final main division, Part IV, is a somewhat speculative discussion of the Sun as a star. Here, the authors consider how the solar-stellar connection appears to be evolving, based on observations, and how the Sun might best be used as an astrophysical laboratory for testing many theories of stellar astrophysics.

Observations and Diagnostics

Chapter 2 by Beckers, "Dynamics of the Solar Photosphere," concentrates on hydrodynamic and magnetic phenomena in the solar photosphere and in the subphotospheric convection zone to the extent it can be inferred there from observations. The treatment is fairly comprehensive, excluding mainly any detailed discussion of pulsations and oscillations, which are covered by Deubner in Chapter 3.

The question of the depth of the convection zone is reviewed in the light of recent research based on the p-modes, of which the best known is the now familiar 5-minute oscillation. This issue remains open in solar astrophysics and is important to studies of convection zones in late-type stars. Some recent integrated (whole disk) solar observations are presented and discussed in the context of their usefulness to interpreting (necessarily "whole disk") stellar spectra. The main point Beckers makes here is that interpreting these solar spectra in the light of what little is known about solar microturbulence suggests that the frequently reported high values of stellar microturbulence are due to averaging over many quite different kinds of motions; in effect, stellar microturbulence is a gross approximation offering little physical insight. The proposed solution is to obtain and interpret stellar spectra of higher spectral resolution.

The nature of solar rotation is discussed, both in its latitudinal dependence—differential rotation— and in its depth dependence. Studies of the latter have become possible because the mechanism for the p-mode has recently become understood, permitting observations of the p-modes to be used as a diagnostic tool (Chapter 3). Possible secular changes in the solar rotation are considered as a means of determining how angular momentum is redistributed within the convection zone. A possible correlation with the sunspot cycle is also discussed. Other large-scale solar velocity fields have been detected, but so far defy a definitive description, because of the very high sensitivity required of the measurements. In particular, further research is needed to establish the existence and properties of the giant convection cells reported by some authors.

The properties of the supergranulation and granulation are described. Supergranules, which appear to be medium-scale convection cells, are relatively well known observationally, and appear to be larger and longer lived in and near active regions than in the quiet Sun. Correlations with magnetic fields play a strong role in their observed characteristics. Large, penetrative "exploding" granules have been studied recently and may play an important role in wave generation in the upper photosphere. Observed variations in granule properties may provide a useful diagnostic probe for the upper convection zone.

Solar velocity fields are currently resolved on scales as small as 10^{-4} solar diameters. Indirect evidence for unresolved velocity fields exists from the red shift at the limb, the nonthermal widths of lines, and from line saturation and asymmetry effects. One of the recent results Beckers discusses is the apparent decrease through the photosphere of the unresolved nonthermal velocity field inferred from the widths of weak lines. The magnitude and origin of this velocity field in penetrative convection and photospheric sound waves is important to the question of wave generation and atmospheric heating.

Sunspots and solar magnetic fields are the final topics considered by Beckers. The value of sunspots to stellar astrophysics is in providing a laboratory for studying plasma conditions typical of stellar atmospheres in the presence of kilogauss strength magnetic fields. In general, sunspot umbrae reveal few motions, the most significant to date probably being oscillations of 180 and 300 seconds. A 250-second oscillation seen in the Hα line in sunspot penumbrae may be an MHD wave leaking out of the umbrae. The nature of so-called convective rolls seen in the penumbrae and their possible interpretation as a convective instability in a horizontal magnetic field is also discussed, as is the horizontal flow known for decades and called the Evershed effect.

Small-scale magnetic elements of spatial scale 1 arcsec (~ 730 km) or less now seem to be the chief constituent of the solar surface magnetic field. The integrated field of the whole Sun is obtained from a vector sum of these local fields. The field strength in these localized elements is not small compared to the sunspot field, however, being typically of the order 1500 gauss. There is a highly specialized terminology used in solar physics to describe various small magnetic structures, depending upon where they are observed and at what wavelengths.

Chapter 3 by Deubner, "Pulsations and Oscillations," deals with the g-modes (gravitational restoring force), p-modes (pressure restoring force), and relatively high frequency acoustic waves that have been observed, or reportedly observed, in the solar atmosphere. This chapter offers a particularly thoughtful critique of observational and diagnostic techniques which are of special importance here, since subtle analyses of power spectra of often faint signals are frequently required. This is particularly true for the low order g-modes which have been reported with periods of up to almost three hours.

The reported observations of these long period, non-radial global pulsations of the whole Sun had not, until recently, clearly established their character or even their existence. Some authors claimed that a proper treatment of the influence of the Earth's atmosphere on the signal demonstrated its local, hence nonsolar origin. In addition, there were arguments that the observed 160 s period could be a beat frequency of two higher frequency pulsations.

Finally, it is still not clear for periods less than about one hour whether the pulsations are high order g-modes or low order p-modes. Better observations are currently in progress. If the whole Sun is pulsating at very long periods, this could provide a useful diagnostic probe for the interior, one that may have application to some other late-type stars.

The most familiar p-mode is best observed in the solar 5-minute oscillation whose character has now been established beyond reasonable doubt (see Chapter 10). In consequence, the splitting of the p-mode ridges which are observed in the diagnostic diagram obtained from plotting frequency against horizontal wavenumber has proved to be a useful diagnostic for studying the depth dependence of solar rotation in the convection zone. This should greatly improve our knowledge of the convection zone and the solar dynamo, with obvious benefits for understanding convective envelopes in other late-type stars. Deubner gives reasons why p-mode amplitudes might be relatively large in some other late-type stars, making them a useful probe there also. Observations interpreted as high frequency sound waves in the photosphere are discussed by Deubner, and an estimate is made of the mechanical energy flux in these waves at the formation level of the spectral lines observed. If this interpretation of these observations proves correct, there is more energy in these waves than is required to balance the energy losses of the *entire* outer solar atmosphere above the photosphere (though not necessarily after radiative damping in the photosphere itself is included). Since there is some question about this interpretation, Deubner reviews other evidence and also a critique of his own work, both of which suggest that the energy flux in sound waves inferred from these data may not be so great after all. Because of its obvious importance to solar and then stellar atmospheric heating, Deubner urges this issue be resolved as soon as possible.

Chapter 4 by Athay, "The Chromosphere and Transition Region," begins with an overview of the observational situation in the chromosphere and transition region and of some of the outstanding problems which this situation poses. The chromosphere is defined as that part of the solar atmosphere lying between the temperature minimum and a temperature of 25,000 K, chosen to include the Lyman temperature plateau within the chromosphere. The transition region then lies between the chromosphere, so defined, and the million degree corona. It is acknowledged that these definitions are somewhat arbitrary, but they do offer clear observationally based definitions, which are important because recent research shows there may be no simple relationship between atmospheric heating and major atmospheric regions.

Of perhaps greatest significance for future studies of nonthermal phenomena in these regions is the prevalence of both spatial and temporal fluctuations throughout. Fluctuations in temperature, density, and velocity, which increase in amplitude with height, suggest that the atmosphere may not exist in a stable, static themodynamic state. This situation, combined with the increasing domination with increasing height of local physical processes by highly concentrated magnetic fields, suggests in turn that the ultimate "valid" model may be a stochastic one, where mean values resulting from averaging of rapidly varying local state parameters and (often hydromagnetic or plasma) physical processes seldom represent what the local conditions are at a given time anywhere in the atmosphere. Solar astrophysics is only beginning to address this essentially statistical orientation toward atmospheric modeling.

This complex situation does not mean that a number of important physical processes cannot be carefully studied, or that some relatively small number of these processes might not *dominate,* even in a statistical model. Athay notes that the mechanisms which transfer mechanical energy upward will, in general, also transfer momentum to the atmosphere. Any efforts to explain observed atmospheric scale heights must take this into account. Also, it is now fairly certain that the Cayrel mechanism for producing a temperature rise in radiative equilibrium cannot alone produce the temperature inversion at the base of the chromosphere, because line blanketing is too strong. The detailed energetics at the solar temperature minimum thus becomes an important unsolved problem, with important implications for at least other late-type stars. The Cayrel mechanism, mechanical heating, and line blanketing all occur together to determine the structure of this region, where, because of the relatively high density, small increments in the mean temperature have a huge effect on the mechanical energy requirements. For this reason, Athay notes that current solar photospheric radiative equilibrium models are still not accurate enough (the uncertainty ΔT should be less than 100 K at the temperature minimum) to evaluate the heating requirements.

Solar "microturbulence," inferred from nonthermal line widths, is examined critically and found to be neither necessarily micro in scale nor turbulent in nature. Arguments are advanced that the scale does not have to be small compared to a photon mean free path; the observed nonthermal widths may be best explained by the combined effects of systematic flows and wave motions.

Athay covers a large number of topics potentially useful to a stellar astronomer. Solar observations in the EUV cover a much larger fraction of the disk than Hα and this, plus their superior diagnostic attributes, make the EUV data much more valuable for chromospheric diagnostics in other stars. Spicules and fibrils, the basic elements of chromospheric fine structure, are described. There is a listing of many chromospheric and transition region lines useful for diagnostics. The standard diagnostic techniques are reviewed: the basic non-LTE theory for optically thick spectral lines, with a discussion of the effects of variable Doppler width and partial redistribution; and the use of line intensity ratios for optically thin lines. The Vernazza-Avrett-Loeser (VAL) model is discussed, and the conclusion is reached that above 8000 K *no* one-dimensional solar model represents the observed chromospheric regions. Some current two-dimensional models of the transition region are considered, and current observations are invoked to argue the necessity of incorporating both the multidimensional *and* the dynamical behavior to produce a satisfactory model. The role of hydrogen ionization as a thermostat that controls the temperature gradient in the chromosphere and the related role of thermal conduction in the transition region are described. The chapter ends with a discussion of recent observations that appear to severely restrict the role of wave heating above the middle chromosphere, where the emission cores of the Ca H and K (and the Mg h and k) lines are formed.

Chapter 5 by Zirker, "The Solar Corona and the Solar Wind," considers observations bearing on four fundamental questions: How is the corona heated? What accelerates the solar wind? Why do the corona and wind experience both transient and secular changes? What role does the magnetic field play in these processes? Answers to these questions will help stellar astronomers understand the heating and acceleration processes in outer stellar atmospheres, where recent space data show that coronae and winds are a commonly encountered feature of stellar atmospheres. In addition, evidence coupling the solar corona and wind to subphotospheric circulation via the magnetic field generated within the Sun suggests a means of studying large-scale subsurface velocity fields in stars through their "signatures" in stellar coronae and winds, particularly in their secular behavior.

Zirker gives examples of solar observations which exhibit the overall structure of the corona; it appears as highly inhomogeneous, generally asymmetrical, and varying with time on short (transient) and long (secular) temporal scales. There are, however, three different coronal subregions which collectively characterize the entire corona. These are the active regions (formerly often called condensations), quiet regions, and coronal holes, of which the first and last are currently the best defined and the most intensively studied. The active regions consist of loop structures when seen in high spatial resolution, are the hottest and densest large-scale features in the corona, and appear to coincide with closed magnetic field configurations. Coronal holes, at the other extreme, appear to be magnetically open regions comprised of rays and plumes radiating essentially away from the Sun, with much lower temperatures and densities. Quiet regions appear as something in between, showing intermediate brightness and a somewhat amorphous, vaguely looped structure. From scattered photospheric radiation scattered by both free electrons and dust particles, radio continua in the dm and cm wavelength ranges, and coronal lines, both forbidden and permitted (the latter, mainly at EUV and soft X-ray wavelengths), coronal temperatures, densities, and some velocities can be determined. Values of the coronal magnetic field are extremely difficult to measure; because of its importance, Zirker describes some of the techniques currently under development. To date, practically all of our estimates of the coronal magnetic field come from numerical extrapolations of photospheric potential fields, a rather unsatisfactory situation.

The observed properties of the solar wind are reviewed, emphasizing the high speed wind streams (velocities up to 800 km s^{-1}) which originate mainly in coronal holes. The origin of low speed wind streams is uncertain. From correlations of velocity fluctuations with magnetic fluctuations, Alfvén waves are thought to have been observed in the solar wind, with important implications for heating and acceleration (Part III). The open interplanetary magnetic field associated with the solar wind has a definite "sector structure" with two or four sectors of opposite magnetic polarity, looking at the Sun pole on. High speed wind streams are always unipolar, lying entirely within one sector.

After describing the general observational characteristics of the corona and of the solar wind, Zirker concludes by reviewing some of the salient observational details of coronal holes and active region loops, emphasizing characteristics related to the problems of their heating and dynamics. Acceleration to high velocities in high speed wind streams must occur within a few solar radii, severely constraining solar wind heating theories. Coronal holes are strongly coupled to the underlying transition region by large enthalpy flows in which the energy flux may greatly exceed the downward conductive flux. Skylab data show coronal holes developing in a highly systematic manner. Active region loops have higher temperatures at the top and in an outer sheath which surrounds cooler material. Energy balance and thermal stability considerations *require* a flow between coronal and chromospheric parts and, in general, between hot and cold parts of loops, although only the global energy balance has been treated thus far. Downflow from loops has been observed; so far, there is no evidence for persistent flow *within* loops, perhaps because the spatial resolution of available coronal observations is too low.

Chapter 6 by Zwaan, "Solar Magnetic Structure and the Solar Activity Cycle," begins by emphasizing the salient result of modern high resolution solar magnetography, namely, that much of the solar magnetic field is concentrated in small elements of high field strength. The field observed with low spatial resolution usually breaks down into small-scale elements when the resolution is improved, particularly in the lower regions of the atmosphere. There is, however, a clear tendency for "fanning out" with height.

There is a well-defined hierarchy of magnetic elements on the Sun, also discussed in Chapter 2. Beginning with the largest aggregates of moderately uniform field these are as follows: sunspots, pores, faculae and filigree, magnetic knots. General characteristics of *sunspots* include a uniform dark (relatively cool) umbra surrounded by a lighter, horizontally structured penumbra; field strengths are typically 2900 ± 400 gauss; effective temperatures,

T_{eff} = 4000 ± 100 K. All other solar surface fields outside of sunspots appear on arcsecond scales or less when seen with high spatial resolution. *Pores* are described as "small umbrae without penumbrae"; field strengths vary from 2000 to 2500 gauss. *Faculae* are seen as bright emission (initially defined in white light observations near the limb) correlated with chromospheric plages and network structures. *Filigree* are the fine structured or high resolution elements of the facular regions, with cross sections of half an arcsecond (365 km on the Sun) or less, and field strengths of 1000–2000 gauss. *Magnetic knots* are larger than filigree elements but smaller than pores, and do not show up in the continuum or line wings; they too have kilogauss fields. Sunspots, pores, and magnetic knots occur *only* in active regions. The Sun exhibits no global, dipole-type field of strength greater than a few gauss, though bipolar fields of less than 5 arcsecond extent have been observed.

The general properties of the various solar magnetic elements include: a resemblance to the field at the end of a long solenoid; a general vertical orientation in the photosphere, with a relatively larger horizontal component developing with increasing height; flux tube lifetimes much greater than dynamical timescales (implying an interesting hydromagnetic stability problem considered in Chapter 17); a tendency for small-scale field elements in the lower atmosphere to coalesce into larger scale aggregates in the corona.

Zwaan gives a detailed discussion of solar active regions, where practically all of the magnetic activity of the Sun occurs, other than that in the network which is imbedded in the "quiet" part of the atmosphere. Of particular interest to the stellar astrophysicist will be the description of how solar active regions emerge, evolve to maximum size, and then decay. Development is a more rapid process than decay; active regions tend to develop near existing active regions, and flares tend to occur in large, complex active regions (implying high preflare stress in the magnetic field). Finally, the way individual active regions and all active regions studied together grow and decay yields fundamental information for constraining models of the solar dynamo and subphotospheric convection.

The solar activity cycle is described, as is the apparent disruption of this cycle in the seventeenth century known as the Maunder Minimum. An interesting possibility here is that, while there is normally a definite periodicity in the sunspot frequency and fractional area of the Sun covered by active regions, the latter may be anticorrelated with the frequency of emergence of ephemeral active regions, suggesting that the *total* rate of magnetic flux emergence may be approximately constant, reflecting only a change in the *character* of the solar dynamo. The chapter ends with a discussion of possible observational signatures of stellar activity cycles.

Chapter 7 by Brown, Smith, and Spicer, "Solar Flare Observations and Their Interpretation," begins by describing the main observational characteristics of solar flares: the rapid and enormous increase in the intensity of electromagnetic radiations in the flare region and covering much of the spectrum from radio wavelengths to, and sometimes including, gamma rays; the production of highly energetic particle radiations extending into the GeV range; the frequent production of transient coronal mass ejections of up to 10^{13} kg of material which can, under some conditions, carry away most of the flare energy.

The total energy released during a solar flare has been observed to range from about 10^{21} to 10^{25} Joules. Flares are conveniently described by three observed phases: (1) The *precursor phase*, characterized by certain radiative signatures and sometimes, perhaps, by changes in the associated active region magnetic field configuration; (2) the *flash phase*, lasting for 1 to 5 minutes, of which the so-called impulsive phase is a part, in which the rapid increase in the intensity and volume of electromagnetic radiation occurs; (3) *the main or gradual phase*, lasting on occasion for hours, and characterized by a slow decay in intensity.

Observations suggest that the "two-phase acceleration hypothesis" should be adopted for solar flares; this assumes that the flash phase is associated with the primary energy release mechanism, and that extended bursts and transients, etc. are associated with a secondary energy release involving shocks that are generated during the primary energy release.

The chapter contains an extended discussion of solar flare radiations and energy transfer processes. The question of the nonthermal vs. the thermal origin of the solar hard X-ray radiation that occurs only during flares is also considered in detail. While the hard X-ray spectrum exhibits a power law form suggesting a nonthermal origin, it is possible to construct such a spectrum by summing the contribution from numerous thermal sources, the continuous output of which then provides an alternative explanation for chromospheric flare emissions. The latter are often interpreted as the chromospheric response to a highly anisotropic electron beam generated in the corona during the flash phase, and radio data lend some support to this interpretation. However, the decay time of the chromospheric radiation is too long for a single, short duration beam to be the sole source of the heating. In general, the energy transfer processes within a flare are still not well understood, and currently available observations are inadequate to settle many of these questions, although data from the Solar Maximum Mission (SMM) are expected to greatly narrow the range of possibilities.

Practically all studies of solar flares assume that the source of flare energy in the atmosphere is the magnetic field, and there are strong observational reasons for adopting this assumption. Unfortunately, it is a difficult observational problem to determine the magnitudes and gradients of the active region magnetic fields; ultimately, their temporal behavior is also needed. Because this observational problem is not expected to be solved in the near future, it becomes particularly important to constrain the flare problem as much as possible with other types of observations, including radio bursts and the ejection of high energy particles and mass transients, along with the visible, UV, EUV, X-ray, and γ-ray data. The SMM program is doing this now, with spatial resolutions down to almost one arcsecond.

The stellar astrophysicist will find many examples of observational signatures of particular energy transfer mechanisms, as well as a fairly complete discussion of the typical solar flare radiations. These observations should prove useful in detecting and interpreting flare phenomena on other stars.

Theoretical Interpretations

Chapter 8 by Gilman, "Global Circulation and the Solar Dynamo," considers the latest theoretical efforts to model the solar, large-scale differential rotation and convection and also the latest models for the solar dynamo, which is thought to be responsible for generating the observed magnetic field. Since the dynamo is a magnetohydrodynamic dynamo dependent upon the subphotospheric circulation, this latter phenomenon is considered first.

The major large-scale flow that has been most reliably observed on the Sun is the differential rotation. The rotation rate at the solar equator is about 40 percent larger than its value at the poles. The main theoretical problem thus becomes one of finding a mechanism for transferring the associated angular momentum toward the equator in a manner consistent with all observations of solar velocity fields, including the depth dependence of the rotational velocity which, from preliminary studies of the p-modes, seems to increase in the superficial layers of the convection zone down to about 20,000 km. Current theoretical work strongly supports the existence on the Sun of giant convection cells on a scale much larger than the supergranulation, so current observational efforts to establish their existence are also extremely important (Chapter 2).

The general theoretical procedure for treating the global circulation and convection is to compute the global motions (differential rotation, giant cell convection) and parameterize the small-scale motions (supergranulation, granulation), while assuming some mechanism for angular momentum transport. The two mechanisms normally considered are: (1) asymmetric meridional circulation, in which the diffusion of small-scale motions gives rise to a net equatorial acceleration; (2) departures from (1), in which velocity correlations between east-west and either north-south or radial motions give rise to the net equatorial acceleration. Giant cells play a crucial role in the second case, where the dynamics are calculated explicitly so that unresolved motions play a less critical role. Gilman offers a critique of both approaches, favoring the second, but noting that both a proper treatment of convection and the addition to the calculation of parameterized unresolved small-scale motions are still necessary steps to be taken. Also, it is noted that no current model is consistent with all the observations. Illustrations are provided of some computed velocity patterns.

Current hydrodynamic dynamo theory has been developed in three stages and exhibits three somewhat different views on what might be driving the dynamo. In general, the problem is to generate the observed solar magnetic field from the various subphotospheric convective motions that are bounded by feedback from electromagnetic body forces on the moving plasma and must be strong enough to be maintained against Joule dissipation. The three versions of the theory described differ mainly according to the relative importance of differential rotation (the ω effect) and cyclonic turbulence (the α effect) and also on the treatment of diffusion of the surface magnetic fields after they have erupted from the convection zone. Hence, one encounters the "$\alpha - \omega$ dynamo," a second approach which predicts the eruption of strong fields in sunspot groups and their subsequent random walk diffusion, and the "α^2 dynamo." A critical discussion of these dynamo theories is offered, with the conclusion that compressible, self-consistent (or dynamic vs. kinematic) solutions to the problem, currently still in progress, should point toward the correct physical picture. Of course, the "ultimate" solar dynamo theory must explain the secular behavior of solar magnetic fields (the solar cycle) as well as provide an accurate snapshot of the fields for one moment in time.

The astrophysicist interested in large-scale circulation and stellar dynamos is advised to obtain the best possible estimates of (1) the depth of the stellar convection zone (if the star has one) and (2) the mean rotation rate. From these two parameters, the theory developed for the Sun can be used to estimate the breadth of the convection zone and the differential rotation of the star. Given these values and an improved solar dynamo theory, it should soon be possible to construct a rough model for the stellar dynamo.

Chapter 9 by Moore, "Penetrative Convection," deals with smaller scale convective flows than those treated by Gilman; namely, Chapter 9 treats the granulation and supergranulation. The orientation is very much that of a fluid dynamist who is acquainted with turbulent convection in the terrestrial laboratory and who uses what is learned there to guide his theoretical modeling of this process in the solar atmosphere. Penetrative convection refers to the natural tendency of upwelling fluid elements to penetrate beyond the zone of convective instability into the overlying region which is, to first order, in radiative equilibrium. The transition to radiative equilibrium occurs at the base of the visible photosphere in the Sun. Penetrative convection can be modeled by explicitly including the buoyancy force term in the equation of motion of the fluid element. (This term is implicitly excluded in the classical Schwarzschild treatment of convective instability.) One interesting effect of penetrative convection is to make the radiative gradient more stable in a stable region, because realistic eddies smear out the large gradients where transitions from superadiabatic regions occur.

A critique of the mixing length theory commonly used by astronomers to treat stellar convective envelopes is provided. Numerical solutions of two-dimensional convection in a polytropic gas always show the cells stretching from bottom to top, which is not consistent with the usual mixing length assumption of comparable vertical and horizontal scales. There is a discussion of recent work which suggests that radiation in the optically thin upper portion of the convective regions plays a dominant role in determining the scale of the convection. Theoretical work applied to the Sun also supports the existence of a "mesoscale" for convection lying between the 10^3 km scale of the granulation and the 3×10^4 km scale of the supergranulation. If present, the sources of the different scales of convection can be correlated with the ionization zones for H, He I, and He II. Similar phenomena can be expected in other late-type stars.

There is a discussion of some experimental results obtained from convection in water over ice that, properly scaled, offers useful insights into the degree of penetration of convective elements in the solar photosphere. This degree depends strongly on the total change in the element's buoyancy as a function of depth, and only weakly on the "vigor" of the element's motion.

Moore concludes with a possible model for the granulation flow pattern. The main thesis is that, once the turbulent granulation flow is established, "new" granules appear from fragments of older ones which are breaking up and not from some process of spontaneous independent generation within the upper convection zone. This result follows from numerical modeling of axisymmetric flows which, under solar conditions, show "breakup" of the coherent elements at a Reynolds number of about 300. It is argued that observations of exploding granules, thought to be large penetrative convective elements, confirm this model.

Chapter 10 by Leibacher and Stein, "Oscillations and Pulsations," discusses some of the mechanisms which are now known to be involved or which might be involved in generating the observed photospheric 5-minute oscillations, the chromospheric 3-minute oscillations, and the possible motions for which there is some observational evidence at periods from 40 to 160 minutes. While many facets of these problems are discussed, the outstanding single point made by this chapter is undoubtedly that the basic mechanism responsible for the solar 5-minute oscillation is now understood. In a striking example of the interplay of theory and observations during the past decade, solar observers and theoreticians have converged to an agreement that the solar 5-minute oscillation observed in the photosphere and around the temperature minimum is an evanescent response of the atmosphere to the driving force of a standing pressure wave trapped in a resonant subphotospheric cavity, whose reflecting boundaries are defined by the temperature structure of the upper convection zone. These evanescent p-modes (so named because pressure is the restoring force) have been observed over a broad range of spatial and temporal frequencies, so that their location on the diagnostic, or k–ω, diagram has been mapped in considerable detail, enough detail so that there emerges the now familiar ridge structure which is predicted by the equations of the problem, when solved with suitable boundary conditions.

The importance of having the solution to this problem should be emphasized for at least two reasons. First, as the perceptive reader of this summary has no doubt already noted, very few solar problems of this degree of subtlety have been rather fully *solved*. A large number of phenomena are now much better understood; some problems may even have been largely solved without solar astrophysicists generally recognizing it yet; here, however, is an example of an important and complex phenomena that is well understood in the best tradition of scientific research. Second, the p-modes, because their mechanism is understood, have recently been used with some success to probe the depth dependence of the solar rotational velocity, thus offering new observational constraints on currently developing theories for large-scale circulation and the dynamo (Chapter 8). With the understanding of the 5-minute oscillation, solar astrophysics offers to stellar astrophysicists the possibility of using p-mode observations to probe directly into the subphotospheric layers of at least some other stars (Chapter 3).

Leibacher also discusses a number of other observed oscillations, including the 3-minute oscillation which appears to be a resonance occurring in a thin cavity in the low chromosphere. However, even though this is a natural and easily understood explanation, it has not received the same high degree of observational verification as the 5-minute oscillation.

Longer period pulsations, both low order p-modes and a variety of possible g-modes, are also described from a theoretical point of view. If long period g-modes prove to be a feature of many stars, they could offer excellent probes of the deep interior to the extent that they are observable.

One of the very useful features of this chapter is the careful description in simple language of the various physical mechanisms analyzed that appears before the mathematical treatment is developed.

Chapter 11 by Stein and Leibacher, "Wave Generation," treats mainly the generation of relatively short period waves by turbulence in the lower solar photosphere at the top of the convection zone. These are the waves which theoreticians have studied for over 30 years as a possible source of outer atmospheric heating. Periods are typically of the order of 100 seconds and less, although the generation of internal gravity waves by penetrative convection in the upper photosphere is also considered, and these waves generally have much longer periods. Other than gravity waves, the chief modes considered are the sound wave and also the Alfvén wave, which will be generated in the highly conductive solar plasma wherever there is a magnetic field and a dynamical perturbation of the medium.

The basic mechanism for sound and Alfvén wave generation usually considered by solar astrophysicists and reviewed in greatest detail here is the turbulent motion of the plasma in the low photosphere. The theory is a variant of one due to the aerodynamist Lighthill for computing the power output in sound waves from a jet engine. This chapter reviews how to compute the power output (total flux for heating higher lying layers) in both sound waves and Alfvén waves. The Alfvén waves generated in the low photosphere are quickly absorbed there over much of the Sun, but the computed power generated there in sound waves exceeds various estimates of outer atmospheric net radiative losses by about an order of magnitude, depending on the upper convection zone model used for the computation. This result has provided the rationale for the great effort that has gone into trying to generate solar atmospheric models heated by these waves, which in fact are fast mode hydromagnetic waves in the presence of a magnetic field. Thus, when the magnetic pressure is strong enough in relation to the local gas pressure, the wave energy is available in the Alfvén mode for propagation along the field lines, and under certain conditions could, in principle, propagate into the corona. While this simple picture is no longer felt to be satisfactory, for reasons given in the following chapters, sound waves are still felt to provide a likely source of energy for producing the chromospheric temperature inversion (Chapter 12).

The authors also consider the general problem of wave generation by thermal overstability. The role of thermal overstability in generating Alfvén waves is reviewed. There is a brief discussion of how to scale some of the results to stellar atmospheres.

Chapter 12 by Jordan, "Chromospheric Heating," reviews the efforts to verify the hypothesis that the solar chromosphere is heated by shock dissipation of sound waves generated by turbulence in the low photosphere. The main conclusion of this chapter is that there is now good reason to believe that the solar temperature inversion is produced by heating from this source, but that such heating of the chromosphere in the region producing the emission cores of the Ca H and K lines i. still not established, and chromospheric heating by these waves in the region losing energy in $L\alpha$ is now in doubt. These conclusions follow from both observational and theoretical considerations, but the theoretical aspects are emphasized here.

One interesting result of recent work is the determination that radiative damping of sound waves in the photosphere may extract more energy from these waves than the mechanical energy requirements of the *entire* outer atmosphere above the temperature minimum. Another, perhaps even more surprising conclusion, is that a "wavy" atmosphere in a constantly transient state, because of the time changes associated with the passage of waves, may have a mean temperature structure almost identical with a radiative equilibrium photosphere, and yet be experiencing enormous heating and net radiative losses caused by radiative dissipation of the waves! Of importance to the stellar astronomer here is the implication that estimates of the mechanical energy required to produce a given temperature structure in the atmosphere may have to be based upon the detailed nature of the heating mechanism; estimates based only on departures of that temperature from a radiative equilibrium distribution could be greatly in error.

This chapter reviews several theoretical arguments favoring the production of the solar temperature inversion by the shock dissipation of sound waves. These include the coincidence between the thickness of the photosphere and the computed shock formation distance, when the latest nonlinear, time-dependent techniques are used in the calculation, and the magnitude of the computed residual mechanical flux at the temperature minimum, which is roughly comparable to various estimates of chromospheric net radiative losses. However, no one has yet shown that this residual energy could in fact heat the chromosphere in those regions where the losses occur. The techniques used for the more recent calculations are described briefly. Similar techniques, based on the method of characteristics in fluid dynamics, are now being used to compute models for stellar chromospheres.

The discussion concludes by summarizing some of the current discrepancies between efforts to compute model stellar chromospheres and the observations from these stars. In the case of the solar chromosphere, the obvious step to be taken next is the self-consistent incorporation into the theoretical model of magnetohydrodynamic heating caused by waves in the presence of magnetic fields. While such a treatment, which will involve solving a complex multidimensional problem in radiative magnetohydrodynamics, *might* yield a theoretical solution to the problem of heating in much of the chromosphere, it is quite possible that solar chromospheric heating is so complex, because of the complex structure of this region (Chapter 4), that the "ultimate" chromospheric heating theory will be statistical in nature. That is, it may be necessary to sum over a large number of processes in space and time to generate a mean solar chromospheric model that is consistent with all the observations.

Chapter 13 by Withbroe, "Transition Region Heating," describes the energy balance in the solar transition region that separates the chromosphere from the corona. Indeed, the central problem of the solar transition region is undoubtedly the global and local energy balance, more than just the local mechanical heating, because recent high resolution observations have demonstrated this region to be extremely complex. The solar transition region exhibits all the problems of the chromosphere except, depending upon one's choice of diagnostic lines, the need to treat optically thick radiative transitions. The transition region is characterized by a multidimensional structure governed by local magnetic fields of generally greater importance to local physical processes than in the chromosphere, large amplitude velocity fields which, in some cases, are supersonic with respect to ambient transition region temperatures, *and* electron thermal conduction *and* very large enthalpy flows between the transition region and the corona, both of which can often be ignored in many chromospheric studies. Withbroe reviews this general problem and, using the energy equation for the energy balance in this region to buttress the arguments, demonstrates why the energy balance is *inherently* complex here. Essentially, this is because (1) there is a large temperature gradient here, guaranteeing substantial thermal conduction, and (2) the temperature dependence of the radiative emissivity of the solar plasma decreases with temperature above about 10^5 K, which in conjunction with (1) demands a large mass flux between the chromosphere and the corona. One could say this in another way: the solar plasma does not have a *thermally* stable hydrostatic state at most transition region temperatures.

Once the general problem of the transition region energy balance is comprehended, one can make a few general statements about the need for mechanical heating. It is very probable that the solar plasma at lower transition region temperatures requires little mechanical heating; there are many ways of achieving a *thermodynamically* stable configuration here by balancing the effects of conductive flux (which may or may not yield local heating, depending on the second derivative of the temperature gradient), enthalpy flow, and local net radiative losses. While local mechanical heating may also occur here, the equations of the problem and current solar observations do not demand it. Since these observations and theories have failed to make a positive case for mechanical heating here, current solar practice is to neglect it. Future observations may dictate otherwise.

Perhaps of greatest interest to stellar astrophysicists is the evidence for substantial mechanical heating in the upper transition region and low corona. Since much of the lower transition region can probably be heated by conduction *down* from the upper part, and since strong enthalpy flows seem to be required to achieve a global energy balance, substantial heating in the higher regions of near coronal temperatures seems required both to balance the radiative losses there and to heat the lower regions. The source of this heating has been sought in waves, but this search has encountered both observational and theoretical difficulties. Withbroe reviews briefly the possible role of plasma processes which can extract local magnetic field energy in heating the upper transition region.

Chapter 14 by Wentzel, "Coronal Heating," begins by asking what lessons learned from studies of the solar corona can be applied to stellar coronae. After noting the similarities and differences between the Sun and a few other relatively well-observed stars, Wentzel concludes, "It therefore behooves the theorist to emphasize the important qualitative aspects, especially those aspects valid over a large range of coronal parameters, and to shun processes depending on carefully chosen numerical values." He then proceeds to state, "The most important lesson from the solar corona is that it is inherently structured." While current knowledge of stellar magnetic fields is inadequate to establish to what degree this is true for stellar coronae, there is little doubt that progress in understanding the physics of the solar corona has advanced hand in hand with the observations which reveal the details of its magnetically dominated structure.

Regarding coronal heating, Wentzel reviews some of the mechanisms which have been considered for heating the well-defined loop structures seen in active regions and also mechanisms which may heat the rest of the corona in regions that are either somewhat amorphous or found at the base of coronal holes (see also Chapters 5 and 15). Tying the corona to the underlying chromosphere and transition zone, he notes that these regions can be regarded theoretically as "filters of rather unknown porosity" for filtering the energy supply from the photosphere.

Both the dissipation of electric currents and heating by various nonlinear mechanisms for the dissipation of Alfvén waves are discussed. If dissipation of electric currents is effective, Wentzel notes this occurs because local physical conditions favor the breakdown of some of the assumptions of classical magnetohydrodynamics so that plasma phenomena become important; charge separation in the presence of electric fields and high frequency plasma oscillations can occur because the particle collision frequency is too low to restore the simple "fluid" description. The character of the electrical conductivity changes from its classical collision-dominated nature to a much lower "anomalous" value; the corresponding anomalous resistivity increases dramatically. Anomalous dissipation becomes highly efficient in converting energy residing ultimately in local electromagnetic fields into heat. Wentzel discusses the possibilities for anomalous heating of the observed active region loops. This could explain their somewhat surprising longevity.

The wave theories for coronal heating are not dead, however, even though observations of wave energy flux at chromospheric and transition region heights have raised serious questions on the availability of enough residual energy to heat the corona (Chapter 4). What *has* been completely eliminated from consideration by recent solar work is the possibility that sound waves generated in the low photosphere and propagating as sound waves (ignoring mode transformations as local propagation conditions change with height) can heat the corona. Either these waves change character–into Alfvén waves, for example–or their character in the photosphere was initially different, because of large local magnetic fields in the region of generation. Wentzel considers two interesting possibilities for coronal heating by waves: (1) the heating of large-scale coronal structures in the quiet corona and at the base of coronal holes by Alfvénic body waves of "typical" solar periods ≥ 100 seconds, where the horizontal scale of the features will permit their propagation; (2) the heating of active region loops by Alfvénic surface waves of like periods, where a sharp discontinuity in the magnetic field at the surface of the loop offers conditions for efficient conversion of the wave energy into heat.

Chapter 15 by Hollweg, "The Energy Balance of the Solar Wind," offers a natural extension of the ideas for coronal heating discussed in the preceding chapter. While Wentzel considers various mechanisms for heating what is often called the "low" corona, and most of his remarks pertain to structures found at much less than one solar radius above the photosphere, Hollweg concentrates on the situation well beyond one solar radius, where recent observations, particularly from Earth orbiting satellites and the Skylab Apollo Telescope Mount, have demonstrated the need for substantial heating *and* momentum transfer to the solar wind at distances of a few to many solar radii.

Hollweg begins by listing some of the classical assumptions that have been used for two decades to theoretically model the solar wind, and then proceeds to consider ways of modifying some of these assumptions to obtain better fits with recent observations. The classical assumptions listed are as follows: (1) acceleration of the flow results from the summed thermal pressure gradients of all constituent species; (2) the flow is decelerated by gravity; (3) energy is supplied to the solar wind primarily via the conduction of heat outward from the Sun; (4) exchange of thermal energy between the electrons and protons occurs via Coulomb collisons; (5) radiation pressure and the pressure due to wave motions make a negligible contribution to the heat balance (which is a somewhat modified version of assumption 1). It is shown that these assumptions, while providing extremely useful insight into the coarse overall dynamics of the solar wind (Chapter 16), do not yield models capable of explaining several observed features. These are as follows: the large mass fluxes observed at 1 AU in the high speed wind streams; the relatively high proton and low electron temperatures observed compared to predictions based on classical conductivity; the domination of the energy flow at 1 AU by the kinetic energy flux and not by the electron heat conduction flux as predicted by classical theory. In order to achieve better agreement with observations, Hollweg considers, in particular, modifications in assumptions (1), (3), (4), and (5). Emphasis is given to the macroscopic physics of the system, but it is noted that a great body of microscopic plasma physics underlies the new approach, and that much of this microscopic physics is still not well understood.

The replacement of the assumption (4) by an improved treatment of the electron heat conduction flux based on kinetic theory leads to the conclusion that assumption (3) must also be changed. In the author's words, "The theoretical and observational evidence suggests that the energy balance of the solar wind cannot be understood in terms of the electron heat conduction flux providing the principal energy source." At this point, observational evidence is cited in favor of Alfvén waves in the "outer" corona (Chapter 5) and the theoretical problem for treating these waves in the solar wind plasma is formulated. Noting that these waves can also transfer substantial momentum to the solar wind which is required to explain the large mass and kinetic energy fluxes observed at 1 AU, Hollweg concludes that "the Alfvén mode therefore seems to be the mode most likely to contribute to the energy balance of the solar wind." The chapter ends with a discussion of whether the Alfvén heating and acceleration will occur at the right distances from the Sun to produce the observed features of the high speed streams at 1 AU, and summarizes some of the remaining unsolved problems which need further attention before this new revised picture of solar wind physics can be confirmed. While rich with qualifications, the author concludes optimistically that the revised general picture is likely to prove correct for the Sun, but warns the stellar astrophysicist to apply solar wind theories to stars with care, particularly since solar astrophysicists have yet to work out all the implications of small-scale processes and structures in the solar wind.

Chapter 16 by Kopp, "Heating and Acceleration of the Solar Wind," completes a series of three closely related chapters on the solar corona and the solar wind. In particular, this chapter should be read in conjunction with Chapter 15, since Kopp concentrates more on the classical dynamical problem of how the large-scale and coarse features of the solar wind and, perhaps, many stellar winds can arise, while Hollweg, who concentrates more on the energy balance in the wind, emphasizes important departures from this picture that seem necessary in the light of some recent observations. Both chapters are highly complementary, however, and both treat many similar questions from somewhat different viewpoints, with both authors taking a critical approach that leaves open many issues of common concern.

Kopp begins by noting that the important question of how the solar wind is heated and accelerated relies on inferences based almost entirely on observations taken at the Earth's orbit. These observations are of either the in situ solar wind at 1 AU or of the corona generally below where the wind is heated and accelerated and, in *neither* case, reveal *directly* what are the physical conditions in the region of interest. Thus, as with so many questions in astrophysics, it becomes particularly important to develop a self-consistent formal approach, examining carefully each assumption made along the way. In this spirit, the first major section develops carefully the basic equations for the solar wind flow problem. It is of course implicit in the author's comments that future observations of detailed physical conditions in the region of primary heating and acceleration, from a few to many solar radii, will enormously benefit solar-stellar astrophysics. In order to exhibit the gross dynamics of the solar wind and to provide for quick comparison with stars which are still observed with moderate spectral resolution, only the one-fluid hydrodynamical treatment is developed.

From the basic equations so developed, a progression of solar wind models of increasing complexity can be generated. Even models based on "incomplete" dynamics are useful here. Parker's earlier work that showed that a high temperature corona must expand supersonically in a star's gravitational field avoided the complete dynamical problem by not solving an energy equation, yet it still retains some general validity and has provided a great stimulus to research on stellar winds. When the energy equation is also solved, Kopp shows that conductive heating alone is insufficient to produce mass and kinetic energy fluxes observed at 1 AU, a point also made by Hollweg. By adding heat over an extended range of solar radii, on the other hand, one can increase both the mass flux and the kinetic energy flux. Generally speaking, heating in the subsonic region (near the Sun) goes mainly into raising the solar wind mass flux, while heating in the supersonic region (at many solar radii distances) increases the kinetic energy flux at large distances without a comparable effect on the mass flux.

It is possible to generate *formal* dynamical models in which heating occurs without momentum transfer. However, Kopp notes that it is reasonable on physical grounds "to expect mechanical forces other than the thermal pressure gradients to play an important role in accelerating the solar wind." Thus, he proceeds to add a term to the dynamical equation which represents a body force acting on the fluid. The question of where this momentum is added to produce an appropriate location for the critical point for supersonic transition is considered. In summary, Kopp demonstrates that the location of the regions for adding energy and momentum to the solar wind is perhaps even more important than how much of each is added, and that by determining these regions from the observational constraints, we are in a better position to evaluate a particular mechanism, such as the Alfvén wave hypothesis described in Chapter 15.

Chapter 17 by Spruit, "Magnetic Flux Tubes," begins the last major portion of part III of this volume, by describing recent theories for magnetic flux tubes on the Sun. The high resolution observations reviewed in Chapter 2 and, particularly, in Chapter 6 have demonstrated that the magnetic field over most of the solar surface consists of very small elements of spatial scales ≤ 1 arcsec and field strengths ~ 1500 gauss. These elements, or magnetic flux tubes, and larger flux tubes like sunspots, pose a number of interesting problems, of which the problem of their stability has received special attention recently. Flux tubes are important to stellar astrophysics, since their collective behavior is governed ultimately by the stellar dynamo, of which the solar dynamo is the most reliably studied (Chapter 8), in part by the observations of flux tubes and their evolution. In addition, the heating of the outer solar atmosphere now seems in most cases to be a highly localized process that is intimately associated with and often governed by the local (flux tube-like) magnetic fields. Stellar implications are obvious.

Spruit considers the problems of the mechanical and thermal equilibrium of flux tubes by setting up the basic equations and then considering applications ranging from the smallest observed flux tubes to the largest observed magnetic aggregates on the Sun, the sunspots. The basic problem is solved for the case of an axially symmetrical flux tube, oriented vertically in the convection zone. The axisymmetry is justified by the apparent stability of sunspots in particular against nonaxisymmetric disturbances; the vertical orientation is justified by the presence of strong buoyancy forces in the upper layers of the convection zone. Equilibrium configurations for the magnetic field exhibit a mushroom configuration, as the magnetic pressure increases relative to the hydrostatic gas pressure with increasing height.

A vertical flux tube can be unstable to two basic types of instability. The fluting or interchange instability occurs if the energy content can be decreased by a nonaxisymmetric change of shape of the tube. Convective instabilities occur if energy can be gained by displacing the gas vertically along the field lines, analogous to the normal convective instability, but modified by the magnetic forces. A stability criterion against fluting instability is discussed, as are conditions for convective stability. Application to sunspots is considered.

In considering the stability of very thin flux tubes, Spruit reviews recent work on tube waves, treating both the isothermal and the more general cases. In an isothermal atmosphere, the modes of a tube are shown to be evanescent or propagating waves, but in the nonisothermal case convective instabilities will develop. If the flow is downward, the field will tend to "collapse" inward, strengthen, and produce a new equilibrium configuration, which follows from the fact that the higher field strength tends to make the tube more stable. Upward flow, on the other hand, will tend to disperse the field. This convective collapse to a stable equilibrium configuration could be the reason why much of the solar surface magnetic field is found in small elements of large field strength. A similar physical process can then be expected for small-scale magnetic fields in stellar atmospheres.

A discussion of the evolution of solar active regions and sunspots is presented in the context of "α–ω dynamos" already considered in Chapter 8. Magnetic buoyancy effects and others are described and evaluated here. The chapter concludes with a discussion of flux tubes as the prototype structure for the observed coronal active region loops (Chapter 5).

Chapter 18 by Spicer and Brown, "Solar Flare Theory," completes the theoretically oriented Part III with a discussion of a problem that is currently the subject of both a major space investigation–the Solar Maximum Mission–and of a lively theoretical controversy over various, possible flare mechanisms. The subject is literally a "hot topic" in solar physics today and has broadened in recent years to include the study of nuclear reactions in the solar atmosphere during flares and the loss of large quantities of mass and energy from flaring regions in transient flows driven by shock waves into the interplanetary medium. Stellar astrophysicists interested in flare stars or attempting to understand irregular variations in stellar radiation which defy a more conventional explanation should find the discussion useful. However, it must be emphasized that the solar flare problem is still far from solved.

The emphasis in this chapter is on physical mechanisms which *might* be effective if (still unobservable) local conditions are right. In part because of this, the authors try to emphasize ways in which existing observations limit the number of physical possibilities. Final solutions must probably await data of higher resolution, particularly on the magnetic field, its local gradients, and its transient behavior. The authors are rather critical of a tendency to construct models of flaring regions which are consistent with the global energetics revealed by observations, but which fail to help one discriminate among many competing mechanisms. Their approach is that of a plasma physicist coming to the solar flare problem with a knowledge of the observations but no predilection for any of the general theories that have appeared in the solar literature for the past two decades. Readers must keep in mind that *no* approach, including any that might be implicitly favored here, is currently fully testable.

Basic equations and concepts are first reviewed, to give the reader those fundamentals of magnetohydrodynamics and plasma physics frequently encountered in studies of flare physics. Conditions under which local magnetic fields dominate local gas pressures and energy densities and where large "anomalous" resistivity replaces classical resistivity are considered. The question of the hydromagnetic stability of a given configuration is addressed at some length, with a careful classification of instabilities according to the nature of the driving force, the ease of excitation under local conditions, and the amplitude of the instability. Ion-cyclotron instabilities, Buneman instabilities, tearing-mode instabilities, and others long known to plasma physicists but of more recent application to flares, are discussed. A variety of possible conditions that could lead to the tearing and reconnection of magnetic field lines, the acceleration of currents, and the rapid anomalous heating of the ambient plasma are reviewed.

This is probably one of the more difficult chapters for the nonspecialist to read. The subject is inherently complex and clear observational signatures of many of the processes have yet to be determined. Nevertheless, the extraction of energy from a stellar atmospheric plasma imbedded in relatively strong magnetic fields capable of being twisted in any way is an important process on the Sun and at least some other stars. It is hoped that the interested readers, armed with patience and physical insight, will see the unifying threads that tie together the *formal* theories for magnetic energy dissipation, so that they too may contribute to the search for the critical observational "discriminators" in solar and stellar flares.

The Sun as a Star: Some Speculations

The final division of this book, and the final chapter, is part IV or *Chapter 19 by Rutten and Cram,* "The Sun as a Star." This begins with a brief recapitulation of why stellar astronomers should be interested in the Sun. In the authors' words, "The most important contribution that solar astrophysics can make to stellar astrophysics is to lead the way to an improved methodology for the interpretation of stellar observations and for the construction of stellar atmospheric models." Since recent stellar data obtained from spacecraft demonstrate that nonthermal phenomena are commonly encountered in stars, knowledge of these phenomena gained from solar studies should prove invaluable.

The problem of interpreting solar spatially resolved spectra in a manner that is meaningful to the stellar astronomer who must work with only spectral resolution and, sometimes, temporal resolution to study what may be spatially inhomogeneous phenomena is addressed. With sufficiently high spectral resolution, it is noted, stellar astrophysicists can often determine what type of physical processes are occurring. From a knowledge of the physical processes and what is known about them on the Sun, a self-consistent picture of the stellar atmosphere can be developed. An example is the knowledge of how magnetic fields can influence the structure and dynamics of an outer stellar atmosphere, based on the solar case. While this bootstrap approach has its drawbacks, it provides a useful guide to stellar atmospheric phenomena and can certainly greatly constrain the stellar problem. Alternately, one can look at the Sun as a distant star by integrating spectra from different parts of the entire disk or by using special observational techniques for obtaining full disk spectra. Some of these techniques are described, along with a number of other solar observational techniques and instruments that are finding increasing application to other stars.

There follows a discussion of the Sun as an "astrophysical laboratory" by which the authors mean, specifically, a natural laboratory for testing hypotheses and methodologies in non-LTE radiative transfer, compressible radiative gasdynamics, and magnetogasdynamics and plasma physics under the conditions encountered in the Sun. While not a laboratory in the terrestrial sense of offering experimental conditions that are controlled by the investigator, the Sun, nevertheless, provides an abundance of somewhat repeatable phenomena in high temperature, low density plasmas difficult, if not impossible, to simulate on Earth. The discussion emphasizes the physical processes encountered. They are, of course, the generic types of processes we recognize or expect to encounter in other stellar atmospheres.

In the final section of this chapter, the authors return to the question of obtaining a global model for the solar atmosphere. A serious issue exists here, that of determining to what extent the radial variation alone of the thermodynamic parameters of the model will be adequate to describe the basic physics of the atmosphere. On one hand, the existence of chromospheres, coronae, and winds can be viewed as manifestations of a kinetic energy flux and a mass flux in a predominantly radial direction, leading to certain general conclusions on the distribution of temperature and density in the outer atmosphere resulting from the mechanical heating and momentum transfer outward. On the other hand, the authors argue, the nonradial structure of the outer atmosphere can be expected to play a very basic role in determining *what* (sometimes dominant) physical processes occur and *where* they occur. An example is the profound influence of magnetic fields on determining what kinds of waves can propagate, and where they propagate, dissipate their energy, and transfer their momentum to the ambient medium. Mechanisms for dissipating electric currents are similarly field dependent. Whether an overall one-dimensional generic model for solar-stellar atmospheres will emerge, or whether multidimensional effects must be patiently ferreted out of all stellar observational data before even very general models for stellar atmospheres can be constructed is an exciting and important question in stellar astrophysics, to which studies of the Sun will surely help provide an answer.

CONTENTS

Part I
Introduction

1

INTRODUCTION

Robert J. Rutten and Lawrence E. Cram

In 1835 Auguste Comte stated in his *Cours de philosophie positive* that man will never be able to study the chemical composition of the stars, or their structure, or even, their temperature:

> . . . je n'en persiste pas moins à regarder toute notion sur les véritables températures moyennes des différens astres comme devant nécessairement nous être à jamais interdite.

In utter contrast, Eddington introduced in *The Internal Constitution of the Stars* (1926) his cloud-bound physicist, who has never seen or heard of stars, but who nevertheless derives their possible existence and their properties theoretically from his knowledge of physics. Eddington concluded his book with:

> . . . it is reasonable to hope that in a not too distant future we shall be competent to understand as simple a thing as a star.

The only two clouds that Eddington saw over the book, "obscuring the theory of the structure and mechanism of the stars," were the problems of the continuous opacity and the energy generation. These clouds have since largely disappeared.

Now, half a century later, we should completely understand the stars if theory alone would suffice, as Eddington suggested. Yet, we clearly do not understand them. The series of monographs of which this volume is a part illustrates by its existence that stars continue to provide rich enigma. Difficulties have appeared that Eddington did not imagine. Stars are not just gaseous spheres in perfect, closed equilibrium, satisfactorily described by thermodynamic parameters; they necessarily interact with their environment in a nonequilibrium fashion, via atmospheres for which the statistical measures of equilibrium thermodynamics do not suffice at all.

The purpose of these books is to outline current problems in our understanding of stellar atmospheres, and to suggest pathways for solving them. One pathway is to study the one star we see in detail, and therefore the atmosphere of the Sun is the subject of this volume. Our goal is to discuss this ordinary star, abnormal only in being close to us, hence well-observed, and to learn from such a simple star how to understand stars in general. We wish to review solar physics in the context of stellar astrophysics, in effect, to describe the Sun as a star.

A close look at the Sun shows that, while this star may be a commonplace one, it is certainly not simple. To be sure, the continuous opacity and nuclear energy generation are no longer considered "classical" unsolved problems (in spite of the quandry concerning solar neutrinos). Nevertheless, solar physics still faces a host of other problems, of which many may well be considered classical by now: the existence of the chromosphere, the corona, and the solar wind; the interactive complex of convection, differential rotation, magnetic field generation and concentration, and the activity cycle; phenomena such as granulation, supergranulation, the 5-minute oscillation, filigree, faculae, sunspots, spicules, prominences, surges, and the spectacular flares.

Not one of these was discovered from armchair considerations, or anticipated from terrestrial physics. With the possible exception of the 5-minute oscillations, all of these phenomena must still be regarded as not satisfactorily understood. They show that the Sun has a great wealth of astrophysical processes, of much greater complexity than our earlier theoretical speculations would conceive. While we may know the basic equations of physics that a star must obey, we can by no means predict the enormous variety of patterns that can be woven from them. The solar atmosphere presents a rich tapestry, providing astrophysics with new, unexpected designs of great intricacy.

At the same time, the Sun provides the observational insights needed to unravel such designs. The solar atmosphere offers a laboratory, close enough for inspection, which caters to many preferences: radiative transfer, spectroscopy, plasma physics, gasdynamics, magnetohydrodynamics, high energy astrophysics, and experimental relativity. In many cases this is the only laboratory at hand. The Sun not only shows what a star of one solar mass can look like, but it is also a nearly terrestrial laboratory equipped with cosmical facilities. As a "Rosetta Stone" for astronomy the Sun is therefore multifaceted, with diverse areas of application that may range from building fusion machinery on Earth to understanding the physics of extragalactic radio sources. The field of solar astrophysics is similarly varied, and even the restricted part to which this book is addressed should be regarded as an ensemble of diverse specialties. This is reflected by the large number of authors in this volume, and indeed by its goal: to bring together the diverse aspects of solar physics which can help to improve our understanding of stars.

The place of solar physics within astronomy was also discussed by Auguste Comte in his 1835 book:

> . . . Les esprits philosophiques auxquels l'étude approfondie de l'astronomie est étrangère, et les astronomes eux-memes, n'ont pas suffisamment distingué jusqu'ici, dans l'ensemble de nos recherches célestes, le point de vue que je puis appeler *solaire*, de celui qui mérite véritablement le nom d'*universel*.

Those who, in our time, agree with this statement will probably not agree with his continuation:

> Cette distinction me paraît néanmoins indispensable pour séparer nettement la partie de la science qui comporte une entière perfection, de celle qui, par sa nature, sans être sans doute purement conjecturale, semble cependant devoir toujours rester presque dans l'enfance, du moins comparativement à la première.

It is true that for a long time nonsolar astrophysics consisted mainly of stellar applications of solar insights. But astrophysics has since expanded, to include much more than just the "physics of stars" which its name implies. At the same time solar physics has become increasingly specialized. With its own problems, methods, jargon, and journal, it now seems to occupy a separate ecological niche—a community in near isolation. However, the tide appears to be turning; this decade will surely see a renaissance of solar astrophysics as an integral part of stellar astrophysics—in "symbiosis" again. The reason for this change is the current shift in emphasis of stellar research from equilibrium configurations toward nonequilibrium.

The considerations of equilibrium on which the classical modeling of stellar atmospheres is based are the assumptions of radiative equilibrium and of hydrostatic equilibrium. The first assumption, historically due to Schwarzschild's (1906) solar empiricism that photospheres are in radiative rather than adiabatic equilibrium, defines a simple radial structure without a chromosphere, a corona or a wind. The second assumption implies a horizontally homogeneous atmosphere, that can be described with a single radial temperature-depth relation.

In solar physics these assumptions have been maintained only in the progressive refinement of radiative transfer methodology. "One-dimensional" spectroscopy, employing spatially averaged solar data that surpass stellar spectrograms only in their spectral purity and resolved center-to-limb variation, have been the trigger as well as the testing ground for developing the LTE, non-LTE, and partial redistribution formalisms, leading to the refined current-day machinery of radiative transfer computations. This field has never lost its stellar connection; stellar and solar one-dimensional spectroscopy are still the same, to the extent of using the same ad hoc "turbulence" parameters to fudge the nonequilibrium phenomena.

But stellar output consists not only of thermal photons. A stellar atmosphere is also the transition, from stellar reservoir to interstellar dilution, of particles, mechanical energy, magnetic field, and momentum. This open-ended transition, in all physical quantities, is marked by nonequilibrium processes, which make it the highly interesting layer with all the bizarre phenomena that we see. On these phenomena modern solar physics concentrates.

Stellar astronomers, discouraged if not perplexed by the wealth of solar complexities, might ask—and indeed have asked—whether astronomy would be happier if the Sun were an unmarked, thermally radiating gaseous sphere, truly obeying radiative and hydrostatic equilibrium. In that case, non-LTE spectroscopy, abundance determinations, the Herzsprung-Russell diagram and the mass-luminosity relation would be the same, and astronomers would not be bothered by granules and spicules and the other solar dermatology. However, the idea of a Sun without spots or blemishes has been out of date since Galileo. The Sun teaches us two important lessons: first, that stars show beauty not in pure simplicity, but through interactive complexity instead, and second, that understanding the detailed physics of these complexities is essential for understanding global stellar structure as well.

It is increasingly clear from space observations that the gross radial structure of the solar atmosphere with its nonthermal chromosphere, corona, and wind depicts not a freakish irregularity but an ordinary phenomenon, representing a prototype for most if not all stars. Mass loss, nonthermal heating, and stellar activity are "hot topics" of astronomy now, and they require detailed investigation of departures from radiative and hydrostatic equilibrium. While the necessity for such generalized atmospheric modeling was indicated already by "turbulence," variability, and spectrum anomalies, the need is now obvious. For the Sun the need was obvious earlier, not because its nonthermal effects are particularly spectacular, but because its proximity makes minor effects noticeable.

The second solar lesson is that understanding small-scale detail is a necessary step to understanding the gross nonthermal structure. This need is not obvious. While the openness of a star toward the interstellar medium fundamentally precludes the use of equilibrium thermodynamics for at least its outer layers, there is no a priori reason why the radial structure should not be set globally. Global mechanisms may be at work in nonsolar nonthermal phenomena—e.g. extended atmospheres, severe mass losses, magnetic stars; but for the Sun and for solar-like stars, the nonthermal processes within the inhomogeneous fine structure turn out to be essential.

A brief review of the state of the classical problem of chromospheric and coronal heating serves as an example. For many years Biermann's (1946, 1948) and Schwarzschild's (1948) heating mechanism, with sound waves that take mechanical energy from the convection zone, transport it upward and dissipate it in the upper atmosphere, has been taken for granted, and sometimes even for fact. But the observed wave spectrum of the photosphere peaks unexpectedly at 5 minutes rather than being white; and recently it has become clear—through subtle observations combined with refined model computations—that this dominant wavemode is due to a subphotospheric standing wave pattern, and does not transport much energy upward, for all its visibility. Furthermore, it has been shown from space observations that other wavemodes are also insufficient to heat the upper atmosphere. Skylab's demonstration of the paramount inhomogeneity of the corona and of the existence of coronal holes puts global heating on a loose footing. At the same time, other ingenious observations have led to the important realization that the quiet Sun's magnetic field is not at all diffuse, but instead is concentrated in slender tubes of large field strength, sprinkled over the surface. Solar physicists now have to surmise how the dynamics and velocity fields of these flux tubes contribute to chromospheric and coronal heating. This again requires coordinated high resolution observations of diverse type, and detailed, self-consistent dynamical modeling. The rewards to this challenging task are more than explaining the fine structure alone–they are new insights into general stellar structure, and into universal physical mechanisms.

This example shows also that our understanding of solar nonequilibrium processes is not at all complete. The stellar-oriented reader must be cautioned that this book cannot serve as a cookbook, providing recipes of which mere application will suffice to solve stellar problems. Most of the solar problems described here remain unsolved. Breakthroughs, as the understanding of the 5-minute oscillation, have been rare. New riddles abound, e.g. coronal holes, two-speed windstreams, long period pulsations, secular variations in the solar luminosity, long-term activity modulation, and (perhaps) missing neutrinos. The reader may wonder when solar physics will fulfill its promises. Fortunately, the outlook for solar physics, and for solar-stellar astrophysics as well, is quite favorable. Solar physics has matured into a sophisticated science, facing fundamental problems that have become well defined. Many of these problems are now tractable, thanks to the advances in instrumentation, theory, and computational methods.

Let us discuss solar space instrumentation as an example. As in any field in astronomy, the opening-up of new spectral domains led first to a discovery phase of new, unexpected, often bewildering phenomena. The second phase, of reaping the new harvest when it ripens, is now at hand. In stellar UV spectroscopy, for example, such maturing is represented by the difference between noticing stellar UV flux (OAO 2) and resolving UV line profiles (IUE). In solar physics, the additional requirements of sufficient spatial and temporal resolution will be met soon for the first time for many astrophysical processes. This optimistic expectation is justified by Figure 1-1. It shows a time-space diagram of basic solar processes and of the resolution of planned space instrumentation. The additional requirements, not depicted, of extended homogeneous temporal and spatial coverage are likewise met from space, where no variable seeing, clouds, or nights (for some spacecraft orbits) affect observation. It is illustrative that our current understanding of the 5-minute oscillation rests on observations with high spatial and temporal resolution of most of the solar disk for one full day; this is the best one can do from the ground. Figure 1-1 shows how much more of solar astrophysics will come into our grasp. Progress is also being made with other solar physics instrumentation; examples are the Solar Maximum Mission, the use of large radio-telescopes such as the Westerbork Array and the VLA, and the founding of a European Solar Observatory in the Canary Islands.

Equally important as these advances is the current realization of the necessity of doing integrated, coordinated research. The Sun radiates in all domains of the spectrum, resolvable in wavelength, space, time, and polarization. This wealth is no longer split into specialties according to spectral domain or specific technology; this book has no chapters on solar radio astronomy or solar X-ray astronomy. Instead, diverse data are combined for each astrophysical problem. Likewise, the combination of various disciplines of physics is required to guarantee modeling that is truly self-consistent. These considerations hold, of course, for all of astrophysics, but they are exceedingly clear in solar physics.

It is also clear in solar physics that the various atmospheric regimes cannot be separated. For example, the solar magnetic field must be understood everywhere: how it originates in the solar interior, how it is sloshed around in the photosphere, and why it is so intermittently concentrated there, how it dictates the fine structure of

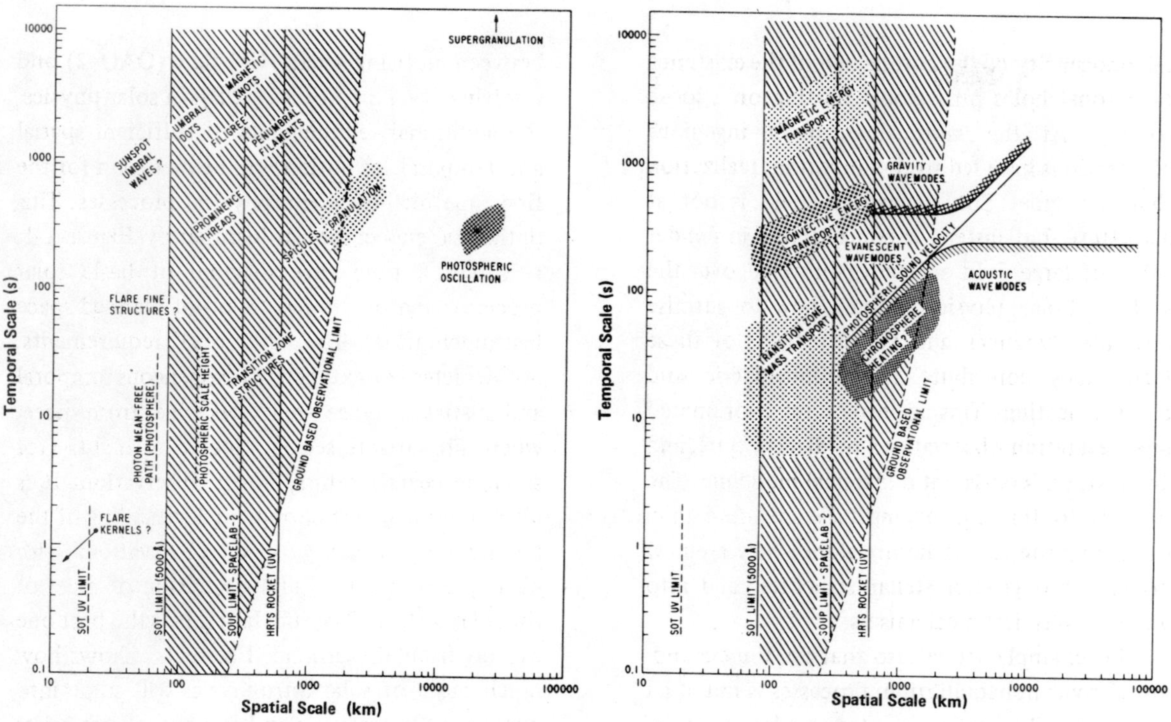

Figure 1-1. Time-space diagrams of solar astrophysical processes. The resolution limits of various space instruments are indicated: HRTS is the High Resolution Telescope and Spectrograph of the Naval Research Laboratory, and SOUP is the Solar Optical Universal Polarimeter of the Lockheed Palo Alto Research Laboratories. SOT is the Solar Optical Telescope planned by NASA. Figure courtesy of R.B. Dunn, J.W. Harvey, and R.W. Milkey.

the corona and the wind. The processes and energy balance in one regime are not independent from the other regimes, and their study should not be split.

Finally, there is the growing awareness, to which this book bears testimony, that studying the Sun with its small amplitude but well-observed nonequilibrium processes has to go hand in hand with studying nonequilibrium processes elsewhere in the cosmos. The Sun gives only a snapshot of one star, and the other stars have to tell the rest of the story. But their study may take guidance from the solar knowledge and the solar problems. These are presented in this book, intended not as a review of known facts, nor as a cookbook with easy-to-follow recipes, nor as a discouraging list of solar cautions, but as a guide to insights, possibilities, and pathways in this exciting and challenging quest of astrophysics: understanding as complex a thing as a star.

Comments by C. Zwaan, R.N. Thomas and A.G. Hearn have improved this introduction.

REFERENCES

Biermann, L., 1946, *Naturwiss.* **33**, 118.

Biermann, L., 1948, *Z. Astrophysik* **25**, 161.

Comte, Auguste, 1835, "Cours de philosophie positive. Tome deuxième, contenant la philosophie astronomique et la philosophie de la physique" (Paris: Imprimerie de Bachelier).

Eddington, A.S., 1926, "The Internal Constitution of the Stars," paragraphs 14 and 16 (Cambridge: University Press), reprinted by Dover, New York.

Schwarzschild, K., 1906, *Göttingen Nachrichten Math.-Phys. Klasse,* **195**, 41; reprinted in English in "Selected Papers on the Transfer of Radiation," D.H. Menzel, ed., Dover, New York, 1966.

Schwarzschild, M., 1948, *Astrophys. J.* **107**, 1.

Part II
Observations and Diagnostics

2

DYNAMICS OF THE SOLAR PHOTOSPHERE

Jacques Maurice Beckers

INTRODUCTION

To the solar observer, observation of the velocities at the solar surface is exciting because of the challenges involved in obtaining accurate and precise data. To the solar radiation transfer theorist the interpretation of spectral line shifts and asymmetries in terms of velocity fields and their spatial and temporal variation poses a major challenge. The results of the observations and their interpretation form the basis of a major part of solar physics, the part that is concerned with the dynamic processes in the Sun. Interest in these astrophysical processes extends well beyond solar physics but the Sun allows us to test astrophysical theories under stellar conditions. Thus, many astronomical concepts such as stellar convection, coronal heating, stellar magnetism, rotation, large-scale circulations, and chromospheres are based on the observations and interpretation of solar phenomena.

This chapter is mostly descriptive. It summarizes the current knowledge of photospheric velocity fields without attempting to interpret them in terms of astrophysical processes; other chapters of this monograph do that. This chapter is intended to provide the observational basis for those chapters. It does, however, discuss some of the techniques used and traps encountered in the measurement of solar velocities. An interesting example of the latter concerns, for example, is an attempt to measure solar mass loss at the photospheric level. At first glance, this may appear a rather uninteresting venture since solar mass loss at photospheric levels corresponds to velocities of about 1 μm s^{-1}. If one were so bold, however, as to attempt to observe it in the way that stellar astronomers might do, one would measure 400 m s^{-1} at $\tau = 1$ decreasing with height to 0 m s^{-1} to $\tau \simeq 10^{-2}$ to 10^{-3}. So the Sun does not behave the way it should because other astrophysical processes are present that cannot be ignored (in this case probably convection, convective overshoot, and the resulting convective line shifts).

In the remainder of this section, the model of the solar atmosphere and convection zone is described and, briefly, the methods used in solar velocity field observations. The next section describes the inferences drawn from integrated Sun observations and following sections describe the velocity fields of the quiet Sun, sunspots, and other magnetic structures.

Properties of the Solar Photosphere and Convection Zone

Spruit (1974) published a model of the solar convection zone that matches and extends the empirical HSRA model published by Gingerich et al. (1971). Table 2-1 lists some of the properties of the HSRA and Spruit model. The depth of the convection zone in Spruit's model is 1.98×10^5 km or 28.4 percent of the solar radius. The superadiabatic zone extends upward to a height of 12 km above $\tau_{5000} = 1$ (or $\tau_{5000} = 0.75$). In the solar continuum, one therefore observes the very top of the solar convection zone. Solar velocity observations use Doppler shifts in lines that are generally formed higher in the atmosphere in layers that are subadiabatic. The depth of the solar convection zone has recently been a matter of debate. The observation of lithium in the Sun implies that the convection zone cannot extend downward into regions where the temperature exceeds 2.5×10^6 K.

The solar p-mode oscillation interference patterns lead to a mixing length of ~ 3 pressure scale heights, which in turn leads to a convection zone depth of ~ 37 percent (Ulrich and Rhodes, 1977). Rhodes (1979, private communication) recently placed the depth at 2 X 10^5 km (29 percent on the basis of p-mode calculations). Large depths ($\gtrsim$ 35 percent), however, are indicated by the absence of a rapid rotation near the solar poles (polar vortex) (Beckers and Gilman, 1979).

Methods of Observing Solar Velocity Fields

There are three direct ways to study solar motions: (1) by in situ measurements as done in the solar wind; (2) by using the Doppler effect of solar absorption and emission lines; and (3) by studying proper motions of solar features. The last two methods, used in the photosphere, both have some difficulties associated with them.

Table 2-1
Model of the Solar Atmosphere and Solar Convection Zone

Height (km)	Optical Depth at 500 Å	T (K)	P_g (cgs)	P_e (cgs)	ρ (g cm^{-3})	Δ	Δ_{ad}
1,850	10^{-8}	8,930	1.5 (-1)	4.8 (-2)	1.8 (-13)		
1,820	10^{-7}	8,320	1.7 (1)	5.3 (-2)	2.2 (-13)		
1,620	10^{-6}	7,360	3.8 (-1)	7.8 (-2)	6.3 (-13)		
840	10^{-5}	5,300	6.8 (+1)	6.8 (-2)	2.0 (-10)		
557	10^{-4}	4,170	8.7 (+2)	6.1 (-2)	3.2 (-9)		
420	10^{-3}	4,380	3.5 (+3)	2.4 (-1)	1.2 (-8)		
283	10^{-2}	4.660	1.3 (+4)	9.0 (-1)	4.2 (-8)	0.05	(0.40)
138	10^{-1}	5,160	4.6 (+4)	4.0 (0)	1.4 (-7)	0.12	(0.40)
0	1	6,390	1.3 (+5)	5.6 (+1)	3.2 (-7)	0.47	(0.38)
-73	(10)	8,878	1.9 (+5)	2.8 (+3)	3.3 (-7)	0.61	0.21
-142	--	10,010	2.6 (+5)	1.0 (+4)	3.8 (-7)	0.28	0.15
-400	--	11,980	6.4 (+5)	6.8 (+4)	7.4 (-7)	0.16	0.12
-1,004	--	14,980	3.2 (+6)	6.4 (+5)	2.7 (-6)	0.13	0.12
-3,198	--	24,870	1.0 (+8)	3.6 (+7)	4.1 (-5)	0.18	0.17
-10,150	--	68,520	6.4 (+9)	3.1 (+9)	7.5 (-4)	0.34	0.34
-38,610	--	303,900	4.1 (+11)	2.1 (+11)	1.0 (-2)	0.39	0.39
-99,420	--	913,300	6.4 (+12)	3.3 (+12)	5.2 (-2)	0.40	0.40
-198,200	--	2,201,000	5.8 (+13)	3.0 (+13)	2.0 (-1)	0.40	0.40

Note: Numbers in parentheses are exponents of 10.

Doppler Shift Observations. Doppler shift observations involve the observation of solar absorption or emission lines. Their interpretation depends, therefore, on the very complex, diagnostic techniques associated with the line formation in a solar-type atmosphere. The emergent intensity I_λ in a spectral line is given by

$$I_\lambda = \int_0^\infty S_\lambda(\tau_\lambda) \exp(-\tau_\lambda)\, d\tau_\lambda \equiv P_\lambda I_c, \quad (2\text{-}1)$$

where S_λ = total (line plus continuum) source function, τ_λ = total optical depth, I_c = continuum intensity (mainly absorption lines will be considered), and P_λ = line profile. In general, S_λ and τ_λ will be functions of physical conditions in the solar atmosphere, including line of sight velocities, which vary as a function of position (x,y,z) and time t (z will refer to the line of sight; x and y are orthogonal directions at right angles to z). It is not a trivial problem to derive the Doppler velocity line displacement $\partial\lambda_D$ from an observed line intensity $<I_\lambda>$ averaged over some range of x, y, z, and t, even if $\partial\lambda_D$ is an average over the same (x,y,z,t) range. Only when $\partial\lambda_D$ is constant with x, y, z, and t, can one expect to measure unambiguously the true line of sight velocity by measuring the wavelength shift of P_λ. In any other case, one might at best hope to measure a line of sight velocity corresponding to some point in the (x,y,z,t) grid; at worst, not even that. Let us consider the different problems and errors resulting from some simple considerations involving three ways of averaging of Doppler shifts over (x,y), z, and t. These three ways are called "spatial averaging," "line of sight averaging," and "temporal averaging."

Spatial Averaging Errors. Let $\partial\lambda_D$ be independent of z and t and a function of x and y only. In addition, we will take $\partial\lambda_D$ small compared with the absorption coefficient line width. The intensity change $\Delta I_\lambda(x,y)$ resulting from $\partial\lambda_D(x,y)$ then equals

$$\Delta I_\lambda(x,y) \simeq I_c(x,y) P'_\lambda(x,y)\, \partial\lambda_D(x,y) \quad (2\text{-}2)$$

where $P'_\lambda = dP_\lambda/d\lambda$. Averaging over a spatial interval (X,Y) results in an average intensity difference

$$<\Delta I_\lambda>_{XY} = <I_c P'_\lambda\, \partial\lambda_D>_{XY} \quad (2\text{-}3)$$

which leads to an effective Doppler shift $\partial\tilde{\lambda}_D$

$$\partial\tilde{\lambda}_D = \frac{<I_c P'_\lambda\, \partial\lambda_D>_{XY}}{<I_c P'_\lambda>_{XY}} \quad (2\text{-}4a)$$

if the intensity difference is translated into a Doppler shift by a calibration using the line profile of the light emitted in the same spatial (X,Y) interval, or if the Doppler recording device is one of the "servo to line center" kind. Many of the observations discussed later use for calibration an average of $I_c P'_\lambda$ over a different and often much larger area A than (X,Y) leading to a measured Doppler shift

$$\partial\hat{\lambda}_D = \frac{<I_c P'_\lambda\, \partial\lambda_D>_{XY}}{<I_c P'_\lambda>_A} \quad (2\text{-}4b)$$

which, in general, will be different in magnitude from $\partial\tilde{\lambda}_D$.

It is clear from Equations (2-4a) and (2-4b) that, in general, $\partial\tilde{\lambda}_D \neq \partial\hat{\lambda}_D \neq <\partial\lambda_D>_{XY}$. Only in special cases, such as when $I_c P'_\lambda$ is independent of x and y, will $\partial\tilde{\lambda}_D$ and $\partial\hat{\lambda}_D$ equal $<\partial\lambda_D>_{XY}$. Thus, unless the properties of the unresolved velocity structures are known, one might measure a Doppler shift that does not correspond to the true average line of sight motion of the area of the Sun under study. A well-known example of this spatial averaging error is the systematic blue shift of the weak spectral lines at the solar center corresponding to ~ 0.4 km s^{-1} which probably occurs because the bright, upward moving, granular elements contribute more light than do the downward moving, dark, intergranular spaces (e.g. Lambert and Mallia, 1968; see also Small-Scale Motions as Inferred from the Solar Limb Effect). Errors of this kind may also result from wave motions where unresolved upward moving elements may have emissions that are different from those of downward moving elements.

Temporal Averaging Errors. Identical errors would result from averaging over time *t* instead of over space (X,Y), and for exactly the same reasons. Maltby and Eriksen (1967) for example, showed how both spatial and temporal averaging might explain phenomena like the Evershed effect.

Line of Sight Averaging Errors. Errors similar to those caused by spatial and temporal averaging arise when one studies an optically thin atmospheric layer with velocity inhomogeneities along the line of sight. For studies of absorption lines on the solar disk, the situation is, however, more complex. If one ignores the variation with *x, y,* and *t,* it is shown from Equation (2-1) that I_λ, and as a result the intensity changes ΔI_λ from Doppler shifts, involve both the line source function S_λ and τ_λ, both of which will, in general, change in the presence of motions and Doppler shifts. In the case of a constant Doppler shift with depth there is a line shift that agrees with the Doppler shift. In the case of a depth-dependent Doppler shift, the resulting line shift can be very different from what might be expected, say for the Doppler shift, at the median optical depth of the contribution function (Maltby, 1964; Kulander and Jefferies, 1966; Beckers and Parnell, 1969). This resulting line shift may even be opposite in sense to the Doppler shift of the solar motions causing it (Beckers, 1968a), so that it is impossible to derive from a single measurement the velocity at any point along the line of sight unless additional assumptions are made about the structure of the velocity field along that line of sight (Parnell and Beckers, 1969) and about the temperature density structure of the solar atmosphere.

Methods specifically applicable to interpreting observations of velocities have been given by Mein (1971) and Beckers and Milkey (1975). Mein derives weighting functions that can be applied to arbitrary physical quantities. He gives as examples the weighting functions for central intensities and Doppler shifts for Ca II 8542 and 8498. Beckers and Milkey's "response function" is identical to the Mein weighting function for velocities (Canfield, 1976). The velocity weighting function VWF (τ_c) relates the Doppler velocity variation with depth $\partial\lambda_D(\tau_c)$ to the observed velocity $\partial\Lambda_D$ by

$$\partial\Lambda_D = \int_0^\infty \mathrm{VWF}(\tau_c)\,\partial\lambda_D(\tau_c)\,d\tau_c \qquad (2\text{-}5)$$

where τ_c = continuum optical depth. Beckers and Parnell (1969) define the effective optical depth (τ_{eff}) of the velocity observations by

$$\partial\Lambda_D \equiv \partial\lambda_D(\tau_{eff}) \qquad (2\text{-}6)$$

which, of course, depends on the shape of the $\partial\lambda_D$ distribution. Canfield (1976) and Altrock et al. (1975) give, for a number of lines, values for the mean height of the velocity weighting function, defined as

$$\bar{h} \equiv \frac{\int_0^\infty \mathrm{VWF}(h)h\,dh}{\int_0^\infty \mathrm{VWF}(h)\,dh}. \qquad (2\text{-}7)$$

which can serve only as a first approximation to the height to which an observed velocity refers.

Instrumental Errors. In addition to the errors discussed above resulting from the interpretation of ideal measurements, there are, of course, errors resulting from imperfect measurements.

The worst of these is described by Equations (2-4a) and (2-4b) where the observed intensity variations resulting from Doppler shifts are transformed in line displacements by using a line profile that does not refer to the same area on the Sun but generally covers a much larger area. This may introduce serious errors, especially when observing small-scale features like granules, for which the line profiles and intensities change substantially. Other errors result from improper instrument design and instrument errors like the so-called "Doppler error" in some magnetographs where Zeeman shifts for circularly polarized light are measured as Doppler shifts (Beckers, 1968b).

The discussion above is intended to place caution signs at the appropriate places in the maze of solar velocity observations. When studying the difficulties of interpreting an observation like a line shift in terms of a physical quantity like a velocity one could easily become a cynic. The very modest conclusion that a line displacement observation must show the presence of some line of sight velocity on the Sun seems fairly safe although one must take account of gravity, pressure, isotope, and possibly other line shifts. If one can prove the existence of a uniform motion in x, y, z, and t by observations of velocities in very different lines, at different locations and at different times, one is safe as well since all the interpretive errors discussed above disappear. When studying nonuniform velocity fields (with significant variations over the parts of the x, y, z, t domains that are resolved) one must consider these errors.

Proper Motion Observations. Observations of proper motions are very reliable if one is willing to make only one major assumption: that the observed motions are caused by actual mass motions. Wherever possible, this dominant assumption has to be checked by other means, such as Doppler shift observations, but wherever that is impossible, one should keep this assumption in mind.

INFERENCES DRAWN FROM INTEGRATED SUN OBSERVATIONS

For stars it is generally possible to observe only the spectrum of the integrated stellar radiation. From the properties of the spectral lines in this stellar irradiance, one has to infer the properties of the stellar motion field. On the Sun, much of this motion field can be resolved and/or examined in more detail. The following four sections describe these motions. To link those spatially resolved velocity observations to the properties of the unresolved stellar observations, it is of interest to examine the inferences that one would draw if the Sun would be observed as a star.

Observations

Until recently, spectral observations of the Sun referred to a specific region on the solar disk, mostly the solar center. Integrated Sun spectra were obtained by Beckers et al. (1976). These observations used a very short focal length (5 mm) "solar telescope" which formed a star-like image of the Sun on the entrance slit of a high dispersion double pass spectrograph. These observations mimic closely those that would be obtained if the Sun were a star. Because of the more favorable observing conditions, the solar spectra are of higher spectroscopic and photometric quality than are most stellar observations. Reimers (1975) believes that this quality difference between solar and stellar spectra is the cause of the systematically higher microturbulent velocities measured in stellar spectra (1 to 2 km s^{-1} in solar-type stars as compared with 0.5 to 1 km s^{-1} in the Sun).

Analysis of Integrated Sun Spectra

Stenholm (1977) analyzed the integrated Sun spectral line profiles using Goldberg's (1958) multiplet method. He derived a total nonthermal rms velocity in the Sun of 1.0, 0.6 and 0.3 km s^{-1} for continuum optical depths of 10^{-1}, 10^{-2}, and 10^{-3}, respectively. These values are impossibly small considering that solar rotation alone should cause rms velocities of more than 1 km s^{-1} at all optical depths. The analysis by Gray (1977) on the other hand gives more reasonable results. He looks at line profiles in the Fourier transform plane where the following different components contribute to the line profile: $f(\sigma)$, the line profile broadened by thermal, atomic, and microvelocity motions only; $m(\sigma)$, the macrovelocity broadening function; $g(\sigma)$, the stellar rotation broadening function; and $i(\sigma)$, the instrumental broadening function. These combine to give an observed line profile $d(\sigma)$ equal to

$$d(\sigma) = i(\sigma)\, g(\sigma)\, m(\sigma) f(\sigma) \qquad (2\text{-}8)$$

where σ is the spectral frequency, which Gray prefers to express in units of km^{-1} s (Gray, 1976, 1977, 1978). The solar rotation profile $g(\sigma)$ has zeros at σ values that are directly related to the rotation velocity. For saturated lines, the line profile $f(\sigma)$ also has zeros at σ values that Gray relates to the magnitude of the microvelocity field. Figure 2-1 shows the analysis of the 128 mÅ equivalent width Fe I 6252.56Å line. Analysis for solar rotation $g(\sigma)$ resulted in a rotation velocity of 1.92 km s^{-1} in reasonable agreement with the solar synodic equatorial rotation rate of 1.80 km s^{-1}. The first zero in $d(\sigma)$ is, however, related to the zero in the microvelocity-saturated line profile $f(\sigma)$. From its location, Gray (1977) derives an rms microvelocity of 0.35 ± 0.07 km s^{-1}. After estimating the shape of $f(\sigma)$, using the actual solar rotation for determining $g(\sigma)$ and using the known instrumental profile $i(\sigma)$, Gray determines $m(\sigma)$ from $d(\sigma)$ using Equation (2-8). From this, he then derives a "radial-tangential velocity dispersion" equal to 3 to 4 km s^{-1}, a "Gaussian velocity dispersion" of 2.2 to 3 km s^{-1} and an rms velocity of 1.6 to 2.1 km s^{-1} where the smaller value refers to stronger lines (W > 100 mÅ) and the larger refers to weak lines (W ~ 10 mÅ). For the meaning of the radial-tangential dispersion and further details, see Gray (1977, 1979).

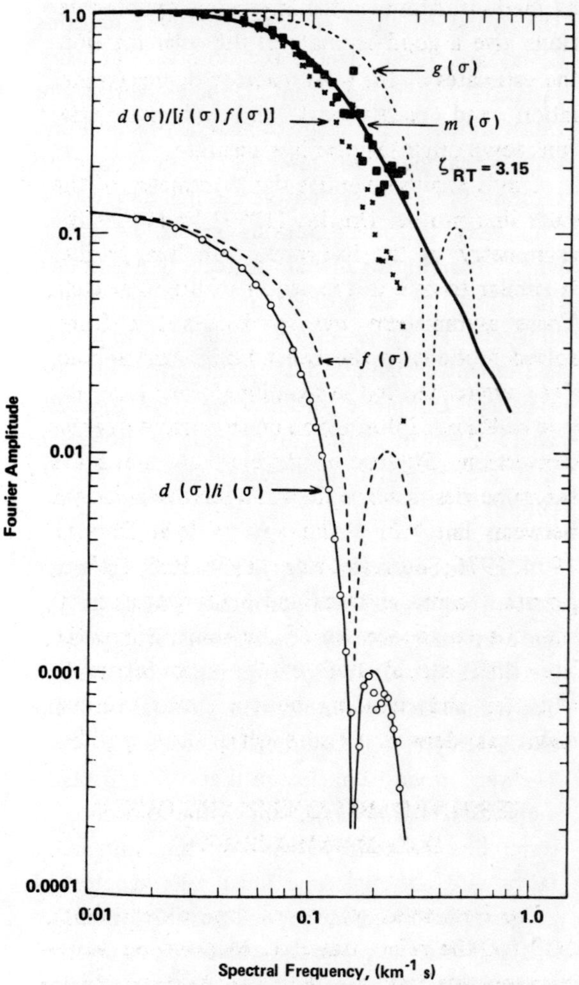

Figure 2-1. Analysis of line profile of integrated Sun spectral line Fe I 6253Å in the Fourier transform domain. d(σ) = observed profile; i(σ) = instrumental profile; f(σ) = theoretical profile for "microturbulence" broadening; g(σ) = solar rotation broadening profile; m(σ) = residual profile used to estimate "macroturbulent" broadening (from Gray, 1977).

Comparison with Resolved Solar Observations

For the heights covered by Gray's (1977) analysis, Canfield and Beckers (1975) give rms vertical and horizontal microvelocities of 0.7 and 1.0 km s^{-1}, respectively, and vertical and horizontal macrovelocities of ~ 1.0 and ~ 1.6 km s^{-1}, respectively. Of the total macrovelocity field ~ 50 percent is resolved, most of it occurring in the form of solar granulation and 5-minute oscillations. Although the integrated Sun observations give a good estimate of the solar rotation, the estimates of the solar macrovelocities (granulation and oscillations) and microvelocities (unknown origin) appear less accurate.

Gray's analysis ignores the asymmetry of the solar line profile. Dravins (1979) finds that the asymmetry of the integrated Sun line profiles is similar to that in the center of the solar disk. These asymmetries will be discussed in Unresolved Motions in the Quiet Solar Atmosphere. They are related to the solar limb effect and they give additional information on the nature of solar convection. Studies of differential line shifts (asymmetries in single lines and relative positions between lines) in stellar spectra (e.g. Dravins, 1974, 1976; Smith and Karp, 1978; Hall, 1979 in private communication) and a thorough understanding of the causes of the solar differential line shift should lead in the near future to a better understanding of the stellar velocity fields as derived from spectral line profiles.

RESOLVED MOTIONS IN THE QUIET SOLAR ATMOSPHERE

The best solar telescopes can resolve about 10^{-4} of the solar diameter. Motions on scales between this limit and the solar diameter will be called resolved motions. This chapter distinguishes amongst seven classes of motions typified by their size and temporal behavior. Most of the literature up to 1975 has already been reviewed by Beckers and Canfield (1975). This chapter will update that review with results of recent research.

Solar Rotation

The solar sidereal angular rotation velocity equals about 2.9 μrad s^{-1} at the solar equator, corresponding to ~ 2 km s^{-1}. It decreases with solar latitude to ~ 2.0 μrad s^{-1} at the poles (Howard and Harvey, 1970). Within ± 5 percent, these equatorial rotation velocities apply to all measurements. With measurements of better precision there are, however, clear variations among the results, depending on observational methods used, and the time of the observation. At the 5 percent level, the solar rotation seems, therefore, a variable quantity, in both space and time. There are detailed recent reviews by Solonskii (1977), Howard (1978), Paternó (1978), and Schröter and Wöhl (1978).

Observations Using Different Methods. Spectroscopic rotation measurements are also referred to as "plasma rotation" measurements. Because any causes of line shift other than solar rotation (e.g. the limb shift described in Small-Scale Motions as Inferred from the Solar Limb Effect) are probably the same for the eastern and western solar hemisphere and since spectroscopic determination of rotation uses the difference between these hemispheres, determinations of plasma rotation should indeed correspond to a mass rotation. The principal other way of measuring solar rotation is by means of proper motions of surface markings (tracers) like sunspots, faculae, and the chromospheric network. Virtually all these tracers are related to local magnetic fields on the Sun of ~ 1000 gauss or larger field strength in the solar photosphere (see e.g. Motions and Magnetic Field in Magnetic Elements). There is good reason to believe that these tracers are "frozen-in" to the plasma at the location of the field enhancement so that the tracer rotation should represent a mass rotation in the tracer itself. This has been shown to be the case for sunspots (Beckers, 1977) where spectroscopic and tracer rotation gave the same result. The tracer rotation, however, does not necessarily give the rotation rate for the surrounding solar atmosphere (Foukal, 1976, 1979).

Table 2-2 summarizes the solar rotation rates as determined by different methods at different heliographic latitudes. The equatorial rotation rates divide into two rather distinct groups: (1) $\omega \simeq 2.91$ μrad s^{-1} associated with recurrent sunspots, white light faculae, filaments, major X-ray bright points (XBP), large-scale magnetic field patterns, coronal holes and active and quiet coronal structure and (2) $\omega \simeq 2.80$ μrad s^{-1} associated with the photospheric plasma, flocculi, EUV spectroheliograms and short-lived

XBP's. The commonly held concept that this difference in rotation results from an increase in ω with depth coupled with the assumption that sunspots and larger magnetic field configurations are rooted well below the photosphere receives support from the increase with depth of ω as measured with the 5-minute p-mode structure (Deubner et al., 1978). The depth of the roots of the spots and larger magnetic field configurations according to these measurements has to be only ~ 15,000 km. The solar chromosphere, as measured from the line shift, seems, for no understood reason, to follow the faster rotation rate.

Variations with Time. There is now substantial evidence that the rotation rates, as shown in Table 2-2, vary with time. Since the total angular momentum of the Sun cannot have changed over the relatively short periods to which the measurements refer, such changes must have resulted from a redistribution of angular momentum in the convection zone. The type of variations reported fall in the following three classes: (1) Very rapid changes (1 to 1000 days). These are probably caused by the passage of large-scale circulation patterns on the solar surface (Other Large-Scale Flows) or by instrument

Table 2-2
Solar Sidereal Rotation Rates Using Different Methods (in $\mu rad s^{-1}$)

Method	Heliographic Latitude			References and Comments
	0°	30°	60°	
Spectroscopic				
Photosphere	2.78 ± 0.00	2.66 ± 0.01	2.27 ± 0.03	Howard and Harvey (1970).
Chromosphere	3.01	2.89	2.36	Livingston (1969), Livingston and Duvall (1979).
Tracers				
Spot Groups	2.93	2.80	----	Ward (1965).
Recurrent Spots	2.90 ± 0.00	2.76 ± 0.01	----	Newton and Nunn (1951), Ward (1966), Schröter and Wöhl (1978), Kearns (1979).
Supergranulation	2.97 ± 0.01	----	----	Duvall (1980).
White Light Faculae	2.94	2.80	2.51	Newton (1924), see also Schröter and Wöhl (1978).
Ca II Flocculi	2.80 ± 0.01	2.64 ± 0.03	2.32 ± 0.10	Schröter and Wöhl (1976), Schröter et al. (1978).
Filaments	2.93	2.82	2.60	d'Azambuja and d'Azambuja (1948).
Lα Structure	2.73 ± 0.04	2.69 ± 0.04	2.62 ± 0.04	Henze and Dupree (1973), Noci (1978).
Mg X 625 Å Structure	2.78 ± 0.03	2.69 ± 0.03	2.51 ± 0.03	Henze and Dupree (1973), Noci (1978).
Small, Short-Lived XBP[a]	2.78 ± 0.03	2.53 ± 0.08	2.04 ± 0.13	Golub and Vaiana (1978).
Large, Long-Lived XBP[a]	2.91 ± 0.05	2.55 ± 0.20	1.85 ± 0.50	Golub and Vaiana (1978).

Table 2-2 (continued)
Solar Sidereal Rotation Rates Using Different Methods (in $\mu rad s^{-1}$)

Method	Heliographic Latitude 0°	30°	60°	References and Comments
Short-Lived MFP[b]	2.90	2.84[c]	----	Wilcox and Howard (1970), Wilcox et al. (1970).
Long-Lived MFP[b]	2.90	2.88[c]	----	Wilcox and Howard (1970), Wilcox et al. (1970).
Coronal Holes	2.89 ± 0.01	2.87 ± 0.02	2.85 ± 0.02	Wagner (1975), Timothy et al. (1975).
Quiet Green Corona	2.86	2.86	2.86	Antonucci and Svalgaard (1974), Antonucci and Dodero (1979).
Active Green Corona	2.89	2.80	2.57	Antonucci and Svalgaard (1974), Antonucci and Dodero (1979).
p-Modes (surface)	2.78	----	----	(assumed equal to photospheric plasma rate) Deubner et al. (1978).
p-Modes (15,000 km deep)	2.91	----	----	Deubner et al. (1978).

[a]XBP = X-ray bright point; short-lived: 1 to 2 days; long-lived: 4 to 7 days.

[b]MFP = Magnetic field patterns; short-lived: less than four solar rotations; long-lived: more than six rotations.

[c]Refers to 25° latitude.

calibration changes. (2) Changes with solar cycle. Howard (1976) and Livingston and Duvall (1979) found an increase in the equatorial plasma rotation rate of ~ 3 percent between 1966 and 1978. Further observations are needed to determine whether this change is indeed cyclical and related to the 11- or 22-year solar cycle or whether it is part of a secular change (see below). Attempts to determine temporal variations from tracer observations are inconclusive (for summary see Schröter and Wöhl, 1978, table 3). (3) Secular changes. Schröter and Wöhl (1978) in summarizing the rotation rates as determined from recurrent sunspots find an increase in equatorial rotation rate of ~ 2 percent during the last two solar cycles, as compared with the previous seven cycles when the rotation was nearly constant and an even larger increase (4 percent) at higher latitudes. They suggest that this is the result of a correlation between the rotation and the maximum spot number R_{max} in a solar cycle combined with the exceptionally high R_{max} in cycles 19 and 20. It may be related to the increase in ω_{eq} found by Howard (1976), and Livingston and Duvall (1979). Analysis of historical sunspot records by Eddy et al. (1976) showed an exceptionally large rotation rate in 1642, just before the Maunder Minimum ($\omega = 3.03\ \mu rad\ s^{-1}$) but a more "normal" value of 2.92 $\mu rad\ s^{-1}$ in 1625.

Differential Rotation. Table 2-2 lists the rotation at different latitudes. The solar differential rotation equation for the photospheric plasma determined by Howard and Harvey (1970)

$$\omega = 2.78\ (\pm 0.003) - 0.351\ (\pm 0.03) \sin^2\beta - 0.443\ (\pm 0.05) \sin^4\beta\ \mu rad\ s^{-1},$$

where β is the solar latitude, was confirmed again recently by Beckers (1978). Tracers have, however, often a significantly different differential rotation. Most extreme among them are the coronal holes (Wagner, 1975; Timothy et al., 1975), the quiet, greenline corona (Antonucci and Svalgaard, 1974; Antonucci and Dodero, 1979) and perhaps long-lived magnetic field patterns (Wilcox and Howard, 1970; Wilcox et al., 1970) which show an almost rigid rotation. Again, one is tempted to relate this to a condition in the solar interior. Future p-mode or g-mode observations at different latitudes may shed light on this.

Rotation of the Solar Interior. The observation of an increase in rotation rate downward for the first 15,000 km from the solar surface, as derived from p-modes by Deubner et al. (1978), has already been mentioned. Future improvements in observations and analytical techniques (Gough, 1978) may permit rotation to be measured at greater depths. Variations in the shape of the Sun (Dicke, 1976, 1977) have suggested a period of 12.2 days for some point in the solar interior, whereas the controversial oblateness observations by Dicke and Goldenberg (1967) suggested very rapid rotation (a rotation period of a few days) in the solar core (Dicke, 1970).

Meridional Flows

Most theories that attempt to explain solar differential rotation also predict the existence of meridional flows and pole-equator temperature differences. The magnitude of both is small and observations aimed at detecting them have been difficult to make.

The existence of systematic meridional flows on the Sun, as derived from tracers, is a subject of a longstanding, often very emotional debate in the literature. Complexities arise for sunspot observations, as is the case for solar rotation measurements, because of the proper motions of sunspots within an active region. Tuominen (1955, 1974), Ward (1965, 1973), and Coffee and Gilman (1969) studied latitudinal drift. Ward (1973) claims an upper limit to this drift of 1 m s^{-1}, whereas Tuominen and Coffee and Gilman find, at the same low latitude ($< 20°$), drifts of a few meters per second toward the equator. In any case, the meridional flows for spots are less than 10 m s^{-1}. Schröter and Wöhl (1976), on the other hand, report poleward motions of as much as 100 m s^{-1} at $\sim$ 10° latitude when studying Ca II flocculi.

A number of recent spectroscopic observations (Duvall, 1978, 1979; Beckers, 1978; Howard, 1979) all show a meridional flow of 20 to 40 m s^{-1} from the equator to the pole in agreement in direction, if not in magnitude, with the Schröter and Wöhl (1976) result. This contrasts with the unbelievably large flow of 720 m s^{-1} from pole to equator reported by Plaskett (1973) and with a flow in the same direction of 10 to 45 m s^{-1} observed by Karabin and Kubičela (1979). Beckers and Taylor (1980) showed that this observed poleward flow was not the result of a latitudinal variation of the solar limb effect as suggested by Beckers and Nelson (1978), but that any variation of this limb effect might actually lead to an underestimate of the poleward flow. If the poleward flow of $\sim$ 30 m s^{-1} is indeed confirmed, then there is again a sharp contrast between the photospheric plasma motions and the "motions" of sunspots (which have no motions). As was the case for solar rotation, this may show an absence of meridional flow at $\sim$ 15,000 km depth combined with a poleward flow in the photosphere. This is not unlike the theoretical countercell meridional flow patterns described by Durney (1974), and Belvedere et al. (1978).

Other Large-Scale Flows

Ever since the suggestion by Simon and Weiss (1968) of the existence of giant convection cells which extend over the entire depth of the solar convection zone and therefore have a size of $\sim$ 200,000 to 500,000 km, there have been attempts to find velocity patterns of this size. These sizes are large enough to seriously confuse solar rotation and meridional flow observations. Beckers (1978) for example, inferred cells of sizes $\lesssim$ 300,000 km with velocities ~ 35 m s^{-1} to explain short-term variations in equatorial rotation rate. Similar amplitude and sizes would explain much of the short-term rotation changes observed by, for example, Howard and Harvey (1970). Howard (1979) observed features with sizes of 200,000 km (latitude) X 500,000 km (longitude) and amplitudes of ~ 40 m s^{-1} near active regions. Kubičela and Karabin (1977) obtained velocities of similar magnitude. A difficulty in spectroscopic observations is, of course, the variation of the limb effect associated perhaps with granular changes near active regions (Changes of the Granulation Across the Sun and Small-Scale Motions as Inferred from the Solar Limb Effect) which may amount to 40 m s^{-1} (Beckers and Nelson, 1978). Observations of tracers may therefore be more reliable. On the basis of filament patterns, Wagner and Gilliam (1976) suggested cells with size ~ 800,000 km. Schröter and Wöhl (1976) also derived, from Ca II flocculi observations, cells of size ~ 10^6 km and velocities of ~ 80 m s^{-1} centered on the solar equator. Similar results were obtained by Schwan and Wöhl (1978).

Another type of large-scale motion is Rossby waves (Ward, 1965). These waves can cause angular momentum transport to the solar equator by means of so-called Reynold's stresses. For these waves, there is a net correlation between the longitudinal and latitudinal velocity fluctuations μ_{long} and μ_{lat}, such that $<\mu_{long}\,\mu_{lat}>$ is negative (positive for poleward transport). Ward (1965), Coffee and Gilman (1969), Belvedere et al. (1976), and Schröter and Wöhl (1976) indeed find the expected results from sunspots, faculae and Ca II flocculi motions with $<\mu_{long}\mu_{lat}>$ equal to about - 2.5 X 10^7 cm^2 s^{-2} or velocities of ~ 50 m s^{-1}. Howard and Labonte (1980), however, did not find Doppler flow velocities of this kind exceeding 10 m s^{-1}.

Supergranulation

While studying solar rotation, Hart (1954, 1956a) discovered the existence of systematic horizontal velocity patterns that persisted for longer than an hour and had a size of 26,000 km as derived from the spatial autocorrelation analysis. Leighton, Noyes, and Simon (1962) subsequently showed that these patterns consist of cells, which they named "supergranules." The study by Simon and Leighton (1964) remains the definitive one, since relatively little has been added in the following one and one half decades. The well-established horizontal outflow from the center of these cells and the much less well-established downflow at the edges have led to the now generally accepted concept that a supergranule is a convection-like cell with a depth of 10,000 to 15,000 km (Simon and Weiss, 1968), a horizontal size of 32,000 km, with a small upflow at the center and a downflow at the edge. This concept has survived, notwithstanding criticisms and doubts from various quarters. The 10,000 to 15,000 km depth of origin on the supergranule convection is thought to be associated with the He^+ to He^{++} ionization occurring at that depth (Simon and Leighton, 1964; Simon and Weiss, 1968; Schwarzschild, 1975). The lifetime of these cells is on the order of one day (Simon and Leighton, 1964; Rogers, 1970), but longer lifetimes (2 to 3 days) have also been found (Worden and Simon, 1976; Kubičela, 1976; Duvall, 1979).

Horizontal Motions. The supergranule's main characteristic is its large horizontal outflow from the cell center, at 0.3 to 0.4 km s^{-1} (Hart 1956a; Simon and Leighton, 1964; Deubner, 1971). There is good evidence that this horizontal flow velocity decreases with height (Hart, 1956b; Deubner, 1971; Edmonds and Webb, 1972b). All these measurements refer to Doppler shifts; Simon (1967), however, found a similar outflow when studying proper motions of solar granules. Vortex-type motions might be expected because of the effect of Coriolis forces on the supergranular motions. A supergranule at latitude β with an average outflow of v_h km s^{-1} moving over L km would exhibit an azimuthal horizontal motion of ~ 6 X 10^{-6} $L \sin\beta$ km s^{-1} or ~ 0.05 km s^{-1} for L = 16,000 km and $\beta = 30°$. Kubičela (1973) has indeed observed such vortex motions.

Related Magnetic Field and Chromospheric Changes. Simon and Leighton (1964) discovered that the photospheric magnetic fields tend to occur at the supergranule boundaries and suggested that the supergranular flow was responsible for moving them there. Because of the modification of the magnetic field by the supergranular flow and because of the dominant role that the magnetic field plays in the chromosphere and the corona, there is a strong relationship between the chromospheric structure and the supergranulation. Long ago, Deslandres (1899) reported the existence of a chromospheric network. With the discovery of the cellular patterns of the supergranule flow by Leighton, Noyes, and Simon (1962), it was realized that the chromospheric network outlines the supergranule cells (Simon and Leighton, 1964). The properties of this chromospheric network have been the subject of many investigations, too numerous to review here. The reader is referred to two review papers (Beckers, 1968a, 1972) for a detailed discussion of the chromospheric network structure.

Vertical Motions. Apparent vertical photospheric motions of the order of 0.1 km s^{-1} consisting principally of downdrafts in the magnetic regions that border the supergranule cells have been measured by many observers (Simon and Leighton, 1964; Tanenbaum et al., 1969; Musman, 1970; Musman and Rust, 1970; Frazier, 1970, 1971; Deubner, 1971; Worden, 1975; Skumanich et al., 1975), although Gopashuk and Tsap (1971a, 1971b, 1972, and 1973) do not see such motions. Worden (1975) also finds an indication for an upflow at 50 m s^{-1} in the center of the supergranule cell. To definitely establish the vertical flow pattern in a supergranule it will be necessary to measure the vertical velocities with respect to a zero velocity absolute reference. It will also be necessary to eliminate effects resulting from local variations in the limb effect in the regions of abnormal granulation that also tend to occur at the supergranule boundaries (Small-Scale Motions as Inferred from the Solar Limb Effect, and Beckers and Nelson, 1978) although recent observations (Beckers and Taylor, 1980) indicate that such variations may be small. From fluid dynamics considerations (div $\rho v = 0$) the vertical flow velocity should be only ~ 5 m s^{-1} (Beckers and Nelson, 1978) which would be currently unobservable.

Photospheric Temperature Differences Associated with the Supergranulation. Supergranules are virtually invisible in integrated light. Beckers (1968c) found that there was a slight increase in temperature toward the supergranule boundary, the opposite of what might be expected. From the fact that this increase is larger at the solar limb, he concluded that it resulted from a facular-type phenomenon associated with the cell-boundary magnetic fields and did not result from the supergranular flow directly. This increase in temperature at the cell boundaries has since then been confirmed by Frazier (1970), Liu (1974), Skumanich et al. (1975), and Worden (1975), except that Worden finds for the very deepest layer, visible at 1.64 μ, a decrease in temperature of ~ 0.7 percent. This temperature profile in the cell boundary magnetic elements is in qualitative agreement with a model for faculae proposed by Chapman (1970). In disagreement with the above are the results by Kubičela (1971) who finds at 5200 Å both bright and dark supergranule cell boundaries, with the dark boundaried cells being more numerous.

Pole-Equator Changes. There is no obvious change in the supergranulation with latitude except for vorticity in the flow pattern introduced by Coriolis forces, as observed by Kubičela (1973). No careful study of latitude effects on supergranules (size, lifetime, velocity, etc.) has yet been made.

Changes in Active Regions. Supergranules in active regions are different in the following three ways: (1) They appear to have a larger size, $\sim$ 38,000 km (Sykora, 1970; Livingston and Orrall, 1974); (2) They are much longer lived, lasting 4 to 7 days (Livingston and Orrall, 1974); (3) They have a much better defined, more complete chromospheric network.

Oscillations and Pulsations

The topic of oscillations and pulsations is dealt with by Deubner, Chapter 3. Therefore, only those aspects of this topic that are related to their place in the overall solar velocity field are mentioned. The only significant contribution to the solar line width comes from the 5-minute oscillations. Figure 2-2, taken from White and Cha (1973), shows both the amplitude distributions and the velocity distribution of solar 5-minute oscillations at the center of the solar disk. The rms amplitude of the nearly Gaussian velocity distribution is 0.09 km s^{-1} at the disk center. Its decrease toward the solar limb seems to follow $\cos\theta$, which is consistent with a purely vertical motion (Stix and Wöhl, 1974).

Canfield and Mehltretter (1973) and Canfield (1976) derive substantially larger rms velocity amplitudes associated with the 5-minute oscillations probably as the result of a much better spatial resolution (0.35 arcsec vs. 5 to 10 arcsec by White and Cha). From a careful analysis of their data Canfield (1976) obtains an rms velocity equal to 0.35 exp $(h/1100)$ km s^{-1} where h = height in km above $\tau_{5000} = 1$, an increase, therefore, of amplitude with height but a decrease of the energy density (density scale height $\simeq$ 100 km).

Granulation

The largest resolved velocities in the solar photosphere, except perhaps for the solar rotation, are associated with the solar granulation. The size of the solar granulation is, however, not far from the resolution limit of the best solar telescope so that the granulation is never fully resolved. This is more so for velocity than for intensity observations because of the longer exposure times involved. Large, often uncertain, corrections for limited spatial resolution lead to uncertain numerical results. Reviews of the properties of solar granulation have been given by Leighton (1963), Bray and Loughhead (1967), and, most recently, by Whittman (1979). The latter gives an extensive bibliography which is only partly repeated here.

Intensity Fluctuations, Lifetime, and Size. The solar granulation is defined as the small-

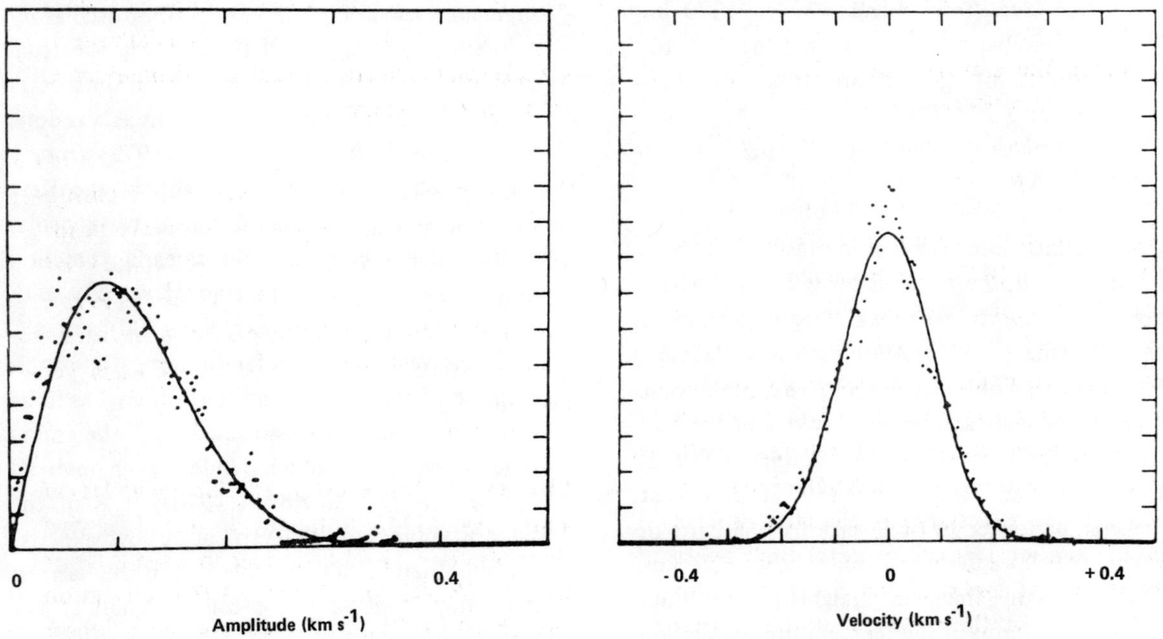

Figure 2-2. Amplitude distribution of solar oscillations (left), and the resulting velocity distribution (right) (from Cha and White, 1973).

scale (1 to 2 arcsec) intensity pattern seen in white light in high quality solar images. This granulation pattern consists of individual bright granules separated by a network of connecting dark intergranular spaces. An objective way of describing the spatial dimensions associated with the solar granulation is the intensity power spectrum, shown in Figure 2-3. Such a power spectrum has, of course, largely eliminated the morphology of the granulation such as the bright-dark asymmetry. The power of the granulation intensity fluctuation extends to scales well below one arcsec, where the modulation transfer of all solar telescopes becomes very small so that large corrections have been applied. Typically, these corrections amount to a factor of 4 in total power over the observed values and much more than that for the high wavenumber regime. Keeping in mind these large corrections, as well as the difficulties involved in defining an average size for a broad size distribution as that shown in Figure 2-3, the following appear to be reasonable average parameters of the solar granulation (from Wittman, 1979):

Diameter of granules: 1050 km
Average distance between granules: 1500 km
Median size (from Figure 2-3): 1270 km
Total number of granules on Sun: 4×10^6
Brightness of granule/brightness of intergranule: 1.23 (5000 Å)
rms Intensity fluctuation: 10.7 percent (5000 Å)

The continuum granular contrast is a function of wavelength, the contrast being approximately inversely proportional to wavelength (Karpinsky and Pravdjuk, 1972; Albregtsen and Hansen, 1977). Recent observations all give a monotonic decrease of contrast from the center of the Sun to the solar limb. Evans and Catalano (1972) and Canfield and Mehltretter (1973) found that the granulation contrast inverts for the parts of Fraunhofer lines that are formed above ~200 km. This inversion finds a straightforward interpretation in terms of the temperature-fluctuation inversion which hydrodynamic models of granulation (see Nelson, 1978) predict as the result of convective overshoot in a subadiabatically stratified atmosphere.

Granules typically last for about 8 minutes, but occasionally individual granules can be followed for much longer times (30 minutes, Labonte et al., 1975; Mehltretter, 1978).

Velocities Associated with Granules. The granule intensity fluctuations are strongly correlated with upward velocity fluctuations observed in weak Fraunhofer lines. The correlation is not perfect, however, mostly because of the presence of the 5-minute oscillation velocity field. Figure 2-4 shows the power spectrum of Doppler shift and continuum-intensity fluctuations of a very high quality spectrum uncorrected for seeing as determined by Canfield and Mehltretter (1973). There is a low spatial frequency ($k \simeq 1.2 \times 10^{-3}$ km^{-1} or size ~ 500 km) component in the velocity field which increases with height in the solar atmosphere. This is due to the 5-minute oscillation. The high frequency ($k > 3 \times 10^{-3}$ km^{-1} or size < 200 km) component is caused by the solar granulation. It decreases with height. Canfield (1976) derives an rms velocity for this granular component of 1.27 exp ($-h/150$) km s^{-1}, a result that was confirmed by a subsequent analysis by Keil (1979) who separated the granular velocity field from the oscillatory velocities by using a full (k,ω) power spectrum analysis of a set of very high resolution spectra rather than just a k-power spectrum as was done by Canfield (1976). Durrant et al. (1979) strongly disagree with the results by Canfield and Keil. From observation made during a partial solar eclipse, they determined the smearing function and then derived the variation of velocity with height equal to 0.98 exp ($-h/1700$) km s^{-1}.

These velocities all refer to vertical motions. Because of mass flow continuity, there has to be a horizontal outflow associated with the granulation as well. This flow has indeed been observed by Beckers and Morrison (1970). It is of the same magnitude as the vertical upflow velocity, a result that should be expected on the basis of mass flow continuity for cells of granular size (see Beckers and Nelson, 1978). Beckers and Morrison (1970) detected no vortex-type flow in accordance with the expected negligible effect of Coriolis forces for granular scale motion.

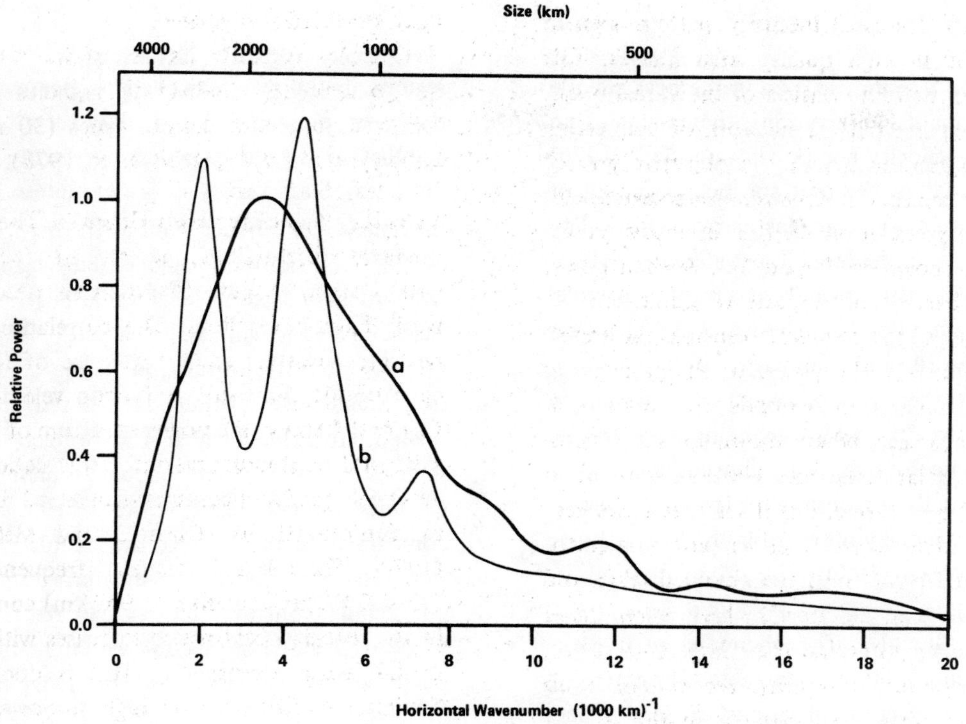

Figure 2-3. Power spectrum of granular intensity fluctuations. Curve a is the average of many observations. Curve b is the power spectrum of limited sample, which accentuates possible fine structure (from Whittman, 1970).

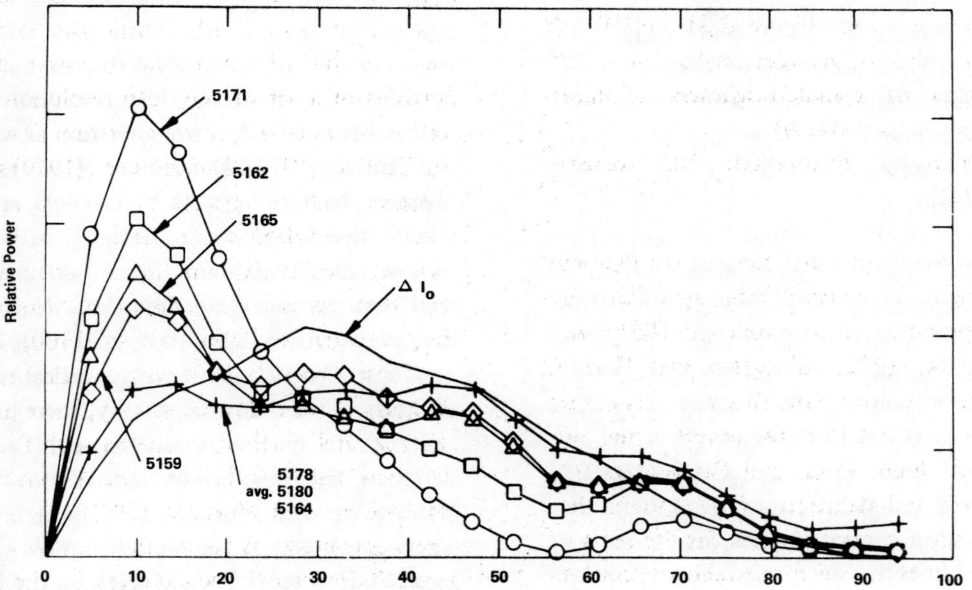

Figure 2-4. Power spectra of Doppler shift fluctuations for different Fraunhofer lines normalized to the same total velocity power. The lines at 5178, 5180, and 5164Å are the weakest lines formed deepest in the photosphere. The lines 5159, 5165, 5162 and 5171Å are increasingly stronger lines. The ΔI_o curve is the power spectrum of the continuum intensity fluctuations (from Canfield and Mehltretter, 1973).

Line Profile Variations. Even in the best granule and intergranule observations, there remains an unresolved velocity component. Canfield (1976) estimates that in the best spectra about half of the total velocity field (as derived from line widths) can be resolved. The remaining half of the total velocity power is at subgranular scale. It appears from line widths (Altrock and Musman, 1976; Howard and Bhatnagar, 1969; Reiling, 1971) that there is more small-scale motion in the intergranular regions than in the granules. This increase in small-scale motion appears to be also partially responsible for the larger equivalent width generally observed in the intergranular regions (Wittman, 1979).

Exploding Granules. The phenomenon of "exploding granules" is of special interest because of its hydrodynamical implications. At least 2 percent of the granules, and perhaps many more, show this "exploding" characteristic. They may start as brighter than average granules and enlarge, forming a dark center and continue to grow in a ring shape until the ring breaks up in a number of separate, granular fragments (Carlier et al., 1968; Musman, 1972; Namba and Van Rijsbergen, 1977). Sizes reach 4000 km, the radial expansion rate as measured from the proper motions is about 1.5 km s^{-1} and the lifetime is about 30 minutes, substantially exceeding that of normal granules.

Musman (1972) identifies the exploding granules with vortex rings generated by the collision of the rising convective elements with the convectively stable photosphere. This is a purely hydrodynamical model. Namba and Van Rijsbergen (1977) suggest that radiative cooling at the center of a granule should also be taken into account. There is as yet no full hydrodynamic model, including energy losses and exchange of different kinds, for "exploding granules."

Changes of the Granulation Across the Sun. Except for the center to limb variation, the granulation appears, at first sight, rather invariable across the Sun. A closer study reveals variations of up to 30 percent between different regions in the solar atmosphere, not caused by the ever present random fluctuations in the granulation (i.e., they persist over many granule lifetimes). Such variations are of interest because they may give further clues as to the properties of the solar convection zone and because they will probably lead to local variations in the so-called convective line shifts caused by the strong velocity-intensity correlation in the granulation (see Small-Scale Motions as Inferred from the Solar Limb Effect) which when unrecognized as such could lead to erroneous conclusions about the existence of systematic velocity fields at scales comparable to the scales of the granulation variations. The types of variations that have been reported include contrast changes and size changes. Little systematic search for variations has been made except for the case of active regions.

Active Regions. A number of investigations (Macris, 1978, 1979; Macris and Prokakis, 1962; Schröter, 1962) find a decrease in granule size in the vicinity of sunspots of $\sim$ 20 to 30 percent depending on the spot magnetic field flux or strength of the sunspot (Macris, 1978, 1979). Dunn and Zirker (1973) find the granulation to be "abnormal" in the regions where solar filigree occurs. These include the plage regions. Abnormal granulation is defined as regions of low granular contrast (decrease of 25 to 50 percent) caused by either a decrease in contrast or a decrease of size of the granulation. Edmonds (1960) observed regions of low contrast and smaller scale structure in material from the Stratoscope Project, but did not relate it to regions of solar activity. In addition to a decrease in size and intensity contrast, there is also a change in granular velocities. Mattig and Nesis (1974, 1976) find an increase of about 10 percent in the resolved granular motions. Vanoli (1975) finds a corresponding increase in the half width of Fraunhofer lines, but not in their equivalent width, indicating that the increase in velocities is confined to the macrovelocity field (see Small-Scale Motions as Inferred from the Widths of Weak Lines and Small-Scale Motions as Inferred from Line Saturation).

Supergranulation. Allen and Musman (1973) found no difference between supergranule centers and boundaries in the occurrence of exploding granules. Filigree, however, tends to occur both in active regions and in supergranule boundaries so that the "abnormal granulation" described by Dunn and Zirker (1973) and perhaps Edmonds (1960) would also occur on supergranule boundaries.

Other Large-Scale Changes. Nothing is known about other changes of the granulation patterns across the Sun because there has been no attempt to examine them. Of importance, for example, is the study of latitude changes of the granulation because of the potential implication on a latitudinal-dependent, convective energy transport, as well as because of a latitudinal change in the convective blue shift, which could affect observations of meridional flow (Beckers, 1978; Beckers and Taylor, 1980).

Changes of the Granulation with Time. Because of the small-scale height (150 km) of the convective (granule) overshoot velocities, a very small change in the solar atmospheric structure (e.g. the location of the subsuperadiabatic transition region) could cause a significant change in the granulation and in the related convective blue shifts. Variations in the granulation during solar pulsations and other long-term solar variations should therefore be looked for. So far, there has been no study of this, however.

Models of Solar Granulation. A good and current atmospheric model of the solar granulation is given by Nelson (1978). It uses a hydrodynamic model that takes into account the various conservation equations, radiative energy transport, and turbulent drag. It uses the granule velocity data from Canfield and Keil discussed in Velocities Associated with Granules as well as recent observations of granule contrast and its center to limb variation as fitting parameters. Figure 2-5 and Table 2-3 summarize the properties of this model.

Two characteristics of this model are noteworthy—the temperature inversion in the granulation at $\bar{\tau}_{0.5} = 0.23$ as observed also in the wings of Fraunhofer lines like the Ca II H and K lines, and the substantial horizontal motions, which exceed the vertical velocities above $\bar{\tau}_{0.5} = 2.5$. The granule model has a (square) cell size of 1060 km somewhat below the average cell size of 1500 km given above. It does not, of course, include the distribution of cell sizes present in the real solar granulation.

Subgranular Scale Motions

Nordlund (1976, 1977, 1978, 1979) is of the opinion that the granular velocity field is responsible for almost all the line broadening (macro- and microvelocities) and line strengthening (microvelocities) of photospheric lines. Other investigators do not agree (Keil, 1979; Canfield, 1976); they claim that not even half of the total solar velocity field has been spatially resolved, leaving a substantial amount of motion in smaller scale structures.

Deubner (1976a, 1976b) suggests that short period (period < 1 minute) oscillations are responsible for most of this remaining line broadening. He bases this hypothesis on the properties of the high temporal frequency tail of velocity power spectra which suggest the presence of short period propagating sound waves with wavelengths along the line of sight which are comparable to, or smaller than, the width of the velocity weighting (or response) function. Cram et al. (1979), however, disagree with the rms amplitude which Deubner derives for these short period oscillations. Rather than a 1 km s^{-1} rms velocity in the photosphere ($\tau \simeq 0.1$) quoted by Deubner, they derive on the basis of a full dynamic model calculation for waves of a 30-second period, an rms amplitude of ~ 0.2 km s^{-1}. This is sufficient for chromospheric heating but insufficient to explain the remaining line broadening.

Another partially resolved motion field is that associated with the solar filigree and magnetic knots (Motions and Magnetic Field in Magnetic Elements). The downflow in these regions is substantial but does not contribute significantly

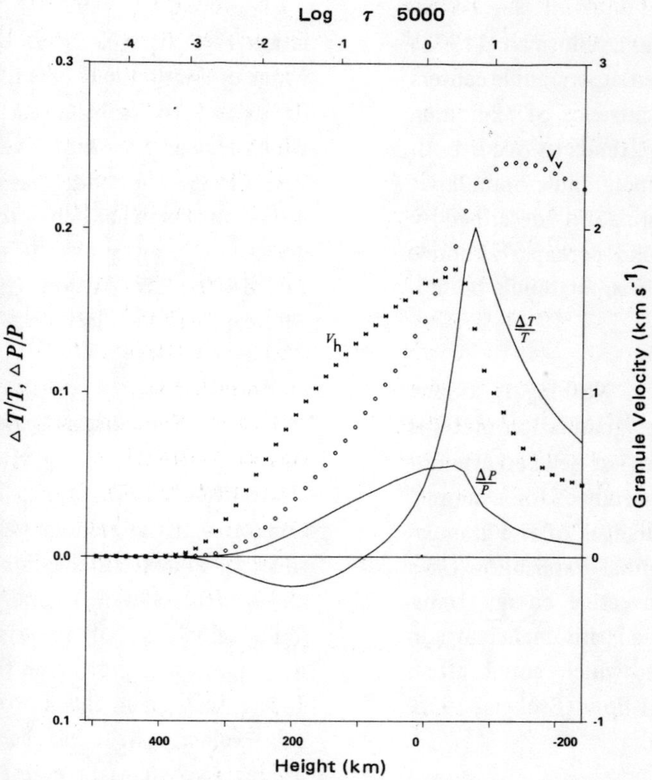

Figure 2-5. Model of the solar granulation by Nelson (1979). Standard solar height convention is used here. Nelson (1979) used a different convention.

Table 2-3
Granule Model by Nelson

Depth (km)	$\bar{\tau}_{0.5}$	τ_g	τ_{ig}	$\bar{T}$ (K)	ΔT (K)	P_g (10^4 dyne cm^{-2})	ΔP_g (dyne cm^{-2})	V_h (km s^{-1})	V_v (km s^{-1})
− 454	0.0005	0.0005	0.0005	4169	0	0.24	30	0.0	0.0
− 379	0.0019	0.0019	0.0019	4335	− 1	0.51	20	0.0	0.0
− 304	0.0070	0.0070	0.0070	4544	−24	1.05	8	0.2	0.0
− 229	0.0238	0.0243	0.0233	4777	−74	2.1	170	0.6	0.2
− 154	0.0771	0.0812	0.0730	5019	−77	4.0	904	1.0	0.5
− 79	0.237	0.256	0.220	5398	+ 2	7.4	2851	1.4	0.9
− 4	0.836	1.055	0.680	6329	+212	12.8	6692	1.6	1.4
+ 71	13.23	85.92	2.34	8930	+1552	19.4	6302	1.2	2.3
+ 146	97.70	406.8	21.36	10100	+963	26.9	3410	0.6	2.4

Note: $\Delta T = T_g - T_{ig}$; $\Delta P = P_g - P_{ig}$; g = granule; ig = intergranule.

Source: Nelson, 1978.

to the line broadening of lines in the average photosphere because of the small area covered by these elements.

Summary of Resolved Motions

The temporal and spatial scales of the resolved photospheric motions are summarized in the (k,ω) diagram sketch shown in Figure 2-6. The rms amplitudes of the different motion regimes are shown in Table 2-4 for two sample optical depths where the main contributors (supergranulation, 5-minute oscillations, and granulation) are best known. The granule amplitudes are estimated from the Canfield (1976) data and the Nelson (1978) model. According to Table 2-4, only a small fraction of the total velocity field has been resolved.

Nordlund's (1976, 1977, 1978, 1979) granular model disagrees with this result. His model claims substantially larger granular motions (vertical motions of 1.3 and 1.1 km s^{-1} at $\tau = 0.1$ and 0.01, respectively) so that the entire motion field would be resolved. Analysis of the limb effect (Small-Scale Motions as Inferred from the Solar Limb Effect) tends to support the notion of granular velocities 2 to 3 times larger than those measured by Canfield and Mehltretter (1973) and Keil (1979). It is hard, however, to see how the latter investigators could have underestimated the granular velocities by such a large factor, although the velocity measurement by Durrant et al. (1979) deviates from these investigations in the direction required for Nordlund's models. By adjusting the turbulent drag and other parameters relating to convective overshoot the

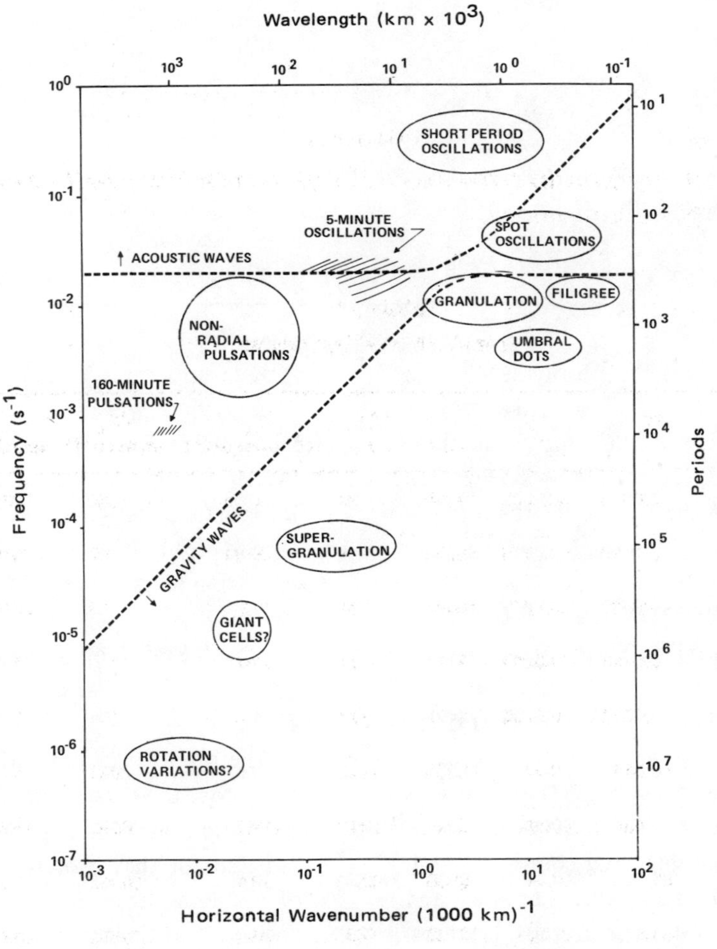

Figure 2-6. Summary of resolved solar motions in (k, ω) space. The dashed lines are for photospheric temperatures.

Table 2-4
RMS Doppler Velocity Amplitudes of Different Velocity Structures

Structure	rms velocity τ = 0.1 (h = 138 km, m s^{-1})		rms velocity τ = 0.01 (h = 283 km, m s^{-1})	
	Vertical	Horizontal	Vertical	Horizontal
Rotation	0	~ 1300	0	~ 1300
Meridional flows	0	20	0	20
Other large-scale flows	0	30	0	30
Supergranulation	30?	150	30?	150
5-Minute oscillations	400	0	450	0
Pulsations	~ 1	0	~ 1	0
Granulation	460	890	90	450
Short period oscillations	140	100?	160	120?
Total resolved (excluding rotation)	630	910	490	490
Total from line width	1460	2060	910	1550
Remaining	1320	1850	770	1470

Nelson (1978) model could probably be adjusted to increase the amount of convective overshoot and, hence, the velocity amplitudes at these heights. In any case, the convective energy flux remains very low at the optical depths listed in Table 2-4.

UNRESOLVED MOTIONS IN THE QUIET SOLAR ATMOSPHERE

Canfield and Beckers (1975) and Gray (1978) recently summarized observations of unresolved motions in the solar atmosphere. These motions are mostly derived from line profile observations rather than from line shifts. Of course the term "unresolved" is an ill-defined one. For integrated disk observation, as is the case in stellar spectroscopy, it often includes stellar rotation. For solar disk observation, the observations reported often include structures as large as supergranules. In general, they will include definitely granular velocity fields. The topic of this section, therefore, overlaps with the one in the previous section. Information on unresolved motions can be derived from line shifts, line widths, and line saturation (curve of growth analysis).

Small-Scale Motions as Inferred from the Solar Limb Effect

The term "solar limb effect" is used here not only for the systematic redshifting of solar absorption lines when going from center to limb, but also for the absolute wavelength difference of the lines from their null position. This null position is their laboratory wavelength corrected for a $2.12 \times 10^{-6}\ \lambda$ gravitational red shift which was predicted by Einstein and experimentally verified by Pounds and Rebka (1959, 1960) and Josephson (1960). Because all, or a major portion, of the limb effect is caused by unresolved photospheric motions it is an important tool for the study of these motions.

Observations. Observations go back as far as 1896 when Jewell (1896) found solar lines red-shifted by an amount that depended on their strength. This red shift became of special interest as a potential test of Einstein's general relativity theory. The amount of red shift observed at the disk center, however, falls short of that predicted (St. John, 1928) so that the limb effect at the center of the Sun consists of a blue shift Δ. The following summarizes the results of the many investigations made since then:

1. Center to Limb Variation: The limb effect received its name from the peculiar center to limb variation of this systematic wavelength shift. Most investigations (Adam, 1948; 1959; Hart, 1954; Higgs, 1960; Forbes, 1962; Blamont and Roddier, 1964; Salman-Zade, 1969; Melnikov et al., 1970) have reported a monotonic decrease when going to the solar limb, most of it occurring at the extreme solar limb below $\cos\theta = 0.4$ (Figure 2-7). The decrease for $\cos\theta > 0.4$ is small, definitely much less than proportional to $\cos\theta$. A number of observations (Schröter, 1959; Appenzeller and Schröter, 1967; Kubicela and Karabin, 1977; Duvall, 1977) even show that for some lines there may first be a small increase in the blue shift in going away from the center of the solar disk. It reaches a maximum at $\sin\theta \simeq 0.5$ ($\cos\theta \simeq 0.87$) of about 25 m s^{-1} over the blue shift at the disk center beyond which it decreases toward the solar limb. This inversion at the disk center is, however, not present for all lines (Appenzeller and Schröter, 1967; Duvall, 1977). Below $\cos\theta = 0.2$ (or less than 20 arcsec from the limb) the blue shift of the lines disappears and turns into a red shift with magnitude ~ 0.1 Δ. This red shift has been

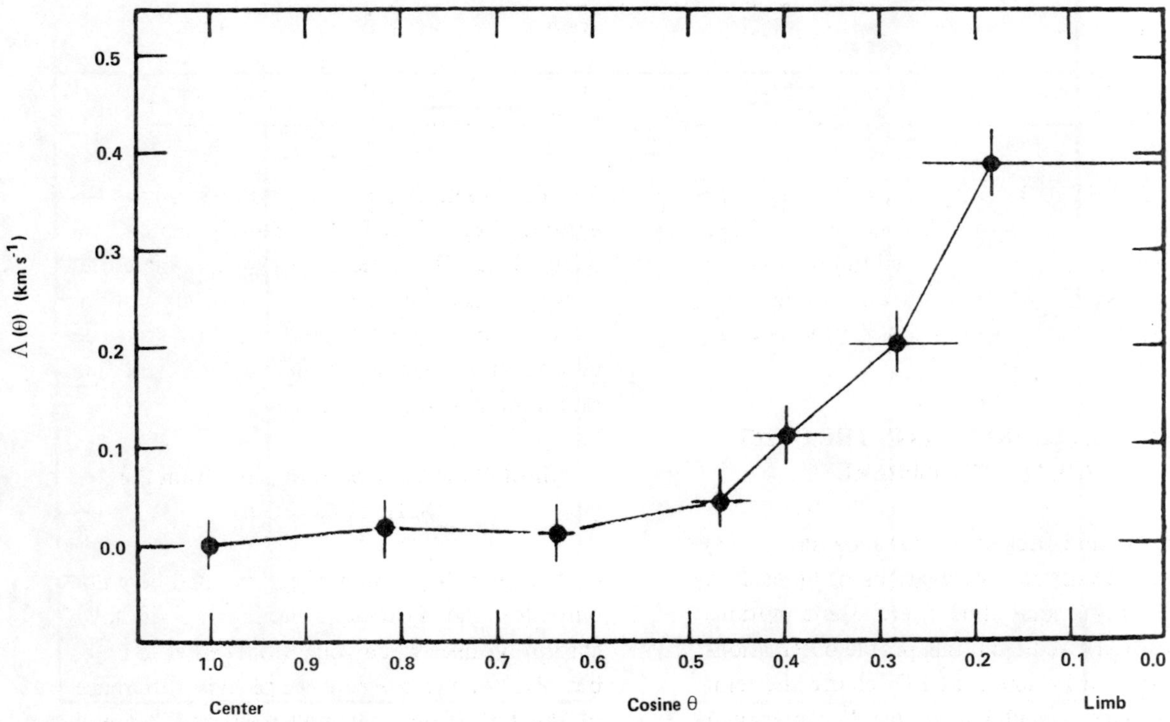

Figure 2-7. Solar limb shift as measured by Adam (1959). The velocities are relative to the line position at the disk center. Zero velocity on an absolute scale occurs at $\Lambda(\theta) \simeq 0.4$ km s^{-1}. Increasing $\Lambda(\theta)$ is increasing velocity away from the observer.

called the "supergravity shift" because the shift is greater than the gravitational red shift.

2. Dependence on Line Strength: The stronger the line, the smaller the blue shift at the center of the disk. For strong lines, the blue shift disappears ($\Delta = 0$) and may even turn into a small red shift. This line strength dependence has been called the Burns effect (Burns, 1929; Glebocki and Stawikowski, 1971) although Jewell (1896) noticed it. It has been investigated extensively (e.g. Adam, 1955; Schröter, 1959; Appenzeller and Schröter, 1967; Salman-Zade, 1969; Glebocki and Stawikowski, 1971; O'Brien, 1971; Pierce and Breckenridge, 1974; Beckers and de Vegvar, 1978). Typical Δ values for weak lines are 400-500 m s^{-1}.
3. Dependence on Excitation Potential: The observations on the dependence of the limb effect on excitation (and ionization) potential χ are contradictory. Dravins (1979), Salman-Zade (1969) and Lambert and Mallia (1968) find that the blue shift at the center of the disk increases with increasing excitation potential. However, the analysis by O'Brien (1971) and Beckers and de Vegvar (1978) do not confirm this dependence on χ.
4. Line Asymmetries: Adam et al. (1976) stressed the importance of taking account of the precise line profile when measuring the line displacement involved in the limb effect. At the disk center, the blue shift first increases when going from the line core into the near line wing, but then decreases again when going in the far line wings (Adam et al., 1976; Roddier, 1965). Differences in the blue shift as derived from either the line core or the near line wing can be as large as 5 mÅ (6301.5Å) or ~ 240 m s^{-1} (Figure 2-8). Toward the solar limb, the asymmetry decreases and may eventually disappear. Since the amount of the line

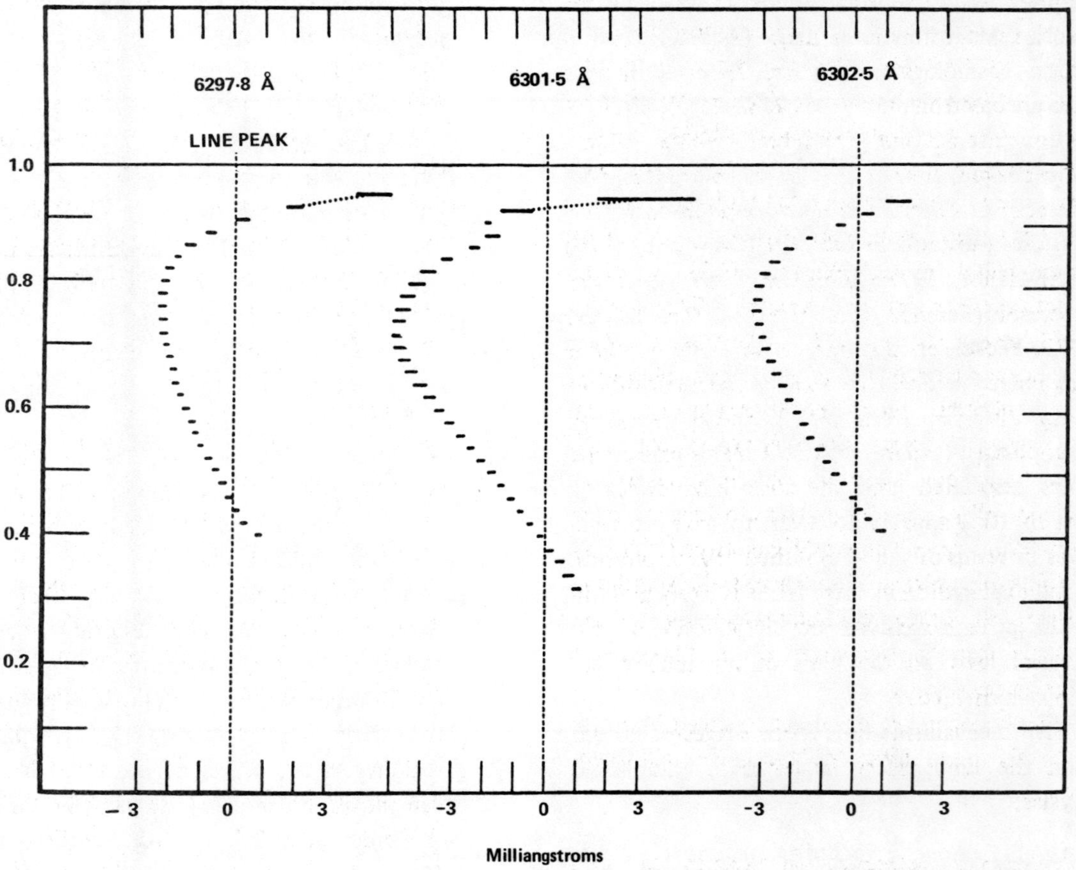

Figure 2-8. Bisectrices for three Fraunhofer lines from Adam et al. (1976).

asymmetry is comparable to the amount of the limb effect itself, it is essential to know to what part of the line the measurements refer. Theories of the limb effect have to interpret both the displacement and the asymmetry. Dravins (1979) has recently reported on a detailed investigation of observed line asymmetries in lines of different strengths, of different excitation potential, and at different positions on the solar disk.

5. Behavior in Sunspots: Beckers (1977) found the limb effect to be absent in sunspots even in weak lines ($\Delta < 25$ m s^{-1}).

Origin and Interpretation. The interpretations of the limb effect can be divided into two classes: (1) those involving new physical mechanisms and (2) those based on well-established physics. The former interpretations are, of course, most appealing, especially since the same new physical mechanisms often have major implications for exotic cosmological theories. Theories in this class are based on photon decay involving photon-photon interactions (Freundlich, 1954a, 1954b; Gasanalizade, 1971, 1972), or photon-gravity interactions different from or in addition to the Einstein gravitational red shift (Crawford, 1979; Smith-Hänni, 1975; Gillieson, 1965), or other processes (Ferencz and Tarcsai, 1971; Kipper, 1973; Pecker et al., 1973). New physical laws may indeed be needed to explain the small photon decay observed from the Pioneer-6 spacecraft solar passage (1 part in 10^7). A major part of the shifts associated with the solar limb effect (1 part in 10^5) appear, however, to have explanations in terms of well-established laws of physics. A full explanation in these terms is likely and until the latter is excluded, the introduction of new physical laws on the basis of the limb effect seems unjustified.

Five mechanisms have been suggested to explain the limb effect in terms of established physics:

1. Thompson scattering of photons on free electrons leads to a line shift equal to $\Delta\nu/\nu = (h\nu - 3kT)(1 - \cos\theta)/mc^2$ (Compton, 1923; Edmonds, 1953) where θ is the scattering angle. This "Compton effect" can give rise to either a blue or a red shift depending on the sign of the first term. Pasachoff and Silk (1968) and Maltby (1977) showed that any shift of photospheric lines caused by this effect is negligible (< 1 m s^{-1}) because of the insignificance of electron scattering in the line radiative transfer process.
2. Pressure shifts can also be ruled out as the dominant cause for the limb effect. Beckers and de Vegvar (1978) showed that for most lines, the pressure shifts for neutral hydrogen and electrons are small (< 15 m s^{-1}). For a few selected lines pressure shifts may, however, be significant (Hart, 1974).
3. Progressive sound waves and other waves with a nonzero line of sight velocity and temperature/density correlation can cause so-called wave shifts of spectral lines (Eriksen and Maltby, 1967; Kostik and Orlova, 1972, 1977). These may be significant in the solar atmosphere. The wave shifts however increase with line strength since wave amplitudes increase with height (Cram et al., 1979). This disagrees with the observed behavior of the limb effect. Also, most wave shifts are toward longer wavelengths. It is therefore unlikely that wave shifts are the dominant contributor to the limb effect. They may, however, very well modify the limb effect at the ~ 10 percent level.
4. St. John (1928) suggested that the disk center blue shift was caused by radial current shifts. Since spectroscopic measurements average over emitted photons rather than over atmospheric density, it is very likely that there is a net blue shift resulting from, for example, the bright upward moving granules contributing more to the photon flux than do the dark downward moving intergranular regions. At the center of the solar disk, this can indeed be shown to cause blue shifts on the order of 100 m s^{-1} (e.g. Schröter, 1957, Bray and Loughhead, 1978). Since the Doppler shift due to radial currents falls off as $\cos\theta$, and since both the temperature and velocity

fluctuations associated with granules fall off with height (Summary of Resolved Motions) one would expect the radial current shift to fall off faster than cos θ. This disagrees with the observations.

5. Beckers and Nelson (1978) pointed out that not only the vertical but also the horizontal flows in a granule contribute to a net Doppler shift if one includes the fact that the effective height of formation for Doppler velocities exceeds that for the photons. Figure 2-9 shows the results of line shift calculations using a model for the granular convection by Nelson and Musman (1977) and Nelson (1978) shown also in Figure 2-5.

The resulting convective shifts are indeed quite different from the radial current shifts only and in fact do agree amazingly well with the observed properties. They show for example the small increase away from the disk center and the "supergravity shift." There appears, therefore, little doubt that convective shifts are a major contributor to the limb effect. In the absence of other clear contributors and also because of the good qualitative agreement, Beckers and Nelson (1978) postulate that, in fact, convective shifts are the dominant cause of the limb effect. That postulate requires, however, about a 2 to 3 fold increase in the granular velocities at $\tau = 0.3$ in the Nelson

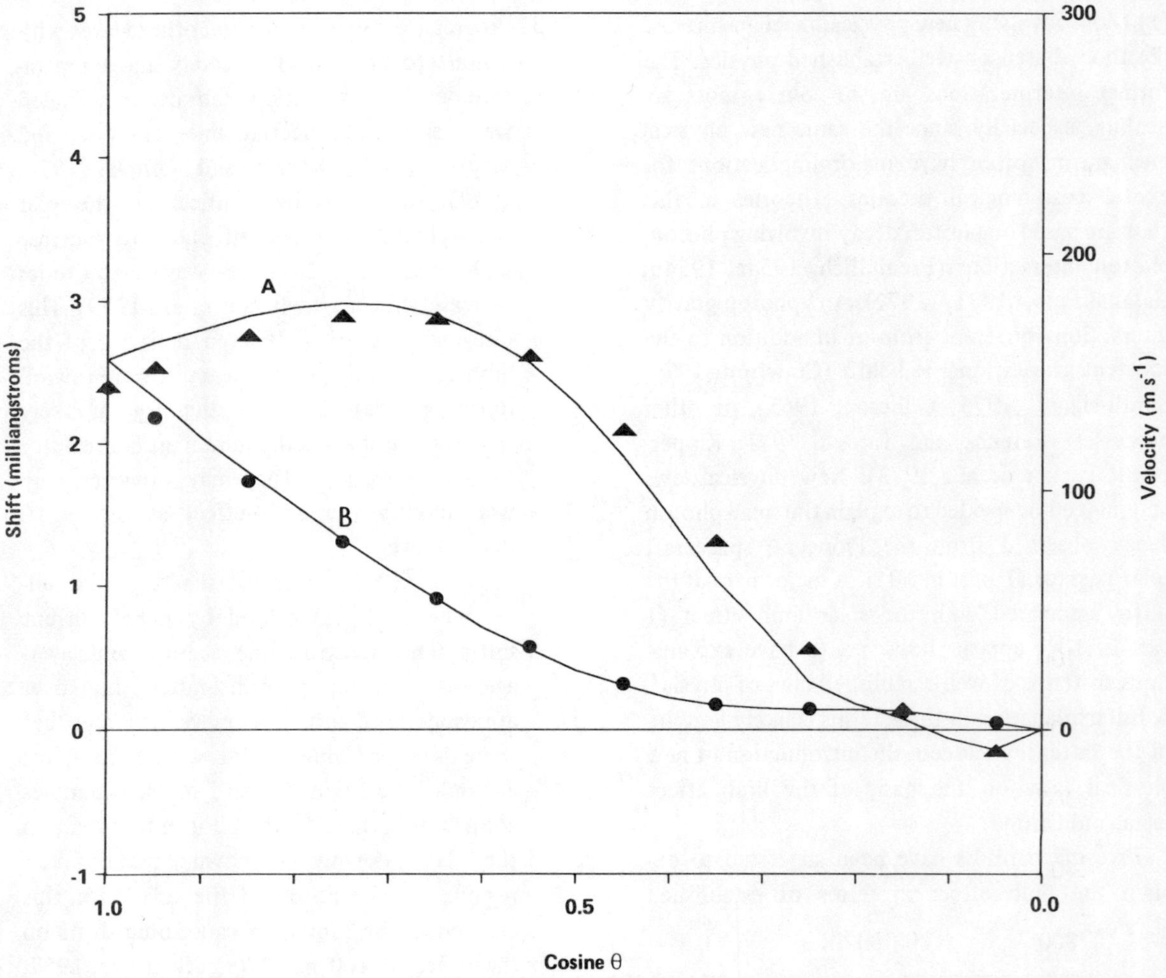

Figure 2-9. Calculated solar limb shift for the granular model by Nelson (see Figure 2-5). A = includes both vertical and horizontal granular motions; B = includes vertical motions only (from Beckers and Nelson, 1978).

and Musman model and probably a decrease in the average granule size to ~ 620 km. Nelson and Musman (1978) give a lower dimension to the granulation of ~ 100 km, set by horizontal radiative energy exchange. The high granular velocities seem to be straining the results of the observed resolved motions (Granulation and Subgranular Scale Motions).

Nordlund (1979) has proposed a theoretical model of the solar granulation based on a set of hydrodynamic equations. It has velocities large enough to explain the limb effect observations of Dravins (1979) and Adam et al. (1976). He found the observed and theoretical behavior to be remarkably similar. However, the velocities are again substantially larger than those from the best available solar spectra. This limb effect interpretation therefore strongly suggests that even the best observations of solar convection do not resolve all the granular motions yet.

Small-Scale Motions as Inferred from the Widths of Weak Lines

The widths of weak lines that are free from blends, atomic fine structure, Zeeman splitting, and other non-Doppler effects give a measure of the Doppler velocities at all scales from the resolution limit down to thermal motions. After correction for the latter, one is presumably left with the total nonthermal velocity field at all scales from the spatial resolution limit to arbitrarily small scales. This would be quite correct if there were no temperature and pressure changes associated with these nonthermal velocity features. In reality, there often are such changes (e.g. granulation and progressive sound waves) and the notion of a total velocity measurement from weak lines becomes more ambiguous. Complications of this kind have, however, mostly been ignored in the past.

Figure 2-10 and Table 2-5 taken from Canfield and Beckers (1975) show estimates of the total probable velocity $\xi = (2)^{1/2} \times$ rms velocity. The main features of the total velocities are (1) a pronounced decrease of the velocity with height, (2) an anisotropy in the sense that the horizontal motions exceed the vertical motions by a factor 1.2 to 2.0 and (3) amplitudes that exceed the granulation velocity amplitude as given by Nelson and Musman (Figure 2-5) by a factor of only 2 and 3 at τ_0 = 1 and 0.1, respectively. An in-

Table 2-5
Summary of ξ_μ (*h*), and ξ (*h*) Data

Height		Microvelocity ξ_μ (*h*), km s^{-1}		Total Velocity ξ (*h*), km s^{-1}	
h, km	τ_{5000}	Vertical	Horizontal	Vertical	Horizontal
0	1	1.8	2.7	2.8	3.3
100	0.175	1.3	2.0	2.3	3.1
200	0.039	0.9	1.4	1.7	2.6
300	0.007	0.7	1.0	1.2	2.1
400	0.0014	0.6	0.8	1.0	2.0
500	0.00025	0.7	0.8	1.0	2.2

Note that $\xi = (2)^{1/2} \times$ rms velocity.
Source: Beckers and Canfield, 1975.

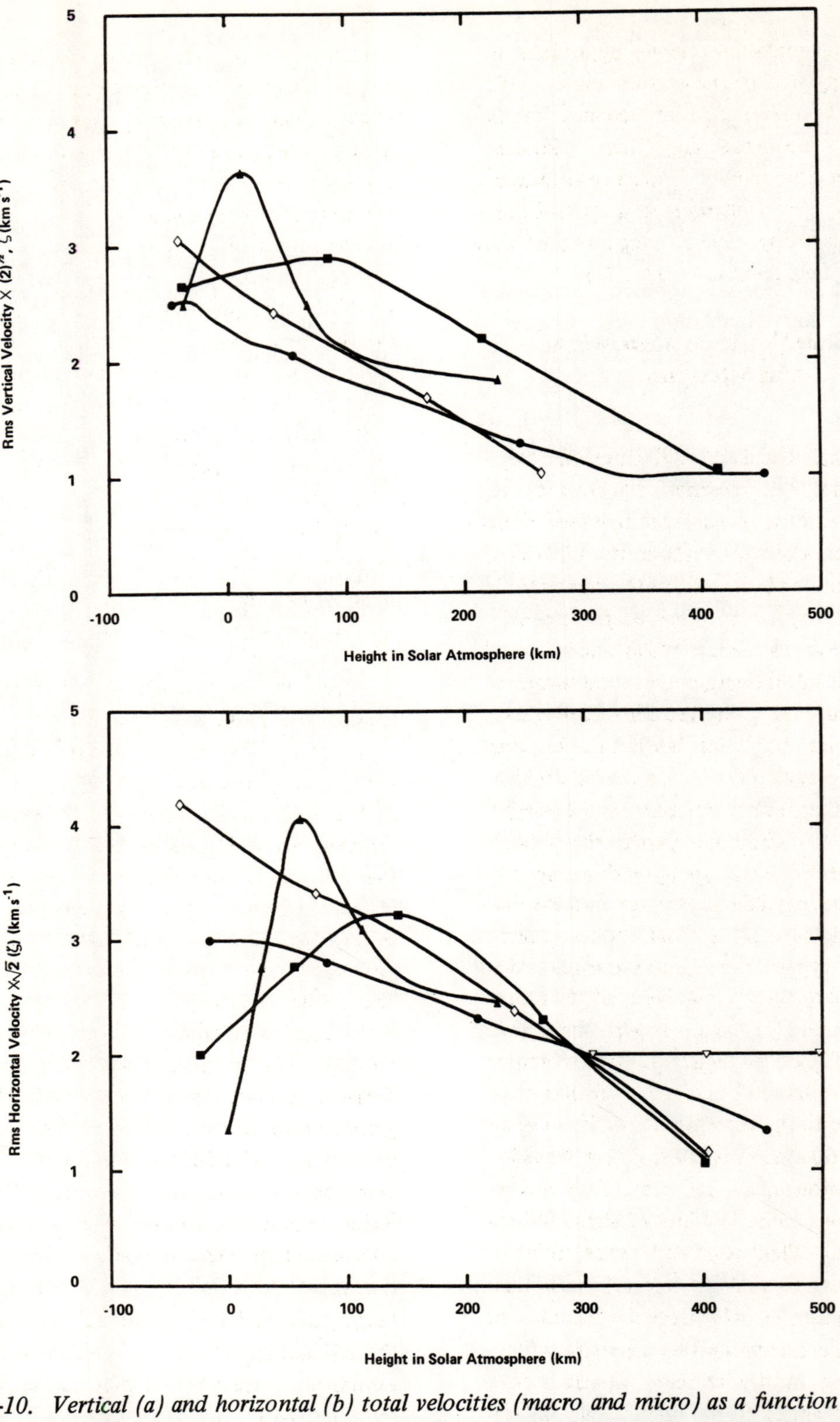

Figure 2-10. Vertical (a) and horizontal (b) total velocities (macro and micro) as a function of height in the solar atmosphere. Triangles, Gurtovenko (1975a); squares, Gurtovenko (1975b); circles, Holweger (1967); diamonds, Kondrashova and Gurtovenko (1974); open triangles, Canfield (1971). ξ *= rms velocity x* $(2)^{1/2}$ *(from Canfield and Beckers, 1975).*

crease of the granulation velocity by a factor of 2 to 3 as suggested in the section above would therefore make the granulation account for virtually all the line broadening. This is discussed further in the Summary of Unresolved Motions. Recent analysis by Holweger et al. (1978) confirms the anisotropy and the magnitude of the total velocity field given in Figure 2-10.

Small-Scale Motions as Inferred from Line Saturation

Canfield and Beckers (1975) use the term "microvelocities" to describe fluctuations in velocity that are so small spatially that their Doppler effects can be treated in the same way as thermal motions by including them as a modification of the shape of the absorption coefficient. In addition to the line broadening of weak lines discussed in the section above, these microvelocities modify the saturation of medium-strong and strong solar absorption lines, thus changing the curve of growth as well. Also called "microturbulence," these microvelocities are the subject of a good deal of controversy as to their physical interpretation. Although hydrodynamic turbulence is one possible source for microvelocities, other origins such as short period acoustic waves, other types of magneto-acoustic-gravity waves, and sharp velocity gradients in the atmosphere associated, for example, with the granulation, are all good possibilities. Microvelocities are velocity variations on a scale smaller than or comparable to the absorption coefficient scale height H_κ (~ 60 km in the photosphere at $\cos\theta = 1$) or the photon mean free path. They are velocity variations along the line of sight. Macrovelocities (also called macroturbulence) refer to large-scale motions that do not affect the line equivalent width and which can be included in the line profile calculations as a smearing function. They are mostly velocity variations in a plane at right angles to the line of sight. Microvelocities for observations near the solar limb (absorption coefficient scale height ~ $H_\kappa/\cos\theta$) may therefore be on scales equal to macrovelocities at the disk center. The interpretation of the measured microvelocities is therefore not always clear. It is assumed here that they correspond to relative motions of some kind at scales less than ~ 60 km at the disk center and more (~ $60/\cos\theta$ km) elsewhere on the disk. Table 2-5 taken from Canfield and Beckers (1975) summarizes the estimates of the probable velocities of both the microvelocity and total velocity (weak lines). However, although there is little disagreement as to the magnitude of the total velocity, there is substantial disagreement as to the magnitude of the microvelocity. Recently, for example, Holweger et al. (1978) gave 1.0 ± 0.15 km s^{-1} and 1.6 ± 0.15 km s^{-1}, respectively for the microvelocities (ξ) at the disk center and limb at $\tau_0 = 0.03$ to 0.3; Blackwell (1976), and Sheminova and Gurtovenko (1979) gave 0.8 km s^{-1} but Kostik and Orlova (1979) gave only 0.1 ± 0.2 km s^{-1}.

All of the determinations of microvelocities summarized above were made under the assumption that the physical mechanism involved causes only velocity fluctuations that can be included in the absorption coefficient profile by merely changing its width (quasithermal motions). All the responsible mechanisms, of course, involve changes of both temperature and pressure. For progressive sound waves, Cram et al. (1979) calculated the microvelocity employing the changes in velocity, in ΔT and in ΔP. They found that including ΔT and ΔP appreciably affects the resulting line profile. Their calculations also showed, in contrast to Deubner's (1976b) suggestion, that acoustic waves of periods of ~ 30 seconds and of sufficient amplitude to heat the chromosphere (Ulmschneider et al., 1978) do not make a significant contribution to photospheric microvelocities. Other physical mechanisms like the rapid decrease of granule velocities with height, and real hydrodynamic turbulence with the ΔT and ΔP effects included, should also be examined to see whether they can satisfactorily interpret the microvelocities. There is, of course, the possibility that none of these need to contribute if the estimate of zero for microvelocity of Kostik and Orlova (1979) is substantiated.

Line Asymmetries

Most solar lines are asymmetric. Figure 2-8 shows an example of the bisectrix of three medium strong lines. In the absence of blends, fine structure and other non-Doppler effects, the asymmetries must be caused by velocity variations in the atmosphere under study. Many different types of variations have been suggested such as height gradients of velocities in a homogeneous atmosphere (e.g. Kulander and Jefferies, 1966); short period sound waves progressing toward the observer (e.g. Eriksen and Maltby, 1967; Kostik and Gerbil'skaya, 1976; Kostik and Perekhod, 1976); and a variation of the limb effect shifts with depth in the line profile corresponding to the variation with line strength (Burns effect) caused probably by the rapid decrease with height of the granule velocities and the resulting convective blue shifts (e.g. Beckers and Nelson, 1978; Kostik and Perekhod, 1979). It is very likely that the mechanism responsible for the limb effect is also responsible for the part of the line asymmetry in the line core since the sign and the magnitude of the asymmetry are similar to the line strength dependence and magnitude of the limb effect. The turn-around in asymmetry (toward the red) in the wings of the line cannot be interpreted in this way and has to be explained differently. Beckers and Nelson (1978) suggested that this may be caused by the larger micro and/or macro motions observed in the intergranular regions as compared to the granule centers (Howard and Bhatnagar, 1969; Reiling, 1971; Altrock and Musman, 1976). In the line wings, this would make the intergranule velocities dominate the granular ones, thus causing the red shift. Such a model is qualitatively consistent with the granule model of Gonczi and Roddier (1971) as far as microturbulent behavior goes. Nordlund (1979) gives a different explanation. In his model, the "extended red trail" of the bisectrix is caused by the very large downward flows present in the dark intergranule lanes.

Line asymmetries set an important constraint on atmospheric velocity models. It seems premature, however, to make more than the qualitative statements given above about these models. Probably most of the asymmetries are caused by a combination of the height variation of the convective blue shifts, the increase of microvelocities in the intergranular regions, and the large downflows in intergranular regions. Propagating acoustic waves probably modify this asymmetry to some extent (Cram et al., 1979).

Spatial and Temporal Changes of Unresolved Motions

Remarkably little is known about the variations of the unresolved motions across the solar disk and with time. Howard and Bhatnagar (1969), Reiling (1971), and Altrock and Musman (1976) found the micro and macro velocities to be larger in the intergranular regions, and Caccin et al. (1976) found a somewhat larger (3 to 4 percent) total unresolved velocity at 40 to 60° latitude than at the solar equator. Because of the changes in the solar granulation in active regions and at supergranule boundaries (Changes of the Granulation Across the Sun) one might expect variations there as well. Related to these would be changes in the solar limb effect which could erroneously be interpreted as large-scale motions (Beckers and Nelson, 1978). Beckers and Taylor (1980) indeed found a strong indication of an increase in the solar limb effect with solar latitude.

Nothing is known about temporal changes of the unresolved motions with, for instance, the phase of the 5-minute oscillation, with other nonradial solar pulsations, or with the solar cycle.

Summary of Unresolved Motions

Figure 2-11 is an attempt to summarize the observations of solar motions at subrotational scales at $\tau_{5000} = 0.1$ (h = 138 km). They show the power $\widetilde{P}$ (log k)(= v^2_{rms}) plotted against log k (k = spatial horizontal wavenumber) for both resolved and unresolved motions, as well as the total power

$$\int_{-\infty}^{\log k} \widetilde{P}\,(\log k_1)\, d \log k_1$$

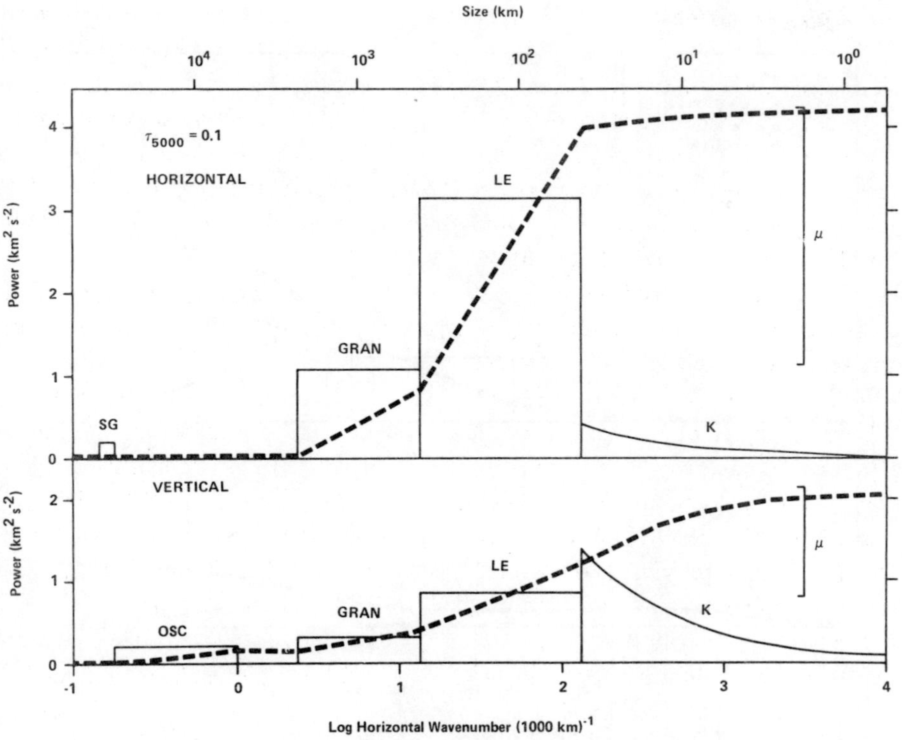

Figure 2-11. Estimate of the spatial distribution of the solar velocity fields at τ_{5000} = 0.1. SG = supergranulation; OSC = 5-minute oscillation; GRAN = granulation (resolved); LE = inferred velocity from limb effect (perhaps unresolved granules); K = Kolmogoroffian tail to give correct total velocity field, as derived from line width. Dashed line is the accumulated power up to a given horizontal wavenumber. μ = amount of microvelocities. The upper end of the the μ bar corresponds to the total velocity field.

in wavenumbers smaller than a given wavenumber. As k approaches ∞ the total power should equal the total mean square velocity (or 0.5 ξ^2_{total}) which is also shown in Figure 2-11. Figure 2-12 shows the same diagrams for τ_{5000} = 0.01. The resolved granular motions (Granulation), as well as the granular motions inferred from the limb effect are shown. The latter two are plotted between 70 and 2000 km spatial wavelengths according to the granule scale limitation estimates given by Nelson and Musman (1978).

At the high spatial frequency end, an attempt is made to connect the $\widetilde{P}$ (log k) distribution to a Kolmogoroffian turbulent energy spectrum. Since in a Kolmogoroff spectrum

$$\widetilde{P}(k) \propto k^{-5/3}$$

one has

$$\widetilde{P}(\log k) \propto k^{-2/3} \text{ and}$$

$$\int_{\log k}^{\infty} \widetilde{P}(\log k_1)\, d \log k_1 \propto k^{-2/3}.$$

Observations of resolved motions and intensity fluctuations (Beckers and Parnell, 1969; de Jager, 1972; Rutten et al., 1974; Edmonds and Hinkle, 1977) do not support a Kolmogoroff spectrum in that spatial regime (scales ~ 500 km). At smaller sizes, it could of course exist. Figures 2-11 and 2-12 in fact suggest that for the granular motions as derived from the limb effect a Kolmogoroff spectrum resulting from the eddy decay of these granules starting at ~ 100 km would result in the correct total velocity derived from the widths of weak lines. If the interpretation of the limb effect in terms of unresolved granules is not correct, an additional velocity field is needed at smaller scales to both drive a Kolmogoroff turbulence and to give the correct total velocity.

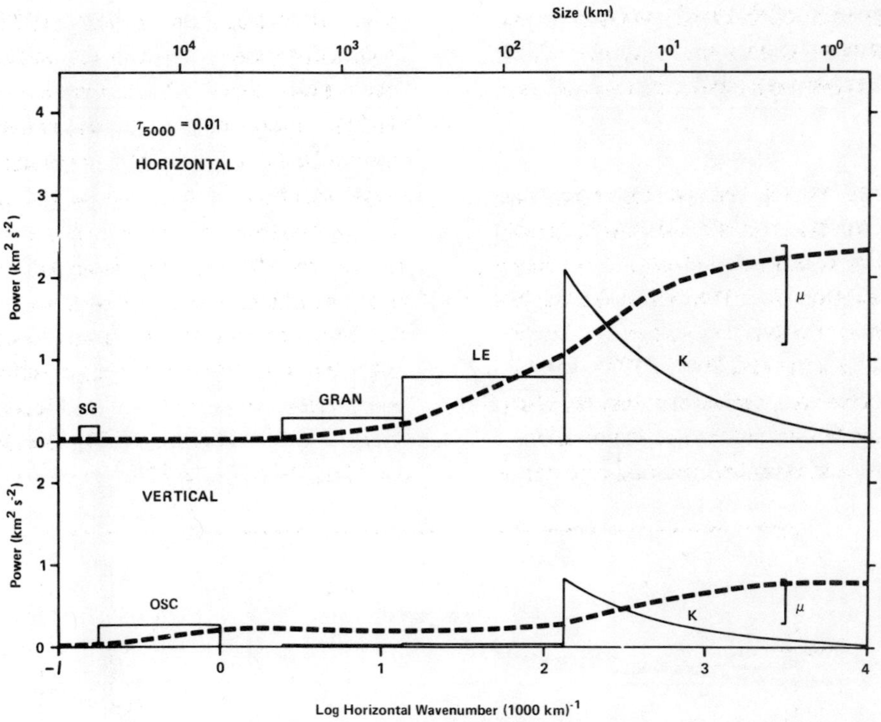

Figure 2-12. Same as Figure 2-11, but for τ_{5000} = 0.01.

MOTIONS AND MAGNETIC FIELDS IN SUNSPOTS

The effects of the magnetic field in the quiet photosphere is insignificant for the overall dynamics. Sunspots are regions in which the magnetic fields are strong and voluminous enough to severely modify the atmospheric dynamics. At τ_{5000} = 1 the magnetic pressure ($B^2/8\pi$ = 3.6 X 10^5 dyne cm^{-2} for B = 3000 gauss) is comparable to the thermal pressure (3.1 X 10^5 dyne cm^{-2}, Zwaan, 1974), whereas it substantially exceeds the kinetic pressure ($pu^2/2$ = 6.2 X 10^3 dyne cm^{-2} for a typical velocity of 1 km s^{-1}). In a sunspot atmosphere, one therefore has the opportunity to study the dynamics of a stellar atmosphere in the presence of strong magnetic forces.

Sunspots come in many forms and sizes (see e.g. Bray and Loughhead, 1964). It is the intention of this summary to describe the behavior of motions in a stellar atmosphere in the presence of a magnetic field. This section therefore describes the properties of the motions in a "single" sunspot, one that is unipolar and nearly circularly symmetrical, rather than the motions in spots that are very complex, with many umbrae within a complex penumbra and with a complex magnetic field configuration. The size of such simple sunspots range from spots without penumbrae near and just above the resolution limit (diameter 1000 to 4000 km), called "pores," to spots with penumbrae having a total diameter of up to ~40,000 km and an umbral: penumbral diameter ratio of about 0.4. Small pores are very similar to the small concentrated regions of magnetic field called "magnetic knots," described in Motions and Magnetic Field in Magnetic Elements. The following sections describe the properties of the larger spots with a penumbra, first the dynamics of regions of almost vertical field (umbra), then that of a nearly horizontal field (penumbra).

Sunspot Umbrae

The diameters of umbrae seldom exceed ~ 20,000 km; the largest scale motions are therefore limited to ≃ 10,000 km.

Overall Umbral Structure. The overall umbral structure comprises models based on observations of the continuum intensities, magnetic field strength, and zenith angle, and umbral motions.

Umbral Models. As for the photosphere, the most plausible umbral models are based on observations of the continuum intensities at many different wavelengths from the ultraviolet to the infrared. Recent models are given by Zwaan (1974) and Stellmacher and Wiehr (1975, 1976). These models refer to some average umbra. Individual umbrae will vary somewhat from spot to spot and there may even be systematic changes with epoch in the solar cycle or with solar latitude. Albregtsen and Maltby (1978) found a gradual increase in umbral temperature with the solar cycle. Figure 2-13 compares the Zwaan (1974) model with that of previous authors. Figure 2-14 compares the temperature gradient with the adiabatic one. Below τ_{5000} = 1.2 (vs. τ_{5000} = 0.8 in the photosphere) the sunspot atmosphere has a superadiabatic temperature gradient which will tend to drive motions that will, however, be different from those in the non-magnetic solar atmosphere as a result of the magnetic restoring forces (see e.g. Danielson, 1966; Savage, 1969; Mullan, 1974; Beckers, 1975b; Cowling, 1976; Parker, 1977).

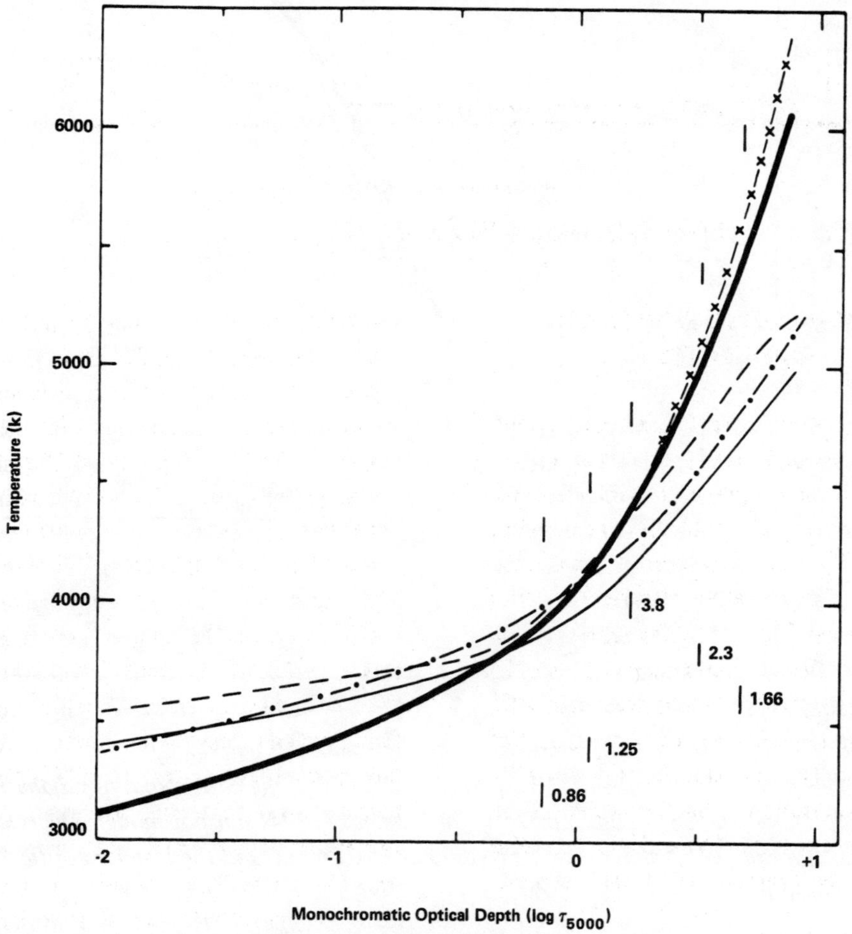

Figure 2-13. Temperature versus monochromatic optical depth at λ = 0.5 μm for some umbral model atmospheres. The positions of unity optical depth at various wavelengths are shown by vertical bars, the wavelengths are indicated in micrometers. Broken line, Henoux (1969); broken line with dots, Stellmacher and Wiehr (1972); light solid line, Kneer (1972); heavy solid line, Zwaan (1974); broken line with crosses, Zwaan (1974); model in radiative equilibrium (from Zwaan, 1974).

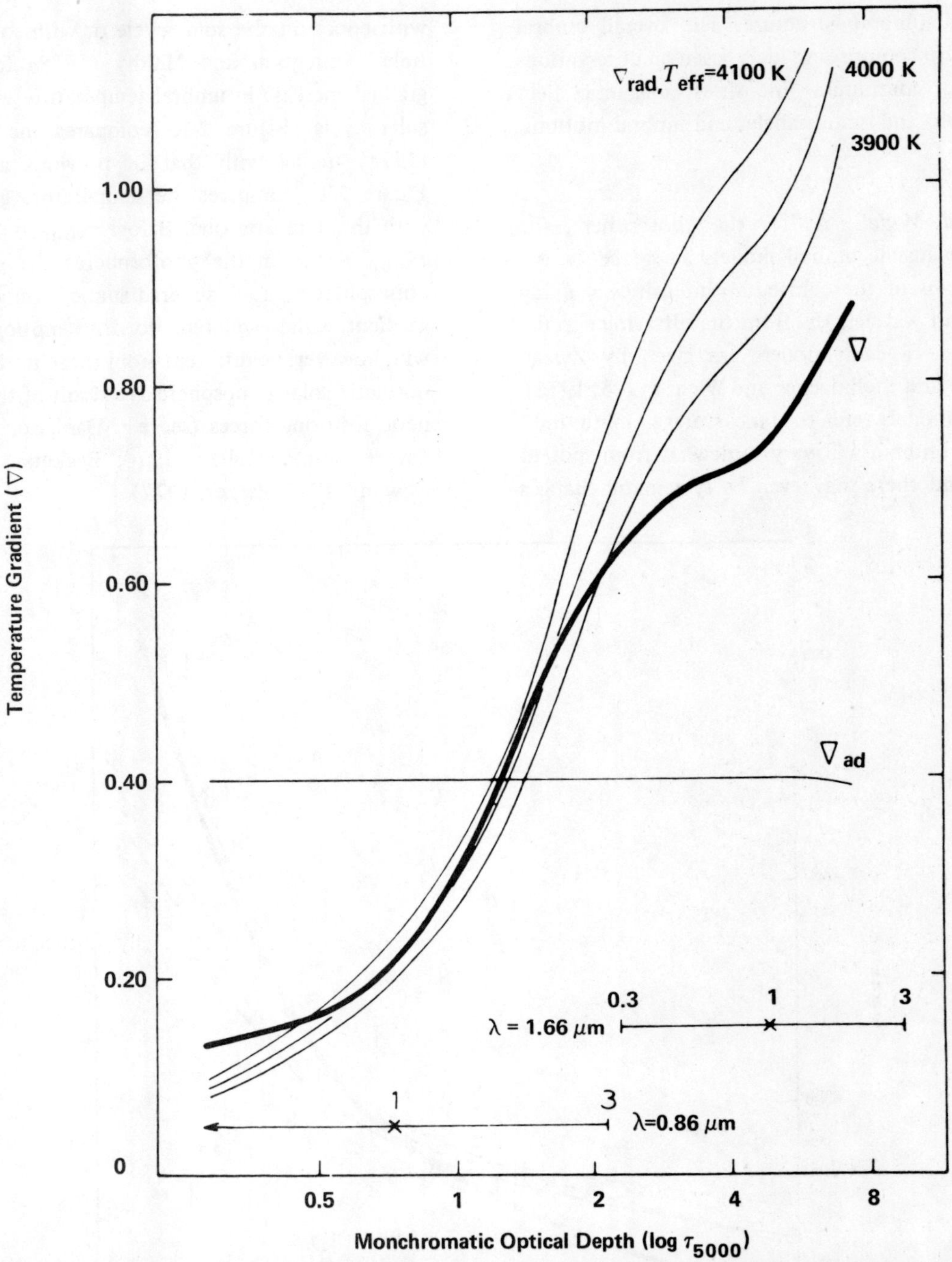

Figure 2-14. The temperature gradient $\nabla = d(\log T) / d(\log P_g)$*, the corresponding adiabatic gradient* ∇_{ad} *and the gradients for radiative equilibrium* ∇_{rad} *for Zwaan's (1974) sunspot model. The relations between the monochromatic optical depths at* $\lambda = 1.66$ *μm and at 0.86 μm, and the standard optical depth scale at 0.5 μm are also indicated (from Zwaan, 1974).*

Umbral Magnetic Fields. Figures 2-15 and 2-16 taken from Beckers and Schroter (1969a) show the variation of the magnetic field strength and zenith angle across a sunspot. The umbral magnetic field strength typically equals $\simeq$ 3000 gauss and the zenith angle varies from 0° to ~ 45° at the umbra-penumbra boundaries. The magnetic field strength decreases with height at a rate of ~ 1 gauss km^{-1}.

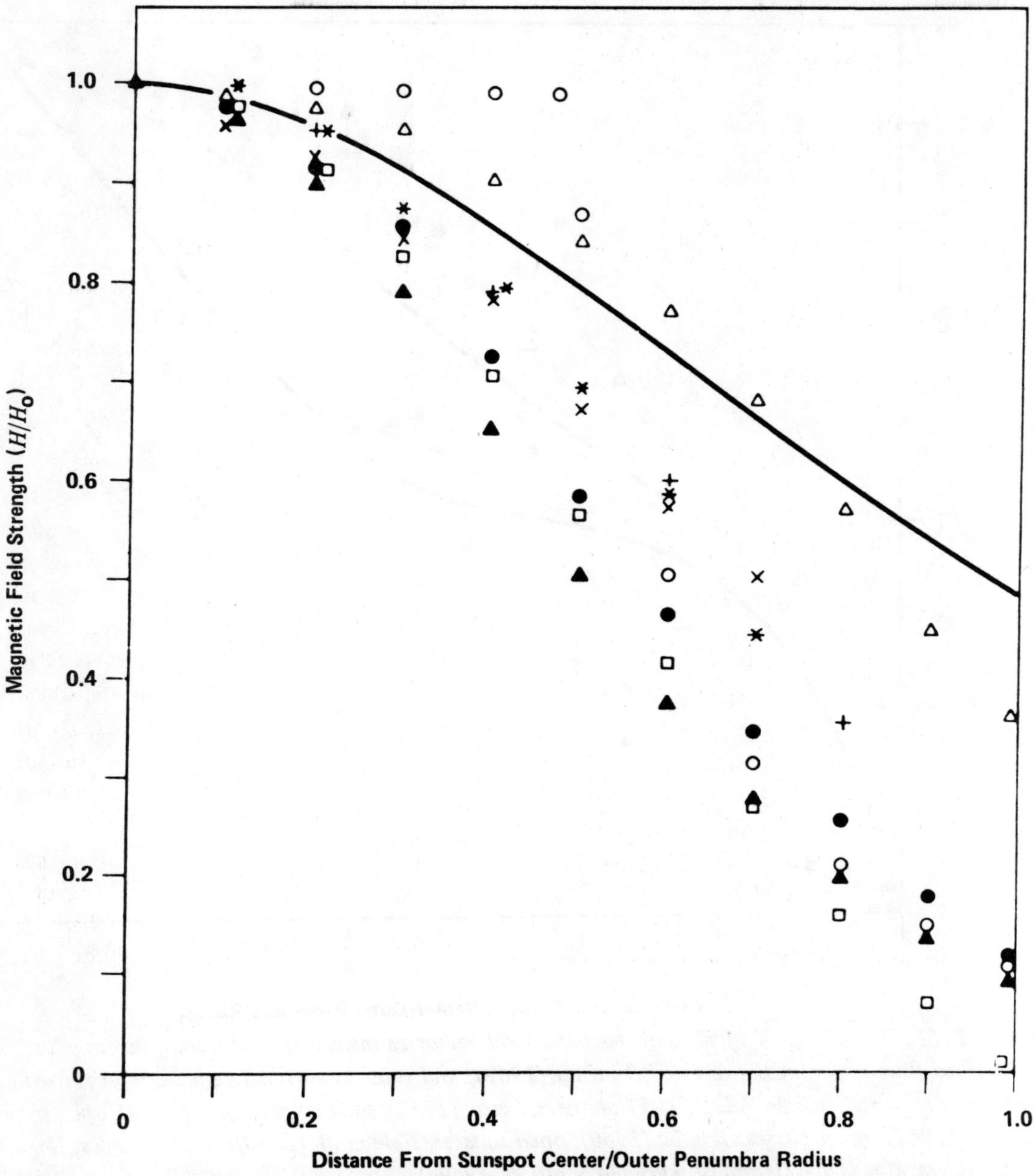

Figure 2-15. Variation of magnetic field strength across sunspot from Beckers and Schröter (1969a, solid line). The individual points refer to older measurements and refer probably to the vertical component of the spot field. Solid triangles, Deubner (1969); open triangles, Rayrole (1967); solid circles, Nishi (1962); open circles, Bumba (1960); open squares, Mattig (1952); crosses, Treanor (1960); diagonal crosses, Adam (1967); stars, Moe (1968). ρ = distance from spot center in units of outer penumbra radius (from Beckers and Schröter, 1969a).

Average Umbral Motions. The umbra is remarkably free of resolved motions. Most of the time umbral spectra do not exhibit the large line wiggles that are so characteristic of the non-sunspot photosphere. Observations of sunspot line shifts with an absolute wavelength reference (Beckers, 1977; Adam, 1979) show no vertical motions in sunspots exceeding 25 m s^{-1} and no limb effect exceeding 25 m s^{-1}. Because of the limb effect of the surrounding photosphere,

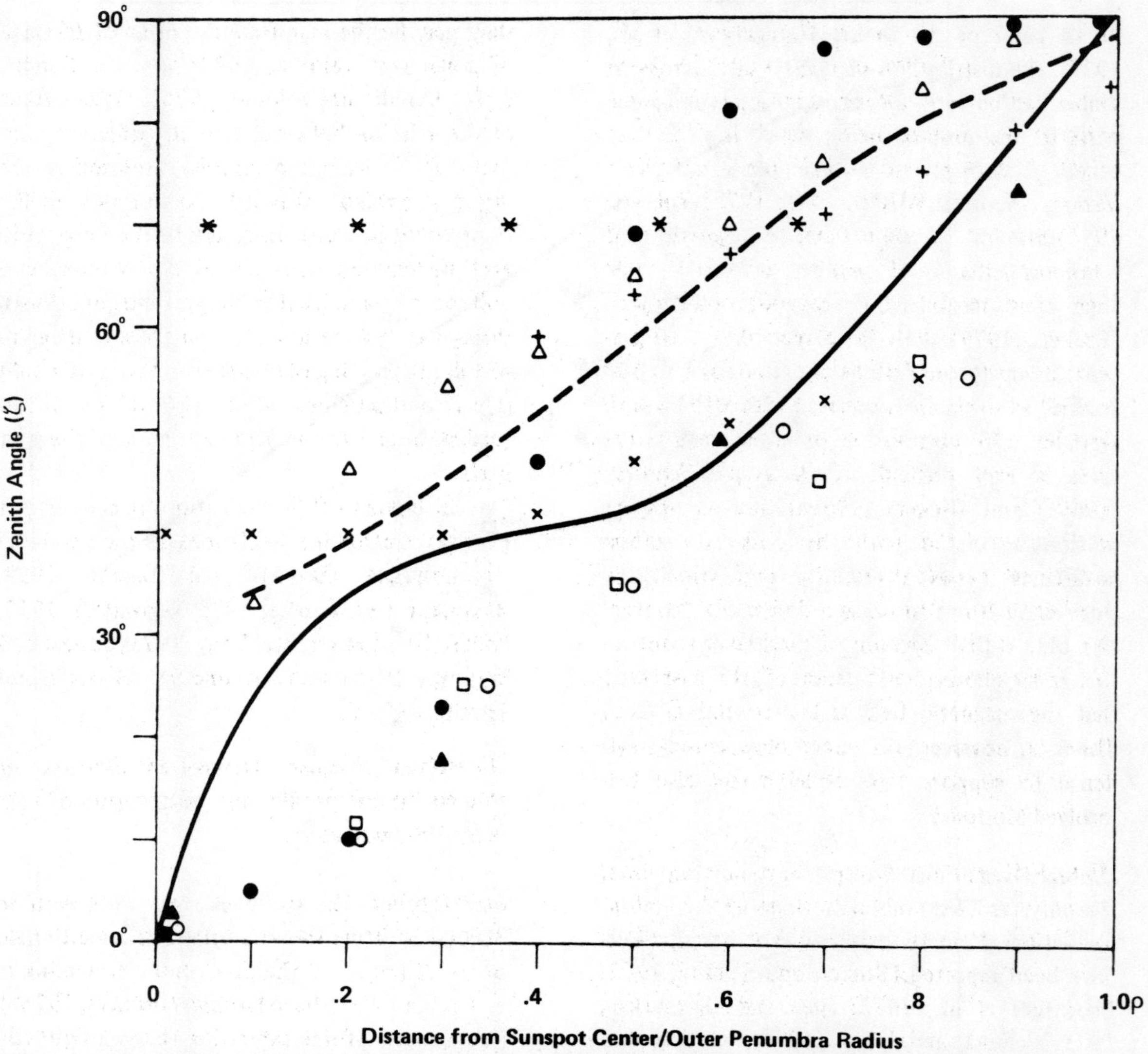

Figure 2-16. Zenith angle ζ of sunspot magnetic field vector as measured by different investigators. Solid and dashed lines are from Beckers and Schröter (1969a) and refer to two different techniques used to determine ζ. Diagonal crosses, Adam (1967); crosses, Leroy (1962); solid circles, Nishi (1962); open triangles, Rayrole (1967); open circles, Bumba (1960); open squares, Hale et al. (1938); solid triangles, Hale et al. (1938); stars, Moe (1968) (from Beckers and Schröter, 1969a).

sunspots appear to have a downflow of ~ 400 m s^{-1} if the weak lines in the surrounding photosphere are taken as a reference (Beckers, 1962; Schröter, 1966; Lamb, 1975). Neither horizontal outflows nor vortex flow exceeding 50 m s^{-1} are observed in sunspots (Beckers, 1979).

Small-Scale Structure. Granulation, as present in the undisturbed solar atmosphere, is absent from, or at least strongly modified in, the sunspot umbrae. Sunspots generally exhibit an irregular pattern of bright points called "umbral dots" or "umbral granulation." Umbral dots, together with the solar filigree (Motions and Magnetic Field in Magnetic Elements) are the smallest resolved solar structures. They are about 150 km in diameter (Beckers and Schröter, 1968a; Krat et al., 1972), their brightness is like that of the surrounding photosphere, and their lifetime is near 1500 seconds. Although umbral dots are present in all parts of the umbra (Loughhead, et al., 1979), the distribution of umbral dots across an umbra can be very uneven, some spots and some parts of the umbrae being richer in dots than others. The origin of umbral dots is not clear. Various theories (Wilson, 1971, 1972; Roberts, 1976) attempt to relate them to magnetic field inhomogeneities, Joule heating, and MHD waves. High time resolution (1 second) observations (Beckers, 1979) show no detectable (< 10 percent) intensity oscillations at periods of 1 to 300 seconds as might be associated with MHD waves. Doppler shift observation of these small structures is very difficult. Beckers and Schröter (1969a) and Beckers (1969a) find an upward motion associated with the dots. The cross-covariance between intensity and velocity is small enough not to cause a detectable "convective blue shift." Because of the higher temperature (near photospheric pressure?) it is suspected that the magnetic field is less in umbral dots. There is, however, no direct observational evidence to support this suspicion (see also Unresolved Motions).

Umbral Oscillations. Except for the umbral dots, the only resolved umbral motions are the umbral oscillations. Velocity oscillations of many periods have been reported (Beckers and Schultz, 1972; Bhatnager et al., 1972; Rice and Gaizauskas, 1973; Schultz and White, 1974; Schröter and Soltau, 1976; and Soltau et al., 1976), with periods of 180 and 300 seconds the dominant ones, but periods as low as 60 and as high as 500 seconds were observed as well. The amplitudes range from very small (nondetectable or < 50 m s^{-1}) to as large as 0.5 km s^{-1} depending on the sunspot and on the period. In many sunspots, the amplitude is substantially smaller than 0.5 km s^{-1} and 0.1 km s^{-1} is perhaps a typical value. Schröter and Soltau (1976) suggested that the 180- and 300 second modes in a spot may be mutually exclusive but this needs to be confirmed by more observations. The physical nature of the umbral oscillations is not clear. They may be nothing more than p-modes, like the photospheric oscillations but modified in frequency because of the different atmospheric conditions in the sunspot (Beckers and Schultz, 1972) or they may be the manifestation of an MHD wave of some sort (Moore, 1973; van der Borght, 1974; Uchida and Sakurai, 1975). Observations of the relation between umbral oscillations and that of the surrounding solar atmosphere are urgently needed. Although the sunspot oscillations could be quite unrelated to the now fairly well understood behavior of the photospheric 300-second p-modes (Oscillations and Pulsations), there may also be a relation in the k-ω diagram of the surrounding photosphere. If so, this would give important clues to the origin of the umbral oscillation and to the depth structure of the spot itself.

The relation of the oscillations in the sunspot photosphere to the oscillations in the overlying chromosphere (Beckers and Tallant, 1969; Bhatnagar and Tanaka, 1972; Giovanelli, 1972; Phillis, 1975; Moore and Tang, 1975; Surkov and Surkova, 1975) remains unclear (Beckers and Schultz, 1972).

Unresolved Motions. Unresolved motions are studied by line profiles and polarization of light in Stokes parameters.

Line Profiles. The width of weak lines with no Zeeman splitting shows a total rms velocity field of ~ 1.2 km s^{-1} at the disk center decreasing to ~ 1.0 km s^{-1} at the solar limb (Beckers, 1976b). The analysis of line saturation (curve of growth) is complicated by Zeeman effects but leads to a similar value for the "microvelocities" (see Small-Scale Motions as Inferred from Line Saturation). The resolved motions in the best resolved spectra, are well below this; the author (Beckers, 1976) has estimated the size of a typical unresolved velocity cell to be less than or equal to 40 km. The dynamics of the sunspot atmosphere is therefore very different from that of the non-magnetic solar atmosphere. Although the total rms motion in both are similar, the scale of the motions in the sunspot is much smaller. Also, the sunspot does not show a limb effect. The conclusion, that the nature of the motions in sunspots is different from that of the photosphere, is not surprising. Biermann (1941) long ago suggested that the strong magnetic field should suppress convection in sunspots, thus probably causing the cooling off. At present, it is common to interpret the surprisingly large width of sunspot lines in terms of Alfvén waves, or other MHD waves, resulting from overstable oscillations in the superadiabatic sunspot layers. It is not clear at this moment whether these waves indeed carry the missing energy away from the sunspot as was suggested again by Parker (1974). If they do, they have to travel into the Sun because of the absence of a sufficient wave flux in the corona above sunspots (Beckers and Schneeberger, 1977; Evans et al., 1977).

Stokes Parameters. The polarization of light from sunspots provides some indirect clues to the presence and properties of unresolved motions. Illing et al. (1974a, 1974b, 1975) find that broadband radiation (including many Fraunhofer lines) from sunspots tends to be circularly polarized. The most likely interpretation involves a correlation on unresolved scales of the Doppler and Zeeman shifts and, hence, of the velocities and magnetic fields (Auer and Heasley, 1978). Various kinds of unresolved MHD waves have such a correlation. Another indication for small-scale, unresolved magnetic field structures comes from the peculiar polarization of the apparent π-component in Zeeman triplets in sunspot umbrae (Beckers and Schröter, 1969b). This apparent π-component splits into two mutually displaced, circularly polarized components as if it were caused by a weak magnetic field (~ 300 gauss) with a sign opposite to that of the main sunspot magnetic field. One suggested explanation (Beckers and Schröter, 1969b; Mogilevsky et al., 1968; Baranov, 1975) indeed involves small regions of opposite but small magnetic fields perhaps to be identified with umbral dots. It could, however, also be that the peculiar π-component behavior is the result of magneto-optical effects in the line forming region (see Beckers, 1969b; Künzel and Staude, 1975).

Sunspot Penumbrae

Sunspot penumbrae often have a complex structure. The structure and motions are discussed here and are broken into overall penumbral structure, small-scale structure, oscillations, and unresolved motions.

Overall Penumbral Structure. The overall penumbral structure consists of the penumbral models, the magnetic field, and the velocity, described below.

Penumbral Models. Figure 2-17, taken from Moe and Maltby (1974), shows the wavelength dependence of the intensity of a typical sunspot penumbra relative to that of the solar photosphere. From observations like these, Moe and Maltby (1969) derive atmospheric models for the average penumbra and find that a model in which

$$\theta = \theta_{phot} + 0.055 \quad (\theta = 5040/T)$$

can explain the observations well. Their model is convectively unstable at depths below τ_{5000} = 1, as is the case for the photosphere and umbra. Danielson (1961) suggested that this, in combination with the approximately horizontal magnetic fields in the penumbrae, would result in convection cells, elongated in the direction of the magnetic field, which he called "convective rolls" and which he identified with the bright and dark penumbral filamentation.

Magnetic Field. Figures 2-15 and 2-16 show the variation of field strength and direction across the penumbra as well as the umbra. Observations disagree as to the field strength at the penumbra-photosphere boundary. The author is inclined to believe the ~ 1500 gauss value given by Beckers and Schröter (1969a) because it would be very hard to understand how the values of 0 to 300 gauss found by other authors and shown in Figure 2-15 could affect the hydrodynamics of the penumbra as much as they do. Measurements of the magnetic field direction are in even greater disarray. Perhaps a linear increase of the zenith angle ζ from 0° at the center of the spot to 90° at the penumbra-photosphere boundary represents the data best. The outer boundary of the penumbra is then probably determined physically by the $\zeta = 90°$ location.

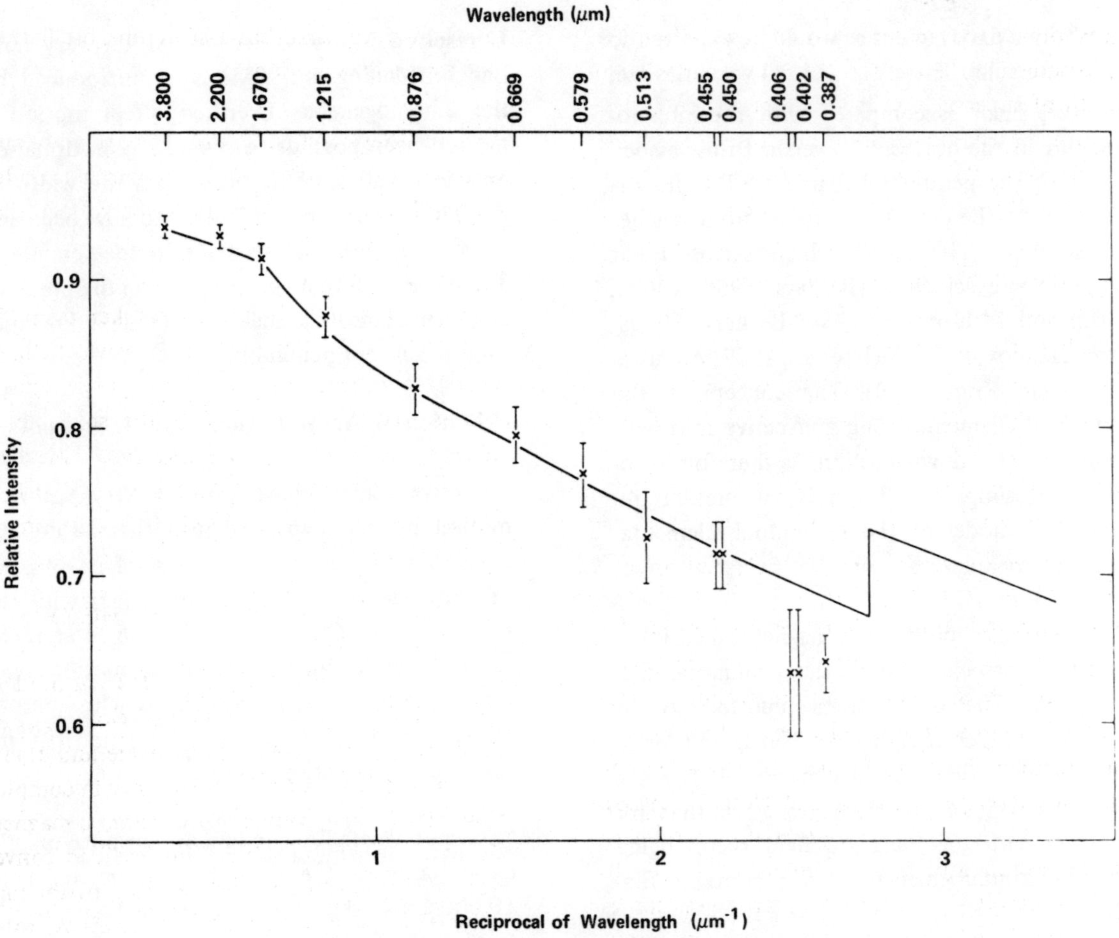

Figure 2-17. Comparison of the calculated average penumbral intensity (line) and the observations (Moe et al., 1974).

Velocity Field. The penumbra is, of course, the site of the most pronounced photospheric velocity feature, the "Evershed effect," in which matter flows nearly horizontally out of the sunspot toward the surrounding photosphere with average velocities approaching a few kilometers per second. As already mentioned in Overall Umbral Structure, there is no evidence for this flow in the umbra. It is small in the inner penumbra, accelerating outward, reaching a maximum at the penumbra-photosphere boundary, beyond which it abruptly decreases toward smaller values. The velocities decrease rapidly as one goes up in the solar atmosphere (see Boenes and Maltby, 1978). In the chromosphere, the motion has actually reversed (Beckers, 1962; Maltby, 1975) and, in addition, starts well outside the sunspot. We now know that the Evershed effect has strong horizontal variations on a small scale as does, perhaps, the penumbral magnetic field.

Small-Scale Structure. Depending on one's point of view, the penumbra consists of either bright or dark penumbral filaments aligned radially for symmetrical sunspots. According to Moe and Maltby (1974), the bright filaments are almost as bright as the photosphere ($\Delta\theta$ = 0.010), and the dark filament substantially brighter than the sunspot umbra ($\Delta\theta$ = 0.093). The solid curve in Figure 2-17 is calculated for such an inhomogeneous penumbra with 43 percent covered by bright filaments. Beckers (1969a) and Beckers and Schröter (1969a) showed that matter in the bright filaments indeed rises with respect to the neighboring dark regions as would be expected for convective rolls. These rise and fall velocities are, however, small as compared with the inhomogeneities in the horizontal Evershed flow associated with the penumbral filaments. This flow is restricted to the dark filaments where it reaches values of 4 to 10 km s^{-1} which is close to or exceeds sonic velocities (Beckers, 1966, 1968a; Mattig and Mehltretter, 1968; Beckers, 1969a; Mamadazimov, 1972; Wiehr et al., 1977; Abdussamatov and Krat, 1970). The concept of the penumbral filaments being convective rolls with mainly up and down motions is therefore obviously too simplistic. There is, at present, no theoretical model of the penumbral filamentation that includes the complex Evershed effect fine structure.

There is also probably a magnetic field inhomogeneity associated with the penumbral filamentation. The observations reported so far (Beckers and Schröter, 1969a; Mattig and Mehltretter, 1968; and Abdussamatov, 1976) are consistent with a higher field strength in the dark filaments with the magnetic field vector being more horizontal than that in the bright filaments.

Oscillations. The well-known bright running penumbral waves with periods of ~ 250 seconds (e.g. Zirin and Stein, 1972; Giovanelli, 1972; Moore and Tang, 1975; Musman et al., 1976) are observed in the Hα line and are, therefore, chromospheric. They are probably some kind of MHD wave generated perhaps in the umbra leaking outward guided along the more horizontal penumbral magnetic field (Nye and Thomas, 1974, 1976). Evidence for waves in the penumbral photosphere is less convincing. Beckers and Schultz (1972) found indications for a wave of period 250 seconds in the inner penumbra and rather long period oscillations (400 to 700 seconds) in the outer penumbra. Musman et al. (1976) also found photospheric waves with periods of 250 to 290 seconds which may have the same origin as the chromospheric waves but which seem to move at twice the horizontal phase velocity.

Unresolved Motions. Because of the very large line broadening and asymmetry introduced by the inhomogeneous Evershed effect motion it has not been possible to obtain any information on very small scale motions from the width of $g = 0$ lines. Nor does there seem to have been any curve of growth analysis made for the penumbra. There is therefore no information on the presence and significance of small-scale (< 500 km) motions in sunspot penumbrae.

Motions in Active Regions Outside Sunspots

Active regions have often a very complex motion pattern associated with them. Here the concern is not with the peculiar characteristics of individual active regions but rather with the systematic velocities associated with solar active regions. Two regimes of systematic motions have been identified: those associated with sunspot "moats" and the large-scale circulation pattern associated with active regions.

"Sunspot Moats." Around many sunspots, mainly decaying ones, there is often a ring or moat 10,000 to 20,000 km wide in which small-scale (~ 1 arcsec) magnetic elements called "moving magnetic features" drift away from the sunspot at a rate of a few tenths to ~ 2 km s^{-1}. A drift toward the sunspot is also observed but seems to be associated with emerging flux regions and growing sunspots (Harvey and Harvey, 1973; Vrabec, 1974). The outflowing motion is reminiscent of the Evershed flow but the Doppler shift in the sunspot moat is less than that of the sunspot penumbra and the structure appears spatially an extension of the high velocity dark penumbral filament into the surrounding photosphere (Sheeley and Bhatnagar, 1971). There has been a suggestion (Meyer et al., 1977) that a large flow cell surrounding a sunspot, of which the moat is the surface manifestation, is needed to stabilize sunspots.

Large-Scale Circulation Patterns Near Spots. A number of observations have shown systematic downflows in the photosphere around sunspots (e.g. Howard, 1972) and other large-scale flows (Howard, 1979). It is well known, however, that the granulation in the vicinity of sunspots is significantly altered in both scale and contrast (Changes of the Granulation Across the Sun), which may cause changes in the convective blue shift of ~ 100 m s^{-1} (Small-Scale Motions as Inferred from the Solar Limb Effect, Beckers and Nelson, 1978), which is similar in magnitude to that of the observed flows. The status of systematic large-scale flow patterns around spots is therefore not clear at present.

MOTIONS AND MAGNETIC FIELD IN MAGNETIC ELEMENTS

In the past decade, it has become increasingly clear that much, or even most, of the solar surface magnetic flux outside sunspots is located in small (< 1 arcsec) regions on the solar surface with large (1000 to 2000 gauss) magnetic fields. These regions have been given many different names (e.g. gaps, magnetic knots, invisible sunspots, and magnules) but recently the term "magnetic element" seems to have become commonly accepted. Magnetic elements occur mostly in supergranule boundaries and in active regions. Their surface density is highest in active regions where they form the active region magnetic fields associated with the K-line plages. Excellent recent reviews of the properties and consequences of these magnetic elements have been given by Stenflo (1976) and Harvey (1977) in which the reader can find more detail on this topic than the present summary allows.

Magnetic elements are closely related to the photospheric facular and filigree structure. Beckers (1975a, 1976a) showed the identity of magnetic elements and facular points when observed in the innerwings of the Mg b lines. Each facular point overlies a filigree element as defined by Dunn and Zirker (1973) so that there is a close relation between filigree and magnetic elements. These filigree elements are subgranular scale bright structures of ≤ 150 km in size (Mehltretter, 1975), best seen in the wings of strong Fraunhofer lines but also visible in the continuum. Like the magnetic elements, they tend to occur in the dark intergranular lanes where they often cluster in strings or clumps. The identity of magnetic and filigree elements has not yet been observationally established. It is suspected by many (e.g. Mehltretter, 1975; Beckers, 1975a) but contested by others (Simon and Zirker, 1974). Observations are, however, difficult because of the extreme resolution needed to resolve the clumps and strings of filigree into their elements. Recent filtergram observations by Ramsey et al. (1977) may have resolved the magnetic elements into their filigree components.

Magnetic Field Strength

All magnetic field observations in magnetic elements rely on observations of the Zeeman effect in lines with large Zeeman splitting. However, no spectra have sufficient spatial resolution to clearly isolate the magnetic elements so that the spectra always contain a mixture of light from magnetic and nonmagnetic regions on the Sun. This complicates the interpretation of line profiles. The circular polarization, or V-Stokes parameter profile is, however, only changed in amplitude, not in shape, by this dilution with non-Zeeman-split light. For large magnetic fields (Zeeman splitting large or comparable to Doppler width) the V-profile shape therefore gives a direct measure of the absolute magnetic field strength. Beckers and Schröter (1966, 1967, 1968a) used this fact to estimate the strength of the magnetic field. It reaches up to 1400 gauss with typical values near 1300 gauss, only slightly smaller than the magnetic field in pores (≳ 1500 gauss). The larger the Zeeman splitting in terms of line width the better the estimate. Harvey and Hall (1975) therefore used an infrared line at 1.5648 μm which shows splitting three times greater than that of visible lines and obtained magnetic fields near 1450 gauss. Because of the smaller photospheric opacity, these measurements may, however, refer to lower depths. Title and Tarbell (1975) and Tarbell and Title (1977) from visible lines arrive at typical values of 1400 gauss. Koutchmy and Stellmacher (1978) give ~ 1300 gauss so that there is good agreement between the magnetic field determinations made from the V-profiles in terms of a 1350 ± 100 gauss typical magnetic field. Note, however, that all of these estimates are based on the assumption of a uniform magnetic field for the unresolved magnetic element. If the field is nonuniform, the presence of substantially larger fields within part of the magnetic element cannot be excluded. The 1350 gauss field would then be closer to the average field value.

The determination of the field strength from the V-profile is much more direct than the techniques that compare low spatial resolution magnetographic observations of solar magnetic fields obtained with different lines. It is therefore to be preferred. However, it is comforting that the magnetographic observations lead to similar results. Most magnetographs saturate when the Zeeman splitting approaches and exceeds the line width so that the magnetic field as measured in a line with small Zeeman splitting appears larger than that measured in a line with large splitting (if the latter is not corrected for the saturation effects). This inequality persists when the magnetograph signals are diluted with light from nonmagnetic regions on the Sun. This is generally believed to be the cause of the differing magnetic fields obtained with different lines (see Figure 2-18). The invariant ratio of the measured magnetic fields in different lines for regions of different average magnetic field strength suggests invariant saturation effects or invariant magnetic fields. Modeling of the solar magnetic structure

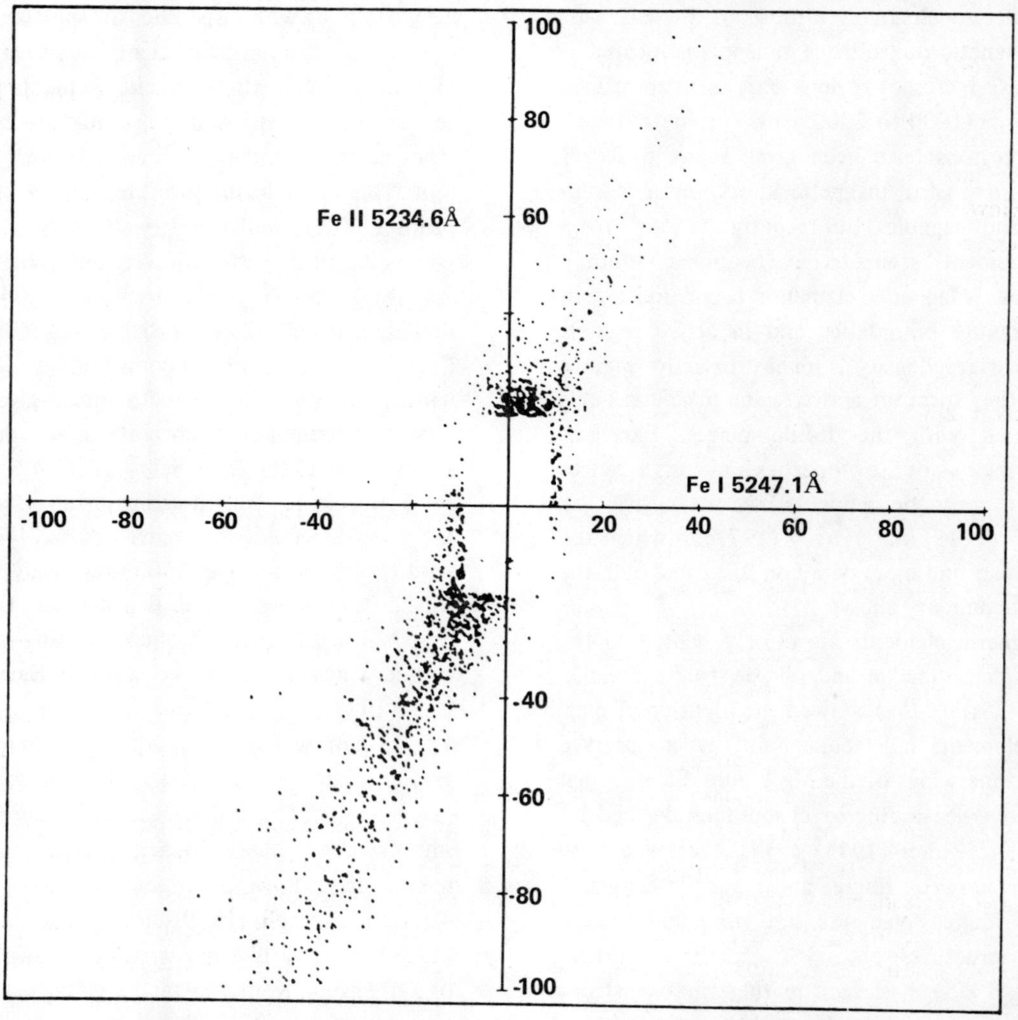

Figure 2-18. Simultaneous measurements of (B_ℓ) *in gauss with the Fe II 5234.6 and Fe I 5247.1 Å spectrum lines (from Harvey and Livingston, 1969).*

and the resulting line profiles leads to interpretation of these line ratios in terms of magnetic fields. The interpretation is, however, greatly complicated by other potential causes for line ratio changes such as differential line strength or profile variations, different heights of formation, or local Doppler shifts associated with the magnetic elements uncorrected by the magnetograph Doppler compensator. Better observations (Stenflo, 1973; Wiehr, 1976) therefore use lines that are as nearly identical as possible in all respects except for differences in Zeeman splitting. Stenflo (1973, 1975, 1976) analyzed this type of observation in great detail and arrived at a magnetic field strength of 1100 gauss for a uniform field strength model for the magnetic element. This is somewhat smaller than that derived from the V-profile analysis. For nonuniform field strength models, Stenflo obtains peak field strengths substantially greater than this as would have also been the case for the V-profile analyses if those had been done that way. However, for three nonuniform models the average field strength equals again ~ 1100 gauss.

Size

Beckers and Schröter (1968a) and Simon and Zirker (1974) give 1.3 and 1.5 arcsec as a typical size for the magnetic elements. This is an order of magnitude larger than the size of the filigree elements which have been suggested by some (e.g. Beckers, 1975a, 1976a; and Mehltretter, 1975) as being the footpoints of the magnetic field. It is extremely hard to resolve the filigree elements in magnetic field observations so that it is possible that the observations refer to unresolved clumps of magnetic elements rather than to the magnetic elements themselves (Harvey, 1977; Stellmacher and Wiehr, 1979). The observations of the close correlations between magnetic fields and photospheric faculae in the Mg b lines at scales ~ 0.8 arcsec (Beckers, 1975a, 1976a) and the small-scale (~ 0.5 arcsec) magnetic field structure observed by Ramsey et al. (1977) support such a notion. The question whether magnetic and filigree elements are indeed identical will be definitively solved only when magnetograms with 1/4 arcsec resolution or better can be obtained.

Vertical Motions

Magnetic elements tend to occur in intergranular regions that have downdrafts (Granulation). It is therefore not surprising that most observers (Beckers and Schröter, 1968a; Giovanelli and Ramsay, 1971; Sheeley, 1971; Simon and Zirker, 1974; Harvey and Hall, 1975; Giovanelli and Slaughter, 1978) report downdrafts in magnetic elements. By studying the displacement of the V-profile it is possible to determine the magnitude of the downdraft in the magnetic element itself, independent of whether the magnetic element is resolved. When the average wavelength of Fraunhofer lines in the solar photosphere is taken as a wavelength reference, the red shifts so determined have to be decreased by the shift from the limb effect (Unresolved Motions in the Quiet Solar Atmosphere). This was done by Giovanelli and Slaughter (1978) who derived the downflow curve shown in Figure 2-19. These curves should be compared with the downflow curves in solar granulation. In Figure 2-19 are plotted estimates of these downflows based on the rms granule velocity values as given by Canfield (1976) and Durrant et al. (1979) (Velocities Associated with Granules), taking 1.5 times the rms velocity as the downflow velocity. Considering that the downflow velocities in intergranular regions appear often as very large redward spikes in good granulation spectra, these intergranule downdraft estimates may be too small. Even so, it appears from the comparison in Figure 2-19 that the magnetic elements have the same downdraft as, or less than the normal intergranular regions. With respect to their immediate surroundings, there is therefore no evidence for a downdraft in the magnetic elements. Recent models for magnetic elements do not require such a downdraft (e.g. Durrant, 1977; Webb and Roberts, 1978) as did earlier models (Parker, 1978).

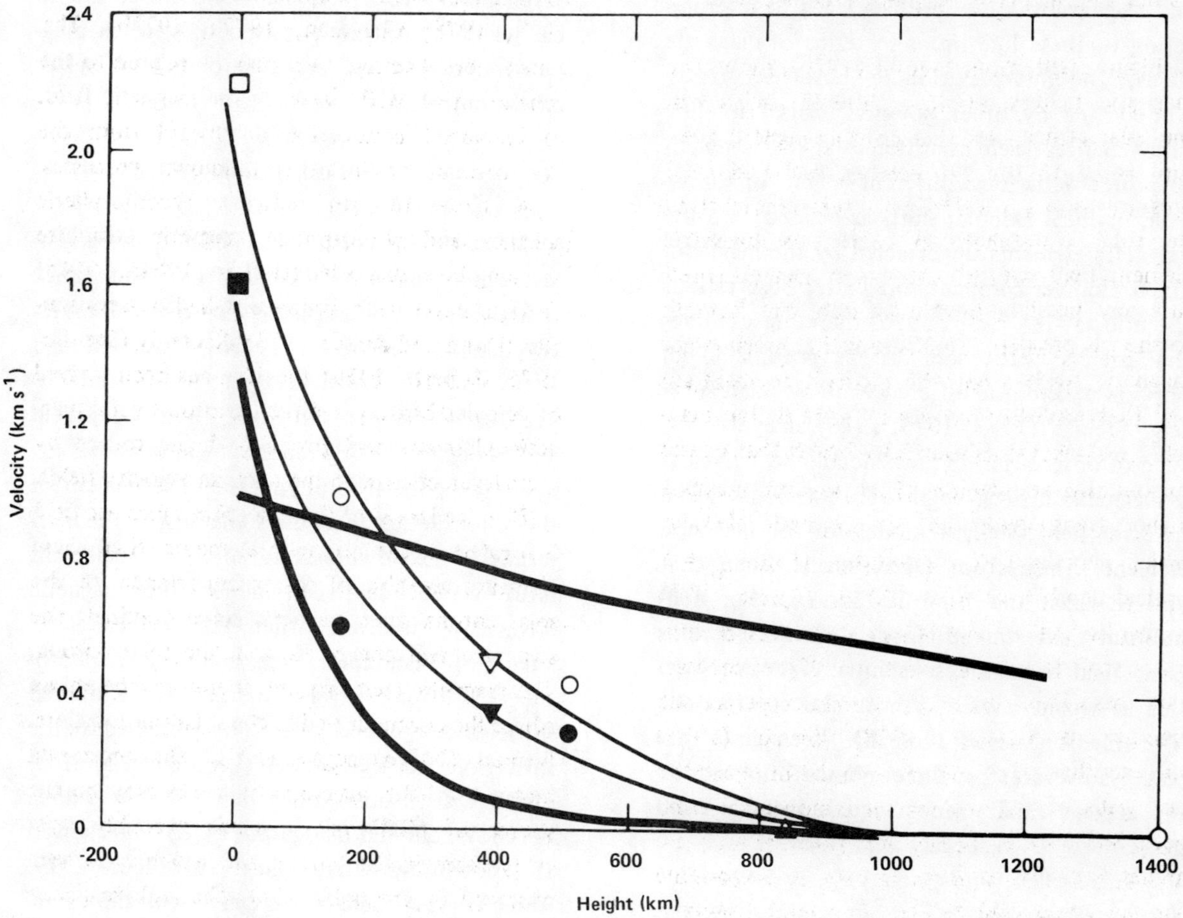

Figure 2-19. Velocity of the steady component of gas flow in magnetic elements as measured in various lines plotted against approximate height of formation in the nonmagnetic atmosphere. Upper light curve, uncorrected; lower light curve, corrected for the wavelength shift of the reference integrated line profiles due to the brightness-velocity correlations. Lower heavy curve, intergranular downflows according to Canfield; upper heavy curve, downflows according to Durrant et al. (1979); upward-pointing triangles, plage; circles, isolated elements, Giovanelli and Slaughter (1978); downward-pointing triangles, Giovanelli and Ramsay (1971) and Giovanelli and Brown (1977); squares, Harvey (1976) (from Giovanelli and Slaughter, 1978).

Horizontal Motions

There is no observational evidence for horizontal motions into or out of the magnetic elements similar to, for example, the Evershed motions in sunspots. High resolution spectra of small pores (Beckers, unpublished results) do not show such a motion either. Giovanelli (1977) suggested the existence of a horizontal influx of neutral gas near the temperature minimum to replenish the magnetic element for the losses due to the downflow described above.

The magnetic element as a whole does show major horizontal motions related to the motions of the granules surrounding it. Dunn and Zirker (1973) give a proper motion of 1.5 km s^{-1} for this "jostling" around of the filigree elements by the granulation. The associated time scale is that of the solar granulation ~ 500 seconds so that the interaction of the granulation with the magnetic field could be the source of MHD wave phenomena of this amplitude and period.

Some Comments on Magnetic Element Models

Figure 2-20, from Stenflo (1976), shows the magnetic field strength at different heights in the solar atmosphere that gives a magnetic pressure equal to the gas pressure and kinematic pressure for a 1 km s^{-1} flow at different levels in the solar atmosphere. A 1350 gauss magnetic element field strength exceeds in magnetic pressure any possible kinetic pressure but is close to the gas pressure. That means that much larger magnetic fields would be difficult to maintain and that probably the gas pressure in the magnetic elements is substantially below that of the surrounding atmosphere. That, in turn, means a higher transparency in the magnetic element which may lead to a depression of the $\tau_0 = 1$ optical depth level of ~ 150 km (Spruit, 1977) similar to that of the Wilson depression in sunspots. This is well beyond the ~ 20 km corrugation associated with the granule-intergranule fluctuations (Nelson, 1978). Spruit (1977) suggests that this depression results in seeing the hot walls of the regions surrounding the magnetic elements, especially near the solar limb. He argues that this brightening may be responsible for the white light faculae. It cannot, however, be the origin of the faculae higher up in the solar atmosphere, which are the subject of a number of model studies by Chapman and Frazier (Frazier, 1977, 1978; Chapman, 1977a, 1977b). The atmospheric heating there may be related to the generation of MHD waves in the magnetic field, to enhanced conduction downward from the hot corona, or to other unknown processes.

A close relation between chromospheric spicules and photospheric magnetic structure has long been suspected (Beckers, 1964a, 1964b) but has never been well established observationally (Dunn and Zirker, 1973). Recently (Stenflo, 1976; Roberts, 1979) the idea has been revived of spicules bearing a direct relation to the magnetic elements and probably being caused by their interaction with the granular velocity fields.

If indeed most of the quiet Sun magnetic field is located in the magnetic elements, then these elements are also of major importance for the solar corona since magnetic fields dominate the structure and energy flow in the solar corona. The magnetic elements are, therefore, the points where the corona is tied to the solar photosphere. Beckers (1976a) suggested that the horizontal motions of the magnetic elements may be the source of MHD waves, which probably exist everywhere in the corona and which have been observed in the solar wind. The high magnetic field strength in the magnetic elements prevents the rapid dissipation of these waves by Joule

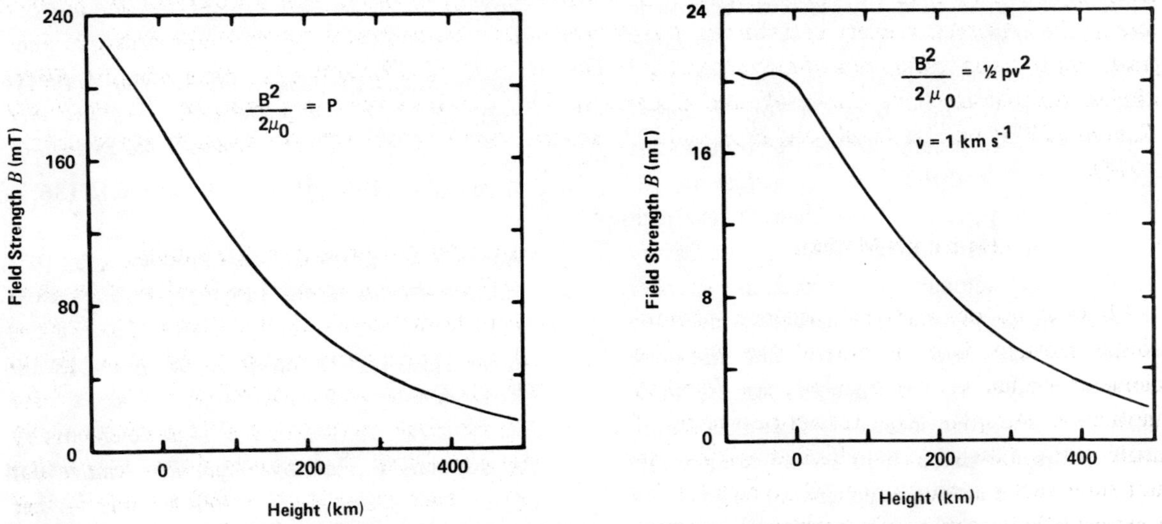

Figure 2-20. Variation with height of the field strength that has a magnetic pressure equal to: left, the gas pressure; right, the dynamic pressure from a flow of 1 km s^{-1}. Pressures and densities are from the facular model of Stenflo (1975) (from Stenflo, 1976).

and frictional decay in the upper photosphere and chromosphere (Osterbrock, 1961) which occurs at the small average field strengths (Uchida and Kaburaki, 1974).

Other Magnetic Fields

Livingston and Harvey (1971, 1975) and Harvey (1977) describe, in addition to sunspot-pore-magnetic element structures, a much weaker component of the solar magnetic field located in the inner parts of supergranules. These fields are of mixed polarity and often show bipolar behavior. The total flux in these regions is small compared with the flux of the magnetic elements at the supergranule boundaries. The existence of a weak (few gauss) unresolved magnetic field of mixed polarities covering large areas of the Sun and containing a significant total flux cannot be excluded as yet but it appears likely that most of the magnetic energy and most of the flux on large scales (> arcsec) that connects to the solar corona is located in magnetic elements at supergranule boundaries and in active regions.

Except for the inner network magnetic fields, most of the magnetic structures within the large-scale magnetic patterns are of the same polarity. There are, however, many small-scale regions with bipolar characteristics, which were studied by Harvey et al. (1975) and which they called Ephemeral Active Regions. Most of these seem to occur on the boundaries between the large-scale unipolar magnetic field patterns or within regions of mixed polarities. The total magnetic flux in each Ephemeral Active Region amounts to $\sim 10^{20}$ Mx and there were some hundreds of these regions present on the solar surface near the maximum of the last solar cycle. Harvey et al. (1969) actually suggest that this number may change during the solar activity cycle in the same way that sunspot regions do, and that these ephemeral regions are nothing else but the small-scale end of a broad spectrum of the distribution of active region sizes. There are, however, major differences between the ephemeral regions and the normal larger scale active regions: (1) They do not show preferred latitudes to the degree that normal active regions do; (2) They live for only $\sim$ 12 h; (3) Their polarity orientation does not clearly show an east-west preference as sunspots do; (4) The frequency of occurrence appears to be anticorrelated with traditional activity indexes (Golub, 1979). Like sunspot regions the ephemeral regions show, however, strong X-ray emission but this emission is, of course, smaller in size (Krieger et al., 1971; Golub et al., 1974). Again, this may indicate the trapping and dissipations of Alfvén waves in these closed field regions in the same way as might occur in active regions. Like normal active regions, it would appear that these ephemeral regions are of little interest for the structure of the outer corona and solar wind as compared with the unipolar magnetic elements, which are probably the source of the interplanetary magnetic fields.

REFERENCES

Abdussamatov, H.I., 1976, *Solar Phys.* **48**, 117.

Abdussamatov, H.I., Krat, V.A., 1970, *Solar Phys.* **14**, 132.

Adam, M.G., 1948, *Monthly Notices RAS* **108**, 446.

Adam, M.G., 1955, *Monthly Notices RAS* **115**, 405.

Adam, M.G., 1959, *Monthly Notices RAS* **119**, 460.

Adam, M.G., 1967, *Monthly Notices RAS* **136**, 71.

Adam, M.G., Ibbetson, P.A., Petford, A.D., 1976, *Monthly Notices RAS* **177**, 687.

Adam, M.G., 1979, *Monthly Notices RAS* **188**, 819.

Albregtsen, F., Maltby, P., 1978, *Nature* **274**, 41.

Allen, M.S., Musman, S., 1973, *Solar Phys.* **32**, 311.

Altrock, R.C., November, L.J., Simon, G.W., Milkey, R.W., Worden, S.P., 1975, *Solar Phys.* **43**, 33.

Altrock, R.C., Musman, S.A., 1976, *Astrophys J.* **203**, 533.

Antonucci, E., Azzarelli, L., Casalini, P., Cerri, S., Denoth, F., 1979, *Solar Phys.* **63**, 17.

Antonucci, E., Dodero, M.A., 1979, *Solar Phys.* **62**, 107.

Antonucci, E., Svalgaard, L., 1974, *Solar Phys.* **34**, 3.

Appenzeller, I., Schröter, E.H., 1967, *Astrophys. J.* **147**. 1100.

Auer, L.H., Heasley, J.N., 1978, *Astron. Astrophys.* **64**, 67.

d'Azambuja, M., d'Azambuja, L., 1948, *Ann. Obs. Paris* **6**, 1.

Baranov, A.V., 1975, *Soln, Dannye* **11**, 86.

Beckers, J.M., 1962, *Australian J. Phys.* **15**, 327.

Beckers, J.M., 1964a, *Astrophys, J.* **140**, 1339.

Beckers, J.M., 1964b (Thesis, Utrecht University), AFCRL Env. Res. Paper no. 49.

Beckers, J.M., 1966, *Atti del Convegni sulle Macchie Solari,* vol. 2 (Florence: G. Barbera, 1966), p. 86.

Beckers, J.M., 1968a, *Solar Phys.* **3**, 258.

Beckers, J.M., 1968b, *Solar Phys.* **3**, 367.

Beckers, J.M., 1968c, *Solar Phys.* **5**, 309.

Beckers, J.M., 1969a, *Plasma Instabilities in Astrophysics,* Wentzel and Tidman, eds. (New York: Gordon and Breach Publ., 1969), p. 139.

Beckers, J.M., 1969b, *Solar Phys.* **9**, 372.

Beckers, J.M., 1972, *Ann. Rev. Astron. Astrophys.* **10**, 73.

Beckers, J.M., 1975a, *Bulletin AAS* **7**, 346.

Beckers, J.M., 1975b, AFCRL-TR-75-0089.

Beckers, J.M., 1976a, *Proceedings International Symposium on Solar-Terrestrial Physics,* D. Williams ed., AFGL-TR-0131, p. 89.

Beckers, J.M., 1976b, *Astrophys. J.* **203**. 739.

Beckers, J.M., 1977, *Astrophys. J.* **213**, 900.

Beckers, J.M., 1978, *Proceedings Workshop on Solar Rotation,* Pubblicazione Oss. Astrofisico di Catania **162**, 166.

Beckers, J.M., 1979 (unpublished research).

Beckers, J.M., Bridges, C.A., Gilliam, L., 1976, AFGL Environmental Research Paper no. 565, AFGL-TR-76-0126.

Beckers, J.M., Canfield, R.C., 1975, CNRS Colloquium no. 250, *Physique des Mouvements dans les Atmospheres Stellaires,* p. 207.

Beckers, J.M., de Vegvar, P., 1978, *Solar Phys.* **58**, 7.

Beckers, J.M., Gilman, P.A., 1979, *Proceedings Workshop on Solar Rotation,* Pubblicazione Oss. Astrofisico di Catania **162**, 238.

Beckers, J.M., Milkey, R.W., 1975, *Solar Phys.* **43**, 289.

Beckers, J.M., Morrison, R.A., 1970, *Solar Phys.* **14**, 280.

Beckers, J.M., Nelson, G.D., 1978, *Solar Phys.* **58**, 243.

Beckers, J.M., Parnell, R.L., 1969, *Solar Phys.* **9**, 39.

Beckers, J.M., Schneeberger, T.J., 1977, *Astrophys. J.* **215**, 356.

Beckers, J.M., Schröter, E.H., 1966, AAS Solar Physics Division Meeting, Boulder (unpublished).

Beckers, J.M., Schröter, E.H., 1967, IAU Symposium no. 35, p. 178.

Beckers, J.M., Schröter, E.H., 1968a, *Solar Phys.* **4**, 142.

Beckers, J.M., Schröter, E.H., 1968b, *Solar Phys.* **4**, 303.

Beckers, J.M., Schröter, E.H., 1969a, *Solar Phys.* **10**, 384.

Beckers, J.M., Schröter, E.H., 1969b, *Solar Phys.* **7**, 22.

Beckers, J.M., Schultz, R.B., 1972, *Solar Phys.* **27**, 61.

Beckers, J.M., Tallant, P.E., 1969, *Solar Phys.* **7**, 351.

Beckers, J.M., Taylor, W.R., 1980, *Solar Phys.* **68**, 41.

Belvedere, G., Godoli, G., Motta, S., Paternó, L., Zappala, R.A., 1976, *Solar Phys.* **46**, 23.

Belvedere, G., Paternó, L., Stix, M., 1978, *Proceedings Workshop on Solar Rotation,* Pubblicazione Oss. Astrofisico di Catania **162**, 289.

Bhatnagar, A., Livingston, W.C., Harvey, J.W., 1972, *Solar Phys.* **27**, 80.

Bhatnagar, A., Tanaka, K., 1972, *Solar Phys.* **24**, 87.

Bierman, L., 1941, *Vierteljarhschrift. Astr. Gesellsch.* **76**, 194.

Blackwell, D.E., Ibbetson, P.A., Petford, A.D., Willis, R.B., 1976, *Monthly Notices RAS* **177**, 227.

Blamont, J., Roddier, F., 1964, *Compt. Rend. Acad. Paris Des Sciences* **258**, 449.

Boenes, J., Maltby, P., 1978, *Solar Phys.* **67**, 65.

Bray, R.J., Loughhead, R.E., 1964, *Sunspots* (London: Chapman and Hall, Ltd., 1964).

Bray, R.J., Loughhead, R.E., 1967, *The Solar Granulation* (London: Chapman and Hall, Ltd., 1967).

Bray, R.J., Loughhead, R.E., 1978, *Astrophys. J.* **224**, 276.

Bumba, V., 1960, *Izv. Krymsk. Astrofiz. Observ.* **23**, 212.

Burns, K., 1929, *Publ. Allegheny Obs.* **6**, 141.

Caccin, B., Falciani, R., Donati Falchi, A., 1976, *Solar Phys.* **46**, 29.

Caccin, B., Falciani, R., Donati Falchi, A., 1978, *Solar Phys.* **57**, 13.

Canfield, R.C., 1971, *Solar Phys.* **20**, 275.

Canfield, R.C., 1976, *Solar Phys.* **50**, 239.

Canfield, R.C., Beckers, J.M., 1975, CNRS Colloquium no. 250, *Physique des Mouvements dans les Atmosphères Stellaires* AFCRL-TR-75-0592, p. 291.

Canfield, R.C., Mehltretter, J.P., 1973, *Solar Phys.* **33**, 33.

Carlier, A., Chauveau, F., Hugon, M., Rösch, J., 1968, *Comptes Rendus Acad. Sci. Paris* **226**, 199.

Chapman, G.A., 1970, *Solar Phys.* **14**, 315.

Chapman, G.A., 1977a, *Highlights of Astronomy 4* (II) (Dordrecht: D. Reidel Publishing Co., 1977), p. 261.

Chapman, G.A., 1977b, *Astrophys. J. Suppl.* **33**, 35.

Coffey, H.E., Gilman, P.A., 1969, *Solar Phys.* **9**, 423.

Compton, A.H., 1923, *Phil. Mag* **46**, 897.

Cowling, T.G., 1976, *Monthly Notices RAS* **177**, 409.

Cram, L.E., Keil, S.L., Ulmschneider, P., 1979, *Astrophys. J.* **234**, 768.

Crawford, D.F., 1979, *Nature* **277**, 633.

Danielson, R.E., 1961, *Astrophys, J.* **134**, 289.

Danielson, R.E., 1966, *Atti del Convegni sulle Macchie Solari* (Florence: G. Barbera, 1966), p. 120.

Deslandres, H., 1899, *Comptes Rendus Acad. Sci. Paris* **129**, 1222.

Deubner, F.-L., 1969, *Solar Phys.* **7**, 87.

Deubner, F.-L., 1971, *Solar Phys.* **17**, 6.

Deubner, F.-L., 1976a, *The Energy Balance and Hydrodynamics of the Solar Chromosphere and Corona,* IAU Colloquium no. 36, p. 45.

Deubner, F.-L., 1976b, *Astron. Astrophys.* **51**, 189.

Deubner, F.-L., Ulrich, R.K., Rhodes, E.J., Jr., 1979, *Astron. Astrophys.* **72**, 177.

Dicke, R.H., 1970, *Ann. Rev. Astron. Astrophys.* 8, 297.

Dicke, R.H., 1976, *Solar Phys.* **47**, 475.

Dicke, R.H., 1977, *Astrophys. J.* **218**, 547.

Dicke, R.H., Goldenberg, H.M., 1967, *Phys. Rev. Letters* **18**, 313.

Dravins, D., 1974, *Astron. Astrophys.* **36**, 143.

Dravins, D., 1976, CNRS Colloquium no. 250, *Physique des Mouvements dans les Atmospheres Stellaires,* p. 459.

Dravins, D., 1979, *Proceedings IAU Colloquium no. 51* (Berlin-New York: Springer-Verlag, 1979), p. 51.

Dunn, R.B., Zirker, J.B., 1973, *Solar Phys.* **33**, 281.

Durney, B.R., 1974, *Astrophys. J.* **190**, 211.

Durrant, C.J., 1977, *Highlights of Astronomy 4* (II), 267.

Durrant, C.J., Mattig, W., Nesis, A., Reiss, G., Schmidt, W., 1979, *Solar Phys.* **61**, 251.

Duvall, T.L., Jr., 1978, SUIPR Report no. 724.

Duvall, T.L., Jr., 1979, *Solar Phys.* **63**, 3.

Duvall, T.L., Jr., 1977, (Thesis, Stanford University).

Eddy, J.A., Gilman, P.A., Trotter, D.E., 1976, *Solar Phys.* **46**, 3.

Edmonds, F.N., Jr., 1953, *Astrophys. J.* **117**, 298.

Edmonds, F.N., Jr., 1960, *Astrophys. J.* **131**, 57.

Edmonds, F.N., Hinkle, K.H., 1977, *Solar Phys.* **51**, 273.

Edmonds, F.N., Webb, C.J., 1972b, *Solar Phys.* **25**, 44.

Eriksen, G., Maltby, P., 1967, *Astrophys. J.* **148**, 833.

Evans, K.D., Pye, J.P., Hutcheon, R.J., Gerassimenko, M., Krieger, A.S., Vesecky, J.F., Davis, J.M., 1977, *Solar Phys.* **55**, 387.

Evans, J.W., Catalano, C.P., 1972, *Solar Phys.* **27**, 299.

Ferencz, Cs., Tarcsai, Gy., 1971, *Planetary Space Sci.* **19**, 659.

Forbes, E.G., 1962, *Monthly Notices RAS* **125**, 1.

Foukal, P., 1976, *Astrophys. J.* **203**, L145.

Foukal, P., 1979, *Astrophys. J.* **234**, 716.

Frazier, E.N., 1970, *Solar Phys.* **14**, 89.

Frazier, E.N., 1971, IAU Symposium no. 43, 260.

Frazier, E.N., 1977, *Highlights of Astronomy* **4** (II) 255.

Frazier, E.N., 1978, *Astron. Astrophys.* **64**, 351.

Freundlich, E.F., 1954a, *Proc. Phys. Soc.* **A67**, 192.

Freundlich, E.F., 1954b, *Phil. Mag.* **45**, 303.

Gasanalizade, A.G., 1971, *Solar Phys.* **20**, 507.

Gasanalizade, A.G., 1972, *Soln, Dann.* **13**, 101.

Gillieson, A.H., 1965, *Canadian J. Phys.* **43**, 57.

Gingerich, O., Noyes, R.W., Kalkofen, W., Cuny, Y., 1971, *Solar Phys.* **18**, 347.

Giovanelli, R.G., 1972, *Solar Phys.* **27**, 71.

Giovanelli, R.G., 1977, *Solar Phys.* **52**, 315.

Giovanelli, R.G., Brown, N., 1977, *Solar Phys.* **52**, 27.

Giovanelli, R.G., Ramsey, J.V., 1971, IAU Symposium no. 43, *Solar Magnetic Fields,* R. Howard, ed., p. 293.

Giovanelli, R.G., Slaughter, C., 1978, *Solar Phys.* **57**, 255.

Glebocki, R., Stawikowski, A., 1971, *Acta Astron.* **21**, 185.

Goldberg, L., 1958, *Astrophys. J.* **127**, 308.

Golub, L., 1979, Center for Astrophysics, Preprint no. 1145.

Golub, L., Krieger, A.S., Silk, J.K., Timothy, A.F., Vaiana, G.S., 1974, *Astrophys. J.* **189**, L93.

Golub, L., Vaiana, G.S., 1978, *Astrophys. J.* **219**, L55.

Gonczi, G., Roddier, F., 1971, *Astron. Astrophys.* **11**, 28.

Gopashuk, S.I., Tsap, T.T., 1971a, *Soviet Astronomy* **14**, 813.

Gopashuk, S.I., Tsap, T.T., 1971b, IAU Symposium no. 43, 274.

Gopashuk, S.I., Tasp, T.T., 1972, *Isv. Krymsk Astr. Obs.* **45**, 3.

Gopashuk, S.I., Tsap, T.T., 1973, *Isv. Krymsk Astr. Obs.* **47**, 26.

Gough, D.O., 1978, *Proceedings Catania Workshop on Solar Rotation,* Pubblicazione Oss. Astrofisico di Catania **162**, 255.

Gray, D.F., 1976, *The Observation and Analysis of Stellar Photospheres* (New York: John Wiley and Sons, 1976).

Gray, D.F., 1977, *Astrophys. J.* **218**, 530.

Gray, D.F., 1978, *Solar Phys.* **59**, 193.

Gurtovenko, E.A., 1975a, *Astrometrija Astrofiz* **27**, 67.

Gurtovenko, E.A., 1975b, *Astron. Zh.* **52**, 804.

Hale, G.E., Nicholson, S.B., 1938, *Publ. Carnegie Inst. no. 498.*

Hart, A.B., 1954, *Monthly Notices RAS* **114**, 17.

Hart, A.B., 1956a, *Monthly Notices RAS* **116**, 38.

Hart, A.B., 1956b, *Monthly Notices RAS* **116**, 489.

Hart, M., 1974, *Astrophys. J.* **187**, 393.

Harvey, J., 1977, *Highlights of Astronomy* **4** (II), 223.

Harvey, J., Hall, D., 1975, *Bulletin AAS* **7**, 459.

Harvey, K., Harvey, J., 1973, *Solar Phys.* **28**, 61.

Harvey, K.L., Harvey, J.W., Martin, S.F., 1975, *Solar Phys.* **40**, 87.

Harvey, J.W., Livingston, W., 1969, *Solar Phys.*, **10**, 294.

Henoux, J.C., 1969, *Astron. Astrophys.* **2**, 288.

Henze, W., Dupree, A.K., 1973, *Solar Phys.* **33**, 425.

Higgs, L.A., 1960, *Monthly Notices RAS* **121**, 421.

Holweger, H., 1967, *Z. Astrophys.* **65**, 365.

Holweger, H., Gehlsen, M., Ruland, F., 1978, *Astron. Astrophys.* **70**, 537.

Howard, R., 1972, *Solar Phys.* **24**, 123.

Howard, R., 1976, *Astrophys. J.* **210**, L159.

Howard, R., 1978, *Reviews of Geophys. and Space Phys.* **16**, 721.

Howard, R., 1979, *Astrophys. J.* **228**, L45.

Howard, R., Bhatnagar, A., 1969, *Solar Phys.* **10**, 245.

Howard, R., Harvey, J.W., 1970, *Solar Phys.* **12**, 23.

Howard, R., Boyden, J.E., Labonte, B., 1980, *Solar Phys.* **66**, 167.

Illing, R.M.E., Landman, D.A., Mickey, D.L., 1974a, *Astron. Astrophys.* **35**, 327.

Illing, R.M.E., Landman, D.A., Mickey, D.L., 1974b, *Astron. Astrophys.* **37**, 97.

Illing, R.M.E., Landmand, D.A., Mickey, D.L., 1975, *Astron Astrophys.* **41**, 183.

de Jager, C., 1972, *Solar Phys.* **25**, 71.

Jewell, L.E., 1896, *Astrophys. J.* **3**, 89.

Josephson, B.D., 1960, *Phys. Rev. Lett.* **4**, 341.

Karabin, M., Kubičela, A., 1979, *Publ. Astron. Obs. Beograd* **26**, 157.

Karpinsky, V.N., Pravdjuk, L.M., 1972, *Soln, Dann.* **10**, 79.

Kearns, M., 1979, *Solar Phys.* **62**, 393.

Keil, S.L., 1979, *BAAS* **11**, 407.

Kipper, A., 1973, *Publ. Tartu Astrofiz, Obs.* **41**, 20.

Kneer, F., 1972, *Astron Astrophys.* **18**, 39.

Kondrashova, N.N., Gurtovenko, E.A., 1974, *Solar Phys.* **34**, 291.

Kostik, R.I., Gerbil'skaya, I.M., 1976, *Astr. Zh.* **53**, 1244.

Kostik, R.I., Orlova, T.V., 1972, *Solar Phys.* **26**, 42.

Kostik, R.I., Orlova, T.V., 1977, *Solar Phys.* **53**, 353.

Kotstik, R.I., Orlova, T.V., 1979, *Solar Phys.* **62**, 89.

Kostik, R.I., Perekhod, A.V., 1979, *Astrometrija Astrofiz* **39**, 40.

Kostik, R.I., Perekhod, A.V., 1979, *Astrometrija Astrofiz* **39**, in press.

Koutchmy, S., Stellmacher, G., 1978, *Astron. Astrophys.* **67**, 93.

Krat, V.A., Karpinsky, V.N., Pravdjuk, L.M., 1972, *Solar Phys.* **26**, 305.

Krieger, A.S., Vaiana, G.S., Van Speybroeck, L.P., 1971, *Solar Magnetic Fields,* 1971, IAU Symposium no. 43, R. Howard, ed., p. 297.

Kubičela, A., 1971, *Bull. Astr. Inst. Beograd* **28**, 187.

Kubičela, A., 1973, *Proceedings, First European Astronomical Meeting* **1**, 123.

Kubičela, A., 1976, *Solar Phys.* **47**, 551.

Kubičela, A., Karabin, M., 1977, *Solar Phys.* **51**, 199.

Kulander, J.L., Jefferies, J.T., 1966, *Astrophys. J.* **146**, 194.

Künzel, H., Staude, J., 1975, *Astron. Nachr.* **296**, 171.

Labonté, B.J., Simon, G.W., Dunn, R.B., 1975, BAAS **7**, 366.

Lamb, S.A., 1975, *Monthly Notices RAS* **172**, 205.

Lambert, D.L., Mallia, E.A., 1968, *Solar Phys.* **3**, 499.

Leighton, R.B., 1963, *Ann. Rev. Astron. Astrophys.* **1**, 19.

Leighton, R.B., Noyes, R.W., Simon, G.W., 1962, *Astrophys. J.* **135**, 474.

Leroy, J.L., 1962, *Ann. Astrophy.* **25**, 127.

Livingston, W.C., 1969, *Solar Phys.* **9**, 448.

Livingston, W., Harvey, J., 1971, *Solar Magnetic Fields,* IAU Symposium no. 43, R. Howard, ed., p. 51.

Livingston, W., Harvey, J., 1975, *Bulletin AAS* **7**, 346.

Livingston, W.C., Duvall, T.L., 1979, *Solar Phys.* **61**, 219.

Livingston, W.C., Orrall, F.Q., 1974, *Solar Phys.* **39**, 301.

Loughhead, R.E., Bray, R.J., Tappere, E.J., 1979, *Astron, and Astrophys.* **79**, 128.

Liu, S.-Y., 1974, *Solar Phys.* **39**, 297.

Macris, C.J., 1978, *Comptes Rendus Acad. Sci. Paris* **286**, 315.

Macris, C.J., 1979, *Astron. Astrophys.* **78**, 186.

Macris, C.J., Prokakis, Th. J., 1962, *Comptes Rendus Acad. Sci. Paris* **255**, 1862.

Maltby, P., 1964, *Astrophysica Norvegica* **8**, 8.

Maltby, P., 1975, *Solar Phys.* **43**, 91.

Maltby, P., 1977, *Astrophys. and Space Sci.* **47**, L21.

Maltby, P., Eriksen, G., 1967, *Solar Phys.*, 2, 249.

Mamadazimov, M., 1972, *Solar Phys.* **22**, 129.

Mattig, W., 1952, *Z. Astrophys.* **31**, 273.

Mattig, W., Mehltretter, J.P., 1968, *Structure and Development of Solar Active Regions,* IAU Symposium no. 35, K.O. Kiepenheuer, ed. (Dordrecht: D. Reidel Publishing Co., 1968), p. 187.

Mattig, W., Nesis, A., 1974, *Solar Phys.* **38**, 337.

Mattig, W., Nesis, A., 1976, *Solar Phys.* **50**, 255.

Mehltretter, J.P., 1974, *Solar Phys.* **38**, 43.

Mehltretter, J.P., 1978, *Astron. and Astrophys.* **62**, 311.

Mein, P., 1971, *Solar Phys.* **20**, 3.

Melnikov, D.A., Salman-Zade, R.H., Pakonov, V., 1970, *Trudy Astr. Obs. Leningrad* **27**, 18.

Meyer, F., Schmidt, H.U., Weiss, N.O., 1977, *Monthly Notices RAS* **179**, 741.

Moe, O.K., 1968, in *Structure and Development of Solar Active Regions,* IAU Symposium no. 35 K.O. Kiepenheuer, ed. (Dordrecht: D. Reidel Publishing Co., 1968), p. 202.

Moe, O.K., Maltby, P., 1969, *Solar Phys.* **8**, 275.

Moe, O.K., Maltby, P., 1974, *Solar Phys.* **36**, 101.

Mogilevsky, E.I., Demkina, L.B., Ioshpa, B.A., Obridko, V.N., 1968, IAU Symposium no. 35 (Dordrecht: D. Reidel Publishing Co., 1968), p. 215.

Moore, R.L., 1973, *Solar Phys.* **30**, 403.

Moore, R.L., Tang, F., 1975, *Solar Phys.* **41**, 81.

Mullan, D., 1974, *Astrophys. J.* **187**, 621.

Musman, S., 1971, *Solar Magnetic Fields,* IAU Symposium no. 43 (Dordrecht: D. Reidel Publishing Co., 1971), p. 289.

Musman, S., 1972, *Solar Phys.* **26**, 290.

Musman, S., Nye, A., Thomas, J.H., 1976, *Astrophys. J.* **206**, L175.

Musman, S., Rust, D.M., 1970, *Solar Phys.* **13**, 261.

Namba, O., van Rijsbergen, R., 1977, *Proceedings IAU Colloquium no. 38,* "Problems of Stellar Convection," p. 119.

Nelson, G.D., 1978, (Thesis, Washington University, Seattle).

Nelson, G.D., 1979, *Solar Phys.* **60**, 5.

Nelson, G.D., Musman, S.A., 1977, *Astrophys. J.* **214**, 912.

Nelson, G.D., Musman, S.A., 1978, *Astrophys. J.* **222**, L69.

Newton, H.W., 1924, *Monthly Notices RAS,* **50**, 431.

Newton, H.W., Nunn, M.L., 1951, *Monthly Notices RAS* **111**, 413.

Nishi, K., 1952, *Publ. Astron. Soc. Japan* **14**, 325.

Noci, G., 1978, *Proceedings Workshop on Solar Rotation,* Pubblicazione Oss. Astrofisico di Catania **162**, 55.

Nordlund, Å, 1976, *Astron. Astrophys.* **50**, 23.

Nordlund, Å, 1977, *Problems of Stellar Convection,* IAU Colloquium no. 38, p. 237.

Nordlund, Å, 1978, *Astronomical Papers Dedicated to Bengt Strömgren,* A. Reiz, T. Anderson, eds. (Copenhagen, Denmark: Copenhagen University Observatory, 1978), p. 95.

Nordlund, Å, 1979, *Proceedings IAU Colloquium no. 51,* (Berlin-New York: Springer-Verlag, 1979), p. 17.

Nye, A., Thomas, J.H., 1974, *Solar Phys.* **38**, 399.

Nye, A., Thomas, J.H., 1976, *Astrophys. J.* **204**, 573.

O'Brien, J.E., 1971, *Solar Phys.* **19**, 314.

Osterbrock, D.E., 1961, *Astrophys. J.* **134**, 347.

Parker, E.N., 1974, *Solar Phys.* **36**, 249.

Parker, E.N., 1977, *Monthly Notices RAS* **179**, 93P.

Parker, E.N., 1978, *Astrophys. J.* **221**, 368.

Parnell, R.L., Beckers, J.M., 1969, *Solar Phys.* **9**, 35.

Pasachoff, J.M., Silk, J.I., 1968, *Solar Phys.* **4**, 474.

Paternó, L., 1978, *Proceedings Workshop on Solar Rotation,* Pubblicazione Oss. Astrofisico di Catania **162**, 11.

Pecker, J.C., Tait, W., Vigier, J.P., 1973, *Nature* **241**, 338.

Phillis, G.L., 1975, *Solar Phys.* **41**, 71.

Pierce, A.K., Breckenridge, J.B., 1974, KPNO Contribution 559.

Plaskett, H.H., 1973, *Monthly Notices RAS* **163**, 183.

Pound, R.V., Rebka, G.A., Jr., 1959, *Phys. Rev. Lett.* **3**, 439.

Pound, R.V., Rebka, G.A., 1960, *Phys. Rev. Lett.* **4**, 337.

Pound, R.V., Snider, J.L., 1965, *Phys. Rev.* **140**, B788.

Proisy, P., 1967, *Comptes Rendus Acad. Sci. Paris* **B265**, 1145.

Ramsey, H.E., Schoolman, S.A., Title, A.M., 1977, *Astrophys. J.* **215**, L41.

Rayrole, J., 1967, *Ann. Astrophys.* **30**, 257.

Reiling, H., 1971, *Solar Phys.* **19**, 297.

Reimers, D., 1975, *Physique des Mouvements dans les Atmospheres Stellaires,* CNRS Colloquium no. 250, p. 421.

Rice, J.B., Gaizauskas, V., 1973, *Solar Phys.* **32**, 421.

Roberts, B., 1976, *Solar Phys.* **50**, 329.

Roberts, B., 1979, *Solar Phys.* **61**, 23.

Roddier, F., 1965, *Ann. Astrophys.* **28**, 478.

Rogers, E.H., 1970, *Solar Phys.* **13**, 57.

Rutten, R.J., Hoyng, P., de Jager, C., 1974, *Solar Phys.* **38**, 321.

St. John, C.E., 1928, *Astrophys. J.* **67**, 195.

Salman-Zade, R.K., 1969, *Soviet Astron.* **13**, 466.

Savage, B.D., 1969, *Astrophys. J.* **156**, 707.

Schröter, E.H., 1967, *Z. Astrophys.* **41**, 141.

Schröter, E.H., 1959, *Monatsber, Akad. Berlin* **1**, 738.

Schröter, E.H., 1962, *Z. Astrophys.* **56**, 183.

Schröter, E.H., 1966, *Atti del Convegni sulle Macchie Solari* (Florence: G. Barbera, 1966), p. 190.

Schröter, E.H., Soltau, D., 1976, *Astron. Astrophys.* **49**, 463.

Schröter, E.H., Wöhl, H., 1976, *Solar Phys.* **49**, 19.

Schröter, E.H., Wöhl, H., 1978, *Proceedings Workshop on Solar Rotation,* Pubblicazione Oss. Astrofisico di Catania **162**, 35.

Schröter, E.H., Wöhl, H., Soltau, D., Vasquez, M., 1978, *Solar Phys.* **60**, 181.

Schwan, H., Wöhl, H., 1978, *Astron. Astrophys.* **70**, 297.

Schwarzschild, M., 1975, *Astrophys. J.* **195**, 137.

Schultz, R.B., White, O.R., 1974, *Solar Phys.* **35**, 309.

Sheeley, N.R., 1971, *Solar Magnetic Fields,* IAU Symposium no. 43, R. Howard, ed., p. 310.

Sheeley, N.R., Jr., Bhatnagar, A., 1971, *Solar Phys.* **19**, 338.

Sheminova, V.A., Gurtovenko, E.A., 1979, *Astrometrija Astrofiz* **38**, 29.

Simon, G.W., 1967, *Z. Astrophys.* **65**, 345.

Simon, G.W., Leighton, R.B., 1964, *Astrophys. J.* **140**, 1120.

Simon, G.W., Weiss, N.O., 1968, *Z. Astrophysik* **69**, 435.

Simon, G.W., Zirker, J.B., 1974, *Solar Phys.* **35**, 331.

Skumanich, A., Smythe, C., Frazier, E.N., 1975, *Astrophys. J.* **200**, 747.

Smith, M.A., Karp, A.H., 1978, *Astrophys. J.* **219**, 522.

Smith-Hanni, A.G., 1975, *Helvetica Physica Acta* **48**, 548.

Solonskii, Iu.A., 1977, *Trudy Astron. Obs. Leningrad* **33**, 112.

Soltau, D., Schroter, E.H., Wohl, H., 1976, *Astron Astrophys.* **50**, 367.

Spruit, H., 1974, *Solar Phys.* **34**, 277.

Spruit, H.C., 1977, *Highlights of Astronomy* **4** (II) 265.

Stellmacher, G., Wiehr, E., 1972, *Astron. Astrophys.* **19**, 293.

Stellmacher, G., Wiehr. E., 1975, *Astron. Astrophys.* **45**, 69.

Stellmacher, G., Wiehr, E., 1976, *Astron. Astrophys.* **47**, 479.

Stellmacher, G., Wiehr, E., 1979, *Astron. Astrophys.* **75**, 263.

Stenflo, J.O., 1973, *Solar Phys.* **32**, 41.

Stenflo, J.O., 1975, *Solar Phys.* **42**, 79.

Stenflo, J.O., 1976, *Basic Mechanism of Solar Activity,* IAU Symposium no. 71, Bumba and Kleczek, eds., p. 69.

Stenholm, L.G., 1977, *Astron. Astrophys.* **61**, 155.

Stix, M., Wohl, H., 1974, *Solar Phys.* **37**, 63.

Surkov, Eh.P., Surkova, L.D., 1974, *Problems of Cosmic Physics* **9**, 30.

Sykora, J., 1970, *Solar Phys.* **13**, 292.

Tanenbaum, A.S., Wilcox, J.M., Frazier, E.N., Howard, R., 1969, *Solar Phys.* **9**, 328.

Tarbell, T.D., Title, A.M., 1977, *Solar Phys.* **52**, 13.

Timothy, A.F., Krieger, A.S., Vaiana, G.S., 1975, *Solar Phys.* **42**, 135.

Treanor, P.J., 1960, *Monthly Notices RAS* **120**, 412.

Tuominen, J., 1955, *Z. Astrophys.* **37**, 145.

Tuominen, J., 1974, *Solar Phys.* **34**, 15.

Title, A.M., Tarbell, T.D., 1975, *Solar Phys.* **41**, 255.

Uchida, Y., Kaburaki, O., 1974, *Solar Phys.* **35**, 451.

Uchida, Y., Sakurai, T., 1975, *Publ. Astr. Soc. Japan* **27**, 259.

Ulmschneider, P., Schmitz, F., Kalkofen, W., Bohn, H.U., 1978, *Astron. Astrophys.* **70**, 487.

Ulrich, R.K., Rhodes, E.J., Jr. 1977, *Astrophys. J.* **218**, 521.

van der Borght, R., 1974, *Monthly Notices RAS* **166**, 191.

Vanoli, K., 1975 (Thesis, Freiburg University).

Vrabec, D., 1974, *Chromospheric Fine Structure,* IAU Symposium no. 56, R.G. Athay, ed., p. 201.

Wagner, W.J., 1975, *Astrophys. J.* **198**, L141.

Wagner, W.J., Gilliam, L.B., 1976, *Solar Phys.* **50**, 265.

Ward, F., 1965, *Astrophys. J.* **141**, 534.

Ward, F., 1966, *Astrophys. J.* **145**, 416.

Ward, F., 1966, *Astrophys. J.* **145**, 416.

Ward, F., 1973, *Solar Phys.* **30**, 527.

Webb, A.R., Roberts, B., 1978, *Solar Phys.* **59**, 249.

White, O.R., Cha, M.Y., 1973, *Solar Phys.* **31**, 23.

Wiehr, E., 1976, in J. Harvey, ed., *Highlights of Astronomy*, vol. 4, no. 2 (1977).

Wiehr, E., Stellmacher, G., Soltau, D., 1977, *Mitt. Astron. Gesellsch* **42**, 117.

Wilcox, J.M., Howard, R., 1970, *Solar Phys.* **13**, 251.

Wilcox, J.M., Schatten, K.H., Tanenbaum, A.S., Howard, R., 1970 *Solar Phys.* **14**, 255.

Wilson, P.R., 1971, *Solar Magnetic Fields*, IAU Symposium no. 43 (Dordrecht: D. Reidel Publishing Co., 1971), p. 475.

Wilson, P.R., 1972, *Solar Phys.* **22**, 434.

Wittman, A., 1979, *Small Scale Motions on the Sun,* Kiepenheuer, Colloquium (Freiberg, 1979).

Worden, S.P., 1975 (Thesis, University of Arizona).

Worden, S.P., Simon, G.W., 1976, IAU Symposium no. 71, 121.

Zirin, H., Stein, A., 1972, *Astrophys, J.* **178**, L85.

Zwaan, C., 1974, *Solar Phys.* **37**, 99.

3

PULSATIONS AND OSCILLATIONS

Franz-Ludwig Deubner

Oscillations of the solar atmosphere have become a much studied field ever since periodic motions of the upper photosphere were inferred from observations in the visible (Leighton et al., 1962) with the technique of Doppler spectroheliograms. The periods of these fairly strong motions center around a prominent peak at 300 seconds; accordingly the phenomenon became commonly known as "5-minute oscillations."

Joint theoretical and observational efforts gradually led to an understanding of this well documented, but still not fully explored phenomenon, making it a powerful diagnostic tool for research into the structure of the atmosphere from inside the convection zone to the upper chromosphere. Meanwhile, improved and specialized measuring techniques have considerably widened the frequency range of fluctuations of the solar atmosphere accessible to telescopic observations, including both very long periods (10 to 160 minutes) attributed to low order, nonradial pulsations of the Sun as a whole, and very short periods (down to about 10 seconds) from sound waves generated by small-scale convective turbulence. The very short period waves may contribute to nonthermal line broadening ("microturbulence"), and certainly need to be considered as a potential heating mechanism at chromospheric levels. Observations of the global pulsations are likely to become a most important diagnostic for the deep interior of the Sun.

GLOBAL OSCILLATIONS (PULSATIONS)

Recent observations of long period oscillations in the Sun have raised the exciting prospect of using these pulsations as diagnostic probes of the convection zone and the interior. However, the observations are difficult to obtain and to interpret, as is shown below.

Special Techniques of Observation

Under ordinary working conditions, and with entrance apertures of several square arcseconds, photoelectric measuring devices attached to solar spectrographs commonly provide an accuracy corresponding to a noise level $\Delta I/I$ of about 10^{-3} to 10^{-4}, or $\Delta v = c\Delta\lambda/\lambda \simeq 5$ to 10 m s^{-1}. Terrestrial effects (e.g. spectrograph drifts, atmospheric transparency fluctuations, seeing) as well as small-scale solar phenomena (e.g. granulation, 5-minute oscillations) tend to increase these levels considerably. In order to monitor the extremely small amplitude signals of solar large-scale pulsations, special equipment was needed. Efforts in this direction took advantage of the fact that the observation of global phenomena permitted the integration of the signal over a substantial fraction of the solar disk.

Absolute wavelength reference, and simultaneous high spectrographic stability were obtained by employing resonance line scattering devices for the analysis of solar line profiles. The solar light (of the entire disk or parts of it) is focused onto a transparent cylinder containing strontium, potassium, or sodium. The scattered resonance radiation is then proportional to the intensity of the radiation coming from the part of the solar line that happens to coincide with the laboratory rest wavelength. The position of this wavelength may be shifted by application of a magnetic field parallel to the direction of view of the detector, in combination with a circular polarizer in front of it (Roddier, 1965; Fossat and Roddier, 1971;

Brookes et al., 1976). An rms noise level well below 1 m s^{-1} has been achieved by this technique.

Similarly effective is an observing technique that compares the integrated Doppler signals from two different parts of the solar disk, for example, the inner circular half against the outer ring (Severny et al., 1976; Dittmer, 1977). Instabilities of the spectrograph will not contribute to the difference signal received through such an arrangement. However, the solar image has to be kept quite accurately concentric with respect to the separating frame, in order to avoid irregular drifts of the output signal. The internal accuracy reported is about 0.5 m s^{-1}.

The measurement of small periodic changes of the solar diameter requires particular precautions against variations of sky transparency and the effects of terrestrial "seeing," blurring, and image motion. Equipment of this kind, originally built and used for the measurement of solar oblateness (Hill et al., 1976) has since been applied in a continuing effort to measure global solar pulsations at the very limb. The essential feature of this observing program is the use of a numerical limb definition techinique (Hill et al., 1975) which makes the determination of the position of the limb nearly insensitive to large-scale transparency changes and to variations of the width of the atmospheric and telescopic point spread function in a wide range of actual seeing conditions. The internal accuracy claimed by these authors is on the order of a few thousandths of an arcsecond.

Observations

Disk Observations. Observations of large-scale, low frequency velocity fluctuations of the solar photosphere have been obtained by methods described above by various authors (Severny et al., 1976; Dittmer, 1977).

Aside from the 5-minute oscillations which have a residual amplitude of 0.5 to 2 m s^{-1}, depending on the area of integration and on the spectral line being observed, the only conspicuous feature in the power spectra of the observed velocity fluctuations is a peak at very low frequencies. By superposed epoch analysis techniques, its precise period was determined as 160.01 minutes. The amplitude is on the order of 1 m s^{-1} (Figure 3-1).

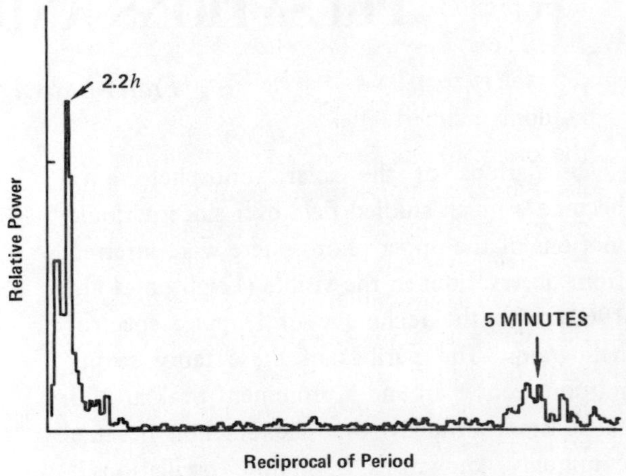

Figure 3-1. Power spectrum of full disk measurements of velocity fluctuations obtained with a potassium resonance spectrometer (from Brookes et al., 1978).

A comparison of the phase of the 160-minute signal for subsequent years of observation (1974-1978) reveals a slow but significant (with reference to fixed 160-minute intervals in UT) progression of about 33 minutes per year, which is consistent for the Stanford and for the Crimean station (Figure 3-2) (Scherrer et al., 1979). This latter finding provides the most convincing argument in favor of the solar origin of the signal. A 27-day modulation of the amplitude of the 160-minute signal was also observed at the Crimean station. Other periodicities have been reported (58 and 40 minutes, 134.5 and 148.4 minutes, 171.1 and 175.1 minutes) but were never confirmed either by repeated measurement or by other groups of investigators.

Limb Observations. Fluctuations of the solar diameter in the milliarcsecond range have been observed through changes of the limb darkening function at the SCLERA installation in Arizona (Hill et al., 1976). From repeated observing runs starting in 1973, each run lasting several weeks, a broad spectrum of pulsation frequencies was deduced through power spectrum analysis, with periods ranging from about 6 to 70 minutes.

As shown in Figure 3-3, the spectrum appears rather flat at the higher frequencies, showing more prominent peaks only at the low frequency end. The average number of peaks per frequency interval is roughly the same as in a sample of random numbers, making it difficult to assess the origin of the signal. Many arguments have been brought forward in favor of the solar origin of the observed signals. The following two are considered most compelling.

Although not all of the observed peaks in the power spectra appear consistently at the same frequency from day to day, nevertheless, for some peaks that were consistent the phase was determined and plotted as a function of the date of observation (Figure 3-4). In each of six such cases it was possible to fit a straight line through the phase observations (adjusted by multiples of 2π in such a way as to minimize scatter) with phase residuals no larger than about $\pi/3$. The probability of obtaining such a result with random data is considered to be on the order 3×10^{-12} (Hill and Caudell, 1979).

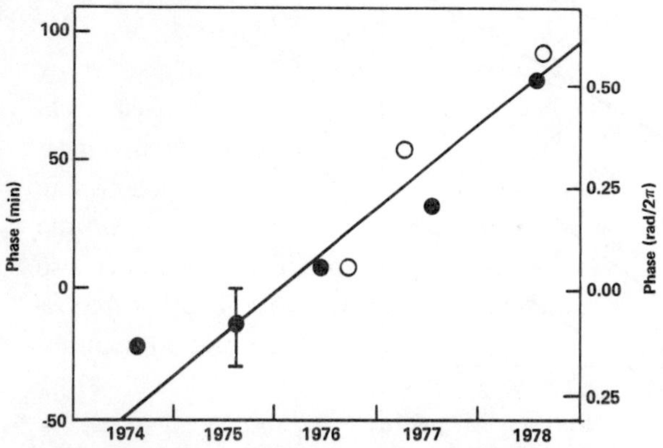

Figure 3-2. The phase of the 160-minute periodic Doppler shift signal observed at two different stations, Crimea (solid circles), and Stanford (open circles) (from Scherrer et al., 1979).

For the 1973 data set two different scan amplitudes (6.8 and 27.2 arcsec) were employed to determine the position of the solar limb. The authors argue that the amplitude ratio of the signals resulting from the numerical edge definition technique for these two scan amplitudes is expected to be on the order of one, and independent of frequency, provided that large-scale inhomogeneities of the terrestrial atmosphere are the only source of the observed diameter fluctuations. The observed ratio, however, varies substantially with frequency (Figure 3-5).

Observations of Fluctuations in the Terrestrial Atmosphere. The observations reported in the preceding two sections rely on signal amplitudes close to the detection limits of the rather sophisticated instruments employed. A discussion of the origin of these signals must include the perturbing role of the terrestrial atmosphere, apart from other terrestrial effects arising in the laboratory, which can be more easily kept under control.

Inhomogeneities in front of the solar disk will necessarily produce spurious signals by variation of transmission and by differential refraction (image motion). Fossat and Grec (1978) estimated that the diurnal variation of the atmospheric transmission gradient across the solar disk due to elevation of the Sun above the horizon is sufficient to introduce power at the $(0.5 \text{ m s}^{-1})^2$ level into the measurements of spectral line shifts. Periods should favor harmonics 8, 9 (160 minutes), and 10 of a full day.

Small-scale inhomogeneities in the Earth's atmosphere were shown to have a coherence scale on the order of less than $1°$ in the range of periods from minutes to about an hour (Grec et al., 1979). Such inhomogeneities will influence astrometric diameter measurements (Fossat et al., 1977), and the estimates of the differential refraction effects caused by these airmass fluctuations are consistent with the amplitudes measured by Hill et al. (1976).

Very small scale atmospheric fluctuations with coherence lengths less than 1 arcmin are familiar to solar observers because they produce image distortion patterns of solar small-scale structures such as granules. Drifting of these inhomogeneities across the image will introduce noise also on scales comparable to the ampli-

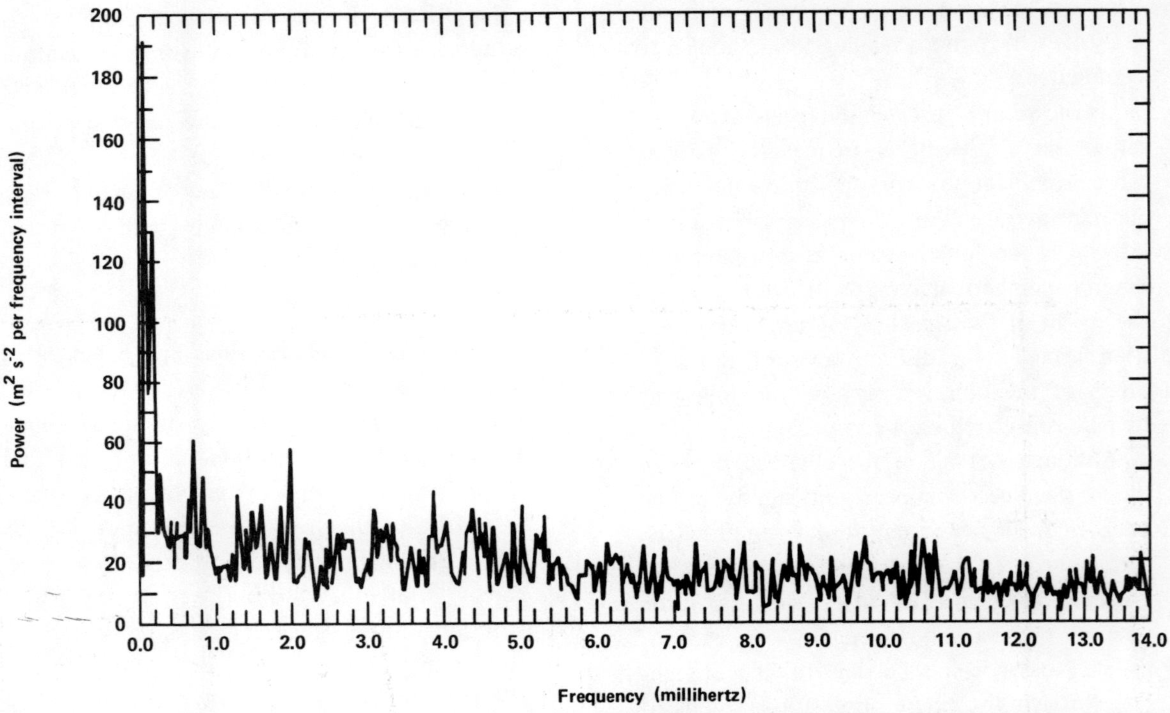

Figure 3-3. Average power spectrum of solar limb darkening fluctuations (from Brown et al., 1978).

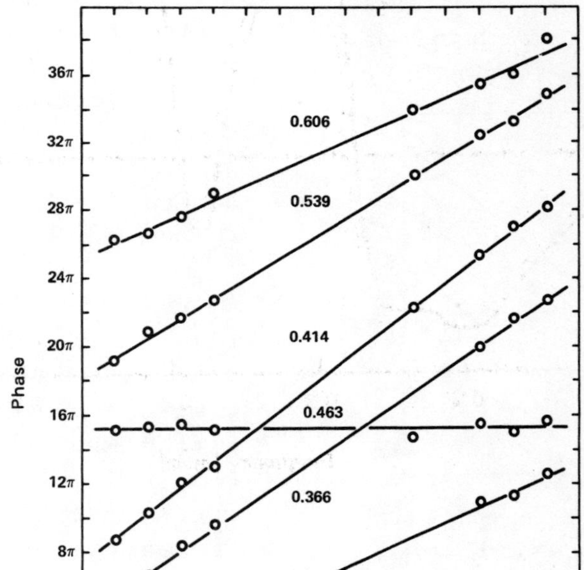

Figure 3-4. Phases of solar limb darkening fluctuations in six selected frequency bands (frequencies given in millihertz), after suitable adjustments by multiples of 2π (from Hill and Caudell, 1979).

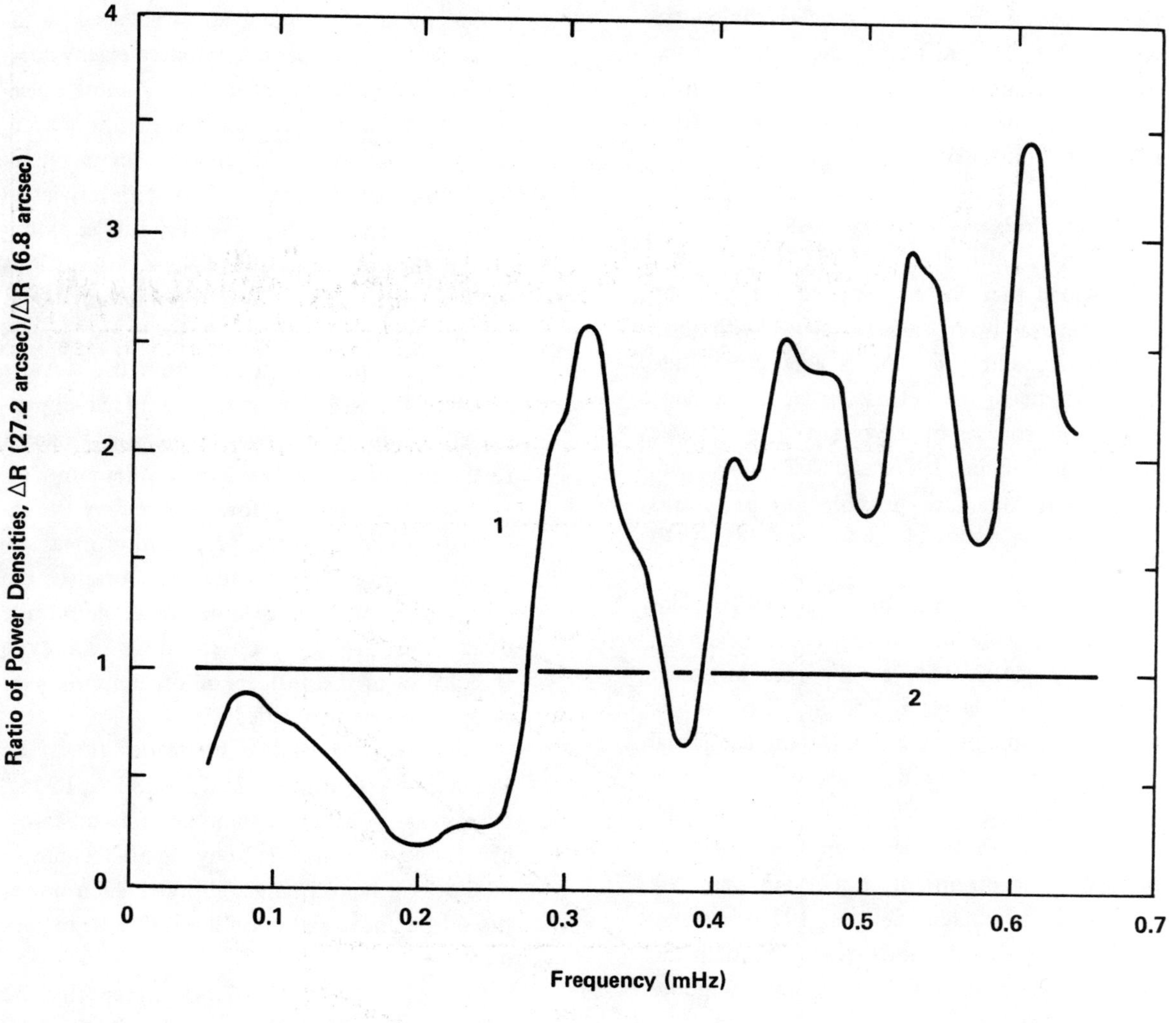

Figure 3-5. Ratio of power densities of the limb darkening signal as function of frequency. (1) Ratio of power observed at 27.2 arsec scan amplitude to that at 6.8 arsec scan amplitude. (2) Constant ratio expected from oscillatory power produced by differential effects in the Earth's atmosphere or by position changes of the solar limb with no changes in the limb darkening function (from Hill and Caudell, 1979).

tude of the limb scans used for the definition of the solar limb at SCLERA, and the power spectrum of the noise may be expected to be different for different spatial scales.

Here the suggestion that essentially all of the long period power reported is nonsolar in origin will not be defended. Rather, this section stresses that these observations need to be treated with extreme care, because the contribution, to any solar signal of the kind discussed in the previous two sections, of a substantial fraction of atmospheric noise cannot be avoided in ground based observations.

Problems of Interpretation

Provided that one can succeed in separating the terrestrial from the solar signal with good confidence, and that one is able to exclude quasiperiodic or nonperiodic solar phenomena as possible sources of the observed signals (see Worden and Simon, 1976; and Keil and Worden, 1979) only then are possible interpretations of these long period, large-scale signals worth discussing.

Comparison of the observed results with numerical calculations of low order, nonradial oscillatory eigenmodes of the standard solar model (see Leibacher and Stein, Chapter 10), leaves little doubt that the 160-minute signal corresponds to a low order g-mode.

It remains to be understood, however, how such an isolated frequency out of a densely populated spectrum of eigenvalues can be preferentially excited. Gough (1976) has suggested that a sharply tuned resonance with the beat frequency of two higher frequency modes could account for the observed pulsation.

The periodicities observed by Hill and his collaborators fall into two categories. Periods of less than 40 minutes can only be occupied by p-modes (Hill, 1978), whereas the longer periods may be either the lowest order p-modes including the fundamental radial mode, or higher order g-modes.

On the basis of the observed variation of the fluctuation amplitude ratio with frequency (see Limb Observations) Hill and Caudell (1979) conclude that the longest two of the observed periods (45 and 66 minutes) must be g-modes of the order $20 < l < 40$, rather than p-modes which, being of low order, would be expected to exhibit an amplitude ratio comparable in magnitude to the ratio observed for periods less than 40 minutes.

In order to compare the long list of long period pulsation frequencies established so far by observation, with the computed eigenvalues, the surface harmonic structure of these pulsations needs to be determined much more accurately. Unfortunately all the devices in operation today have poor selectivity with respect to even low order harmonics, and full exploitation of the great potential of these observations with respect to the deep solar interior (and stellar models in general) will probably have to await the application of photometric devices resolving the visible solar disk in a (two-dimensional) fashion analogous to the work that led to the identification of the high order p-modes.

Aside from these efforts to improve the information content of solar pulsation measurements, we may already now ask ourselves the question whether large-scale, small amplitude oscillations might be observable in late-type stars, through their effects on the luminosity or on spectral line intensities.

Measurements of line intensities (Ca II K: Beckers and Ayres, 1977; C I 5380 Å, Livingston et al., 1977) as temperature indicators have not so far revealed any significant power in the long period range, although such power should be above the noise level of these experiments.

Recently, Severny et al. (1978) reported the existence of a 160-minute variation in the solar limb darkening function with a relative amplitude of 2.5×10^{-4} in the near infrared (1.7 μm) being in phase with the velocity fluctuation. Such an amplitude should easily be observable on stars, brighter than about the eighth magnitude. A similar attempt to monitor solar luminosity fluctuations in the visible, by observation of the surface brightness of the planets Neptune and Uranus, however, was not successful, yielding no significant narrow band signals in excess of the noise level of 6×10^{-5} (Deubner, 1977a).

HIGH ORDER NONRADIAL OSCILLATIONS (5-MINUTE OSCILLATIONS)

While most of the energy of the g-modes resides in the deep interior of the Sun, nonradial p-modes tend to be concentrated near the outer layers of the Sun's envelope, and will therefore provide the proper phenomenon to study a considerable part of the convection zone. A probing of this part of the envelope which includes the superadiabatic boundary layer, not only leads to an improved modeling of the convection zone in terms of its vertical stratification, it is also a means of studying horizontal motions as a function of depth, and, in particular, differential rotation. Models of large-scale solar circulation and of the solar cycle may be checked against an observed circulation pattern rather than based on ad hoc assumptions.

Diagnostics

The Diagnostic Diagram. The spatio-temporal properties of a wave field can be most conveniently displayed by plotting frequency ω versus horizontal wavenumber k. Such a plot is called a k, ω or diagnostic diagram. It can be easily compared with theoretical dispersion relations derived from solutions to the wave equations.

As shown in Figure 3-6, for an infinite isothermal stratified medium, the k, ω continuum is divided into three regimes (for a more detailed discussion see e.g. Stein and Leibacher, 1974; Leibacher and Stein, Chapter 10): Progressive modified acoustic waves (principal restoring force: pressure) exist only at frequencies greater than ω_{ac}, which is $H/2V_s$, and at wavenumbers smaller than ω/V_s.

Modified gravity waves (principal restoring force: buoyancy) are restricted to frequencies less than ω_{BV}, which is $[g(\gamma-1)/\gamma H]^{1/2}$, and to wavenumbers greater than ω/V_s. In an isothermal atmosphere ω_{BV} is always smaller than ω_{ac}. Between these two regimes waves are evanescent and nonprogressive.

For finite boundaries, solutions will be obtained only for discrete sets of eigenvalues. The observed power will, therefore, not be distributed uniformly over certain areas of the k,ω plane, but rather will be concentrated at these eigenvalues. Since adjacent eigenvalues $k_{1,m}$ of the horizontal wave vector on the Sun cannot be resolved (because of natural limitations the spectral resolution element Δk is always larger than 1 per solar radius), one expects to observe sets of continuous lines (or "ridges") of power, corresponding to the set of radial eigenvalues. The degree of concentration of the power distribution, that is, the width of the ridges reflects the degree of spatiotemporal coherence of the wave field, and can be used to determine the damping properties of the system. The data $A(\mathbf{x}, t)$, where A may be a Doppler shift or an intensity fluctuation, are Fourier transformed into k, ω diagrams.

$$\tilde{A}(\mathbf{k},\omega) = \iint A(\mathbf{x}, t) \exp\left[i(\mathbf{k}\cdot\mathbf{x} + \omega t)\right] d\mathbf{x}dt$$

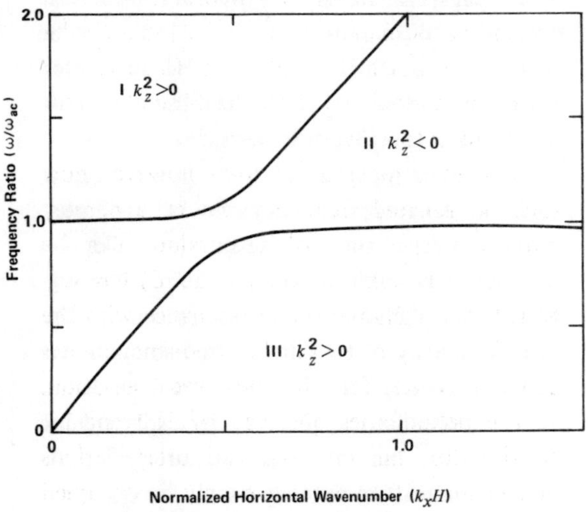

Figure 3-6. Diagnostic diagram for adiabatic propagation in an isothermal, gravitationally stratified atmosphere with $\gamma = 5/3$. ω_{ac} is the critical frequency for acoustic wave propagation. H is the scale height of the atmosphere.

In the solar case horizontal isotropy is sometimes assumed. The k_r, ω diagrams are then obtained either from one-dimensional scans via an Abel transform applied to the $\mathcal{A}(k_x, \omega)$ matrix, or by azimuthal averaging of the two-dimensional transform $\mathcal{A}(k_x, k_y, \omega)$.

Phase Relations. Although k, ω diagrams are useful for studying the conditions under which various wavemodes are generated, they do not contain information about the propagation properties of the observed waves in the layers observed. For propagation properties, diagnostics can, however, be derived from the complex Fourier transform of the data.

For each frequency or wavenumber element, the Fourier transform contains not only the amplitude but also the phase. Data sets obtained simultaneously for pairs of quantities may be combined to yield by simple subtraction the relative phase between these quantities as a function of frequency or wavenumber. Signals from different lines, or sections of a given line profile formed at different altitudes of the solar atmosphere may be used to infer vertical phase velocities.

Propagating acoustic waves travel at the sound speed (about 7 km s^{-1}). They can be easily distinguished from standing or evanescent acoustic waves since the observed phase velocities of these latter waves exceed 100 km s^{-1} in the solar atmosphere. (In the absence of dissipation, their phase velocities would be infinite.) The relative phase of intensity and Doppler shift in a spectral line yields further information about the character of the wave and of the energy flux it carries. Propagating sound waves have pressure, temperature, and velocity perturbations all in phase, whereas in evanescent waves, maximum temperature precedes maximum upward velocity by about $\pi/2$. Careful assessment of the geometric heights to which measured quantities refer is needed for quantitative interpretation of the results.

Amplitude Ratios. From the power spectra of velocity or intensity fluctuations in various spectral lines, amplitude ratios can be computed as a function of frequency or wavenumber. Since the variation of the character of the wave field as a function of height in the atmosphere may be regarded as a filtering process (Souffrin, 1966; Provost, 1976) applied to a broadband, subphotospheric wave spectrum, the degree of "amplification" or "attenuation" of a given monochromatic wave train as a function of height is directly related to the properties of the filter.

Spectral Line Asymmetry. Let us consider height-dependent velocity fields in another way. To the extent that the optical depth scale of the atmosphere projects itself through the variation of the line absorption coefficient in a unique way on the absolute wavelength distance from the spectral line center, one can infer from the asymmetry of a particular line information about the nonuniformity of the velocity field in the vertical direction. The asymmetry is usually described by the shape of the "bisector" line, a line that divides the interval between the red and the blue wing into two equal halves.

Most photospheric lines have a maximum blue shift at some position in the line wing. This C-shape was first investigated by Voigt (1956) and Schröter (1957) and was interpreted in terms of stationary multicolumn models of the atmosphere, designed to explain the blue shift of the spectral lines observed on the disk, relative to the rest wavelength of the line plus the relativistic red shift.

The first accurate measurements of spatially resolved line profiles as a function of time were reported by Roddier (1965), who found distinct changes as a function of the phase of the 5-minute oscillations. Recently, Koch et al. (1979) have investigated the depth dependence of photospheric oscillations by making extensive use of the bisector method. A critical discussion of this method was presented by Magnan and Pecker (1974) at the 1973 IAU general assembly.

p-Mode Oscillations

Photospheric p-Modes. The progress of studies

of the 5-minute oscillations from their discovery by Leighton et al. in 1962 until 1975 is well covered in a review by Beckers and Canfield (1975). At that time, observations with low wavenumber resolution favored a formal description of the oscillations in terms of a narrow band random process (White and Cha, 1973).

Improved resolution was achieved, in both frequency and wavenumber, by observing rather extended areas on the Sun (up to 0.5 solar radius) for several hours of observing time. The k, ω diagrams of the 5-minute oscillations thus obtained began to reveal clearly the modal structure predicted for solar p-modes by Ulrich (1970), Wolff (1972), and Ando and Osaki (1975) (Figure 3-7). In the most recent observations of Deubner et al. (1979) and Rhodes (1979), 10 to 12 discrete ridges corresponding to n-values from 0 to 11 can be distinguished. Power is concentrated mainly in the frequency range between 1.7 and 2.3 $\times$ 10^{-2} s^{-1} and from

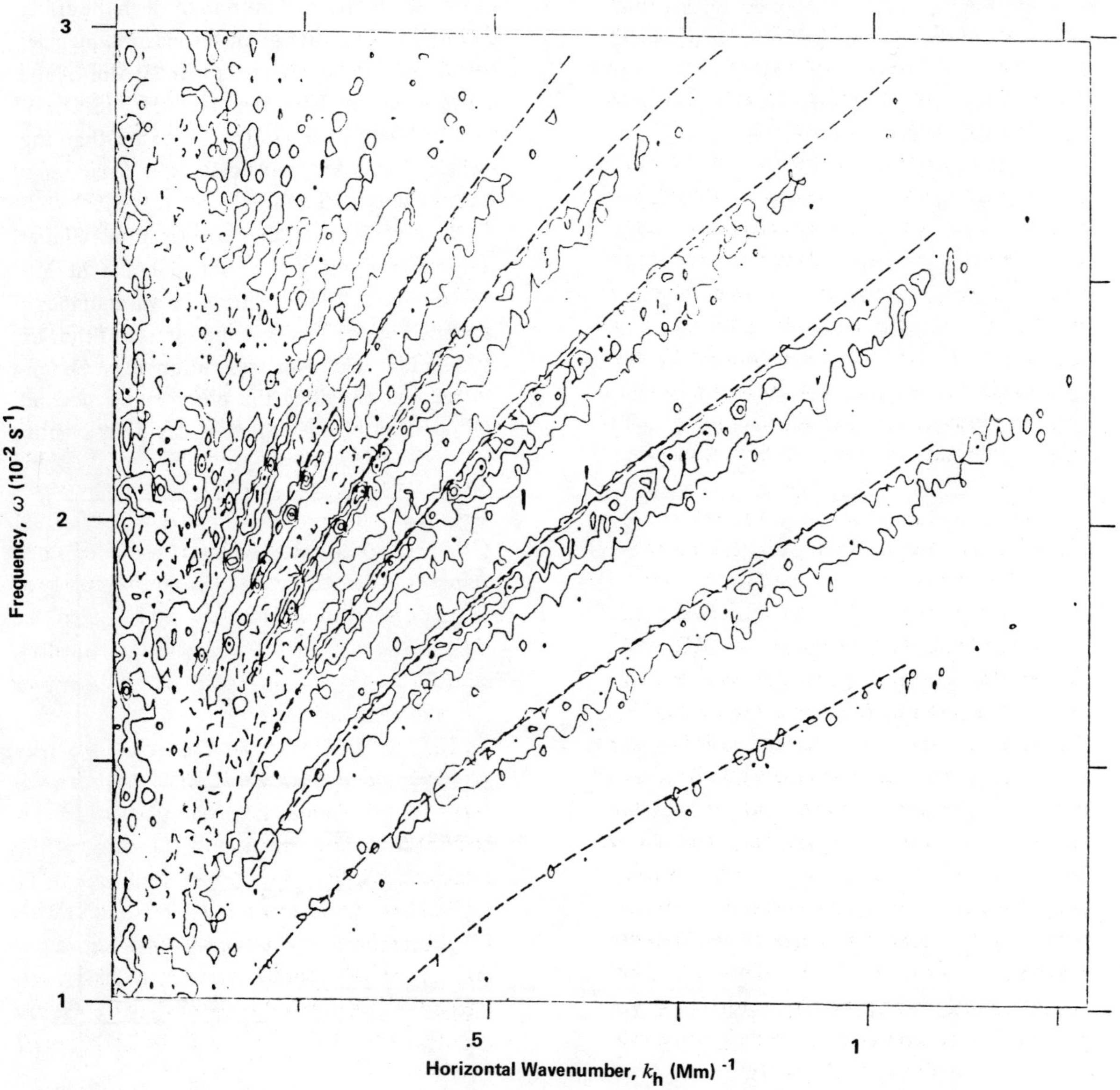

Figure 3-7. Diagnostic diagram of spatially resolved solar Doppler shift fluctuations of the Fe I 5576. 1Å line. Theoretical predictions of the p-mode ridges with $l/H = 2$ are shown by the dashed lines superimposed on the observed power distribution (from Deubner et al., 1979).

wavenumber $k = 0$ to $0.8\ Mm^{-1}$ ($Mm = 10^3$ km).

The width of the ridges compared to the instrumental width is compatible with a value of Q of about 80 for high wavenumber surface modes. The width decreases with decreasing wavenumber yielding values of Q of more than 100 (nearly indistinguishable from $Q = \infty$) for the modes that penetrate more deeply into the convection zone. The finite value of Q at high k might be an indication of the perturbing influence of random surface velocity fields (such as supergranules or granules) disrupting the coherence of the p-mode velocity field. However, the influences of atmospheric seeing, instrumental or other solar effects on the spatio-temporal coherence of the data, still need to be investigated.

The good fit of the observed p-modes with the theoretical predictions came as a surprise when the first resolved observations were obtained. However, the fit is not perfect. A small difference of several percent which increases with horizontal wavenumber k and radial wavenumber n is well established (Deubner et al., 1979). It has been shown, by Gough (1976) and by Rhodes et al. (1977a), that a somewhat better agreement can be obtained by increasing the fractional thickness of the convection zone, which is equivalent to increasing the mixing length parameter l/H.

The considerable coherence of the p-mode oscillations together with the depth dependence of the eigenfunctions makes them an ideal tracer of large-scale subphotospheric flows (Rhodes et al., 1979; Deubner et al., 1979). In particular it is now possible to study the law of internal rotation of the Sun through the effect of rotational "splitting" of the eigenfrequencies (Figure3-8). Presently the upper 20 Mm of the convection zone have been studied, and a rotational velocity about 80 m s^{-1} faster than the surface spectroscopic velocity was found at a depth of about 15 Mm.

An extension of this investigation requires still better resolution of the p-modes at low wavenumbers. The resolution in wavenumber k is limited by the fact that the surface of the Sun is spherical. However, resolution may be improved by extending the observations beyond the duration of one observing day, thus eventu-

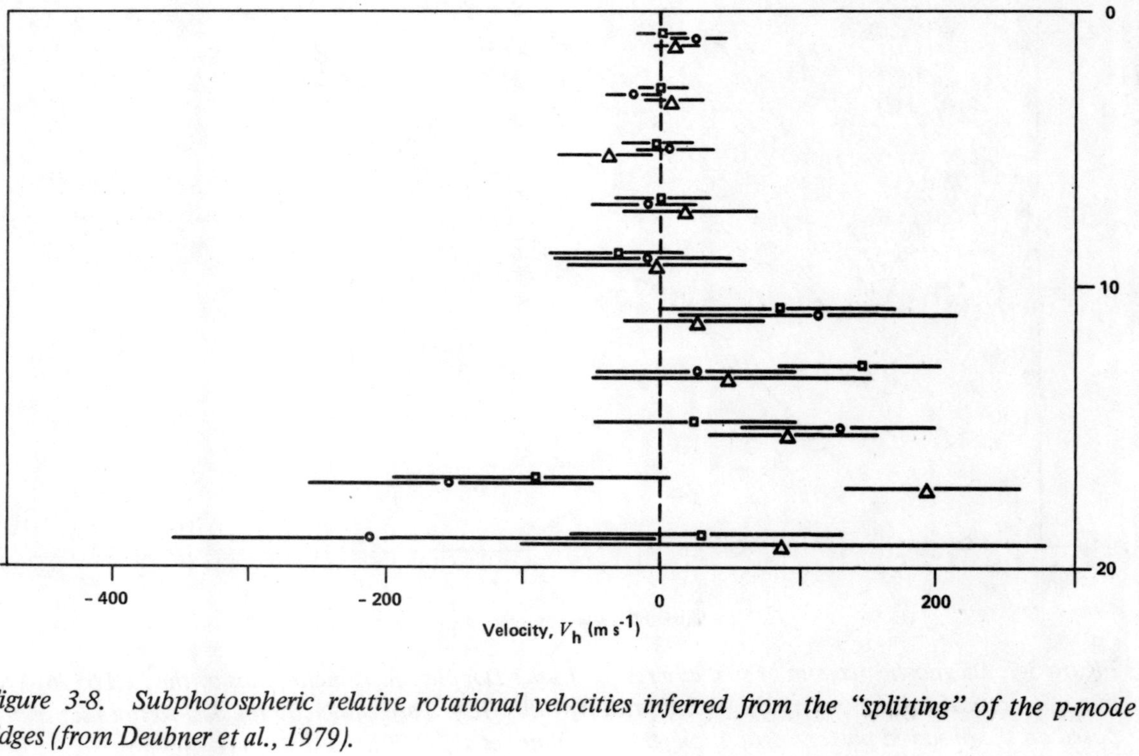

Figure 3-8. Subphotospheric relative rotational velocities inferred from the "splitting" of the p-mode ridges (from Deubner et al., 1979).

ally resolving individual eigenfrequencies ω at low k values. According to Rhodes (1979), an uninterrupted observation of about 50 hours (from space), that is, about 4 to 6 times the record length presently available, would provide sufficient resolution for probing 25 to 30 percent of the solar radius, inward from the surface, or almost the total extent of the convection zone.

The power per unit wavenumber can be seen to increase with decreasing wavenumber (Figure 3-9). This explains why, in observations with large scanning apertures, the observed rms velocities decrease much more slowly with increasing aperture than one would expect for a large-scale windowing of a periodic wave field. It is therefore reasonable to expect that p-modes of high n and low k will be observable.

Quite recently, Claverie et al. (1979) have presented very convincing evidence for the presence of p-modes with l = 0 and 1 on the Sun, inferred from numerous full disk velocity

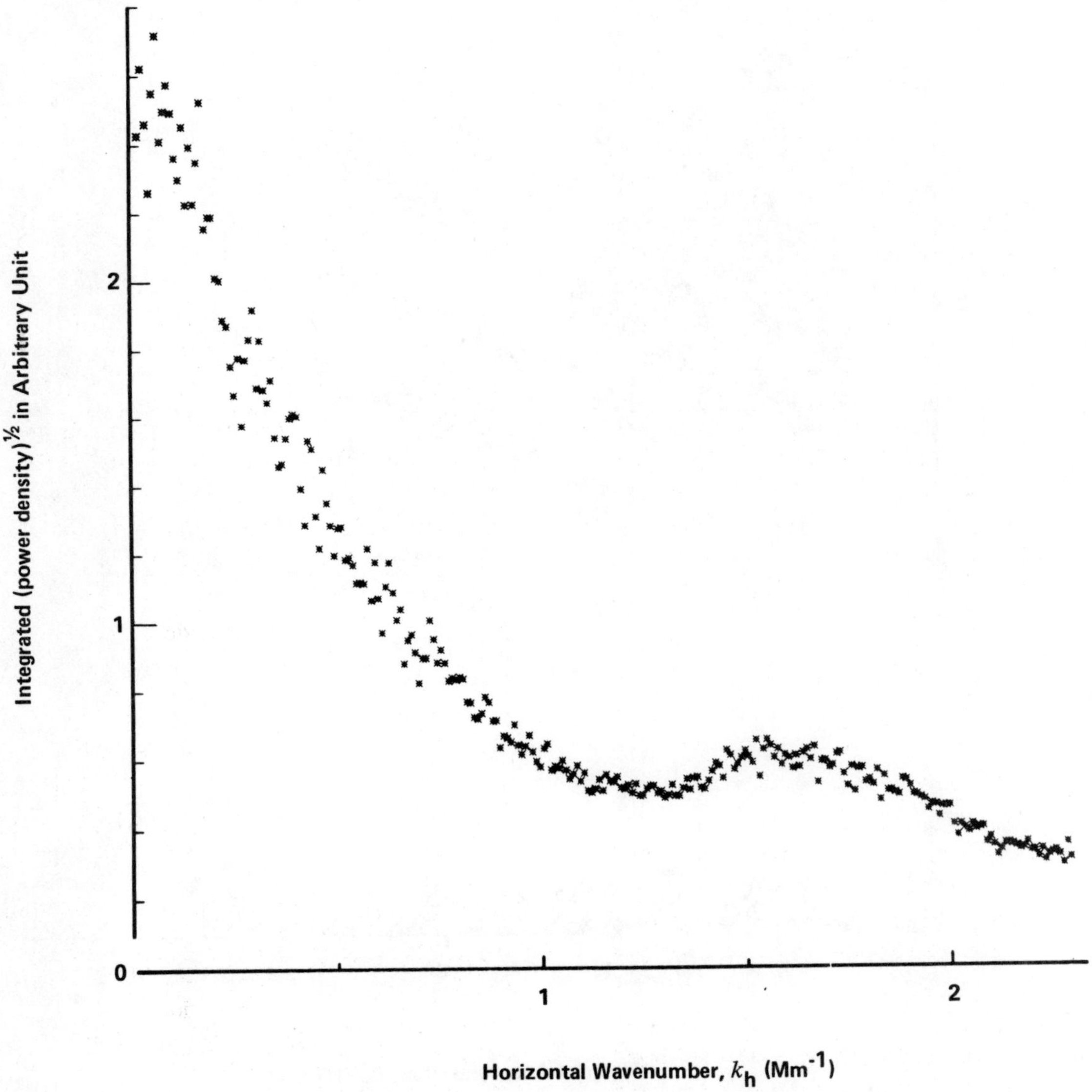

Figure 3-9. Amplitude of p-mode velocity fluctuations as function of horizontal wavenumber k_h. The secondary maximum at L_{k_h} = 1600 Mm^{-1} is probably an instrumental artifact.

measurements obtained with the resonance technique. In the near future, observations may provide much better insight into the structure and the rotation of the deep interior of the Sun.

In contrast to earlier observations (see Deubner et al., 1979) recent k, ω diagrams obtained with stable spectrographs, do not show any substantial amount of power close to the ordinate in the range of period from 100 to 10 minutes (Figure 3-10). The existence of low k-, low n-modes discussed in Observations and Problems of Interpretation is therefore not corroborated by spatially resolved p-mode observations.

Chromospheric p-Modes. The instrumental requirements for observing chromospheric p-modes do not differ notably from those for observing

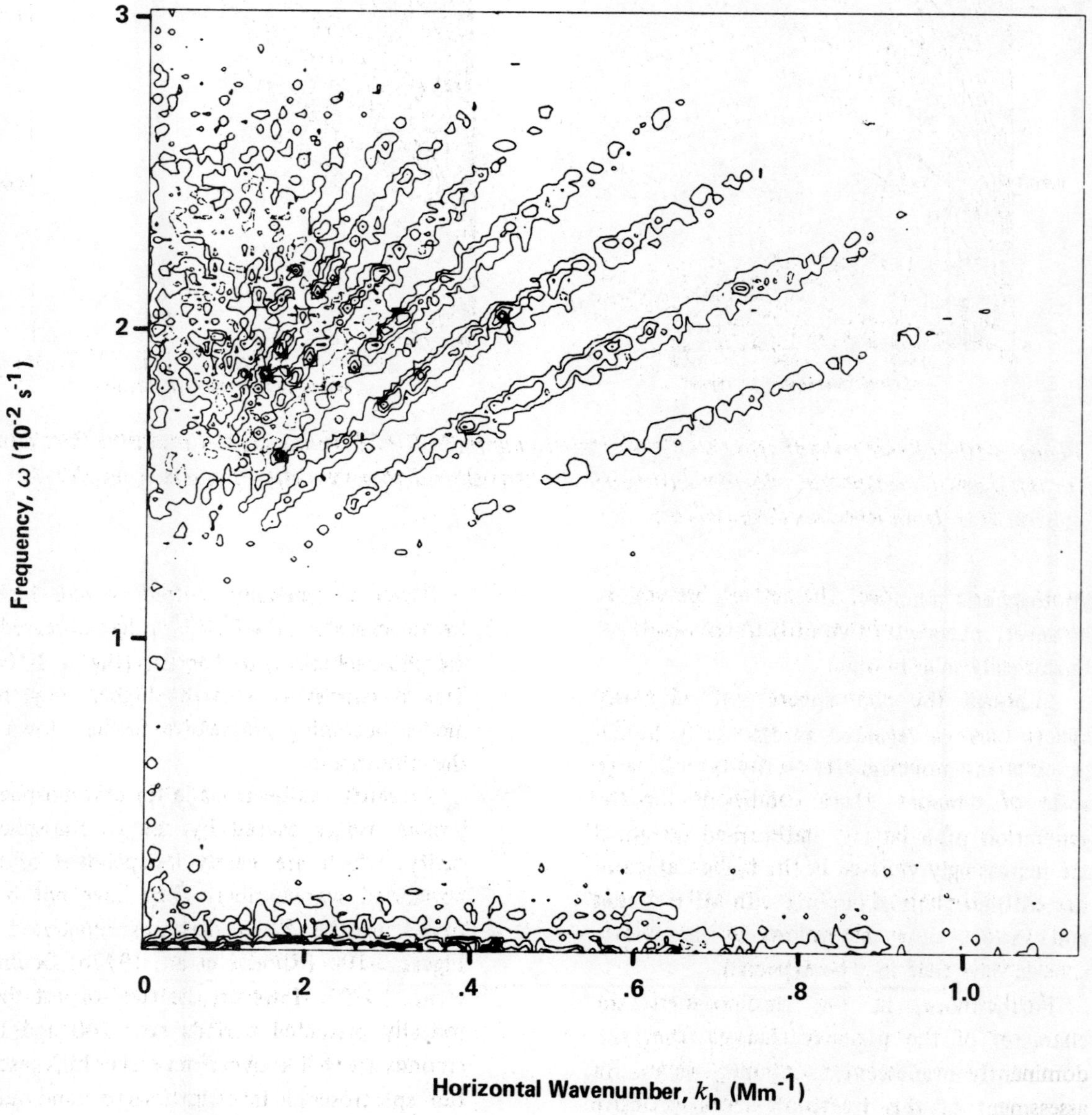

Figure 3-10a. Solar p-mode spectrum with reduced spectrographic noise level. There is very little power, at low wavenumbers, in between the p-mode and the convective part of the diagram.

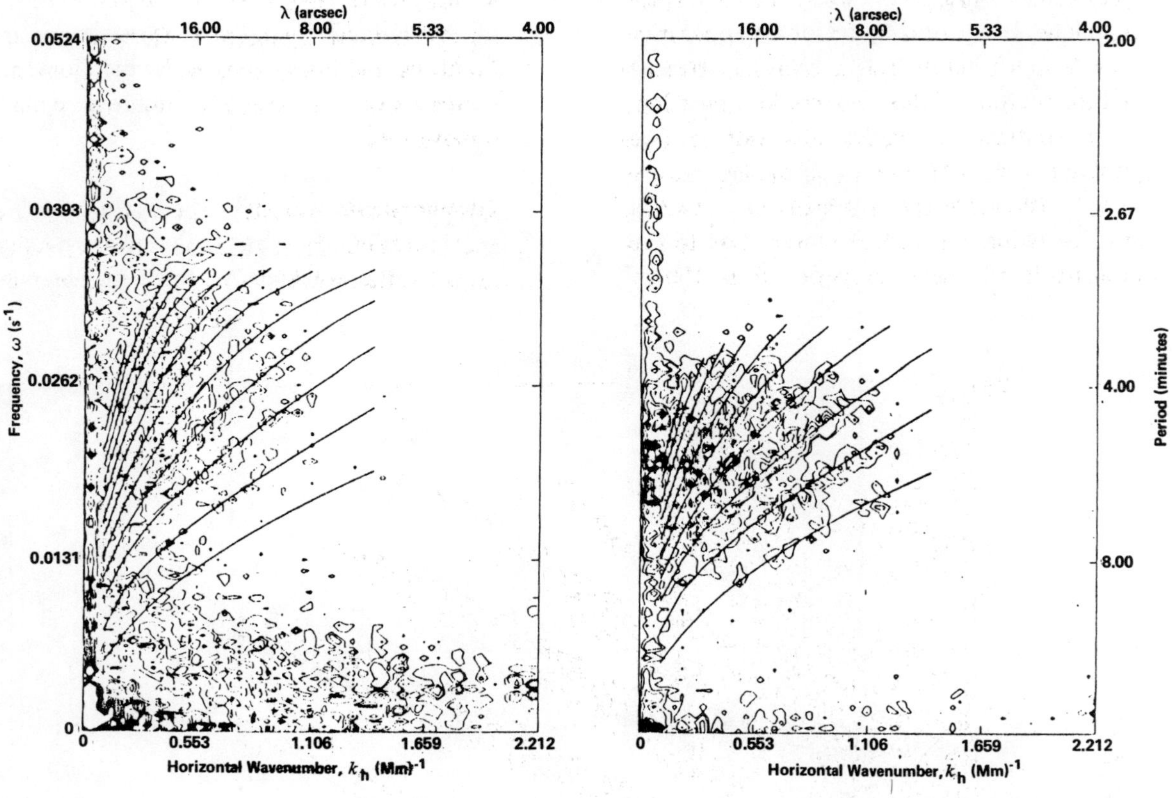

Figure 3-10b. Solar p-mode spectra of the chromospheric Ca II 8542Å line central intensity fluctuations (at left), and photospheric velocities (at right). Power is shifted toward higher frequencies in the chromospheric data (from Rhodes et al., 1977b).

photospheric p-modes. The actual observation, however, meets with two difficulties which are intrinsically solar in origin.

Although the photosphere and subphotosphere may be regarded as essentially homogeneous and nonmagnetic on the typical, large scale of p-modes, these conditions for the generation of a largely undisturbed wavefield are increasingly violated in the higher layers of the chromosphere. Coupling with MHD modes and various other alterations of the photospheric wave field may be expected.

Furthermore, in the chromosphere the character of the p-modes changes from predominantly evanescent to running waves. An assessment of this transition needs extensive and careful observations at many height levels of the atmosphere. No satisfactory picture has yet emerged from p-mode observations in chromospheric lines.

Power is generally shifted toward higher frequencies along the familiar ridges observed in the photospheric k, ω diagrams (Figure 3-10b). This is consistent with the higher frequency modes becoming progressive further down in the atmosphere.

A search has been made for chromospheric p-mode ridges caused by the chromospheric cavity, which are nearly independent of the horizontal wavenumber. They have not been found in the k, ω diagrams illustrated in Figure 3-10b (Rhodes et al., 1977b; Deubner et al., 1979). However, the two longest theoretically predicted periods near 240 and 180 seconds are well known from earlier high resolution spectroscopic investigations to stand out as resonances in the power spectra of motions observed in chromospheric lines such as Ca I, Ca II, or Hα (Orrall, 1966; Deubner, 1974b). One may speculate that the predicted resonances

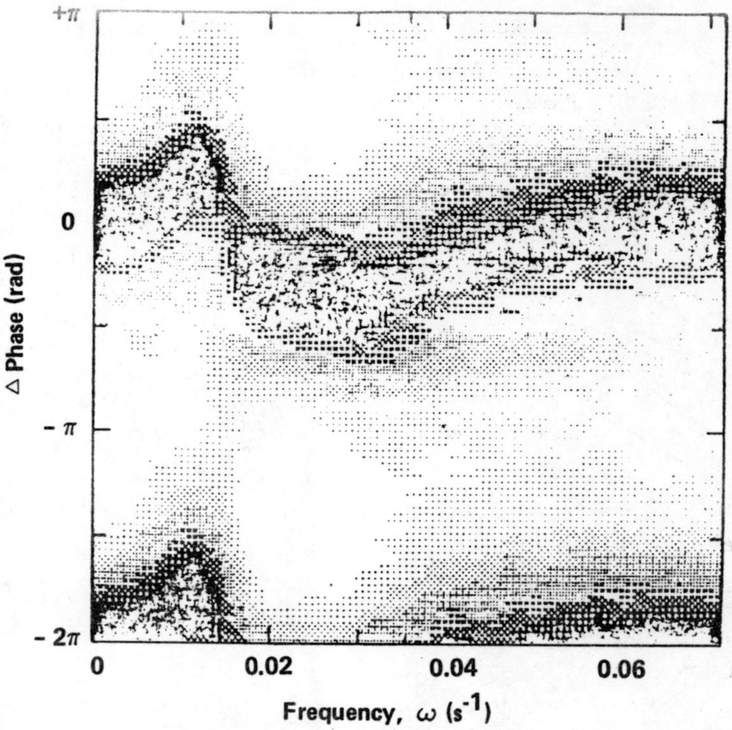

Figure 3-11. Distribution function for phase differences between velocity and intensity measured in the Fe I 5576Å line as a function of frequency. Phase conventions: Δ phase = φ (velocity) − φ (intensity), blue shift = positive velocity (from Lites and Chipman, 1979).

occur only in the relatively homogeneous interior of supergranulation cells, whereas the presence of structures such as spicules and magnetic fields at the boundaries interferes with the development of a larger scale coherent wavefield.

The propagation properties of chromospheric p-modes have been studied by a number of authors. Schmieder (1978) and Mein (1977) maintain that in the chromospheric lines Mg I 5172.7 Å and Ca II K, as in the photosphere, little energy propagation is detectable, even at the more prevalent higher frequencies from 5 to 8 mHz, with the possible exception of some narrow, isolated structures (Mein, 1978; Cram et al., 1977). On the other hand there is evidence in very extensive observations obtained recently by Lites and Chipman (1979), for acoustic waves at about 6 mHz propagating preferentially upward (Figure 3-11). The energy flux at a height of 900 km above $\tau_{5000} = 1$ derived from these observations is too low by nearly two orders of magnitude to account for the heating of the chromosphere. The same conclusion was reached by Athay and White (1978) in an analysis of the Si II and C IV observations obtained from OSO-8.

g-Mode Oscillations

High order, nonradial g-mode oscillations (internal gravity waves) are easily generated by turbulent convection below the photosphere; their generation, for example, by granules (Meyer and Schmidt, 1967) can hardly be avoided. However, these waves are also strongly
little energy propagation is detectable, even at
the more prevalent higher frequencies from 5 to
damped by radiative relaxation, and in addition, they are extremely difficult to observe because they are local, small-scale phenomena, requiring very high spatial resolution observations.

Traces of these waves are found in Frazier's (1968) k, ω diagrams. Deubner (1974a) was able to observe the generation of internal

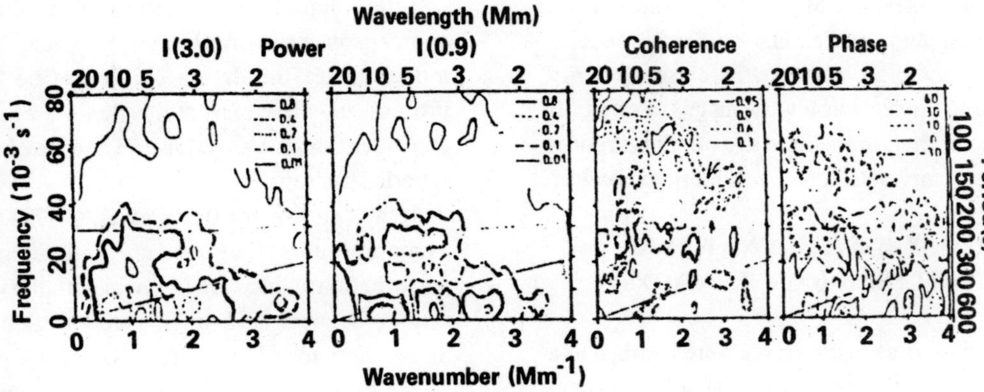

Figure 3-12. Power, coherence, and phase spectra of intensity fluctuations measured 3.0 and 0.9 Å to the blue from the center of Ca II K (from Cram, 1978).

gravity waves by individual granules. Later, Cram (1978) found, in k, ω diagrams derived from high resolution spectrograms, evidence of low but significant power in the range where propagating internal gravity waves are predicted (Figure 3-12). From the phase lag between successively higher layers, Cram concluded that there was an upward energy flux.

Unfortunately, at these low frequencies the diagnostic diagram is obscured by the presence of quasistationary motions, in which brightness and velocity (in the chromosphere) tend to be in antiphase (bright network). Studies of the phase relation between brightness and velocity as a diagnostic for the propagation properties of the observed motions need to take this effect into account.

Nevertheless, as a by-product of granulation, internal gravity waves are expected to be fairly common, and may not be negligible in the energy balance of the lower chromosphere. Quantitative estimates of the upward energy flux and the rate of dissipation of those waves, based on observation, are needed.

The question may be raised of whether high order, nonradial oscillations might be observable on stars. There is no reason to believe that our Sun is an exceptional star; p-mode oscillations are probably present in all stars with sufficiently extended convection zones.

Why the amplitude of the solar nonradial modes is so low ($\Delta r/r \simeq 10^{-5}$) is not yet understood. Considering the relatively high power observed at low wavenumbers, it seems conceivable that in other stars resembling the Sun, these oscillations have still larger amplitudes and become directly detectable through variations in either luminosity or line shift. Nonthermal line widths might serve as a helpful parameter for a search into stellar nonradial oscillations.

Oscillations in Magnetic Flux Concentrations

The observed large coherence of the p-modes implies that the presence of magnetic fields on the surface of the Sun has negligible influence on the propagation and reflection of the trapped modes. In fact, since at the photospheric level away from sunspots magnetic flux is always concentrated into narrow isolated elements that cover only a very small fraction of the surface, the large-scale interaction of the oscillatory phenomena with magnetic fields is extremely weak.

According to Giovanelli et al. (1978) magnetic elements are observed to participate in the large-scale oscillatory motions with the amplitudes inside the magnetic elements, in the surrounding region, and in nonmagnetic regions being effectively the same. Earlier reports of a decreased amplitude in magnetic regions were not confirmed by Giovanelli et al. (1978).

Fluctuations occur about 19 seconds later in the chromospheric Mg I 5183Å line than in the photosphere, indicating outward propagation. It is not clear whether the close similarity between the motions inside the magnetic elements and those in their immediate surroundings results from local interaction or common excitation.

PROGRESSIVE SOUND WAVES (SHORT PERIOD OSCILLATIONS)

Short period acoustic waves were invoked as a mechanism for the heating of the solar chromosphere by Biermann in 1946. In the last decade this theory was worked out in considerable detail by Ulmschneider (1971, 1974) and Ulmschneider et al. (1978).

These waves are produced by small-scale turbulence in the convection zone and propagate freely through the photosphere into the chromosphere, where they rapidly steepen until shock fronts are formed and the energy is dissipated.

The short period oscillations are also likely to contribute to nonthermal line broadening, if the amplitude is large enough, that is, on the order of 1 km s^{-1}. Can these waves be observed?

Problems of Detection and Interpretation

Since the source of the wavefield is small scale and incoherent, there will be difficulties in spatial resolution of the short period motions. Only with large solar telescopes and during periods of very stable atmospheric conditions will it be possible to obtain observations of sufficient quality.

Waves with periods less than 100 seconds have wavelengths shorter than about 700 km. Their effects on the spectrum, such as the Doppler shift, are therefore considerably reduced (filtered) by integration over a sizable fraction of a full period weighted by the velocity response function. Power attenuation factors of at least 10^3 are found at periods of about 25 seconds. Such small signals, almost overwhelmed by the 5-minute oscillations, can be distinguished from the background noise with sufficient confidence only if the mean power spectrum can be obtained from a large number of independent wavetrains.

Interpretation of the observed data requires comparison with highly accurate and realistic models, since the details of the optical filtering process in the solar atmosphere are strongly dependent on the spectral line and on the atmospheric structure.

It was shown by Cram et al. (1979) for low excitation lines that pressure and temperature perturbations which are in phase with the velocity cannot be neglected in the model calculations; in addition to a blue shift of the mean position of the line, the apparent velocity fluctuations are considerably larger than those inferred from kinematic models.

Photographic and photoelectric observations of short period waves have been described by Deubner (1976, 1977b). Common to all these data obtained in various spectral lines [C I 5380Å, Fe I 5383Å, Fe I 5576Å, Mg I (b_2) 5173Å, Na I (D_1) 5896Å] is a periodic structure in the high frequency tail of the power spectra, which is reminiscent of the familiar $(\sin x/x)^2$ function resulting from a "boxy" data window (Figure 3-13). Since the width of this window varies systematically with the spectral line and

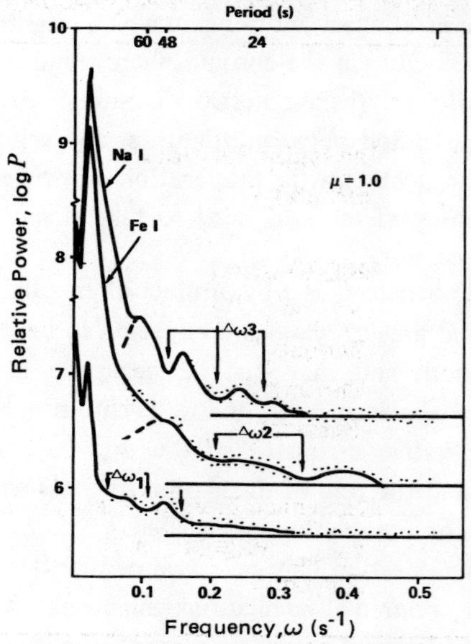

Figure 3-13. Power density of small-scale high frequency Doppler shift fluctuations measured in high spatial resolution spectrograms, simultaneously in different Fraunhofer lines (from Deubner, 1976).

with the position angle θ on the disk, it was related to the shape of the response function by Deubner (1976). However, analytical model calculations (Durrant, 1979) resist attempts to show any significant modulation in the power spectra, comparable to the observed one.

Nonthermal Velocities ("Microturbulence")

Given a model of the radiation transfer for a particular line, a synthetic power spectrum of the observed velocity fluctuations can be computed under the assumption of a uniform power law for the solar wavefield which can be compared with the observed one. Unfortunately, the corrections applied are largest at the highest frequencies, where the measurements of power are the least reliable because of noise. Restricting this analysis to periods longer than about 20 seconds gives at least some order of magnitude lower limits for the total power over a bandwidth of about 0.3 s^{-1}.

Estimates of the nonthermal velocities deduced from this high frequency power are given in Table 3-1 for two of the spectral lines observed, and for different models describing the transfer properties of the atmosphere. The photometric device ("lambdameter") used for the measurement of the line shifts in the original photographic spectra strongly emphasizes the core of the line. The nonthermal velocities given in Table 3-1 are therefore not representative of the whole extent of the line profile and may well be compatible with the "microturbulence" values resulting from curve of growth analysis.

The effects discussed by Cram et al. (1979), which do not, however, apply to the high excitation Fe I 5383Å line, would tend to further reduce the values obtained for the actual nonthermal velocity field.

Mechanical Energy Flux

Granted that all of the observed nonthermal energy is propagated by outward moving acoustic waves, as the analysis of the observed data (Deubner, 1974) suggests, the mechanical energy flux can be easily estimated from $\mathbf{F}_{mech} = \rho\, v^2 \cdot V_s$.

The F_{mech} values listed in Table 3-1 seem

Table 3-1

Estimates of Nonthermal Velocities Deduced from Observations of Fe I 5383Å and Na I 5896Å

	Fe I 5383Å	Na I 5896Å
Excitation Potential		
EP (eV)	4.31	0.00
RMS Velocity		
v_{rms} (m s^{-1})		
Deubner[a]	910	1940
Durrant[b]	2100	1900
Durrant[c]	2000	—
Mechanical Energy Flux		
F_{mech} (ergs cm^{-2} s^{-1})		
Durrant[b]	9×10^8	9×10^7

[a] Deubner (1976), artificial velocity response curve.
[b] Unpublished numerical model calculations by Durrant.
[c] Durrant (1980), analytical model.

rather high in comparison with the energy needs of the chromosphere (about 6×10^6 ergs cm^{-2} s^{-1}). It is possible that a large fraction of the observed energy is propagating further, rather than being reflected back to the photosphere (considering the conditions met in the chromosphere). If one assumes an amplitude enhancement resulting from transfer effects as discussed by Cram et al. (1979) for the Na D_1 line, a factor of 5 in the observed amplitude would be needed to bring the corrected flux into the range of estimates given for the radiation losses of the chromosphere.

REFERENCES

Ando, H., Osaki, Y., 1975, *Publ. Astron. Soc. Japan* **27**, 581.

Athay, R.G., White, O.R., 1978, *Astrophys. J.* **226**, 1135.

Beckers, J.M., Ayres, T.R., 1977, *Astrophys. J.* **217**, L69.

Beckers, J.M., Canfield, R.C., 1975, "Physique des mouvements dans les atmosphères stellaires," *CNRS Coll. No. 250* R. Cayrel and M. Steinberg, eds. (Nice: Editions du Centre National de La Recherche Scientifique, Paris, 1976), p. 291.

Biermann, L., 1946, *Naturwiss.* **33**, 118.

Brookes, J.R., Isaak, G.R., van der Raay, H.B., 1976, *Nature* **259**, 92.

Brookes, J.R., Isaak, G.R., McLeod, C.P., van der Raay, H.B., Roca Cortes, T., 1978, *Monthly Notices RAS* **184**, 759.

Brown, T.M., Stebbins, R.T., Hill, H.A., 1978, *Astrophys. J.* **223**, 324.

Claverie, A., Isaak, G.R., McLeod, C.P., van der Raay, H.B., Roca Cortes, T., 1979, *Nature* **282**, 591.

Cram, L.E., 1978, *Astron. Astrophys.* **70**, 345.

Cram, L.E., Keil, S.L., Ulmschneider, P., 1979, *Astrophys. J.* **234**, 768.

Cram, L.E., Brown, D.R., Beckers, J.M., 1977, *Astron. Astrophys.* **57**, 211.

Deubner, F.-L., 1974a, "Chromospheric Fine Structure," IAU Symp., 56, R. Grant Athay, ed. (Dordrecht, Holland: D. Reidel Publishing Co., 1974), p. 263.

Deubner, F.-L., 1974b, *Solar Phys.* **39**, 31.

Deubner, F.-L., 1976, *Astron. Astrophys.* **51**, 189.

Deubner, F.-L., 1977a, *Astron. Astrophys.* **57**, 317.

Deubner, F.-L., 1977b, *Proc. OSO-8 Workshop*, E. Hansen and S. Schaffner, eds. (Boulder: LASP, Univ. of Colorado, 1977), p. 295.

Deubner, F.-L., Ulrich, R.K., Rhodes, E.J., Jr. 1979, *Astron. Astrophys.* **72**, 177.

Dittmer, P.H., 1977 (Thesis, Stanford University).

Durrant, C.J., 1979, *Astron. Astrophys.* **73**, 137.

Durrant, C.J., 1980, *Astron. Astrophys.* **89**, 80.

Fossat, E., Grec, G., 1978, "Pleins feux sur la physique solaire," J. Rösch, ed. (Paris: Centre National de la Recherche Scientifique, 1978), p. 151.

Fossat, E., Harvey, J., Hausman, M., Slaughter, C., 1977, *Astron. Astrophys.* **59**, 279.

Fossat, E., Roddier, F., 1971, *Solar Phys.* **18**, 204.

Frazier, E.N., 1968, *Z. Astrophys.* **68**, 345.

Giovanelli, R.G., Livingston, W.C., Harvey, J.W., 1978, *Solar Phys.* **59**, 49.

Gough, D.O., 1976, "The Energy Balance and

Hydrodynamics of the Solar Chromosphere and Corona," IAU Coll. no. 36 R.-M. Bonnet and P. Delache, eds. (Clermont-Ferrand: G. de Bussac, 1976), p. 3.

Grec., G., Fossat, E., Brandt, P., Deubner, F.-L., 1979, *Astron. Astrophys.* **77**, 347.

Hill, H.A., Stebbins, R.T., Oleson, J.R., 1975, *Astrophys. J.* **200**, 484.

Hill, H.A., Stebbins, R.T., Brown, T.M., 1976, *Atomic Masses and Fundamental Constants,* **5**, J.H. Sanders and A.H. Wapstra, eds. (New York: Plenum, 1976), p. 622.

Hill, H.A., 1978, "The New Solar Physics," J.A. Eddy, ed. (Boulder: Westview, 1978), p. 135.

Hill, H.A., Caudell, T.P., 1979, *Monthly Notices RAS* **186**, 327.

Keil, S.L., Worden, S.P., 1979, *Proc, Workshop on Nonradial and Nonlinear Stellar Pulsation, Lecture Notes in Physics,* **125**, H.A. Hill and W.A. Dziembrowski, eds., p. 219.

Koch, A., Kuveler, G., Schröter, E.H., 1979, *Solar Phys.* **64**, 13.

Leighton, R.B., Noyes, R.W., Simon, G.W., 1962, *Astrophys. J.* **135**, 474.

Lites, B.W., Chipman, E.G., 1979, *Astrophys. J.* **231**, 570.

Livingston, W., Milkey, R., Slaughter, C., 1977, *Astrophys. J.* **211**, 281.

Magnan, C., Pecker, J.C., 1974, Highlights of *Astronomy*, G. Contopoulos, ed. (Dordrecht: D. Reidel Publishing Co., 1974) **3**, p. 171.

Mein, N., 1977, *Solar Phys.* **52**, 283.

Mein, N., 1978, *Solar Phys.* **59**, 3.

Meyer, F., Schmidt, H.U., 1967, *Z. Astrophys.* **65**, 274.

Orrall, F., 1966, *Astrophys. J.* **143**, 917.

Provost, J., 1976, *Astron. Astrophys.* **46**, 159.

Rhodes, E.J., Jr., Ulrich, R.K., Simon, G.W., 1977a, *Astrophys. J.* **218**, 901.

Rhodes, E.J., Jr., Ulrich, R.K., Simon, G.W., 1977b. *Proc. OSO-8 Workshop*. E. Hansen and S. Schaffner, eds. (Boulder: LASP, Univ. of Colorado, 1977), p. 365.

Rhodes, E.J., Jr., 1979, *Proc. Symposium on The Study of the Solar Cycle from Space* (Wellesley, Mass: Wellesley, 1979).

Rhodes, E.J., Jr., Deubner, F.-L., Ulrich, R.K., 1979, *Astrophys. J.* **227**, 629.

Roddier, F., 1965, *Ann. d'Astrophys.* **28**, 463.

Scherrer, P.H., Wilcox, J.M., Kotov, V.A., Severny, A.B., Tsap, T.T., 1979, *Nature* **277**, 635.

Schmieder, B., 1978, *Solar Phys.* **57**, 245.

Schröter, E.H., 1957, *Z. Astrophys.* **41**, 141.

Severny, A.B., Kotov, V.A., Tsap, T.T., 1976, *Nature* **259**, 87.

Severny, A.B., Kotov, V.A., Tsap, T.T., 1978, "Pleins feux sur la physique solaire" J. Rösch, ed. (Paris: Centre National de la Recherche Scientifique, 1978), p. 123.

Souffrin, P., 1966, *Ann. d'Astrophys.* **29**, 55.

Stein, R.F., Leibacher, J.W., 1974, *Ann. Rev. Astron. Astrophys.* **12**, 407.

Ulmschneider, P., 1971, *Astron. Astrophys.* **14**, 275.

Ulmschneider, P., 1974, *Solar Phys.* **39**, 327.

Ulmschneider, P., Schmitz, F., Kalkofen, W., Bohn, H.U., 1978, *Astron. Astrophys.* **70**, 487.

Ulrich, R.K., 1970, *Astrophys. J.* **162**, 993.

Voigt, H.H., 1956, *Z. Astrophys.* **40**, 157.

White, O.R., Cha, M.Y., 1973, *Solar Phys.* **31**, 23.

Wolff, C.L., 1972, *Astrophys. J.* **177**, L87.

Worden, S.P., Simon, G.W., 1976, *Astrophys. J.* **210**, L163.

4

THE CHROMOSPHERE AND TRANSITION REGION

R. Grant Athay

DEFINITIONS AND SCOPE OF PROBLEMS

A simple empirical definition of a chromosphere is adopted in this chapter, and various general characteristics of the chromosphere are described.

Chromosphere and Chromosphere-Corona Transition Region

Observers of solar eclipses first defined the chromosphere by the appearance and subsequent occulation of hydrogen emission lines near the solar limb as the moon progressively eclipsed the photosphere and chromosphere. After an initial confusion that lasted many years, the top of the chromosphere, so defined, was set at about 5000 km above the limb, with an extension of 4000 to 10,000 km in the form of scattered pencil-like jets known as spicules. During the same period and with just as much confusion, coronal observers brought the lower limit of the million degree corona down to well below 5000 km. This overlap of million degree corona with hydrogen emission at temperatures more than an order of magnitude lower emphasized the need both for better definitions of the chromosphere and corona and for some way to observe and define the intervening transition region.

For a time, it seemed that radio data would provide the needed observations of the transition region. In fact, the interpretation of radio data added to the general confusion by providing models with unacceptably large height scales. Only with the advent of EUV data from rockets and orbiting solar observatories did the confusion begin to decrease. Thanks primarily to EUV and X-ray data, there is now a zeroth order temperature model from the photosphere to the corona that is approaching general acceptance. The model still has gaps and ambiguities, and "general acceptance" means only that a majority of solar physicists now use models that clearly resemble each other.

Limb definitions of the chromosphere and transition region, with all their attendant ambiguities arising from the complex geometry, have given way to definitions based on zeroth order temperature models. This merely trades geometrical ambiguity for temperature ambiguity. Nevertheless, this trade permits the use of a large new class of disk data and brings to bear greatly increased leverage on the problem.

The temperature decreases outward through the photosphere, passes through a minimum, rises through at least three plateaus separated by steep temperature increases, then decreases outward into interplanetary space. The temperatures in the three plateaus average about 7000, 20,000 and 1.6×10^6 K. In a broad sense, the chromosphere consists of the first two plateaus; the corona consists of the third plateau and the transition region consists of the steep temperature rise separating the last two plateaus. More exactly, adopt for the present discussion, the temperature minimum as the base of the chromosphere, the 25,000 K level as the dividing line between chromosphere and transition region, and the 1×10^6 K level as the dividing line between transition region and corona. Our choice of T_{min} as the base of the chromosphere and 1×10^6 K as the top of the transition region is consistent with general usage. On the other hand, no generally accepted value exists for the temperature dividing the chromosphere and transition region. A definition often used places this dividing line at the temperature of maximum temperature gradient, which occurs near 1×10^5 K. However, this temperature is too far beyond the temperature in the last recognized chromospheric plateau and includes too much of the steep temperature rise to the corona to serve as a logical division point. Our choice of 25,000 K as the dividing line is closer to the chromospheric plateau but is still arbitrary.

All recent models place T_{min} near $\tau_c = 10^{-4}$. By comparison, the white light limb is near $\tau_c = 3.7 \times 10^{-3}$, which is approximately 200 km deeper in geometrical depth. Different models, of course, give different heights for the 25,000 K level. The most widely accepted models, however, place this height at approximately 2000 km above the level of T_{min}. Again, however, the author cautions that this is an average level for a very irregular surface. Within the network the 25,000 K level may be substantially higher, and, in the vicinity of spicules, it is clearly higher by several thousand kilometers.

Because the entire transition region lies within a zone of larger geometrical irregularity, it is probably meaningless to talk about a mean thickness except to provide a rough indication of the nature of the region. If one reduces the transition region to a mean, spherically symmetric layer, the temperature structure is approximated by $T^{5/2}\ dT/dh$ = Constant = 6×10^{11} cm^{-1} at levels between the temperatures 10^5 and 10^6 K. The thickness of this layer is close to 5000 km, but over half of this occurs between 8×10^5 and 10^6 K. Below 10^5 K, the temperature gradient flattens again but the total thickness between 25,000 and 10^5 K is small.

Most of the major spatial irregularities in the upper chromosphere and transition region are short lived. Thus, spatial irregularity is synonymous with temporal fluctuations. Furthermore, spatial and temporal fluctuations in an atmosphere imply nonhydrostatic pressure gradients and, therefore, motions. Indeed, each of the identified categories of structures in the chromosphere and corona has an associated systematic flow. In a broad sense, then, the fluctuations we are talking about can be classed as macrostructures in which temperature and density as well as velocity differ from the average. Lest the reader underestimate the magnitude of the effects, he should be aware that the extreme range of brightness over the solar surface exceeds a factor of 100 in both chromospheric and transition region lines, and that local brightness fluctuations in excess of a factor of two are commonplace on a time scale of minutes.

Energetics and Dynamics

In the case of the Sun, it is abundantly clear that the phenomena of the chromosphere and transition region are manifestations of mechanical (nonradiative) energy and momentum input. The outward increase in temperature requires an input of heat, the basic sources of which are the convection zone and possibly rotation.

Mechanisms for transforming the initially convective and rotational energy into heat in the outer atmosphere most likely involve fluid motions and, hence, momentum transfer as well. This is true, independent of whether the energy is transported by the fluid or by magnetic fields, since the magnetic field is tightly coupled to the ionized solar plasmas. It is clear, therefore, that the atmosphere very probably absorbs momentum as well as heat.

How the atmosphere configures itself in response to the energy and momentum input is a complex problem involving chemical composition, solar gravity, magnetic field structure, and the energy transport processes themselves. It is possible, and perhaps likely, that there exists no stable, static thermodynamic state for the atmosphere.

Observational evidence of spatial and temporal fluctuations in the thermodynamic state at a given level in the atmosphere becomes increasingly apparent as the level observed moves from the temperature minimum region to the transition region. On the other hand, changes in absolute integrated radiative flux from the atmosphere are at least as large in the low chromosphere as they are in the upper chromosphere and transition region. Thus, for the purpose of determining energy balance, the fluctuations in thermodynamic states may be even more important for the low chromosphere than for the higher layers.

Some authors prefer to define "chromospheres" in terms of the onset of mechanical energy input rather than temperature structure. If one attempted to follow such a definition in the case of the Sun, he would still be uncertain about where the chromosphere starts. The temperature minimum is relatively well defined, but it is not yet clear how the temperature minimum relates to the onset of mechanical heating. To illustrate this, consider a simple gray atmosphere in LTE and add a constant amount of mechanical heat per unit optical depth. The transfer equation integrated over angle and frequency gives

$$\frac{dH}{d\tau} = J - S = -\gamma, \tag{4-1}$$

where H is the net flux, J is the mean intensity, S is the frequency integrated source function, and γ is the heat added per unit optical depth. Replace J with $J_0 + J'$ and S with $S_0 + S'$ where subscript zero represents the radiative equilibrium value, i.e., $J_0 = S_0$. Next, differentiate with respect to τ to obtain

$$\frac{dJ'}{d\tau} - \frac{dS'}{d\tau} = 0. \tag{4-2}$$

Since energy is being added to the atmosphere $dJ'/d\tau$ and $dS'/d\tau$ must be negative. In the deeper layers when $dJ_0/d\tau$ and $dS_0/d\tau$ are positive the addition of small negative terms $dJ'/d\tau$ and $dS'/d\tau$ will not change the signs of $dJ/d\tau$ and $dS/d\tau$. However, in the outer layers where $dJ_0/d\tau$ and $dS_0/d\tau$ approach zero even small negative terms $dJ'/d\tau$ and $dS'/d\tau$ will make $dJ/d\tau$ and $dS/d\tau$ negative. As a result S (also T) must have a minimum, but the location of the minimum is not associated with any particular property of the mechanical energy input. It is instead associated with decreasing τ.

The Sun, of course, is neither gray nor in LTE. However, the departures from grayness and from LTE do not remove the requirement for a temperature minimum with uniform heat input. Dissipation of mechanical energy in the Sun most likely occurs throughout the photosphere, and thus, the temperature minimum should be regarded simply as defining the optical depth at which the temperature begins to depart from the radiative equilibrium value by an easily recognized amount.

Some authors have argued that the departure from LTE that necessarily occurs in the low density outer layers of a star will, by itself, lead to a reversal of the temperature gradient through the Cayrel effect. This comes about because S becomes a function of both density σ and T. Hence, one may write

$$\frac{dS}{d\tau} = \frac{\partial S}{\partial \sigma}\frac{d\sigma}{d\tau} + \frac{\partial S}{\partial T}\frac{dT}{d\tau}. \tag{4-3}$$

From Equation (4-2) with $\gamma = 0$, the left-hand side of Equation (4-3) must be zero at small τ. Both $d\sigma/d\tau$ and $\partial S/\partial T$ are positive, and it follows that $dT/d\tau$ must have the opposite sign from $\partial S/\partial \sigma$. The effect of decreasing σ is to decrease the role of the collisional terms in S, and thus, to decrease the coupling of S to the ambient gas. Under these conditions S decreases (for a fixed T) and $\partial S/\partial \sigma$ is positive. It follows that $dT/d\tau$ must then be negative, which requires that T pass through a minimum and then increase outward.

The preceding arguments are qualitatively valid for the Sun. However, in stars such as the Sun, which have a rich line spectrum, the relevant source function for controlling T at small continuum optical depths is the source function for the lines, and the Cayrel effect does not set in until the opacity is low in the lines as well as in the continuum. At the depth of the solar temperature minimum the optical depth is still large in a large number of spectral lines, and numerical estimates indicate that the temperature minimum is too deep in the atmosphere to be explained by the Cayrel effect (see Athay, 1976, chapter IX; Jordan, 1977).

Empirical Modeling

The term "modeling" is used in astrophysics in two separate senses. "Physical modeling" includes enough of the physical processes to allow extrapolation of the model beyond the realm of data, that is, physical models are predictive. "Empirical modeling" seeks only to take a body of data together with suitable diagnostic tools and to transform the data description into physical variables. The common case of interest is to start with spectroscopic data and transform it into a set of thermodynamic and fluid dynamic variables for the spatial region that produced the spectrum. Such models are basically nonpredictive, that is, they contain no physical basis for extrapolation. Solar models include both types. The remainder of this section comments on the underlying basis of empirical modeling of the chromosphere and transition region. For brevity, this is referred to simply as modeling.

The primary purpose of modeling a stellar atmosphere is to provide a basis for intelligent deductions about properties of the star. The energetics of the chromosphere-corona complex presents difficult questions. Reliable models must be developed that are free of ad hoc assumptions about the energetics. The energetics involve thermodynamic variables, fluid motions, and magnetic field structures. A complete description of each of the relevant parameters presents an almost overwhelming task, and it is essential, therefore, to proceed in an organized way. Otherwise one can run the risk of losing track of objectives.

Practically speaking, solar astronomers have not reached any widely accepted consensus on how multidimensional solar modeling should proceed. This is partly because the need for such a consensus is just beginning to emerge. The following outline represents the author's opinions at this particular time.

It was noted in Energetics and Dynamics that the chromosphere and transition region are horizontally inhomogeneous, and that these inhomogeneities are pervasive and mostly short lived. At a given height in the solar atmosphere, therefore, each of the thermodynamic, fluid dynamic, and magnetic state variables must be described by a distribution function. This ensemble of distribution functions will be referred to as the "state functions."

Once it is recognized that the atmosphere must ultimately be represented by distribution functions rather than by single valued variables, certain minimum requirements are easily recognized. These include the following determinations:

1. Average values of each of the state variables as a function of height.

2. Widths and shapes of the state functions as a function of height.

3. Evaluation of time-dependent and multidimensional energy effects.

Step 1 is the easiest to take and is parallel to the normal stellar atmosphere approach. However, it is becoming apparent that the state variables are all interactive to some degree and that even the average thermodynamic model requires a description of fluid dynamic and magnetic parameters. The magnetic field, for example, influences both the gas pressure and the fluid motions, and the fluid motions, in turn, influence the photon diffusion processes. Furthermore, the radiation field may be an important driving force for some of the fluid motions. In spite of these recognized difficulties, it is necessary to proceed by doing the best that can be done with available data and the current diagnostic tools. Current solar models of Type 1 still lack adequate description of the fluid dynamic and magnetic variables.

Step 2 is perhaps the most difficult to take because it requires acquisition and analysis of a vast quantity of data, much more than is currently available. Efforts in this direction have been mainly limited to exploratory modeling of a few outstanding features such as plages, the network, and spicules and to the old two- and three-stream models of the photosphere. A great deal more must be done before step 2 can be considered as approaching completion. Perhaps one of the most important lessons stellar astronomers should learn from solar astronomers, however, is that the interpretation of the results from step 1 will necessarily rest heavily on the results of step 2. The average properties of the outer solar atmosphere are statistical properties that may not accurately represent any particular structural feature. In other words, the average model may not represent anything that actually exists.

Step 3 consists of two parts: determining the actual time and size scales, and then evaluating their effects. The first half of the sequence is fairly well under control for the Sun for features with scale sizes on the order of 500 km or more. At this scale most features have lifetimes of a few minutes or longer and time-dependent effects are not common. A notable exception occurs in the lower transition region where the vertical temperature scale length is 100 km or less and the sound speed is on the order of 50 km s^{-1}. Disturbances moving vertically in this region with even a fraction of the sound speed will not reach energy equilibrium with their surroundings. Current evidence suggests that a major portion of the transition region may be influenced by such effects.

Structural features with sizes down to about 300 km have been resolved in the solar atmosphere. Smaller features undoubtedly exist, but one can only conjecture about their nature. At sizes below about 1000 km where solar structure is very complex, the horizontal scale lengths are comparable to the photon diffusion lengths. Thus, multidimensional effects in radiative transfer must be carefully considered. How important these effects ultimately prove to be will depend on the shapes and widths of the state functions. Thus far, only exploratory work has been done, enough to indicate that important effects probably do occur.

In a highly structured atmosphere, such as the Sun's, the center-limb changes in spectral characteristics differ from those in a spherically symmetric atmosphere with the same average properties. This statement has the corollary that, if one assumes spherical symmetry in analyzing data from a structured atmosphere, models derived from limb data will differ from models derived from disk data. One can use these differences to infer the broad properties of the inhomogeneous structure. Such an approach has proven useful at the level of the upper chromosphere and transition region where the differences are large. In the low chromosphere the differences between the disk center and limb models are smaller and the models are not yet sufficiently refined to make the method useful.

Physical Modeling

Meaningful physical models of the chromosphere and transition region can be made only if one first identifies the major energy mechanisms and, then, describes the transport processes. Unfortunately, major shortcomings in all aspects of the problem must still be faced. It is known that the net flow of energy is outward for the atmosphere as a whole, that is, heat energy comes from below and is eventually radiated to space. This is true, however, only in the integrated sense. At particular depths such as the upper chromosphere and transition region large portions of the total heat input appear to be carried downward by thermal conduction, and by enthalpy transport in downflow from the corona. Both of these processes depend critically on the empirical model; heat conduction follows magnetic field lines, and enthalpy transport requires systematic flow. Neither the field structure nor the flow patterns are well known, however.

Similarly, in the photosphere and low chromosphere a large amount of energy is present as wave phenomena. However, social physicists are only beginning to understand the transport properties of the waves in the complex magnetic and thermal structure of the chromosphere and transition region.

In analyses of energy transport in the chromosphere and transition region the problem of "microturbulence" immediately appears. Of all the fluid motions that have been identified in these layers, microturbulence is the most pervasive and has the largest velocity amplitude. Yet, practically nothing is known of its physical meaning. It is known from simulated studies of line profiles that much of what is called microturbulence is very probably neither micro in scale nor turbulent in nature. Instead, it is probably a combined effect of the systematic flows associated with the spatial thermodynamic inhomogeneities (500 to 1000 km) and with waves of assorted character. The old notion that empirical microturbulence as inferred from line broadening must have a scale comparable to or less than a photon mean free path is nonsense. Apparent microturbulence may arise simply from velocity gradients on a macroscale (see Athay, 1972a, chapter V; Shine, 1975; Mihalas, 1979) or from mesoscale motions (Sedlmayr, 1976). Even if the apparent microturbulence is associated with unresolved structural features or waves, the scale size need only be small compared with the resolution size set by line of sight integration; this is always large compared with photon mean free paths.

Obviously, little can be said about the major energy mechanisms involving mass transport until the meaning of nonthermal line broadening is understood. If the broadening is caused by waves, then the velocity amplitudes of the waves are much larger than indicated directly by present observations.

In spite of the inability to develop detailed physical models, some progress has been made. Ulmschneider and Kalkofen (1978) have shown, for example, that acoustic waves propagating through the photosphere with sufficient energy flux and with the correct range of wave periods could be responsible for heating the low chromosphere. There is good evidence for waves of the correct periods, but the actual energy flux in such waves is very uncertain. Also, the physics of wave propagation and dissipation in the solar atmosphere is not entirely clear.

By ignoring the physics of the energy input and considering simply the properties of the radiation losses, Thomas and Athay (1961) predicted the existence of chromospheric temperature plateaus. Although the details of their predictions have proven to be incorrect, the basic cause of the temperature plateaus was correctly established. The chromospheric plateaus result from the radiation properties of the specific mixture of gases in the Sun. The Lyman α (hereafter Lα) line clearly dominates in forming the upper chromosphere temperature plateau. Similarly, the Balmer α (hereafter Hα), the Ca II, and the Mg II lines each play a role in forming the low chromosphere plateau. The coronal plateau forms as a result of line emission by highly ionized heavy elements and thermal conduction back to the chromosphere.

In a similar vein, the gross properties of the transition region are approximated by assuming simply that thermal conductive flux is constant and is equal to the Lα radiation flux, as proposed long ago by Giovanelli (1949). This simplified picture ignores the crucial element of magnetic field geometry, which causes the conductive flux to be channeled into strongly localized network regions (see Gabriel, 1976). Nevertheless, this crude model represents the observational data surprisingly well. Whether it also represents the average thermodynamic state remains to be seen.

Physical models of classical stellar atmospheres usually invoke radiative equilibrium. Such models are of particular interest in the Sun for comparison with empirical models. It is only when the empirical model can be shown to be clearly different from the radiative equilibrium model that we can infer the presence of mechanical heating.

RADIATIVE EQUILIBRIUM MODEL

Mechanical heating in the solar atmosphere causes a departure of the solar model from the hypothetical radiative equilibrium model. The differences between the two models are expected to be small near the temperature minimum and in the photosphere. Thus, the detection of the onset of mechanical heating requires that both the radiative equilibrium and the empirical models be accurately defined throughout the photosphere and the temperature minimum region, that is for $\tau_c \gtrsim 10^{-5}$.

Efforts to establish a reliable radiative equilibrium model encounter a number of complexities, including line blanketing, departures from LTE in the lines and continuum, and temporal oscillations. The latter effect arises because of the nonlinear relationship between the net flux and the temperature (Ulmschneider and Kalkofen, 1978). Thus, brightness oscillations that preserve the average net flux necessarily alter the mean temperature structure. Departures from LTE in the continuum produce the Cayrel effect, and may influence the temperature minimum region. Line blanketing includes backwarming in deeper photospheric layers and cooling near the temperature minimum region and above. The surface cooling is strongly influenced by departures from LTE in the lines.

Solar models based on line blanketing fall into two general categories: those treating a great many lines assumed to be in LTE, and those treating groups of lines with allowances for some average departure from LTE for each group. The most complete examples in the two categories are due to Kurucz (1974) (many lines in LTE) and Athay (1970) (groups of lines departing from LTE). The two models, fortunately, are not extremely different for $\tau_c \gtrsim 10^{-4}$.

To illustrate the effects of line blanketing, consider the formation of a single absorption line in a continuum with a gray absorption coefficient. The opacity can be expressed as

$$d\tau_\nu = d\tau_c + \phi_\nu d\tau_0 = d\tau_c \left(1 + \frac{\phi_\nu}{r_0}\right), \quad (4\text{-}4)$$

where ϕ_ν is the shape of the line absorption coefficient normalized to unity at line center and r_0 is the ratio of continuum opacity, $d\tau_c$, to line center opacity, $d\tau_0$. Similarly, the source function may be written as

$$S_\nu = \left(\frac{\phi_\nu}{\phi_\nu + r_0}\right) S + \left(\frac{r_0}{\phi_\nu + r_0}\right) B_\nu$$
$$= S + \left(\frac{r_0}{\phi_\nu + r_0}\right)\left(B_\nu - S\right), \quad (4\text{-}5)$$

where B_ν is the continuum source function and S is the line source function, assumed to be frequency-independent. The transfer equation, integrated over frequency and angle, may be written as follows:

$$\frac{dH}{d\tau_c} = \int \left(1 + \frac{\phi_\nu}{r_0}\right)\left(J_\nu - S_\nu\right) d\nu \quad (4\text{-}6)$$
$$= \int \left(1 + \frac{\phi_\nu}{r_0}\right)\left(J_\nu - S\right) d\nu - \int \left(B_\nu - S\right) d\nu$$
$$= \int \left(J_\nu - B_\nu\right) d\nu + \int \frac{\phi_\nu}{r_0}\left(J_\nu - S\right) d\nu.$$

J_ν in Equation (4-6) is replaced with

$$J_\nu = J_\nu^c - \eta_\nu J_0^c, \quad (4\text{-}7)$$

where J_ν^c is the continuum value of J_ν, J_0^c = J_ν^c at the location of the line, and η_ν is the depression in the line measured positively for an absorption line in J_ν. This gives

$$\frac{dH}{d\tau_c} = \int\left(J_\nu^c - B_\nu\right) d\nu - J_0^c \int \eta_\nu d\nu \quad (4\text{-}8)$$

$$+ \frac{J_0^c - S}{r_0} \int \phi_\nu d\nu - \frac{J_0^c}{r_0} \int \phi_\nu \eta_\nu d\nu.$$

In radiative equilibrium the left-hand side of Equation (4-8) is zero. The first term on the right-hand side is $dH_c/d\tau_c$ and the second term is $J_0^c\ W(J)$, where $W(J)$ is the equivalent width of the line in J. Thus, Equation (4-8) may be rewritten as follows:

$$\frac{1}{J_0^c} \frac{dH_c}{d\tau_c} = W(J) - \left(\frac{\pi^{1/2} \Delta\nu_D}{r_0}\right)\left(1 - \frac{S}{J_0^c}\right) \quad (4\text{-}9)$$

$$+ \frac{1}{r_0} \int \phi_\nu \eta_\nu d\nu,$$

assuming that ϕ_ν is Gaussian.

For further convenience, η_ν is replaced by $\bar{\eta}$ and set $W(J) = \pi^{1/2} \Delta\nu_D \chi$. These substitutions reduce Equation (4-9) to

$$\frac{dH_c}{d\tau_c} = \left(\frac{\pi^{1/2} \Delta\nu_D J_0^c}{r_0}\right)\left(r_0 \chi + \frac{S}{J_0^c} + \bar{\eta} - 1\right). \quad (4\text{-}10)$$

Equation (4-10) is in convenient form for discussing the blanketing effect. For weak lines, $\bar{\eta}$ is small and S/J_0^c is close to unity. Thus, $dH_c/d\tau_c$ is proportional to $W(J)$ and reverses from positive to negative as the line goes from absorption to emission. Weak lines tend to be in emission in the deeper layers. However, this depends on both the gradient of B_ν and the dependence of r_0 on depth. The former is a function of wavelength and the latter depends on excitation and ionization levels. Emission lines in J_ν in the layers for which $\tau_c \gtrsim 0.1$ are more pronounced in the Sun for neutral metals than for ions and are more pronounced at the blue end of the spectrum than in the red. The main effect of the emission lines in the deeper layers is to produce backwarming. Departures from LTE have relatively little effect on the backwarming; the blanketing models computed by Kurucz (1974) should therefore be quite accurate in these layers.

Strong lines behave similarly to weak lines in the deeper layers of the photosphere. At these depths departures from LTE are small and the lines tend to reverse to emission lines. At small continuum optical depths, however, the lines begin to depart from LTE. The effects of this departure are represented by the three terms in parentheses in Equation (4-10). On the linear portion of the curve of growth, r_0 is greater than one and $r_0\chi$ is of order unity. As r_0 decreases below unity, χ first remains relatively constant down to $r_0 \simeq 10^{-4}$ (shoulder of curve) and then increases as $r_0^{-1/2}$ (wing portion of curve) for smaller r_0. Thus, for these stronger lines, $r_0\chi$ is very small compared with unity. Also, S/J_0^c is small compared with unity and $\bar{\eta}$ is of order unity so that $(S/J_0^c) + \bar{\eta} - 1$ is negative but larger in absolute value than $r_0\chi$. The result is surface cooling.

Surface cooling occurs in LTE as well as when departures from LTE occur. In the vicinity of the temperature minimum, $\tau_c \simeq 10^{-4}$, both the LTE model by Kurucz (1974) and the model by Athay (1970) give temperatures near 4300 K, which is approximately 400 K below the model without line blanketing. Unfortunately, neither model is accurate enough to be completely reliable for estimating mechanical energy requirements.

For small optical depths, and assuming that the continuum is formed in LTE, the fractional change in continuum flux induced by addition of mechanical energy that results in a temperature rise ΔT in the interval $\Delta\tau_c$ is given by

$$\frac{\Delta H_c}{H_c} = \frac{16T^3_{min}\Delta T \Delta\tau_c}{T^4_{eff}} \simeq 1 \times 10^{-3}\, \Delta T \Delta\tau_c. \tag{4-11}$$

Estimates of the mechanical energy flux deposited in the chromosphere and corona (Energetics) place the expected change in ΔH at $\Delta H/H \simeq 3 \times 10^5$. Thus, in order to distinguish the onset of mechanical energy input it is necessary to determine $\Delta T\Delta\tau_c$ to an accuracy of better than about 10^{-2}. For a $\Delta\tau_c$ of 10^{-4}, this requires an accuracy in ΔT of 100 K, which is somewhat better than current radiative equilibrium models allow.

The problem is made even more severe by the lines. From the author's earlier results (Athay, 1970, 1976), the combined cooling effect of the lines is given by

$$\frac{\Delta H_c}{H_c} \simeq \beta W_0 \Delta\tau_c, \tag{4-12}$$

where the factor β is computed as a function of temperature from the composite of solar lines and where W_0 is the combined, reduced equivalent width of all the spectral lines at $\tau_c = 0$. Numerically W_0 is close to 0.1; near $\tau_c = 10^{-4}$, $d\beta/dT$ is approximately 0.013. The increased loss of energy by radiation in the lines is therefore

$$\frac{\Delta H_c}{H} \simeq 1.3 \times 10^{-3}\, \Delta T \Delta\tau_c \tag{4-13}$$

$$(\tau_c \simeq 10^{-4}),$$

which is of the same magnitude as the continuum loss.

Thus, the added loss for the lines, allowing for departures from LTE, is as large as the loss expected for the continuum in LTE. If the continuum departed from LTE in the sense required for the Cayrel effect, the continuum energy loss would be substantially smaller for a given ΔT and the lines would dominate. The lines therefore inhibit the temperature rise that is induced by departures from LTE in the continuum.

An additional argument for the plausibility of such a result comes from comparing the effective weighted opacities, $\tau\Delta\lambda$, for the lines and for the continuum. Near the temperature minimum, the effective width $\Delta\lambda_c$ for the continuum is given by $\sigma T^4_{min}/\pi B(\lambda_{max}) \simeq 3000$ Å. Thus, $\tau\Delta\lambda_c$ is approximately 0.3 Å. The same weighted opacity in the lines is, therefore, produced by lines with a total width of 0.3 Å in the parts of the lines formed above the temperature minimum. This limit is exceeded by either Hα or by the H and K lines of Ca II alone, and many other lines contribute as well.

An accurate treatment of the temperature minimum requires consideration of the effects of temperature changes on the opacity as well as on the source function. The opacity effects are nonlocal in that changes in opacity at one depth affect the optical depth of all the underlying layers. This in turn changes the temperature distribution at all depths; strictly speaking, one cannot consider local temperature changes independently of the induced changes at other levels. Nevertheless, it is clear that in the temperature minimum region, the influence of the lines overshadows the influence of the continuum so far as energy balance is concerned. The same is true to an even larger extent in the chromosphere.

No complete treatment of the temperature minimum region allowing for departures from LTE in both lines and continuum has been made. It seems clear from the magnitude of the line cooling effects, however, that the onset of mechanical heating is at or below the temperature minimum (see Athay, 1976; Jordan, 1977). On the other hand, neither the empirical nor the radiative equilibrium temperature structure are known to an accuracy of better than about 100 K; as a result, no one knows whether the mechanical energy input in the temperature minimum region is of major or minor importance.

SPATIAL AND TEMPORAL FLUCTUATIONS

The first part of this chapter characterized the chromosphere and transition region as having relatively broad distributions for each of the state variables. The only known features of the Sun with more or less permanent tenure are the latitude zones associated with differential rotation, sunspot latitudes, and polar magnetic field regions.

Among the longer lived features are sunspots and plages, whose average lifetimes are about one rotation period. The next longest lived features are the supergranule cells and the network bordering the cells, with lifetimes on the order of 24 hours (~ 3 percent of the rotation period). Fine scale features such as fibrils and spicules have lifetimes as short as a few minutes and many impulsive events have lifetimes of less than a minute.

Essentially all of the transitory features are accompanied by motion. The shortest lived features tend to be the smallest in size and often have associated motions approaching or exceeding the sound speed. At the opposite extreme, the longest lived features tend to be the largest in size and to have only modest velocities.

The velocity fields in the chromosphere and transition region, however, are not exclusively associated with recognized structural features. In fact, the horizontal coherence length of the oscillations is intermediate between the fine structure and the supergranule scales.

All of the main structural features of the chromosphere and transition region are associated with magnetic fields. On the large scale, the active regions of spots and plages are centers of magnetic activity and concentrations of magnetic flux. Similarly, the network bordering supergranule cells is a region of concentrated magnetic field strength. On the fine scale, the spicules and fibrils emanating from the network appear to outline or follow magnetic flux tubes. In the case of active regions, the magnetic field undoubtedly plays a causative role. The network fields, however, appear to be a result of supergranule flow rather than a cause.

It is not the intent of this chapter to outline all of the detailed properties of solar features. The reader may consult standard texts for this purpose. Since our interest here is in the Sun as a star, this chapter is more concerned with the statistical properties of the solar features and with correlations among state variables than with the detailed nature of the features themselves.

Although the same general features of the Sun can be recognized at wavelengths ranging from the near infrared to the extreme ultraviolet, the detailed appearance of the different features and the brightness contrast among features change quite markedly depending on the spectral region in which they are observed. To some extent, these changes depend on wavelength through the increased temperature dependence of the Planck function at shorter wavelengths, and to some extent they depend on the nature of particular spectral lines. Thus, monochromatic images of the Sun in different lines, or even in slightly different wavelength bands within a single line, tend to differ markedly in detail even though the same overall features can be identified. For example, plages can be readily observed throughout the central cores of such lines as Hα and the H and K lines of Ca II. However, the plages themselves have a very different appearance in different spectral intervals. Near the center of Hα, plages are bright relative to their surroundings, but in the edges of the line core the plages are dark relative to their surroundings. They are dark throughout Hβ. In the cores of the H and K lines, the plages are again bright, but their appearance changes from K_3 to K_2, and from K_{2V} to K_{2R}. In neither K_3 nor K_2 do they have the detailed appearance found in Hα. Similarly, plages observed in EUV lines have still different appearances.

Both the area and brightness of plages relative to the average Sun increase toward the violet end of the spectrum. At the Hα line center, the plages are about three times as bright as the average disk. In the EUV the contrast is more nearly a factor of 10. Also, at Hα the combined area for all plages rarely exceeds about 5 percent of the disk area, whereas in the EUV the plage area may reach several times this value. Thus, in visible light, integrated over the disk, the effects of plages are difficult to follow over a solar cycle, whereas in some EUV lines, such as Lα, the integrated flux over the disk may vary by a factor of 2 from sunspot minimum to maximum.

The contrast and area of the network behave similarly to that of plages. The general network pattern can be recognized in many lines, but the detailed appearance changes markedly. The network tends to be dark in the same lines as do the plages. In Hα, the network is distinct only in the areas surrounding active regions where the magnetic field strength is still moderately large. Over the rest of the Sun, the network can be identified only indistinctly, and the fraction of the solar surface covered by distinct network is perhaps on the order of 1 to 2 percent. In the EUV, however, the network is much more evident and covers up to 45 percent of the surface.

Plages remain distinctive from the low chromosphere into the corona with generally increasing contrast with increasing temperature. The network, on the other hand, increases in contrast up to about 10^5 K, then becomes indistinct again near 10^6 K, that is, it reaches maximum contrast in the lower transition region.

Both network and plages are associated with regions of high vertical magnetic field strength. Indeed, most of the magnetic flux of the Sun is traceable to network and plages. On the average, therefore, there is a correlation between magnetic field strength and brightness. In the case of Hα and the H and K lines, the correlation is even somewhat detailed, that is, there is a tendency for proportionality between brightness and field strength. Obviously, such a result is not universal, since in some lines the plages and the network are dark rather than bright.

For purposes of this discussion, chromospheric fine structure can be considered as consisting of spicules and fibrils. Spicules are predominantly radial jets rising out of the network along magnetic flux tubes. Lifetimes are 5 to 10 minutes and average growth rates are about 20 km s^{-1}. At maximum vertical growth, the typical spicule length is 15,000 to 20,000 km, which is several times the thickness of the chromosphere. Spicule diameters are typically about 1 arcsec. At any one time approximately 1 to 2 percent of the solar surface is covered by spicules. However, the spicules are confined to the network regions, of which they cover some 10 to 20 percent.

Spicules are mostly dark against the disk as observed in the wings of Hα. Near the center of Hα, they are much less distinct and difficult to distinguish from other features.

The term fibril is used by some solar physicists to refer to the dark elongated features that define the "iron filing" appearance seen in Hα photographs of active regions. Similar features emanate from clumps of network material in the quiet chromosphere. In the center of Hα, the network clumps appear as bright convoluted patches or rosettes. Bright and dark fine mottles radiate outward from the rosette more or less as spokes from a hub. The term "fibril" is used in this chapter to refer to the collective assembly of horizontally elongated fine scale chromospheric features. Our use of the term thus encompasses the active region fibrils as well as the bright and dark fine mottles of the network.

The appearance of the chromospheric fibril structure in images of the Sun depends very strongly on the exact nature of the observations. In broadband Hα images virtually the entire surface is covered by fibrils. This demonstrates that the fibril structure is more or less omnipresent. From the observation of structure at the limb, it is clear that the mean height of the fibrils is below 3000 km.

Most studies of fibrils use narrow band observations, which select some portion of the fibrils and exclude others. Because of motions associated with fibrils, observations in the red wing of a line preferentially select redshifted segments and observations in the blue wing preferentially select blueshifted segments. The two images therefore differ in appearance and each differs from the image at line center. Similarly, images made in different spectral lines differ in appearance. Under such circumstances it is difficult to correlate one observation with another, and therefore difficult to perform any study of fibrils as complete entities. Nevertheless, some of the basic properties of fibrils are known.

Fibril lengths are typically 10 to 15 arcsec, diameters are typically 1 to 2 arcsec, and lifetimes are typically 15 to 30 minutes. Active region fibrils are systematically longer and more lasting than network fibrils by factors of as much as 2 to 3. Also, coherent patterns of fibrils are both larger and more lasting than individual fibrils, as is expected from the clearly evident association of fibrils with magnetic features in the network and active regions. Many fibrils elongate and then retract along the same path, with a broad range of velocities up to about 50 km s^{-1}. Others seem to appear and disappear by more or less uniform brightening and fading.

For more details on fibril characteristics the reader should consult Bray and Loughhead (1974) and Marsh (1976). Here simply note that the fibrils have the appearance of flux tubes along which matter is flowing and in which brightness on a time scale of minutes fluctuates. There is no well-documented evidence for any pronounced correlation between velocity and brightness.

Marsh (1976) has suggested that fibrils and spicules may belong to a single class of events in which matter is ejected along flux tubes. The lifetime and length of a given feature are then determined approximately by the trajectory along which it moves. The vertical spicules are comparatively short lived and limited in length compared with the more horizontal fibrils. This is an attractive picture because of its simplicity. However, there is not a clear enough picture of fibril motions and evolution to warrant complete acceptance of such a model.

Since most solar features are relatively short lived, a given region on the solar surface evolves with time through the various types of transient features. Thus, one way of studying the effects of the short-lived features is to monitor the temporal fluctuations for small regions of the solar surface. Time series observations for EUV lines of Si II and C IV were made with a spectrometer on OSO-8 with an effective aperture of 2 × 20 arcsec. This is too coarse to resolve the changes associated with individual fine structure features, but still provides a useful measure of the types of fluctuation encountered.

In both the Si II (1817 Å) and C IV (1548 Å) lines, the 30-minute average brightness range, from faint supergranule cells to bright plages, exceeds a factor 10^2. For a given location in a plage or in the network, the range of brightness within a 30-minute interval *averages* about ± 25 percent in Si II and about ± 50 percent in C IV. Extreme range is by a factor of more than 10 (Athay and White, 1980).

SPECTRAL CHARACTERISTICS

The only immediately clear signature of the solar chromosphere in regions of the spectrum accessible from the ground are the helium lines at 10830 and 5876 Å and the emission peaks in the H and K lines. A more careful examination of the spectrum, however, reveals many more chromospheric components. All lines with $r_0 < 10^{-4}$ or that are preferentially excited at higher temperatures are formed partially within the chromosphere. The latter group includes helium and Balmer lines, and the former group includes all of the strong lines with well-developed wings. This group includes the H and K lines and the infrared triplet of Ca II, the Na D and Mg b lines, the resonance line of Ca I, and several of the strongest lines of Fe I and Fe II.

If the chromosphere were not present, helium lines would disappear, Balmer lines would decrease in equivalent width, emission peaks in the H and K lines would probably disappear, and central intensities of the Na D, Mg b, and strong Fe lines would decrease. Such changes would be obvious only in the case of the helium and Ca II lines and, possibly, in Hα. Somewhat similar changes would occur if the temperature minimum were moved to lower τ_c. As τ_c is decreased at T_{min}, for example, the emission peaks in the H and K lines move toward line center and coalesce to form a single peak before they eventually disappear.

Figure 4-1 shows two superposed profiles of the Ca II K line for the integrated solar disk observed near sunspot minimum and sunspot maximum by Livingston and White (1980). The K_2 emission peaks are weak but clearly evident in the sunspot minimum profile. They

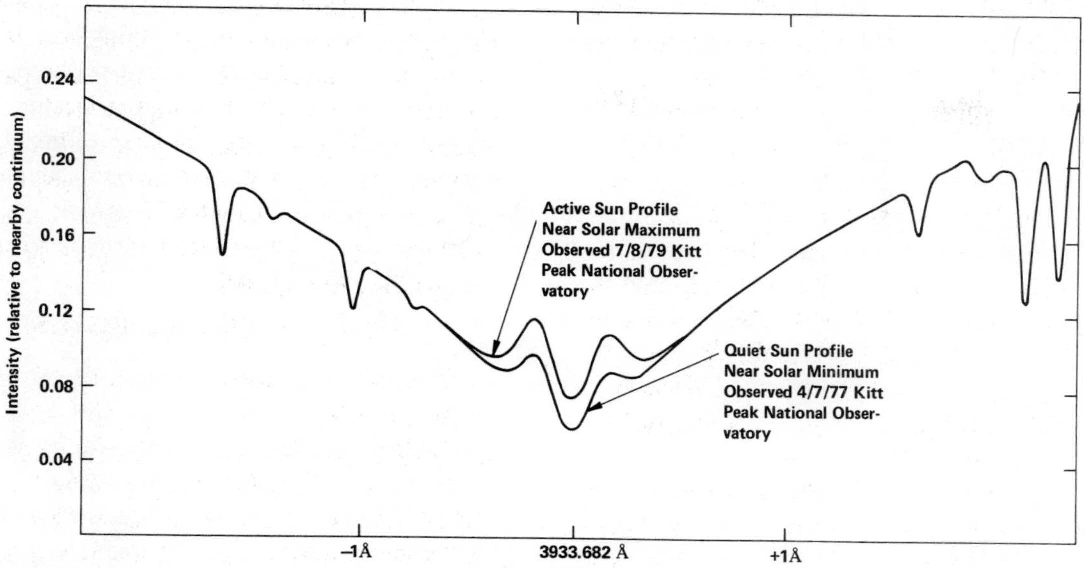

Figure 4-1. Integrated Sun profiles of the Ca II K line near sunspot minimum and sunspot maximum showing emission in K_2 and K_3 near sunspot maximum and minimum (courtesy O.R. White and W. Livingston).

are much enhanced in the sunspot maximum profile. Figure 4-2 shows the core regions of the Mg II h and k profiles for the quiet Sun, plage, network and supergranule cell (Lemaire and Skumanich, 1973). The emission peaks are much stronger than for Ca II. Scaling laws for estimating the strengths of emission peaks from chromospheric and atomic parameters are discussed in Diagnostics.

At the limb, the optical thickness of the chromosphere increases relative to disk center by a factor $(2\pi R_\odot /H)^{1/2}$ where $R_\odot$ is the solar radius and H is the scale height of the line opacity. Values of H for different spectral lines range from approximately 5×10^7 to 1×10^7 cm, which gives optical thickness ratios ranging from approximately 100 to 200. As a result of the increased optical thickness at the limb, the chromosphere spectrum at eclipse is rich in lines of many heavy elements as well as in hydrogen and helium lines. Since the temperature minimum lies well outside the limb, the lines characteristic of the low temperature regime of the upper photosphere and T_{min} region are mixed together with chromospheric lines. The former category includes a number of prominent lines of rare Earth elements and molecular bands of CN as well as many subordinate lines of Fe I. Since the chromosphere is now defined to begin at the region of temperature rise above T_{min}, one must recognize that the eclipse spectrum is not a true reflection of the chromospheric spectrum. The Sun would still exhibit a "flash" spectrum of emission lines during total eclipse even if the chromosphere were not present.

The most prominent features of the chromospheric and transition region spectra are the EUV emission lines shortward of 1700 Å. Emission lines appear in the EUV partly because the continuum opacity increases until the level of continuum formation rises above the temperature minimum and partly because of the reversal of the temperature gradient. Bound-free opacity in Si I, Fe I, Mg I, C I, and He I and H are the main contributors to the continuum opacity. Once the level of continuum formation rises above the temperature minimum, all of the strong spectral lines are in emission.

In the spectral region between about 1700 Å and 1800 Å the spectrum is a mixture of absorption and emission lines. Longward of 1800 Å, the spectrum is mostly absorption lines. The Mg II resonance lines near 2800 Å have emission cores that are similar to those of the Ca II lines but are

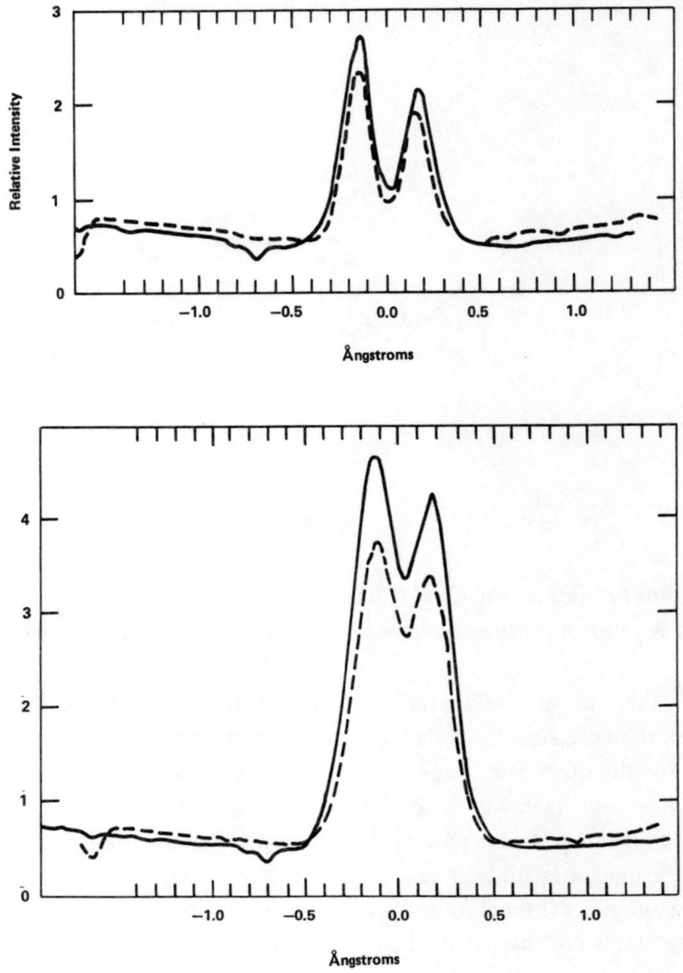

Figure 4-2. Profiles of the Mg II h and k lines for a quiet Sun region (above) and for a plage (below). Solid, Mg k; dash, Mg h (Lemaire and Skumanich, 1973).

relatively more prominent, as shown in Figures 4-1 and 4-2.

By far the strongest chromospheric emission line below 2800 Å is Lα. Other notably strong lines include higher members of the Lyman series, the resonance series of the He I and He II, and the strong lines of C I, C II, O I, Si II, and Si III. Ions producing particularly strong transition region lines include C III, C IV, O V, O VI, Si IV and Mg X. Whole Sun profiles for Lα and Lβ near solar minimum are shown in Figure 4-3 (Lemaire et al., 1978). A low resolution portion of the solar EUV disk spectrum is shown in Figure 4-4.

None of the chromospheric lines or continua are formed in LTE. The photons one observes are those that escape by diffusing in frequency and in space into the wavelengths and layers where the opacity is low, before they are destroyed by thermalizing collisions. Thus, the photon flux is not tightly coupled to the gas and, therefore, not in LTE. Because of the departures from LTE, the intensities of the emission lines are characterized by radiation temperatures that are much smaller than the gas kinetic temperatures at the levels where the lines are formed. Near the center of Lα, for example, the radiation temperature is near 7000 K, whereas the gas kinetic temperature at the level where the radiation is formed is in excess of 20,000 K.

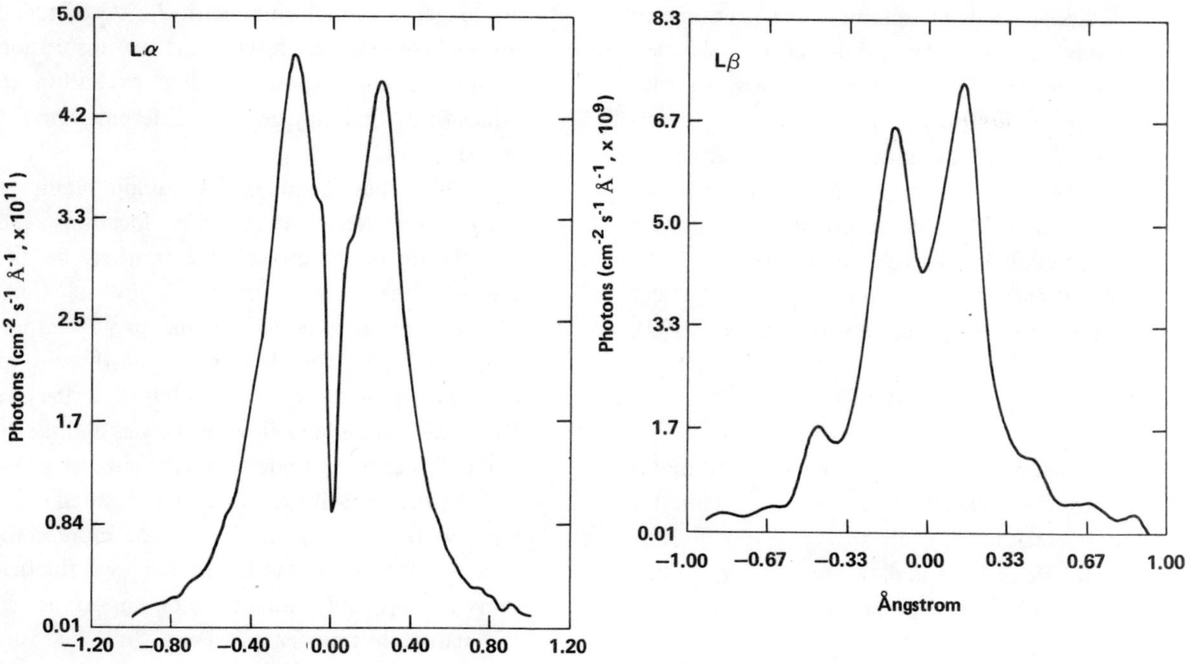

Figure 4-3. Integrated Sun profiles of Lα and Lβ observed with OSO-8 (Lemaire et al., 1978).

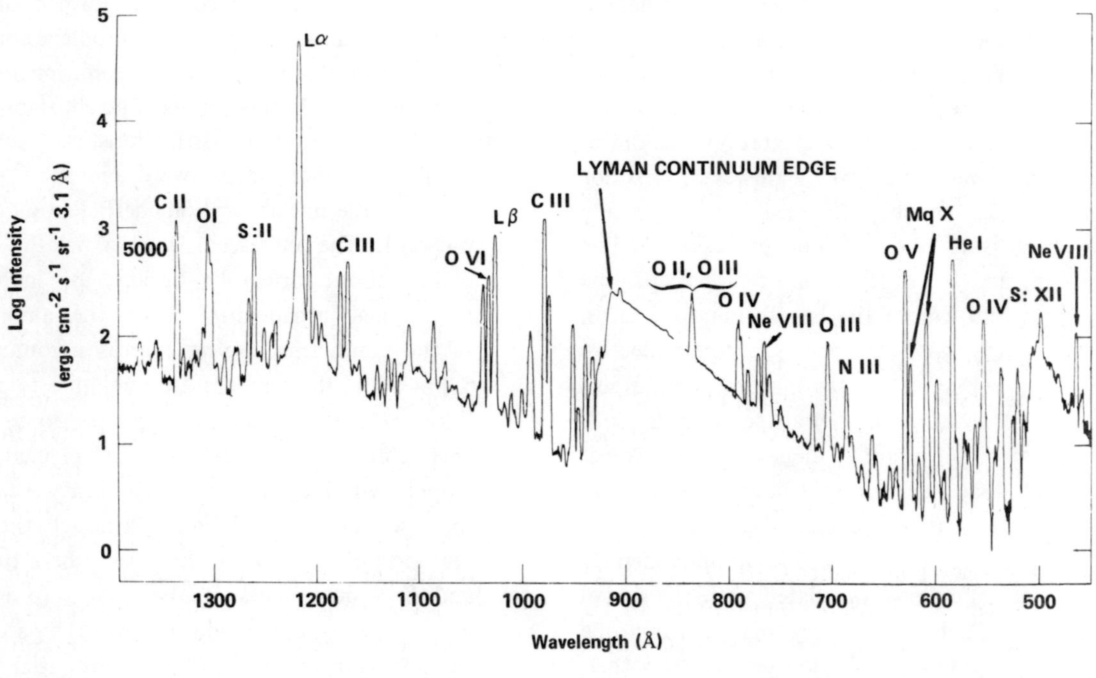

Figure 4-4. Central disk spectrum from 1400 to 450 Å observed with OSO-6 (courtesy R.W. Noyes, Center for Astrophysics). Identification of spectral lines and emitting ions is based upon Jordan (1965).

Radio emission at millimeter and centimeter wavelengths originates mainly in the chromosphere and transition region and provides valuable information on the thermodynamic properties and geometrical structure of these layers. Since there is relatively little such data for stars, solar radio data relative to the chromosphere and transition region will not be discussed. An excellent and thorough review of this subject has recently been published by Kruger (1979).

DIAGNOSTICS

Diagnostic techniques that have proved useful for chromospheric studies include both radiative transfer techniques for analyzing profiles of optically thick lines and techniques for treating intensities and intensity ratios of optically thin lines. Both procedures are described here.

Line Profiles

In atmospheric layers, such as the chromosphere, that are optically thick in spectral lines but optically thin in the adjacent continua, line photons are partially, but never completely, trapped. This causes the local radiation density, J_ν, to build up in the lines and, at the densities found in stellar chromospheres, makes the populations of the various excitation and ionization states dependent on J_ν. However, J_ν is not determined so much by the local thermodynamic variables as by the diffusion processes for line photons and the distribution of thermodynamic variables throughout the line forming layers. In other words, J_ν is a property of the collective atmosphere rather than of local conditions.

Since the chromospheric spectrum is both temporally and spatially dependent, one must conclude that J_ν is not only temporally dependent but also spatially dependent on the geometry as well. The problem is further compounded by the systematic flows associated with the spatial structure. Such flows carry matter from one thermodynamic and radiation regime to another, which may have quite different properties. Thus, the flow transports states of excitation and ionization into "foreign" regimes where they are no longer in equilibrium with J_ν. Also, radial flows cause Doppler shifts in the line absorption coefficient and expose the line excitation to values of J_ν that may be quite different from the at rest values.

Each of these complexities is undoubtedly of major importance at specific locations and specific times. Assume, however, that, on the average, one may represent J_ν by its time-independent average in a plane parallel atmosphere at rest. This is done so partly out of ignorance as to how to accurately describe the temporal, spatial, and flow properties and partly out of a desire to understand the simpler problems before pursuing the more complicated ones. What work has been done on these more complex problems suggests that the temporal fluctuations are probably not of major importance in the radiation transfer processes, but that the spatial structure and flow phenomena may be important even on the average.

Since another book in this series as well as other books already in print (Thomas, 1965; Jefferies, 1968; Athay, 1972; Mihalas, 1978) treat the general problem of radiation transfer for spectral lines and continua formed out of LTE, only those aspects of the problem immediately associated with the chromosphere are reviewed here. In this context, the chromosphere has two important characteristics, namely, temperature increases outward and the Doppler width of the line absorption coefficient increases outward. The increased Doppler width, $\Delta\lambda_D$, comes about primarily because of increased nonthermal broadening. Since the amplitude of the nonthermal motion increases from about 1 km s^{-1} at the temperature minimum to about 7 km s^{-1} in the middle and upper portions of the first chromospheric temperature plateau, the Doppler width of lines formed by heavy elements increases rapidly with height through the low chromosphere. Between the levels where the K_1 and K_3 components of the K line form, for example, the Doppler width increases by a factor of approximately 4. This has a substantial effect on photon diffusion within the Doppler core of the line.

The normal way of writing the transfer

equation equates the change of intensity to the difference between the total rates of absorption and emission. This has the disadvantage for the problems of interest here that the vast majority of absorptions and emissions are passive scattering events in which the photons neither diffuse appreciably nor interact with the thermal environment. It is advantageous for the present purposes, therefore, to adopt a form of the transfer equation from which the passive scatterings have been eliminated.

This has the advantage of casting the equations in a much simpler form, which is useful for pedagogical purposes and for extracting a zeroth order solution. It has the disadvantage that the method is restricted to the case of constant Doppler width for the absorption coefficient. Thus, the method to be used illustrates the influence of the temperature and density structure of the chromosphere on the emergent radiation but supresses the influence of the changing Doppler width.

One can define the depth variable, N, as follows:

$$N = \frac{1}{P(N)}, \tag{4-14}$$

where

$$P(N) = \frac{1}{\pi^{1/2}\Delta\nu_D} \iint \phi_\nu \exp(-\tau_\nu/\mu)\, d\mu d\nu \tag{4-15}$$

is the probability that an average photon in the line travels a distance N before it is reabsorbed, μ is the direction cosine, and τ_ν is the optical depth to the surface defined by N. In this definition of N, the probability, P_e, that a photon will escape from N to the surface, $\tau_\nu = 0$, is $\frac{1}{2}P(N)$:

$$P_e = \frac{1}{2N}. \tag{4-16}$$

For the radiation variable, one can adopt the following:

$$J = \frac{1}{\pi^{1/2}\Delta\nu_D} \iint \phi_\nu I_\nu \, d\mu d\nu, \tag{4-17}$$

where I_ν is the specific intensity. Thus, J is the mean intensity averaged over the absorption profile ϕ_ν.

Between the depths N and $N + dN$, the change in J is given by

$$\frac{dJ}{dN} = \sum \text{sink rates} - \sum \text{source rates}, \tag{4-18}$$

when the sink and source rates are in energy units. Note that since N is the scattering distance from the surface $\tau_\nu = 0$ measured independently of the direction of emission, the sink and source rates in Equation (4-18) are per photon emission. An earlier version of this equation (Athay, 1972b) in which N is defined as P_e^{-1} is inconsistent with this definition of rates.

The problem now is to define appropriate sink and source rates. One can write the sink rate in the general form

$$\begin{aligned} \text{Sink rate} &= \text{(rate of emission)(probability per emission of photon loss)} \\ &= SP_\ell, \end{aligned} \tag{4-19}$$

where S is the line source function and P_ℓ is the loss probability from all sources. Similarly, one can write the source rate as follows:

$$\begin{aligned} \text{Source rate} &= \text{(rate of emission)(probability per emission of photon gain)} \\ &= SP_g. \end{aligned} \tag{4-20}$$

Photons alternately emitted and reabsorbed in transitions between energy levels a and b in the depth interval dN are removed from the scattering process in several ways. They may be destroyed by collisional deexcitation from b to a, by excitation from b to some third level x, or by absorption in a continuum overlapping the line. Also they may escape the depth interval dN by propagating outside the interval before reabsorption occurs.

New photons may enter the scattering cycle in the depth interval dN as a result of collisional excitations from a to b, by interlocking transitions from level x to b and by continuum emission within the line. Additionally, photons may enter the interval dN from other depths in the atmosphere.

Since this review seeks a simplified form of the transfer problem as an illustration of chromospheric effects, this discussion will not be concerned here with the interlocking terms; consider only the two-level case. Furthermore, the net efflux and influx of photons from dN, when integrated over N, gives just the photon flux escaping the atmosphere. In other words, there can be no net gain or loss of photons within the atmosphere other than through destruction and creation. This, of course, is an average property only. At any given depth there can be a net gain or loss of photons arising from intra-atmosphere exchange. It is only the net exchange integrated over the atmosphere that must vanish. Nevertheless, assume that in each interval dN the difference between the probability of losing photons and the probability of gaining photons from transfer effects is just equal to the escape probability P_e, given by Equation (4-16). This assumptiom makes the resulting computation of dJ/dN an approximation. However, the approximation turns out to be a useful one for the case of constant Doppler width.

When the Doppler width is constant, the transfer of line photons from level N to level N' is symmetrical; photons travel with equal ease in either direction. Under these conditions, there is no preferential trapping of line photons in a particular layer and the intra-atmosphere transfer effects are small. However, when the Doppler width at N' differs from the Doppler width at N the situation is quite different. At any given frequency τ_ν is symmetrical but since ϕ is different at N and N', then

$$P(N \text{ to } N') \neq P(N' \text{ to } N).$$

If the Doppler width is greater at N' than at N, then $P(N' \text{ to } N) > P(N \text{ to } N')$. Thus, photons are preferentially trapped at level N relative to level N'. Such effects can produce substantial changes in the transfer problem.

In light of the above comments and assumption, Equation (4-18) may now be written as

$$\frac{dJ}{dN} = S(P_e + P_{deex} + P_{c.abs} - P_{ex} - P_{c.em}). \qquad (4\text{-}21)$$

The probabilities in Equation (4-21) are per spontaneous emission. However, assume that the transitions take place instantaneously so that the probabilities involve only the relative frequency (transition rates) with which the specified events occur. Designate the collisional excitation and deexcitation rates as C_{ab} and C_{ba}, respectively. For the spontaneous transition probability use $A_{ba}\psi_\nu$, where ψ_ν is the frequency dependence normalized to unit area:

$$\int A_{ba}\psi_\nu d\nu = A_{ba}.$$

Induced emissions are neglected. For the line absorption rate, use $B_{ab}J$, where B_{ab} is the normalized absorption cross section.

With this notation, the collisional destruction and creation probabilities are given by

$$P_{\mathrm{deex}} = \frac{C_{\mathrm{ba}}}{A_{\mathrm{ba}} + C_{\mathrm{ba}}} = \frac{\epsilon}{1+\epsilon}, \qquad (4\text{-}22)$$

where $\epsilon = C_{\mathrm{ba}}/A_{\mathrm{ba}}$, and

$$P_{\mathrm{ex}} = \frac{C_{\mathrm{ab}}}{B_{\mathrm{ab}}J + C_{\mathrm{ab}}}. \qquad (4\text{-}23)$$

Using the standard relations between C_{ab} and C_{ba} and between A_{ba} and B_{ab}, reduce Equation (4-23) to

$$P_{\mathrm{ex}} = \frac{\epsilon B}{J+\epsilon B} \; \frac{1}{1+\epsilon}, \qquad (4\text{-}24)$$

where B is the Wien function

$$B = \frac{2h\nu^3}{c^2} e^{-k\nu/hT}. \qquad (4\text{-}25)$$

One can now write the line source function in its standard two-level form

$$S = \frac{J+\epsilon B}{1+\epsilon}, \qquad (4\text{-}26)$$

to obtain

$$P_{\mathrm{ex}} = \frac{\epsilon}{1+\epsilon} \; \frac{B}{S}. \qquad (4\text{-}27)$$

To obtain the probability of destroying a line photon by continuum absorption, write the probability of line emission followed by continuum absorption as follows:

$$P_{\mathrm{c.abs}} = \frac{A_{\mathrm{ba}}}{A_{\mathrm{ba}} + C_{\mathrm{ba}}} \int \frac{\psi_\nu \, d\tau_{\mathrm{c}}}{d\tau_{\mathrm{c}} + d\tau_\nu} \, d\nu$$

$$= \frac{1}{1+\epsilon} \int \frac{\psi_\nu r_0}{r_0 + \phi_\nu} \, d\nu$$

$$\equiv \frac{\delta}{1+\epsilon}. \qquad (4\text{-}28)$$

In computing δ, one can assume that ψ_ν and ϕ_ν have the same shape so that $\psi_\nu = \phi_\nu / \pi^{1/2} \Delta\nu_{\mathrm{D}}$.

The probability of creating a line photon by continuum emission requires a sequence of events, including continuum emission near the line, followed by line absorption, followed in turn by line emission. However, once a photon is emitted it makes no difference how it was emitted, and all that is relevant to the probability of creating a line photon by continuum emission is the average over the line absorption profile of the probability that a given photon was emitted by the continuum. Thus, if one writes the continuum and line emissivities in the forms $d\tau_{\mathrm{c}} B$ and $d\tau_\nu S$, respectively, the probability $P_{\mathrm{c.em}}$ per spontaneous transition is as follows:

$$P_{\mathrm{c.em}} = \frac{A_{\mathrm{ba}}}{A_{\mathrm{ba}} + C_{\mathrm{ba}}} \int \frac{\Phi_\nu d\tau_{\mathrm{c}} B \, d\nu}{d\tau_{\mathrm{c}} B + d\tau_\nu S}$$

$$= \frac{1}{1+\epsilon} \; \frac{B}{S} \int \frac{\Phi_\nu r_0}{r_0 \dfrac{B}{S} + \phi_\nu} \, d\nu, \qquad (4\text{-}29)$$

where $\Phi_\nu = \Phi_\nu/\pi^{1/2}\Delta\nu_D$. In parallel with Equation (4-28), define δ' such that

$$P_{c.em} = \frac{\delta'}{1+\epsilon}\frac{B}{S}. \tag{4-30}$$

Note that for $B = S$, $\delta' \equiv \delta$, $P_{c.em} \equiv P_{c.abs}$, and $P_{deex} \equiv P_{ex}$. This is consistent with the conditions of detailed balance assumed in the LTE approximation.

Since the only frequency-dependent term in δ and δ' is ϕ_ν (Φ_ν and ψ_ν have the same form as ϕ_ν), one can evaluate δ and δ' using an adopted form for ϕ_ν. For this purpose let $y = \Delta\nu/\Delta\nu_D$, and let ϕ_y be approximated by

$$\phi_y = \exp(-y^2) + \frac{a}{y^2} \tag{4-31}$$

where the term in a is used only for $y \geq 1$. For $a \ll 1$, the normalization of ϕ_y gives $\Phi_y = \psi_y = \phi_y/\pi^{1/2}$ to close approximation.

It follows immediately from the definitions of δ and δ' that for $r_0 \gg 1$, $\delta = 1$ and $\delta' = S/B$. For $r_0 \ll 1$, the integrands in the definitions of δ and δ' are essentially step functions of amplitude r_0 and width $2y_1$. Thus, one may write δ and δ' in the forms

$$\delta = \frac{2}{\pi^{1/2}} r_0 y_1, \tag{4-32}$$

and

$$\delta' = \frac{2}{\pi^{1/2}} r_0 y_1'. \tag{4-33}$$

The factor y_1 is defined approximately by $\phi_{y_1} = r_0$ and y_1' is defined approximately by $\phi y_1' = r_0 B/S$. Thus, for $r_0 \gg a/y_1^2$, it follows $y_1 \simeq (-\ln r_0)^{1/2}$, and for $r_0 < a/y_1^2$, it follows $y_1 \simeq (a/r_0)^{1/2}$. The same expressions are valid for y_1' if r_0 is replaced by $r_0\, B/S$, which is generally equal to or greater than r_0.

It is clear from the above approximations that δ' is a slow function of S, and in the following, it is assumed that δ' is constant. Substituting Equations (4-16), (4-22), (4-27), (4-28), and (4-30) for the various probabilities in Equation (4-21) it follows

$$\frac{dJ}{dN} = \left(\frac{1}{2N} + \frac{\epsilon+\delta}{1+\epsilon}\right)S - \frac{\epsilon+\delta'}{1+\epsilon}B, \tag{4-34}$$

and using Equation (4-26) to evaluate dJ/dN in terms of dS/dN one can finally obtain

$$\left(1+\epsilon\right)\frac{dS}{dN} = \left(\frac{1}{2N} + \frac{\epsilon+\delta}{1+\epsilon}\right)S - \left(\frac{\epsilon+\delta'}{1+\epsilon}\right)B + \epsilon\frac{dB}{dN}. \tag{4-35}$$

In the present context, this section is interested in spectral lines arising from strongly permitted transitions that are formed partially within the chromosphere. For such lines ϵ is typically on the order of 10^{-4} or less and r_0 is less than about 10^{-5}. Thus, factors of $1 + \epsilon$ can be set to unity.

Equation (4-35) is an approximate equation in that the intra-atmosphere exchange and interlocking terms are dropped. Nevertheless, Equation (4-35) can be solved exactly for S for simple forms of $B(N)$; the solutions for cases in which the Doppler width is constant properly mimic the exact solutions.

Solutions to Equation (4-35) with $\epsilon << 1$ and B a constant give (see Athay, 1976)

$$\frac{S}{B} = \pi^{1/2} (\epsilon + \delta)^{1/2} N^{1/2} \tag{4-36}$$

for depths such that $(\epsilon + \delta)N << 1$. Near $(\epsilon + \delta)N = 1$, S saturates to B. Exact solutions differ only in that the factor $\pi^{1/2}$ is missing.

In order to mimic the chromospheric temperature rise, one can write B in the form

$$B = B_0 \left[1 + A \exp \left(- \frac{N}{N_1} \right) \right]. \tag{4-37}$$

Typical values of A and N_1 for a few of the strong chromospheric lines are as follows:

Line	A	N_1
Hα	4	10^2
K	10	3×10^4
Si II 1816.93 Å	10^2	10^3

In all cases $A/N_1 << 1$ and the term $\epsilon dB/dN$ in Equation (4-35) may be omitted. The resulting solution gives

$$\frac{S_{ch}}{B_0} = \pi^{1/2} (\epsilon + \delta)^{1/2} N^{1/2} \tag{4-38}$$

$$\left[1 + \frac{N_1^{1/2} (\epsilon + \delta)^{1/2} A}{(1 + \epsilon N_1 + \delta N_1)^{1/2}} \right],$$

for $(\epsilon + \delta + 1/N_1)N << 1$. Thus, the value of S increases in the chromosphere by the factor

$$\frac{S_{ch}}{S_0} = \left[1 + \frac{N_1^{1/2} (\epsilon + \delta)^{1/2} A}{(1 + \epsilon N_1 + \delta N_1)^{1/2}} \right], \tag{4-39}$$

$$N << N_1,$$

where S_0 is the solution for $B = B_0$. For $N >> N_1$, $S_{ch} \simeq S_0$. Note that $N << N_1$ can occur while N is still large, and hence, while S_{ch} still varies as $N^{1/2}$. Figure 4-5 shows plots of S_{ch}/S_0 versus $N_1 (\epsilon + \delta)$.

The solutions for the chromospheric case give a maximum in S_{ch} whenever the parameters are such that $AN_1 (\epsilon + \delta) > 1$. If $N_1 (\epsilon + \delta) >> 1$, the maximum is

$$S_{max} \simeq B_0 (1 + A),$$

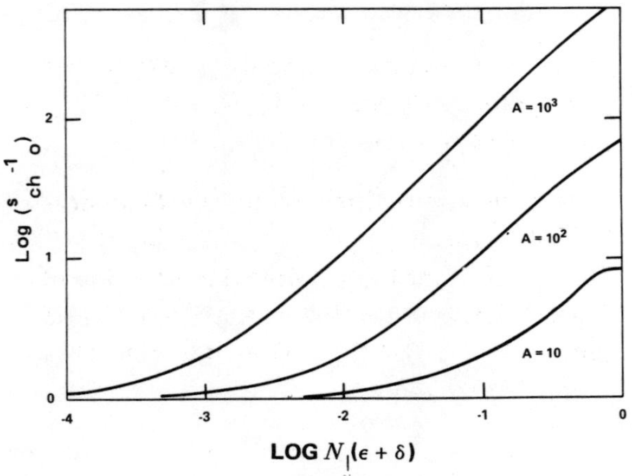

Figure 4-5. The relative increase in the chromospheric source function for different combinations of A and $N_1(\epsilon + \delta)$.

that is, S_{ch} follows B through the rise in B before decreasing at smaller N. However, if $N_1 (\epsilon + \delta) < 1$ the maximum is

$$S_{max} \simeq B_0 \left[AN_1 (\epsilon + \delta) + 1 \right]. \tag{4-40}$$

Note that the rise in S_{ch} becomes insignificant only when $AN_1\ (\epsilon + \delta) << 1$.

For all chromospheric lines other than the Lyman lines, $N_1\ (\epsilon + \delta) < 1$. For lines such as Hα, the Ca II infrared triplet, and Na D and Mg b, $AN_1\ (\epsilon + \delta) < 1$ and the chromospheric rise in S does not produce a pronounced maximum even though S is higher than it would be without a chromosphere. In the H and K lines, $AN_1\ (\epsilon + \delta) > 1$ and S has a distinct (but not large) maximum that produces the K_2 peaks. The resonance lines of Mg II have more pronounced maxima in S, mainly because of the larger values of A and N_1; N_1 increases because of the increased abundance (hence opacity) of magnesium relative to calcium, and A increases at shorter wavelengths because of the increased sensitivity of the Planck function.

Solutions to Equation (4-35), such as those given by Equations (4-36) and (4-38), are independent of the form of ϕ_ν, that is, they depend only on the scattering depth, N. However, the relationship between N and τ_0 is a function of ϕ_ν. Within the Gaussian core of ϕ_ν (Athay, 1976)

$$N_G \simeq 1 + 4\tau_0 \left| \ln \left(\tau_0 + 1\right) \right|^{1/2}, \qquad (4\text{-}41)$$

and in the dispersion wings

$$N_D \simeq \frac{2.4}{a^{1/2}}\, \tau_0^{1/2}. \qquad (4\text{-}42)$$

Thus, $N_D \lesssim N_G$ for $\tau_0 \gtrsim a^{-1}$. The smaller of N_D and N_G is the value that controls the solutions for S, and it is noted that, in the absence of a chromosphere, S varies approximately as $\tau_0^{1/2}$ for $\tau_0 \lesssim a^{-1}$ and approximately as $\tau_0^{1/4}$ for $\tau_0 \gtrsim a^{-1}$. If $(\epsilon + \delta) > a$, S saturates to B at $\tau_0 \simeq (\epsilon + \delta)^{-1}$, otherwise the saturation occurs at $\tau_0 \simeq a(\epsilon + \delta)^{-2}$. The saturation depth is referred to as the thermalization length.

The maximum in S that occurs for strong chromospheric lines results in profiles that are reversed at line center. For wavelengths greater than about 1700 Å, the continuum forms below the temperature minimum and such lines have both chromospheric and photospheric components. In the H and K lines and Mg II resonance lines, the K_2 and K_3 components are chromospheric and K_1 is photospheric. For wavelengths much shorter than 1700 Å, the continuum forms in the chromosphere and the photospheric component disappears. In this case, only the chromospheric emission line remains, often with a reversed core reflecting the maximum in S.

The form given by Equation (4-38) is valid only for constant ϕ_ν. When the Doppler width of ϕ_ν increases outward, as it does in the chromosphere, the exchange terms may become important. Thus, S_{ch} may be substantially altered from the form given by Equation (4-38). An even more important effect occurs in the mapping of S into the line profile. With constant Doppler width there is a more or less direct relationship between I_λ and S. The K_2 intensity, for example, is given directly by the value of S_{max}. On the other hand, when the Doppler width increases markedly outward the mapping is complex, and the maximum intensity in the line profile may be much smaller than S_{max}. Similarly, the reversed absorption core at line center may be largely filled in. In other words, the increase in Doppler width obscures much of the depth variation of S. This effect contributes to the weakness of the Ca II emission peaks in the Sun; the emission peaks observed in the line do not reflect the full magnitude of the chromospheric rise in S.

In the particular case of free-bound continua, the source function must be treated as being frequency-dependent. It is reasonable to suppose that electrons are distributed among the free energy states as they are in thermodynamic equilibrium, even though the total population of the free states is different from its thermodynamic equilibrium value. Thus, the free-bound source function should differ from the Planck function by a constant and $d \ln S/d\lambda$ should equal $d \ln B/d\lambda$. Also, since the absorption coefficient changes slowly with frequency near the continuum limit, $d \ln I/d\lambda$ should be closely equal to $d \ln S/d\lambda$. The solar Lyman continuum, for example, has a slope $d \ln I/d\lambda$ corresponding to $d \ln B/d\lambda$ at T = 8300 K, whereas I corresponds to B at T_{rad} = 6450 K (Noyes and Kalkofen, 1970). The reduced radiation temperature arises from an overpopulation of the ground state of hydrogen relative to the ionization continuum by a factor of approximately 200. The depth at which the continuum near the series limit forms, the kinetic temperature is near 8300 K. A similar phenomenon occurs in all chromospheric emission lines, that is, $T_{rad} < T$ throughout the cores of the lines. This is simply a manifestation that $S < B$ when τ_0 is less than the thermalization depth, τ_{th}.

In equating ψ_ν with ϕ_ν, it has been assumed that emissions and absorptions are uncorrelated in frequency. This is a reasonable approximation within the Gaussian core because of Doppler displacements between the emitted and absorbed photons. However, in the damping wings of resonance lines the emission and absorption events may retain partial coherence. Under these conditions, the line source function becomes frequency-dependent and the source function in the wings differs markedly from the source function near line center (cf. Mihalas, 1978). In the solar case, the partial coherence (partial redistribution) is known to markedly influence the profiles of such lines as Ca II H and K (Shine et al., 1975), Mg II h and k (Milkey and Mihalas, 1974), and Lα (Milkey and Mihalas, 1973a, 1973b), and is suspected of influencing the strong resonance lines of such ions as O I and Si II and possibly many others.

Line Intensities

Very often in astrophysical spectroscopy, line intensities are known but line profiles are not available. To arrive at a line intensity, or equivalent width, by solving a complex set of equations for the source function and line profile then discarding most of the information by integrating the profile is somewhat of an overkill. In fact, such a rigorous procedure is not always necessary even in cases where the optical depth in the line is quite large.

To illustrate this point, consider a strong line and ignore the continuum opacity. Then write the transfer equation in the form

$$\mu dI_\nu = (I_\nu - S)\, d\tau_\nu \qquad (4\text{-}43)$$

and integrate over μ and ν to obtain

$$dH = (J - S)\, M\, d\tau_0, \qquad (4\text{-}44)$$

where

$$M = \pi^{1/2} \Delta\nu_D, \qquad (4\text{-}45)$$

H is the net flux in the line and J is the mean intensity defined by Equation (4-16).

The quantities J and S are each very large compared with dH, and, as a result, Equation (4-44) is not in a very useful form. To avoid this difficulty, one can define an escape coefficient, ρ_{ji}, such that

$$\rho_{ji} = \left(1 - \frac{J}{S}\right)_{ji} \equiv \left(1 - \frac{B_{ij} J N_i}{A_{ji} N_j}\right), \qquad (4\text{-}46)$$

where j and i represent upper and lower levels, respectively, and N_j and N_i are their populations. With this definition

$$H_0 = \int_0^{\tau_0} \left(\rho S M\, d\tau_0\right)_{ji}, \qquad (4\text{-}47)$$

which is equivalent to

$$H_0 = \frac{h\nu}{4\pi} \int_h^{\infty} \rho_{ji} A_{ji} N_j dh. \qquad (4\text{-}48)$$

In the following, the subscripts j and i have been omitted. Note that with this definition of ρ, Equation (4-26) reduces to

$$S = \frac{\epsilon B}{\rho + \epsilon}, \qquad (4\text{-}49)$$

which illustrates that it is the size of ϵ relative to ρ that fixes S and not the size of ϵ relative to unity. Hence, the collision rates C_{ji} are to be compared with $\rho_{ji} A_{ji}$ rather than A_{ji} by itself. (Note that ρ is identical with the net radiative bracket used by several other authors including Thomas, 1960.)

The escape coefficient, ρ, is related to the escape probability, P_e, even though the two are defined in quite different ways and have different physical interpretations. For example, one can use the integral form of Equation (4-43) to define the flux in the line as

$$\begin{aligned} H_0 &= \iint \mu I_\nu(\mu,0)\, d\mu\, d\nu \\ &= \iiint S \exp(-\tau_\nu/\mu) d\tau_\nu\, d\mu\, d\nu \qquad (4\text{-}50) \\ &= \int_0^{\tau_0} P_e SM\, d\tau_0 . \end{aligned}$$

The latter equality follows from Equation (4-16). It follows from Equations (4-47) and (4-50) that

$$\int_0^{\tau_0} \rho\, SM\, d\tau_0 = \int_0^{\tau_0} P_e SM\, d\tau_0 \qquad (4\text{-}51)$$

even though, in general, ρ and P_e are different. Physically, P_e gives the fraction of photons emitted at τ_0 that contribute directly to H_0, whereas ρ gives the fraction that contribute to dH at τ_0.

Although Equations (4-47) and (4-48) still contain unknown quantities, the unknowns appear in combinations that are sometimes amenable to approximations in terms of known quantities. In the two-level case, for example, $\rho S = \epsilon B - \epsilon S$ and in the boundary layer where $\tau_0 \ll \tau_{th}$ one usually finds $S \ll B$. Thus, $\rho S \simeq \epsilon B$ and Equation (4-47) becomes

$$H_0 \simeq \int_0^{\tau_{th}} \epsilon\, BM\, d\tau_0 . \qquad (4\text{-}52)$$

In this form, all quantities can be simply determined from a model atmosphere. The upper limit on the integral is the thermalization depth, at which ρ approaches zero. Even if the two-level approximation is not valid, Equation (4-49) can be replaced by

$$S = \frac{\epsilon^* B}{\rho + \epsilon^+}, \qquad (4\text{-}53)$$

where ϵ^* and ϵ^+ contain the added creation and destruction probabilities, and the approximation $\rho S \simeq \epsilon^* B$ is often still valid.

An alternative form for Equation (4-52) is

$$H_0 = \frac{h\nu}{4\pi} \int_{h_{th}}^{\infty} C_{ij} N_i\, dh. \qquad (4\text{-}54)$$

In other words, the flux escaping from the layer $\tau_0 < \tau_{th}$ is equal to the total photon energy created by collisional excitations within the layer. The photons so created may scatter many times before escaping, but they escape before thermalization occurs by collisional destruction.

A special word concerning forbidden lines is appropriate. Equations (4-47) and (4-48) for H_0 still apply. However, for these lines ρ is very close to unity and τ_{th} is also close to unity. On the other hand, since B_{ij} is very small for these lines the geometrical extent of the thermalization layer is very large; in addition, ϵ is large. This latter condition causes S to be much closer to B than for permitted lines.

In using Equations (4-52) and (4-54) for forbidden lines, care must be taken to demonstrate that A_{21} is greater than other rates of exit from the excited level. Since collision rates increase linearly with electron density N_e higher densities lead to collision rates out of level 2 that may exceed A_{21}. When this happens, the flux in the forbidden line no longer increases with increasing N_e. At the densities found in chromospheres and coronas, the fluxes in the forbidden lines are often comparable to those in the permitted lines. This happens because the atmosphere is usually optically thin in the forbidden lines and because C_{ij} is nearly as large for forbidden lines as it is for permitted lines.

Equations (4-47), (4-48), and (4-52) are equally valid in the optically thin case for permitted lines. As for the forbidden lines, the optically thin case with no external radiation is obtained simply by setting $\rho = 1$. If the chromosphere is illuminated by appreciable photospheric radiation at the wavelength of the line, however, J will not be negligibly small and ρ will differ from unity.

In applying equations (4-52) and (4-54) to particular spectral lines, care must be taken that the two-level approximation is valid. An obvious example in which it breaks down is Lβ. Electrons excited to level 3 in hydrogen decay to level 2 almost as readily as they decay to level 1. Also, electron excitation to level 3 from level 2 (or levels higher than 3) may compete with the excitation rate from the ground state.

Electrons that branch into the 3 to 2 transition emit Hα photons that experience an opacity that is orders of magnitude lower than the opacity of Lβ. This provides an easy escape route for Lβ photons since at approximately every other scattering Lβ photons can exit as Hα photons. As a result, the destruction probability, ϵ^+, for Lβ photons is much greater than ϵ, but the creation probability may still be on the order of ϵB. As a result of these effects, ρ is increased and S is decreased compared to the two-level case. One still finds $\rho S = \epsilon^* B - \epsilon^+ S$, but the approximation $\epsilon^* B >> \epsilon^+ S$ is no longer valid. This is the mathematical statement that destructions via escape in Hα cannot be ignored in Lβ.

The relative intensities of two appropriately chosen lines can be a useful diagnostic tool for determining densities and temperatures at the levels where the lines are formed (Gabriel and Jordan, 1969). To illustrate these cases, this section will consider the equilibrium populations of three coupled energy levels. The convention that level 1 has the lowest energy and level 3 the highest is adopted; and the notation $R_{ji} = C_{ji} + A_{ji}\,\rho_{ji}$ for the downward rates (j K i) and $R_{ij} = C_{ij}$ for the upward rates is used. By using the net radiative rate one partially avoids the sometimes misleading conclusion that the equilibrium populations are completely governed by the radiative rates, which are often very much larger than the collision rates. As was shown earlier, it is the size of $\rho_{ji}\,A_{ji}$ relative to C_{ji} that is important.

The equilibrium equations

$$N_1\left(R_{12} + R_{13}\right) = N_2 R_{21} + N_3 R_{31}, \quad (4\text{-}55)$$

and

$$N_2\left(R_{21} + R_{23}\right) = N_1 R_{12} + N_3 R_{32}, \quad (4\text{-}56)$$

have the solutions

$$\frac{N_2}{N_1} = \frac{R_{12}\left(R_{31} + R_{32}\right) + R_{13} R_{32}}{R_{21}\left(R_{31} + R_{32}\right) + R_{31} R_{23}}, \quad (4\text{-}57)$$

$$\frac{N_3}{N_1} = \frac{R_{13}\left(R_{21} + R_{23}\right) + R_{12} R_{23}}{R_{31}\left(R_{21} + R_{23}\right) + R_{21} R_{32}}, \quad (4\text{-}58)$$

and

$$\frac{N_3}{N_2} = \frac{R_{13}\left(R_{21} + R_{23}\right) + R_{12} R_{23}}{R_{12}\left(R_{31} + R_{32}\right) + R_{13} R_{32}}. \quad (4\text{-}59)$$

These equations are exact for the three-level case, but in order to apply them to particular lines it is useful to introduce suitable approximations.

Consider first the application of Equations (4-57) to (4-59) to hydrogen Lyman lines. The useful additional approximations in this case are $\rho_{21} A_{21} >> C_{23}$ and $A_{32} \rho_{32} >> A_{31} \rho_{31}$. With these conditions

$$\frac{N_2}{N_1} = \frac{C_{12} + C_{13}}{A_{21} \rho_{21}}, \quad (4\text{-}60)$$

and

$$\frac{N_3}{N_1} \simeq \frac{C_{13} + C_{12} \dfrac{C_{23}}{A_{21} \rho_{21}}}{A_{32} \rho_{32}}. \quad (4\text{-}61)$$

The condition $A_{21} \rho_{21} > C_{23}$ will not be true in the deep atmosphere, and, therefore, Equations (4-60) and (4-61) are not valid at depths where Hα forms.

In the two-level approximation, $N_2/N_1 = C_{12}/A_{21} \rho_{21}$ and $N_3/N_I = C_{13}/A_{31} \rho_{31}$. The addition of interlocking transitions between levels 2 and 3 therefore changes N_2/N_1 by only a small amount but decreases N_3/N_1 by a large factor given approximately by $A_{32} \rho_{32}/A_{31} \rho_{31}$. This is simply another way of stating that the easy escape of Lβ photons as Hα photons suppresses J and therefore S in the Lβ line.

The flux ratio for Lα and Lβ can be estimated from Equation (4-48). Neglecting factors of order unity, the ratio is written as

$$\frac{H_0(\mathrm{L}\alpha)}{H_0(\mathrm{L}\beta)} = \frac{\int_h^\infty \rho_{21} A_{21}\left(N_2/N_1\right) N_1 \, dh}{\int_h^\infty \rho_{31} A_{31}\left(N_3/N_1\right) N_1 \, dh}, \quad (4\text{-}62)$$

and from Equations (4-61) and 4-60) we find

$$\frac{H_0(\mathrm{L}\alpha)}{H_0(\mathrm{L}\beta)} = \int_h^\infty (C_{12} + C_{13}) N_1 \, dh \left[\int_h^\infty \frac{A_{31} \rho_{31}}{A_{32} \rho_{32}} \left(C_{13} + \frac{C_{12} C_{23}}{A_{21} \rho_{21}}\right) N_1 dh.\right]^{-1} \quad (4\text{-}63)$$

At the depths where Lβ forms, the optical depth in Hα is small and ρ_{32} is relatively fixed and is largely independent of local conditions. Also ρ_{31} is determined mainly by the branching ratio A_{32}/A_{31} and is relatively large.

Under most conditions of interest C_{13} is greater than $C_{12}\ C_{23}/A_{21}\ \rho_{21}$. Thus, the flux ratio depends on local conditions through the collision terms only. Each of the collision rates is proportional to N_e and the flux ratio is largely independent of density. Furthermore, the ratio C_{12}/C_{13} is only a slow function of temperature. It is clear, therefore, that the ratio of Lα to Lβ in optically thick media is largely insensitive to local conditions and, as a result, is a poor diagnostic tool.

This section next considers optically thin cases in which the 3 to 2 and 2 to 1 transitions are forbidden and 3 to 1 is permitted. Configurations of this type are found in ions with closed shells (He, Ne, A) and in ions with two S-shell electrons (Be, Ca, Mg). The suitable approximations for this case are $A_{31} >> C_{31} + C_{32}$ and $\rho_{31} = \rho_{21} = 1$. It follows that the flux ratio is given by

$$\frac{H_0(2\text{-}1)}{H_0(3\text{-}1)} = \frac{\nu_{21} A_{21} \int_h^\infty (N_2/N_1) N_1\, dh}{\nu_{31} A_{31} \int_h^\infty (N_3/N_1) N_1\, dh}$$

$$\approx \frac{\nu_{21} \int_h^\infty \frac{C_{12}}{1+\alpha} N_1\, dh}{\nu_{31} \int_h^\infty C_{13} + C_{12} \frac{C_{23}}{A_{21}\,(1+\alpha)} N_1\, dh} \tag{4-64}$$

where

$$\alpha = \frac{C_{23} + C_{21}}{A_{21}} = \frac{C_{23}}{A_{21}} + \epsilon_{21}\ . \tag{4-65}$$

The flux ratio given by Equation (4-64) is independent of N_e only when α is less than 1, which occurs at sufficiently low density. A high density limit occurs for $C_{23} > A_{31}$ but is of little interest in the present context. If α is greater than 1, the flux ratio varies inversely with N_e. Thus, at densities high enough for collisions to depopulate the metastable level (n = 2), line ratios of this type provide a good density diagnostic.

For closed shell ions, such as ions resembling helium, neon, or argon, ν_{21} and ν_{31} are nearly equal. Also, C_{12} and C_{13} are of the same order of magnitude and C_{12}/C_{13} is essentially independent of temperature. This makes lines of this type particularly useful for density diagnostics. In the Sun, only the lines of He I near 584 Å and Fe IX (argon-like) near 105 Å are prominent. However, lines of Mg III near 233 Å, Si V near 118 Å, and Ca III near 409 Å are potentially useful. These lines are not prominent in the quiet Sun because the temperature gradients are very large in the temperature range where they occur, and, consequently, little material is present at the required temperature.

For ions such as C III with two S-shell electrons, levels 2 and 3 are well separated in energy. This tends to reduce C_{23} and to make C_{12} larger than C_{13}. Also, the ratio C_{12}/C_{13} is now a moderately strong function of temperature. The line ratios have the same type of sensitivity to N_e, that is, they are density sensitive at high values of N_e.

In the case of the intersystem (1^1S - 2^3P) and forbidden (1^1S - 2^3S) lines of helium-like ions, the 2 to 1 and 3 to 1 transition rates are low but the 3 to 2 transition is permitted. For this case, set $\rho_{31} = \rho_{21} = 1$ and $A_{32} >> C_{32} + C_{31} + A_{31}$. Also, introduce the explicit photoexcitation rate $B_{23}\ J$ since J is mainly of photospheric origin and is presumably known. The flux ratio is then given by

$$\frac{H_0(F)}{H_0(I)} \simeq \frac{\nu_{21}}{\nu_{31}} \frac{A_{21}}{A_{31}}$$

$$\frac{\displaystyle\int_h^\infty \frac{\gamma C_{12} N_1}{1+\epsilon_{21}+\beta_2\beta_3}\, dh}{\displaystyle\int_h^\infty \frac{\gamma\beta_2 + (\gamma-1)\left(1+\epsilon_{21}\right) C_{12} N_1}{1+\epsilon_{21}+\beta_2\beta_3}\, dh} \qquad (4\text{-}66)$$

where

$$\gamma = \frac{C_{12}+C_{13}}{C_{12}}, \qquad (4\text{-}67)$$

$$\beta_2 = \frac{C_{23}+B_{23}J}{A_{21}}, \qquad (4\text{-}68)$$

and

$$\beta_3 = \frac{A_{31}+C_{31}}{A_{32}}. \qquad (4\text{-}69)$$

Equation (4-66) is independent of N_e only if $\beta_2 + \epsilon_{21}$ is independent of N_e, which requires that $B_{23}J > C_{23} + C_{21}$. If this condition is not met, the flux ratio varies inversely with N_e.

The reader should note that in Equations (4-64) and (4-66) the integrands are functions of temperature and density and cannot, in general, be treated as constants. Thus, the flux ratio depends explicitly on the height distributions of density and temperature, and one cannot ignore the integrations as has been done by some authors.

The density sensitivity of line ratios results from one of the level populations having a different density dependence from the others. Such effects are present most often when one of the levels is metastable. There are many such examples other than those illustrated here, and the most suitable line pairs may change with stellar types. Line pairs suitable for the Sun are discussed in Doschek and Feldman (1978) and in a number of other recent publications.

A final word of caution is needed concerning the use of particular lines as diagnostic probes. It has been assumed that the primary source of excited electrons is either resonance collisions or absorptions. One must not forget, however, that chromospheres are often accompanied by coronas of much higher temperature. This creates the potential for high energy photons that can selectively produce particular ions and selectively excite particular transitions within these ions. Examples of these phenomena, such as the Lβ: oxygen fluorescence and the ionization of He I by He II radiation, are well known. No one has enough experience in the EUV, however, to have fully assured ourselves that all of the important selective excitations that are present have been uncovered.

THERMODYNAMIC STRUCTURE

The purpose of employing the diagnostic techniques just reviewed is to obtain from the observations the best possible models for the distribution of densities, temperatures, and velocity fields in the chromosphere and transition region. Current models are reviewed in this section.

Chromosphere

As a reference model for the chromosphere one can adopt the model of Vernazza, Avrett, and Loeser (1973), and it is referred to, hereafter, as the VAL model. The temperature and microturbulence are plotted in Figure 4-6 and the electron, proton, and hydrogen densities are plotted in Figure 4-7.

The density structure of the chromosphere is set approximately by a psuedo-hydrostatic equilibrium in which the gas pressure is augmented by a pressure due to macroscopic motion (see Dynamics). The augmented pressure can be expressed as a reduction of the effective gravity

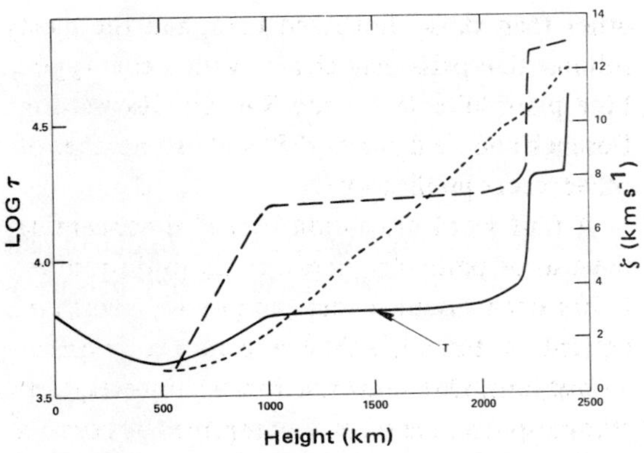

Figure 4-6. Plots of temperature T and microturbulance ζ as functions of height in the chromosphere. Solid line, T; small dotted line, ζ (VAL); large dotted line, ζ, Tripp et al. (1978) (from atmospheric model of Vernazza et al., 1973).

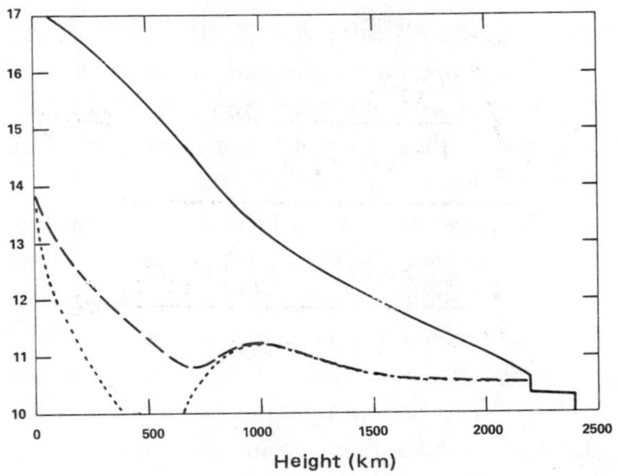

Figure 4-7. Plots of hydrogen, proton, and electron densities as functions of height in the chromosphere. Solid line, total Hydrogen; small dotted line, proton; large dotted line, electron, the minimum was 9.3 (from atmospheric model of Vernazza et al., 1973).

g_{eff}. Near the temperature minimum and in the transition region g_{eff} is close to g, but in the middle chromosphere g_{eff} is substantially less than g. Also, the mean molecular weight decreases from 1.3 at the base of the chromosphere where the temperature is near 4300 K to near 0.62 at the top of the chromosphere where the temperature is near 25,000 K. Thus, the equivalent isothermal scale height for density, σ, given by

$$H(\sigma) = \frac{kT}{\mu m_H g_{eff}}, \tag{4-70}$$

increases from approximately 100 km near the temperature minimum to over 1500 km in the upper chromosphere. Beginning somewhere near the top of first temperature plateau (Figure 4-6), however, the *e*-folding distance for temperature is less than $H(\sigma)$. As a result, temperature and density change essentially isobarically; that is, σT is constant. This condition holds throughout the upper chromosphere and transition region where T increases from approximately 8000 K to over 10^6 K and the hydrogen density (or, equivalently, the electron density, N_e) decreases from 8×10^{10} to 6×10^8 cm^{-3}. In the lower transition region, the effective scale height for density and temperature approaches values as small as 20 km, which is comparable to the mean free paths of particles. These strong gradients are conducive to diffusion (Delache, 1967; Tworkowski, 1976), and without some mixing process the transition zone would be chemically stratified. Ample evidence of mixing is present. The velocity associated with nonthermal line widths reaches a value of approximately 25 km s^{-1} in the lower transition region. Also, spicules with vertical velocities of 20 to 25 km s^{-1} rise from the upper chromosphere and pass through the lower transition region. It appears, therefore, that the transition region is very active in the fluid dynamic sense, and the mixing undoubtedly removes most of the diffusion effects.

Between the temperature minimum and the top of the first temperature plateau near 8500 K, the temperature gradient is modest and density decreases outward more or less in accordance with the scale heights given by hydrostatic equilibrium for an isothermal atmosphere at the local temperature. Within this low temperature region, the gas pressure drops by nearly four orders of magnitude and the hydrogen density decreases from approximately 2×10^{15} to 8×10^{10} cm^{-3}, as shown in Figure 4-7. The electron density and proton density behave very differently. At the temperature minimum, hydrogen is ionized to only about one part in 10^6. Thus, the proton density is near 2×10^9 cm^{-3}. Electrons come mainly from singly ionized metals, and the electron density is near 1×10^{11} cm^{-3}. At the top of the temperature plateau, however, hydrogen is approximately 50 percent ionized so that both N_e and N_p are near 4×10^{10} cm^{-3}. Some 300 km above the temperature minimum N_e and N_p attain maximum values near 2×10^{11} cm^{-3}. Thereafter they decrease slowly outward with scale heights of approximately 900 km.

The rather remarkable behavior of the proton density, which increases quite suddenly with height by about two orders of magnitude, then decreases slowly outward for the next 1000 km, is related to the energy balance in the chromosphere. The chromospheric temperature rises because of heat input from mechanical energy dissipated, and the balancing energy output is provided by radiation in spectral lines. Excitation of the line radiation requires an abundance of free electrons. The increase in N_e and N_p occurs in the region of initial temperature rise in the low chromosphere and is associated with an increased emissivity in the hydrogen lines. Also, the increase in N_e is accompanied by an increased excitation of singly ionized metals with the resultant increased emissivity in lines of ions such as Ca II and Mg II. Since the initial rise in N_e and N_p stops while hydrogen is still predominantly neutral, it is clear that any further rapid increase of temperature would increase N_p and N_e even further and thereby further increase the radiative energy loss. Thus, hydrogen ionization acts as a thermostat to control the temperature gradient. The temperature increases rapidly out to the point where N_p and N_e are high enough to provide the necessary emission for balancing the energy input. The subsequent gradual decrease of N_p and N_e together with a rapid decrease of total density reflects a rapidly decreasing energy loss per unit volume across the first temperature plateau. This implies a rapidly decreasing heat input per unit volume within this interval.

The first temperature plateau in the chromosphere is found empirically to end near the point where hydrogen is 50 percent ionized, that is, where N_e and N_p approach N_H. This is again a consequence of the energy balance. To illustrate this point, we assume that the input heat energy, Q, decreases outward with a constant scale height $H(Q)$ given by

$$H(Q) = -\left(\frac{d \ln Q}{dh}\right)^{-1} . \qquad (4\text{-}71)$$

Q is balanced by an energy loss, L, due to radiation. Thus, to maintain the energy balance we require

$$H(L) = H(Q) . \qquad (4\text{-}72)$$

Since the primary energy loss will occur in lines that are effectively thin, Equation (4-54) can be used to estimate L. We note that N_1 in Equation (4-54) is proportional to the density σ and that C_{12} is proportional to $N_e f(T)$, when $f(T)$ is a determinable function of temperature. Thus, L can be written in the rather general form

$$L \propto N_e \sigma f(T) . \qquad (4\text{-}73)$$

It follows from the definition of scale heights and from the fact that $f(T)$ increases with T that

$$\frac{1}{H(L)} = \frac{1}{H(e)} + \frac{1}{H(\sigma)} - \frac{1}{H(f)} . \qquad (4\text{-}74)$$

However, N_e and σ and, hence, $H(e)$ and $H(\sigma)$ are related to each other through the ionization of hydrogen. In all of the chromosphere except the extreme temperature minimum, one may set $N_e = N_p$ and $\sigma \propto \delta N_e + N_{H0}$ where N_{H0} is the density of neutral hydrogen. The condition $\sigma \propto \delta N_e + N_{H0}$ leads to

$$\frac{d \ln \sigma}{dh} = \frac{N_e}{N_e + N_{H^0}} \frac{d \ln N_e}{dh} \quad (4\text{-}75)$$

$$+ \frac{N_{H^0}}{N_e + N_{H^0}} \frac{d \ln N_{H^0}}{dh} ,$$

which can be rewritten

$$\frac{1}{H(\sigma)} = \frac{x}{H(e)} + \frac{1-x}{H(H^0)} \quad (4\text{-}76)$$

where x is the fractional ionization of hydrogen.

Equations (4-74) and (4-76) combine to give

$$\frac{1}{H(L)} = \frac{1+x}{H(e)} + \frac{1-x}{H(H^0)} - \frac{1}{H(f)} . \quad (4\text{-}77)$$

Because of the low gradient of temperature across the plateau, $H(f)$ is much larger than $H(H^0)$; and because x is small $H(e)$ is much larger than $H(H^0)$. Thus, so long as x is small in comparison with unity $H(L)$ is near $H(H^0)$. However, when $x \gtrsim 0.5$, $H(e)$ necessarily decreases to $H(H^0)$ and $H(L)$ decreases quickly to approximately $\frac{1}{2}H(H^0)$. When this happens, Equation (4-72) can no longer be satisfied since we have assumed that $H(Q)$ is constant. In other words, there is an unavoidable decrease in $H(L)$ that results when x exceeds 0.5 and there is no apparent reason for a corresponding decrease in $H(Q)$. It is highly improbable, therefore, that Q and L can remain in balance for a gradual change of x from $x << 0.5$ to $x > 0.5$.

It is not merely coincidence, therefore, that the first temperature plateau ends when hydrogen is approximately 50 percent ionized. The reader should note, however, that the VAL model is an empirical model constructed independently of any assumptions concerning energy balance. Thus, the empirical value of the ionization level at the top of the plateau lends confidence that the model is not badly in error.

Once the atmosphere is no longer able to balance L and Q through increasing N_e relative to N_{H^0} the thermostatic effect of ionization is inoperative and the temperature rises sharply. The second temperature plateau forms when a new radiation loss takes over. In this case, the new radiation loss is in the Lyman lines.

At a level 100 km below the top of the first temperature plateau the column density of neutral hydrogen is approximately 10^{18} cm^{-2}. The associated optical depths in the Lyman series of hydrogen are 10^5 at the center of Lα and 6 at the head of the Lyman continuum. At such large optical depths, energy loss in the Lyman lines is still inefficient. However, as the temperature rises to the second plateau the opacity in the Lyman lines decreases sharply and even Lα photons escape quite readily.

At the base of the second temperature plateau the optical depth at the center of Lα is less than 10^3. Although this is not small it is much less than the thermalization length and, as a result, Lα photons escape the line core before being thermalized. The increased flow of energy in Lα again provides a thermostat to hold the temperature in check and the temperature gradient again becomes small.

The Lyman plateau, also, is attributable to hydrogen ionization, but the mechanisms differ from those for the first plateau. Unlike the first plateau there is no mechanism for increasing $H(e)$, and, as a result, $H(e)$ and $H(\sigma)$ are essentially equal. This probably accounts for the limited extent of the second temperature plateau, that is, energy balance is achieved for only a limited range of N_e.

The model shown in Figure 4-6 is based on EUV data for the solar disk consisting mainly of continuum and Lyman series intensities. Efforts to synthesize other spectral lines, such as Ca II, Mg II, Si II, and C II have led to suggestions for modest changes in the model. However, the suggestions have not been consistent in all cases, and they usually lead to incompatibilities with other data. Such difficulties are to be expected in a highly structured atmosphere. Some spectral features are more sensitive to temperature fluctuations than to density fluctuations while others are more sensitive to density fluctuations. They therefore require a somewhat different mean model.

In the temperature regime below about 8500 K, the VAL model carries strong resemblances to the Athay et al. (1955) model and the later revision by Thomas and Athay (1961). These models were derived from limb continuum data obtained at eclipse, and should reflect the inhomogeneous structure somewhat differently from the VAL model. The overall similarity in the two models presents a convincing argument that structural inhomogeneities do not completely dominate the mean model in this temperature range. On the other hand, center-limb variations in the Lyman continuum (Vernazza and Noyes, 1972) and in some spectral lines (cf. Tripp et al., 1978) show unmistakable evidence of inhomogeneous structure. Thus, one should regard the VAL model up to 8500 K as representing the main features of the chromosphere, but as representing in detail only a restricted set of data.

In the upper chromospheric temperature range between 8500 and 25,000 K, the situation is considerably worse. Within this range, models based on spherical symmetry show large discrepancies between disk and limb observations. In the transition region, the situation becomes still worse.

Part of the difficulties at these levels are due to such structural features as spicules and fibrils, which carry substantial quantities of low temperature material into layers where the ambient temperature is much higher. These low temperature features have high opacity in such spectral features as the Lyman lines and continuum; at the limb, they obscure from view much of the atmosphere. Withbroe and Mariska (1976) found, for example, that at the limb all spectral lines falling at wavelengths within the Lyman continuum are sharply reduced in intensity relative to lines on the long wavelength side of the Lyman continuum. Recently, Schmahl and Orrall (1979) have found a similar effect on the disk with lines formed at temperatures as high as 6×10^5 K. The effect is so strong as to suggest that, statistically, most of the transition region lies under a canopy of fibril and spicule structure.

An additional type of inhomogeneity is one that alters the mean structure through changes in particular energy transport processes. Within the transition region, for example, thermal conduction is important in the energy balance, but thermal conduction is strongly constrained to flow along magnetic field lines. Since the magnetic field appears to be largely confined to network regions within the chromosphere but apparently is not so confined in the corona, the magnetic field within the transition region must show tendencies for both the concentration in the network and the general spreading out typical of the corona. One can infer from this that the temperature structure is markedly influenced by the magnetic geometry and will show evidence of network structure independently of such features as spicules and fibrils. In fact, some authors maintain that the magnetic field effects are so strong that one-component models are not only unrepresentative but are misleading. They do not necessarily mislead in the sense that they give the wrong average temperature structure, but they totally misrepresent the energy balance implied by the average structure. For that reason, it is perhaps best to turn immediately to a more complex model including magnetic geometry.

Transition Region

Within the transition region, thermal conduction is known to be important to the energy balance. As a first approximation, the energy equation for a static transition region can be written

$$-\nabla \cdot \mathbf{F}_c = L - Q, \qquad (4\text{-}78)$$

where $\mathbf{F}_c$ is the conductive flux. Empirical

estimates of $\mathbf{F}_c$ are obtained using temperature gradients deduced from observed line fluxes, together with Equation (4-54) written in the alternative form

$$H_0 = \frac{h\nu}{4\pi} \int_{T_1}^{T_2} C_{ij} N_i \left(\frac{dT}{dh} \right)^{-1} dT. \qquad (4\text{-}79)$$

One then expresses C_{ij} in the form

$$C_{ij} = q_{ij} N_e f(T) \ , \qquad (4\text{-}80)$$

where q_{ij} is a known constant, and N_i is in the form

$$N_i = \frac{N_i}{N} \frac{N}{N_H} N_H, \qquad (4\text{-}81)$$

where N is the density of the parent element to which N_i belongs, N/N_H is the relative abundance, A, and, in the transition region, $N_H \simeq N_e$. Also, N_i/N is generally expressible as a function of T. Thus, Equation (4-81) may be written in the form

$$N_i = p_{ij} A \ N_e q(T) \ , \qquad (4\text{-}82)$$

where p_{ij} is a known constant. Substituting Equations (4-80) and (4-82) into Equation (4-79) it follows

$$H_0 = K_{ij} A \int_{T_1}^{T_2} N_e^2 f(T) g(T) \left(\frac{dT}{dh} \right)^{-1} dT \ , \qquad (4\text{-}83)$$

where $K_{ij} = h\nu/4\pi \ q_{ij} p_{ij}$. The integration limits T_1 and T_2 can be defined from $f(T)g(T)$ and usually lie within the approximate range $T_2 = 2T_1$. The use of a number of spectral lines covering an extended temperature range and the assumption of a relationship between N_e and T (usually $N_e T$ = constant) permits one to derive a relationship between T and dt/dh. From such a relationship, one derives the conductive flux.

One of the problems with spherically symmetric models based on the observed values of H_0 is that within the temperature range 10^5 and 10^6 K the models tend to give large values of F_c but low values of $\cdot \mathbf{F}_c$, that is, F_c is nearly constant, whereas below 10^5 K they give low values of F_c. This poses the difficulty that near 10^5 K $\cdot \mathbf{F}_c$ must be very large and it represents a strong local heat source that cannot be balanced by L. Two alternatives have been proposed for solving this dilemma. One (Kuperus and Athay, 1967) is to add a convective energy term to Equation (4-78) to dispose of the large heat input from $\cdot \mathbf{F}_c$. The second (Kopp, 1972; Gabriel, 1976) is to modify the geometry in such a way as to reduce F_c. Strong support for the latter alternative was provided by Skylab observations (Reeves et al., 1974) that showed strong concentration of the line radiation flux in network regions at temperatures near 10^5 K but only weak concentration at temperatures near 10^6 K. In other words, in just those regions where the spherically symmetric models gave embarrassingly large values of $\cdot \mathbf{F}_c$, the Skylab observations showed conclusively that spherical symmetry was a poor assumption.

Since the networks are known to be regions of magnetic field concentration and since F_c is constrained to flow along magnetic field lines, a network model of the transition region necessarily includes a magnetic model. Gabriel (1976) has constructed such a model assuming that all of the magnetic field is confined to network at chromospheric levels but that the magnetic field becomes uniform in space with a value of 1 gauss at a coronal height of 30,000 km, which is above the level where $T = 10^6$ K. The intervening field configuration is determined by assuming a static pressure equilibrium, that is,

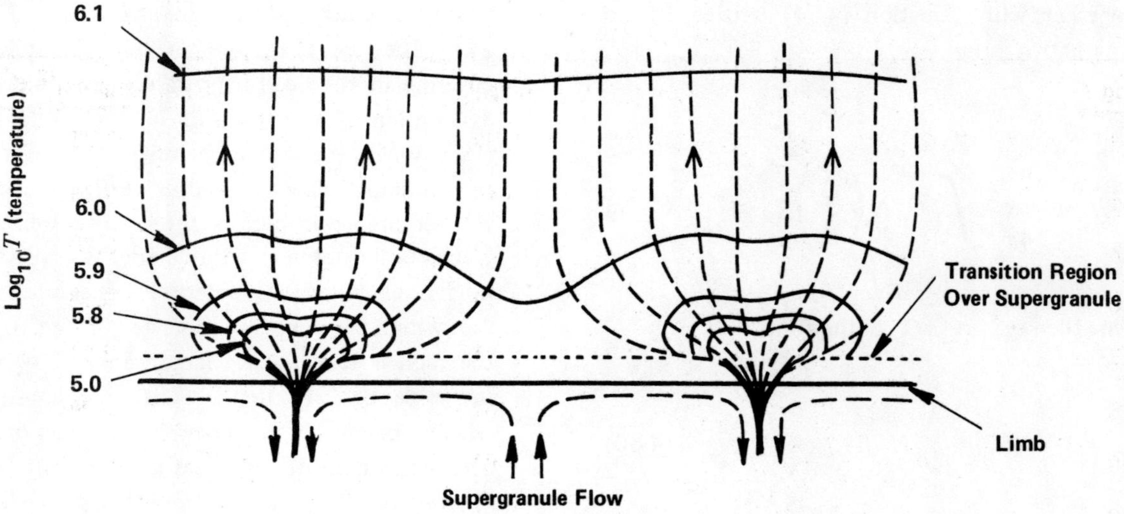

Figure 4-8. A schematic representation of the transition region structure over a supergranule and network Solid line, limb; small dotted line, transition region over supergranule; large dotted line, supergranule flow (from Gabriel, 1976).

$$\left(\frac{B_2}{8\pi} + NKT\right)_{\text{network}} = \left(NKT\right)_{\text{supergranule}} \tag{4-84}$$

and $\times \mathbf{B} = 0$. The model that results is shown schematically in Figure 4-8. Emission is enhanced in the network regions mainly by reducing dT/dh and suppressed in the supergranule regions by increasing dT/dh. The electron density changes are of minor consequence.

In the Gabriel model, the conductive flux is channeled entirely into the network. At the center of the network, the conductive flux varies with height and is of the order of 5×10^5 ergs cm^{-2} s^{-1} between 10^6 and 2×10^5 K. Below 2×10^5 K, F_c decreases rapidly. Across the network, F_c varies relatively slowly, but at the network boundary, it drops quickly to zero. The conductive flux averaged over the solar surface is a maximum in the corona at approximately 4×10^5 ergs cm^{-2} s^{-1} and decreases steadily downward. The model at the center of the network is summarized in Table 4-1.

Gabriel's (1976) proposed model is partially successful in that it reduces F_c both in the network and in the supergranule, and thereby reduces the difficulties that occur with attempts to balance Equation (4-78) with reasonable values of Q. However, there are still two major difficulties with the model. The first is that the model still results in a substantial imbalance between L and $\nabla \cdot \mathbf{F}_c$ in the lower transition region. The second is that a variety of recent data show evidence of substantial flow velocities in the network at transition region levels, and Pneuman and Kopp (1978) have shown that a convective enthalpy term used in place of the conductive term in Equation (4-78) yields a model very similar to the Gabriel model.

In summary, it is clear that the static model of the transition region including the network and supergranule structure and its associated magnetic geometry is a major improvement over spherically symmetric models. It seems equally clear, however, that the model still has major faults and must be replaced by a kinematic model with adequate convective terms in the energy equation.

TABLE 4-1

Model at the Center of the Network Relative to the Height when $T = 50{,}000$ K. (from Gabriel, 1976)

Log T	H (km)	Log N_e	Log F_c (ergs cm^{-2} s^{-1})
4.3	-62	10.57	1.75
4.4	0	10.45	2.24
4.5	45	10.33	2.70
4.6	80	10.22	3.13
4.7	109	10.11	3.54
4.8	134	10.01	3.94
4.9	155	9.91	4.41
5.0	174	9.81	4.75
5.1	192	9.71	5.10
5.2	211	9.60	5.40
5.3	233	9.50	5.63
5.4	264	9.40	5.79
5.5	318	9.30	5.86
5.6	423	9.20	5.87
5.7	673	9.09	5.83
5.8	1348	8.98	5.77
5.9	3019	8.86	5.74
6.0	7066	8.73	5.71

DYNAMICS

It is perhaps a truism that nearly all structural features of the solar atmosphere other than the overall density stratification produced by gravity are associated with material motion. By definition, any departure from hydrostatic structure requires a nongravitational force and any such force is likely to either result from or produce motion. This is consistent with modern observations, which tend to show that most identifiable classes of solar features have an associated flow of matter, sometimes as a body motion of the feature and sometimes as a flow within the feature. To completely describe all such motions is beyond the scope of this chapter. Instead, we describe the motions associated with the major classes of feature for which the motions are either reasonably well understood or are clearly of importance in considering the Sun as a star. One can classify the motions to be discussed in terms of macrostructure, fine structure, oscillations and waves, and nonthermal line width. Omit from the discussion all of the multifaceted phenomena associated with solar activity. This omission is dictated by limitations of space rather than by any feeling that such motions are not of interest to stellar astronomers.

Macrostructure

In this category, the concern is with the general flow associated with supergranule and network structure at chromospheric and transition region levels. Until relatively recently, little such information was available. Definitive observations are tedious and difficult to carry out.

The presence of a downflow of a few kilometers per second in the network at chromospheric and transition region levels has been established from Skylab data (Doschek et al., 1976), rocket data (Brueckner et al., 1977), and OSO-8 data (Lites et al., 1976; November et al., 1979). Observed velocities vary with location in the network. They range up to 15 km s^{-1} in the transition region and up to about 10 km s^{-1} in the chromosphere. Average values are about half as large. A comparison of the indicated velocities in the transition region, chromosphere, and photosphere shows that $a \sigma V$ (a = fractional network area) is not conserved but increases by orders of magnitude as one goes deeper in the atmosphere. For example, the values for the lower transition region and photosphere are as listed below.

This downward increase of $a \sigma V$ could result from an accretion of matter into the network at all levels through the chromosphere and transition region. This suggests that, throughout the chromosphere and into the transition region, the supergranule flow remains outward from the cell center, converging at the network. Direct evidence for such flow has been found by November et al. (1979) using OSO-8 data for the Si II 1816.93 Å line. Somewhat surprisingly, however, these authors find that the horizontal flow in the cell is comparable in magnitude to the downflow in the network. This is consistent with the relatively large network area in the chromosphere, but distinctly different from the flow pattern in the photosphere where the horizontal velocity in the cell apparently exceeds the downflow velocity in the network by a factor of 2 to 3.

It is important to note that downflow in the network at chromospheric and transition region levels is an average effect and is often violated locally. Spicules, for example, appear to be exclusively network phenomena and ubiquitous in nature, but their motion is upward. Also, Grossmann-Doerth and Von Uexkull (1973) found from a total of 330 fine structure features observed in network regions in Hα, that about 30 percent of the features indicate upward motion but that the average motion is 4 km s^{-1} downward. Thus, the downflow in the network is partially offset by upflow. The downward increase in $a \sigma V$ could result from the falling back of spicule material that decelerates to a stop within the transition region (Pneuman and Kopp, 1978).

Upward motion near the centers of supergranule cells is less well defined than the downflow in the network, apparently because the area of upwelling is more diffuse. Photospheric velocities on the order of 100 km s^{-1} have been detected by some observers, whereas others have failed to find detectable motion. No observations of systematic upwelling in supergranules at chromospheric levels have been reported.

The concentration of network downflow and the excess brightness of the network combine to produce a net red shift in low resolution spectral data near disk center.

Level	V (cm s^{-1})	σ (cm^{-3})	a	$a\sigma V$ (cm^{-2} s^{-1})
Lower Transition	$\sim 10^6$	$\sim 10^{10}$	0.30	$\sim 3 \times 10^{15}$
Photosphere	$\sim 2 \times 10^4$	$\sim 5 \times 10^{16}$	0.02	$\sim 2 \times 10^{19}$

Microstructure

The network and supergranules are themselves made up of fine structure which was discussed in Spatial and Temporal Functions in terms of spicules and fibrils. Material velocities associated with both fibrils and spicules are on the order of 20 km s^{-1}, with the fibril motion being predominantly horizontal and the spicule motion predominantly vertical. These velocities are comparable to the sound speed in the upper chromosphere. However, the spicules are observed primarily in the transition region. Also, from the results of Schmahl and Orrall (1979), it appears that the fibrils overlie at least a substantial portion of the transition region. Thus, one should consider the medium within which spicules and fibrils move as being the transition region and, relative to this medium, the motion is definitely subsonic.

It would be useful to be able to quote an rms velocity for the combined effect of fibril and spicule motions on the broadening of spectral lines. To arrive at such an estimate, one would need to know the average velocity and the average angle of inclination. As a crude estimate of the angle of inclination, one can adopt an average length of 10 arcsec and an average gain in elevation of 2 arcsec for the typical fibril. This gives the average vertical velocity as one fifth of the average total velocity. The velocities quoted in the literature selectively favor the faster moving features and the phase of maximum velocity. As a crude estimate, one can take the average velocity as 10 km s^{-1}, which gives the average vertical velocity as 2 km s^{-1}. This is less than the average value of 4 km s^{-1} found by Grossmann-Doerth and Von Uexkull (1973). However, their measurements are made near the network where the fibril structure presumably has a larger vertical component and where the average flow is known to be downward.

One should not take the above estimate of an average broadening velocity of 2 km s^{-1} too seriously. The estimate is intended to show only that the motions associated with the resolved fine structure could produce significant line broadening.

Oscillations and Waves

It is now clearly established that the photospheric 5-minute oscillations are due to nonradial *p*-modes of high order and that the oscillations are evanescent. The acoustic cutoff frequency ω_s is given by

$$\omega_s = \frac{g}{2}\left(\frac{\mu\gamma m_H}{kT}\right)^{1/2} . \qquad (4\text{-}85)$$

In the middle photosphere where $\mu = 1.3$, $\gamma = 5/3$, and $T = 5500$ K, $\omega_s = 0.03\ s^{-1}$ corresponding to a period of 210 seconds. In the middle chromosphere, where $T \simeq 7000$, μ is reduced to perhaps 0.9, and γ is reduced to less than five-thirds, because of the rapid ionization of hydrogen, the cutoff period for acoustic waves could easily increase to more than 300 seconds. Thus, the pulsations of the photosphere produced by the 5-minute oscillations can excite propagating waves in the chromosphere at periods near 300 seconds or shorter (see Gouttebroze and Leibacher, 1980).

Observations of chromospheric oscillations tend to show substantial power in broad spectral band from approximately 300 to 100 seconds (Jensen and Orrall, 1963; Liu, 1974; Athay and White, 1979a), and somewhat less power extending to periods of 30 seconds and less. Furthermore, the waves appear to be propagating upward. Liu (1974) finds a phase velocity in the low chromosphere of approximately twice the sound speed; White and Athay (1979) find a phase velocity in the middle chromosphere approximately equal to the sound speed.

Velocity amplitudes of the chromospheric oscillations are 1 to 2 km s^{-1}. Within the band of primary power (300 to 100 seconds), White and Athay (1979) find maximum blue shift lagging maximum brightness by an average of 60°.

In the lower transition region where C IV is formed (10^5 K), fluctuations in intensity and velocity are present at somewhat greater amplitude than those found in the middle chromosphere. However, for the most part, the fluctuations are no longer quasiperiodic. A possible interpretation is that the transit time for wave pulses to reach the transition region from the photosphere is variable, and that the variable transit time destroys the periodic character of the waves. The average transit time for a sound wave is approximately 4 minutes, which is close to the wave period. Thus, changes in transit time of only a few percent during a period of 4 minutes are sufficient to destroy the periodicity of a wave train without destroying the wave pulses. Since the characteristic lifetimes of the chromospheric fine structure are not long compared to the wave period, changes of this order would not be surprising. For approximately 20 percent of the time series studied by Athay and White (1979b) the oscillations in the transition region showed maximum power near 300 seconds. For this subset of data, the waves again show evidence of upward propagation with approximately the same phase relationship between velocity and intensity as found in the middle chromosphere. Velocity amplitudes are of the order of 2 to 3 km s^{-1}.

Chromospheric and transition region oscillations show markedly reduced velocity amplitude near the limb, as expected for longitudinal waves. In view of the chaotic nature of the chromosphere including widespread fluid motions of several kilometers per second it is highly probable that gravity (B. Mihalas, 1979) and magnetohydrodynamic (Hollweg, 1980; Wentzel, 1978) waves are present as well as longitudinal, compressive waves. The detection of such waves may require more sophisticated observing techniques than are now employed.

Little is known about the coherence lengths of chromospheric and transition region oscillations. However, the OSO-8 observations made with a 20-arcsec slit show oscillations with approximately the same amplitude as observations with spatial resolution of 5 arcsec or better. This indicates that the coherence length is not small compared to 20 arcsec.

Nonthermal Line Widths

Spectral lines formed in the chromosphere and transition region are wider than would be expected from thermal broadening alone. Many chromospheric lines are optically thick and are broadened by saturation effects. Additional broadening is produced by the nonthermal fluid motions associated with structural features and by the oscillations. The motions associated with supergranules, network, and fine structure in all cases have large spatial gradients, which means that the velocity shear is large. The large shear velocities, in turn, undoubtedly produce some fluid dynamic turbulence and internal gravity waves. Such turbulence and waves produce additional line broadening.

It is not clear at this time what aspect of the motion produces the major share of line broadening in the Sun. However, certain statistical properties of the nonthermal broadening are of interest in this regard. These may be summarized in terms of the following general characteristics of ζ, the amplitude of nonthermal motion:

1. It shows little, if any, evidence of center-to-limb changes or of appreciable change correlated with the general supergranule and network structure.
2. It fluctuates temporally on time scales of minutes and hours at a given location on the Sun and, at a given time, fluctuates spatially on scales of 1 arcsec and larger.
3. The range of fluctuation of ζ increases with increasing spatial resolution, but its average value remains relatively constant even to a resolution of 1 arcsec.

Points (2) and (3) have been established only for the lower transition region using the optically thin line of C IV at 1548 Å. Chromospheric lines of Si II show both temporal and spatial fluctuations as large as those for C IV. However, the Si II lines are broadened partially by saturation, and one cannot readily separate fluctuations in ζ from fluctuations in optical thickness. Since ζ

increases with height, an increase in optical thickness both increases the saturation broadening and increases the mean value of ζ by increasing the height at which the line is formed. The similarity of the fluctuations in the Si II and C IV lines suggests, however, that the fluctuations in ζ are similar.

Studies of temporal and spatial fluctuations in line widths observed with an effective aperture of 2 × 20 arcsec by Athay and White (1980) show average temporal ranges during 30-minute intervals of $\Delta W/\langle W\rangle \simeq 0.3$ for C IV (1548 Å) and 0.25 for Si II (1816.93 Å). (W is the full width at half maximum and $\langle W\rangle$ is the average value of W over the 30-minute interval.) For the full sample of values of $\langle W\rangle$ measured at a few hundred locations on the Sun, the rms deviations $\delta\langle W\rangle$ from the ensemble averages, $\langle\langle W\rangle\rangle$, are $\delta\langle W\rangle/\langle\langle W\rangle\rangle = 0.10$ for C IV and 0.11 for Si II, and the extreme ranges are $\delta\langle W\rangle/\langle\langle W\rangle\rangle =$ 0.67 for C IV and 0.86 for Si II.

Line widths for C IV published by Brueckner et al. (1977) with 1 arcsec spatial resolution and an exposure time of a few seconds show an rms deviation about the mean of $\delta W/\langle W\rangle = 0.22$ and a total range of $\Delta W/\langle W\rangle = 1.5$. These are approximately twice the amplitude of the results obtained with a 2 × 20-arcsec slit and 30 minutes of time averaging. On the other hand, mean values of the line width are 245 mÅ in the 1-arcsec resolution data and 250 mÅ in the 2 × 20-arcsec data. A mean width of 250 mÅ was obtained also by Shine et al. (1976) with a 2 × 900-arcsec slit. Thus, the mean line width seems to be unaffected by spatial resolution when enough data samples are used to establish an accurate mean.

The lack of a pronounced decrease of average line width with increased spatial resolution down to 1 arcsec suggests that the average eddy size is less than 1 arcsec. By the same token, the existence of large amplitude spatial and temporal fluctuations in δ in observations with a spatial resolution of 2 × 20 arcsec clearly indicates that the broadening is influenced by motions on the scale of a few arcseconds, and is therefore not classical microturbulence. In fact, the OSO-8 data suggest that the characteristic scale size and lifetime of the fluctuation in the width of the C IV line are compatible with the known structural features of the transition region.

For the chromospheric lines of Si II, however, the dominant time scale for fluctuations in line width is found to be on the order of 30 or more minutes. It is to be expected that the effects of saturation broadening and the associated averaging over vertical depth will suppress fluctuations associated with fine structure. Thus, the relative absence of the short-term fluctuations in the widths of chromospheric lines as compared to those in transition region lines is not evidence, by itself, that the fine structure is not the dominant source of line broadening.

Finally, we note as a word of caution that because of the relatively large spatial and temporal fluctuations in the widths of chromospheric and transition region lines, widths reported in the literature by different observers are often discordant. Individual observations with high to moderate spatial resolution can be very unrepresentative of average conditions, and caution is needed in adopting center-to-limb changes or changes associated with structural features from such data. Averages from which trends in line width can be derived should ideally be obtained either from long time series or from many individual data samples at high spatial resolution.

Average values of nonthermal line widths in the chromosphere and transition region as functions of height or temperature have been estimated by a number of authors. Figure 4-9 shows composite results from a number of sources together with a curve giving the sound speed as a function of temperature. Over the range of temperatures shown, the mean molecular weight decreases from 1.3 to 0.62 and the ratio of specific heats, γ, varies from five-thirds to a minimum of about 1.1 in the middle chromosphere.

Three points of immediate interest in Figure 4-9 are as follows: (1) The value of ζ nowhere exceeds that of V_s by an appreciable amount. (2) In the middle chromosphere $\zeta \simeq V_s$, but in the temperature minimum and upper transition region, $\zeta \ll V_s$. (3) The value of ζ increases with increasing T, up to at least $T = 10^6$ K.

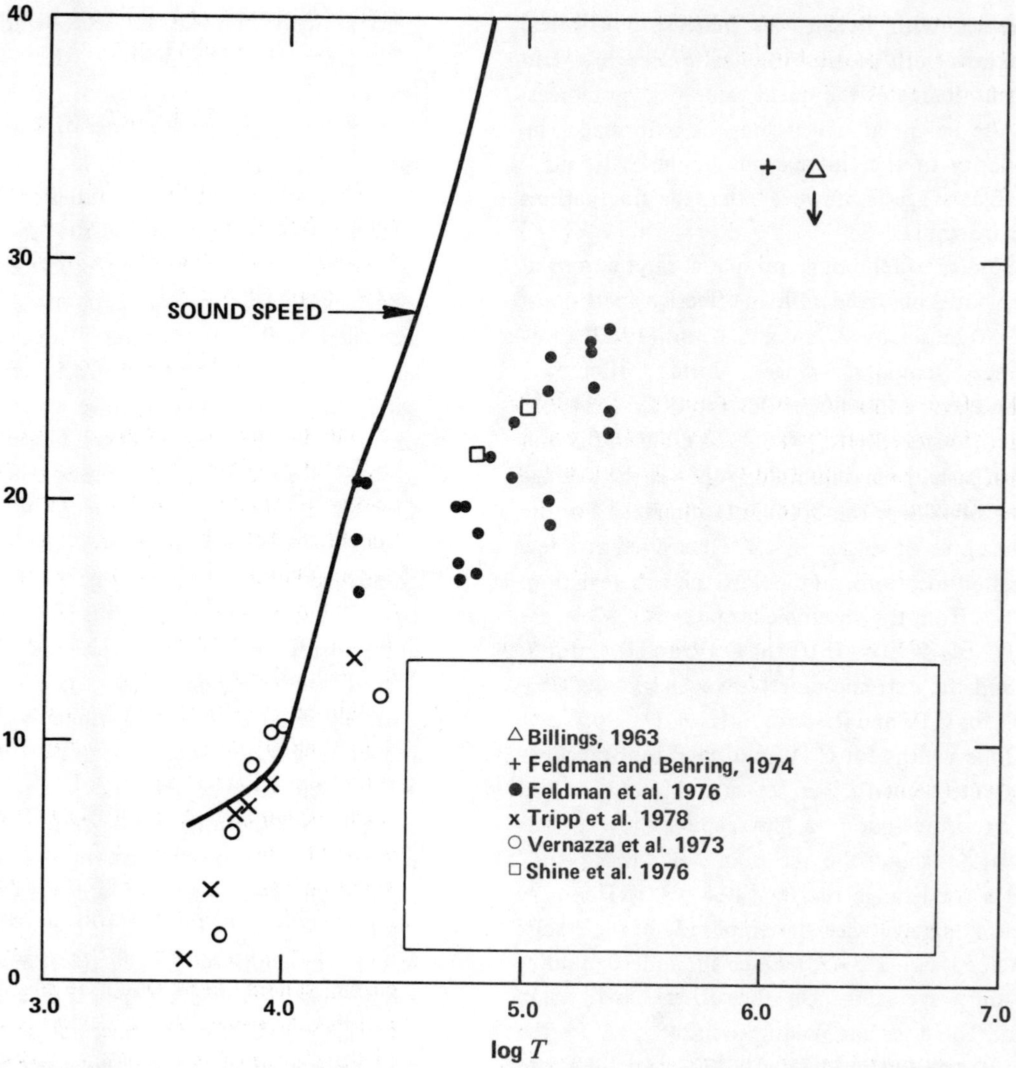

Figure 4-9. Microturbulent velocity as a function of temperature. Open triangle, Billings (1963); plus, Feldman and Behring (1974); solid circle, Feldman et al. (1976); crosses, Tripp et al. (1978); open circle, Vernazza et al. (1973); open squares, Shine et al. (1976).

The values of ζ in Figure 4-9 are based on the assumption that all of the nonthermal width results from classical microturbulence. A proper description of the line broadening motion could alter the details of the curve in Figure 4-9, but is not likely to alter the general conclusions noted in the preceding paragraph.

A proper understanding of nonthermal motions in the chromosphere and transition region is of vital importance to the understanding of the energy and momentum inputs. All, or most, of the heat energy may be carried in such motions, and the motions very likely transfer momentum to the atmosphere.

Current models of the solar chromosphere, such as the VAL model, include the momentum transfer in a form suggested by McCrea (1929); the nonthermal motions are treated as aerodynamic turbulence and the total pressure is written as

$$P_{tot} = NKT + \frac{\zeta^2}{3} \sum_i N_i m_i \quad , \qquad (4\text{-}86)$$

where the sum is over the different particle

species and N is the total particle density. The last term in Equation (4-86) can be rewritten in terms of μ to give

$$P_{tot} = NKT + \frac{\zeta^2}{3} N\mu m_H \; . \qquad (4\text{-}87)$$

The effect of the increased pressure is to increase the effective density scale height. This can be expressed, as in Equation (4-70), as a decrease in the effective value of gravity given by

$$g_{eff} = \frac{g}{1 + (\zeta^2/3)(\mu m_H/kT)} \; , \qquad (4\text{-}88)$$

or, equivalently, as

$$g_{eff} = \frac{g}{1 + (\gamma/3)(\zeta^2/V_s^2)} \; . \qquad (4\text{-}89)$$

It was noted in the discussion of Figure 4-9, that ζ is approximately equal to V_s in the middle chromosphere. In these layers, the effect of microturbulence on the density scale height is substantial. The use of Equation (4-86) is of doubtful validity, of course, since we have no reason to suppose that the microturbulence concept is valid. Wave motions or streaming motions associated with fine structure could produce quite different effects on the total pressure and, hence, on the scale height.

Whether it is necessary to introduce an increase in the density scale height in the middle chromosphere over its hydrostatic value in order to satisfy observational constraints is unclear. Limb observations of the chromosphere suggest that such an increase is necessary. However, chromospheric inhomogeneities produce an illusion of an extended scale height that may be sufficient to explain the observed extension.

ENERGETICS

The chromospheric and transition region energy balance are reviewed here, in order to establish what types of physical processes are likely to be encountered in each region.

Radiation Losses

One of the primary purposes of modeling a stellar atmosphere is to identify the important energy mechanisms and to deduce the energy budget. In the solar chromosphere and transition region, radiation losses are of major importance. Such losses can be inferred, in some cases, directly from observations, but, in other cases, a detailed model is required.

Radiation at wavelengths longer than 1700 Å arises mainly in the photosphere but has some chromospheric contribution. In fact, most of the chromospheric radiation lies in this region of the spectrum, and to determine the chromospheric radiation loss we must either compute it from the model or learn to identify those particular spectral features that are attributable to the chromosphere. Even when we can identify such features, however, the task is not complete. Part of the chromospheric radiation, possibly most of it, is simply scattered photospheric radiation and cannot be counted as an energy loss.

Radiation at wavelengths shorter than 1700 Å consists mostly of emission lines. The continuum at these wavelengths is formed above the temperature minimum, so essentially all of the radiation is of chromospheric, transition region, and coronal origin. In this region, therefore, we have direct observations of radiation losses. The observed radiation flux varies over the solar cycle. Those spectral features associated with the chromosphere and transition region vary in total flux by a factor of about two and contribute an average of about 4×10^5 ergs cm^{-2} s^{-1} at the solar surface. Approximately one-half of this amount is in Lα and approximately one-fourth is in lines formed in the transition region.

The observed flux of 4×10^5 ergs cm^{-2} s^{-1} is a direct energy loss that must be balanced by an energy input from an external source. A flux of this magnitude is 7×10^{-6} of the solar constant and is equivalent to the flux carried in a spectral band of continuum 0.04 Å wide near 5000 Å. Approximately half this amount of flux is carried in the K_2 and K_3 components of the Ca II K line or in the central 0.2 Å of the Hα line. Clearly, therefore, great care must be used in looking for signs of additional chromospheric radiation loss within the Fraunhofer spectrum. In fact, it appears to be much safer to use computed radiation losses.

Radiation losses from the region near the temperature minimum and in the low chromosphere occur by both continuum and line radiation. The continuum losses are given by Equation (4-11). Line losses are given by Equation (4-12) or Equation (4-54), if the latter is summed over the appropriate lines. Both Equation (4-12) and Equation (4-54) properly consider only the radiation generated in the chromosphere itself as energy loss, and both are valid even when scattering of photospheric radiation is involved. For Equation (4-12) to be of practical use, β must be known as a function of temperature. Since there is radiation loss in the lines even at radiative equilibrium, Equation (4-12) should be rewritten in the form

$$\frac{\Delta H_c}{H_c} = W_0 \frac{d\beta}{dT} \Delta T \Delta \tau_c \, , \qquad (4\text{-}90)$$

where ΔT gives the increase in T over the radiative equilibrium value. From results computed by Athay (1970), values of $d\beta/dT$ of 0.013 near $\tau_c = 10^{-4}$ and 10^{-5}, and 0.024 near $\tau_c = 10^{-6}$ are estimated.

Since Equation (4-11), which represents energy loss in the continuum, and Equation (4-90) are of the same form, one may combine them into a single expression

$$\frac{\Delta H_c}{H_c} = \left(10^{-3} + W_0 \frac{d\beta}{dT}\right) \Delta T \Delta \tau_c \qquad (4\text{-}91)$$

in order to estimate the total energy loss. One can adopt $W_0 = 0.12$ (Athay, 1970) and a radiative equilibrium boundary temperature of 4300 K. Since the VAL model does not tabulate continuum optical depths, one can use the Harvard Smithsonian Reference Atmosphere (Gingerich et al., 1971) to obtain the relationship between continuum optical depths and gas pressure. One can then use the VAL model to relate gas pressure to temperature. The results give temperatures of 5600 K at $\tau_c = 10^{-5}$ and 6600 K at $\tau_c = 10^{-6}$. Using these values together with the preceding estimates of the quantities in Equation (4-91), one can obtain an integrated value of $\Delta H_c/H_c \simeq 5 \times 10^{-5}$ between the levels $\tau_c = 10^{-5}$ and 10^{-6}. The corresponding radiation loss is 3×10^6 ergs cm^{-2} s^{-1}. Approximately 75 percent of the energy loss is in the lines, and most of the loss occurs near $\tau_c = 10^{-5}$.

As an alternative estimate of the radiation loss in this same region, Equations (4-52) and (4-54) are integrated for some of the prominent contributors to the energy loss in the lines. The lines chosen are Hα, the Ca II K line and infrared line at 8542 Å, and the Mg II k line. For the $n = 2$ levels in hydrogen, a Boltzmann ratio relative to the ground states is adopted. This is a valid approximation since at the depths one can consider the Lyman series transitions in hydrogen are close to detailed balance. For the collision rates in Hα, it follows

$$C_{23} = N_e \frac{1.5 \times 10^{-5}}{T^{1/2}} \left(1 + 1.2 \times 10^{-3}\, T^{5/6}\right) e^{-h\nu/kT} \qquad (4\text{-}92)$$

(Athay et al., 1975). Additional collisional excitations occur via the Lβ transition, but these are much slower than the direct excitations in Hα.

The remaining unknown in Equation (4-54) for Hα, is τ_{th}. However, computations by Schoolman (1972) show that τ_{th} is much larger than τ_0 at the base of the chromosphere, that is, Hα thermalizes in the photosphere. Thus, it is permissible to integrate Equation (4-54) through the chromosphere. The resultant energy flux in Hα is 1.5×10^5 ergs cm^{-2} s^{-1}. Most of the flux comes from the interval between 900 and 1200 km, which is just above the level $\tau_c = 10^{-5}$. Between 1000 and 1800 km the energy flux escaping per unit volume decreases by a factor of 10^2.

The energy loss in Hα is a real chromospheric loss. However, it is possible that in certain transitions the chromosphere gains energy by absorption of photospheric radiation. A recent manuscript (Vernazza et al., 1980) reports, in fact, that the chromospheric energy loss in Hα is very closely balanced by an equal energy gain from absorptions of photospheric radiation in the Balmer continuum. On the other hand, since Balmer continuum ionizations can add to the ionization energy without adding to the thermal energy, it is not clear that one should consider all of the Balmer continuum ionizations as thermal energy; and one can continue to consider the Hα losses. The point is not too important inasmuch as (Vernazza et al., 1980) show that the main chromospheric radiation loss is not in Hα. This is contrary to the author's earlier claim (Athay, 1976) but is consistent with following estimates.

For the Ca II lines, thermalization occurs in the low chromosphere. As a crude approximation for these lines, Equation (4-52) is integrated with ϵ, B and M as constants. This gives

$$4\pi H_0 = 4\pi\epsilon BM\tau_{th}, \qquad (4\text{-}93)$$

and if one adopts $\tau_{th} = \epsilon^{-1}$, one obtains the result

$$4\pi H_0 = 4\pi BM = 4\pi^{3/2}\Delta\nu_0 B, \qquad (4\text{-}94)$$

which requires only values of T and ζ to be evaluated. Note that ϵB decreases only slowly with height for the Ca II lines; but since τ_{th} is determined by the value of ϵ near the thermalization depth, one should use the value of B near the thermalization depth. From the computations by Shine et al. (1975), one can adopt $B = 6 \times 10^{-6}$ ergs cm^{-2} s^{-1}, for $d\omega = 1$ and per unit frequency, and $\zeta = 3$ km s^{-1}. The resulting flux in the K line is 6×10^5 ergs cm^{-2} s^{-1}.

Computations by Shine and Linsky (1974) indicate that thermalization of 8542 Å occurs at approximately the same depth as thermalization of the K line. At this depth $T \simeq 5300$ K, and the resulting flux in 8542 Å is 1×10^6 ergs cm^{-2} s^{-1}.

For the Mg II K line, computations by Milkey and Mihalas (1974) are used, which give the thermalization at $B \simeq 3 \times 10^{-6}$ ergs cm^{-2} s^{-1} for $d\omega = 1$ and per unit frequency. The resultant flux in the K line is 4×10^5 ergs cm^{-2} s^{-1}.

The combined flux in the four lines considered is 2.2×10^6 ergs cm^{-2} s^{-1}, which is about 10 times the flux estimated for Hα. Additional lines will increase this value somewhat, but by less than a factor of two. Note that the fluxes estimated in this way are approximately the same as those obtained from Equation (4-91). However, this is somewhat misleading. The computations of β by Athay (1970) used much cruder atomic models and collision rates than those referenced in connection with the individual lines, and in these earlier computations the relative roles of the lines are very different. Nevertheless, within a factor of 2 or so, the value of approximately 2×10^6 ergs cm^{-2} s^{-1} for the radiation loss from the middle chromosphere seems reasonably well established.

The relative roles of the lines are very sensitive to the model. For example, the Hα flux increases by an order of magnitude for a change of T from 5600 K to 6100 K and by another order of magnitude at 6700 K. Thus, the Hα flux is particularly uncertain. On the other hand, the Ca II flux, which is a major component, is not so sensitive to the model and seems reasonably well established.

It is of interest to note that the chromospheric losses estimated for the Ca II lines are considerably greater than the observed residual fluxes in the line cores. This is not necessarily an inconsistency. In the deeper layers of the atmosphere, photons escape primarily by diffusing into the line wings where the optical depth is low. Thus, the energy escaping in the line is mostly in the line wings when the optical depth at line center is large.

No reliable estimate of the radiation losses can be made for the region near the temperature minimum or in the lowest layers of the chromosphere because of the dual uncertainties of the actual solar model and the radiative equilibrium model.

The radiation losses from the chromosphere and transition region represent the bulk of the energy escaping the Sun that is supplied by heat input to these layers. Thus, one may conclude that the mechanical energy flux that heats the middle chromosphere and transition region is on the order of 3×10^6 ergs cm^{-2} s^{-1}.

For purposes of discussing the local energy balance in the solar atmosphere, the divergence of the radiative flux, rather than the total flux, is the quantity of interest, and the flux divergence will be needed in later discussions. For the lines considered in the preceding discussion, the flux divergence at $\tau_0 << \tau_{th}$ can be written in the form

$$4\pi\nabla\cdot\mathbf{H}_{rad} = hcN_eN_H(3.2 \times 10^{-2}\, 10^{-60900/T} + 8.4 \times 10^{-8}\, 10^{-15900/T} + 1.7 \times 10^{-7}\, 10^{-22400/T}), \quad (4\text{-}95)$$

where the first term in parentheses represents Hα, the second represents both K and 8542 Å of Ca II, and the third the Mg II K line. The values of the constants were determined from Equation (4-54) and from coefficients given by Shine et al. (1975) and Milkey and Mihalas (1974). Each of the temperature terms increases with height. Between heights of 1000 and 2000 km in the VAL model, the temperature terms increase by a factor of 10 for Hα and 2 for Ca II and Mg II. Within the same interval N_e decreases by a factor of 4 and N_H by a factor of 250. Thus, the product of N_e with the temperature terms increases slowly with height for Ca II and Mg II. The total flux divergence decreases rapidly with height.

Above 2000 km, the concentrations of hydrogen, Ca II, and Mg II decrease rapidly due to ionization. Equation (4-95) is valid only in the realm where the three ions are dominant.

In the upper chromosphere, the increased ionization of hydrogen reduces τ_0 to less than τ_{th} in the Lα line and the escape of Lα photons dominates the radiation loss. For this case, the integrand in Equation (4-54) reduces to

$$4\pi\nabla\cdot\mathbf{H}_{rad} = hcN_eN_H(1-x)(1.9 \times 10^{-3}\, 10^{-51400/T}), \quad (4\text{-}96)$$

where the collision rate is taken from Athay et al. (1975) at a mean temperature of 20,000 K, and x is the fractional ionization of hydrogen.

At the 20,000 K level in the VAL model $N_e = N_H \simeq 2 \times 10^{10}$ and $1 - x = 0.04$. With these values Equation (4-96) yields $4\pi\nabla\cdot\mathbf{H}_{rad} = 1.6 \times 10^{-2}$ ergs cm^{-3} s^{-1}. By comparison, the flux divergence given by Equation (4-95) at a temperature level of 6800 K is 5×10^{-4} ergs cm^{-3} s^{-1}. Thus, the transition from the first chromospheric temperature plateau to the upper chromospheric plateau at 20,000 K is accompanied by a large jump in the divergence of the radiative energy flux.

If one considers the total energy flux of 2×10^6 ergs cm^{-2} s^{-1} from the low chromosphere to arise in a layer 300 km thick, the average divergence is $\simeq$ 0.07 ergs cm^{-3} s^{-1}. This is consistent with Equation (4-95) which gives a maximum flux divergence of 0.12 ergs cm^{-3} s^{-1} in the low chromosphere. Thus, the divergence of radiative flux first rises to a maximum in the low chromosphere then decreases rapidly outward through the first temperature plateau and jumps again to a somewhat lower secondary maximum in the upper chromosphere. In the lower transition region near $T = 10^5$ K, the divergence of radiative flux given by Cox and Tucker (1969) is of the order

$$4\pi\nabla\cdot\mathbf{H}_{rad} = 6 \times 10^{-22} N_e^2 \ (10^5 \text{ K level}), \quad (4\text{-}97)$$

and in the upper transition region near $T = 10^6$ K the flux divergence is of the order

$$4\pi\nabla\cdot\mathbf{H}_{rad} = 10^{-22} N_e^2 \ (10^6 \text{ K level}). \quad (4\text{-}98)$$

At the 10^5 K level, $N_e \simeq 6 \times 10^9$ cm^{-3}, which gives a flux divergence of 2×10^{-2} ergs cm^{-3} s^{-1}; at the 10^6 K level, $N_e \simeq 6 \times 10^8$ which gives a flux divergence of 4×10^{-5} ergs cm^{-3} s^{-1}. The secondary maximum in the flux divergence therefore seems to extend from 2×10^4 to $\sim 10^5$ K before decreasing again. Table 4-2 summarizes the estimated values of flux divergence.

Thermal Conduction and Enthalpy

The conductive energy flux inferred from empirical models of the transition region is on the order of 5×10^5 ergs cm^{-2} s^{-1} in the upper transition region and reduces to an insignificant value in the lower transition region at temperature below 10^5 K. In broad terms, this is sufficient to produce the observed EUV radiation flux from the transition region and upper chromosphere. This suggests an energy balance model in which mechanical energy is dissipated primarily at two well-separated levels: one in the low and middle chromosphere and one in the corona. Most of that dissipated in the corona is then fed back to the transition region and upper chromosphere via thermal conduction. This is an appealing picture, but an inconsistent one.

The problem with assuming that the upper chromosphere is heated by thermal conduction is that most of the heat input is required at temperatures below 10^5 K, whereas most of the conductive flux is dissipated at temperatures about 10^5 K. Gabriel's (1976) network model of the transition region is an improvement in this respect over the spherically symmetrical model, but it still fails by a wide margin to balance the conductive and radiative fluxes. In fact, Gabriel's model, like its predecessors, requires an additional energy sink for $T > 10^5$ K large enough to remove essentially all of the conductive flux and an additional heat source below 10^5 K to produce essentially all of the observed EUV flux.

The most obvious additional energy mechanism to be included in the transition region is enthalpy flow (Pneuman and Kopp, 1978). The enthalpy flux is given by

Table 4-2
Estimated Values of Flux Divergence

Temperature (K)	6000	6800	20,000	10^5	10^6
Flux divergence, ergs cm^{-3} s^{-1}	10^{-1}	5×10^{-4}	2×10^{-2}	2×10^{-2}	4×10^{-5}

$$H_{\text{enth}} = 5N_{\text{H}}kTV, \qquad (4\text{-}99)$$

and has a value equal to the EUV flux of 4×10^5 ergs cm^{-2} s^{-1} at the level where $T = 10^5$ K ($n_{\text{H}} = 6 \times 10^9$ cm^{-3}) for $V = 10$ km s^{-1}. Observations show that such flows are indeed present. It is very likely, therefore, that the energy balance in the upper chromosphere and transition region involves both thermal conduction and enthalpy flow in comparable amounts in addition to radiation losses. Some heating from the dissipation of mechanical energy flux from the convection zone may also be required, but this question cannot be settled until there is a model incorporating enthalpy flow with thermal conduction and radiation losses.

Wave Heating

Heating of the low chromosphere by sound waves is a theory that enjoys a considerable measure of acceptance. Most of the supporting evidence, however, is circumstantial, and this source of heat must still be regarded as conjectural.

Waves are present in the photosphere (Deubner, 1976) and in the chromosphere (Athay and White, 1979a) at periods well below the acoustic cutoff period. Such waves should propagate and eventually dissipate their energy as heat. However, the energy flux in the waves is highly uncertain because of their short wavelength. Waves with a period of, say, 50 seconds propagating at the sound speed have a wavelength of only about 300 km, which is comparable to the width of the contribution function for lines formed in the photosphere and low chromosphere. Under these circumstances the velocity amplitude of the waves appears mainly as microturbulent broadening of spectral lines rather than a directly observed Doppler displacement. Inferred values of microturbulence in the solar atmosphere always exceed considerably the observed velocity amplitudes of oscillations. Thus, if one uses the microturbulent velocity as the wave amplitude and assumes that the waves propagate upward with the sound velocity, an upper limit is obtained for the total energy flux in sound waves, regardless of the wave period.

At the temperature minimum region, the microturbulence is approximately 1 km s^{-1}, or less. The energy flux in sound waves of velocity amplitude 1 km s^{-1} is

$$H_{\text{wave}} = \tfrac{1}{2} \sigma V_a^2 V_s \simeq 1 \times 10^7 \text{ ergs cm}^{-2} \text{ s}^{-1}. \qquad (4\text{-}100)$$

This is ample to heat the low chromosphere provided the efficiency of converting wave energy to heat at the required chromosphere levels is sufficiently high. At the heights where most of the heat input is required, the microturbulent velocity is near the sound velocity (Tripp et al., 1978) and the associated wave flux is 8×10^6 ergs cm^{-2} s^{-1}. At the top of the first temperature plateau, the microturbulent velocity is still near the sound velocity. However, the sound velocity is relatively constant across the plateau, whereas σ decreases by a large factor. As a result, the energy flux in sound waves at a velocity amplitude equal to the microturbulent velocity is reduced to 2×10^4 ergs cm^{-2} s^{-1}. Thus, the maximum possible energy flux in waves decreases with height across the first temperature plateau in a manner very similar to the divergence of radiative flux in Table 4-2, and, in addition, the wave flux is comparable to that needed for the total heat input.

The concern with the preceding parallel between heat input and available energy flux in waves is that the wave fluxes estimated from line widths are upper limits; at chromospheric levels they exceed the fluxes inferred from measured wave amplitudes by more than an order of magnitude. Also, there is little reason to suppose that all of the nonthermal line broadening results from sound waves propagating vertically outward. Even if all the broadening were due to waves, the steep temperature and density gradients in the upper chromosphere together with the highly structured nature of the entire chromosphere ensures that waves will be reflected and refracted in all directions, giving an energy flux considerably smaller than that obtained from Equation (4-100). From the purely empirical point of view, therefore, lower chromospheric heating by sound waves seems marginally possible. On the other hand, the waves are present and they must play some role in the heating.

Much of the attractiveness of wave heating is due to work by Ulmschneider (1977, 1978) and his co-workers, which is reviewed in Chapter 12 by Jordan. They have investigated in some detail the propagation and dissipation of sound waves in the photosphere and low chromosphere. The theoretical work treats idealized waves in a horizontally homogeneous atmosphere with gravitational stratification, and demonstrates that under these idealized conditions heating by sound waves is possible. Whether it is still possible with realistic wave trains in a realistic atmosphere is uncertain. A critical appraisal of the waveheating hypothesis and of radiative losses given recently by Cram (1977) correctly concludes that the whole question of energy balance is "uncomfortably open," a sentiment with which the author must concur.

Although heating of the low chromosphere by sound waves is still an open question, the same is not true of the upper chromosphere and transition region. The maximum energy flux in sound waves of 2×10^4 ergs cm^{-2} s^{-1} at the top of the first temperature plateau is an order of magnitude too low to produce the observed EUV flux (Athay and White, 1978) even at 100 percent efficiency for transmission of the wave flux into the upper chromosphere and its dissipation there as heat. By the same argument, sound waves cannot heat the corona sufficiently to provide a backflow of thermal conduction and enthalpy sufficient to heat the upper chromosphere and transition region. It appears conclusive, therefore, that major heating by sound waves is limited to the low chromosphere, which suggests that the upper chromosphere and transition region are heated by conduction and convection from the corona and possibly other processes.

REFERENCES

Athay, R.G., 1970, *Astrophys. J.* **161**, 713.

Athay, R.G., 1972a, *Radiation Transport in Spectral Lines* (Dordrecht: D. Reidel Publishing Co., 1972).

Athay, R.G., 1972b, *Astrophys. J.* **176**, 659.

Athay, R.G., 1976, *The Solar Chromosphere and Corona: Quiet Sun* (Dordrecht: D. Reidel Publishing Co.,1976).

Athay, R.G., Menzel, D.H., Pecker, J.C., Thomas, R.N., 1955, *Astrophys. J.*, supplement, **1**, 505.

Athay, R.G., Mihalas, D., Shine, R., 1975, *Solar Physics* **45**, 15.

Athay, R.G., White, O.R., 1978, *Astrophys. J.* **226**, 1135.

Athay, R.G., White, O.R., 1979a, *Astrophys. J.*, supplement, **39**, 333.

Athay, R.G., White, O.R., 1979b, *Astrophys. J.* **229**, 1147.

Athay, R.G., White, O.R., 1980, *Astrophys. J.* **240**, 306.

Billings, D.E., 1963, *Astrophys. J.* **137**, 592.

Bray, R.J., Loughhead, R.E., 1974, *The Solar Chromosphere* (London: Chapman and Hall, 1974).

Brueckner, G.E., Bartoe, J.D.F., van Hoosier, M.E., 1977, *Proceedings Workshop OSO-8,* E. Hansen and S. Shaffner, eds. (Boulder: University of Colorado, 1977), p. 380.

Cox, D.P., Tucker, W.H., 1969, *Astrophys. J.* **157**, 1157.

Cram, L.E., 1977, *Astron. and Astrophys.* **59**, 151.

Delache, P., 1967, *Ann. d'Astrophys.* **30**, 827.

Deubner, F., 1976, *The Energy Balance and Hydrodynamics of the Solar Chromosphere and Corona*, R.M. Bonnet and P. Delache, eds. (Clairmont-Ferrand: G. de Bussac, 1976), p. 45.

Doschek, G.A., Feldman, U., 1978, *Astron. and Astrophys.* **69**, 11.

Doschek, G.A., Feldman, U., van Hoosier, M.E., Bartoe, J.D.F., 1976, *Astrophys. J.*, supplement, **31**, 417.

Feldman, U., Behring, W. E., 1974, *Astrophys. J.* **189**, L45.

Feldman, U., Doschek, G.A., van Hoosier, M.E., Purcell, J.D., 1976, *Astrophys. J. Supp.* **31**, 445.

Gabriel, A.H., 1976, *Phil. Trans. Roy. Soc. London A* **281**, 339.

Gabriel, A.H., Jordan, C., 1969, *Monthly Notices RAS* **145**, 241.

Giovanelli, R.G., 1949, *Monthly Notices RAS* **109**, 372.

Gingerich, O., Noyes, R.W., Kalkofen, W., Cuny, Y., 1971, *Solar Phys.* **18**, 347.

Gouttebroze, P., Leibacher, J.W., 1980, *Astrophys. J.* **238**, 1134.

Grossmann-Doerth, U., von Uexküll, M., 1973, *Solar Phys.* **28**, 319.

Hollweg, J.V., 1980, *Solar Phys.*, in press.

Jefferies, J.T., 1968, *Spectral Line Formation* (Waltham: Blaisdell, 1968).

Jensen, E., Orrall, F.Q., 1963, *Astrophys. J.* **138**, 252.

Jordan, C., 1965, *Comm. from the University of London Observatory No. 68*, p. 44.

Jordan, S.D., 1977, *Solar Phys.* **51**, 51.

Kopp, R.A., 1972, *Solar Phys.* **27**, 373.

Kruger, A., 1979, *Introduction to Solar Radio Astronomy and Radio Physics* (Dordrecht: D. Reidel Publishing Co., 1979).

Kuperus, M., Athay, R.G., 1967, *Solar Phys.* **1**, 361.

Kurucz, R., 1974, *Solar Phys.* **34**, 17.

Lemaire, P., Charra, J., Jouchoux, A., Vidal-Madjar, A., Artzner, G.E., Vial, J.C., Bonnet, R.M., Skumanich, A., 1978, *Astrophys. J.* **223**, L55.

Lemaire, P., Skumanich, A., 1973, *Astron. and Astrophys.* **22**, 61.

Lites, B.W., Bruner, E.C., Jr., Chipman, E.G., Shine, R.A., Rottman, G.J., White, O.R., Athay, R.G., 1976, *Astrophys. J.* **210**, L111.

Liu, S.-Y., 1974, *Astrophys. J.* **189**, 359.

Livingston, W., White, O.R., 1980 (preprint).

Marsh, K.A., 1976, *Solar Phys.* **50**, 37.

McCrea, W.H., 1929, *Monthly Notices RAS* **89**, 718.

Mihalas, B.R., 1979, (Thesis, University of Colorado, Boulder).

Mihalas, D., 1979, *Monthly Notices RAS* **189**, 671.

Mihalas, D., 1978, *Stellar Atmospheres* (San Francisco: Freeman, 1978).

Milkey, R.W., Mihalas, D., 1973a, *Astrophys. J.* **185**, 709.

Milkey, R.W., Mihalas, D., 1973b, *Solar Phys.* **32**, 361.

Milkey, R.W., Mihalas, D., 1974, *Astrophys. J.* **192**, 769.

November, L.J., Toomre, J., Gebbie, K.B., Simon, G.W., 1979, *Astrophys. J.* **227**, 600.

Noyes, R.W., Kalkofen, W., 1970, *Solar Phys.* **15**, 120.

Pneuman, G.W., Kopp, R.A., 1978, *Solar Phys.* **57**, 49.

Reeves, E.M., Foukal, P.V., Huber, M.C.E., Noyes, R.W., Schmahl, E.J., Timothy, J.G., Vernazza, J.E., Withbroe, G.L., 1974, *Astrophys. J.* **188**, L27.

Schmahl, E.J., Orrall, F.Q., 1979, *Astrophys. J.* **231**, L41.

Schoolman, S.A., 1972, *Solar Phys.* **22**, 344.

Sedlmayr, E., 1976, *Physique des Mouvements dans les Atmosphères Stellaires*, CNRS Colloquium 250, Cayrel and Steinberg, ed., 157.

Shine, R., 1975, *Astrophys. J.* **202**, 543.

Shine, R., Linsky, J.L., 1974, *Solar Phys.* **39**, 49.

Shine, R., Milkey, R., Mihalas, D., 1975, *Astrophys. J.* **199**, 724.

Shine, R.A., Roussel-Dupre, D., Bruner, E.C., Jr., Chipman, E.G., Lites, B.W., Rottman, G.J., Athay, R.G., White, O.R., 1976, *Astrophys. J.* **210**, L107.

Thomas, R.N., 1960, *Astrophys. J.* **131**, 429.

Thomas, R.N., 1965, *Non-Equilibrium Thermodynamics* (Boulder: University of Colorado, 1965).

Thomas, R.N., Athay, R.G., 1961, *Physics of the Chromosphere* (New York: Interscience, 1961).

Tripp, D.A., Athay, R.G., Peterson, V.L., 1978, *Astrophys. J.* **220**, 314.

Tworkowski, A.S., 1976, *Astrophys. Lett.* **17**, 27.

Ulmschneider, P., 1977, *Mem. Del. Soc. Astron. Ital.* **48**, 439.

Ulmschneider, P., 1979, *Space Science Rev.* **24**, 71.

Ulmschneider, P., Kalkofen, W., 1978, *Astron. Astrophys.* **69**, 407.

Vernazza, J.E., Avrett, E.H., Loeser, R., 1973, *Astrophys. J.* **184**, 605.

Vernazza, J.E., Avrett, E.H., Loeser, R., 1980, *Astrophys. J. supplement*, in press.

Vernazza, J.E., Noyes, R.W., 1972, *Solar Phys.* **22**, 358.

Wentzel, D.G., 1978, *Solar Phys.* **58**, 307.

White, O.R., Athay, R.G., 1979, *Astrophys. J.*, supplement, **39**, 317.

Withbroe, G.L., Mariska, J.T., 1976, *Solar Phys.* **48**, 21.

5

THE SOLAR CORONA AND THE SOLAR WIND

Jack B. Zirker

INTRODUCTION

One can define a stellar corona as an extended atmospheric region that is maintained at a significantly higher temperature than that of the stellar photosphere by nonthermal energy input. If the energy density is sufficient to overcome the restraining forces of gravity or closed magnetic fields, the corona may escape a stellar wind into interstellar space. The solar corona stands as a prototype for all stellar coronas and is a prime example of a stellar atmosphere in which nonthermal processes predominate.

Nonthermal processes are those in which the local flux of energy bears no direct relation to the internal energy of the gas or the quality of the radiation the gas emits and absorbs. Energy transport by hydrodynamic waves, magnetohydrodynamic waves, electrical currents, or suprathermal charged particles are all examples of nonthermal processes. In contrast, the variation of thermodynamic variables with depth in the photosphere of the Sun or other normal stars is controlled exclusively by the transport of heat (as internal energy of the gas) or by radiation that is itself produced by collisions among atoms whose velocity distribution is locally Maxwellian.

In this chapter recent observations of the solar corona and the solar wind are surveyed. This chapter cannot consider all the data since to do so would exceed our space and the reader's patience. Consider those empirical data that bear on several large questions that apply to the Sun and to other stars. Four of the most important of these questions are the following: (1) Where and how is the corona heated? (2) Where and how is the solar wind accelerated? (3) Why do the corona and wind change with time scales ranging from hours to days to decades? (4) Does the solar magnetic field influence the equilibrium of the solar corona and the wind in an essential way? This chapter will consider exclusively the nonflaring Sun.

The author should not raise the reader's expectations too high at this point. No final answers can be given at present to any of the questions raised above. However, the quantity and quality of data available to investigate these questions has increased enormously as a result of the successful Skylab mission and the smaller space experiments that preceded and followed it. Various working hypotheses are being investigated vigorously at present and it is hoped that experiments to be carried out in the near future will supply the information necessary to discriminate amongst them.

The reader with general astrophysical interests may well ask at this point whether detailed studies of the solar corona and the solar wind really have substantial relevance to other stars. Astrophysicists think they do for the following reasons. Evidence is steadily increasing that stars located in many positions on the Hertzsprung-Russell diagram possess coronas. Hot O stars, for example, have been observed by the Copernicus satellite to emit lines of O VI (Rogerson and Lamers, 1975) and also to be intense sources of X-ray radiation as seen by the HEAO-B satellite (Vaiana et al., 1979; Rosner et al., 1979). Some of these O stars are losing mass in stellar winds at such enormous rates that their early evolution may well be influenced. Although the phenomena that one can observe in these stars differ in magnitude from those on the Sun, they do not appear to be qualitatively different. It therefore seems reasonable to apply concepts developed for the Sun to other stars.

The Sun offers us the best opportunity to understand how nonthermal energy, generated and stored beneath the photosphere, can be transmitted to the other atmosphere and how this nonthermal energy determines the entire thermodynamic structure in the same way that the total radiative flux controls the thermal structure of a stellar photosphere. It is becoming increasingly apparent that the transport of charge, momentum, and energy in the solar corona and wind are all nonclassical or "anomalous" and require the application of modern plasma physics for their interpretation. One can anticipate that stellar astrophysics will be in a similar situation a few years from now. The evolution of coronal structures throughout the sunspot cycle gives indirect evidence on the operation of the interior solar dynamo. For example, recent observations from Skylab indicate aspects of a large-scale organization and a long-term regularity of the corona that were unknown before and that are very probably linked to the circulation of subsurface layers. Investigation of these regularities is certain to affect the study of stellar activity cycles. Finally, in the study of the corona, solar physicists have pioneered techniques for the analysis of spectroscopic data (i.e. diagnostics) that can be applied throughout stellar astrophysics.

This chapter describes some observations of the corona and wind, the physical structure derived from analysis of these observations, and inferences concerning the four big questions stated previously. Since this chapter is not written for the solar specialist, it begins with an observational overview of the corona and the wind. It then discusses in more detail two contrasting classes of coronal regions: those with closed magnetic fields (loops) and those whose open magnetic fields extend out into interstellar space (the coronal holes). Sections discuss for each type of region those observable properties that relate to the problems of heating, acceleration, variability, and the role of the magnetic field. For a review of the theory of heating of the corona, the reader should turn to Wentzel, Chapter 14. The theory of coronal expansion and the acceleration of the wind is treated by Hollweg (Chapter 15) and Kopp (Chapter 16). The bibliography given in this chapter is not meant to be exhaustive but only illustrative. Recent reviews of various aspects of the subject can be found in the references, however.

AN OVERVIEW OF OBSERVATIONS

This section is intended to give the nonspecialist in solar astronomy an introduction to the form, evolution, spectrum, and magnetic field of the corona and the solar wind. It is meant to orient the reader and to provide descriptive background for the more detailed discussions of the next section.

The Corona

Structure. The corona is a highly inhomogeneous, asymmetrical, and time-varying atmosphere (Athay, 1976). The visible structures probably follow the configuration of the coronal magnetic fields closely. The evolution of coronal forms follows the development of the large-scale fields throughout the sunspot cycle. One can distinguish three broad types of coronal forms: active regions, quiet corona, and coronal holes. Active regions are intensely bright throughout the electromagnetic spectrum. They overlie sunspot groups and their surrounding chromospheric plage but they can persist long after the spots have decayed and the chromospheric active region has expanded. They consist largely of bright loops, which are especially visible in X-rays (Figure 5-1) with typical dimensions of $10^3 \times 10^4$ km. The coronal active region (or "condensation") is enveloped in an active region streamer, a fan-shaped structure that extends outward to several solar radii (Figure 5-2). As a sunspot region decays into a large bipolar magnetic region the opposite magnetic polarities in the photosphere are often separated by a quiescent prominence, a blade-like structure that is embedded in the hot corona but has a spectrum similar to the cooler underlying chromosphere. A quiescent prominence can be nested in an arcade of hot coronal loops, as in Figure 5-1. The whole system of prominence and loops forms the core of a helmet streamer, another type of fan-shaped structure that stretches out to several solar radii.

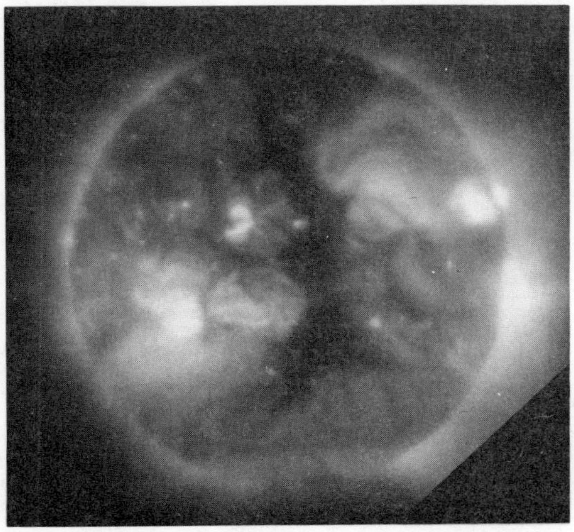

Figure 5-1. The X-ray corona, photographed from Skylab at 1424 UT on June 1, 1973, Bandpass includes 2 to 32 Å. Note coronal loops, coronal hole (CH1) at central meridian and bright active regions. Reprinted by courtesy of American Science and Engineering, Inc.

Figure 5-2. The corona in white light, photographed at the 1970 total solar eclipse. Helmuet streamers appear around much of the limb. Reprinted by courtesy of the High Altitude Observatory, National Center for Atmospheric Research.

The quiet corona also consists of loops, somewhat larger than the active region loops. There are quiet coronal regions, however, that are amorphous on present-day X-ray photographs. Coronal holes are large dim regions at the solar poles or at mid latitudes. They do not contain loops; rather, their fine structure consists of rays or plumes that fan out into interplanetary space. Recent research has established that the holes are the coronal sources of high speed streams in the solar wind, and possibly of all the solar wind.

The contrast of all these structures varies, depending on the kind of radiation selected for the observation. This result is a consequence of the vertical and lateral gradients of coronal temperature. In principle it is possible to pick out a spectrum line or continuum band that optimizes the visibility of a given structure. As has been shown, hot coronal loops and arches show up very well in X-ray photographs, as do the dark coronal holes. Streamers show up well in white light as in Figure 5-2. All the large-scale structures can be picked out in high resolution radio maps such as the one made at 3 cm shown in Figure 5-3.

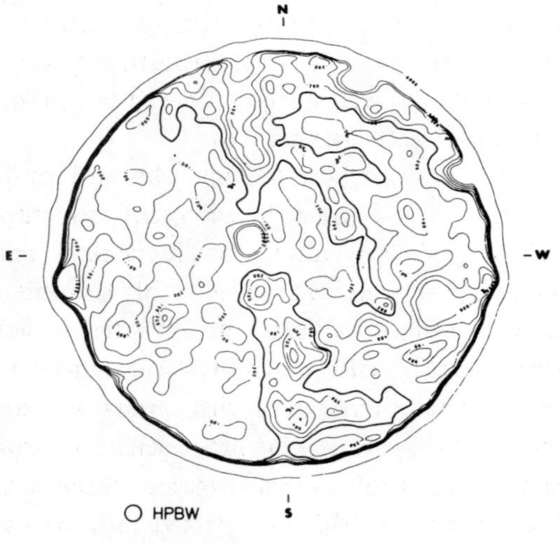

Figure 5-3. A high resolution map of the Sun at 2.8-cm wavelength, made with the 100-m radio telescope at Bonn, F.R.G. on July 24, 1973. The numbers show the temperature despression below the quiet Sun level (1.2 × 10^4 K). The dark line corresponds to a coronal hole. Reprinted by courtesy of Hirth, 1976.

All of these structures have a vertical temperature profile. The temperatures are lowest (on the order of 10^4 K) in the chromosphere and rise steeply in a temperature transition zone (see Chapter 4) to a value of the order of 10^5 K. The temperature of the corona proper varies from about 1.5×10^6 K in coronal holes to 10^7 K in active regions.

The chromosphere of the quiet Sun is characterized by a bright, coarse network, readily seen in the H and K lines of Ca II. The network is the locus of strong magnetic fields with intensities of 1 to 2 kilogauss in the photosphere to perhaps several hundred gauss in the chromosphere. As Figure 5-4 shows, this network extends into the temperature transition zone but vanishes in the corona. Figure 5-4 is a series of images made in permitted spectral lines of ions that form at different ionization temperatures. The corona appears in the Mg X 625 Å image and shows very little structure. This progression of form with height suggests that the magnetic field that is embedded in the network spreads out uniformly in the corona. As will be shown, the field in holes is unipolar and spreads out into the wind. Presumably the magnetic field in the quiet corona is a nearly uniform tangle of closed loops.

The lifetimes of coronal structures vary inversely with their size. Streamers, active regions, and holes persist for months, whereas the smaller scale loops change within days or at most within a couple of weeks. The mixture of large-scale structures varies throughout the sunspot cycle. Clearly there are more active regions and active region streamers at solar maximum. The size and persistence of coronal holes, on the other hand, is greatest just before solar minimum.

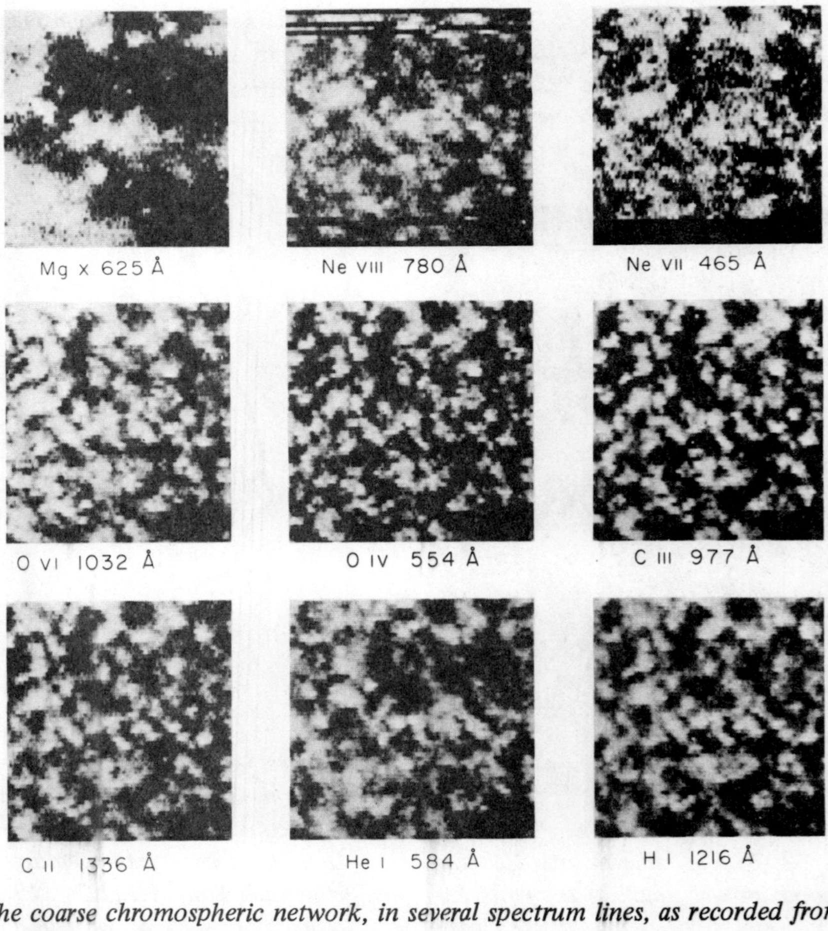

Figure 5-4. The coarse chromospheric network, in several spectrum lines, as recorded from Skylab. Reprinted by courtesy of Noyes of Huber et al., 1974.

Spectrum. The spectrum of the corona indicates that it is basically a hot (10^6 to 10^7 K), tenuous (10^9 to 10^5 cm^{-3}), optically thin gas with approximately the same chemical composition as the photosphere. Coronal radiation has two components: scattered and intrinsic. Photospheric light is scattered from free coronal electrons into the line of sight. The photospheric continuum is hardly modified in color by the scattering, but the Fraunhofer spectrum is completely smeared out by the Doppler effect resulting from the motions of the electrons. Chromospheric Lα is scattered by the small concentration of neutral hydrogen atoms in the corona. The scattered line contains information on their thermal motion, that is, the coronal ion temperature. Since the gas density falls off with distance from the Sun, the scattered continuum gradually blends into a faint background of photospheric light scattered by interplanetary dust particles, the so-called "F corona." Because the thermal speeds of the dust are small, the spectrum of this scattered light is essentially that of the photosphere.

The intrinsic emission of the corona consists of a line spectrum, mainly in the soft X-ray and EUV region and a continuous spectrum, which is strong in the centimeter to decameter radio band. Permitted lines of abundant ions such as carbon, nitrogen, oxygen, silicon, and sulfur fall in the region 25 to 1000 Å . The lines are emitted by stages of ionization that are abundant at temperatures of 1 to 2×10^6 K in the quiet corona. The permitted line spectrum extends down to 1.8 Å in active regions and is characteristic of ionization temperatures of 3 to 10×10^6 K. Coronal plasma also emits forbidden line radiation over the entire visible and extreme ultraviolet spectrum. The most intense visible line, 5303 Å, is a magnetic dipole transition in the ground configuration of Fe XIV, an ion that is abundant at a temperature of about 2×10^6 K. Some 51 forbidden coronal lines have been discovered at visible wavelengths. They are either magnetic dipole or electric quadrupole transitions in the ground configurations of multiply ionized ions. Ions of chromium, manganese, iron, and nickel with configurations of $3s^2\ 3p^k$ (k = 2, 3, 4) as well as magnesium, silicon, sulfur, argon, and calcium with configurations of $2s^2\ 2p^k$ (k = 2, 3, 4) all radiate forbidden lines.

The radio continuum is produced by free-free transitions or by cyclotron emission. The radio spectrum is complex and highly time-dependent. Refer to the excellent monograph by Kundu (1965) for further details.

In Table 5-1 are assembled the results of a few representative studies in the coronal spectrum. References are given there for line identifications, line fluxes, line profiles, and the variation of spectrum with position and time. The line spectrum contains the most detailed information available on electron and proton temperatures, electron densities, bulk velocities, and magnetic strengths.

Magnetic Field. The Zeeman splitting of coronal emission lines is extremely small, compared with the large thermal line widths, because the fields are weak ($B \simeq 0.1 - 10$ gauss). It has so far proved impractical to measure coronal magnetic fields by means of the Zeeman effect. Thus, one must resort to indirect methods. In active regions the magnetic field strengths can be estimated from the polarization and intensity of radio radiation. Table 5-2, taken from Dulk and McLean (1978), summarizes such estimates. Unfortunately, the radio observations have insufficient spatial resolution to yield much information on the field geometry.

Direct measurements of projection of the magnetic field on the plane of the sky are being made with a coronal emission line polarimeter by the High Altitude Observatory. This device measures the strength and orientation of linear polarization in the coronal forbidden line, 10747 Å. The line is produced by photoexcitation of Fe XIII and the linear polarization arises from the anisotropy of the incident light. The deviation of the plane of linear polarization from the radial direction contains information about the average orientation of the magnetic field along the line of sight. From observations of a stable structure over several days as it crosses the solar limb, it is possible to reconstruct, at least in principle, its

Table 5-1
Sample References on the Coronal Spectrum

Wavelength	Data	Reference
1 - 30	I, F	Walker, A.B.C., Jr., Rugge, H.R., Weiss, K., 1974, *Ap. J.* **188**,423.
		Walker, et al., 1974, *Ap. J.* **192,** 169.
	X, I	Acton, L.W., Catura, B.C., 1976, *Phil. Trans. Roy. Soc.* **281**, 383.
	I	Doschek, G.A., 1972, *Space Sci. Rev.* **13,** 765.
		Walker, A.B.C., Jr., 1975, *IAU Symp. 68,* p. 73.
		Walker, A.B.C., Jr., 1972, *Space Sci. Rev.* **13,** 672.
30 - 100	I, F	Malinovsky, M., Heroux, L., 1973, *Ap. J.* **181,** 1009.
	I, F	Kastner, S.O., 1974, *Ap. J.* **191,** 261.
100 - 300	I	Behring, W.E., et al., 1976, *Ap. J.* **203,** 521.
		Behring, W.E., et al., 1972, *Ap. J.* **175,** 493.
	I	Firth, J.G., Freeman, F.F., Gabriel, A.H., Jones, B.B., Jordan, C., Negus, C.R., Shenton, D.B., Turner, R.F., 1974, *Monthly Notices RAS* **166,** 543.
	P	Feldman, U., Behring, W.E., 1974, *Ap. J.* **189,** L45.
	I	Doschek, G.A., 1978, *Space Sci. Rev.* **22,** 191.
300 - 1000	I, F	Dupree, A.K., Reeves, E.H., 1971, *Ap. J.* **165,** 599.
	X	Huber, M.C.E., Foukal, P.V., Noyes, R.W., Reeves, E.M., Schmahl, E.J., Timothy, J.G., Vernazza, J.E., Withbroe, G.L., 1974, *Ap. J.* **194,** L115.
	X, F	Mariska, J.T., Withbroe, G.L., 1975, *Solar Phys.* **44,** 55.
1000 - 3000	I, P, F	Moe, O.K., Nicolas, K.R., 1977, *Ap. J.* **211,** 579.
	I, F, P	Sandlin, G.D., Brueckner, G.E., Tousey, R., 1977, *Ap. J.* **214,** 898.
	I, F, P	Doschek, G.A., Feldman, U., 1977, *Ap. J.* **212,** L143.
3000 - 10000	I, F	Magnant-Crifo, F., 1974, *Solar Phys.* **39,** 141.
	I	Svensson, L.Å., Ekberg, J.D., Elden, B., 1974, *Solar Phys.* **34,** 173.
3000 - 10000	I, P, t	Tsubaki, T., 1975, *Solar Phys.* **43,** 147.

I = Identifications
F = Fluxes
X = Spatial Distribution
t = Temporal Variation
P = Profiles/Widths

Source: G. Noci in *Physics of the Solar Corona,* C.J. Macris, ed. (Dordrecht: D. Reidel Publishing Co., 1971), p. 13; J.L. Culhane and L.W. Acton, 1974 *Annual Rev. Astron. Astrophys.* **12,** 359; A.B.C. Walker, Jr., 1972, *Space Science Reviews* **13,** 672.

Table 5-2
Magnetic Field Strength vs. Height Above Active Regions

Height (solar radii)	Field Strength (gauss)
1.02	300.0
1.1	10.0
2.0	0.5
5.0	0.05

large-scale vector magnetic field. This technique is still in its infancy, however.

Since it is so difficult to measure coronal magnetic fields, solar astronomers have resorted to calculating them. The calculation is based on measurements of the line of sight component of the photospheric magnetic field, which can be obtained from the Zeeman splitting of certain sensitive lines. A global magnetic map can be constructed from measurements extending over a full rotation. The map is, of course, least accurate at the poles. With the assumption that no electrical currents flow in the corona, it is then possible to solve Laplace's equation for a potential magnetic field between the photospheric surface and a fictitious spherical "source surface," commonly placed at about 2 solar radii. The measured radial component of the photospheric magnetic field is taken as one boundary condition. On the source surface the tangential component of the field is assumed to vanish. This method, due to Altschuler and Newkirk (1969) is an extension of a technique devised by Schmidt (1964) and has since been extended by several investigators. Altschuler and Newkirk (1969) compared the calculated field lines with large-scale white light structures observed at eclipse. The correspondence between the field and the structures was no better than fair. Improvements in the resolution of the potential magnetic field calculations has improved the match somewhat (Pneuman et al., 1978).

The Wind

The Sun loses mass at a rate of only 3×10^{-14} solar masses per year in the solar wind. Moreover, the energy carried off in the wind amounts to only one part in 10^6 of the total luminosity of the Sun. Clearly the wind is only a minor perturbation on the interior of the Sun and probably affects its evolution very little. However, the outward expansion of coronal material strongly modifies the structure of the corona.

The solar wind plasma consists of electrons, protons, and heavy ions, mainly alpha particles. The ion composition is similar to that of the photosphere except that the ratio of helium to hydrogen (i.e. alphas to protons) varies with the wind speed.

The properties of the solar wind have been measured by near-Earth satellites and by space probes. Tables 5-3 and 5-4, taken from the review article by Feldman et al. (1977), assemble some of the basic bulk flow parameters and energy fluxes for the solar wind. The wind speed near the Earth ranges from 320 to 710 km s^{-1}. Only 5 percent of the measured values lie lower or higher, respectively, than these values. The average wind speed is 468 km s^{-1} with a standard

Table 5-3
Plasma Characteristics of Solar Wind Flows

	Average		Low Speed		High Speed	
Parameter	Mean	σ	Mean	σ	Mean	σ
N_p (cm^{-3})	8.7	6.6	11.9	4.5	3.9	0.6
V_p (km s^{-1})	468	116	327	15	702	32
$N_p V_p$ (cm^{-2} s^{-1})	4.1×10^8	2.4×10^8	3.9×10^8	1.5×10^8	2.7×10^8	0.4×10^8
T_p (K)	1.2×10^5	0.9×10^5	$.34 \times 10^5$	$.15 \times 10^5$	2.3×10^5	0.3×10^5
T_e (K)	1.4×10^5	0.4×10^5	1.3×10^5	0.3×10^5	1.0×10^5	0.1×10^5

Table 5-4
Radial Energy Flux of Various Types of Solar Wind Flows (ergs cm^{-2} s^{-1})

	Average		Low Speed		High Speed	
Parameter	Mean	σ	Mean	σ	Mean	σ
$N_p V_p (GM_\odot m_p/R_\odot)$	1.21	0.8	1.24	0.5	0.86	0.1
$N_p V_p (\frac{1}{2} m_p V_{pce}^2)$	0.70	0.5	0.35	0.1	1.13	0.2
$N_\alpha V_\alpha (GM_\odot m_\alpha/R_\odot)$	.188	0.20	.180	0.08	0.168	0.036
$N_\alpha V_\alpha (\frac{1}{2} m_\alpha V_\alpha^2)$	.132	0.12	0.052	0.032	0.216	0.04
$2.5 N_p V_p k T_p$	0.016	0.02	0.0043	0.002	0.023	0.05
$2.5 N_e V_e k T_e$	0.018	0.02	0.016	0.07	0.010	0.002
$2.5 N_\alpha V_\alpha k T_\alpha$	0.0035	0.005	0.0005	0.0004	0.0066	0.003
$V_p (B^2/8\pi)^a$	0.008	----	0.0056	----	0.012	----
$1.5 N_p V_p (m_p < \delta V_p^2 >)$	0.0057	0.02	0.0010	0.0006	0.0096	0.006
$\bar{Q}_e \cdot \hat{r}$	0.0043	0.003	0.0027	0.001	0.0032	0.0006
$\bar{Q}_p \cdot \hat{r}$	1.3×10^{-4}	2×10^{-4}	2.9×10^{-5}	2×10^{-5}	2.3×10^{-4}	9×10^{-5}
Total at 1 AU	2.29		1.85		2.44	
Total at Sun[b]	9.5×10^4		7.8×10^4		9.9×10^4	

[a]Calculated by assuming $< V_p B^2/8\pi > \; = \; < V_p > < B^2/8\pi >$ where $< B^2/8\pi >$ is assumed to be the same for all three flow conditions and given by Formisano et al., 1974.

[b]Assuming radial flow.

Note: Definition of constants: G is the gravitational constant, $M_\odot$ is the mass of the Sun, and $R_\odot$ is the solar radius.

Source: Feldman, W.C., Asbridge, J.R., Bame, S.J., Gosling, J.T., 1977, *The Solar Output and its Variation,* O.R. White, ed. (Boulder: Colorado Associated University Press, 1977), pp. 351-382.

deviation of 116 km s^{-1}. The rest of this article uses the terms "high speed" and "low speed" for winds having speeds one standard deviation or more higher or lower, respectively, than the average, namely higher than 600 or lower than 350 km s^{-1}.

The energy fluxes listed in Table 5-4 are in vertical order: proton gravitational, proton kinetic, alpha gravitational, alpha kinetic, proton enthalpy, electron enthalpy, alpha enthalpy, magnetic field Alfvén proton turbulence, electron heat conduction, proton heat conduction. Note that the proton gravitational and the proton kinetic energy fluxes together account for 90 percent of the total flux.

The distribution of wind speed has been measured throughout the last solar cycle. The mean speed hardly varies, but just before the minimum of solar activity speeds of up to 800 km s^{-1} appear. This tail of the distribution represents high speed streams in the solar wind. A stream is a coherent structure having a characteristic profile of temperature, density, velocity, and magnetic field at Earth (Gosling et al., 1972). It rotates past the Earth with the equatorial period of rotation of the photosphere, namely 27.1 days. A sample of 19 large streams with maximum velocities exceeding 650 km s^{-1} was examined by Feldman et al. (1976). They had widths in solar longitude ranging from 48° to 159° with an average of 89°. Streams are observed at all phases of the cycle but the most stable streams occur during the declining phase. For example, one stream in 1973-1974 lasted for at least 16 solar rotations.

The association between streams and large coronal holes was investigated thoroughly, using data obtained before (Feldman et al., 1973; Neupert and Pizzo, 1974) and during (Bohlin, 1977) the Skylab mission. The correlation coefficient is better than 0.8 which strongly suggests that the streams originate in the coronal holes and essentially nowhere else. The lifetime and stability of streams closely parallel those of their associated holes. Although Solar Cycle 20, from which these data were obtained, may not be typical of all cycles, Gosling et al. (1976) were so impressed with the strength and stability of wind streams during 1974 that they suggested that the basic characteristic of the solar wind in the absence of confining magnetic fields is high speed. The picture that prevailed until recently of a "normal" slow speed wind in which are embedded high speed streams is gradually changing. Some slow wind may arise from the same coronal source as high speed wind, namely coronal holes. But the coronal origins of slow wind are still uncertain. This point is discussed later in this chapter.

As might be expected, there are fluctuations in the interplanetary magnetic field. Surprisingly, however, not all the fluctuations are random. Belcher and Davis (1971) and Belcher, Davis, and Smith (1969) showed that at least 50 percent of the time in a 5-month set of observations from Mariner V, large amplitude Alfvén waves are detectable in the solar wind. Since these waves are currently among the best prospects as the source of the heating and acceleration of the wind, a little more discussion will be devoted to them at this point.

The waves were identified from the expected correlation between velocity fluctuations and magnetic field fluctuations. The correlation coefficient exceeds 0.8 for 3 hours or more at a time. An additional signature is the lack of any correlation between density fluctuations and velocity fluctuations. The sign of the correlation between the velocity and the magnetic field indicates outward propagation from the Sun. The magnetic amplitude (ΔB) is large, (i.e. $\Delta B/B$ = 0.5) and the energy density $(\Delta B)^2/8\pi$ is of the same order of magnitude as the thermal energy density of the wind. The wave periods range between a few tens of minutes to 16 hours, with a power spectrum that falls off with frequency with an index of 1.5 to 2.2.

Burlaga and Turner (1976) have reexamined the evidence for Alfvén waves using more recent data from IMP 1. Fluctuations having most of the characteristics of large amplitude Alfvén waves were observed approximately 40 percent of the time and moved away from the Sun nearly along the field direction. They suggest, however, that these are not pure transverse Alfvén waves because they were accompanied by nonzero fluctuations in the magnetic field strength. The waves may be elliptically polarized or possibly coupled in some way to the fast mode MHD waves. No simple relation between these waves and streams was found.

As Table 5-2 shows, the energy flux in Alfvén waves at 1 AU is a trivial fraction of the total energy flux. It has been argued that this flux is merely a remnant of a much larger incident flux that is effective in heating and accelerating the wind (see, e.g. Belcher, 1971). Hollweg in Chapter 15 returns to this theme.

Beyond a distance of several solar radii from the solar surface, the wind flows radially outward. Because of the high electrical conductivity of the plasma the interplanetary magnetic field cannot slip relative to the plasma: it is "frozen in." However, the magnetic field is rooted in the rotating photosphere. As a result, the interplanetary field takes the shape of an Archimedes spiral. Each field line is the locus of material arriving from a fixed point in the corona. The spiral field pattern rotates with the Sun at a 27-day period. The radial motion of the plasma mimics the motion of a phonograph stylus that follows the rotating spiral pattern of the grooves in a phonograph record.

Near the Earth, the interplanetary magnetic field is organized into two or four "sectors" (Wilcox and Ness, 1965; Svalgaard and Wilcox, 1975). In each sector one magnetic polarity predominates, and the polarity alternates from one sector to the next. The pattern of sectors can persist for several years and the solar longitude of the sector boundaries remains relatively constant. High speed streams are related to, but are not identical with, the sectors. They lie within sectors and they are unipolar. However, the interplanetary magnetic field sectors last longer.

The question of how and where on the Sun the interplanetary magnetic field originates is still highly controversial. The Stanford group points to a large-scale stable magnetic field structure in the photosphere which corresponds to sector boundaries in the interplanetary magnetic field (Svalgaard et al., 1975). They have developed a schematic representation of the radial variation of the slope of the sector boundaries, from approximately parallel to the solar meridian at the photosphere, to nearly parallel to the ecliptic near the Earth (Svalgaard and Wilcox, 1978).

Hundhausen (1977) has offered a different model of the interplanetary magnetic field, based on the Skylab observations preceding solar minimum and 20 years of observations of the white light corona (Hundhausen et al., forthcoming). He suggests that the interplanetary magnetic field has roughly the shape of a dipole. The field lines are rooted in the unipolar coronal holes that cover large portions of the northern and southern hemispheres. The field lines loop across the solar equator as a belt of arcades or streamers. At several radii from the Sun, however, the field lines from mid latitudes approach a warped current sheet which separates the northern from the southern magnetic polarities in the heliosphere (see Figure 5-5). The axis of this dipole is tipped with respect to the rotation axis of the Sun. As the dipole rotates, the "wrinkles" in the current sheet sweep past the Earth. One therefore detects a rapid alternation

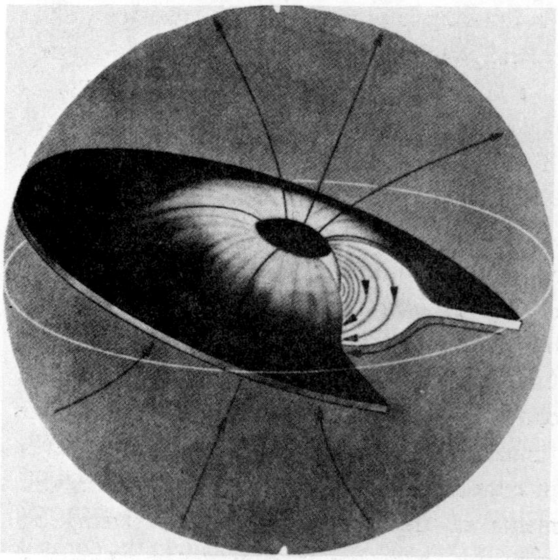

Figure 5-5. Hundhausen's model of the coronal magnetic field as a dipole tipped with respect to the solar rotation axis. Reprinted by courtesy of A.J. Hundhausen and the Colorado Associated University Press.

of magnetic polarity. According to this picture, the wind near the Earth originates from mid or high solar latitudes. This picture must certainly be modified to include equatorial coronal holes and their associated wind streams, but the essential features of polar flow and polar fields dominating the wind near Earth seem to account for much of the structure observed during the last solar cycle, except for the maximum itself.

DETAILS

This section discusses in more detail two types of coronal structures, characterized by open and closed magnetic fields. These are the holes and the loops, respectively. It is our aim to present those observations that bear on the four large questions with which this chapter was introduced.

Coronal Holes

Location and Magnitude of Stream Acceleration. A coronal hole is an extended region of reduced emission in white light, extreme ultraviolet radiation, and X-rays, as shown in Figure 5-1. Since for each of these three kinds of radiation the intensity is proportional to either the first or second power of the electron density, the dimness of a coronal hole implies that it is essentially a region of reduced gas density. Detailed analysis of the observations supports this conclusion.

Holes are primarily interesting because of their strong association with high speed wind streams. Shortly before the Skylab mission, Krieger et al. (1973) showed that the reappearances of a high speed wind stream that was observed near the Earth coincided with the recurrence of a large coronal hole. The Skylab mission happened to be timed perfectly to observe a whole sequence of large coronal holes. When concurrent measurements of the wind velocity and density are compared with the time sequence on coronal holes, an association of better than 80 percent was established. One can conclude that almost every high speed wind stream originates in a coronal hole. Since the gas in a coronal hole expands into space, it is not surprising that the hole's equilibrium gas density is lower than that of its surroundings.

Munro and Jackson (1977), in a landmark paper, were able to derive the radial distribution of electron density and cross-sectional area within a large polar coronal hole from Skylab observations of the scattered white light continuum. First, using a sequence of photographs spanning several months, they established the shape of coronal structures that form the boundaries of holes. They found that this particular hole was axially symmetrical about the rotation axis of the Sun and had the shape of an expanding nozzle. At a height of two solar radii, the cross-sectional area of the hole was seven times larger than if the hole merely extended outward from the photosphere along solar radii. From the intensity and polarization of white light, Munro and Jackson determined the electron density distribution out to six solar radii. Figure 5-6 shows the profile of electron density that they found along the hole axis. The electron density at a height of one solar radius is roughly one-third of the density in closed field structures near the boundary of a hole.

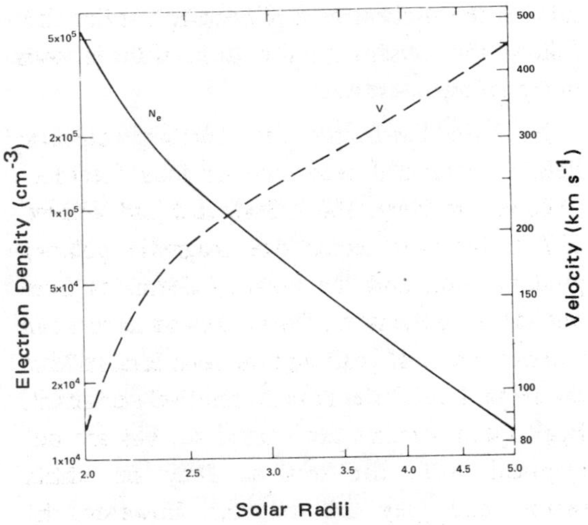

Figure 5-6. Electron density and velocity on the axis of the north polar coronal hole during the Skylab mission. Solid line, electron density; dashed line, velocity. Reprinted by courtesy of R.H. Munro and B.V. Jackson and The Astrophysical Journal.

Measurements of the scintillation of galactic radio sources as they pass behind the Sun contain information on wind speeds within 20 solar radii. The scintillation arises from variations in the index of refraction of the wind plasma. Such measurements by Coles, Rickett, Sime, and their collaborators (1976) and Coles and Rickett (1976) have established that the polar coronal holes are indeed a source of fast wind, with speeds up to 800 km s^{-1}. The particle fluxes in streams near the Earth have been measured from spacecraft. These fluxes can be extrapolated back to the source coronal holes by taking account of the ratio of the cross sections of the stream and the hole. The results indicate that particle fluxes within large holes do not vary much. Munro and Jackson assumed a typical value for the particle flux from a coronal hole (3×10^8 protons cm^{-2} s^{-1}) and applied the equation of continuity to derive the velocity distribution along the axis of the hole from their measured electron densities and cross-sectional areas. The curve in Figure 5-6 shows their results.

The essential point here is that the stream velocity accelerates to 450 km s^{-1}, that is, to more than half its value near the Earth, within the first 5 solar radii. As will be shown a little further on, a reasonable guess for the maximum electron temperature within the hole is about 2×10^6 K, corresponding to a sound velocity of 240 km s^{-1}. Thus, the sonic point is located between 2 and 3 solar radii in the hole that Munro and Jackson studied. The acceleration in the first 2 solar radii is exceedingly large and sets a strong constraint on any theoretical models of coronal expansion.

As yet there are no in situ measurements of the wind velocity profile in the region of wind acceleration, that is, within 10 solar radii. However, recent observations of spacecraft telemetry signals contain information on it. Helios I and Helios II are two spacecraft, launched in 1975 and 1976, respectively, that passed behind the Sun in the ecliptical plane. The telemetry signals from these spacecraft were monochromatic with a frequency of 2.3 GHz and were linearly polarized. The ray path from the Helios I passed the Sun at a heliocentric distance of 1.7 solar radii. The solar wind along the ray scatters the radio waves and decreases the angular resolution of the source and also introduces spectral and phase scintillation. From an analysis of these signals, Woo (1978) derived a velocity profile of the average equatorial wind between 1.7 and 20 solar radii. The dotted curve in Figure 5-6 compares his results with those of Munro and Jackson (1977). Woo's wind speeds are smaller than those of Munro and Jackson by a factor of about 2. However, considering that Woo's observations relate to the ecliptic and Munro-Jackson's to the pole, one cannot say that the two results disagree.

From the variance of the phase scintillation, Woo was able to determine the radial variation of mass flux ($N_p V$) as approximately $r^{-1.8}$, and of V as $r^{0.3}$ in the equatorial region between 20 and 180 solar radii. Extending the velocity profile shown in Figure 5-6 to 1 AU with a radial variation of $r^{0.3}$, Woo calculates a wind speed of 510 km s^{-1}, in good agreement with near-Earth spacecraft measurements in 1975. An $r^{-1.8}$ variation of the mass flux implies converging flow near the equator, which is consistent with Hundhausen's (1977) picture of the warped magnetic dipole.

With profiles of the density, velocity, and cross-sectional area in hand, Munro and Jackson (1977) were also able to derive the gradient of total pressure using the momentum equation. The total pressure is the sum of the gas pressure and the pressure produced by any mechanical waves such as sound, fast mode, and Alfvén. Neglecting the latter, Munro and Jackson integrated their empirical pressure gradient and, using the perfect gas law, derived an upper limit to the kinetic temperature distribution, with only one free parameter: the total pressure at the base of a hole. They found that these upper limits to the temperature peak at a value exceeding 3×10^6 K beyond 3 solar radii. Unfortunately, there are no spectroscopic observations available at present from which to determine the maximum coronal temperature. What observations do exist, described in the next section, suggest that the coronal hole temperature is no higher than about 1.5×10^6 K. Munro and Jackson concluded therefore that no significant fraction of the total pressure can be attributed to gas pressure. In other words, it is very likely that wave pressure is important within the coronal hole above a height of 3 solar radii. This finding supports the conjectures (Belcher, 1971; Hollweg, 1973) that waves in the corona transfer momentum to the gas and accelerate it, especially beyond the sonic point.

To verify the results of Munro and Jackson, and to understand the mechanisms responsible for coronal expansion, it is important to establish the minimum height at which persistent flow can be detected. The data relating to this point do not give a unique answer. Doschek et al. (1976) measured shifts of transition zone lines relative to photospheric lines in EUV spectra obtained by Skylab. The velocities they find are either insignificantly small (i.e. less than 2 km s^{-1}) or in a few cases significant (15 km s^{-1} or less) but predominantly downward. Their results have been criticized because the slit of their spectrograph covered an area 2 X 60 arcsec on the Sun, and thus averaged over much of the velocity fine structure that is known to exist from other observations. Doppler velocities of Fe XII 1349 Å were detected by Brueckner et al. (1977) on EUV spectra with a spatial resolution of 1 arcsec. Both red and blue shifts were observed. Although no coronal hole was present on their spectrograms, outward velocities of 2 to 12 km s^{-1} were observed everywhere in the quiet corona. In the transition zone, both upward and downward velocities with magnitudes as large as 20 km s^{-1} were observed in C IV 1550 Å which is formed at a temperature of about 10^5 K. Cushman and Rense (1976) measured the Doppler shift of three coronal lines within a coronal hole: Si XI 303 Å, Mg X 610 Å, and Mg IX 368 Å. A shift of these lines corresponding to a persistent outward flow on the order of about 10 km s^{-1} has been observed at the base of the corona where the temperature is on the order of 1.2×10^6 K. However, in the transition zone the material is moving both up and down over spatial scales of a few arcsec. If one adopts the speed of 16 km s^{-1} found by Cushman and Rense (1976) and combines it with estimates of the density in the region where Si XI is formed, one finds a mass flux that is about three times larger than the typical values for high speed wind streams (see Table 5-3).

Whether the wind loss should be observable in the chromosphere depends on the geometry adopted for the flow. The results of Brueckner et al. (1977) indicate that the circulation of the transition zone may be quite complex on a scale of several arcsec. One can obtain a useful estimate, however, by assuming uniform flow. If one adopts typical values for the mass flux (10^{14} protons cm^{-2} s^{-1}) and proton density (10^{11} cm^{-3}), one finds a mean wind speed in the chromosphere of 10 m s^{-1}. If on the other hand, the mass loss is nonuniform in the chromosphere (e.g., confined to some portion of the coarse network), the speed estimate rises proportionally.

Energy Balance in Coronal Holes. Since a steady state prevails in a coronal hole, the energy losses must balance the energy gains at every point. The equation

$$\nabla \cdot (F_c + F_r + F_e + F_g + F_k + F_b + F_w + F_0) = 0 \qquad (5\text{-}1)$$

expresses this requirement mathematically. Here the successive terms represent the fluxes of heat conduction, radiation, enthalpy, gravitational energy, kinetic energy, magnetic energy, and wave energy. The final term $\nabla \cdot F_0$ represents the energy injected by all other sources such as electrical currents. If sufficiently detailed spectroscopic observations of a coronal hole were available, it might be possible, in principle, to estimate the energy losses and, also, energy gains at each point and then see whether they balance. We are very far from having such detailed information, however. What is possible at the present time is to estimate the total losses for the coronal hole. One can visualize the hole and the stream as parts of a long bundle of magnetic flux that stretches from the Sun to the Earth. Observations of the wind near the Earth specify the energy losses through the cross section of the flux tube at 1 AU (see Table 5-5). Spectroscopic observations of the coronal hole and its transition zone specify energy losses across the inner boundary. From these two terms one can get the total energy loss and, therefore, the total input required.

We begin with an estimate of the loss by heat conduction down through the transition zone. If we approximate the transition zone as a plane parallel layer and adopt the Spitzer-Härm expression for the coefficient of heat conductivity, the conductive flux is given by

$$F_c = 10^{-6}\, T^{5/2}\, dT/dh. \qquad (5\text{-}2)$$

Thus, we need to know the temperature and the temperature gradient to estimate the conductive flux. Pottasch (1964) and Athay (1966) originated the following method for determining these quantities. They showed that the intensity of an optically thin spectral line formed in the transition zone was given by the following expression:

$$I = C \int N_e^2\, f(T) g(T) \frac{dh}{dT} T\, d \ln T. \qquad (5\text{-}3)$$

Here f and g are functions of electron temperature which describe the state of the excitation and ionization of the ion in question. The term C includes atomic constants and the chemical abundance of the element. The integral extends over the temperature range where the ion in question is abundant. If we factor mean values from the integral, we have

$$I = C\overline{N_e^2}\, \overline{f}\, \overline{g} < \frac{dh}{dT} > T\, \Delta \ln T. \qquad (5\text{-}4)$$

The quantity $\overline{N_e^2} < \frac{dh}{dT} > T$ is called the emission measure.

Table 5-5
Energy Losses From Coronal Holes[a]
(ergs cm^{-2} s^{-1})

	Through Transition Zone	Through Wind Stream At 1 AU
Heat conduction	5×10^4	----
Enthalpy	$(2.5 \times 10^5 - 2.5 \times 10^6)$	----
Wind	----	7×10^5 [b]
Total	$3.0 \times 10^5 - 2.6 \times 10^6$	7×10^5

[a]All values have been extrapolated to the solar surface ($R = R_\odot$).

[b]See Table 5-4, column for high speed wind stream. All values from there have been multiplied by a nonradial expansion factor of seven.

Thus, the intensity of a given line gives a measure of the inverse temperature gradient within the temperature interval over which the line is formed. An average value of N_e^2 and theoretical values for f and g appropriate to the temperature interval are used. The use of lines formed at different temperature intervals gives the inverse temperature as a function of height. Variations of this technique have been developed by several authors (Withbroe, 1970; Jordan, 1976; Mariska and Withbroe, 1975). Here the process is inverted to predict temperature profiles that are determined by three free parameters: the (constant) conductive flux, the electron pressure, and the coronal temperature. The parameters are varied until the temperature profile predicts line intensities, via Equation (5-3), that are consistent with observations.

Mariska (1976) has used EUV observations of a polar coronal hole obtained during Skylab to derive the heat flux in the transition zone. He used observations of O VI, Ne VIII, Mg X, A1 XI, and Si XII. He found a value for the conductive heat flux (5×10^4 ergs cm^{-2} s^{-1}) that is an order of magnitude smaller than the flux through the transition zone in regions outside the hole. This result confirms the earlier conclusions of Munro and Withbroe (1972) which were based on OSO-4 observations. Basically the temperature gradient in the transition zone of a coronal hole is an order of magnitude smaller than that in the quiet Sun, that is, the zone is roughly ten times thicker. This increased thickness offsets the lower electron pressure to give essentially the same intensities for the transition zone lines. Mariska also finds an electron density of 2×10^8 cm^3 at 1.03 solar radii and a temperature of about 10^6 K at the top of the transition zone (the "coronal" temperature).

Mariska's observations refer to the same coronal hole that Munro and Jackson studied. Munro and Mariska (1977) have constructed a model for the temperature and density variation in this hole that is consistent with the ultraviolet and white light observations from Skylab and extends from 1.05 to 5 solar radii. Note that available radio and EUV observations of a large coronal hole are not consistent (Dulk et al., 1977). Models derived from the EUV spectrum lines lead to too much radio emission. In other words, the electron densities derived from the EUV models are roughly three times the electron densities derived from the radio results. It is conceivable but improbable that a model consistent with all the observations, including the radio data, would have a conductive flux markedly different from that derived by Mariska (1976). This flux has been entered in Table 5-5 as one of the two principal energy losses from the hole through the transition zone.

As was noted earlier, several investigators have found persistent downflow in the transition zone network. Brueckner et al. (1977) finds downward velocities on the order of 10 km s^{-1} in the C IV line formed at a temperature of 10^5 K. Doschek et al. (1976) found downward velocities of about 15 km s^{-1} from lines formed in the transition zone between temperatures of 7×10^4 and 2×10^5 K.. Lites et al. (1976) and November et al. (1976) found flow speeds of 2 to 3 km s^{-1} for Si II formed at about 1.2×10^4 K and 5 km s^{-1} for the Si IV line formed at 6×10^4 K. This downflow carries hot coronal material into the transition zone and chromosphere where its energy is radiated. The energy carried by the downflow consists of two parts: thermal energy (internal degrees of freedom) and flow work. The sum is the enthalpy. Pneuman and Kopp (1978) have estimated the downward flux of enthalpy. They compute the ratio of the enthalpy flux to the thermal conduction flux as

$$R = \frac{5kTq}{6 \times 10^{-7} AT^{5/2}\, dT/dh} \qquad (5\text{-}5)$$

where $q = N_e VA$ is the surface average of the downward electron flux and A is the fractional surface of the Sun occupied by the network. The flux in a transition zone spectral line can be related to the observed emission measure, E, which equals $AN_e^2 T \langle dh/dT \rangle$. Thus, dT/dh in Equation 5-5 can be eliminated using the observed emission measure to give the following equation:

$$R = 8.4 \times 10^6 \frac{kV^2E}{qt^{5/2}} \qquad (5\text{-}6)$$

By substituting the observed values for the parameters in this expression, Pneuman and Kopp found that the enthalpy flux is 5 to 50 times larger than the conductive flux and therefore dominates the loss from the corona to the transition zone. This conclusion rests on the assumption that the total area of the network moves down at about 10 km s^{-1}, but this has not yet been established by observations. They proceed to develop a theoretical transition zone model based upon energy carried down by downflowing material. Their estimate of the enthalpy flux has been entered in parentheses in Table 5-5 to indicate its possible importance.

We turn next to the losses of the hole stream system across the outer boundary, that is, the cross section at the Earth's orbit where in situ measurements have been made. Table 5-3 lists the fluxes of energy of different types that flow across this surface, as compiled by Feldman et al. (1977). The data relate to streams whose speed was above 650 km s^{-1}. The two largest fluxes are those of bulk kinetic energy and gravitational energy. All the other fluxes are smaller by at least an order of magnitude. The total flux at 1 AU, 2.15 ergs cm^{-2} s^{-1} was extrapolated back to the Sun assuming a nonradial expansion factor (area ratio) of seven within the coronal hole.

The total energy that must be supplied to the coronal hole consists of 7×10^5 ergs $cm^{-2}s^{-1}$ for the wind losses and 2.5×10^5 to 2.5×10^6 ergs cm^{-2} s^{-1} for the losses to the transition zone, for a grand total of 1×10^6 to 3×10^6 ergs cm^{-2} s^{-1}. The principal uncertainty in these numbers is that in the downward particle flux that enters the estimate of the enthalpy flux. Without the enthalpy flux the fraction of total energy carried away in the wind is over 90 percent, which would imply a very efficient conversion of the deposited energy in the bulk flow of the wind.

As we can see from Table 5-5 we have reasonable estimates, based on empirical data, of the energy losses from a coronal hole. The situation is very different for estimates of the energy gain, however. Until recently, the most popular explanation for the heating of the corona was the dissipation of some sort of wave (such as acoustic, fast mode, or Alfvén) that is generated in the photosphere or chromosphere. However, all attempts to detect such waves in the corona by monitoring the brightness of coronal spectral lines or continuum have been unsuccessful. It has proved more profitable to estimate the flux of sound waves propagating upward into the corona from measurements in the transition zone.

White and Athay (1979) have studied the properties of propagating compressional waves that have been detected from observations of fluctuations in the intensity and Doppler shift of the Si II lines and C IV resonance lines from OSO-8. The Si II lines are thought to be formed at a height of about 1200 km in the chromosphere above the temperature minimum at a temperature of about 1.2×10^4 K. Oscillations occur in a broad frequency band from 2.5 to 9 mHz and are superimposed on a background of white noise that extends out to 30 mHz. Less than half of this noise is considered to be of solar origin. The oscillations with frequencies above 3 mHz appear to be propagating waves. The total power carried by waves with frequencies between 3 and 30 mHz amounts to only 1×10^4 ergs cm^{-2} s^{-1} averaged over the Sun. This is a small fraction of the amount needed in the upper chromosphere and corona.

In a second paper, Athay and White (1979) consider the intensity fluctuations of the C IV 1548 Å line, which is formed at a temperature of about 10^5 K. Eighty percent of the time the intensity fluctuates aperiodically with an average interval of 5 minutes. Twenty percent of the time, the intensity fluctuations are periodic and have frequencies in the 3 to 5 mHz band. The phase delay between intensity fluctuations observed in the continuum and the line are consistent with the interpretation that both the periodic and aperiodic fluctuations are caused by vertically propagating sound waves. However, the total flux carried by these waves is again only about 1×10^4 ergs cm^{-2} s^{-1}, far too small to heat the corona. For more details on this work, the reader should consult Athay, Chapter 4.

The possibility that Alfvén waves heat the corona has been raised by the fact that they have been observed in the solar wind near the Earth. They have been interpreted as the remnants of a large flux of Alfvén waves that are generated in the photosphere or chromosphere and that heat the corona. In The Wind the observed properties of Alfvén waves near to Earth are described. Estimated here will be the velocity amplitude of Alfvén waves in the chromosphere that is needed for them to heat the corona. The energy flux of Alfvén waves is $A V_{Alf} (\Delta B)^2/8\pi$, where A is the fractional surface of the Sun covered by the network. The magnetic field amplitude and the velocity amplitude are related by $(\Delta B)^2 = (\Delta V)^2 4\pi\rho$. Consider waves in the chromosphere (where the particle density is 10^{11} cm^{-3}) which carry a minimum flux of 10^6 ergs cm^{-2} s^{-1}. From the two preceding equations we have $\Delta V > 10^6/(AB)^{1/2}$. Reasonable guesses for the product AB lie in the range 10 to 100 and these correspond to $\Delta V > 1 - 3$ km s^{-1}. These amplitudes are very easily detectable. In fact, it would be surprising if Alfvén waves with such amplitudes had been overlooked by observers. In the section on loops below, attempts to estimate the velocity amplitude of Alfvén waves in loops above sunspots will be considered.

To summarize this discussion, we are able to estimate the total energy losses from a coronal hole, but not the variation of the losses with height. The mechanism of coronal heating has not been established observationally, but at least one good possibility, acoustic waves, seems to be ruled out. If Alfvén waves carry most of the energy to heat the corona and accelerate the wind, they should be easily detectable in the chromosphere. No evidence, however, suggests they are present in the required amount.

The temperature profile of a coronal hole and its wind stream, from the transition zone right out to the orbit of Earth, would serve as a powerful constraint on models of coronal energy balance. The spectroscopic data obtained from space so far are restricted to less than two solar radii. As a result we are ignorant of the maximum coronal temperature and its location. In situ measurements have been made between 0.3 and 1 AU by the Helios satellite but these results have not been published yet.

Bame et al. (1975) have estimated the maximum temperature and temperature gradient in the corona up to 3 solar radii from measurements of the heavy ion content of the slow solar wind. The state of ionization in the wind observed near Earth is determined basically by collisional ionizations and recombinations in the vicinity of 1.5 to 3 solar radii. At greater distances from the Sun, the mean free path of the heavy ions is comparable to 1 AU so that the state of ionization is "frozen in." The rates of recombination and ionization differ for each stage of ionization of a given element. If all the scale time for recombination and ionization are much smaller than the time required for the gas to expand through a scale height of temperature, the state of ionization of the element will adjust to the local temperature. If, on the other hand, some of the scale times are comparable to or larger than the temperature scale time, the state of ionization of a given element observed at Earth will reflect the temperature gradient. Since the various stages of ionization of the different elements freeze in at different heights, the distribution of ionization observed near the Earth contains information about the temperature gradient over considerable distances.

Bame et al. used a dynamic equation of ionization equilibrium, adopted typical coronal electron densities from Newkirk (1967), and assumed a power law radial dependence of temperature, $T = T_0 (R/r)^\alpha$. Their data consist of relative abundances of Fe VIII to Fe XIII, Si VII to Si IX, and S VIII to S X. The best fit for the data gives an average freezing-in temperature near 1.5×10^6 K at 2.4 to 3.9 solar radii. Values for T_0 range from 1.7 to 2.5×10^6. The temperature gradient parameter, α, lay between 0.20 and 0.41. The oxygen and nitrogen lines, which freeze in at a distance of R = 1.5 solar radii, yield a temperature of 2.1×10^6 K. The actual numerical values probably do not apply to wind streams because the Newkirk (1967) density law and spherical symmetry were assumed and the observations were obtained for a slow wind. However, the method has real promise; it is hoped that it can be repeated for a high speed wind stream.

Beckers and Chipman (1974) have shown that the profile and polarization of the Lα line scattered in the solar corona contain information on coronal temperature variations, solar wind speed and other nonthermal motions. Munro et al. (1979) have observed the profile of the Lα line in an attempt to determine the temperature profile in characteristic coronal regions within a radius of the limb. The flight of the rocket was successful but the results have not been published yet.

The Role of the Magnetic Field. The coronal magnetic field has three principal effects on the transport of momentum and energy within a coronal hole. First, the open field in a hole allows the corona to expand as a stream. Second, the field serves to channel both wave energy and heat conduction. Third, as a consequence of the nonradial expansion, a lower density in the corona, a coronal hole, is shown to result.

As was shown earlier, Alfvén waves have become popular as an explanation of coronal heating and acceleration. They will naturally propagate in regions of high Alfvén speeds, namely, regions of high magnetic field strength. The energy flux that can be carried by an Alfvén wave is directly porportional to the Alfvén speed. If the perturbation ΔB is large (i.e. $\Delta B \sim B$), then the energy flux in an Alfvén wave is proportional to the cube of the static field strength. Moreover, the Alfvén wave is just one example of an MHD wave whose propagation properties are controlled by the orientation and strength of a magnetic field. Fast mode waves tend to propagate isotropically but slow mode waves propagate preferentially along the field lines.

In the corona, where the gyro frequency of electrons is large compared to the collision frequency, heat conduction naturally tends to follow the field lines. As has been shown, the coarse chromospheric network seems to persist through the transition zone but vanishes in the corona. This implies that the open magnetic field diverges sharply from the chromospheric network and expands to fill the coronal hole uniformly. The diverging field lines will channel the downward coronal heat flux preferentially into the network. Kopp and Kuperus (1968) and Gabriel (1976) have constructed models of the transition zone based on this concept.

It has been illustrated that a particular coronal hole studied by Munro and Jackson (1977) has the shape of an expanding nozzle. They found a value of seven for the nonradial expansion factor, the factor by which the cross-sectional area of the hole increases more rapidly than r^2. Levine et al. (1977) have modeled the magnetic field in coronal holes, using the potential field method. Figure 5-7 illustrates a typical result. In this diagram all field lines that loop back to the Sun within one solar radius are suppressed and only the open field lines are shown. With few exceptions, the open field lines originate in the coronal holes. The expansion factors Levine et al. (1977) find are much larger than seven (they range up to several hundred) but certainly confirm the result that a typical hole has a nozzle shape. This shape influences the details of coronal expansion (see Kopp, Chapter 16). A higher energy flux across the base of the hole is needed to accelerate the wind to a given speed in a

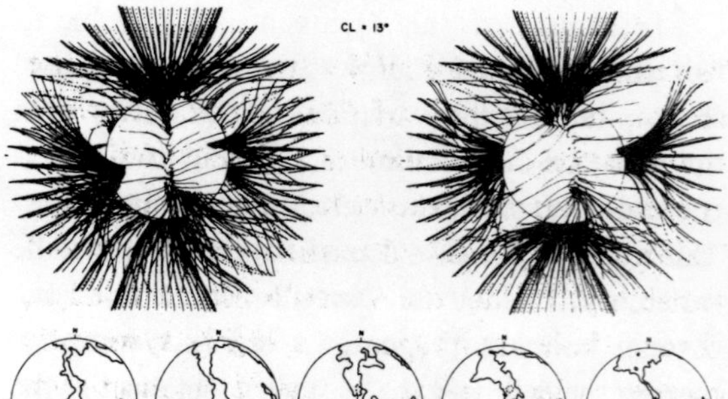

Figure 5-7. Open magnetic field lines in the corona computed from photospheric field measurements. The open lines are rooted mainly in coronal holes. Reprinted by courtesy of R.H. Levine et al. and The Astrophysical Journal.

nonradially expanding nozzle than in a radially expanding nozzle. If sufficient energy is available, however, the sonic point drops within such nonradially expanding nozzles. As a result the electron density also drops and a coronal hole is present. Kopp and Holzer (1976) have suggested that the nozzle shape is therefore crucial to the formation of a low density hole.

How the nozzle shape develops is another matter. Is the configuration of the magnetic field controlled solely by subsurface electrical currents or partly by the interaction of the wind and the magnetic field? Rough estimates of the ratio of the energy density of the magnetic field and of the bulk flow of the stream suggest that the back reaction of the flow on the field is small within distances of a few solar radii of the surface where the difference from nonradial geometry is greatest.

An expanding field geometry tends to slow down the wind. Levine et al. (1977) found an inverse correlation between the wind speed and the nonradial expansion factor as determined from potential field calculations. It is possible therefore that both high speed and low speed winds originate from coronal holes. However, active regions also contain open magnetic field lines (Levine et al., 1977) so slow wind may originate from active regions. At the moment, however, the coronal sources of slow wind are less well known than those of fast wind.

Patterns of Coronal Holes Development. The section on Overview of Observations described the variation of the number, size, and lifetime of coronal holes throughout the 11-year solar cycle. This might be described as a long-term pattern of variability. During the 9-month Skylab mission, coronal holes developed in a highly systematic manner which might be called a short-term pattern of variability. It should be emphasized at the outset that this pattern has not been detected subsequently but it was so clear during Skylab that it deserves an explanation, whether or not it is typical.

Figure 5-8, due to McIntosh (1977), shows the pattern. Time increases vertically downward. Solar longitude in the Carrington frame runs along the horizontal axis. Each point of the diagram displays the magnetic polarity at 20° N latitude at a fixed time and longitude. Large persistent unipolar magnetic cells extend downward through the diagram. Coronal holes that extend to 20°N latitude appear as black or shaded patches.

Several interesting points emerge from a study of this diagram. First, a coronal hole forms in a unipolar magnetic cell only after the cell extends at least 30° in longitude. The holes disappear when the cells become narrower than 30°. Second, each new hole is born in the next positive magnetic cell to the east. Third, all the holes that form in the northern hemisphere are extensions of the polar hole and have the same magnetic polarity. (In the southern hemisphere, all the holes appear in cells with negative polarity.) This behavior is clear evidence for a systematic global magnetic process. The formation of unipolar cells seems to be associated with the eruption and merging of active regions in the opposite hemisphere (see Bohlin and Sheeley, 1978). Some mechanism, however, perhaps a subsurface dynamo, controls where active regions will appear (and perhaps their lifetimes) in order to produce the regular eastward progression of coronal holes.

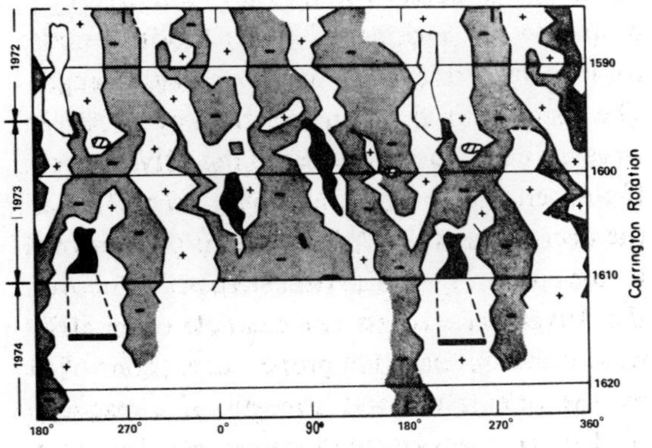

Figure 5-8. The eastward progression of the appearance of new coronal holes during the Skylab mission. Reprinted by courtesy of P.S. McIntosh of the National Oceanic and Atmospheric Administration, R.H. Levine, and the Colorado Associated University Press.

Loops

In this section observations and empirical models of coronal loops that bear on the problems of coronal energy balance, coronal mass balance, and the structure of the coronal magnetic field are examined. Much of the information supplied refers to loops in active regions, simply because they are brighter and easier to observe. Processes occurring in stable loops in the quiet corona and active regions may not differ qualitatively, however. This discussion will only review steady-state equilibria and will avoid the complications of flare and postflare phenomena.

Temperature and Density Structure and Energy Balance in Active Regions. Descriptions of the temperature and density structure of active regions vary in detail, according to the spatial resolution of the observations from which they derive. The simplest description consists of the emission measure as a function of temperature, averaged over the whole region. With additional assumptions, the emission measure has been used to construct models with plane parallel or more complicated geometries, giving the temperature and density as functions of position. When individual loops can be resolved, either mean values or radial and longitudinal variation of temperature and density can be derived.

Table 5-6 compares the emission measure as a function of temperature in active regions and for a quiet coronal hemisphere. In the active regions the emission measure peaks at about 2×10^6 K, but material exists at temperatures as high as 8 or 9×10^6 K. In the quiet corona, most of the material is cooler than 2×10^6 K.

The overall structure of active regions seems to consist of a hot core and a cooler halo. The evidence for such a model comes from several investigations with only moderate spatial resolution. For example, Mason (1975) constructed a spherically symmetric model from the optical spectra of the coronal condensation observed at the 1952 eclipse. Using theoretical emission rates to interpret the relative line strengths, she found a temperature of 3×10^6 K and a density of $3 \times$

Table 5-6
Emission Measures[a] Given as Log (EM) in Active and Quiet Coronal Regions

	QUIET		ACTIVE		
Log *T*					
5.0	47.51[a]	48.0[c]	49.32[b]	50.02[b]	
5.3	47.96				
5.7	48.56				
6.0	49.01		50.82	51.52	48.90[d]
6.3		47.78	51.27	51.97	
6.5					49.30
6.7					48.60
6.95					47.48

[a] Emission measure in units of cm^{-5}.

[b] Jordan, C., 1976, *Phil. Trans. Roy. Soc.* **281**, 391.

[c] McKenzie, D.L. et al., 1978, *Ap. J.* **221**, 342.

[d] Walker, A.B.C. et al., 1974, *Ap. J.* **188**, 423.

10^8 cm^{-3} near the core, and 1.8 × 10^6 K and 3 × 10^8 cm^{-3} in the halo. Kurokawa (1975) assumed an axial geometry with 20 shells to represent the emission in three optically forbidden lines in a coronal condensation. In his model the temperature peaks at 2 × 10^6 K and the density at 5 × 10^9 cm^{-3} at a distance of 5 × 10^4 km from the axis.

Gabriel and Jordan (1975) observed the EUV spectrum of a large coronal arch and an unresolved core within an active region at the 1970 eclipse. They used line intensity ratios to determine electron temperature and density but ran into inconsistencies that required them to renormalize their theoretical calculations using the spectrum of the quiet Sun. Unlike the preceding two investigators, they found a rough correlation between electron density and temperature. Thus, in the core, log T = 6.23, log N_e = 9.58, while in the cool loop, log T = 5.97 and log N_e = 9.02.

Neupert et al. (1975) also observed a large active region loop or cluster of loops with moderate spatial resolution (10 × 20 arcsec). From the intensity ratio of permitted lines of Fe XV, Fe XVI, Mg VIII, and Mg IX, they determined the temperature profile within the loop. The top of the loop was hotter (2.1 to 2.6 × 10^6 K) than the legs. The average density, derived from the emission measure, was 7 × 10^9 cm^{-3}.

Foukal (1975) has carried out perhaps the most detailed empirical study of the thermodynamic structure of individual active region loops. His Skylab observations have a spatial resolution of 3500 km, that is, one sixth of the large diameter of the loops (2 × 10^4 km). The loops are measurably narrower in lines from low stages of ionization, which implies a radial gradient of temperature. Assuming axial symmetry and identifying the electron temperature with the ionization temperature at which a particular ion is most abundant, he determined the temperature distribution from the measured width of the loop in different spectrum lines. Then, from the emission measure at each temperature, he derived the electron density distribution. The density increases from 4 × 10^8 cm^{-3} at the axis to 1.4 × 10^9 cm^{-3} at the outer surface. Thus, the gas pressure rises along an outward radius. This result has interesting implications for the magnetic structure of the loops, to be discussed later.

Once the temperature and electron density distributions are known within a loop or within the active region as a whole, it becomes possible to analyze the energy balance. Several of the foregoing authors have done this. Jordan (1976) constructed plane parallel models for the transition zone and corona of active regions starting from the empirical relationship for emission measure as a function of temperature. Assuming hydrostatic equilibrium, the heat conduction equation, and a power law representation of the observed emission measure, she derived two-parameter models for five active regions. The models describe the variation of pressure and conductive flux with temperature and the variation of temperature with height. Since the active region is in equilibrium, the energy gained must equal the energy lost at each point or mathematically

$$\nabla \cdot \mathbf{F}_m = \nabla \cdot \mathbf{F}_r + \nabla \cdot \mathbf{F}_c \qquad (5\text{-}7)$$

where $\mathbf{F}_m$, $\mathbf{F}_r$, $\mathbf{F}_c$ are, respectively, mechanical, radiative, and heat conductive fluxes. The radiative losses, $\nabla \cdot \mathbf{F}_r$, depend on the pressure and the temperature in a known way (McWhirter et al., 1975; Cox and Tucker, 1969). The divergence of the heat flux can be determined from the heat conduction equation and the model temperature distribution. From Equation (5-7), Jordan found that the mechanical fluxes required to heat the portion of the active regions beyond 3 × 10^5 K ranged from 2 × 10^6 to 2 × 10^7 ergs cm^{-2} s^{-1}. The deposition of energy is greatest and most uncertain (~ 1.0 ergs cm^{-3} s^{-1}) at the lowest temperature and falls to ~ 10^{-2} ergs cm^{-3} s^{-1}. Jordan applied the same method to the quiet corona, where she found a mechanical flux of 6 × 10^5 ergs cm^2 s^{-1} was required.

Neupert et al. (1975) carried out a similar analysis, except that they used a curvilinear coordinate system appropriate to loops. They found that a flux of 10^7 ergs cm^{-2} s^{-1} of nonthermal energy was required to heat the loop, or 2 to 3 × 10^{-3} ergs cm^{-3} s^{-1} averaged over the volume of the loop. Foukal (1975) made a very similar calculation. He computed the heat flux at two cross sections along the length of the loop, determined $\nabla \cdot \mathbf{F}_c$, and from the empirical T and N_e distributions, obtained $\nabla \cdot \mathbf{F}_r$. Foukal estimates that energy must be deposited at the rate of 10^{-4} ergs cm^{-3} s^{-1} in the outer parts of the loop and 10^{-5} ergs cm^{-3} s^{-1} in the inner parts.

In summary, investigators agree on the magnitude of the nonthermal flux needed to heat the active corona (10^6 to 10^7 ergs cm^{-2} s^{-1}) but differ widely in their estimates of the divergence of the flux as a function of position or temperature.

Pye et al. (1978) have studied the energy balance in coronal loops connecting sunspots of opposite magnetic polarity. They used X-ray photographs obtained from Skylab in two bands (3 to 16 Å and 3 to 30 Å) and simultaneous spectra obtained from rockets in the band 4 to 23 Å. From the ratios of the intensities in the two X-ray bands they derived a two-color temperature map throughout the region. Temperatures range from 2.5 to 3.5 × 10^6 K. The short, low loops are hotter than the long, high loops, which is consistent with the older picture of the hot core and cool halo for an active region. The emission measure in the X-ray bands, combined with the measured volume of the loops gives a mean electron density that varies from 1 to 6 × 10^9 cm^{-3}. There is no correlation between mean temperature and density.

Pye et al. (1978) calculated the radiative and conductive losses in individual loops. Their results show that about half the power lost from a coronal loop is delivered to the transition region by heat conduction and is then radiated. The other half is radiated at coronal temperatures.

Pye et al. (1978) discuss very clearly, if qualitatively, the essential features of the energy balance and stability of a closed magnetic loop (Foukal, 1975, 1978 has a different picture which will be discussed shortly). If the loop were thermally isolated from the cold chromosphere, the radiative losses alone would have to match the energy deposited at each point. For a fixed rate of energy deposition, the shape of the Cox-Tucker volume emissivity curve (Cox and Tucker, 1969, figure 9) would, in general, allow the temperature of the corona to settle at one of three equilibrium values. Only two of these are stable to perturbations in the input energy, namely the temperatures at which the gradient of the volume emissivity is positive. However, observations show that the real corona prefers an equilibrium temperature of 2 to 3 × 10^6 K, a value that would be unstable to input energy fluctuations. The reason for this apparently paradoxical behavior is that the coronal loop is rooted in the cold chromosphere. Heat conduction from the top of the loop to its feet establishes the temperature profile. If a fluctuation in input energy raises the temperature in the coronal part of the loop, heat conduction will carry the excess energy to the chromosphere where additional chromospheric gas will be "evaporated," that is, raised to transition zone or coronal temperatures. The mean density or emission measure of the loops increases, leading to a greater radiative loss and a restoration of the initial equilibrium situation. The thermal stability of the loop therefore depends crucially on the evaporation and condensation of chromospheric material, or mass exchange, and not solely on the temperature dependence of the radiative losses. Pye et al. suggest that the equilibrium temperature of about 3 × 10^6 K is determined by the requirement that about half the energy deposited in the corona be transported by heat conduction and dissipated by radiation in the transition zone and chromosphere. Since the coefficient of heat conductivity varies at $T^{5/2}$, very large mechanical fluxes are required to raise the temperature beyond about 3 × 10^6 K in active regions, or 2 × 10^6 K in quiet regions.

These ideas have not been tested quantitatively because, as Pye et al. point out, the energy balance and the mass balance are now closely coupled so that a dynamic treatment of the loops will be necessary. Moreover, other stabilizing effects can be imagined. For example, the temperature gradient in the transition zone, or the magnetic geometry may play a role.

The investigtions of energy balance that have

been discussed so far have concentrated on the energy losses because these are more easily deduced from observations. What about the energy gains? The situation here is very similar to the one encountered earlier in this chapter in the description of coronal holes. The most popular coronal heating mechanism until recently has been the dissipation of some type of wave motion. Is there any evidence for the existence of such wave motion in the corona? Parker (1974a, 1974b) suggested that a substantial portion of the radiant energy missing in sunspots is lost as Alfvén waves. No one has resolved the Alfvén waves but Beckers and Schneeberger (1977) were able to estimate the flux of Alfvén wave energy escaping from a sunspot into the coronal arches above the spot. They measured the width of the forbidden coronal line Fe X 6374 Å and Fe XIV 6303 Å in coronal arches observed at the limb. They attributed the non-thermal broadening of the lines to Alfvén waves, whose amplitude u is related to the Alfvén wave energy flux ϕ by

$$\phi = \rho u^2 V_A = \frac{\rho^{1/2}}{4\pi} u^2 B. \qquad (5\text{-}8)$$

Accordingly, the square of the nonthermal width of the line should vary as $\rho^{-1/2}$ which is what Beckers and Schneeberger found. The slope of the variation gives estimates for ϕ, the Alfvén flux. These estimates are not significantly different from zero, or more accurately, they are on the order of 10^4 ergs cm^{-2} s^{-1} per Maxwell with an uncertainty on the order of 100 percent. Beckers and Schneeberger concluded that Alfvén waves do not cool the sunspot appreciably, as suggested by Parker but their estimate for wave flux entering the corona is too uncertain to be really useful.

Rosner et al. (1978) have investigated the stability of coronal loops to the location of the temperature maximum. The loop is stable only if the maximum is located at the top of the loops and also only if the energy deposition scale length of the coronal heating mechanism is comparable or larger to the mean scale size.

Mass Balance in Coronal Loops. All of the loop models discussed so far, except for that of Foukal (1978) have tacitly assumed zero mass flux and hydrostatic equilibrium. Several authors, including Pye et al. have pointed out the importance of mass exchange between the chromosphere and a coronal loop as a stabilizing influence against perturbations in the energy supply. But this sort of mass exchange is viewed solely as a transient phenomenon. Some years ago Meyer and Schmidt (1968a, 1968b) showed that a coronal loop with unequal pressure at its footpoints would develop a steady flow up one leg and down the other. The flow would reach supersonic velocities and pass through a shock front on the descending leg. Pressure differences as small as 5 percent would cause such fronts to develop. Meyer (1971) expressed surprise that since larger pressure differences could be expected between the footpoints on the coronal flux tubes, velocities on the order of the sound velocity are not commonly observed in the corona.

Velocity measurements in coronal loops are sparse and confusing. Brueckner et al. (1977) derived outward velocities of 2 to 12 km s^{-1} from Doppler shifts of the coronal line Fe XII 1349 Å, but these may not refer to loops. In the transition zone, they detect both upward and downward motions, with velocities up to 20 km s^{-1} (and with occasional spikes up to 100 km s^{-1}) in the C IV line which is formed at a temperature of 10^5 K. In the chromospheric network the motions are predominantly downward. Lites et al. (1976) observed velocities of 2 to 5 km s^{-1} in quiet regions and 4 to 6 km s^{-1} in active regions. Because their raster element averages over a large area (20 X 20 arcsec) these velocities may be lower limits. Thus, although the available observations are by no means adequate, there is no evidence for persistent coronal flow, especially at sonic velocities.

Occasionally, however, the gas drains out of coronal loops. Levine and Withbroe (1977) report such an event observed during Skylab with

5 arcsec resolution. During a period of an hour and a half, the brightness of the loop changed markedly, diminishing rapidly near the tops and progressively toward the footpoints. Although Doppler measurements were not possible, the pattern suggested drainage of material from the top of the loop down both legs.

The movement of bright condensations from the tops of loops down both sides has been observed in Hα for many years in postflare loops and also in coronal "rain" in sunspots. Foukal (1978) has examined Hα movies of such motions taken at Sacramento Peak and determined the associated Doppler shifts of the Hα line. He finds that the observations are consistent with downflow in both legs at a velocity of about 45 km s^{-1} which is about half the velocity of free fall. He argues that the observations require a source of mass near the top of loops to account for the lifetime of the flow as compared to the time for free fall. He speculates that the downflow arises either from thermal instability (due to the injection of cool spicular material into the loops) or by a postulated decrease in heating in strong magnetic field regions. However the flow arises, he claims that material must be replaced by flow across field lines, probably near the tops of loops. A careful examination of active region Hα loop observations, extending from 1951 to 1970 by H. DeMastus (private communication), shows no evidence for upward motions. Although Foukal probably overestimates the lifetime of the downward flow in individual loops by an order of magnitude, his conclusion that a source of material is required to sustain the flow seems correct. There is obviously a great deal to learn about the flow of coronal mass.

Structure of the Magnetic Field. As has been shown, it is widely assumed that the coronal structure observed throughout the electromagnetic spectrum simply traces the outlines of the coronal magnetic field. In particular, loops are supposed to follow the configuration of the magnetic field in and around active regions.

On theoretical grounds the field is expected to influence the flow of plasma and of heat in the loops since all motions of charged particles tend to follow the field lines and since the collisional rates are insufficient to transport mass, momentum, or energy across field lines (at least in a diffusive process) to any great degree. Moreover, the field is invoked in the heating of the corona. Alfvén waves have been postulated to heat coronal loops and these would naturally follow the field lines. More recently the anomalous dissipation of force-free electrical currents (Rosner et al., 1978) has been suggested as the primary heating mechanism.

At the present time, unfortunately, very little is known about the actual magnetic field configuration and its changes, which presumably control the physics of the energy balance and mass balance in coronal loops. Average field strengths in the corona over active regions have been derived by Dulk and McLean (1978) from observations of radio bursts. However, like other attempts to measure the magnetic field directly, the radio method is too crude to define the field in any detail. For this purpose, one must resort to calculations, as was done for coronal holes.

The potential magnetic field extrapolation of photospheric magnetic field measurements has been applied with moderate success, even in coronal loops, to determine the large-scale magnetic field. For example, Rust and Roy (1971) were able to fit the shape of selected postflare loops with potential fields. Schlüter (1950) pointed out that since the gas pressure in the corona is insufficient to balance the Lorentz forces, one would expect coronal magnetic fields to be force-free, that is, that the condition $\mathbf{J} \times \mathbf{B} = 0$ would hold. If currents exist they must flow parallel to the field and in the most widely adopted assumption, the currents are proportional to the field; that is,

$$\nabla \times \mathbf{B} = \alpha \mathbf{B}. \qquad (5\text{-}9)$$

If we take the divergence of this equation, we get

$$\mathbf{B} \cdot \nabla \alpha = 0 \qquad (5\text{-}10)$$

which shows that α should be constant along a field line but may vary among different field lines. Since α is a measure of the strength of the electrical current and the current system stores energy in the corona which can be tapped to heat it either slowly (according to Rosner et al., 1978) or cataclysmically during flares, it would be extremely interesting and important to determine α in some way. Nakagawa and his associates (1973, 1971) have computed field configurations with constant α throughout a cube containing an active region and compared their results with photographs that show Hα fibrils. The match is not terribly persuasive, however, which suggests that setting α equal to a constant is too severe a limitation. Levine (1976) has collected a number of examples of active regions observed during Skylab, to illustrate how α may change in magnitude and sign over large areas in an active region; but, as yet, no method has been proposed either deriving α directly from observations of the fibril structure or improving on the assumption of constant α. Moreover, the spatial resolution for most coronal tracers is insufficient to detect any helical structure in individual loops that could also give information on the magnitude of α.

Finally, the real loops may not have force-free fields. Chiuderi et al. (1977) have investigated non-force-free fields with axial symmetry that might serve as models for coronal loops. To guide their calculations, they used the profile of pressure along the short radius found by Foukal (1975) and the evident stability of loops. The loop or cylinder smoothly joins an external force-free coronal magnetic field. They chose two pressure profiles consistent with Foukal's observations and derived field strengths between 2 and 35 gauss for one model and between 0.5 and 3 gauss for another model. Chiuderi et al. make an important point. Their calculated field is not force-free, but has the same lines of force and the same shear as the force-free field of the same α. In their words: "We see therefore that quite apart from observational problems, the knowledge of the alignment of the field lines does not allow one even in principle to distinguish between a force-free and a more general field."

This is a chilling statement to the observer who is trying to measure coronal magnetic fields in an attempt to understand the physics that they ultimately control.

REFERENCES

Altschuler, M.D., Newkirk, G., 1969, *Solar Phys.* **9**, 131.

Athay, R.G., 1966, *Astrophys. J.* **145**, 784.

Athay, R.B., *The Solar Chromosphere and Corona: Quiet Sun* (Dordrecht: D. Reidel Publishing Co., 1976).

Athay, R.G., White, O.R., 1979, *Astrophys. J.* **229**, 1147.

Bame, S.J., Asbridge, J.R., Feldman, W.C., Kearney, P.D., 1975, *Solar Phys.* **43**, 463.

Beckers, J.M., Chipman, E.G., 1974, *Solar Phys.* **34**, 151.

Beckers, J.M., Schneeberger, T.J., 1977, *Astrophys. J.* **215**, 356.

Belcher, J.W., 1971, *Astrophys. J.* **168**, 509.

Belcher, J.W., Davis, L., Jr., 1971, *J. Geophys. Res.* **76**, 3534.

Belcher, J.W., Davis, L., Smith, E.J., 1969, *J. Geophys. Res.* **74**, 2302.

Bohlin, J.D., 1977, in *Coronal Holes and High Speed Wind Streams,* J. Zirker, ed. (Boulder: Colorado Associated University Press, 1977), p. 27.

Bohlin, J.D., Sheeley, N.R., 1978, *Solar Phys.* **56**, 125.

Brueckner, G.E., Bartoe, J.F., van Hoosier, M.E., 1977, in *Proceedings of OSO-8 Workshop,* Hansen and Schaffner, eds. (Boulder: Lab. for Atmos. and Space Physics, University of Colorado, 1977).

Burlaga, L., Turner, J.M., 1976, *J. Geophys. Res.* **81**, 73.

Chiuderi, C., Giachetti, van Hoven, G., 1977, *Solar Phys.* **54**, 107.

Coles, W.A., Ricket, B.J., 1976, *J. Geophys. Res.* **81**, 4797.

Cox, D.P., Tucker, W.H., 1969, *Astrophys. J.* **157**, 1157.

Cushman, G.W., Rense, W.A., 1976, *Astrophys. J.* **207**, L61.

Doschek, G.A., Feldman, U., Bohlin, J.D., 1976, *Astrophys. J.* **205**, L177.

Dulk, G.A., McLean, D.J., 1978, *Solar Phys.* **57**, 279.

Dulk, G., Sheridan, K., Smerd, S., Withbroe, G., 1977, *Solar Phys.* **52**, 349.

Feldman, W.C., Asbridge, J.R., Bame, S.J., Gosling, J.T., 1976, *J. Geophys. Res.* **81**, 5054.

Feldman, W.C., Asbridge, J.R., Bame, S.J., Gosling, J.T., 1977, in *The Solar Output and its Variation,* O.R. White, ed. (Boulder, Colorado: Colorado Associated University Press, 1977), p. 351.

Formisano, V., Moreno, G., Amata, E., 1974, *J. Geophys. Res.* **79**, 5109.

Foukal, P., 1975, *Solar Phys.* **43**, 327.

Foukal, P., 1976, *Astrophys. J.* **210**, 575.

Foukal, P., 1978, *Astrophys. J.* **223**, 1046.

Gabriel, A., 1976, *Phil. Trans. Roy. Soc.* **281**, 339.

Gabriel, A.H., Jordan, C., 1975, *Monthly Notices RAS* **173**, 397.

Gosling, J.T., Asbridge, J.R., Bame, S.J., Feldman, W.C., 1976, *J. Geophys. Res.* **81**, 5061.

Gosling, J.T., Hundhausen, A.J., Pizzo, V., Asbridge, J.R., 1972, *J. Geophys. Res.* **77**, 5442.

Hirth, W., 1976, *Mitt. Astron. Ges.* **38**, 208.

Hollweg, J.V., 1973, *Astrophys. J.* **181**, 547.

Hundhausen, A.J., 1977, in *Coronal Holes and High Speed Wind Streams,* J. Zirker, ed., (Boulder: Colorado Associated University Press, 1977), p. 225.

Hundhausen, A.J., Hansen, R.T., Hansen, S.F., "Coronal Evolution during Sunspot Cycle 20: K Coronameter Data," in preparation.

Jordan, C., 1976, *Phil. Trans. Roy. Soc.* **281**, 391.

Kopp, R.A., Holzer, T.E., 1976, *Solar Phys.* **49**, 43.

Kopp, R.A., Kuperus, M., 1968, *Solar Phys.* **4**, 212.

Krieger, A.S., Timothy, A.F., Roelof, E.C., 1973, *Solar Phys.* **29**, 505.

Kundu, M., *Solar Radio Astronomy* (New York: Interscience, 1965).

Kurokawa, H., 1975, *Solar Phys.* **43**, 385.

Levine, R., 1976, *Solar Phys.* **46**, 159.

Levine, R., Altschuler, M., Harvey, J.W., Jackson, B.V., 1977, *Astrophys. J.* **215**, 636.

Levine, R., Withbroe, G.L., 1977, *Solar Phys.* **51**, 83.

Lites, B.W., Bruner, E.C., Chipman, E.G., Shine, R.A., Rottman, G.J., White, O.R., Athay, R.G., 1976, *Astrophys. J.* **210**, L111.

Mariska, J.T., 1976, *Bull. Amer. Astron. Soc.* **8**, 338.

Mariska, J.T., Withbroe, G.L., 1975, *Solar Phys.* **44**, 55.

Mason, H.E., 1975, *Monthly Notices RAS* **171**, 119.

McIntosh, P.S., 1977, quoted from Levine, R.H. in *Coronal Holes and High Speed Wind Streams,* J. Zirker, ed. (Boulder: Colorado Associated University Press, 1977), p. 110.

McKenzie, D.L., Rugge, H.R., Underwood, J.H., Young, R.M., 1978, *Astrophys. J.* **221**, 342.

McWhirter, R., Thonemann, P.C., Wilson, R., 1975, *Astron. Astrophys.* **40**, 63.

Meyer, F., 1971, in *Physics of Solar Corona,* C. Macris, ed. (Dordrecht: D. Reidel Publishing Co., 1971), p. 29.

Meyer, F., Schmidt, H.U., 1968a *Z. Agnew. Math. Mech.* **48**, T218.

Meyer, F., Schmidt, H.U., 1968b, *Mitt. Astron. Ges.* **25**, 194.

Munro, R., Jackson, B.V., 1977, *Astrophys. J.* **213**, 874.

Munro, R.H., Kohl, J.L., MacQueen, R.M., Noyes, R.W., Parkinson, W.H., Weiser, H., Withbroe, G.L., 1979, *BAAS* **11** , 398.

Munro, R.H., Mariska, J.T., 1977, *BAAS* **9**, 370.

Munro, R.H. Withbroe, G.L., 1972, *Astrophys. J.* **175**, 511.

Nakagawa, Y., Raadu, M.A., Billings, D.E., McNamara, D., 1971, *Solar Phys.* **19**, 72.

Nakagawa, Y., Raadu, M.A., Harvery, J., 1973, *Solar Phys.* **30**, 421.

Neupert, W.M., Nakagawa, Y., Rust, D.M., 1975, *Solar Phys.* **43**, 359.

Neupert, W.M., Pizzo, V.A., 1974, *J. Geophys. Res.* **79**, 3701.

Newkirk, G., 1967, *Ann. Rev. Astron. Astrophys.* **5**, 213.

November, L.J., Toomre, J., Gebbie, K.B., Simon, G.W., Bruner, E.C., Chipman, E.G., Lites, B.W., Orrall, F.Q., Rottman, G.J., Shine, R.A., Athay, R.G., White, O.R., 1976, *Bull. Amer. Astron. Soc.* **8**, 311.

Noyes, R.W., 1974, in Huber et al., 1974, *Astrophys. J.* **194**, L115.

Parker, E.N., 1974, *Solar Phys.* **36**, 249.

Parker, E.N., 1974, *Solar Phys.* **37**, 127.

Pneuman, G.W., Hansen, S.F., Hansen, R.T., 1978, *Solar Phys.* **59**, 313.

Pneuman, G.W., Kopp, R.A., 1978, *Solar Phys.* **57**, 49.

Pottasch, S.R., 1964, *Space Sci. Rev.* **3**, 816.

Pye, J.P., Evans, K.D., Hutcheon, R.J., Gerassimenko, M., Davis, J.M., Krieger, A.S., Vesecky, J.F., 1978, *Astron. Astrophys.* **65**, 123.

Rickett, B.J., Sime, D.G., Sheeley, N.R., Crockett, W.R., Tousey, R., 1976, *J. Geophys. Res.* **81**, 3845.

Rogerson, J.B., Jr., Lamers, H.G.L.M., 1975, *Nature* **256**, 190.

Rosner, R., Golub, L., Coppi, B., Vaiana, G.S., 1978, *Astrophys. J.* **222**, 317.

Rosner, R., Grindlay, G., Harnden, R., Seward, F., Vaiana, G., 1979, *BAAS* **11**, 446.

Rosner, R., Tucker, W.J., Vaiana, G.S., 1978, *Astrophys. J.* **220**, 643.

Rust, D., Roy, J., 1971, in *Solar Magnetic Fields,* R. Howard, ed., IAU Symposium no. 43 (Dordrecht: D. Reidel Publishing Co., 1971), p. 569.

Schluter, A., 1950, *Z. Naturforschung* **5a**, 72.

Schmidt, H.U., 1964, in "NAAS-NASA Symposium on the Physics of Solar Flares," W. Hess, ed., NASA SP-50, p. 107.

Svalgaard, L., Wilcox, J.M., 1975, *Solar Phys.* **41**, 461.

Svalgaard, L., Wilcox, J.M., 1978, *Ann. Rev. Astron. Astrophys.* **16**, 429.

Svalgaard, L., Wilcox, J.M., Scherrer, P.H., Howard, R., 1975, *Solar Phys.* **45**, 83.

Vaiana, G., Forman, W., Giacconi, R., Gorenstein, P., Pye, J., Rosner, R., Seward, R., Topka, K., 1979, *BAAS* **11**, 446.

Walker, A.B.C., Rugge, H.R., Weiss, K., 1974, *Astrophys. J.* **188**, 423.

White, O.R., Athay, R.G., 1979, *Astrophys. J.* **228**, 366.

Wilcox, J.M., Ness, N.F., 1965, *J. Geophys. Res.* **70**, 5793.

Withbroe, G.L., 1970, *Solar Phys.* **11**, 42.

Woo, R., 1978, *Astrophys. J.* **219**, 727.

6

SOLAR MAGNETIC STRUCTURE AND THE SOLAR ACTIVITY CYCLE REVIEW OF OBSERVATIONAL DATA

Cornelius Zwaan

INTRODUCTION

The presence of strong magnetic fields in the Sun has been known since Hale's discovery in 1908 that sunspots had magnetic fields of 2 to 3 kilogauss. Only recently has it become clear that outside of sunspots also, virtually all photospheric magnetic flux consists of discrete elements of high field strengths, ranging from about 1 kilogauss (100 mTesla) to more than 2 kilogauss. In the Sun there is no global magnetic field similar to the dipole field of the Earth.

The discrete nature of the solar magnetic field (Figure 6-1) has profound effects on the entire atmosphere. In the photosphere and chromosphere two different regimes coexist, side by side: the magnetic elements, dominated by their magnetic field, and the virtually field-free atmosphere surrounding them. In the photosphere the magnetic pressure in the elements is larger than the internal gas pressure, or $\beta \equiv 8\pi P/B^2 < 1$. Between the elements, on the other hand, $\beta >> 1$. The gas pressure drops exponentially with height but the magnetic pressure decreases much more slowly, so that β decreases rapidly with height, and the "filling factor" of magnetic structure increases with height. In the corona, we have $\beta << 1$ everywhere; the coronal structure is determined by the magnetic structure, which is anchored in the deeper layers. It has become increasingly clear in recent years that coronal heating is associated with magnetohydrodynamic waves rather than acoustic waves from the field-free regime.

Another recent development is the growing evidence for stellar magnetic activity similar to solar activity. The problem of magnetic structure and activity in cool stars is best studied by a combination of solar and stellar investigations. The Sun is the only example of a star whose magnetic processes can be studied on the proper scales. From the stars we may learn how general properties of stellar magnetism depend on stellar mass, age, chemical composition, rotation rate, and companionship.

This review focuses on observational data on solar magnetism that may offer clues for understanding stellar magnetism in general. It concentrates on magnetic phenomena in the photosphere and low chromosphere, where the magnetic structure can be studied in detail, close to where it is rooted in the convection zone at $\beta \simeq 1$.

The next section of this chapter discusses properties of the discrete magnetic elements and their extensions through the chromosphere and transition zone up to the corona, where they lose their individuality. The third section deals with the structure and evolution of active regions and other structured aggregates of magnetic elements. The fourth section summarizes the solar activity cycle. The fifth section discusses how magnetic structure and activity like that of the Sun may be detected in other stars.

In the interest of brevity a minimum number of papers are cited, mostly review papers and

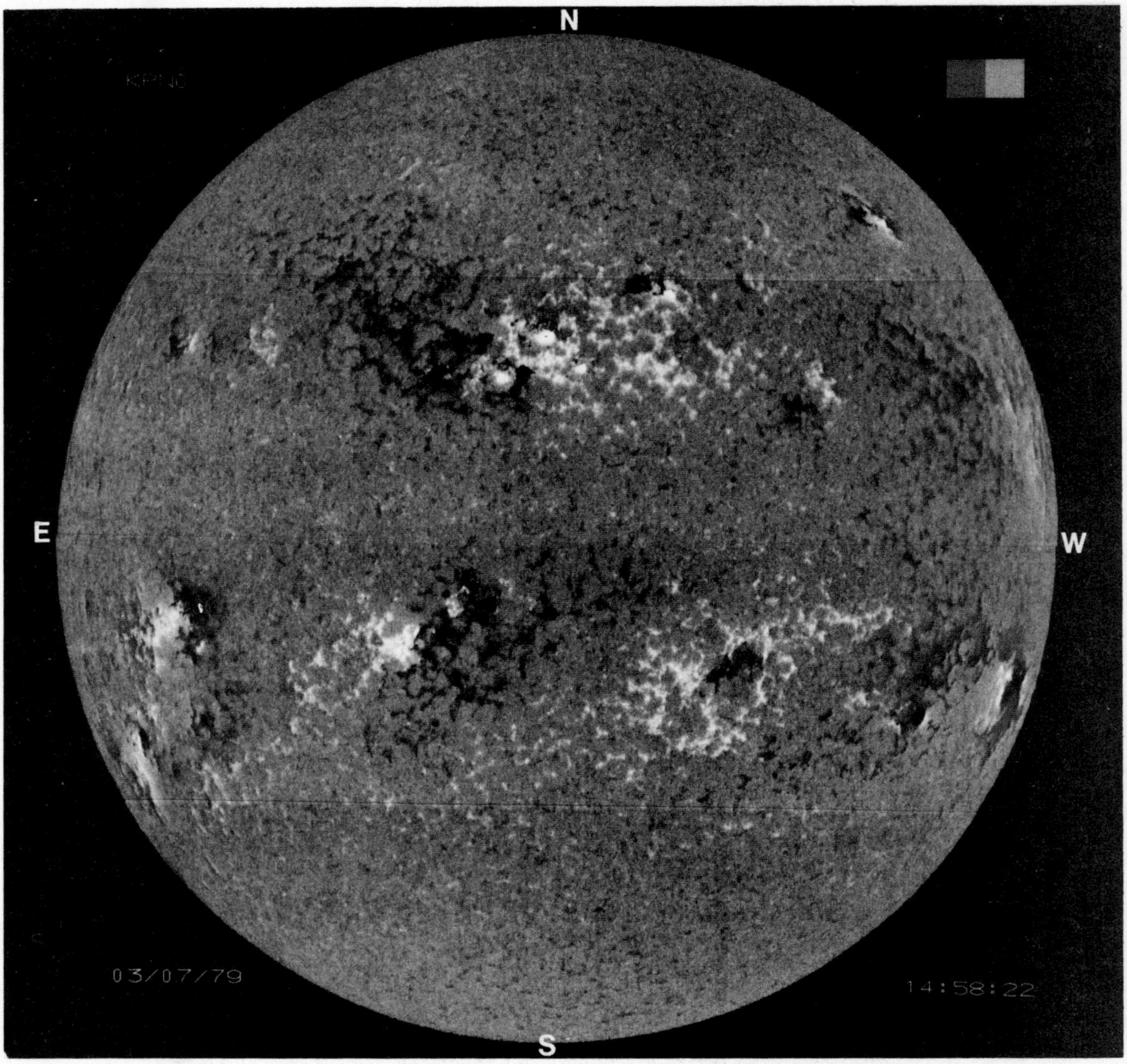

Figure 6-1. Magnetogram showing the discrete nature of the magnetic field in the photosphere. Field of positive (northern) polarity is indicated in white, negative polarity in black. Individual flux tubes are not resolved; the patches correspond to areas with a larger density of tubes. The level of activity is high. The predominant features are as follows: sunspots and plages in young active regions (see Figure 6-3), and enhanced network in remnants of active regions. Note the ordering of activity in two belts. The polarity of the leading (western) parts of active regions is positive on the northern hemisphere, and negative on the southern hemisphere (March 7, 1979, Kitt Peak National Observatory, courtesy W.C. Livingston).

other papers summarizing previous work. The omission of many original contributions is regretted.

THE HIERARCHY OF MAGNETIC ELEMENTS

The discrete magnetic elements form a hierarchy, in which the properties of an element depend mainly on its total magnetic flux Φ (Zwaan, 1978). Stable elements are discussed in this section; their properties are summarized in Table 6-1. Transient phenomena occurring during the growth and decay phases of active regions are discussed under Active Regions and Large-Scale Structures in the Magnetic Field.

Table 6-1
The Hierarchy of Magnetic Elements

	Active Sun Magnetic Features				Full Sun Magnetic Features	
	Sunspot with Penumbra					
	Large	Small	Pore	Magnetic Knot	Facular and Network Clusters	Filigree Element
Φ (10^{18} Mx)	3×10^4	500	250 - 25	≈ 10	$\lesssim 20$	$\approx$ 0.5
R (10^3 km)	28	4	-	-	-	-
R_u (10^3 km)	11.5	2.0	1.8 - 0.7	≈ 0.5	-	$\approx$ 0.1
B ($R \simeq 0$) (gauss)	2900 ± 400	2400 ± 200	2200 ± 200	≈ 1500	-	≈ 1500

	Trend toward Sunspot ←	Trend toward Filigree →
Contrast in continuum and line wings:	dark	bright
Cohesion:	single compact structure	cluster of
Occurrence:	exclusively in active regions	both in active and quiet regions
Time behavior:	remain sharp during decay, shrinking	- modulated by granulation

R is the radius of a sunspot; R_u is the radius of sunspot umbrae and of smaller elements.

Sunspots

Compact magnetic elements with fluxes in the range $3 \times 10^{22} \gtrsim \Phi \gtrsim 5 \times 10^{20}$ Mx show up as sunspots, with dark umbrae surrounded by penumbrae (Figure 6-2). A detailed discussion of the morphology of sunspots is found in the monograph by Bray and Loughhead (1964). Beckers' Chapter 2 of this volume discusses the thermodynamic and dynamic structure of sunspots.

In the dark umbral cores the magnetic and thermodynamic parameters depend very little on the magnetic flux, which suggests an "umbral equilibrium state" (Zwaan, 1968), with field strengths of B = 2900 ± 400 gauss and effective temperatures T_{eff} = 4000 ± 100 K. The Wilson effect observed near the solar limb (illustrated in Bray and Loughhead, 1964) shows that sunspots are saucer-shaped depressions in the solar atmosphere. The corresponding depressions in the surfaces of constant optical depth τ for $0.1 < \tau < 1.0$ amount to about 600 ± 200 km (see Gokhale and Zwaan, 1972).

The brightness of the umbral fine structure (dots, light-bridges) differs from spot to spot. These differences may be responsible for differences in umbral brightnesses and field strengths.

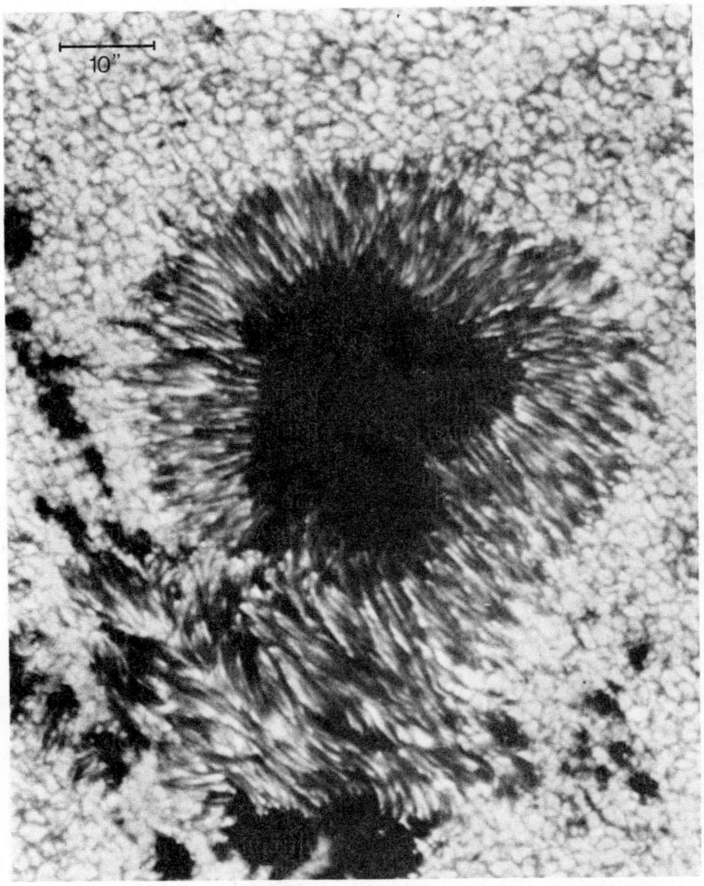

Figure 6-2. Sunspots and pores. The large sunspot consists of a dark umbra surrounded by the penumbra. Note the penumbral structure of bright, radially aligned and elongated elements. This print does not show the umbral dots, but an incomplete umbral light-bridge is visible. Several pores are present at the bottom and to the left. Penumbral patches connecting umbrae and pores, displayed near the bottom of the photograph, are typical for compact sunspot groups of complex magnetic structure (July 7, 1970, Observatoire du Pic du Midi, courtesy R. Muller).

Roundish spots with $\Phi \gtrsim 2 \times 10^{21}$ Mx obey a radial similarity, i.e., the parameters vary with the distance r from the spot center as functions of $r/R(t)$, where $R(t)$ is the radius of the spot (Gokhale and Zwaan, 1972). For instance, the umbral area is a constant fraction of the total area of the spot, and decaying spots shrink without noticeable changes in the radial variations of the physical parameters.

Pores

Magnetic elements with fluxes $2.5 \times 10^{20} \gtrsim \Phi \gtrsim 2.5 \times 10^{19}$ Mx are seen as dark pores, small umbrae without penumbrae (Figure 6-2). Around 4×10^{20} Mx either pores or small umbrae (often with incomplete penumbrae) are observed. The magnetic field strengths in pores and small umbrae have often been underestimated because of instrumental scattering and because of seeing conditions (Zwaan, 1968). Field strengths between 2000 and 2500 gauss are derived from observations during excellent seeing or from magnetically sensitive lines that are weak in the photospheric spectrum but enhanced in the umbral spectrum.

Faculae, Network, and Filigree Elements

Recently it has become clear that outside of the sunspots and pores, virtually all photospheric magnetic flux is present in discrete elements of high field strength, ranging from 1 to more than 2 kilogauss. For the observational techniques and results leading to this conclusion, see Harvey's (1977) review. The smallest elements in the magnetic field appear as bright over the entire solar disk in the cores of collisionally excited spectral lines formed in the low chromosphere above the temperature minimum. The classical examples are the emission features in the cores of the Ca II H and K resonance lines.

In active regions, the bright chromospheric features are called faculae. They are found in dense assemblages called plages, and more widely arranged in the enhanced network (Figure 6-3). Outside the active regions, the bright elements form the quiet network outlining the supergranules (see Beckers and Athay, Chapters 2 and 4 of this volume; and figure 4.4 in Bruzek and Durrant, 1977).

Observed in the continuum and in the line wings at moderate spatial resolution, the faculae and the network elements are weak; they stand out bright only near the limb. Observations of high spatial resolution (about 0.5 arcsec or better) make the faculae and network structure visible over the entire disk. Within faculae and network features, an intricate fine structure appears, whose collective appearance has been called filigree by Dunn and Zirker (1973). This filigree consists of roundish dots and somewhat elongated segments, with smallest dimensions $\lesssim 300$ km. (For illustrations, see the papers cited here, and figure 8.2 in Bruzek and Durrant, 1977.) The filigree elements tend to lie between granules and they change in shape and sharpness over a time comparable with the lifetime of granules (Dunn et al., 1974; Mehltretter, 1974). They are moved about with velocities of 1.5 km s^{-1}, probably by motion of the granules.

It has been known since the papers by Howard (1959) and Leighton (1959) that the magnetic flux and the bright Ca II plages and network coincide within a few arcsec (Figure 6-3). It is still disputed whether the photospheric magnetic

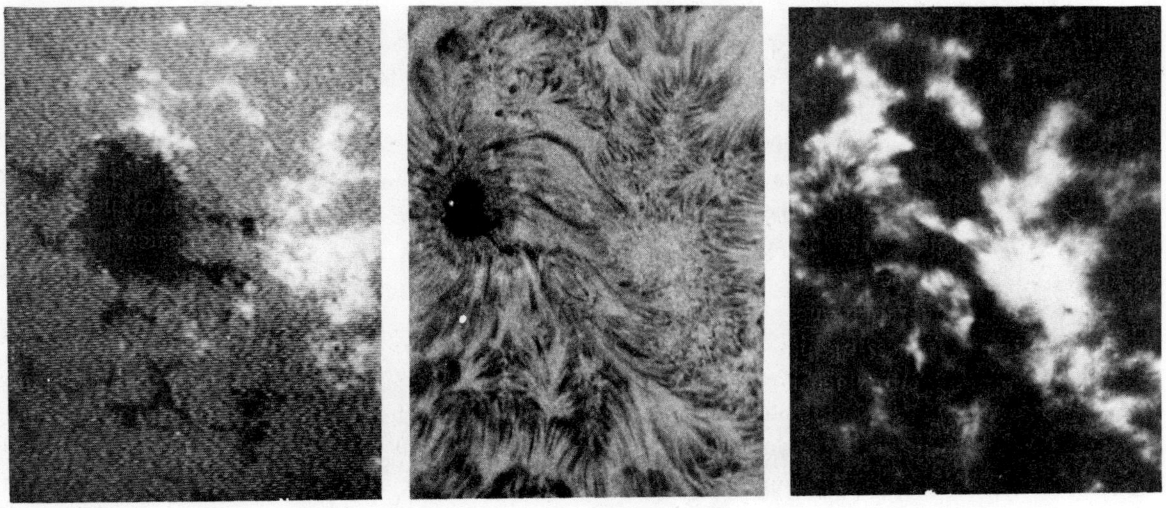

Figure 6-3. A mature active region: (a) magnetogram, (b) filtergram taken in the wing of Hα ($\Delta\lambda = -0.5$Å), (c) filtergram in the core of the Ca II K line. The comparison of (a) and (b) shows that most of the leading polarity magnetic flux is concentrated in the sunspot, whereas most of the following polarity flux is present in the form of a dense plage without sunspots. The comparison between (a) and (c) demonstrates the close spatial correspondence between faculae (as observed in Ca II K emission) and magnetic flux outside sunspots. Note that no large network cells are seen in the plage in the center of the frames, but only near the edge and in the eastern tail of this active region (July 5, 1973, Big Bear Solar Observatory, courtesy H. Zirin).

field is strictly cospatial with the filigree elements. There is agreement, however, that the individual filigree elements indicate the positions of individual flux tubes. In the author's opinion, Beckers (1976) and Ramsey et al. (1977) have provided convincing evidence that the magnetic field and the brightness features are cospatial down to 1 arcsec, which corresponds to about 700 kilometers on the Sun. At scales smaller than about 0.5 arcsec, the morphological relation between magnetic elements and filigree features may vary with time because of the modulation by the granulation.

Mehltretter (1974) found a linear relation between the number density of filigree elements and the fluxes measured with the KPNO magnetograph. From this relation he derived an average flux per filigree element of about 5×10^{17} Mx. This magnetic flux is consistent with a magnetic flux tube a few hundred kilometers in diameter, and a field strength between 1000 and 2000 gauss.

The filigree elements tend to cluster on the granulation scale in the faculae, on the supergranulation scale in the network clusters, and in young active regions in plages. However, even in network clusters and plages the "filling factors," that is, the fractional areas occupied by the strong magnetic field, are small in the photosphere, from about 10 to about 30 percent. The total magnetic flux in a network cluster may equal the flux through a small pore, and the fluxes through large plages are comparable with sunspot fluxes (see Figure 6-3).

Magnetic Knots

There are compact magnetic structures, smaller than pores but much larger than filigree elements. A magnetic feature with the size of a granule (diameter 1000 kilometers) appears as a pore, which is darker than the average photosphere. Somewhat smaller elements exist that are inconspicuous in the continuum and line wings; following Beckers and Schröter (1968), we call them magnetic knots. In young active regions a substantial fraction of the magnetic flux may be contained in these magnetic knots (Beckers and Schröter, 1968; Spruit and Zwaan, 1981). (Note that some of the elements called "knots" by Beckers and Schröter, and by Beckers in Chapter 2 in this volume, correspond to large facular clusters in our terminology.)

Is There a Turbulent Magnetic Field?

Between the discrete elements the magnetic flux through the photosphere, averaged over more than about 20 (arcsec)^2, is quite small. For instance, from Mehltretter's (1974) plot of the number densities of filigree elements against magnetic fluxes, it follows that the net flux through a 5-arcsec square without filigree elements is less than 5×10^{17} Mx, or that the mean longitudinal field strength is less than 4 gauss (Zwaan, 1978). Thus dipole-type global fields in excess of a few gauss are excluded by the observations. However, bipolar features at scales smaller than 5 arcsec remain a possibility. Recently Harvey and Livingston (see Harvey, 1977) found indications for mixed polarities at scales of about 2 arcsec (close to the resolution limit of the KPNO magnetograph during good seeing), with lifetimes of about half an hour. However, these inner network fields could not be confirmed by Tarbell et al. (1979) using a different technique with a higher spatial resolution. The latter authors argue that the inner network fields may be real, provided that they are diffuse and rather weak ($B < 100$ gauss). Consequently, the inner network fields would be utterly different from the fields in the filigree and network.

General Properties of Magnetic Elements

The magnetic field within a single element resembles the field near the end of a long solenoid. In sunspots, where the field structure can be studied in detail, the axes of the flux tubes are vertical within some 10 degrees. The field is already fanning out at the photospheric level, and the field at the outer boundary of the penumbrae is nearly horizontal. The fields in pores fan out at larger heights. The fanning of the flux tubes in the filigree elements is indicated by the brightness features in strong Fraunhofer lines, which are tiny in the far line wings and become coarser when observed closer to the line cores.

Presumably, the fine-structure flux tubes stand also more or less vertical in the top of the convection zone. Howard (1974) found evidence for a systematic west to east inclination by about one degree. Locally the flux tubes may be inclined, for instance, at the edges of monopolar areas, where the structure seen in the core of Hα suggests substantial inclinations in the upper chromosphere. However, the only persistent nearly horizontal fields in the photosphere have been observed in the penumbrae, that is, as parts of large and mainly vertical field structures (see Figure 6-2).

The vertical orientation of the flux tubes is readily explained by the buoyancy of the flux tubes (see Spruit's Chapter 17).

The lifetimes of magnetic elements are much longer than their dynamic timescales $\tau_A = R/V_A$, where R is the radius of the structure, and V_A is the Alfvén speed. At the photospheric level we find the following for a large sunspot (R = 25,000 km, B = 3000 gauss): $\tau_A \simeq$ 1 hour, and for a facular point (R = 100 km, B = 1500 gauss) $\tau_A \simeq$ 30 seconds. The magnetic elements are thus remarkably stable.

The motions within the magnetic structure are discussed in Chapter 2. Here we recall that in umbrae the vertical velocities in photospheric lines are below the detection limit of 25 m s^{-1}. In facular and network elements downdrafts of about 2 km s^{-1} have been reported. Since these velocities are well below the sound speed the magnetic elements are close to static equilibrium. Flux tube models for the magnetic elements are discussed by Spruit (Chapter 17).

Magnetic Structure in Chromosphere, Transition Zone, and Corona

The flux bundles of the strong and stable field can be traced upward through the chromosphere into the transition zone by means of brightness features in spectral lines. In the cores of the Ca II resonance lines, the umbrae of sunspots are visible as darker than the quiet atmosphere. The pores are inconspicuous, and the faculae and network clusters are bright. In the EUV lines formed in the transition zone all magnetic elements stand out as brighter than the quiet atmosphere. With increasing height of formation the network elements become larger, which is consistent with the idea of fanning flux bundles.

The network is still visible in Ne VII ($T \approx 5 \times 10^5$ K) but no longer in Mg X ($T \simeq 1.5 \times 10^6$ K) (Reeves et al., 1974; see also Tousey et al., 1973). In the corona, small flux tubes have lost their individuality; aggregates, such as small active regions, appear as a single entity. In soft X-rays (Zirker, Chapter 5) coronal structures are seen which connect opposite polarities. In Chapter 17, Spruit discusses the relation between these coronal loops and the photospheric magnetic structure.

Occurrence of Magnetic Elements Inside and Outside Active Regions

Sunspots, pores, and magnetic knots occur exclusively in active regions. Filigree elements are seen both in active regions and in quiet regions; apparently the only difference is that the spatial density of the elements is larger in active regions than in quiet regions (Mehltretter, 1974).

ACTIVE REGIONS AND LARGE-SCALE STRUCTURES IN THE MAGNETIC FIELD

The magnetic elements discussed in the previous section appear in typical patterns of space and time in the active regions. For detailed reviews on classical aspects of sunspot groups and active regions, see Kiepenheuer (1953), De Jager (1959), and Kiepenheuer (1968). Illustrations and descriptions are found in Bruzek and Durrant (1977).

Structure of Active Regions

In a typical large active region at maximum development (see Figure 6-3) the sunspots, faculae, and enhanced network are arranged in an elongated area with the long axis somewhat inclined (by about 1 to 15 degrees) with respect to the direction of solar rotation, the leading part (preceding in the solar rotation) being closer to the equator. Generally the sunspots in the leading part are larger in area, fewer in number and longer lived than the following sunspots. Except for very large and complex active regions, the magnetic field shows a bipolar pattern, with opposite polarities in the leading and following parts of the region. In the coronal magnetic field connecting both polarities there is a coronal condensation which is much brighter than the "quiet" corona (see Zirker, Chapter 5).

In the corona, the prominences (called "filaments," when seen on the disk as dark ribbons in Hα or the Ca II H and K lines) often accompany active regions and other large magnetic regions. These are dense and relatively cool clouds, shaped like vertical blades, about 40,000 km high, frequently only 5000 km thick, and with lengths typically between 50,000 and 300,000 km. Prominences show a wealth of thread-like structure. They must be supported against gravity, probably by electromagnetic forces. For detailed data, see Tandberg-Hanssen's (1974) monograph and a recent IAU Colloquium (Jensen et al., 1978).

The filaments are found exclusively over boundaries between opposite magnetic polarities ("neutral lines"). In an active region they are often seen between the leading and following parts, and at the boundary where the ambient field is of the opposite polarity.

The active regions appear over a wide range of sizes. The large regions, which show sunspots for weeks, are outnumbered by small regions that may show some pores for some days, or no pores at all. Finally, there are the numerous ephemeral active regions, which have lifetimes ranging from an hour to a few days (Harvey and Martin, 1973). In these tiny bipolar regions the tendency for an east-west orientation of the magnetic axes is less clear. Like all recently emerged regions, the ephemeral regions stand out as X-ray bright points on X-ray heliograms (Vaiana et al., 1973).

Typical magnetic fluxes (in one polarity) and lifetimes are as follows:

	Magnetic Flux (Mx)	Lifetime
Large Active Region (with sunspots)	$5 \times 10^{21} - 4 \times 10^{22}$	Months
Small Active Region (no spots, maybe pores)	$3 \times 10^{20} - 5 \times 10^{21}$	Days-weeks
Ephemeral Active Region	$2 \times 10^{19} - 2 \times 10^{20}$	Hours-1 day

The lifetime is proportional to the magnetic flux at maximum development; the relation coefficient is about 2×10^{20} Mx per day (Golub, 1980). The number of active regions increases with decreasing flux, down to about 10^{19} Mx, where observing constraints prevent further analysis.

Evolution of a Large Active Region

The magnetic flux emerging in active regions evolves through characteristic stages (see Zwaan, 1978 for details and references).

1. Emergence and Growth. The first sign of a new active region is an emerging flux region (EFR): a very bright and compact bipolar plage, consisting of coarse facular elements (see Zirin, 1974), without filigree structure. The Hα arch filament system (AFS) (Bruzek, 1967) suggests magnetic loops connecting facular elements of opposite polarity. The facular feet move apart (see Harvey and Martin, 1973), while new flux may emerge somewhere in between the diverging faculae. If sufficient flux emerges, then within a day some pores and eventually sunspots are formed near the leading and following edges of the region (see Zirin, 1974). Sunspots grow by coalescence with pores and coarse facular clusters of the same polarity (see Vrabec, 1974). The velocities of inflow are about 0.25 km s^{-1}, sometimes approaching 1 km s^{-1}.

The process of flux emergence and sunspot growth suggests a bundle of many flux tubes rising as a loop (Figure 6-4). The tubes surface individually, while deep in the convection zone each end of the loop bundle is held together.

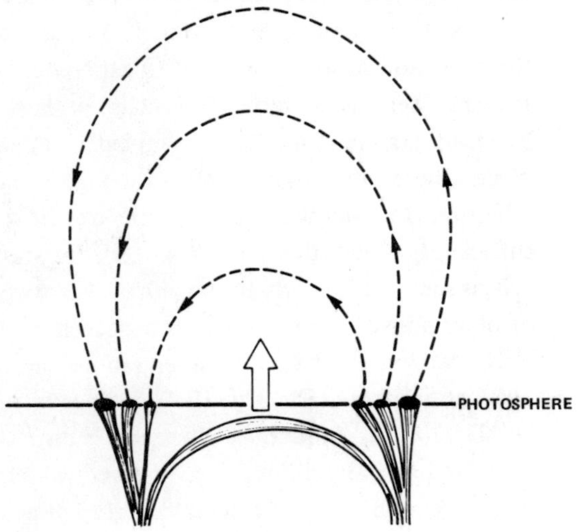

Figure 6-4. Schematic model for emerging flux regions and growth of sunspots by coalescence. The magnetic field rises into the atmosphere as a loop consisting of a bundle which is made up of many thin flux tubes (many more than shown in the figure). The flux tubes rise because of their buoyancy. Because each end of the loop bundle is held together in the convection zone, the buoyant tubes come together, which causes sunspots to grow by coalescence.

There may be more EFR's per growing active region at the same time or in succession. The magnetic structure of the resulting active region may depart from a simple bipolar arrangement, the complexity depending on the number, the positions, and the orientations of the contributing EFR's.

After a period ranging from a few days up to 10 days, most of the flux has surfaced. Then the region is at its maximum development, with the complete hierarchy of features present: sunspots, pores, knots, and filigree elements arranged in dense plages and strongly enhanced network. In the leading part, usually almost half of the magnetic flux is concentrated in one or a few sunspots (Sheeley, private communication; see also Figure 6-3). The first small prominence has formed.

2. **Decay Phase with Sunspots.** When the maximum development is reached, the sunspots are already decaying. Following sunspots and many leading sunspots disappear within one week, many by splitting up. The (largest) leading sunspot may exist for several weeks or, rarely, for a few months. The area occupied by faculae slowly expands, and the plages gradually dissolve in the enhanced network. The magnetic structure simplifies: inclusions of opposite polarity disappear and the bipolar nature of the active region becomes more apparent.

3. **Decay Phase Without Sunspots.** The region keeps expanding and the network gets fainter. There are long filaments, generally on the poleward side.

Eventually the remnant of the active region is no longer distinct from the quiet network. However vague the definition of the ending of active regions may be, the decay phase without sunspots lasts longer than the entire sequence with sunspots, even if the leading sunspot decays very slowly.

4. **Monopolar Network Area, Long Quiescent Prominence/Filament.** After the active region has become indistinct as a bipolar entity, the remnants, in particular of the following parts, may be followed as enhancements of the mean magnetic flux. Remnants of more active regions may merge, forming large monopolar network areas. Long, quiescent prominences or filaments are seen at the boundary facing the pole, gradually shifting poleward. These prominences form the "polar crown."

Patterns in the Evolution of Magnetic Regions

Small active regions develop small sunspots or no sunspots at all; they evolve faster but with many characteristics in common with large regions. For example, the emergence phase is much shorter than the decay phase–the history may be described as a quick outbreak of magnetic flux, followed by a slow dispersal and disappearance.

The flux emerges in an already concentrated form: the field strength in the flux tubes just before emergence is estimated at several hundred gauss, and these tubes are part of dense bundles (see Zwaan, 1978).

The magnetic flux emerges in pulses. We have mentioned already that several emerging flux regions may contribute to the formation of a large and magnetically complex active region. A particularly large and complex active region is produced when a new active region emerges in or near an existing region, which happens far more frequently than can be accounted for by chance coincidences (see Zirin, 1974). In this way large complexes of activity arise; these are discussed in the next section.

Solar flares tend to occur around the time of maximum development of the active region, and particularly shortly after the emergence of new flux (see Brown and Spicer, Chapter 7). The frequency and the magnitude of the flares in an active region increase with the complexity of the magnetic structure.

The appearance of the magnetic flux suggests that large aggregates of flux–as in sunspots, entire active regions, and complexes of activity–are prefabricated in deep layers of the convection zone, or perhaps even deeper. Sunspots show up exclusively in recently emerged flux; the decay of sunspots starts when the supply of flux stops. The magnetic flux spends most of its time in the solar atmosphere as the network-filigree structure consisting of thin flux tubes. This intricate structure is apparently set by the conditions in the top of the convection zone.

Cohesion of Active Regions and Control of Convection

There is a remarkable cohesion between the magnetic elements in a medium-sized or large active region (see Zwaan, 1978). Sunspots and faculae show the same rotation rate, which is larger than the mean photospheric rate, whereas the elements in the quiet network corotate with the photosphere (van Tend and Zwaan, 1976). Faculae disperse slower than would be expected for a random walk due to unhampered supergranular flow, and at a step time much smaller than the supergranular timescale (Smithson, 1973).

The magnetic structure controls the large-scale convective flow in active regions. In young regions the granulation is rather normal, but there is no uniform pattern of supergranules. Instead there is a variety of cells, with sizes between granules and supergranules. In dense plages there are no large cells (see Figure 6-3). Wherever the density of magnetic elements is sufficiently low, the pattern of supergranular cells is seen, particularly in the enhanced network of older active regions. These enhanced network cells live longer than the supergranules in the quiet atmosphere (Sheeley, 1969; Livingston and Orrall, 1974). Around a decaying sunspot a long-lived "moat cell" is often observed, which is of supergranular size and with velocities directed radially away from the sunspot (see Vrabec, 1974).

Disappearances of Magnetic Flux

Magnetic flux disappears from the solar atmosphere on a range of timescales. The opposite polarities in ephemeral active regions and the small inclusions of opposite polarity in large active regions disappear within a few to several dozen hours. A slow disappearance of flux must occur at the boundaries of monopolar areas in active regions and in the quiet atmosphere, since the flux emerging per cycle must equal the flux disappearing per cycle.

In the process of flux disappearance there have to be two stages. First magnetic field is reconnected, either below or above the photosphere. Then loops of reconnected field are pulled out of the photosphere or below the photosphere, respectively. The detailed process has not yet been observed; prominences may play an important part (see Zwaan, 1978).

Unipolar Regions

Large unipolar areas are formed by the merging of following polarity remnants of active regions. They gradually drift toward the nearest pole. Eventually these fields reach the polar regions (above 60° latitude) to form a net of polar faculae. Usually a polar cap shows one dominant polarity, and the polarities in the two hemispheres are opposite (see figure 3.1 in Bruzek and Durrant, 1977). The total flux in one polar cap may amount to several times 10^{21} Mx, which is not more than the flux in one polarity of an active region of medium size.

Coronal Structure

We recall that the structure of the corona and the interplanetary medium is largely determined by the solar magnetic field (see Zirker, Chapter 5, Figures 5-5 and 5-7 and Wentzel, Chapter 14). Heliograms in soft X-rays provide an excellent diagnostic for the coronal field structure (Vaiana et al., 1973). Coronal holes, which are relatively dark in X-rays, in centimeter radiation, and in many EUV lines, occur above large monopolar regions, in a relatively weak magnetic field that is open to interplanetary space. Magnetic structures that are closed in the corona stand out as bright in X-rays. The brightest features are the X-ray bright points (XBP) that occur over all emerging flux regions. Nearly all the XBP's correspond to ephemeral active regions. All active regions stand out as bright coronal condensations, partly resolved in loops. In the so-called quiet corona (outside coronal holes), there are loops connecting opposite polarities, occasionally over large distances and sometimes crossing the solar equator.

THE SOLAR ACTIVITY CYCLE

The solar cycle has received great attention in recent years because of possible long- and short-term variations in the basic 22-year cycle. The basic pattern and some of the possible variations are considered here.

Activity Indexes

The magnitude of the magnetic activity is measured with several indexes. The Wolf Number (or Zürich Relative Sunspot Number), which is a weighted mean of the number of sunspots and the number of sunspot groups on the disk, is frequently used because these numbers have been available with a reasonable homogeneity since 1755. Only monthly averages or smoothed mean values over about one year are meaningful because of such factors as seeing variations and rotational modulation. The Wolf Number correlates fairly well with the total sunspot area present (see White and Trotter, 1977).

Other measures, such as the Ca II K Plage Index (derived from the areas and the brightness of active regions in Ca II K) and the 2800 MHz (10.7 cm) Radio Flux (which is independent of weather and seeing), confirm the characteristics of the activity cycle. The cycle is also reflected in the occurrences of flares and the related geophysical events, such as aurorae.

Classical Features of the Activity Cycle

The average period of the sunspot cycle is approximately 11 years. The sunspot cycle is irregular, the periods vary between about 9 and 12.5 years, and the maxima are different from cycle to cycle (Figure 6-5). The rise to maximum tends to be shorter than the decline to minimum.

Sunspots are confined to the activity belts which extend to about 45° latitude on either side of the solar equator. The first sunspots of a cycle appear at relatively high latitudes. During the cycle the new sunspots tend to appear at progressively lower latitudes. The last sunspots in a cycle show up close to the equator. This tendency is called Spörer's law, although it had been noticed by earlier observers. Maunder's butterfly diagram (Figure 6-5) results when the latitudes of sunspot occurrences are plotted against time. Cycles overlap for about 3 years: while the last sunspots of the old cycle appear near the equator, the first sunspots of the new cycle are already showing up at high latitudes.

Hale discovered the polarity laws soon after his discovery of the magnetic field in sunspots. During a given cycle, the majority of the leading sunspots on the northern hemisphere are of the same polarity, whereas the leading sunspots on the southern hemisphere are of the opposite polarity. During the next cycle, all polarities are reversed (Figure 6-5). Thus, the period of the magnetic activity cycle is twice the sunspot cycle.

In the previous section, it was discussed how following polarity remnants of active regions gradually drift to the polar caps. As a result, the polar caps change polarity at about sunspot maximum, to take the sign of following polarity of the hemisphere during the previous cycle.

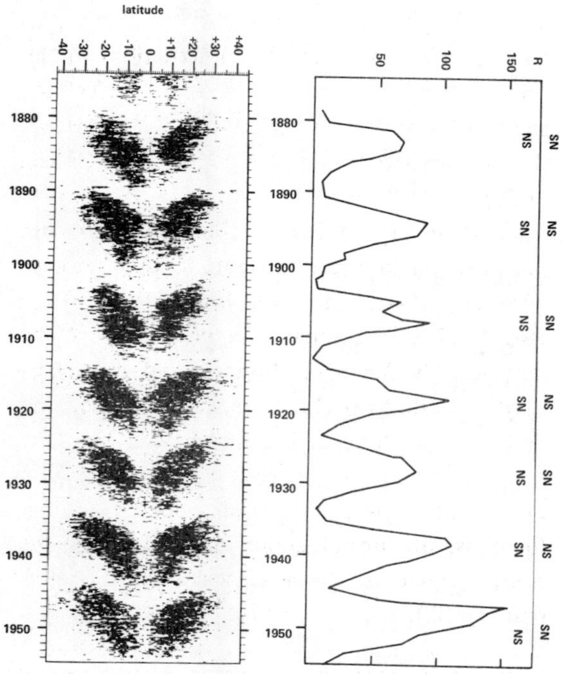

Figure 6-5. The solar activity cycle. The smoothed Relative Sunspot Number, R, is plotted against time in years. The butterfly diagram shows the heliographic latitudes of sunspots against time. The indications NS and SN at the top specify the polarities of the active regions, with N for positive (northern) polarity and S for negative polarity. The first symbol stands for the polarity of the leading part, and the top pairs refer to the northern hemisphere.

Ephemeral Active Regions and the Cycle

The ephemeral active regions, with lifetimes less than about 2 days, differ in the statistics from the larger active regions. The occurrence of ephemeral regions is conveniently studied by their coronal counterparts, the X-ray bright points (XBP). The ephemeral regions have a broader latitude distribution (Harvey and Martin, 1973; Harvey et al., 1975; see also Martin and Harvey, 1979); according to Golub et al. (1974), the latitude distribution of the XBP's shows a uniform component plus a low latitude component coinciding with the sunspot belts. Throughout the solar cycle probably more magnetic flux emerges in ephemeral regions than in regions with fluxes in excess of a few times 10^{20} Mx. During the periods of X-ray observations between 1970 and 1978 the number of XBP's varied in anticorrelation with the number of emergences of long-lived active regions. Golub et al. (1979) suggest that the total rate of flux emergence may vary little throughout the cycle, or, in other words, that the solar cycle may be an oscillation in the spectrum of the emerging magnetic flux, rather than a variation in the amount of emerging flux. However, Martin and Harvey (1979) conclude from their study of high resolution magnetograms that the number of ephemeral regions varies approximately with the sunspot cycle, but that the new cycle appears much earlier in ephemeral regions than in large active regions. In any case, these ephemeral active regions represent an important phenomenon, perhaps a critical constraint on the theory of solar magnetism. It should be recognized, however, that at any time, most of the magnetic flux through the photosphere is due to large active regions.

Large Patterns in Magnetic Activity

New active regions tend to emerge near existing active regions, or near remnants of old ones. In this way, large complexes of activity are formed, which may occupy the same limited area on the Sun for years. This tendency has been known for a long time. The observers compiling the Greenwich Photoheliographic Results named the phenomenon of a new sunspot group showing up in a decaying active region a "revival." Becker (1955) published a careful statistical study showing that there are in each sunspot cycle some 10 foci ("Sonnenfleckenherde"), of very limited area, in which series of sunspot groups are formed for periods of 6 months to nearly 2 years. These foci show a larger rotation rate than the sunspots themselves. Bumba and Howard (1965) also noticed that active regions tend to appear in clusters (termed "activity complexes") on the solar surface where they keep appearing for many solar rotations. Such a complex starts as a rather small area in which active regions begin to appear. The area then expands; eventually the activity complex may cover 150 degrees in longitude and the full width of both sunspot belts. The complexes become mixed around sunspot maximum. Consequently, the activity complexes can be followed in their evolution only when the level of activity is rather low. The relation between Becker's spot foci and activity complexes is not clear. The large expansion of the activity complexes described by Bumba and Howard may not be in conflict with the very localized sunspot foci, since Becker's method selects sunspot groups appearing within a very limited area. A sunspot focus may be a kernel in an activity complex. (It is confusing that the term "activity complex" is used both for a cluster of active regions seen at the same time, and for a succession of active regions within a limited area; for the latter the term "family of active regions" is preferable, see Dodson and Hedeman, 1968.)

There are indications that the magnetic flux emerges in pulses of enhanced activity that involve the entire solar surface. This appears from analyses of routine observations (see Dodson and Hedeman, 1975). Golub and Vaiana (1980) noticed in the X-ray heliograms, obtained during the 8 months of Skylab observations in 1973, a particularly large number of bright points all over the solar disk for a period of about 4 months. Near the peak of this pulse a major activity complex developed, followed by a temporal shortage of bright points in the vicinity of that complex.

The Irregularity of the Solar Cycle

An outstanding feature of the solar cycle is its irregularity. The period of the sunspot cycle has varied since 1700 between 8 and 15 years, and the height of the maxima has differed by factors of more than 2. A larger irregularity was rediscovered by Eddy (1976): an extremely low level of activity (very few sunspots and aurorae) occurred during 1645 to 1715; Eddy calls this period the "Maunder Minimum." In addition, he found the "Spörer Minimum" in the late 15th and early 16th centuries, and a very high level of activity during the 12th century. These slow variations are detected through variations in the production of carbon-14 from nitrogen-14 in the upper terrestrial atmosphere by neutrons produced by cosmic rays. The fluctuations in the carbon-14 concentration derived from tree ring analyses suggest many more strong variations in the solar activity back to about 5000 B.C. (Eddy, 1976).

A secondary period of about 80 years has been derived from the sunspot numbers between 1750 and 1960, but it may be an artifact. Here Eddy's (1976) comment is pertinent: "The reality of the Maunder Minimum and its implications of basic solar change may be but one more defeat in our long and losing battle to keep the Sun perfect, if not perfect, constant, and if inconstant, regular." Eddy also points out that there is no unambiguous evidence that the sunspot cycle of about 11 years was operative before 1700.

THE SUN AND STARS WITH MAGNETIC ACTIVITY

If other cool stars are magnetically active, it would be of interest to find the global and time-dependent aspects of magnetic activity in stars of different masses and ages. This raises the question of how solar-type activity may be discovered in a distant star like the Sun, or in cool stars more active than the Sun.

There is little hope of detecting magnetic fields in solar-type stars by measuring circular polarization in the σ component of magnetically sensitive lines, because the polarities cancel in averaging (the field strength averaged over the full solar disk is 1 gauss at most). However, the σ

components originating in the magnetic elements may be discovered in unpolarized light on both sides of the unshifted line, the latter being caused by the nonmagnetic part of the atmosphere, plus the π components from magnetic structures. This requires very large Zeeman splittings, a very large signal-to-noise ratio, a high spectral resolution, and a small rotational broadening. This method was shown to be feasible for stars much more densely covered with magnetic elements than the Sun (Robinson et al., 1980).

Another method is searching for linear polarization. Magnetic areas not far from the solar limb show a weak linear polarization (between 10^{-3} and 10^{-2}) perpendicular to the solar limb, which has been explained as the net effect of the π components of strong spectral lines being more saturated than the σ components (Leroy, 1962; Dollfus, 1965). The degree of polarization depends on the transverse component of the magnetic field in the contributing elements, the surface density of the magnetic elements, and the density of saturated spectral lines with appropriate magnetic splitting within the bandpass of the polarimeter. For a star that has its magnetic elements arranged in activity belts bordering the equator, and which is observed from about its equatorial plane, the contributions of the magnetic regions add up because the directions of linear polarization are then nearly parallel. For the Sun, the net polarization in the blue-green would be quite small, about 2×10^{-5} during maximum activity. However, for stars that are much more active than the Sun, a degree of polarization of more than 10^{-4} may be expected. A recent polarimetric survey suggests that an appreciable fraction of cool stars (of spectral type F and later) indeed show intrinsic linear polarization (Tinbergen and Zwaan, 1981).

Photometry provides indirect ways of searching for magnetic structures. One method is to scrutinize changes in broadband flux produced by spots and faculae. Note that estimates based on the observed darkness and brightness of solar spots and faculae relative to the ambient photosphere probably overestimate the full-disk effects: the flux missing over spots or the excess flux over faculae reappears or disappears over a large area (see Spruit, 1977). Moreover, the effects of the dark spots and of the bright faculae partly cancel. In any case, even such simple overestimates indicate that the solar flux variations caused by sunspots and faculae are too small for the conventional techniques of stellar photometry. However, in very active cool stars broadband photometry has revealed flux variations that have been attributed to "starspots" (see Bopp and Evans, 1973).

The most efficient way of studying magnetic structure in solar-type stars is to observe the emission cores in the Ca II H and K resonance lines and in the Mg II h and k resonance lines. These emission features in the spectrum of the full stellar disk are the sum of the following contributions:

1. The emission from faculae in active regions: this component varies with the occurrence of flares, with the rotation, with the evolution of the active region, with the activity cycle, and with long-term irregularities in the activity (e.g., the Maunder Minimum).
2. The emission from the quiet network, which perhaps varies on time scales comparable to or larger than the activity cycle.
3. The emission from the nonmagnetic chromosphere, which probably is quite small and constant.

The pioneering work of Wilson (e.g., 1966, 1968, 1976) has demonstrated that the exploration of the Ca II H and K emission in stars is indeed quite rewarding. Some results are of particular interest in the present context. First, very different amounts of Ca II H and K emission are shown by cool stars of similar spectral type and luminosity. For instance, the Sun is a relatively quiet star, while many other G-type main sequence stars show larger H and K emission. On the other hand, some of these G-type stars are less active. Second, in main sequence stars and in at least some of the giants, the H and K emission varies on time scales ranging from a few days to many years. In about 20 percent of the main sequence stars that Wilson (1978) investigated, variations resembling the solar activity cycle are found, with periods from 6 to more than 10 years.

The solar analogy suggests that the Ca II H and K emission strength is a monotonic measure of the spatial integral of the absolute magnetic flux over the stellar hemisphere facing the observer (see Figure 6-3). This "chromospheric magnetometer" may depend in its calibration on the classical stellar parameters: effective temperature, surface gravity, and metal abundance.

Analysis of the variation of stellar Ca II H and K emission strength may yield the periods of rotation and activity cycles, and lifetimes of active regions or activity complexes. Then we may find answers to such questions as follows: How do the magnitude of activity, the occurrence of activity cycles, and the period of activity cycles depend on the classical parameters and on the stellar rotation rate? This leads to the exciting prospect of observational studies of stellar dynamos–research into the concerted roles of convection, rotation, and magnetic field in the structure and evolution of stars.

The interpretation of stellar Ca II H and K emission in terms of magnetic activity suggests a similar explanation for the UV line and X-ray emission. The solar example implies close correlations between Ca II H and K strength and UV line emissions because the UV lines, that are formed at temperatures up to 5×10^5 K, originate in the same magnetic elements as the Ca II and H and K emissions (the Hierarchy of Magnetic Elements). Ca II H and K and X-ray emissions will also correlate, though less closely: the X-ray heliograms show active regions as do Ca II spectroheliograms, but the coronal loop structure differs in detail from the chromospheric structure (Active Regions and Large-Scale Structures in the Magnetic Field). Current observations with the International Ultraviolet Explorer and with the HEAO-2 Einstein satellite may serve to check the expected correlations, and, if they are present, yield their dependence on effective temperature and surface gravity. A first indication was reported by Mewe and Zwaan (1980) who found a positive correlation between soft X-ray flux and Ca II H and K emission strength.

N.R. Sheeley furnished valuable data and references. W.C. Livingston, R. Muller and H. Zirin supplied illustrations. For the presentation of this chapter, I profited from constructive criticism by H.C. Spruit and, in particular, by R.J. Rutten. Mrs. J.G. Odijk tidied up the manuscript.

REFERENCES

Becker, U., 1955, *Z. Astrophys.* **37**, 47.

Beckers, J.M., 1976, in D. Williams, ed., *Proc. International Symposium on Solar-Terrestrial Physics*, p. 89.

Beckers, J.M., Schröter, E.H., 1968, *Solar Phys.* **4**, 142.

Bopp, B.W., Evans, D.S., 1973, *Monthly Notices RAS* **164**, 343.

Bray, R.J., Loughhead, R.E., 1964, *Sunspots* (London: Chapman and Hall, Ltd., 1964).

Bruzek, A., 1967, *Solar Phys.* **2**, 451.

Bruzek, A., Durrant, C.J., eds., *Illustrated Glossary for Solar and Solar-Terrestrial Physics* (Dordrecht: D. Reidel Publishing Co., 1977).

Bumba, V., Howard, R., 1965, *Astrophys. J.* **141**, 1502.

Dodson, H.W., Hedeman, E.R., 1968, in K.O. Kiepenheuer, ed., *Structure and Development of Solar Active Regions* IAU Symposium no. 35, p. 56.

Dodson, H.W., Hedeman, E.R., 1975, *Solar Phys.* **42**, 121.

Dollfus, A., 1965, in R. Lüst, ed., *Stellar and Solar Magnetic Fields* IAU Symposium no. 22 (Amsterdam: North-Holland, 1965), p. 176.

Dunn, R.B., Zirker, J.B., 1973, *Solar Phys.* **33**, 281.

Dunn, R.B., Zirker, J.B., Beckers, J.M., 1974, in R.G. Athay, ed., *Chromospheric Fine Structure,* IAU Symposium no. 56, p. 45.

Eddy, J.A., 1976, *Science* **192**, 1189.

Gokhale, M.H., Zwaan, C., 1972, *Solar Phys.* **26**, 52.

Golub, L., 1980, in "The Sun and the Heliosphere," *Phil. Trans. R. Soc. London A* **297**, 595.

Golub, L., Krieger, A.S., Silk, J.K., Timothy, A.F., Vaiana, G.S., 1974, *Astrophys. J.* **189**, L93.

Golub, L., Davis, J., Krieger, A.S., 1979, *Astrophys. J.* **229**, L145.

Golub, L., Vaiana, G.S., 1980, *Astrophys. J.* **235**, L119.

Harvey, J.W., 1977, in E.A. Müller, ed., *Highlights of Astronomy* **4**, part II (Dordrecht: D. Reidel Publishing Co., 1977), p. 223.

Harvey, K.L., Martin, S.F., 1973, *Solar Phys.* **32**, 389.

Harvey, K.L., Harvey, J.W., Martin, S.F., 1975, *Solar Phys.* **40**, 87.

Howard, R., 1959, *Astrophys. J.* **130**, 193.

Howard, R., 1974, *Solar Phys.* **39**, 275.

de Jager, C., 1959, in S. Flügge, ed., *Encyclopedia of Physics* **52** (Berlin: Springer-Verlag, 1959), p. 80.

Jensen, E., Maltby, P., Orrall, F.Q., eds., 1978, *Physics of Solar Prominences*, Proc. IAU Colloquium no. 44.

Kiepenheuer, K.O, 1953, in G.P. Kuiper, ed., *The Sun* (Chicago: University of Chicago Press, 1953), p. 322.

Kiepenheuer, K.O., ed., 1968, *Structure and Development of Solar Active Regions*, IAU Symposium no. 35 (Dordrecht: D. Reidel Publishing Co., 1968).

Leighton, R.B., 1959, *Astrophys. J.* **130**, 366.

Leroy, J.-L., 1962, *Annales Astrophys.* **25**, 127.

Livingston, W.C., Orrall, F.Q., 1974, *Solar Phys.* **39**, 301.

Martin, S.F., Harvey, K.L., 1979, *Solar Phys.* **64**, 93.

Mehltretter, J.P., 1974, *Solar Phys.* **38**, 43.

Mewe, R., Zwaan, C., 1980, in A.K. Dupree, ed., *Cool Stars, Stellar Systems and the Sun,* Smithsonian Astrophys. Obs. Special Rep. No. 389, p. 123.

Ramsey, H.E., Schoolman, S.A., Title, A.M., 1977, *Astrophys. J.* **215**, L41.

Reeves, E.M., Foukal, P.V., Huber, M.C.E., Noyes, R.W., Schmahl, E.J., Timothy, J.G., Vernazza, J.E., Withbroe, G.L., 1974, *Astrophys. J.* **188**, L27.

Robinson, R.D., Worden, S.P., Harvey, J.W., 1980, *Astrophys. J.* **236**, L155.

Sheeley, N.R., 1969, *Solar Phys.* **9**, 347.

Smithson, R.C., 1973, *Solar Phys.* **29**, 365.

Spruit, H.C., 1977, *Solar Phys.* **55**, 3.

Spruit, H.C., Zwaan, C., 1981, *Solar Phys.* **70**, no. 2.

Tandberg-Hanssen, E., 1974, *Solar Prominences* (Dordrecht: D. Reidel Publishing Co., 1974).

Tarbell, T.D., Title, A.M., Schoolman, S.A., 1979, *Astrophys. J.* **229**, 387.

van Tend, W., Zwaan, C., 1976, in V. Bumba and J. Kleczek, eds., "Basic Mechanisms of Solar Activity," IAU Symposium no. 71, p. 45.

Tinbergen, J., Zwaan, C., 1981, submitted to *Astron. Astrophys.*

Tousey, R., Bartoe, J.-D.F., Bohlin, J.D., Brueckner, G.E., Purcell, J.D., Scherrer, V.E., Sheeley, N.R., Jr., Schumacher, R.J., and Van Hoosier, M.E., 1973, *Solar Phys.* **33**, 265.

Vaiana, G.S., Krieger, A.S., Timothy, A.F., 1973, *Solar Phys.* **32**, 81.

Vrabec, D., 1974, in R.G. Athay, ed., *Chromospheric Fine Structure,* IAU Symposium no. 56., p. 201.

White, O.R., Trotter, D.E., 1977, *Astrophys. J.* supplement, **33**, 391.

Wilson, O.C., 1966, *Science* **151**, 1487.

Wilson, O.C., 1968, *Astrophys. J.* **153**, 221.

Wilson, O.C., 1976, *Astrophys. J.* **205**, 823.

Wilson, O.C., 1978, *Astrophys. J.* **226**, 379.

Zirin, H., 1974, in R.G. Athay, ed., *Chromospheric Fine Structure,* IAU Symposium no. 56 (Dordrecht: D. Reidel Publishing Co., 1974), p. 161.

Zwaan, C., 1968, *Ann. Rev. Astron. Astrophys.* **6**, 135.

Zwaan, C., 1978, *Solar Phys.* **60**, 213.

7

SOLAR FLARE OBSERVATIONS AND THEIR INTERPRETATIONS

John C. Brown, Dean F. Smith, and Daniel S. Spicer

INTRODUCTION

A solar flare has a characteristic spatial extent of 10^4 to 10^5 km. It develops rapidly, with a characteristic time scale of 10^2 to 10^3 s but its manifestations can be observed for hours after onset. A solar flare is the source of highly energetic particles with energies that extend into the GeV range; it produces copious amounts of electromagnetic radiation from γ-rays to wavelengths of 10 km; and it produces violent magnetohydrodynamic phenomena such as shocks and fast mass ejections ($\sim 10^{13}$ kg). The total energy released during a flare may range from $\sim 10^{21}$ to 10^{25} J.

Observationally one can identify three basic phases of a flare, as follows:

1. The precursor (preflare) phase, lasting for minutes to hours;
2. The flash phase, lasting for 1 to 5 minutes; and
3. The main (gradual) phase, lasting, on occasion, for hours.

Various aspects of each phase have been identified in the literature and will be summarized in more detail below. The precursor phase appears to start with slightly enhanced emission and the emergence of magnetic flux from the photosphere. The flash phase is defined by a rapid increase in intensity and volume of electromagnetic emission; within the flash phase there may be an impulsive phase, characterized by impulsive bursts in microwaves and X-rays. The "main" or gradual phase is characterized by a slow decay in intensity. Additional electromagnetic "bursts" may occur, but they are extended in time compared with the "impulsive bursts." It is generally believed that the flash phase is associated with the primary energy release mechanism which, in turn, is responsible for the impulsive bursts, while the extended bursts are believed to be associated with a secondary energy release associated with shocks, excited by the primary energy release, propagating out into the corona. This is sometimes called the "two-phase acceleration hypothesis" and is adopted here. Because of space limitations, our emphasis will be on the first phase although occasional remarks will be made to clarify the relationship between the two phases where necessary.

Our review is split into three main parts: the main observational aspects of the flare problem as we see it; the present interpretations of these observations; and the present understanding of hard X-rays produced during the first phase particle acceleration.

Particular emphasis is placed on the more recent observations and their interpretations. In this regard the authors have been highly selective, presenting, in detail, mainly the material that the authors believe bears directly on the central theoretical problem of solar flares, viz the energy release mechanism. A more detailed review of solar flares is to be found in the text by Švestka

(1976) and in the more recent *Proceedings of the Skylab Workshop on Solar Flares* (Sturrock et al., 1979).

OBSERVATIONAL MANIFESTATIONS OF FLARES

Observations of flare phenomena have yet to reach the resolutions required to permit solar astrophysicists to obtain definitive solutions to the flare problem. However, their increasing quality has greatly constrained the number of possibilities, and has even given some information on where and when flares are likely to occur.

Flare Precursors

What are the necessary and sufficient conditions that lead to a flare? At present this question is unanswered. In fact, there is little one can say concerning flare initiation. What can be said may be summarized in the following paragraphs.

Flares seem to begin in the low corona near regions where magnetic flux is emerging (e.g., new sunspots, Rust, 1976). Flux emergence has stimulated much theoretical as well as observational interest because of its close temporal and spatial association with enhanced soft X-ray emission and impulsive radio bursts. Harvey and Harvey (1976) studied 14 flares and concluded that there was a correlation between regions exhibiting high photospheric velocity shear and flare sites. Skylab observations in the extreme ultraviolet (EUV or XUV) have indicated that the low temperature EUV lines show brightenings and Doppler shifted line profiles at the bases of small loops (Brueckner et al., 1976). Vorpahl et al. (1975) found evidence in soft X-rays for turbulent flows (~ 50 km s^{-1}) and heating prior to flares although the same effects sometimes manifest themselves without a flare. However, Kahler and Buratti (1976) did not find any correlation between preflare loop brightening and flares.

The slow preheating sometimes reported seems to be associated with more impulsive phenomena occurring about 10 minutes before a flare (Kane and Pick, 1976). Frequently, Type III radio bursts at meter wavelengths are associated with this period (Lin, 1976), whereas microwave emission appears to grow gradually (Kundu et al., 1974). Unfortunately, little else can be stated about the precursor phase – a phase that is of vital importance for solving the flare riddle.

Thermal Flare Emissions

Low Temperature Emissions. The radiative instability of solar plasma above about 10^5 K (Cox and Tucker, 1969) has the effect of dividing the solar atmosphere sharply into high and low temperature regimes (corona and chromosphere in the quiet Sun). It is therefore convenient to divide flare data into low and high temperature emissions, though the source regions involved are even more complex spatially than those in the quiet Sun (see the detailed discussion in Brown and Smith, 1980). Therefore in this section emissions from the low temperature regions of the flare and in the section on High Temperature Flare Emissions, those from the hot regions will be discussed. A similar subdivision is used in our discussion of theoretical flare heating models (Interpretations of Observational Manifestations of Flares). An important distinguishing feature of the flare process compared to the quiet Sun and active regions is that it is a transient phenomenon. In this transience lie the origins of the various energetic nonthermal phenomena characteristic of flares, particularly particle acceleration. The observations associated with these effects are described in Hard X-Rays and γ-Rays, Radio Bursts, and High-Energy Particles and Mass Ejecta, after Magnetic Field observations of the magnetic environment of flares have been discussed.

Chromospheric flare emissions apparently originate in two types of region (see Canfield and Cook, 1978). There are a few small ($< 10^{14}$ m^2) bright kernels having lifetimes of a few minutes embedded in (or near) a more extensive ($\sim 10^{15}$ m^2) general flare brightening, lasting tens of minutes or hours. A general preflare brightening of the region often precedes the flash phase in which the bright kernels emit and in which the general emission rapidly increases before its slow decay. Though the total energy emitted in the gradual component often substantially exceeds that emitted in the impulsive brightenings (see, for example, Švestka, 1976), the large power of the latter and the rapidity of onset of the flash makes this phase place the greatest demands on theoretical mechanisms. For this reason extra emphasis is given here to impulsive brightening.

These two elements of chromospheric emission are exhibited for example by the radiations that characterize the temperature minimum region (e.g., Machado et al., 1978; Cook and Brueckner, 1979) and by the Hα emissions (e.g., Zirin and Tanaka, 1973). Historically, Hα emission has dominated the description of flare morphology because it is easily observed. Nevertheless, Hα emission patterns have provided no clear step forward in solving the central problem of flare energy release. Therefore no attempt is made to discuss them here in detail (see, for example, Švestka, 1976). The most prominent features of Hα morphology appear to be the occurrence of brightenings on either side of the magnetic neutral line (in Magnetic Fields); sometimes the brightenings merge to form a double ribbon, following activation of a preflare filament (Figure 7-1).

Quantitative analyses of the Hα observations are few. Thus, although there are many examples showing the flash phase increase in Hα areas, line width, or intensity over 10 to 100 s (e.g., Falciani et al., 1968) and subsequent evolution over 10^3 s or more, in few examples is there available a complete history of total Hα power versus time (e.g. Dizer, 1969). This is attributable to the difficulty of photometric measurements of the complex Hα structures and the large line width, seen against the nonflare chromospheric line. Zirin and Tanaka (1973) have argued that the energy in Hα is less than 10 percent of the flare total. Spectral observations of Hα together with other Balmer lines indicate (e.g., Švestka, 1972) that they are formed around $T \simeq 8000$ K in a thin (~ 10 km) layer (or other thin structure) at an electron density of 10^{18} to 10^{19} m^{-3}. This last figure arises from application of the Inglis-Teller formula to estimate the electric field required for collisional Stark broadening of high order Balmer lines. However, it has recently become clear that the electric field fluctuations associated with quite modest levels of plasma microturbulence (of wavelength comparable to a Debye length) could produce the same effect in a plasma of much lower density (e.g., Spicer and Davis, 1975; Davis, 1977). Similar ambiguity may occur in interpreting the red asymmetry of visible lines in terms of Doppler shifts. The Hα observations also reveal mass motion phenomena in flares including wave motions emanating from flare sites seen on the disk (Moreton, 1964) and mass ejections seen at the limb. These motions can involve masses of up to 10^{13} kg moving with velocities $\lesssim 10^3$ km s^{-1}. These velocities are compatible with observations of interplanetary blastwave material (see, for instance, Hundhausen, 1972; cf. High-Energy Particles and Mass Ejecta). The associated kinetic energy of $\lesssim 5 \times 10^{24}$ J is thus about 50 percent of the total thermal energy of a large flare (see, however, Sturrock et al., 1979), a fraction that is entirely reasonable on equipartition grounds assuming that some semblance of thermodynamic equilibrium has been attained by the time of observation. On the other hand, the energy associated with the ejected mass will depend on the attendant plasma-magnetic field configuration (PMFC) which may be open or closed.

Figure 7-1. A large flare on the west limb as seen in Hα, July 9, 1974. Courtesty of H. Zirin, Caltech Big Bear Solar Observatory.

Observations of flare excitation of the deeper levels of the chromosphere have been few but more have recently been obtained. Machado et al. (1978) have discussed the flare enhancement of emissions from the temperature minimum region. On the basis of Ca II K observations they conclude by plane parallel atmosphere modeling that the minimum temperature itself is raised by about 250 K over the preflare level and that the level of its occurrence is pushed downward to a height corresponding to a column mass on the order of 3.0 kg m^{-2} as compared with 0.5 kg m^{-2} for the quiet Sun. These results are consistent with those obtained from Skylab observations of the silicon continuum (Cook and Brueckner, 1979). Machado et al. (1978) have estimated that the energy loss in these deep layers, which is dominated by H^- ion emission, may amount to several percent of the total flare energy. Zirin and Tanaka (1973) and Zirin (1978) have discovered the occurrence of small, very short lived (< 10 s) flashes in a visible band of 15 Å about 3835 Å in precise synchronism with hard X-ray burst peaks. It is not clear whether these flashes are continuum or high order Balmer line emission (cf. Švestka, 1976). The occurrence of true "white light flares" may be interpreted as the heating of near photospheric layers (e.g., Rust and Hegwer, 1975) by the penetration of the flare process to even deeper layers in the atmosphere. However, an explanation involving some alternative nonequilibrium mechanism at higher levels in the atmosphere (e.g., Hudson, 1972) cannot be entirely excluded. Best fit empirical models of the flaring chromosphere as a whole have been constructed by Machado and Linsky (1975) (see Machado et al., 1978; Machado and Emslie, 1979; and Figure 7-2).

Emission such as Lα from the upper layers of the chromosphere in flares have only recently been observed in detail and their interpretation is still in a preliminary stage. Modeling of this flare regime has been discussed for example, by Lites and Cook (1979), Canfield et al. (1979), and Machado and Emslie (1979). By using the absence of a significant nonthermal Lα wing in the observations, Orrall and Zirker (1976) and Canfield and Cook (1978) have set limits on low energy proton fluxes.

An important additional means of studying

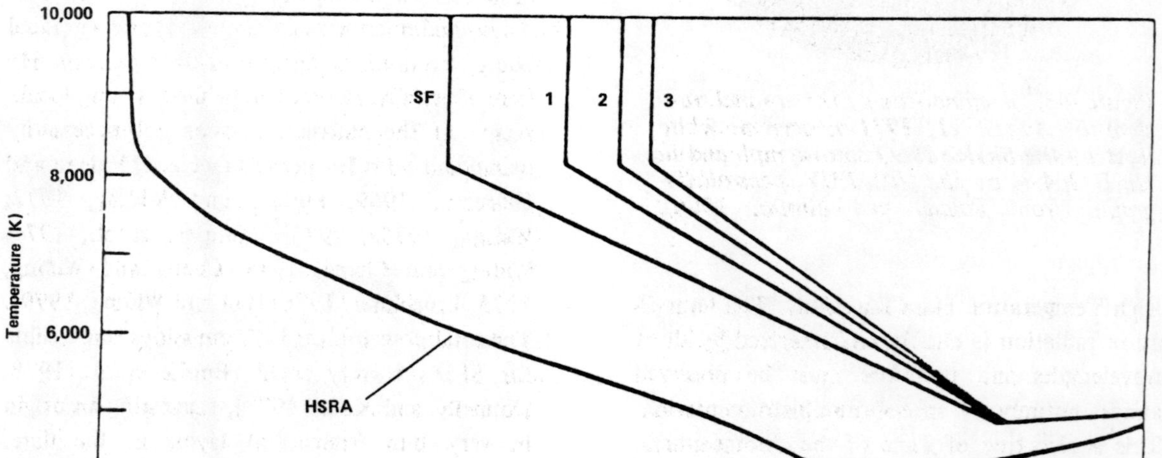

Figure 7-2. The temperature/height structure in chromospheric flares of various sizes according to the plane-parallel models derived empirically by Machado and Linsky (1975). An earlier quiet Sun chromospheric model is also shown. The abscissa is the column mass (in gm cm^{-2}) overlying the depth concerned.

flares at visible wavelengths is by means of the photospheric white light emission that has been Thomson scattered by electrons in the corona. The quality of such white light coronagrams has been greatly improved by means of the Skylab coronagraph (Poland and Munro, 1976). Interrelationships between coronal white light transients and flare radio events have been discussed in a variety of papers as reviewed in Rust et al. (1979). A typical coronagraph image of a flare associated transient is shown in Figure 7-3.

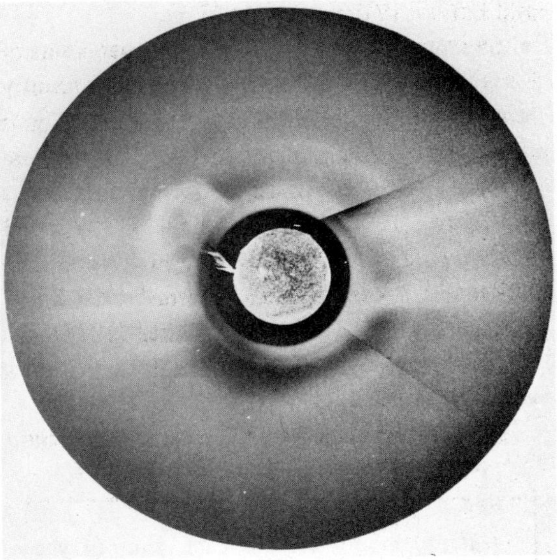

Figure 7-3. A composite of the coronal transient of August 21, 1973 as seen in white light by the Skylab HAO coronagraph and in He II 304 Å by the NRL EUV spectroheliograph (from Poland and Munro, 1976).

High Temperature Flare Emissions. High temperature radiation is chiefly characterized by short wavelengths and therefore must be observed almost entirely by space-borne instrumentation. This is also true of some of the chromospheric emissions described above (for radio observations see Radio Bursts). Reviews of the relevant observations up to and including those from the Skylab Apollo Telescope Mount (ATM) may be found in the various chapters of the Skylab Flare Workshop report (Sturrock et al., 1979). Here once again some of the main features, subdivided roughly according to wavelength and observing technique, are summarized.

There is a broad range of wavelengths 10 to 1000 Å, defined approximately at the longer wavelength end by the hydrogen Lyman continuum edge, known as the extreme ultraviolet (EUV). This band has been observed both from the ground and from space. The ground-based results, mostly obtained by Donnelly (e.g., 1970), are obtained indirectly by inference (via ionospheric models) from sudden frequency deviations (SFD's) of radio waves reflected from (or transmitted through) the ionosphere as it responds to the varying EUV flux from the flare. Clearly this technique has zero spatial resolution and very low spectral resolution (10 to 1030 Å broadband) and has rather poor absolute intensity calibration (because of uncertainties in ionospheric response) but is an excellent means of observing time variations in EUV flux for one event and for statistical studies of many events (Kane and Donnelly, 1971; Donnelly and Kane, 1978). Observations over a comparable wavelength range have also been made from space (e.g., Wood et al., 1972), but with much higher spectral resolution. The typical EUV time evolution again shows two phases: a rapidly varying impulsive flash component closely synchronous with hard X-rays and microwaves (Figure 7-4) and a gradual phase, the latter being shorter lived than the Hα flare. Spatially resolved data show strong localization of the emission in sites not necessarily coincident with Hα kernels (see e.g., Vaiana and Giacconi, 1969; Purcell and Widing, 1972; Widing, 1975a, 1975b; Neupert et al., 1974; Widing and Cheng, 1974; Cheng and Widing, 1975; Brueckner, 1976; Hiei and Widing, 1979). The total power of the EUV emissions responsible for SFD's is very small (Emslie et al., 1978; Donnelly and Kane, 1978), suggesting an origin in very thin (transition) layers in the flare. In addition, Donnelly and Kane (1978) have established a very substantial center to limb variation (limb darkening) in EUV intensities; they have constructed a simple geometrical model to describe this in terms of emission from the surface of a "well" dug from the normal transition region into the underlying absorbing chromosphere by the flare process, that is, by relaxation of the plane stratified model.

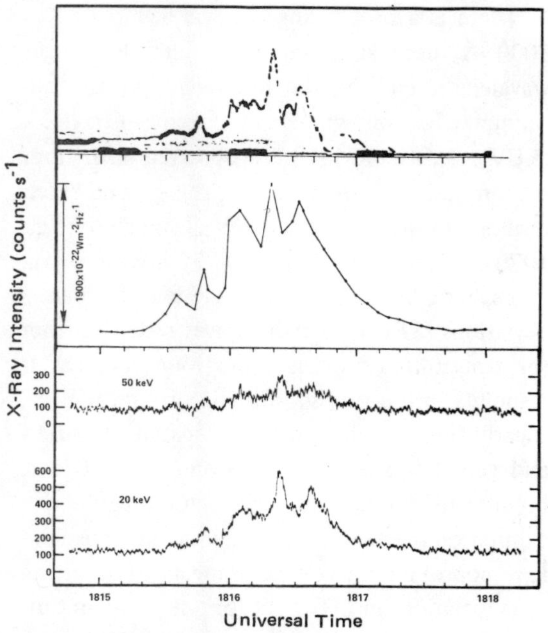

Figure 7-4. The close synchronism of impulsive flare emissions, illustrated by the flare of August 8, 1968, Top: SFD at 12.1 MHz (ESSA, Boulder). Center: Microwaves, 16 mm (Slough, England). Bottom: Hard X-rays (hv K 20 keV) (from Parks and Winckler, 1971).

The observation of EUV lines at higher spectral resolution allows localization of narrower temperature domains in the flare and the study of Doppler motions or broadenings. The details of such line profile studies and their interpretation have been reviewed by Brueckner (1976), Doschek and Feldman (1979), Doschek et al. (1978), and Cheng et al. (1979). Canfield et al. (1979) concluded that the line broadenings indicate either strong turbulent motions (~ 500 km s^{-1}) in flare loops or strong Stark broadening by plasma turbulence (Brueckner, 1976). The latter interpretation is excluded (for X-ray lines) by the arguments of Brown and Nakagawa (1978).

An important clue to the flare mechanism may lie in the observed morphology of EUV sources (since these high temperature emissions outline the sites of primary energy release), namely, single or multiple archlike structures (Widing, 1975b; Cheng and Widing, 1975; Brueckner, 1976; Widing and Dere, 1977), as seen in Figure 7-5. Similar morphology is also found with shorter X-ray wavelengths observed (over broader spectral bands) by means of the grazing incidence telescopes on ATM (Kahler et al., 1975; Vorpahl et al., 1975). These arches are often low lying and of small dimensions ($\lesssim 10^4$ km). As with Hα observations, much material has been published on the morphology of individual events, and correlations have been attempted between observed parameters (e.g., Vorpahl et al., 1975).

A summary of the important results based on the ATM EUV data and soft X-ray data on small compact flares is as follows:

- The primary flare element appears to be an archlike structure.
- There is a localized hot plasma cloud ($T \gtrsim 20 \times 10^6$ K, particle density $\gtrsim 10^{17}$ m^{-3}) near or at the apex of the arch during the early flash phase; it is elongated along the arch (see Figure 7-5).
- The flare kernels have their origins at the footpoints of the arch, and are located in the double ribbons of the flare.
- The arch is oblique to the neutral line (the line along which the measured component of the magnetic field normal to the solar surface vanishes (cf. Magnetic Fields), and a flare ribbon lies on each side of the neutral line.
- As the plasma cools, the arch becomes very sharply defined in the cooler lines (~ 2×10^6 K).
- The footpoints of the arch clearly originate in magnetically bipolar regions and connect differing polarities.
- The volume of the hot plasma core indicates that heating occurs in a significant fraction of the arch.
- The arch exhibits great stability during most of the flare (cf. Magnetic Fields) although some mass motion is observed at lower altitudes. This must be contrasted with the violent ejection of mass, carrying much of the total flare energy that characterizes large flares.
- Many of the observed flares appear to be "thermal flares" and show little dynamic behavior.

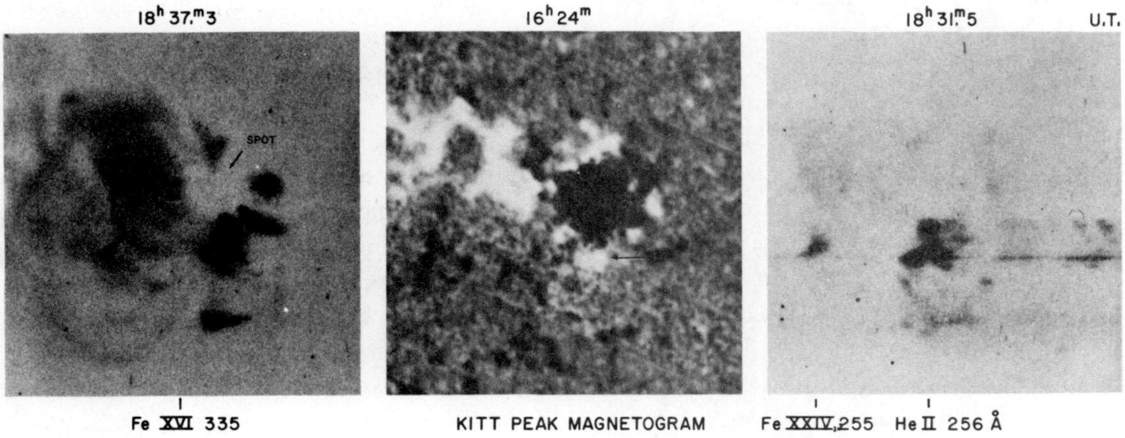

Figure 7-5. Two stages in the EUV development of the flare of September 5, 1973 together with a magnetogram. The (spectroheliogram) flare image Fe XXIV 255 Å forms an elongated structure whose main body is seen to project on the photospheric magnetic neutral line. The spectroheliogram in Fe XVI 335 Å shows directly how an arch (loop) connects the region of white (positive) polarity (arrow) to the sunspot (from Cheng and Widing, 1975).

- Evidence has been found that the flare may undergo repeated heatings, occurring at different locations in a given arch or in different arches.
- Recent evidence suggests that some arches develop kinks, but it is not clear whether all kinking is confined to flare arches.
- The rise time, decay time, and rate of increase of soft X-ray emission tend to increase with flare volume (Kahler, 1979).
- A typical intensely heated core was about 2 arcsec on a side corresponding to volume scales of $(1400 \text{ km})^3$.

At present, however, one cannot see that these observations provide any essential clue to the primary theoretical problems of the flare, although as discussed in Chapter 18 the PMFC indicates a $J_{\|}$ driven flare mechanism. Finally since most of the Skylab X-ray morphologies were observed after the flash phase, caution must be exercised in assuming that they characterize the overall magnetic field geometry involved in the primary release, rather than being just an aftermath. Specifically these X-ray data do not in themselves exclude primary energy release in a classical current sheet (e.g., Carmichael, 1964; Sturrock, 1966) with subsequent filling of an underlying arch with hot material, although these are strong theoretical objections to such a hypothesis as discussed in Chapter 18.

Quantitative information, obtainable in principle from the EUV data, include particle density N, electron temperature T_e (and sometimes ion temperature T_i), and volume V of the source, and the time development of these parameters in each emitting element. (For detailed discussion refer to Sturrock et al., 1979.) Temperatures are inferred from spectral line intensity ratios on the basis of detailed steady-state ionization equilibrium calculations for optically thin plasmas (or from the continuum slope). Volumes are inferred from spatially resolved data by assumption of comparable extent along and across the line of sight. In practice, though X-ray emission is seen in resolved loops, the most intense source regions are often of such small extent as to be unresolved. Consequently, only an upper limit to the volume can be set unless the density is independently available for use with the total emission measure N^2V, which determines absolute line intensities in a collision-dominated, optically thin source. More commonly, an observed value (or upper limit) for V is used to infer N (or a lower limit of N) from N^2V. Alternatively, N has been estimated crudely by modeling the observed cooling curve for the X-ray flare in terms of some particular cooling process, usually classical conduction. If the temperature is known and the source size is estimated, the plasma thermal energy density is determined, and hence, N is determined (e.g., Culhane et al., 1970). A more certain method for density measurement than either of these should be the use of density sensitive spectral line intensity ratios (Gabriel and Jordan, 1969; Munro et al., 1971; and many subsequent authors as reviewed by Dere et al., 1979). These all depend on the existence of forbidden transitions whose spontaneous radiative lifetimes are comparable to the atomic collision time for densities in the range of interest. The exact density is then inferred from the degree of collisional suppression of the forbidden line intensity relative to that of an allowed density insensitive transition. The method should thus be independent of the source volume (provided it is not too inhomogeneous). Application of these methods to typical Skylab data (e.g., Dere et al., 1979) has led to values of N around 10^{17} m^{-3} in the EUV flare. The highest densities were found for the highest temperature lines, which would imply that the flaring atmosphere is far out of pressure equilibrium. Some preliminary applications to data obtained in the flash phase (e.g., Parkinson et al., 1977; Neupert, 1971), however, have led to X-ray source densities ($N \geq 10^{19}$ – 10^{20} m^{-3} that are impossibly high on dynamical and energetic grounds (Brown and Nakagawa, 1978). If these latter results are not due to some instrumental problem, and since they probably cannot be explained in terms of plasma turbulence or optical thickness effects, the discrepancy most likely indicates that the source region consists of a large number of small regions. These would then emit successively while in a state of transient ionization arising from a dynamic mode of primary flash phase energy release, and violating the equilibrium assumption made in the usual density diagnostics (Brown and Nakagawa, 1978; see also Shapiro and Moore, 1977).

It is, of course, clear from the very large wavelength range over which a flare emits that the plasma, as a whole, is not homogeneous and, in particular, has neither a single density nor a single temperature. Further, neither instrumentation nor theoretical diagnostics have been capable of giving temperature or density measurements in volumes small enough to lend credence to the hypothesis of their homogeneity. Hence, much effort has been spent on inferring the inhomogeneous temperature structure within any observed volume from the deviations of line or continuum spectra from their isothermal forms. (As yet no such inhomogeneous structure analysis has even been formulated for the density.) The only quantity in this category that can, in principle, be derived from spectral information is the "differential emission measure" or very crudely $\xi(T) = d/dT\,(\int_V N^2 dV)$, which is the amount of the total emission measure $N^2 V$ per unit temperature range. The completely general definition of $\xi(T)$ given by Craig and Brown (1976a) shows how far removed is our current knowledge of $\xi(T)$ from what is desired, namely the distributions of temperature and particle density in spatial coordinates. Specifically $\xi(T)$ involves a double integral over the isothermal surface with an inverse weighting with respect to the unknown temperature gradient, and summation over all disjoint isothermal surfaces. Thus, $\xi(T)$ is only useful when combined with good physical intuition and strong modeling assumptions such as spatially monotonic temperature variations and simple relations between N and T (e.g., constant pressure or hydrostatic equilibrium). To make matters worse, it is impossible, in practice, to get more than a very crude assessment of $\xi(T)$ from the spectral data. The reason is that $\xi(T)$ (the source function) and the spectral (data) function are related by an integral or matrix equation in which the kernel is slowly varying, due here to the breadth of the Maxwellian distribution of the electrons that excite the emissions (Craig and Brown, 1976a). The equation kernel thus acts as a broadband filter on the temperature structure function $\xi(T)$, removing all information on its finer structure from the spectrum. This state of affairs means that any simple procedure such as model fitting of $\xi(T)$ to the data (e.g., Dere et al., 1974; Underwood et al., 1978) may yield an entirely spurious "solution" for $\xi(T)$, through the misleading fit to the data that characterizes all such problems (Craig and Brown, 1976b). Furthermore, even the correct mathematical approach of optimized (smoothed) inversion using a priori constraints (e.g., Craig, 1977) cannot yield detailed information on $\xi(T)$, because that information is absent from the data, except insofar as it is introduced in the constraints. It should also be noted that a number of solution schemes (Withbroe, 1975; Dere, 1978; Dere et al., 1979; Sylwester et al., 1980), recently advocated to "overcome" this fundamental filtering limitation, succeed in stabilizing the solution only by the implicit occurrence of a filtering (or damping) process in the iteration (or other) scheme used. Nevertheless, even very crude information on the form of $\xi(T)$ can place useful limits on the mechanisms of energy redistribution in the flaring plasma (e.g., Craig et al., 1978; Underwood et al., 1978).

Finally, an important means of reducing these interpretive difficulties is to use the dynamic evolution of the spectrum rather than its instantaneous form. In its simplest form this consists of returning to the assumption of homogeneity and modeling the spectrum in terms of the time evolution of total emission measure and mean temperature. Except at hard X-ray energies (cf. Mätzler et al., 1978) such analysis is found to show a steady increase of emission measure as the temperature falls away from its peak (Figure 7-6, e.g., Datlowe et al., 1974a; Zaumen and Acton, 1974; Underwood et al., 1978).

Magnetic Fields

There are, at present, no direct measurements of magnetic fields in flares since line radiation with detectable Zeeman splittings, which lead to a measurement, only comes from the photosphere. Since the flare is a chromospheric and coronal phenomenon, our knowledge about magnetic fields in flares presently comes from an extrapolation of the photospheric field although indirect arguments are available. It is hoped that this situation will change in the near future as ultraviolet polarimeters extend measurements at least into the transition region. Since until very recently only the line of sight component of the photospheric magnetic field could be reliably measured and since measurements were made only once per day, the problem of extrapolation was essentially hopeless. It is unlikely to improve much in the near future because it is difficult to build instruments that can determine sufficiently rapidly all components of the magnetic field. It can be shown by using the constraints of the equations of motion and Faraday's equation that to obtain the chromospheric and coronal magnetic fields on a sound physical basis by extrapolation both the photospheric vector magnetic and velocity fields are required. Thus, the development of fast vector magnetographs, to be used in conjunction with vector velocity measurements, appears to be well worth the effort. Most available results are from fast scanning line of sight magnetographs, which give only morphological relations between the photospheric magnetic

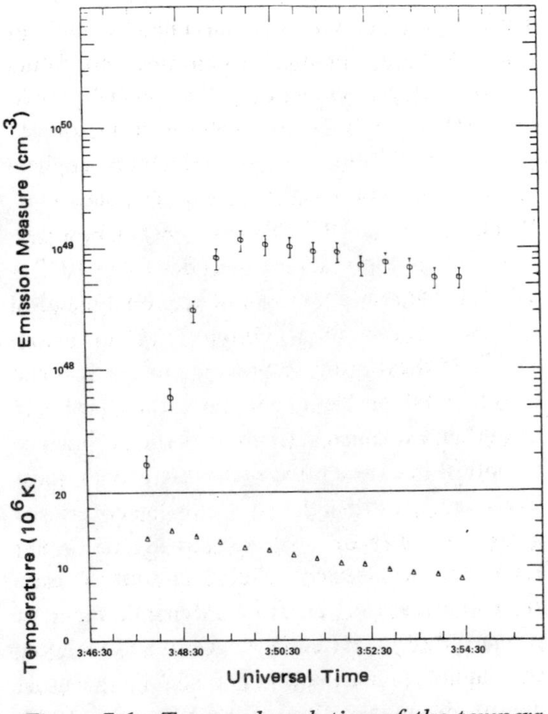

Figure 7-6. Temporal evolution of the temperature and emission measure characterizing the soft X-ray plasma as derived from the 5 to 15 keV flux spectrum observed by OSO-7, January 26, 1972. 30.72-second average measurements (from Datlowe et al., 1974a).

field and flares (Rust, 1976). These relations are reviewed briefly.

Flares occur in so-called active regions, which are characterized by sunspots and bundles of emerging magnetic field called pores. The first question asked is whether the photospheric magnetic field changes at the time of a flare. The only known possible source of flare energy is stored magnetic energy and the 10^{25} J required for a large flare could be obtained by a 15 percent reduction in a 0.3 T sunspot field throughout a volume of $(10^4 \text{ km})^3$. Observationally, the problem is that active regions are continuously evolving (regardless of flare occurrence) and the best observations have only been made about once per hour. As a result, Rust (1976) concludes that the mean rates of change in sunspot fields required to explain flare energies do not differ significantly on this time scale from normal active region growth or decay rates except possibly in the largest proton flares. This type of proton producing flare is so rare that convincing statistics on the rates of change of nearby sunspot magnetic fields have not yet been compiled.

A typical example of a magnetogram from a small flare and simultaneous observations in the lines of Hα and He 10830 Å are shown in Figure 7-7. In He 10830 Å one can clearly see two patches of bright emission called flare kernels. These are also, but less distinctly, visible in Hα at the same locations. Each kernel lies just off the center of a sunspot umbra. Further study showed that the flare kernels brightened close to emerging pores implying that some flares are associated with emerging magnetic fields. Flares are usually but not always associated with complex patterns of photospheric magnetic fields (sometimes they occur in simple bipolar regions) rather than with absolute field strength. These two facts are all that can be said on the basis of direct measurement of magnetic fields.

One indirect method of inferring the magnetic fields in flares is to make the physically reasonable assumption that Hα fibrils and filaments outline

Figure 7-7. Three simultaneous views showing the photospheric magnetic field (bright-positive polarity; dark-negative polarity) and two line emissions for the small two-ribbon flare of May 7, 1974, 15:20 UT. The area shown is about 240 arcsec in extent. Arrows point to the flare kernel (from Rust, 1976).

magnetic field structures (e.g., Tanaka and Nakagawa, 1973). When these are combined with sunspot pictures and magnetograms, some general characteristics of the three-dimensional structure of the magnetic field can be inferred.

A flare filament, or active prominence, is a large mass of cool gas which requires magnetic support and is sometimes associated with flares. It is reasonable to assume that the ionized material in filaments is frozen into the magnetic field lines and is constrained to move with them except where the magnetic Reynolds number drops below 1.0 (see, for example, Spicer and Brown, Chapter 18). The ionized material thus becomes a "tracer" of changes in the gross field topology. The beginning of a flare is sometimes heralded by the ejection of a filament to greater heights and its subsequent disappearance. The mass of a filament is so great that only magnetic forces could eject it. For example, the typical mass of a flare filament is $\sim 10^{13}$ kg, its average density is 10^{16} m^{-3}, its volume is 6×10^{23} m^3, and its temperature is 10^5 K (Tandberg-Hanssen, 1967). The minimum energy required to eject this prominence to a height $h = 10^5$ km is

$$\mathrm{E} = Mg_0 h \simeq 3 \times 10^{23} \text{ J}, \qquad (7\text{-}1)$$

where $g_0 = 2.8 \times 10^2$ m s^{-2} is the solar surface gravity. On the other hand, the total thermal energy of the prominence is

$$\mathrm{E}_T = NkTV \simeq 10^{22} \text{ J}, \qquad (7\text{-}2)$$

(where k is the Boltzmann constant) which is 1.5 orders of magnitude less than E . This thermal energy is incapable of ejecting the prominence by thermal pressure unless its thermal energy can be replenished thirtyfold during the event. Using V and equating $VB^2/2\mu_0 \simeq \mathrm{E}$ it follows that a $B \gtrsim 10^{-3}$ T must be totally converted to mechanical energy to lift the prominence. Since this value of B implies a maximum β of $\sim 3 \times 10^{-2}$ (see Spicer and Brown, Chapter 18), it is known that the driving force behind the eruption is associated with a $J_{\parallel}$ driven instability (either a kink or a tearing instability).

The development of the $(\nabla \times \mathbf{B}) \times \mathbf{B}$ ejection forces could only occur by a change in the magnetohydrodynamic equilibrium, which provides unambiguous evidence for a restructuring of the field. (Here **B** is the magnetic field vector.) However, several different restructurings could lead to the ejection of the filament and there is currently no observational method of deciding on a relative likelihood of these possibilities.

Indirect estimates of magnetic field strengths can be made from flare images such as in the EUV (Widing and Spicer, 1980). This can be achieved in the case of the flare arches by using two important pieces of information obtained from the spatially resolved EUV data: first, the gas pressure within the hot ($> 1.5 \times 10^7$ K) sources of EUV emission is > 10 N m^{-2} and second, the PMFC appears to be highly stable and the hot plasma appears well contained during most of the flare. Combining these observational results with the well documented requirement that the β be less than 1.0 for overall containment of the plasma (cf. Spicer and Brown, Chapter 18) gives a minimum field necessary for containment of 0.016 T. In addition, the strong turbulent broadening of these high temperature emission lines together with the high convective pressure imply even higher minimum field strengths. Although such field strengths may appear large for the low corona, they are, nevertheless, consistent with the requirement that the energy density of the magnetic field within the arches must be high if the flare has its origins in such arches, as appears to be the case. Widing and Spicer (1980) note also that since the flaring arches involved had one foot located in a sunspot, fields of $\gtrsim 0.1$ T in the low corona are temporarily possible.

In summary, it is known that some flares are associated with the emergence of new photospheric magnetic flux and that field restructuring occurs in some flares. However, it is not known whether the flare would have occurred without the emergence of new flux or whether the new flux acted as a trigger. For example, the pores associated with the new flux could simply have acted as a concentrating funnel for the energy released higher up, which would produce the He 10830 Å and Hα kernels, but only as a secondary effect. Alternatively, they may be simply a manifestation of a more complex phenomenon occurring beneath the photosphere. The merging pores at best can only act as a trigger for the release of energy already stored higher in the atmosphere, since it is unlikely that all of the emerging flux could concentrate within such a small region in the low corona. Our knowledge of field restructuring in flares is equally ambiguous since there is no unique way of deciding which restructuring is necessary to fit the Hα observations.

Hard X-Rays and γ-Rays

Much interest in flares has recently centered on the physics of hard X-ray burst production. This has been chiefly because the source electrons appear to carry more energy than any other energetic particle component in the flare, and possibly a substantial fraction of the total flare energy. Thus, the properties of these electrons are intimately related to the efficiency of particle acceleration in the primary flare process and to the redistribution of primary energy through the thermal flare in the flash phase. In some cases second stage acceleration may also be indicated in the hard X-ray data. Therefore the observational material is surveyed in some detail here. Quantitative theoretical aspects are considered in Interpretations of Observational Manifestations of Flares. The most recent reviews of hard X-ray burst data and their interpretation are by Kane (1974); Brown (1975, 1976); and Kane et al. (1979).

At present, hard X-ray sources are observed without spatial resolution; the following discussion therefore concerns the total flare emission. (The quiet Sun emits no detectable hard X-ray flux so that there is no background problem.) As the observed photon energy is raised, hard X-ray bursts become more impulsive in nature as compared to longer wavelength bursts which show a more gradual evolution (Figure 7-8). On this basis the "transition" between "soft" and "hard" emission is said to occur at an energy typically in the range 5 to 20 keV. This transition from gradual to impulsive behavior is often taken to indicate a distinction between thermal and nonthermal emission (e.g., Kahler, 1975) but this need not be the case (The Implications of Hard X-Ray Bursts). At higher energies (> 20 keV) the impulsive time profile exhibits a complexity increasing with burst size from simple single spikes lasting less than a minute (Crannell et al., 1978; cf. Kane and Anderson, 1970; Datlowe et al., 1974b; Hoyng et al., 1976) to large complex structures lasting tens of minutes, such as that shown in Figure 7-9 (Hoyng et al., 1976; cf. Frost, 1969). Some prolonged bursts appear to show a second phase of emission, more gradual than the impulsive spikes, extending to energies of many hundred thousand electron volts. Hoyng et al. (1976) have shown by a combination of

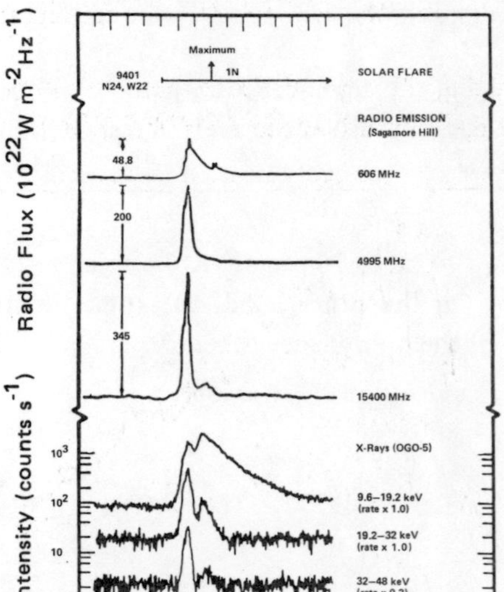

Figure 7-8. Time evolution of hard X-ray intensity at various photon energies and radio emission at various frequencies in a typical small burst (from Kane and Anderson, 1970).

Fourier analysis and statistical arguments that a typical large burst involves no flux *e*-folding time scales less than about 10 seconds down to their time resolution (1.2 seconds), and that there are periodic components present at larger time scales (cf. Frost, 1969; Parks and Winckler, 1971). The apparent simplicity of small bursts may merely indicate that what may be an intrinsically complex structure is, in reality, compressed in time so that the details are unresolved in most cases. This idea is consistent with a few small bursts observed with high time resolution (Anderson and Mahoney, 1974; Hurley and Duprat, 1977; Frontera and Fuligni, 1979), and would imply that short and long bursts differ only in the size scale and characteristic velocity of the release process. It is also consistent with recent results obtained by Slottje (1978) indicating microwave bursts with durations lasting less than 20 ms. Crannell et al. (1978) have argued that simple spikes show a symmetry of rise and fall but their conclusion appears to be a statistical characteristic rather than a property of individual spikes. (The rise time and fall time were estimated using about 3 points each and the ratio of rise time to fall time varied from about 1/3 to 3/1 for different events.)

In judging the significance of some of these temporal data and also of the spectral distribution

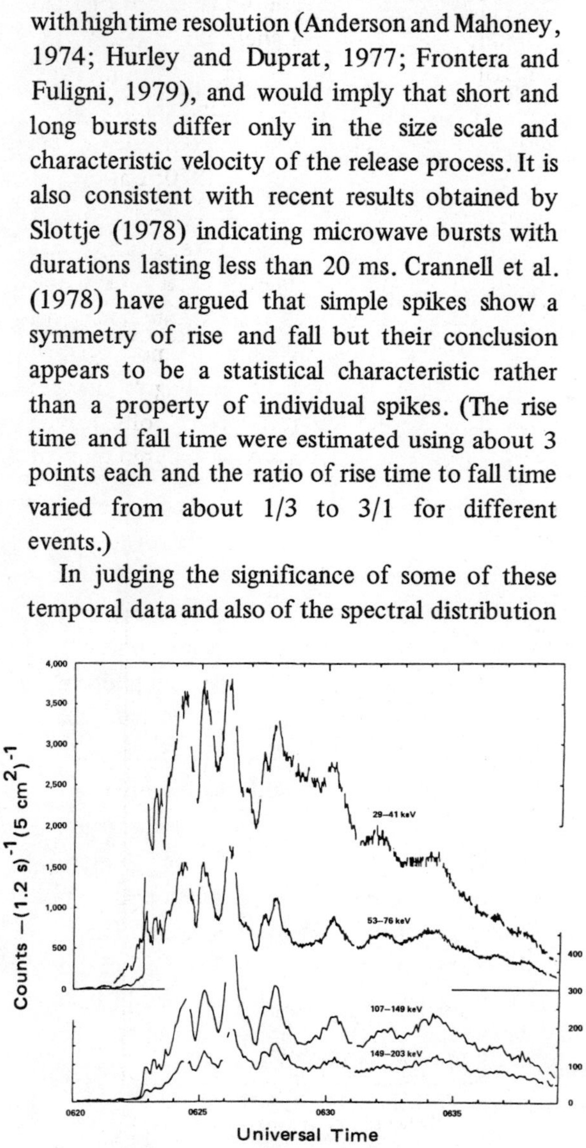

Figure 7-9. Time evolution of hard X-ray intensity at various photon energies in the large extended complex burst, associated with the August 4, 1972 flare (event No. 8; from Hoyng et al., 1976).

discussed below, it is important to understand some practical limitations on them. The scintillation counters used at higher energies (> 10 to 20 keV) are limited both in spectral resolution (typical effective channel widths in thousands of electron volts at photon energy ϵ in thousands of electron volts being a few times $\epsilon^{1/2}$) and by pulse pileup at high photon fluxes, whereby several low energy photons accumulated in a single sample time appear as a single high energy photon. The problem can be avoided by the use of a suitable filter to exclude the low energy flux (e.g., the results analyzed by Hoyng et al., 1976), though this permits observation only of larger events and limits interpretation of the spectrum (Brown, 1978). Unless this and other precautions are taken (e.g., Frost et al., 1971) a pileup can lead to entirely misleading results such as a gradual soft X-ray component appearing in higher energy channels like a prolonged hard X-ray phase. In the case of discovery of a second hard X-ray stage by OSO-5 (Frost and Dennis, 1971), the precautions taken with the instrument (Frost et al., 1971) and subsequent simulations (Frost, private communication), however, leave little doubt as to its reality.

For small hard X-ray bursts, the bandwidth is narrow and spectral information is limited to a few channels, or well under one decade in energy. It is thus to be expected that any two-parameter function can be fitted quite well to the data. This is usually assumed to have the power law form $I(\epsilon) = a\epsilon^{-\gamma}$ (photons m^{-2} s^{-1} keV^{-1} at the Earth) where the index, γ, is a measure of how soft (large γ) or hard (small γ) the spectrum is. Typically γ lies in the range 2 to 6 with a uniform occurrence frequency distribution (Kane, 1974) except at small values, which occur only in very large events. On the other hand, some data (e.g., Crannell et al., 1978; Elcan, 1978) has fitted better the exponential (thermal) form, $b/\epsilon \exp(-\epsilon/\epsilon_0)$, with $\epsilon_0 \simeq 10$ to 100 keV. Where the photon flux is large enough to be detectable over more than one decade in energy, there is some evidence of a break (increased γ) in the power law spectral fit above about 60 to 100 keV (Kane and Anderson, 1970; Frost, 1969; Van Beek et al., 1973). Evolution of the spectral hardness with time is a matter of some controversy. Kane and Anderson (1970) originally claimed that both rise time and fall time of single spikes decreased with increasing photon energy, that is, that γ decreased to burst peak and then increased. Datlowe et al. (1974b) have supported this conclusion to some extent, but Hoyng et al. (1976) found no evidence for it. Perhaps the most convincing result on dynamic X-ray spectra is that for the very large event of August 4, 1972 (Hoyng et al., 1976), where the flux was adequate for accurate determination of γ every 1.2 seconds. Hoyng et al. (1976) and Benz (1977) found a systematic, though complex, locus traced by the event in the flux/spectral index plane (Figure 7-10).

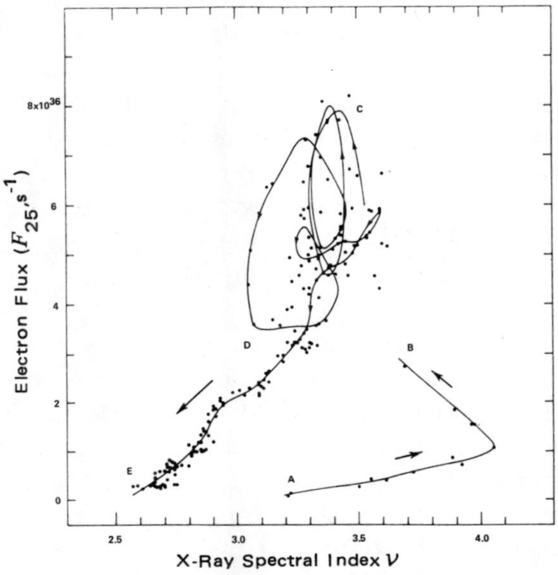

Figure 7-10. Smoothed locus described in the plane inferred electron flux F_{25} against X-ray spectral index γ during the large hard X-ray burst of August 4, 1972 (from Hoyng et al., 1976; cf. Brown and Hoyng, 1975; Benz, 1977; Bai and Ramaty, 1979).

Attempts have been made to measure the linear polarization of hard X-ray bursts (Tindo et al., 1976, and references therein; Nakada et al., 1974) with a view to assessing anisotropy effects in the source. The initially positive results must be considered tentative since the degree of polarization measured has declined from more than 30 to less than 10 percent with improvement in the experiments. The directivity of the emission has been investigated statistically in terms of the distribution of burst flares and spectral indices with flare location on the disk (cf. Kane 1974; Datlowe et al., 1977). Results are too marginal for sure interpretation because of Hα ambiguities.

Finally, there is some indirect evidence on the source geometry. Takakura et al. (1971) obtained a one-dimensional collimator observation that demonstrated the hard X-ray source to lie near a line through an Hα kernel in one flare. The close synchronism of hard X-ray burst peaks, optical flashes (Zirin, 1978), and EUV flashes (Figure 7-4) indicates an intimate connection between chromospheric flare activity and at least some part of the hard X-ray emission. On the other hand, behind the limb observations of hard X-rays from flares (e.g., Roy and Datlowe, 1975; McKenzie, 1975; Hudson, 1973, 1978), their synchronism with microwave bursts (cf. Radio Bursts and Figure 7-4), and their association with interplanetary electrons (Lin, 1974a) all suggest a source component rather high in the atmosphere ($> 10^4$ km). Most recently, Kane et al. (1979) have obtained data from two spatially separated detectors that also indicate a coronal component, but one with an intensity only 1/600th of that of the low altitude emission.

In considering the interpretation of these data one complicating feature which must be borne in mind is the contribution to bursts from photons that have been Compton backscattered from the dense chromosphere (Tomblin, 1972; Santangelo et al., 1973). This component has the effect of significantly modifying the intensity, spectrum, directivity, and polarization of the primary source, regardless of the X-ray emission mechanism (see e.g., Hénoux, 1975; Langer and Petrosian, 1977; Bai and Ramaty, 1979). Once hard X-ray imaging becomes available, an albedo halo may be visible on the photosphere behind the source, providing a possible means of estimating source heights (Brown et al., 1975).

It is generally assumed that hard X-ray bursts are generated by collisional bremsstrahlung of energetic electrons (those having energies slightly greater than the burst photon energies) in the flare plasma. The alternative mechanisms of synchrotron or inverse Compton radiation (Korchak, 1971) require much less total electron energy (Brown, 1976) and are not excluded by the hard X-ray data themselves. However, the individual electron energies required (> 1 GeV for synchrotron and > 10 MeV for inverse Compton radiation) are improbable on several counts. First, they do not seem consistent with microwave burst intensities nor with the failure to detect such electrons in interplanetary space. Second, they are very difficult to accelerate for various reasons: lack of energy density among the waves with phase velocities in the necessary (narrow) range of resonance; difficulty of containment; high energy losses. The bremsstrahlung interpretation is therefore adopted. The actual flare luminosity in hard X-rays is very small, typical burst peak intensities corresponding to 10^{15} to 10^{18} J s^{-1}. However, the power required by the source electrons may be very much higher than the radiated power, by a factor of 10^3 to 10^6 depending on the degree of relaxation of the electron distribution (nonthermal or quasithermal), the geometry of the source, and the effect of collective losses to the plasma. It is for this reason that the energetics of hard X-ray electrons is an absolutely vital issue in considering the flare mechanism. A detailed discussion of the present status of this problem, as well as other aspects of burst interpretation is given in Interpretations of Observational Manifestations of Flares.

Successful observations have recently been made at energies even higher than the 0.5 to 1 MeV hard X-ray continuum seen in large flares. Chupp et al. (1973) have detected several γ-ray lines at these energies in the flare of August 4, 1972 (Figure 7-11). The two most important lines are the 0.511 MeV positron annihilation line and the 2.23 MeV neutron capture line. Their occurrence was almost simultaneous with (±3 minutes) the hard X-ray rise. In particular, the 2.23 MeV line indicates the flash phase acceleration of > 30 MeV protons. Interpretation of the γ-ray fluxes in terms of proton fluxes has been discussed in detail by Wang and Ramaty (1975) and by Ramaty et al. (1975), in terms of the processes of neutron production and neutron capture, indicating a total number of > 30 MeV

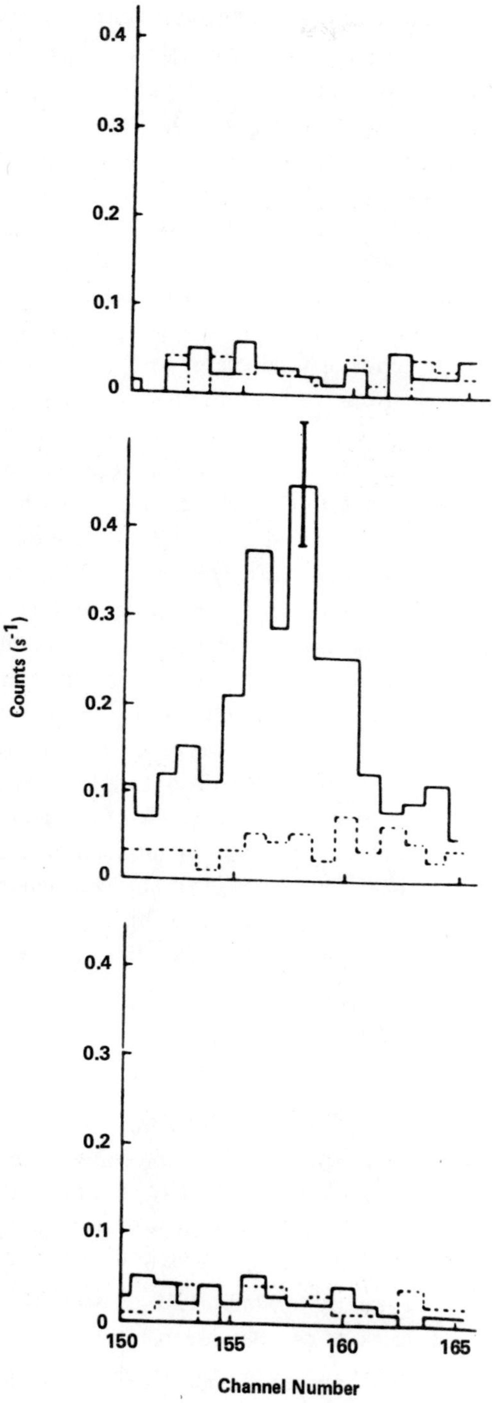

Figure 7-11. Discovery of the 2.23 MeV γ-ray line, resulting from neutron capture, in the large flare of August 4, 1972 (cf. Figure 7-9). Top: 0638-0648 UT, night. Center: 0623-0632 UT, day. Bottom: 0614-0623 UT, day (from Chupp et al., 1973).

protons in this large flare of about 10^{33} ($\sim 5 \times 10^{21}$ J). This is 1 to 2 orders of magnitude lower than needed to produce a typical white light flare by proton bombardment of the photosphere (de Feiter, 1971; Hudson, 1973). Ramaty et al. (1975) have also put some rough constraints on the proton spectrum by analysis of the various γ-ray line intensities. Though these results may provide a more complete picture of the flare process and useful clues on acceleration mechanisms, the protons involved are not as important, either in terms of total energy as the hard X-ray source electrons, or in terms of individual energy as the flare cosmic ray nuclei (High Energy Particles and Mass Ejecta). Finally Canfield and Cook (1978) (cf. Canfield et al., 1979) have applied the Orrall and Zirker (1976) method of seeking a (Doppler shifted) nonthermal Lα wing as evidence for beamed nonthermal protons in the flare; they have found none. However, this result must be viewed with caution, since the protons must have already been degraded to $\sim$ 30 keV before formation of Lα by electron pickup. Alternatively, Canfield and Cook may have been analyzing the wrong side of the neutral line since, if the acceleration mechanism is an electric field, electrons will be accelerated antiparallel to the protons. (This would also appear as an asymmetry in the microwave source.)

Radio Bursts

Solar radio bursts, which were reviewed by Rosenberg (1976) and were the subject of a recent symposium (Kundu, 1980), are one of the secondary effects of fast particle production in flares. Along with interplanetary particles they give us a variety of important constraints on particle acceleration. Because all of the bursts can be produced by energetic electrons, the requirements can be limited to electrons. Only electrons associated with Type III bursts have been measured directly. The remaining types of bursts provide evidence on electrons that are either trapped near the Sun or so rarely reach close to Earth that no electron measurements have been made to date.

Until recently radio bursts have been measured mostly in the microwave and meter wavelength bands from the ground. The advent of satellites allowed extension to hectometric and kilometric wavelengths. This discussion will first consider microwave bursts and move to progressively longer wavelengths. Microwave bursts are a type f continuum radio burst, so called because they extend over a broad range of frequencies from a few tens of gigahertz to several hundred megahertz without any evident spectral structure. Microwave bursts have been classified into impulsive bursts, gradual bursts, and microwave Type IV bursts (Wild et al., 1963). Impulsive bursts have a duration of 1 to 5 minutes, *e*-folding features comparable to hard X-rays, and brightness temperatures up to 10^9 K. Microwave Type IV bursts have a time scale of 5 to 30 minutes and brightness temperatures up to 10^9 K. However, this classification may have to be altered to include the $\lesssim$ 20 ms microwave bursts detected by Slottje (1978).

The impulsive microwave bursts are closely synchronous with hard X-ray bursts (Figure 7-4). The presently accepted mechanism for these bursts is gyrosynchrotron radiation produced by electrons with energies greater than about 100 keV spiraling in a magnetic field (Ramaty, 1969). The major problem in interpreting these bursts is that a number of factors can affect their intensities and spectra, and there is no independent means of weighting the effect of each. The most important of these factors are nonuniformity of the magnetic field and various low frequency absorption mechanisms such as gyrosynchrotron reabsorption (Takakura, 1972). This multiplicity of factors makes interpretation of impulsive microwave spectra extremely model-dependent. They can, however, be used statistically (Hudson et al., 1978). For example, it was once believed that the hard X-ray bursts required at least 100 times more nonthermal electrons than is implied by the impulsive microwave bursts (Holt and Cline, 1968). However, Takakura (1973) has shown that the combined effects of a steeper electron distribution about 100 keV, gyrosynchrotron reabsorption, and a nonuniform magnetic field can remove this discrepancy. Nevertheless, with so many free parameters, the weight that can be placed on this result is small until some method is developed for independently determining these parameters. Since the magnetic field is the key parameter and it has been shown that it is extremely poorly known at low coronal heights (Magnetic Fields) this ambiguity is likely to remain for some time.

Unfortunately, the same difficulties apply to quantitative interpretation of gradual and Type IV microwave bursts that apply to impulsive microwave bursts, with the additional difficulty that there is no information from hard X-ray bursts. This situation may change with the advent of sensitive coronal hard X-ray telescopes scheduled for Shuttle flights.

From the combined analysis of small hard X-ray and impulsive microwave bursts (Holt and Ramaty, 1969; Takakura, 1972; Crannell et al., 1978) the following constraints can be placed on their source if it is assumed to be common. The electron density is limited to $N_e < 10^{16}$ m^{-3}, and the magnetic field $B \lesssim 0.035$ T. The number of electrons with energies greater than 100 keV is about 10^{34}, and a power law spectrum with exponent 3 to 5 gives a possible, but by no means unique, fit to the data for the reasons given above and in Hard X-Rays and γ-Rays and Interpretations of Observational Manifestations of Flares. The total electron energy above 20 keV or so in the spectrum required to produce a large impulsive microwave burst alone is about 1 to 2×10^{22} J.

Meter wavelength radio bursts have been classified into five types (Wild et al., 1963), on the basis of their dynamic spectra as shown in Figure 7-12. A dynamic spectrum is a plot of intensity over a band of frequencies versus time made by a receiver whose frequency is swept rapidly in time. Type I noise storms, which are not flare related, are the most persistent form of solar activity at meter wavelengths. They consist of a long series of bursts and, on occasion, are accompanied by continuum radiation. Since they are not flare related, they will not be considered further, but the reader is referred to Elgaroy (1977) for details. Type III bursts consist of a short duration, high intensity spike which drifts in a few seconds from high to low frequencies as shown in Figure 7-12. It is known from in situ measurements in the solar wind that these bursts are caused by electron streams with energies of 10 to 100 keV. This is consistent with the interpretation of the frequency drift, as the decrease of plasma frequency with coronal density, as these electrons traverse a density scale height of about 10^5 km. These electron streams travel outward from the Sun to Earth and beyond. When they travel from the Sun to Earth along the interplanetary magnetic field, they are called scatter-free events, and when they are scattered significantly by interplanetary irregularities, they are called diffuse events (Lin, 1974; cf. High Energy Particles and Mass Ejecta). The scatter-free events provide one of the most direct links to electron acceleration processes at the sun. Simultaneously measured electron and Type III events provide a direct test of plasma theory of Type III events which will not be discussed further here since they are energetically unimportant (cf. Melrose, 1979).

In addition to dynamic spectra, other sources of information about radio bursts include interferometry, which provides source positions and sizes. The radioheliograph in Culgoora, Australia is, at present, the most complete operating interferometer at meter wavelengths and has provided much additional information about meter wavelength Type III bursts (Stewart, 1974). Type III bursts produce radiation near both the fundamental and the second harmonic of the plasma frequency ω_{pe}, which is the characteristic oscillation frequency of the electrons, namely, $\omega_{pe} = (4\pi N_e e^2/m_e)^{1/2}$. Thus, to the extent that fundamental and harmonic radiation can be distinguished in Type III bursts, and to the extent that the propagation of the radiation between the source and the observer is well understood, these bursts provide us with a density probe of the corona from the Sun to Earth.

The total number of electrons above 20 keV required to produce a Type III burst corresponds to a total energy of 5×10^{17} J as estimated from direct measurements at 1 AU (Lin, 1974a, 1974b). As indicated by the duration of a

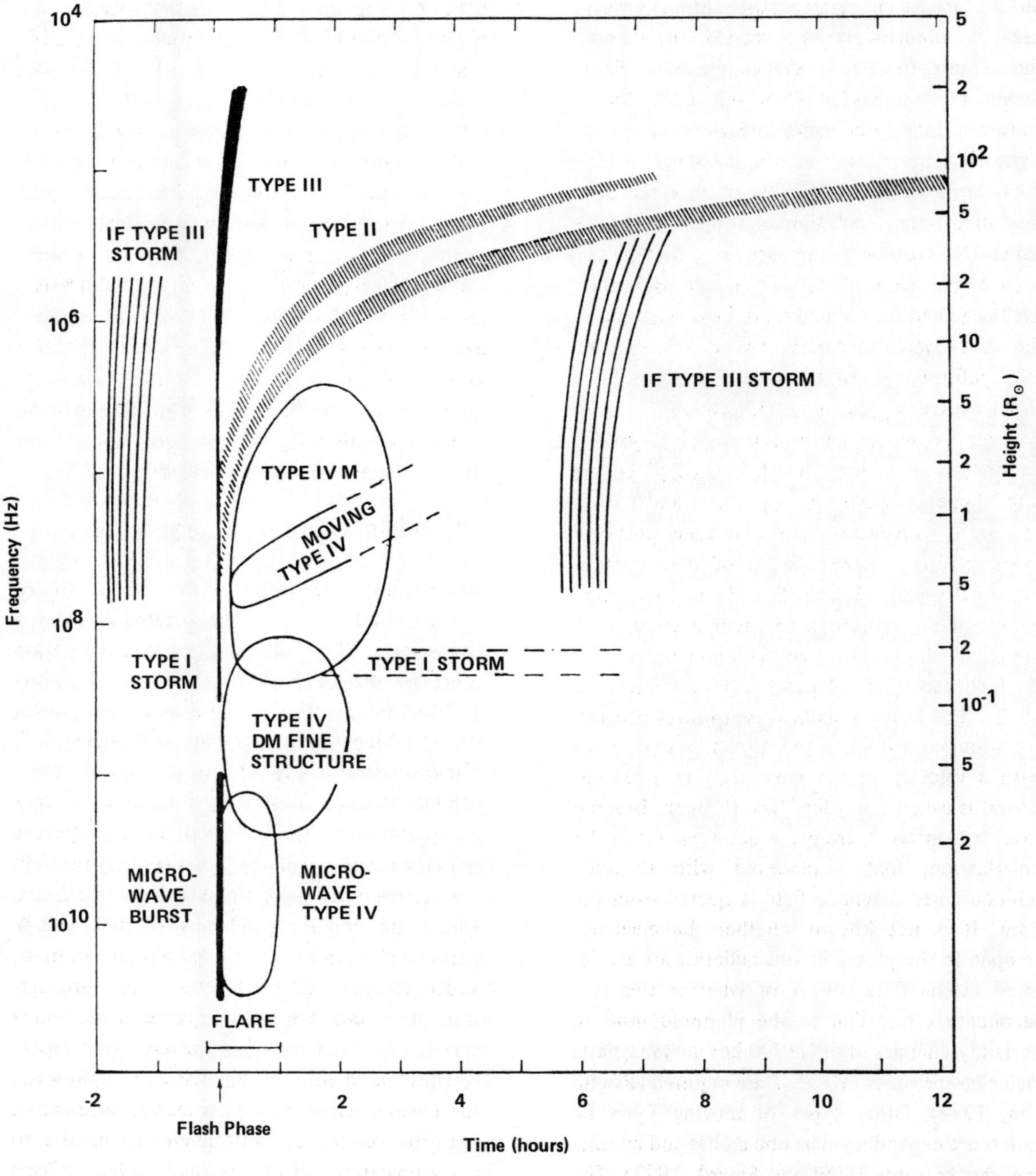

Figure 7-12. The radio spectrum during and after a large flare. The low frequency Type III and Type I storms preceding and following the flare are not necessarily part of the flare. Only one Type III burst has been drawn although a group of about ten occurs at the flash phase. Only the envelopes of the Type IV bursts have been drawn; usually only parts of them are filled. The height scale on the right-hand side corresponds to the plasma level of the frequency scale on the left-hand side (from Rosenberg, 1976).

burst at 200 MHz, these electrons must be produced in about 0.1 second. This time scale was, until recently, the shortest known time scale for particle acceleration in solar flares (cf. Slottje, 1978). Type II bursts consist of bands near the fundamental and second harmonic of the plasma frequency whose frequency drifts slowly (Figure 7-12). When this drift rate is converted into an effective radial velocity, as for Type III bursts, a velocity in the range 800 to 2000 km s^{-1} is obtained. This velocity has been identified with a collisionless magnetohydrodynamic (MHD) shock wave ascending through the corona (Wild et al., 1963). The electrons producing the radiation are thought to be accelerated in the shock wave as a secondary effect, and the main information gained from Type II bursts is that large flares produce shock waves.

Type IV bursts are a very complex type of continuum radiation, which typically occurs after Type II bursts in large flares and is well correlated with large proton flares and postflare loops (Švestka, 1976). Some of the radiation must be produced near the plasma frequency because of its high brightness temperature; some of it must be synchrotron radiation because of the high degree of polarization (Wild and Smerd, 1972). The highly polarized part moves progressively outward through the corona, in some cases with a velocity in the range 100 to 1400 km s^{-1} and is called a moving Type IV burst. In some cases it is inferred, from the development of the polarization, that a plasmoid with its own self-contained magnetic field is ejected from the flare. It is not known whether the electrons trapped in the plasmoid and radiating are accelerated in the flare proper or whether this is a secondary effect due to the plasmoid motion; certainly energies of order 200 keV and magnetic fields on the order of 10^{-3} T are required (Robinson, 1974). Other types of moving Type IV bursts are expanding magnetic arches and advancing shock fronts (Wild and Smerd, 1972). The principal information gained from the moving Type IV burst is that flares cause a variety of MHD ejecta which, in at least some cases, must be the site of secondary acceleration processes.

Type V bursts are a continuum that may occur after a meter wavelength Type III burst. The radiation is thought to be near the plasma frequency of its second harmonic because of its high brightness temperature. Type V bursts result from the trapping or delaying of part of the electrons ejected in the combined Type III-V phenomenon, but the details of the delaying process remain obscure.

In summary, radio bursts are extremely varied and provide important information about both primary and secondary particle acceleration processes in solar flares. They also indicate which kind of ejecta and MHD disturbances the flares produce. Detailed theories of most of the bursts have provided little quantitative information, except within rather broad limits, because of the number of free parameters involved. To be of quantitative value, the radio burst data must be combined with other independent observations that can determine these parameters.

High Energy Particles and Mass Ejecta

Introduction. Observations of high energy electrons and ions by means of satellites provide us with a direct connection to acceleration processes on the Sun for cases in which the propagation properties of the near Sun plasma and interplanetary medium are well understood. These observations are therefore of great potential importance. The principal problems in their interpretation are that the propagation properties of the near Sun plasma and interplanetary medium are often poorly understood and the big flares, which are copious producers of high energy particles also tend to eject large amounts of mass, which strongly perturb the quiet time propagation properties. When the ejected mass, which travels as a blast wave or a piston-driven shock, reaches the vicinity of the Earth, it compresses the Earth's magnetosphere, which in turn causes perturbations of the ionosphere, giving rise to communication blackouts and other effects (Matsushita, 1962). The ejected mass also makes it difficult for galactic cosmic rays to reach the Earth, an effect known as the Forbush decrease (Forbush, 1946). Such terrestrial disturbances and also direct interplanetary measurements indicate a total mass of 10^{12} to 10^{13} kg and velocities of up to about 1000 km s^{-1} in the blast (Hundhausen, 1972). Solar high energy particles are generally broken into four groups: nonrelativistic electrons (E < 200 keV), relativistic electrons, protons, and other nuclei. Electrons, protons, and other nuclei, in turn, are considered, concentrating again on observations that put well-defined requirements on the flare mechanism.

Nonrelativistic Electrons. Nonrelativistic electrons are the principal high energy particles accelerated in solar flares; they originate in phenomena ranging from those too weak to be classified as flares to the most energetic proton flares. Their properties have been reviewed by Lin (1974a). Unlike other high energy particles which generally travel through the interplanetary medium diffusively, nonrelativistic electrons often travel directly along the field lines in the so-called "scatter-free" mode; that is, they appear to have mean free paths > 1 AU. When observed near the Earth, flare related nonrelativistic electron events appear inpulsive in nature, as shown in Figure 7-13a, with a rapid rise and slower decay. The temporal profile depends on the amount of scattering after propagating to 1 AU. If the scattering is small, as in Figure 7-13a, the event will show a sharp, rapid rise and a rapid initial decay (rise and decay times each a few minutes, energy $\gtrsim$ 40 keV), followed by a slow decay (hours). If the degree of scattering is large then a diffuse profile as in Figure 7-13b will be observed with rise times from a few minutes to a few hours and decay times about an order of magnitude longer. If the event is seen at several different energies, the faster electrons are observed to arrive before the slower electrons.

Unfortunately, the energy spectra of nonrelativistic electron events at the Sun (ejection) can only be determined with a model for electron propagation in the interplanetary medium. However, there are no measurements of the interplanetary magnetic field structure on the scale of nonrelativistic electron gyroradii (50 to 500 km in a 5 × 10^{-9} T field). Thus, theories relating particle propagation to interplanetary field fluctuations (reviewed by Jokipii, 1971)

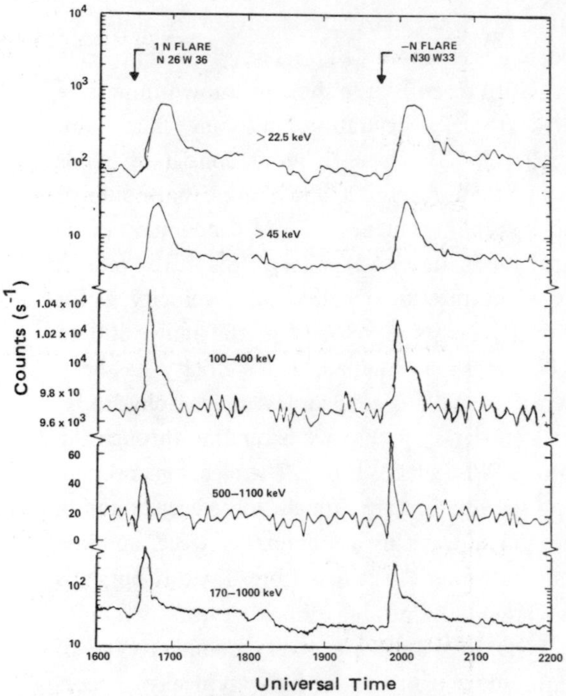

Figure 7-13a. Two scatter-free impulsive solar electron events, July 30, 1967. (a) The sharp initial peak in the high energy channels places an upper limit on the duration of the electron injection into the interplanetary medium of $\lesssim$ 3 minutes.

cannot be confirmed for these electron energies. The observed characteristics of nonrelativistic electron events are consistent with a highly variable amount of scattering in the interplanetary medium with little, if any, propagation across interplanetary field lines.

The properties of injection electron spectra using specific theoretical assumptions (cf. Jokipii, 1971) are as follows:

1. In the range 5 to 100 keV, the differential spectra appear to follow power laws of the form $dN_e/dE \propto E^{-\delta}$, where E is the energy and N_e is the number of electrons per cubic meter. Values of δ range from 2 to 5, with most of the events falling between 3 and 4.5.
2. In pure electron events there is a rapid steepening of the spectrum at about 100 keV. In mixed electron and proton events the electron spectra follow a power law up to relativistic energies.

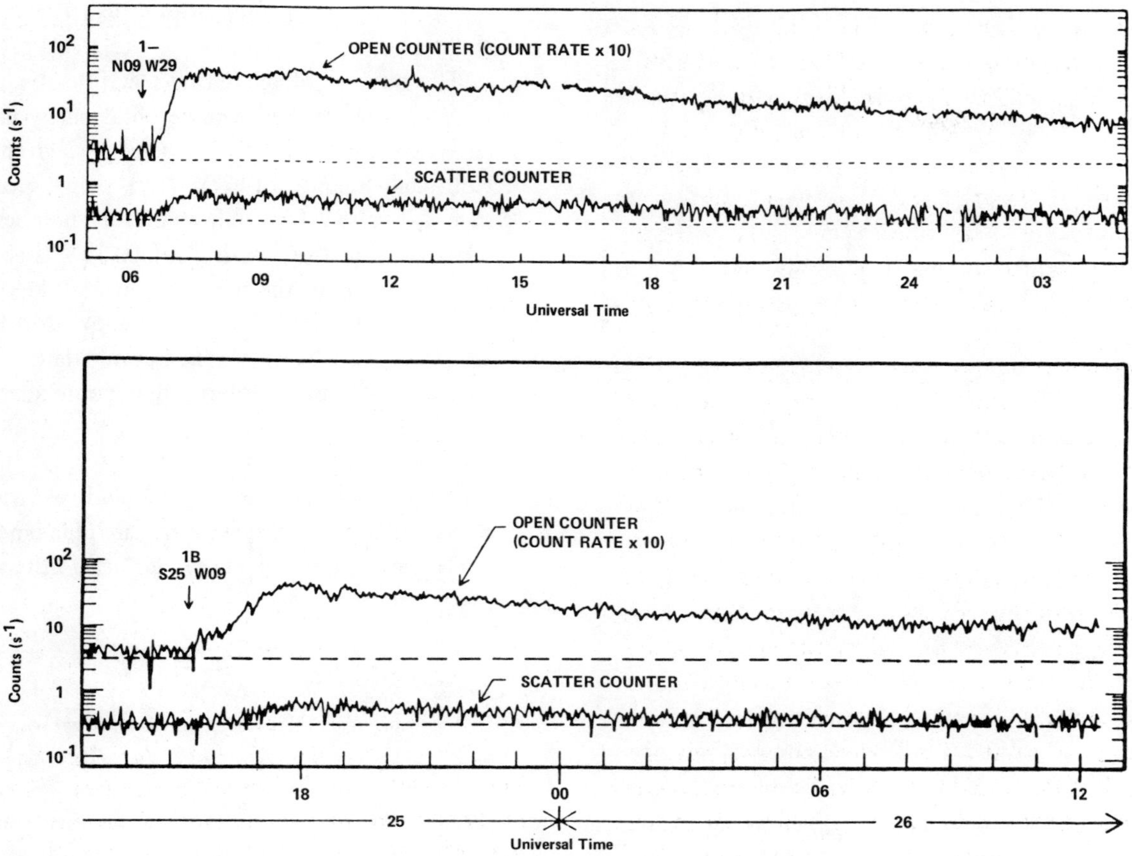

Figure 7-13b. Two diffuse electron events recorded by IMP III December 27, 1965 and June 25-26, 1966. The scatter counter is sensitive to > 0.5 MeV protons only (from Lin, 1974a).

3. Below about 5 keV the spectrum departs from a power law, tending to roll off at low energies.
4. The number of electrons injected into the interplanetary medium may be estimated from the maximum measured intensity observed at each energy, which yields 10^{33} electrons above 20 keV for a pure electron event and as high as 10^{36} electrons above 20 keV in a large mixed event. According to the simple propagation theory reviewed by Lin (1974a) only 0.1 to 1 percent of the electrons accelerated escape to the interplanetary medium. Thus, 10^{35} to 10^{36} electrons above 20 keV must be accelerated at the Sun in a small flare with a power law spectrum.

The density of the region in which the escaping electrons are accelerated has been estimated by assuming that energy losses are collision dominated and noting that none of the low energy electron spectra observed shows a turnover above 6 keV (Lin, 1974a). This approach yields an ambient density of less than 10^{16} m^{-3} at the effective acceleration region. However, it is possible that the electrons are accelerated in regions of much higher densities and then have their energy redistributed at lower densities. In this case, the effective acceleration region is the redistribution region.

Relativistic Electrons. For mixed events, the electron spectrum does not steepen above ~ 100 keV, but extends smoothly up to relativistic energies as shown in Figure 7-14. The properties of the relativistic electrons including electrons in so-called corotating events, which are infrequent electron events that last more than one week,

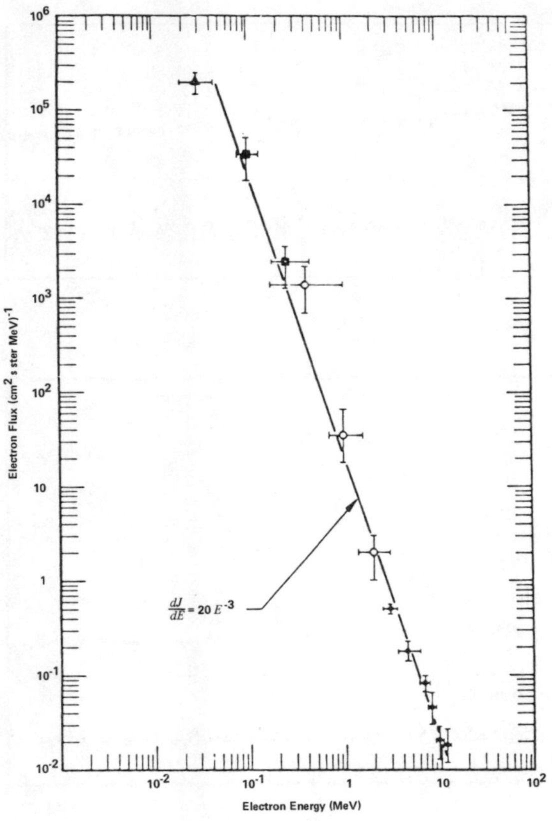

Figure 7-14. The differential electron energy spectrum for the mixed electron/proton event of May 28, 1967 compiled from four different detector systems aboard IMP IV showing its uniform nature. Solid triangles, University of California. Solid squares and open circles, University of Chicago. Solid circles, Goddard Space Flight Center (from Lin, 1974a).

have recently been reviewed by Simnett (1974). Since the corotating events appear not to be directly flare related, the discussion is limited to impulsive events as with the nonrelativistic electrons. Mixed events occur for only about one flare in 230, as compared to the nonrelativistic electron events which occur for about one flare out of 40. The construction of energy spectra for relativistic events is similar to that for nonrelativistic diffusive events. Since all relativistic electron events are essentially diffusive with a rise time of ~ 1 to 4 hours, and a decay time to background of ~ 2 to 3 days as shown in Figure 7-15, this should be a good approximation. The spectra are power laws of the form $dN_e/dE \propto E^{-\delta}$ with $\delta \gtrsim 2$ to 2.5, steepening toward higher energies in some events.

The number of relativistic electrons required for an impulsive event can be obtained by using an escape efficiency of ~ 1 percent as given by Holt and Ramaty (1969). Thus, using spectra such as Figure 7-15 it follows that the number of relativistic electrons with $E > 200$ keV is about 10^2 smaller than the number above 20 keV, so that as many as 10^{34} electrons above 200 keV are produced in a large mixed event; they arrive later and over a longer interval than nonrelativistic electrons.

Protons. Nonrelativistic protons and relativistic electrons are both comparatively rare phenomena. Since these events are always diffusive in nature

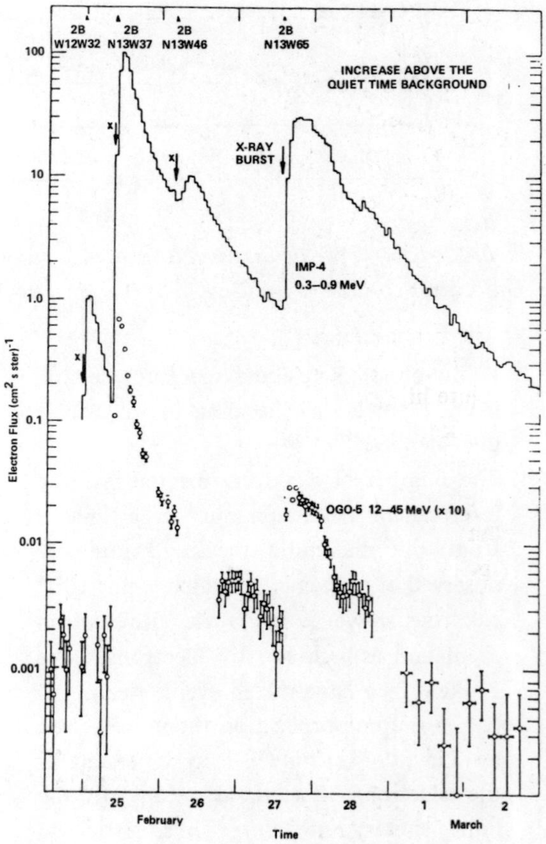

Figure 7-15. A series of impulsive electron events from flares in MP 9946 which was at west solar longitude during the period of interest, Feburary and March 1969 (from Simnett, 1974).

the use of simple scattering theory to deduce spectra is justified. Nevertheless, their spectra are more consistent with exponentials in rigidity R than power laws in energy as can be seen in Figure 7-11, where the rigidity

$$R = \frac{pc}{Ze} , \qquad (7\text{-}3)$$

where p and Z are the momentum and the atomic number of an ion, respectively. Over limited ranges power laws in energy also fit the observations. Nonrelativistic protons, like relativistic electrons, arrive later and last longer than nonrelativistic electrons. The energy and number of escaping protons above 0.1 MeV for the September 28, 1961 event has been calculated by Biswas and Radhakrishnan (1973). They found that, about 2×10^{33} protons escaped, carrying a total energy of about 4×10^{21} J. Only 0.01 percent of the protons injected escape so that 1.5×10^{37} protons must be injected with an energy of about 3×10^{23} J. These numbers are quite sensitive to the spectral form at injection, but should be good to within an order of magnitude for this class 3 flare. The largest events release about 10^{34} protons into interplanetary space and involve an energy release of more than 10^{24} J. At 10 MeV there are typically between 10 and 100 times more protons than relativistic electrons.

The relativistic BeV proton fluxes from large solar flares ("Solar cosmic rays") present a constraint on the second phase acceleration mechanism since the energy per particle is enormous; though as Sweet (1969) points out, the potential drop inferred from a simple application of Faraday's induction law to flare parameters is ample. These protons are measurable on the ground by neutron monitors and, thus, their existence was known long before the advent of satellites.

Other Nuclei. Solar cosmic rays are also rich in other nuclei, often with strange and highly variable relative abundances. Although they may provide valuable clues to the second phase acceleration process, they are not really important energetically because even helium is at most 10 percent as abundant as hydrogen (Lanzerotti, 1973). Because most of the theories for abundances and preferential acceleration of heavy ions seem rather contrived (e.g., Cartwright and Mogro-Campero, 1973), the authors feel that the data, though interesting in themselves, do not give any unambiguous clues that justify their conclusion here (see e.g., Crawford et al., 1975; Colgate et al., 1977; Fisk, 1978).

Thus, nonrelativistic electrons and protons of all energies provide the most stringent requirements on the flare acceleration mechanisms in terms of energy. Possibly other nuclei might provide additional constraints on the acceleration mechanisms, but there is, at present, no certainty that some of these difficulties might not result from propagation effects.

Interpretations of Observational Manifestations of Flares

The principal theoretical flare problem is that of sufficiently rapid primary energy release. However, this energy release must not only be

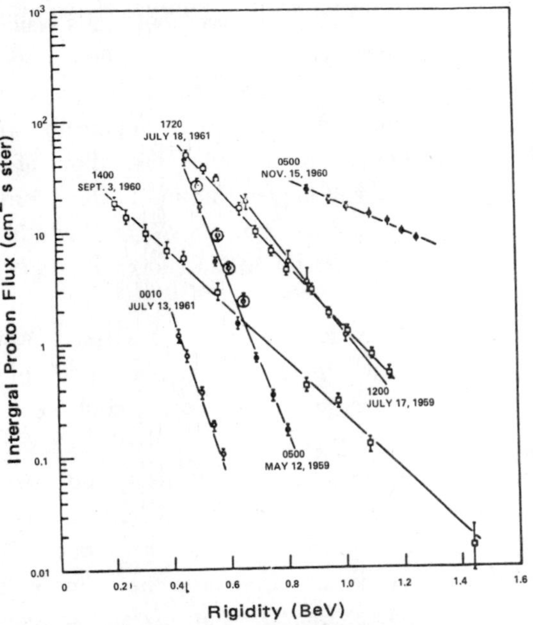

Figure 7-16. Exponential rigidy spectra for solar cosmic ray events at the universal times indicated.

fast locally it must also be fast globally. Because the energy release locally must be very fast, all of the current dissipation mechanisms to be discussed in Chapter 18 involve length scales well below the spatial resolution of instruments, available presently and in the foreseeable future, regardless of whether the external driver is $J_{\parallel}$ or $J_{\perp}$. The mechanism or mechanisms involved will certainly not be observable directly for some time to come. Hence, attempts to support or discount any particular model along with its mechanism and driver in terms of overall field morphology are highly misleading, since the essential observational consequences of a given mechanism are presently subtelescopic. The authors are therefore faced with only one diagnostic approach and that is to investigate the properties of primary release mechanisms in terms of their secondary manifestations in the solar atmosphere at available resolution. It is with this view the authors proceed with the interpretations of flare observations.

There is as yet no true "flare model" that is useful for quantitative prediction or interpretation of the observations although such modeling programs are being initiated. Rather the approach has been to assume some semiempirical "black box" form of energy input, using any broad observational or theoretical constraints available. A model is then made of the atmospheric response to the input, and the result is compared with flare atmospheres inferred empirically from observations. For a fuller discussion of the philosophy and implementation of this approach the reader is referred to the *Skylab Flare Workshop Team 5 Report* (Canfield et al., 1979) in Sturrock et al. (1979).

It must be recognized at the outset, however, that even if detailed quantitative models of the primary energy release were available, this procedure of predicting an atmospheric response for comparison with observations is not particularly satisfactory, since the predictions may not represent a critical test of the model. First, because it is an instability, the primary flare energy release increases entropy and so reduces the information content of the plasma under study. Thus, for instance, a particular flare model may predict a Mach X shock wave developing, but observation of such a shock is no test of that model if every model would make the same prediction as a result of some general (e.g., thermodynamic) consideration. An alternative way of looking at this is that the nature of the energy transport processes makes the equations involved irreversible, not only in the thermodynamic sense but also with respect to recovery of the initiating function (mechanism). Second, although two models may make distinct predictions for a given set of parameters (e.g., field, density, and temperature at the dissipation site), the parameters themselves may be too numerous and uncertain to permit a critical prediction. Clearly, in the future one must think in terms of distinctive clues characterizing theoretical models, clues that are either detectable before the instability destroys the information or that remain discernible amid the entropy increase following the instability.

Energy Transport

Energy released by the flare mechanism is transported through (and out of) the solar atmosphere by conduction, convection, radiation, and by nonthermal particles. Each of these four transport processes can play either a major or a minor role and constitute either an energy input or loss process, in different spatial and temporal regimes of different flares. In principle, the complete gamut of space and time variables may be incorporated into a single numerical code incorporating all the relevant processes. A number of such codes is currently being developed and will no doubt prove useful in detailed comparisons with observations. However, they are so time-consuming as to render difficult the adjustment of the many parameters needed to test the uniqueness of an energy input model and its parameters. The complexity arises because of the following factors:

1. There is need for a time-dependent treatment of the equations (energy, momentum, and continuity) because of the transience of the flare;

2. The optical thickness of some parts of the flare requires the use of radiative transfer techniques (generally time-dependent);
3. Modification of transport coefficients from their classical values is necessary because of the intensity and transience of energy release; and
4. Complications are introduced by the role (passive or active) of the magnetic field and its uncertain distribution.

In consequence, most work has concentrated on spatial or temporal regimes sufficiently limited to permit neglect of some of the above complications and restriction of the number of important terms in the transport equations. In the following the authors have attempted to summarize the present status of modeling of different spatial regimes of the atmosphere, drawing attention to the simplifications made in each. Common to most models of all of these regions is the assumption that the release of primary flare energy occurs at a site low in the corona.

Heating of the Photosphere and Temperature Minimum

The recent inference from Skylab and associated ground based studies (cf. Low Temperature Flare Emissions) that the temperature minimum region of the atmosphere is heated during flares gave rise to much discussion at the Skylab Workshop (Canfield et al., 1979). Though heating of the region is theoretically less demanding than the phenomenon of photospheric heating in white light flares, which has been known since Carrington (1859), the more frequent occurrence of the former phenomenon makes it a more useful diagnostic. It is readily seen that the small temperature gradients in this region fully justify neglect of any local effects of conduction or convection. Thus, the heating problem consists merely of a comparison of radiative losses from the plasma with a specified model input. Thus far it has been further assumed that the input varies gradually enough to justify a steady-state solution. Najita and Orrall (1970) and Švestka (1970) first calculated the particle flux and spectrum required for heating the photosphere. Švestka (1970) did so directly on the basis of the total white light energy observed while Najita and Orrall (1970) estimated the equivalent blackbody surface temperature rise required. Both concluded that the source of heating could not be electrons penetrating from the corona since there is insufficient flux of sufficiently energetic electrons ($>$ 1 MeV) to penetrate the large column mass involved. Instead it was suggested that a reasonable flux of protons of $E > 10$ MeV could produce the effect. However, recent γ-ray measurements (Hard X-Rays and γ-Rays) suggest that no such flux exists. In addition, the possibility that white light flares are not photospheric in origin but are produced by nonthermal ionization high in the atmosphere is not yet excluded (cf. Hudson, 1972; Lin and Hudson, 1976; Brown, 1973b; Korchak, 1974).

More recently Machado et al. (1978) have developed a simplified formulation of the heating of the temperature minimum region. This was achieved by demanding a balance between any flare input and the dominant H^- losses at the temperature minimum level only, rather than deriving a temperature profile model. They conclude that electrons are not capable of heating even this level to the observed extent (Low Temperature Emissions) consistent with observed hard X-ray fluxes, stability of the beam against wave-particle losses, and the degree of heating observed in the overlying regions. In addition, they note (cf. Cook and Brueckner, 1979) that some of the temperature minimum emissions last much longer than do the hard X-rays. Secondly, Machado et al. (1978) have considered the possibility of heating by absorption of (broadband) soft X-rays emitted in the corona (a mechanism investigated by Somov, 1975, and Hénoux and Nakagawa, 1977, for the chromosphere). They found that like the electrons, the soft X-rays do not have the necessary penetrating power to heat the temperature minimum. For proton bombardment Machado et al. (1978) have argued that extrapolation of known power law proton flux spectra does not give enough protons in the energy range necessary to heat this region; they discount a bump in this part of the proton spectrum as very unlikely. This is a subjective opinion and is hard to justify since the relevant proton flux is not observable by γ-ray techniques nor by nonthermal Lα production. They propose that it is more likely that the data give evidence for some transient direct in situ heating of the region by Joule dissipation of flare currents deep in the atmosphere. To achieve the necessary power input per unit volume J^2/σ, consistent with plausible mean magnetic fields, it would be necessary to have the currents concentrated in areas smaller than present instrumental resolution (cf. Machado and Emslie, 1979). An alternative requiring investigation is enhanced dissipation of Alfvén wave flux bottled up below the active region, as in the flare model of Pneuman (1967).

Chromospheric Heating

Heating of the Lower Chromosphere. Early treatments of low chromospheric heating were made by Hyder (1967), Hudson (1972, 1973) and Brown (1973a). Hudson and Brown both took as an energy input mechanism the collisional deposition of a descending stream of nonthermal electrons consistent with the then-current interpretation of hard X-ray bursts (cf. Hard X-Rays and γ-Rays and The Implications of Hard X-Ray Bursts). In the low chromosphere the temperatures and temperature gradients (cf. Brown, 1973) are clearly still sufficiently small (even in flares) for the local effects of conduction and convection to be neglected. On this basis Brown (1973a) calculated the plane parallel temperature and density structure of the low chromosphere by assuming a steady-state balance between local electron beam energy deposition and local radiative losses. The latter were assumed to be caused by optically thin, heavy element lines and hydrogen continua. The Hα line profiles predicted by these models were much too narrow and centrally reversed for compatibility with the observations. These discrepancies arose from Brown's overestimation of the radiative losses by neglect of the energy input of the photospheric Balmer continuum (cf. Canfield, 1974; Brown et al., 1978). Correction of this error and inclusion of the (dominant) losses in the hydrogen (Hα and Lα) lines led Brown et al. (1978) to compute new model atmospheres, allowing for radiative transfer effects but adhering to the assumptions of a steady state and "particle only" input. The resulting Hα profiles were satisfactorily Stark broadened (because of the higher electron density arising from greater penetration of the flare with the reduced radiative losses) but still not consistent with the Hα observations. This could be found only by invoking a (reasonable) vertical velocity field ($\sim$ 70 km s^{-1}) to remove the central reversal, and by diluting the flare model atmosphere spectrum with an amount of preflare spectrum consistent with the slit filling factor in the observations concerned. (Note that the latter is, in effect, a relaxation of the plane parallel assumption.) Comparable results have also been obtained by La Bonte (1979). Modeling of this localized region of the atmosphere has led to the interesting conclusion for one event that, if electron collisions were the only energy input, the electron flux needed to produce Hα was much less ($\lesssim$ 10 percent) than required for a nonthermal interpretation of hard X-ray bursts. Zirin and Tanaka (1973) and Zirin (1978) have presented strong evidence for the heating of very small optical kernels by electron streams in the form of their synchronism with hard X-ray spikes. On the other hand, Švestka (1976) has argued that electrons certainly cannot be universally responsible for low chromospheric heating since not all flares exhibit hard X-rays. Although this is clearly the case for the chromospheric Hα flare as a whole, the amount of energy required for kernel heating is, nevertheless, not inconsistent with the electron mechanism at current detection thresholds for hard X-rays.

Machado and Emslie (1979) and Machado et al. (1978) have stated that the overall temperature structure of the models of Brown et al. (1978) is not consistent with the overall chromospheric temperature structure inferred empirically from spectral observations. Discussion of this fact is deferred to Comparison of Theoretical and Empirical Flaring Chromospheric Models. However, note that even consistency of the theoretical and empirical models in the Hα forming region cannot unambiguously establish the electron heating mechanism even in this region, since the atmospheric structure may be insensitive to the input mechanism. Specifically, chromospheric absorption of EUV and soft X-ray radiation from the overlying hot plasma may be equally effective (cf. Machado et al., 1978; Hénoux and Rust, 1979), and could be particularly relevant in producing the diffuse Hα emission of the "main phase" (cf. Canfield et al., 1979).

Heating of the Upper Chromosphere. The upper chromosphere during a flare presents greater theoretical difficulties for modeling since the heating in it can be too rapid to justify even remotely any quasisteady-state treatment, and the density is still high enough for radiative transfer effects (particularly in Lα) to be important. Furthermore, this region lies at the bottom knee of the transition region where deposition of conductive flux is important because of the large $\nabla^2 T$. In addition, it is not clear what role the impact of shocks driven down from the hot flare plasma may play (see below). Preliminary quasistatic empirical modeling of radiative transfer effects in this region has been done by Lites and Cook (1979); see also Canfield et al. (1979). Attempts have also been made at simultaneous modeling of the hot and cool regions, for both static and evolutionary limiting cases, in optically thin approximations (e.g., Shmeleva and Syrovatskii, 1973; Craig et al., 1978; Machado and Emslie, 1979; Jordan, 1979). By using various empirical models of primary energy deposition, these authors have derived the temperature structure of the atmosphere by a steady-state solution of the energy equation (conduction versus radiation) under approximations of constant density or pressure or with hydrostatic equilibrium in a closed loop. This approach is dubious in the coronal domain (see below) because it neglects transient convection and thermal effects in the flare (e.g., Craig and McClymont, 1976). It is also suspect in the deep chromosphere because of the optical thickness and the fact that the lower boundary condition is treated inadequately (cf. Brown, 1977). However, the approach does provide a plausible explanation of the observed spectral similarity between the transition region structures observed during flare and quiet Sun conditions, since the solution in this domain is virtually independent of the form of the energy input apart from the scaling factor (cf. Craig et al., 1978). Second, Antiochos and Sturrock (1978) have described the penetration of the transition region to deeper atmospheric layers during a flare as a process of "evaporation," that is, of upward convection of the chromosphere driven by the increased conductive flux from the corona. This misleading name arose from the fact that the addition (arbitrarily small amounts) of heat to a plasma just below the peak in the radiative loss curve results, through radiative instability, in a jump to high temperatures, and corresponding expansion, analogous to a change of state. The aim of such modeling is to explain the appearance in the flaring corona of a large plasma mass not previously present. It should be noted, however, that the mass so raised by "evaporation" is highly insensitive to the form of chromospheric heating driving it and depends essentially only on the location of the peak in the radiative loss curve (Sweet, 1969). It is thus incorrect to argue that any heating model such as particles (Brown, 1973b), or conduction (Antiochos and Sturrock, 1978), is tested by the amount of any additional mass that may appear in the corona.

Comparison of Theoretical and Empirical Flaring Chromospheric Models. Empirical (plane parallel) models of the flaring solar atmosphere are constructed by adjusting the temperature structure as a function of column mass in an empirical grid model, and running a radiative transfer routine until the predicted spectrum is in best agreement with spectral observations over as wide a band as possible (e.g., Machado and Linsky, 1975; Machado et al., 1980). The density structure is generally obtained from the assumption of hydrostatic equilibrium, with convection and any other time-dependent effects being excluded. The model is thus not based on any particular mechanism of energy input, but solely on the observed spectrum and on the assumptions made. Machado and Emslie (1979) have pointed out that the electron heated models of Brown et al. (1978) do not agree with such empirical models, particularly in the upper chromosphere, though the discrepancy is still significant in the Hα region. Here some of the sources of the discrepancy are examined.

Machado and Emslie (1979) note specifically that the transition zone in the theoretical (small flare) models of Brown et al. (1978) occurs too high in the atmosphere and is indeed, in extreme cases, higher than the transition zone in the quiet Sun in terms of column mass. The same result, and the general discrepancy in the upper chromosphere, is seen clearly in the results of Machado et al. (1980). Machado and Emslie (1979) suggest that this flaw arises from the neglect of conduction in the models of Brown et al (1978). However, a direct check on the local conductive energy deposition implied by the temperature structure of the empirical models shows this to be quite negligible in the Hα region which Brown et al. sought to model. The source of the discrepancy in fact turns out to be the following:

1. Since the hot chromospheric layers (near the transition zone) do not greatly affect radiative transfer from the low chromosphere these upper layers were treated with a very broad grid in the models of Brown et al. The grid step used there was essentially as large as the discrepancy in transition region column mass between the empirical and theoretical models, though the effect is exaggerated by the use of a quiet Sun preflare model by Brown et al. (1978) instead of an active region model.
2. An effect recognized as a possibility by Brown et al. but neglected in their energy equation has since proved to be important, namely, the radiative transfer of energy into the low chromosphere from the hot upper chromosphere. The importance of such radiative backwarming (particularly by Lα) means that accurate modeling of the low chromosphere requires accurate modeling of the upper chromosphere and hence, inclusion of thermal conduction in that part of the model, though its direct effect in the low chromosphere is negligible.
3. It should be noted that Machado and Emslie (1979) and Machado et al. (1980) have compared the temperature profiles of their empirical models with the flare temperature profiles predicted by Brown et al. and not with the horizontally inhomogeneous (background diluted) models that Brown et al. themselves found to be necessary to obtain agreement between theory and observation even in Hα alone. The effect of incorporating such dilution on the above discrepancies is not clear, at present, but it is certainly the case that future work on both theoretical and empirical models must incorporate some such deviation from the plane parallel assumption.

One particular unsatisfactory aspect of current empirical models is that no error bars are given on the models. The important question is as follows: What manifold of empirical model atmospheres is capable of fitting the spectral data within their error bars, and what theoretical models fall within this manifold? The first part of this question remains open, at present, because of the very large computational effort involved in iteration to obtain even one acceptable empirical model. Furthermore, error bars so obtained are almost certain to be large and hard to interpret, because empirical models (cf. Machado et al., 1980) are currently based on spectral data in different bands, different places and times in the one flare, or even from entirely different flares. As far as the second part of the question is concerned, it will be important to establish a good criterion for acceptability of theoretical models in terms of residuals on the energy balance parameters rather than simply on temperatures.

Even with a good set of homogeneous data, it is doubtful how definitive a test can be obtained for theoretical heating models. For instance, in the electron heated model the input electron spectrum is obtained from a hard X-ray burst spectrum by deconvolution of an integral equation. Prediction of even a steady-state theoretical model atmosphere by energy balance then requires solution of the integrodifferential equations of radiative transfer and conduction. Likewise, derivation of an empirical model atmosphere from optically thick spectral data is, in effect, the deconvolution of an integrodifferential equation. Aside from physical complications in the modeling, the objectionable but inevitable error magnification that arises in deconvolution problems (e.g., Craig and Brown, 1976a) must lead to some pessimism about the ambiguity of theoretical model tests that rest on consecutive solution of three integral equations.

Coronal Heating

The chief simplifications that are made in modeling the heating of the coronal portion of the flare are the assumptions that the corona is optically thin and that radiative losses can be ignored except as diagnostics and during the gradual phase of the flare. On the other hand, the problem is particularly difficult in most other respects. First, this is the region of the strongest and most uncertain heating both from the primary release of magnetic energy and from collisional and reverse current heating by electrons in the low energy end of their steep spectrum (cf. The Implications of Hard X-Ray Bursts). Consequently, the response is essentially transient and is dominated by conduction and convection processes driven by the steep temperature and pressure gradients set up. Second, the comparatively low density results in long collisional mean free paths and relaxation times. Consequently, there is a strong possibility of the generation of plasma wavemodes that may drastically modify transport coefficients, from their collisional dominated forms, and, in particular, the conduction coefficient (cf. Spicer, 1977b; Brown et al., 1979; Smith and Lilliequist, 1979). In addition, the resulting deviations from steady-state ionization equilibrium complicate X-ray spectral diagnostics of the plasma (cf. Shapiro and Moore, 1977; Shapiro and Knight, 1978, and references therein).

Most theoretical modeling to date, ignoring the latter effects, has concentrated on the former and made one of two further simplifying assumptions. The first assumption is that in the immediate spatial and temporal vicinity of the primary heating the magnetic field is strong and simple enough to confine the mass motions and conduction to a one-dimensional configuration (usually a loop). The alternative assumption is that the region considered is sufficiently remote from the primary energy release for the latter to be regarded as a localized point explosion (or piston, if the release is prolonged). Broadly speaking, the first approximation should describe the initial evolution of low β flare loops in the low corona, such as those observed in the EUV by Skylab, whereas the second relates to the interplanetary motions, after a large flare, as observed at the Earth and by white light coronograph.

The first calculation of particle heating of the coronal loops is probably that by Jefferies and Orrall (1965) in connection with optical emission from loop prominences containing energetic protons. Cheng (1972) calculated the heating of an X-ray loop by the electrons trapped within it, neglecting all loss processes. Such a calculation leads to a temperature of about E/NVk, where E is the total energy of all the particles, V is the loop volume and N the ambient density; this result is too high by about an order of magnitude for reasonable observational parameters, indicating that losses occur (cf. Korchak, 1971). Strauss and Papagiannis (1971) analyzed a more realistic situation in which the density was held constant (no convection) but conduction was permitted; this procedure gave plausible peak temperatures. Davis et al. (1977) have repeated this calculation with minor refinements (as described below). Kostjuk and Pikelner (1975) and Craig and McClymont (1976) first undertook a complete calculation involving convection and conduction. Craig and McClymont adopted a loop model of initially uniform density (justified by the large coronal scale height) and infinite length, heating being greatest at the loop center and symmetrical about it. Kostjuk and Pikelner started with a detailed quiet atmosphere model and solved numerically the energy, momentum, and continuity equations to yield space and time profiles of density, temperature, and velocity. These two papers (and subsequent work by Kostjuk 1976a,

1976b, and by Bloomberg et al., 1977) are essentially in agreement with one another as regards the main hydrodynamic behavior of the hot loop material, as summarized below. Other authors, however, have been unable to reproduce Kostjuk's results on the evolution of the descending driven thermal acoustic fronts upon reaching the density discontinuity of the transition region (see Nakagawa et al., 1973). In addition, the results of Kostjuk are hard to interpret since no density profiles are provided.

As far as the upper reaches of a heated loop are concerned, the evolution is essentially independent of the details of the energy input provided that this input is rather localized. On a time scale of the same order as the transit time for a sound wave passing through a heating length scale, substantial pressure and temperature gradients drive hydrodynamic and thermal fronts down both limbs of the loop (Figure 7-17). In this stage, convective energy redistribution is at least as important as conduction. Craig and McClymont (1976) find that a regime is then approached in which the pressure becomes almost spatially uniform behind the shock front formed. They have also computed the resulting differential emission measure functions $\xi(T)$ (cf. High Temperature Flare Emissions) for the entire loop, for comparison with spectral observations but note that some of the detailed (shock) structure in $\xi(T)$ that characterizes the model would be very difficult to discern in spectral data for the reasons discussed in Observational Manifestations of Flares.

Detailed spectral diagnostics for particular X-ray lines and for the hard X-ray continuum have also been computed by Davis et al. (1977), incorporating a full Fokker-Planck treatment of the collisional interaction of a beam of electrons and plasma particles without convection, and by Bloomberg et al. (1977), including convection. The difference in the nonthermal bremsstrahlung spectrum from that predicted by the usual approach, using a thick target and a mean energy continuity equation (e.g. Brown, 1971) is so small as to be unobservable. In addition, these two papers suffer from a number of other limitations that render them unrealistic. Specifically, the use of a pure hydrogen plasma model results in omission of heavy element radiative losses (cf. Low Temperature Emissions). Though this may not substantially affect the X-ray plasma evolution (conduction/convection dominated), it means the results are irrelevant at lower temperatures and so invalidates their claim (Davis et al., 1977) to have handled the high and low temperature plasmas in a complete and self-consistent way (cf. Brown, 1977). Indeed even with heavy element losses included, their results would have no application to the optical flare since their computation uses a fixed lower boundary temperature of 3×10^5 K. All the treatments of this problem to date neglect the role of return current heating which can exceed

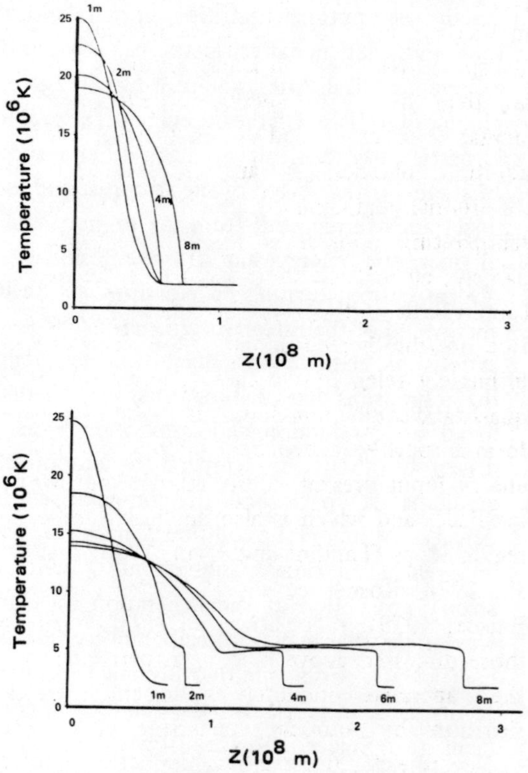

Figure 7-17. Time evolution profile along a flux tube of initially constant density $(N - 10^{17}\ m^{-3})$ heated by an input energy flux of 10^9 joule m^{-2} s^{-1} as described by Craig and McClymont (1976). In the upper figure convection has been artificially suppressed, leaving a conduction-dominated situation, in the lower figure convection is included.

direct beam heating and can substantially reduce the penetration of the beam (Knight and Sturrock, 1977; Emslie, 1979).

An essential difficulty with all such computational models is that comparison of theory and observations requires detailed computation for each set of input parameters, so that it is hard to establish trends and to identify the key model factors. This has led to attempts to develop approximate analytic solutions in which the parametric dependence is explicit. For example, Zaumen and Acton (1974) calculated the relationship that should exist between total emision measure and temperature during decay of an isothermal X-ray emitting volume by conduction into a cool surrounding plasma. Total emission measure should rise as temperature falls, as is usually observed. Craig and McClymont in Canfield et al. (1979), assuming that energy transport by convection is initially more important than that by conduction, obtained a result similar to Zaumen and Acton (1974), and, in addition, obtained an analytic form for the differential emission measure $\xi(T,t)$ in the temperature domain behind the shock front, namely, an increase of $\xi(T)$ up to a singularity (unphysical) at the instantaneous peak temperature in the heated loop. These distributions ultimately relax in the cooling phase toward a quasistatic conduction-dominated solution, whose form is roughly independent of the form of any energy input present, if the input is not highly localized, and which is also applicable to active region loops (Landini and Fossi, 1975; Craig et al., 1978; Rosner et al., 1978; Machado and Emslie, 1979). Calculations of $\xi(T)$ similar to those discussed above have been performed for the evaporative/conductive cooling and the static situations by Antiochos and Sturrock (1978).

Nevertheless, the relationship between these models and observations still remains rather obscure. In particular, Dere et al. (1974) published $\xi(T)$ profiles, inferred from Solrad observations during the entire progress of a flare, showing $\xi(T)$ to be always a monotonically decreasing function (above $T \simeq 10^6$ K). On the other hand, the results of Underwood et al. (1978) show an increasing $\xi(T)$ at temperatures of about 10^6 to 10^7 K. Though the methods used in both of these cases to derive $\xi(T)$ are ambiguous for the reasons discussed by Craig and Brown (1976) (cf. Observational Manifestations of Flares), it seems doubtful that these diametrically opposed results can be so explained since it involves the gross form of $\xi(T)$ and not its (high frequency) particulars. Rather it must be tentatively attributed to variations among individual flares (the analysis by Underwood et al. is based on a subflare). However, Underwood et al. (1978) have concluded that their results exclude both the Antiochos and Sturrock (1978) evaporative models of flare cooling. First, they note the discrepancy between their observed $\xi(T)$ and the model predictions as shown in Figure 7-18. However, their case is not so strong as it appears, for at

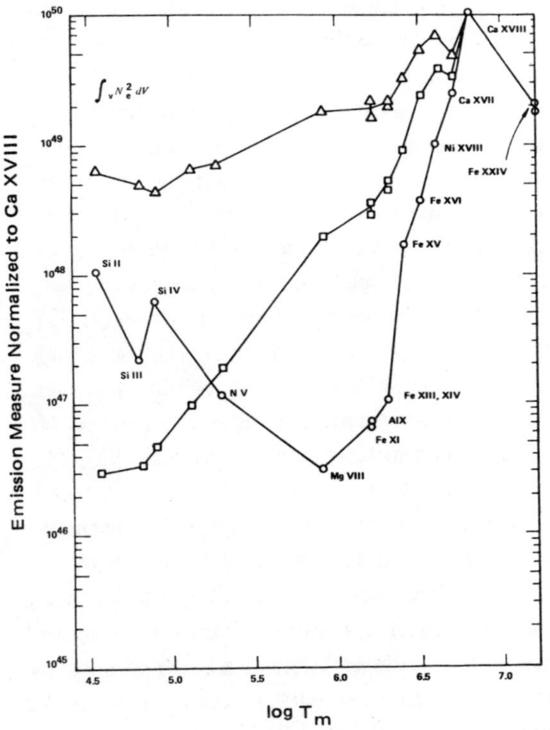

Figure 7-18. Plot of partial emission measure E (normlized to Ca XVIII) versus temperature over the range $T \simeq 3 \times 10^4$ to 10^7 K during the late cooling phase (1554:01 UT) of the subflare of August 9, 1973. Circles show the observed points, while squares and triangles correspond to static and evaporative cooling models, respectively (from Underwood et al., 1978).

least the following two reasons: (1) The $\xi(T)$ curves have been normalized at the highest temperature (Ca XVIII), whereas if normalization were taken in midrange the discrepancy would be less striking. (2) The analysis is not an actual derivation of $\xi(T)$ but a plot of the effective partial emission measure required for each of a series of lines, each of which has its maximum at a different temperature. This form of analysis is subject to systematic errors in the presence of steep $\xi(T)$ gradients since the emission maximum from each line is shifted away from the assumed (isothermal) maximum temperature. Perhaps more convincing is the observation of Underwood et al. (1978) that the total emission measure declines with time as the flare cools, contrary to the predictions of conductive and convective cooling models (see above) and also to those of evaporative models. Considering also the high inferred density, they conclude that the late phase of flare cooling must be radiatively controlled, a conclusion previously reached observationally by Zaumen and Acton (1974) and highly plausible on theoretical grounds since convection and conduction must decline in importance with the relaxation of pressure and temperature gradients. Nevertheless, estimates of the convective, conductive, and radiative cooling times from the parameters proposed by Underwood et al. (1978) shows all three to be comparable (~ 100 seconds) even at this late stage of the cooling process. Recently Somov and Syrovatskii (1976) have discussed conditions under which cooling by radiation is a controlling factor.

A discussion of the heating and cooling of X-ray source kernels at the very earliest stages of their formation has been given by Brown and Nakagawa (1978). They argue that for all densities greater than 10^{16} m^{-3} these kernels are so small that they will be cooled both convectively and conductively in times much less than the observed burst duration. They conclude that this yields direct evidence that primary energy release must be a dynamic process occurring successively at many small sites (e.g., tearing mode islands, Spicer and Brown, Chapter 18; or Spicer, 1976) within the observed volume and propose that this can help explain the persistence of a transient ionization state throughout the burst necessary to interpret the apparent densities measured (see Observational Manifestations of Flares). It is also consistent with the Brown, Craig, and Karpen (1980) continuous dissipation thermal model for hard X-ray bursts.

In the other limiting regime of outer coronal mass motions, extensive numerical simulations have been carried out by, for example, Nakagawa et al. (1975) and Wu et al. (1975). For a detailed survey see the chapter by Rust et al. (1979) in Sturrock et al. (1979). These calculations now include, to some degree, MHD effects, as well as pure hydrodynamics, and simulate some of the gross features of outer coronal and interplanetary disturbances following flares. However, they have no direct relationship to the primary energy release process that concerns us here, and they provide no explicit interpretation of many of the observed features of white light coronal transients (see the discussion in Rust et al., 1979). Essentially, these simulations examine the response of matter spatially remote from a driving force that is either instantaneous (point explosion) or prolonged (piston). An alternative approach, but one that says nothing about MHD effects, is again to seek analytic solutions in terms of the classical self-similar, hydrodynamic solutions for a point explosion (Sedov, 1959; Obashev, 1966; Korobeinikov, 1969; Vesecky and Meadows, 1969; Guseinov, 1973).

Finally, a broad feature of the decay phase redistribution of flare energy is that the decay process is observed to be more prolonged than would be expected on the basis of simple estimates of conduction and hydrodynamic time scales (cf. Sweet, 1969). This seems to imply either a continued energy input or inhibition of a conduction process. Recent detailed work on the Skylab data has revived interest in these two possibilities (cf. Moore, et al., 1978).

THE IMPLICATIONS OF HARD X-RAY BURSTS

As was seen in Radio Bursts direct observations can tell of high energy particles in flares. However, note that, in principle, the chief problem of particle acceleration does not lie in their high individual energies but rather in accelerating a sufficient number of particles (Spicer and Brown, Chapter 18). The most stringent demand in this respect has been the electron flux suggested by hard X-ray burst analysis in the past decade (Hoyng et al., 1976). Our intention here is to review critically interpretations of hard X-ray bursts (see the recent reviews by Brown, 1975, 1976; Brown et al., 1980).

The power law spectral character $\sim \epsilon^{-\gamma}$ of most hard X-ray bursts has led to the almost universal belief that they are nonthermal in origin. That is to say, they arise by collisional electron-ion bremsstrahlung (see Haug, 1975 for the contribution of electron-electron bremsstrahlung) of an energetic electron population of energy spectrum $E^{-\delta}$ within a cool ($kT << E$) background plasma, rather than by thermal bremsstrahlung which is characterized by an energy spectrum approximated by $[\exp(-\epsilon/kT)]/\epsilon$ for an isothermal plasma at temperature T. This belief, extreme as it is, persists despite the fact that the flare plasma is patently nonisothermal and despite the proofs given qualitatively (Chubb, 1971), analytically (Brown, 1974), and empirically (Davis and Rogerson, 1977) that a suitably inhomogeneous, multithermal plasma can mimic a wide range of spectral forms, specifically a power law. This danger of analytic oversimplification in, for example, spectral interpretation is one that pervades astrophysical modeling and is additional to the numerical problems of uniqueness in fitting spectral data raised by Craig and Brown (1976a, 1976b) discussed in Observational Manifestations of Flares for soft X-rays but which are equally relevant here (e.g. Brown, 1975, 1976, 1978; Craig, 1977).

Nevertheless, direct interplanetary evidence for the existence of some accelerated electrons does exist (Relativistic Electrons). Therefore, for the moment this discussion will use the nonthermal interpretation and examine its consequences. The earliest observations showed hard X-ray bursts as simply a rise and fall in emission within about 10 to 100 seconds, and led Takakura and Kai (1966) to the hypothesis that electrons were accelerated until burst maximum and afterward simply decayed in a low density coronal trap ($\sim 10^{15}$ to 10^{16} m^{-3}) such that the collision time equaled the burst decay time. The microwave burst properties of this model were further developed by Holt and Ramaty (1969). It was argued by Kane and Anderson (1970) that such a model should cause a hardening of the burst spectrum during its decay (since the collisional energy loss time increases with energy), which is contrary to their observations. Brown (1972a) noted that this difficulty could, in principle, be overcome if the electron pitch angle were energy-dependent in such a way that the higher energy electrons encountered a higher mean ambient density in the footpoints (see Benz and Gold, 1971). In view of the small size of the loops observed by Skylab and the large hydrostatic density scale height at coronal temperatures, it is unlikely that a sufficient spatial variation of density could exist in a simple trap. Nevertheless, if particle acceleration occurs within small magnetically confined kernels in a highly inhomogeneous volume (cf. Spicer's 1976 arch model), kernels of different density might produce electrons of different mean energy and hence, burst decay characteristics analogous to those in Brown's (1972a) proposal.

Subsequently, Brown (1973a) noted that the observed complex burst time profiles were incompatible with the low density trap model unless the trapping field itself were time varying and thus could accelerate the ambient electrons, the situation no longer being collision dominated (cf. Emslie et al., 1979). Analyses of burst data have been completed for model situations in which collisions are negligible in comparison with betatron (Brown and Hoyng, 1975) and Fermi (Brown and McClymont, 1976) action of a time-varying trap field on the electrons. (Such situations are viable only for prolonged bursts and traps of large dimensions.) In principle, electrons could be further continuously accelerated by the primary processes described in Chapter 18 as a result of field dissipation in the trap. A model of a high density static trap ("thick target," see below), into which electrons are accelerated continuously, has been developed by Bai and Ramaty (1979) and applied to the large bursts of

August 1972. These authors argue that a low density trap of about 3×10^{16} m^{-3} is consistent with the dynamic X-ray spectra of these bursts. Furthermore, precipitation of electrons into the dense trap feet, a result of pitch angle scattering, inevitably plays a role since the collisional deflection and energy loss times are comparable (Hudson, 1972). This led Melrose and Brown (1976) to establish a general relationship between the hard X-ray burst dynamic spectrum from a trap with precipitation and the rate of electron acceleration in the trap, based partly on an analogy with magnetospheric particle precipitation (Kennel and Petscheck, 1966) and partly on Brown's (1971) solution of the hard X-ray spectrum deconvolution problem (see Emslie et al., 1979 for the application of the Melrose and Brown, 1976 analysis to data).

An alternative regime is one in which electrons are accelerated in the corona with small pitch angles (essentially field aligned) so that they are directly injected into the dense chromosphere, this model being commonly known as the continuous injection or thick target model (e.g., Brown, 1971; Hudson, 1972; Petrosian, 1973). The latter name derives from the fact that the bremsstrahlung target is collisionally thick, absorbing the entire electron energy in roughly one mean free path. One immediate difficulty for a thick target with no trapping is that the microwave emission is too weak because of the small pitch angles and high densities involved. This objection might be overcome if there were an asymmetric magnetic arch, in which electrons bounce once before precipitating, as suggested by Mätzler (1976), or if there were instabilities present, such as the anomalous cyclotron instability, which pitch angle scatters particles with large $v_{\parallel}$ out of the loss cone so that $v_{\perp}$ increases (Kadomtsev and Pogutse, 1968) and with it the synchrotron emission. The main simplification of thick target analysis is that the transit time of an electron from corona to finally stopping in the chromosphere is less than burst time resolution (i.e. ≤ 1 s). Thus, the electron injection rate can be uniquely identified with the simultaneous rate of bremsstrahlung emission, without the time deconvolution necessary in a trap plus precipitation regime. Furthermore, because bremsstrahlung radiation and collisional energy loss have the same dependence on ambient density, except for a slight correction for the degree of ionization (Brown, 1973c), the bremsstrahlung emission is entirely independent of the density distribution in a thick target (Brown, 1971; Hudson, 1972) if energy losses are collision dominated. Consequently, it is possible in this case to express the electron injection (acceleration) spectrum at any instant uniquely in terms of the bremsstrahlung spectrum. This is done with an integral equation that (with the nonrelativistic Bethe-Heitler cross section) reduces to Abel's equation and so can be analytically inverted (Brown, 1971). In the case of a power law, photon flux spectrum $\sim \epsilon^{-\gamma}$ the corresponding electron injection flux spectrum is $E^{-\gamma-1}$, whereas in the trap model the electron flux spectrum in the trap is $\sim E^{-\gamma+1}$, the difference in index arising from the energy-dependent loss rate in the thick target. Whether the thick target model represents the actual flare situation or not, it is useful for two reasons. First, because the high energy spectrum of electrons is independent of the detailed target model, it can be used as a benchmark for X-ray burst data analysis. Typical results for small and large events are illustrated in Figures 7-19 and 7-20 from Hoyng et al. (1976). Second, because the collisional energy losses in a thick target represent the minimum total loss for a nonthermal situation (i.e., no collective losses to plasma waves for example—see, however, the discussion below on return currents), the model defines the maximum bremsstrahlung yield, i.e. the minimum electron flux required, which will be reconsidered shortly.

The observational status of these two models (trap and thick target) is still debated (see Kane et al., 1979 in Sturrock et al., 1979). Briefly, the observation of hard X-ray emission from flares occurring behind the limb suggests a trap component as do the synchronous microwave burst data. Recent observations (Marsh et al., 1979) using the VLA indicate the impulsive microwaves may have a single source located at the magnetic neutral line with source dimensions of about 12 arcsec, which is also consistent with a fairly low

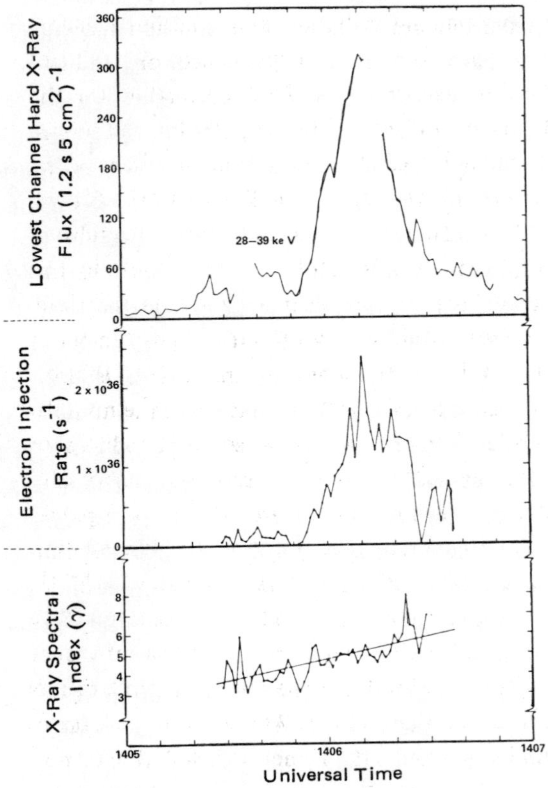

Figure 7-19. Small flare of May 18, 1972. Top: Lowest channel hard X-ray flux. Center: Collision-dominated thick target electron injection rate above 25 keV, $F_{25}(t)$. Bottom: X-ray spectral index $\gamma(t)$. The electron spectral index was $\delta = \gamma + 1$. The total number of electrons ≥ 25 keV was 5.0×10^{37} and the total energy of electrons $\gtrsim 25$ keV was 2.3×10^{30} ergs (from Hoyng et al., 1976).

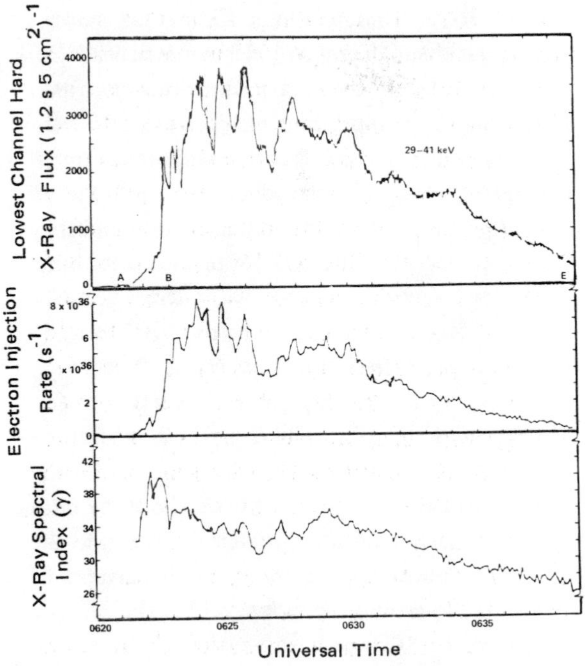

Figure 7-20. Large flare of August 4, 1972. Top: lowest channel hard X-ray flux. Center: collision-dominated thick target injection rate above 25 keV, $F_{25}(t)$. Bottom: X-ray spectral index $\gamma(t)$. The electron spectral index was $\delta = \gamma + 1$. The total number of electrons ≥ 25 keV was 3.5×10^{39} and the total energy of electrons $\gtrsim 25$ keV was 2.0×10^{32} ergs (from Hoyng et al., 1976).

altitude trap. On the other hand, the close association of bursts with chromospheric visible and UV flashes points to a thick target component. (For the altitude distribution of emission in each of these models see McClymont, 1976, and Brown and McClymont, 1975, respectively.) The bremsstrahlung polarization and anisotropy properties have also been calculated (Elwert and Haug, 1970, 1971; Haug, 1972; Brown, 1972b; Petrosian, 1973; McClymont, 1976), but the relevant data are still too poor to give a clear test of the model (e.g., though the observed directivity is smaller than that predicted for a purely vertical electron beam, correction for the photospheric X-ray backscatter brings the thick target model within the observed bounds). Datlowe and Lin (1973) have argued that neither a trap model nor a thick target model agrees well with the observed relationship between hard X-ray spectral indexes and spectral indexes obtained from interplanetary electrons when the escape probability of the latter is assumed to be energy independent. Since only $\lesssim 1$ percent of electrons are required to escape in this situation, their assumption seems weak. Nevertheless, Melrose and Brown's 1976 analysis of the trap pulse precipitation model demonstrates that it would be consistent with the Datlowe and Lin (1973) result. Further support for this mixed model comes from the modeling of impulsive EUV bursts (Kane, 1974; Donnelly and Kane, 1978).

What the thick target and the trap models have in common is the strictly theoretical difficulty of providing enough electrons for their requirements. Apart from a spectral factor of order unity, the two models require the same total electron number N_T. This is so because although the high ambient electron density N_e of the thick target permits proportionately fewer electrons N_1 instantaneously present in the source, for a prescribed instantaneous burst intensity ($\sim N_e N_1$) the collisional lifetime of these electrons is correspondingly lower and they have to be replenished throughout the burst duration τ_x, viz τ_x/τ_{coll} times, where $\tau_{coll} \sim N_e^{-1}$ is the energy loss time. Thus, the total electron number in either model is $N_T = N_1 \tau_x/\tau_{coll} \sim N_1 N_e$ which is fixed by the observations (cf. Brown, 1971; 1975, 1976). It then follows that the total number of electrons required is the total number of photons emitted times the ratio of the collisional energy loss cross section to the bremsstrahlung cross section, or the inverse of the bremsstrahlung efficiency. In the energy range 10 to 1000 keV this efficiency is on the order of 10^{-5} which means physically that short range, electron-ion bremsstrahlung collisions are outnumbered by long range, electron-electron (or electron-atom) energy loss collisions by a factor of 10^4 to 10^5. The resulting electron numbers are 10^{36} to 10^{39} above 25 keV, with an associated acceleration rate $F \simeq 10^{34}$ to 10^{36} s^{-1} and a total energy 10^{22} to 10^{25} J (see Figure 7-20. All these numbers rapidly rise still further if the steeply decreasing nonthermal spectrum extends much below 25 keV. The severity of these requirements stems from the fact that the total electron energy represents a significant fraction of the energy dissipated during a flare, requiring a physically unreasonable acceleration efficiency from the primary dissipation process. Furthermore, it has been shown in Chromospheric Heating that probably only a fraction ($\lesssim$ 10 percent) of this energy is needed for electrons to heat the chromospheric flashes associated with the hard X-rays. The number of electrons is also formidable, including virtually all the electrons in the flare volume. Colgate (1978) has argued that the vast self-magnetic energy (much exceeding that of the flare field) of these electrons in the form of a directed flux (current 10^{15} to 10^{17} A over an area S of $\sim 10^{15}$ m^2) invalidates nonthermal models, a problem noted earlier by Hoyng et al. (1976). The explanation is that a neutralizing return current is set up among the ambient electrons. This current is, in principle, capable of supplying the required large numbers of electrons to the coronal acceleration site if the field structure is suitable. One limiting factor is the stability of this return current to electrostatic instabilities (Hoyng et al., 1978; Hoyng and Melrose, 1977; Hoyng, 1977). Specifically, if the required return current electron flux $N_e V_0 = F/S$ (where S = area of injection) has a velocity V_0 that exceeds the ion sound speed, the return current can become unstable to the generation of electrostatic ion cyclotron or ion sound waves. It is of interest that the stability criterion is just about satisfied by typical thick target fluxes F/S for acceleration sites located at reasonable coronal densities $N_e > 10^{15}$ to 10^{16} m^{-3} (Brown and Melrose, 1977). Thus, the primary problem does not lie in the total number of electrons but in their total energy.

A further important consideration that has emerged recently in relation to return currents is the role of ohmic dissipation of the return current as an energy loss to the electron beam. This energy loss arises because of the finite resistivity of the solar atmosphere, which requires that a small electric field be maintained to drive the return current against the resistance. The residual electric field decelerates the beam electrons, their energy appearing as Joule heating of the return current. Knight and Sturrock's (1977) analysis of the return current was based on the assumption that this return current loss completely dominates the beam. Hoyng et al. (1978) and Hoyng and Melrose (1977), on the other hand, concluded that the return current losses were of debatable significance in comparison with direct Coulomb collisional losses from the beam. Most recently, Emslie (1979) has obtained results suggesting that, for thick target models in which most of the electrons are beamed, return current losses may be up to about one order of magnitude greater than direct Coulomb collisions in some bursts and in certain parts of the atmosphere.

However, except in the case of extremely intense beams, the effects of return current losses are confined to the immediate vicinity of the beam source, and the earlier collisional treatments may be regarded as applying to the flux emerging from this region. Note also that if the return current were to become electrostatically unstable the beam would rapidly decay because of the two-stream interaction making beam propagation over long distances impossible. Thus, the most important effect of including the return current in models is that, because of the reduced lifetime of beam electrons, conventional nonthermal electron beam models are even less efficient as hard X-ray sources than was previously believed from collisional thick target analysis. Therefore such models may be unacceptable on the grounds of impossibly high electron fluxes. Indeed, since electron lifetime τ against return current losses is inversely proportional to the electron flux, F, there is a point beyond which an arbitrary increase of F cannot lead to any increase in hard X-ray flux ($\sim F\tau$). This leaves us with the following possibilities: (1) Electron beams exist but are accelerated in very dense regions rather than in the corona. (2) A thick target situation exists in the corona but the electrons are trapped because of their large pitch angles (Bai and Ramaty, 1979). (3) The hard X-rays are thermal.

Two alternatives have been proposed to overcome the efficiency problem. First, Brown and Melrose (1977) discussed the proposal by Brown (1975, 1976) and Smith (1975) that the electron number requirements could be reduced by reacceleration of a smaller number of electrons. They conclude that in fact even this is not possible because the inflow of magnetic energy required to offset the collisional losses will sweep away the electrons with the frozen-in plasma. Second, the collisional energy losses themselves can be reduced if the source electrons are part of a relaxed distribution of all the electrons (with mean energies > 10 keV or $T > 10^8$ K) present rather than being a fast component in a cool background.

This latter possibility seems very plausible on broad energetic grounds. Suppose dissipation of a total energy E by annihilation of a field B (T) in a plasma of density N. Then the resulting mean energy E per particle will be

$$E = \frac{B^2}{2\mu_0 N} = 25\ \text{keV} \times \frac{(100B)^2}{N_{16}}$$

while the total number of particles will be

$$N_{TOT} = \frac{2\mu_0 N E}{B^2} = 2 \times 10^{39}\, N_{16}\, E_{25}/(100B)^2$$

where N_{16} is the density in units of 10^{16} m^{-3}, and E_{25} is the total energy in units of 10^{25} J. Consequently, for reasonable values of N and B, release of typical flare energy will provide ample electrons of energies in the hard X-ray range.

This thermal (or bulk energization) model has been discussed at length by Brown et al. (1979), Smith and Lilliequist (1979) and Smith and Auer (1979), and also by Crannell et al. (1978) and Mätzler et al. (1978) under different assumptions (see below). The essential point of these "thermal" models is that in a "confined" thermal plasma with equal electron and ion temperatures T_e,T_i the only electron energy loss is by bremsstrahlung radiation. Thus, 100 percent of the electrons' energy goes into radiation as against < 0.01 percent for a nonthermal component as described above. Even if $T_i \ll T_e$ the nonradiative (electron-ion collision) energy loss is still about 100 times lower than in the nonthermal case. There is one difficulty associated with this argument when it is applied to the flare X-ray burst problem (Kahler, 1971a, 1971b, 1975). The problem is that the hot plasma cannot be confined completely and it should cool rapidly—not collisionally but by conduction of thermal electrons along the magnetic field at a speed $(kT_e/m_e)^{1/2}$, and by convection. For plausible source lengths this cooling would occur in times much less than some burst durations (even when the conduction problem is solved self-consistently with constraints imposed by the observed burst spectrum or the temperature structure (Brown, 1974). This rapid cooling demands a constant supply of energy throughout the burst and thus nullifies the efficiency advantage of the thermal source, unless the rapid cooling can be inhibited by anomalous conductivity effects (Brown, 1974; Spicer, 1977b). Brown et al. (1979) and Smith and Lilliequist (1979) have now shown that such inhibition of conductive cooling results from the very nature of the problem. The rapid efflux of electrons down a temperature gradient of scale length much larger than the mean free path drives a neutralizing return current among the electrons of the cool surroundings. These electrons have a velocity much in excess of the ion sound speed $V_s = (kT_e/m_i)^{1/2}$, and generate ion sound waves. In turn, this ion sound turbulence scatters the hot electrons and, together with the electric field associated with the return current, inhibits their outflow much more effectively than collisions can. Additionally, interaction of the electrons through the wave turbulence allows a relaxed electron distribution (not necessarily Maxwellian but nearly so) to occur without high densities. It has been shown by Brown et al. (1979) on approximate analytic grounds and by Smith and Lilliequist (1979), using a self-consistent computation of the transport coefficients, that the net effect is to bottle up the hot electrons in a near isothermal state behind a very thin collisionless conduction front so that the energy spreads into the surrounding plasma at a speed V_s (43 times slower than the free expansion rate V_e).

The improvement in bremsstrahlung efficiency over collision-dominated nonthermal situations varies as the source density, N_e, through the ratio of the radiation rate (which is proportional to N_e^2) to the conductive cooling time (which is proportional to N_e). A value of $\gtrsim 10^{17}$ m^{-3} for N_e is consistent with that of EUV and soft X-ray kernels ($\lesssim$ 2 keV) and results in a total high energy (thermal) electron energy requirement of a few percent of the result required for the nonthermal hypothesis. This is also compatible with the numbers of electrons ($>$ 10 keV) seen directly in space and (possibly) required to heat chromospheric flashes. Two points, however, require further investigation. First, the high density and small volume of the source would produce much too small a microwave flux from the region. Brown et al. (1979) have answered this qualitatively by noting that in their model, electrons having velocities $\gtrsim$ 2.6 times the electron velocity are not bottled up by the anomalous conduction front but will escape to fill a larger volume which may be the microwave source (see Smith and Brown, 1980; Vlahos and Emslie, 1979). Second, the conductive cooling process should, as in the case of soft X-rays (Zaumen and Acton, 1974), result in an increase of emission measure (through extension of the hot volume) as the temperature falls (Figure 7-6). This is directly contrary to the observation that some simple hard X-ray bursts soften during their decay (Kane and Anderson, 1970; Crannell et al., 1978; Mätzler et al., 1978; see, however, Elcan, 1978). Brown et al. (1980) have shown how the basic concepts of the model can be generalized to satisfy this observation if the hard X-ray burst arises from rapid sequential production of many hot cores (such as would occur in Spicer's 1976 arch model), with each cooling occurring as just described but in times much less than the burst duration. The evolution of emission measure versus temperature is then governed by the rate of production of cores of different emission measures and temperatures. To explain the data, the mean core emission measure and temperature produced should both increase until the time of peak dissipation and both should decline thereafter, which certainly seems physically reasonable. However, the more rapid cooling times required for individual cores detracts greatly from the original bremsstrahlung efficiency of the thermal source.

An alternative form of thermal model that also eliminates the two problems discussed above has been discussed by Crannell et al. (1978) and Mätzler et al. (1978). Instead of heating the source by a dissipative process and cooling it by conduction, these authors propose that the heating and cooling result, respectively, by successive adiabatic compression and expansion of a plasma kernel by magnetic field variations. This model has the property that the emission measure $N_e^2 V$ rises and falls with temperature, as observed. The authors propose a rather low density ($\simeq 10^{15}$ m^{-3}) in order for the model to directly produce the correct microwave burst flux. However, they still have to invoke the escape of high energy electrons to explain the microwave burst decay profile. What seems to be lacking theoretically in this model is a satisfactory explanation of why the dissipative conductive cooling process, which controls the Brown et al. (1978) thermal model, should not occur along the field lines. In addition, the field compression factor necessary to produce the necessary temperatures appears to be excessive. Strictly speaking the proposed model is meant to be applied only to bursts above 20 keV. Hence, it ignores the question of how the plasma was heated to 20 keV in the first place. The original observational basis for the adiabatic heating hypothesis was that single burst spikes had approximately equal rise and fall times. Examination of the data of Crannell et al. (1978), however, shows this equality to be a statistical property of bursts rather than a property of individual features (cf. Hard X-Rays and γ-Rays). Nevertheless, aside from the time scale involved, the actual locus followed in a plot of emission measure versus temperature of burst is remarkably similar for rise and fall (Figure 7-21); this demands an explanation involving some element of reversibility. Such reversibility can be expected if the rise time corresponds to a local compression time of the magnetic field, and the fall time corresponds to the restoring decompression time, which are roughly equal for local compressions. Such behavior is expected from driven tearing modes (Spicer, 1976).

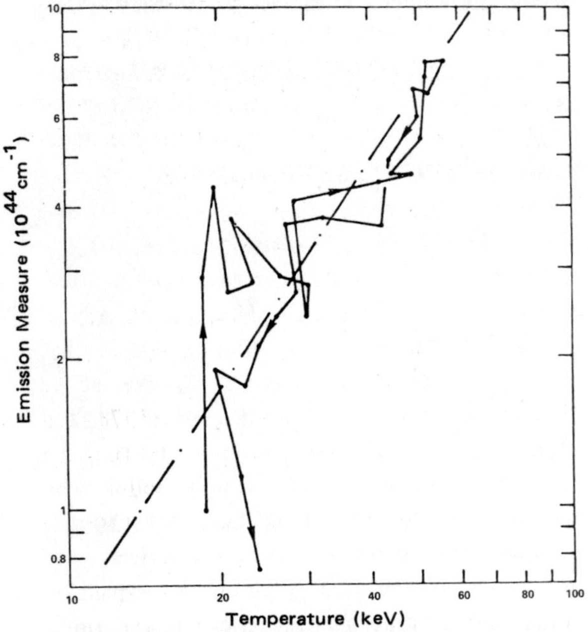

Figure 7-21. Locus described in the plane of total emission measure versus temperature inferred by Crannell et al., (1978) and Mätzler et al. (1978) for the simple spike hard X-ray burst of March 1, 1970.

At the present stage of development of thermal hard X-ray burst models it can thus be concluded that they are capable of reducing the electron energy requirements by at least an order of magnitude from nonthermal model values, and that they can permit this energy to appear as a bulk electron energization with random motions rather than as ordered electron motions. The anisotropy associated with the electron thermal conduction process may be sufficient to account for available hard X-ray polarization data (Emslie and Brown, 1980).

CONCLUSIONS

The authors have endeavored to present a review of the more recent observational developments and their interpretations. They have been selective, presenting in detail only the material that they believe bears directly on the primary energy release mechanism. It should be clear that the observations of flares and the interpretations of these observations are still in a fluid state. For every set of observations that appears to fit a "consistent" picture, another set does not. For every "consistent" interpretation of the observations, there appears to be another "consistent" interpretation. Most of these problems have their origins in the lack of uniqueness implicit in the deconvolution of data, insufficient and incomplete coverage of various types of flares, and in a simple scientific bias on the part of the authors of a given idea or interpretation. If this is the situation for solar flares, similar problems may be expected in the interpretation of analogous stellar data. Therefore caution should be used not to accept any interpretation of physical phenomena occurring within other stellar atmospheres until all other interpretations have been explored for self-consistency and until some clearly unique observational test can be made to verify that interpretation. A more extended discussion of the reasons for the remarkably interactable problem of pinning down a flare mechanism from the 100 years of data has been given by Brown and Smith (1980). One presumes that the object of the entire exercise of flare observations is to discriminate among models of the process. As far as the primary energy release process is concerned, part of the difficulty arises from the fact that there is not even one mechanism that is universally accepted as theoretically convincing. Insofar as there are models (e.g., Spicer, 1976; Heyvaerts et al., 1977) that are claimed by their proponents to be theoretically sound, there are still too many free parameters to permit meaningful quantitative testing of model predictions. It is to be hoped that the 1980's will see the necessary response from observers and flare theorists in this respect.

In this chapter extensive use has been made of material from the review paper by Brown and Smith (1980), with minor modifications and updates. We wish gratefully to acknowledge the permission of the Institute of Physics for the use of the material.

REFERENCES

Anderson, K.A., Mahoney, W.A., 1974, *Solar Phys.* **35**, 419.

Antiochos, S.K., Sturrock, P.A., 1978, *Astrophys. J.* **220**, 1137.

Bai, T., Ramaty, R., 1979, *Astrophys. J.* **227**, 1072.

van Beek, H.F., de Feiter, L.D., de Jager C., 1973, *Space Res.* **13**.

Benz, A.O., 1977, *Astrophys. J.* **211**, 270.

Benz, A.O., Gold, T., 1971, *Solar Phys.* **21**, 157.

Biswas, S., Radhakrishnan, B., 1973, *Solar Phys.* **28**, 211.

Bloomberg, H.W., Davis, J., Boris, J.P., 1977, *JQSRT* **18**, 237.

la Bonte, B.J., 1979, Big Bear Solar Obs. Preprint 173.

Brown, J.C., 1971, *Solar Phys.* **18**, 489.

Brown, J.C., 1972a, *Solar Phys.* **25**, 158.

Brown, J.C., 1972b, *Solar Phys.* **26**, 441.

Brown, J.C., 1973a, *Solar Phys.* **31**, 143.

Brown, J.C., 1973b, *Solar Phys.* **29**, 421.

Brown, J.C., 1973c, *Solar Phys.* **32**, 227.

Brown, J.C., 1973d, *Solar Phys.* **28**, 151.

Brown, J.C., 1974, in G.A. Newkirk, ed., *Coronal Disturbances* IAU Symp. 57 (D. Reidel Publishing Co., 1974), p. 395.

Brown, J.C., 1975, in S.R. Kane, ed., *Solar γ-, X-, and EUV-Radiation*, IAU Symp. 68 (Dordrecht: D. Reidel Publishing Co., 1975), p. 245.

Brown, J.C., 1976, *Phil. Trans. Roy. Soc. London* **281**, 473.

Brown, J.C., 1977, *Solar Phys.* **53**, 263.

Brown, J.C., 1978, *Astrophys. J.* **225**, 1076.

Brown, J.C., van Beek, H.F., McClymont, A.N., 1975, *Astron. Astrophys.* **41**, 395.

Brown, J.C., Canfield, R.C., Robertson, M.N., 1978, *Solar Phys.* **57**, 399.

Brown, J.C., Craig, I.J.D., Karpen, J.T., 1980, *Solar Phys.* **67**, 143.

Brown, J.C., Hoyng, P., 1975, *Astrophys. J.* **200**, 734.

Brown, J.C., McClymont, A.N., 1975, *Solar Phys.* **41**, 135.

Brown, J.C., McClymont, A.N., 1976, *Solar Phys.* **49**, 329.

Brown, J.C., Melrose, D.B., 1977, *Solar Phys.* **52**, 117.

Brown, J.C., Melrose, D.B., Spicer, D.S., 1979, *Astrophys. J.* **228**, 592.

Brown, J.C., Nakagawa, Y., 1978, *Astrophys. J.* **225**, L153.

Brown, J.C., Smith, D.F., 1980, *Rep. Prog. Phys.* **43**, 125.

Brown, J.C., van Beek, H.F., McClymont, A.N., 1975, *Astron. Astrophys.* **41**, 395.

Brueckner, G.E., 1976, *Phil. Trans. Roy. Soc. London A.* **281**, 443.

Brueckner, G.E., Patterson, N.P., Scherrer, V.E., 1976, *Solar Phys.* **47**, 127.

Canfield, R.C., 1974, *Solar Phys.* **34**, 339.

Canfield, R.C., Cook, J.W., 1978, *Astrophys. J.* **225**, 650.

Canfield, R.C., Brown, J.C., Brueckner, G.E., Cook, J.W., Craig, I.J.D., Doschek, G.A., Emslie, A.G., Hénoux, J.-C., Lites, B.W., Machado, M.E., Underwood, J.H., 1979, *Team 5 Report* in Sturrock et al., 1979, Report of the NASA Skylab Workshop on Solar Flares (Boulder: Colorado University Press, 1979).

Carmichael, H., 1964, in W.N., Hess, ed., AAS-NASA Symp. on Physics of Solar Flares (Washington D.C.: NASA, 1964), p. 451.

Carrington, R.C., 1859, *Monthly Notices RAS* **20**, 13.

Cartwright, B.C., Mogro-Campero, A., 1973, *High Energy Phenomena on the Sun*, R. Ramaty and R.G. Stone, eds. (Greenbelt: NASA, 1973), p. 393.

Cheng, C.C., 1972, *Solar Phys.* **22**, 178.

Cheng, C.C., Widing, K.G., 1975, *Astrophys. J.* **201**, 735.

Cheng, C.C., Doschek, G., Feldman, U., 1979, *Astrophys. J.* **227**, 1037.

Chubb, T.A., 1971, in C. de Jager, ed., *Proc. Leningrad Symp. on Solar-Terrestrial Physics* **1**, 99.

Chupp, E.L., Forrest, D.J., Higbie, P.R., Suri, A.N., Tsai, C., Dunphy, P.P., 173, *Nature* **241**, 333.

Colgate, S.A., Audouze, J., Fowler, W.A., 1977, *Astrophys. J.* **213**, 849.

Colgate, S.A., 1978, *Astrophys. J.* **221**, 1068.

Cook, J.W., Brueckner, G.E., 1979, *Astrophys. J.* **227**, 645.

Cox, D.P., Tucker, W.H., 1969, *Astrophys. J.* **157**, 1157.

Craig, I.J.D., 1977, *Astron. Astrophys.* **61**, 575.

Craig, I.J.D., Brown, J.C., 1976a, *Astron. Astrophys.* **49**, 239.

Craig, I.J.D., Brown, J.C., 1976b, *Nature* **264**, 340.

Craig, I.J.D., McClymont, A.N., 1976, *Solar Phys.* **50**, 133.

Craig, I.J.D., McClymont, A.N., Underwood, J.H., 1978, *Astron. Astrophys.* **70**, 1.

Crannell, C.J., Frost, K.J., Mätzler, C., Ohki K., Saba, J.L., 1978, *Astrophys. J.* **223**, 620.

Crawford, H.J., Price, P.B., Cartwright, B.G., Sullivan, J.D., 1975, *Astrophys. J.* **195**, 213.

Culhane, J.L., Vesecky, J.F., Phillips, K.J.H., 1970, *Solar Phys.* **15**, 394.

Datlowe, D.W., Lin, R.P., 1973, *Solar Phys.* **32**, 459.

Datlowe, D.W., Hudson, H.S., Peterson, L.E., 1974a, *Solar Phys.* **35**, 193.

Datlowe, D.W., Elcan, M.J., Hudson, H.S., 1974b, *Solar Phys.* **39**, 155.

Datlowe, D.W., O'Dell, S.L., Peterson, L.E., Elcan, M.J., 1977, *Astrophys. J.* **212**, 561.

Davis, J., Rogerson, J.E., 1977, *Solar Phys.* **51**, 185.

Davis, J., Kepple, P.C., Strickland, D.J., 1977, *JQSRT* **17**, 711.

Davis, W.D., 1977, *Solar Phys.* **54**, 138.

Dere, K.P., 1978, *Astron. Astrophys.* **70**, 439.

Dere, K.P., Horan, D.M., Kreplin, R.W., 1974, *Solar Phys.* **36**, 459.

Dere, K.P., Mason, H., Widing, K.G., Bhatia, A.K., 1979, *Astrophys. J.*, supplement series, **40**, 341.

Dizer, M., 1969, *Solar Phys.* **10**, 416.

Donnelly, R.E., 1970, ESSA Tech. Rep. ERL 169-5DL14.

Donnelly, R.F., Kane, S.R., 1978, *Astrophys. J.* 222, 1043.

Doscheck, G.A., Feldman, U., 1979, NRL Report 8307.

Doscheck, G.A., Feldman, U., Behring, W.E., 1978, *Space Sci. Rev.* **22**, 191.

Elcan, M.J., 1978, *Astrophys. J.* **226**, L99.

Elgaroy, E.O., 1977, *Solar Noise Storms* (Oxford: Pergamon Press, 1977).

Elwert, G., Haug, E., 1970, *Solar Phys.* **15**, 234.

Elwert, G., Haug, E., 1971, *Solar Phys.* **20**, 413.

Emslie, A.G., 1979, *Astrophys. J.* **235**, 1055.

Emslie, A.G., Brown, J.C., 1980, *Astrophys. J.* **237**, 1015.

Emslie, A.G., Brown, J.C., Donnelly, R.F., 1978, *Solar Phys.* **57**, 175.

Emslie, A.G., McCaig, M.G., Brown, J.C., 1979, *Solar Phys.* **63**, 173.

Falciani, R., Landini, M., Righini, A., Rigutti, M., 1968, Kiepenheuer, ed., *Structure and Development of Solar Active Regions*, IAU Symp. 35 (Dordrecht: D. Reidel Publishing Co., 1968), p. 451.

de Feiter, L.D., 1971, *Solar Phys.* **19**, 207.

Fisk, L.A., 1978, *Astrophys. J.* **224**, 1048.

Frontera, F., Fuligni, F., 1979, *Astrophys. J.* **232**, 590.

Frost, K.J., 1969, *Astrophys. J.* **158**, L159.

Frost, K.J., Dennis, B.R., 1971, *Astrophys. J.* **165**, 655.

Frost, K.J., Dennis, B.R., Lencho, R.J., 1971, in Labuhn and Lust, eds., *New Techniques in Space Astronomy* (Dordrecht: Reidel Publishing Co., 1971), p. 185.

Forbush, S.E., 1946, *Phys. Rev.* **70**, 771.

Gabriel, A.H., Jordan, C., 1969, *Monthly Notices RAS* **145**, 241.

Guseinov, R.E., 1973, *Solar Phys.* **31**, 401.

Harvey, K.L., Harvey, J.W., 1976, *Solar Phys.* **47**, 233.

Haug, E., 1972, *Solar Phys.* **25**, 425.

Haug, E., 1975 *Solar Phys.* **45**, 453.

Hénoux, J.C., 1975, *Solar Phys.* **42**, 219.

Hénoux, J.C., Nakagawa, Y., 1977, *Astron. Astrophys.* **57**, 105.

Hénoux, J.C., Rust, D., 1980, *Astron. Astrophys.* **91**, 322.

Heyvaerts, J., Priest, E.R., Rust, D.M., 1977, *Astrophys. J.* **216**, 123.

Hiei, E., Widing, K.G., 1979, *Solar Phys.* **61**, 407.

Holt, S.S., Ramaty, R., 1969, *Solar Phys.* **8**, 119.

Holt, S.S., Cline, T.L., 1968, *Astrophys. J.* **154**, 1027.

Howard, R., ed., 1961, *Solar Magnetic Fields*, IAU Symp. 43 (Dordrecht: D. Reidel Publishing Co., 1971).

Hoyng, P., 1977, *Astron. Astrophys.* **55**, 23.

Hoyng, P., Melrose, D.B., 1977, *Astrophys. J.* **218**, 866.

Hoyng, P., Brown, J.C., van Beek, H.F., 1976, *Solar Phys.* **48**, 197.

Hoyng, P., Knight, J.W., Spicer, D.S., 1978, *Solar Phys.* **58**, 139.

Hudson, H.S., 1972, *Solar Phys.* **24**, 414.

Hudson, H.S., 1973, in Ramaty and Stone, eds., *High Energy Phenomena on the Sun*, NASA GSFC preprint X-693-63-193.

Hudson, H.S., 1978, *Astrophys. J.* **224**, 235.

Hudson, H.S., Canfield, R.C., Kane, S.R., 1978, *Solar Phys.* **60**, 137.

Hundhausen, A.J., 1972, *Coronal Expansion and Solar Wind* (New York: Springer-Verlag, 1972).

Hurley, K., Duprat, G., 1977, *Solar Phys.* **52**, 107.

Hyder, C., 1967, *Solar Phys.* **2**, 49.

Jefferies, J.T., Orrall, F.Q., 1965, *Astrophys. J.* **141**, 519.

Jokipii, J.R., 1971, *Rev. Geophys. Space Sci.* **9**, 27.

Jordan, C., 1979, *Astron. Astrophys.* **86**, 355.

Kadomtsev, B.B., Pogutse, O.P., 1968, *Soviet Phys. JETP* **26**, 1146.

Kahler, S.W., 1971a, *Astrophys. J.* **164**, 365.

Kahler, S.W., 1971b, *Astrophys. J.* **168**, 319.

Kahler, S.W., 1975, in S.R. Kane, ed., *Solar γ-, X-, and EUV Radiation*, IAU Symp. 68 (Dordrecht: D. Reidel Publishing Co., 1975), p. 211.

Kahler, S.W., 1979, *Solar Phys.* **62**, 347.

Kahler, S.W., Buratti, B.J., 1976, *Solar Phys.* **47**, 157.

Kahler, S.W., Krieger, A.S., Vaiana, G.S., 1975, *Astrophys. J.* **199**, L57.

Kane, S.R., 1974, in G.A. Newkirk Jr., ed., *Coronal Disturbances,* IAU Symp. 57 (Dordrecht: D. Reidel Publishing Co., 1974), p. 105.

Kane, S.R., ed., 1975, *Solar γ-, X-, and EUV Radiation*, IAU Symp. 68 (Dordrecht: D. Reidel Publishing Co., 1975).

Kane, S.R., Anderson, K.A., 1970, *Astrophys. J.* **162**, 1003.

Kane, S.R., Pick, M., 1976, *Solar Phys.* **47**, 293.

Kane, S.R., Crannell, C.J., Datlowe, D.W., Feldman, U., Gabriel, A.H., Hudson, H.S., Kundu, M.R., Mätzler, C., Neidig, D., Petrosian, V., Sheeley, N.R., Jr., 1978, *Team 4 Report* in Sturrock et al., 1979, Report of the NASA Skylab Workshop on Solar Flares.

Kane, S.R., Anderson, K.A., Evans, W.D., Klebesadel, R.W., Laros, J., 1979, *Astrophys. J.* **233**, L151.

Kennel, C.F., Petschek, H.E., 1966, *J. Geophys. Res.* **71**, 1.

Knight, J.W., Sturrock, P.A., 1977, *Astrophys. J.* **218**, 306.

Korchak, A.A., 1971, *Solar Phys.* **18**, 284.

Korchak, A.A., 1974, *Comments. Astrophys. Space Phys.* **6**, 57.

Korobeinikov, V.P., 1969, *Solar Phys.* **7**, 463.

Kostjuk, N.D., 1976a, *Soviet Astron. AJ.* **19**, 458.

Kostjuk, N.D., 1976b, *Soviet Astron. AJ.* **20**, 206.

Kostjuk, N.D., Pikelner, S.B., 1975, *Soviet Astron. AJ.* **18**, 590.

Kundu, M.R., Velusamy, T., Becker, R.H., 1974, *Solar Phys.* **50**, 429.

Kundu, M.R., ed., 1980, *Radio Physics of the Sun,* IAU Symp. 86 (Dordrecht: D. Reidel Publishing Co., 1980).

Landini, M., Fossi, B.C., 1975, *Astron. Astrophys.* **42**, 213.

Langer, S.H., Petrosian, V., 1977, *Astrophys. J.* **215**, 666.

Lanzerotti, L.J., 1973, *High Energy Phenomena on the Sun,* R. Ramaty and R.G. Stone, eds. (Greenbelt: NASA, 1973), p. 427.

Lin, R.P., 1974a, *Space Sci. Rev.* **16**, 189.

Lin, R.P., 1974b, in G.A. Newkirk, ed., *Coronal Disturbances,* IAU Symp. 57 (Dordrecht: D. Reidel Publishing Co., 1974), p. 201.

Lin, R.P., 1976, *Solar Phys.* **46**, 433.

Lin, R.P., Hudson, H.S., 1976, *Solar Phys.* **50**, 153.

Lites, B.W., Cook, J.W., 1979, *Astrophys. J.* **228**, 598.

McClymont, A.N., 1976 (Ph.D. Thesis, University of Glasgow).

McKenzie, D.L., 1975, *Solar Phys.* **40**, 183.

McLean, D.J., Sheridan, K.V., Stewart, R.T., Wild, J.P., 1971, *Nature* **234**, 140.

MacQueen, R.M., Gosling, J.T., Hildner, E., Munro, R.H., Poland, A.I., Ross, C.L., 1976, *Phil. Trans. Roy. Soc. London A.* **281**, 405.

Machado, M.E., Linsky, J.L., 1975, *Solar Phys.* **58**, 363.

Machado, M.E., Avrett, E.H., Vernazza, J.E., Noyes, R.W., 1980, *Astrophys. J.* **242**, 336.

Machado, M.E., Emslie, A.G., 1979, *Astrophys. J.* **232**, 903.

Machado, M.E., Emslie, A.G., Brown, J.C., 1978, *Solar Phys.* **58**, 363.

Marsh, K.A., Hurford, G.J., Zirin, H., Hjellming, R.M., 1979, *Astrophys. J.* **242**, 352.

Matsushita, S., 1962, *J. Geophys. Res.* **67**, 3753.

Mätzler, C., 1976, *Solar Phys.* **49**, 117.

Mätzler, C., Bai, T., Crannell, C.J., Frost, K.J., 1978, *Astrophys. J.* **223**, 1058.

Melrose, D.B., 1974, *Solar Phys.* **37**, 353.

Melrose, D.B., 1979, *Plasma Astrophysics* (New York: Gordon and Breach).

Melrose, D.B., Brown, J.C., 1976, *Monthly Notices RAS* **176**, 15.

Moore, R.G., McKenzie, D.L., Švestka, Z., Widing, K.G., Antiochos, S.K., Dere, K.P., Dodson-Prince, H.W., Hiez, E., Krall, K.R., Kreiger, A.S., Mason, H.E., Petrasso, R.D., Pneuman, G.W., Silk, J.K., Vorpahl, J.A., Withbroe, G.L., 1978, *Team 7 Report* in Sturrock et al. 1979, Report of the NASA Skylab Workshop on Solar Flares.

Moreton, G.E., 1964, in W.N. Hess, ed., *The Physics of Solar Flares,* AAS-NASA Symp. (Washington, D.C.: NASA, 1964).

Munro, R.H., Dupree, A.K., Withbroe, G.L., 1971, *Solar Phys.* **19**, 347.

Najita, K., Orrall, F.Q., 1970, *Solar Phys.* **15**, 176.

Nakada, M.P., Neupert, W.M., Thomas, R.J., 1974, *Solar Phys.* **37**, 429.

Nakagawa, Y., Wu, S.T., Han, S.M., 1973, *Solar Phys.* **30**, 111.

Nakagawa, Y., Wu, S.T., Tandberg-Hanssen, E., 1975, *Solar Phys.* **41**, 387.

Neupert, W.M., 1971, in C.J. Marvis, ed., *Physics of the Solar Corona* (Dordrecht: D. Reidel Publishing Co., 1971), p. 237.

Neupert, W.M., Thomas, R.J., Chapman, R.D., 1974, *Solar Phys.* **34**, 349.

Nicolas, K.R., Bartoe, J-D.F., Brueckner, G.E., van Hoosier, M.E., 1979, *Astrophys. J.* **233**, 741.

Obashev, S.O., 1966, *Soviet Astron. AJ.* **9**, 784.

Orrall, F.Q., Zirker, J., 1976, *Astrophys. J.* **208**, 618.

Parkinson, J.H., Kestenbaum, H.L., Long, K.S., Novick, R., 1977, *Proceedings of the November 1977 OSO-8 Workshop* (Boulder: University of Colorado, 1977), p. 279.

Parks, G.K., Winckler, J.R., 1971, *Solar Phys.* **16**, 186.

Petrosian, V., 1973, *Astrophys. J.* **186**, 291.

Pneuman, G.W., 1967, *Solar Phys.* **2**, 462.

Poland, A.I., Munro, R.H., 1976, *Astrophys. J.* **209**, 927.

Purcell, J.D., Widing, K.G., 1972, *Astrophys. J.* **176**, 239.

Ramaty, R., 1969, *Astrophys. J.* **158**, 753.

Ramaty, R., Stone, G.E., eds., 1973, *Symposium on High Energy Phenomena in the Sun*, NASA GSFC preprint X-693-73-193.

Ramaty, R., Kozlovsky, B., Lingenfelter, R.E., 1975, *Space Sci. Rev.* **18**, 341.

Robinson, R.D., 1974, *Proc. Astron. Soc. Australia* **2**, 258.

Rosenberg, H., 1976, *Phil. Trans R. Soc. Lond. A.* **281**, 461.

Rosner, R., Tucker, W.H., Vaiana, G.S., 1978, *Astrophys. J.* **220**, 643.

Roy, J-R., Datlowe, D.W., 1975, *Solar Phys.* **40**, 165.

Rust, D.M., 1976, *Phil. Trans. R. Soc. Lond. A.* **281**, 427.

Rust, D.M., Hegwer, F., 1975, *Solar Phys.* **40**, 141.

Rust, D.M., Hildner, E., Dryer, M., Hansen, R.T., McClymont, A.N., McKenna Lawlor, S.M.P., McLean, D.J., Schmahl, E.J., Steinolfson, R.S.,

Tandberg-Hanssen, E., Tousey, R., Webb, D.F., Wu, S.T., 1979, *Team 6 Report on Mass Motions* in Sturrock et al., 1979, Report of the NASA Skylab Workshop on Solar Flares.

Santangelo, N., Horstman, H., Horstman-Moretti, E., 1973, *Solar Phys.* **29**, 143.

Sedov, L.I., 1959, *Similarity and Dimensional Methods in Mechanics* (New York: Academic Press, 1959).

Shapiro, P., Knight, J.W., 1978, *Astrophys. J.* **224**, 1028.

Shapiro, P.R., Moore, R.T., 1977, *Astrophys. J.* **217**, 621.

Shmeleva, O.P., Syrovatskii, S.I., 1973, *Solar Phys.* **33**, 341.

Simnett, G.M., 1974, *Space Sci. Rev.* **16**, 257.

Slottje, C., 1978, *Nature* **275**, 520.

Smith, D.F., 1975, *Astrophys. J.* **201**, 521.

Smith, D.F., Auer, L., 1979, *Astrophys. J.* **238**, 1126.

Smith, D.F., Brown, J.C., 1980, *Astrophys. J.* **242**, now in press.

Smith, D.F., Lilliequist, C.G., 1979, *Astrophys. J.* **232**, 582.

Somov, B.V., 1975, *Solar Phys.* **42**, 235.

Somov, B.V., Syrovatskii, S.I., 1976, *Soviet Phys. Usp.* **19**, 813.

Spicer, D.S., 1976, *NRL Report 8036* (Washington, D.C.: Naval Research Laboratory, 1976).

Spicer, D.S., 1977a, *Solar Phys.* **53**, 305.

Spicer, D.S., 1977b, *Solar Phys.* **54**, 379.

Spicer, D.S., 1978, *Solar Phys.* **59**, 149.

Spicer, D.S., Davis, J., 1975, *Solar Phys.* **43**, 107.

Stewart, R.T., 1974, *Coronal Disturbances*, IAU Symp. 57, G. Newkirk, ed. (Dordrecht: D. Reidel Publishing Co., 1974), p. 161.

Strauss, F.M., Papagianis, M.D., 1971, *Astrophys. J.* **164**, 369.

Sturrock, P.A., 1966, *Nature* **211**, 695.

Sturrock, P.A., ed., 1979, *Solar Flares,* Report of NASA Skylab Workshop on Solar Flares (Boulder: Colorado University Press, 1979).

Švestka, Z., 1970, *Solar Phys.* **13**, 471.

Švestka, Z., 1972, *Ann. Rev. Astron. Astrophys.* **10**, 1.

Švestka, Z., 1976, *Solar Flares* (Dordrecht: D. Reidel Publishing Co., 1976).

Sweet, P.A., 1969, *Ann. Rev. Astron. Astrophys.* **7**, 149.

Sylwester, J., Mewe, R., Schrijver, J., 1980, *Astron. Astrophys. Suppl. Series* **40**, 335.

Takakura, T., 1972, *Solar Phys.* **26**, 151.

Takakura, T., Kai, K., 1966, *Publ. Astron. Soc. Japan* **18**, 57.

Takakura, T., Ohki, K., Shibuya, N., Fujii, M., Matsuoka, M., Miyamoto, S., Nishimura, J., Oda, M., Ogawara, Y., Ota, S., 1971, *Solar Phys.* **16**, 454.

Tanaka, K., Nakagawa, Y., 1973, *Solar Phys.* **33**, 187.

Tandberg-Hanssen, E., 1967, *Solar Activity* (Waltham: Blaisdell, 1967), chap. 7.

Tindo, I.P., Mandelstam, S.L., Shuryghin, A.I., 1973, *Solar Phys.* **32**, 469.

Tindo, I.P., Shuryghin, A.I., Steffen, W., 1976, *Solar Phys.* **46**, 219.

Tomblin, F.F., 1972, *Astrophys. J.* **171**, 377.

Underwood, J.H., Antiochos, S.K., Feldman, U., Dere, K.P., 1978, *Astrophys. J.* **224**, 1017.

Vaiana, G.S., Giaconni, R., 1969, in D.G. Wentzel and D.A. Tidnan, eds., *Plasma Instabilities In Astrophysics* (New York: Gordon and Breach, 1969), p. 91.

Vesecky, J.F., Meadows, A.J., 1969, *Solar Phys.* **6**, 80.

Vlahos, J., Emslie, A.G., 1979, *Astrophys. J.* **242**, 359.

Vorpahl, J., Gibson, E.G., Landecker, P.B., McKenzie, D.L., Underwood, J.H., 1975, *Solar Phys.* **45**, 199.

Wang, H.T., Ramaty, R., 1975, *Astrophys. J.* **202**, 532.

Widing, K.G., 1975a, in S.R. Kane, ed., *Solar Gamma, X-, and EUV Radiation*, IAU Symp. 68 (Dordrecht: D. Reidel Publishing Co., 1975), p. 153.

Widing, K.G., 1975b, *Astrophys. J.* **197**, L33.

Widing, K.G., Cheng, C.C., 1974, *Astrophys. J.* **194**, L111.

Widing, K.G., Dere, K.P., 1977, *Solar Phys.* **55**, 431.

Widing, K.G., Spicer, D.S., 1980, *Astrophys. J.* in press.

Wild, J.P., Smerd, S.F., 1972, *Ann. Rev. Astron. Astrophys.* **10**, 159.

Wild, J.P., Smerd, S.F., Weiss, A.A., 1963, *Ann Rev. Astron. Astrophys.* **1**, 291.

Withbroe, G.L., 1975, *Solar Phys.* **45**, 301.

Wood, A.T., Noyes, R.W., Dupree, A.K., Huber, M.C.E., Parkinson, W.H., Withbroe, G.L., Reeves, E.M., 1972, *Solar Phys.* **24**, 169.

Wu, S.T., Dryer, M., McIntosh, P.S., Reichmann, E., 1975, *Solar Phys.* **44**, 117.

Zaumen, W.T., Acton, L.W., 1974, *Solar Phys.* **36**, 139.

Zirin, H., 1978, *Solar Phys.* **58**, 95.

Zirin, H., Tanaka, K., 1973, *Solar Phys.* **32**, 173.

Part III
Theoretical Interpretations

8

GLOBAL CIRCULATION AND THE SOLAR DYNAMO

Peter A. Gilman

INTRODUCTION

The Sun is apparently rather typical of stars in its spectral class, with a convection zone of substantial depth and a modest rotation rate. These two factors are apparently enough to generate a substantial global circulation, seen so far principally as a differential rotation, as well as a nearly cyclic magnetohydrodynamic dynamo, seen principally as the 22-year "solar cycle." It would be expected therefore that many stars would have such dynamical characteristics; understanding how they arise in the solar case should be of broad interest for stellar astrophysicists. A good understanding of the solar problem may allow us to predict similar or even different behavior for other stars.

The details of observations of velocity fields on the Sun, including global velocities, are covered in Chapter 2 by Beckers. A comprehensive recent review of observations of solar rotation is also given in Howard (1978). Chapter 6 by Zwaan reviews observations of the solar cycle in detail. Consequently, the author mentions only a few of the most important features here. Much of the discussion that follows concerning observations and theory of global circulation of the Sun is also contained in an invited talk given by the author at a Joint Discussion of Commissions 10 and 12 of the International Astronomical Union XVIIth General Assembly in Montreal in August 1979.

In this chapter the concern is primarily with the theory of global characteristics of the Sun. Details pertaining to the theory of smaller scale phenomena are covered in other chapters. Moore (Chapter 9) covers the theory of solar convection on the granulation and supergranulation scales. Spruit (Chapter 17) deals with the physics of small-scale magnetic flux tubes.

RELEVANT OBSERVATIONS

Recent observations of very large scale velocity fields of small velocity amplitude, while still not definitive, have brought solar observations to the point where a meaningful test of theories for solar circulation and solar dynamics is becoming possible. These and other observations are reviewed here.

Global Circulation

The best known feature of global circulation on the Sun is of course its differential rotation, in the form of an equatorial acceleration. It is substantial: the rotation rate is almost 40 percent higher near the equator than the poles. The angular velocity appears to decrease monotonically all the way to the poles. Different rotation rates are obtained by different measurement techniques. Sunspots rotate about 5 percent faster than the photospheric plasma, as measured by the Doppler shift. Magnetic fields and filaments show less differential rotation than is seen in the Doppler shift. Coronal holes seem to show almost no differential rotation, as do the longest lived magnetic patterns. By contrast, the differential rotation of the shortest lived magnetic features is closer to the plasma differential rotation.

Recently, considerable evidence has accumulated that the solar rotation rate evolves in time. For example, Howard (1976) has reported that the rotation rate at almost all latitudes rose 4 to 5 percent between about 1968 and 1975 although the rise was not monotonic. This general increase has been confirmed from Kitt Peak data by Livingston and Duvall (1979). Eddy, Gilman, and Trotter (1976, 1977) found that the equatorial rotation rate was 3 to 5 percent faster just before the onset of the "Maunder Minimum" in solar activity in 1644, as compared with the rotation rate seen 20 years before. Eddy et al. (1978) have shown a secular decrease of a few percent in rotation in the first half of the twentieth century in sunspots, followed by an apparent leveling off. A recent analysis of Mount Wilson data by Howard and LaBonte (1980) reveals small amplitude periodic oscillations in the differential rotation, which migrate toward the equator from high latitudes. These oscillations have a definite phase relationship with the latitudes of sunspot formation, but start at a higher latitude and take about 20 years to reach the equator.

Short period changes in the Doppler rotation rate have also been reported, particularly in the Mount Wilson data, on time scales of about one week, but there are doubts about these measurements. Shorter period changes may be other longitude-dependent east-west motions moving into view. Mount Wilson and Kitt Peak do not see the same short-term fluctuations, and the fluctuations at Stanford Solar Observatory are much smaller than either. Certain instrumental errors have recently been discovered, which have contributed to these short period changes.

A great deal of effort has been expended by solar observers to detect other global circulation besides the differential rotation, with so far disappointing results. Three different observatories (Mount Wilson, Stanford, Sacramento Peak) have recently reported evidence of axisymmetric meridional flow, toward the poles in each hemisphere, of magnitude approximately 10 to 20 m s^{-1}. However, there are serious difficulties in separating such a signal from limb shifts and "ears" (Howard et al., 1980), so this result must be regarded with considerable caution. Evidence for giant "cells" or eddies, that is, global flow patterns not symmetrical about the axis of rotation, has been even harder to obtain, although there are many solar phenomena suggestive of such flows. In the Doppler measurements, Howard (1979) has seen large-scale, probably radial flows near the equator that recur for several rotations, but these are seen only occasionally, and can hardly be said to cover the whole Sun as differential rotation or supergranules do. Schröter and several colleagues (e.g. Schröter et al., 1978) have carefully studied the movement of the calcium network using observations at Locarno, to try to find evidence of other global circulations and rotation rate changes. They found some, but they do not correlate well with either their own Doppler velocity measurements or the Mount Wilson measurements. Nor do the Mount Wilson and Locarno Doppler measurements of rotational changes correlate well; the former are highly correlated in latitude, and the latter are not.

The very existence of large-scale patterns in the solar magnetic field is suggestive of corresponding global velocity patterns that have yet to be measured directly. Similar impressions are gained from coronal holes, particularly those that last several rotations and are not being passively sheared apart by the differential rotation. The arrangement of the pattern of large filaments on the Sun is sometimes suggestive of underlying global disturbance structure (e.g. Wagner and Gilliam, 1976), as are the evolution of neutral lines in the magnetic field seen in the Hα (McIntosh, 1979). The apparent existence of "active longitude" areas on the Sun, where new active regions preferentially arise, suggests that there are persistent velocity patterns bringing up the new magnetic flux (see Bogart, 1979, for recent evidence on active longitudes).

There is also the old calculation by Ward (1965) of the correlation of east-west and north-south sunspot motions, which has been interpreted as evidence of an equatorward transport of angular momentum by eddies presumably of much larger spatial scale than sunspots. More recently, a similar but usually larger correlation has been seen in movement of calcium plages by Schröter and Wöhl (1976) and by Belvedere et al. (1978), but the scatter has been too large to determine the profile of transport with latitude. This is one of the flow properties that might be determined from Doppler shifts as well as from sunspot velocities.

To summarize the status of our observational knowledge of giant cells or global eddies, there are many tantalizing bits and pieces, but they are not yet well correlated, and most are not direct measures of the velocity field itself, but some other pattern or tracer. Various theoretical considerations do favor the existence of giant cells, and their existence is presumed in most global circulation models applied to the Sun.

The Solar Cycle

Many of the relevant observations relating to the solar cycle are discussed by Zwaan in Chapter 6. The solar cycle is most clearly defined in terms of the occurrence of sunspots. Sunspots appear at the beginning of each half cycle somewhere near 40° latitude. As the cycle progresses, new spots appear at progressively lower latitudes in each hemisphere, giving rise to the classical "butterfly diagram" developed by Maunder, which is simply a plot of sunspot latitude against time. New cycles begin within a year or so of each other in northern and southern hemispheres, so there is obviously communication between hemispheres. However, the number of spots and the general level of solar activity can be quite different in the two hemispheres for extended periods. Leading spots in spot groups in the two hemispheres virtually always have opposite magnetic polarity in the same cycle and this polarity reverses with each successive cycle. Following spots in each hemisphere are essentially defined as spots whose polarity is opposite to that of the leaders, and they are virtually always east of the leaders.

Successive sunspot cycles have different "strengths" as defined by the sunspot number, which is a weighted sum of the number of spots and spot groups. These differences define an "envelope" to the sunspot cycle, which appears to show long-term changes. Whether there are true "periods" to this envelope variation is a subject of recurrent argument in the literature. Eddy (1976) has recently demonstrated rather convincingly that this envelope has extremes of high and low solar activity in it, including the "Maunder Minimum," a period from about 1645-1715 in which apparently almost no sunspots occurred. He has inferred the existence of other minima further back in time, as well as periods of much greater activity than the current epoch, by examining the carbon-14 isotope record in tree rings. Carbon 14 is produced in the high atmosphere by cosmic rays, more of these reach the upper atmosphere during periods of low solar activity.

The global patterns of magnetic field on the Sun undergo a rather complex evolution through a solar cycle. Various aspects of this evolution are discussed in Howard (1977), and those features most relevant to the dynamo problem are described by Stix (1976) and Yoshimura (1976). The polar fields of the Sun appear to change sign near the maximum of solar activity in a given cycle, with the new polarity being opposite to that of the leading sunspots in the same hemisphere. A more comprehensive analysis of the surface radial fields, when smoothed by a running average in time of a year or so, reveals that longitudinally averaged radial field of new sign first appears in middle latitudes, with subsequent migration toward both the pole and the equator. Thus, this "poloidal" field has a somewhat quadra-polar character to it. There is thought to be a "toroidal" or east-west field of the Sun beneath the surface, manifesting itself principally in the eruption of sunspots and active regions, as well as more generally in bipolar magnetic regions. However, there is evidence, from X-ray bright points, of the eruption of new magnetic flux on the surface. This new flux is not well connected with other phenomena (Golub et al., 1980).

In addition to the evolution of global solar magnetic fields on the time scale of the solar cycle, there are complex changes on much shorter time scales, presumably the result of more local rearrangement of magnetic fields already on the solar surface, as well as emergence of new magnetic flux. These are one more manifestation of statistical fluctuations in the "strength" of a particular solar cycle.

Although identifiable and persistent global patterns of magnetic flux on the Sun can be found, particularly with time or spatial averaging, it appears that almost all of the magnetic fields in the photosphere are confined to small flux tubes, which occupy only a small fraction ($\sim 10^{-3}$) of the total area. Small-scale magnetic fields are reviewed in detail by Stenflo (1976, 1978). These flux tubes contain fields of typical strength $\sim$ 1500 gauss, actually much larger than might be estimated from equipartition arguments applied locally. The theory of the dynamics of these flux tubes is covered in Chapter 17 by Spruit. Magnetographs of even the best resolution do not fully resolve these flux tubes, and so they average the magnetic flux over a much larger area. The global patterns of magnetic field discussed above are actually made up of averages (instrumental, spatial, and temporal) over many of these flux tubes. Much cancellation of neighboring fields of opposite polarity takes place in the averaging process.

Such a complex solar magnetic field, having both global and very small-scale properties, presents a formidable challenge for theoreticians attempting to model the solar dynamo. Also, certain key observations are simply missing. For example, very little is known from observations about the interaction between solar velocity and magnetic fields. How does the actual magnetic field of the Sun move in response to the velocity field, and how does it react back upon it? As is discussed below, theorists have been forced to parameterize expected interactions crudely. This has led to much apparent success in modeling many global features of the solar dynamo. However, this success may be misleading, because there appear to be substantial, perhaps unresolvable, contradictions in the theory, which come to light when more careful consideration is given to global fluid dynamics.

Other Observations

There are other global properties of the Sun that must be kept in mind when considering the problem of global convection and the dynamo. Some of these properties may be changing. Variations in solar luminosity have been sought at least since the beginning of the 20th century; Abbot made a career of it. Reported changes have generally been unconvincing until recently. But rocket measurements in 1976 and 1978 by Willson and by Kendall (private communication) have shown a rise in total irradiance of about 0.4 percent, and Kosters and Murcray (1979) have seen a similar rise with balloon measurements in 1968 and 1978. Such changes, if real, are most likely also connected to changes in the dynamics of the convection zone, and perhaps to its dynamo behavior.

Secular changes in the solar diameter may also be occurring. Eddy and Boornazian (1979) have recently reexamined measurements of the solar diameter made at Greenwich from 1836 to 1953, and find a secular decrease of about 0.1 percent per century. If this effect is real, it should have important implications for the global dynamics of the convection zone and neighboring layers. For example, it might be an indicator of the release of the potential and internal energy of stratification. If such changes occur in the Sun, one should expect them in other stars. This particular measurement is being challenged by a number of other workers, using other data, and further measurements are needed.

Finally, hanging over all thinking about the Sun's global structure, there is the specter of the low neutrino flux from the Sun. Is this low flux also an indicator that the Sun is changing and not in complete equilibrium? Are the apparently shrinking solar diameter and the neutrino deficit linked, as Eddy and Boornazian (1979) have suggested? In other words, is part of the solar luminosity being supplied by shrinkage of the outer layers, so that the central temperature and therefore the neutrino flux can be less than previously predicted? We do not know, but it further highlights the need to understand the global dynamics of the convection zone. This problem is also obviously of importance for other stars.

THEORIES OF GLOBAL CIRCULATION

Some general remarks are in order first. Virtually all theories of the global circulation of the Sun have concentrated on explaining the observed differential rotation. This is for the reason that, as discussed earlier, there is so little reliable information on other global motions. Early theories concentrated on the differential rotation alone, and did not include the consequences for other observed properties of the Sun, such as the solar cycle, or the fact that the heat flux leaving the solar surface is uniform with latitude. The ultimate theory must satisfy all these observed constraints and more. No theory does so yet, but we are getting closer.

Implicit in all that follows is the assumption that the origin of the Sun's differential rotation is in the solar convection zone. The slow decay of solar rotation with solar evolution, due to solar wind torques, is a separate and distinct problem, having little to do with the observed differential rotation profile. It has occasionally been suggested, for example by Schatten (1973) and by Alfvén (1977), that solar wind torques might contribute significantly to the low rotation rate seen at the poles. However, as Parker (1971) and Gilman (1974) have argued, these torques are far too weak to compete with turbulent mixing within the convection zone.

All models for differential rotation calculate some motions explicitly, and parameterize the effects of others. No model can have enough spatial resolution to explicitly represent all the scales of motion that might be important for determining differential rotation. For example, individual granules are smaller in extent by a factor of 10^3 or so than the differential rotation. Therefore, global motions are explicitly calculated, and smaller scale motions are parameterized. At present, the parameterizations used are very crude. Great improvements are needed, and several theorists are working on this problem. The most heavily parameterized models are those that are axisymmetric. In these, only a meridional circulation and differential rotation are explicitly determined, and all other motions parameterized by coefficients of turbulent diffusion. Another class of models calculates global-scale convection, including departures from axisymmetry, and parameterizes smaller scale motions with similar coefficients. Both are discussed below.

Before discussing particular models in detail, it is useful to consider the mechanisms of angular momentum transport that are available to generate and sustain the solar differential rotation. Since angular momentum can be convected by the fluid itself, any flow that has a component in either the radial or latitudinal direction can change the rotation profile in the meridional plane. By convention, these circulations are broken into two types: (1) axisymmetric meridional circulation, and (2) all departures therefrom, global and small-scale eddies or convective cells. Their effects are best discussed with the aid of an illustration (Figure 8-1). Two schematic meridional circulations of opposite sense are shown at the top. If either pattern started in a fluid originally in solid rotation, and no other transport processes were acting, high latitudes and deeper layers would tend to spin up to a higher angular velocity because the circulation would conserve angular momentum. However, if sufficient diffusion is present to link the different layers of fluid and keep the angular velocity nearly constant (most likely associated with small-scale motions in the convection zone), then the circulation on the upper left in Figure 8-1 may produce a net equatorial acceleration. This is because fluid moving toward the equator on the outer branch, for example, crossing the dashed line, would contain more angular momentum than fluid moving toward the pole underneath, where the moment arm is shorter.

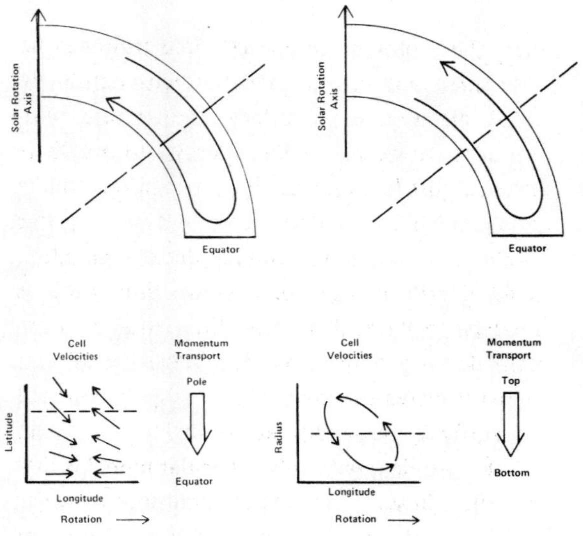

Figure 8-1. Competing mechanisms of angular momentum transport. Upper: Meridional circulation. Lower: Reynolds stresses.

The lower schematics of Figure 8-1 illustrate angular momentum transport by nonaxisymmetric motions, through correlations, called Reynolds stresses, between east-west and either north-south or radial motions. Both left and right lower schematics illustrate common motion patterns actually seen in models relative to a uniformly rotating reference frame. On the left is a horizontal flow pattern that leads to angular momentum transport toward the equator. Flow toward the west (in the same direction as the rotation of the whole system) also has a component toward the equator, while flow at adjacent longitudes toward the east has a poleward component. If one averages in longitude, say along the dashed line, one gets a net correlation which implies momentum flux toward the equator, even if there is no net mass flux. In the right schematic is a typical convective circulation pattern in a local longitude radius plane which leads by similar arguments to a net flux of angular momentum inward. In both cases, the necessary tilts in the velocity vectors are induced by Coriolis forces acting on the convective motion. These same forces also select which convective modes are preferred.

Other azimuthal torques might be present that could change the angular momentum, such as those arising from electromagnetic body forces associated with the presence of the magnetic field. However, in the solar convection zone, these appear to be too small to exert much influence, except perhaps a drag in the neighborhood of magnetic flux tubes. Buoyancy forces, since they act in the radial direction, do not directly contribute azimuthal torques that can change differential rotation, although they drive the motions that transport momentum. Similarly, azimuthal pressure torques average to zero when integrated around a complete latitude circle, since the pressure is a single valued function.

Thus, one is left with the motions themselves as the direct determinants of the differential rotation. In the real situation, all the motions compete with each other in determining the resulting differential rotation. Which angular momentum transport by which motion dominates can only be determined by actual model calculation (and ultimately for the Sun, by observation). The result is also bound to be somewhat model-dependent. Coriolis forces play a crucial role in determining the size and shape of convective modes, and therefore their momentum transport properties. It follows that a very important parameter determining what kind of Reynolds stresses are produced in the convection is the ratio of turnover time for the convection to rotation time for the whole system. For the Sun, this ratio is much less than unity for granules, somewhat less than unity for supergranules, and probably greater than unity for giant cells. Therefore one can expect these different scales of motion to contribute differently to the observed differential rotation. With the above remarks as background some actual model calculations will be discussed. Consider the axisymmetric models first.

Axisymmetric Models for Differential Rotation

Historically, axisymmetric models have invoked particular parameterizations of either momentum or heat transport to provide the mechanism for driving an equatorial acceleration. In one class of models, the eddy viscosity is assumed to be anisotropic, that is, there are different transport rates in different directions. The suggestion is that this anisotropy is introduced by the presence of gravity. When the anisotropy is included, solid rotation is no longer a solution of the equations of fluid motion. Meridional circulation and differential rotation result, and with suitable choice of the sign and magnitude of the anisotropy, the solar equatorial acceleration can be reproduced. The mechanism is essentially the one described earlier in connection with Figure 8-1. The meridional circulation set up has flow toward the equator in the outer branch, and flow back toward the pole in the inner branch. With a large rotation rate assumed, the rotation is nearly constant on cylinders; along a radial line, therefore, there is more equatorward transport in the outer branch than poleward transport on the inner branch. A typical meridional circulation velocity is only 2 m s^{-1}, which is smaller than is observable.

This approach originated with Biermann (1951) and was exploited by Kippenhahn (1963), Cocke (1967), and in greater detail by Köhler (1970). To get equatorial acceleration requires that the eddy viscosity for horizontal momentum transport be larger than that for radial transport. With the reverse, equatorial deceleration results. However, no physical argument has been advanced that clearly favors one sense of anisotropy. Also, no account has been taken of the influence of rotation on the eddy viscosity. Finally, no thermodynamics are included in the model.

Another axisymmetric approach which has been carried further is the assumption that convective heat flux is weakly influenced by rotation, so that it becomes a function of latitude. This was first tried by Durney and Roxburgh (1971) and later developed further by Belvedere and Paternó (1976, 1977, 1978) and Belvedere, Paternó, and Stix (1979). Here again, the sign and magnitude of the variation of the heat transport coefficient with latitude is chosen so as to give the observed equatorial acceleration. Again, the dominant meridional circulation has flow in the outer part toward the equator. Belvedere, Paternó, and Stix (1979) have shown that if the eddy diffusion of momentum is assumed to be much less than that for temperature, the required meridional circulation can be very small, and can be consistent with extremely small differences in surface temperature with latitude. However, there appears to be little physical justification for this assumption. Unlike many previous models, later versions of this model also contain a similar density variation with depth as the solar convection zone is thought to have. A typical differential rotation with depth produced by the model has angular velocity increasing inward, being nearly constant on surfaces perpendicular to the rotation axis.

The problem with this particular model is that it relies heavily on the assumption of weak influence of rotation on convection (turnover time short compared with rotation time), an assumption that is poor for the deep parts of the solar convection zone. When the influence of rotation is more accurately taken into account a very different answer may result. There is also a question whether the answers obtained are reasonable even in the weakly rotating case. In the author's experience with nonaxisymmetric convection in rotating spherical shells, it was found difficult to construct examples in which convection weakly influenced by rotation could sustain an equatorial acceleration. Virtually always, global convection weakly influenced by rotation gives high-latitude acceleration, as well as large oscillations in rotation rate, when enough degrees of freedom are included in the calculation to represent finite amplitude effects reasonably well. This raises questions about the validity of the more heavily parameterized axisymmetric model.

Nonaxisymmetrical Models for Differential Rotation

Historical and Philosophical Background. As may be inferred from the foregoing remarks, the author is not a proponent of axisymmetric, heavily parameterized models for global circulation. This is primarily because of the suspicion that the parameterizations upon which they depend are too inaccurate. The author personally prefers models in which the dynamics responsible for giving the correct differential rotation are explicitly calculated, with parameterizations of unresolved motions relegated to a less critical, more neutral role, so that their detailed form is less important. As yet, such models have been developed only for physical situations considerably simpler than the real Sun, but nevertheless instructive. In particular, models have been developed for nonaxisymmetric convection of a stratified liquid in a rotating spherical shell. In these models, the shell is heated uniformly at the bottom, cooled at the top, and all small-scale diffusion is assumed to be isotropic and independent of position and time. Usually the diffusion rates for temperature and momentum are assumed to be equal (in fluid dynamics terms, the Prandtl number is unity). Analogies are then drawn to the Sun by identifying the model diffusion with small-scale eddy diffusion of momentum and heat. However, these diffusion coefficients are passive in the sense that, in the absence of global motions, solid rotation and uniform heat flux are all that result.

If one thinks of this model as representing a classical Newtonian fluid in a spherical shell held together by a central gravity, rather than an approximation to a stellar convection zone, then one has a completely well-defined physical system with no ad hoc assumptions or parameterizations. One could imagine building such a system as a physical experiment, and have some confidence that the model calculation would accurately describe the observed dynamics. In fact, such an experiment is planned, to be flown in orbit in Spacelab III by several colleagues (Hart, Toomre, Fichtl, Rowlis) and the author. Orbiting the experiment eliminates Earth's gravity; a central body force is produced by application of an electric field across the spherical shell. Because the dielectric constant of the working fluid is a function of temperature, a radial buoyancy force can be simulated.

Early, mostly linear analyses of convection in a rotating spherical shell by Busse (1970, 1973), Durney (1970, 1971), Yoshimura and Kato (1971), and Gilman (1972, 1975) demonstrated a preference for convective modes that transport momentum toward the equator, via the Reynolds stress mechanism illustrated in Figure 8-1. More recent, nonlinear calculations by the author (Gilman 1976, 1977, 1978, 1979) have determined in detail when equatorial acceleration occurs and with what amplitude, relative to the convection that drives it and relative to the basic rotation rate. As with the thermally driven, axisymmetric models described earlier, some of the early calculations referenced above were done in the limit of weak influence of rotation on convection, mostly as a mathematical convenience. In that limit, the preference for convective motions that transport momentum toward the equator is a very weak one, easily overpowered when finite amplitude effects are taken into account. Therefore, some of the inferences and extrapolations made from these early papers have not been borne out, even as to sign, by later nonlinear calculations. This is partly because these first attempts to represent nonlinear effects involved severe truncations of the system, down to essentially the first unstable mode. This procedure naturally gave too much weight to that mode in competition with others. Some of these early calculations also ignored the role played by the radial transport of angular momentum in determining the final differential rotation profile.

Results of Nonlinear Model Calculations. The basic model the author has been using is fully nonlinear. It is formulated for a finite difference grid in the meridional plane, and is subjected to a Fourier analysis in longitude. Typically, 16 to 24 longitudinal wavenumbers are retained, and all the nonlinear interactions among them are included. The calculations are done for a full sphere, with no assumptions concerning symmetry about the equator. Some filtering of small scales is performed around the poles to preserve computational stability. The boundary conditions usually chosen are freedom from stress at the top and bottom, constant heat flux at the bottom, and constant temperature at the top, although other combinations have been tried. Some of the more qualitative results obtained are summarized below, and a few typical solutions for velocity patterns are given.

Finite amplitude equatorial acceleration is produced in this model only when the influence of rotation upon convection is strong, that is, the rotation time is less than the turnover time for convection. Under these circumstances, the angular velocity also decreases inward; when the rotational constraint is very strong, the predicted angular velocity is nearly constant on cylinders concentric with the axis of rotation. The angular velocity is greatest at the equator because the equatorward transport of angular momentum from high latitudes by the convection is the dominant mechanism determining differential rotation. If the rotation time is a few orders of magnitude shorter than the turnover time, then the latitudinal profile of differential rotation may be more complicated, but this is an unlikely case for solar or stellar application.

When the convection zone is deep, say one-third of the radius or more, the equatorial acceleration profile with latitude is broad, with essentially monotonic decrease in angular velocity to poles, as seen on the Sun. On the other hand, when the convection zone is shallow, say 20 percent or less, and the rotational influence is strong, the angular velocity reaches a mimimum in mid latitudes, and then increases again toward the poles. Thus, a polar vortex is present in these thinner layers. The width of the equatorial acceleration is determined by the depth of the layer—the shallower the layer, the narrower the width. The monotonic decrease of angular velocity with latitude for deep layers arises because the Reynolds stresses that transport angular momentum toward the equator reach to higher latitudes, and the moment of inertia of the polar cap is a smaller fraction of the total for the shell, so the poles are easier to spin down.

For both deep and shallow convection zones, with weaker rotational influence (increased convective velocities) the profile switches from equatorial acceleration to deceleration. Angular velocity now increases with depth. There is an intermediate stage in which the angular velocity is highest in mid latitudes and lower near the equator and near the pole, while still decreasing with depth. None of these cases correspond to the Sun, but they could to other stars. The changeover from equatorial acceleration to deceleration comes about because inward radial transport of angular momentum in equatorial regions, resulting from both convective cells and mean meridional circulation, becomes more powerful than the equatorward transport from high latitudes by the cells in determining the differential rotation profile.

The maximum differential rotation sustainable by the convection is about 40 percent of the average rotation. For larger values, the feed-back from the shear on the convection is strong enough to change the dominant patterns and consequently the differential rotation profile, resulting in a new equilibrium with lower amplitude differential rotation. The maximum differential rotation maintainable by the convection has about the same kinetic energy in it as the convection itself. Amplitudes of individual convection modes may change by factors of two or three with time while the differential rotation amplitude changes by only 10 percent or so.

The model does have certain undersirable thermal characteristics. In particular, even though constant heat flux is assumed at the bottom, the heat flux at the top does vary with time and with latitude by 10 to 20 percent. This is, of course, much larger than observed on the Sun. The addition of compressibility, and the condition that the stratification not depart very much from the adiabatic gradient, should reduce these effects considerably, hopefully enough to agree with the solar case.

Typical Velocity Patterns. To give the reader a somewhat better feeling for the typical solutions for convection in a deep rotating spherical shell, the author shows several computer drawn velocity patterns, for one case with a depth of 40 percent of the outer radius, near the maximum possible for the solar convection zone. Figure 8-2 shows the differential rotation linear velocity, plotted relative to the uniformly rotating reference frame used in the calculation. Solid contours represent rotation faster than this frame, dashed contours, represent slower rotation. One can easily see the equatorial acceleration, and the tendency for rotation to be constant on cylinders, except

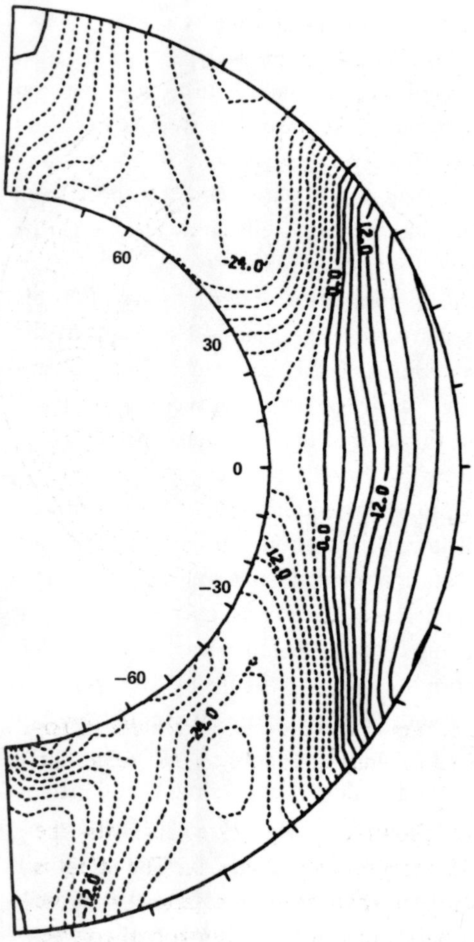

Figure 8-2. Computer plot of differential rotation linear velocity produced in nonaxisymmetric spherical shell convection for a typical case. The North Pole is at the top. Solid contours represent rotation faster than the rotating reference frame, dashed contours represent slower rotation. Magnitudes are in dimensionless units, but for parameters chosen surface values agree with observed solar differential rotation within 10 to 20 percent (see Gilman, 1979).

near the boundaries where the stress-free boundary conditions prevail. The axisymmetric meridional circulation which accompanies this differential rotation is shown in Figure 8-3, for the northern hemisphere. Note that there is a single large cell in low and middle latitudes, with poleward flow near the top, equatorward flow near the bottom, with smaller scale cells at high latitudes. This pattern is virtually always the dominant one seen. Note that the big cell has the opposite sense to that invoked in the axisymmetric models to produce an equatorial acceleration.

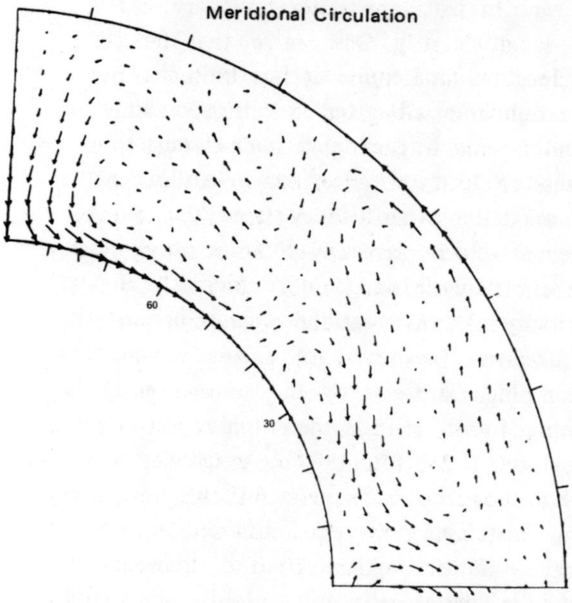

Figure 8-3. Vectors of meridional circulation produced for same case as Figure 8-2 for northern hemisphere. North Pole at the top.

In the present model, its effects are overpowered by the nonaxisymmetric convection in determining the differential rotation.

The structure of the convection patterns driving this differential rotation is seen in the next several figures. In Figure 8-4 is plotted contours of radial motion about one-fourth of

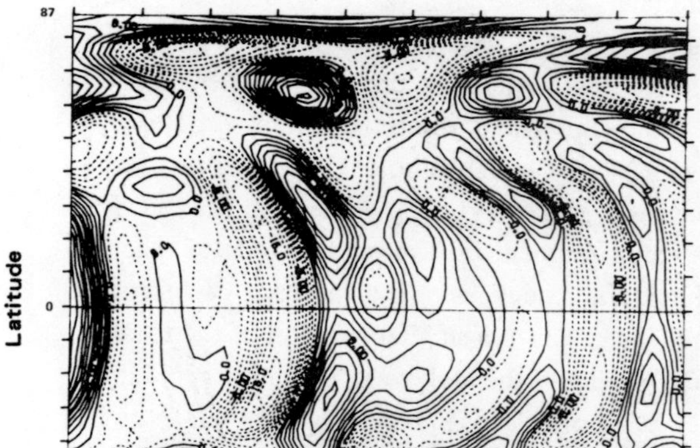

Figure 8-4. Longitude-latitude plot of contours of radial motion in longitude band 180 to 360°, about one-fourth of the distance in from outer boundary of spherical shell. Solid contours indicate outward motion, dashed contours inward motion.

the way in from the outer boundary, for a 180° longitude strip. One can see that the cells are elongated in latitude at low latitudes, but more cellular or elongated in longitude at high latitudes. Some of the high latitude elongation is because of the distortion of the projection used, of course. The low latitude patterns show strong evidence of symmetry about the equator; the high latitude patterns do not. In the low latitude "cartridge belt" rolls, some are obviously stronger than others. They typically come in packets which tend to move prograde relative to the rotating frame. Here they are strongest near about 180°, 250°, and 340° longitude, and weaker elsewhere. It is these rolls that are primarily maintaining the equatorial acceleration. Shearing of the patterns by the differential rotation is also evident.

The depth dependence of these convective rolls is illustrated in Figure 8-5, which shows the pattern of east-west and radial convective motion in the equatorial plane. The differential rotation is subtracted out. One can see the rolls extend essentially from the bottom to the top of the layer, but some rolls are much wider than others. The whole pattern of rolls tends to move prograde with time (counterclockwise) as well as to evolve.

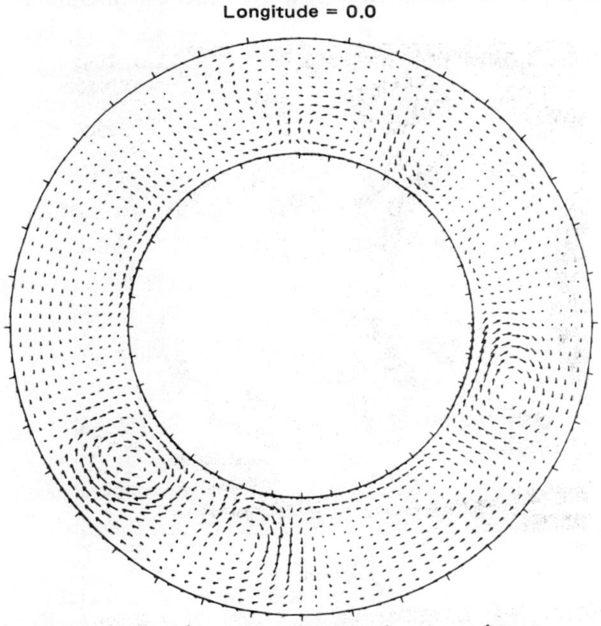

Figure 8-5. Vectors of nonaxisymmetric convective motion in the equatorial plane of the shell. Sense of basic rotation of system is counterclockwise. 0° longitude is at the top of the figure.

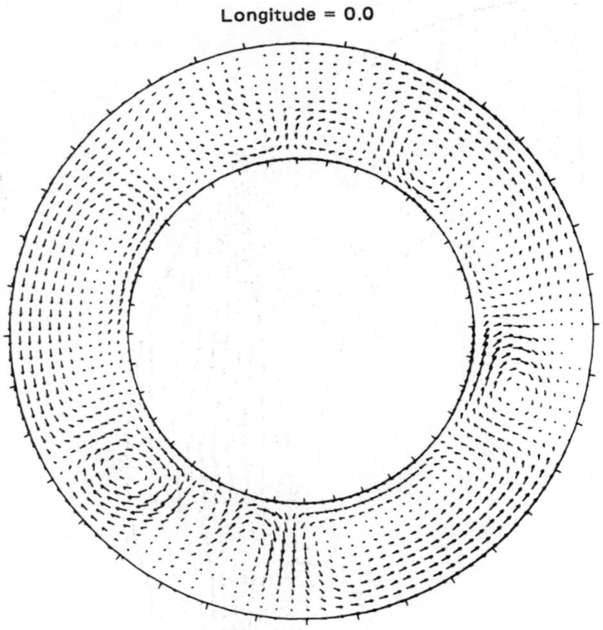

Figure 8-6. Same as Figure 8-5, but with differential rotation added back in to velocities.

Figure 8-6 shows the same case, but with the differential rotation added back in. The effect is to see stronger than average rotation in those longitude bands in which the horizontal convection velocity is in the same direction as the differential rotation, with gaps in between where the convective and rotational velocities tend to cancel out. Obviously, such a pattern on the Sun would produce an apparent time change in observed equatorial rotation, since at any time only 120° or so of longitude would be sampled.

Figure 8-7 shows the horizontal velocity pattern (differential rotation plus convective velocities) near the same level and for the same longitude band as in Figure 8-4. What is seen is a series of vortexes of different sizes, arranged more or less symmetrically about the equator. The local "differential rotation" or latitude shear in the east-west flow is strongest in the band between 190° and 230°, as well as between 280° and 320°. From Figure 8-4, this is where the radial convective velocities are weakest and broadest in horizontal scale. The velocity vectors have the characteristic tilt with latitude in each

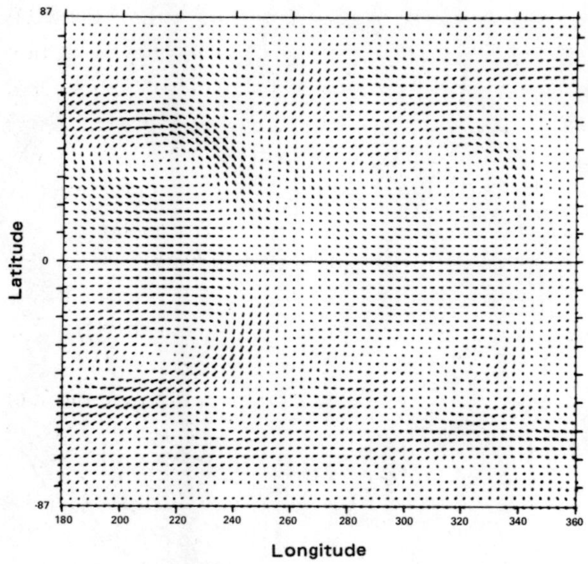

Figure 8-7. Longitude-latitude plot of total horizontal velocity vectors in longitude range 180 to 360°.

hemisphere needed to give angular momentum flux toward the equator, as first illustrated in Figure 8-1.

Application to the Sun. How is one to extrapolate these results to the convection zone of the Sun, which, of course, is a long way from being stratified liquid? The theory is generally thought to apply best to the deepest layers of the convection zone, where the density varies more slowly with height, the natural scale for the convection is global, and where the turnover time for convection is likely to be as long as, or longer than, the rotation time. Thus, the results would say the latitudinal gradient of angular velocity is formed in these deep layers. The results also suggest that since the solar angular velocity does decrease monotonically to the poles, the convection zone must be deep, at least one-third of the radius, and perhaps deeper. This has been argued in detail by Gilman (1979). Earlier calculations (Gilman, 1976, 1977) for a depth of 20 percent had predicted the existence of a polar vortex, where the angular velocity increased with latitude. Beckers (1978) searched for it by observing the polar Doppler velocities in detail, but could not find it. Howard and the author also looked for it in Mount Wilson data, also without success.

What about the radial gradient of angular velocity? Foukal (1972) has interpreted the fact that sunspots rotate faster than the photospheric plasma as evidence that the angular velocity increases inward near the solar surface, assuming the spots are "anchored" at a depth several thousand kilometers below the photosphere. Other inferences that the angular velocity increases inward in these layers have been made by Deubner, Ulrich, and Rhodes (1979) and Rhodes, Deubner, and Ulrich (1979) from frequency shifts in solar pressure mode oscillations. Foukal and Jokipii (1975) suggested such an increase could be produced by the radial flow in supergranules conserving angular momentum, producing a thin layer near the top of the solar convection zone in which the angular momentum per unit mass is approximately constant with radius. Gilman and Foukal (1979) tested this notion using the model described above and showed that strongly supercritical convection in a thin rotating spherical shell weakly influenced by rotation will produce a layer that approaches constant angular momentum along radial lines. This would allow for a 5 percent increase in angular velocity through a depth about 2.5 percent of the radius, which is a reasonable depth for supergranules to reach.

Putting all of these results together, Gilman and Foukal (1979) have argued that the latitude gradient of angular velocity seen at the surface of the Sun is produced deep in the convection zone by global convection, and then is transmitted to the surface by supergranules, which locally near the surface cause the angular velocity to decrease outward. According to this view, then, in low and middle latitudes, the angular velocity should increase to a maximum somewhere near the bottom of the supergranule layer, and then decrease inward from there.

How much of the rest of the global circulation patterns are transmitted to the surface is not clear. Granules and supergranules may act to "mask" some of these motions from our view.

Global Circulation Model Improvements Needed

Some of the deficiencies of the axisymmetric global circulation models have already been discussed. For the nonaxisymmetric models, the first order of business is to add compressibility. The so-called "anelastic" equations seem to be the most promising to use (Ogura and Phillips, 1962; Gough, 1969; and Latour et al., 1976). In these, sound waves are filtered out, but the large density variation between the bottom and top of the convection zone is retained in the dynamics and thermodynamics. A substantial body of theory has been developed for convection in a compressible fluid, ignoring rotation and spherical geometry, which can be drawn upon. Linear stability calculations include, among others, those of Böhm (1963), Spiegel (1965), Graham (1975), Gough et al. (1976), and Graham and Moore (1978). Nonlinear calculations include those of Graham (1975) and Toomre et al. (1976). One important result that has emerged from several of these studies is the tendency of the most unstable or nonlinearly dominant convection cell to be one that reaches from the bottom to the top of the convecting layer, even if that distance spans several pressure scale heights. In this respect, compressible convection apparently remains similar to convection in a liquid.

A number of researchers are currently working on the compressible problem. The author and one of his students, Glatzmaier, have already obtained some linear results for compressible convection in a rotating spherical shell that suggest that the angular momentum transport profiles are qualitatively similar to the stratified liquid case. It is hoped by the time of publication of this volume to have carried out a number of nonlinear numerical simulations for the compressible, rotating spherical shell problem. Clearly, the conclusions reported above that have been reached by use of the stratified liquid model for nonaxisymmetric convection must all be tested again.

The other major area that needs improvement for global circulation modeling is the parameterization of the effects of those scales of motion too small to resolve with the model. Durney and Spruit (1979) and also Gough (1978) are actively working on this problem. Marcus is also including simple turbulence closures in his global convection calculations (private communication). Durney, Spruit, and Gough take the approach of writing the stress tensor for transport of heat and momentum in very general form, and then evaluate the various correlations by estimating the preferred sizes and shapes of the unresolved motions as determined by such effects as rotation and gravity. Ultimately one would like to achieve parameterizations of this type which are functions of the global, explicitly calculated motions. This has been done extensively in dynamical meteorology and oceanography, with some success. More needs to be done to determine whether any of the formulations used there might carry over to the solar problem. On the other hand, many difficulties have been encountered in demonstrating that such parameterizations are valid representations of the real atmosphere or ocean, for which generally better observations are available than for the Sun. The difficulty of this problem should not be underestimated.

The author would adopt the philosophy that one should rely on parameterizations only when necessary, and explicitly calculate all the processes one can afford to. This is because there are so few ways of testing the validity of the parameterization, except by forcing it to give us the right answer for differential rotation! One approach may be to test the parameterizations of convection against the nonaxisymmetric convection model calculations themselves.

There are many other kinds of physics that should be added to such models, but the author rates them as being somewhat lower in priority than the two mentioned above. These include boundary conditions and penetrative convection, partial ionization, and radiative effects on boundaries.

Differential Rotation of Stars with Convection Zones

If the differential rotation model calculations reviewed above apply to the Sun, they presumably apply in some form to other stars with convection zones. Using a stellar envelope code, one can make an estimate of the depth of a stellar convection zone, as well as its turnover time, based on mixing length velocities near its bottom. Then, if there is some idea of its rotation rate, one can extrapolate from the nonlinear spherical shell convection calculations to guess its likely profile of differential rotation. This argument is carried forward in detail in Gilman (1980), and is therefore only briefly summarized here.

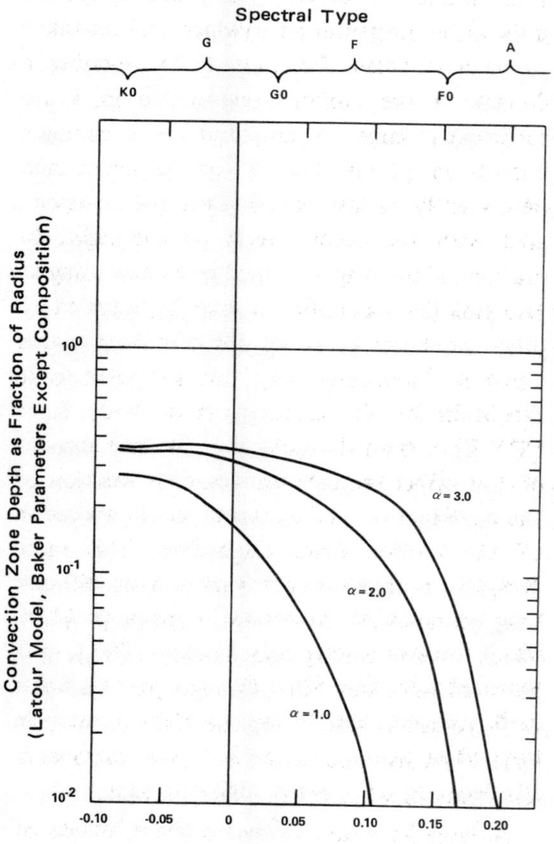

Figure 8-8. Estimates of convection zone depth as a fraction of stellar radius for series of main sequence stars, made using Latour stellar evelope code. α is ratio of mixing length to pressure scale height assumed in the model.

The calculation has been carried out for a series of main sequence stars from late A to early K, that was first used for estimating convection zone depths by Baker (unpublished manuscript). In doing so, a stellar envelope code by Latour was used. The resulting estimates of convection zone depth are plotted in Figure 8-8, as a function of α, which is the (assumed constant) ratio of mixing length to pressure scale height. Convection zone depths estimated in this way are between about 25 and 35 percent of the stellar radius around K0, and disappear somewhere between about F4 and A5, depending upon the α chosen. Based on the spherical shell convection calculations, larger values of α are favored, since for the Sun at $\alpha = 1.0$, the convection zone would be less than 20 percent, for which one could not get an angular velocity decreasing all the way to the poles.

Using Latour's envelope code, the estimates of the rotation rate for this range of main sequence stars by Kraft (1967), the ratio of convective turnover time to rotation time has been calculated, using for the length one pressure scale height at the bottom, and for the velocity the value at a distance one pressure scale height up from the bottom, following Durney and Latour (1978). Figure 8-9 shows the result. Although the turnover time is shorter for earlier stars, the rotation time is much shorter too, so the relative rates of change are important. From the $\alpha = 2$ curve, and the knowledge that the Sun has a broad equatorial acceleration, one could estimate the same would be true for later stars in this range because the ratio of turnover time to rotation time is even larger than for the Sun, and the convection zone of these stars is deep. For earlier stars, the equatorial acceleration would remain but become more narrowly concentrated about the equator, with a high latitude increase in angular velocity developing by log $(M/M_{\odot})$ of about 0.10, or about F4. Beyond that both the ratio of turnover time to rotation time and the depth rapidly decrease, and one could expect a relatively weak equatorial deceleration to be present. Analogous arguments to the above could be made for red giants.

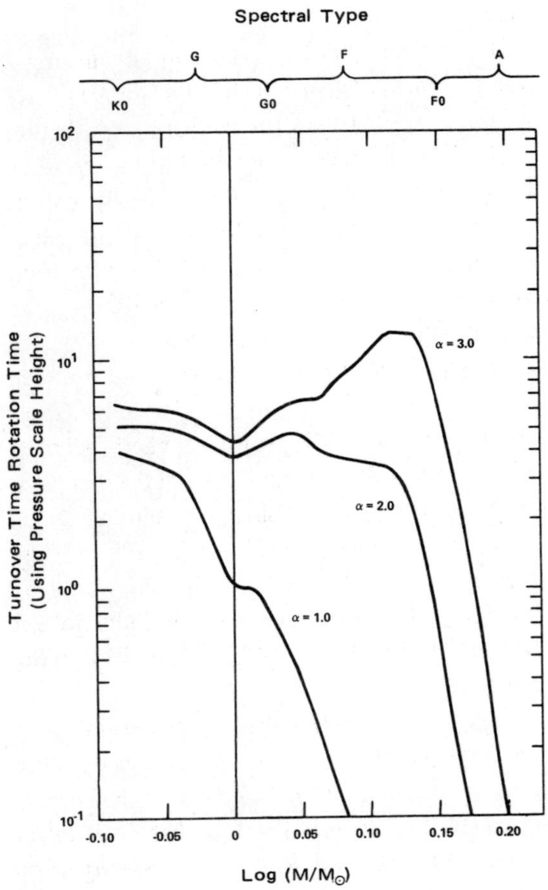

Figure 8-9. Ratio of convective turnover time for same cases as in Figure 8-8. Rotation information taken from Kraft (1967).

Clearly, the conclusions are heavily model-dependent, both to the α chosen, and to the extrapolation from a stratified liquid spherical shell convection model. These conclusions must be retested when compressibility and other more realistic physics are added. The main point is to illustrate what might be done. It is extremely difficult to measure differential rotation in any star, and one may have to be content in many cases with predicting the differential rotation of stars for which one has a measure of the average rotation.

THEORIES OF SOLAR MAGNETISM

A large body of theory has been developed over the past thirty years for solar magnetism which is predicated on the concept that the Sun is a hydromagnetic dynamo. That is, the Sun's magnetic field is maintained by induction of electric currents due to bulk motion of the solar plasma attempting to cross magnetic field lines.

Elementary Physics of Hydromagnetic Dynamos

The basic dynamo or induction equation in its simplest form that describes the magnetic field is given by

$$\frac{\partial \mathbf{B}}{\partial t} = \nabla \times (\mathbf{V} \times \mathbf{B}) - \lambda \nabla \times \nabla \times \mathbf{B} \qquad (8\text{-}1)$$

in which **B** is the magnetic field, **V** the bulk velocity field, and λ the ohmic diffusivity (= $1/\mu\sigma$, where σ is the electrical conductivity, and μ the dielectric permittivity) which has been taken to be a constant. Equation (8-1) describes a dynamo if the motions represented in **V** are sufficiently large in amplitude and complex enough in profile that **B** can be maintained permanently against the Joule dissipation associated with the second term on the right. In practice, if the magnetic field given according to Equation (8-1) amplifies, it must be bounded by other, nonlinear processes not contained in this equation. Most commonly, this is thought to be feedbacks by the electromagnetic body force $(\nabla \times \mathbf{B}) \times \mathbf{B}$ on the motions **V**. To take account of this effect requires simultaneous solution of the equations of fluid dynamics for the evolution of the motion fields themselves. This more complete problem is considerably more difficult than the so-called "kinematic" dynamo problem, which involves solving only Equation (8-1), with specified velocities. Since Equation (8-1) is linear in **B**, solutions will be exponentially growing in time when dynamo action is found, exponentially decaying when ohmic diffusion wins.

A large literature exists on the solutions of Equation (8-1) for various velocity fields without reference to detailed application to the Sun or other dynamos occurring in nature. For an excellent exposition of basic concepts, mathematical developments, and results, see Moffatt (1978). For basic concepts in magnetohydrodynamics, a variety of standard texts is available to the student.

For typical laboratory fluids, the diffusion term $\lambda \nabla \times \nabla \times \mathbf{B}$ in Equation (8-1) is important for all scales of magnetic field and motion that can be realized. On the other hand, in a large body like the Sun, λ is sufficiently small (assuming typical conductivities for an ionized gas) and the typical length scales are sufficiently large that the induction term $\nabla \times (\mathbf{V} \times \mathbf{B})$ dominates in Equation (8-1) for a wide range of motions. As a consequence, the flow drags the magnetic field lines around, unless the electromagnetic body force becomes so great as to resist. The magnetic field is said to be "frozen" to the fluid. One result of this property is that, if the motion field is at all complex, the magnetic field will become much more complex, and highly twisted or compacted fields can result. On the other hand, a rather simple motion field can transform one relatively simple magnetic field into another, almost equally simple one. The classic example of this which is important for dynamo theory is the action of a pure differential rotation on a "poloidal" magnetic field purely in meridional planes of a sphere. In general, the shears in the rotation will induce additional "toroidal" field, wrapped about the axis of rotation. This is a fundamental process involved in virtually all solar dynamos.

Sketch of Major Historical Developments

Solar dynamo theory has roots that reach back to early work by Parker (1955a, 1955b). Parker demonstrated that a combination of differential rotation and what he called "cyclonic turbulence" could give rise to migratory dynamo waves that would behave much like the observed butterfly diagram. Starting from a dipole field, differential rotation generates a toroidal field, as mentioned above. Then a combination of local lifting motions and twisting about a local radial axis produces new field loops in the meridional plane. The twisting is expected to arise because of the influence of Coriolis forces on the motion. These loops coalesce into a new dipole-like field. With the right amount of twisting, this new field is of opposite sign to the old one. Stretching by the differential rotation then produces a new toroidal field of opposite sign to the old. In Parker's model, only a radial gradient in rotation is considered, and he showed that if the rotational velocity increases inward, new toroidal field of opposite sign forms on the poleward side of the old field, and the old field pattern migrates toward the equator. Reconnection of magnetic fields is implicit in the model, which allows the coalescence of poloidal loops, and also cancels old toroidal field with new. The rate at which the peak toroidal field migrates toward the equator is proportional to the square root of the product of shear in the rotation and the magnitude of the twisting. According to this theory, stars with motions more strongly influenced by rotation and with more differential rotation than the Sun should experience shorter dynamo periods, unless periodic reversals disappear altogether.

Parker's model is highly idealized compared to the real Sun, and Babcock (1961) and Leighton (1964, 1969) built models which were more heuristic but closer in some respects to the detailed phenomenology of solar magnetic fields. In Leighton's model, the magnetic field erupts to the surface in sunspot groups, and these fields are subsequently diffused across the solar surface by a random walk process, produced mainly by supergranules. More field of the following polarity, than of the leading polarity, reaches the pole because the spot groups are tilted in latitude. This new polar field reconnects with the polar field of opposite sign already there and cancels it out. This new field then gives rise to the new toroidal field of the next half cycle, and the dynamo process repeats.

The theory of dynamos driven by this combination of differential rotation and turbulence was placed on a more formal footing in a series of papers by Krause, Rädler, and Steenbeck (see Krause, 1976, and Rädler, 1976 for the earlier references). They developed the theory of "mean field electrodynamics," in which the total field is separated into a global "mean" part and all the fluctuations about it, of smaller scale. Turbulence theory is then invoked to estimate the influence of the smaller scales on the global ones. In this system, the induction equation, Equation (8-1), is modified to a form

$$\frac{\partial \overline{\mathbf{B}}}{\partial t} = \nabla \times (\overline{\mathbf{V}} \times \overline{\mathbf{B}} + \alpha \overline{\mathbf{B}}) - \lambda_t \nabla \times \nabla \times \overline{\mathbf{B}} \quad (8\text{-}2)$$

in which $\overline{\mathbf{B}}$ is now the mean field that is predicted and $\overline{\mathbf{V}}$ is the mean velocity. The parameter α, usually taken to be a scalar, represents the "cyclonic turbulence" Parker invoked, and λ_t is a turbulent diffusivity for magnetic fields.

Many solutions of Equation (8-2) have been studied, for different assumed motion fields, profiles of α, and values of λ_t. Most of these are reviewed succinctly in Stix (1976). The long series of dynamo calculations by Yoshimura (e.g., Yoshimura, 1972, 1975, 1978a, 1978b) are also basically of this type, although Yoshimura identified his regeneration action (essentially α) with the effect of global-scale convection, rather than small-scale convection.

The class of solutions to Equation (8-2) most often applied to the Sun are the so-called α-ω dynamos, in which $\overline{\mathbf{V}}$ contains only differential rotation $\omega(r,\theta)$. In such solutions, stretching by differential rotation of the poloidal field is the primary mechanism for producing toroidal field, while the "α effect" produces new poloidal field from the toroidal. Best agreement with the main features of the solar cycle is obtained when the angular velocity increases inward, and the magnitude of α is small. Then migration of the mean toroidal field is toward the equator. By suitable choice of the magnitudes of the angular velocity gradient and α, this migration rate can be made equal to the observed one.

Additional features have been added to α-ω dynamo models to make them conform even more closely to the observations. For example, varying the profile of α with latitude and depth and the amount of differential rotation allows one to introduce a second branch of poloidal field which migrates toward the pole in high latitudes (Yoshimura, 1975). Adding ad hoc nonlinear feedback to the induction equation allows the field amplitude to be bounded (Yoshimura, 1975, 1978a) and if a time delay is allowed in this feedback, an envelope to the cycle can be generated, including intervals of several cycles in length that look like Maunder Minima (Yoshimura, 1978b).

Difficulties with Current Solar Dynamo Theory

Despite its apparent successes, there are many aspects of the solar cycle that dynamo theory cannot really predict. For example, the toroidal field of the Sun is obviously mostly antisymmetric about the equator (the polarities of leading and following sunspots are reversed in northern and southern hemispheres), and yet in virtually all the dynamo calculations, antisymmetric, and symmetric fields are almost equally probable. (Some of the simpler models show some preference for the antisymmetric case, e.g. Roberts, 1972.) The more formal models are also axisymmetric so they cannot explain in a deductive way such features as bipolar magnetic regions, although the presence of such regions is implicitly accounted for. The majority of solar dynamo models require angular velocity increasing inward, while as discussed earlier, theories of the Sun's differential rotation require angular velocity decreasing inward when the large influence of rotation upon global convection is accounted for. This paradox has yet to be clearly resolved (Durney, Gilman, and Stix, 1976).

There are additional difficulties with solar dynamo theory which lead the author to believe much of the success is more apparent than real. Enough adjustable free parameters and functions have been available for tuning that almost any desired level of quantitative agreement can be obtained. Some of the difficulty stems from the fact that until very recently, it has been still basically the kinematic dynamo problem that has been solved. Even if electromagnetic feedbacks on the motion are not included, the mean motions and the α assumed are not generally consistent with each other – that is, they do not originate from the same solutions to the governing equations. The author has recently encountered this difficulty in his own dynamo calculations (to be published), using as motions those predicted by the nonaxisymmetric convection model described earlier. There the relative amplitudes of differential rotation and convection are determined by the governing equations and boundary conditions. All hydromagnetic induction effects are explicitly calculated. No α is assumed, but the processes represented in α are present, and their amplitudes are determined by the dynamics needed to maintain the correct amplitude and profile of differential rotation. What is found, in effect, is that α is larger than has been previously assumed by a factor of 10^3 to 10^4. Consequently, the α effect dominates over differential rotation in determining even the toroidal field, and magnetic field reversals, crucial for relating the model to the Sun, are essentially absent. Since the α effect determines both poloidal and toroidal fields, the model behaves like an "α^2" dynamo rather than like an "α-ω" dynamo. The reason for the large effective α is that the strong influence of rotation upon convection is needed to give large enough angular momentum transport to drive the equatorial acceleration. This strong influence of rotation produces a lot of swirl or helicity in the motion, which leads directly to large α. Previous claims of success in demonstrating the identity of a global convection which is both responsible for driving the differential rotation and also gives a dynamo that accurately generates the observed solar cycle (particularly the long series of models by Yoshimura, 1975, 1978a, 1978b) are doubtful. The difficulty is that these models have not consistently calculated the fluid dynamics which lead to both equatorial acceleration and the various hydromagnetic induction effects.

What will be the resolution of this paradox? Clearly, compressible models for nonaxisymmetric global convection and differential rotation have to be built and tested to see whether the paradox continues. The author suspects it will. The answer may instead lie in the fact that most of the Sun's magnetic field is concentrated into small tubes of flux. Fluid may flow around these tubes, and perhaps the effective α is greatly reduced as a result. Magnetic buoyancy, not presently included in the model, may also be important. It can move flux tubes from one region of fluid to another before the local α acts fully on it. It could also be that with other representations of small-scale turbulence, it may be possible to drive the observed differential rotation with smaller amplitude convection, thus reducing the induction effects of convection by comparison with differential rotation.

Another phenomenon the author encountered is that even small feedback from the magnetic field on the motion can produce divergence of the phase history of the convection pattern away from what it would have been without any feedback. The governing equations are unstable in this sense, and presumably respond in this way to many other kinds of small perturbations, including just the addition of a few extra modes to the velocity field. This results in a considerable degree of randomness in the long-term solution. It makes the author skeptical of the concept that a more or less fixed time delay in the reaction of the magnetic field on the motion could be responsible for the envelope of the solar cycle, as Yoshimura (1978b, 1979) has proposed. It suggests that far less deterministic explanations seem more plausible. For example, Barnes, Sargent, and Tryon (1980) have illustrated this point by developing a relatively simple, purely statistical model that generates realistic-looking envelopes. The essential elements are a narrow band filter with period near 22 years acting on a white noise source. Successions of big cycles and little cycles with some coherence in the envelope from one to the next are easily produced.

There are other doubts about whether turbulent dynamos have accurately accounted for the interaction between velocity and magnetic fields. Piddington (1975a, 1975b) has questioned whether turbulent diffusion and dissipation of fields really takes place, as have Layzer, Rosner, and Doyle (1979). There is evidence from turbulence calculations, e.g. Kraichnan (1976) and Knobloch (1977), that the eddy diffusivity can be negative. Magnetic energy cascades to both small and large scales are certainly possible. Work on higher order closures is needed. Still other doubts about solar dynamo theory have been articulated by Golub et al. (1980) and Galloway and Weiss (1980).

Some of these difficulties may be resolved without great damage to turbulent dynamo theory when more powerful theories of MHD turbulence are devised. On the other hand, the difficulties may be more fundamental and force us to search for alternatives. Among present candidates, some form of torsional oscillation of the magnetic field at the bottom of the convection zone seems to be the most popular, e.g. Layzer, Rosner, and Doyle (1979) and Dicke (1978). However, such models have not been developed to the point where quantitative statements are possible. Furthermore, since the primary working of such oscillations would be far below the levels of the Sun that one can observe, it may be very difficult to devise observational tests for them. In any event, they still must be shown to satisfy the complete MHD equations. At present, it is not clear what connection these motions have to the new observations of oscillations in rotation by Howard and LaBonte (1980).

Applications to Stars

If α-ω dynamo theory proves to be a good theory for the Sun, then it should be applicable to other stars too. To apply it requires that one be able to estimate the magnitudes of the differential rotation and the parameter α. For the Sun, this has been done for α primarily by fitting the period of oscillation, and one may have to resort to this reversed logic for other stars as well. Stars which appear to have convection zones and magnetic fields but no magnetic cycle may be more like so-called "α^2" dynamos, in which the differential rotation plays, at most, a secondary role in determining even the toroidal magnetic field compared to twisting and lifting by convection. It is known, e.g. Roberts and Stix (1972), that α^2 dynamos are more likely to be nonreversing. There is no doubt that observations of magnetic activity on stars, such as those carried out by Wilson (1978), will help confirm the dynamo theories.

Problems for the Future

As discussed above, solar dynamo theory has many questions which need to be resolved. What is the real interaction between the velocity and magnetic field, and how does one accurately parameterize it? Why does Hale's sunspot polarity law hold so well in a turbulent convection zone? Can the magnetic fields feed back on the convection which maintains them in such a way as to significantly alter their heat transport efficiency? Can the fields change the overall stratification in such a way as to make the solar diameter change? Where is the main location of the solar dynamo in the convection zone? Or is it even below the convection zone? It is hoped that research in the 1980's will answer many of these questions. In so doing, it will undoubtedly raise others.

REFERENCES

Alfvén, H., 1977, *Rev. Geophys. Space Phys.* **15**, 271.

Babcock, H.W., 1961, *Astrophys. J.* **133**, 572.

Barnes, J.A., Sargent, H.H., Tryon, P.V., 1980, *The Ancient Sun* (New York: Pergamon Press, 1980), p. 159.

Beckers, J., 1978, *Astrophys. J.* **224**, L143.

Belvedere, G., Paternó, L., 1976, *Solar Phys.* **47**, 525.

Belvedere, G., Paternó, L., 1977, *Solar Phys.* **54**, 289.

Belvedere, G., Paternó, L., 1978, *Solar Phys.* **60**, 203.

Belvedere, G., Zappala, R.A., D'Arrigo, C., Motta, S., Pirronello, V., Godoli, G., Paterno, L., 1978, *Proceedings Workshop on Solar Rotation* (Osservatorio Astrofisico de Catania Pubblicazione N. 162), p. 189.

Belvedere, G., Paternó, L., Stix, M., 1980, *Geophys. Astrophys. Fl. Dyn.* **14**, 209.

Biermann, L., 1951, *Z. Astrophys.* **28**, 304.

Bogart, R., 1981, *Solar Physics* (submitted).

Böhm, K.-H., 1963, *Astrophys. J.* **137**, 881.

Busse, F., 1970, *Astrophys. J.* **159**, 629.

Busse, F., 1973, *Astron. Astrophys.* **28**, 27.

Cocke, W.J., 1967, *Astrophys. J.* **150**, 1041.

Deubner, F.-L., Ulrich, R.K., Rhodes, E.J., 1979, *Astron. Astrophys.* **72**, 177.

Dicke, R.H., 1978, *Nature* **276**, 676.

Durney, B.R., 1970, *Astrophys. J.* **161**, 1115.

Durney, B.R., 1971, *Astrophys. J.* **163**, 353.

Durney, B.R., Roxburgh, I.W., 1971, *Solar Phys.* **16**, 3.

Durney, B.R., Gilman, P.A., Stix, M., 1976, "Basic Mechanisms of Solar Activity," in IAU Symposium 71, V. Bumba and J. Kleczek, eds. (Dordrecht: D. Reidel Publishing Co., 1976), p. 479.

Durney, B.R., Latour, J., 1978, *Geophys. Astrophys. Fl. Dyn.* **9**, 241.

Durney, B.R., Spruit, H., 1979, *Astrophys. J.* **234**, 1067.

Eddy, J.A., 1976, *Science* **192**, 1189.

Eddy, J.A., Gilman, P.A., Trotter, D.E., 1976, *Solar Phys.* **46**, 3.

Eddy, J.A., Gilman, P.A., Trotter, D.E., 1977, *Science* **198**, 824.

Eddy, J.A., Noyes, R.W., Wolbach, J.G., Boornazian, A.A., 1978, *Bull. Am. Astron. Soc.* **10**, 400.

Eddy, J.A., Boornazian, A.A., 1979, *Bull. Am. Astron. Soc.* **11**, 437.

Foukal, P., 1972, *Astrophys. J.* **173**, 439.

Foukal, P., Jokipii, J.R., 1975, *Astrophys. J.* **199**, L71.

Galloway, D.J., Weiss, N.O., 1980, *Astrophys. J.* (in press).

Gilman, P.A., 1972, *Solar Phys.* **27**, 3.

Gilman, P.A., 1974, *Solar Phys.* **36**, 61.

Gilman, P.A., 1975, *J. Atmos. Sci.* **32**, 1331.

Gilman, P.A., 1976, "Basic Mechanisms of Solar Activity," in IAU Symposium 71, V. Bumba and J. Kleczek, eds. (Dordrecht: D. Reidel Publishing Co., 1976), p. 207.

Gilman, P.A., 1977, *Geophys. Astrophys. Fl. Dyn.* **8**, 93.

Gilman, P.A., 1978, *Geophys. Astrophys. Fl. Dyn.* **11**, 157.

Gilman, P.A., 1979, *Astrophys. J.* **231**, 284.

Gilman, P.A., 1980a, Proceedings IAU Colloquium 51, in *Lecture Notes in Physics* **114** (New York: Springer-Verlag, 1980), p. 19.

Gilman, P.A., 1980b, *Highlights of Astronomy* **5** (Dordrecht: D. Reidel Publishing Co., 1980), p. 91.

Gilman, P.A., Foukal, P.V., 1979, *Astrophys. J.* **229**, 1179.

Golub, L., Rosner, R., Vaiana, G.S., Weiss, N.O., 1980, *Astrophys. J.* (in press).

Gough, D.O., 1969, *J. Atmos. Sci.* **26**, 448.

Gough, D.O., 1978, *Proceedings Workshop on Solar Rotation* (Osservatorio Astrofisico de Catania Pubblicazione N. 162), p. 337.

Gough, D.O., Moore, D.R., Spiegel, E.A., Weiss, N.O., 1976, *Astrophys. J.* **206**, 536.

Graham, E., 1975, *J. Fluid Mech.* **70**, 689.

Graham, E., Moore, D.R., 1978, *Monthly Notices RAS* **183**, 617.

Howard, R., 1976, *Astrophys. J.* **210**, L159.

Howard, R., 1977, *Ann. Rev. Astron. Astrophys.* **15**, 153.

Howard, R., 1978, *Rev. Geophys. Sp. Phys.* **16**, 721.

Howard, R., 1979, *Astrophys. J.* **228**, L45.

Howard, R., LaBonte, B.J., 1980, *Astrophys. J.* **239**, L33.

Howard, R., Boyden, J.E., LaBonte, B.J., 1980, *Solar Phys.* **66**, 167.

Kippenhahn, R., 1963, *Astrophys. J.* **137**, 664.

Knobloch, E., 1977, *J. Fluid Mech.* **83**, 129.

Köhler, H., 1970, *Solar Phys.* **13**, 3.

Kosters, J.J., Murcray, D.G., 1979, *Geophys. Res. Lett.* **6**, 382.

Kraichnan, R.H., 1976, *J. Fluid Mech.* **75**, 657.

Kraft, R.P., 1967, *Astrophys. J.* **150**, 551.

Krause, F., 1976, *Basic Mechanisms of Solar Activity,* IAU Symposium 71, V. Bumba and J. Kleczek, eds. (Dordrecht: D. Reidel Publishing Co., 1976), p. 305.

Latour, J., Spiegel, E.A., Toomre, J., Zahn, J.-P., 1976, *Astrophys. J.* **207**, 233.

Layzer, D., Rosner, R., Doyle, H.T., 1979, *Astrophys. J.* **229**, 1126.

Leighton, R.B., 1964, *Astrophys. J.* **140**, 1547.

Leighton, R.B., 1969, *Astrophys. J.* **156**, 1.

Livingston, W., Duvall, T.L., Jr., 1979, *Solar Phys.* **61**, 219.

McIntosh, P.S., 1979, Report UAG-70, NOAA (Boulder: World Data Center A for Solar-Terrestrial Physics, 1979).

Moffatt, H.K., 1978, *Magnetic Field Generation in Electrically Conducting Fluids* (Cambridge, Mass.: Cambridge University Press, 1978), p. 343.

Ogura, Y., Phillips, N.A., 1962, *J. Atmos. Sci.* **19**, 173.

Parker, E.N., 1955a, *Astrophys. J.* **122**, 293.

Parker, E.N., 1955b, *Astrophys. J.* **121**, 491.

Parker, E.N., 1971, *Astrophys. J.* **168**, 239.

Piddington, J.H., 1975a, *Astrophys. and Sp. Sci.* **35**, 269.

Piddington, J.H., 1975b, *Astrophys. and Sp. Sci.* **38**, 157.

Rädler, K.-H., 1976, "Basic Mechanisms of Solar Activity," in IAU Symposium 71, V. Bumba and J. Kleczek, eds. (Dordrecht: D. Reidel Publishing Co., 1976), p. 323.

Rhodes, E.J., Deubner, F.-L., Ulrich, R.K., 1979, *Astrophys. J.* **227**, 629.

Roberts, P.H., 1972, *Phil. Trans. Roy. Soc.* **A. 272**, 663.

Roberts, P.H., Stix, M., 1972, *Astron. Astrophys.* **18**, 453.

Schatten, K.H., 1973, *Solar Phys.* **32**, 315.

Schröter, E.H., Wöhl, H., 1976, *Solar Phys.* **49**, 19.

Schröter, E.H., Wöhl, H., Soltau, D., Vásquez, M., 1978, *Solar Phys.* **60**, 181.

Spiegel, E.A., 1965, *Astrophys. J.* **141**, 1068.

Stenflo, J.O., 1976, "Basic Mechanisms of Solar Activity," in IAU Symposium 71, V. Bumba and J. Kleczek, eds. (Dordrecht: D. Reidel Publishing Co., 1976), p. 69.

Stenflo, J.O., 1978, *Rep. Prog. Phys.* **41**, 865.

Stix, M., 1976, "Basic Mechanisms of Solar Activity," in IAU Symposium 71, V. Bumba and J. Kleczek, eds. (Dordrecht: D. Reidel Publishing Co., 1976), p. 367.

Toomre, J., Zahn, J.-P., Latour, J., Spiegel, E.A., 1976, *Astrophys. J.* **207**, 545.

Wagner, W.J., Gilliam, L.B., 1976, *Solar Phys.* **50**, 265.

Ward, F., 1965, *Astrophys. J.* **141**, 534.

Wilson, O.C., 1978, *Astrophys. J.* **226**, 379.

Yoshimura, H., 1972, *Astrophys. J.* **178**, 863.

Yoshimura, H., 1975, *Astrophys. J. Supplement Services* **29**, 467.

Yoshimura, H., 1976, *Solar Phys.* **47**, 581.

Yoshimura, H., 1978a, *Astrophys. J.* **220**, 692.

Yoshimura, H., 1978b, *Astrophys. J.* **226**, 706.

Yoshimura, H., 1979, *Astrophys. J.* **227**, 1047.

Yoshimura, H., Kato, S., 1971, *Publ. Astron. Soc. Japan* **23**, 57.

9

PENETRATIVE CONVECTION

Daniel R. Moore

INTRODUCTION

The Sun serves as astronomy's laboratory for testing stellar convection theories. Here the variable parameters in any description of convective heat transport are tuned to give the best fit to the most reliable available solar observations, before being applied to observations of distant and highly evolved stars. A detailed study of what is known about solar convection is essential for discriminating among the theories used in stellar modeling and to indicate where such theories must be improved to give more credible results. Reconciling theory with observations will provide a useful measure of our current understanding of stellar hydrodynamics.

This article attempts to summarize the current state of understanding of the most directly observable solar convection, the granulation and supergranulation. It approaches the subject from a fluid mechanics point of view. This discussion will consider, where possible, the rather limited body of work in which the complete time-dependent Navier-Stokes equations and entropy transport equation are solved for a fully compressible atmosphere. Where this is too ambitious the discussion will consider relevant anelastic and incompressible calculations in two dimensions; where this too is insufficient, the author will cite modal work and linear stability analyses of these problems. As much as possible the author will avoid discussing work in which some arbitrary motion field or approximation to the full equations has been imposed. An effort has been made, when such work is mentioned, to indicate the artificial simplifications that have been made. This approach is grossly unfair to the many astronomers who have worked hard to explain solar and stellar convection. However, it is felt that only work which produces original solutions to the full problem, or to a problem as close to this as technically possible, will be relevant to workers over the next few years, because the artificial models will be superseded by increasingly sophisticated and realistic work.

In Chapter 8 Gilman considers the large-scale consequences of the motion of the full convection zone, the global circulations, and the solar dynamo. Here discussion is limited to the small-scale convective phenomena. The theory of solar pulsations is dealt with in Chapter 10 by Leibacher, and the theory of small-scale magnetic phenomena is considered in Chapter 17 by Spruit.

Fortunately, the Sun has arranged its structure to have a convective layer where it can be observed. Details of what is seen are summarized at length in Chapter 2 by Beckers and others, so as a consequence only material relevant to the immediate discussion will be mentioned. The observations consist of brightness and velocity distributions for granules, and velocity fields and cell boundaries marked by magnetic fields for supergranules. November et al. (1979) have recently suggested an intermediate, or mesoscale, convection on the basis of coordinated satellite and ground observations. This is an exciting prospect that will be discussed at greater length in this article.

The term "Penetrative Convection" arose as a catch phrase for the hydrodynamic investigation of the granular layer, when it was recognized by early workers (summarized by Leighton, 1963) that the observed motion was a convective flow penetrating into an overlying stable layer. This differs from the conventional situation in convective studies where motion occurs throughout a fluid layer bounded by rigid walls, clearly an unrealistic configuration for astrophysical studies. However, the more plausible penetrative situation of a stable layer of fluid bounding an unstable layer of the same material does occur naturally on Earth, for tropospheric convection penetrating into the stratosphere, in the upper mixed layer of the oceans, and in the formation of thermoclines in freshwater lakes. This configuration can also be achieved in the laboratory by considering the motion of water over a layer of ice in the temperature regime of its well-known density anomaly. These situations were considered both experimentally (Townsend, 1964), and theoretically (Malkus, 1963; Veronis, 1963; and Musman, 1968) in an attempt to explain the processes observed on the Sun. Since the mid-1960's, the observations of the Sun, the experiments in the laboratory, and the theoretical analyses have greatly increased in detail, but sadly, this has apparently widened the gap between what is observed and what is understood.

This article will attempt to set out these differences in detail and will suggest what further work may be needed to explain them. Moore (1967) considered the application of observations of penetrative convection of the Earth's atmosphere to understanding convection on the Sun, but concluded that the complications caused by the condensation of water vapor and the diurnal heating cycle made comparison too difficult. Therefore these observations are not discussed further. The remainder of this article is divided into sections discussing the effects of penetrative convection, or overshooting, on the mean structure of the convection zone, the question of the vertical size of the eddies, the amount of overshooting at the edge of the convecting region, the hydrodynamic stability of cellular motion and its consequences for granular lifetimes and life histories, and the generation of waves by overshooting motions. A final section makes concluding remarks.

MEAN STRUCTURE

The transport of heat by motion in a fluid layer is a common stellar phenomenon. However, it took many years to recognize that this "convection" may play a dominant role in carrying energy in some regions of stars. A historical summary of this discussion may be found in Biermann (1976).

During convective motion, the fluid layer is mixed, altering its temperature, density, and composition distributions. This directly affects the structure of a star and its subsequent evolution. As Biermann (1976 in a reference to his Ph.D. thesis) and Cowling (1935) showed in the early 1930's, deep within a star, only minute departures from neutral or adiabatic stratification are necessary to promote the transport of any plausible energy flux. The structure of such a region may be adequately modeled by just such a constraint and no details of the convection process appear necessary to provide a description of the layer. However, near the surface of a star, significant amounts of energy can escape from the convecting elements by radiation. Here a detailed theory of convection is essential to describe this process and its effects upon the structure. Fortunately, it is just this critical region that may be observed most easily at the solar surface.

Application of current theories of stellar structure and evolution to the Sun predicts that it presently consists of a radiative core and an outer convective shell (Gough and Weiss, 1976). As a consequence of the need to provide accurate estimates of the various pulsational modes of the Sun, currently of such great observational interest (Deubner, Chapter 3), very meticulous solar models have been constructed recently (Christensen-Dalsgaard and Gough, 1980). When the mixing length is chosen to give the best fit to the current luminosity and radius of the Sun, starting with an appropriate homogeneous model and evolving it to the Sun's estimated current age, the outer convecting layer is found to be approximately 200,000 km deep, in agreement with some earlier estimates (Spruit, 1974).

Additional evidence for such a deep convecting zone comes from the identification of the 5-minute oscillation with a nonradial acoustic or p-mode (Deubner, Chapter 3).

This convecting layer floats on a stably stratified sphere of the same material and at its top is overlaid by another stable layer. Motion originating within the unstable region can "penetrate" past the nominal point at which the stratification changes from unstable to stable and can persist for some distance into the stable regions at the top and the bottom of the layer. This overshooting can have considerable consequences, extending the mixed unstable region and modifying the structure of the stable regions as well.

Models are constructed using a mixing length theory (see Gough and Weiss, 1976; Gough, 1976) which predicts that there will be motion when the local entropy gradient is unstable: a parcel of fluid perturbed adiabatically upward will be lighter than its surroundings and will experience buoyancy forces that will perturb it still further. This is a purely local theory. It predicts that the bulk of the convective envelope of the Sun is adiabatically stratified with a strong, thin, superadiabatic region near the outer surface where radiative cooling reduces the efficiency of the convection in carrying heat.

Penetrative motion modifies this picture somewhat. The overshooting mixes into the stable region and can, in fact, make the gradient more stable there. Moore and Weiss (1973) describe the modeling of this process for an incompressible fluid. This mixing and extending of the region in motion can have important evolutionary consequences; the many papers of Maeder (1976) are a recent example. Other studies of convection in A-stars using modal anelastic techniques (Toomre et al., 1976) have shown that realistic eddies tend to smear out the sharp superadiabatic regions and may blend the separate strongly unstable regions arising from the ionization of H, He, and He^+ into one more smoothly stratified superadiabatic region.

Thus, realistic treatment of the fluid motion may change the current mixing length pictures of the mean structure of stellar convection zones and have nonnegligible consequences on the total structure and evolution. When more detailed observations of pulsations are available, they can be used to probe the mean structure of the upper convecting layers on the Sun and indicate what departures occur from the structure predicted by mixing length theories.

SIZE OF EDDIES

The observed horizontal size of the granulation is 1000 km and of the supergranulation, 30,000 km (Beckers, Chapter 2). Are we seeing the tops of convecting cells or eddies that extend vertically throughout the entire 200,000 km convecting layer? It seems unlikely that cells exist that are two hundred times as tall as they are wide, or even seven times. Mixing length theory assumes that the vertical scale of an eddy is comparable with horizontal scale and that the motion takes place at a depth at which the pressure scale height has this value too. Numerical studies of two-dimensional compressible convection in a polytropic gas (Graham, 1975) in wide boxes over many scale heights support the view that "square" eddies form in preference to narrow ones. However, these theoretical studies and others (Parrott, 1978) made in boxes with a vertical extent of many scale heights show that the motion always fills the entire region with cells that stretch from the bottom to the top. Even when the box is constrained to be narrow, the convection arising from an initial random field prefers to form one tall narrow eddy rather than a stack of cells whose size is proportional to the local scale height.

Here is the most serious conflict between solar observations, mixing length theory, and theoretical hydrodynamic models. One can observe two distinct scales: 1000 km and 30,000 km. November et al. (1979) have suggested an intermediate 7000 km mesoscale. There are only the most tenuous observations of a larger scale in the size region of the depth of the entire layer, 200,000 km (Beckers, Chapter 2), although differential rotation and the solar magnetic field may be manifestations of this larger scale motion (Gilman, Chapter 8). Mixing length theory would predict a complete range of eddies as the local scale height varies from 250 km at the top of the region (Cocke, 1967) to 100,000 km at the bottom. This complete spectrum is not seen. The compressible convection models of Graham (1975) and Parrott (1978) would predict eddies on the scale of the depth of the entire layer, 200,000 km. One can clearly see the granule and supergranule scales. Hence, there is a conflict.

A possible source for this disagreement is the artificial boundary conditions used in the theoretical studies. For computational convenience, it is commonly assumed that the temperature fluctuations vanish at the top and bottom of the layer. This imposes no local scale on the motion and the fluid chooses its scale from the depth of the layer, ignoring the local scale height. This is true even in cases where the flow is driven by sharp, narrow, superadiabatic gradients near the top and bottom of the layer. Linear stability calculations show for both incompressible and compressible fluids that as long as the central region is neutrally or slightly superadiabatically stratified, the most unstable mode is one filling the entire convection zone. This is not surprising since these modes minimize viscous and thermal dissipation. Replacing the upper constant temperature boundary condition by one of constant heat flux will make the problem worse not better. These boundary conditions have been studied in an incompressible medium (motivated by the need to understand the convection in the Earth's mantle) by Hewitt, McKenzie, and Weiss (1980). They find that the classical linear stability results of this case, showing that these conditions favor cells that are very much wider than they are deep, carry over into the nonlinear regime.

Clearly these boundary conditions are unrealistic. By empirically modeling the hydrodynamics and using an Eddington approximation treatment of the radiation field, Nelson and Musman (1978) have shown that the observed scale and brightness variations of the granular field are compatible, both energetically and dynamically, with the observed velocity fields. This has also been demonstrated by Nordlund (1978).

This suggests that radiation plays the dominant role in choosing the scale of convective motion in the optically thin regions near the upper boundary. A comprehensive study of convection in the presence of radiation is long overdue. Some early work on this was done by Brunt (1944), Goody (1956), and Gille and Goody (1964). The latter investigators studied the effects of the Eddington approximation treatment on the onset of convection in the limiting cases of an opaque and a transparent gas; they used an experimental tank filled with ammonia. Later workers (Unno and Spiegel, 1966, and Hsieh and Spiegel, 1976) have derived the Eddington approximation in three dimensions and have then found the energetically and dynamically consistent forms of the hydrodynamic and entropy equations. To our knowledge, no solutions for these fully consistent hydrodynamical radiation equations (photoconvection equations) have appeared, although Spiegel (1976) has implied that this work is in progress.

Mixing length theory clearly fails to explain why there is a gap between the granular scale motions and the supergranular. Many authors have noted the comparability of these scales with the depths at which hydrogen and singly ionized helium ionize (see for example, Savchenko, 1976; and Savchenko and Kozhevnikov, 1978) and have invoked this correspondence to explain the granule and supergranule sizes. However, they have produced no compelling arguments as to how these ionization zones drive just these particular scales and no others. If the observations of mesoscale convection are confirmed, this will lend weight to these studies since its scale fits well into the neutral helium ionization depth. Thus, one clear scale would be identified with each of the three principal ionization zones. There is evidence from Toomre et al. (1976) that convection cells would prefer to encompass all of the ionization zones and spread out the sharp, superadiabatic gradients concentrated there by mixing length theory.

The discrepancy between the observed scales of granulation and supergranulation and the predictions of mixing length theory on the one hand, and the theoretical hydrodynamic studies on the other remains one of the outstanding shortcomings of stellar hydrodynamics, because, "so far no theoretical models for the convection zone have been able to self-consistently obtain discrete scales as the preferred ones without essentially imposing them from the outset" (Toomre, 1979).

THE AMOUNT OF OVERSHOOTING

When it was realized that the penetration of convective motion into a stable layer of fluid could be modeled experimentally and theoretically by considering the system of water over ice, one of the most remarkable features found was the constancy of the temperature of the thermocline (see Veronis, 1963; Musman, 1968; Moore and Weiss, 1973; Townsend, 1964; and Adrian, 1975, for theoretical and experimental studies). The degree of penetration or overshoot appears to depend on the total change of buoyancy available to a fluid element across the unstable layer and to be independent of the vigor of the motion. That is, if a parcel of fluid that is in equilibrium at the bottom of the unstable layer is transported adiabatically across the layer to the top of the unstable region, it will be lighter than its surroundings by some finite amount. In a convecting region the fluid is seen to rise above this point into the stably stratified region until this buoyancy deficit is reduced by some fixed fraction, which from the experimental and theoretical observations is between one-half and one-third. If there were no losses from conductive or viscous dissipation, one would expect the blob to rise to the point where, by adiabatic translation, it would be in equilibrium again, a point well above the observed turnover point. In fact, since the adiabatic element would experience positive buoyancy forces from the bottom to this point, one would expect it to accelerate all the way to this level and then, because of inertia, penetrate even above this. The fact that it is observed to turn over well before this balance point contradicts many of the assumptions made in efforts to estimate the effects of penetrative mixing on stellar structure (Shaviv and Salpeter, 1973; and Maeder, 1976). Although Malkus (1963) predicts that the penetration should increase very weakly with increasing vigor of the convection, this argument is based purely on a local balance of forces. In fact, artificial experiments using modal analyses by Latour, Toomre, and Zahn (1978) suggest that three-dimensional cellular motion will approach a limiting value of penetration as the motion gets ever stronger (their model does not allow the flow to affect the mean stratification so the degree of penetration was easy to observe). Extensions to compressible fluids by Graham (1976) and by Toomre et al. (1976) reveal the same behavior. The exact value of the penetration factor depends on the form of the cell, being least for rolls and greatest in hexagons rising at the center in modal flows.

This all suggests that observations of the extent of the penetrative granular motion at the top of the convective layer could be used to predict crudely the depth of the observed cells. This might suggest what conditions cause the formation of granular scale convection although careful treatment of the damping effects of radiative losses will have to be taken into consideration.

INSTABILITY AND GRANULE HISTORY

Long time base observations of the solar granule field reveal it to be in constant change (Mehltretter, 1978). The granules are constantly varying in shape, appearing and disappearing in an apparently random, or turbulent fashion. Clearly the convective motion field of the granules is unstable. Yet many of the relevant studies of compressible convection (Graham, 1975; Van der Borght, 1975) have used geometries and physical parameters that lead to steady flows. Fluids for which conduction is very efficient and viscosity weak (liquid metals and plasmas, for example) are known to exhibit unsteady motion under circumstances where less efficient conductors convect steadily (Krishnamurti, 1970). In an attempt to understand the nature of three-dimensional cellular convection in different fluids, Jones, Moore, and Weiss (1976) considered axisymmetric convection in a cylinder with boundary conditions thought to be appropriate for astrophysical circumstances, using an incompressible fluid. They considered a wide range of fluid types. In the limit that the viscosity becomes very small and the conductivity very large (the case that this ratio tends to zero is a good representation of a solar plasma), convection transports heat in proportion to the two-thirds power of the conductivity and the minus one-third power of the viscosity. Even in this limit of small viscosity, the viscosity is not negligible and has a profound effect on the fluid motion. There is a sharp distinction between the viscosity equaling zero (the Euler limit) and the viscosity tending to zero (the Prandtl limit). For details on this point see Batchelor (1967). At the Sun's surface, conductivity is governed by radiative transfer and is very large, whereas viscosity is due to plasma effects and is very small. In this limit axisymmetric flow is very efficient in transporting heat. However, Jones and Moore (1979) have shown that these axisymmetric flows are very unstable under solar conditions. Any flow described by the Navier-Stokes equation can be characterized by the Reynolds number, the ratio of the magnitude of the inertia terms to the viscous dissipation terms. Jones and Moore have shown that axisymmetric convective flows become unstable to nonaxisymmetric disturbances when the Reynolds number exceeds 300. The disturbances that grow appear to fragment the cell into a number of smaller cells. The form and growth of the disturbance depend very weakly on the exact form of the thermal field. It is a consequence of the ring-like flow field in an eddy with matter rising in a central plume and falling in an outer sheath. The dimensionless Reynolds number is the product of a velocity and a length scale, divided by the viscosity. For the convective eddy, Jones and Moore chose the maximum convective velocity and the depth of their cell for the velocity and the length. Since the size of the granule cells seems to be fixed by some external mechanism (radiation, ionization, or local pressure scale height) and the velocities can be observed, this provides an estimate of the local effective viscosity. This value is rather less than that calculated by mixing length theories (Cocke, 1967), which is not surprising, since the mixing length theory assumes a Reynolds number of order one to disrupt the elements after moving a distance of one scale height. However, the value is still some 100 million times larger than the values predicted by plasma physics for the surface of the Sun (Spitzer, 1962, p. 146; Schatzman, 1977). Thus it would appear that some invisible small-scale processes are creating an "eddy viscosity" factor governing the global granular flow. These processes could include, for example, entrainment and shear flow instabilities.

So one can assemble the following picture of the dynamic processes taking place in the solar granular layer: Assume a weak nearly symmetrical cellular motion field has been set up. Buoyancy forces will cause the motion to grow in amplitude and to transport more heat. When the global inertia terms become 300 times larger than the eddy viscous dissipation, the cell becomes unstable to disturbances, which can grow to substantial amplitude in a time comparable to a turnover time. This disturbance may be present in the initial flow field or may be induced by neighboring cells. In very few turnover times the disturbance will cause the cell to break up into several fragments, some of which may be symmetrical enough to repeat the process. This description is in complete accord with recent observations of granule histories and lifetimes. Mehltretter (1978) observes that all granules are born as the result of the fragmentation of a parent granule. None appear spontaneously where before there was no granule. Each fragment then follows one of three life histories. Either the fragment slowly vanishes, or it merges with its neighbor, or it grows until it too fragments. The average number of fragments observed per breakup is 2.8. Jones and Moore (1979) found that for the most unstable symmetrical cells the most rapidly growing disturbance had a radial wavenumber of three. The "exploding granule" phenomenon described by Musman (1972) and by Namba and Van Rijsbergen (1976) was merely the most symmetrical version of these events. Chance produces a very symmetrical fragment which, unperturbed by its neighbors, manages to grow symmetrically to a large amplitude before the nonsymmetrical disturbances fragment it. Jones and the author found that for cells that are much wider than they are high, the azimuthal wavenumbers of the most unstable disturbances increase to four, five, or six. These wide cells had their maximum heat flux outward some distance from the center, again in agreement with the observed central darkening of granules about to explode. This explanation of the observations is not consistent with a mixing length random thermal blob description of the granular region. Thus, the observed life histories of solar granules suggest that dynamical instability of cellular flow fields is responsible for their unsteady behavior and that the mixing length thermal blob description is inappropriate. The time scale for the growth of the dynamical disturbance is such that cells would be expected to survive for a very few turnover times. This is a happy and exceptional case of agreement between hydrodynamical theory and observations.

Convection in the upper layer of the Earth's ocean induces cell-like patterns on a scale from centimeters to tens of meters (Foster, 1971). This motion is in vertical planes and contains no net rotation component about the locally vertical axis. "Eddy viscosity" converts these motions, with wind stresses perhaps, into large horizontal gyres or eddies some ten to thousands of kilometers across (Holland and Lin, 1975). The exact mechanism for the generation of these rotational motions is not at all well understood. Does a similar process operate on the Sun to convert granular and supergranular motions into much larger scale flows like differential rotations and meridional circulations? Large "eddy viscosity" coefficients are required to give anything like laminar flows on the scale of the whole convecting region (Gilman, Chapter 8).

GENERATION OF WAVES BY OVERSHOOTING

When the first experiments on penetrative convection of water over ice were done by Townsend (1964), he remarked that "the layer just beyond the farthest penetration of the columns is remarkable for large and continuous fluctuations of temperature, apparently caused by internal gravity waves excited by the impact of columns on the stable fluid." This gravity wave motion in the upper stable layer has been commented on by subsequent observers, particularly Adrian (1975), who tried to identify the transition from convective motion to wave-like motion by measuring the correlation between the temperature fluctuation and the vertical velocity (negative for water in the convecting region and positive in the wave-like region). Thus, experimentally, vigorous penetrative convection is seen to stimulate large amplitude gravity waves in the overlying stable layer. Townsend (1966) tried to estimate the magnitude of these waves, motivated by their application to explanations of clear air turbulence. His predictions for the fall-off in amplitude with height in stratifications appropriate for his experimental configuration were confirmed experimentally by Adrian (1975). Penetrative convection can therefore be expected to be a substantial source of mechanical energy for the overlying layer.

Although the theoretical calculations fail to predict this mechanical stimulation of waves because of their small closed domains (see Moore and Weiss, 1973), the instability mechanism predicted by Jones and Moore (1979) should explain why the underlying convective flow is unstable and should provide crude estimates for the level of mechanical stirring of the base of the stable region. This instability may also be a source of acoustic disturbances in the granular region that can propagate up into the overlying layer. Naturally, the consequences of radiative damping on these wave motions will have to be considered (as in Spiegel, 1957; in D.W. Moore, and Spiegel, 1965; and in Souffrin, 1966).

Observations of the variation of velocity fields and temperature fluctuations with height can provide independent estimates of the amount of mechanical stirring caused by the penetrative motion and may identify the height at which the motion changes from convection to waves. An early study of this transition based upon a power spectrum analysis of three photospheric lines formed at different heights is reported by Frazier (1968). Toomre (1979) has reported that Mihalas (1979) has shown that the nonlinear breaking of gravity waves can deposit energy high in the chromosphere; he observed that this phenomenon may be a hitherto ignored source of mechanical energy for this region.

CONCLUDING REMARKS

The main thrust of this chapter has been to demonstrate that most of the hydrodynamical phenomena observed on the Sun on the scale of granulation (1000 km) and supergranulation (30,000 km) are compatible with an explanation in terms of a convecting layer composed of unsteady cells continually being fragmented by dynamical instability processes. The scale of the granulation seems fixed by radiative processes (Nelson and Musman, 1978). The scale of the supergranulation can be compared with the depth of ionization of He^+. However, no consistent hydrodynamical model demonstrates the coexistence of these two scales or explains how they couple. This is probably the result of the failure of the usual theoretical models to treat the radiation field correctly where the optical diffusion approximation breaks down near the top of the photosphere.

The cellular models of Jones, Moore, and Weiss (1976) and Jones and Moore (1979) are more successful in offering an explanation of the observed life histories of granules: born of fragments and doomed to wane, merge, or wax and fragment themselves on a time scale of a few turnovers. This agreement between the model and the observations suggests that a mixing length description of the granular layer in terms of isolated rising and falling thermal elements that dissolve after moving some distance proportional to the local pressure scale height is inappropriate. Cloutman's (1979) recent calculations are difficult to evaluate because of their short duration, in the numerical sense, and because they fail to treat three-dimensional motions. Until allowance is made for the latter, his results are unlikely to reveal dynamical instabilities in the eddies.

Observational results will surely run far in advance of theory for the next few years. Long time base observations of the Sun from satellites will enable the 5-minute oscillations to be used as a probe into the structure of the upper convective layer. Life histories of supergranules would be of great interest, since they may be much more nearly laminar in their flow than the granules. The increased densities at greater depths will enable much smaller velocities to carry the requisite heat flux. The existence and history of the mesoscale convection seen by November et al. (1979) need confirmation. The freedom to choose suitable wavelengths from a large spectral range offered by satellite-based observations should yield a much more definite picture of the velocity and brightness fields as a function of depth. All this will provide ever more stringent criteria for discriminating among various stellar convection theories.

The theoretical models must treat the radiation field properly near the top of the convecting layer if they are ever to recover the granular scale. Also three-dimensional cellular motion is essential if the instabilities in the flow are to provoke realistically the observed time-dependent behavior. Because viscosity is so small and inertia plays such a large role in solar and stellar convection, modal expansion models in modes that occur when inertia terms vanish will always be suspect when the number of interacting modes is small. Empirical models in which the velocity field, equation of motion, or depth of the convecting region is chosen arbitrarily will require ever more tunable parameters to fit the increasing body of observational data, but may clarify which processes are important at different locations in the convecting envelope.

The importance of inertia in solar and stellar convection implies that fluid elements have a finite and nonnegligible memory of their past. Nonlocal mixing length theories (Ulrich, 1976) are one way of introducing this feature into the conventional approach but clearly are only a way station on the path to producing a credible parameterization of stellar convection.

As the volume of reliable solar observations increases, the Sun becomes ever more valuable as a testing ground. Already the solar neutrino anomaly has raised serious questions on the correctness of stellar evolution models. As the various pulsational measurements become refined into detailed probes of the solar interior, convection theories will have to satisfy ever more detailed constraints, and those that are successful can be used with increased confidence in calculations for more remote stars.

REFERENCES

Adrian, R.J., 1975, *J. Fluid Mech.* **69**, 753.

Batchelor, G.K., 1967, *An Introduction to Fluid Dynamics* (Cambridge, England: Cambridge University Press, 1967).

Biermann, L., 1933, (Ph.D. thesis, Goettingen).

Biermann, L., 1976, "Problems of Stellar Convection," IAU Colloquium no. 38, E.A. Spiegel and J.P. Zahn, eds. (Berlin: Springer-Verlag, 1976), p. 4.

Brunt, D., 1944, *Physical and Dynamical Meteorology* (Cambridge, England: Cambridge University Press, 1944).

Christensen-Dalsgaard, J., Gough, D.O., 1980, *Nature* **288**, 89.

Cloutman, L.D., 1979, *Astrophys. J.* **227**, 614.

Cocke, W.J., 1967, *Astrophys. J.* **150**, 1041.

Cowling, T.G., 1935, *Monthly Notices RAS* **96**, 15.

Foster, T.D., 1971, *J. Geophys. Res.* **76**, 666.

Frazier, E.N., 1968, *Astrophys. J.* **152**, 557.

Gille, J., Goody, R., 1964, *J. Fluid Mech.* **20**, 47.

Goody, R.M., 1956, *J. Fluid Mech.* **1**, 424.

Gough, D.O., 1976, *Trans IAU 16A*, pt. II, 169.

Gough, D.O., Weiss, N.O., 1976, *Monthly Notices RAS* **176**, 589.

Graham, E., 1975, *J. Fluid Mech.* **70**, 689.

Graham, E., 1976, "Problems of Stellar Convection," IAU Colloquium no. 38, E.A. Spiegel and J.P. Zahn, eds. (Berlin: Springer-Verlag, 1976), p. 151.

Hewitt, J.M., McKenzie, D.P., Weiss, N.O., 1980. *Earth Planet, Sci. Lett.* **51**, in press.

Holland, W.R., Lin, L.B., 1975, *J. Phys. Ocean.* **5**, 642.

Hsieh, S.H., Spiegel, E.A., 1976, *Astrophys. J.* **207**, 244.

Jones, C.A., Moore, D.R., 1979, *Geophys. and Astrophys. Fluid Dynamics* **11**, 245.

Jones, C.A., Moore, D.R., Weiss, N.O., 1976, *J. Fluid Mech.* **73**, 353.

Krishnamurti, R., 1970, *J. Fluid Mech.* **42**, 309.

Latour, J., Toomre, J., Zahn, J.P., 1978, *Nonlinear Penetrative Boussinesq Convection,* European Mechanics Colloquium no. 106 (Grenoble), p. 17.

Leighton, R.B., 1963, *Ann. Rev.Astron. Astrophys.* **1** (Palo Alto: Annual Reviews Inc., 1963), p. 19.

Maeder, A., 1976, *Astron. Astrophys.* **47**, 389.

Malkus, W.V.R., 1963, Presentation at Technical Conference on Hurricanes and Tropical Meteorology, 9th sess., Mexico.

Mehltretter, J.P., 1978, *Astron. Astrophys.* **62**, 311.

Mihalas, B.R., 1979 (Ph.D. Thesis, University of Colorado, Boulder).

Moore, D.R., Weiss, N.O., 1973, *J. Fluid Mech.* **61**, 553.

Moore, D.W., 1967, "Aerodynamic Phenomena in Stellar Atmospheres," IAU Symp. no. 28 (New York: Academic Press, 1967), p. 405.

Moore, D.W., Spiegel, E.A., 1964, *Astrophys. J.* **139**, 48.

Musman, S., 1968, *J. Fluid Mech.* **31**, 343.

Musman, S., 1972, *Solar Phys.* **26**, 290.

Namba, O., Van Rijsbergen, R., 1976, "Problems of Stellar Convection," IAU Colloquium no. 38, E.A. Spiegel and J.P. Zahn, eds. (Berlin: Springer-Verlag, 1976), p. 119.

Nelson, G.D., Musman, S., 1978, *Astrophys J.* **222**, L69.

Nordlund, A., 1978, "Astronomical Papers Dedicated to Bengt Stromgren," A. Reiz, T. Andersen, eds. (Copenhagen: University Observatory, 1978), p. 95.

November, L., Toomre, J., Gebbie, K.B., Simon, G.W., 1979, *Astrophys. J.* **227**, 600.

Parrott, A.K., 1978, (Ph.D. Thesis, University of Manchester).

Savchenko, V.P., 1976, *Soviet Astron.* **20**, 6, 761.

Savchenko, V.P., Kozhevnikov, N.I., 1978, *Soviet Astron.* **22**, 4459.

Schatzman, E., 1977, *Astron. Astrophys.* **56**, 211.

Shaviv, G., Salpeter, E.E., 1973, *Astrophys. J.* **184**, 191.

Souffrin, P., 1966, *Ann. d'Astrophys.* **28**, 463.

Spiegel, E.A., 1957, *Astrophys. J.* **126**, 202.

Spiegel, E.A., 1976, "Problems of Stellar Convection," IAU Colloquium no. 38, E.A. Spiegel and J.P. Zahn, eds. (Berlin: Springer-Verlag, 1976), p. 267.

Spitzer, L., Jr., 1962, "Physics of Fully Ionized Gases," 2d edition (New York: Interscience, 1962).

Spruit, H.C., 1974, *Solar Phys.* **34**, 277.

Toomre, J., 1979, "Highlights in Astronomy" vol. 5, P.A. Wayman, ed. (Dordrecht: D. Reidel Publishing Co., 1979).

Toomre, J., Zahn, J.P., Latour, J., Spiegel, E.A., 1976, *Astrophys. J.* **207**, 545.

Townsend, A.A., 1964, *Quart. J. Royal Meteor. Soc.* **90**, 248.

Townsend, A.A., 1966, *J. Fluid Mech.* **24**, 307.

Ulrich, R., 1976, *Astrophys. J.* **207**, 564.

Unno, W., Spiegel, E.A., 1966, *Publ. Astro. Soc. Japan* **18**, 85.

Van der Borght, R., 1975, *Monthly Notices RAS* **173**, 85.

Veronis, G., 1963, *Astrophys. J.* **137**, 641.

10

OSCILLATIONS AND PULSATIONS

John W. Leibacher and Robert F. Stein

INTRODUCTION

This chapter discusses the theory of the oscillations and pulsations that have been invoked to describe the observed photospheric 5-minute oscillations, chromospheric 3-minute oscillations, and possible motions of the interior with periods ranging from 40 to 160 minutes. This is a new area of solar physics, having emerged only since the identification of the 5-minute oscillations with sound waves trapped in a subphotospheric convection zone cavity. It is similar to the theory of nonradial stellar oscillations developed to describe the low angular order modes (one or two wavelengths around a circumference); however, the solar oscillations have thousands of wavelengths around a circumference. As in many other areas of solar physics, the spatially resolved, high time resolution observations of solar oscillations and pulsations, and the theory describing them, promise to untangle many of the ambiguities and unobservables of stellar pulsations.

The chapter begins by discussing the properties of waves in stars: their restoring forces, periods and wavelengths, their propagation and motions. It continues by summarizing the characteristics of the eigenmodes of oscillation of a cavity. Finally, this is applied to the solar oscillations, to describe their nature and to point out the diagnostic capabilities afforded by them.

WHAT IS A WAVE?

A gas such as a stellar atmosphere may be subject to many forces, for example, gas pressure, gravity, electromagnetic forces, and rotation. If such a gas is disturbed, these forces can act to return the gas toward its initial state, if it is stable, or to drive it even further from its initial state, if it is unstable. If the initial conditions are unstable, that is, if the gas would naturally assume some other configuration where it has less energy, the perturbation will grow. For example, this is a situation that arises in a convectively unstable region or in a solar (or stellar) flare. On the other hand, if the gas is stable to these perturbations, it will return toward its initial configuration; it will overshoot the initial state, if the dissipation is sufficiently small, and it will oscillate about its initial position. The oscillation period will decrease with increasing restoring force, and with decreasing inertia. These oscillatory responses, or waves, have been of interest in stellar atmospheres because they are capable of transmitting momentum and energy. Furthermore, the general atmospheric response to small disturbances can be analyzed in terms of a Fourier decomposition into a spectrum of waves.

Perhaps the simplest restoring force is compressibility, because the gas pressure is isotropic. Compressibility provides a simple case in which to see how the equations of motion—the conservation equations or Navier-Stokes equations—describe the propagation of a disturbance. Consider one-dimensional motion in a tube with a movable end or piston. Motion of the piston into the gas, by reducing the volume, will increase the gas density immediately adjacent to the piston. Conservation of mass requires $\rho_1 V_1 = \rho_2 V_2$ or, expressed in its differential form, $\partial\rho/\partial t = - \nabla\cdot (\rho \mathbf{V})$. The work done in compressing the gas increases its internal energy as described by the first law of thermodynamics, or the equation of conservation of energy:

$$\delta E = -P\,\delta V + \delta Q. \qquad (10\text{-}1)$$

In the absence of heat exchange, that is, for adiabatic motions, $\delta Q = 0$. An equation of state, for example, the perfect gas law $P = (2/3)\rho E = \mathcal{R}\,\rho T/\mu$, shows that the increased density and internal energy lead to an increased pressure. The pressure difference between the higher pressure gas adjacent to the piston and the lower pressure gas further away, creates a pressure gradient which accelerates the gas according to Newton's law:

$$\rho\,\frac{\partial^2 \xi}{\partial t^2} = -\nabla P. \qquad (10\text{-}2)$$

Acceleration of the adjacent gas compresses it and acts to restart the cycle, and the disturbance propagates away from the piston. Compressional disturbances are propagated by the internal, random, thermal motions of the particles that make up the gas. Since $(1/2)\,mu^2 = (3/2)\;kT$, the thermal particle velocity, V_s, is approximately $(kT/m)^{1/2}$, and is referred to as the speed of sound. This speed characterizes sound propagation in the gas.

In a sound wave, the fluid, or particle motions, are parallel to the wave motions. The phase velocity (the velocity of displacement of a position of constant phase in the wave form) and also the group velocity (the speed at which energy is propagated) are the sound speed. Energy is propagated in the same direction as phase and particle motions. In the absence of dissipation (adiabatic motions) the temperature, density, and pressure fluctuations are in phase with the fluid velocity:

$$\frac{u}{V_s} = \frac{\delta\rho}{\rho} = \frac{1}{\gamma}\frac{\delta P}{P} = \frac{1}{\gamma\text{-}1}\,\frac{\delta T}{T}\ . \qquad (10\text{-}3)$$

The kinetic energy density of $(\rho u^2/2)$ is exchanged cyclically with the compressional energy $(\rho(\delta P/\rho V_s)^2/2)$. In the presence of dissipative processes the phase relations change, since the dissipation affects the state variables differently. In particular, radiative losses depress the temperature excesses and, as a result, the mechanical flux is reduced. Good discussions of sound waves may be found in Landau and Lifshitz (1959), Zeldovich and Raizer (1966), and Lighthill (1978).

Just as compressibility provides the restoring force for sound waves, the gravitational acceleration provides another restoring force which gives rise to waves driven by buoyancy. Since gravity is a directed acceleration, these waves are distinctly different. Buoyancy waves in a continuously varying atmosphere are a limiting case of waves at the interface between two fluids of differing density. If the interface, or surface, is disturbed, the potential energy per unit area is increased by $(\rho_{\rm lower} - \rho_{\rm upper})gz^2/2$ which is then transformed into kinetic energy $(\rho_{\rm lower} + \rho_{\rm upper})(dz/dt)^2\ell/2$ where ℓ is the vertical extent of the column of fluid that moves. As the disturbance overshoots its equilibrium, the kinetic energy is transformed back into potential energy. The interface oscillates about its equilibrium, $dz/dt = -i\omega z$, and the column of fluid that is in motion has a length comparable to its horizontal wavelength, $\ell \sim k^{-1}$. Since the time-averaged kinetic and potential energies are equal, $\omega^2 = gk(\Delta\rho/\rho)$, referred to as a dispersion relation, since it shows how the phase velocity (ω/k) depends on the wave frequency. Hence, an initially compact packet of waves of different frequencies will disperse as the waves propagate. These surface gravity waves are familiar as water waves. They are also encountered in heuristic toys containing two differently colored, immiscible liquids, with a very small density difference, producing long-period waves.

The discussion of gravity waves in an atmosphere (internal gravity waves) is very similar to the textbook discussion of the Schwarzschild criterion for convective instability. For a parcel of gas moving at an angle θ to the vertical, the component of gravitational acceleration parallel to the motion is $g\cos\theta$ times the difference in density between the parcel and the ambient atmosphere. If the density of the displaced parcel is greater than that of the surroundings, it will be heavier and fall back. If the motions are sufficiently slow, the parcel will remain in pressure equilibrium with its surroundings, since sound waves will run back and forth within the parcel to reestablish pressure equilibrium throughout the parcel, and between it and the surrounding atmosphere. In this case, the relative density difference between the parcel and its surroundings is given by the perfect gas law with constant pressure: $\delta\rho/\rho = -\delta T/T$. If there is no energy exchange between the parcel and its surroundings, that is, if the motion is adiabatic, the temperature difference between the parcel and its surroundings is

$$\left.\frac{dT}{dz}\right|_{\text{Adiab.}} - \left.\frac{dT}{dz}\right|_{\text{Atmos.}} \qquad (10\text{-}4)$$

times the vertical component of the displacement $\xi\cos\theta$. Thus, Newton's equation of the motion is as follows:

$$\rho\,\frac{\partial\xi^2}{\partial t^2} = -\delta\rho\, g\cos\theta \qquad (10\text{-}5)$$

or

$$\frac{\partial\xi^2}{\partial t^2} = -\omega^2\xi = -\left(\frac{\delta\rho}{\rho}\right)g\cos\theta$$

$$(10\text{-}6)$$

$$= -\frac{1}{T}\left(\left.\frac{dT}{dz}\right|_{\text{Atmos.}} - \left.\frac{dT}{dz}\right|_{\text{Adiab.}}\right)g\cos^2\theta\;\xi\ .$$

Thus,

$$\omega^2 = N_{\text{BV}}^2\cos^2\theta \qquad (10\text{-}7)$$

where the buoyancy, or Brunt-Väisälä, frequency

$$N_{\text{BV}} = \left[\frac{g}{T}\left(\left.\frac{dT}{dz}\right|_{\text{Atmos.}} - \left.\frac{dT}{dz}\right|_{\text{Adiab.}}\right)\right]^{1/2}$$

$$(10\text{-}8)$$

is the natural frequency of oscillation of a parcel displaced from equilibrium in a gravitational field (Väisälä, 1925; Brunt, 1927). Note that gravity waves have only a characteristic frequency; sound waves have only a characteristic speed. Gravity waves can only propagate at frequencies less than this critical, or cutoff, frequency. If the atmospheric temperature decreases outward more rapidly than a parcel expanding adiabatically, the Brunt-Väisälä frequency becomes imaginary, and the motions are no longer oscillatory, but rather increase exponentially in time, and the atmosphere is convectively unstable. Thus, internal gravity waves and convection can be regarded as the stable and unstable responses to the same restoring force.

Gravity waves of a given frequency propagate at a given angle to the vertical given by $\cos\theta = \omega/N_{\text{BV}}$. A broad spectrum of excitations would be very dispersive in the internal gravity regime, with different frequency components propagating in different directions. The flux of energy in an internal gravity wave (IGW) is radially outwards from the source, which is in the direction of the particle motions, but is perpendicular to the direction of phase propagation. This has the curious consequence that for upward energy propagation, there is downward phase propagation (see Lighthill, 1978, chapter 4). Radiative dissipation will reduce the temperature fluctuations, which will reduce the restoring force and, hence, the Brunt-Väisälä frequency. IGW's cannot exist for isothermal fluctuations, since as radiation reduces δT,

$$\delta\rho = -\frac{\rho}{T}\,\delta T \rightarrow 0 \quad . \qquad (10\text{-}9)$$

Discussions of internal gravity waves may be found in Tolstoy and Clay (1966), Turner (1973), Jones (1976), and Phillips (1977).

Two new effects arise in an atmosphere: the density stratification causes the wave amplitude to vary with height and introduces a low frequency cutoff for acoustic waves. First, a wave propagating without refraction carries an energy flux $\rho\, u^2 V_{group}$, and if the energy propagation (group) velocity remains constant, the velocity amplitude must vary as $\rho^{-1/2} = e^{z/2H}$ to maintain a constant flux, where H is the scale height. Second, as seen in the above discussion of IGW's, for sufficiently slow motions, the pressure fluctuations become unimportant, because waves propagating at the sound speed are able to reestablish pressure equilibrium before the parcel has moved appreciably; pressure fluctuations disappear when the characteristic time is much greater than the characteristic length divided by the sound speed. Thus, a stratified atmosphere will not propagate acoustic waves with periods much greater than H/V_s, because the pressure variations that would drive an acoustic wave are not maintained on the time scale of the driving. Consider, for example, a piston moving the atmosphere up and down. When the piston oscillates more rapidly than the atmosphere can respond, a wavetrain propagates away from the piston; at low frequencies, however, the piston simply raises and lowers the whole atmosphere in phase. Since the gas is compressible, the atmosphere close to the piston does get compressed and rarefied by the motion, but the effect decreases away from the piston. This progressively decreasing response is referred to as an "evanescent" wave in contrast to a "propagating" wave. Just as stratification modifies the propagation of acoustic waves, compressibility modifies the propagation of gravity waves. Since compressibility adds to the total restoring force, gravity waves of a given frequency now exist with more nearly horizontal particle motions, i.e. less buoyancy force.

WHAT IS A MODE?

In the absence of any detailed knowledge about conditions in stellar atmospheres, one's first idea might be that motions would be random, or turbulent, and that they could be described by some statistical properties, in much the same way that one describes the thermal motions of the molecules in a gas or the disorganized motions of a boiling liquid. The temporal or spatial distributions of the velocity and pressure are then conveniently described in terms of their kinetic and potential energy densities as a function of period or wavelength; and these spectra should be smooth, as, for example, those describing noise (this is after all just a definition of noise). In fact, the observed spectra are not smooth. Preferred temporal and spatial scales exist; there are even periodic components, and the source of the deviations of nature from our paradigm of noise spectra has presented a major problem during the last 20 years. Since all the actual sources of mechanical motion vary smoothly and slowly with the scale of the motion, one must look to the response of the atmosphere for the formation of oscillations.

Familiar terrestrial oscillations demonstrate some of the ways in which broadband excitation can cause a narrowband response. Musical instruments resonate at particular frequencies so that only for these frequencies can the medium move in phase with the source and continue to absorb energy from it. The propagation of some motions such as deep water waves depends on the wavelength so that far from the source, the motions disperse and the source spectrum becomes weighted toward the more rapidly propagating components, as in the formation of swell on the ocean far from a storm. This dispersion can be even more extreme if some parts of the spectrum are absorbed or reflected, and the "propagating" medium can act to filter an incident spectrum, a situation familiar to any apartment dweller who receives only the thumping bass from a neighbor's (presumably) more complex spectrum of music. Resonance, dispersion, and filtering, although intimately related and all capable of reproducing the most salient aspects of the observed oscillations, make testably different predictions about the spatial and temporal properties of the oscillations. As one can see in the next section, the current theoretical description of the solar "5-minute" oscillations as a resonance has received substantial observational support, and now receives broad acceptance from solar physicists, so this discussion will concentrate on it. Nonetheless, dispersion and filtering of propagating motions must also occur, and one should not lose sight of their importance in the overall discussion of stellar atmospheric dynamics just because they do not appear to dominate the formation of the "5-minute" oscillations. Also, resonant modes can occur for any wave, and our discussion does not depend upon the particular restoring force.

Consider two identical, one-dimensional waves propagating in opposite directions. When the waves are in phase, that is, when the upward motions of both waves coincide, the resulting amplitude is twice that of one of the waves. One-quarter period later, each wave will have propagated one-quarter wavelength in opposite directions, and they will be out of phase and the sum will vanish everywhere. The period and wavelength of the resultant wave is the same as each of the two components, but it is stationary in space; the wave is said to be "standing." Where does one get two such nicely behaved waves, of the same period and amplitude but traveling in opposite directions? Reflecting a wave back upon itself is an obvious example, and it is the existence of reflections in nature that makes the consideration of interfering waves relevant. Interferometers and lasers are obvious analogies from the electromagnetic domain that are worth bearing in mind.

Consider waves incident upon a rigid reflecting surface, with the reflected wave 180° out of phase with the incident wave. They always cancel at the surface and thus also every half integer wavelength away from the surface. An incident spectrum of wavelengths would give rise to a spectrum of standing waves with their zeros, or "nodes," at varying distances from the surface. (Of course, rigid surfaces are only one sort of boundary condition. For example, the pressure fluctuation instead of the velocity could have a node.)

Slightly more interesting things occur if one now slips a second reflecting surface into the mixture of oppositely propagating waves. For those wavelengths with a node where one placed the new surface, there is no change. Since they had zero amplitude where the surface is now located, they are unaffected. For other wavelengths, however, things get messy rapidly. The motion after a second reflection from the newly inserted wall is not in phase with the initial wave. In general, the distance between the two reflections is a nonintegral number of wavelengths, and the wave will interfere destructively with itself. Those waves with wavelengths that interfere constructively in this cavity are referred to as its "modes of oscillation," "eigenmodes," or just "modes." The requirement for the existence of such a mode is reflection at two boundaries; the propagation equations relate the motions at the two boundaries, and the eigenvalues of the resulting system prescribe the allowed motions within the cavity.

In general, a cavity formed by two reflections will have many resonant modes, that is, many wavelengths that can satisfy the requirement that after two reflections they arrive back at the starting point in phase. In addition to the fundamental mode, with a node at each reflecting surface

$$\text{wavelength} = 2 \times \text{separation},$$

there exists an infinity of shorter wavelength modes satisfying the following equation:

$$\text{wavelength} = \frac{2 \times \text{separation}}{\text{an integer}}. \tag{10-10}$$

These shorter wavelength modes are frequently called "higher modes" or "harmonics." For example, the cello string has as resonant modes all of those sine waves that go to zero at both ends. The longest wavelength resonant mode consists of a half cycle of a sine wave, but 1, 3/2, 2, 5/2, . . . cycles will also resonate. Each successively higher order resonant mode has an additional zero crossing along its length. Since the reflections at the end are independent of the wavelength (ideally), this cavity possesses an infinite number of resonant modes. In addition, for this simple system, the wavelength and the period of a wave motion are linearly related so that these resonances have a simple harmonic relation between the periods. However, the defining condition applies to the wavelength of the wave, not its period, and if the propagation is dispersive, with different periods proagating with different velocity, the periods of the "higher modes" will not necessarily have a simple "harmonic" relationship.

This latter situation is the case for gravity waves and also applies to acoustic waves in a stratified atmosphere. In a star, the reflections as well as the phase speed do depend on the wave period and wavelength. Hence, the size, and even the existence, of a cavity depends on the frequency of the wave and its wavenumber. This has the consequences that, unlike the case of the cello, there is no simple integral relation between periods and wavelengths of harmonics, nor are the boundaries the same for all waves. Not only does their position depend on the frequency and horizontal wavenumber, but for some ranges of wave parameters, the reflections may disappear altogether so that the number of modes is finite.

Since each of the two running waves that produce the standing wave pattern has an equal but opposite energy flux, there is no net energy transfer in spite of the obvious mechanical energy density. Although the oscillation consists of a superposition of running waves for which pressure and velocity are in phase, their sum, the standing wave, has pressure out of phase with velocity, so that there is no net energy flux. At the risk of stretching the analogy with a packet of propagating waves, the group velocity of the standing wave is zero; and, as can be seen at the moments when the two waves comprising a mode cancel everywhere, very loosely speaking, the phase velocity is infinite. In these respects, a standing wave resembles a single evanescent wave. However, the necessary requirement for a standing wave is that it be the sum of two propagating waves, so that for a dispersive system, evanescent and standing waves will occur for distinctly different frequencies.

An instructive, alternative way of looking at the modes of a cavity considers a source of waves within the cavity. The source vibrates and emits waves in one or both directions. If after completing one circuit of the cavity, being reflected off the two boundaries and back to the source, the motion is in phase with the source, the source will do work on the wave. The force and velocity are in phase. The oscillation is resonant and will increase in energy. On the other hand, those waves for which the circuit is a nonintegral number of wavelengths will arrive back at the source with a different phase after each circuit and will alternately gain and lose energy to the source. Therefore, even though the source emits a broad spectrum of wavelengths, after only a short time corresponding to a few circuits, the resonant waves (modes) will have a very large energy density compared with the nonresonant ones.

Finally it should be noted that the propagation as well as the boundary conditions, may depend on parameters other than the period; in particular, for two-dimensional motion, the wavelength parallel to a boundary will intervene. Therefore, to each of the one-dimensional solutions there will correspond a family of oblique wavemodes, whose eigenfrequencies are functions of the other parameters. All of the oblique wavemodes with the same number of nodes between the reflections have similar properties, and are frequently referred to as a single mode, for example a "radial mode." If boundary conditions must also be satisfied in the other spatial dimension, the variation of the eigenfrequency with horizontal wavelength will no longer be continuous; instead, interference will occur in this dimension also and the eigenvalues will be two families of discrete modes.

The next question is: What are the sources of reflection tnat produce cavities for acoustic and gravity waves in stars? First consider the acoustic wave cavity. Rising temperature reflects acoustic waves by refracting them away from the vertical. The sound speed increases with increasing temperature, $V_s \propto T^{1/2}$. As an acoustic wave propagates into a region of higher sound speed its wavelength increases, for a given period and horizontal wavelength. Since its horizontal wavelength does not change, it is the vertical wavelength that increases. Thus, the wave is refracted away from the vertical. This is just Snell's law—waves propagating into a region of decreasing index of refraction (increasing phase speed) are refracted away from the normal. When the sound speed equals or exceeds the horizontal phase speed of the wave, the wave can no longer propagate vertically and it is totally reflected. The large horizontal wavenumber limit for acoustic wave propagation is the line

$$V_{\text{phase}} = \omega/k_x = V_s \,, \tag{10-11}$$

whose slope increases with increasing sound speed.

The acoustic wave dispersion relation in a uniform gas is

$$k_z^2 + k_x^2 = \frac{\omega^2}{V_s^2} \,. \tag{10-12}$$

In a stratified atmosphere, this relation becomes

$$k_z^2 = \frac{\omega^2}{V_s^2} - k_x^2 - \frac{1}{4H^2} \,. \tag{10-13}$$

This defines the "acoustic cutoff frequency" $N_{AC} = V_s/2H$, below which $k_z^2 < 0$. Pressure perturbations move the entire atmosphere in phase, and waves cannot propagate vertically for any value of k_x. Thus N_{AC} is the low frequency limit for acoustic wave propagation. The acoustic cutoff frequency also depends on temperature: $N_{AC} \sim T^{-1/2}$. As the temperature falls, the acoustic cutoff frequency increases. When an acoustic wave with a given frequency propagates into a region of lower temperature, at the point where the acoustic cutoff frequency equals or exceeds the wave's frequency, the wave no longer propagates and it is totally reflected.

The propagation characteristics of an atmosphere are conveniently discussed in terms of the "diagnostic diagram," where the regions of vertical propagation ($k_z^2 > 0$) are plotted as a function of ω and k_x (Figure 10-1). (This dispersion relation for acoustic gravity waves in an isothermal atmosphere is discussed by Uchida, 1965, 1967.) Vertical propagation ($k_z^2 > 0$) is possible only in the shaded (acoustic waves) and hatched (internal gravity waves) regions. The asymptotic boundaries of the propagation region for acoustic waves, $\omega = V_s k_x$ at large k_x and $\omega = N_{AC}$ at small k_x, are clearly seen. The line $\omega = V_s k_x$ corresponds to horizontally propagating waves, referred to in this context as "Lamb waves," after Horace Lamb who, at the beginning of this century, discovered most of what is known about atmospheric waves. A good reference on atmospheric waves is Eckart (1960).

Next consider the gravity waves. The situation is different than for acoustic waves. Gravity waves can propagate only for frequencies less than the Brunt-Väisälä (buoyancy) frequency, because that is the maximum buoyancy acceleration. In stars, gravity wave reflections are produced primarily by variations in the Brunt-Väisälä frequency. This has a temperature dependence similar to that for the acoustic cutoff frequency; however, it also depends sensitively on the compressibility of the gas. For a partially ionized gas, which responds to an increase in the internal energy density (pressure) by an increase in ionization much more than an increase in temperature, the density fluctuations which drive IGW's are reduced. Hence, the restoring force and, thus, the natural buoyancy frequency of oscillation of a parcel are reduced.

The gravity wave dispersion relation in an incompressible medium, which was derived earlier, can be written

$$\omega^2 = N_{BV}^2 \cos^2\theta = \frac{N_{BV}^2 k_x^2}{(k_z^2 + k_x^2)^{1/2}}, \qquad (10\text{-}14)$$

since the fluid parcel moves at right angles to the wave vector. This can be expressed as

$$k_z^2 = k_x^2\left(\frac{N_{BV}^2}{\omega^2} - 1\right), \qquad (10\text{-}15)$$

which in a compressible atmosphere becomes modified to

$$k_z^2 = k_x^2\left(\frac{N_{BV}^2}{\omega^2} - 1\right) - \frac{1}{4H^2}. \qquad (10\text{-}16)$$

One can see (Figure 10-1) that asymptotically at large k_x the boundary of the propagation region approaches $\omega = N_{BV}$ independent of k_x, while asymptotically at small k_x the boundary of the propagation region approaches

$$k_z^2 = \frac{N_{BV}^2}{\omega^2} k_x^2 - \frac{1}{4H^2} = 0, \qquad (10\text{-}17)$$

which is the straight line

$$\omega = 2HN_{BV} k_x = \left(\frac{N_{BV}}{N_{AC}}\right) V_s k_x .$$

For $\gamma = 5/3$, N_{BV}/N_{AC} for an isothermal atmosphere is 0.98, so this asymptote is not distinguishable from the Lamb wave line.

The difference in the spatial and temporal scales between acoustic waves and IGW's becomes apparent: acoustic waves have high frequency and low horizontal wavenumber, while IGW's have low frequency and large horizontal wavenumber.

In the clear region of the diagnostic diagram (Figure 10-1), where $k_z^2 < 0$, the waves are said to be evanescent. They vary sinusoidally in time, but exponentially rather than sinusoidally with height, with a scale length $(-k_z^2)^{1/2}$. These waves do not propagate energy vertically—the vertical velocity and pressure fluctuations are 90° out of phase—but they do propagate phase and energy horizontally. Just as for $k_z^2 > 0$, where for any ω and k_x there exist two waves, one propagating upward and the other downward, there are, in general, two evanescent waves, one increasing upward and the other downward. It should be noted that where $k_z^2 < 0$, and a wave is evanescent, its energy decreases exponentially away from the interface between propagating and evanescent layers. Thus, although there may be total reflection at the interface, the transition is not abrupt, and if the evanescent layer is thin the waves will tunnel through the barrier and propagate again on the other side.

The divergence-free wave is also indicated on Figure 10-1. Along this curve, $\nabla \cdot \mathbf{u} = 0$, and $\omega = (gk_x)^{1/2}$. Recalling the equation of conservation of mass, $D\rho/Dt = -\rho\nabla \cdot \mathbf{u}$, waves along this curve are compressionless, and hence they are immune to many dissipative processes. They are always evanescent.

In the presence of radiative dissipation, the difference between propagating and evanescent waves becomes less distinct, and the vertical

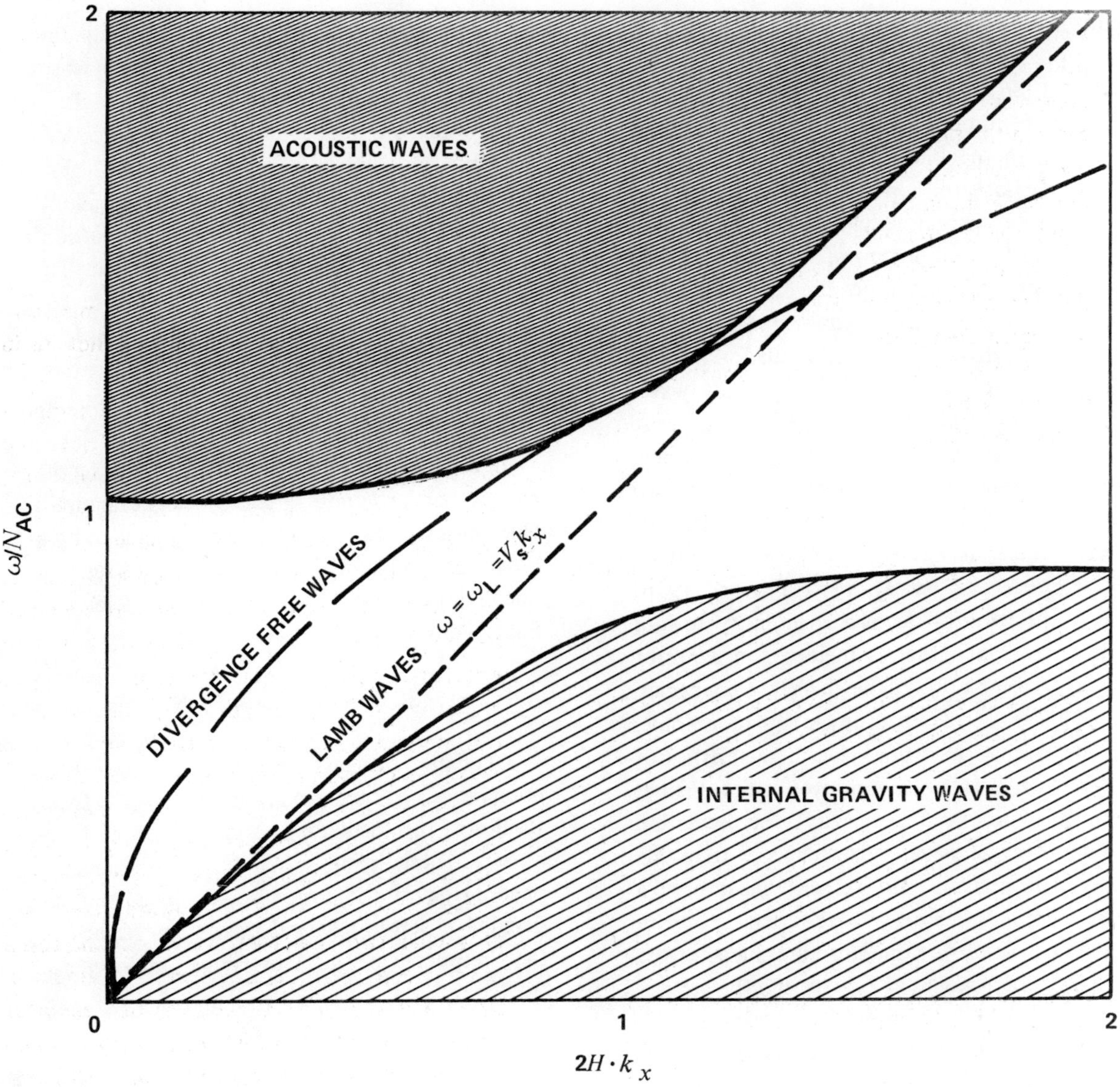

Figure 10-1. k_x -ω (diagnostic) diagram for an isothermal atmosphere. Propagating regions are shaded. Constants are scale height H, critical frequencies N_{AC} and N_{BV} (defined in text) and the Lamb frequency ω_L, all of which are functions of temperature, which is constant.

wavenumber is complex throughout the diagnostic diagram. Thus, even in the region of propagating acoustic waves, there is an exponential decrease in the energy density in the direction of propagation, and waves with frequencies below the acoustic cutoff have some vertical propagation. A distinction between primarily propagating and primarily evanescent waves can still be drawn where the damping length equals the wavelength (Souffrin, 1966). For IGW's, N_{BV} decreases as the radiative dissipation becomes more important, with the IGW's disappearing entirely for isothermal waves. However, N_{AC} decreases by only a factor γ since an isothermal fluctuation corresponds to $\gamma = 1$.

Also note that for an isothermal atmosphere the lines $k_z^2 = 0$ are independent for the variable chosen (u_z, $(\rho u_z)^{1/2}$, $\nabla \cdot \mathbf{u}$, . . .). The transition from sinusoidal to exponential variation will depend upon which variable is chosen, for an arbitrary temperature gradient, and hence these limits are no longer a meaningful criterion for propagation. A more physical quantity, such as the flux, should be used in this case. However, Pierce (1966) has shown that when the correct interface conditions between isothermal regions are used, in the limit of vanishing thickness a series of isothermal slabs leads to the more rigorous solution with varying temperature.

Finally, for completeness, it should be noted that a resonant cavity is not the only mechanism for producing a peaked power spectrum. For instance, a narrow band filter applied to a broad band source of waves will transmit only waves with a narrow range of periods. Filters may arise simply in nature. Purely locally, frequency-dependent reflection at an interface between two regions of different sound speed provides just such a filter. It has been proposed (Souffrin, 1966; Fossat and Ricort, 1975; Provost, 1976) that a spectrum of decreasing intensity toward higher frequency, that is incident on a mirror which transmits only the higher frequencies, would give rise to a peak in an initially monotonically decreasing spectrum. The characteristics of such an oscillation are, however, quite distinct from those produced in a cavity. The oscillation is a propagating wave everywhere: it transmits energy, so pressure and velocity must have a component in phase. The resultant spectrum would not exhibit the fine structure characteristic of higher order modes in a cavity and the vertical variation would be sinusoidal, not exponential. Finally, the output of the filter varies directly as its input, whereas the response of a cavity is diluted because the trapped wave makes many circuits.

Dispersion of a signal during its propagation, in the absence of significant dissipation, can create oscillatory signals from impulsive inputs by taking a broadband input and delaying the arrival at a distant observation point of some frequency components relative to others. Here again, the oscillation will be fundamentally a propagating wave, without the fine structure of the output of a cavity; but, in addition, because it arises from impulsive excitation, the signal must be nonstationary in time. The instantaneous frequency decreases to the acoustic cutoff, and the amplitude decreases, both as $(\text{time})^{-1/2}$.

To summarize this section, a mode is a standing wave oscillation composed of two running waves of equal amplitude traveling in opposite directions, which are trapped in a cavity by reflections at either end that limit the propagation region. The boundary value problem thus posed admits solutions only for specific waves; these solutions constitute the eigenvalues of the system. The frequency spectrum of such a motion ideally consists of infinitesimally narrow peaks at the eigenfrequencies; the peaks are broadened by the finite lifetime brought about by the inevitable dissipation of the motion.

In addition to a mechanism for producing the narrow band response, a source is also required. One thinks of such a cavity as being excited by a broadband source within it, such as in a laser, but one could also excite it from the outside as in a Fabry-Perot interferometer.

SOLAR OSCILLATIONS

Dramatic progress in understanding solar observations has occurred in the last decade from studies of the oscillatory phenomena in all their aspects. These include instabilities and resonance phenomena in the convection zone as well as detailed observational and theoretical studies of the response of the overlying atmosphere.

Solar Cavities

As seen above, oscillatory modes are produced by a resonant cavity, that is, a region where waves can propagate ($k_z^2 > 0$), bounded by regions where they cannot ($k_z^2 < 0$) and are reflected. The boundary of the cavity occurs where $k_z = 0$. To see where such cavities occur in the Sun, start from the expression for k_z^2 as a function of angular frequency and horizontal wave vector, combining our previous results for acoustic and gravity waves. If one neglects temperature gradients in the expression for k_z^2,

$$k_z^2 = \frac{\omega^2 - N_{\mathrm{AC}}^2}{V_{\mathrm{S}}^2} + k_x^2\left(\frac{N_{\mathrm{BV}}^2}{\omega^2} - 1\right). \quad (10\text{-}18)$$

The acoustic cutoff frequency is $N_{AC} = \gamma g/2V_s$ The Brunt-Väisälä buoyancy frequency is

$$N_{BV}^2 = (\gamma - 1)\frac{g^2}{V_s^2} + \frac{g}{T}\frac{dT}{dz} . \qquad (10\text{-}19)$$

The expression for N_{BV} is the one place where the temperature gradients cannot be ignored. In spherical geometry the horizontal component of the wave vector is

$$k_x^2 = \frac{\ell(\ell + 1)}{r^2} . \qquad (10\text{-}20)$$

The turning points of the waves ($k_z = 0$) occur for acoustic waves at

$$\omega^2 = V_s^2 k_x^2 = \ell(\ell + 1)\frac{V_s^2}{r^2} \quad (\text{large } k_x H)$$

$$\omega = N_{AC} \quad (\text{small } k_x H). \qquad (10\text{-}21)$$

Acoustic waves propagate where their frequency is greater than both $V_s k_x$ and N_{AC} (Figure 10-1). For gravity waves the turning points occur at

$$\omega = N_{BV} \quad (\text{large } k_x H) \qquad (10\text{-}22)$$

$$\omega = (N_{AC}/N_{BV})\ V_s k_x \quad (\text{small } k_x H).$$

Gravity waves propagate where their frequency is less than both N_{BV} and $V_s k_x$ (Figure 10-1).

The cavity structure for these waves depends upon the structure of the Sun. The propagation diagram, Figure 10-2, shows schematically how N_{BV}, N_{AC}, and $V_s k_x$ (for one particular k_x) vary through the Sun (Scuflaire, 1974; Ando and Osaki, 1977; Shibahashi, 1979; Wolff, 1979). Let us discuss the solar cavities moving from the core to the surface.

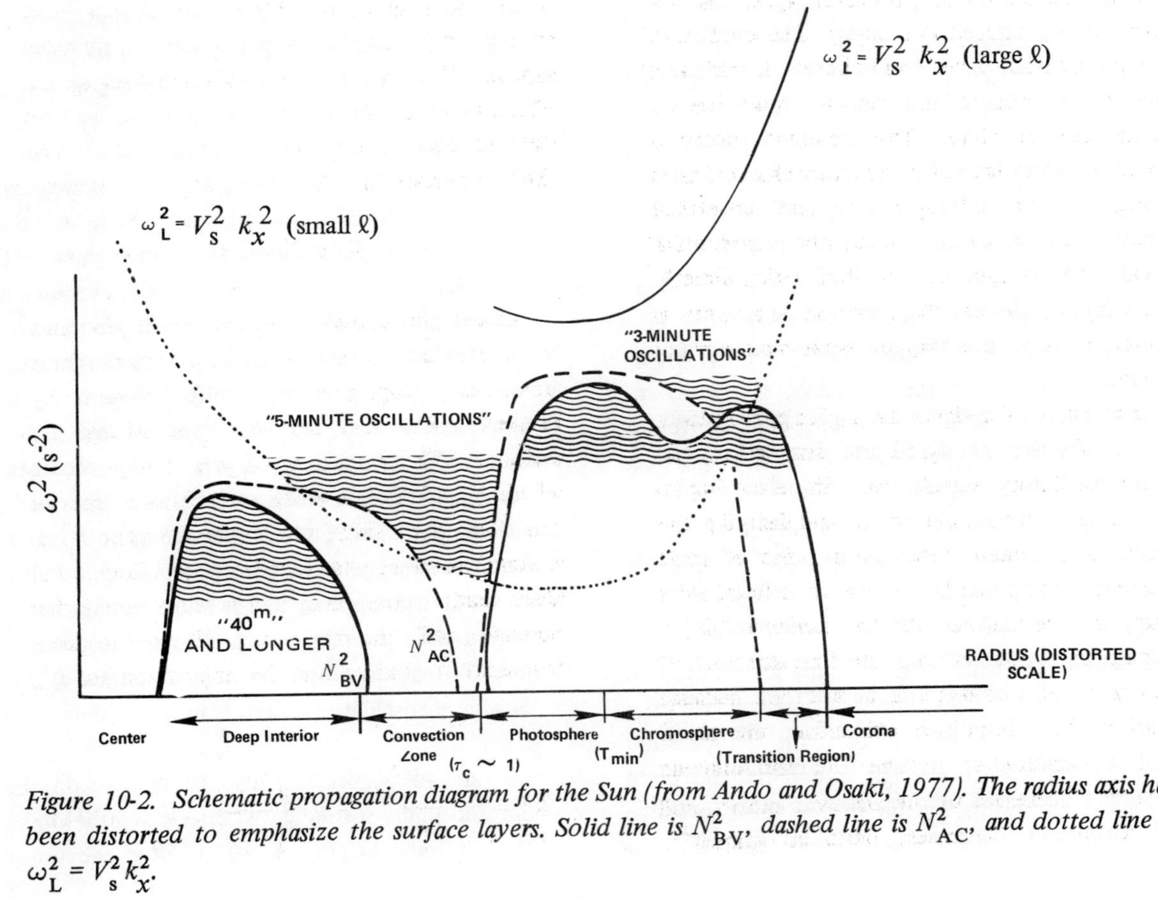

Figure 10-2. Schematic propagation diagram for the Sun (from Ando and Osaki, 1977). The radius axis has been distorted to emphasize the surface layers. Solid line is N_{BV}^2, dashed line is N_{AC}^2, and dotted line is $\omega_L^2 = V_s^2 k_x^2$.

At the center of the Sun, $V_s k_x \to \infty$ for all $\ell \neq 0$, since $r \to 0$ and $k_x \propto r^{-1}$; while $N_{BV} \to 0$, since $N^2_{BV} \propto g = GM(r)/r^2 = 4\pi G\rho r/3$. Only radial ($\ell = 0$) acoustic waves can reach the center of the Sun and so their cavity is extremely thick. Nonradial ($\ell \geq 1$) acoustic waves and all gravity waves are reflected before they reach the center. The higher the angular mode (larger ℓ, smaller λ_x) the farther out the acoustic waves are turned around. The more obliquely these waves propagate, the smaller their horizontal phase speed. They are reflected back upward when the sound speed has increased to their horizontal phase velocity, before they have penetrated very deeply, and their cavity is shallower. The bottom of the acoustic cavity is thus spread over a broad range of heights depending on the horizontal scale of the waves. To see this, imagine the line $V_s^2 k_x^2$ in Figure 10-2 shifted up and down in proportion to ℓ.

The structure of the outer solar envelope is dominated by the ionization of hydrogen and helium, which increases the opacity and, thus, the radiative equilibrium temperature gradient, and also increases the specific heat, thus decreasing the critical adiabatic temperature gradient g/C_p for convective instability. As a result, the region from about 0.65 to 0.9999 solar radii is convectively unstable, and the buoyancy force changes from a restoring to a destabilizing force. Convective motions, which transport energy very efficiently at the densities of the solar envelope, carry all of the outward thermal flux, even though the temperature gradient is only slightly superadiabatic. In this unstable, superadiabatic convection zone, $N^2_{BV} < 0$ and gravity waves are evanescent. Hence, the convection zone provides a reflecting barrier for all internal gravity waves. Gravity modes are thus trapped in the interior of the Sun, between the core where $g \to 0$ and the convection zone where N^2_{BV} becomes slightly negative (Figure 10-2).

Near the visible surface, radiation can escape to space and the efficiency of convective energy transport decreases, so that the temperature gradient becomes strongly superadiabatic for a few scale heights at the top of the convective zone. The rapid decrease in temperature at the visible surface of the Sun causes the cutoff frequencies to rise very dramatically, so that acoustic waves with a broad range of frequencies change from propagating to evanescent within a small range of heights. Hence, the top of the convection zone provides a good, broadband mirror for acoustic waves. As the temperature does not continue to decrease, but reaches a minimum value of around 4500 K, the acoustic cutoff period also reaches a minimum of about 180 seconds, and shorter period waves are not reflected at the top of the convection zone. While upwardly propagating acoustic waves with periods of 300 to 400 seconds will be reflected downward just below the visible surface, 200-second waves will propagate into the visible atmosphere and 100-second waves will propagate right past the temperature minimum and into the chromosphere. This temperature minimum mirror becomes transparent at these higher frequencies, so that these waves travel all the way up to the transition region before the increasing sound speed becomes equal to their horizontal phase velocity. Acoustic modes with periods greater than 3 minutes and with high angular order (large ℓ) are trapped in the upper portion of the convection zone, which provides the resonant cavity for the "5-minute" oscillations.

These trapped acoustic and gravity waves can also be viewed from the perspective of the diagnostic diagram. Figure 10-3 shows the $k_z = 0$ boundaries between propagating and evanescent waves for three temperatures for acoustic waves and for two Brunt-Vaisala frequencies for gravity waves. Region A is the acoustic wave cavity at intermediate temperatures bounded by higher and lower temperature layers. Hence, acoustic waves in region A propagate readily at intermediate temperatures, but are reflected at both higher temperatures, where their phase velocity is less than the sound speed, and at lower temperatures, where their frequency is less than the acoustic cutoff frequency. Region A corresponds to the 5-minute oscillation cavity in the convection zone.

Acoustic waves can also be trapped in the chromosphere if they have periods slightly longer than 3 minutes (Figure 10-2). Here the lower

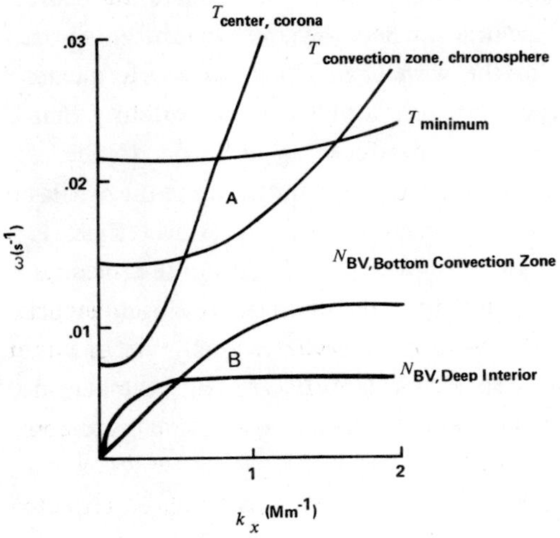

Figure 10-3. Diagnostic diagram showing (A) the region of sound wave propagation for three isothermal regions, and (B) the region of gravity wave propagation for two regions of constant N_{BV}.

boundary is caused by reflection where the acoustic cutoff frequency is large at the temperature minimum and the upper boundary is caused by refraction produced by the rapidly increasing sound speed as the temperature rises in the transition region to coronal values.

Finally, very high frequency acoustic waves, with periods less than 3 minutes, experience a cavity extending from their refraction in the transition region down into the interior to where $V_s k_x = \omega$ again.

Gravity wave cavities occur wherever there is a local maximum in the Brunt-Väisälä frequency, for example, in region B of Figure 10-3, where N_{BV} is large, bounded by layers where N_{BV} is small or imaginary. Gravity waves in region B propagate readily where the gas is either neutral or completely ionized and N_{BV} is large, but are reflected where N_{BV} becomes small or imaginary in regions of partial ionization or convective instability, and at the center of the star. In addition to the solar interior (between the center and the convection zone) there are gravity wave cavities around the temperature minimum and in the transition region. At the top of the chromosphere, where hydrogen is partially ionized and $\gamma \simeq 1$, the Brunt-Väisälä frequency becomes small. Around the temperature minimum, where hydrogen is neutral, N_{BV} has a maximum and gravity waves with periods between 180 and 800 seconds are trapped in this cavity between the convection zone and the upper chromosphere. In the transition region the Brunt-Väisälä frequency is large because of the large positive temperature gradient, whereas in the nearly isothermal high temperature corona it is small again. Hence, gravity waves can also be trapped in a transition region cavity.

Finally, gravity waves of very low angular order (small ℓ) will experience reflection due to refraction where $\omega = (N_{AC}/N_{BV})\, V_s k_x$, instead of at the bottom of the convection zone. This can be seen in Figure 10-2, if one visualizes the $V_s^2 k_x^2$ curve lowered for smaller ℓ. Hence, the cavity for these low angular order gravity waves will be confined to the deep interior of the Sun.

Given the existence of a cavity, it has already been shown that an oscillation or eigenmode will only exist at those frequencies for which a wave making a round trip through the cavity will return in phase with itself. Depending on the boundary conditions, whether there is a node or an antinode at the boundary, this phase coincidence requires that either an integral number of half wavelengths or an odd number of quarter wavelengths just fit into the cavity. One might expect that trapped waves would have a node at each turning point. However, the naive ray picture (WKB approximation) results in a wave amplitude increasing approximately as $[k_z(z)]^{-1/2}$ at the turning points. If one further takes account of the diffuse nature of the cavity boundaries (penetration of the waves into the evanescent regions), then the oscillatory wave inside the cavity must fit smoothly onto an exponentially decaying wave at the turning point. This requires an antinode slightly inside the cavity from the turning point. In order to smoothly fit the oscillatory onto the exponentially decaying waves at both ends of the cavity, an integral number of half-wavelengths plus an additional one-quarter wavelength must just fit inside the cavity. Thus, the condition for a mode to exist is

$$\int k_z \, dz = (n + \tfrac{1}{2}) \pi \; . \qquad (10\text{-}23)$$

Here n specifies the number of zero crossings the wavemode has within the cavity and is called the radial mode number in contrast with the angular mode number, ℓ. The period of the fundamental mode, $n = 0$, is just the travel time for the wave across the cavity and back:

$$\tau = 2 \int \frac{dz}{V_{\text{phase}}} \qquad (10\text{-}24)$$

At a fixed horizontal wavelength, the acoustic wave with the longest vertical wavelength that resonates has the longest period, and higher harmonics have shorter periods. For a uniform cello string, all of the higher order resonant modes have the wave energy distributed more or less uniformly along the string, which, of course, has the same length for all of the harmonics. In the solar acoustic cavity, on the other hand, the higher ℓ resonant modes propagate more nearly horizontally than the low ℓ ones. Thus, the higher ℓ-modes propagate in a more limited range of depths in the solar convection zone. Hence, the energy distribution for the harmonics will, in general, be very different. Of course resonances exist for a wide range of horizontal wavelengths, each with a different resonant period, since the vertical wavelength depends on both the horizontal wavelength and the period. The ensemble of resonant modes with the same number of vertical wavelengths trapped in the cavity is often referred to as a "vertical mode," and the number of zero crossings—of the pressure fluctuation, for example—is used as an index to classify them. The longest vertical wavelength mode, which has no zero crossings except in very centrally condensed stars, is called the "fundamental."

Fundamental Mode

The fundamental radial mode is trapped between the center, where by spherical symmetry the radial velocity must vanish and a node occur, and the surface, where the small scale height compared to the wavelength, $H \ll \lambda \simeq R_\odot$, means that the wave sees a pressure discontinuity that reflects it and produces an antinode. Hence, a quarter of a wave fits into the Sun, and the oscillation period, which is the wave travel time, is $\tau_F \simeq 4R_\odot / V_s$. Now $V_s^2 = \gamma \bar{P}/\bar{\rho}$ and the pressure equals the weight of the material pressing down on the core of the Sun. Hence, $\bar{P} \simeq g\bar{\rho}R_\odot = (GM_\odot / R_\odot^2)\rho R_\odot$, so $V_s = (\gamma GM_\odot/R_\odot)^{1/2}$. Thus, the period of the fundamental radial oscillation mode is

$$\tau_F \simeq 4\,(R_\odot^3/\gamma GM_\odot)^{1/2} \simeq (G\bar{\rho})^{-1/2} \simeq 60 \text{ minutes.} \qquad (10\text{-}25)$$

For nonradial oscillatory modes $k_x \neq 0$, the fundamental is a surface wave that propagates horizontally and decays more or less exponentially with depth. Like a surface water wave it is nearly incompressible (for $k_x R \gg 1$), and its frequency and horizontal scale are related by the dispersion relation $\omega^2 = gk_x$. The fundamental mode can change character from a pressure wave in the outer parts of a star, where its frequency is above N_{AC} and $V_s k_x$, to a gravity wave in the interior, if N_{BV} has a maximum that exceeds the minimum of N_{AC} (Scuflaire, 1974). Christensen-Dalsgaard (1980, figure 6) shows that there can exist higher order gravity modes whose frequencies lie above the fundamental.

Acoustic (p) Modes

Convection Zone Cavity–5-Minute Oscillations. A decade ago, the nature of the 5-minute oscillations was an actively debated issue, with contenders including running acoustic waves, gravity waves trapped in the temperature minimum, and acoustic waves trapped in the chromosphere, or trapped below the observable surface (for reviews see Michalitsanos, 1973; Stein and Leibacher, 1974). The model, which predicted the modal structure in the diagnostic diagram that was ultimately observed, was suggested by Ulrich (1970) and Leibacher and Stein (1971). The essential correctness of this model was confirmed by the announcement by Deubner (1975) that the modes had been unambiguously observed, and that they followed the detailed calculations of Ando and Osaki (1975) with amazing precision. Recalling that a subphotospheric, acoustic wave cavity has been shown to exist in the Sun, it is now appropriate to consider the modes of that cavity and their relation to the 5-minute oscillations.

Acoustic waves (called "p-modes" for pressure as the restoring force) are trapped in a cavity extending from the top of the convection zone down to the level at which refraction, due to the sound speed increasing inward in proportion to the square root of temperature, turns the waves around when $V_s = \omega/k_x$. To get an approximate estimate of the thickness of this cavity, suppose that the temperature gradient is constant and has its adiabatic value (as it does in all but the top few scale heights in the convection zone). Then

$$T = \left.\frac{dT}{dz}\right|_{\text{Adiab.}} \delta \ , \tag{10-26}$$

where δ is the depth below the surface, and

$$\left.\frac{dT}{dz}\right|_{\text{Adiab.}} = -\left.\frac{T}{P}\frac{d\ln T}{d\ln P}\right|_{\text{Adiab.}} \frac{dP}{dz}$$

$$= \frac{\gamma-1}{\gamma\mathcal{R}}\, g = g/C_P \ . \tag{10-27}$$

Thus, the sound speed increases with depth as

$$V_s^2 = (\gamma - 1)g\delta \ , \tag{10-28}$$

and the depth of the acoustic wave cavity in the convection zone is

$$\delta = \omega^2/(\gamma-1)g\,k_x^2 \ . \tag{10-29}$$

The shorter the horizontal wavelength, the shallower the cavity. This corresponds to an upward shift of the $V_s^2k_x^2$ curve in the propagation diagram (Figure 10-2). The period of these oscillatory modes is determined by the condition that the cavity contains an odd number of quarter wavelengths, expressed by

$$(n + \frac{1}{2})\pi = \int k_z dz = \omega \int \frac{dz}{V_s} = \frac{2\omega\delta^{1/2}}{(\gamma-1)^{1/2}g^{1/2}}$$

$$= \frac{2\omega^2}{(\gamma-1)gk_x} \ . \tag{10-30}$$

Thus,

$$\omega_n^2 = \frac{(n + 1/2)\pi\,(\gamma-1)g\,k_x}{2} \simeq (n + 1/2)g\,k_x \ . \tag{10-31}$$

This is the predicted parabolic shape of the 5-minute oscillation modes in the diagnostic diagram observed by Deubner (1975) and Rhodes, Ulrich, and Simon (1977). One consequence is that the separation between radial modes is

$$\frac{d\omega}{dn} = \frac{gk_x}{2\omega} = \frac{\omega}{2n}. \tag{10-32}$$

The nth mode occupies a cavity of depth proportional to its horizontal scale (Figure 10-4)

$$\delta_n = \frac{n\pi}{2k_x} = \frac{n\lambda_x}{4} \quad . \qquad (10\text{-}33)$$

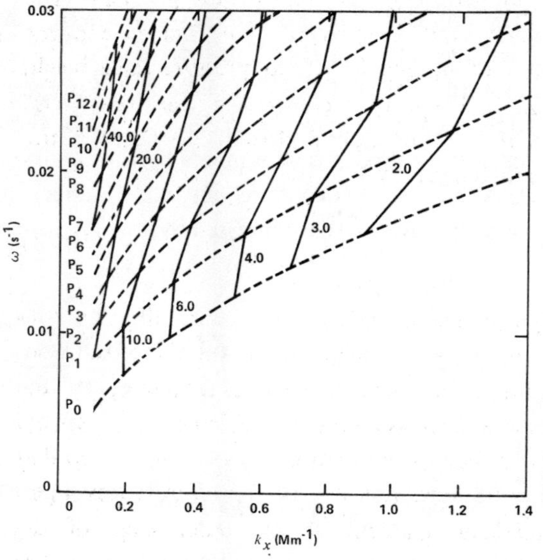

Figure 10-4. "Isobaths": k_x–ω (diagnostic) diagram with lines of constant effective depth Z_{eff} indicated. Nonradial p-mode loci of eigenfrequencies are shown, with the dashed lines designated P_n on the left. The solid, more nearly vertical lines are the lines of constant Z_{eff}. The value of the effective depth is given adjacent to each of these lines in megameters (from Ulrich, Rhodes, and Deubner, 1979).

The width of an individual radial mode is on the order of the reciprocal of the phase coherence time. The observed horizontal wavelengths correspond to ℓ values of hundreds to thousands; in other words there are hundreds to thousands of horizontal waves around the circumference of the Sun as opposed to a few (2 to 15) radially in the convection zone cavity. So the time to establish a true, interfering mode in the horizontal direction is much greater than it is in the radial direction, and the separation in k_x between modes is much smaller. To resolve two features separated by Δ in a power spectrum, one must observe essentially for a duration 2/Δ, ignoring maximum entropy analysis for this case. So whereas resolution of the temporal spectrum requires durations on the order of an hour, the spatial spectrum would require observing along a line 2 solar radii, a difficult undertaking. Because of this difficulty, the radial modes have not yet been decomposed into separate horizontal modes, the best observed diagnostic diagrams contain tens of modes per resolution element, and the question of whether or not the lifetimes of the modes are sufficient to establish horizontal interference remains one of great current interest.

The energy density in the oscillatory modes is concentrated in the region where the waves can propagate and decreases exponentially into the regions where the waves are evanescent. Since the low angular order ℓ (small k_x) modes have a deeper cavity, their eigenfunctions have a large amplitude deeper in the Sun. This is significant both for the excitation and damping of the modes and for their use as a diagnostic tool to probe the solar convection zone. It must also be remembered that the 5-minute oscillations are evanescent in the photosphere and chromosphere where one observes them, so that their energy density decreases rapidly with height in the solar atmosphere, to the point where they are barely detectable at the top of the chromosphere.

Given the existence of a resonant cavity, anything that produces waves can excite the modes. However, their amplitude and, in particular, the excitation of some modes and not others remains an outstanding problem. Acoustic modes may be excited by thermal overstability in the regions of hydrogen and helium ionization near the top of the convection zone by the same opacity variation mechanism that drives variable stars, or they may be excited by turbulent convection motions, which are largest in the superadiabatic top layer of this same zone. These mechanisms are discussed in more detail in Chapter 11. Those waves of small k_x and long period that penetrate deep into the Sun are damped by radiative dissipation, whereas those waves of short period that can propagate through the temperature minimum (and are only refracted by the increasing sound speed in the transition region) develop large nonlinear amplitudes and are damped by shock dissipation. Modes whose eigenfunctions spread far beyond the driving region will suffer more dissipation than excitation. Ando (1976) and Ando and Osaki (1975) have found that the first few radial modes for a broad range of ℓ are self-excited by the κ mechanism. The fundamental, however, is nearly incompressible, so thermal driving is weak, and it is not overstable. When convective turbulent viscosity is included, all modes become thermally stable (Goldreich and Keeley, 1977a, 1977b; and Keeley, 1978). However, these turbulent motions themselves will excite the oscillations. Although the modes exist up to very long periods, only those with periods in the range of 3 to 5 minutes have sufficiently small damping to develop a large amplitude and be observed.

The precision with which predicted modes match the observed diagnostic diagram in the region of the 5-minute oscillations encourages us to use small remaining differences as diagnostics of conditions below the visible surface. Two distinct approaches present themselves: calculation of a grid of models, by varying the atmospheric parameters and searching for the best fit to the observations; or establishing the dependence of the observed quantities upon the atmospheric structure, and inverting the relations to determine the atmospheric structure directly. In spite of the attractiveness of directly inverting the equations to determine, for example, the temperature structure of the interior, such endeavors are fraught with difficulties similar to those encountered in other areas of astronomy such as limb darkening (Kunasz, Jefferies, and White, 1973) or emission measure distributions (Craig, 1977). Inverse techniques have been developed in geology to use seismic wave propagation data to determine the structure of the Earth and Moon (see Backus and Gilbert, 1967 and a review by Parker, 1977). Unfortunately, astronomers only possess modal information, whereas seismologists have pulse response data, and modal structure does not contain enough information to solve for the structure of the oscillating body (Barcilon, 1979). At best, some least squares fitting can be done for parameters to which the modes are especially sensitive. Application to the oscillation problem has been suggested by Christensen-Dalsgaard and Gough (1976) and Gough (1978b).

Two particular problems in solar diagnostics have been considered recently, using the 5-minute oscillations as a probe: the variation of temperature and the variation of rotational velocity with depth. Consider the first of these problems. The use of standard convection zone models with the ratio of mixing length to pressure scale height ℓ/H = 1.0 gives theoretical modal frequencies slightly greater than observed. The period of the mode is given by

$$\tau = 2 \int_{r_{\text{bottom}}}^{r_{\text{top}}} \frac{dz}{V_s} \, . \qquad (10\text{-}34)$$

Hence, decreasing the temperature within the convection zone or increasing the depth of the resonant cavity will lower the frequency of the modes. Increasing the mixing length increases the efficiency of convective energy transport so that the outward flux can be carried by a less superadiabatic gradient at the outer edge of the convection zone. This decreases the temperature throughout the part of this zone that contains the 5-minute resonant cavities (depth $< 10^4$ km) (Figure 10-5). The observed width of the modes allows mixing lengths in the range 1.5 to 2.5 times the pressure scale height, the most likely value being 2. Increasing the mixing length has the additional effect of increasing the depth of the convection zone to 30 percent of the solar radius. Thus, observations of the 5-minute oscillations favor a deep solar convection zone. This has important implications for observations of long period gravity modes, to be discussed later, as well as leading to a larger lithium depletion than is observed. Berthomieu et al. (1980) and Ulrich and Rhodes (1977) have discussed the sensitivity of this model fitting method. Lubow, Rhodes, and Ulrich (1980) show that including Coulomb corrections to the equation of state and moving the upper boundary into the corona bring the observations and theory into agreement for a mixing length twice the pressure scale height.

The second problem is the variation of solar

rotation with depth. The solar rotation carries the oscillations with it. Standing waves consist of equal amplitude waves running in opposite directions; the rotation will increase the observed phase velocity of the wave propagating in the direction of the rotation and decrease the phase velocity of the wave propagating in the opposite direction. Power spectra are normally presented with positive frequencies and positive horizontal wavenumbers. Yet, for every positive frequency mode propagating phase toward smaller x, there corresponds a negative frequency mode propagating toward larger x. When a standing wave moves with the solar rotation, the observed phase velocity of the wave propagating in the direction of the motion will be increased, and that of the oppositely propagating wave will be decreased by

$$\frac{\Delta\omega}{\omega} = \frac{V_{\text{motion}}}{V_{\text{phase}}} \qquad (10\text{-}35)$$

so that the separation between the positive frequency wave and the negative frequency wave is

$$\left|\omega_+\right| - \left|\omega_-\right| = 2\Delta\omega \; . \qquad (10\text{-}36)$$

The splitting of the positive and negative frequency components thus gives the motion of the pattern across the observing field. If solar oscillation observations could be referenced to some fixed features, such as the limbs or long-lived structures, then motion of the oscillations could be measured. Rhodes, Deubner, and Ulrich (1979), Ulrich, Rhodes, and Deubner (1979), and Deubner, Ulrich, and Rhodes (1979) have utilized this approach, by averaging observations parallel to the Sun's axis of rotation, to observe rotation of the oscillating modes. The sensitivity of this method is comparable to that of traditional methods using Doppler velocities, but because the modes exist only within a well-defined range of radius, it offers the advantage of measuring the subsurface rotational velocity.

As shown above, the depth of the mode increases for smaller horizontal wavenumbers, since the upper reflection remains fixed near the strongly superadiabatic region independent of ω and k_x, while the lower reflection occurs where the horizontal phase velocity is $\omega/k_x = V_s \simeq T^{1/2}$,

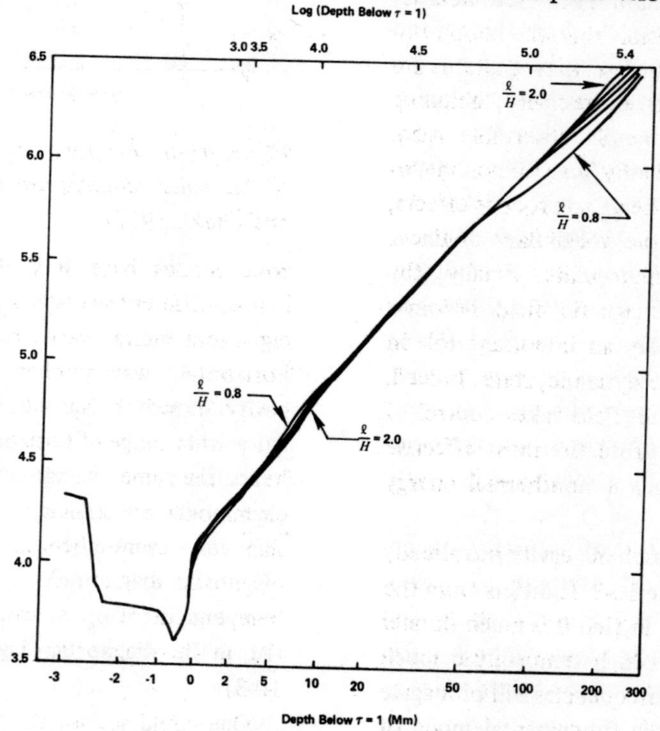

Figure 10-5. Temperature structure of the solar convection zone for different values of the ratio of the mixing length to the pressure scale height (from Ulrich and Rhodes, 1977).

which, for a polytrope, is approximately $z^{1/2}$. Lines of constant effective depth (or "isobaths"; Figure 10-4) are approximately straight lines through the origin in the diagnostic diagram. Averaging the observed rotational velocities as a function of the depth of formation of the mode yields a suggestion of a rotation rate increasing inward into the convection zone. This increase is extremely significant for testing models of the interior circulation and, hence, dynamo models.

Chromospheric Cavity—"3-Minute" Oscillations. In the chromosphere, the observed oscillations have shorter periods (150 to 200 seconds) and less regular waveforms (shorter coherence times) than does the photospheric "5-minute" oscillation. Because of the more erratic variations and because these altitudes are best observed with optically thin, emission lines in the ultraviolet, accessible only above the terrestrial absorption, the observational model is currently much less well defined. However, a very natural description has emerged as a result of investigations of the 5-minute oscillations, that these motions represent waves trapped in a thin chromospheric cavity. This hypothesis has not achieved the level of observational verification that the subphotospheric mode has. Nonetheless, these motions are very interesting in that the entire cavity, including both reflections, is, in principle, observable. Also, the amplitudes are sufficiently large for nonlinearities in the equations to begin to produce effects, but not so large that the vocabulary of linear models is no longer appropriate. Finally, the horizontally averaged magnetic field becomes sufficiently strong to play an important role in the mean, as well as the dynamic, state. Indeed, even before the magnetic field takes control of the structure, it may afford the most effective channel for transmitting a nonthermal energy flux.

The separate chromospheric cavity has already been identified in Figure 10-2. It differs from the convection zone cavity in that it is much thinner and in that it rises to high temperature much more rapidly. The same frequencies will propagate in both regions, but the fundamental mode of the chromospheric cavity will occur for significantly shorter vertical wavelengths, and hence higher frequencies. Because the frequencies are just slightly below the maximum of N_{AC}, the two cavities are separated by only a few damping lengths, and the energy densities will not differ by a large factor. However, they are separated by about 17 pressure scale heights, so that the total mass and energy in the two cavities will differ by more than 10^7. In general one can consider that two cavities oscillate independently.

The top of the chromospheric cavity is fixed by the rapid rise to coronal temperatures, which, because of its abruptness, occurs at nearly the same height independent of the horizontal wavenumber. Figure 10-6 shows the propagation diagram in the vicinity of the temperature minimum, for three values of ℓ. The convection

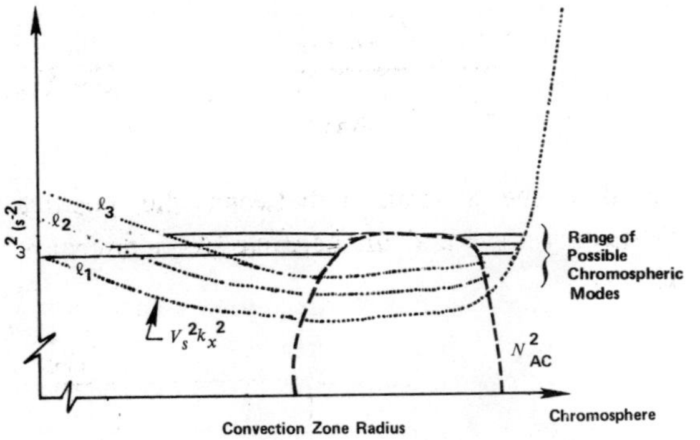

Figure 10-6. Propagation diagram in the vicinity of the solar temperature minimum (from Ando and Osaki, 1977).

zone modes have very different depths, and, hence, different average sound speeds. Thus, the eigenfrequencies vary rapidly with changing horizontal wavenumber. The chromospheric cavity, however, has nearly the same thickness for a wide range of horizontal wavenumbers, and hence the same average temperature. In fact, the eigenmodes are similar to those of an isothermal slab; for wavenumbers short of the "knee" in the diagnostic diagram ($\lambda_x > 4\pi H \sim 4$ Mm), k_z is independent of k_x, as can be seen by the $k_z = 0$ line in the diagnostic diagram (Figures 10-1 and 10-3).

One could see for the convection zone cavity that the transmission of high frequency sound waves through the temperature minimum led to a finite number of higher modes at any horizontal wavenumber. Because the fundamental mode of the chromospheric cavity is at a higher frequency (closer to the maximum of N_{AC}), there will be even fewer chromospheric modes than convection zone modes. In addition, since the cavity is thinner, a chromospheric mode of a given frequency will be of lower order (i.e. will have fewer nodes in its cavity) than a convection zone mode of comparable frequency, and, hence, the chromospheric modes will be more widely separated in frequency.

The existence of these chromospheric modes depends sensitively upon the temperature distribution that determines the size of the cavity, particularly the height of the transition region, and Orrall and Cha (1974, private communication) have suggested their use as diagnostic probes. Ulrich and Rhodes (1977) calculated two modes with periods of 242 and 180 seconds. Ando and Osaki (1977) calculated only one mode with a period of 233 seconds.

In the absence of any coupling, the modes of these two cavities would form two intersecting families in the diagnostic diagrams: convection zone $\omega \simeq (k_x)^{1/2}$ and chromospheric modes with ω constant. The eigenfunction for each mode is concentrated in its cavity, with negligible spillover into the other cavity. However, the modes from the two cavities interact when they approach one another in ω and k_x, so that both modes then have comparable energy in both cavities, and the frequencies are shifted so that the modal curves do not cross, as shown in Figure 10-7. As before, each curve connects modes with the same number of vertical nodes, and for these acoustic waves the higher frequency mode has an additional node. Thus, at the "crossing" (ℓ_2) the vertical harmonics exchange their character; at a larger wavenumber the energy in the lower frequency mode shifts from the convection zone to the chromosphere. At still higher ℓ, this mode could encounter a yet lower convection zone mode and interact similarly with it. This phenomena of "avoided crossings" has been discussed by Aizenman, Smeyers, and Weigert (1977), and Christensen-Dalsgaard (1980). The same phe-

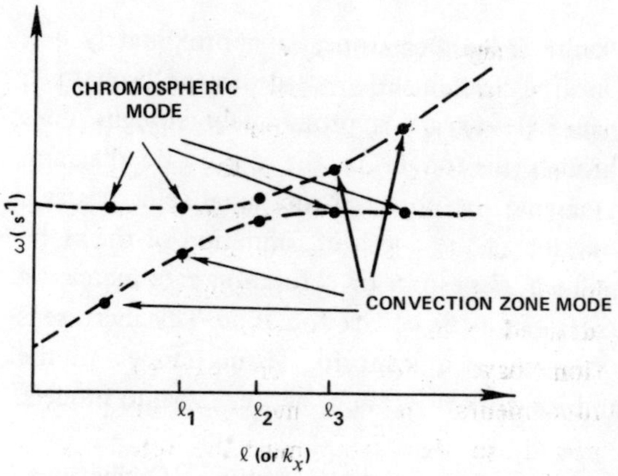

Figure 10-7. Expanded portion of the diagnostic diagram near an "avoided crossing" between convection zone and chromospheric modes, showing the modes corresponding to Figure 10-6.

nomena arises in the Earth's atmosphere (Jones, 1970) where it is known as mode "kissing." Although the physics is identical, the connotation is diametrically opposite.

Excitation of the purely chromospheric mode by the mechanisms that were discussed for the 5-minute oscillations appears unlikely because their energy density is low in the driving region. Defouw (1970) has suggested a convective instability of the chromosphere which might couple to this mode. However, at the avoided crossings, motions at the frequency of the chromospheric mode could very effectively transfer energy from the convection zone excitation mechanisms to the chromosphere.

Gravity (g) Modes

Interior Cavity. The controversial observations of motions with periods near 40 and 160 minutes offer one of the most exciting and potentially significant aspects of solar oscillations and pulsations, since these periods correspond to modes of the deep interior. The observations of velocity amplitudes of the order of 1 m s^{-1} (i.e., 10^{-8} c) or limb excursions of milliarcseconds (i.e., 10^{-8} rad) are testimony to astronomy's heritage of painstaking, precise measurements. They have been discussed in Chapter 2, suffice it to say that the solar community remains divided on their significance today.

The fundamental, radial pulsation period of a star is $\sim 60\,(\bar{\rho}_{\odot}/\bar{\rho})^{1/2}$ minutes, where the mean densities refer to the Sun and the star in question. Pressure p-modes only exist with shorter periods, while internal gravity g-modes exist for periods longer than the minimum Brunt-Väisälä period attained in the solar interior. The limb observations have periodicities on both sides of the fundamental and the minimum Brunt-Väisälä period, so that some must be interpreted as IGW's and some as acoustic waves (Hill and Caudell, 1979). Hill (1977) and Kotov, Severny, and Tsap (1979) have reviewed the subject. The frequencies of the IGW modes trapped in the regions of local maxima in the Brunt-Väisälä frequency can be found, as for acoustic waves, from the turning point matching condition

$$\int_{r_-}^{r_+} k_z dr = (n + \tfrac{1}{2})\pi \qquad (10\text{-}37)$$

where

$$k_z = \left(\frac{N_{BV}^2}{\omega^2} - 1\right)^{1/2} k_x \qquad (10\text{-}38)$$

for IGW's. Here the radial variation of k_x should be taken into account,

$$k_x = \frac{\left[\ell(\ell+1)\right]^{1/2}}{r_-}, \qquad (10\text{-}39)$$

so that, for N_{BV} approximately constant,

$$\int_{r_-}^{r_+} k_z\, dr = \qquad (10\text{-}40)$$

$$\left[\ell(\ell+1)\left(\frac{N_{BV}^2}{\omega^2} - 1\right)\right]^{1/2} \ln\left(\frac{r_+}{r_-}\right) = (n + \tfrac{1}{2})\pi .$$

For low frequency modes ($\omega << N_{BV}$), the eigenfrequencies are

$$\omega \simeq N_{BV}\, [\ell(\ell+1)]^{1/2}\, \frac{\ln(r_+/r_-)}{(n+\tfrac{1}{2})\pi} . \qquad (10\text{-}41)$$

To investigate modes with frequencies near the maximum of the Brunt-Väisälä frequency, suppose N_{BV}^2 has a parabolic profile

$$N_{BV}^2 = N_0^2\left[1 - \beta^2\left(\frac{r}{r_0} - 1\right)^2\right] . \qquad (10\text{-}42)$$

Then the turning points $\omega = N_{BV}$ occur at

$$r_\pm/r_0 = 1 \pm \beta^{-1}\left(1 - \frac{\omega^2}{N_0^2}\right)^{1/2} \qquad (10\text{-}43)$$

and

$$\ln(r_+/r_-) \simeq \left(\frac{2}{\beta}\right)\left(1 - \frac{\omega^2}{N_0^2}\right)^{1/2} ; \qquad (10\text{-}44)$$

hence,

$$1 - \frac{\omega^2}{N_0^2} = \left(\frac{\beta}{2}\right)\pi\, \frac{(n+\tfrac{1}{2})}{[\ell(\ell+1)]^{1/2}} . \qquad (10\text{-}45)$$

Note that ω increases with increasing ℓ and decreases with increasing n in both cases.

Gravity modes are evanescent throughout the convection zone, and so their amplitude decreases rapidly with height. In the WKB approximation, including the requirement of energy conservation that $4\pi r^2 \rho\omega^2\delta r^2$ = constant in the absence of reflection,

$$\delta r/r \propto r^{-2} \rho^{-1/2} k_z^{-1/2} \exp\left(-\int k_z dr\right) , \quad (10\text{-}46)$$

where

$$k_z = [\ell(\ell+1)]^{1/2} \left(1 - \frac{N_{BV}^2}{\omega^2}\right)^{1/2} /r$$

$$(10\text{-}47)$$

$$\sim [\ell(\ell+1)]^{1/2} /r ,$$

since $N_{BV} \approx 0$. Thus, the eigenfunction amplitude varies as

$$\delta r/r \propto \rho^{-1/2} r^{-(\ell+3/2)} . \quad (10\text{-}48)$$

The density decreases by 10^7 between 0.45 of a solar radius, where the wave becomes evanescent, and the surface, so that the ratio of gravity mode amplitude in the atmosphere and the interior is 10^{-5} for $\ell = 30$ (Dziembowski and Pamjatnykh, 1978). Hence, even the small observed surface amplitudes would require extraordinarily large internal amplitudes and energies. This problem would be circumvented if the convection zone were thin. However, this would result in disagreement between the p-modes and the observed 5-minute oscillation (Christensen-Dalsgaard, Dziembowski, and Gough, 1980). Low order g-modes ($\ell < 10$), on the other hand, do penetrate the entire convection zone, as well as reaching nearly to the center of the Sun.

The 160-minute pulsations present distinct observational and theoretical problems. As with the "40-minute" pulsations, their very existence as well as suitable models are currently unresolved issues. The period has been identified with a low radial order, quadrupole gravity mode; however, the frequency and horizontal wavenumber spectrum in this region is filled with modes, and it is difficult to understand why the observed spectrum has only one, narrow component. Gough (1976) has suggested that nonlinear interactions may allow this one established mode to sweep up the others. Kotov (1979, private communication) pointed out that an isolated frequency could arise from coupling to an external mechanism, or "clock," and that a clock of high precision is available in the solar rotation. This is reminiscent of ideas of Wolff (1974a, 1974b, and 1979).

Several possibilities exist for exciting these interior g-modes. First, the low order modes which penetrate to the core may be excited by coupling to the nuclear energy generation. However, since the amplitude of nonradial oscillations tends to zero at the center, this coupling will be weak. Second, these low order modes penetrate into the envelope convection zone and can couple to the eddies within it, although there is a mismatch in the length scales. Higher order modes do not penetrate the convection zone, but can be excited by those eddies in the boundary layer which match with the mode in frequency and size. Three-mode resonant interactions among the convection zone eddies of higher frequencies can drive long period modes that match their beat frequencies (Gough, 1976). Individual wave interactions are weak, but so many waves are present in the Sun that the total contribution may be significant. Low frequency modes, $\omega \ll N_{BV}$, will have short vertical wavelengths and, hence, will experience severe radiative damping. Thus, waves confined to regions where driving occurs, near the base of the convection zone or the center, are favored.

CONCLUSIONS

The success of the trapped acoustic wave description of the observed 5-minute photospheric oscillations, having predicted the modal structure in the diagnostic diagram, has stimulated the investigation of other solar oscillatory motions in terms of nonradial oscillations. Although their small horizontal scale precludes direct observation on other stars, large horizontal wavelength homologues have been observed, and the study of the excitation of the solar and stellar modes remains an important, unresolved issue. In addition to the predictive success of the 5-minute oscillation model, its diagnostic value—the dependence of its predictions upon the atmospheric model—is starting to be exploited to impose constraints upon the structure of the solar envelope below the visible surface and to measure the radial variation of solar rotation.

The description of the 3-minute chromospheric oscillations within the same framework may never receive such clear-cut observational verification, because of the temporal and spatial variations of the outer atmosphere. However, the model appears capable of bringing together the major aspects of the observations, while at the same time its sensitivity to the temperature structure of the chromosphere provides a good constraint on chromospheric models. The washing out of predicted fine structure may set limits on the inhomogeneities.

The longer period observations remain very controversial, and although there are abundant modes in the range of the suggested periods, the selection of those few that are observed and their excitation remains an unsolved problem. The potential significance of these deep probes of the solar interior should stimulate a resolution of the observational and theoretical problems.

We have tried to credit the originators of the ideas that have been presented here, where that reference seemed most appropriate. We regret any oversights or exclusions implicit in the selection of the material covered. Previous reviews that we have written should be consulted for a more comprehensive discussion of waves in the solar atmosphere (Stein and Leibacher, 1974, 1980; Leibacher, 1976, 1977).

We should like to thank our many colleagues, in particular G. Gonczi, D. Gough, P. Gouttebroze, G. Issak, V. Kotov, Y. Osaki, J. Provost, E. Rhodes, and R. Ulrich, who communicated unpublished results to us.

J. W. Leibacher would like to acknowledge support by NASA Contracts NAS5-25904 and NAS5-23758, as well as the Lockheed Independent Research Fund. R. F. Stein acknowledges support by NASA grant NSG-7293 and NSF grant AST-79-19465.

REFERENCES

Aizenman, M., Smeyers, P., Weigert, A., 1977, *Astron. Astrophys.* **58**, 41.

Ando, H., 1976, *Publ. Astron. Soc. Japan* **28**, 517.

Ando, H., Osaki, Y., 1975, *Publ. Astron. Soc. Japan* **27**, 581.

Ando, H., Osaki, Y., 1977, *Publ. Astron. Soc. Japan* **29**, 221.

Backus, G.E., Gilbert, J.F., 1967, *Geophys. J.* **13**, 247.

Barcilon, J., 1979, *Proc. 8th U.S. Nat. Congress of Applied Mechanics,* R.E. Kelly, ed. (N. Hollywood: Western Periodicals), p.1.

Berthomieu, G., Cooper, A.J., Gough, D.O., Osaki, Y., Provost, J., Rocca, A., 1980, *Non-Radial and Non-Linear Stellar Oscillation*, H. Hill and W. Dziembowski, eds. (Berlin: Springer-Verlag, 1980).

Brunt, D., 1927, *Quart. J. Roy. Meteor. Soc.* **53**, 30.

Chiuderi, C., Giovanardi, C., 1975, *Solar Phys.* **41**, 35.

Christensen-Dalsgaard, J., 1980, *Monthly Notices RAS* **190**, 765.

Christensen-Dalsgaard, J., Dziembowski, W., Gough, D.O., 1980, *Non-Radial and Non-Linear*

Stellar Oscillation, H. Hill and W. Dziembowski, eds. (Berlin: Springer-Verlag, 1980).

Christensen-Dalsgaard, J., Gough, D.O., 1976, *Nature* **259**, 89.

Craig, I.J.D., 1977, *Astron. Astrophys.* **61**, 575.

Defouw, R., 1970, *Solar Phys.* **14**, 42.

Deubner, F.-L., 1975 *Astron. Astrophys.* **44**, 371.

Deubner, F. - L., Ulrich, R. K., Rhodes, E. J., 1979, Astron. Astrophys., **72**, 177.

Dziembowski, W., Pamjatnykh., A.A., 1978, "Deuxieme Assemblée Européenne de Physique Solaire-Pleins Feux sur la Physique Solaire," J. Rösch, ed. (Paris: CNRS, 1978), pp. 135-154.

Eckart, C., 1960, "Hydrodynamics of Oceans and Atmospheres" (New York: Pergamon Press, 1960).

Fossat, E., Ricort, G., 1975, *Astron. Astrophys.* **43**, 243.

Goldreich, P., Keeley, D.A., 1977a, *Astrophys. J.* **211**, 934.

Goldreich, P., Keeley, D.A., 1977b, *Astrophys. J.* **212**, 243.

Gough, D.O., 1976, "The Energy Balance and Hydrodynamics of the Solar Chromosphere and Corona," *Proceedings IAU Colloquium 36*, R.-M. Bonnet and P. Delache, eds. (Nice: G. de Bussac Clermont-Ferrand, 1976), pp. 3-44.

Gough, D.O., 1978a, "Deuxième Assemblée Européenne de Physique Solaire-Pleins Feux sur la Physique Solaire," J. Rösch, ed. (Paris: CNRS, 1978), pp. 81-121.

Gough, D.O., 1978b, "Workshop on Solar Rotation," G. Belvedere and L. Paternó, eds. (Univ. of Catonia, 1978), pp. 255-268.

Hill, H.A., 1977, "New Solar Physics," J.A. Eddy, ed. (Washington, D.C.: *Am. Assoc. Adv. Sci*., 1977), p. 135.

Hill, H.A., Caudell, T.P., 1979, *Monthly Notices RAS* **186**, 327.

Jones, W.L., 1970, *J. Atmosph. Terr. Phys.* **32**, 1555.

Jones, W.L., 1976, *Handbuch Der Physik* **49**, 177.

Keeley, D.A., 1978, *Conference on Current Problems in Stellar Pulsation Instabilities* (Greenbelt: Goddard Space Flight Center, 1978).

Kotov, V.A., Severny, A.B., Tsap, T.T., 1979, Mtng. Dept. Phys. Astron. U.S.S.R. Acad. Sci., March 1, 1979.

Kunasz, C.V., Jefferies, J.T., White, O.R., 1973, *Astron. Astrophys.* **28**, 15.

Landau, L., Lifshitz, E., 1959, *Fluid Mechanics* (London: Pergamon, 1959).

Leibacher, J.W., 1976, *Mem. Soc. Astron. Italiana* **48**, 475.

Leibacher, J.W., 1977, *Proceedings OSO-8 Workshop*, E. Hansen and S. Shaffner, eds. (Boulder: Univ. of Colorado, 1977).

Leibacher, J.W., Stein, R.F., 1971, *Astrophys. Lett.* **7**, 191.

Lighthill, J., 1978, *Waves in Fluids* (Cambridge, England: Cambridge University Press, 1978).

Lubow, S.H., Rhodes, E.J., Ulrich, R.J., 1980, in *Non-Radial and Non-Linear Stellar Oscillation*, H. Hill and W. Dziembowski, eds. (Berlin: Springer Verlag, 1980).

Michalitsanos, A.G., 1973, *Earth Extraterr. Sci.* **2**, 125.

Parker, R.L., 1977, *Ann. Rev. Earth Planetary Sci.* **5**, 35.

Phillips, O.M., 1977, *The Dynamics of the Upper Ocean* (Cambridge, England: Cambridge University Press, 1977).

Pierce, A.D., 1966, *Radio Sci.* **1**, 265.

Provost, J., 1976, *Astron. Astrophys.* **46**, 159.

Rhodes, E.J., Deubner, F.-L., Ulrich, R.K., 1977, *Proceedings of the OSO-8 Workshop*, E. Hansen and S. Schaffner, eds. (Boulder: University of Colorado, 1977).

Rhodes, E.J., Deubner, F.-L., Ulrich, R.K., 1979, *Astrophys. J.* **227**, 629.

Rhodes, E.J., Ulrich, R.K., Simon, G.W., 1977, *Astrophys. J.* **218**, 901.

Scuflaire, R., 1974, *Astron. Astrophys.* **36**, 107.

Shibahashi, H., 1979, *Publ. Astron. Soc. Japan* **31**, 87.

Souffrin, P., 1966, *Ann. d'Astrophys.* **29**, 55.

Stein, R.F., Leibacher, J.W., 1974, *Ann. Rev. Astron. Astrophys.* **12**, 407.

Stein, R.F., Leibacher, J.W., 1980, "Mechanical Energy Transport," *Proceedings of the IAU Colloquium on Stellar Turbulence* **51**, D.F. Gray and J.L. Linsky, eds. (Berlin: Springer-Verlag, 1980), pp. 225-247.

Turner, J.S., 1973, *Buoyancy Effects in Fluids* (Cambridge, England: Cambridge University Press, 1973).

Uchida, Y., 1965, *Astrophys. J.* **142**, 335.

Uchida, Y., 1967, *Astrophys. J.* **147**, 181.

Ulrich, R.K., 1970, *Astrophys. J.* **162**, 993.

Ulrich, R.K., Rhodes, E.J., 1977, *Astrophys. J.* **218**, 521.

Ulrich, R.K., Rhodes, E.J., Deubner, F.-L., 1979, *Astrophys. J.* **227**, 638.

Unno, W., Osaki, Y., Ando, H., Shibahashi, H., 1979, *Non-Radial Oscillations of Stars* (Tokyo: Tokyo University Press, 1979).

Väisälä, V., 1925, *Soc. Scient. Fennica Comm. Phys.-Math. II* **18**, 1.

Wolff, C.L., 1974a, *Astrophys. J.* **193**, 721.

Wolff, C.L., 1974b, *Astrophys. J.* **194**, 489.

Wolff, C.L., 1979, *Astrophys. J.* **227**, 943.

Zeldovich, Y.B., Y. P. Raizer, 1966, *Physics of Shock Waves and High Temperature Hydrodynamic Phenomena* (New York: Academic Press, 1966).

11

WAVE GENERATION

Robert F. Stein and John W. Leibacher

INTRODUCTION

The nuclear energy released in the solar interior is transported outward as a flux of *thermal* energy by conduction, convection, and radiation. The temperature decreases monotonically outward in accordance with the second law of thermodynamics: heat can be transported thermally only from a hotter to a cooler body. In the chromosphere and corona the temperature is observed to increase outward; this temperature rise requires a *nonthermal* outward energy flux to maintain it. Some form of macroscopic motion, either oscillatory or quasistatic, is needed to transport this nonthermal energy. The first hypothesis and by far the most completely studied is that propagating waves, generated by motions in the hydrogen convection zone, provide this energy flux (Biermann, 1946; Schwarzschild, 1948; Schatzman, 1949). In this chapter, the generation of these waves is considered. Wave propagation is discussed in Chapter 12, and the dissipation of these waves and the heating of the various regions of the outer solar atmosphere is treated in Chapters 12 through 15. As they propagate through the atmosphere, these waves produce, in addition to heating, nonthermal broadening and Doppler shifts of spectral lines. Many types of waves are observed in the solar atmosphere, the best understood being the "5-minute" solar atmospheric oscillations described in Chapter 10.

There are three principal kinds of wave generation mechanisms, corresponding to each of the three conservation laws (mass, momentum, and energy) that govern fluid motions. First, a changing mass flux into a stable atmosphere is an efficient generator of waves. However, on the solar surface, the average mass flux is very small compared with its instantaneous value at a given location, so that higher multipole sources dominate. Second, any convective motions present can produce a stress which acts as a source in the momentum conservation equation and which provides a direct coupling from convective motions to wave motions. Third, energy exchange between a wave and the surrounding atmosphere can sometimes produce an oscillating thermal instability and a growing wave amplitude. These mechanisms are applied to three kinds of waves: acoustic, gravity, and Alfvén waves. These are not the only kinds that can exist, but they give some idea of the range of wave types, at least for low frequencies where plasma effects are unimportant. They are pure cases, distinguished by their different restoring forces—pressure for acoustic waves, buoyancy for gravity waves, and magnetic tension for Alfvén waves.

TURBULENT GENERATION OF WAVES

Turbulent motions act as an external source of waves. A turbulent eddy has kinetic energy, which it releases when it mixes with its surroundings at the end of its life. Most of this energy is returned to the ambient medium, but a small fraction is transformed into propagating waves. The efficiency of this conversion depends on the multipole order of the emission and the matching of the eddy with the wave motions. This process was investigated by Lighthill in his studies of noise emission from jet engines (Lighthill, 1952; Ffowcs-Williams, 1977; Crighton, 1975), and is referred to as the "Lighthill mechanism." The radiated power is roughly the energy density in the turbulent motions, divided by the time scale for the turbulent motions, and multiplied by an efficiency factor. The turbulent energy density is ρu^2, and the time scale is the eddy turnover time, which is the length scale of the eddies ℓ, divided by their velocity u: $\tau \simeq \ell/u$. The efficiency factor depends on the multipole character of the source and its compactness, as measured by the ratio of eddy size to wavelength, $\lambda = 2\pi/k$, and is $(k\ell)^{2n+1}$. Thus, the radiated power is

$$P \simeq \frac{\rho u^2}{\tau}(k\ell)^{2n+1} \simeq \frac{\rho u^3}{\ell}(k\ell)^{2n+1} \ . \qquad (11\text{-}1)$$

The exponent, n, depends on the type of source: for a mass source, $n = 0$, which corresponds to monopole emission. However, there is no significant mass source in the solar convection zone; hence, monopole emission is negligible. For dipole emission, $n = 1$, which corresponds to a momentum source, which corresponds in turn to an external force. In a uniform medium there will be no external force and, hence, no dipole emission; but in stars there is always an external gravitational field, so there is some dipole emission. Finally, for quadrupole emission, $n = 2$, which corresponds to the action of the turbulent Reynolds stresses. This is the dominant process in a stellar atmosphere, because the net momentum flux from the star is small (Stein, 1967). This approach assumes that only a small fraction of the turbulent energy is carried off by the waves.

Turbulent motions inside the convection zone provide such a source for acoustic and Alfvén waves. For acoustic waves

$$k = 2\pi/\lambda \simeq \omega/V_s \text{ and } \omega \simeq \tau^{-1} \simeq u/\ell, \qquad (11\text{-}2)$$

$$k\ell \simeq u/V_s = M_T, \qquad (11\text{-}3)$$

where M_T is the Mach number of the turbulent motions. Hence, the radiated power is proportional to the eighth power of the turbulent velocity:

$$P \simeq \frac{\rho u^3}{\ell}\left(\frac{u}{V_s}\right)^5 \propto u^8 \ . \qquad (11\text{-}4)$$

Thus, turbulent emission is very sensitive to the model used for the turbulence. At present there is no adequate theory of convection; consequently both the turbulence spectrum and its velocity amplitude are unknown. Therefore, the amount of the emission is very uncertain, by at least an order of magnitude. However, the use of some crude estimates for the Sun,

$$\rho \simeq 10^{-6} \text{ gm cm}^{-3},\ V_s \simeq 10^6 \text{ cm s}^{-1},\ uV_s^{-1} \simeq 1/4, \qquad (11\text{-}5)$$

yields

$$F \simeq P\ell \simeq 10^7 \text{ ergs cm}^{-2} \text{ s}^{-1}, \qquad (11\text{-}6)$$

which is somewhat larger than (but of the same order of magnitude as) the estimated chromosphere energy loss (see Athay, Chapter 4).

By analyzing the Lighthill formula in more detail one can obtain the spectrum of the acoustic emission (Milkey, 1970; Stein, 1968). The emitted power at wavenumber k is given by

$$P_k = \frac{\rho u^3}{\ell}(k\ell)^{2n+1} \ . \qquad (11\text{-}7)$$

Emission of low frequency waves (with $\omega \simeq N_{AC}$, where $N_{AC} = V_s/2H$ is the acoustic cutoff frequency discussed in Chapter 10) comes from the largest turbulent eddies with $\ell \simeq H$, where H is the pressure or density scale height. The emission per unit frequency is

$$P_\omega = P_k\left(\frac{dk}{d\omega}\right), \qquad (11\text{-}8)$$

and the acoustic wave vector is

$$k = \left(\frac{\omega^2 - N_{AC}{}^2}{V_s^2}\right)^{1/2}, \qquad (11\text{-}9)$$

so

$$\frac{dk}{d\omega} = \frac{\omega}{kV_s^2}. \qquad (11\text{-}10)$$

Thus, the emission spectrum just above the acoustic cutoff frequency is

$$P_\omega \propto \omega k^{2n} \propto \omega(\omega^2 - N_{AC}{}^2)^n. \qquad (11\text{-}11)$$

Emission of high frequency waves comes from the small turbulent eddies. In this case,

$$k = \frac{\omega}{V_s},$$

and

$$\omega = \frac{u}{\ell}, \qquad (11\text{-}12)$$

so

$$k\ell = \frac{u}{V_s}.$$

Hence, for P_k

$$P_k = \frac{\rho u^3}{\ell}\left(\frac{u}{V_s}\right)^{2n+1} \qquad (11\text{-}13)$$

For a power law turbulence spectrum

$$u_\ell \propto \ell^\alpha. \qquad (11\text{-}14)$$

Then, it follows that

$$\omega = \frac{u}{\ell} \propto \ell^{\alpha-1}, \qquad (11\text{-}15)$$

$$u \propto \omega^{\alpha/(\alpha-1)}, \qquad (11\text{-}16)$$

and

$$\frac{d\omega}{\omega} = \frac{dk_T}{k_T}, \qquad (11\text{-}17)$$

where k_T is the wavenumber of the turbulent eddy. The high frequency emission spectrum is

$$P_\omega = P_k \frac{dk}{d\omega} = \frac{P_k}{\omega\ell} = \frac{P_k}{u}, \qquad (11\text{-}18)$$

so

$$P_\omega \propto u^{2n+3} \propto \left(\omega^{\alpha/(\alpha-1)}\right)^{2n+3} . \quad (11\text{-}19)$$

For the Kolmogorov turbulence spectrum $\alpha = 1/3$, so $P_\omega \propto \omega^{-7/2}$. Maximum emission occurs when

$$k\ell = \omega \ell V_s^{-1} \simeq 1. \quad (11\text{-}20)$$

For the Sun this is a period of $2\pi\ell V_s^{-1} \simeq 100$ seconds.

Mixing length theory can be used to estimate how the flux will depend on stellar properties. In mixing length theory, convection is thought of as the motion of blobs of gas that move for a mixing length, ℓ, and then dissolve. The velocity of a blob is found by equating the kinetic energy density of the blob, $\rho u^2/2$, to the work done by the buoyancy force, $g\Delta\rho(\ell/2)$. The density excess, $\Delta\rho$, is equal to $\rho\Delta T/T$, because pressure equilibrium prevails for these slow motions. The temperature difference between the blob and its surroundings is $\Delta T \simeq \beta\ell$ where β is the difference in temperature gradients between that inside the blob, which is adiabatic, and that for the mean atmosphere. The term β is the superadiabatic gradient. Hence,

$$\frac{1}{2}\rho u^2 = g\Delta\rho\left(\frac{\ell}{2}\right) = g\rho\left(\frac{\beta\ell}{T}\right)\left(\frac{\ell}{2}\right), \quad (11\text{-}21)$$

so the average blob velocity is

$$u \simeq \left(\frac{g}{T}\beta\right)^{1/2} \ell . \quad (11\text{-}22)$$

Therefore the convective flux is

$$F \simeq \rho C_p u\Delta T \simeq \rho C_p (g/T)^{1/2} \beta^{3/2} \ell^2 . \quad (11\text{-}23)$$

This can be solved for the convective velocity,

$$u \simeq \left(\frac{gF\ell}{\rho C_p T}\right)^{1/3} \simeq \left(\frac{F}{\rho}\right)^{1/3} . \quad (11\text{-}24)$$

In hydrostatic equilibrium

$$\frac{dP}{d\tau} = \frac{g}{\kappa} , \quad (11\text{-}25)$$

so at the visible surface, $\tau \simeq 1$,

$$\rho \propto \frac{P}{T} \simeq \frac{g}{\kappa T} . \quad (11\text{-}26)$$

Since the opacity is dominated by H^-, one can assume

$$\kappa \propto P^{0.7} T^5 , \quad (11\text{-}27)$$

and finds (Renzini et al., 1977) that the acoustic energy flux varies with stellar surface gravity and effective temperature as

$$F \simeq \frac{\rho u^8}{V_s^5} \propto g^{-1} T_{eff}^{15} . \quad (11\text{-}28)$$

This means that the flux decreases very rapidly in descending along the main sequence, and increases rapidly in ascending to the (relatively low g) giants and supergiants lying above it (De Loore, 1970; Renzini et al., 1977).

There are some problems with this picture, however. Basri and Linsky (1979) find that the Mg II flux is a good empirical measure of the total chromospheric emission of a star, and their observations indicate that the ratio of the Mg II flux to the total flux is independent of g, which is contrary to the preceding discussion. For the cool main sequence stars the predicted acoustic flux is much less than the chromospheric losses inferred from the Mg II flux. The acoustic flux that actually reaches the chromosphere is reduced by about an order of magnitude, however, by radiative dissipation in the photosphere. This improves the agreement between theory and observation, but there is still an order of magnitude discrepancy in some cases (Schmitz and Ulmschneider, 1980). Thus, the Lighthill mechanism may not predict the observed variation of chromospheres over much of the HR diagram. (For a further discussion of recent results, see Jordan, Chapter 12.) Hence, even though it gives the correct magnitude for the Sun, its significance is still uncertain.

Turbulent motions can also generate Alfvén waves in a similar manner to that described for acoustic waves. However, because the magnetic field channels the motions, monopole emission, which is much more efficient than quadrupole emission, occurs. For an equipartition turbulent magnetic field, the turbulent energy density is ρu^2, and the radiated power is

$$P = \frac{\rho u^3}{\ell} (k\ell) \, . \tag{11-29}$$

For Alfvén waves,

$$k = \frac{\omega}{V_A} \, , \tag{11-30}$$

and

$$\omega = \frac{u}{\ell} \, ,$$

so

$$k\ell = \frac{u}{V_A} \, . \tag{11-31}$$

Thus

$$P = \frac{\rho u^3}{\ell} \left(\frac{u}{V_A} \right) \propto u^4 \tag{11-32}$$

(Kulsrud, 1955; Kato, 1968). Rough estimates for the Sun

$$\rho \simeq 10^{-6} \text{ gm cm}^{-3}$$

$$u \simeq 10^5 \text{ cm s}^{-1} \tag{11-33}$$

$$V_A \simeq 10^6 \text{ cm s}^{-1}$$

predict an Alfvén wave flux from strong field regions of

$$F \simeq P\ell \simeq 10^8 \text{ ergs cm}^{-2} \text{ s}^{-1} \, . \tag{11-34}$$

The dependence of the emitted Alfvén wave flux on surface gravity and effective temperature can be found as for acoustic waves (Stein, 1981):

$$F \simeq \frac{\rho u^4}{V_A} \propto \rho^{1/6} T^{16/3} B^{-1} \propto g^{1/10} T^{14/3} B^{-1}. \qquad (11\text{-}35)$$

Note that the Alfvén wave flux is nearly independent of surface gravity, and has a much weaker dependence on effective temperature than does the acoustic wave flux. This is in better agreement with the observed trends of chromospheres and coronae over the HR diagram (Basri and Linsky, 1979).

It should be noted that anything which jiggles a magnetic field line will also generate Alfvén waves, so granules and supergranules will certainly generate Alfvén waves. Flows with velocity u will produce a flux

$$F = \rho u^2 V_A . \qquad (11\text{-}36)$$

For typical granule velocities of 1 km s^{-1}, this gives a local flux of about 10^9 ergs cm^{-2} s^{-1} in the photosphere, two orders of magnitude larger than the earlier estimate of the flux from acoustic quadrupole emission.

What is really important, of course, is the average flux, so it is necessary to consider how the magnetic flux tubes will spread with height and how the Alfven speed increases with height (neither of which are problems for acoustic waves). The waves produced by granular motions have fairly long wavelengths so they experience the change in Alfvén speed roughly as a discontinuity. In this case the transmission coefficient is

$$\frac{4a_1 a_2}{(a_1+a_2)^2} \simeq 4\frac{a_1}{a_2} \simeq 10^{-3} . \qquad (11\text{-}37)$$

The average flux is

$$F = F_0 \frac{A_{\text{pho.}}}{A_{\text{cor.}}} \, 4 \, \frac{a_{\text{pho.}}}{a_{\text{cor.}}} , \qquad (11\text{-}38)$$

where A is the area of the flux tube. Since the magnetic flux is constant along a flux tube, BA = constant, so $Aa \propto \rho^{-1/2}$, from the expression for the Alfvén speed. Thus, dropping the factor of 4, the average flux will be

$$F \simeq F_0 \left(\frac{\rho_{\text{cor.}}}{\rho_{\text{pho.}}}\right)^{1/2} \qquad (11\text{-}39)$$

$$\simeq 10^{-4} F_0 \qquad (11\text{-}40)$$

$$\simeq 3 \times 10^{-5} \text{ ergs cm}^{-2} \text{ s}^{-1}, \qquad (11\text{-}41)$$

which is enough to heat the corona.

Reflection of Alfvén waves by the near discontinuity in Alfvén speed at the transition region will have other effects (Hollweg, 1979). First, closed loops, for which the wave transit time from one end of the loop to the other and back is an integral multiple of the wave period will have resonances. At these resonances the reflected wave will be in phase with the incident wave at the transition zone, and the transmission of wave energy through the transition zone will be greatly increased. Second, equipartition between magnetic energy density and kinetic energy density will not occur for low frequency waves. For open field lines, any twist imposed in the photosphere will rapidly unwind. Hence, the wave's kinetic energy density will be larger than its magnetic energy density. For closed flux tubes, on the other hand, the magnetic field lines are tied in the photosphere at the far end of the tube. Hence, the field can become highly twisted and the wave magnetic energy density will be larger than its kinetic energy density. In both cases, the use of the WKB flux formula with observed velocity amplitudes will give incorrect results.

Internal gravity waves are the stable counterpart of convection, as discussed in Chapter 10. Where the temperature gradient is superadiabatic (convectively unstable regions), buoyancy drives the overturning of convective eddies. Where the temperature gradient is subadiabatic (convectively stable regions) buoyancy acts as a restoring force for gravity waves. Hence, gravity waves can exist in convectively stable regions only. In a stably stratified atmosphere, penetrative convection will act as a source of gravity waves, a problem considered from a different point of view in Chapter 9. The coupling between this source and the waves is so strong that the Lighthill mechanism is inappropriate, because the wave emission affects the turbulence, which can no longer be considered as an external source. The penetrative convection can be considered as blobs pushing on the boundary of the stably stratified layer. The velocity amplitude of the wave produced will be comparable to the velocity of the penetrative motion:

$$|\mathrm{u}_{\mathrm{wave}}| \simeq |\mathrm{u}_{\mathrm{pen.}}| \,. \qquad (11\text{-}42)$$

This has been verified in laboratory experiments (Townsend, 1966). However, since only frequencies that are less than the buoyancy (Brunt-Väisälä) frequency, $N_{\mathrm{BV}}^2 = (g/T)\beta$, can propagate, only that part of the penetrative convective power that satisfies $\omega = \mathbf{k}\cdot\mathbf{u} < N_{\mathrm{BV}}$ will contribute to the production of gravity waves. The group velocity of gravity waves is

$$V_{\mathrm{g}} \simeq N_{\mathrm{BV}}\lambda \,. \qquad (11\text{-}43)$$

In a stratified atmosphere the scale height, H, acts as the depth, and provides an upper limit to the wavelength, λ, so the group velocity is

$$V_{\mathrm{g}} \simeq N_{\mathrm{BV}}H \simeq V_{\mathrm{s}}\frac{N_{\mathrm{BV}}}{N_{\mathrm{AC}}}\left(1 - \frac{N_{\mathrm{BV}}^2\cos^2\theta}{\omega^2}\right)^{1/2} \qquad (11\text{-}44)$$

in directions $\theta > \cos^{-1}(\omega/N_{\mathrm{BV}})$. Thus, the upward gravity wave flux from penetrative convective motions will be

$$F = \rho u^2 V_{\mathrm{gz}} \simeq \rho u^2 V_{\mathrm{s}}\frac{\omega}{N_{\mathrm{AC}}} \,. \qquad (11\text{-}45)$$

An expression can be obtained for the flux by making a rough estimate for ρ and u from the solar granulation, and by taking a group velocity of 1 km s^{-1} and the appropriate length scales:

$$F \simeq \rho u^2 V_{\mathrm{gz}} \simeq 3 \times 10^{-7} \times 10^{10} \times \frac{7}{5} \times 10^5$$

$$\simeq 4 \times 10^8 \text{ ergs cm}^{-2}\,\text{s}^{-1} \,. \qquad (11\text{-}46)$$

This flux, though large compared to the chromospheric radiation losses, will be greatly reduced by the strong radiative dissipation of the gravity waves in the photosphere (Souffrin, 1966).

Gravity waves can also be produced by the shear arising from supergranule motions. Supergranule flows have a cellular structure. Conservation of mass requires that a gradient of the vertical momentum flux produce a horizontal momentum flux. Braking is large in the photosphere and produces a large horizontal flow there. Even though the horizontal momentum flux is small in the chromosphere, the chromospheric horizontal velocity is large, because of the small density. The horizontal supergranule flow is observed to decrease from ~ 0.8 km s^{-1} in the low photosphere to ~ 0.4 km s^{-1} in the low chromosphere and then increase to ~ 3 km s^{-1} in the midchromosphere (November et al., 1979). Where the magnitude of the shear becomes comparable to the buoyancy frequency,

$$\frac{dU_H(z)}{dz} \geq \min\left(N_{BV}, N_{BV}^2\,\tau_{cool}\right) \qquad (11\text{-}47)$$

(where τ_{cool} is the radiative cooling time), the shear layer becomes unstable and emits gravity waves. Most of the energy is emitted near

$$\lambda = \frac{2\pi U_H}{N_{BV}} \qquad (11\text{-}48)$$

and the growth times are on the order of

$$\gamma \simeq 10^{-1}\,\frac{dU_H}{dz} \qquad (11\text{-}49)$$

(Lindzen, 1974). This mechanism will operate in the low photosphere where the cooling time is short and in the high chromosphere where the shear is large.

The turbulent motions may also directly excite the "5-minute" oscillation. In a steady state, the amplitude of a given mode is determined by the balance between generation (by turbulence via the Lighthill mechanism if thermal instabilities are negligible) and dissipation by turbulent viscosity, which transfers energy to smaller eddies (Goldreich and Keeley, 1977);

$$\frac{\rho u^3}{\ell}\,(k\ell)^5 = \nu k^2 \epsilon_k\ , \qquad (11\text{-}50)$$

where the turbulent viscosity is

$$\nu = u_\ell \ell\ , \qquad (11\text{-}51)$$

ϵ_k is the energy density of an oscillation mode k, and ℓ is the size of the eddy whose turnover time is equal to the oscillation frequency $u_\ell/\ell = \omega_k$. In a steady state

$$\epsilon_k \simeq \rho \ell^3 u_\ell^2 k^3\ . \qquad (11\text{-}52)$$

For a Kolmogorov turbulence spectrum,

$$u_\ell = u_H\left(\frac{\ell}{H}\right)^{1/3}\ , \qquad (11\text{-}53)$$

where here H is the size of the largest turbulent eddies (assumed to be the scale height in a compressible atmosphere), which contain most of the turbulent energy. In this case the oscillation mode energy density is

$$\epsilon_k \simeq \rho u_H^2\left(\frac{u_H}{V_s}\right)^{11/2}\left(\frac{\omega}{N_{AC}}\right)^{-5/2}\ . \qquad (11\text{-}54)$$

For the solar "5-minute" oscillations

$$\rho \simeq 10^{-6} \text{ gm cm}^{-3} ,$$

$$u_H \simeq 2 \times 10^5 \text{ cm s}^{-1} , \qquad (11\text{-}55)$$

$$u_H V_s^{-1} \simeq 1/4 ,$$

and for the fundamental $\omega \simeq N_{AC}$. Hence,

$$\epsilon_0 \simeq 20 \text{ ergs cm}^{-3} . \qquad (11\text{-}56)$$

This corresponds to a velocity u of 0.04 km s^{-1}, which is smaller by a factor of 10 than the observed amplitude of the oscillation in the photosphere.

GENERATION OF WAVES BY THERMAL OVERSTABILITY

There are several kinds of thermal instabilities. Convection is a secular instability, in which a small displacement from equilibrium produces even greater displacements. Overstability is an oscillatory motion whose amplitude grows in time.

Acoustic waves can be driven by the κ-mechanism or, as it is sometimes called, the Eddington Valve, that drives pulsating stars. The κ-mechanism operates when the opacity increases with temperature. When a gas is compressed, it gets hotter and the opacity increases, blocking the flow of radiation, so that heat accumulates and raises the pressure. Thus, there is more pressure expanding the gas than would be obtained from just compressing it, so the gas will have a stronger expansion than compression and the amplitude of the oscillation will increase. Energy has been transferred from the outward radiative flux to a mechanical flux. Calculations of the growth rates of the "5-minute" oscillation (Ando and Osaki, 1975), show that they are very small; the time scale for a mode to grow is about a thousand periods, which is so long that the turbulent viscosity has an opportunity to destroy the overstability. On the other hand, as seen above, the turbulent motion may also directly excite the modes. Since global free oscillatory modes of the Sun are observed, something must be exciting them. The fundamental mode is observed in the Sun (although with a somewhat smaller amplitude than the higher modes), even though calculations show it to be thermally stable. If the calculations are correct, at least the fundamental mode must be excited by some mechanism other than thermal overstability. One possibility is turbulent generation.

Alfvén waves may also be generated by thermal overstability. This is not the κ-mechanism, but the Cowling-Spiegel mechanism (Cowling, 1957; Moore and Spiegel, 1966). Here buoyancy acts as a driving force which, in the convection zone, tends to destabilize the system and make it depart from equilibrium. Magnetic tension acts as a restoring force that tends to bring it back to equilibrium; radiative transfer decreases the destabilizing effect of the buoyancy force. Since there will be a smaller destabilizing effect on the way back toward equilibrium than there was on the way out, the magnetic tension will return the system to equilibrium faster than it departed, and the wave amplitude will grow. Because the buoyancy must be destabilizing, this mechanism works only in convectively unstable regions. One can calculate the growth rate by equating the product of the rate of work done by this buoyancy force and the growth time to the kinetic energy of the waves (Parker, 1979, private communication). The buoyant force is

$$F_B = \Delta\rho g = \rho g \frac{\Delta T}{T} . \qquad (11\text{-}57)$$

The temperature fluctuation is the difference between the temperature of the adiabatically displaced fluid in the wave and the mean temperature at its displaced level, reduced by diffusive radiation cooling.

$$\Delta T = A\lambda\beta \frac{t}{\tau_{\mathrm{cool}}} , \tag{11-58}$$

where $A = u/V_a$ is the dimensionless wave amplitude, λ is the wavelength, β is the superadiabatic temperature gradient, t is the period, and the diffusive radiation cooling time is given by

$$\tau_{\mathrm{cool}} \simeq \frac{\lambda^2}{c\ell_{\mathrm{mfp}}} \frac{E_{\mathrm{gas}}}{E_{\mathrm{rad}}} = \frac{\rho\kappa\lambda^2}{c} \frac{\rho C_p T}{a T^4}$$

$$\simeq \frac{C_p}{\kappa\sigma T^3} (\rho\kappa\lambda)^2 , \tag{11-59}$$

which must be greater than the period for the mechanism to work. The growth time, γ^{-1}, is the time it takes the buoyant work, uF_B, to supply the wave energy, $\rho u^2/2$, where $u = Aa = A\lambda/t$:

$$\gamma^{-1} uF_B = \frac{1}{2}\rho u^2 . \tag{11-60}$$

Thus

$$\gamma \simeq \frac{g\beta}{T\omega^2\tau_{\mathrm{cool}}} \simeq \frac{t^2}{\tau^2_{\mathrm{eddy}}\,\tau_{\mathrm{cool}}} , \tag{11-61}$$

where the relation $\tau^{-2}_{\mathrm{eddy}} = (u/\ell)^2 = g\beta/T$ is used (see Equation 11-22). Thermal overstability of Alfvén waves may be the mechanism for cooling sunspots (Parker, 1974, 1977; Cowling, 1976).

How does this growth rate depend on stellar properties? For H^- opacity,

$$\kappa \propto P^{0.7}\, T^5 , \tag{11-62}$$

and hydrostatic equilibrium gives

$$P \simeq \frac{g}{\kappa} \propto g^{0.6} T^{-3} , \tag{11-63}$$

so

$$\kappa \propto g^{0.4} T^{-3} . \tag{11-64}$$

The wave frequency is

$$\omega^2 \simeq \frac{V_A^2}{\lambda^2} \simeq \frac{B^2}{\rho\lambda^2} \propto B^2 g^{-0.6}\, T^4 \lambda^{-2} , \tag{11-65}$$

and the cooling rate is

$$\tau^{-1}_{\mathrm{cool}} \simeq \frac{4F}{\rho^2 C_p T\kappa\lambda^2} \propto g^{-1.6} T^8 \lambda^{-2} . \tag{11-66}$$

From mixing length theory,

$$\tau^{-2}_{\mathrm{eddy}} = \frac{g\beta}{T} \simeq \left(\frac{gF}{\rho C_p T\ell^2}\right)^{2/3} \tag{11-67}$$

$$\propto g^{8/5} T^{10/3} ,$$

where the eddy size $\ell = H \propto T/g$. Hence, the growth rate varies with stellar gravity, surface temperature, and magnetic field as

$$\gamma \propto g^{0.6} T^{7.3} B^{-2} . \qquad (11\text{-}68)$$

Note that this growth rate is more sensitive to gravity and effective temperature than is the flux of Alfvén waves generated by turbulence via the Lighthill mechanism, but it is less sensitive than the acoustic flux so produced.

CONCLUSION

Acoustic, gravity, and Alfvén waves have all been observed in the solar atmosphere (Giovanelli, 1972; Deubner, 1975, 1976; Beckers, 1976; Bruner, 1978; Athay and White, 1978; and Cram, 1978). Abundant energy can be fed from the thermal energy flux into these waves by the mechanisms discussed in this chapter, but the energy flux actually carried by waves is uncertain, and their role in chromospheric and coronal heating is problematic.

Several problems remain in understanding the generation of the nonthermal flux of waves. One problem is the absence of detailed calculations of the generation of magnetic wavemodes in a stratified atmosphere. Another is our lack of knowledge of the velocity spectrum of the turbulence in the hydrogen convection zone. The turbulence spectrum is poorly understood theoretically and inaccessible to direct observation. Despite these uncertainties, it is likely that the wave energy flux is adequate to supply at least the low chromospheric radiative losses (Athay, 1976).

The propagation and especially the dissipation of these waves also needs further study (Chapters 12 through 15). It appears that magnetic effects are crucial to either the generation, propagation, or dissipation of waves important in coronal and possibly chromospheric heating. Although estimates of wave energy flux generated in and just beneath the solar photosphere match the observed solar chromospheric losses, stellar, coronal, and chromospheric losses do not appear to vary as the Lighthill mechanism predicts for acoustic waves. Radiative dissipation in stellar photospheres, however, significantly affects the amount of energy actually reaching the chromosphere, and cannot be ignored.

Nonradial stellar oscillations have been observed, and their excitation mechanism should be similar to the solar "5-minute" oscillation. In spite of the tremendous success in predicting the observed modal structure of the solar oscillations, their amplitude spectrum and lifetime are still poorly understood. Two complementary excitation mechanisms have been proposed. However, neither is completely satisfactory. Overstability calculations yield only growth rates, and the calculated amplitudes for the turbulence driving damping mechanism do not agree with the observed spectrum. Again, this may be because of our lack of knowledge about solar atmospheric turbulence.

In summary, it is likely that a substantial nonthermal wave energy flux is produced near the visible surface of the Sun. The effect of magnetic fields on wave generation must be further explored, and an improved model of turbulent convection is needed.

This work was supported in part by NSF grant AST 79-19465, NASA grant NSG 7292 and NASA contracts NASw – 3053 and NAS5 – 73758.

REFERENCES

Ando, H., Osaki, Y., 1975, *Publ. Astron. Soc. Jap.* **27**, 581.

Athay, R.G., 1976, *The Solar Chromosphere and Corona: Quiet Sun* (Dordrecht: D. Reidel Publishing Co., 1976).

Athay, R.G., White, O.R., 1978, *Astrophys. J.* **226**, 1135.

Basri, G.S., Linsky, J.L., 1979, *Astrophys. J.* **334**, 1023.

Beckers, J.M., 1976, *Astrophys. J.* **203**, 739.

Biermann, L., 1946, *Naturwiss.* **33**, 118.

Bruner, E.C., 1978, *Astrophys. J.* **226**, 1140.

Cowling, T.G., 1957, *Magnetohydrodynamics*, (New York: Interscience, 1957).

Cowling, T.G., 1976, *Monthly Notices RAS* **177**, 409.

Cram, L.E., 1978, *Astron. Astrophys.* **70**, 345.

Crighton, D.G., 1975, *Prog. Aerospace Sci.* **16**, 31.

de Loore, C., 1970, *Astron. Space Sci.* **6**, 60.

Deubner, F.-L., 1975, *Astron. Astrophys.* **44**, 371.

Deubner, F.-L., 1976, *Astron. Astrophys.* **51**, 189.

Ffowcs-Williams, J., 1977, *Ann. Rev. Fluid Mech.* **9**, 447.

Giovanelli, R.G., 1972, *Solar Phys.* **27**, 71.

Goldreich, P., Keeley, D.A., 1977, *Astrophys. J.* **212**, 243.

Hollweg, J.V., 1981, Proc. of the Skylab Active Region Workshop, F.Q. Orrall, ed. (Boulder: University of Colorado, 1981).

Kato, S., 1968, *Publ. Astron. Soc. Jap.* **20**, 59.

Kulsrud, R., 1955, *Astrophys. J.* **121**, 461.

Lighthill, M.J., 1952, *Roy Soc. Proc. A* **211**, 564.

Lindzen, R.S., 1974, *J. Atm. Sci.* **31**, 1507.

Milkey, R., 1970, *Solar Phys.* **14**, 77.

Moore, D.W., Spiegel, E.A., 1966, *Astrophys. J.* **143**, 871.

November, L.J., Toomre, J., Gebbie, K.B., Simon, G.W., 1979, *Astrophys. J.* **227**, 600.

Parker, E.N., 1974, *Solar Phys.* **37**, 127.

Parker, E.N., 1977, *Monthly Notices RAS* **179**, 93.

Renzini, A., Cacciari, C., Ulmschneider, P., Schmitz, F., 1977, *Astron. Astrophys.* **61**, 39.

Schatzman, E., 1949, *Ann. d'Astrophys.* **12**, 203.

Schmitz, F., Ulmschneider, P., 1980, *Astron. Astrophys.*, **84**, 93.

Schwarzschild, M., 1948, *Astrophys. J.* **107**, 1.

Souffrin, P., 1966, *Ann. d'Astrophys.* **29**, 55.

Stein, R.F., 1967, *Solar Phys.* **2**, 385.

Stein, R.F., 1968, *Astrophys. J.* **154**, 297.

Stein, R.F., 1981, *Astrophys. J.*, in press.

Townsend, A.A., 1966, *J. Fluid Mech.* **24**, 307.

12

CHROMOSPHERIC HEATING

Stuart D. Jordan

THE NATURE OF THE CHROMOSPHERIC HEATING PROBLEM

Certain general features of the solar chromospheric heating problem also apply to many stellar chromospheres. These general features are reviewed here, as an introduction to the problem.

Net Radiative Losses From Regions in Which $T_k > T_{eff}$

The color temperature of the Sun is approximately 5600 K, so that any part of the chromosphere where the kinetic temperature is greater than 5600 K requires some form of mechanical (i.e., nonradiative) heating, from the second law of thermodynamics.

In the recent VAL model (Vernazza et al., 1976), the kinetic temperature exceeds 5600 K above τ_c (5000 Å) $\simeq 10^{-5}$. Thus, notwithstanding the reservations one must have about all one-dimensional models of the chromosphere (Athay, Chapter 4), it is probably safe to say that, for $\tau_c < 10^{-5}$ in the Sun, mechanical heating is necessary to produce the thermodynamic structure of the atmosphere. Substantial net radiative losses in Lα and, possibly, Hα, in the Ca II infrared triplet and H and K, in Mg II h and k, and in other chromospheric lines whose cores are formed at $T_k > 5600$ K all require dissipation of mechanical energy. If one ignores the net radiative losses due to H^-, which are dominant at temperatures below 5600 K, the net radiative loss of the chromosphere and transition region is estimated by Athay (Chapter 4) to be about 5×10^6 ergs cm^{-2} s^{-1}, where the lower base of the chromosphere is taken to be the location of the temperature minimum. Zirker (Chapter 5) provides a rough estimate of the requirements for the dissipation of mechanical energy above these temperatures in the two regions that make up most, if not all, of the corona, the coronal holes, and coronal active regions. These estimates include the coronal net radiative losses, and the energy associated with conduction and convection down to the transition region, as well as outward to the solar wind. Thus, they implicitly include the losses from much of the transition region, and may even overlap with the losses from the 20,000 K Lyman plateau included in Athay's estimate, which is quoted above. There is a large uncertainty in these estimates because of the uncertainty in the magnitude of the downward enthalpy flux. The estimates are as follows: 1 to 3×10^6 ergs cm^{-2} s^{-1} for the coronal holes, and 10^6 to 10^7 ergs cm^{-2} s^{-1} for the coronal active regions. Adding the above estimates for the atmosphere above the temperature minimum gives values of 6 to 8×10^6 ergs cm^2 s^{-1} for the regions of the solar atmosphere associated with coronal holes, and 6.0×10^6 to 1.5×10^7 ergs cm^{-2} s^{-1} for the active regions. These estimates apply to that part of the atmosphere lying generally above the temperature minimum, but exclude the additional requirements for mechanical heating in this region due to H^-. The latter is considered next.

Net Radiative Losses From Below the Regions in Which $T_k > T_{eff}$

In addition to the losses described above, the substantial net radiative losses from the low chromosphere and underlying photosphere also require mechanical energy dissipation. In fact, the requisite mechanical energy flux is probably greater for this lower part of the solar atmosphere than for the region in which $T_k > T_{eff}$. This follows from the much higher densities in the photosphere and low chromosphere, compared with those in the outer regions. The two physical processes chiefly responsible for the losses in the lower temperature part of the atmosphere are radiative recombination of neutral hydrogen and electrons to produce H^- throughout, and the radiative damping of sound waves in the photosphere, with the loss from the latter process appearing as radiation in the H^- continuum. The many weak to medium strength spectral lines formed in this region contribute indirectly to the energy balance through their effect on the temperature structure via the line blanketing and backwarming effects, but their direct contribution to the net radiative loss is relatively small.

Athay (Chapter 4) discusses the effect of H^- on the energy balance in the low chromosphere, and estimates the net radiative losses from H^- there as about 7.0×10^6 ergs cm^{-1} s^{-1}. Much effort has gone into estimating the magnitude of this loss, and there has been a lively and continuing controversy on the importance of comparatively small departures from LTE in the H^- population on this quantity (Ulmschneider, 1970, 1974; Praderie and Thomas, 1972, 1976; Kalkofen and Ulmschneider, 1979). However, even if the arguments favoring the lower estimates are accepted, this lower value would be on the order of 5×10^5 ergs cm^{-2} s^{-1}, and more detailed calculations favor a value in excess of 10^6 ergs cm^2 s^{-1} in the low chromosphere alone. Thus, if one speaks of averages over the solar surface, the chromospheric losses from H^- may be comparable to all other losses occurring at temperatures higher than 5600 K.

Radiative dissipation of sound waves in the photosphere has been investigated in great deal by Ulmschneider and Kalkofen (1977), using methods described later in this chapter. Radiative dissipation occurs in the photosphere because the comparatively high densities there promote frequent collisions, making the radiative relaxation time relatively short compared with calculated and observed wave periods for short period waves generated at the base of the photosphere.

Ulmschneider and Kalkofen estimate that the magnitude of the radiative dissipation of this acoustic flux is 4.3×10^7 ergs cm^{-2} s^{-1}, if the acoustic energy is all carried by waves of period 30 seconds, with an initial flux at the base of the photosphere of 5.0×10^7 ergs cm^{-2} s^{-1}. Thus, the radiative dissipation in the photosphere could be an order of magnitude greater than the residual acoustic flux available for balancing the net radiative losses of the entire atmosphere above the temperature minimum. An interesting feature of the calculation is that there is no significant physical temperature enhancement over the radiative equilibrium temperature in the region of strong radiative dissipation. This is not the same result one would obtain for the temperature in the photosphere if one ignored the effect of atmospheric "waviness," but added an equal amount of mechanical energy in a "smooth" way. In other words, to obtain reliable theoretical models, the manner in which the internal energy is increased must be considered, in addition to the magnitude of the local heating.

The fundamental importance of photospheric H^- radiative losses in late-type stars is supported by calculations performed by Ayres (1975). He estimated that for both the Sun (G2-V) and Procyon (F5 IV-V), the net radiative losses in the upper photosphere greatly exceed the chromospheric losses in both cases. Thus, the greatest constraint on the magnitude of the required mechanical flux may be the amount extracted by radiative damping of waves in the photosphere, not the amount required above the temperature minimum.

Estimating Mechanical Energy Dissipation From Empirical Net Radiative Losses

Theoretical methods have not advanced to the point at which self-consistent models of the solar photosphere-chromosphere can be constructed with both hydrodynamics and radiative transfer in sufficient detail for comparison with high resolution solar observations. The problem is further complicated by the strong influence of the magnetic field on all aspects of the heating, and the related multidimensional structure of the atmosphere, neither of which has yet been incorporated into current attempts to treat the radiative hydrodynamics. Some of these problems are discussed by Athay in Chapter 4. Consequently, one must rely heavily on empirical determinations of local net radiative losses as a guide to determining what heating mechanisms are at work. A procedure that has been used extensively is to compare the local net radiative losses calculated by means of an empirical model with the mechanical heating $\nabla \cdot \mathbf{F}_m$ computed for the same empirical model, assuming some heating mechanism (for example, a spectrum of sound waves) to produce the mechanical dissipation. If an approximate equality between these net radiative losses and local mechanical heating is found, this is interpreted as strong evidence for the proposed heating mechanism. This procedure has been used to evaluate the heating of the low chromosphere by "short" period sound waves by Ulmschneider (1971) and by Jordan (1977a, 1977b).

A further reason for the importance of local, as opposed to global, net radiative losses is the growing evidence that a large number of relatively independent physical processes may play a significant role in chromospheric heating. This, in turn, corresponds to the complex, multidimensional aspect of chromospheric structure. In general, one would not expect different heating mechanisms to provide the same energy input per unit mass, independent of the local thermodynamic structure of the atmosphere and of the particular mechanism itself. A given heating mechanism is strongly dependent on properties intrinsic to that mechanism. For example, the dissipation length of sound waves can be shown to vary roughly as ln T, where T is the wave period (Stein and Schwartz, 1972). If most of the energy in the sound wave spectrum generated in the lower photosphere appears at relatively "short" periods $T \lesssim 100$ s. as has been predicted theoretically (Stein, 1967), then the calculations reported later in this chapter strongly support the theory of lower chromospheric heating by these waves. However, if most of the energy appears at substantially longer periods ($\gtrsim 200$ s), not only is the dissipation length too great for efficient low chromospheric heating, but the very character of the waves must change near the temperature minimum, because such "long" period sound waves are not transmitted through this temperature trough (see the preceding two chapters where the critical acoustic frequency is discussed).

The purpose of these remarks is not to discourage the stellar astronomer from addressing the chromospheric heating problem, when his data tell him that the star in question exhibits a chromosphere. The purpose is rather to emphasize that, though there is a theory of solar chromospheric heating to which many solar astronomers subscribe, with reservations, the theory is both far from complete and still questionable in several respects. In its most highly developed form, it also currently ignores magnetic fields.

The Importance of Chromospheric Heating to Stellar Astrophysics

The mechanical heating of the entire outer solar atmosphere is often described as "coronal" heating. This has caused some confusion among stellar astronomers who are unfamiliar with solar physics. The erroneous impression they tend to receive is that all the heating of interest occurs in the million degree corona, that the comparatively cooler chromosphere is of lesser importance to the heating problem, and that the photosphere requires little or no mechanical energy dissipation, since the empirical temperature distribution there lies very close to the theoretical, radiative equilibrium distribution. In fact, as noted above, the chromospheric net radiative losses are comparable, on the average, to the total mechanical energy requirements of the corona. Even more striking, the dissipation of mechanical energy in the photosphere is probably greater still, because of the radiative dissipation of sound waves, even though the mean empirical temperature is virtually indistinguishable from the radiative equilibrium case.

Chromospheric heating, then, is obviously important in terms of the absolute magnitude of the mechanical energy required to balance the net radiative losses inferred from observations. The chromosphere is equally important, however, as the region through which all waves, pulses, and systematic upward mass motions that may produce coronal heating must pass. Because of its small density scale height ($\gtrsim$ 100 km) and, in conjunction with the transition region, its "plateau followed by a sharp rise" temperature structure (cf. Athay, Chapter 4), the chromosphere has a profound transforming effect on any spectrum of wave motions incident from below. The production of shock waves from initially sinusoidal acoustic waves, the possible further generation of waves in the turbulent motions observed in the "upper" chromosphere, and the transformation of 5-minute oscillations, which are evanescent in the region of the temperature minimum, into progressive sound waves in the "middle" chromosphere are all examples of how the chromosphere acts as a transformer and a filter of wave motions from below.

For stars other than the Sun, the physical extent and frequency of occurrence of chromospheres across the HR diagram becomes a basic question. Currently, there are insufficient observations to establish the systematics of these conditions, but there is a growing body of observational data which supports the view that chromospheres and coronae are a common feature of early-type as well as late-type stars (Ulmschneider, 1979; Linsky, 1980). The presence of chromospheres in late-type stars, from type F5 to later spectral types, is not surprising in view of their strong convective envelopes. The situation is quite different for early-type stars, which lack such an envelope. If mechanically heated chromospheres and coronae prove to be a feature of most early-type stars, the question of where and how this mechanical energy arises will become one of the basic questions for stellar astrophysics in the near future.

CURRENT THEORIES FOR SOLAR CHROMOSPHERIC HEATING

The theories for solar chromospheric heating that have received the most attention until recently are the wave heating theories. There is some observational justification for this approach. The relevant observations are reviewed first as a prelude to a discussion of the theories.

Evidence from Observed Velocity Fields

A rather complete description of velocity fields in the photosphere and chromosphere is provided in Chapters 2, 3, and 4 of this volume. From this wealth of detail, certain systematic effects can be extracted that bear directly on the question of chromospheric heating. Throughout much of the chromosphere evidence is being sought for the generation, propagation, and dissipation of wave motions. Systematic flows are also of interest, less so for the problem of chromospheric heating (except, perhaps, in the upper chromosphere) than for the problems of mass transport to the corona and of coronal heating. This very brief overview of the observational situation is restricted to those velocity fields which can be interpreted as signatures of wave generation, propagation, and dissipation in the photosphere and chromosphere.

The granulation observed in white light (Chapter 2) is the best evidence for turbulence in the low photosphere that can generate sound waves, which certainly contribute to photospheric and chromospheric heating. The current problem is that the spectrum of the turbulence cannot be measured with sufficient accuracy to permit reliable estimates of the power generated in sound waves. Thus, though some wave energy is surely present, one cannot currently say that this is sufficient to balance the large net radiative losses from the outer atmosphere. In particular, it is necessary to determine the components of the turbulence spectrum lying at higher spatial and temporal frequencies than can be observed successfully from the ground. It is hoped that the Solar Optical Telescope, to be flown in the mid-1980's, will provide the high resolution observations necessary to solve this problem.

The most commonly cited evidence for high frequency waves is the observed "excess" width of line profiles formed in the photosphere and low chromosphere. The "microturbulence" alleged to arise from these waves is required to achieve self-consistent empirical models constructed to fit a broad range of line and continuum data; in other words, the kinetic temperatures alone are insufficient to produce the observed line widths. It is difficult to determine from the details of the supposed microturbulent velocity field whether or not this interpretation is valid, particularly in the photosphere, where the velocity amplitudes are relatively small (~ 1 km s^{-1}), and where the relative magnitude of the vertical and the horizontal components as a function of height are still not well known. Indeed, arguments have been advanced to challenge this interpretation for the photosphere (Cram et al., 1979). Oster and Ulmschneider (1973) do note, however, that the observed growth of the velocity amplitude with height in the chromosphere closely resembles what one would expect from the propagation of sound waves of periods $\lesssim 80$ s, as they develop into weak shock waves in the chromosphere.

An experiment that may, depending on its interpretation, provide much more direct evidence for these "short period" waves was conducted at the tower telescope of the Sacramento Peak Observatory by Deubner (1974, 1976). A brief discussion appears in Chapter 3, along with a summary of recent critiques (Cram et al., 1979; Durrant, 1979). Because this type of experiment may provide the key to confirming or rejecting the hypothesis that there is substantial power in these waves, it is appropriate to review Deubner's procedure. Basically, this consists of obtaining power spectra of the velocity of a number of photospheric and low chromospheric lines observed at 6-second intervals at and near the center of the solar disk, and interpreting the location of the series of minima that are found in these power spectra (Chapter 3, Figure 3-13). Deubner noted that destructive interference would result from an integral number, n, of wavelengths occurring within a homogeneous layer of constant line contribution function. If ℓ is the thickness of the region, this can be expressed as

$$\ell = n\left(\frac{2\pi V_s}{\omega}\right),$$

where n is an integer, ω is the angular frequency of the wave, and V_s is the local sound speed. If $n = 1$, and ω is replaced by $\Delta\omega$, the frequency difference between adjacent minima in the power spectra, an expression results for estimating the thickness of the line forming region

$$\ell = \frac{2\pi V_s}{\Delta\omega}.$$

The predicted thicknesses, ℓ, for the lines observed were all reasonable, thus strongly supporting the hypothesis that these minima resulted from the passage of short period waves (of periods 18 to 62 s, in this case) through the line forming region.

Further information on the nature of wave motions can be obtained from phase shifts in the velocity or in the observed brightness in different lines formed at different heights in the atmosphere, or from phase shifts in velocity and brightness observed together in the same line. Some results of such studies are reviewed in Chapters 3 and 4. In general, some useful conclusions on oscillations of relatively long periods in the photosphere ($\gtrsim 125$ s) and chromosphere ($\gtrsim 170$ s) are reported; but the data do not yield definite results for the shorter periods, which are currently thought to provide most of the mechanical energy for heating the photosphere and low chromosphere.

The other well-studied chromospheric velocity field that is interpretable as a wave phenomenon is the evanescent wave, described in Chapters 3, 10, and 11 under the generic heading "5-minute oscillations." This motion will contribute to chromospheric heating when the chromospheric temperature exceeds the value at which the critical angular frequency for acoustic wave propagation ω_{AC} becomes equal to the wave frequency ω. Above the height at which this occurs, the wave becomes a progressive sound wave, which can heat the atmosphere by shock dissipation. Below this height, the wave is evanescent.

Finally, it was noted in Chapters 3, 9, 10, and 11 that high order, nonradial g-mode oscillations or internal gravity waves might be generated in the photosphere above the convection zone. Noting this, Whitaker (1963) proposed that these waves might heat the outer solar atmosphere. However, Souffrin (1966) demonstrated that the small radiative relaxation times in the lower photosphere would promote rapid radiative damping of the gravity waves, so they would not be effective in heating the higher layers. Shortly thereafter, Frazier (1968) offered observational evidence that there was a sufficiently strong convective component to the *upper* photospheric velocity field, identified as penetrative convection, for a substantial generation of gravity waves in this lower density region of the photosphere to occur. Because the densities there do not promote rapid radiative damping, the energy flux is available for heating the outer atmosphere. Although the very long wavelength, and hence damping length, of these waves precludes their playing a significant role in chromospheric heating, Frazier's suggestion that they might play a role in heating the corona or solar wind has yet to be adequately explored.

As reported in Chapter 4, Athay and White (1978) recently attempted to determine the energy flux in observable wave motions in the chromosphere at the level where Si II 1816 Å is formed. They concluded that, though there might be sufficient energy in these waves to heat the lower chromosphere, where Hα and the strong lines of Ca II and Mg II are formed, there was not enough residual energy to balance the net radiative losses from Lα and other higher temperature lines formed above the low chromosphere.

The Standard Theory in 1980: Heating by Short Period Sound Waves

The hypothesis that sound waves generated by turbulence in the low photosphere could propagate upward into the lower density chromosphere and corona and there heat the gas by shock dissipation was first advanced by Biermann (1946) and Schwarzschild (1948). Schatzman (1949) then offered a somewhat different variant of the same idea. This suggestion followed Edlén's (1943) demonstration that the solar corona was very much hotter than the photosphere. Shock heating by initially acoustic waves was a reasonable hypothesis, in view of the known tendency of a finite amplitude, sinusoidal wave in an atmosphere of decreasing density to develop quickly into a sawtoothed shock wave and to then dissipate rapidly. The photospheric granulation was cited as evidence of the required turbulence at the source, and theoretical estimates of the Rayleigh and Reynolds numbers in the low photosphere further supported this picture of a turbulent medium (Minnaert, 1953; Schwarzschild, 1959).

No ultraviolet observations were available during this period to check this hypothesis, nor were spatially resolved observations of the photospheric magnetic field yet on hand. Lighthill (1952, 1954) and Proudman (1952) applied the former's theory for the generation of acoustic waves by isotropic turbulence to the low photosphere and computed that the energy generated was on the order of 10^7 to 10^8 ergs cm^{-2} s^{-1}. Their result was considered by many solar physicists to be a powerful confirmation of this theory of chromospheric heating. For example, Osterbrock (1961) estimated the mechanical energy flux to be roughly equivalent to all atmospheric energy losses above the temperature minimum. (Photospheric heating was ignored before about 1970.) The only modification proposed in this period, by Osterbrock (1961) and also Uchida (1963), was that the role of the magnetic field be included in the generation, propagation, and dissipation of waves, as spatially resolved magnetic field measurements, and ultraviolet observations of the inhomogeneous outer atmosphere were finally becoming available.

There was, however, one deficiency in the picture that existed in the early 1960's. The only oscillations then reliably observed in the solar photosphere and low chromosphere were the "5-minute oscillations" (Leighton et al., 1962; Evans and Michard, 1962a, 1962b, 1962c), which Whitaker (1963) had noted could not propagate through the temperature trough. This snag was apparently removed when Stein (1967) calculated frequency spectra for sound waves generated by low photospheric turbulence. He predicted that the peak power would invariably lie below 100 s in period, that is, far below the critical "cutoff" period ω_{AC} for internal reflection of sound waves (Figure 12-1). At the same time, a number of authors began serious efforts to construct solar chromosphere models, based on the assumption that shock dissipation of sound waves is the chief means of heating the atmosphere.

Weak Shock Theory. During the late 1960's and early 1970's, the chief means of investigating chromospheric heating by sound waves was the weak shock theory. Models for the chromosphere were constructed by Ulmschneider (1971a), and Stein and Schwartz (1972, 1973) evaluated the applicability of this theory to the problem. Reviews of this theory, applied to the Sun, were made by Jordan (1973a) and Stein and Leibacher (1974). The theory has been superseded by the fully time-dependent hydrodynamic treatment reviewed in the next section, but some useful conclusions emerged which still hold true.

Basically, weak shock theory consists of retaining the first nonzero term in a Taylor series expansion of the entropy jump across the shock front, and dropping all higher order terms in the expansion parameter, η, where

$$\eta \equiv \frac{\rho_2 - \rho_1}{\rho_1} , \qquad (12\text{-}1)$$

and ρ_2 and ρ_1 refer to densities behind and in front of the shock, respectively. The weak shock assumption is valid if η is small compared to unity. If weak shock theory is applicable, a differential equation is easily obtained for the dissipation, which equals the entropy jump. Following Brinkley and Kirkwood (1947), this can be written as

$$\frac{d}{dh}(\pi F_+) = -\frac{1}{12}\left(\frac{\gamma(\gamma+1)P}{T}\right)\eta^3 , \qquad (12\text{-}2)$$

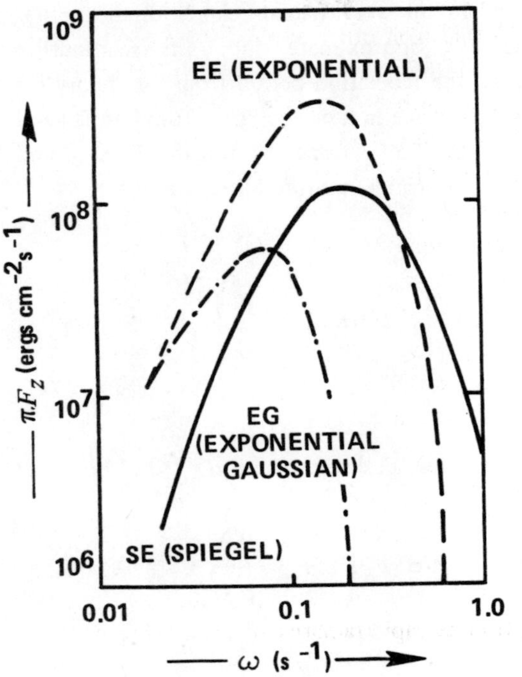

Figure 12-1. Stein's solar acoustic flux spectra. Appears in Jordan (1973a); based upon calculations by Stein (1967).

where πF_+ is the upward flux of mechanical energy, γ is the ratio of specific heats, T is the wave period, and P is the gas pressure. Strictly speaking the thermodynamic quantities should be evaluated for the gas ahead of the shock, but for weak shocks, average local values from model atmospheres can be used.

The mechanical flux past a point in a fluid resulting from a periodic wave train is

$$\pi F_+ = \frac{1}{T}\int_0^T \left[P(t) - P_0\right] u(t)\, dt , \qquad (12\text{-}3)$$

where P_0 is the equilibrium pressure and $u(t)$ is the time-dependent, rest frame velocity of the fluid. A relationship is needed between $P(t)$ and $u(t)$ that is consistent with the weak shock assumption. Noting that all anisotropic effects associated with compressing and heating the gas occur in the very narrow shock discontinuity, one can approximate the $P(u)$ relationship during the relaxation period from the theory for a simple wave in a perfect gas. From Landau and Lifshitz (1959), using V_s for the local sound speed, this can be written initially as

$$P = P_0 \left[1 + \tfrac{1}{2}(\gamma - 1) \frac{u}{V_s} \right]^{2\gamma/\gamma-1} , \quad (12\text{-}4)$$

which, for weak shocks where $u/V_s << 1$ becomes

$$P \simeq P_0 \left(1 + \gamma \frac{u}{V_s} \right) . \quad (12\text{-}5)$$

The condition $u/V_s << 1$ proves to be valid for the "short" periods $T \leq 100$ s treated by this method. For longer periods, Equation (12-4) must be used; but, for longer periods, other problems develop (Stein and Schwartz, 1973). For a sawtooth profile, and with Equation (12-5) for $p(u)$, it is easy to show (Jordan, 1973b) that Equation (12-3) for the mechanical energy flux becomes

$$\pi F_+ = \frac{1}{12} \gamma P V_s \eta^2 . \quad (12\text{-}6)$$

It is therefore straightforward to solve Equation (12-2) for a model atmosphere, given the initial mechanical energy flux and shock strength (or, equivalently, the Mach number) at the base. This is the procedure followed by many authors to estimate mechanical heating of the chromosphere with weak shock theory.

The chief weakness of this theory is that it can only be applied reliably where the shocks are fully developed. Weak shock theory will overestimate the dissipation around the temperature minimum, and thus cannot give a reliable estimate of the residual mechanical flux above the temperature minimum. However, using the time-dependent method of characteristics and other techniques, Ulmschneider et al. (1978) conclude that this residual flux is large enough at the temperature minimum to balance the chromospheric net radiative losses. If this is true, one can easily estimate whether the shock formation distance, Z, for a wave of given period T is of approximately the same distance as the thickness of the photosphere. If this proves to be the case, the weak shock theory can still be used to obtain a rough estimate of local heating in the chromosphere. A convenient formula for estimating the distance, Z, is easily derived for an isothermal atmosphere (Stein and Schwartz, 1972),

$$Z = 2H \ln \left[1 + \frac{\gamma}{2(\gamma + 1)} \frac{gT}{u_0} \right] , \quad (12\text{-}7)$$

where T is again the wave period, g is the acceleration due to gravity, u_0 is the initial velocity amplitude of the wave, and H is the isothermal scale height. Departures from an isothermal structure have only a small effect on the result, since the propagation of the wave is much more strongly dependent on density changes than on temperature changes. The use of $H = 150$ km, $\gamma = 5/3$, $g = 2.94 \times 10^4$ cm^{-2} s^{-1}, $T = 30$ s (60 s) and $u_0 = 1.0$ km s^{-1}, yields $Z = 293$ km (438 km), which is, in the latter case, approximately the thickness of the photosphere. Note, however, that for $T = 100$ s (200 s), one obtains, keeping the other parameters fixed, $Z = 562$ km (746 km). Thus, for the waves of relatively short periods, Equation (12-7) estimates a shock formation distance that is roughly equal to or less than the photospheric thickness; while for periods $T \cong 100$ s, the shock formation distance is greater. These results are in general agreement with the results obtained with more detailed time-dependent calculations.

What limitations does weak shock theory itself have for the case of fully developed shocks? A critical evaluation of weak shock theory was performed by Stein and Schwartz (1972, 1973). They compared the results of weak shock theory with the results of numerical computations in which both vertically propagating acoustic pulses and periodic wave trains were sent through a one-dimensional, initially isothermal atmosphere, in which the effects of radiative damping and hydrogen ionization were included. Their main conclusion was that, even for waves of periods as short as 100 s, weak shock theory will overestimate the heating around the temperature minimum, as noted earlier, and underestimate it significantly for 1000 km higher (Figure 12-2). For waves of longer periods, the situation becomes worse. In the solar case, heights at and above the Lyman plateau ($T_k \simeq 20{,}000$ K) cannot be treated with this theory.

The Time-Dependent Approach. The most detailed and reliable treatment of the propagation and dissipation of short period acoustic waves in the solar photosphere and temperature minimum region is that of Ulmschneider, Kalkofen, and their coworkers. In a series of five papers which are briefly reviewed here, they develop and apply a modified method of characteristics to this problem. Readers wishing to apply the method

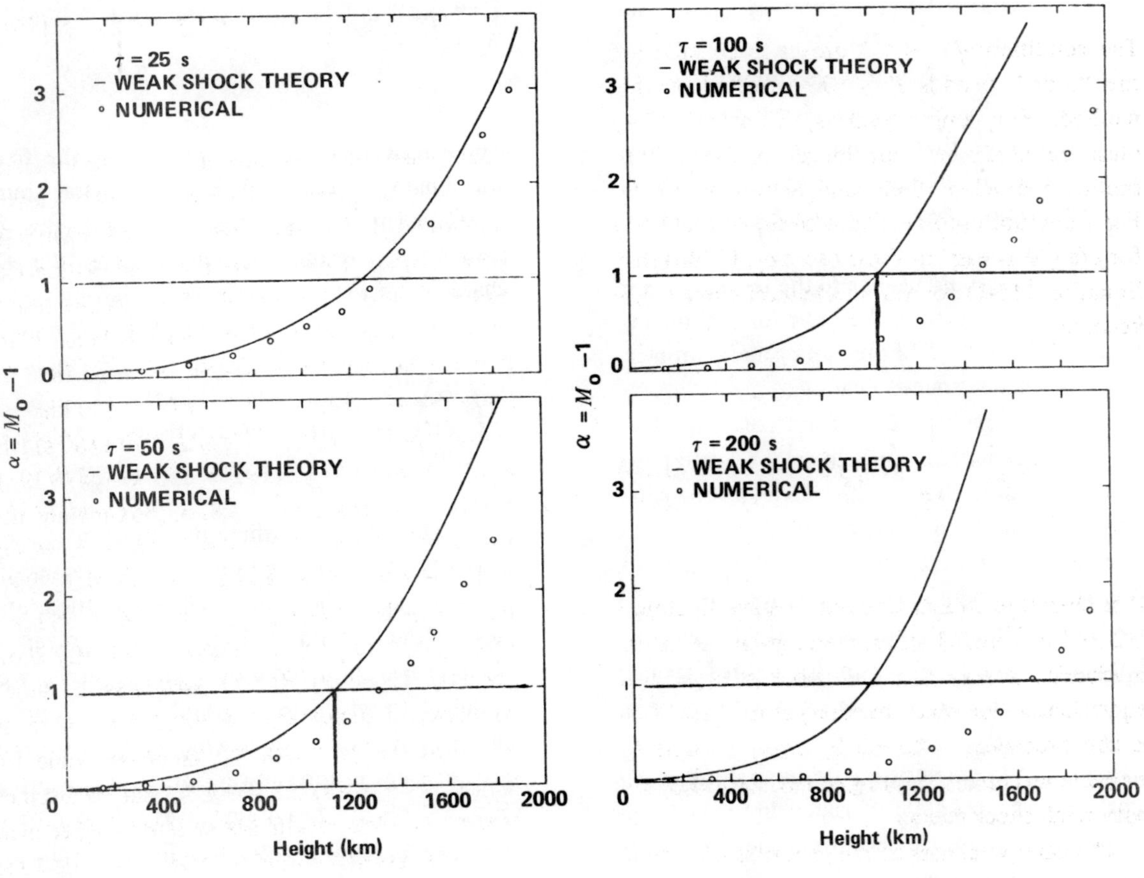

Figure 12-2. Growth of Mach number with height (in an isothermal atmosphere). Curves are results of weak shock theory; points are numerical results (from Stein and Schwartz, 1972).

should refer to the original papers for details. These papers are as follows:

- Paper I, in which the modified method of characteristics is described for a gravitational atmosphere (Ulmschneider et al., 1977).
- Paper II, where the method for treating radiative damping is described (Kalkofen and Ulmschneider, 1977).
- Paper III, where, using a perturbation technique, the propagation of acoustic waves is computed with radiative damping in a realistic, semiempirical model of the solar photosphere until shock formation occurs (Ulmschneider and Kalkofen, 1977).
- Paper IV, where the hydrodynamic code chosen for the calculation is described and compared for efficiency with alternative computational procedures (Hammer and Ulmschneider, 1978).
- Paper V, in which wave propagation into the low chromosphere is computed by a technique that, in contrast to that used in Paper III, can handle larger wave amplitudes not amenable to the perturbation method.

The methods discussed and the results given in these five papers form the basis for the application of this method to the more general problem of stellar chromospheric heating.

The basic method of characteristics has long been used in aerodynamics to treat a broad range of problems in both subsonic and supersonic flows. Landau and Lifshitz (1959, chapters IX and X) provide a concise review of this method. The modified method of characteristics employed by Ulmschneider, Kalkofen, and their coworkers has been developed over the past three decades by several authors whose work is referenced in Paper I.

Basically, characteristics are lines along which small disturbances are propagated, in the approximation of geometrical acoustics. There are three different types of characteristics, corresponding to propagation of disturbances in the downstream (forward), upstream (backward), and streamline directions. These are usually called the C^+, C^-, and C^0 characteristics, respectively. The nature and value of the characteristics can be illustrated simply in one-dimensional, nonsteady flow. Here, the characteristics become lines in the xt-plane, whose slope dx/dt is equal to the velocity of propagation of small disturbances relative to a fixed coordinate system. Following Landau and Lifshitz (1959, section 96), the differential equations of the C^+ and the C^- characteristics are as follows:

$$\left(\frac{dx}{dt}\right)^+ = u + V_s, \quad C^+ \text{ characteristic} \ , \qquad (12\text{-}8)$$

and

$$\left(\frac{dx}{dt}\right)^- = u - V_s, \quad C^- \text{ characteristic} \ , \qquad (12\text{-}9)$$

where u is again the gas velocity in the fixed coordinate system, and V_s is the local sound speed. Disturbances transmitted with the gas along the streamlines (hence, along the C^0 characteristics) obey

$$\left(\frac{dx}{dt}\right)^0 = u, \quad C^0 \text{ characteristic} \ . \qquad (12\text{-}10)$$

For example, perturbations in entropy and vorticity flow along the C^0 characteristic.

A simple application will illustrate the usefulness of the method of characteristics for treating wave propagation and shock formation, the main problem to which the method has been applied in astrophysics. Consider what happens when an accelerating piston moves into a cylinder. In Figure 12-3, the heavy line gives the position of the piston, and the slender lines are the C^+ characteristics for a simple compression wave. The parallel characteristics to the right correspond to small disturbances moving through the gas at rest; hence $(dx/dt)^+ = V_s$, or $x = V_{s0}t$ for a homogeneous gas in the cylinder. Note that the characteristics emanating from the piston converge, because each has a different value of u. They eventually intersect in the semibounded region shown in Figure 12-3. In this region, the function $u(x,t)$ is many valued, which is physically meaningless. In reality, a simple compression wave cannot exist indefinitely, and a shock wave must be formed in it. The envelope of the semibounded region in Figure 12-3 has a cusp, which occurs for that value of time t that is the instant when the shock first occurs. The corresponding spatial coordinate x is the location of shock formation in the cylinder. It is easy to show that, if the equations of the characteristics are given in the parametric form $x = x(t)$, $t = t(u)$, the position of the cusp can be found from the following equations:

$$\left(\frac{\partial x}{\partial u}\right)_t = 0, \quad \left(\frac{\partial^2 x}{\partial u^2}\right)_t = 0. \qquad (12\text{-}11)$$

Thus, the method of characteristics, judiciously applied, provides a natural tool for determining where shocks will be formed in the photosphere and low chromosphere, a problem that weak shock theory, by its very nature, cannot address, and one of the big uncertainties in the "pre-characteristics" treatment of chromospheric heating.

The application of this method in Papers I through V proceeds in the following way. Simplifying assumptions include the following:

1. Wave propagation is vertical.
2. Mean molecular weight μ = 1.3 and the ratio of the specific heats γ = 5/3 are constant throughout.

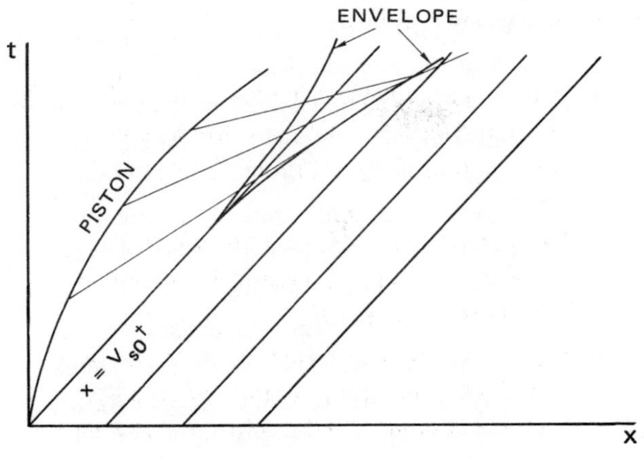

Figure 12-3. Semibounded region (within envelope) where characteristics emanating from the piston converge as the piston moves into a cylinder. In this region a shock will form (see text).

3. Thermal conductivity, viscosity, and hydrogen ionization are ignored.
4. The Rankine-Hugoniot relations apply.

These assumptions are reasonable in the photosphere and low chromosphere, for which the calculations are performed. All of them except (4) break down above the low chromosphere, (3), and probably (1), seriously so. This, plus the great difficulty of treating the radiative hydrodynamics in the region of the chromosphere where Hα, the Ca II lines, and the Mg h and k lines are formed, restricts the method of Papers I through V to the temperature minimum region and below, barring substantial further modifications.

The actual set of equations solved consists of three differential equations for the quantities, u, V_s, and S along the three characteristics C^+, C^-, and C^0, the three equations for the characteristics themselves, and suitable expressions for the Rankine-Hugoniot relations. Lagrangian coordinates are used for the calculation. This system determines the seven unknowns, u_1, u_2, V_{s1}, V_{s2}, S_1, S_2, and u_{sh} (the shock velocity). The upper boundary condition is the so-called "transmitting" boundary condition, where the velocity amplitude u is held constant along the C^+ characteristics. The lower boundary condition is an oscillating piston, of period T, and an initial energy flux which is given by $F_i = \frac{1}{2} \rho_i u_i^2 V_{si}$. Shocks form wherever characteristics of the same family intersect, as previously illustrated in Figure 12-3. A special interpolation scheme described in Paper I led to satisfactory shock finding.

Consider now the main conclusions of this series of calculations. The height of shock formation for short period waves is again shown to be in reasonable coincidence with the location of the temperature minimum, and the residual flux for chromospheric heating is shown to be in rough agreement with requirements based on estimates of the net radiative loss. These results are illustrated in Figure 12-4. The general tendency for the height of shock formation to increase with increasing period is partially offset, for the case where radiative damping is included, by the stronger effect of radiative damping on shorter period waves. In other words, all damped waves are weakened and, hence, form shocks at greater heights than do the undamped waves and this effect is greatest at shorter periods. The height of shock formation is found to depend even more strongly on the initial acoustic flux than on the dominant wave period, though the value of the minimum temperature seems to depend primarily on the wave period. In addition, the large amplitude waves treated in Paper V cause mass loss, and an amplification of the acoustic flux due to the κ-mechanism (Chapter 11) is found in the region near $\tau_c = 1$. Thus, the calculations strongly support the hypothesis of photospheric and low chromospheric heating by short period acoustic waves. In addition, they provide the best quantitative estimates of radiative dissipation in the photosphere, and the most illuminating description of the physics of wave propagation and its effects of any current theoretical treatment.

One interesting physical result that emerges is

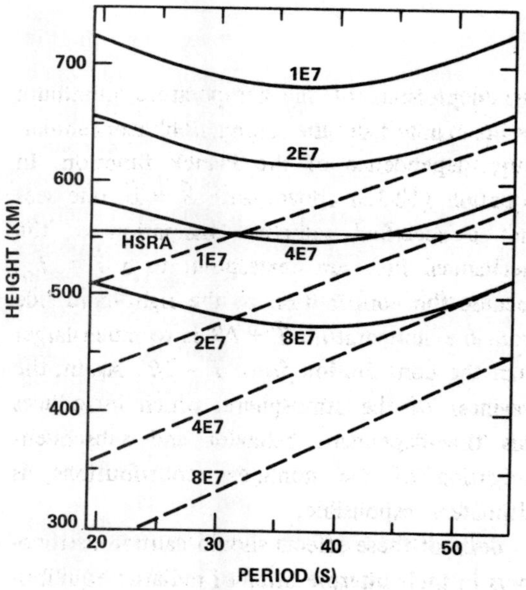

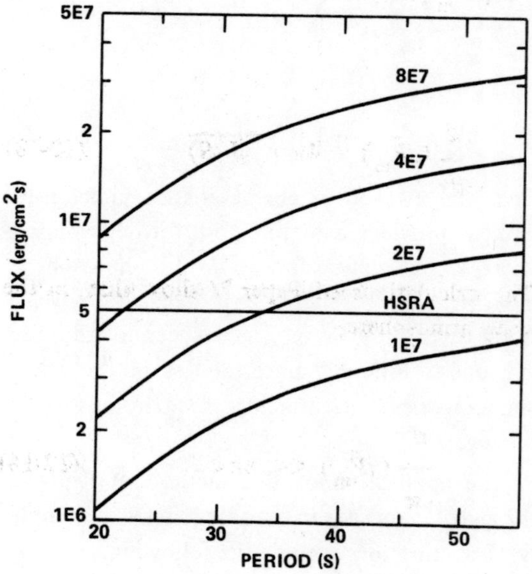

Figure 12-4(a). Shock formation heights (predicted temperature minima) as function of wave periods and initial acoustic fluxes for the HSRA model given by solid curves. Results for VAL model are similar. Shock heights of waves without radiative damping are shown dashed. HSRA line indicates height of the empirical temperature minimum (based on Ulmschneider and Kalkofen, 1977). (b) Mechanical energy fluxes at shock formation height as function of wave periods and initial acoustic fluxes for HSRA model. HSRA line indicates the empirical chromospheric net radiative loss (from Ulmschneider and Kalkofen, 1977).

the lack of a significant mean local photospheric temperature enhancement over the local radiative equilibrium temperature. In fact, near the temperature minimum, the waviness of the atmosphere actually produces a mean temperature, $\bar{T}$, that is depressed below the local radiative equilibrium temperature, T_{RE}, which there equals the boundary temperature T_0 in a radiative equilibrium model. The first effect, where $\bar{T} \simeq T_{RE}$, follows from considering the photospheric energy balance. This can be written, for the radiative flux gradient in one dimension, as

$$\frac{d}{dx}(\pi F_R) = -4\pi \int \kappa_\nu (J_\nu - S_\nu)\, d\nu \ , \quad (12\text{-}12)$$

which follows immediately from integrating the radiative transfer equation, ignoring the term $\partial I_\nu/\partial t$. Taking time averages of the integrated quantities, and replacing $d(\pi F_R)/dx$ with $-d(\pi F_m)/dx$ yields

$$\frac{d}{dx}(\pi \bar{F}_m) = 4\pi\, \overline{\kappa\, (J - S)} \ . \quad (12\text{-}13)$$

The calculations of Paper V show that, in the wavy atmosphere,

$$\frac{d}{dx}(\pi \bar{F}_m) << 4\pi\, \kappa\, J \quad (12\text{-}14)$$

is met everywhere in the photosphere. Furthermore, κ is found to have a relatively small time variation. Thus,

$$\bar{J} \simeq \bar{S} \quad \text{or} \quad \bar{J} \simeq \bar{B} \ \text{(LTE)}, \quad (12\text{-}15)$$

where the source function in LTE is equated to the Planck function, a reasonable approximation for the continuum in the photosphere, and where continuum processes dominate the energy balance, and high densities maintain near-LTE conditions except in a few medium strength spectral lines. Finally, from

$$\bar{J} = \frac{\sigma}{\pi} T_{RE}{}^4 , \quad (12\text{-}16)$$

and

$$\bar{B} = \frac{\sigma}{\pi} \bar{T}^4 , \quad (12\text{-}17)$$

it follows that

$$\bar{T} \simeq T_{RE} . \quad (12\text{-}18)$$

The depression of the temperature minimum results mainly from the strong, nonlinear temperature dependence of the Planck function. In Equation (12-13) above, with $\bar{S} \simeq \bar{B}$, one sees that a specified radiative dissipation of the mechanical flux can correspond to a $\bar{T} < T_0$, because the contribution to the right-hand side from the temperature $\bar{T} + \Delta T$ is so much larger than the contribution from $\bar{T} - \Delta T$. Again, the waviness of the atmosphere, which introduces this time-dependent behavior and subsequent weighting of the nonlinear contributions, is ultimately responsible.

Both of these effects should caution astronomers in their interpretation of radiative equilibrium model photospheres. A mean temperature distribution $\bar{T} \simeq T_{RE}$ in the photosphere *may or may not* mean a radiative equilibrium atmosphere. The calculations discussed above show one can get $\bar{T} \simeq T_{RE}$ with substantial mechanical "heating" and radiative dissipation waves ($\nabla_x \cdot \mathbf{F}_R > 0$), and a $\bar{T}_{min}$ even less than T_0.

Current Status of the Standard Theory. What can one say with confidence about solar chromospheric heating based on the treatments of acoustic waves of relatively short period reviewed above? It is the opinion of the author that the latest calculations with the time-dependent method, taken in conjunction with the evidence reported by Deubner (1976) for short period waves in the photosphere, strongly support the hypothesis that radiative dissipation in the photosphere and the initial chromospheric temperature rise are, in fact, caused by these waves. This conclusion is supported by independent treatments of this problem by Kaplan et al. (1972) and Chiuderi and Giovanardi (1975). Two outstanding observational problems that remain are the determination of the high frequency components of the turbulence spectrum in the low photosphere, to permit a more accurate computation of the acoustic power radiated, and a further search for the waves themselves, based on high quality, high resolution spectral data. If these waves are present with substantial power, they certainly will contribute to the microturbulent line broadening observed, though whether they alone can produce the observed broadening may be difficult to establish (Cram et al., 1979).

The situation in the chromosphere, above $\tau_c = 10^{-5}$ in the models discussed, is less clear. The results of the time-dependent calculations suggest that there may be enough residual energy to heat the chromosphere; but this is based on the assumption of an adequate initial energy flux in the low photosphere. This flux, $F_i = \frac{1}{2}\rho_i u_i^2 V_{si}$, is highly uncertain because of the large uncertainties in u_i, which is small and poorly known in the low photosphere at the interface between convective energy transport and the region of (approximate) radiative equilibrium. To use values of U from models of the upper convection zone, as has often been done, is therefore highly questionable. On the other hand, to make a reliable calculation based on the details of the turbulence spectrum would be premature, for the reasons given earlier. Consequently, the question of whether there is sufficient residual energy to heat the chromosphere is still open. In fact, Athay and White (1978) provide evidence that there is insufficient energy in waves to heat the chromosphere above the region where Hα and the strong lines of Ca II and Mg II are formed. One should, however, note two features of their work. First, the conclusion is based on the highly model-dependent result that the Si II resonance line used in the power spectrum analysis is formed in essentially the same region of the chromosphere that produces the cores of lines mentioned above. If the Si II resonance line is produced at temperatures above 10,000 K, rather than below, as reported, the negative conclusion on "upper" chromospheric heating by waves would be changed. Second, the data for short periods ($\lesssim$ 100 s) are of marginal quality, as Athay and White acknowledge. Since much of the power in the acoustic waves may occur at these short periods, their analysis should be repeated when higher quality data become available.

Unfortunately, current theory alone cannot settle the question of solar chromospheric heating. The "full" characteristics method of Paper V, which is required by the relatively large velocity amplitude developed by the waves as they propagate upward, is itself an approximation. To this must be added the uncertainties inherent in handling the radiative hydrodynamics in an atmosphere where the net radiative losses are due largely to optically thick spectral lines formed under conditions far from LTE. These radiative loss problems are equally difficult if one uses the older weak shock theory, as Jordan (1977a, 1977b) has done, to estimate wave heating in the chromosphere. Jordan's results suggest that chromospheric heating by these waves is insufficient above $\tau_c = 10^{-5}$. However, his method of incorporating the net radiative losses is not entirely self-consistent with his hydrodynamic treatment of this region. His conclusion that wave heating is insufficient must also be viewed with skepticism, in view of the demonstration by Stein and Schwartz (1973), that weak shock theory may badly underestimate heating in the upper chromosphere. The author concludes that, although there are some observational and theoretical reasons to question whether solar chromospheric heating above $\tau_c \sim 10^{-5}$ is caused mainly by short period waves, the issue remains open. Readers wishing to pursue further the entire question of solar chromospheric heating by short period sound waves from a critical point of view are referred to Cram (1977).

Although extensive stellar applications of a theory that has yet to be shown valid for the Sun may seem premature, application to other late-type stars has the merit of demonstrating the dependence of the acoustical heating mechanism on the effective temperature, T_{eff}, and surface gravity g. Application to stars in the ranges T_{eff} = 4000 to 7000 K and log g = 2 to 5 are reported by Schmitz and Ulmschneider (1980). They find two classes of theoretical chromospheric models: S-type chromospheres, of which the Sun is an example, where the temperature minima are closely correlated with the height of shock formation, and R-type chromospheres, of which Arcturus is an example, where shock formation begins in the radiative damping region of the photosphere, producing a slower growth of the shock and a higher lying temperature minimum. The consequence is to reduce the mechanical energy flux in the chromosphere of the R-type star, and so, to bring these fluxes more in line with empirically determined chromospheric radiative losses in late-type giant and supergiant stars. Earlier efforts by Ulmschneider et al. (1977) to compute the dependence on log g of the chromospheric mechanical energy flux were criticized by Linsky and Ayres (1978), because their earlier work had predicted a much larger dependence of the mechanical flux on log g than was inferred from the log g dependence of empirical chromospheric radiative losses. Whether current refinements to the theory will fully resolve this and other discrepancies (for late-type dwarf stars) is a subject of current research.

FUTURE PROSPECTS

There is still no satisfactory theory for solar chromospheric heating. A theory exists, which is currently being refined for detailed chromospheric application, and it may ultimately prove to be right, though this is by no means certain. However, even if the theory outlined for short period acoustic waves is shown to be applicable to much of the chromosphere, a major effort will be required to construct realistic theoretical models of the different chromospheric subregions, including cell interiors, cell boundaries, plages, chromosphere over sunspots, and quiescent prominences. Such efforts are currently just beginning. Since one of the current theories for the spectral differences among many late-type stars is that the spectra may depend on the fraction of their atmospheres that is magnetically "active," in analogy with the Sun, successful models for solar chromospheric subregions could contribute significantly to understanding the spectra of these stars (Linsky, 1980).

Other possibilities for chromospheric heating include (1) longer period evanescent waves, (2) fast pulses of radiating material, whose origin is currently unknown, but whose presence can be detected in movies made in the C I continuum (Brueckner, 1979), (3) hydromagnetic waves, of which the short period acoustic waves are a special case for zero magnetic field, and even (4) local extraction of energy from the ambient magnetic field by anomalous dissipation processes, which could explain the abrupt appearance and disappearance of small bright emission points in the C I movies of the low chromosphere. Radiative dissipation of short period waves in the low chromosphere may also contribute to the heating, since the radiative relaxation time, t_r, there depends on wave amplitude, and, for the large velocity amplitudes encountered in the low chromosphere, could decrease until it becomes comparable to the wave periods (Giovanelli, 1978, 1979). Further analysis of this possibility is required, however, since the decrease of t_r with increased wave amplitude also depends on the relative importance of line and continuum (essentially H^-) opacities in this region; and this is still not well known. Finally, gravity waves undoubtedly occur throughout the chromosphere, but for the reasons given earlier, they are not a candidate for chromospheric heating.

For a time, there was speculation that chromospheric heating could result from the combined effects of the short period waves in the low chromosphere, supplemented, and in the upper chromosphere ultimately dominated, by longer period waves which pass from the evanescent to the propagating condition as the temperature increases (Jordan, 1973a; Stein and Leibacher, 1974). This is no longer an attractive possibility. Ulmschneider (1976) reviewed the observational efforts to detect substantial oscillatory power for periods $\gtrsim$ 170 s in chromospheric and transition region lines and noted the generally (though not exclusively) negative results. Leibacher (1971) calculated the entropy change due to the passage of 5-minute oscillations through a model solar atmosphere. Jordan (1977b), using his results, showed these values to be almost an order of magnitude smaller throughout the chromosphere than the heating produced by the short period acoustic waves, not nearly enough to sustain the modest chromospheric temperature rise given by empirical models. The longer period oscillations are clearly inadequate.

For all these reasons, the attention of solar physicists is turning increasingly to the role of the magnetic field in chromospheric heating.

What Role Does the Magnetic Field Play?

The magnetic field has not been entirely ignored in treatments of chromospheric heating. Kulsrud (1955) showed that the presence of a magnetic field would substantially increase the energy generated by a turbulent medium, thus demonstrating that more energy would be available for hydromagnetic heating of plages than for the "quiet" regime. Osterbrock (1961) and Uchida (1963) noted that the longer wavelength of the Alfvén wave of the same period as a sound wave would delay dissipation to greater heights, and produced calculations of solar atmospheric heating for various field strengths. However, because of the approximations used, the results of these calculations are currently of limited relevance to the problem; no more relevant calculations of hydromagnetic heating for the radiative conditions encountered in the chromosphere have yet emerged, largely because they pose a formidable numerical challenge that has yet to be met.

What is clear today is that the magnetic field determines the structure of the outer solar atmosphere, including most of the chromosphere, and that this field is often concentrated in regions of very small spatial extent (see Chapters 6 and 17). The field probably acts as a conduit for much of the wave energy emerging from the photosphere into the chromosphere and beyond. In addition, the field itself may release its stored energy, triggered by any one of a number of mechanisms, including the waves themselves (Spicer and Brown, Chapter 18).

Since the magnetic field energy density exceeds the kinetic energy density in the chromosphere for rather low field strengths ($\mathbf{B} \gtrsim 10$ gauss), one concludes that the magnetic field will play a fundamental, if not dominant role, in chromospheric heating wherever it is present. The consequences for heating are a topic of current solar research. Perhaps it is just as well that no one has perfected a nonmagnetic heating theory for the solar chromosphere. It may prove to be largely irrelevant.

Is Chromospheric Heating a Stochastic Process?

This section is frankly speculative. To set the stage properly, by emphasizing inferences based directly on observation, consider the following quotations from Athay's Chapter 4 (italics added):

> Observational evidence indicative of spatial and temporal fluctuations in the thermodynamic state at a given level in the atmosphere becomes increasingly apparent as the level of observation moves from the temperature minimum region to the transition region.

> The average properties of the outer solar atmosphere are statistical properties that may not accurately represent *any* particular structural feature.

> . . . It (microturbulence) is probably a combined effect of systematic flows associated with the spatial thermodynamic inhomogeneities (500 to 1000 km) and with waves of *assorted* characters.

The picture that emerges is certainly a statistical one, and, as Athay notes in further discussions in Chapter 4, spatial fluctuations at a given time may be equivalent to temporal fluctuations of given features observed over the duration of their evolution. This situation is likely to be further confirmed as more ultraviolet observations of high spatial resolution are obtained (Brueckner, 1979), since the conclusions quoted are based largely on the medium to high resolution ultraviolet data already available. A kind of ergodic description of many solar chromospheric subregions emerges.

The question arises how best to "model" the chromosphere in the light of these observations. Current theoretical modeling has yet to solve the problem of constructing a complete model for the photosphere and chromosphere, with the radiative hydrodynamics even formally treated to everyone's satisfaction. Once this is accomplished, solar physicists may then be confronted with the task of constructing a statistical model, in which given subregions of the chromosphere are subjected to a considerable variety of different, time-dependent, dynamical conditions. For the near future, much work is still required evaluating essentially single heating mechanisms (e.g., hydromagnetic waves), and building models accordingly. Perhaps we shall be fortunate, and single heating mechanisms will prove dominant in each major subregion of the chromosphere. However, at the present, we still cannot be sure, and must test both existing and also new possibilities for heating by single mechanisms, while remaining open to the possibility that the real solar chromosphere is inherently complex in its dynamics, as are many laboratory plasmas.

I wish to thank Peter Ulmschneider for reading the initial manuscript of this chapter and offering many valuable suggestions.

REFERENCES

Athay, R.G., White, O.R., 1978, *Astrophys. J.* **226**, 1135.

Ayers, T.R., 1975, *Astrophys. J.* **201**, 799.

Biermann, L., 1946, *Naturwiss.* **33**, 118.

Brinkley, S.R., Jr., Kirkwood, J.G., 1947, *Phys. Rev.* **71**, 606.

Brueckner, G.E., 1979, paper presented *Proc. XVII IAU General Assembly* (Dordrecht: D. Reidel Publishing Co., 1979).

Chiuderi, C., Giovanardi, C., 1975, *Solar Phys.* **41**, 35.

Cram, L.E., 1977, *Astron. Astrophys.* **59**, 151.

Cram, L.E., Keil, S.L., Ulmschneider, P., 1979, *Astrophys. J.* **234**, 768.

Deubner, F.-L., 1974, *Solar Phys.* **39**, 31.

Deubner, F.-L., 1976, *Astron. Astrophys.* **51**, 189.

Durrant, C.J., 1979, *Astron. Astrophys.* **73**, 137.

Edlén, B., 1943, *Z. Astrophys.* **22**, 30.

Evans, J.W., Michard, R., 1962a, *Astrophys. J.* **135**, 812.

Evans, J.W., Michard, R., 1962b, *Astrophys. J.* **136**, 487.

Evans, J.W., Michard R., 1962c, *Astrophys. J.* **136**, 493.

Frazier, E.N., 1968, *Astrophys. J.* **152**, 557.

Giovanelli, R.G., 1978, *Solar Physics* **59**, 293.

Giovanelli, R.G., 1979, *Solar Physics* **62**, 253.

Hammer, R., Ulmschneider, P., 1978, *Astron. Astrophys.* **65**, 273.

Jordan, S.D., 1973a, in *Stellar Chromospheres*, Proceedings of IAU Colloquium 19, S.D. Jordan and E.H. Avrett, eds., NASA SP-317 (Greenbelt, Md.: Goddard Space Flight Center, 1973), p. 181.

Jordan, S.D., 1973b, *Solar Phys.* **30**, 327.

Jordan, S.D., 1977a, *Solar Phys.* **51**, 51.

Jordan, S.D., 1977b, *Proc. OSO-8 Workshop* (Boulder: University of Colorado, 1977).

Kalkofen, W., Ulmschneider, P., 1977, *Astron. Astrophys.* **57**, 193.

Kalkofen, W., Ulmschneider, P., 1979, *Astrophys. J.* **227**, 655.

Kaplan, S.A., Ostrovskii, L.A., Petrukhin, N.S., Fridman, V.E., 1972, *Astronomich. Zhurnal* **49**, 1267.

Kulsrud, R.M., 1955, *Astrophys. J.* **121**, 461.

Landau, L.D., Lifshitz, E.M., 1959, *Fluid Mechanics* (Reading, Mass.: Addison-Wesley, 1959).

Leibacher, J., 1971 (Ph.D. Thesis, Harvard University, Cambridge).

Leighton, R.B., Noyes, R.W., Simon, G.W., 1962, *Astrophys. J.* **135**, 474.

Lighthill, M.J., 1952, *Proc. Roy. Soc. London* **A211**, 564.

Lighthill, M.J., 1954, *Proc. Roy. Soc. London* **A222**, 1.

Linsky, J., 1980 in *Turbulence in Stellar Atmospheres*, Proceedings of IAU Colloquium 51 (Berlin: Springer-Verlag, 1980), p. 248.

Linsky, J.L., Ayers, T.R., 1978, *Astrophys. J.* **220**, 619.

Minnaert, M., 1953, ed., "The Photosphere," in *The Sun*, G.P. Kuiper, ed. (Chicago: University of Chicago Press, 1953).

Oster, L., Ulmschneider, P., 1973, *Astron. Astrophys.* **29**, 1.

Osterbrock, D., 1961, *Astrophys. J.* **134**, 347.

Praderie, F., Thomas, R.N., 1972, *Astrophys. J.* **172**, 485.

Praderie, F., Thomas, R.N., 1976, *Solar Phys.* **50**, 333.

Proudman, I., 1952, *Proc. Roy. Soc. London* **A214**, 119.

Schatzman, E., 1949, *Ann. d' Astrophys.* **12**, 203.

Schmitz, F., Ulmschneider, P., 1980, *Astron. Astrophys.* **84**, 93.

Schwarzschild, M., 1948, *Astrophys. J.* **107**, 1.

Schwarzschild, M., 1959, *Astrophys. J.* **130**, 345.

Souffrin, P., 1966, *Ann. d' Astrophys.* **29**, 55.

Stein, R.F., 1967, *Solar Phys.* **2**, 385.

Stein, R.F., Leibacher, J.W., 1974, *Ann. Rev. Astron. Astrophys.* **12**, 407.

Stein, R.F., Schwartz, R.A.,1972, *Astrophys. J.* **177**, 807.

Stein, R.F., Schwartz, R.A., 1973, *Astrophys. J.* **186**, 1083.

Uchida, Y., 1963, *Pub. Astron. Soc. Japan* **15**, 376.

Ulmschneider, P., 1970, *Solar Phys.* **12**, 403.

Ulmschneider, P., 1971a, *Astron. Astrophys.* **12**, 297.

Ulmschneider, P., 1971b, *Astron. Astrophys.* **14**, 275.

Ulmschneider, P., 1974, *Solar Phys.* **39**, 327.

Ulmschneider, P., 1976, *Solar Phys.* **49**, 249.

Ulmschneider, P., 1979, *Space Science Rev.* **24**, 71.

Ulmschneider, P., Kalkofen, W., Nowak, T., Bohn, U., 1977, *Astron. Astrophys.* **54**, 61.

Ulmschneider, P., Schmitz, F., Renzini, A., Cacciarai, C., Kalkofen, W., Kurucz, R., 1977, *Astron. Astrophys.* **61**, 515.

Ulmschneider, P., Kalkofen, W., 1977, *Astron. Astrophys.* **57**, 199.

Ulmschneider, P., Schmitz, F., Kalkofen, W., Bohn, H.U., 1978, *Astron. Astrophys.* **70**, 487.

Vernazza, J.E., Avrett, E.H., Loeser, R., 1976, *Astrophys. J. Supp.* **30**, 1.

Whitaker, W.A., 1963, *Astrophys. J.* **137**, 914.

13

MECHANICAL HEATING IN THE TRANSITION REGION

George Withbroe

INTRODUCTION

The chromospheric coronal transition region is the interface through which mass and energy flow between the chromosphere and corona. It is a region of steep temperature and density gradients where the temperature rises by 1.5 orders of magnitude, from about 3×10^4 to 10^6 K, within a few thousand kilometers. Because the pressure is nearly constant across the transition region, the density falls by 1.5 orders of magnitude over the same distance. The energy heating the corona is transported upward through the transition region by waves or by related processes involving the magnetic field lines. A substantial fraction of the energy released in the corona flows back through the transition region to the chromosphere by electron thermal conduction. The mass transport processes are complex. Chromospheric material is carried up into the corona by spicules, surges, and other transient phenomena. In flares, chromospheric material is heated to high temperatures and driven into the corona by shock waves, energetic particles, and/or thermally conducted energy generated by rapid dissipation of magnetic energy in the corona. Coronal material can develop thermal instabilities, cool, and fall back into the chromosphere or be accelerated outward into the solar wind. Downward flowing coronal material, which releases thermal energy as it cools, can be an important heating source for the transition region.

In many of these processes the transition region plays an important role. Conductive cooling of the corona, which causes the steep temperature gradient in the transition region, is one of the primary processes controlling the coronal temperature. Because of its steep temperature gradient and inhomogeneity, the transition region can reflect or refract upward propagating waves. In this chapter, attention will be focused on the energy balance in the transition region and the role that mechanical heating plays in determining the temperature density structure of this region in a stellar atmosphere. The main conclusion will be that, because of its role as the interface layer through which mass and energy flow between the chromospheres and corona, direct deposition of mechanical energy is a relatively unimportant factor in the overall energy balance in the transition region, except in the uppermost layers where the temperature approaches coronal values.

ENERGY BALANCE

In order to place the problem of the mechanical heating of the transition region in perspective, it is useful to consider it in the context of the overall energy balance of this region in a stellar atmosphere. The steady-state energy equation (Kopp and Orrall, 1976; Rosner et al., 1978a) can be written as follows:

$$E_H + \mathbf{F}_W \cdot \mathbf{V} = E_R + \nabla \cdot \mathbf{F}_c + \nabla \cdot \mathbf{F}_v, \quad (13\text{-}1)$$

where E_H is the rate of mechanical energy deposition per unit volume (ergs cm^{-3} s^{-1}), E_R is the radiative loss rate (ergs cm^{-3} s^{-1}), $\mathbf{F}_c$ is the conductive flux (ergs cm^{-2} s^{-1}) and $\mathbf{F}_v$ is the energy flux resulting from mass flows. The term $\mathbf{F}_W \cdot \mathbf{V}$ is discussed below.

The radiative loss is given by

$$E_R = N_e^2 \Phi(T) \qquad (13\text{-}2)$$

where N_e is the electron density (cm^{-3}) and $\Phi(T)$ is the radiative loss function (cf. Cox and Tucker, 1969; McWhirter et al., 1975; Raymond et al., 1976; Raymond, 1979, private communication). The spectral lines and continua responsible for the radiative losses in the solar transition region, where $3 \times 10^4 < T < 10^6$ K, have sufficiently small optical thicknesses to permit the use of the optically thin radiative loss function.

The conductive flux due to energy transported by electron thermal conduction, is proportional to the temperature gradient

$$F_c = -K \frac{dT}{dh}$$

$$= -K_0 T^{5/2} \frac{dT}{dh} \qquad (13\text{-}3)$$

for a plane parallel atmosphere where $K_0 = 1.1 \times 10^{-6}$ for $T > 3 \times 10^5$ K (cf. Ulmschneider, 1970; Nowak and Ulmschneider, 1977).

The energy flux resulting from mass flows is

$$F_v = F_K + F_E + F_g$$

$$= \rho v \left(1/2 V^2 + 5/2 \frac{kT}{\mu m_p} - \frac{GM_0}{r}\right), \qquad (13\text{-}4)$$

where F_K is the kinetic energy flux, F_E is the enthalpy flux, F_g is the gravitational energy flux, V is the flow velocity (assumed to be radial), μ is the mean molecular weight ($\simeq$ 0.6 for a fully ionized plasma of solar composition), $M_\odot$ is the solar mass, and the constants have their usual values.

The remaining parameter in the energy equation, F_w, is the net volume force exerted on the plasma by the heating mechanism (cf. Rosner et al., 1978a). For an atmosphere heated by waves, F_w is the rate of momentum transfer from the incident wave flux to the plasma. If wave reflection and refraction are neglected, the rate of momentum transfer in this atmosphere is related to the rate of energy deposition by $E_H = F_w \cdot V_w$ where V_w is the propagation velocity of the wave with respect to the plasma.

For subsonic flows in a plane parallel transition region, Equation (13-1) can be rewritten as

$$N_e^2 \Phi(T) = E_H + \frac{d}{dh}\left(K_0 T^{5/2} \frac{dT}{dh}\right)$$

$$\pm \frac{d}{dh} (5qkT) , \qquad (13\text{-}5)$$

where $q = N_e V \simeq \rho V / 2\mu m_p$ for a fully ionized plasma of solar composition. The last term on the right-hand side of Equation (13-5) is positive for downflows and negative for upflows.

The proposed energy deposition mechanisms generally have the form

$$E_H = AP^\gamma T^\alpha = E_0 T^\alpha, \qquad (13\text{-}6)$$

where $-1 < \alpha < +2$ and $1/2 < \gamma < 7/6$ depending on the type of heating process (cf. Rosner et al., 1978a). For heating functions of this general form one can demonstrate that mechanical energy deposition is an unimportant factor in the energy balance of the lower transition region where $3 \times 10^4 < T < 2 \times 10^5$ K.

The simplest type of atmospheric model is one in which flows are unimportant. If one assumes, as a first approximation, that the electron pressure P_e in the transition region is constant, then Equation (13-5) can be rewritten as

$$-dF_c = E_H\, dh - \left(\frac{P_e}{k}\right)^2 \frac{\Phi(T)}{T^2}\, dh. \qquad (13\text{-}7)$$

The assumption of constant pressure is a reasonable approximation because the geometrical thickness of the transition region is generally small compared to a pressure scale height ($H = 5000T$). If a full hydrostatic solution is used, results similar to those given below are obtained. Integration of Equation (13-7) after both sides of the equation have been multiplied by the conductive flux (from Equation 13-3) yields

$$F_c^2(T) = F_c^2(T_u) + \frac{2E_0K_0}{7/2+\alpha}\left[T_u^{7/2+\alpha} - T^{7/2+\alpha}\right] - 2\left(\frac{P_e}{k}\right)^2 K_0 \int_T^{T_u} \Phi(T)T^{1/2}dT, \quad (13\text{-}8)$$

where $T_u = 10^6$ K is the temperature at the upper boundary of the transition region and $F_c(T_u)$ is the conductive flux entering the transition region from the corona. By integrating the conductive flux (Equation 13-3) one can find the height, h, as a function of temperature,

$$h(T) = \int_{T_0}^{T} \frac{K_0 T^{5/2} dT}{F_c(T)}, \quad (13\text{-}9)$$

where $T_0 = 3 \times 10^4$ K is the temperature at the base of the transition region.

From Equations (13-8) and (13-9), it can be demonstrated that energy deposition in the lower transition region $3 \times 10^4 \lesssim T \lesssim 2 \times 10^5$ K has a negligible effect on the temperature structure of a static atmosphere. In Equation (13-8) the term representing mechanical heating can be broken up into terms for the lower transition region and terms for the upper transition region.

$$\left[T_u^{7/2+\alpha} - T^{7/2+\alpha}\right] \quad (13\text{-}10)$$

$$= \left[T_u^{7/2+\alpha} - T_1^{7/2+\alpha}\right] + \left[T_1^{7/2+\alpha} - T^{7/2+\alpha}\right]$$

$$= \begin{array}{c}\text{Upper transition} \\ \text{region contribution}\end{array} + \begin{array}{c}\text{Lower transition} \\ \text{region contribution}\end{array},$$

where $T_1 = 2 \times 10^5$ K is the temperature defining the boundary between the upper and lower transition regions. The ratio between the contributions of the lower and upper parts of the transition region is

$$R = \frac{T_1^{7/2+\alpha} - T^{7/2+\alpha}}{T_u^{7/2+\alpha} - T_1^{7/2+\alpha}}$$

$$< \frac{(T_1/T_u)^{7/2+\alpha}}{1 - (T_1/T_u)^{7/2+\alpha}} \quad (13\text{-}11)$$

$$< 0.02, \qquad \text{for } \alpha \geq -1,$$

where -1.0 is the smallest value for α that has been derived for proposed heating mechanisms.

Another possible model for the transition region is one in which the downward flow of energy through this region is carried by mass flows rather than by thermal conduction. This model has been proposed by Pneuman and Kopp (1977, 1978) to explain the systematic red shifts observed in spectral lines formed in the transition region (see Athay, Chapter 4). Pneuman and Kopp suggest that there is a continuous exchange of mass between the chromosphere and the corona, with the upward mass flux being carried by spicules which penetrate into the corona, where the spicular material is heated to coronal temperatures. Since the upward mass flux by spicules greatly exceeds that in the solar wind, most of this mass cools in their model, and falls back into the chromosphere, where it is observed as downward moving material when it passes through temperatures characteristic of the transition region. The model assumes that the upward moving material is not easily observed at temperatures between 3×10^4 and 10^6 K, because it is rapidly heated to coronal temperatures, and spends insufficient time at transition region temperatures to make as large a contribution to the emission at these temperatures as the downward moving material which is condensing and flowing out of the corona.

For this type of model, the energy equation (Equation 13-5) becomes

$$\left(\frac{P_e}{k}\right)^2 \frac{\Phi(T)}{T^2} = E_H + \frac{d}{dh}(5qkT), \quad (13\text{-}12)$$

where $q = N_e V$ and the pressure P_e are assumed to be constants independent of height. This equation can be integrated to obtain

$$h(T) = \int_{T_0}^{T} \frac{5qkdT}{\left(\frac{P_e}{k}\right)^2 \frac{\Phi(T)}{T^2} - E_0 T^\alpha}, \quad (13\text{-}13)$$

where $E_H = E_0 T^\alpha$ as before. Throughout the transition region, the denominator must be greater than zero, therefore,

$$E_0 \leq \left(\frac{P_e}{k}\right)^2 \frac{\Phi(T)}{T^{2+\alpha}} . \quad (13\text{-}14)$$

This constraint is more restrictive at $T = T_u$ where the right-hand side of Equation (13-14) has its smallest value in the transition region. Thus, in the lower transition region,

$$\frac{E_0 T^\alpha}{\left(\frac{P}{k}\right)^2 \frac{\Phi(T)}{T^2}} < \frac{\Phi(T_u)}{\Phi(T)}\left(\frac{T}{T_u}\right)^{2+\alpha} \quad (13\text{-}15)$$

$$< 0.04, \quad \text{for } T < 2 \times 10^5 \text{ K}.$$

Hence, for both static- and flow-dominated atmospheres, heating in the low transition region by steady-state deposition of mechanical energy is small compared with the heating caused by the downward flow of energy from the upper transition region and low corona. In other words, the lower transition region is not heated by direct dissipation of mechanical energy; rather, it is heated by mechanical energy which is deposited in higher layers and then transported into the lower transition region by thermal conduction, mass flows, or a combination of both. This behavior is a consequence of the small geometrical thickness of the lower transition region compared with that of higher layers. The small geometrical thickness results from the large temperature gradient in the transition region which yields $h(T) \simeq T^n$ where $n = 3$.

HEATING MECHANISMS

The above conclusion, that mechanical heating of the lower transition region is unimportant compared with the heating by the downward flow of energy from higher layers, depends on the assumed form of the temperature dependence of the heating function E_H. In order to obtain information about this temperature dependence it is necessary to consider different possible heating mechanisms.

Wave Heating

The energy carried by a wave is

$$E_W = \frac{1}{2}\rho V^2 , \quad (13\text{-}16)$$

where V is the peak amplitude wave velocity and ρ is the density. The energy flux transported by the wave is

$$F_w = E_w V_p , \quad (13\text{-}17)$$

where V_p is the wave propagation velocity. For acoustic waves,

$$V_p = V_s = 1.5 \times 10^4 T^{1/2} \text{ (cm s}^{-1}\text{)}, \quad (13\text{-}18)$$

and for Alfvén waves,

$$V_p = V_A = \frac{B}{(4\pi\rho)^{1/2}}, \quad (13\text{-}19)$$

where T is the temperature and B is the magnetic field strength in gauss. The damping length for sound waves dissipated by thermal conductive damping is

$$\lambda_{sc} = 7.0 \times 10^{17} P_e T^{-2} \tau^2 \text{ (cm)} \quad (13\text{-}20)$$

(McWhirter et al., 1975), where P_e is the electron pressure and τ is the period of the wave. McWhirter et al. point out that, for acoustic waves in the solar atmosphere, conductive damping is more important than viscous damping. For shock wave dissipation of acoustic waves, the damping length is

$$\lambda_{ss} = 4.8 \times 10^3 T^{1/2} \tau \quad (13\text{-}21)$$

(Landini and Monsignori Fossi, 1973). Since $0.05 < P_e < 2$ dyne cm^{-2} for typical quiet and active regions, $\lambda_{sc}/\lambda_{ss} > 1$ for the transition region, where $3 \times 10^4 < T < 10^6$ K. Hence, in this region one might expect that shock wave dissipation of acoustic waves will be more important than dissipation by conduction damping.

For Alfvén waves, the appropriate damping lengths are for conductive damping (Rosner et al., 1978a; Jackson, 1962; Braginskii, 1965)

$$\lambda_c = 3.3 \times 10^4 P_e^{3/2} T^3 B^3 \tau^2 \frac{20}{\ln\Lambda}, \quad (13\text{-}22)$$

where $\ln\Lambda$ (Spitzer, 1962) has a value near 20 for typical temperatures and densities in the transition region. For anomalous resistivity (Rosner et al., 1978a),

$$\lambda_{ar} = 1.6 \times 10^3 P_e^{-1} T B^3 \tau^2, \quad (13\text{-}23)$$

and for viscous damping (Jordan, 1976; Adam, 1974; Kahalas, 1960),

$$\lambda_{vd} = 8.6 \times 10^{15} B^3 \tau^2 P_e^{-1/2} T^{-2} . \quad (13\text{-}24)$$

Since $\lambda_{vd} \ll \lambda_{ar} < \lambda_c$, viscous damping is the most likely mechanism for dissipation of Alfvén waves in the transition region.

Since the energy deposited is given by

$$E_H = -\text{div}\, F \simeq \frac{F}{\lambda} \text{ (ergs cm}^{-3}\text{ s}^{-1}), \quad (13\text{-}25)$$

it follows that for acoustic wave conductive damping,

$$E_H \simeq T^2, \quad (13\text{-}26)$$

for acoustic shock wave damping,

$$E_H \simeq P_e T^{-1/2}, \quad (13\text{-}27)$$

and for Alfvén wave viscous damping,

$$E_H \simeq P_e^{3/2} T^2, \quad (13\text{-}28)$$

where it has been assumed (cf. Rosner et al., 1978a) that F is proportional to P_e. The latter assumption is reasonable since theoretical models for the energy balance in the transition region and corona indicate that the total radiative and conductive energy loss from these regions is proportional to the pressure P_e (see Moore and Fung, 1972; Rosner et al., 1978a; Withbroe, 1981). Since the energy input must equal the energy output, $F \propto P_e$.

Magnetic Heating

An alternate method of heating the transition region and corona, especially in regions with strong magnetic fields, is magnetic heating resulting from the dissipation of currents or magnetic field annihilation. In the transition region and low corona, the magnetic pressure $B^2/8\pi$ is generally much larger than the gas pressure. Hence, the configuration of the magnetic field in these layers must be force-free ($\nabla \times \mathbf{B} = \alpha \mathbf{B}$), where α is a constant proportional to the current density J. This current can produce heating at a rate $E_H = J^2 R$ where R is the resistivity. Classical resistivity, resulting from Coulomb collisions between electrons and ions, is orders of magnitude too small in the transition region to be important, but turbulent resistivity, in which electrons interact with elements of the current driven turbulence, can produce significant heating. Tucker (1973) and Rosner et al. (1978b) suggest that magnetic loops exist in a quasisteady state, in which new current is generated by twisting magnetic fields through photospheric motions. This current buildup is balanced by the decay of currents through turbulent resistivity in the corona. Other mechanisms (see Wentzel, Chapter 14) for dissipation of magnetic stresses built up by photospheric motions include the use of tearing mode instabilities (Galeev et al., 1979), magnetic field reconnection (Levine, 1974; Parker, 1975), and surface waves (Ionson, 1978).

For heating models based on dissipation of currents the local heating E_H is determined by the rate of current generation which in turn depends on the rate at which turbulent fluid stresses are communicated to the magnetic field at the photospheric level (Tucker, 1973; Rosner et al., 1978a, 1978b). If one assumes that the rate at which the fields are stressed is proportional to the level of fluid turbulence and that the gas pressure P is proportional to the level of fluid turbulence, then

$$E_H \propto P \simeq 2P_e \qquad (13\text{-}29)$$

for magnetic heating models that depend on the dissipation of energy stored in stressed magnetic fields.

COMPARISON WITH OBSERVATIONS

As indicated in reviews by Leibacher and Stein (1974), Athay (1976) and others, self-consistent shock heated models for the transition region and the corona are much more difficult to construct than are chromospheric models. The predicted heating is very sensitive to all of the approximations and uncertainties in the models. Of particular concern for the transition region is that weak shock theory is not valid, and must be replaced by nonlinear calculations, as it is true in the upper chromosphere as well (see Jordan, Chapter 12). The steep temperature gradient in the transition region and inhomogeneities in the upper chromosphere and corona lead to complex patterns of reflection and refraction that are awkward to treat. These and other difficulties have slowed the development of a reliable theoretical model for heating the transition region and corona by waves.

In spite of these difficulties, it was widely believed until recently that the dissipation of mechanical waves was the primary mechanism source for heating the transition region and corona. There have been a number of investigations designed to obtain empirical data to confirm the wave heating hypothesis and to provide guidance in the development of theoretical heating models. Empirical and theoretical investigations of wave motions in the photosphere and low chromosphere indicate that wave heating is a viable mechanism for heating these lower regions (Leibacher and Stein, 1974; Jordan, Chapter 12). Empirical confirmation that the higher layers are also heated by waves has proven difficult. At first, the wave heating hypothesis received some observational support from measurements of the intensities and profiles of spectral lines formed in the transition region. The widths of line profiles measured with high spectral resolution, but low spatial resolution, indicate the presence of nonthermal motions in the transition region, with velocities that increase with increasing temperature from a few kilometers per second in the low chromosphere to 25 to 30 km s^{-1} at the level where the temperature reaches a few times 10^5 K (e.g. Boland et al., 1973, 1975; Beckers and Canfield, 1975; Feldman et al., 1975, 1976a, 1976b; Doschek et al., 1976; Moe and Nicolas, 1977; Mariska et al., 1978).

It has been suggested by Boland et al. (1973, 1975), McWhirter et al. (1975), Jordan (1976), Mariska et al. (1978) and others that this nonthermal broadening could be caused by acoustic or MHD waves responsible for heating the corona. For example, Boland et al. calculated that the observed nonthermal spectral line broadening in the transition region is consistent with a wave flux carrying energy of about 4×10^5 ergs cm^{-2} s^{-1}, a value adequate to balance the radiative and conductive losses from the transition region and corona in quiet regions and coronal holes (Withbroe and Noyes, 1977). However, Boland et al. also pointed out that the line broadening could be caused by nonpropagating waves which do not transport energy to higher layers of the atmosphere. Jordan (1976) compared theoretical damping lengths for acoustic and Alfvén waves with empirically derived damping lengths, and concluded that for quiet regions the empirical data are consistent with either conductive damping of sound waves or with viscous damping of Alfvén waves, with the period of the waves being in the range of 20 to 100 seconds in the upper transition region ($2 \times 10^5 < T < 10^6$ K). For active regions, where greater heating is required, conductive damping of acoustic waves yielded extremely short periods, less than one second for $T = 2 \times 10^5$ K, whereas viscous damping of Alfvén waves yielded more reasonable results. Dissipation of acoustic shock waves using Equation (13-21) also yields reasonable periods.

However, more recent empirical data have cast considerable doubt on the viability of wave heating as the primary heating mechanism for the transition region and corona. Through an analysis of OSO-8 measurements of Si II lines formed in the middle chromosphere, Athay and White (1978, 1979) find that the total energy flux in solar oscillations with frequencies in the range 2.5 to 30 mHz is 10^4 ergs cm^{-2} s^{-1}, in that region a value more than an order of magnitude too small to serve as the primary source of energy for heating the upper chromosphere, transition region, and corona. Athay and White also rule out Alfvén wave heating for the quiet Sun, for waves in the same range of frequencies, because the spatially averaged Alfvén wave flux, which is proportional to the spatially averaged photospheric magnetic flux, is larger by a factor of only 2 to 3 than the acoustic flux, if the nonthermal motions measured by OSO-8 are attributed to Alfvén waves. They note that, because of the effects of wave refractions and reflections, the total wave flux inferred from measurements of nonthermal velocities should be much larger than the flux required to heat the upper atmosphere, if wave dissipation is to be the dominant heating mechanism in the higher regions. This is clearly not the case. As pointed out earlier, the maximum energy that can be carried by waves in quiet regions, as determined from the widths of transition region lines, is approximately equal to the total heating requirements, namely, a few times 10^5 ergs cm^{-2} s^{-1}. Thus, Athay and White argue that waves with frequencies less than 30 mHz are not the principal source of heating in the upper atmosphere. However, they do point out that in active regions where the magnetic fields are larger, Alfvén wave heating is still a possibility.

Although the OSO-8 observations appear to rule out heating of the upper atmosphere by waves with periods between 30 and 300 seconds, they do not rule out the possibility that shorter period waves may heat the transition region, as suggested by Jordan (1976). The source of such short period waves is a problem however; they are clearly not generated in the low photosphere (Jordan, Chapter 12). More empirical and theoretical work needs to be undertaken in this area.

The problems with the wave heating mechanism, coupled with the discovery that the transition region and low corona consist of fine scale structures (most often in the form of loops defined by magnetic flux tubes) has inspired considerable interest in heating mechanisms based on the dissipation of energy stored in magnetic fields. The high resolution observations by Skylab experiments (see reviews by Withbroe 1976; Withbroe and Noyes, 1977; Vaiana and Rosner, 1978) have demonstrated clearly that magnetic fields play a fundamental role in defining the structure and the mass energy flow in the chromosphere and corona. Although these data suggest that the magnetic fields play a fundamental role in the heating of the transition region and corona, a new generation of experiments designed specifically to address this problem needs to be developed in order to confirm this suggestion.

SUMMARY

An examination of the requirements for energy balance in the transition region demonstrates that, in the lower transition region, mechanical heating is unimportant compared with the heating provided by the downward flow of energy conducted or convected from higher layers in the atmosphere. Mechanical heating may be important in the upper transition region, where the temperature is close to coronal levels. However, at the present time, there is insufficient theoretical or empirical information available to conclude whether this heating results from the dissipation of energy carried by waves, or from the dissipation of energy stored in the local magnetic field.

REFERENCES

Adam, J., 1974 (Ph.D. Thesis, University of London).

Athay, R.G., 1976, *The Solar Chromosphere and Corona: Quiet Sun* (Dordrecht: Reidel, 1976).

Athay, R.G., White, O.R., 1978, *Astrophys. J.* **226**, 1135.

Athay, R.G., White, O.R., 1979, *Astrophys. J. Supp.* **39**, 333.

Beckers, J.M., Canfield, R.C., 1975, *Motions in the Solar Atmosphere*, AFCRL-TR-0592.

Boland, B.C., Dyer, E.P., Firth, J.G., Gabriel, A.H., Jones, B.B., Jordan, C., McWhirter, R.W.P., Monk, P., Turner, R.F., 1975, *Monthly Notices RAS* **171**, 697.

Boland, B.C., Engstrom, S.F.T., Jones, B.B., Wilson, R., 1973, *Astron. Astrophys.* **22**, 161.

Braginskii, S.I., 1965, *Rev. Plasma Phys.* **1**, 205.

Cox, D.P., Tucker, W.A., 1969, *Astrophys. J.* **157**, 1157.

Doschek, G.A., Feldman, U., Van Hoosier, M.E., Bartoe, J.D.F., 1976, *Astrophys. J. Supp.* **31**, 417.

Feldman, U., Doschek, G.A., Patterson, N.P., 1976a, *Astrophys. J.* **209**, 270.

Feldman, U., Doschek, G.A., Tousey, R., 1975, *Astrophys. J.* **202**, L147.

Feldman, U., Doschek, G.A., Van Hoosier, M.E., Purcell, J.D., 1976b, *Astrophys. J. Supp.* **31**, 445.

Galeev, A.A., Rosner, R., Serio, S., Vaiana, G.S., 1981, *Astrophys. J.*, in press.

Ionson, J.A., 1978, *Astrophys. J.* 226.

Ionson, J.A., 1978, *Astrophys. J.* **226**, 650.

Jackson, J.D., 1962, *Classical Electrodynamics* (New York: Wiley, 1962).

Jordan, C., 1976, *Philos. Trans. R. Soc. London Ser. A.* **281**, 391.

Kahalas, S.L., 1960, *Phys. Fluids* **3**, 372.

Kopp, R.A., Orrall, F.Q., 1976, *Astron. Astrophys.* **53**, 363.

Landini, M., Monsignori Fossi, B.C., 1973, *Astron. Astrophys.* **25**, 9.

Leibacher, J., Stein, R.F., 1974, *Ann. Rev. Astron. Astrophys.* **12**, 407.

Levine, R.H., 1974, *Astrophys. J.* **190**, 457.

McWhirter, R.W.P., Thonemann, P.C., Wilson, R., 1975, *Astron. Astrophys.* **40**, 63.

Mariska, J.T., Feldman, U., Doschek, G.A., 1978, *Astrophys. J.* **226**, 698.

Moe, O.K., Nicolas, K.R., 1977, *Astrophys. J.* **211**, 579.

Moore, R.L., Fung, P.C.W., 1972, *Solar Phys.* **23**, 78.

Nowak, T., Ulmschneider, P., 1977, *Astron. Astrophys.* **60**, 413.

Parker, E.N., 1975, *Astrophys. J.* **201**, 494.

Pneuman, G.W., Kopp, R.A., 1977, *Astron. Astrophys.* **55**, 305.

Pneuman, G.W., Kopp, R.A., 1978, *Solar Phys.* **57**, 49.

Raymond, J.C., Cox, D.P., Smith, B.W., 1976, *Astrophys. J.* **204**, 290.

Rosner, R., Tucker, W.H., Vaiana, G.S., 1978a, *Astrophys. J.* **220**, 643.

Rosner, R., Golub, L., Coppi, B., Vaiana, G.S., 1978b, *Astrophys. J.* **222**, 317.

Spitzer, L., 1962, *Physics of Fully Ionized Gases*, 2d ed. (New York: Interscience, 1962).

Tucker, W.H., 1973, *Astrophys. J.* **186**, 285.

Ulmschneider, P., 1970, *Astron. Astrophys.* **4**, 144.

Vaiana, G.S., Rosner, R., 1978, *Ann. Rev. Astron. Astrophys.* **16**, 393.

Withbroe, G.L., 1976, *The Energy Balance and Hydrodynamics of the Solar Chromosphere and Corona*, R.M. Bonnet and P. Delache, eds. (G. de Bussac, Clerment, Ferrant), p. 263.

Withbroe, G.L., Noyes, R.W., 1977, *Ann. Rev. Astron. Astrophys.* **15**, 363.

Withbroe, G.L., 1981, *Solar Active Regions*, F.Q. Orrall, ed. (Boulder: Colorado Associated University Press, 1981), in press.

14
CORONAL HEATING

Donat G. Wentzel

LESSONS FROM THE SOLAR CORONA

Many stars have a corona, but only the solar corona is accessible to observation in any detail. What lessons can be drawn from the solar corona that may be important for the coronae of other stars? The systematic observation of stellar coronae is only beginning. Therefore, this section begins with the most widely applicable concepts; the more detailed explanations follow. Already, two sets of stellar observations can give some perspective on the theory of coronal heating derived from the solar corona. First, some A stars have coronae with an X-ray luminosity comparable to that of the Sun. An example is Vega (Topka et al., 1979). The standard theory of heating by sound waves is improbable because such stars have no surface convection. Indeed, it will be shown that coronal heating on the Sun also is the result of processes other than sound waves. Second, some G stars similar to the Sun have coronae comparable to that of the Sun, for instance α Cen A (Nugent and Garmire, 1978), but not all do. Indeed, the reality of the Maunder Minimum suggests that the Sun also has occasionally had no significant corona. It therefore behooves the theorist to emphasize the important qualitative aspects, especially those aspects valid over a large range of coronal parameters, and to shun processes depending on carefully chosen numerical values. It is already clear that there are boundaries in the HR diagram beyond which a simple extrapolation of the solar corona to stellar coronae is invalid. An example is the apparent disappearance of hot coronae from the relatively cool stars (Linsky and Haisch, 1979).

The most important lesson from the solar corona is that it is inherently structured. A homogeneous and plane-stratified model of a corona is no longer acceptable, for the Sun and presumably for other stars. This chapter summarizes the theoretical arguments for coronal heating that take coronal structure into account. The ingredients of these theories should also apply to other stellar coronae.

A stellar wind is observable for many stars. Some of these winds may perhaps be modeled as spherically symmetric, driven by radiation pressure. The Sun demonstrates that a single star may possess both a corona and a wind. The corona is the site of primarily closed magnetic fields; the wind emerges from regions with primarily open magnetic fields, that is, with field lines reaching interplanetary space. The magnetic structure on the solar surface appears to regulate the relative importance of solar corona and wind. On other stars, it presumably regulates the relative importance of stellar coronae and winds (see e.g. Stencel and Ionson, 1979).

The solar wind demonstrates that a wind may be structured by the magnetic field of the inhomogeneous corona, and that there are sources of energy and momentum other than heat and radiation pressure for acceleration of the wind. Such sources as, for example, hydromagnetic waves, are important because they can accelerate the wind without first heating it. Whereas acceleration by the radiation pressure of a strong line like Lα depends on optical-depth effects, hydromagnetic waves are inherently "caught" in the wind. The acceleration by their pressure gradient depends in large part on the magnetic structure that forms the boundary of the wind.

Presumably, similar sources of energy and momentum exist at the base of the typical corona and of the coronal holes that provide much of the wind, since the photosphere is rather similar under these two regions. However, these sources manifest themselves differently where the magnetic field lines are closed than where they are open. Therefore, the solar corona, though a site of closed fields, may be regarded as a tracer for sources of energy and momentum that help to accelerate the solar wind. Conversely, evidence of wind acceleration by waves may provide restrictions on theories of coronal heating.

The theory for the solar corona, and to some degree for the solar wind, suffers from the basic difficulty that the corona and wind require only ~ 1 percent of the energy supplied to the chromosphere and the transition zone. Since neither gas motions nor electrical currents are known in the chromosphere to an accuracy even approaching 1 percent, one must deduce from the corona and wind themselves what sources of energy and momentum there may be. Consequently, *the chromosphere and transition zone should be regarded as filters for the energy supply from the photosphere*, filters of rather unknown porosity. This filtering action may well be the most difficult aspect of coronal heating for extrapolation to the coronae of other stars.

The theory to be summarized treats the corona as an assembly of magnetic loops. The loops constitute essentially a one-parameter family, determined by the age of the loop. On its emergence from the photosphere a loop is highly visible in X-rays, because it is compact and has a high gas density. It gradually grows in size, weakens in field strength, and decreases in gas density and visibility until it either disintegrates or becomes part of the larger scale corona. As the density decreases, the radiative cooling rate and presumably the heating rate per unit volume both decrease by as much as three orders of magnitude. It would be convenient if a single heating mechanism were dominant over the entire range, but in fact this range can easily accommodate two qualitatively different heating mechanisms. Moreover, of the two main heating theories outlined below, one tends naturally to fit better to smaller loops and one to larger loops. A corresponding multiplicity of heating mechanisms must also be expected for stellar coronae, whose X-ray luminosities differ by orders of magnitude.

Ample energy is available to heat the corona by dissipation of electrical currents and magnetic fields, and the observed shapes of the loops support the occurrence of such dissipation. However, the theoretical treatment of this dissipation is still very unclear. On the other hand, the theory for hydromagnetic waves in the corona and wind is well developed, but the observations do not support an adequate flux of waves from the lower atmospheric layers.

The theories outlined below explicitly take structure into account. But they come nowhere near to accommodating the full complexity that observations are beginning to indicate. The theories emphasize steady heating or, if the heating is impulsive and localized, the theories consider time scales so long that many impulsive heatings yield a statistically steady state. But one can observe impulsive changes in the transition zone, and one can expect them theoretically (Antiochos, 1979). Furthermore, observations with good time resolution show time-dependent coronal heating (Sheeley and Golub, 1979; Nolte et al., 1979). The theories also still assume some minimal coronal homogeneity. They suppose, for example, the homogeneity of "magnetic flux tubes." They cannot yet incorporate structure, such as the transition zone being folded around coronal "fingers" that reach far down toward the photosphere (Feldman et al., 1979). Finally, it is assumed that the observed narrow photospheric magnetic flux bundles spread out with height, so that the coronal magnetic field is relatively homogeneous. The field strength is taken to be a few gauss, perhaps up to 100 gauss in small compact loops. Although this picture is indirectly supported by field strengths deduced from radio bursts (Dulk and McLean, 1978), the evidence for the assumed coronal field strengths is largely circumstantial (see Zirker, Chapter 5).

Implications of Heating by the Dissipation of Electrical Currents

It has become common to speak of the dissipation of magnetic fields because most astrophysical situations involve only minor effects of electrical resistance. Then the approximations of magnetohydrodynamics are very good. But if resistance actually provides the heating of the solar corona, there must be sites where magnetohydrodynamics break down and considerations of plasma physics become essential. Then it is more appropriate to invoke electrical currents in the whole subject. It is widely accepted that the dissipation of electrical currents causes solar flares. Similar dissipation may well occur commonly throughout the corona on a less explosive level. *If such (current) dissipation provides the coronal heating, several lessons for similar coronae of other stars emerge.*

1. The source of the solar coronal electrical currents is generally thought to be the solar convection zone, and not merely the surface granulation. Thus, electrically heated stellar coronae may well occur for stars with much deeper or much shallower convection zones. It seems likely that the gas pressure at the deepest point of the convection zone will be a measure of the magnetic flux carried upward through the photosphere. "Convection" here should include all motions associated with differential rotation within a star.

2. Structures such as coronal loops are essential to the existence of coronal currents. Interpreting observations of magnetic stars in terms of dipole (or higher multipole) magnetic fields reveals nothing of any currents that may exist there. The important sources of electrical currents in the corona appear to be narrow photospheric magnetic flux tubes with diameters on the order of 10^2 km. Even sunspots may be merely an accumulation of such flux tubes (Parker, 1979). Consequently, there is no hope of detecting the current-producing structures on stars other than the Sun.

3. In general, coronal structure implies variation of the observable X-ray emission with the rotation of the star. This is clearly so for the Sun. Variability might be less noticeable for the stronger X-ray emitters, if their coronae are more nearly filled with active regions. Such stars would probably have a relatively small area occupied by coronal holes and stellar winds.

4. Coronal loops are observed to have shapes similar to magnetic fields extrapolated from the photosphere, assuming no coronal currents. Currents in such loops must be sufficiently "weak" not to influence the shape of the loop. However, that does not prevent them from being "strong" enough to heat the loop if dissipated suitably.

5. The longevity of the loops and the motions near the footpoints of loops suggest the continual generation and dissipation of electrical currents, with an average current satisfying condition (4) above. In fact, it is almost unavoidable that some currents must be dissipated in the corona, but it is not guaranteed that the magnitude of the dissipation is enough to account for observed coronal energy losses.

6. The observed large ranges in loop sizes and brightnesses have led to two different ways of picturing current dissipation. (There is a corresponding dichotomy in flare theories.) For very compact loops, such as emerging bipolar regions, magnetic forces ($\mathbf{J} \times \mathbf{B}$) may be balanced by a gradient in gas pressure or by gas dynamical forces. Then one can consider the current dissipation to be the consumption of the magnetic field, ending when the magnetic field is gone. For more extended loops, higher in the corona, it is useful to consider a long-lived framework of an essentially current-free field, along which currents are driven from the photosphere. The currents lead to a twisted field along the loop. Since the gas pressure tends to be small compared to the magnetic pressure, the twisted field is force-free to a fair approximation. The energy associated with these currents must be replenished in, at most, a few days if current dissipation is to match the observed radiation losses. To the extent that the twisting of field lines at the

footpoints of a loop replenishes the energy within the loop, the magnetic fields cannot be completely force-free.

7. In all but the smallest loops, current dissipation can occur only if the current is localized to narrow surfaces or filaments. Such heating must therefore be very localized and probably also impulsive. This implies a constantly active corona, a restless corona. Its quiet appearance is a consequence of our observational averaging over sufficiently large spatial and temporal scales. On this view, a flare occurs when the normal release of minor stresses is impossible, so that the stresses build up to an unusually high level.

8. If the corona is electrically heated, perhaps similar currents emerge into the solar wind. There is less reason to believe that currents can become filamentary in the wind. If the currents remain widely dispersed and are generated by motions in the photosphere, they may represent a flux of long period hydromagnetic waves that serve to accelerate the wind (see Hollweg, Chapter 15).

9. None of the various theories for the dissipation of electrical currents is very satisfactory. It is clearly necessary to go beyond the "Petschek mechanism" (reviewed e.g. by Vasyliunas, 1975) and to use the experience gained in the plasma laboratory, especially in connection with the Tokamak fusion machines. Generally, the theories invoke a value of the order of 10^{-1} for both the ratio of gas pressure to magnetic pressure and the ratio of electron cyclotron frequency to plasma frequency. (The Alfvén speed equals the latter ratio multiplied by $c/40$, or roughly 10^3 km s^{-1}.) Perhaps stellar coronae naturally adjust themselves to these ratios. Stellar coronae not satisfying these plasma parameters would behave quite differently.

Implications of Heating by the Dissipation of Waves

According to the theory developed over the past several decades (see review by Kuperus, 1969), sound waves rise from the photosphere, steepen into shocks, and dissipate into heat, with a suitably small fraction of the waves reaching into the corona before dissipation. The result is an essentially uniform heating of the lower corona. This uniformity is now difficult to reconcile with the observations of loop structure. More important, heating by sound waves cannot yield a temperature maximum near the tops of loops. The latter is widely taken to be a general feature of loops, even though it is difficult to verify by observations (Neupert et al., 1975; Mariska and Withbroe, 1978; Chapman and Neupert, 1979; and Neupert, 1979).

The theory that the corona is heated by hydromagnetic waves is of interest because it naturally fits into a scheme explicitly involving coronal structure, specifically coronal loops, which may act as waveguides. It also implies a suitable source of momentum for the solar wind. Admittedly, there is no known source of such waves to explain the recently observed X-ray coronae of A stars.

If waves heat the corona, the same waves entering the solar wind are an important source of momentum for the wind. If waves heat the active corona, they must carry an energy flux on the order of 10^6 ergs cm^{-2} s^{-1}. This is comparable to the energy flux in the solar wind. Hydromagnetic waves can be regarded as electromagnetic photons of energy $\hbar\omega$, momentum $\hbar k$. If the flux of energy is given, the momentum flux is also given because the ratio of energy to momentum ω/k is of the order of the Alfvén speed, or typically some ten times the sound speed. It follows that the momentum flux in the waves is comparable to the momentum flux in the wind, where the wind speed is comparable to the Alfvén speed. Thus, where it is supersonic, the wind may be accelerated by the waves without the waves first heating the wind. Moreover, acceleration of the wind where it is supersonic produces a change in wind velocity without a change in mass flux, which helps to explain wind observations at the Earth (McWhirter and Kopp, 1979; Kopp, Chapter 16; and Hollweg, Chapter 15). A demonstration that the corona is heated by hydromagnetic waves would provide additional strong arguments that the solar wind is accelerated by such waves and that similar waves may be important in other stellar winds. (In the corona, only the energy flux of the waves is important. The momentum flux is absorbed by the closed magnetic fields.)

Does the solar corona in fact provide evidence for wave heating? The answer must be determined separately for three different wave frequency regimes, corresponding to both physical differences in wave behavior and different manifestations of solar surface dynamics. *It appears that wave heating is very consistent with coronal observations in many respects, but the requisite energy flux is not clearly observed; the three different wavelength regimes of interest are as follows:*

1. Waves with periods of hours may be caused by large-scale motions in or beneath the photosphere. The associated wavelengths are so long that coronal loops are merely perturbations on them. Hollweg argues that such waves reach the solar wind and may indeed accelerate it. Perhaps they also heat the largest scale coronal structures, such as coronal helmets.

2. At the opposite extreme are waves with periods of roughly one second or less. Their wavelengths are short enough for the WKB approximation to apply, even when they travel in or through coronal loops. Alfvén waves with such periods may rise up from the footpoints of loops. They follow the loops until they "collide" near the tops of the loops and are turned into heat there. Fast mode waves may dissipate preferentially in loops because the ratio of gas pressure to magnetic pressure is higher there. Unfortunately, Alfvén waves require velocity amplitudes for heating dense loops that are difficult to reconcile with observed coronal line widths, though coronal lines observed with higher spatial and spectral resolution in the future should settle this uncertainty. More generally, it is not clear whether the observed impulsive motions in the transition zone can be dispersed into a suitable flux of waves in the corona.

3. Waves with periods of minutes, especially 5 minutes, are expected, because they dominate photospheric motions. Yet, observations of the transition zone on time scales of minutes show at most irregular motions. If such waves enter the corona, their wavelengths are comparable to loop radii. Such waves cannot be treated as plane waves. A better approximation is to treat them as surface waves. Such waves can travel along surfaces where the Alfvén speed changes discontinuously, because of the elasticity inherent in such a surface. If such waves do heat the corona, the heat would be released in a rather narrow sheet surrounding the surface of discontinuity. Coronal loops would then involve sheetlike or tubelike structures, where the temperature substantially exceeds that of the surroundings. Unfortunately, the high temperature signatures would have been too faint to be observed from Skylab. The equivalent heating process by radio waves impinging on a density gradient is observed in some laboratory plasma experiments.

LOOP STRUCTURES IN THE SOLAR CORONA

Eclipse photographs have always shown coronal streamers. There were suspicions of smaller scale structure. Nevertheless, the widely accepted conceptual model of the corona through the 1960's was that of a plane-stratified atmosphere (Kuperus, 1969). Variations in temperature deduced from the coronal emission lines were perturbations on this model. Since Skylab, a different mental picture has become necessary. One now talks of the corona as consisting of loops. Generally the loop is taken to follow a magnetic field line at its axis, with other field lines spiraling gently about this axis. Clearly, this picture is also an oversimplification. The treatment of the corona as a collection of "loops" is probably no better than the (now historical) treatment of the interstellar medium in terms of "standard clouds" while ignoring the intervening space. Zirker (Chapter 5) invokes a "tangle of closed loops" and stresses how little we know about the magnetic field from the observations. In the following, a basically uniform corona is postulated. It approximates the classical corona and fills all of the space linked by closed magnetic fields. It may well be heated by a relatively weak flux of hydromagnetic waves that has no other obvious signature. Within this space lie certain flux tubes that somehow acquire increased gas density, X-ray visibility, and heating. Equivalent loops may yield the coronal X-rays of other stars.

There is no unique coronal equilibrium. Activity in the corona exists on virtually all observable spatial scales. All structures lasting longer than a few minutes are in hydrodynamic and hydromagnetic equilibrium in the sense that pressure variations equilibrate in that time. Structures lasting longer than a few hours are also in energy equilibrium in the sense that local heating or cooling variations are equilibrated by electron heat conduction in that time. Yet, among loops lasting hours or days, there exists a huge range in loop heights, lengths, and gas densities. Consequently, the characteristics of any given loop must depend on its previous evolution. Unfortunately, the Skylab data provide only "snapshots" rather than "movies" of coronal loop evolution, with a few exceptions. Consequently, it is not yet clear why some loops become more visible than others. Most of the following arguments treat loops as rather static phenomena responding to some (presently unknown) evolutionary parameter such as the heating imposed from below. Superposed on this basic quasistatic picture is a slow evolution of the loop, during which it gradually expands, cools, and becomes less visible.

The temperature distribution along a loop is determined, to a large degree, by the very efficient heat conduction of electrons and by radiative losses. The change in internal energy $\partial Q/\partial T$ in a static loop is then given by

$$\frac{\partial Q}{\partial t} = \frac{d}{ds_{10}} \left(10^{-5}\, T_6^{5/2} \frac{dT_6}{ds_{10}}\right) \qquad (14\text{-}1)$$

$$- \; 7 \times 10^{-5} \frac{N_9^2}{T_6} \text{ ergs cm}^{-3}\text{ s}^{-1} ,$$

where distance $s_{10} = s/10^{10}$ cm, and s is measured along field lines but is practically a measure of distance along a loop. The other quantities have their usual identities. The radiation loss function is merely an approximation, but it is useful to show that conduction and radiation are indeed of comparable importance in most loops. A typical temperature gradient of 10^6 K along a loop of length 10^{10} cm is reduced significantly by conduction in roughly an hour, unless there is a balancing heat supply. Two consequences follow. First, heating a loop, say, once a day, is not sufficient. Heating must be continuous when averaged over about an hour, or even over 10 minutes according to Gerassimenko et al. (1978). Second, different models for the distribution of heating along a loop yield only unobservably small differences in the temperature distribution along the loop (Giovanelli, 1975b). At most, the observation of a temperature maximum at the top of loops can eliminate heating (by sound waves, for example) restricted to the footpoints of loops

Can the loop density, which determines the X-ray visibility, tell us more about heating than can the temperature? Suppose that some photospheric change leads to increased heating within a loop. What can happen to this extra energy? If the loop was previously in energy equilibrium, the extra energy cannot be lost by additional radiation, because the radiation loss decreases with increasing temperature. The energy can only be conducted into the transition zone. If the chromosphere and transition zone are treated as quiescent, then excess heat conducted downward from the corona raises the temperature. If the temperature increase is sufficient, it causes "evaporation" of gas into the corona. Then gas is expected to rise into the loop until the gas in the loop can radiate away all the extra energy provided to the loop (Pye et al., 1978). Even a doubling or tripling of gas density in the loop leaves the gas pressure small compared with the magnetic pressure, so that the filling of the loop causes no discernible distention of the magnetic field. It does, however, make the loop vastly more easily observed.

This argument makes heating the primary

phenomenon, whatever its cause. Increased gas density in the loop is merely a consequence of the heating. Another view is inherent in the theory of heating by fast mode waves (Habbal et al., 1979), because this theory requires the loop to be dense already when the waves arrive.

Can Scaling Laws Inform Us of the Heating Process?

Rosner et al. (1978a) used the concept of primary heating and consequent filling of a loop to derive a quantitative and, it is hoped, verifiable relationship. Their theory first invokes stability arguments. They argue that there can be only one temperature maximum along a loop, because, they assert, any part of a loop lying between two temperatures is thermally unstable. In a reasonably symmetrical loop with symmetrical heating, the single temperature maximum must be at the top, in agreement with the observation (cited above). Moreover, the heating cannot be restricted to one footpoint of the loop, because then the temperature maximum would be at that footpoint, and the temperature gradient would lead to a density inversion, which is unstable to an interchange of the denser and less dense gases (Rayleigh-Taylor instability). These stability considerations argue against heating by sound waves, because sound waves carrying enough energy would dissipate over a short path length, at the foot of a loop. However, no details have been worked out, and Vesecky et al. (1979) question the instability of a loop with two temperature maxima. They argue that the region between the maxima might have the density adjusted for equilibrium, just as the entire loop is supposed to be adjusted without heat conduction out of the footpoints in the theory of Rosner et al. (1978a).

Suppose now that heat conduction is indeed sufficient to distribute the heat within a loop such that all heat is radiated away. No energy reaches the transition zone; the system is in energy equilibrium and is isolated. Given the rates of radiation and heat conduction as functions of temperature, assuming spatially uniform gas pressure P and heating rate E, and assuming a loop of uniform width, Rosner et al. (1978a) derived the relations

$$T_{max} = 1400\,(PL)^{1/3} \qquad (14\text{-}2)$$

$$E = 10^5 P^{7/6} L^{-5/6} \text{ ergs cm}^{-3}\text{ s}^{-1}\ , \qquad (14\text{-}3)$$

where T_{max} is the maximum temperature along the loop, at the top, and L is the loop length. Equation (14-2) is remarkable in that it relates observable parameters with no intervening free theoretical parameters. For loops with lengths ranging from 10^4 to 2×10^5 km, the lengths computed from Equation (14-2) appeared to agree within a factor of two with the measured lengths. This is certainly an encouraging result. Moreover, Equation (14-3) shows explicitly that the length of the loop and, thus, the existence of loop structure are essential features in the theory. Presumably, the gas density and pressure are adjusted to any given heating rate.

The optimism engendered by this agreement between data and theory has been tempered in the last year due to several developments. First, the data on loops have been studied more extensively. The exponent in Equation (14-2) fits well when data from all sorts of loops are considered together. The theoretical exponent of 1/3 remains if the assumed heating is not uniform but concentrated toward the top (Withbroe, 1978); the numerical coefficient of 1400 is merely changed to 1700. The theoretical exponent also changes little if the cooling function is changed from $T^{-1/2}$ (as used by Rosner et al., 1978a) to T^{-1} (Vesecky et al., 1979). Thus, the exponent is, in fact, very insensitive to the spatial distribution of the heating or other details of the model. A difference between observed and theoretical exponents then tends to cast doubt on the more basic approximations, such as the energy isolation of the loop. A second reason for caution in evaluating simple scaling laws for loops follows from Antiochos' (1979) theoretical demonstration that the transition zone under coronal loops should be unstable. Indeed, Bartoe et al. (1979) observe velocities in the transition zone of 30 to 100 km s^{-1}. Moreover, the energy fluxes associated with spicules exceed probable conductive heat fluxes through the transition zone (Pneuman and Kopp, 1978). Therefore, evaporation of gas into coronal loops is probably not the only response of the transition zone to an increased heat conductive flux from a newly heated coronal loop. It seems difficult to judge the accuracy of a loop model that ignores the dynamic boundary at the footpoints of the loop. Finally, Equation (14-2) treats P as a free parameter. If E were given by external conditions, Equation (14-3) would specify to what pressure the loop would fill and this, in turn, would specify T_{max}. But E may well depend on P and T, through the physics of the dissipation process. Rosner et al. (1978a) list a few possible relationships, for example, for wave damping at an assumed fixed P/B^2. However, P, B, and the shape of the field are largely independent parameters. More complicated relationships might arise from dissipation of electrical currents. These may alter the exponent and perhaps more important, may affect the stability of the loop. A localized instability need not lead to loop disruption, but it may grow until the loop uses the maximum (or minimum) supply of energy available from below.

So far, it appears that observations of loops are consistent with notions of loop equilibrium but provide no insight into the heating mechanism, beyond favoring one that preferentially heats the upper portions of loops.

This discussion has stressed the inhomogeneity of the corona. Is it then consistent to treat loops as homogeneous? Probably not. Certainly prominences are filamentary. Quite probably, "loops" in fact consist of several flux tubes with different gas pressures, limited somewhat by conditions of nearly static equilibrium. It will be assumed here that such flux tubes, with radii of about 10^3 km, may indeed be treated as homogeneous, except possibly for hotspots caused by the heating processes themselves.

Loops Energetics

The large range of observed gas densities in loops informs us that loop heating rates vary by orders of magnitude. The following examples are given to establish the orders of magnitude in energy supply needed to replace radiation losses. For a radiation rate like that in Equation (14-1), the emission of an isothermal plane stratified solar corona, integrated over height, would be $3 \times 10^5 N_9^2$ ergs cm^{-2} s^{-1}, where N is the density at the base, so $N_9 \simeq 1$. This should be compared to kinetic and gravitational energy losses in coronal holes of roughly 7×10^5 ergs cm^{-2} s^{-1}. The two rates are evidently comparable. For a symmetrical loop of length L and uniform density, the required flux traveling upward at each footpoint is

$$F = 3.5 \times 10^5 \frac{N_9^2 L_{10}}{T_6} \text{ ergs cm}^{-2}\text{ s}^{-1} \quad . \quad (14\text{-}4)$$

A highly visible loop, such as that treated by Neupert et al. (1975), with $L_{10} = 0.6$, $T_6 = 2$, $N_9 = 7$, requires a flux $F = 5 \times 10^6$ ergs cm^{-2} s^{-1}. (If such a flux emerged from the entire Sun, it would amount to 10^{29} ergs s^{-1}.) The order of magnitude increase in flux needed for such a dense loop is important, because it makes an explanation of Alfvén waves traveling along the loop difficult (see below). The required wave flux can be reduced, if the waves can enter the loop through its sides (fast mode waves) or by restricting consideration to a less dramatic loop. For instance, the loop treated by Švestka et al. (1977) with $N_9 = 1$ requires only 7×10^5 ergs cm^{-2} s^{-1}, entering through the footpoints. Larger structures of still lower density such as coronal helmets require still less flux.

Rosner et al. (1978b) have argued that the supply of energy to the corona is no problem if heating occurs by the dissipation of electrical currents. They argue in terms of an electrical circuit and the associated heating rate **E·J**. As is common in MHD, care must be taken with the directions and self-consistency of the computed electrical field **E**. A computation in terms of magnetic energy carried upward through the photosphere may be more illuminating. Let a flux tube with $B = 100$ gauss rise to a height of 7×10^3 km (10 arcsec) at the solar limb in the course of one day. This corresponds to an energy flux of 3×10^6 ergs cm^{-2} s^{-1}, comparable to values listed above. If one wishes to estimate how long the energy in a loop lasts, given the radiation rate from the loop, one must recognize that, in general, only some fraction ϵ of the energy density $B^2/8\pi$ is available for dissipation, since multipole fields carry no current. If the energy is dissipated homogeneously within the loop (when averaged over time scales such that heat from localized dissipation can be dispersed), the available magnetic energy lasts, in days,

$$\Delta t = 60 \ \epsilon \frac{B_2^2 T_6}{N_9^2} . \qquad (14\text{-}5)$$

For dense, highly visible loops, such as the example cited above, one may argue that $\epsilon = 1$. Then the energy lasts about two days. It is perhaps simplest to envisage such a loop configuration as being replaced in time by the next configuration on a time scale somewhat shorter than Δt. Larger loops have smaller values N, ϵ, and B. The value of ϵ is probably less than about 10^{-1}. Again, a time scale on the order of one or a few days results. Since such more developed loops usually last longer than a few days, one must invoke a continuous energy supply, if current dissipation is to heat the loop. Presumably this occurs by a continual regeneration of current along the loop, as a result of twisting of the field lines at the footpoints. The process of current dissipation must then adjust itself to relax the twisting of the loop as rapidly as the twisting is generated at the footpoint.

DETAILS CONCERNING DISSIPATION OF HYDROMAGNETIC WAVES

If waves are to be important in heating the corona or accelerating the wind, they must represent an energy flux of 10^5 to perhaps 5×10^6 ergs cm^{-2} s^{-1}. To see what this implies for wave amplitudes, suppose the waves are Alfvén waves of speed V_A, of velocity amplitude V, and of field amplitude b. Then the energy flux (in a uniform medium) is given by

$$F = \rho V^2 V_A ,$$

where

$$V_A = \frac{B}{(4\pi\rho)^{1/2}} , \qquad (14\text{-}6)$$

and

$$\frac{V}{V_A} = \frac{b}{B} ,$$

and numerically,

$$F_6 \simeq B_2 N_9^{1/2} V_6^2 , \qquad (14\text{-}7)$$

and

$$V_{A,6} \simeq 7 B N_9^{-1/2} .$$

Evidently, the desired energy fluxes require $V_6 \simeq 1$. This is uncomfortably close to the upper limits placed on velocities which have been derived from observed line widths, in which $V_6(\text{rms}) \lesssim 2$ corresponds to $V_6 \lesssim 3$ or perhaps $\lesssim 5$ (Billings, 1959, with some reinterpretation; Beckers and Schneeberger, 1977, observing a spot-associated loop; Cheng, Doschek, and Feldman, 1979). The highest spatial resolution in these observations is 2 arcsec. Upper limits on V have not been obtained for those highly visible loops that require the highest V. Therefore, simple energy considerations make wave heating marginally possible. More details follow.

This discussion distinguishes three ranges of wave periods.

Long Period Waves

Waves with periods of hours may be created by leisurely changes in the photospheric magnetic fields, responding to photospheric or subphotospheric motions. No such slow hydromagnetic waves are actually observable, but there is no doubt that a Fourier analysis of photospheric motions yields components with periods in hours. For such waves, the distance between photosphere and corona is very short compared with a wavelength, and the transmission of the waves must be evaluated carefully. If one assumes a plane-stratified static atmosphere, and photospheric boundary conditions that favor upward reflection of previously downward reflected waves, one obtains a pattern of nearly standing waves that may allow a significant flux of waves entering the solar wind (Hollweg, 1978). It is not clear how realistic such atmospheric boundary conditions are. Also unclear is the appropriate dispersion relation of the long period waves. Formally, the slow twisting of field lines at their footpoints represents the source of a wave traveling along the field lines, but the wave is so strongly influenced by factors such as boundary conditions and heat conduction that its wave nature is not very evident (Heyvaerts, 1974).

Waves entering the solar wind participate in its lateral divergence. As the wind expands to fill its widening channel, the wave intensity decreases. The consequence is a radial gradient in the magnetic pressure of the waves. This pressure gradient helps to accelerate the wind. Once in space, the waves suffer little irreversible dissipation, so their energy is used primarily to accelerate the wind. McWhirter and Kopp (1979) place the region of acceleration at between two and five solar radii. They also argue that the (poorly known) dynamics of the solar chromosphere and transition zone are probably caused by wave propagation through these regions. Unfortunately, nothing is known about large-scale motions in the atmospheres of other stars, aside from the existence of some stellar winds. Thus, it is difficult even to estimate the flux of long period waves in the winds of other stars.

Short Period Waves and Impulsive Motions

At the opposite extreme are waves with periods on the order of one second or less. Such waves cannot be observed directly, because observational integration times exceed the wave periods, though time-averaged line widths can set some limits. In addition to the upper limits on the coronal velocity amplitudes, cited above, one may seek a flux of waves in the transition zone. There, line widths at $T \lesssim 2 \times 10^5$ K have been interpreted as admitting a constant acoustic flux of 1 to 3×10^6 ergs cm $^{-2}$ s^{-1} (Mariska et al., 1978, 1979) or an Alfvén wave flux larger by the unknown factor of V_A/V_s, where V_s is the sound speed. Part of this flux must be reflected before entering the ten times hotter corona (Wentzel, 1978).

It is not clear that the observations actually inform us of traveling waves. The observations of Bartoe et al. (1979) suggest that the line widths may arise from integration over many randomly timed impulsive motions, which are observed to have amplitudes of 30 to 100 km s^{-1} when observed with 1-arcsec spatial resolution, and which appear or disappear in times of 20 s or less, based on the exposure interval. For a comparison, Mariska et al. (1978, 1979) used exposure times of 10 to 600 s. If the line widths are indeed caused by impulsive motions, with velocities V approximately equal to the local sound speed V_s, much of the energy in the motions is sapped by shock formation and other nonlinear phenomena such as turbulent decay. Only an unknown fraction of the energy is then available for a flux of short period hydromagnetic waves into the corona, and this fraction might be quite small (Wentzel, 1978).

Nicholas et al. (1979) analyzed the energy balance in the transition zone, using a number of observed emission lines. It becomes clear from their analysis that the energy balance depends very strongly on the structure of the transition zone. It is easy for various energy sources to overwhelm the transition zone, since this zone is thin and contains relatively little thermal energy. Huge changes in line emission may be caused by relatively small changes in the regions below the transition zone, or by instabilities caused by an overlaying coronal loop (Antiochos, 1979). Consequently, it is extremely difficult to deduce from observations of the transition zone how much wave flux might enter the corona. Nevertheless, some waves must manage to reach the corona. Since the motions in the transition zone are largely compressive, most of the waves that reach the corona are likely to be compressive waves. Only some fraction, perhaps one-third, of the waves are Alfvén waves.

Of the various MHD theories for coronal heating, the theory for heating by short period hydromagnetic waves is probably the best developed. It is assumed that these waves satisfy the WKB approximation in the corona. For periods near 1 s and Alfvén velocities $\gtrsim 2 \times 10^2$ km s^{-1}, this requires that magnetic flux tubes are essentially homogeneous over a width of at least 10^3 km. The electron-ion collision time at 2×10^6 K is $0.04/N_9$ s. This means that any slow mode waves and short period sound waves carrying adequate energy are usually Landau damped. Thus, only the fast mode waves and the Alfvén waves need to be considered.

Fast mode waves have been invoked for coronal heating by Habbal et al. (1979). They assume that such waves rise from all parts of the transition zone. Their propagation is determined by changes in the index of refraction, that is, in V_A. If a higher density loop exists, V_A is lower there and the waves are refracted into the loop. Moreover, the dissipation of the waves by Landau damping is weak, until they reach a site with gas pressure greater than about one-half the magnetic pressure, where Landau damping becomes intense. Consequently, dense loops are the preferred site of wave dissipation. It follows that loops with sufficient density are heated by fast mode waves. The continued heating then allows the loops to maintain the high gas density at loop temperatures. Habbal et al. do not explain the origin of the dense gas in the loop, but such an origin is inherent in their paper, as follows. They show that a loop less dense than its surroundings tends to trap waves beneath the loop. The excess time spent by waves under the loop yields preferential heating there. The resulting structure is rather diffuse but it could lead to evaporation of gas from the transition zone and the beginning of a dense loop. The wave flux needed to heat loops is modest, according to this theory, because the waves need not enter the loop at its footpoints but can enter from beneath. Habbal et al. do not discuss what happens to the much larger energy in waves that are not absorbed in loops. Do they reach the solar wind, do they heat the larger scale corona, or are they refracted back into the transition zone? These questions should be addressed.

Alfvén waves have been invoked primarily because they travel along field lines and yield field-aligned heating (Uchida and Kaburaki, 1974; Wentzel, 1974). The theory for the dissipation of Alfvén waves is somewhat more complicated than that for fast mode waves, because Alfvén waves produce no change in gas density, to first order in the wave amplitude; dissipation depends instead on phenomena that are quadratic in wave amplitude. Essentially, each wave carries a small density perturbation $\delta\rho/\rho \simeq 2\pi b^2/B^2$ which causes a variety of forms of wave dissipation (Wentzel, 1977). If one considers $\delta\rho$ to affect the Alfvén speed, one may expect the wave to steepen such that initially sinusoidal waves become a rotational discontinuity (Cohen and Kulsrud, 1974). On coronal loops, it is more likely that the density perturbations from two waves traveling in opposite directions are superposed to form a single slowly moving density change, which amounts to a sound wave. The sound wave is then converted into heat (Uchida and Kaburaki, 1974; Wentzel, 1974, 1976). In general, a wave will travel $(2\pi)^{-1}\ \rho/\delta\rho \simeq (B/2\pi b)^2$ wavelengths before dissipation. For instance, a wavelength of 10^3 km and a wave amplitude of about $b = 10^{-2}B$ yields a dissipation length on the order of 10^5 km. Then two fluxes of Alfvén waves traveling in opposite directions and arriving from the footpoints of the loop interact with each other and dissipate into heat within a length of about 10^5 km along a loop. This is an attractive dissipation length, comparable to the larger observed loop lengths. Moreover, if the waves are stronger than in the numerical example and equal fluxes rise from the two footpoints, the waves meet and dissipate very near the top of the loop. Therefore, Alfvén wave heating can naturally explain why maximum loop temperatures tend to be found near the tops of loops.

Observations impose a large number of conditions on this theory. They yield the dimensions of the loop, the radiation losses that have to be balanced, and an upper limit on wave velocity amplitudes set by the line widths. In addition, one can usually make a reasonable estimate for B and for N, thus also for V_A. The result tends to be an unreasonable condition on the wavelength and wave period, even though the wave period is the least known parameter involved. A particular example, the bright loop treated by Neupert et al. (1975), is informative. There one gets $B = 100\ g$, $V_A = 3 \times 10^3$ km s^{-1}, and from the required energy flux, $b = 0.6$ gauss, $V = 24$ km s^{-1}. So far, the numbers are encouraging. However, in order to use all the available energy, the dissipation length should be less than 6×10^4 km, and thus the wavelength should be less than about 60 km, and the period less than 0.02 s. A huge wave flux with such a short period is not probable. Suppose, then, that V is doubled to reach the upper limit on observed line widths. Then the wavelength and period can be multiplied by 16, and a period of 0.3 s might be acceptable for a loop width $\gtrsim 10^4$ km (which is needed to satisfy the WKB condition). The disadvantage is either that 3/4 of the wave flux entering the loop leaves it at the other end ($F_6 = 20$, in; $F_6 = 15$, out), yielding a bright spot in the transition region and the chromosphere, which is not observed, or that the transition zone must cause the reflection of the waves back into the loop at least four times. Although reflection is assumed by Uchida and Kaburaki (1974) and by Hollweg (1978), it seems rather improbable in view of the highly chaotic nature of the transition zone, involving structure in density and velocity on a scale less than 10^3 km both vertically and horizontally.

The conclusion is that Alfvén wave heating is attractive for the larger and less dense loops and for the general corona, but it cannot satisfy all the conditions for the relatively small, compact, dense, and intensely emitting loops. The small loops are better candidates for heating by either fast mode waves or electrical currents.

Waves with Periods of a Few Minutes

Waves with periods near 5 minutes are expected in the transition zone, though not necessarily with the power necessary for coronal heating. Near sunspots one might also have expected waves with periods of about 2 minutes, corresponding to Stein waves. However, the observed motions appear to be largely aperiodic (Athay and White, 1979). Theoretically, plane sinusoidal waves should not be expected, for such waves would be traversing a region that it not only thin compared with a wavelength but also occurs at different heights from place to place, with the height variations probably exceeding its thickness. As cited above, the transition zone also appears to be pervaded by supersonic motions. Degradation of any waves arriving from below is almost inevitable. Suppose, nevertheless, that fast mode or Alfvén waves with periods of a few minutes emerge. Their wavelengths are at least 10^5 km. For such waves, the coronal magnetic field can no longer be considered as homogeneous. If it is merely weakly inhomogeneous (e.g. its radius of curvature greater than the wavelength), then the fast mode and Alfvén waves can still exist, but they are coupled by the inhomogeneity. They are converted into each other and into slow mode waves, which dissipate (Frisch, 1964; Melrose, 1977; Melrose and Simpson, 1977; Hruska, 1979). In fact, this procedure is not applicable, because the radius of curvature of loop magnetic fields is generally small compared with the wavelength of 2 to 5 minute waves.

A much better approximation for waves in the presence of coronal structure is to treat them as surface waves. Such waves are made possible where the Alfvén speed changes discontinuously. In the case of loops, a large difference in gas density on adjacent magnetic flux tubes provides just such a surface of discontinuity. The boundary between distinct flux tubes provides a degree of elasticity that is not present in a uniform medium. For this reason, surface waves are inherent in highly structured media.

Alfvénic surface waves are the chief ingredient for a theory of coronal heating by Ionson (1978). Specifically, Ionson proposed a model for coronal active region loops with cool cores, but elements of his theory apply to much more general conditions. Some attractive features of this theory are that waves with periods of a few minutes are optimal for heating loops efficiently, that the energy flux into a loop occurs over a cross section that is larger than the loop, thus, alleviating the problem with the upper limits on V, and that it predicts heating in thin but very hot sheaths, which should ultimately be detectable. An equivalent heating process is used in the plasma laboratory: a radio frequency wave penetrates the plasma to the depth at which the radio frequency matches that of a local Alfvén wave; there the excitation of the Alfvén wave causes localized heating (Golovato and Shohet, 1978, and references therein).

Figure 14-1 indicates the nature of the Alfvénic surface waves. The left-hand side shows a field-aligned surface across which the gas density changes significantly but the field strength changes little (low gas pressure). Let the field be in the z direction and the surface of discontinuity lie in the y-z plane. The wave amplitudes shown on the right-hand side decrease exponentially with distance from the surface. The condition $k_z \ll k_y$ makes the wave torsional, like an ordinary Alfvén wave. The velocity pattern, and a corresponding distortion in the magnetic field, propagate along the field at a velocity ω/k_z intermediate between the Alfvén speeds on the two sides. The appropriate relations are as follows:

$$\frac{\omega^2}{k_z^2} = \frac{B_1^2 + B_2^2}{4\pi(\rho_1 + \rho_2)} , \tag{14-8a}$$

$$\frac{B_1^2}{8\pi} \simeq \frac{B_2^2}{8\pi} \gg P_1, P_2, \tag{14-8b}$$

and

$$\frac{k_z}{k_y} \ll 1 , \tag{14-8c}$$

where the subscripts stand for the two sides of the surface of discontinuity. The velocity and field perturbations are proportional to $\exp(-k_y |x|)$ and their z-components vanish, for practical purposes. There is no dissipation in this approximation. The Alfvénic surface wave can travel as far as any ordinary Alfvén wave.

Alfvénic surface waves can also travel on a cylindrical surface of discontinuity that bounds

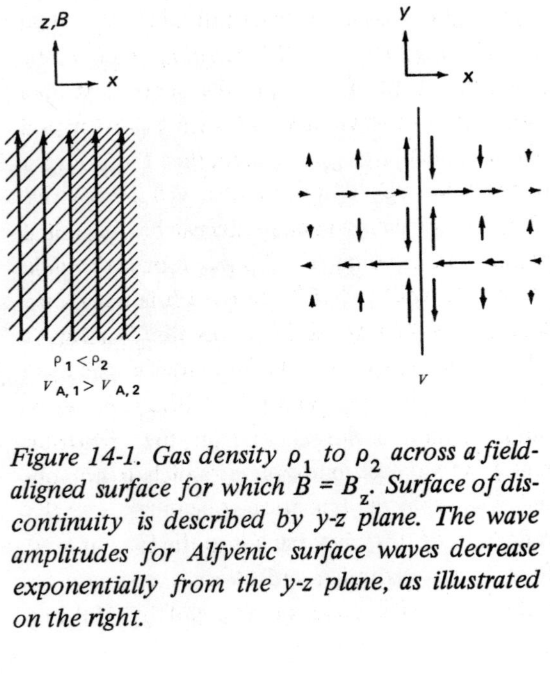

Figure 14-1. Gas density ρ_1 to ρ_2 across a field-aligned surface for which $B = B_z$. Surface of discontinuity is described by y-z plane. The wave amplitudes for Alfvénic surface waves decrease exponentially from the y-z plane, as illustrated on the right.

an otherwise homogeneous loop. Then the condition $k_z << k_y$ is replaced by $k_z << 1/R$ (R = loop radius) and $\exp(-k_y|x|)$ is replaced by a Bessel function of r/R (Wentzel, 1979b). Very probably a surface wave on a cylindrical flux tube has actually been observed in the photosphere by Giovanelli (1975a). (For other waves on cylindrical flux tubes see Wilson, 1979, and references therein.)

Surface waves can also occur when k_z and/or P are not small (Wentzel, 1979a). Such waves generally involve significant gas compression and, thus, rapid dissipation in the lower corona. Alfvénic surface waves are the most attractive because $8\pi P/B^2$ is small in the corona and periods of a few minutes do lead to small Rk_z on coronal loops.

The essential form of dissipation suffered by Alfvénic surface waves arises when the change in field strength and/or density occurs across a thin but finite transition zone. The nature of the wave motion has been solved for the case in which B^2 and ρ each vary linearly with x in a zone of width a.

The velocity amplitudes become singular where the wave speed ω/k_z matches the local Alfvén speed (at $x = 0$), with $V_x \propto \ln(k_y|x|)$ and $V_y \propto |k_y x|^{-1}$. The singularity means that the MHD approximations must break down in some fashion. It turns out that the singularity in V_x couples the surface wave to a kinetic Alfvén wave. The latter is basically an ordinary Alfvén wave, but with its wavefront so nearly parallel to the magnetic field (large k_x/k_z) that the ion gyro radius may not be neglected compared to $1/k_x$. Electron inertia also becomes important (Hasegawa 1976; Ionson, 1978, and references therein). The group velocity of the kinetic Alfvén waves in the x direction is finite, so that energy is removed at $x = 0$ and the mathematical singularity is relieved. But the group velocity is so small that collisions damp the kinetic Alfvén wave within a few wavelengths $1/k_x$. The end result is that the kinetic Alfvén wave serves to convert the surface wave into heat. (For a more general discussion see Wentzel, 1979c.) Alfvénic surface waves are converted into other wave modes, which may then dissipate, according to

$$\text{Conversion length} = \frac{1}{k_z} \frac{2}{\pi k_y a} \frac{V_{A1}^2 + V_{A2}^2}{V_{A1}^2 - V_{A2}^2}. \qquad (14\text{-}9)$$

For a loop, k_y is again replaced by $1/R$. Unfortunately, the value of a/R is not known, but an estimate for a/R of 0.1 is reasonable. The conversion also depends on the change in Alfvén speed across the loop boundary, as might be expected. If B changes little across the surface, as assumed in Equation (14-9), but ρ is several times greater inside than outside, the wave travels along the loop at $2^{1/2}$ times the Alfvén speed inside the loop (V_{A2}), the wavelength is some modest fraction of the length of the loop for periods of 2 to 5 minutes, and the conversion length, ~ 1 wavelength, is comparable to the loop length.

Surface waves are presumably excited by suitable shaking of the field lines underneath the footpoints of a coronal loop. If a torsional component survives the transition zone, the resulting Alfvénic surface waves appear attractive for heating coronal loops. The dissipation should occur on highly localized sheaths surrounding magnetic flux tubes. Simple estimates such as those in Ionson (1978) indicate sheaths merely a few kilometers thick. However, Ionson (private communication) notes that the intense dissipation destroys the precise resonance between surface and kinetic Alfvén waves. A self-consistent computation would yield dissipation on sheaths that are not quite as narrow. Such sheaths should be observable once one can detect suitably small emission measures.

The Role of the Transition Zone Filter

One role of the transition zone in the coronal heating is observational: the lack of observable periodic waves restricts the flux that can be expected to reach the corona. The second role may be more vital: the transition zone can absorb or modify passing wave fluxes drastically. Its low inertia means a huge response to any signals arriving from below. At the very least, the dynamic behavior of the transition zone implies that much of the transmitted wave flux is compressive and only some fraction (say one-third) is likely to be Alfvénic. The effect of this wave-scrambling by the transition zone back on itself has not been evaluated. McWhirter and Kopp (1979) also stress that the waves needed for the solar wind cannot pass the transition zone in a quiescent manner. The system chromosphere–transition zone–corona plus wind must somehow be made theoretically self-consistent. A beginning is made by Couturier et al. (1979), but without incorporating the observed dynamics. An argument, based on the Sun, that wave heating and wave acceleration may be important for other stars cannot be made safely until a reasonably self-consistent treatment of the entire solar atmosphere has been achieved.

DETAILS CONCERNING DISSIPATION OF ELECTRICAL CURRENTS

In astrophysics it is common to discuss "the dissipation of magnetic energy." Such a phrase is rather misleading for cases in which the dominant component of the magnetic field is current-free. Only the energy imposed by an electric current is available for dissipation. The simplest model of a magnetic loop involves an axisymmetric force-free magnetic field in which both the magnetic field and the current (which is parallel to the field) spiral gently around the axis of symmetry. There is indeed a current throughout the loop, but the current is weak in the sense that the shape of the loop deviates little from the shape of a current-free field. The upper portion of Figure 14-2 provides essentially such a picture. Not all the magnetic energy is available for local dissipation.

It is equally misleading to consider the coronal field a "vacuum magnetic field." For such a field there can be no current and no electrical heating at all. On the contrary, the coronal currents probably are continuously generated at the footpoints of loops. There must therefore be continuous dissipation to keep the currents weak. Moreover, the distinction between a vacuum and a plasma of very low density is essential. The lower the plasma density, the more the plasma can react to a given current, and the greater is the probability that plasma phenomena occur with consequent dissipation of the current. This is easily seen from the two relations for the electrical current density

$$|\mathrm{curl}\,\mathbf{B}| = \frac{B}{r} = \frac{4\pi N e u}{c}, \qquad (14\text{-}10)$$

where the magnetic scale length r measures the shorter of either the field radius of curvature or the distance over which the field strength doubles, and u is the mean velocity with which the electrons of charge e carry the current. The lower the density, for a given current, the higher is u. The currents must be considered strong in the sense that they can overwhelm the plasma and lead to plasma instabilities and dissipation. In this sense, the "vacuum magnetic field" must be associated with the limit of very low but finite plasma density. Then dissipation is effective, even for very weak currents, so that practically no currents can ever get started.

Coronal heating by current dissipation is attractive because the magnetic flux emerging from the photosphere provides adequate energy.

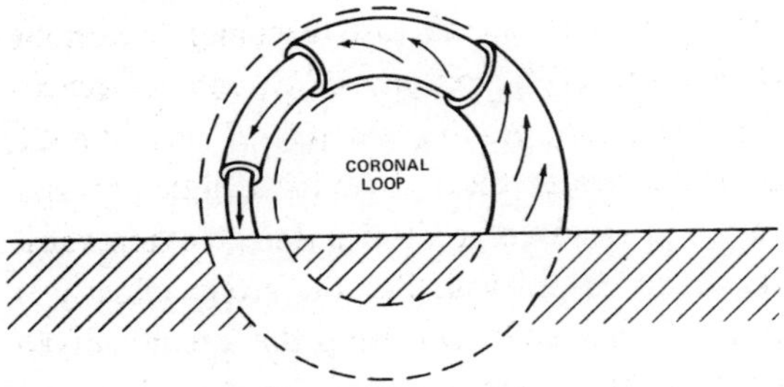

Figure 14-2. Schematic representation illustrates the type of (weak) electric current and force-free magnetic field expected in stable coronal loops. The current and field spiral gently about the axis of the loop.

Moreover, the apparent stability of the loops suggests that electrical currents are indeed dissipated. If a loop were twisted from below without dissipation, it would be subject to a kink instability as soon as the field lines twist even once around the loop (Giachetti et al., 1977; Spicer and Brown, Chapter 18). Current dissipation can prevent such an instability. According to this picture, only rarely does enough energy accumulate to lead to a flare or a coronal transient.

Highly Localized and Transient Heating

The difficulty inherent in current dissipation is primarily theoretical. The total current along a loop is huge. It may well reach 10^{10} amperes. In the laboratory, it is well known that electrical heating is reduced by using a thicker wire, and these cosmic electrical currents run on "wires" that are so thick that normal Ohmic heating tends to be negligible. A numerical example may show this. (Related examples appear in Nolte et al., 1977, and Rosner et al., 1978b.) The dissipation time by Ohmic losses at coronal temperatures is about $40r_5^2$ days. For dissipation over 4 days, one needs a value of the magnetic scale length r = 0.3 km. The minimum currently observable scale $r \simeq 10^3$ km would yield totally negligible dissipation. Assume that the field strengths on two sides of a current channel 0.3 km wide are 10 and 20 gauss. Neglect how this equilibrium is to be maintained. Then the corresponding heating rate is about 10^{-5} ergs cm^{-3} s^{-1}. Such a heating rate may just be adequate for this local region, but not for providing heat to the surrounding, more uniform regions. Even for this insufficient channeling of the current, the current is already strong, in the sense that it leads to plasma phenomena. The current density corresponds to $Nu = 3 \times 10^{15}$ cm^{-2} s^{-1}. If N is 10^8 cm^{-3}, then u is 3×10^7 cm s^{-1}, which exceeds the coronal sound speed. Once plasma phenomena occur, they increase the effective electron collision rate, increase the electrical resistance, and shorten the dissipation time by orders of magnitude. Normal Ohmic dissipation may then be neglected.

A second essential difficulty in dissipation of cosmic electrical currents is that each electron colliding with an ion liberates an energy of only $m_e(2u)^2/2$. In general, when r is large, u is minute and the released heat is negligible. One must seek situations that maximize both u and the collision rate. Both are favored by situations in which the scale of the current is very small. In the corona it must be on the order of 1.0 km or less. Because the resulting anomalous collision rate is high, heating by current dissipation is inherently very localized in both space and time. With one exception (see below), all the theories predict that very small regions are briefly heated to high temperatures. Unfortunately, gases at 10^7 K only 1.0 km thick are so far undetectable at X-ray and EUV wavelengths. Benz and Wentzel (1981) suggest that the so-called Type I solar radio bursts, lasting typically 0.1 s in an actively developing corona, may provide evidence for precisely such temporary localized heating. For all modes of current dissipation, the distribution of the released heat to other parts of the loop is an unsolved problem. Thermal conduction, fast electrons, electron drift in electric fields, and other mechanisms have been considered (e.g. Levine, 1974; Norman and Smith, 1978; Rosner et al., 1978b). The heat transfer across magnetic field lines is especially difficult to evaluate. Shock heating may result from the expansion of suddenly heated gases.

One theoretical argument indicates that current dissipation in the corona *must* occur. Parker (1972) pointed out that a static equilibrium with finite currents is extremely hard to achieve. A magnetic field gently twisted around an axis of symmetry is a possible static solution, but if the twist turns into a braiding of the field lines somewhere along these field lines, no equilibrium is possible. Mathematically, the equations governing hydromagnetic equilibrium would be overdetermined. Yet the field lines in coronal loops apparently are at the mercy of the wanderings of the footpoints. These wanderings are reflected in granulation and supergranulation motions, which are rather random over a few days. One cannot expect a uniform winding or any other simple structure within the loop. It follows that static equilibrium will not be possible for long, and that motions will occur. It is presumed that the situation is relieved when the motions cause current sheets and reconnection of field lines, such that the magnetic structure becomes sufficiently simple again. This argument concludes that reconnection is inevitable in a coronal loop. Glencross (1975) proposed heating the X-ray bright points in this way. However, it does not necessarily follow that the magnetic energy is turned into sufficient heat. It is quite possible that field reconnection merely involves very localized plasma phenomena, which permit simplification of surrounding fields through the temporary generation of kinetic energy.

The intrusion of one loop into a set of preexisting loops forces the separation of some previously adjacent field lines. Such a change in magnetic structure is likely to cause disequilibrium. The fact that transients or flares do not occur every time a new loop appears again implies that many small reconnections are common.

The astrophysical literature has frequently equated "magnetic dissipation" with "reconnection at a magnetic neutral plane." This topic has been reviewed by Vasyliunas (1975). For coronal loops, a field reversal across a neutral plane ($B = 0$) does not agree with the observations. There are two basic mechanisms for dissipation that are less stringent in their requirement on field structure. One method rests on current-driven instabilities, the other invokes tearing-mode instabilities in twisted fields. Given that both methods work in the laboratory and that both are moderately consistent with coronal observations, how is one to choose between them? Presumably, as the current along a loop is generated by motions at the footpoints, the first instability that can occur will dominate. Thus, much of the following discussion is concerned with the threshold for the various instabilities. However, a second and often more difficult aspect is the saturation of the instabilities; if they saturate easily, at a very low level, then they are not effective.

In the discussion of saturation, one usually assumes that the electrical current continues to run despite locally increased resistivity. The reason is the very high self-induction of a current that runs through a loop and closes in or beneath the photosphere. In fact, if the field lines are ergodic, as is mathematically likely, then there is no reason to expect the current from one footpoint to travel beneath the photosphere directly to the other footpoint. Therefore, the resulting widely wandering currents cannot be stopped by a small site of high resistance somewhere along their paths. (This situation differs significantly from the magnetosphere, where the electric field is the externally imposed quantity. But see Rosner et al., 1978b for a very different view.)

Current-Driven Instabilities

Papadopoulos (1977) has reviewed these instabilities with respect to the Earth's ionosphere. Much of his treatment also applies to the corona. Consider those instabilities caused by currents running parallel to the magnetic field lines, as is likely in coronal force-free fields. When the mean electron velocity u exceeds some threshold on the order of the sound speed, the electron velocity distribution represents a source of free energy, so that plasma waves can grow at the expense of the current. The associated heating may enhance or restabilize the original instability. In either case, if one knows the spectrum of the waves, then one knows the distribution of electric fields in which the electrons move, and one can compute the scattering of the current-carrying electrons and the corresponding electrical resistance. The resistivity is given by $\eta = 4\pi\nu/\omega_e^2$ where ν and ω_e are the effective collision and plasma frequencies, respectively (Papadopoulos, 1977, equation 4).

The subject of current-driven instabilities has not yet been fully developed. Spicer and Brown (Chapter 18) discuss the subject at somewhat greater length. The following comments serve largely as an indication of the kind of arguments and numerical values that are relevant. It will take some time to establish which of the various instabilities, if any, serve to heat the corona.

The threshold for the instabilities depends on the ratio of the electron and ion kinetic temperatures, or T_e/T_i. When $T_e = T_i$, as is normally assumed for the corona (temperature equalization time of order seconds), the threshold is near the electron thermal velocity, which appears unachievably high. A more modest threshold is possible when $T_e/T_i \gtrsim 5$. The reduction in threshold is sufficiently attractive that it is worth considering possible processes to raise T_e/T_i before the current-driven instability occurs. These might, for instance, be passing shocks. Hydromagnetic surface waves are also of interest, because the singularity of the surface waves falls precisely where the electrical currents are strongest.

When $T_e/T_i \gtrsim 5$, the instability generates ion-acoustic waves. The threshold is $u = (kT_e/m_i)^{1/2}$. The waves are driven by the electron pressure, hence the dependence on T_e, but the wave frequencies are so low that electric fields drag the ions along too; hence the inertia is measured by the ion mass m_i. These same electric fields are the ones that scatter the current-carrying electrons. (The random velocities of the electrons are much larger than both u and the wave speed.) The saturation of the ion-acoustic waves is not well established, but a useful collision rate based on both theory and laboratory data is $\nu = 10^{-2}\omega_e$. This is several orders above the thermal collision rate. Given u at the threshold and the resulting resistivity, one can determine the required field gradient and the energy dissipation rate. The field gradient is about $dB/dx = 30T_6^{1/2}N_8$ gauss km^{-1} or, typically, some 100 gauss km^{-1}. If the arrangement is static, there must be a large balancing gradient in the gas pressure. Let the transition occur from 30 to 10 gauss. Then it can be only 0.2 km wide; that is, the current must be confined to a channel merely 0.2 km wide. The heating rate is about $60N_8^{3/2}\ T_6$ ergs cm^{-3} s^{-1}, several orders of magnitude greater than the radiation rate. The energy NkT_e is released in a time of $4 \times 10^{-4}N_8^{-1/2}$ s. Heating is so rapid that nonequilibrium ionization would be apparent in any EUV observations of such heating. The energy density equivalent to $B = 20$ gauss is released in $0.3T_6^{-1}N_8^{-3/2}$ s. Since the total current remains constant, the heating continues until either the high temperature and pressure have forced expansion or until the current dissipation forces a redistribution of the current density, that is, a reduction in the magnetic gradient.

Benz and Wentzel (1981) argue that the Type I solar radio bursts may well indicate a current-driven, ion-acoustic instability. The radio emission derives from the combination of ion-acoustic and Langmuir waves; the high level of ion-acoustic waves combined with a low level of Langmuir waves can explain both the intense fundamental plasma emission and the lack of harmonic emission. The phenomenon is highly temporary (burst duration on the order of 0.1 s). A burst rate of 1 s^{-1} leads to the observed coronal rate of magnetic reconnection, based on work in progress. However, it is unknown how the coronal disequilibrium may lead to the high T_e/T_i and localized intense currents necessary for the ion-acoustic instability.

If one does not postulate a high initial T_e/T_i, the instability with the lowest threshold is the electrostatic ion cyclotron wave. The threshold is $u = 1/3\ (T_i/T_e)^{3/2}\,V_e$, where $V_e = (kT_e/m_e)^{1/2}$. It exceeds the ion-acoustic speed by a factor of 13. When $T_e = T_i$, a transition between 30 and 10 gauss would have to occur across a current channel merely 10^{-2} km wide. It is unclear whether it is easier to accept a high value of T_e/T_i or a very thin current channel. An important difference from the ion-acoustic instability is that the ion cyclotron waves saturate at a very low level. Under coronal conditions, they may lead to a localized steady-state heating (Hinata, 1980).

Vlahos (1979) has shown that sufficiently narrow currents cannot arrive in the corona from the photosphere, since they would be broadened in the intervening layers. Thus, one needs to seek a cause for these current channels in the corona itself. One process that, in principle, provides the desired threshold conditions is the superheating instability (Heyvaerts, 1974; Spicer, 1977, and references therein). It occurs in a gas at thermal equilibrium when a slightly enhanced current provides more energy than the gas can radiate away. The assumed initial uniform thermal equilibrium does not occur in the corona. Nevertheless, finite disturbances resulting from coronal disequilibrium might lead to finite-amplitude current filamentation. An example has been investigated by Sokolov and Kosovichev (1978), but the range of possible finite-amplitude phenomena is essentially unexplored. Rosner et al. (1978b) argued that current filaments less than 0.1 km thick could maintain themselves in coronal loops and provide adequate heating. However, the conglomeration of theoretical concepts in that paper has not been shown to be self-consistent.

To summarize current-driven instabilities have a very high threshold and need narrow current channels. They cause very localized heating. Except for suitable conditions involving the ion cyclotron instability, the heating is very rapid, causes very high temperatures, and then shuts off.

The above treatment of current-driven instabilities has been taken in large part from the more complete discussions of solar flares. (See Spicer and Brown, Chapter 18 on flares. A convenient table of numerous current-driven instabilities appears there. Also see Norman and Smith, 1978.) Developments in magnetospheric and plasma physics suggest several other concepts that may need to be investigated for the solar corona or other stellar coronae.

1. Electrostatic shocks, also called double layers, represent a charge separation over distances of several Debye lengths (Hudson and Mozer, 1978, and references therein). These appear to be important for particle acceleration and large potential drops in the ionosphere-magnetosphere (Torbert and Mozer, 1978). Their threshold is similar to that for current-driven, ion-acoustic waves. This makes double layers attractive but also theoretically difficult.

2. Anomalous resistivity resulting from ion cyclotron turbulence has been observed and seems to yield significant potential drops on auroral magnetic field lines (Hudson et al., 1978). Thus, the skepticism expressed above concerning the high threshold may be unfounded.

3. Hasegawa (1976) argued that kinetic Alfvén waves can yield significant electric fields. Any coronal mechanism that generates strong electric fields parallel to the magnetic field is likely to accelerate electrons. The resulting beams of suprathermal electrons then cause plasma turbulence and resistivity (e.g., Vlahos and Papadopoulos, 1979).

4. Nonlinear effects such as soliton formation and filamentation due to ponderomotive (pressure) forces of waves are associated with high intensity phenomena such as lasers, and possibly with flares (Type III radio bursts), but they probably need not be invoked for the more nearly quiescent heating of the corona.

Spicer and Brown (Chapter 18) stress that current-driven instabilities causing anomalous resistivity imply strong electric fields and the acceleration of suprathermal electrons. The Type I continuum and/or the storm Type III radio bursts might be evidence of such electrons, but few details have been worked out.

Tearing Mode Instabilities

The tearing mode is a prime candidate for explaining solar flares (Chapter 18, Spicer and Brown) and may well occur on a less dramatic scale within coronal loops. It is most easily summarized by first invoking a magnetic neutral surface, with $\mathbf{B} = B_x(y)$, where $B(y)$ changes sign at $y = 0$, say $B(y) = B_0 y/a$ where $2a$ is the thickness of the current layer. The current runs in the z direction and, though initially uniform, can be thought of as a sheet of adjacent current filaments, all running parallel to each other. The parallel currents tend to bunch, and the resulting magnetic field tends to contain x-and o-type neutral points. The resulting filamentary currents, with a relatively small spatial scale, imply reconnection and dissipation of the current. The bunching leads to velocities that tend to enhance the bunching, thus leading to exponential growth of the "magnetic islands" (see figures in Chapter 18, Spicer and Brown). If now a uniform field in the z direction is added, then the current runs along this field component. The surface $y = 0$ then merely represents a surface where the magnetic field is twisted. Sufficiently close to $y = 0$, island-producing waves with **k** in the x direction can still grow. They again lead to reconnection and dissipation. In general, the condition for an unstable wave reads $\mathbf{k}\cdot\mathbf{B} = 0$. It is important that the field be twisted. A field that is merely curved would correspond to a magnetic neutral surface with the addition of a uniform field in the y direction, which would prevent the production of x- and o-type neutral points (unless the perturbation has sufficient amplitude).

The threshold for the tearing mode is set mainly by the requirement that **k** remain normal to **B** over at least several wavelengths. In general, one expects the wavelength to be of order $10a$, and thus, the perturbation must follow the shape of **B** for a considerable distance. Qualitatively, the simpler the field geometry, the more probable is a tearing mode. In the case of an axisymmetrical field, the waves must be proportional to $\exp(im\phi)$. If, moreover, this field is wound into a torus as in the Tokamak machines (see Figure 14-2), the wave must have n wavelengths around the torus. Each combination of m, n indicates a certain degree of spiraling, and if any magnetic field lines in the torus spiral similarly, then an instability is possible. For the Tokamak, $n = 1$ and $m = 1$ or 2 are the most destabilizing, because they cause the largest displacements and the most interaction among unstable regions. This nonlinear interaction may explain the explosiveness of flares (see Spicer and Brown, Chapter 18). For coronal loops, higher values of n (i.e. shorter wavelengths) are more likely, because the loops are, at best, halves of a torus, and the photospheric boundary conditions require the instabilities to be more localized. The shorter wavelength, in turn, allows the instabilities to grow only if the current width a is also rather small. Consequently, tearing mode instabilities in coronal loops also involve electric currents in channels thinner than the existing limits of spatial resolution. The short wave tearing modes saturate at relatively low amplitude. Indeed, coronal loops do not appear to reconnect explosively, in contrast to flares. However, this also means that the energy release may be insufficient for heating a loop.

The growth rate and physical extent of the tearing instabilities depends on the rate of electron-ion collisions. Drake and Lee (1977) have given heuristic arguments for the growth rates from the collisionless to the fully collisional regime. For coronal conditions, collisionless instabilities involve current widths smaller than or at best comparable to the values needed for current-driven instabilities. Thus, only collision-dominated tearing modes are of interest. They grow typically on a time scale of $\tau_a^{3/5}\ \tau_A^{2/5}$, where $\tau_a = 40a_5^2$ days is the Ohmic dissipation time and $\tau_A = a/V_A$ is the Alfvén transit time for a region of current width a. For a value of a that one might naturally expect in loops, say $a = 10^3$ km, the growth time is about one year. Clearly smaller values of a are required. A value of a = 100 km yields a time scale on the order of days. Since such a current would heat only a part of the corona, the heating time scale must be still shorter. Values of a = 10 km are probably more suitable. Even then, the threshold for the tearing mode instability is less than that of current-driven instabilities ($a < 1$ km).

The saturation of the tearing modes is poorly established. When one instability does not interact with another, the instability probably grows until the magnetic island is as wide as the current layer (Galeev et al., 1978). That means, in effect, that the instability grows until the dissipation has widened the current distribution and reduced dB/dy (unless, of course, the current is kept narrow by external events). It is conceivable that hydromagnetic surface waves twist the magnetic field where the waves become singular to such an extent that frequent and short-lived, tearing mode instabilities become possible (Ionson, 1978).

To summarize, tearing mode instabilities are attractive because of the analogy between magnetic fields in loops and in Tokamaks, but the reduced field symmetry in loops allows only rather more local instabilities which require a current thickness $a \lesssim 10^2$ km, possibly as small as 10 km. This is better than the threshold for current-driven instabilities but not by a wide margin.

The Role of the Transition Zone Filter for the Restless Corona

The essential requirement for coronal heating by dissipation of electrical current is that the current occur in sheets or filaments of at most 10 km, perhaps less than 1 km thickness. It appears unlikely that such currents could reach the corona from the photosphere (Vlahos, 1979). More probably, the natural disequilibrium of the coronal magnetic fields yields motions and forces that guarantee local generation of narrow current channels. Thus, the corona heated by current dissipation must be a restless corona, pervaded by many short-lived local heating events, the time-averaged result of which yields the apparently quiescent long-lived coronal loops.

The disequilibrium itself is a consequence of motions in the lower atmospheric layers. The ultimate source must be the subphotospheric motions, but their effects must be transmitted to the corona by motions in the photosphere, chromosphere, and transition zone. The same natural disequilibrium that applies to the corona may also apply in lower layers. Do the motions observed in the transition zone strongly influence waves and currents reaching the corona, or are they merely an observable response of the transition zone to the processes that heat the corona?

It is now believed that the amplitude of the solar cycle can change dramatically, as in the Maunder Minimum. This suggests that the presence or absence of solar coronal magnetic structure–and the coronal heating, since the heating depends on that structure–depends on a rather slight change in the balance among dynamical phenomena in or below the photosphere. Such a slight change may drastically influence the nature of the chromosphere and transition zone, and these regions, in turn, act as filters for the phenomena of the corona. Until the solar atmospheric motions at all levels are understood, a direct extrapolation of the solar corona to predict the X-ray emission from other stellar coronae is at best speculative. We can, nevertheless, hope to recognize from the solar corona the lessons enumerated at the beginning of this chapter and to investigate whether observed stellar coronae may be consistent with these lessons. It is interesting that one venture into such comparisons treats a star extremely different from the Sun, namely the M giant HD 4147 (Stencel and Ionson, 1979). Other comparisons will no doubt be forthcoming.

REFERENCES

Antiochos, S.K., 1979, *Astrophys. J.* **232**, L125.

Athay, R.G., White, O.R., 1979, *Astrophys. J.* **229**, 1147.

Bartoe, J.-D.F., Brueckner, G.E., Van Hoosier, M.E., 1979, *Bull. Amer. Astron. Soc.* **11**, 397.

Beckers, J.M., Schneeberger, T.J., 1977, *Astrophys. J.* **215**, 356.

Benz, A.O., Wentzel, D.G., 1981, *Astron. Astrophys.* **94**, 100.

Billings, D.E., 1959, *Astrophys. J.* **130**, 215.

Chapman, R.D., Neupert, W.M., 1979, *Astrophys. J.* **229**, 799.

Cheng, C.C., Doschek, G.A., Feldman, U., 1979, *Astrophys. J.* **227**, 1037.

Cohen, R.H., Kulsrud, R.M., 1974, *Phys. Fluids* **17**, 2215.

Couturier, P., Mangeney, A., Souffrin, P., 1979, *Astron. Astrophys.* **74**, 9.

Drake, J.F., Lee, Y.C., 1977, *Phys. Fluids* **20**, 1341.

Dulk, G.A., McLean, D.J., 1978, *Solar Phys.* **57**, 279.

Feldman, U., Doschek, G.A., Mariska, J.T., 1979, *Astrophys. J.* **229**, 369.

Frisch, U., 1964, *Ann. d'Astrophys.* **27**, 224.

Galeev, A.A., Coroniti, F.V., Ashour-Abdalla, M., 1978, *Geophys. Res. Letters* **5**, 707.

Gerassimenko, M., Solodyna, C.V., Nolte, J.T., 1978, *Solar Phys.* **57**, 103.

Giachetti, R., Van Hoven, G., Chiuderi, C., 1977, *Solar Phys.* **55**, 371.

Giovanelli, R., 1975a, *Solar Phys.* **44**, 299.

Giovanelli, R., 1975b, *Solar Phys.* **44**, 315.

Glencross, W.M., 1975, *Astrophys. J.* **199**, L53.

Golovato, S.N., Shohet, J.L., 1978, *Phys. Fluids* **21**, 1421.

Habbal, S.R., Leer, E., Holzer, T.E., 1979 *Solar Phys.* **64**, 287.

Hasegawa, A., 1976, *Solar Phys.* **47**, 325.

Heyvaerts, J., 1974, *Astron. Astrophys.* **37**, 65.

Hinata, S., 1980, *Astrophys. J.* **235**, 258.

Hollweg, J.V., 1978, *Solar Phys.* **56**, 305.

Hruska, A., 1979, *J. Plasma Phys.* **21**, 279.

Hudson, M.K., Mozer, F.S., 1978, *Geophys. Res. Letters* **5**, 131.

Hudson, M.K., Lysak, R.L., Mozer, F.S., 1978, *Geophys. Res. Letters* **5**, 143.

Ionson, J.A., 1978, *Astrophys J.* **226**, 650.

Kuperus, M., 1969, *Space Sci. Rev.* **9**, 713.

Levine, R.H., 1974, *Astrophys. J.* **190**, 457.

Linsky, J.L., Haisch, B.M., 1979, *Astrophys. J.* **229**, L27.

McWhirter, R.W.P., Kopp, R.A., 1979, *Monthly Notices RAS* **188**, 871.

Mariska, J.T., Feldman, U., Doschek, G.A., 1978, *Astrophys. J.* **226**, 698.

Mariska, J.T., Feldman, U., Doschek, G.A., 1979, *Astron. Astrophys.* **73**, 361.

Mariska, J.T., Withbroe, G.L., 1978, *Solar Phys.* **60**, 67.

Melrose, D.B., 1977, *Austr. J. Phys.* **30**, 495 and 661.

Melrose, D.B., Simpson, M.A., 1977, *Austr. J. Phys.* **30**, 647.

Neupert, W.M., Nakagawa, Y., Rust, D., 1975, *Solar Phys.* **43**, 359.

Neupert, W.M., 1979, *Bull. Amer. Astron. Soc.* **11**, 435.

Nicolas, K.R., Bartoe, J.-D. F., Brueckner, G.E., Van Hoosier, M.E., 1979, *Astrophys. J.* **233**, 741.

Nolte, J.T., Gerassimenko, M., Krieger, A.S., Petrasso, R.D., Švestka, Z., Wentzel, D.G., 1977, *Solar Phys.* **55**, 401.

Nolte, J.T., Solodyna, C.V., Gerassimenko, M., 1979, *Solar Phys.* **63**, 113.

Norman, C.A., Smith, R.A., 1978, *Astron. Astrophys.* **68**, 145.

Nugent, J., Garmire, G., 1978, *Astrophys. J.* **226**, L83.

Papadopoulos, K., 1977, *Rev. Geophys. Space Phys.* **15**, 113.

Parker, E.N., 1972, *Astrophys. J.* **174**, 499.

Parker, E.N., 1979, *Astrophys. J.* **230**, 905.

Pneuman, G.W., Kopp, R.A., 1978, *Solar Phys.* **57**, 49.

Pye, J.P., Evans, K.D., Hutcheon, R.J., Gerassimenko, M., Davis, J.M., Krieger, A.S., Vesecky, J.F., 1978, *Astron. Astrophys.* **65**, 123.

Rosner, R., Tucker, W.H., Vaiana, G.S., 1978a, *Astrophys. J.* **220**, 643.

Rosner, R., Golub, L., Coppi, B., Vaiana, G.S., 1978b, *Astrophys. J.* **222**, 317.

Sheeley, N.R., Jr., Golub, L., 1979, *Solar Phys.* **63**, 119.

Sokolov, V.S., Kosovichev, A.G., 1978, *Solar Phys.* **57**, 73.

Spicer, D.S., 1977, *Solar Phys.* **53**, 305.

Stencel, R.E., Ionson, J.A., 1979, *Publ. Astr. Soc. Pacific* **91**, 452.

Švestka, Z., Krieger, A.S., Chase, R.C., Howard, R., 1977, *Solar Phys.* **52**, 69.

Topka, K., Fabricant, D., Harnden, F.R., Jr., Gorenstein, P., Rosner, R., 1979, *Astrophys. J.* **229**, 661.

Torbert, R.B., Mozer, F.S., 1978, *Geophys. Res. Letters* **5**, 135.

Uchida, Y., Kaburaki, O., 1974, *Solar Phys.* **35**, 451.

Vasyliunas, V.M., 1975, *Rev. Geophys. Space Sci.* **13**, 303.

Vesecky, J.F., Antiochos, S.K., Underwood, J.H., 1979, *Astrophys. J.* **233**, 987.

Vlahos, L., 1979 (Ph.D. thesis, University of Maryland).

Vlahos, L., Papadopoulos, K., 1979, *Astrophys. J.* **233**, 717.

Wentzel, D.G., 1974, *Solar Phys.* **39**, 129.

Wentzel, D.G., 1976, *Solar Phys.* **50**, 343.

Wentzel, D.G., 1977, *Solar Phys.* **52**, 163.

Wentzel, D.G., 1978, *Solar Phys.* **58**, 307.

Wentzel, D.G., 1979a, *Astrophys. J.* **227**, 319.

Wentzel, D.G., 1979b, *Astron. Astrophys.* **76**, 20.

Wentzel, D.G., 1979c, *Astrophys. J.* **233**, 756.

Wilson, P.R., 1979, *Astrophys. J.* **230**, 194.

Withbroe, G.L., 1978, *Astrophys. J.* **225**, 641.

15

THE ENERGY BALANCE OF THE SOLAR WIND

Joseph V. Hollweg

INTRODUCTION

The purpose of this chapter is to examine the effects of modifying some of the "classical" assumptions underlying many of the solar wind models constructed over the past 20 years, in an effort to obtain both a better fit with the observations and a deeper understanding of the relevant physical processes. These classical models are based on the following assumptions:

1. The acceleration of the flow results from the summed thermal pressure gradients of all constituent species. Usually only the electrons and protons are considered. Other constituents, such as He^{++} and heavier ions, are usually treated as "test particles," whose charge, mass, momentum, and energy fluxes are too small to significantly affect the basic electron-proton flow. This assumption is justifiable for all species other than He^{++}. But recent in situ plasma measurements near 0.3 AU made on the Helios spacecraft indicate that the kinetic energy flux density of He^{++}, i.e. $N_\alpha V_\alpha(\frac{1}{2}m_\alpha V_\alpha^2)$ can at times be a significant fraction of the proton kinetic energy flux density, $N_p V_p(\frac{1}{2}m_p V_p^2)$ (see Zirker, Chapter 5, Table 4, for typical values based on measurements at IAU). This occurs even when $N_\alpha/N_p << 1$ because the He^{++} particles have been accelerated to higher flow speeds than the protons, so that $V_\alpha/V_p > 1$. This means that energetically self-consistent models of the solar wind flow will ultimately have to include the He^{++} as well as the electrons and protons. Unfortunately, .the mechanism by which the He^{++} is accelerated to speeds greater than the proton speed is not understood at present. The He^{++} acceleration is probably intimately connected with the heating and acceleration of the electrons and protons, and will be considered later. But in the present discussion only the mass, momentum, and energy balance of the electrons and protons will be considered.

The thermal pressures are usually assumed to be scalars, that is, the pressure tensors are assumed to be isotropic. This is probably a good assumption for the electrons, which are observed to be nearly isotropic in the entire range $0.3 \lesssim r \lesssim 5$ AU in which their distribution functions have been observed by in situ measurements. The protons are usually observed to be mildly anisotropic in the sense that the temperatures parallel and perpendicular to the interplanetary magnetic field may differ by a factor of 2 or so. The anisotropy is probably governed to a large extent by whatever mechanism is heating the protons, but this anisotropy is unlikely to have much effect on the dynamics of the flow. The reason is that the protons probably become anisotropic only in the supersonic region of the solar wind expansion, where the dynamical behavior is governed by the kinetic energy of the flow and not by the internal energy. (Coulomb collisions should be sufficient to keep the protons nearly isotropic in the subsonic region close to the Sun, where the plasma density is high.) Thus, for most of our discussion only scalar pressures of the electrons and protons will be considered.

2. The flow is decelerated by gravity. Most models consider radial flow, that is, antiparallel to the gravitational acceleration vector. But even if the flow is not radial, near the edges of the coronal holes below 3 solar radii for example, it must still climb out of the same gravitational potential well to escape from the solar surface to infinity. In this regard, the energetic properties of the flow do not depend on the assumption

that it is radial, and only radial flows will be considered in what follows.

3. Energy is supplied to the solar wind primarily via the conduction of heat outward from the Sun. Solar wind models therefore consider only the region of the corona above where the coronal heating itself occurs. The coronal heating is usually implicitly assumed to occur in a very thin layer at the coronal base, and the models are therefore extended down to about 1 solar radius. Ultimately, it will be necessary to produce a unified model for the energetics of the combined corona and solar wind, and the underlying layers of the solar atmosphere as well. But since the heating of the corona is itself not understood at present (see Wentzel, Chapter 14) the tendency has been to artificially separate the energetics of the solar wind flow from the coronal heating problem.

The conduction of heat by the protons is small and can normally be ignored. The electron heat conduction is usually taken to follow the classical conductivity law for a collision-dominated plasma (Spitzer and Härm, 1953; Braginskii, 1965). Conduction of heat across the interplanetary magnetic field can usually be ignored, because the electrons are tied to the magnetic field by the Lorentz force.

Conduction of heat by the electrons means that the coronal electron temperature falls off only slowly with distance from the Sun. This, in turn, allows the flow far from the Sun to be accelerated via the electron thermal pressure gradient, and some of the heat conducted by the electrons is thereby converted into the kinetic energy of the flow.

4. Exchange of thermal energy between the electrons and protons occurs via Coulomb collisions. This electron-proton thermal coupling is weak, primarily because of the smallness of m_e/m_p, but also because the electron-proton collision frequency is low in the hot and rarefied coronal holes. The Coulomb collisions heat the protons to some extent, however, and some of the heat conducted by the electrons is thereby converted into proton thermal energy. Most of the proton thermal energy is, in turn, converted into kinetic energy of the flow since the proton thermal pressure gradient contributes to the flow acceleration.

5. Radiation and wave motions make a negligible contribution to the heat balance of most of the solar wind.

In Chapter 16, it is shown that the above physical processes provide an adequate physical description of the solar wind only in the coarsest sense, but that they fail to provide a model consistent with all available observational constraints. In particular, as shown by Leer and Holzer (1979), if the observed transition region pressures at the bases of coronal holes are used as lower boundary conditions on solar wind models, then those models are unable to explain the large observed mass fluxes in the high speed solar wind streams at 1 AU. In addition, as shown originally by Hartle and Sturrock (1968), when the predicted thermal properties of the electrons and protons are compared with the observations, several discrepancies arise: (1) The electrons are predicted to be hotter than observed (a consequence of the efficiency of classical electron heat conduction). (2) The protons are much colder than observed (a consequence of their only heat source being the weak collisional coupling with the electrons). (3) There is even the qualitative discrepancy that the energy flux of the flow at 1 AU is predicted to be dominated by the electron heat conduction flux, whereas, in fact, it is observed to be dominated by the kinetic energy flux (in the models, the energy carried by electron heat conduction is inefficiently converted into kinetic energy). (4) The observed variation of the electron temperature with distance from the Sun is also observed to disagree with the predictions; between 0.39 and 5 AU the electron temperature is observed to vary roughly as $r^{-1/3}$, where r is heliocentric distance (Sittler and Scudder, 1979), while models based on the above physics predict that the temperature should fall off less rapidly than $r^{-2/7}$. (5) Finally, the observed variation of the electron density with r in the coronal hole studied by Munro and Jackson (1977) is also not consistent with models based on the above physics; in fact, the observed density profile, if interpreted in terms of a flow which is accelerated only by the thermal pressure gradient, implies a temperature which increases outward from the Sun beyond 2 solar radii, whereas models based on the above physics always have temperatures that decrease outward from the Sun.

Evidently the energy balance of the solar wind is governed by alternative or additional physical processes to those discussed above. It is the purpose of this chapter to summarize current thinking about the actual physical processes which might govern the energy balance of the solar wind. Emphasis will be given to the macroscopic physics of the system, and, in particular, to constructing macroscopic models of the flow which are consistent with currently available observational data. It will become apparent, however, that a great deal of microscopic plasma physics lies behind the macroscopic description that is presented. The details of the microscopic physics are beyond the scope of this review, and the reader is referred to the published literature for discussions of this aspect of the physics (see Barnes, 1974, 1979a, 1979b; Hollweg, 1975, 1978a; Schwartz, 1979; Völk, 1975, for reviews). Unfortunately, much of the underlying microscopic plasma physics is at present only partially understood, or in some cases not understood at all. The reader should bear in mind, therefore, that the details of the physical processes discussed here represent the forefront of research in solar wind plasma physics, and that although a self-consistent physical picture seems to be emerging in the macroscopic sense, a definitive description of the physics at the microscopic level has not yet been achieved. The reader should also realize that there is currently no consensus on the validity of even the macroscopic picture that is described here. The principal reason for this is that the energy balance of the solar wind in this description is determined principally inside about 0.2 AU, which has not yet been accessible to direct exploration by in situ space probes. The physical picture presented below is consistent with indirect evidence about conditions in this region, but only in situ data can provide the definitive evidence which is required. In particular, only in situ measurements can provide the particle distribution functions and spectra of high frequency wave fields which are essential to understanding the microscopic plasma physics.

The solar wind is the only example of a stellar wind which can be studied in detail by in situ measurements. The solar wind may therefore serve as a prototype by which other stellar winds can be better understood. In particular, the solar wind may be an example of a flow driven by the pressure associated with MHD waves of solar origin. It may also be an example of a flow in which there is extended deposition of energy by nonthermal processes. However, the solar wind also illustrates the inadequacy of the physical processes summarized above to provide a fully satisfactory model, and therefore suggests caution in applying those same physical processes to the coronae of other stars.

A correct understanding of the energy balance of the solar wind may perhaps contribute most significantly to our understanding of other layers of the solar atmosphere. From recent theoretical and observational studies of the solar wind it may be concluded, with some reservations, that the Sun radiates energetically significant fluxes of MHD waves, and Alfvén waves in particular. It may similarly be concluded that MHD waves heat and accelerate the solar wind plasma. With this in mind, it is natural to ask whether MHD waves similarly heat and accelerate the lower solar atmosphere, perhaps accounting for the heating of the upper chromosphere, transition region, and corona, and perhaps driving flows such as spicules. In addition, it will be argued here that the classical electron heat conduction law is incorrect in the solar wind beyond some 5 to 10 solar radii, and that a "collisionless" description of the heat conduction may be more appropriate; some control of the electron heat conduction by plasma microinstabilities may also be occurring. The chromosphere-corona transition layer may be another region of the solar atmosphere in which the classical electron heat conduction law may be expected to break down, because the scale height for the electron temperature is not large compared with the mean free path of the heat-carrying electrons, and it is possible that studies of the solar wind electrons could shed some light on a correct physical description of electron heat transport in the solar transition region.

THE ROLE OF THE ELECTRONS

It should not be surprising that the classical collision-dominated electron heat conduction law leads to theoretical predictions that are at variance with observations. The classical description requires that the heat-carrying electrons undergo many Coulomb collisions within a temperature scale height. This requirement is badly violated in model calculations which use the classical description, and those models are therefore not self-consistent. The requirement is also not satisfied when the mean free path is calculated from the electron temperatures and densities obtained by in situ measurements. The implication is that the classical description of electron heat conduction is not applicable to the solar wind, except close to the Sun where there are many collisions.

A variety of alternative physical descriptions of the electrons has been proposed (see Hollweg, 1976, 1978a for reviews). For the purpose of understanding the global energy balance of the solar wind, a "collisionless" description of the electron heat conduction seems, at present, to be useful. Consider, as a first approximation, the electrons to be purely collisionless. They follow ballistic trajectories in the interplanetary magnetic and electrostatic electric fields; gravity is usually unimportant for the electrons, because of their small mass. (The electrostatic field points outward from the Sun. It arises from the requirement that the solar wind be quasineutral with respect to electric charge.) Low energy electrons can be trapped between a magnetic mirror close to the Sun and the electrostatic potential hill far from the Sun. The distribution function for the trapped electrons must be symmetric about zero velocity, in the frame corotating with the Sun. In addition to the trapped population, there can exist a higher energy tail of untrapped electrons escaping from the Sun to infinity; there is assumed to be no source of incoming higher energy electrons. A magnetic field-aligned slice through the electron distribution function is sketched in Figure 15-1 (Perkins, 1973). The higher energy tail leads to a net outward bulk velocity of the electron distribution function, which must be equal to the proton bulk velocity in order to conserve charge. The higher energy tail also leads to a net heat conduction flux for the electrons, by virtue of the skewness of the distribution function. The fact that the higher energy tail is responsible for the collisionless electron distribution function having both nonzero bulk velocity and nonzero heat conduction flux suggests that the two quantities may be related. Hollweg (1976, 1979a) has suggested that the electron heat conduction flux density $\mathbf{Q}_e$ be written in terms of the bulk solar wind velocity, **V**, as

$$\mathbf{Q}_e = \frac{3}{2} N_e k T_e (\mathbf{V} - \omega \times \mathbf{r})\, \alpha . \qquad (15\text{-}1)$$

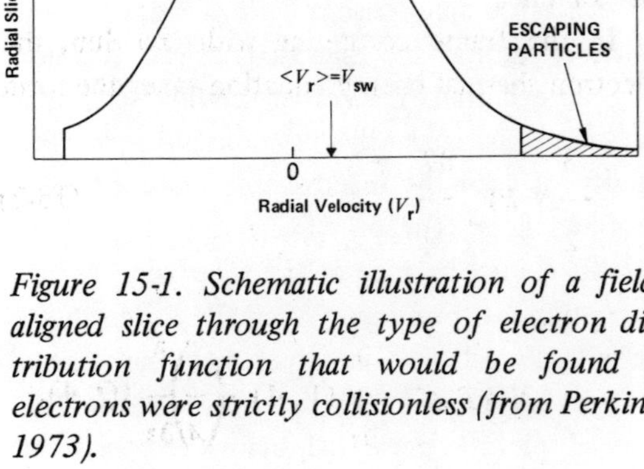

Figure 15-1. Schematic illustration of a field-aligned slice through the type of electron distribution function that would be found if electrons were strictly collisionless (from Perkins, 1973).

Here N_e and T_e are the electron density and temperature, k is Boltzmann's constant, **V** is measured in the inertial frame, **r** is the heliocentric position vector, $\boldsymbol{\omega}$ is the angular rotation rate of the Sun, and α is a dimensionless constant, whose value depends on the details of the electron distribution function, but which should be of the order of unity if the electrons are subsonic. The presence of the term $\boldsymbol{\omega} \times \mathbf{r}$ ensures that $\mathbf{Q}_e$ is parallel to the mean interplanetary magnetic field direction. Equation (15-1) is the "collisionless electron heat conduction law." Note that it is not a conductivity multiplied by a temperature gradient, in contrast to the classical description.

Equation (15-1) is only a heuristic representation of the electron heat conduction flux, subject to the idealization of ballistic electrons. Even under those circumstances, it contains a parameter, α, which has only been crudely estimated (Hollweg 1974a, 1976, 1978a). A proper evaluation of α requires a full kinetic treatment for the electron distribution function. If a full kinetic treatment were available, fluid equations such as Equations (15-1), (15-2), and (15-4) (see below) would be superfluous. But if Equation (15-1) is a good approximation to the actual physics, then it can be used as a convenience in computing solar wind models, short-cutting the much more laborious kinetic calculations. Equation (15-1) can also be used to understand the energy balance of the flow directly, in terms of familiar quantities such as the enthalpy flux, the heat conduction flux, the kinetic energy flux, etc. It is in this latter spirit that Equation (15-1) is used here. Its theoretical consequences for solar wind models will be discussed first, and then the extent to which it represents physical reality will be examined.

In the frame corotating with the Sun, the electron thermal energy equation takes the form

$$\frac{3}{2} N_e k V_{\parallel} \frac{\partial T_e}{\partial s} = -N_e k T_e A^{-1} \frac{\partial}{\partial s}(V_{\parallel} A) - \left(\frac{1}{A}\right)\frac{\partial}{\partial s}(Q_e A), \qquad (15\text{-}2)$$

where $V_{\parallel} = |\mathbf{V} - \boldsymbol{\omega} \times \mathbf{r}|$, A is the cross-sectional area of the stream tube in the corotating frame, and s is distance along the stream tube. The first term on the right-hand side of Equation (15-2) represents the adiabatic cooling of the expanding flow, while the second term on the right-hand side is the nonadiabatic heating due to heat conduction. Electron-proton thermal coupling is ignored for the present. If α is assumed to be constant, Equations (15-1) and (15-2) yield

$$T_e \propto N_e^{2/3(1+\alpha)} , \qquad (15\text{-}3)$$

where conservation of mass has been used, that is,

$$\frac{\partial}{\partial s}(N_e V_{\parallel} A) = 0 . \qquad (15\text{-}4)$$

Equation (15-3) is an example of a "polytrope law." Polytropic energy laws have been used in solar wind models for many years, usually as a convenience for the theoretician, without physical justification. It now appears that a polytropic description for the electrons may be a useful approximation in the solar wind beyond 5 to 10 solar radii, where the classical description breaks down. If $\alpha = 1$, $T_e \propto N_e^{1/3}$, and if $N_e \propto r^{-2}$, then $T_e \propto r^{-2/3}$. The electron temperature falls off with increasing distance from the Sun less rapidly than if the electrons were adiabatic (in which case $T_e \propto N_e^{2/3} \propto r^{-4/3}$) but more rapidly than in models in which the classical description for Q_e is used throughout (in which case T_e falls off less rapidly than $r^{-2/7}$). This intermediate behavior results because Q_e is neither much less than nor much greater than the electron enthalpy flux density.

As given in Equation (15-1), Q_e is roughly comparable to the electron enthalpy flux density. In the supersonic region of the solar wind flow, therefore, Q_e is always less than the kinetic energy flux of the wind. In contrast to models which use the classical conduction law, the collisionless electron heat conduction law never leads to conduction-dominated models of the solar wind, in accord with observation.

Solar wind models using Equation (15-1) have been given by Hollweg (1976, 1978a). In these models, the electrons obey the classical heat conduction law close to the Sun, where the mean free path is small by virtue of the high plasma density. Farther from the Sun where this is no longer the case, Equation (15-1) is used. The transition from classical to collisionless heat conduction in these models is (artificially) abrupt, and is taken to be at the point where the electron mean free path is $r/2$; this usually turns out to be in the range of 5 to 10 solar radii. At the transition both T_e and Q_e must be continuous. In effect these requirements impose an outer boundary condition on the second-order electron thermal energy equation in the classical collision-dominated region. Because of the inefficiency of collisionless heat conduction compared with classical heat conduction, this outer boundary condition in effect means that the conductive flow of heat in the collision-dominated region is "bottled-up." This has the following four consequences: (1) Compared to models which use the classical conduction law throughout, the bottling-up of conductive heat flow reduces the energy supplied to the solar wind by electron heat conduction. (2) The bottling-up of conductive heat flow results in an electron temperature profile that is nearly constant in the collision-dominated region. Farther from the Sun, in the collisionless region, T_e falls off fairly rapidly with increasing r, in accord with Equation (15-3). For the same boundary conditions at the Sun, models which use Equation (15-1) have higher values of T_e near the Sun and lower values of T_e far from the Sun than models which use the classical description throughout. (3) The higher values of T_e near the Sun result in greater flow acceleration, via the thermal pressure gradient. Models which use Equation (15-1) yield higher flow speeds than models which use the classical description throughout, in spite of their having a smaller energy supply in the form of electron heat conduction. This somewhat paradoxical behavior results because models employing Equation (15-1) can more efficiently convert the energy carried by electron heat conduction into the kinetic energy of the flow. The increased conversion efficiency is made possible by the region of higher electron temperature and flow acceleration near the Sun, and more than compensates for the decreased conductive energy supply. (4) In the collision-dominated region close to the Sun, the bottling-up of heat reduces the sensitivity of the electron temperature profiles to the geometry of the flow, that is, to $A(s)$. The non-r^2 expansion of the coronal hole flow near the Sun does not strongly affect $T_e(r)$.

The description of the electrons in models employing Equation (15-1) is more satisfactory in several aspects than in models employing only the classical description, as follows: (1) The models are not conductively dominated. (2) The predicted values of T_e at 1 AU are lower than in models which use only the classical description, and in reasonable agreement with observed values at 1 AU. (3) The predicted values of Q_e are in reasonable agreement with observed values at 1 AU. For example, Feldman et al. (1976) give the following representative parameters for high speed streams at 1 AU:

$$V = 741 \pm 49 \text{ km s}^{-1}$$

$$T_p = (2.3 \pm 0.9) \times 10^5 \text{ K}$$

$$T_e = (0.99 \pm 0.08) \times 10^5 \text{ K}$$

$$Q_e = (2.8 \pm 0.9) \times 10^{-3} \text{ ergs cm}^{-2} \text{ s}^{-1}$$

$$N_e V = (3.3 \pm 0.5) \times 10^8 \text{ cm}^{-2} \text{ s}^{-1} .$$

In terms of Equation (15-1), these values imply $\alpha \simeq 0.4$, which is close to the estimated value of α near 1 AU used by Hollweg (1978a) in solar wind models employing Equation (15-1). (4) Models employing Equation (15-1) predict $T_e \propto r^{-1/2}$ (roughly) near 1 AU, which is reasonably consistent with a variety of observations suggesting that T_e is proportional to a negative power of r between $r^{-1/3}$ and $r^{-2/3}$ (Gringauz and Verigin, 1976; Jesson et al., 1979; Miggenrieder et al., 1976; Sittler and Scudder, 1979). (5) The predicted variation of Q_e with r is consistent with observations near 1 AU, although there is a wide range of scatter in the data (Miggenrieder et al., 1976).

These agreements between observations and models based on Equation (15-1) suggest that Equation (15-1) may, in fact, be a useful representation of the macroscopic behavior and energy balance of the solar wind electrons. Also, Feldman et al. (1978a, 1978b) have used the parameter variations across corotating high speed solar wind streams at 1 AU as a means of probing the response of T_e and Q_e to changes in N_e, V, and so on. They find that the electrons' response is in reasonable agreement with their obeying a polytropic equation of state, in accord with Equation (15-3), again suggesting that Equation (15-1) can be used to represent the electron energy balance.

However, the electron distribution functions obtained by in situ measurements differ qualitatively from the example sketched in Figure 15-1. The most important difference is that the lower energy electrons are not symmetric about zero velocity. Rather, the lower energy electrons (the "core electrons") appear to be nearly Maxwellian but with a bulk velocity that differs from V by some tens of kilometers per second, the velocity difference being aligned along the interplanetary magnetic field, with the core electrons moving more slowly than the solar wind expansion itself. The core electrons are evidently not behaving collisionlessly. They are being accelerated and distributed isotropically by Coulomb collisions, and possibly also by wave particle interactions. On the other hand, the higher energy electrons do show some evidence of collisionless behavior. The most characteristic feature of the higher energy electrons is that they exhibit a pronounced narrow beam, called the "strahl," traveling outward from the Sun along the magnetic field lines (Rosenbauer et al., 1976). The existence of a strahl is a natural consequence of exospheric theory (Jockers, 1970; Lemaire and Scherer, 1973), and is evidence that the higher energy electrons are behaving approximately collisionlessly. Since it is the collisionless higher energy electrons which are carrying the electron heat conduction flux in both the observed electron distribution functions and in the distribution of Figure 15-1, it seems at least possible that the collisionless description of Q_e represented by Equation (15-1) may be a useful approximation, even when only the heat-carrying electrons are behaving collisionlessly.

The fact that the observed electron distribution functions are neither collision-dominated nor purely collisionless means that a full kinetic treatment, properly including Coulomb collisions (and possibly wave particle interactions as well), is mandatory. An investigation of this problem has been reported by Scudder and Olbert (1979). They find that they can understand the development of the observed distribution functions by taking only Coulomb collisions into account; no wave particle interactions are included. Moreover, Olbert and Scudder (1979) argue that both theory and observations are consistent with a polytropic law for the electrons, except close to the Sun where the electrons can be expected to be collision-dominated. This is in accord with Equation (15-1) (with α approximately constant) and Equation (15-3). Full kinetic treatments of the solar wind electrons are in their infancy, and much still remains to be learned from them. But a number of lines of evidence seem to point toward the validity of using models based on Equation (15-1) to describe the macroscopic energy balance of the electrons in the solar wind.

The description of the electrons given here still does not resolve all the discrepancies discussed in the Introduction. It in no way affects the protons, and it does not produce peaks in the effective temperature in the region between 2 and 5 solar radii. It does increase the flow speed and mass flux somewhat, but not enough to account for the highly energetic high speed streams (Feldman et al., 1976). The theoretical and observational evidence suggests that the energy balance of the solar wind cannot be understood in terms of the electron heat conduction flux providing the principal energy source. An additional source of energy is required. And, as Kopp shows in Chapter 16, the arguments of Leer and Holzer (1979) indicate that the additional energy must be deposited via heating or acceleration of the solar wind plasma in the supersonic region of the flow. A specific mechanism for additional heating and acceleration, which has both observational and theoretical support, will now be discussed.

WAVES OF SOLAR ORIGIN

Models of the solar wind flow which successfully remove the above-mentioned difficulties have been constructed on the premise that the Sun radiates an energetically significant flux of Alfvén waves into the solar wind. Such models are motivated primarily by in situ observations of outward propagating Alfvén waves in the wind (see Zirker, Chapter 5). The preponderance of outward propagating waves implies only that the wave source is in the region of the solar wind where $V_A > V$ (V_A is the Alfvén velocity), that is, within about 20 solar radii. In the absence of any suggestion as to how the waves can be generated except at the Sun (Hollweg, 1975, 1979a), the most natural assumption is that the waves are indeed of solar origin. The only evidence in support of this assumption is indirect. Measurements of the Faraday rotation of the radio signals from the two Helios spacecraft show large fluctuations, when the line of sight between the Earth and the spacecraft passes between 2 and 10 solar radii of the solar center (observations within 2 solar radii cannot be carried out for technical reasons) (M. Bird, personal communication, 1978). The fluctuations are caused by turbulence in the corona. The author, in unpublished work, has shown that the observed Faraday rotation fluctuations behave in a manner that is consistent with their being caused by coronal Alfvén waves with energy fluxes that are sufficient to drive high speed solar wind streams. If this interpretation of the Faraday rotation fluctuations is correct, it provides evidence that the origin of the Alfvén waves lies below 2 solar radii. This strengthens the view that the waves originate at the Sun. (Actually, it will be shown below that the Alfvén waves deposit most of their energy in the solar wind beyond 2 to 3 solar radii. Alfvén wave-driven models of the solar wind will therefore be valid if the waves originate anywhere below 2 to 3 solar radii.)

A salient feature of the Alfvén waves at 1 AU is that they are very nearly noncompressive, that is, $\delta N_e \simeq 0$ and $\delta \mathbf{B} \simeq 0$ (the prefix "δ" indicates a wave-associated fluctuation, and B is the magnetic field). This is true even though the waves have fairly large amplitudes, so that $\delta \mathbf{B}/B_0 \simeq 1$ (the subscript "0" denotes that background quantity which supports the wave). The waves have somehow picked out a special state of polarization that allows them to be noncompressive. It is unlikely that the waves are generated at the solar convection zone with this special state of polarization. The implication is that the waves have nonlinearly relaxed to the noncompressive state, and that they have undergone some nonlinear damping in the process (Alfvén waves undergo essentially no linear damping). If the waves have in fact been damped, there are two important consequences: (1) Heating of the solar wind occurs; and (2) a large wave energy flux at the Sun can be consistent with the wave amplitudes near 1 AU.

No direct confirmation of the wave damping is currently available. The damping probably occurs near 0.1 AU; this region has not yet been explored by spacecraft. Some indirect evidence is at hand, however. Bame et al. (1975) find that in the high speed solar wind streams, where the protons are hottest, the low energy part of the proton distribution function tends to be anisotropic in the sense that $T_{p\perp} > T_{p\parallel}$ (the subscripts "$\parallel$" and "$\perp$" refer to temperatures parallel and perpendicular to $\mathbf{B}_0$, respectively). This may be a signature of ion-cyclotron heating. It is suggestive that the ion-cyclotron wave is the high frequency extension of the Alfvén branch of the wave dispersion relation. It is possible that the nonlinear Alfvén wave damping occurs via a "cascade" of wave energy from low (Alfvénic) frequencies to higher (ion-cyclotron) frequencies, followed by ion-cyclotron heating of the protons.

It is fair to say that the nonlinear damping of the Alfvén waves is not understood at present. In what follows one can simply assume that such damping does occur, and that large wave energy fluxes are present at the Sun.

In addition to nonlinear damping, there is another means by which Alfvén waves can deposit their energy in the solar wind. Consider the momentum equation:

$$\rho\left(\frac{\partial}{\partial t} + \mathbf{V}\cdot\nabla\right)\mathbf{V} = -\nabla\cdot\overline{\overline{\mathbf{P}}} + \rho\mathbf{g} + \frac{\mathbf{J}\times\mathbf{B}}{c}, \tag{15-5}$$

where ρ is mass density, **V** is the plasma velocity, $\overline{\overline{\mathbf{P}}}$ is the thermal pressure tensor, g is the local gravitational acceleration, **J** is the electrical current density, and c is the speed of light. For MHD waves

$$\mathbf{J} = \frac{c}{4\pi}\nabla\times\mathbf{B}. \tag{15-6}$$

Now consider a noncompressive Alfvén wave, so that $\rho = \rho_0$ and $\overline{\overline{P}} = P_0$. Let $\mathbf{V} = \mathbf{V}_0 + \delta\mathbf{V}$ and $\mathbf{B} = \mathbf{B}_0 + \delta\mathbf{B}$. For the Alfvén wave,

$$\delta\mathbf{V} = -\mathrm{sgn}(\mathbf{k}\cdot\mathbf{B}_0)\delta\mathbf{B}(4\pi\rho_0)^{-1/2}, \tag{15-7}$$

where **k** is the wave vector. If Equation (15-5) is averaged over the rapid fluctuations of the wave, there results

$$\rho_0\left(\frac{\partial}{\partial t} + \mathbf{V}_0\cdot\nabla\right)\mathbf{V}_0 = -\nabla P_0 + \rho_0\mathbf{g} - \nabla\frac{\langle\delta\mathbf{B}^2\rangle}{8\pi}, \tag{15-8}$$

where the angle brackets indicate the time average. The last term on the right-hand side is the ponderomotive force that the waves exert on the plasma. It arises from the centrifugal force term $-\rho_0\langle\delta\mathbf{V}\cdot\nabla\,\delta\mathbf{V}\rangle$ and from the wave-associated Lorentz force $\langle\delta\mathbf{J}\times\delta\mathbf{B}\rangle/c$. This term has the form of a wave pressure gradient, and it is analogous to the radiation pressure appearing in some stellar wind models (Alazraki and Couturier, 1971; Belcher, 1971; Hollweg, 1974b). Since the waves exert a force on the solar wind flow, they can lose energy by doing work on the flow, even if no energy is deposited directly into heat by the nonlinear damping.

If the energy equation is treated in the same way as Equation (15-5) above, the energy balance of the wave-plasma system can be investigated (Hollweg, 1974b). The energy flux density of the waves is found to be

$$\mathbf{F}_w = \frac{\langle\delta\mathbf{B}^2\rangle}{4\pi}\left[\frac{3}{2}\mathbf{V}_0 + \mathrm{sgn}(\mathbf{k}\cdot\mathbf{B}_0)\mathbf{B}_0(4\pi\rho_0)^{-1/2}\right]. \tag{15-9}$$

Equation (15-9) includes both propagation and convection of energy. The net loss of wave energy is $-\nabla\cdot\mathbf{F}_w$. The amount of wave energy going directly into heat is obtained by subtracting the energy lost by doing work from the net energy lost. The thermal energy balance of the plasma then becomes:

$$\frac{3}{2}Nk\mathbf{V}_0\cdot\nabla T + NkT\nabla\cdot\mathbf{V}_0 = -\nabla\cdot\mathbf{F}_w + \mathbf{V}_0\cdot\nabla\frac{\langle\delta\mathbf{B}^2\rangle}{8\pi} - \nabla\cdot\mathbf{Q}_e, \tag{15-10}$$

where $N = N_e + N_p$ and $T = (T_e + T_p)/2$. The first two terms on the right-hand side of Equation (15-10) represent the wave energy which goes directly into plasma heating by irreversible wave damping.

If there is no wave damping, the first two terms on the right-hand side of Equation (15-1) add to zero. This leads to the following expression for the spatial variation of the undamped wave amplitude:

$$<\delta \mathbf{B}^2> \left[1 + \left(V_A/V_{0\parallel}\right) \operatorname{sgn}\left(\mathbf{k} \cdot \mathbf{V}_{0\parallel}\right)\right]^2 \rho_0^{-3/2} =$$

constant along field lines. (15-11)

Equation (15-11) is valid for a quasisteady flow; in deriving it, conservation of mass and magnetic flux have been used, that is,

$$\nabla \cdot \mathbf{B}_0 = 0,$$

and

$$\nabla \cdot (\rho_0 \mathbf{V}_0) = 0 .$$

The quantity $V_{0\parallel}$ is the solar wind velocity in the frame corotating with the Sun; in Equation (15-11), and in the following discussion, absolute values of both V_A and $V_{0\parallel}$ are implied.

Close to the Sun $V_{0\parallel} << V_A$, and Equation (15-11) yields, to lowest order,

$$\frac{<\delta \mathbf{B}^2>}{\rho_0^{1/2}} = \text{constant along field lines.} \quad (15\text{-}12)$$

Using Equation (15-7), there results also

$$\rho_0^{1/2} <\delta \mathbf{V}^2> = \text{constant along field lines.} \quad (15\text{-}13)$$

These results are equivalent to conservation of wave energy. If $V_{0\parallel} << V_A$, to lowest order the wave propagation is equivalent to propagation in a static medium, in which case no wave energy can be lost by doing work. The waves lose a significant fraction of their energy by doing work on the flow only where $V_{0\parallel}/V_A \gtrsim 1$. This does not mean, however, that the waves cannot significantly influence the dynamics of the solar wind in the region where $V_{0\parallel} << V_A$. The ratio of the wave energy flux to the solar wind kinetic energy flux is $<\delta \mathbf{B}^2> V_A/(4\pi\rho_0 V_{0\parallel}^3)$ in the corotating frame. Now the fraction of wave energy lost by doing work is roughly $V_{0\parallel}/V_A$, and therefore the ratio of the lost wave energy flux to the solar wind kinetic energy flux is $(<\delta \mathbf{B}^2>/B_0^2)(V_A^2/V_{0\parallel}^2)$. Since $V_A^2/V_{0\parallel}^2 >> 1$ by assumption, the waves can significantly affect the flow, even when the wave amplitude is small in the sense that $<\delta \mathbf{B}^2>/B_0^2 << 1$. Equation (15-12) shows that $<\delta \mathbf{B}^2>$ decreases with increasing distance from the Sun. This means that $-\nabla <\delta \mathbf{B}^2>/8\pi$ points outward from the Sun, and the waves accelerate the coronal expansion. However, it is usually the case that $<\delta \mathbf{B}^2>/B_0^2$ increases with increasing r close to the Sun. This means that no nonlinear damping occurs in the low corona, but that nonlinear damping can occur further from the Sun. By comparison, Equation (15-13) indicates that $<\delta \mathbf{V}^2>$ increases with increasing r when $V_{0\parallel} << V_A$.

Far from the Sun, $V_{0\parallel} >> V_A$, and Equation (15-11) yields

$$<\delta \mathbf{B}^2> \rho_0^{-3/2} = \text{constant along field lines.}$$

(15-14)

In this case, the waves are continuously losing energy by doing work on the flow. If $\rho^0 \sim r^{-2}$, then $<\delta \mathbf{B}^2> \sim r^{-3}$. Such a behavior has, in fact, been observed (Behannon, 1978, 1979; Belcher and Burchsted, 1974; Neugebauer, 1975). If

$B_0 \sim r^{-2}$ (this is roughly the case inside 1 AU), then $<\delta \mathbf{B}^2>/B_0^2 \sim r$. If $B_0 \sim r^{-1}$ (this is roughly the case beyond 1 AU), then $<\delta \mathbf{B}^2>/B_0^2 \sim r^{-1}$. The nonlinearity of undamped waves is most severe near 1 AU. Equations (15-7) and (15-14) yield

$$<\delta \mathbf{V}^2> \rho_0^{-1/2} = \text{constant along field lines}, \tag{15-15}$$

when $V_{0\parallel} >> V_A$. Comparing Equations (15-15) and (15-13) indicates that $<\delta V^2>$ reaches a maximum near the point where $V_{0\parallel} = V_A$.

A more relevant criterion for assessing the importance of the Alfvén wave acceleration is the ratio of the Alfvén wave pressure term appearing in Equation (15-8) to the total (i.e., dynamic plus thermal) pressure of the solar wind plasma:

$$R \equiv \frac{<\delta \mathbf{B}^2>/8\pi}{P_0 + \rho_0 V_0^2} . \tag{15-16}$$

The direct acceleration of the flow by the wave pressure term will be significant only when R is not small. Close to the Sun, the flow is subsonic and $P_0 >> \rho_0 V_0^2$. Equation (15-12) is appropriate in that region, because the point where $V_0 = V_{sound}$ lies inside the point where $V_0 = V_A$, and $R \sim \rho_0^{-1/2} T_0^{-1}$. Since both ρ_0 and T_0 decrease with increasing r in this region, R increases with increasing r. Far from the Sun, the flow is both supersonic and super-Alfvénic, so that $P_0 << \rho_0 V_0^2$ and Equation (15-14) is appropriate. Then $R \sim \rho_0^{1/2} V_0^{-2}$. Since V_0 is approximately constant far from the Sun, R decreases with increasing r there. The conclusion is that R peaks somewhere beyond the solar wind sonic critical point. This has several important consequences: (1) Even in wave-driven models of high speed solar wind streams, in which Alfvén wave flux at the Sun is assumed to be large, R is small and negligible within 2 to 3 solar radii. This means that as far as the waves are concerned, the non-r^2 expansion of the flow close to the Sun is of no direct consequence. (2) The waves affect the flow primarily in the supersonic region. This means that the wave pressure can act directly on the flow velocity to produce the observed high speed flows. The waves do not strongly affect the mass flux, as would be the case if R were not small in the subsonic region. Alfvén waves therefore satisfy the constraints on solar wind heating and acceleration deduced by Leer and Holzer (1979) (Kopp, Chapter 16). (3) The peaking of R in the supersonic region of the flow turns out to be equivalent to the peaking of the effective temperature deduced by Munro and Jackson (1977). This result is best verified by numerical modeling of the wave-driven flows. In the model to be summarized below, for example, the predicted density profile agrees very well with that observed by Munro and Jackson, without requiring any peaking of the thermal temperature profile. The wave pressure automatically provides the extra force needed to account for the observations (see also Jacques, 1978).

The foregoing discussion is based on Equation (15-11) for undamped waves. A correspondingly exact discussion cannot be offered when the waves are damping nonlinearly, because the nature of the damping is not understood. To understand the basic effects of nonlinear damping on the solar wind energy balance, it has proven convenient to "simulate" the nonlinear damping by saturating the relative wave amplitude at some value ϵ, that is, the waves must always obey

$$\frac{<\delta \mathbf{B}^2>^{1/2}}{B_0} \leq \epsilon \tag{15-17}$$

(Hollweg, 1973, 1978a; Jacques, 1978). The value of ϵ is usually taken to be $2^{-1/2}$, to correspond roughly to observations at 1 AU. If the relative wave amplitude becomes large enough for saturation to occur, then the first two terms on the right-hand side of Equation (15-10) do not add to zero, and heating occurs.

At present, it seems reasonable to assume that only the protons are heated by the waves, and not the electrons. If the waves damp via a cascade to ion-cyclotron waves, only proton heating would occur. The near constancy of T_e along with the high variability of T_p across high speed solar wind streams, and the fact that $T_p > T_e$ in the high speed streams support the supposition that the wave heating acts on the protons alone. Nevertheless, assuming that only the protons are heated must be regarded as conjecture in the absence of a physical description of the nonlinear damping.

In one-fluid models of the solar wind, the distribution of energy between the electrons and protons is not considered, and Equation (15-10) is used. In two-fluid models, Equation (15-10) is split into separate thermal energy equations for the electrons and protons. The first two terms on the right-hand side of Equation (15-10) appear only in the equation for the protons, and the last term on the right-hand side of Equation (15-10) appears only in the electron equation. In addition, the thermal coupling from Coulomb collisions between electrons and protons must appear in the thermal energy balance of each species. One has, therefore,

$$\frac{3}{2} N_e k \mathbf{V}_0 \cdot \nabla T_e + N_e k T_e \nabla \cdot \mathbf{V}_0 = -\nabla \cdot \mathbf{Q}_e - Q_{ep} \tag{15-18}$$

and

$$\frac{3}{2} N_p k \mathbf{V}_0 \cdot \nabla T_p + N_p k T_p \nabla \cdot \mathbf{V}_0 = -\nabla \cdot \mathbf{F}_w + \mathbf{V}_0 \cdot \nabla \frac{\langle \delta \mathbf{B}^2 \rangle}{8\pi} + Q_{ep} , \tag{15-19}$$

where $\mathbf{V}_0 = \mathbf{V}_{0e} = \mathbf{V}_{0p}$. The term Q_{ep} is the energy lost by the electrons and gained by the protons caused by collisions. From Braginskii (1965)

$$Q_{ep} = \frac{3}{2} \nu_E N_e k (T_e - T_p) , \tag{15-20}$$

where

$$\nu_E = \left(2 \frac{m_e}{m_p}\right) \frac{4(2\pi)^{1/2} N_e e^4 \Lambda}{3 m_e^{1/2} (kT_e)^{3/2}}$$

and Λ is the "Coulomb logarithm" given by

$$\Lambda = \ln \left[\frac{3(kT_e)^{3/2}}{2e^3 (\pi N_e)^{1/2}} \right] .$$

Equations (15-3) and (15-19) show that waves of solar origin can both heat and accelerate the solar wind protons. Qualitatively, this suggests that a "signature" of the flows driven by Alfvén waves should be a positive correlation between T_p and V_0. That such a correlation exists has been known since the earliest in situ measurements of solar wind protons at 1 AU were made. The observed correlation between T_p and V_0 can provide a quantitative test of solar wind models based on Equations (15-10), (15-17), and (15-19). Hollweg (1978a) has shown that such models do in fact lead to good agreement with the data at 1 AU, if it is assumed that the only varying boundary condition at the Sun is the energy flux of the Alfvén waves.

At 1 AU no positive correlation between T_e and V_0 has been observed; there may even be a weak negative correlation. This fact provides indirect evidence that the nonlinear wave damping does not heat the electrons to any significant degree. (The negative correlation between T_e and V_0 is, in fact, compatible with the collisionless electron heat conduction law as discussed in Hollweg, 1978a.)

So far only the role of Alfvén waves in the solar wind has been discussed. There are several reasons for this. The discovery that Alfvén waves are the dominant component of the microscale fluctuations in the solar wind near 1 AU has provided a strong impetus to the viewpoint that Alfvén waves may drive the high speed flows, and subsequent theoretical and observational studies have been oriented in that direction. In addition, except for the nonlinear damping, the Alfvén wave is particularly easy to include in solar wind models, since the energetics of the Alfvén wave are unaffected by refraction, unlike the fast and slow modes. Moreover, it has been demonstrated (Hollweg, 1979a) with some reservations, that the Sun can generate the required flux of Alfvén waves. This latter point contrasts with the situation for the fast MHD mode, which may suffer appreciable total internal reflection at the transition region, and never carry a significant energy flux into the corona and solar wind (Hollweg, 1978b, 1979b). The slow mode is also relatively inefficient in transporting energy into the solar wind, because of the small value of V_{sound}/V_A in the corona. The Alfvén mode therefore seems to be the mode most likely to contribute to the energy balance of the solar wind.

THE HIGH SPEED STREAM MODEL

The foregoing sections compose our physical description of the energy balance in the solar wind, if the collisionless electron heat conduction law is appropriate, and if Alfvén waves heat the protons and directly accelerate the flow. In this section a simple two-fluid model calculation that incorporates that physical description is presented. Only a single model, for a high speed stream, is presented as an illustration. In addition, only spherically symmetric expansion with r^2 is considered, which is reasonable in view of the facts that the waves have a significant effect only beyond 2 to 3 solar radii, and that the collisionless electron heat conduction law reduces the sensitivity of $T_e(r)$ to $A(r)$ close to the Sun. (Various models have been considered by Hollweg, 1978a; Jacques, 1978; and Leer and Holzer, 1980.)

The model is specified by conservation of mass (Equation 15-4), conservation of momentum (Equation 15-8), and the thermal energy (Equations 15-18 and 15-19). The Alfvén waves obey Equations (15-11) and (15-17) (with $\epsilon^2 = 1/2$), and $\mathbf{Q}_e$ is given by Equation (15-1) when the electron mean free path exceeds $r/2$, and by the classical conduction law otherwise (values of α between 1/2 and 2 have been used). The model includes the spiral nature of the interplanetary magnetic field, and has $B_{0r} = 3.25 \times 10^{-5}$ gauss at 1 AU. The boundary conditions at the Sun are $N_e = 6 \times 10^7$ cm^{-3}, $T_e = T_p = 1.5 \times 10^6$ K, and $F_W = 4.8 \times 10^4$ ergs cm^{-2} s^{-1}.

Figure 15-2 displays the theoretical variation of the wave amplitudes with r. $<\delta \mathbf{B}^2>^{1/2}/B_0$ increases with r close to the Sun, and then saturates, while $<\delta \mathbf{V}^2>^{1/2}$ has a peak value of about 250 km s^{-1} near 0.1 AU. It was noted above that the predicted behavior of $<\delta \mathbf{B}^2>^{1/2}$ is consistent with Faraday rotation observations between 2 and 10 solar radii. The large values of $<\delta \mathbf{V}^2>^{1/2}$ near 0.1 AU, including the broad maximum, are also consistent with radio scintillation data (Ekers and Little, 1971; Woo, 1979). The radio data are highly indirect and uncertain, but they do offer some observational support to the model.

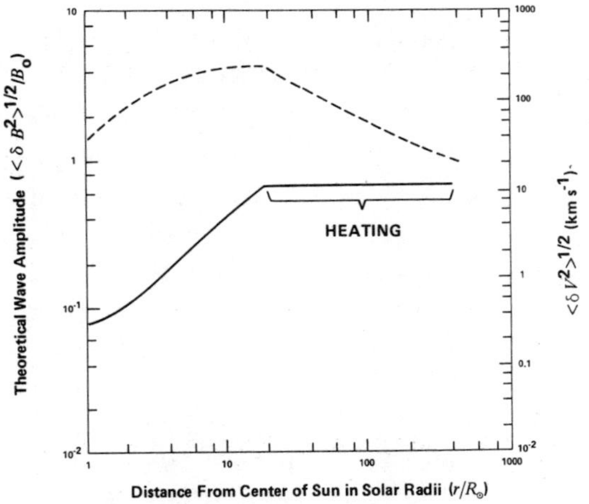

Figure 15-2. Theoretical variation of the wave amplitudes with radial distance. Solid curve is $<\delta B^2>^{1/2}/B_0$. Broken curve $<\delta V^2>^{1/2}$.

Figure 15-3 shows $T_e(r)$ and $T_p(r)$. The brackets indicate the high speed stream values at 1 AU reported by Feldman et al. (1976); the light lines show how T_e would vary with $r^{-1/2}$ and $r^{-2/3}$ between the Earth and the Sun, as reported by Miggenrieder et al. (1976). The electron temperature at 1 AU is only slightly larger than observed, and its radial variation in the collisionless region is within the observed range. The effect of the bottling-up of heat in producing a flat electron temperature profile near the Sun is manifest. The kink in the curve for $T_e(r)$ is caused by the artificially abrupt transition from the collision-dominated to the collisionless heat conduction laws. Very close to the Sun, the proton temperature falls off slowly with increasing r caused by the electron-proton thermal coupling. Near 2 solar radii, the thermal coupling becomes inefficient because of the decreasing plasma density, and $T_p(r)$ falls off nearly adiabatically. Near 0.1 AU the nonlinear wave damping and proton heating sets in, and $T_p(r)$ increases with r; the very rapid initial rise of $T_p(r)$ is artificial, because of the artificially abrupt onset of wave saturation. Beyond about 0.3 AU the wave flux becomes small compared to the proton enthalpy flux, the proton heating is no longer important, and $T_p(r)$ again falls off nearly adiabatically. The predicted value of T_p at 1 AU is only slightly larger than the high speed stream values reported by Feldman et al. (1976).

Figure 15-4 displays the relative values of the terms in the momentum Equation (15-8). The principal point to be noted is that the wave pressure is small compared with the thermal pressure very close to the Sun, but it exceeds the thermal pressure in the zone between 3 solar radii and 0.1 AU. The waves are an important source of solar wind acceleration in that range. The wave acceleration produces a high speed flow, with V_0 = 700 km s^{-1} at 1 AU, which agrees well with the values reported by Feldman et al. (1976) for the high speed streams. The wave acceleration also leads to an electron density profile that agrees well with that reported by Munro and Jackson (1977) at the pole, except that the values in the model are uniformly higher than the polar values by a factor of 3; the discrepancy probably relates to the fact that the high speed streams observed at 1 AU come from the equatorial regions of the Sun where the densities are higher than at the poles. The model predicts a mass flux $N_e V_{0r}$ = 2.6 × 10^8 cm^{-2} s^{-1},

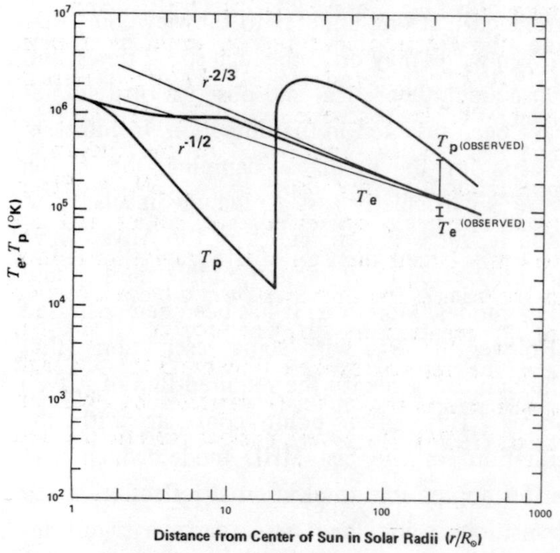

Figure 15-3. Electron and proton temperatures, T_e and T_p, as functions of r in the illustrative model. The light lines show how T_e would vary with $r^{-1/2}$ and $r^{2/3}$. The bracketed vertical lines indicate the high speed stream values at 1 AU (Feldman et al., 1976).

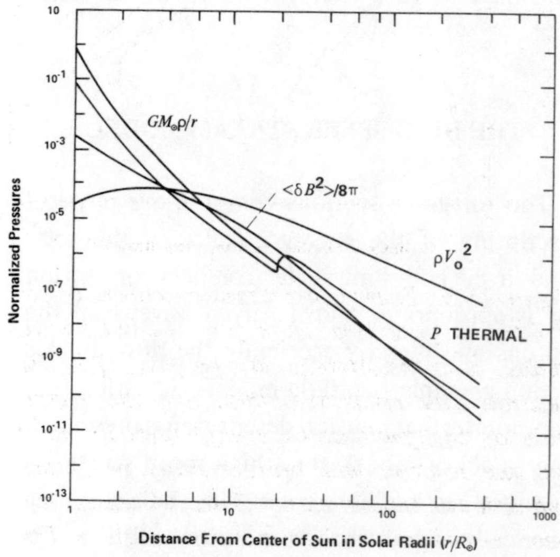

Figure 15-4. Thermal, magnetic dynamic, and "gravitational" pressures as functions of r for the illustrative model. All values have been normalized to their sun at $r = R_\odot$.

which is slightly lower than the high speed stream values reported by Feldman et al. (1976).

In Figure 15-5 the various energy fluxes (i.e., flux densities multiplied by $r^2/R_\odot^2$) which enter into the solar wind energy balance are shown; all quantities have been normalized to the total energy flux density at the Sun. Curve "A" is the wave flux. F_{wr}; curve "Q" is Q_e; "E" and "P" are the electron and proton enthalpy fluxes, $(5/2)N_e kT_e V_{0r}$ and $(5/2)N_p kT_p V_{0r}$, respectively; "K" is the kinetic energy flux, $(1/2)\rho_0 V_{0r}^3$; and "G" is the magnitude of the (negative) gravitational energy flux, $-\rho_0 V_{0r} GM_\odot/r$. Since total energy is conserved, the curves add up to unity (when the sign of the gravitational flux is included). The thin lines bracket the behavior of Q_e reported by Miggenrieder et al. (1976), and the vertical broken line brackets the high speed stream results for Q_e reported by Feldman et al. (1976). The agreement between theory and

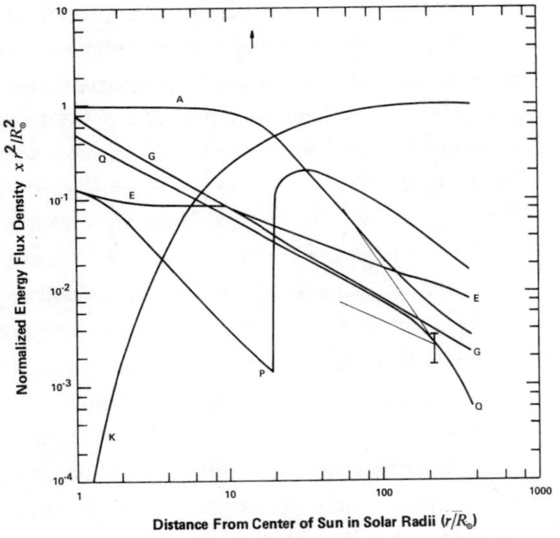

Figure 15-5. Energy flux densities multiplied by $r^2/R^2_\odot$ as functions of r for the illustrative model. A is the Alfvénic energy flux, Q is the electron heat conduction flux, G is the magnitude of the gravitational energy flux, E and P are the electron and proton enthalpy fluxes, and K is the kinetic energy flow. All values have been normalized to their sun at r = R⊙ . The thin lines bracket the behavior of Q observed by Miggenrieder et al. (1976). The bracketed vertical lines are the high speed stream results for Q at 1 AU of Feldman et al. (1976).

observation for Q_e lends support to the usefulness of Equation (15-1). The constancy of the Alfvénic energy flux in the region where $V_{0r} << V_{Ar}$ is apparent. The waves give up most of their energy to the flow only beyond about 10 solar radii. The Alfvén waves are the dominant source of energy at the Sun. And in virtue of the bottling-up of heat discussed above, the energy balance of the high speed flow is never dominated by heat conduction.

CONCLUDING REMARKS

The model presented above serves primarily to illustrate the basic energetics of wave-driven flows in the presence of collisionless electron heat conduction. It does show good agreement with a variety of observational data, however, especially for the high speed streams. Presumably the agreement could be improved by varying the boundary conditions of the model (e.g. Leer and Holzer, 1980), or by taking the non-r^2 geometry into account. Unfortunately, there are still many gaps in the theory, and the boundary conditions and flow geometry are not known with sufficient precision, to make such detailed comparisons between theory and observation worthwhile.

On the whole, a reasonably correct physical picture of the global energy balance of the solar wind seems to be emerging. However, there are still significant uncertainties:

1. The nonlinear damping of waves is not understood at all.

2. The role of He^{++} in the energy balance of the solar wind is not understood. Observations from the Helios spacecraft close to the Sun indicate that the kinetic energy flux of the He^{++} cannot be ignored. It seems likely that the He^{++} particles are accelerated by pitch angle scattering from ion-cyclotron waves. If this is in fact the case, the He^{++} may be responding to waves produced as part of the nonlinear Alfvén wave damping process, and it is possible that the He^{++} may even be playing a direct role in the nonlinear damping.

3. The collisionless electron heat conduction law probably provides a valid approach to understanding the overall energy balance of the electrons, but many details still need to be worked out. A full kinetic theory is needed to properly evaluate the parameter α appearing in Equation (15-1). A full kinetic theory is also needed to understand the transition from collision-dominated electron heat conduction to collisionless heat conduction near the Sun.

4. The role of heat conduction-driven micro-instabilities is not understood. Do instabilities control Q_e anywhere in the solar wind? On what time scales do they do so? Do the instabilities play any role in cooling the electrons and heating the protons?

5. Detailed comparisons between theoretical predictions and observations require not only that the gaps in the theory be filled, but also that the boundary conditions and flow geometry at the Sun be known with the required level of accuracy. The flux of Alfvén waves at the Sun may be particularly difficult to measure, because these waves are incompressible (in lowest order), and therefore only indirectly coupled to the radiation field. The Alfvén waves observed at 1 AU have most of their power at long periods (i.e. hours), which is a particularly difficult time scale for solar observations made from the ground or from low inclination orbital spacecraft.

6. Figure 15-5 shows that the principal conversion of energy from one form into another occurs inside 0.2 AU. In situ measurements inside this distance are mandatory to properly assess the validity of the physical picture presented above.

7. There are many examples of solar wind observations of structures which are nearly time-stationary in the frame corotating with the Sun (Hundhausen, 1977). The theoretical development presented above refers to such structures. However, the corona and solar wind also evolve in time, sometimes quite rapidly, as in coronal transient events (see Zirker, Chapter 5). It would be desirable to extend the theoretical development to include temporally evolving solar wind flows.

It is not clear to what extent the physics presented above can be applied to other stars. The real solar wind is an example of the inapplicability of the simple physics which has dominated the field for almost two decades. This probably means that the same simple physics should not be naively applied to stellar winds. There may be examples of stellar winds which are driven by MHD waves and in which some form of nonclassical conduction of heat is occurring. This picture can probably be considered an improvement on earlier solar wind theory, but extrapolating this newer theory to other stars must be done with great caution, in view of the uncertainties accompanying our understanding of the solar wind itself and even of the energy and momentum balance of the solar corona and lower solar atmosphere (see Jordan, Chapter 12; Withbroe, Chapter 13; Wentzel, Chapter 14). Indeed, the past decade of solar physics has taught us the probable importance of small-scale structures in the solar atmosphere in determining the mass, momentum, and energy balance of the solar atmosphere. Examples are the importance of loop structures in coronal heating (Wentzel, Chapter 14) and the importance of solar magnetic flux tubes in generating Alfvén waves (Hollweg, 1979a). Similar structures cannot be observed on other stars. If small-scale structures are as important in determining the energy and momentum balance of other stars as they seem to be on the Sun, then it posed a formidable challenge to stellar astronomers to devise diagnostic procedures to infer which of many small-scale processes are consistent with their low resolution data and, hence, governing the behavior of the stellar atmosphere.

This review was written while the author was with the National Center for Atmospheric Research, which is sponsored by the National Science Foundation.

REFERENCES

Alazraki, G., Couturier, P., 1971, *Astron. Astrophys.* **13**, 380.

Bame, S.J., Asbridge, J.R., Feldman, W.C., Gary, S.P., Montgomery, M.D., 1975, *Geophys. Res. Lett.* **2**, 373.

Barnes, A., 1974, *Advan. Electron. Electron Physics* **36**, 1.

Barnes, A., 1979a, in *Solar System Plasma Physics: A Twentieth Anniversary Overview*, C.F. Kennel, L.J. Lanzerotti, and E.N. Parker, eds. (Amsterdam: North-Holland, 1979), p. 249.

Barnes, A., 1979b, in *Solar Wind 4,* H. Rosenbauer, ed., in press.

Behannon, K.W., 1978, *Rev. Geophys. Space Phys.* **16**, 125.

Behannon, K.W., 1979, in *Solar Wind 4*, by H. Rosenbauer, ed., in press.

Belcher, J.W., 1971, *Astrophys. J.* **168**, 509.

Belcher, J.W., Burchsted, R., 1974, *J. Geophys. Res.* **79**, 4765.

Braginskii, S.I., 1965, *Rev. Plasma Phys.* **1**, 205.

Ekers, R.D., Little, L.T., 1971, *Astron. Astrophys.* **10**, 310.

Feldman, W.C., Asbridge, J.R., Bame, S.J., Gosling, J.T., 1976, *J. Geophys. Res.* **81**, 5054.

Feldman, W.C., Asbridge, J.R., Bame, S.J., Gosling, J.T., Lemons, D.S., 1978a, *J. Geophys. Res.* **83**, 5285.

Feldman, W.C., Asbridge, J.R., Bame, S.J., Gosling, J.T., Lemons, D.S., 1978b, *J. Geophys. Res.* **83**, 5297.

Gringauz, K.I., Verigin, M.I., 1976, *Sov. Phys. Dokl.* **20**, 510.

Hartle, R.E., Sturrock, P.A., 1968, *Astrophys. J.* **151**, 1155.

Hollweg, J.V., 1973, *Astrophys. J.* **181**, 547.

Hollweg, J.V., 1974a, *J. Geophys. Res.* **79**, 3845.

Hollweg, J.V., 1974b, *J. Geophys. Res.* **79**, 1539.

Hollweg, J.V., 1975, *Rev. Geophys. Space Phys.* **13**, 263.

Hollweg, J.V., 1976, *J. Geophys. Res.* **81**, 1649.

Hollweg, J.V., 1978a, *Rev. Geophys. Space Phys.* **16**, 689.

Hollweg, J.V., 1978b, *Geophys. Res. Lett.* **5**, 731.

Hollweg, J.V., 1979a, *Bull. Amer. Astron. Soc.* **11**, 409.

Hollweg, J.V., 1979b, in *Proceedings of the Skylab Active Region Workshop*, F.Q. Orrall, ed., in press.

Hundhausen, A.J., 1977, in *Coronal Holes and High-Speed Wind Streams*, J.B. Zirker, ed. (Boulder, Colorado: Colorado Associated University Press), p. 225.

Jacques, S.A., 1978, *Astrophys. J.* **226**, 632.

Jesson, J., Sittler, E.C., Jr., Scudder, J.D., 1979, *Trans. Amer. Geophys. Union EOS* **60**, 363.

Jockers, K., 1970, *Astron. Astrophys.* **6**, 219.

Leer, E., Holzer, T.E., 1979, *Solar Phys.* **63**, 143.

Leer, E., Holzer, T.E., 1980, *Solar Phys.*, in press.

Lemaire, J., Scherer, N., 1973, *Rev. Geophys. Space Phys.* **11**, 427.

Miggenrieder, H., Montgomery, M.D., Pilipp, W.G., Rosenbauer, H., Schwenn, R., 1976, *Trans. Amer. Geophys. Union EOS* **57**, 999.

Munro, R.H., Jackson, B.V., 1977, *Astrophys. J.* **213**, 874.

Neugebauer, M., 1975, *Space Sci. Rev.* **17**, 221.

Olbert, S., Scudder, J.D., 1979, *Trans. Amer. Geophys. Union EOS* **60**, 364.

Perkins, F., 1973, *Astrophys. J.* **179**, 637.

Rosenbauer, H., Miggenrieder, H., Montgomery, M., Schwenn, R., 1976, in *Physics of Solar-Planetary Environments*, D.J. Williams, ed. (Washington, D.C.: American Geophysical Union, 1976), p. 319.

Schwartz, S., 1979, *Rev. Geophys. Space Phys.*, **18**, 313.

Scudder, J.D., Olbert, S., 1979, *J. Geophys. Res.* **84**, 2755.

Sittler, E.C., Jr., Scudder, J.D., 1979, *Trans. Amer. Geophys. Union* **60**, 930.

Spitzer, L., Jr., Härm, R., 1953, *Phys. Rev.* **89**, 977.

Völk, H.J., 1975, *Space Sci. Rev.* **17**, 255.

Woo, R., 1979, in *Solar Wind 4*, H. Rosenbauer, ed. in press.

16

HEATING AND ACCELERATION OF THE SOLAR WIND

Roger A. Kopp

INTRODUCTION

One of the most challenging problems facing solar physicists today is to develop a detailed understanding of the physics of the solar corona heating and solar wind acceleration, an understanding that can be applied with confidence to other stellar atmospheres. It is challenging because the Sun has thus far successfully thwarted all attempts to observe directly the heating and acceleration mechanisms at work. Of the nonthermal processes which must be operating only the end products are seen, namely, the presence of a high temperature corona and a solar wind. This challenge will continue in the years to come, because it is only recently that high resolution satellite observations have placed in doubt the mainstay of coronal heating theories for the past 30 years, namely, the wave heating hypothesis. The details of any alternative theory have yet to be worked out.

This chapter will treat mainly the dynamics of the expanding corona, emphasizing, in particular, the physical processes which accelerate the plasma as it flows away from the Sun. Lately it has become increasingly apparent, primarily because of the identification of coronal holes as the localized source regions of recurrent high speed streams, that the solar wind plays a dominant role in the energy balance of the part of the corona in which it originates. Thus, in studying the wind acceleration processes one may be dealing, in large part, with the mechanisms that transport energy to the corona in the first place. Hence, some remarks are included on the latter, even though more extended discussions of this subject are given by Zirker (Chapter 5) and Wentzel (Chapter 14).

BASIC EQUATIONS

A one-fluid description of the plasma flow is employed throughout this chapter. Thus, the dynamics of an electrically neutral proton-electron gas will be treated with the understanding that for proton and electron temperatures $T_p = T_e = T$, and for densities $N_p = N_e$, so that all particles move with a common bulk speed V. This approach is deemed adequate for the following reasons:

1. The increased mathematical complexity of a multifluid description will have relatively little payoff toward explaining the gross dynamical properties of the solar wind, as long as most of the acceleration occurs close to the Sun where the plasma is, in fact, collisionally dominated. Some of the effects of a two-fluid approach are considered by Hollweg in Chapter 15.
2. Compositional effects (variable ionic abundances) may be a valuable diagnostic tool for the wind acceleration processes, but they probably do not influence the dynamics significantly; the wind would blow for the same reasons, and with roughly the same intensity, even if the corona were a pure hydrogen gas.
3. It will likely be many years before stellar coronas can be observed with densities low enough to make multifluid dynamical effects noticeable. (Although the excitation temperatures characterizing heavy ion EUV

line emissions from stellar coronas may differ from the plasma kinetic temperature, these emissions probably do not significantly affect the dynamics of the atmosphere.)

The mathematical problem of determining the steady expansion of a hot corona into space can be made well posed, as was realized many years ago by Parker (1958). One has only to solve, within the fluid approximation, the conservation equations for mass, momentum, and energy along a slender flow tube whose cross-sectional area $A(r)$ is presumed known. The physical boundary conditions include that the pressure vanish asymptotically at large distances and that the velocity be small (subsonic) at the coronal base. Assuming that the flow tube, which here is essentially indistinguishable from a magnetic flux tube, lies everywhere in a nearly radial direction, then in a time-averaged steady state these equations have the form

$$\frac{d}{dr}(\rho VA) = 0 \quad (\text{or } \rho VA = \text{constant}) \qquad (16\text{-}1)$$

$$\rho V \frac{dV}{dr} = -\frac{dP}{dr} - \frac{GM_\odot}{r^2}\rho + \rho D \qquad (16\text{-}2)$$

$$\rho V \frac{dS}{dr} = \frac{Q}{T}, \qquad (16\text{-}3)$$

where r is the distance from the Sun center, ρ, T, P, and S are the density, temperature, pressure, and specific entropy of the gas, V is the bulk flow speed, Q is the rate at which the internal energy of the gas is increased by reversible nonadiabatic processes (heating) and includes thermal conduction, and D is the rate at which a unit mass of fluid gains momentum by other means than the thermal pressure gradient and gravity. In the above form, "heating" appears only in the energy equation and "momentum addition" only in the momentum equation.

A useful alternative form of the energy equation frequently appearing in the solar wind literature is actually a hybrid form obtained by combining Equations (16-1)–(16-3) and using the expressions $P = \rho kT/m$ and $S = 3/2\ k/m \ln P\rho^{-5/3}$ + constant for a perfect monatomic gas, where k is Boltzmann's constant and m is the mean particle mass:

$$\frac{d}{dr}\left(\frac{1}{2}V^2 + \frac{5}{2}\frac{kT}{m} - \frac{GM_\odot}{r}\right) = \frac{Q}{\rho V} + D\ . \qquad (16\text{-}4)$$

This form serves to illustrate that the energy flux due to steady convection in a plasma, can be changed either by locally heating the medium (which produces a thermal pressure gradient) or by adding momentum directly (by means of, for example, a wave pressure gradient).

Similarly, elimination of the density from Equations (16-1) and (16-2) gives the so-called continuity-momentum equation:

$$\left(V - \frac{V_s^2}{V}\right)\frac{dV}{dr} = \frac{V_s^2}{A}\frac{dA}{dr} - \frac{dV_s^2}{dr} - \frac{GM_\odot}{r^2} + D, \qquad (16\text{-}5)$$

where $V_s(r) = (kT/m)^{1/2}$ is the isothermal sound speed given either through an explicit prescription of the temperature distribution or, in general, by a simultaneous solution of the energy equation. Equation (16-5) is interpreted as saying that the plasma acceleration dV/dr is caused by the combined effects of an outward increasing flow tube area, an outward decreasing temperature ($dV_s^2/dr < 0$), gravity, and momentum addition. It should be kept in mind, however, that the only real forces are those of the thermal pressure gradient, gravity, and momentum transfer, as expressed by the original Equation (16-2). Nevertheless, Equation (16-5) is the usual starting point for a discussion of the possible solutions, and it is used in what follows.

It can be argued that, in reality, any departure from strictly spherically symmetric outflow ($A \propto r^2$) is a result of lateral magnetic and pressure forces on the flow tube and that, for these situations, a self-consistent solution of the coupled MHD equations for an assemblage of many flux tubes should be carried out to determine simultaneously the magnetic geometry and the flow along each tube. This type of calculation has been carried out only for a few quite specialized and simplified situations (Pneuman and Kopp, 1971; Endler, 1971; Suess et al., 1977). The more common procedure is to solve the fluid equations in a fixed geometry, which is assumed to be unaffected by the resulting flow, under various assumptions about the heating and momentum addition functions Q and D.

For conditions representative of the solar corona, one or more mathematical singularities (critical points) are generally encountered in the solution of Equations (16-1), (16-4), and (16-5). The critical points of Equation (16-5) are those points of the (V,r) plane at which $V^2 = V_s^2$ and the right-hand side vanishes simultaneously. The solution curve $V(r)$ of physical interest may not pass through a particular critical point, but it is clear that any such solution beginning with small velocity near the Sun ($V^2 < V_s^2$) and becoming supersonic at large distances ($V^2 > V_s^2$) must traverse at least one critical point in a continuous manner.

A much more thorough discussion of the allowed solutions than is possible here has been published by Holzer (1977). Here we note only that, other things being equal, adding momentum ($D > 0$) in the supersonic region increases the flow speed there and at all greater distances but leaves the mass flux unchanged, compared to a solution with $D = 0$. (An area function $A(r)$ varying faster than r^2 affects the expansion likewise, in comparison with spherically symmetrical outflow.) Adding momentum entirely in the subsonic region, on the other hand, increases both the velocity in this region and the mass flux; nevertheless, the velocity at large distances is unchanged. However, if, in the latter case, D is so large that the expansion becomes supersonic within the region of momentum addition itself (through the appearance of new critical points as discussed later), then the flow speed may remain elevated at all greater distances.

The more interesting physical situations involve the combined effects of heating, momentum addition, and non-r^2 geometries acting over a broad region that includes the critical point itself. In these cases, it is necessary to construct anew the complete set of solutions to obtain an accurate picture of the flow (e.g., Parker, 1963; Kopp and Holzer, 1976; Holzer, 1977).

A PROGRESSION OF MODELS

Solutions of the Equations (16-1)–(16-3) or, equivalently, (16-1), (16-4), and (16-5) have been carried out by many authors using a wide variety of assumptions as to the heating, area, and momentum addition functions and to the coronal boundary conditions. No sharp division can be made, but a rough categorization of these works would be that early studies were directed chiefly at understanding the general properties of expanding coronae, and more recent efforts have tried to apply the established theory to obtain detailed quantitative comparisons of model calculations and solar observations (e.g., during the Skylab period). In general, the latter studies have not been entirely successful, implying that perhaps more work on the former remains to be done. Hollweg (Chapter 15) addresses some of these problems in terms of what processes could affect the energy and momentum balance in the wind.

Only a small fraction of these modeling efforts can be considered here. The examples are chosen to give a suitable impression of the limitations of existing models and to suggest possible directions for future research.

Models Based on "Incomplete" Dynamics

One can label as "incomplete" the dynamics of a solar wind model based on anything less than a solution of the full set of fluid equations given in Basic Equations. This is not to say that such models are without value; in fact, most of our basic understanding of coronal expansion has been derived historically from models that are incomplete in this respect. For example, the original demonstration that a high temperature corona must expand into space supersonically (Parker, 1958) was based on the assumption of an isothermal corona, thereby avoiding a solution of the energy equation. More generally, the assumption of a polytropic relation between temperature and density, $T \propto \rho^{\alpha-1}$ where $1 \leq \alpha < 5/3$ is a constant, has frequently been used to simulate the expected effects of extended coronal heating as well as thermal conduction (e.g., Parker, 1960; Kopp and Holzer, 1976; Suess et al., 1977). As long as the resulting models are not used to interpret coronal and interplanetary observations to a high degree of accuracy, such an approach has its merits.

Models Without Momentum Addition ($D = 0$)

From Equation (16-4) it follows that, in order for the corona to expand steadily from the Sun to large distances, either heating or momentum addition (or both) are necessary above the coronal "base" at 1 solar radius. This is because the expansion speed is small at the Sun, ($V_0^2 << kT_0/m$), and the average thermal energy is smaller than the Sun's gravitational binding energy ($kT_0/m < GM_\odot/r_0$), so that the quantity

$$I(r) = \frac{1}{2}V^2 + \frac{5}{2}\frac{kT}{m} - \frac{GM_\odot}{r},$$

is negative there. However, at large distances $GM_\odot/r \rightarrow 0$ and the velocity approaches a finite asymptotic value V_∞, so that $I(r)$ must become positive at some finite distance. Assuming the temperature to vanish at infinity, one can integrate Equation (16-4) formally to obtain

$$\frac{1}{2}V_\infty^2 - \left(\frac{1}{2}V_0^2 + \frac{5}{2}\frac{kT_0}{m} - \frac{GM_\odot}{r_0}\right) = \int_{r_0}^{\infty} \frac{Q}{\rho V}\,dr + \int_{r_0}^{\infty} D\,dr > 0 \,, \quad (16\text{-}6)$$

although in practice the integrands are usually functions of the solution.

For the great majority of published solar wind models, a positive $I(\infty)$ is achieved through pure heating of the plasma as it expands, that is, $Q > 0$ but $D = 0$. Moreover, the importance of thermal conduction as an energy source for the outer corona was recognized at the outset of theoretical solar wind research (Chapman, 1957), and it is now customary to single out this particular heating term by writing

$$Q = Q_{\text{diss}} - \nabla\cdot\mathbf{F}_c$$

$$= Q_{\text{diss}} - \frac{1}{A}\frac{d}{dr}(AF_c)\,, \quad (16\text{-}7)$$

where $\mathbf{F}_c$ is the thermal conduction flux density and Q_{diss} represents the combined heating from all other conceivable dissipative processes.

Pure Conduction Models. By far the simplest models that are dynamically "complete" in the sense defined in Models Based on "Incomplete" Dynamics are those which are driven by heat conduction alone ($Q_{\text{diss}} = 0$ everywhere within the domain of the model). These are also called "thin-shell heating models," because all the energy ultimatelv consumed by the expansion is assumed to be deposited in a narrow region around the base of the corona at one solar radius. This energy is conducted outward from the coronal base into the wind. For the conduction models Equation (16-4) can be integrated, using Equations (16-1) and (16-7), to give

$$\frac{1}{2}V^2 + \frac{5}{2}\frac{kT}{m} - \frac{GM_\odot}{r} + \frac{F_c}{\rho V} = E\,, \quad (16\text{-}8)$$

where the integration constant, E, represents the specific energy carried by the plasma to infinity. Clearly, E must be greater than or equal to zero for all expansion models.

For a nonmagnetic plasma with a sufficiently high density, the heat flux density is given approximately by

$$\mathbf{F}_c = -K_0 T^{5/2}\,\nabla T \ \text{ergs cm}^{-2}\,\text{s}^{-1}\,, \quad (16\text{-}9)$$

with $K_0 \simeq 10^{-6}$ c.g.s. and T is in K. The Sun's corona is not dense enough to allow Equation (16-9) to be used everywhere, and the heat flux calculated from it often exceeds the free streaming electron thermal flux. This fact, however, is usually ignored, and many authors have used Equation (16-9) to calculate conduction-driven expansion models (e.g., Noble and Scarf, 1963; Parker, 1964; Whang and Chang, 1965; Pneuman and Kopp, 1970; Durney, 1972; Durney and Pneuman, 1975; Steinolfson and Tandberg-Hanssen, 1977). In addition to the boundary conditions that the flow be subsonic near the Sun and that pressure and temperature vanish at infinity, two additional constraints are required to define a unique solution. These are usually chosen to be either (1) the mass and energy fluxes carried by the wind (the appropriate choice if interplanetary observations are to be matched), or (2) the temperature T_0 and electron density N_0 at the coronal base (if the model is to be defined by solar observations). The latter is probably more pertinent to the case of stellar coronae in general, so the expansion properties of coronae are considered for case 2 above.

The behavior of the solutions as functions of T_0 and N_0 is as follows. For a fixed T_0, the temperature $T(r)$ at all points above the coronal base declines monotonically as N_0 is increased. The asymptotic temperature dependence at large r is given by $T \propto r^{-b}$, where (1) $b = 2/7$ for sufficiently small N_0 (Parker, 1964); (2) $b = 4/3$ for an intermediate density range (Durney, 1971; Durney and Werner, 1972; Hundhausen, 1972); and (3) $b = 1$ for very large values of N_0, in which case the flow remains subsonic at all distances with the energy conducted outward from the base being used up entirely in lifting the gas out of the Sun's gravitational field (Chamberlain, 1961). In addition, a singular solution exists with $b = 2/5$ (Whang and Chang, 1965) at the value of N_0 that separates cases (1) and (2) (cf. Durney and Werner, 1972). As the coronal temperature T_0 is raised, the density boundaries separating regimes (1), (2), and (3) shift to lower values. The numerical values are such that, for solar coronal conditions, one must certainly have supersonic expansion. Since, however, the observed range of coronal densities (5×10^7 cm^{-3} for a coronal hole; 2×10^8 cm^{-3} for the quiet corona) includes the value corresponding to the Whang and Chang model, one cannot determine from the solar observations alone whether the solar wind has an $r^{-2/7}$ or $r^{-4/3}$ temperature dependence at large distances. On the other hand, any corona which is observable at stellar distances probably has a much higher density than the Sun's, so there may indeed be situations where the Chamberlain subsonic solution (3) applies. However, in any case, one will see that the pure conduction models do not provide a satisfactory representation of all the coronal and solar wind observations, and thus an extrapolation of these models to other stars is probably unjustified.

For a given base temperature T_0, the maximum expansion velocity of the conduction-driven wind model described above occurs for the smallest values of N_0 and has a definite value. This is because at low densities the expansion consumes only a small fraction of the heat flux, the major part flowing to infinity. This heat flux produces a temperature profile of the form $T(r) \propto r^{-2/7}$ everywhere above the base, which yields the largest possible outflow speed. Calculations show (Durney, 1972) that this maximum velocity at 1 AU is about 450 km s^{-1} for T_0 of order 2×10^6 K, but values of this order occur only for coronal electron densities below 10^7 cm^{-3}. At densities on the order of the observed coronal values (10^8 cm^{-3}), the computed velocities are well below 300 km s^{-1}, and it is difficult to reconcile such low values with the velocities actually observed in the solar wind (350 to 400 km s^{-1} in the "average" wind; 600 to 800 km s^{-1} in high speed streams).

Various mechanisms have been suggested for improving the agreement between the theory and observations while retaining some of the simplicity of the conductive models. Durney and Pneuman (1975), for example, examined the effects of a faster than r^2 divergence of the open magnetic geometry, where the wind originates in the inner corona; here much of the space is presumably filled by closed field regions with no outward flow. A rapidly expanding area function should, in principle, allow the coronal plasma to escape outward more freely than it could for a spherical geometry, thereby tending to increase the velocity at large distances. At the same time, however, it also allows heat to be conducted outward more readily, and the correspondingly more rapid temperature decline tends to reduce the calculated flow speeds. These authors found the latter effect to dominate, for typical coronal magnetic geometries, with the result that the final solar wind velocity rarely, if ever, exceeds 250 km s^{-1}.

Another technique that has been used to increase the flow speed is to impose a restriction on the heat flux at some distance from the Sun. This forces a conversion of the heat flux which would otherwise be conducted to infinity, into heating and additional acceleration (via the thermal pressure gradient) of the already supersonic outflow. Two physical mechanisms have been suggested (Parker, 1964) for limiting the heat flux in such a manner. First, the coronal plasma is, in fact, a highly magnetized medium. Equation (16-9), which prescribes the electron heat flux resulting from a known temperature gradient, is strictly applicable only in the absence of a magnetic field. In the presence of a field the heat flow is greatly suppressed at right angles to the lines of force (effectively to zero for the solar plasma) so that, regardless of the direction of the temperature gradient, the resultant heat flux will be nearly field-aligned:

$$\mathbf{F}_c \simeq - K_0 \, T^{5/2} \, \frac{(\mathbf{B} \cdot \nabla T)\,\mathbf{B}}{(\mathbf{B} \cdot \mathbf{B})} \, . \qquad (16\text{-}10)$$

The solar field lines are drawn out through the corona by the expansion and begin to spiral, in the direction opposite to solar rotation, in the region where the solar wind ceases to corotate with the Sun (about 30 solar radii). The radial component of the heat flow given by Equation (16-10) can be written

$$F_{cr} = - K_0 \, T^{5/2} \, \frac{dT}{dr} \cos^2 \psi \, , \qquad (16\text{-}11)$$

where ψ is the spiral angle of the interplanetary field. At large heliocentric distances (>> 1 AU), where the spiral angle approaches 90°, the radial heat flow must cease entirely, and the flow becomes adiabatic ($T \propto r^{-4/3}$).

Equation (16-11) has been used by Kopp (1968) and by Durney and Hundhausen (1974) to construct solar wind models with thermal conduction as the sole energy source above the base. The latter authors concluded that large increases of the wind speed are possible, but only for unrealistically low values of the coronal density ($< 10^7$ cm^{-3}).

The second mechanism for restricting the heat flux is related to the breakdown of Equation (16-9) itself, which must occur at low plasma densities where there are not enough "carriers" (thermal electrons) available to transport the flux required by this expression. Numerical estimates indicate that Equation (16-9) cannot be valid beyond, at most, 10 solar radii in the average corona, or 4 solar radii in a low density coronal hole. At larger distances the heat flux is said to become "saturated," or "flux-limited," at the free streaming value, given by $3/2 \; N_e kT \, (3kT/M_e)^{1/2}$, and models calculated using this constraint exhibit a gradual transition to adiabatic flow at very large heliocentric distances (Parker, 1964; Kopp, 1968; Roxburgh, 1974). The transition is gradual because, as the heat flux approaches the saturation limit, the temperature profile tends to go over to an $r^{-4/3}$ form which, it may be shown, acts to return the plasma to the collisional regime.

What is really needed here, however, is an alternative "nonlocal" description of heat transport in a nearly collisionless plasma. Some initial steps toward the required formalism have already been made (Perkins, 1973; Hollweg, 1976). Since this is discussed at length by Hollweg in Chapter 15, it is not considered further here, except to note that the results of detailed model calculations show only modest increases of the solar wind speed at 1 AU when reasonable conditions in the corona are assumed. The reason seems to be that, even in models with uninhibited thermal conduction, given by Equation (16-9), most of the energy conducted outward from the coronal base is already consumed by the expansion (Durney, 1972). That is, the solar corona already lies in, or very near, that region of the

(T_0, N_0) plane for which the asymptotic expansion is adiabatic ($b = 4/3$). The calculated enhanced velocities are still significantly less than those measured in the "background" solar wind. Thus, the models based on any form of thermal conduction alone appear to be completely incapable of explaining the large persistent velocities (600 to 800 km s^{-1}) typical of high speed streams (Feldman et al., 1976).

Models with Extended Heating. The difficulties with purely conductive solar wind models discussed above can be overcome to a large degree by relaxing the requirement of thin shell heating and by considering instead coronae that are heated in depth. With the additional degrees of freedom afforded by an arbitrary heating function, a wide range of opportunities may exist. For example, it can be shown that adding thermal energy to the flow after it has become supersonic, while keeping the base conditions T_0 and N_0 fixed, increases the flow speed at large distances (i.e., the total energy flux) but leaves the mass flux relatively unaffected (the density decreases as V increases, so that ρV remains constant). Similarly, heating in the subsonic region goes mainly into raising the solar wind mass flux.

With so many options available, clearly some additional physical constraints are needed. One of these is that the heating mechanism, which is, in general, a function of the atmospheric structure, must itself obey a specific transport equation for the mechanical energy flux $\mathbf{F}_m$:

$$\nabla \cdot \mathbf{F}_m = f(r, \rho, V, T, S, \mathbf{F}_m)\,, \qquad (16\text{-}12)$$

and the solution of this equation is coupled to the flow Equations (16-1) to (16-3) by $Q_{diss} = -\nabla \cdot \mathbf{F}_m$. Obviously this method can be applied only if the physics of the heating process is understood at the outset. To date, it has only been used to investigate coronae heated by shock waves (Uchida, 1963; Kuperus, 1965; Kopp, 1968; Ulmschneider, 1971; McWhirter et al., 1975; Meyer and Nussbaumer, 1977).

One of the basic problems encountered in using acoustic shock waves to heat the corona and solar wind is that these waves deposit their energy too low in the corona (see Zirker, Chapter 5). Actually, this property works to advantage in attempts to reproduce the observed intensities of the solar EUV lines, if the acoustic shocks are present at all above the chromosphere (see Chapters 4, 5, 12, 13, and 14 for skepticism on this score). The weakness of these lines implies a large temperature gradient in the transition zone, which only seems possible if heating occurs low in the corona. The necessity of significant energy deposition close to the Sun is often overlooked by advocates of the extended heating theories, but it is a necessary ingredient of any complete theory for heating the outer solar atmosphere. This problem is particularly acute in coronal hole regions, where the high speed streams are believed to originate, because the acceleration of these streams requires energy addition over distances of several solar radii. Acoustic waves with very long periods ($\gg$ 5 minutes) could carry energy to the required heights, but such waves are nonpropagating in the chromosphere and thus, one would not expect their presence in the corona.

An alternative procedure is to use observational data on coronal structure (in addition to a knowledge of temperature and density at a single reference level) to limit the possible choices of the heating function. Brandt et al. (1965) originally formulated the method by which the coronal density distribution can be used in Equations (16-1) and (16-2) (with $D = 0$), together with a specified area function $A(r)$ and solar wind mass flux, to determine $T(r)$. Once this has been done, the required Q_{diss} can be calculated from the energy equation. By applying this method to average coronal and interplanetary conditions, these authors derived spatial distributions for T and Q_{diss} which seemed reasonable, thereby lending support to the view that only a moderate outward extension of the heating process into the corona (to distances of less than a solar radius) would suffice to maintain the observed dynamical state of the expanding corona. However, Munro and Jackson (1977) used an essentially identical procedure to calculate the effective pressure and temperature distributions in the large polar coronal hole seen during the Skylab period, and they found, as described by Zirker (Chapter 5), that the temperature needed to drive the expansion increases outward throughout the inner corona to a maximum value of order 3×10^6 K at several solar radii. The differences between this result and the earlier one of Brandt et al. (1965) stem from (1) the lower density in a hole as compared to the average corona, and (2) the higher mass flux, corresponding to a high speed stream (Feldman et al., 1976), assumed by Munro and Jackson. Combined with the lack of any observational evidence for temperatures of the above magnitude high in the corona, the calculation of Munro and Jackson (1977) constitutes the most substantial piece of empirical evidence that forces other than those provided by the thermal pressure gradient are at work in driving the solar wind.

Models with Momentum Addition

It is reasonable to expect mechanical forces other than the thermal pressure gradient to play an important role in accelerating the solar wind. In fact, it seems that these forces are usually neglected merely to avoid problems in the numerical solution of the fluid equations discussed earlier (see, for example, McWhirter et al., 1975). Their potential importance was pointed out many years ago (Lüst et al., 1962).

If waves heat the corona they carry a momentum flux F_m/V_g, where F_m is the energy flux and V_g is the group velocity. The gradient of this momentum flux, whether it occurs through dissipation (heating) or geometrical attenuation, represents a body force D acting directly on the medium. For acoustic waves carrying a flux of 5×10^5 ergs cm^{-2} s^{-1}, the momentum flux is comparable to the gas pressure at the base of the corona (0.04 dyne cm^{-2}). For Alfvén waves it is substantially less, because the wave velocity is higher, but since the wave pressure declines outward more slowly than the gas pressure (see Hollweg, Chapter 15), it again becomes comparable within a few density scale heights of the base. For coronal models with no momentum addition ($D = 0$), the gradient of gas pressure in the subsonic region is nearly in balance with gravity. Thus, only a small amount of wave pressure can provide the dominant plasma acceleration throughout much of the inner corona.

If, on the other hand, the corona is heated by current dissipation, the physical mechanism for momentum addition has yet to be identified, but even here there exists at least one good possibility, described in The Coronal Energy Supply.

Solar wind models deriving a large fraction of their acceleration from Alfvén wave pressures have been calculated by several authors (Alazraki and Couturier, 1971; Belcher, 1971; Hollweg, 1978a, 1978b; McWhirter and Kopp, 1979). None of these models really gives a complete description of a corona maintained by Alfvén waves, since a hot corona has to be postulated to exist in the first place, but this is because the heating at lower heights is not yet understood.

The consensus of these studies, with the exception of that by McWhirter and Kopp (1979), is that, if Alfvén waves are to accelerate the wind directly, they must do it by adding energy to the flow primarily after it has already become supersonic, that is, beyond the critical point. Thus, they increase the energy flux of the wind but leave the mass flux unchanged. This is also the conclusion of Leer and Holzer (1979), who investigated the general constraints placed on momentum addition by the observed values of coronal electron pressure and interplanetary particle flux. However, if one accepts such a conclusion, then one is no better off than before for explaining the large expansion velocities *which already must exist* at 2 to 3 solar radii to explain the mass balance in coronal holes (Munro and Jackson, 1977). That is, one would still need to postulate temperatures well above 2×10^6 K in these regions to achieve high velocities in the inner corona.

The answer must certainly lie in the fact that substantial momentum addition already occurs within 2 to 3 solar radii, as pointed out by McWhirter and Kopp (1979). Combined with the effects of a non-r^2 geometry in coronal hole regions, this direct acceleration forces the critical point itself to be relocated much closer to the Sun than it would otherwise be.

This result is actually not in conflict with the result of Leer and Holzer (1979). These authors determined that the energy per unit mass added by direct momentum transfer in the subsonic region of the corona should not exceed about $0.2GM_\odot / r_0$, if the coronal temperature is to be more than about 10^6 K. However, this amount of momentum is by no means insignificant; it corresponds to a velocity increase (starting from rest) of 275 km s^{-1}, which for any reasonable coronal temperature is already supersonic. Leer and Holzer's work does not really place much of a constraint on the amount of momentum addition to the subsonic wind. An equivalent statement of their result is that no more than a certain amount of momentum may be imparted to the subsonic plasma, or it will become supersonic, with a corresponding relocation of the critical point. This is not a particularly surprising discovery.

THE CORONAL ENERGY SUPPLY

Although the effects of coronal heating are most visibly manifested on closed magnetic structures (loops), studies of the solar wind can be expected to provide important constraints which must be met by an acceptable heating theory. Already one can say that any process which brings energy to the corona must do the following:

1. Supply substantial thermal energy (heating) to the plasma at low heights, even on open field lines. This energy may be conducted or convected back into the chromosphere, where it is radiated away, it may be radiated from the corona itself (loops), or it may be conducted outward (open field regions) to provide part of the energy requirement of the solar wind.
2. Add momentum directly to the wind, thereby producing high streaming velocities at 1 AU without having to invoke unrealistically high coronal temperatures. Much of this momentum (but not all) must be added within 3 solar radii to account for the high wind speeds and low densities within coronal holes.
3. Leave scarcely an optical signature (among those so far studied) as the energy flux traverses the photosphere, chromosphere, and transition zone en route to the corona.

The last condition essentially rules out the classical picture by which waves generated in the convection zone propagate directly to coronal heights and shed their energy, as was discussed by Zirker in Chapter 5. In view of this difficulty with the wave theories, other candidates must be considered for the energy supply. Most recently the dissipation of electric currents flowing along closed magnetic loops in the corona has gained favor among heating theorists (Parker, 1974; Rosner et al., 1978; Wentzel, Chapter 14). The loops are thought to possess a twisted (force-free) magnetic structure. The initial twist is probably acquired through the rolling action of subphotospheric convective motions on each flux tube before it emerges from the solar surface. As the flux tube is thrust into the corona by its own buoyancy, fluid motions within the tube no longer determine the field structure there, and simplification of the magnetic structure begins to occur by a sequence of configurations with progressively less twist. The dissipative release of stored magnetic energy during this process of untwisting is believed to account for the large initial energy losses (X-ray brightnesses) from newly emerged flux elements. Even after this initial energy release, however, continued twisting motions at the footpoints of a coronal flux tube (which could be caused, for example, by the gradual untwisting of the roots of the flux tube which still lie buried in the convection zone) can give rise to additional currents and dissipation at coronal levels. This latter process may explain the continuous heating and occasional brightening of older coronal loops, and it may also provide an energy source for the solar wind.

It is clear that the replacement of magnetic energy dissipated on a twisted coronal flux tube requires continued material motions (twisting) at the photospheric footpoints of the tube, so that the average twist remains approximately constant in time. Thus, at first glance, it appears that one is no better off than in the case of Alfvén waves, for which observable motions should result. But, in fact, the situation can be much more favorable. The important difference between these motions and those of ordinary Alfvén waves is that, in doing work on an already stressed field, much smaller velocities are required to transfer the same amount of energy than would be needed for an Alfvén wave propagating along an unstressed field. Thus, in a coronal flux tube containing a twisted field with axial and azimuthal components B_z and B_ϕ, respectively, the rate at which energy is added to the tube by rotational velocity V of the footpoints that tends to increase the twist, is

$$F_m = \frac{B_\phi B_z}{4\pi} V \qquad (16\text{-}13)$$

(Meyer, 1976). This differs from the analogous expression for the energy flux of Alfvén waves, in that the velocity and transverse field amplitudes are not related by the usual wave expression $B_\phi = V(4\pi\rho)^{1/2}$. In particular, B_ϕ need not be small to the same degree as V; then a sizable energy flux may result from only small motions at the footpoints.

Only small twists are necessary on coronal flux tubes to provide, within the observational constraints on the velocity field at the footpoints, enough energy to maintain the corona. Let U be the velocity amplitude of an Alfvén wave carrying a given mechanical energy flux F_m, and let $\alpha = B_\phi/B_z$ be a measure of the twist angle of a force-free field. Then the same energy flux results from Equation (16-13) for a velocity V which is smaller than U by the ratio $U/\alpha V_A$, where V_A is the Alfvén speed, if this motion is used to increase the torsion of the field. Obviously, since V_A is a few hundred kilometers per second in the magnetic network of the upper photosphere, twist angles of only a few degrees are sufficient to reduce the velocity required to transport an energy flux of, say, 5×10^5 ergs cm^{-2} s^{-1} to the corona, to values well below 1 km s^{-1}.

How is the deposition of the energy transmitted to the corona in this way likely to differ in open and closed magnetic geometries? On closed loops there seems to be no alternative but to have forced dissipation of the field-aligned currents, once the twisting has exceeded some critical threshold value α_c (see discussion by Wentzel, Chapter 15), because the twisting motions at one end of the loop cannot be relieved simply by untwisting at the other end. Indeed, assuming a common origin of the rotational motions at opposite footpoints, these are likely to work against each other by tending to increase the net twist of the loop.

In contrast, on an open flux tube a torsional stress imparted to the field at the photosphere can persist at higher levels only by virtue of the finite inertia of the plasma there. If not dissipated in the low corona, such twists will eventually find it possible to propagate out into the corona as rotational Alfvén waves. The energy carried by these waves is available for additional outward acceleration of the solar wind, as the references cited under Models with Momentum Addition have attempted to describe.

Thus, a possible picture of coronal energetics on open flux tubes is one in which the field is being twisted more or less continuously at the photospheric footpoints. If the twisting rate is greater than the rate of radiation as Alfvén waves into the solar wind, the azimuthal field will build up to exceed the threshold value at which rapid current dissipation sets in. The heating will be of such a magnitude as to keep α from exceeding its critical value α_c significantly. An interesting prediction of this hypothesis is that the sense of circular polarization of the Alfvén waves escaping from a given hemisphere of the Sun should be predominantly the same (i.e., independent of magnetic polarity) throughout a sunspot cycle, assuming that the twisted fields giving rise to these waves originate in a common process in the convection zone during that cycle. The flow of plasma along an open coronal flux tube is then seen to be determined both by heating near the base of the tube and by Alfvén wave momentum transfer at greater heights, exactly as required by the conditions stated at the beginning of this section.

It is a pleasure for me to acknowledge the generous hospitality and support of the Max Planck Institut für Physik und Astrophysik, without which this manuscript would not have been written. In particular, I would like to thank Drs. F. Meyer and U. Anzer for several illuminating discussions on the problem of magnetic heating of the corona, which strongly modified the substance of the section on The Coronal Energy Supply, and Dr. H.U. Schmidt for a critical reading of the text.

REFERENCES

Alazraki, G., Couturier, P., 1971, *Astron. Astrophys.* **13**, 380.

Belcher, J.W., 1971, *Astrophys. J.* **168**, 509.

Brandt, J.C., Michie, R.W., Cassinelli, J.P., 1965, *Icarus* **4**, 19.

Chamberlain, J.W., 1961, *Astrophys. J.* **133**, 675.

Chapman, S., 1957, *Smithsonian Contr. Astrophys.* **2**, 1.

Durney, B.R., 1971, *Astrophys. J.* **166**, 669.

Durney, B.R., 1972, *J. Geophys. Res.* **77**, 4042.

Durney, B.R., Werner, N.E., 1972, *Astrophys. J.* **171**, 609.

Durney, B.R., Hundhausen, A.J., 1974, *J. Geophys. Res.* **79**, 3711.

Durney, B.R., Pneuman, G.W., 1975, *Solar Phys.* **40**, 461.

Endler, F., 1971 (Ph.D. Thesis, Göttingen University).

Feldman, W.C., Asbridge, J.R., Bame, S.J., Gosling, J.T., 1976, *J. Geophys. Res.* **81**, 5054.

Hollweg, J.V., 1976, *J. Geophys. Res.* **81**, 1649.

Hollweg, J.V., 1978a, *Solar Phys.* **56**, 305.

Hollweg, J.V., 1978b, *Rev. Geophys. Space Phys.* **16**, 689.

Holzer, T.E., 1977, *J. Geophys. Res.* **82**, 23.

Hundhausen, A.J., 1972, *Coronal Expansion and Solar Wind* (New York: Springer-Verlag, 1972).

Kopp, R.A., 1968 (Ph.D. Thesis, Harvard University).

Kopp, R.A., Holzer, T.E., 1976, *Solar Phys.* **49**, 43.

Kuperus, M., 1965, *Rech. Astron. Obs. Utrecht* **17**, 1.

Leer, E., Holzer, T.E., 1979, *Solar Phys.* **63**, 143.

Lüst, R., Meyer, F., Trefftz, E., Biermann, L., 1962, *Z. Naturforschung* **17A**, 259.

McWhirter, R.W.P., Thonemann, P.C., Wilson, R., 1975, *Astron. Astrophys.* **40**, 63.

McWhirter, R.W.P., Kopp, R.A., 1979, *Monthly Notices RAS* **188**, 871.

Meyer, A., Nussbaumer, H., 1977, *Astron. Astrophys.* **57**, 431.

Meyer, F., 1976, in *The Energy Balance and Hydrodynamics of the Solar Chromosphere and Corona*, R.-M. Bonnet and Ph. Delache, eds., IAU Colloquium no. 36 (Nice: G. de Bussac, Clermont-Ferrand, 1976).

Munro, R.H., Jackson, B.V., 1977, *Astrophys. J.* **213**, 874.

Noble, L.M., Scarf, F.L., 1963, *Astrophys. J.* **138**, 1169.

Parker, E.N., 1958, *Astrophys. J.* **128**, 664.

Parker, E.N., 1960, *Astrophys. J.* **132**, 821.

Parker, E.N., 1963, *Interplanetary Dynamical Processes* (NewYork–London: Interscience, 1963).

Parker, E.N., 1964, *Astrophys. J.* **139**, 72.

Parker, E.N., 1974, *Astrophys. J.* **191**, 245.

Perkins, F., 1973, *Astrophys. J.* **179**, 637.

Pneuman, G.W., Kopp, R.A., 1970, *Solar Phys.* **13**, 176.

Pneuman, G.W., Kopp, R.A., 1971, *Solar Phys.* **18**, 258.

Rosner, R., Golub, L., Coppi, B., Vaiana, G.S., 1978, *Astrophys. J.* **222**, 317.

Roxburgh, I.W., 1974, *Solar Phys.* **35**, 481.

Steinolfson, R.S., Tandberg-Hanssen, E., 1977, *Solar Phys.* **55**, 99.

Suess, S.T., Richter, A.K., Winge, C.R., Nerney, S.F., 1977, *Astrophys. J.* **217**, 296.

Uchida, Y., 1963, *Publ. Astron. Soc. Japan* **15**, 376.

Ulmschneider, P., 1971, *Astron. Astrophys.* **12**, 297.

Whang, Y.C., Chang, C.C., 1965, *J. Geophys. Res.* **70**, 4175.

17

MAGNETIC FLUX TUBES

Hendrik C. Spruit

INTRODUCTION

There is a very intimate relation between all aspects of solar activity and the presence of magnetic fields (see Zwaan, Chapter 6). It has turned out to be very difficult, however, to identify the physical processes responsible for both the activity and its relation with the magnetic field. These processes have probably escaped our attention because they take place on very small spatial scales that were inaccessible to observation until recently. On the one hand, UV and X-ray observations (especially by Skylab) have shown that both the solar chromosphere and corona consist of very narrow field-aligned structures of enhanced emission. On the other hand, improved magnetographic methods have shown that the magnetic field at the photospheric level consists of magnetic flux tubes, most of them very small. Theoretical understanding of such flux tubes has increased rapidly. This section reports on the magnetohydrodynamics of flux tubes. A considerable part of the sections that follow on Equilibrium of Flux Tubes and Stability and Waves deal with sunspots, the largest members of the general class of photospheric flux tubes.

The physics of solar magnetic fields is governed, most importantly, by the ratio β of gas to magnetic pressure

$$\beta = \frac{8\pi P}{B^2} \quad . \tag{17-1}$$

If $\beta >> 1$, the gas pressure dominates. The fields can then have rather arbitrary configurations since only small variations in gas pressure are needed to balance the magnetic forces. This is the case deep in the solar convection zone. If $\beta << 1$, the magnetic field dominates. This happens in the lower solar corona, especially above active regions, where β is on the order of 10^{-4} to 10^{-1}. The reason is the approximately exponential decrease in gas density between the photosphere and the transition zone. Over this height range of about 2,000 kilometers the density drops by a factor of 10^5. The magnetic field decreases much less, since it varies only as some power of the distance to the photosphere (depending on the distribution of the footpoints of the field). In the lower corona, the field dominates up to the level at which the solar wind takes over, at about 0.5 solar radius. The gas pressure can vary rather arbitrarily from one field line to the next since small variations in the field strength can balance large (relative) variations in gas pressure. If δB and δP are typical values for the fluctuations in field strength and gas pressure, one can obtain the following:

$$\frac{\delta B}{B} = -\frac{1}{2}\beta\frac{\delta P}{P} \quad . \tag{17-2}$$

The transition from high β to low β conditions occurs roughly at the photosphere. The surface value of β is near unity both in sunspots and in the small-scale field. This is probably not accidental. Fields with $\beta \gtrsim 1.8$ are subject to an instability in the top of the convection zone (see the section on Thin Tubes in a Stratified Atmosphere) that concentrates such fields to $\beta \approx 1$. The strength of this instability depends on the convection zone. For stars with deeper convection zones than the Sun, lower surface values of β are expected (higher fields); for shallower convection zones, higher values of β are expected.

Because of widely varying value of β, the loose term "flux tube" (several field lines) refers to structures with very different physical properties. In the sections on Photospheric and Coronal Flux Tubes below, the general environment of flux tubes in the convection zone and in the corona is discussed, as well as the reasons for their existence as individual structures. In the sections Equilibrium of Flux Tubes and Stability and Waves, the problems relating to the equilibrium and stability of flux tubes in the photosphere and convection zone are treated. The corresponding problems in coronal tubes are discussed briefly in the section on Coronal Flux Tubes, while in the section Evolution of Active Regions and Sunspots, current ideas on the evolution of active regions are discussed from a flux tube point of view.

Flux Tubes in the Photosphere and Convection Zone

Because of the large degree of freedom that magnetic fields have in the convection zone, it is hard to infer the deeper field structure from observations at the photospheric level. It is believed that the magnetic field in a highly conducting medium like a stellar convection zone must be highly intermittent, that is, must consist of sheets or strands of a concentrated field, separated by almost field free fluid. Numerical experiments demonstrating this were done by Kraichnan (1976). He calculated the evolution of a weak field in homogeneous isotropic turbulence, in a perfectly conducting fluid. The average magnetic energy density, as well as the intermittency, grows exponentially on a time scale $\tau = (kv)^{-1}$, where k and v are a typical wavenumber and velocity of the turbulence. This is because the field lines are being stretched indefinitely by the flow in these simulations as the field responds passively to the flow. Evidently, such a situation will, in reality, not last for more than a few times τ, because the Lorentz forces also build up exponentially. One may expect that these forces will rearrange the field configuration such that the interaction with the turbulent flow is minimized, thereby also minimizing the increase in energy density. This is indeed observed in the numerical simulations by Peckover and Weiss (1978), and Galloway, et al. (1977). They studied the development of an originally uniform magnetic field in a convective cell. The magnetic forces were taken into account, as well as viscosity and finite electrical conductivity. The magnetic field is found by these authors to separate from the flow; that is, it forms ropes containing stagnant fluid surrounded by field free convecting fluid. One can conclude that a "flux rope" picture of the field in the convection zone seems most reasonable.

It must be stressed that the calculations mentioned above tell very little about the structure (interconnections, degree of tangling) of this field shredded into ropes. Lacking this information, the task of relating photospheric observations to the field structure below remains rather hard. The rope structure of the field also poses problems for theories of the solar cycle, like the $\alpha - \omega$ dynamo theory, which deal only with a mean field. In itself the high degree of intermittency does not invalidate such theories. In the experiments by Kraichnan mentioned above, it was found that in astrophysically relevant turbulence models the turbulent magnetic diffusivity, η, that governs the diffusion of the mean field is well behaved. It is remarkably close to the diffusion coefficient, κ, that governs the diffusion of a scalar quantity like the temperature fluctuation, for example (see also the discussion in Parker, 1979a, chapter 18.4). Kraichnan's calculations, however, do not allow for magnetic forces. If the magnetic field actively reduces its interaction with the turbulence (as suggested above), the results might be quite different. Much lower values of η and the α-effect might be expected. Refer to Chapter 8 for a further discussion of this point.

It is tempting but dangerous to interpret the flux tube nature of the fields at the surface of the Sun as a direct manifestation of the structure in the convection zone. There are effects that operate predominantly near the solar surface that have a strong effect on the field structure. Such effects are buoyancy and the convective instability discussed in the sections Thin Tubes in a Stratified Atmosphere and Convective Instability in Thin Tubes.

Coronal Flux Tubes

Because of the low gas density, the field in the lower corona is approximately force free:

$$(\nabla \times \mathbf{B}) \times \mathbf{B} = 0 . \qquad (17\text{-}3)$$

Such a field has relatively few degrees of freedom. Its structure is independent of the distribution of gas pressure. Suppose one specifies the following at the photospheric surface:

1. The distribution of footpoints (i.e., the normal component of the field), and
2. Which footpoints of opposite polarity belong to each other (i.e., are connected by a field line).

Then there are only one or a few possible field configurations (e.g., Birn et al., 1978). Some of these may be unstable; see Spicer and Brown, Chapter 18 on flares. If no reconnection of field lines occurs, the way in which the footpoints of opposite polarity are connected can, in principle, be established by following the motions of the footpoints over the surface since the eruption of the fields. These motions are considerable and would lead to a complicated field with strong currents. In practice, it is found that the coronal field is fairly close to a potential configuration, i.e., $\nabla \times \mathbf{B} = 0$ (zero current) (see, e.g., Levine and Altschuler, 1974). Such a field is determined uniquely by the distribution of footpoints (e.g., Roberts, 1967, p. 110). This observation has three important consequences:

1. The field strength at any point above the surface can be estimated within a factor of two or so by calculating a potential field from the surface field distribution.
2. Reconnection apparently does occur, continuously and on a large scale. This has obvious implications for theories of coronal heating (see Wentzel, Chapter 14).
3. Once fields have erupted through the surface, the memory of how footpoints of opposite polarity were connected gets lost gradually as they start moving over the surface.

Suppose the gas is in static equilibrium. Then the balance of forces is given by

$$\mathbf{J} \wedge \mathbf{B} - \nabla P + \rho \mathbf{g} = 0 , \qquad (17\text{-}4)$$

where **J** is the current density and **g** is the gravitational acceleration. The Lorentz force $\mathbf{J} \wedge \mathbf{B}$ has no component along the field lines, so Equation (17-4) implies

$$\frac{dP}{dz} = \rho g , \qquad (17\text{-}5)$$

where the derivative is measured along a field line. Since the field configuration is fixed (independent of the gas pressure), Equation (17-5) can easily be solved for each individual field line. The corona is optically thin for almost all radiation, so there is no radiative heat exchange between field lines. In addition, heat conduction by particles is very inefficient across field lines, because of the small Larmor radius. Hence, the field lines are also thermally isolated from each other, and there is no a priori reason why neighboring field lines should be even remotely similar thermodynamically. Indeed, it is evident from observations that the field lines in the solar corona and transition zone are not similar in this way. Density variations of a factor of 10 or more on scales of 1000 kilometers or less are inferred (see Athay and Zirker, Chapters 4 and 5). Such variations can be understood as resulting from relatively small temperature inhomogeneities in the chromosphere. For example, consider two chromospheric models (labeled 1 and 2) which differ in temperature by a constant factor $1 + \epsilon$ ($\epsilon << 1$):

$$T_2 = (1 + \epsilon)T_1 . \tag{17-6}$$

Then, assuming hydrostatic equilibrium, the gas pressures P_t at the transition region for the two models are related by:

$$\ln \frac{P_{t2}}{P_{t1}} = \epsilon n , \tag{17-7}$$

where n is the number of pressure scale heights between the base of the chromosphere and the transition zone. For the Sun, this number is about 11. Thus, $P_{t2}/P_{t1} = 10$ for a value of ϵ of only 0.2.

Though the temperature variations are small compared with the pressure variations, the heating rates necessary to maintain them are large, since the radiative losses are proportional to the square of the density.

EQUILIBRIUM OF FLUX TUBES

This section deals with the mechanical and thermal equilibrium of flux tubes. Problems specific to sunspots are discussed in the sections Pressure Equilibrium, Shape of the Tube; Global Thermal Balance of Sunspots; and Subsurface Structure of Sunspots. Thin flux tubes, and their structure in the photosphere and chromosphere, are discussed later in the sections Pressure Equilibrium, Shape of the Tube; Transition from Photospheric to Coronal Fields; The Photospheric Layers of Thin Tubes; and Flux Tubes in the Chromosphere.

Pressure Equilibrium, Shape of the Tube

Consider an axially symmetrical flux tube, oriented vertically in the convection zone. The reason for assuming axisymmetry is the apparent stability of sunspots against nonaxisymmetric disturbances (fluting, see section on Stability of Sunspots). The reason for assuming that the tube is vertical, at least in the upper layers of the convection zone, is the strong buoyancy of the upper layers of sunspots. This is discussed further in the section The Dynamo.

The simplest model for the field configuration in the tube is obtained by assuming that the interior is force free. Then there are no forces except gravity acting on the gas in the interior, so that equilibrium implies $dP/dz = \rho g$. Then P, ρ, T, are constant on horizontal surfaces, which is in accordance with the observed homogeneity of a sunspot umbra. The interior is separated from the field free medium by a current sheet, within which act the forces that keep the field together. The jump in gas pressure across this sheet is:

$$P_e - P = \frac{B_s^2}{8\pi} , \tag{17-8}$$

where P_e and P are the external and internal gas pressures, respectively, and $\mathbf{B}_s$ is the field strength at the inside of the sheet. The geometry is drawn in Figure 17-1 for a potential (untwisted) field.

It is noted that, no matter how the tube is twisted, the net current along it is zero; this is easily seen by taking a closed contour in the field free medium around the tube and applying Stokes' theorem. Thus, the axial current in the interior of a twisted tube must be compensated by an axial countercurrent along the outer current sheet.

Suppose now that the tube is untwisted; that is, the internal field is potential. Then the shape of the tube, that is, its radius, R, as a function of depth, and the field configuration inside are determined uniquely by the magnetic flux ϕ of

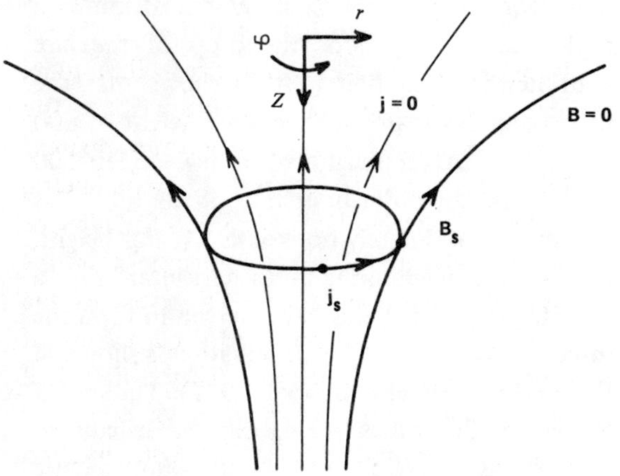

Figure 17-1. Flux tube consisting of a potential field bounded by a current sheet.

the tube, and by the pressure difference $\Delta P(z) = P_e - P_i$. It has turned out to be impossible to find analytical methods to calculate the shape of the tube from ΔP and ϕ, even for simple stratifications. Numerical solutions for this problem have been obtained by Gabriel (1977), and by Schmidt and Wegmann (1981). Exact solutions for the pressure balance problem can be obtained in special cases by relaxing the requirement that the interior field be force free. The "similarity" assumption for example (Schlüter and Temesvary, 1958) allows for a simple solution. The models by Deinzer (1965) and Yun (1970) use this type of field. Because of the arbitrary assumption of similarity, however, rather arbitrary internal forces are required in this type of model, which cannot be provided by the gas pressure at all points. At the photospheric level of the spot and above, the field must be almost force free, because β is so small there. This rapidly spreading force free field is not at all "similar," however, and has a qualitatively different structure.

The absence of tractable models for the field configuration of spots as determined by pressure equilibrium has made it difficult to compare theories of sunspot structure with observations.

A very simplified model of the field is obtained, if one assumes that the flux tube is narrow enough. If the radius, R, of the tube is small compared with the depth D over which the radius varies, then the field is almost vertical everywhere. (One can still assume an axisymmetric vertical tube.) This approximation is certainly not valid for sunspots, but it is reasonable for the small elements of which the field outside of sunspots consists.

If one still assumes, as above, that the internal field configuration is potential, then the almost vertical field is also nearly uniform across the cross section of the tube. The field can then be characterized by one value B, which depends on depth only. The vertical balance of forces is then given by Equation (17-5), and the horizontal balance by

$$\Delta P = P_e - P = B^2/8\pi . \qquad (17\text{-}9)$$

To proceed further, an assumption must be made about the temperature, T, inside the tube. If it is assumed that, at each depth, temperature T is equal to the external temperature T_e (which itself may depend on depth), then Equation (17-5), together with the gas law, implies the following:

$$\frac{d\ln P}{dz} = \frac{\mu g}{\mathcal{R}T} = \frac{d\ln P_e}{dz}, \qquad (17\text{-}10)$$

where it has been further assumed that the mean molecular weight, μ, is the same inside and outside of the tube. From Equation (17-10) one sees that P/P_e is constant, so the ratio β of gas to magnetic pressure,

$$\beta = \frac{P}{P_e - P} \qquad (17\text{-}11)$$

is also independent of depth. Note that the case $T = T_e$ applies when the tube has relaxed to thermal equilibrium with its surroundings. The parameter β is convenient for defining the magnetic strength of such a tube. With Equations (17-10) and (17-11), the magnetic flux ϕ of the tube is given by:

$$\phi = \pi B R^2 = \pi R^2 \left(\frac{8\pi P}{\beta}\right)^{1/2} ,$$

or

$$R = \left(\frac{\phi}{\pi}\right)^{1/2} \left(\frac{8\pi P}{\beta}\right)^{-1/4} . \qquad (17\text{-}12)$$

The radial component B_r of the field at the boundary of the tube can now be calculated and it can be verified if the assumption of a narrow tube is satisfied:

$$\left|\frac{B_r}{B}\right| = \left|\frac{dR}{dz}\right| = R \left|\frac{d\ln R}{dz}\right| = \frac{R}{4H_e} , \qquad (17\text{-}13)$$

where $H_e(z)$ is the pressure scale height of the atmosphere. Thus, the condition for the thin tube approximation to be valid for static tubes in temperature equilibrium is $R \lesssim 4H_e$. In the case of the Sun, the scale height at the surface is 150 kilometers, so the thin tube approximation is valid near the surface for tubes with a radius up to a few hundred kilometers. The magnetic elements of the chromospheric network, and most of those in active regions, satisfy this condition. Spruit and Zwaan (1980) (see also Spruit, 1977a), for example, find that most of the magnetic flux outside sunspots in an active region occurred in elements with a diameter less than 1.2 arcsec (900 kilometers).

Transition from Photospheric to Coronal Fields

The flux tubes that still satisfy the thin tube approximation at the photospheric level expand rapidly with height and assume a far from thin mushroom shape. If we take H = 150 km as a typical scale height for the drop of pressure with height, Equation (17-12) shows that the tube radius increases with a scale height of 600 kilometers. At a height of a few times 600 kilometers, the outer boundary of the tubes has become approximately horizontal. At this height, the fields of neighboring tubes start interfering; a little higher, these fields have merged to form the force free coronal field. The situation is shown in Figure 17-2 (see also Gabriel, 1977). The height at which the tubes merge can be calculated approximately as follows. Let the photospheric surface field strength, averaged over a sufficiently large area, be $\overline{B}$ (this is the field strength observed with a low resolution magnetograph). Then assuming that the tubes are uniformly distributed, the mean separation between the tubes is

$$a = R_p \left(\frac{\pi B_p}{\overline{B}}\right)^{1/2} , \qquad (17\text{-}14)$$

where R_p is the radius of the tube at the photosphere.

At a sufficiently large distance, r, from the intersection of the tube with the photosphere, the field is approximately that of a monopole. The field strength is then

$$B = B_p \left(\frac{R_p}{r}\right)^2 . \qquad (17\text{-}15)$$

At the boundary between this field and the unmagnetized photosphere below, the condition of magnetostatic balance implies $B^2/8\pi = \Delta P$, or, with Equation (17-15)

$$\frac{B_p^2}{8\pi}\left(\frac{R_p}{r}\right)^4 = \frac{P}{\beta} . \qquad (17\text{-}16)$$

Assume that P drops with height as $P = P_0 \exp(-h/H)$, where H is a constant, $H \approx 150$ km. Then, with $\beta = 8\pi P_0/B_p^2$, Equation (17-16) becomes

$$\left(\frac{R_p}{r}\right)^4 = \exp(-h/H) \ . \qquad (17\text{-}17)$$

The fields of neighboring tubes start merging when $r \approx a/2$. Inserting this value for r, Equation (17-17) yields the height h_m at which merging occurs. Take as a representative value for the tube radius $R_p = 200$ km, and take $B_p = 1500$ gauss for the photospheric field strength in the tubes. Then Equation (17-14) yields $a = 1400$ km for $\overline{B} = 100$ gauss (active region) and $a = 6100$ km for $\overline{B} = 5$ gauss (quiet network). Then Equation (17-17) shows that $h_m = 740$ km for $\overline{B} = 100$ gauss, and $h_m = 1600$ km for $\overline{B} = 5$ gauss. These heights are rather similar, in spite of a difference of a factor 20 in average field strength. Thus, one can say that the interface between the photospheric "flux tube" regime and the coronal field occurs at about 1200 km height. A "quiet," or unmagnetized, atmosphere exists only below this level. It is noted that H_α is formed at about this height.

A coronal flux tube is a bundle of neighboring field lines that, for one reason or another, have a high emissivity (see Coronal Flux Tubes). As Figure 17-2 illustrates, there is no particular reason why such tubes should have any direct relation with the (physically quiet different) photospheric flux tubes. Since the field lines of a photospheric flux tube spread over a large solid angle only a small fraction of them can end up in a single coronal flux tube. On the other hand, the field lines of a given coronal tube may belong to several distinct photospheric tubes.

Equilibrium of Twisted Tubes

Suppose that the internal field of the tube is force free, but not potential as was assumed in most of the above. Then the field has an azimuthal component B_φ as well, and the tube is twisted. Consider now what effect this has on the shape of the tube. For an extended discussion, see Parker (1979a, chapter 9).

First, note that for a given pressure difference ΔP and magnetic flux ϕ, the tube is wider than an untwisted tube. To see this, suppose again that the tube is thin, so that B_r/B_z is small. Then B_z is

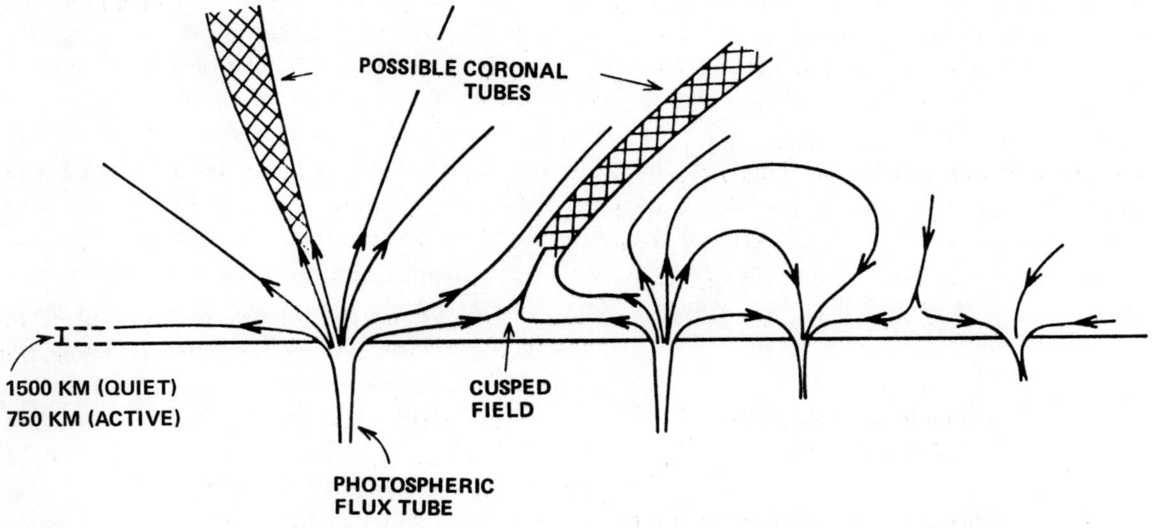

Figure 17-2. Merging of the magnetic fields of neighboring flux tubes. Merging occurs within a height of 1500 km. Coronal loops (shaded) need not be related directly to the photospheric tubes (schematic).

approximately equal to $\phi/(\pi R^2)$, and pressure equilibrium requires that

$$B_\varphi^2 + \frac{\phi^2}{\pi^2 R^4} = \Delta P \ . \tag{17-18}$$

Hence, for given ΔP, addition of an azimuthal field component requires an increase of R. In laboratory experiments, axial currents (leading to a twisted field) are used to confine a plasma column, which seems to contradict the above. The plasma column, however, carries a net current, and associated with it there is an azimuthal field in the entire volume around the column. In this case, the net current is zero, and the tube is embedded in a field free medium.

Second, the wide parts of the tube are more strongly twisted than the narrow parts. This is because B_φ which is caused by the axial current, falls off approximately as $1/R$. Flux conservation, on the other hand, implies that B_z decreases approximately proportional to $1/R^2$. Thus, B_φ/B_z will be approximately proportional to the tube radius R. For exact examples, see Parker (1979a, p. 183). The following conclusions emerge:

1. The twist at the photosphere is more important than it is deeper down. The twist angle in the deeper layers must be very small, since the twist observed in sunspots is usually already small.
2. When a twisted flux tube rises through the surface and settles into equilibrium, its twist will accumulate in the layers above the photosphere. This local concentration of twist tends to make the tube unstable to kinking. Parker (1974a) has suggested that the energy release resulting from this instability might be the source of coronal heating.

In the above, the tube has been assumed to be in equilibrium. Twists can propagate along the tube, however, in the form of torsional Alfvén waves (see also Types of Tube Waves). Such propagating twists have tacitly been neglected here. See Piddington (1978) for a discussion of their possible importance.

Thermal Structure

Global Thermal Balance of Sunspots. In the preceding sections, it has been assumed that a magnetostatic equilibrium configuration exists. This requires that P_e-P is positive everywhere along the tube. Through the condition of hydrostatic balance along field lines expressed in Equation (17-5), P is determined by the mechanism of energy transport. In fact, it is not generally possible, given the transport mechanism, to ensure that P will indeed be less than P_e everywhere. This can be illustrated for the case of sunspots, without going into the details of the energy transport mechanism. The heat flux from a sunspot umbra is typically 20 percent of that of the normal photosphere. This has been interpreted traditionally as the result of a reduced efficiency of heat transport in the sunspot. Such a reduction is plausible in view of the strong stabilizing effect that the magnetic field has on convection ("inhibition of convection" theory of sunspots). Suppose that the reduction of heat flux extends to a depth z_0. Then the solar heat flux, uniform at great depth, must be diverted around the sunspot at this level. This requires enhanced temperatures below z_0. The extent in depth of this hot area is on the order of the diameter of the sunspot. Though the temperature increase is not large (on the order of 5 to 50 K), it results in an increased pressure below the sunspot, which can easily be on the same order as the magnetic pressure $B^2/8\pi$. Thus, if at some depth below the sunspot the field is weak (so that $B^2/8\pi$ is negligible there), the pressure at z_0 will actually be higher than outside the spot, and no equilibrium exists. This was pointed out by Parker (1974b), who suggested as an alternative (following Danielson, 1961) that the umbra is not an area of reduced convective efficiency but the site of massive conversion of heat flux into a mechanical flux of Alfvén waves. These waves would have to travel away from the sunspot with little damping and deposit their energy elsewhere. For thermodynamic reasons, however, it is very unlikely (Cowling, 1976b) that this conversion would be possible with the required efficiency of 80 percent (leaving a heat flux of 20 percent). At present, it seems more likely that the umbra is indeed an area of reduced transport efficiency.

The blocking of heat flux below the sunspot implies that the spot should be surrounded by an area of higher temperatures. This bright ring effect is not observed, which has led to speculations as to where the "missing flux" reappears at the surface. It was shown by Spruit (1977b), however, that the temperature excess in the bright ring is necessarily quite small because the thermal conductivity of the convection zone (for temperature disturbances) is very high at the blocking level. The "missing flux" consequently spreads over a very large area that is several hundred thousand kilometers in diameter.

Subsurface Structure of a Sunspot. The blocking of the heat flux leaves us with the problem of keeping the sunspot together in spite of the pressure enhancement at the base of the spot. Two possibilities are as follows:

1. There are additional forces that keep the sunspot together, such as the aerodynamical forces resulting from a convective cell around the flux tube (Meyer et al., 1974), from a flow into the sunspot (Parker, 1979b), or from the buoyancy force (see also, Buoyancy).
2. The field of the sunspot forms a tube of high field strength that becomes horizontal at some depth in the convection zone. The heat flux along the tube would then be small everywhere and there is no blocking of heat flux with consequent temperature enhancement in the field. For a further discussion see Spruit (1980a).

Evidently the problem of sunspot equilibrium is intimately connected with that of the subsurface structure of the spot. Broadly speaking, there are two types of models for this structure: single column and cluster models. The homogeneity of the umbra often observed suggests that the spot consists of a single uniform column. On the other hand, an intricate pattern of small inhomogeneities (umbral dots) is often observed. This would be most easily understood, if the field separates into many separate tubes just below the observed level, i.e., at a depth of 1000 kilometers. Such a "cluster" model has been proposed by Parker (1979b). The cluster model is discussed in connection with the formation of spots in the section on Buoyancy and in connection with energy transport mechanisms in the next section.

One is left with the problem of explaining how the umbral heat flux is transported. In view of the very strong stabilizing influence the sunspot magnetic field has on convection, 20 percent of the normal solar flux is a rather high number. Thus, the problem is to explain why the umbra is so bright, rather than why it is dark. Looking at energy transport mechanisms, one might think of radiation, overstable oscillations (see Stability of Sunspots) or generation and dissipation of waves. It is not clear which of these is the most likely. As to overstable oscillations, it has not yet been demonstrated that they will be generated in the umbral stratification. Waves, other than overstable oscillations, are both hard to generate and hard to dissipate effectively. The problem with radiative transport is that it requires very steep temperature gradients, at least in homogeneous umbral models, because the opacity increases so rapidly with depth. In the inhomogeneous cluster model, radiation would be much more effective. Because of the small horizontal scale of the individual tubes, horizontal influx of heat from the intervening hot gas into the tubes would be strong just below the observed level (see the discussion of thin tubes in The Photospheric Layers of Thin Tubes). The resulting temperature distribution with depth would look as if energy were being dumped into the umbra just below the $\tau = 1$ level. This is indeed indicated in empirical models (Zwaan, 1975).

The Photospheric Levels of Thin Tubes. If the tube diameter is comparable with the mean free path of continuum photons, lateral exchange of heat with the surroundings is important for the thermal structure of the tube (Zwaan, 1967). On the Sun, this occurs for tubes with diameters on the order of 700 kilometers (1 arcsec) or less. This size range includes most of the magnetic flux outside of sunspots. In this section, the reader's attention is directed to the consequences of the lateral exchange for the energy balance of thin tubes, and for their appearance as seen on the surface.

The opacity increases so rapidly with depth that the lateral exchange is important only in the first few hundred kilometers below the surface, even though the tube diameter decreases with depth. For simplicity, it is assumed here that energy is transported mostly by radiation inside the tube. The temperature distribution is then determined by what leaks in from the sides, is transported along the tube, and leaks out at the surface. Since radiation transports heat less efficiently than convection, the temperatures inside the tube are lower at each geometrical depth than in the surroundings. It is assumed here that the tube extends to a large depth compared with the depth over which lateral exchange occurs.

The optical depth inside the tube is smaller than outside, however, so that the tube may appear as either a dark or a bright structure, as seen from above. This is illustrated in Figure 17-3, which shows the predicted appearance of tubes viewed parallel to their axis (disk center observations). For a thin tube, the lateral exchange of heat is so strong that the temperature inside is only slightly less than outside. The reduced opacity will then make the deeper hot layers visible, and the tube will appear as a brightening. In somewhat larger tubes, the influx of heat is limited to the area adjacent to the wall of the tube. These larger tubes will then appear as dark structures, possibly surrounded by very narrow bright rings. In the calculations by Spruit (1976, 1977b), it was found that the transition between dark and bright structures occurs at a tube diameter, d, of about 600 kilometers, for a field strength of 1500 gauss. This corresponds well with observations. At $d <$ 350 kilometers, one can observe the bright filigree, whereas the dark pores have a diameter $d \gtrsim 1000$ kilometers. In between, magnetic structures without continuum contrast are known to exist (see also Zwaan, Chapter 6).

The appearance is more complicated in observations off disk center, because a part of the tube wall (interface with the convection zone) becomes visible. This wall is relatively cool (T slightly above T_{eff}), because it can radiate

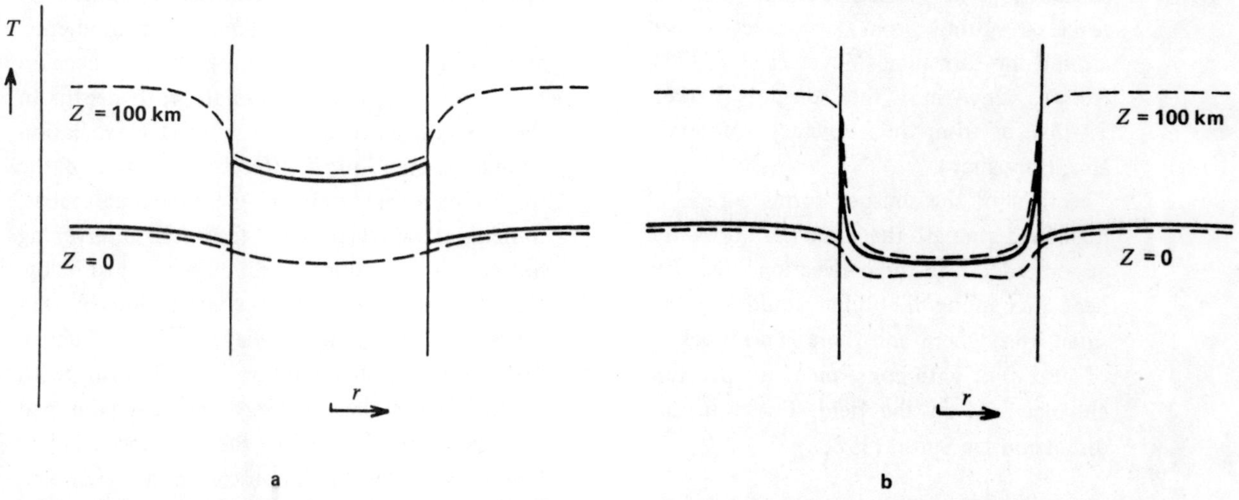

Figure 17-3. Temperature variation (broken) across a very thin (a) and a moderately thin (b) flux tube, at two geometrical depths in the atmosphere corresponding to $\tau = 1$ in the photosphere and $\tau = 1$ in the tube. The observed temperature ($\tau = 1$) across the tube is indicated by a solid line. The very thin tube appears bright, the other dark with a bright ring.

almost freely into a vacuum. The emergent intensity of the wall has a center to limb variation which is just the opposite of that of the normal photosphere, because it is oriented perpendicular to the surface. Near the limb, therefore, the wall can show a strong intensity enhancement with respect to the surrounding photosphere, in spite of its moderate temperature (see Figure 17-4). This "bright wall" is indeed observed in pores seen near the limb. The continuum faculae, that is, the brightenings seen in active regions near the limb, probably consist of just such bright walls, belonging to many unresolved flux tubes seen at low resolution (Spruit, 1976).

Even though less heat is transported from below along the tube, the lateral influx of heat can more than compensate for this. In this way, the many thin tubes in an active region can enhance its net emissivity by a few percent, the opposite of what happens in sunspots (Spruit, 1977b).

The brightening of active regions seen in strong spectral lines (faculae) has no direct relation to the above mechanism, though it occurs in the same flux tube structure (see Flux Tubes in the Chromosphere). This chromospheric emission is most likely caused by heating by some nonradiative process (see Jordan, Chapter 12).

Flux Tubes in the Chromosphere. The emission in the chromosphere and transition zone is known to be highly inhomogeneous. What is the relation between this emission and the (also highly inhomogeneous) magnetic field? Neither the emission nor the magnetic field can be seen with sufficient spatial resolution to answer this question observationally. This discussion is therefore limited to some theoretical deductions from what is known about the magnetic structure of the chromosphere (see also Coronal Flux Tubes and Transition from Photosphere to Coronal Fields).

The chromosphere occurs just where the magnetic fields of individual tubes merge into the coronal field. A simplified picture for an active region of uniform polarity is given in Figure 17-5 (see also Figure 17-2).

Because of the close correlation between

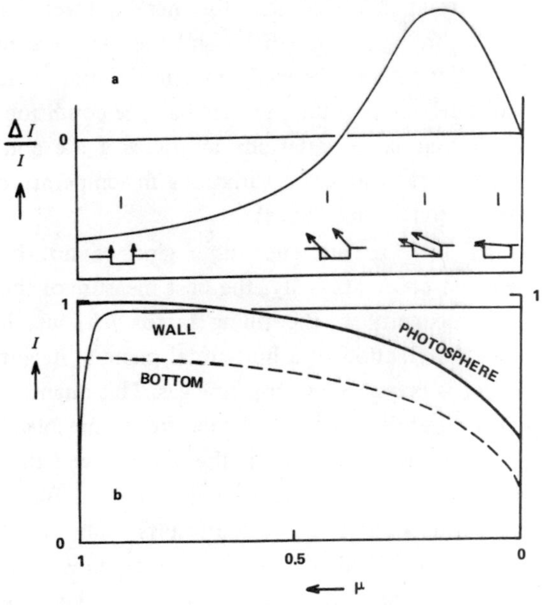

Figure 17-4. (a) Intensity contrast with respect to photosphere, averaged over the observed tube (schematic, from Spruit, 1976). (b) Center to limb variation of continuum intensity for the normal photosphere (solid, heavy), the bottom (broken) and the wall (solid, thin) of a flux tube.

chromospheric emission and photospheric magnetic fields, it is assumed that each flux tube is the source of a certain amount of emission, produced by some unspecified heating mechanism. The strength of the average emission in an active region then depends on the density of the flux tubes on the surface. Analysis of the chromospheric line emission (Athay, Chapter 4) indicates that the gas density in the emitting region is higher than that in the surrounding quiet area, at the same height. In a thin flux tube, on the other hand, the density at each level is less than that outside it. These facts can be reconciled by noting that the emission occurs in the nonthin parts of the tube and above the merging level h_m. If the tube is not thin, the field strength on the tube axis varies approximately as $1/h^2$ where h is the height above the photosphere. The field varies on the boundary as $\exp(-h/2H)$. Thus, in a wide tube, the field strength on the axis is much higher than at the boundary. The field there can support a higher gas pressure than at the boundary and even higher than the external pressure at this height. At the merging level, β is small throughout the field, and the gas pressure can vary rather arbitrarily in a horizontal plane without violating the pressure balance condition. Note that large variations in pressure are connected with moderate variations in temperature (see Coronal Flux Tubes).

As long as the emitting region cannot be resolved observationally, the best measure of the inhomogeneity is the filling factor $f(h)$ which gives the fraction of a horizontal plane at height h that is occupied by emitting gas. This quantity can be derived to some degree from unresolved observations. For example, the Mg h, k emitting regions in a typical active region have a filling factor of about 0.2 (see the results summarized by Chapman, 1981). The emitting region is most likely concentrated around the tube axis, because the gas pressure can be higher there. Closer to the photosphere (say below the temperature minimum), the tubes are still fairly thin. The filling factor might then just be given by the cross section of the tubes, assuming homogeneous emission across the tube. The filling factor in an active region of about 50 gauss average field strength would then vary from about 0.03 at the photosphere to 0.2 at h = 1500 kilometers.

This qualitative picture is summarized in Figure 17-5.

STABILITY AND WAVES

A vertical flux tube can be unstable in the following two basic ways:

1. Fluting, or interchange. This occurs if the energy content can be decreased by a non-axisymmetric change of shape of the tube, for example, by splitting the tube lengthwise. The instability extracts energy from the magnetic configuration.
2. Convective instabilities. These occur if energy can be gained by displacing the gas vertically along the field lines. This is analogous to the normal convective instability, but modified by the magnetic forces.

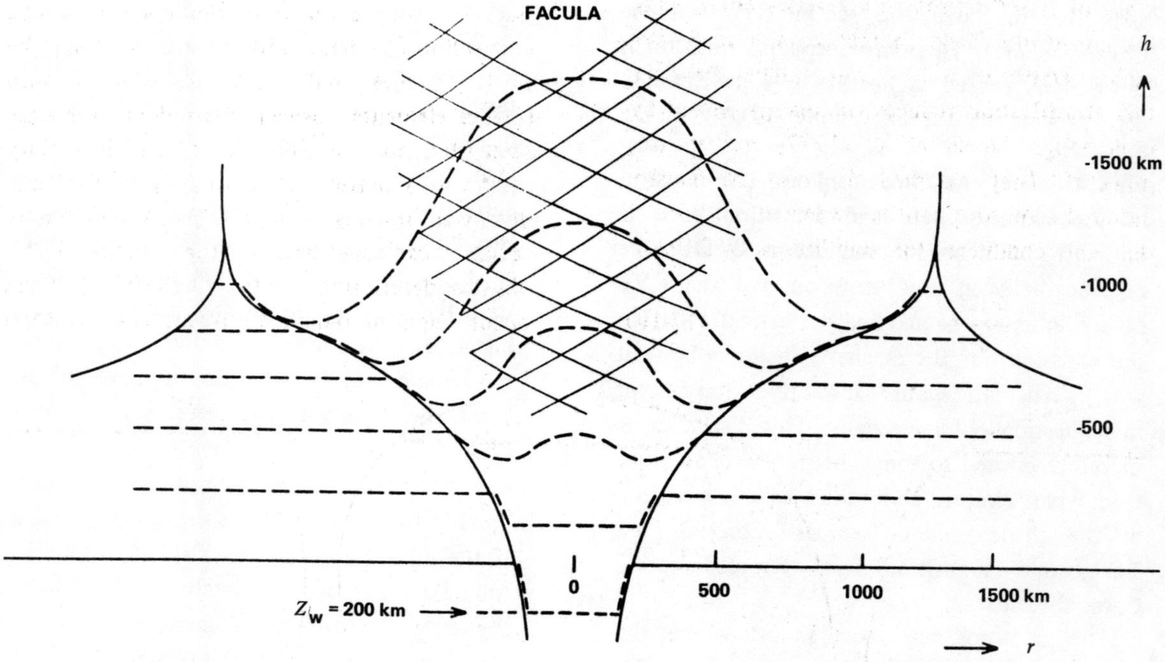

Figure 17-5. Hypothetical geometry of facular emission in the chromosphere, in a magnetic field consisting of flux tubes. Tube radius 200 km, field strength averaged over the photospheric surface is 50 gauss. Contours of constant density (broken) indicate the density decrease in the photospheric part of the tube, and the density enhancement in the upper low β parts of the field.

In the section on Stability of Sunspots, these instabilities are discussed, as applied to sunspots. The possible wavemodes in sunspots are not considered here. For a brief review of these, see Spruit (1981a).

Stability of Sunspots

Because of the spreading of field lines with height in a sunspot, the lines of force at the boundary are curved toward the nonmagnetic external medium. When gravity is negligible (as is the situation in terrestrial plasma confinement devices), such a configuration is always unstable to the interchange instability. Perturbations of the interface are possible which do not change the thermal energy content of the gas (no compression) but reduce the average curvature of the field lines. This reduces the magnetic and hence the total energy content of the system. For sunspots, this would imply a tendency to split into two or more separate tubes. The presence of gravity changes the stability condition, however. In the expanding part of the flux tube, a gas of lesser density overlies the denser gas in the convection zone. In the absence of a field, such a stratification is of course stable. In spots, this stratification reduces the energy gained by interchange. Meyer et al. (1977) studied this problem. They assumed that the gas density inside the sunspot can be neglected, and found that the condition for stability is as follows:

$$\frac{d\,|B_r|}{dz} > 0\ , \qquad (17\text{-}19)$$

where B_r is the radial component of the field and the derivative taken along the field lines at the boundary with the convection zone. According to Equation (17-19), the configuration in Figure 17-6(a) can be stable, whereas that in Figure 17-6(b) is unstable.

To check whether Equation (17-19) is satisfied for sunspots, requires models for the equilibrium shape. The numerical models by Schmidt and Wegmann (1981) indicate that tubes with a magnetic flux of more than 10^{19} gauss cm^2 (diameter 800 kilometers) are stable. This range includes pores as well as sunspots. In the models, the internal gas pressure was neglected. This is appropriate for the upper layers of sunspots but not for the deeper layers. Since little is known about the field configuration in the deeper layers, it is not certain whether a sunspot is also stable in these layers.

Convective instabilities have been studied in some detail in connection with sunspots. Two types are of relevance here (e.g., Meyer et al., 1974).

In the upper layers ($z < 2000$ kilometers), the field is strong enough to suppress overturning convection (see below) which would disrupt the field structure, and break the spot up into smaller elements. Instead, the milder overstable oscillation may possibly occur. This instability occurs as a pattern of alternately upward and downward moving columns of gas. It is driven by radiative exchange between the columns. For a physical description, see Cowling (1976a). It can occur when the radiative diffusivity, κ, is greater

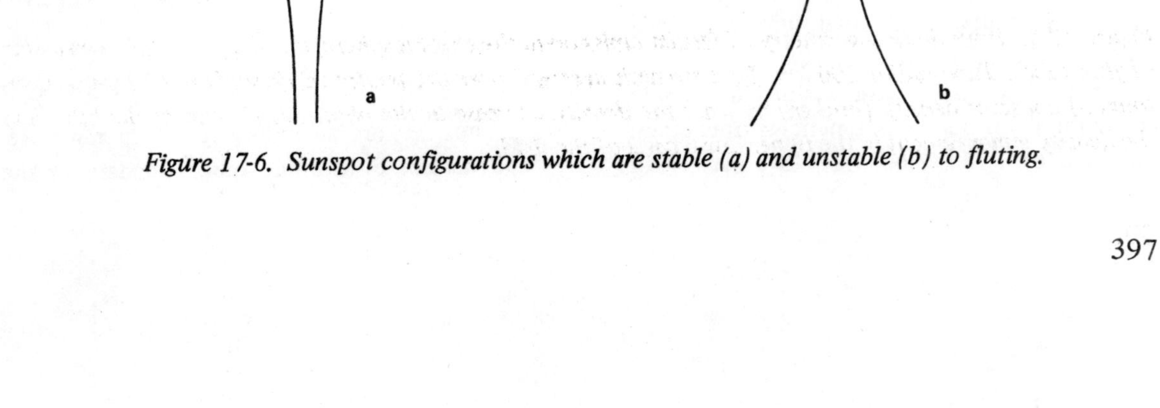

Figure 17-6. Sunspot configurations which are stable (a) and unstable (b) to fluting.

than the resistive diffusivity, η, provided that the temperature gradient is steep enough. The precise conditions for instability have been studied for various circumstances by Danielson (1961), Savage (1969), Moore (1973), Musman (1967), and Saito and Kato (1968). In all these studies, a constant density atmosphere with a linear temperature profile and a uniform vertical field were assumed. The gas in a sunspot is strongly stratified, however, and, consequently, the application of the results of these authors to spots is rather ambiguous. It has been impossible to determine reliably the oscillation periods for sunspots this way, or even to establish whether the umbra is stable to such oscillations. Some results for stratified atmospheres have been obtained by Syrovatskii and Zhugzhda (1968), who find that overstable oscillations are possible at "infinite" field strength (i.e., $\beta \ll 1$). Antia and Chitre (1979) have numerically calculated the eigenmodes of a polytropic atmosphere with a uniform field. They find that all modes can become unstable under suitable conditions.

An analysis like that by Antia and Chitre, but for a stratification that represents the upper layers of a sunspot more closely, would be necessary to establish conclusively the possibility of overstable oscillations in spots.

Stability and Waves in Thin Tubes

The distinction between sunspots and thin tubes in this section is made for practical rather than for fundamental reasons. For thin tubes, which have a simple equilibrium structure (see Pressure Equilibrium, Shape of the Tube), many results concerning wave propagation and stability can easily be obtained for realistic (stratified) atmospheres. The corresponding results for spotlike flux tubes are much harder to obtain. In the following, the theory for thin tubes is reviewed in its current form. The development is continuing at present, so that this review will necessarily be incomplete.

Consider an axisymmetric flux tube in pressure equilibrium with its (nonmagnetic) surroundings. The case of a flux tube which is a part of an extended (coronal) magnetic field is not considered here. One can look for adiabatic perturbations of this equilibrium, both axisymmetric and nonaxisymmetric ones. If the tube is embedded in a homogeneous atmosphere, all modes of the system have the character of waves. The various types of such waves are discussed in Types of Tube Waves. In a stratified atmosphere, the modes may behave either as waves or as instabilities. They are discussed in Excitation of Tube Waves, but only for axisymmetric perturbations.

Types of Tube Waves. Let the cylindrical flux tube be embedded in a fluid with sound speed V_{se}. Let the radius of the tube be r_0, the Alfvén speed inside it V_A, and the sound speed inside V_s. Adopt cylindrical coordinates r, φ, z, with the z-axis coinciding with the tube axis.

The velocity vector of the perturbation is

$$\mathbf{v}(\mathbf{r},t) = \mathbf{R}(r)\exp(ikz + im\varphi + i\omega t) \ , \quad (17\text{-}20)$$

and similarly for the other perturbation quantities. Two basic types of wavemodes are possible: (1) Alfvén waves, and (2) compressive waves. The Alfvén waves satisfy the following:

$$\mathbf{R} = 0, \text{for } r \geq r_0 \ , \quad (17\text{-}21a)$$

$$\nabla \cdot \mathbf{u} = 0 \ , \quad (17\text{-}21b)$$

$$u_z = 0 \ , \quad (17\text{-}21c)$$

$$\frac{\omega}{k} = V_A \ . \quad (17\text{-}21d)$$

Thus, they are incompressive, purely transverse, and do not disturb the tube boundary or the

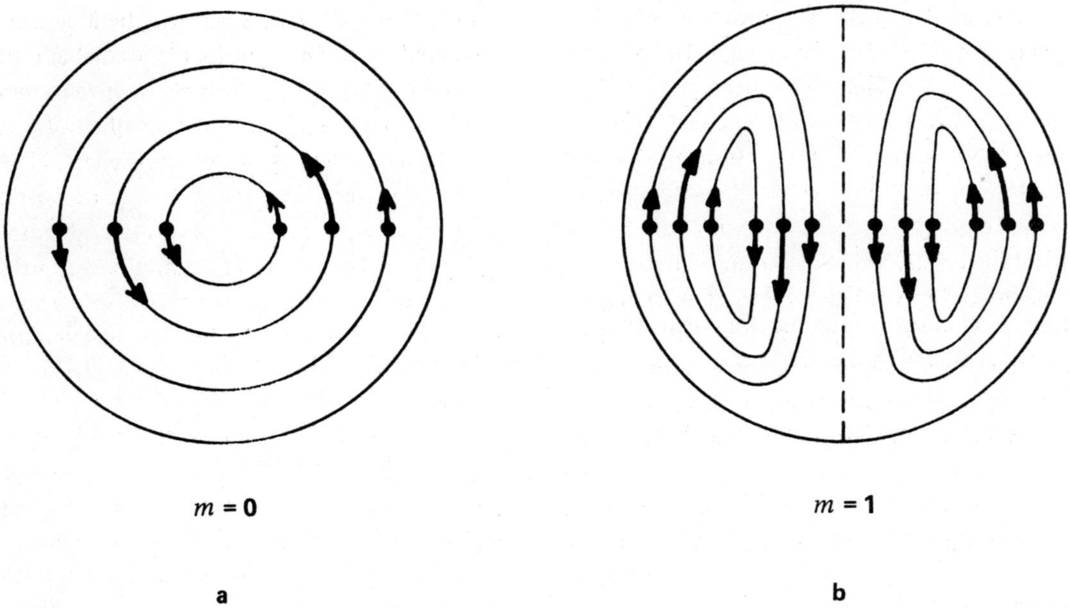

Figure 17-7. Two possible flow patterns for Alfvén modes of a flux tube.

external fluid. They are torsional waves (axisymmetric or not), propagating with the Alfvén speed along the tube. The function $\mathbf{R}(r)$ (with $r < r_0$) is arbitrary. Two of the many possible flow patterns of such a wave are shown in Figure 17-7. An untwisting flux tube (see Transition from Photospheric to Coronal Fields) does so by means of such an Alfvén wave.

In the compressive waves ($\nabla \cdot \mathbf{u} \neq 0$), the boundary of the tube moves, and there is a perturbation outside the tube as well. The behavior of the wave depends on the value of m. The boundary shapes are illustrated in Figure 17-8 for $m = 0,1,2$. They can be called axisymmetric or sausage, wriggle, or kink, and splitting modes, respectively. The full spectrum of these modes, even for $m = 0$, is rather complicated for a tube of arbitrary diameter. See Roberts (1980) for the spectrum of a magnetic sheet. This situation is analogous in some respects to that of a tube. However, a very simple spectrum results if the wavelength $2\pi/k$ is large compared with the tube radius (thin tube approximation), i.e.,

$$kr_0 \ll 1 \, . \qquad (17\text{-}22)$$

In this case, there is one axisymmetric mode and a series of nonaxisymmetric modes. The axisymmetric mode propagates with a speed u_0 given, to order zero in kr_0, by

$$u_0 = V_{st} \, , \qquad (17\text{-}23)$$

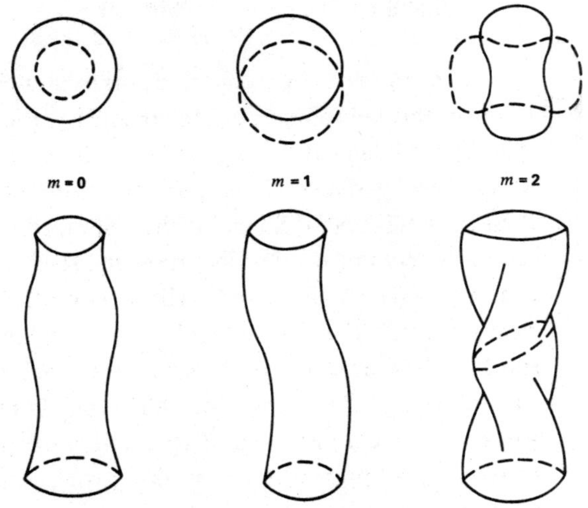

Figure 17-8. Distortion of the flux tube shape for the sausage ($m = 0$), kink ($m = 1$), and $m = 2$ modes.

where

$$V_{st}^2 = \frac{V_s^2 V_A^2}{V_s^2 + V_A^2} \qquad (17\text{-}24)$$

(Defouw, 1976; Roberts and Webb, 1978a). This wave propagates as a pattern of constrictions and expansions of the tube. The vertical velocity amplitude associated with these is large compared with the radial velocity:

$$\frac{u_r}{u_z} = O(kr_0) \ . \qquad (17\text{-}25)$$

The radial velocity can be neglected in the limit of a thin tube. Closer examination of the wave inside the tube shows that it can be interpreted as a slow mode with a large radial component of the wave vector. This also explains the peculiar value of the propagation speed of the wave. Note that the propagation speed is independent of the external sound speed V_{se}. This is because, in the limit $kr_0 \to 0$ the amount of mass outside the tube involved in the wave motion tends to zero, compared with the mass of the tube. In this sense, the axisymmetric thin tube wave does not influence the external fluid, even though its motion involves a change of shape of the boundary. This is unique for the axisymmetric mode.

Each of the nonaxisymmetric modes has its own flow pattern (see Figure 17-8). In the thin tube limit, however, they all have the same propagation speed (Spruit, 1981b), viz.

$$u_m = \frac{\omega}{k} = \left(\frac{\rho V_A^2}{\rho + \rho_e}\right)^{1/2} \ . \qquad (17\text{-}26)$$

In contrast with the axisymmetric mode, the horizontal motions are large compared with the vertical motions:

$$\frac{u_z}{u_r} \simeq \frac{u_z}{u} \simeq O(kr_0) \ . \qquad (17\text{-}27)$$

The amount of mass outside the tube moving with it is comparable with the tube mass itself. This explains the appearance of ρ_e in the propagation speed in Equation (17-26).

Excitation of Tube Waves. The flow in the external field associated with a tube wave has the properties of a sound wave, because this is the only type of wavemode in the external fluid. It can either be an evanescent or a propagating wave. In the former case, the amplitude decays exponentially away from the tube axis. The energy in this wave propagates exactly parallel to the tube axis. In this case, the tube does not lose energy by acoustic radiation. In the latter case, a wave propagates outward from the tube, carrying energy. In this case, the tube is damped by acoustic radiation. Which case applies depends, in the thin tube limit, only on the phase speed $u_p = \omega/k$ of the tube wave. If $u_p > V_{se}$, the external flow is a propagating wave, otherwise it is evanescent. This can be seen by inspection of Figure 17-9.

A tube wave can only be excited by an acoustic wave in the external fluid if the tube wave itself would be damped by acoustic radiation in the same situation. Thus, the Alfvén modes cannot be excited this way, and the compressive ones can be excited only if $u_p > V_{se}$. For the $m > 0$ modes, u_p is always less than V_{se}. For the $m = 0$ mode, $u_p < V_{se}$ only if the temperature inside the tube is sufficiently larger than the external temperature (depending on the field strength). Under solar conditions, this is unlikely to happen. One may conclude that none of the tube waves can be excited by sound waves in the external fluid. Instead, they will be excited by "slow" processes (like convective flows), for which the characteristic values of $|\omega/k|$ match the phase speed of the tube wave better.

The $m = 1$ compressive mode (i.e. a "wriggling tube") will be excited far easier than the $m = 0$ or the $m > 1$ modes, since it responds to any shear in an external flow. By contrast, the $m = 0$ (sausage) mode requires substantial pressure fluctuations, which occur only for sonic or supersonic external flows. The $m > 1$ modes are excited only if a driving force is present with a spatial scale comparable to the tube radius or smaller.

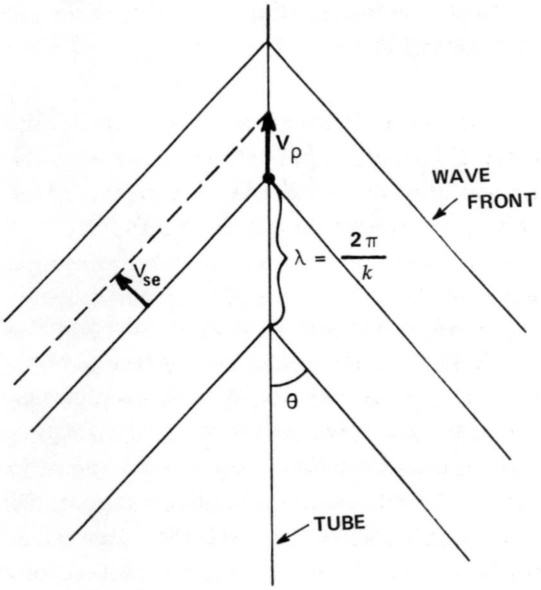

Figure 17-9. Wave fronts of a sound wave generated by an oscillating flux tube. Angle of propagation $\cos\theta = V_{se}/u_p$. No propagation is possible if the phase speed u_p of the tube wave is less than the external sound speed V_{se}.

Thin Tubes in a Stratified Atmosphere. Consider an axially symmetric flux tube, with an axially symmetric flow in it, embedded vertically in an atmosphere of arbitrary stratification. If the tube is sufficiently thin, the horizontal component of the flow velocity in the tube is negligible compared with the vertical component. (This is due to the assumption of axisymmetry of the flow, see the $m = 0$ mode in Types of Tube Waves.) The flow speed, u, is assumed to be homogeneous across the tube. The tube then satisfies

$$\rho \frac{\partial u}{\partial t} + \rho u \frac{\partial u}{\partial z} \simeq \frac{-\partial P}{\partial z} + \rho g \ , \tag{17-28}$$

$$P + \frac{B^2}{8\pi} = P_e \ , \tag{17-29}$$

$$\frac{\partial}{\partial t}\left(\frac{\rho}{B}\right) + \frac{\partial}{\partial z}\left(\frac{\rho u}{B}\right) = 0 \ , \tag{17-30}$$

where $P_e(z)$ is the pressure in the external atmosphere. These are called the thin tube equations. They were first proposed by Defouw (1976), who also obtained the first solutions. Equation (17-28) is the equation of motion along the tube. Because the tube is so thin, deviations from horizontal pressure balance are restored almost instantly. This leads to Equation (17-29). The fluctuation in P_e resulting from the tube motion does not appear in Equation (17-29). This is because the amount of mass in the external fluid that takes part in the tube motion is vanishingly small (see also Types of Tube Waves). Equation (17-30) combines the induction equation with zero resistivity and the continuity equation. Because $1/B$ is the cross section of the tube per unit magnetic flux, Equation (17-30) simply states the conservation of mass, expressed in the mass per unit length of the tube. Equations (17-28) and (17-30) can be derived rigorously from the full MHD equations, while Equation (17-29) has been justified for the unstratified case (Roberts and Webb, 1978a).

An energy equation has be be added in order to solve Equations (17-28) to (17-30) for the unknown v, ρ, P and B. If the flow is adiabatic, this is

$$\frac{d\rho}{dP} = \frac{\rho}{(\gamma P)} \ , \tag{17-31}$$

where $\gamma = C_p/C_v$.

Consider a static flux tube in temperature equilibrium with its surroundings; that is, the internal temperature at each depth, z, is that of the surrounding atmosphere at this level. Small perturbations around this equilibrium are described by the linearized versions of Equations (17-28) through (17-31). They can be combined into a single equation for the velocity amplitude u (Roberts and Webb, 1978a):

$$u'' + \frac{1}{2}au' + \frac{1}{2}a^2u\left[\left(\frac{2}{\gamma}+\beta\right)\frac{\omega^2}{ga} + (1+\beta)\delta\right] = 0 \ , \qquad (17\text{-}32)$$

where the prime denotes a derivative with respect to z and ω is the frequency of the perturbation. The ratio of magnetic to gas pressures is β, which is independent of depth (see also the section on Pressure Equilibrium, Shape of the Tube). The quantities a and δ are the inverse pressure scale height, and the logarithmic superadiabaticity of the stratification, defined by

$$a = \frac{P_e'}{P_e'} \qquad (17\text{-}33)$$

$$\delta = \frac{d\ln T}{d\ln P} - \left(1 - \frac{1}{\gamma}\right). \qquad (17\text{-}34)$$

It has been assumed that γ and the mean molecular weight are constants (the corresponding equation for variable γ and μ is given in Spruit and Zweibel, 1979).

The simplest stratification is that of an isothermal atmosphere. Then a is a constant, and $\delta = (1/\gamma) - 1 = -0.4$, with $\gamma = 5/3$. Equation (17-32) then has solutions of the form

$$u = \exp(-az/4 + ikz) \ , \qquad (17\text{-}35)$$

where

$$k^2 = \frac{1}{2}a^2\left[\left(\frac{2}{\gamma}+\beta\right)\frac{\omega^2}{ga} + (1+\beta)\delta - \frac{1}{8}\right] \qquad (17\text{-}36)$$

(Defouw, 1976). It is seen that this is a dispersion relation for waves with a cutoff frequency ω_c which is given by

$$\omega_c^2 = \frac{ga}{\left(\frac{2}{\gamma}+\beta\right)}\left[\frac{1}{8} - (1+\beta)\delta\right]. \qquad (17\text{-}37)$$

For frequencies higher than ω_c, the amplitude has an oscillatory depth dependence ($k^2 > 0$), and the solutions are upward or downward propagating waves. Below the cutoff frequency the wave is evanescent, that is, the response to a disturbance at a certain level decays exponentially with height above this level. Dispersion relation Equation (17-36) is quite similar to that for an acoustic wave propagating vertically in an isothermal atmosphere. The tube wave has a different cutoff frequency, which depends on β and is always rather close to the acoustic cutoff frequency.

One can conclude that the modes of a tube in an isothermal atmosphere are evanescent or propagating waves. In a nonisothermal atmosphere, however, the modes may become unstable as discussed in the next section.

Convective Instability of Thin Tubes. If the superadiabaticity, δ, is sufficiently large, energy can be gained from the system by displacing matter along the tube, implying that the equilibrium is unstable. The mechanism of the instability is the same as in ordinary convective instability but the degree of instability is reduced to some extent by the magnetic field. This is illustrated in Figure 17-10. When a blob of fluid is displaced downward in a field free medium, a free flow around the blob is possible, to accommodate it at its new position and to replace the fluid at its old position. The condition for instability is then

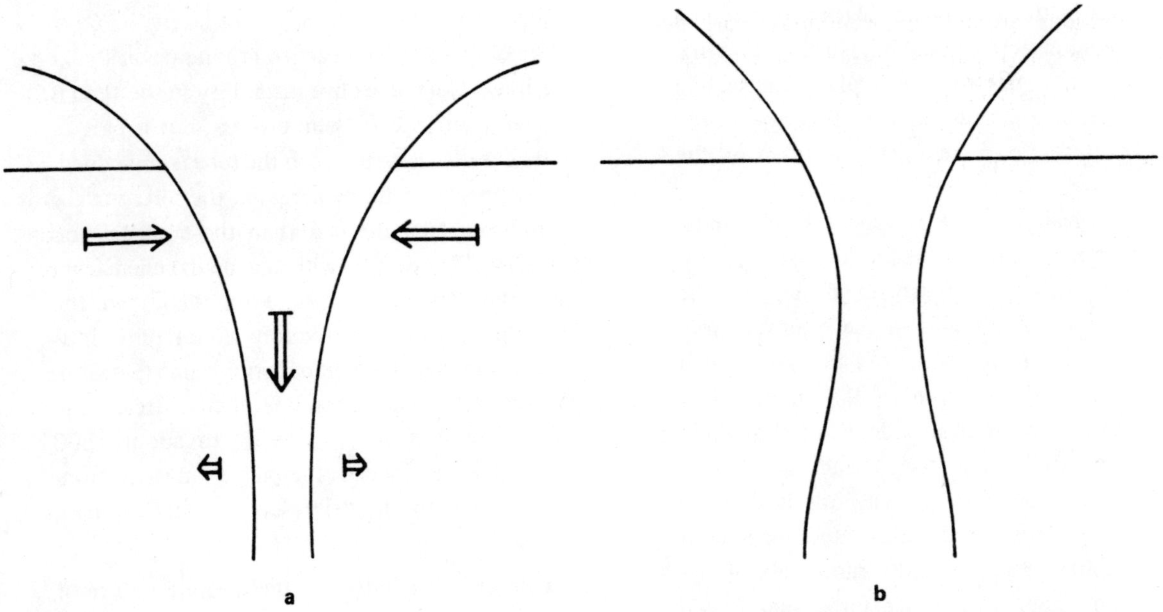

Figure 17-10. Change of tube shape resulting from a downward displacement inside the tube: (a) flow pattern, (b) shape after the displacement.

Schwarzschild condition, $\delta > 0$. In a flux tube, the flow around the blob is opposed by the magnetic field. A constriction is formed at the old position and an expansion at the new position of the blob. This implies a net increase of the magnetic energy.

For a given stratification [i.e., given $a(z)$, $\delta(z)$] the condition for instability as a function of the field strength β can easily be deduced from Equation (17-32). For δ constant, instability occurs if

$$\delta > \frac{1}{8} \frac{1}{(1+\beta)} \tag{17-38}$$

(Roberts and Webb, 1978a).

The higher the field strength (lower β) is the higher the critical superadiabaticity will be. If $\delta > 1/8$, however, instability will occur no matter how small β is. This somewhat peculiar result implies that the fluid can still be unstable, even in an almost evacuated flux tube. This situation does not occur in the Sun, but might possibly apply to other stars.

In a stellar envelope, δ is a rapidly varying function of depth (see Figure 17-11), and Equation (17-32) has to be solved numerically to obtain the instability condition. For the Sun, this was done by Spruit and Zweibel (1979). They find that the critical value of β is $\beta_c = 1.8$, which corresponds to a field strength (at $\tau_{5000} = 1$ inside the tube) of about 1300 gauss. The observed field strengths (Harvey, 1977) are generally around this value or higher, implying that the

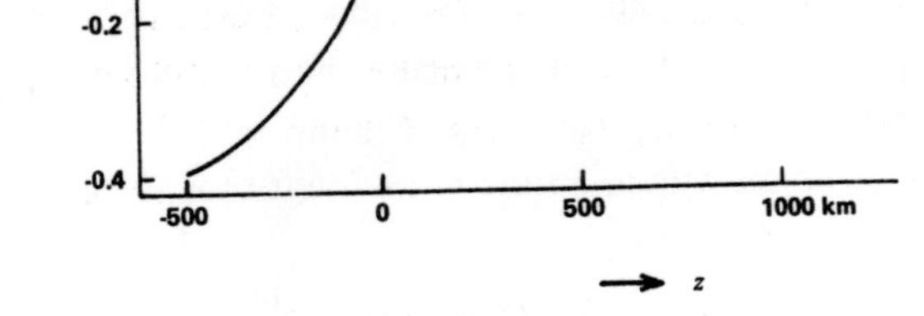

Figure 17-11. Superadiabaticity δ in the solar atmosphere and convection zone.

flux tubes in the small-scale solar magnetic field are indeed convectively stable. This is reassuring, because the instability takes place on such a short time scale (a few minutes) that one would not expect to find many unstable tubes on the solar surface.

The critical $\beta_c = 1.8$ is valid for the fundamental mode, for which the displacement is either upward or downward at all depths. The higher modes, with nodes in the eigenfunction, set in at much greater values of β and grow much slower. The eigenfunction of the fundamental mode has a maximum at a depth of about 200 kilometers. Above this level, it falls off sharply within 500 kilometers. Downward, it declines more slowly. Most of the eigenfunction is confined within the upper 2000 kilometers of the convection zone. This reflects the sharp peak in the superadiabaticity (Figure 17-11). Thus, the convective instability is a surface effect, and its effects are confined in the outermost layers of the convection zone.

Convective Collapse, Surface Field Strengths. If the instability sets in as a downward flow, the tube is evacuated and contracts; that is, the field strength increases (Parker, 1978). A higher field strength, however, tends to make the tube more stable (see Equation 17-38). We may therefore expect that the instability is self-limiting; that is, the tube can settle into a new equilibrium. The process is called "convective collapse" of flux tubes.

If, on the other hand, the instability sets in as an upward flow, the field strength decreases. This increases the instability until the field is so weak that it does not influence the instability any more. The final result would be a dispersed field in an ordinarily convecting fluid.

Spruit (1979) showed for the case of the Sun that new equilibrium states do indeed exist for $\beta > \beta_c$, and calculated numerically the structure of these "collapsed" flux tubes. Figure 17-12 shows the field strength as a function of depth for some of these tubes.

In this discussion, the effects of the external convective flow (granulation) on the flux tube have not been considered. If the field is too weak (below the "equipartition" field strength, $B_e \simeq$ 700 gauss), it will be carried around passively by the flow. The convective instability in the tube is then not an independent process, but is part of the convective flow in which the tube is embedded. If new magnetic flux emerges at the solar surface with field strengths less than the equipartition value of 700 gauss, it will first be expelled from the convective cells (see Flux Tubes in the Photosphere and Convection Zone) until it is concentrated to the equipartition value ($\beta = 6.7$). The convective collapse will then increase the field strength (at $\tau_{5000} = 1$) to about 1800 gauss. This is indeed the value inferred from observations by model calculations (Chapman, 1977).

One can conclude that the discrete nature of the small-scale fields on the Sun, and the field strengths observed may well be caused by the convective instability process operating in the top of the convection zone. If so, it would be a surface phenomenon and need not reflect the structure of the fields deeper in the convection zone.

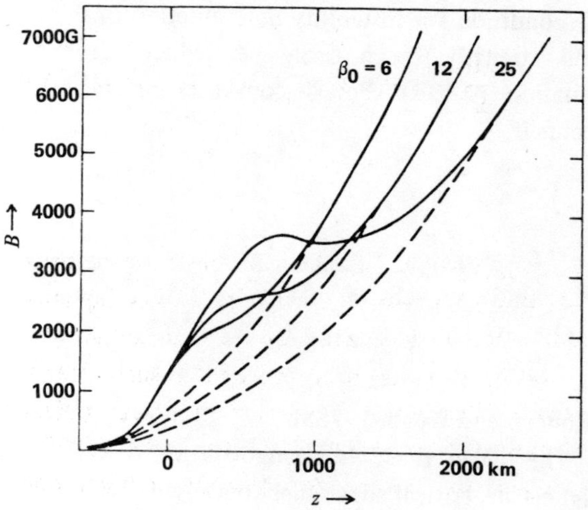

Figure 17-12. Field strength as a function of depth for three flux tubes of different strength. Broken, field strength in the original constant β tube; solid, field strength in the collapsed state; β_0, value of β in the original state.

EVOLUTION OF ACTIVE REGIONS AND SUNSPOTS

It is largely unknown why the solar magnetic field appears at the surface and is redistributed over it in the peculiar ways observed (described by Zwaan in Chapter 6). On a large scale, the evolution of fields seems to conform well to the predictions based on turbulent dynamo models. On a smaller scale, processes quite unrelated to the dynamo seem to operate. One wonders, for example, why a sunspot is formed by the slow coalescence of many individual elements, if it breaks up again into small elements during a period of a few weeks. In Buoyancy and in Other Effects, discussed here, the various processes that may play a role are listed.

The Dynamo

The magnetic fields of the Sun and the planets are believed to be maintained by hydromagnetic dynamos. The hydromagnetic induction equation is as follows:

$$\frac{\partial \mathbf{B}}{\partial t} = \nabla \times (\mathbf{u} \times \mathbf{B}) + \eta \nabla^2 \mathbf{B} \ . \qquad (17\text{-}39)$$

The kinematic dynamo problem then consists of finding a velocity field **u**, such that Equation (14-39) has a steadily or oscillatorily growing solution **B**. It has been proven that such velocity fields do indeed exist for spherical objects (see the reviews in Weiss (1974) or Parker (1979a), chapter 18). An axially symmetric dynamo does not exist, however (Cowling's theorem). To get dynamo action, one needs a certain lack of symmetry in the physical situation. In the Sun and the planets, this lack of symmetry is sought in the turbulent velocity field of a convective core or envelope.

Heuristic Picture. In the case of the solar convection zone, the dynamo action can be described in terms of three distinct processes:

1. Differential rotation. As was described by Gilman in Chapter 8, a convection zone in a (rotating) star does not rotate as a solid body. Assume that the rotation of the star is axisymmetric. This is a good approximation for the Sun. Then an initially poloidal field (field lines in meridional planes) will eventually be distorted into an almost toroidal (azimuthal) field by the differential rotation (Figure 17-13).
2. Coriolis force. Superposed on this steady amplification are perturbations of the field by the convective flow. This flow itself is influenced by the Coriolis force in a rotating star. The result is that the field perturbations can have a net field component perpendicular to the original field (Parker, 1955). Consider, for example, a loop of field rising from below to the solar surface (Babcock, 1961). Because of the rapidly decreasing density, the flow has to expand horizontally. The Coriolis force on this horizontal flow produces a net clockwise rotation on the northern hemisphere (and counterclockwise on the southern). This is observed on the Sun as the tilt of active region axes with respect to the equator (Figure 17-14). It implies the presence of a poloidal field component, with a direction *opposite* to that of the original poloidal field. Of course this new poloidal field is highly fragmented in contrast to the original field.
3. Turbulent diffusion. It can be shown that in fully developed turbulence with a typical length scale, l, and time scale, τ, a magnetic field behaves as though a diffusion coefficient $\eta_\tau = 1/3(l^2/\tau)$ were acting independent of the value of the Ohmic diffusion coefficient. This turbulent diffusion coefficient has two roles in the dynamo process. It smoothes the field; for example, it converts the fragmented new poloidal field into a more uniform field by connect-

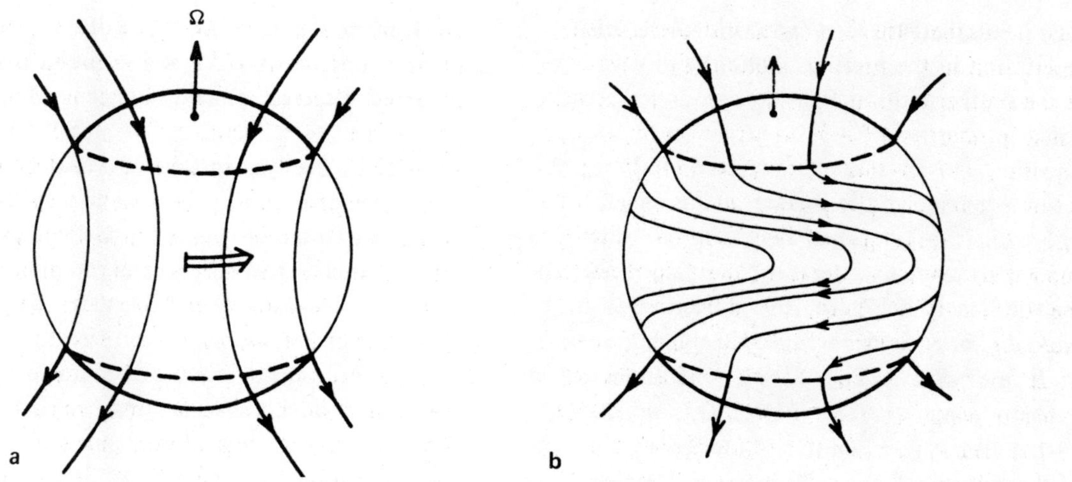

Figure 17-13. (a) Initial poloidal field before winding up by differential rotation. (b) Predominantly toroidal field generated by differential rotation with equatorial acceleration.

ing individual poloidal field loops. Second, it spreads the mean field over the convection zone. This is essential for the dynamo action, since the new fields are not generated evenly in those areas where they are needed for the next cycle.

Various conceptual models have been used for the critical step (turbulent diffusion) in the dynamo process, the regeneration of a poloidal from a toroidal field (Parker, 1955; Babcock, 1961; Leighton, 1969; Steenbeck and Krause, 1969; Yoshimura, 1975). Though these models are not necessarily equivalent, they lead to essentially equivalent dynamo models (Stix, 1974). Therefore, the success of a particular dynamo model in reproducing the solar cycle is not a very strong argument in favor of the particular small-scale processes assumed in the model. On the other hand, one can be confident that they understand the basic properties of the solar dynamo, though its description in terms of the underlying small-scale processes is less clear.

Properties of the α - ω Dynamo. The discussion of the solar dynamo has centered around the so-called mean field models by Steenbeck and Krause (1969) (see also Moffat, 1978; Parker, 1979a, chapters 18, 19). They showed that **B** satisfies a modified induction equation if the magnetic field is decomposed into a mean field **B** and a fluctuating part caused by turbulence. The equation is

$$\frac{\partial \mathbf{B}}{\partial t} = \nabla \times (\mathbf{u} \times \mathbf{B} + \alpha \mathbf{B}) + \eta \nabla^2 \mathbf{B} \quad , \quad (17\text{-}40)$$

where the coefficients α and η depend only on the properties of the turbulent velocity field assumed. The α term represents the regeneration of poloidal from toroidal fields. The coefficient α is generally found to be positive in the northern

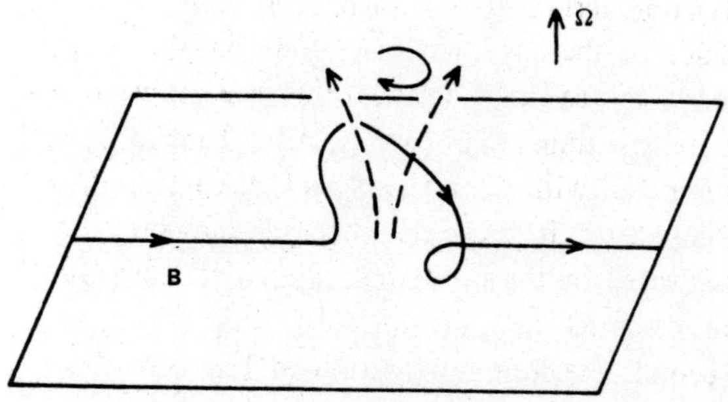

Figure 17-14. Deformation of a toroidal field line by a convective flow (broken) which carries some rotation (arrow) because of the Coriolis force on the horizontal (expanding) parts of the flow. The deformed part contains a toroidal field component.

solar hemisphere (in accordance with the heuristic description in the previous section) and negative in the southern, throughout the convection zone. Some properties of the dynamo solutions of Equation (17-40) are as follows: (1) Dynamo action occurs once the product of the rate ω of differential rotation and the α-effect is large enough to overcome decay of the field through the diffusivity η. Thus, the dynamo number $\alpha\omega R^3/\eta = N$ must be large enough, where R is the solar radius. (2) The solutions are dynamo waves (Parker, 1955, and see Figure 17-15). They propagate in latitude if the gradient of the solar rotation rate is radial, and radially if the gradient is latitudinal. Thus, the observed drift of the active latitudes toward the equator points toward the existence of a radial differential rotation, with $\partial\Omega/\partial r < 0$, if $\alpha > 0$ is on the northern hemisphere. (3) The period, P, of the cycle depends almost solely on the diffusivity

$$P \simeq \frac{R^2}{2\pi\eta} \,. \qquad (17\text{-}41)$$

From this relation, the proper period of 22 years is obtained for $\eta \simeq 10^{12}$ cm^2 s^{-1}.

Some problems remain in applying theoretical dynamo results to the solar case. First, toroidal fields of the expected magnitude have a strong tendency to float up through the convection zone, on time scales (one month) that are short compared with the cycle. This is discussed under Buoyancy. It suggests that a buoyant rise, neglected in the mean field dynamos, may play an essential role in the solar magnetic cycle. Second, the internal rotation of the Sun is not well known. The observed rotation rates of magnetic elements (sunspots, faculae) are a few percent higher than the rotation rate of the surface. This agrees with most dynamo models, which require $\partial\Omega/\partial r < 0$.

The turbulent diffusion coefficient, η, derived from mixing length models of the convection zone of the Sun is on the order of 10^{13} or higher. A value of 10^{13} is also found from the observed dispersal of active regions (Smithson, 1973). This is a factor of 10 higher than that required by the dynamo models. For the α-effect, mixing length models yield a value several orders of magnitude above the required value (Köhler, 1973). Apparently the interaction of the solar magnetic field with the turbulence in the convection zone is considerably less than that implied by the "turbulent weak field" theories. The reason may lie in the neglect of Lorentz forces in these theories. These forces tend to reduce the interaction with the flow (cf. Flux Tubes in the Photosphere and Convection Zone).

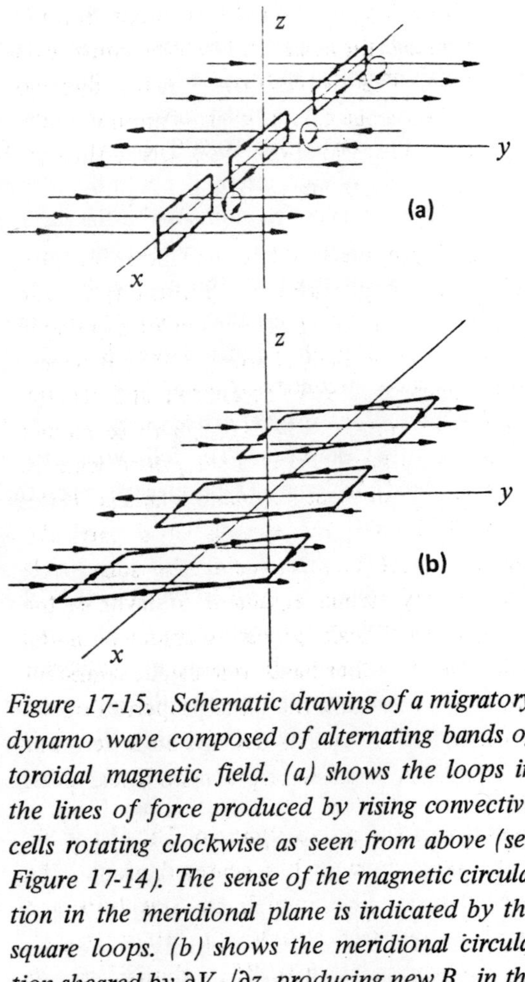

Figure 17-15. Schematic drawing of a migratory dynamo wave composed of alternating bands of toroidal magnetic field. (a) shows the loops in the lines of force produced by rising convective cells rotating clockwise as seen from above (see Figure 17-14). The sense of the magnetic circulation in the meridional plane is indicated by the square loops. (b) shows the meridional circulation sheared by $\partial V_y/\partial z$, producing new B_y in the gaps between the initial bands of B_y (from Parker, 1979a).

Buoyancy

An important effect is that of buoyancy (Parker, 1979a; Acheson, 1979). If a horizontal flux tube has the same temperature as its surroundings, it is less dense. It is not in equlibrium and will float upward at a rate determined by aerodynamic or viscous drag. Parker (1975) finds that the upward speed V is on the order of

$$V = V_A \left(\frac{a}{H}\right)^{1/2} , \tag{17-42}$$

where V_A is the Alfvén speed inside the tube, a is its radius, and H the pressure scale height. To account for the amount of flux seen in active regions, the toroidal subsurface fields from which these regions originate must have a strength at least on the order of 10,000 gauss (Zwaan, 1978). A field of such strength would float from the bottom of the convection zone to the surface in about one month (with $a \simeq H$). This time is very short compared with the time scale (a few years) on which the dynamo operates, and one wonders whether the dynamo would work at all under these circumstances.

The picture of magnetic buoyancy sketched above is rather simplified. The following effects have to be considered. These effects make the picture less clear.

1. While rising, the field strength in the tube must drop in proportion to the density in order to maintain pressure equilibrium. This would rapidly increase the tube's cross section and reduce its buoyancy (Schüssler, 1977).
2. The tube need not be isothermal. If instead its temperature were slightly less, such that its density were the same as that of the surroundings, it would be neutrally buoyant. The thermal conductivity in the lower convection zone is low enough for this temperature contrast to be maintained for several years. This would still not solve the buoyancy problem, because the tube would be unstable, forming bends in a vertical plane. The instability would be driven by matter flowing from the crests to the troughs of the bends, because the stratification is convectively unstable. This would bring the crests from the bottom of the convection zone to the surface on a convective time scale, that is, on the order of one month.
3. Suppose one assumes that the turbulent pressure caused by convective motions is less inside the tube than in the convection zone. Then the tube could have the same temperature and gas pressure as its surroundings if its magnetic pressure is equal to the difference in turbulent pressures. With typical convective velocities, this implies a field strength of the order of 10,000 gauss in the lower convection zone (Zwaan, 1978).

Buoyancy is also important for the motion of magnetic elements over the surface after new flux has emerged. If a flux tube is inclined by an angle θ with respect to the vertical, there is a horizontal acceleration a_h toward the vertical given by

$$a_h = \frac{\Delta\rho}{\rho} g \sin\theta . \tag{17-43}$$

Since $\Delta\rho/\rho$ is on the order of unity near the surface (with a field strength of 1500 gauss), this is a very large acceleration. Calculations of buoyant flux tubes by Meyer et al. (1979) show that tubes can become vertical over a depth of 15,000 kilometers on a time scale of a few hours. Corresponding velocities at the surface can be of the order 0.1 to 0.5 km s^{-1}. Such proper motions, independent of or opposed to the supergranular flow are indeed observed during the formation of sunspots (see Zwaan, Chapter 6).

Buoyancy may also play a role in keeping a sunspot together. Suppose that the individual flux tubes that are brought together to form a sunspot merge into a narrow flux tube at some large depth (like the bottom of the convection zone). The individual elements may represent, in this picture, the fragmented remains of a rising loop of a single large flux tube. The rising stitch would be spread over a large area, because of the strong density decrease [see 1 above], and would be fragmented by the convective instability process (see Convective Collapse, Surface Field Strengths). After the eruption has ended, the individual tubes will cluster together like tethered balloons, the strongly buoyant surface parts representing the balloons, and their connections with the single tube at depth representing the strings. The balloons would be pushed into each other, yielding the observed homogeneous appearance of the spot. The tubes would separate, however, at a depth of only about 1000 kilometers, as is suggested by the presence of umbral dots (see also Subsurface Structure of Sunspots). The cluster forms a stable configuration and tends to assume a circular shape. The stability of a single tube to splitting, discussed in Stability of Sunspots, can be understood in the same way as a result of buoyancy.

Other Effects

A second effect that may be important for the motions of magnetic elements on the surface is the aerodynamic attraction considered by Parker (1979c). He pointed out that the two flux tubes rising next to each other will feel a mutual attraction due to the Bernoulli effect. In this effect the fluid between the tubes moves faster with respect to the tubes than the rest of the fluid. This effect can be strong enough to bring the tubes together in spite of the repelling force between the photospheric endpoints of the tubes. This effect may be important during the emergency of new flux, but since it vanishes once the tubes have emerged completely, it cannot be the unknown force (Subsurface Structure of Sunspots) that keeps the sunspot together.

As a third factor in the evolution of active regions, large-scale flows, such as supergranulation and giant cells, may play a role. Supergranulation has an obvious effect, because the magnetic elements cluster around its boundaries. In other respects, however, the elements behave quite independently (Zwaan, 1978, see also Chapter 6). For example, the elements have a rotation rate higher than that of the nonmagnetic solar plasma and the dispersal of active regions is slower than random walk by supergranules would imply. One can conclude tentatively that the evolution of active regions is dominated by processes located below the supergranular layer, and that the characteristic network pattern is a secondary (surface) phenomenon. In any case, the concentration of fields into sunspots and the way an active region grows are not affected by supergranulation.

CORONAL FLUX TUBES

A few isolated topics that depend specifically on the flux tube nature of coronal inhomogeneities (loops) are discussed here. A coronal loop will be assumed to be characterized by the following properties (see also Coronal Flux Tubes); it has a higher density than its surroundings (factor 3-10), a similar temperature ($\Delta T/T \lesssim 0.3$), and almost the same field strength. The Alfvén speed in the loop is assumed to be much higher than the sound speed (i.e., $\beta \ll 1$).

Whereas in a homogeneous fluid one has the familiar Alfvén, slow mode, and fast mode waves, the MHD waves take different forms in an inhomogeneous medium like the corona. The strong variations in density produce strong variations in Alfvén speed with small differences in B. If the inhomogeneities have the form of thin flux tubes, the wavemodes are similar to those discussed in Types of Tube Waves, with the difference being that the external field strength is not zero. Thus, there is again a torsional Alfvén wave propagating with speed V_A, and contained entirely within the tube. Of the compressive modes, the axisymmetric one propagates with the same speed, $V_{st} = [V_s^2 V_a^2 / (V_s^2 + V_A^2)]^{1/2}$, as in the absence of an external magnetic field. Under coronal conditions ($V_A \gg V_s$), $V_{st} \simeq V_s$. The axisymmetric tube wave is just a sound wave, in this case, traveling along the field lines. (This is also the limiting form of the slow mode for $V_A >> V_s$.) The nonaxisymmetric modes propagate with the speed

$$V_m^2 = \frac{\rho V_A^2 + \rho_e V_{Ae}^2}{\rho + \rho_e} \qquad (17\text{-}44)$$

(Spruit, 1981b; see also Wentzel, 1979), where ρ and V_A are the density and Alfvén speed inside the tube, and ρ_e and V_{Ae} are the same outside the tube. The most important of the nonaxisymmetric modes is the $m = 1$ mode, excited by shaking of field lines at their footpoints.

A single interface between regions with Alfvén speeds V_A and V_{Ae} can carry a surface wave which propagates also with the speed given by Equation (17-44). It is again a compressive wave, that is, a combination of the fast and the slow mode, but not the Alfvén wave. If there is a gradual change from low to high Alfvén speed rather than a discontinuity, the surface wave is modified somewhat. There is now a critical layer, that is, a layer in which the phase speed of the surface wave equals the Alfvén speed. As a result, the surface wave is now damped by the emission of a slow mode wave to one side of the interface. The wavelength of this wave perpendicular to the interface is on the order of the scale on which V_A varies (Chen and Hasegawa, 1974). In the corona, this is much shorter than the wavelength of the surface wave. It is so short that dissipation becomes important. This provides an important mechanism for coronal heating (Ionson, 1978; see also Wentzel, Chapter 14). The surface wave is also easily excited by the shaking of field lines at the footpoints.

Van Hoven et al. (1977) assume that the tube, which is embedded in a general force free field, is twisted. This introduces the possibility of a kink instability. The conditions for occurrence of this instability are given by Giachetti et al. (1977). A comprehensive treatment, which includes especially the effect of line tying at the photospheric surface, was given by Hood and Priest (1979).

The gas in a hot coronal loop can be thermally unstable because of the negative temperature dependence of the emissivity. Work on this problem was summarized by Priest (1980). Pressure differences at the base of the corona can drive siphon flows between the footpoints of a coronal loop. See also Priest (1981).

REFERENCES

Acheson, D.J., 1979, *Solar Phys.* **62**, 23.

Antia, H.M., Chitre, S.M., 1979, *Solar. Phys.* **63**, 67.

Babcock, H.W., 1961, *Astrophys. J.* **133**, 572.

Birn, J., Goldstein, H., Schindler, K., 1978, *Solar Phys.* **57**, 81.

Chapman, G.A., 1977, *Astrophys. J.*, supplement, **33**, 35.

Chapman, G.A., 1981, in F.Q. Orrall, ed., *Report on the Skylab Workshop on Active Regions,* to be published by Colorado Associated Press.

Chen, L., Hasegawa, A., 1974, *Phys. Fluids* **17**, 1399.

Cowling, T.G., 1976a, *Magnetohydrodynamics* (Bristol: Adam Hilger, 1974), p. 70.

Cowling, T.G., 1976b, *Monthly Notices RAS* **177**, 409.

Danielson, R.E., 1961, *Astrophys. J.* **134**, 289.

Defouw, R.J., 1976, *Astrophys. J.* **209**, 266.

Deinzer, W., 1965, *Astrophys. J.* **141**, 548.

Gabriel, H.A., 1977, in Bonnet and Delache, eds., *The Energy Balance and Hydrodynamics of the Solar Chromosphere and Corona,* IAU Coll. 36 (Nice: Bussac, Clermont-Ferrand, 1977), p. 375.

Galloway, D.J., Proctor, M.R.E., Weiss, N.O., 1977, *Nature* **266**, 686.

Giachetti, R., Van Hoven, G., Chiuderi, C., 1977, *Solar Phys.* **55**, 371.

Harvey, J.W., 1977, in *Highlights of Astron.*, E.A. Muller, ed., **4**, 223.

Hood, A.W., Priest, E.R., *Solar Phys.* **65**, 303.

Ionson, J.A., 1978, *Astrophys. J.* **226**, 650.

Köhler, H., 1973, *Astron. Astrophys.* **25**, 467.

Kraichnan, R.H., 1976, *J. Fluid Mech.* **77**, 753.

Leighton, R.B., 1969, *Astrophys. J.* **156**, 1.

Levine, R.H., Altschuler, M.D., 1974, *Solar Phys.* **36**, 345.

Meyer, F., Schmidt, H.U., Weiss, N.O., Wilson, P.R., 1974, *Monthly Notices RAS* **169**, 35.

Meyer, F., Schmidt, H.U., Weiss, N.O., 1977, *Monthly Notices RAS* **179**, 741.

Meyer, F., Schmidt, H.U., Simon, G.W., Weiss, N.O., 1979, *Astron. Astrophys.* **76**, 35.

Moffatt, H.K., 1978, *Magnetic Field Generation in Electrically Conducting Fluids* (Cambridge: Cambridge University Press, 1978).

Moore, R.L., 1973, *Solar Phys.* **30**, 403.

Musman, S., 1967, *Astrophys. J.* **149**, 201.

Parker, E.N., 1955, *Astrophys. J.* **122**, 293.

Parker, E.N., 1974a, *Astrophys. J.* **191**, 245.

Parker, E.N., 1974b, *Solar Phys.* **36**, 249.

Parker, E.N., 1975, *Astrophys. J.* **198**, 205.

Parker, E.N., 1978, *Astrophys. J.* **221**, 368.

Parker, E.N., 1979a, *Cosmic Magnetic Fields, their Origin and Activity* (Oxford: Clarendon Press, 1979).

Parker, E.N., 1979b, *Astrophys. J.* **230**, 905.

Parker, E.N., 1979c, *Astrophys. J.* **231**, 270.

Peckover, R.S., Weiss, N.O., 1978 *Monthly Notices RAS* **182**, 189.

Piddington, J.H., 1978, *Astrophys. Sp. Sci.* **55**, 401.

Priest, E.R., 1981, in F.Q. Orrall, ed., *Skylab Workshop on Active Regions,* ch. 8, to be published by Colorado Associated Press.

Roberts, B., 1981, in prep.

Roberts, B., Webb, A.R., 1978a, *Solar Phys.* **56**, 5.

Roberts, B., Webb, A.R., 1978b, *Solar Phys.* **59**, 249.

Roberts, P.H., 1967, *An Introduction to Magnetohydrodynamics* (London: Longmans, Green and Co./New York: American Elsevier Publ. Co., 1967).

Salto, M., Kato, S., 1968, *Solar Phys.* **3**, 531.

Savage, B.D., 1969, *Astrophys. J.* **156**, 707.

Schlüter, A., Temesvary, S., 1958, IAU Symp. 6 Lehnert, B., ed. (Cambridge: Cambridge University Press, 1958), p. 263.

Schmidt, H.U., Wegmann, R., 1981, in preparation.

Schüssler, M., 1977, *Astron. Astrophys.* **56**, 439.

Smithson, R.C., 1973, *Solar Phys.* **29**, 365.

Spruit, H.C., 1976, *Solar Phys.* **50**, 269.

Spruit, H.C., 1977a (Thesis, University of Utrecht).

Spruit, H.C., 1977b, *Solar Phys.* **55**, 3.

Spruit, H.C., 1979, *Solar Phys.* **61**, 363.

Spruit, H.C., 1981a, *Solar Phys.* in press.

Spruit, H.C., 1981b, *Astron. Astrophys.*, in press.

Spruit, H.C., Zwaan, C., 1981, *Solar Phys.*, in press.

Spruit, H.C., Zweibel, E.G., 1979, *Solar Phys.* **62**, 15.

Steenbeck, M., Krause, F., 1969, *Astron. Nachr*, **291**, 49.

Stix, M., 1974, *Astron. Astrophys.* **37**, 121.

Syrovatskii, S.I., Zhugzhda, Y.D., 1968, *Soviet Astron.* **11**, 945.

Van Hoven, G., Chiuderi, C., Giachetti, R., 1977, *Astrophys. J.* **213**, 869.

Weiss, N.O., 1974, in L. Mestel and N.O. Weiss, eds., *Magnetohydrodynamics* (Geneva Observatory CH-1290 Sauverny, Switzerland), p. 185.

Wentzel, D.G., 1979, *Astron. Astrophys.* **76**, 20.

Yoshimura, H., 1975, *Astrophys. J.*, supplement, **29**, 467.

Yun, H.S., 1970, *Astrophys. J.* **162**, 975.

Zwaan, C., 1967, *Solar Phys.* **1**, 478.

Zwaan, C., 1975, *Solar Phys.* **45**, 115.

Zwaan, C., 1978, *Solar Phys.* **60**, 213.

18

SOLAR FLARE THEORY

Daniel S. Spicer and John C. Brown

INTRODUCTION

The theoretical interpretation of solar flares has, for many years, been one of the most hotly debated topics in solar physics. In addition, the current theoretical ideas advanced to explain solar flares are being used to help explain stellar flares (Mullan, 1977) and other astrophysical phenomena. However, a theoretical understanding of solar flares is confused by the multitude of models developed over the years to explain flare phenomenology. Until very recently, most of these models have been very qualitative in nature. Indeed, there exists no real model of a solar flare that can be used to compute the observed behavior of a flare, even given the initial conditions, boundary conditions, and pertinent parameters such as $B(x,t)$, where B is the magnetic induction (these conditions and parameters are currently unknown). This situation has its origins in the complexity of the flare phenomenon, both observationally and theoretically, and the lack of the right kinds of data required to model such a situation. Nevertheless, there is a marked tendency by theoreticians, which is fully supported by observers, to develop "models" which contain many free parameters with which observations can be qualitatively compared. Practically all of these models agree qualitatively in some way with the observations. However, when firm predictions are requested, the models are unsatisfactory. They are unsatisfactory because the theoretical emphasis has been to develop rather general pictures of the flare process. Because of this unsatisfactory state of affairs, this review is restricted to a brief description of the models currently in vogue, with emphasis on the physical mechanisms generally invoked in the various models to explain the flare. This approach has many advantages in that it permits a discussion in some detail of the physics of each mechanism and their interrelations. It will also lead to a classification of mechanisms by their drivers, that is, the source of energy on which they feed. In turn, this yields a classification of the multitude of models according to mechanisms and, subsequently, according to drivers. This presentation of the mechanisms invoked to explain solar flares will also allow the interested reader to objectively evaluate these same mechanisms applied to coronal heating (see Wentzel, Chapter 14). This follows from the fact that all of the coronal heating mechanisms which use currents are, in reality, scaled down flare models; for example, the model of Rosner et al. (1978), using anomalous Joule heating, is just a modified Alfvén-Carlqvist model (Alfvén and Carlqvist, 1967; Smith and Priest, 1972; Spicer, 1981a), and the tearing mode model proposed by Galeev et al. (1981) is just the tearing mode flare model proposed by Spicer (1976, 1977a, and 1977b). Thus, all the strengths and weaknesses of a given mechanism used in flare theory can also be examined, when the same mechanisms are applied to coronal heating.

It is the opinion of the authors that this approach, which is radically different from those of previous reviews (e.g., Sweet, 1969), will prove more useful, because it clearly demonstrates, first, that each driver has a given number of possible mechanisms associated with it and, second, that each mechanism is model-independent with respect to the basic physics and predictions as long as there is a driver to excite the mechanism. In this way, the relevant question becomes not "which model is correct to explain a flare?" but "which mechanism and driver are correct to explain a flare?" Thus, the confusing issue of evaluating models is reduced to the underlying simpler question of mechanisms. However, it must be noted that mechanisms are one stage further removed from making observationally verifiable predictions than are models.

The chapter proceeds as follows. In the second section, there is a discussion of the physical mechanisms important to flares, which, simultaneously, introduces various physical concepts useful for understanding the physics of the flare mechanism. In the third section, there is a critical examination of the question of flare model requirements and flare triggers, which also gives a brief summary of the flare models currently in vogue, which demonstrate how each mechanism can be used in the context of a model. In the fourth section a summary of these issues appears. This review is limited to the first acceleration phase of the flare, and no attempt is made to discuss the second acceleration phase.

BASIC PHYSICAL PROCESSES

In this section, the specific mechanisms are examined that are used in the various flare models reviewed in the third section. These mechanisms involve the dissipation of magnetic free energy, that is, of currents. The mechanisms will be divided into those driven by currents drifting parallel and those driven by currents drifting perpendicular to the attendant magnetic field. This will permit the development of a classification scheme for the various mechanisms and, therefore, of models. There are essentially three mechanisms presently proposed for the dissipation of magnetic free energy: (1) magnetic reconnection; (2) magnetic dissipation by (anomalous) Joule heating; and (3) double layers. All three of these mechanisms are considered in what follows.

The Conservation of Magnetic Flux

Consider first a number of useful definitions and concepts that will clarify the physics of the mechanisms to be discussed.

The ideal MHD approximation requires that magnetic flux be conserved; that is, the magnetic flux

$$\Phi_s = \frac{1}{c} \int_s \mathbf{B} \cdot d\mathbf{S} \qquad (18\text{-}1)$$

must satisfy the condition

$$\frac{d\Phi}{dt} = 0 \qquad (18\text{-}2)$$

if the flux is to be conserved, where the integral goes over the open surface S (Figure 18-1) and B denotes the magnetic field. This condition can only be satisfied if there exists no dissipative mechanisms present such as finite resistivity. To prove this, one needs only to expand Equation (18-2) using Faraday's equation and the simplest form of Ohm's law

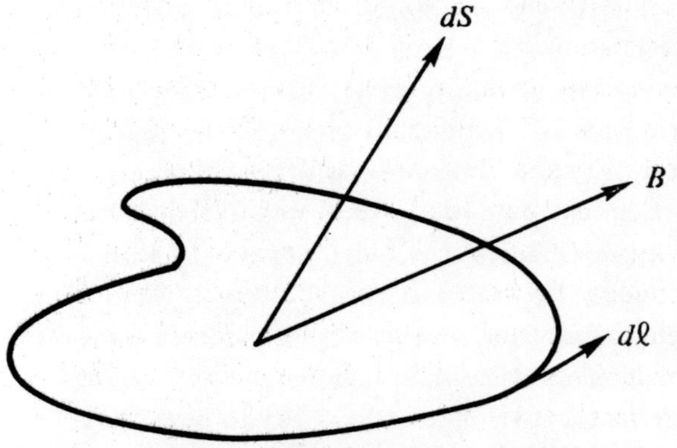

Figure 18-1. Geometry of flux surface. **B** *is the flux density, dS is* **n***ds where vector quantity* **n** *is a unit vector perpendicular to surface element ds, and dℓ is a length element tangent to the boundary.*

$$\mathbf{J} = \frac{\left(\mathbf{E} + \frac{\mathbf{V} \times \mathbf{B}}{c}\right)}{\eta} \qquad (18\text{-}3)$$

to obtain

$$\frac{d\Phi}{dt} = - \int_S d\mathbf{S} \cdot (\nabla \times \mathbf{J}\eta), \qquad (18\text{-}4)$$

where **v** is the local velocity of the plasma in the presence of an electric field **E**, **J** is the current density, and η the scalar electrical resistivity. Equation (18-2) is obtained from Equation (18-4) for finite **J** only in the limit $\eta \to 0$, that is, in the limit of zero Joule dissipation ηJ^2.

The magnetic potential energy in the ideal MHD limit can only be lowered if the motions obey $d\Phi/dt = 0$. This constraint also implies that magnetic surfaces remain well defined, and that the structure of the field cannot be broken up but only distorted. In the limit of $\eta \to 0$, Ohm's law shows that electric fields only exist perpendicular to B and give rise to $\mathbf{E} \times \mathbf{B}$ drifts. Hence, ideal MHD motions are of little use for particle acceleration or heating, except indirectly, for example by driving shocks, which can drive cross-field, non-MHD instabilities (see The Origins of Resistivity and Electron Runaways).

Consider now what occurs when the conductivity in Ohm's law is finite. Suppose there is a boundary between a region with plasma but no field and a region with field but no plasma. If the conductivity is infinite, then the currents at the interface betwen plasma and field will exclude the field from the plasma. However, if the plasma has a finite conductivity, the plasma can move across the field and vice versa. If the plasma flow velocity is small enough, the field lines will not be convected because of a small or vanishing $\mathbf{V} \times \mathbf{B}$ force. Using Ohm's law with $\mathbf{V} = 0$ and Faraday's equation yields

$$\frac{\partial \mathbf{B}}{\partial t} = \frac{\eta c^2}{4\pi} \nabla^2 \mathbf{B} , \qquad (18\text{-}5)$$

where η has been taken to be constant. Taking

$$\nabla^2 \mathbf{B} \approx \frac{\mathbf{B}}{(\delta \ell)^2} ,$$

where $\delta \ell$ is the scale length of the spatial variation of **B**, gives

$$\frac{\partial \mathbf{B}}{\partial t} = \frac{\eta c^2}{4\pi} \frac{\mathbf{B}}{(\delta \ell)^2} , \qquad (18\text{-}6)$$

which integrates to

$$\mathbf{B} = \mathbf{B}_0 e^{-t/\tau} , \qquad (18\text{-}7)$$

where

$$\tau = \frac{4\pi(\delta \ell)^2}{\eta c^2} , \qquad (18\text{-}8)$$

which is the characteristic time for free (i.e., not externally driven) diffusion of the magnetic field into the plasma or vice versa, and is sometimes referred to as the resistive skin time.

The time, τ, can also be interpreted as the characteristic time for magnetic field dissipation. The field lines induce currents as they move through the plasma, and these induced currents result in Joule heating. This energy is transferred from the field to the plasma, and the field weakens unless new flux replenishes that dissipated, that is, unless it is driven. The energy lost per cubic centimeter in time τ is $\eta J^2 \tau$. Now

$$|\mathbf{J}| = c \frac{\nabla \times \mathbf{B}}{4\pi} \approx \frac{cB}{4\pi \delta \ell},$$

so that

$$\eta J^2 \tau = \eta c^2 \left(\frac{B}{4\pi \delta \ell} \right)^2 \frac{4\pi (\delta \ell)^2}{\eta c^2} = \frac{B^2}{4\pi}, \quad (18\text{-}9)$$

or

$$\tau = 2 \left(\frac{B^2}{8\pi} \right) \frac{1}{\eta J^2}. \quad (18\text{-}10)$$

Thus, τ is the time it takes for the magnetic field energy to be dissipated into Joule heat. Further, note that in terms of "lumped" circuit parameters, $\tau = L/R$, where $L \simeq \ell_0/c^2$ is the total inductance of the system, assumed constant in the present argument, $R \simeq \eta \ell_0/[\pi(\delta\ell)^2]$ is the total resistance, and ℓ_0 the length of the system.

Returning to Equation (18-8), it is apparent that there are basically two ways to decrease the dissipation time: either decrease the scale length of the spatial variation of B (steepen the field gradients), or increase the resistivity. In fact, both can occur together. As will be shown, reconnection mechanisms decrease τ by driving the scale length for the magnetic field variation, $\delta\ell$, to smaller values, while anomalous Joule heating mechanisms further decrease τ by increasing the effective resistivity. The reduction of τ is the key to understanding reconnection and anomalous Joule heating flare mechanisms.

The Concept of β

The concept of β and its relationship to plasma containment and to force-free magnetic fields are essential to understanding the numerous possible effects of solar magnetic fields. The parameter, β, plays an important role in distinguishing between flare mechanisms that are driven by currents perpendicular to $B(J_\perp)$ and those driven by currents parallel to $B(J_\parallel)$. Consider the static MHD equilibrium equations in the absence of gravity:

$$\nabla P = \frac{\mathbf{J} \times \mathbf{B}}{c}, \quad (18\text{-}11)$$

$$\nabla \times \mathbf{B} = \frac{4\pi}{c} \mathbf{J}, \quad (18\text{-}12)$$

and

$$\nabla \cdot \mathbf{B} = 0. \quad (18\text{-}13)$$

It is trivial to show that

$$\nabla \frac{B^2}{8\pi}(1+\beta) = \frac{\mathbf{B} \cdot \nabla \mathbf{B}}{4\pi}, \quad (18\text{-}14)$$

$$\mathbf{J}_\perp = \frac{c\, \mathbf{B} \times \nabla P}{B^2}, \quad (18\text{-}15)$$

and

$$\mathbf{J}_\parallel = \alpha(\mathbf{r})\, \mathbf{B}, \quad (18\text{-}16)$$

where $\mathbf{J} = \mathbf{J}_{\parallel} + \mathbf{J}_{\perp}$,

$$\beta = \frac{8\pi P}{B^2} , \tag{18-17}$$

and $\alpha(\mathbf{r})$ is an arbitrary scalar function. Equations (18-14) to (18-17) illustrate the importance of the quantity β. If $\beta << 1$, Equations (18-14) and (18-16) yield

$$\nabla \frac{B^2}{2} \simeq \mathbf{B} \cdot \nabla \mathbf{B} , \tag{18-18}$$

and

$$\mathbf{J} \simeq \alpha(\mathbf{r})\mathbf{B} = \mathbf{J}_{\parallel} , \tag{18-19}$$

or, ideally, a force-free magnetic field. It should now be evident that determining β yields information about whether $\mathbf{J}_{\parallel}$, $\mathbf{J}_{\perp}$, or both are important in a particular problem. For example, coronal magnetic loops are generally thought to be, in part, force free in the corona, because mechanical body forces in the corona are not capable of sustaining appreciable Lorentz forces ($\beta << 1$) and thus, only $\mathbf{J}_{\parallel}$ is of importance. However, the contrary is true in a neutral sheet where $\mathbf{B} \rightarrow 0$ and thus, $\beta \rightarrow \infty$; here $\mathbf{J}_{\perp}$ is the dominant component of $\mathbf{J}$. Determining β also allows us to say something about the local stability of a given magnetic field configuration, since in low β systems those displacements that do not change the vacuum magnetic field (the so-called pressure driven interchange modes) are unimportant. In high β systems, however, pressure gradients can drive local instabilities (see Ideal MHD Instabilities).

Energetically, a low β configuration is preferable for solar flare mechanisms that dissipate magnetic free energy, with the exception of neutral sheet mechanisms. This follows because only a small fraction of the magnetic field needs to be dissipated in order to heat a plasma to high temperatures by dissipation of magnetic free energy. For example, suppose there exists a $\beta \simeq 10^{-3}$ and it is possible to dissipate by some specified process, only 10 percent of the magnetic free energy, all of which goes into heating the plasma within some fixed volume. The temperature of the plasma can be increased by a factor of $\sim$ 100 and the β increased to 0.1 if the density remains fixed and the plasma will still be contained, as is observed in small flare loops (Widing and Spicer, 1981). Note also that the characteristic time for Joule heating τ_{JH} to raise T, where $\tau_{JH} \simeq NkT/\eta J^2 \simeq 2\beta\tau$, is shorter the smaller the β for a fixed J, where Equation (18-8) and Ampere's law have been used.

The Origins of Resistivity and Electron Runaways

Consider the equation of motion of a test particle of charge $q = -e$ and mass m_e drifting with a velocity V_D with respect to a stationary ion background. This is

$$m_e \frac{dV_D}{dt} = -eE - m_e V_D \nu(V) , \tag{18-20}$$

where E is the macroscopic electric field, taken to be constant, and $\nu(V)$ is the collision frequency given by (Spitzer, 1962),

$$\nu(V) = \frac{4\pi N_e e^4 \ln\Lambda}{m_e^2 V^3} , \tag{18-21}$$

where N_e is the background electron density, V the particle's net rms velocity, and $\ln\Lambda = \ln(4\pi N_e \lambda_{De}^3)$, with λ_{De} the electron Debye length. In the absence of collisions, the electrons are freely accelerated relative to the ions so that

$$V_D = -\frac{eEt}{m_e} . \tag{18-22}$$

When the electrons suffer collisions with the more massive ions or with slow moving field electrons, a steady state can be achieved, such that,

$$V_D = -\frac{eE}{m_e \nu(V)} . \tag{18-23}$$

The current density is related to the electron drift by $J = -N_e e V_D$. Using this relation and Equation (18-23) yields

$$J = \frac{N_e e^2 E}{m_e \nu(V)} = \frac{E}{\eta} , \tag{18-24}$$

where η is defined as the electrical resistivity given by

$$\eta = \frac{4\pi\nu(V)}{\omega_{pe}^2} , \tag{18-25}$$

where the plasma frequency $\omega_{pe}^2 = 4\pi N_e e^2/m_e$.

If the drift velocity of the electrons is less than the electron thermal velocity, $V_{T_e} = (kT_e/m_e)^{1/2}$, then $V = (V_D^2 + V_{T_e}^2)^{1/2} \simeq V_{T_e}$ so that Equation (18-21) reduces to

$$\nu = \frac{4\pi N_e e^4 \ln\Lambda}{m_e^{1/2}(kT_e)^{3/2}} , \tag{18-26}$$

which is the well-known Spitzer result (Spitzer, 1962). Using $\lambda_{De} = V_{Te}/\omega_{pe}$, Equation (18-26) can be cast into the form

$$\nu = \omega_{pe}\frac{\ln\Lambda}{\Lambda} \simeq \frac{\omega_{pe}}{\Lambda} , \tag{18-27}$$

to be used in the discussion below.

Notice that the drag force on the electrons ($F_{De} = m_e V_D \nu \simeq V_D/V_{T_e}^3$) in the region $V_D < V_{T_e}$ increases with V_D, implying that a steady state can be achieved according to Equation (18-23), while in the regime $V_D > \nu_{T_e}$, the drag force decreases as V_D^{-2}, implying that a steady state cannot be achieved. The following physical picture then emerges. In the low velocity regime $V_D < V_{T_e}$, where the drag force is greater than the electric force, the electron motion is essentially random, and a steady state can be achieved. However, as the dynamic friction becomes weaker at higher velocities, there is a critical velocity beyond which electrons will be accelerated faster than collisions can drag them. As a result, they gain more energy, while, at the same time, their friction is reduced still further as they reach these higher velocities, and so on. Eventually, the friction becomes negligible so that the electrons are freely accelerated by the dominant electric force until some other energy loss and momentum loss mechanisms become dominant, such as radiation, or a finite spatial extension of the applied electric field, both of which will appear as a cutoff in the distribution function at higher energies. These freely accelerated electrons are the so-called runaway electrons. The critical velocity, V_c, at which they start to run away, may be obtained by balancing the two opposing forces to yield

$$V_c = \frac{4\pi N_e e^3 \ln\Lambda}{m_e E} . \tag{18-28}$$

Defining a quantity E_D, the Dreicer electric field

(Dreicer, 1959), at which runaway occurs for a thermal electron, for which $V_c = V_{T_e}$, yields

$$E_D = \frac{4\pi N_e e^3 \ln\Lambda}{m_e V_{T_e}^3} = \frac{e\ln\Lambda}{\lambda_{De}^2} . \quad (18\text{-}29)$$

Physically, this is the electric field at which the energy picked up in one collision time is equal to the thermal energy. Further, using Equations (18-28) and (18-29), it is evident that runaway occurs for any electron with a velocity that satisfies

$$V \geq V_c = \left(\frac{E_D}{E}\right)^{1/2} V_{T_e} . \quad (18\text{-}30)$$

So far, the motion of single particles has been treated. However, the behavior of the bulk electron distribution changes remarkably in the presence of an external electric field, as a result of the reduction of $\nu(V)$ with higher velocities. In the collision-dominated portion of the distribution, one would expect, intuitively, that the electrons would have a slightly skewed Maxwellian distribution and that they would be drifting relative to the ions with a drift velocity given by Equation (18-23). However, at velocities much greater than V_c, electrons pick up more momentum from the electric field than they lose by momentum exchange with the ions (or field electrons) through collisions. This results in the electrons moving in the antiparallel direction of the electric field; the distribution therefore develops a long tail concentrated on an axis parallel to the electric field. The whole electron distribution then appears as a skewed drifting Maxwellian bulk with a very long and highly anisotropic tail antiparallel to **E**. This anisotropic drifting distribution represents an excess of free energy, which can excite various collective micro-instabilities, which may, in turn, inhibit the extent of the tail.

If the drift velocity of the skewed Maxwellian has a magnitude such that

$$(V_{T_i}, C_s) \lesssim V_D \lesssim V_{T_e} \quad (18\text{-}31)$$

(see Table 18-1), it can excite various current driven collective microinstabilities, where $C_s = (kT_e/m_i)^{1/2}$ is the ion sound velocity and V_{T_i} is the ion thermal velocity. That is, instabilities are driven by the bulk of the current carrying electrons, as opposed to just the tail of the distribution, which may possess a bump. When this occurs the phenomenon called anomalous resistivity occurs as a result of charge clumping caused by a microinstability. The plasma can be unstable to the generation of various types of waves (the source of clumping), notably electrostatic waves, which are normal modes of the plasma and grow at the expense of the free energy associated with the drift energy of the electrons. The scattering of the drifting electrons by these turbulent wave electric fields shows up as an additional momentum and energy loss, hence, the term "anomalous resistivity."

To illustrate physically the relationship between classical collisions and enhanced scattering caused by various collective effects, it is useful to return to Equation (18-27) which relates the classical collision frequency with the plasma frequency and the quantity $\Lambda = 4\pi N_e \lambda_{De}^3$, that is, number of electrons in a Debye sphere. The quantity, Λ, is also a measure of the ratio of the electric field energy density in thermal fluctuations $< \delta E^2 >/8\pi$, to the thermal energy density $N_e kT_e$, that is,

$$\frac{< \delta E^2 >}{8\pi N_e kT_e} \approx \frac{1}{\Lambda} \quad (18\text{-}32)$$

(Krall and Trivelpiece, 1973), hence, Equation (18-27) becomes

Table 18-1
Electrostatic Instabilities Driven Parallel to B

Name	Drift Velocity Turn on Conditions	Field Gradient Scale Length Turn on Conditions	Effective Collision Frequency	Growth Rate
Buneman	$V_C \geq V_{T_e}$	$\delta\ell \leq \frac{c}{\omega_{pe}}\left(\frac{1}{\beta_{pe}}\right)^{1/2}$	$\nu_{eff} \approx \left(\frac{m_e}{m_i}\right)^{1/3} \omega_{pe}$	$\gamma \approx \frac{\sqrt{3}}{2^{4/3}}\left(\frac{m_e}{m_i}\right)^{1/3} \omega_{pe}$
Ion Acoustic	$V_D \geq C_s \left[1 + \left(\frac{m_i}{m_e}\right)^{1/2} \xi^{3/2} \exp(-1.5-0.5\xi)\right]$ $\xi \equiv \frac{T_e}{T_i} >> 1$	$\delta\ell \leq \frac{c}{\omega_{pi}}\left(\frac{1}{\beta_{pe}}\right)^{1/2} \times \frac{1}{1 + \left(\frac{m_i}{m_e}\right)^{1/2} \xi^{3/2} \exp(-1.5-0.5\xi)}$	$\nu_{eff} \approx \left(\frac{m_e}{m_i}\right)^{1/2} \omega_{pe}$	$\gamma \approx \left(\frac{m_e}{m_i}\right)^{1/2} \omega_{pi}$
Electric Ion Cyclotron	$V_D \geq c_s$	$\delta\ell \leq \frac{c}{\omega_{pi}}\left(\frac{1}{\beta_{pe}}\right)^{1/2}$ $\beta_{pe} \equiv \frac{8\pi N_e k T_e}{\delta B^2}$	$\nu_{eff} \approx \nu_{ei}\left[1 + \frac{V_D}{V_{T_e}}\right]$	$\gamma \approx 0.1\,\Omega_{ce}$

Table 18-1 (continued)
Electrostatic Instabilities Driven Perpendicular to B

Name	Drift Velocity Turn on Conditions	Effective Collision Frequency	Growth Rate
Modified Two Stream	$V_D \geq \left(\frac{m_e}{m_i}\right)^{1/2} V_{T_e}$	$\nu_{eff} \approx \frac{0.14\,\omega_{pi}^2}{\Omega_{LH}}\left(\frac{k_\parallel}{k_\perp}\right)^{2/3}$, if $\frac{k_\parallel}{k_\perp} \leq 1$ $\nu_{eff} \approx \frac{0.14\,\omega_{pi}^2}{\Omega_{LH}}\left(\frac{k_\parallel}{k_\perp}\right)^{1/2}$, if $\frac{k_\parallel}{k_\perp} > 1$ $\Omega_{LH} = \frac{\omega_{pi}}{\left(1 + \frac{\omega_{pe}^2}{\Omega_{LH}}\right)^{1/2}}$	$\gamma_{Max} \approx \Omega_{LH}$ $k_{\perp Max} \approx \Omega_{LH}/V_D$ $\left(\frac{k_\parallel}{k_\perp}\right)_{Max} \approx \left(\frac{m_e}{m_i}\right)^{1/2}$ $k \cdot B \approx 0$
Lower Hybrid Drift	$\left(\frac{m_e}{m_i}\right) V_{T_e} \leq V_D \leq \left(\frac{m_e}{m_i}\right)^{3/4} V_{T_E}$	$\nu_{eff} \simeq \left(\frac{\pi}{8}\right)^{1/2} \frac{m_i}{m_e}\,\Omega_{LH}\,\frac{<\delta E^2>}{8\pi N k T_i}$ $\frac{<\delta E^2>}{8\pi} \leq \frac{1}{2} m_e N_e V_D^2$	$\gamma_{Max} \simeq \Omega_{LH},\ k \cdot B = 0$ $k_{\perp Max} \simeq \frac{\sqrt{2}}{\rho_e}\left(\frac{T_e}{T_i}\right)^{1/2}$
ion acoustic	see $J_\parallel$		
Buneman	see $J_\parallel$		

$$\nu \simeq \omega_{pe} \frac{<\delta E^2>}{8\pi N_e k T_e} . \qquad (18\text{-}33)$$

The form of Equation (18-33) correctly suggests that, if it were possible to increase the magnitude of electric field fluctuations through which the drifting electrons are scattered, it would be possible to increase the collision frequency over that of a thermal plasma and, therefore, modify the transport coefficients, for example, the resistivity. In fact, there are a number of micro-instabilities that can result in enhanced electric field fluctuations which are orders of magnitude greater than their thermal level. However, just any high frequency microinstability is not sufficient to cause an increased resistivity. This follows because, for the bulk of the drift electrons to experience friction, the phase velocity of the waves produced by some microinstability must be small; that is,

$$V_p = \frac{\omega}{|k|} << (V_{T_e}, V_D) ,$$

which implies, in turn, that the frequency of the waves must satisfy $\omega << \omega_{pe}$. Physically, this has two causes: (1) resistivity is not a resonance phenomenon between wave and particle, and (2) if $V_p \gtrsim (V_{T_e}, V_D)$ the electrons and clumps of charge caused by collective effects would move together with little or no momentum exchange. Hence, $V_p << (V_{T_e}, V_D)$ implies that the electrons see a fixed scattering center and that the momentum exchange will be large. Also note that the wave frequency cannot get too low, since the electrons with their small inertia will not even experience the waves. For example, Alfvén waves cannot, of themselves, cause anomalous resistivity.

In Table 18-1 are listed the various known instabilities that are capable of producing anomalous resistivity. They are separated into those that are driven by currents perpendicular to and by currents parallel to the magnetic field. This split in the source or driving current is useful for a number of reasons. For example, it facilitates a recognition of which instabilities might be important in a force-free loop (those driven by $J_{\|}$) and which instabilities that might be important in a neutral sheet (those driven by $J_{\perp}$). The reader should notice that the threshold conditions on the drift velocities required to excite these instabilities imply very steep magnetic field gradients. These gradient scale lengths are also included in Table 18-1.

As is apparent from Table 18-1, the growth rates for these instabilities are huge compared with the characteristic growth time of overall flare energy release. Furthermore, detailed analytic and numerical studies of these various instabilities show that they saturate in a few growth times, that is, in a time many orders of magnitude shorter than the characteristic time scales of a flare. How then can one really believe that such instabilities play a role in the flare process? The answer is that microinstabilities can be important in flares for long periods in a steady state only if some transient driving mechanism, external to the instability, continuously drives the system toward instability for a time characteristic of a flare. This marginal stability hypothesis, as it is sometimes called, has led to several accurate predictions in laboratory phenomena (Manheimer and Boris, 1977). Since this hypothesis will be invoked through the remainder of this review, it is appropriate to illustrate it here, using the ion acoustic instability listed in Table 18-1. Following that, the question of approach to marginal stability is considered.

Suppose an electric field is applied to a plasma so that a current forms, with a drift velocity on the order of the ion sound velocity, C_s. Suppose further that $T_e/T_i >> 1$, so that (Table 18-1) the conditions are satisfied for excitation of the ion acoustic instability. The marginal stability of the ion acoustic instability implies that the turbulent field fluctuation level adjusts to give an electron wave scattering frequency ν_{eff} for which

$$C_s = \frac{eE}{m_e \nu_{eff}} . \qquad (18\text{-}34)$$

Hence, if ν_{eff} and E are known, then C_s and, thus, the electron temperature, T_e, of the plasma can be calculated.

Envision now how marginal stability is approached, following the arguments of Manheimer and Boris (1977). Suppose the magnitude of the external driving mechanism forcing the plasma toward instability is gradually raised. For a very weak electric field, ν_{eff} will be determined classically. As E is increased toward the marginal stability point, the level of fluctuations starts to increase, increasing ν_{eff}. As E increases still further, ν_{eff} will increase until the instability saturates, giving a maximum ν_{eff}. What these arguments show is that if the system is driven hard, until the instability saturates, the instability approaches marginal stability from above, as opposed to the case in which it is driven weakly, so that the instability approaches marginal stability from below. This shows that one will obtain different values of ν_{eff} depending on how the system approaches marginal stability.

Particle Acceleration by Electric Fields in the Presence of Anomalous Resistivity Microturbulence

On first examination, it might be expected that the microturbulence which results in anomalous resistivity would inhibit efficient particle acceleration by electric fields. However, as was noted in the previous section, the turbulence which causes anomalous resistivity must necessarily have low phase velocities. Thus, an electron accelerated by an electric field sees essentially a fixed scattering center. Electrons with velocities greater than the phase velocity of the turbulent waves will experience dynamic friction that decreases as their velocity becomes greater. It should therefore be expected that the scattering frequency of the waves would decrease with higher electron velocities just as in the Coulomb case Equation (18-21). Indeed, this is exactly what occurs, and the scattering frequency for ion acoustic waves scales as

$$\nu^*_{eff} = \nu_{eff}\left(\frac{V_{T_e}}{V}\right)^3 , \tag{18-35}$$

for particles in the electron distribution with velocities $V \gtrsim V_{T_e}$ (Kaplan and Tsytovich, 1973). Hence, electron runaway can still occur in the presence of the turbulence; the only difference is that the classical Dreicer field for runaway is replaced by

$$E^*_D = \frac{m_e V_{T_e} \nu_{eff}}{e} , \tag{18-36}$$

and electrons with velocities

$$V_R \geq \left(\frac{E^*_D}{E}\right)^{1/2} \left(\frac{kT_e^{MS}}{m_e}\right)^{1/2} \tag{18-37}$$

will runaway, where T_e^{MS} is the electron temperature of the plasma at marginal stability (Spicer, 1981a). An estimate of the production rate of runaway electrons is given by Kruskal and Bernstein (1964):

$$\gamma_0 = 0.35\,\nu_{eff}\left(\frac{E^*_D}{E}\right)^{3/8} \exp\left\{-\left(\frac{2E^*_D}{E}\right)^{1/2} - \left(\frac{E_D}{4E}\right)\right\}, \tag{18-38}$$

where the electron-ion classical frequency, ν_{ei}, has been replaced with ν_{eff}, and the classical Dreicer field, E_D, has been replaced with E^*_D. The total number of electrons to runaway in a time Δt, during which the driving electric field is applied, is just

$$N_T = \int_{\Delta V}\int_{\Delta t} N_e \gamma_0 d^3x dt \approx N_e \gamma_0 \Delta V \Delta t , \tag{18-39}$$

where ΔV and Δt represent the incremental volume and time, respectively, in which and during which the electric field is applied. In other words a fraction $\gamma_0 \Delta t$ undergoes runaway in any volume ΔV and time Δt.

If the Buneman instability is excited by an electric field which satisfies $E \geq m_e \omega_{pe} C_s / e$, a driven two-stream instability can occur when the electric field is applied for durations greater than a few growth periods (see e.g., Spicer, 1977b, and references therein). The physics is straightforward. The electric field accelerates the electrons up to $V_D = V_{T_e}$, the system goes unstable to the Buneman instability, and the instability takes energy from the current and heats the electrons, making $V_{T_e} > V_D$ again, thereby quenching the instability. The applied electric field, however, continues to accelerate the electrons and the process repeats. This model has been confirmed by detailed particle simulations (Boris et al., 1970; Morse and Nielson, 1971), from quasilinear theory (Hamasaki et al., 1971), and also by laboratory experiments (Hirose and Skarsgard, 1976). The result of this whole process is bulk electron heating combined with bulk electron runaway, that is, acceleration at some fraction of the free streaming velocity. The total number of runaways can be approximated from Equations (18-38) and (18-39), with ν_{eff} for the Buneman instability obtained from Table 18-1, replacing that of the ion acoustic instability.

It should be noted that Equation (18-38) is not valid for $E > E_D$, and therefore some other means of estimating the rate of runaway production by E is needed. When $E > E_D$, the acceleration is essentially collisionless so that an electron will be freely accelerated through a distance, D, in which the voltage is dropped, in a time given by

$$\gamma_R^{-1} = \left(\frac{D m_e}{eE} \right)^{1/2} . \tag{18-40}$$

Hence,

$$N_T = \gamma_R N_e \Delta V \Delta t . \tag{18-41}$$

The above results will be used in the section, Flare Models.

One very important point associated with particle acceleration and anomalous resistivity should be emphasized: *if the current density is high enough to cause the current to become unstable to the various instabilities that can cause anomalous resistivity it must have a driving electric field which is also large enough to cause particles to be accelerated*. However, the total number in the tail of the distribution will not be much greater than that found in a skewed Maxwellian. Conversely, if the field can accelerate large numbers of particles, the drift current must cause anomalous Joule heating.

Ideal MHD Instabilities

This section elucidates ideal MHD instabilities relevant to solar flare theory, with the aim of introducing various concepts associated with these instabilities that will allow one to differentiate them from resistive MHD instabilities and microscopic instabilities.

There are basically two sources of driving energy for MHD instabilities—ideal and dissipative. Currents perpendicular to B caused by pressure gradients are responsible for driving the so-called interchange instabilities. These instabilities cause one portion of the plasma to exchange places with another portion. Since they depend only on the local conditions near the line of force, they are therefore called local instabilities (or modes) as opposed to global instabilities (or modes). As a general rule, interchange instabilities, being local, do not necessarily imply global instability, and so some level of local instability is tolerable and usually appears as turbulence, for example, in solar features such as prominences (Spicer, 1979a). The second source of driving energy is the current parallel to B. Macroscopic instabilities driven by $J_{\parallel}$ are spread out over the plasma volume. They are generically called kinks, or helical instabilities. Kinks can be further subdivided into free-boundary kinks (external kinks) and internal kinks. The external kink involves motions of the entire plasma magnetic field configuration. The erupting prominence appears to be a classical example of a free-boundary kink (Sakurai, 1976; Spicer, 1976, 1979a). On the other hand, internal kinks involve distortions and motions within the plasma magnetic field configuration (PMFC) and are not necessarily visible to an external observer. As will be noted later, internal kinks have lower thresholds than external kinks, but external kinks are more violent.

As a general rule, both ideal and dissipative MHD instabilities occur when a perturbation to a PMFC does not bend or stretch the magnetic field lines. Such perturbations, thus, do not result in magnetic restoring forces, which are necessary to restore the perturbed equilibrium, and the perturbation continues to grow. It is necessary to identify more precisely those effects which are capable of causing instability and those which are capable of stabilizing.* This is achieved by utilizing the energy principle (Bernstein et al., 1958) and examining the potential energy δW, dividing δW into positive and negative parts so that the stabilizing and destabilizing terms can be identified. δW can be written in the form (Furth et al., 1966)

$$\delta W = \delta W_F + \delta W_V + \delta W_S \, , \qquad (18\text{-}42)$$

where δW_F is the change in potential energy resulting from the perturbation of the plasma given by

$$\delta W_F = \frac{1}{2} \int_{\text{plasma}} d^3x \left\{ \frac{\delta B_\perp^2}{4\pi} \right.$$

(Alfvén)

$$+ \, 4\pi \left| \frac{\delta B_\parallel}{4\pi} - \frac{B_0 \xi \cdot \nabla P_0}{B_0^2} \right|^2$$

(magnetoacoustic)

$$+ \, \gamma P_0 (\nabla \cdot \xi)^2 \qquad (18\text{-}43)$$

(acoustic)

$$- \, \frac{\mathbf{J}_0 \cdot \mathbf{B}_0 (\mathbf{B}_0 \times \xi) \cdot \delta \mathbf{B}}{B^2}$$

(kink)

$$\left. - \, 2\xi \cdot \nabla P_0 \xi \cdot \kappa \right\}.$$

(interchange-ballooning)

δW_V is the change in potential energy resulting from the perturbation of any vacuum magnetic field, given by

$$\delta W_V = \frac{1}{2} \int d^3x \, \frac{|\delta B^2|}{4\pi} \, , \qquad (18\text{-}44)$$

and δW_s is the change in potential energy associated with any surface currents present, given by

$$\delta W_s = \frac{1}{2} \int d\mathbf{S} \cdot \left[\nabla \left(P_0 + \frac{B_0^2}{8\pi} \right) \right] (\mathbf{n} \cdot \xi)^2 \, , \qquad (18\text{-}45)$$

where ξ is the fluid displacement, γ is the ratio of the specific heats, $\mathbf{n}$ is a unit vector normal to the equilibrium magnetic surface, $\delta \mathbf{B}$ is the perturbed magnetic field, and

$$\kappa = \frac{1}{2B_0^4} \left[\mathbf{B}_0 \times \nabla (8\pi P_0 + B_0^2) \right] \times \mathbf{B}_0 \qquad (18\text{-}46)$$

is the curvature of the magnetic field. The vacuum potential energy change δW_V is always

*The reader should note that the arguments to be given are geometry-independent; that is, kinks can occur in in any geometry, although with differing growth rates and physical manifestations.

stabilizing, and δW_s will vanish if no surface currents exist. The first three terms in δW_F are stabilizing, while the last two are destabilizing. The first of the two destabilizing terms results from currents flowing parallel to **B**, and the second destabilizing term results from the interaction of the pressure gradient with the field curvature. These latter two terms arise from $J_{\parallel}$ and $J_{\perp}$, respectively. In solar PMFC β is generally believed to be much less than unity (except in neutral sheets where $B \to 0$); hence, $J_{\perp} \simeq 0$, and one should therefore expect only $J_{\parallel}$ to play an important role in the energetics of such configurations, although local weak turbulence caused by $J_{\perp}$ may be present (Spicer, 1979a). However, just the opposite is true inside neutral sheets where $\beta \to \infty$, since $B \to 0$, so that $J_{\perp}$ becomes very important; hence, interchanges should be expected in neutral sheets if finite curvature effects exist. Indeed, Uchida and Sakurai (1977) have recently argued that such interchanges might play an important role in the energetics of neutral sheet reconnection during a flare.

The first and second stabilizing terms arise because energy is required to stretch and shift lines of forces if the direction of the magnetic field is changed by the perturbation. Contained within this term is the global magnetic shear, the average shear over the entire magnetic surface, and the local shear, the amount that a field line must be stretched if it is to exactly replace a neighboring field line in the course of the perturbation (Ware, 1965). Magnetic shear stabilizes, because in a sheared magnetic field the direction of the magnetic field changes its direction with position; hence, it becomes very difficult to replace a field line with another neighboring line which is at an angle with respect to another, unless the line is bent and/or stretched. Since bending and stretching requires work be done on the field, δW_F increases rather than decreases; hence, shear is stabilizing. It should be emphasized, at this point, that shear is stabilizing in the ideal MHD limit because flux is conserved; that is, field lines cannot be broken. However, dissipation effects such as resistivity allow the lines of force to break and reconnect. Thus, shear in the presence of dissipation is not as effective a stabilizing influence as it is in the ideal MHD approximation.

Equation (18-43) contains two compression terms, $\gamma P_0(\nabla\cdot\xi)^2$ and $(\mathbf{B}_0\xi\cdot\nabla P_0)/B_0^2$, both of which are stabilizing. This follows because they are a measure of the net energy absorbed by the PMFC in compressing the magnetic field and the plasma. As with stretching, a finite amount of compression is necessary if one field line is to exactly replace another. Notice also that both terms become ineffective in the limit of $\beta \to 0$.

The destabilizing term,

$$\frac{\mathbf{J}\cdot\mathbf{B}_0\,(\mathbf{B}_0\times\xi)\cdot\delta\mathbf{B}}{B_0^2},$$

is the term responsible for driving kink instabilities (Voslamber and Callebaut, 1962; Green and Johnson, 1962; Raadu, 1972) in force-free fields by means of forces resulting from the interaction of the current parallel to $\mathbf{B}_0$ with $\delta\mathbf{B}$. Energy is released by lowering the net current along the magnetic field. The constraint that the magnetic flux within a given flux surface be conserved is satisfied by bending and stretching the field lines into a helical or screw shape (Kruskal and Kulsrud, 1958). The decrease in the magnitude of B inside the flux surface is balanced by an increase in the cross section of the bounding surface, which is why a prominence expands (Sakurai, 1976; Spicer, 1979a).

The term $2\xi\cdot\nabla P_0\,\xi\cdot\kappa$ in Equation (18-13) is related to the curvature and, thus, to the tension of the lines of forces and is responsible for driving the interchange instability.* This tension results in a force which is proportional to B^2, so that work must be done to move lines of force against this tension.

One additional stabilizing effect not obvious from the discussion so far is line tying. In the ideal MHD limit, line tying results when one

*The Rayleigh-Taylor instability is essentially an interchange instability, with gravitational acceleration g as the driving term instead of κ. It arises as a result of a coupling between the pressure gradient and g.

insists that the finite length field lines are rigidly tied to the end boundaries. Hence, the only way field lines can be interchanged is by twisting the field lines by rotating one or both boundaries. However, this increases rather than decreases the total energy of the field, so line tying represents a stabilizing effect. Line tying is included in δW when minimizing δW with respect to ξ by insisting that the component of ξ perpendicular to **B** vanish at the end boundaries. This gives rise to a positive definite stabilizing term which varies inversely as L_0^{-1}, where L_0 is the distance between end boundaries (Solov'ev, 1971; Raadu, 1972; Spicer, 1976; Hood and Priest, 1979). Hence, the larger is L_0 the less stabilizing is the effect.

Unfortunatelv, up to the present, the stability of solar PMFC's has not been treated correctly. To illustrate one fundamental error that has been made in studying the stability of solar magnetic loops, consider the linear diffuse pinch characterized by cylindrical symmetry with the pressure and magnetic field being functions of the radius only. Newcomb (1960) has reduced the ideal MHD stability problem to the study of the ordinary Sturm-Liouville equation,

$$\frac{d}{dr}\left(f\frac{d\xi}{dr}\right) - g\xi = 0 \ . \qquad (18\text{-}47)$$

The functions f and g (not the gravitational acceleration here) depend on the radius through their dependence on equilibrium quantities, and f is singular at various radii at which the perturbation is constant along an equilibrium field. The displacement ξ must satisfy the boundary condition

$$\left(f\xi\frac{d\xi}{dr}\right)\Bigg|_a^b = 0 \ . \qquad (18\text{-}48)$$

Equation (18-48) can be satisfied in a variety of ways. In laboratory devices $\xi(b) = 0$ is required, because a rigid immovable conducting wall exists at a radius $b = R$. However, no such wall exists around solar loops, so that $b = \infty$. Despite this fundamental difference, the boundary condition $b = R$ is the boundary condition that is presently employed in the analysis of loop stability (Anzer, 1968; Raadu, 1972; Van Hoven et al., 1977). In fact, such boundary conditions eliminate free boundary kinks (Shafranov, 1970) and permit only internal kinks, which are not necessarily observable. In addition, the $m = 1$ kink requires that $d\xi/dr$ vanish at $r = 0$ (Newcomb, 1960), and again the analysis of the previous authors has not included this effect, thereby eliminating, a priori, the $m = 1$ kink mode, both internal and external. On the other hand, Sakurai (1976) has treated the boundary conditions properly for prominences, as his illustrations show (Figure 18-2). This point is most important, because the internal kink has a much lower threshold than the external kink. The external kink requires roughly

$$B_\theta^2 \ln\left(\frac{L_0}{a}\right) > B_z^2 \ ; \qquad (18\text{-}49)$$

whereas the internal kink requires (for periodic boundary conditions in z and homogeneity in θ and z)

$$B_\theta > \frac{2\pi a B_z}{L} \ , \qquad (18\text{-}50)$$

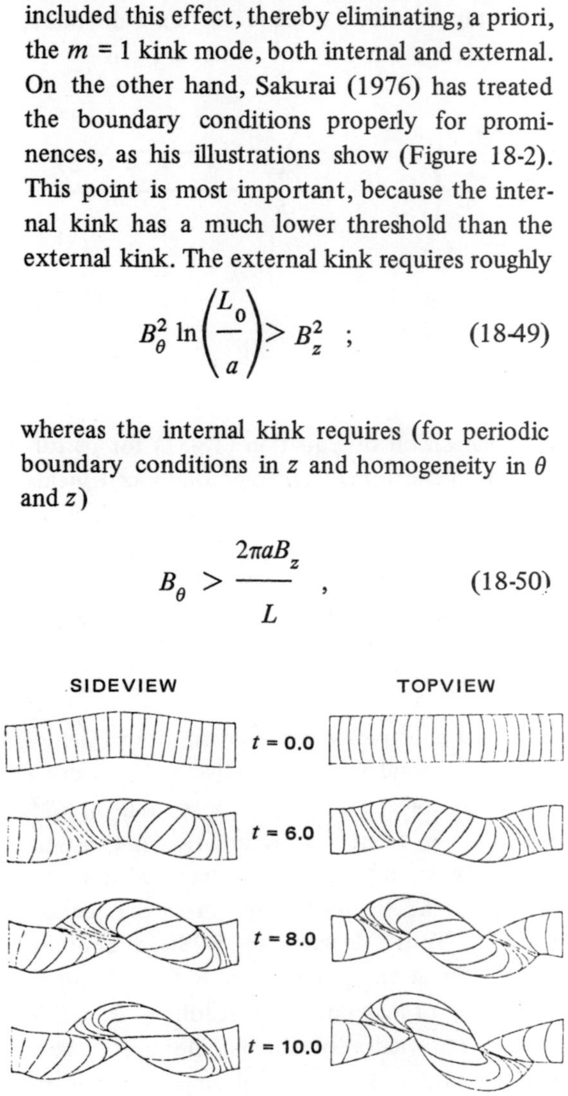

Figure 18-2. The development of an external m = 1 ideal MHD kink instability in the magnetic field lines (Sakurai, 1976).

where a is the radius of the pinch, B_θ is the component of **B** induced by J_z, and B_z is the axial component of **B** (see e.g., Hasegawa, 1975).

It would be useful to discuss the kink instability further before proceeding to reconnection, since it is driven by $J_\parallel$ and, as was discussed in The Origins of Resistivity and Electron Runaways, there are microscopic instabilities also driven by currents parallel to **B**. As shown already, kinks are effectively incompressible perturbations, since P_0 does not appear in the driving term; that is, they would exist with or without a finite β. Since they are incompressible, the kink driving force must provide a torque in the z direction, i.e.,

$$\mathbf{T}_z = \nabla\times\left(-\nabla P + \frac{\mathbf{J}\times\mathbf{B}}{c}\right) = \frac{(\mathbf{B}\cdot\nabla\mathbf{J} - \mathbf{J}\cdot\nabla\mathbf{B})_z}{c} . \tag{18-51}$$

A linearization of Equation (18-51) for perturbations of the form $\xi = \xi(r)\exp\,[i(m\theta + kz)]$ yields

$$T_z' = \delta B_r \frac{\partial J_{z0}}{\partial r} + ik_\parallel\,|\mathbf{B}_0|\,\delta J_z , \tag{18-52}$$

where $\partial J_{z0}/\partial r$ provides the driving force. Generally, the second term is negative and provides a stabilizing force, except when $k_\parallel = (\mathbf{k}\cdot\mathbf{B}_0)\mathbf{B}_0/B_0^2 = 0$, that is, when the perturbation is constant along the equilibrium field, these points correspond to the singular points in f of Equation (18-47). Thus, depending on the magnitude of $\partial J_{z0}/\partial r$ at the point where $\mathbf{k}\cdot\mathbf{B}_0 = 0$, instability may or may not result. It follows from this that a knowledge of the equilibrium current density profile is of crucial importance if an understanding is to be reached of the stability of solar features, such as loops and prominences in which parallel currents are believed to flow.

If there is no component of **B** other than that produced by J_z the system is shearless, since that induced field component B_θ would have lines of force that were all in the same direction. However, if more than one component of **B** exists then **B** has shear, because the direction of **B** varies from point to point. For a cylindrically symmetrical field, the pitch of the magnetic field is given by

$$\mu^{-1} = \frac{B_\theta}{rB_z} ; \tag{18-53}$$

hence, the shear is just the derivative $d\mu/dr$. However, this shear is related to dJ_z/dr by the integral (Spicer, 1976; Wesson, 1978)

$$\frac{d\mu}{dr} = \frac{2\pi L}{r^3 B_{z0}} \int_0^r r'^2 \frac{dJ_{z0}}{dr'}\, dr' , \tag{18-54}$$

and it is for this reason that the paradoxical statement is sometimes made that "shear drives kinks" even though, as seen earlier, shear stabilizes kinks. The main point then is that steep current density profiles, that is, profiles with large dJ_z/dr, result in large measures of shear, so that a solar PMFC which has large measures of shear should be relatively stable to ideal MHD kink modes as well as to interchange modes. However, the introduction of finite resistivity, which relaxes the MHD constraint of flux conservation, will change the above claim as is seen in the next section.

Reconnection

As noted earlier, there are two means by which the Joule dissipation time,

$$\tau = \frac{4\pi(\delta\ell)^2}{c^2\eta} , \tag{18-55}$$

can be reduced, that is, either by reducing the magnitude of $\delta \ell$ or by increasing the resistivity. Of course, both can also occur together. In The Origins of Resistivity and Electron Runaways it was noted that the phenomenon called anomalous resistivity involved simultaneously a reduction in $\delta \ell$ and an increase in η. However, it was also noted that the $\delta \ell$ required was on the order of a plasma skin depth (c/ω_{pe}) which, in turn, implied extremely steep magnetic field gradients. It was also argued that such field gradients could only exist in a transient-driven situation if the flare was to be explained by anomalous Joule heating combined with particle acceleration. Here another mechanism will be examined, namely reconnection. Reconnection requires only that $\delta \ell$ be reduced, but not necessarily to the extremely small values required of anomalous resistivity. In the literature two forms of reconnection are usually treated: reconnection in neutral sheets, and reconnection in sheared magnetic fields. Further, reconnection in neutral sheets is treated as a driven phenomenon, while reconnection in sheared magnetic fields is treated as resulting from an instability developing from a metastable equilibrium called a tearing instability (sometimes called a resistive kink instability), because it tears the magnetic flux surfaces and, thus, violates the conservation of flux constraint of ideal MHD theory. However, intrinsic to reconnection in both neutral sheets and sheared fields is the formation of so-called X-type points. These are regions in which large current densities can be produced without being opposed by $\mathbf{J} \times \mathbf{B}$ forces, as first shown by Dungey (1953). These regions are therefore ideal for particle acceleration. Indeed, Dungey also showed that such a region is unstable with respect to the growth of the current density. Further, although neutral sheets require X-type points, they are treated in a steady-state driven mode, as if the X-type points already existed; that is, the neutral sheet models ignore the question of how the X-type point is formed in the first place and, therefore, treat the nonlinear steady-state aspect of reconnection. However, something must cause the formation of these X-type points, so that there must exist a phase in which the X-type point is formed. The mechanism generally believed to be the cause of the X-type point is the tearing instability (Furth, Killeen, and Rosenbluth, 1963, hereafter referred to as FKR), as demonstrated by Jaggi (1964), who showed that the tearing instability would set in before the neutral sheet became thin enough for a steady state to be established. Hence, although models will be noted which are treated with one X-type point, this review will concentrate on the physics of the tearing instability, highlighting the differences between neutral sheets and sheared PMFC.

As was noted in The Conservation of Magnetic Flux and Ideal MHD Instabilities, the conservation of magnetic flux represents a constraint on the motion of the PMFC; that is, the topology of flux surfaces remained the same. Allowing for dissipation removes this constraint and the magnetic field structure of the PMFC can change in such a way as to lower the energy of the PMFC leading to instability. The magnetic flux, which is the product of the inductance, L, and total current, I, was constant in the ideal MHD theory, requiring I to change inversely with any change in L. On the other hand, relaxing this constraint allows the flux to change according to

$$\frac{d}{dt}(IL) = IR \quad , \qquad (18\text{-}56)$$

where R is the total resistance. Hence, changes in I and L are allowed which are not in opposition to one another. During reconnection, dL/dt can be very large at the X-type points and can lead to strong inductive electric fields parallel to $\mathbf{B}$ or, in the case of neutral sheets, perpendicular to $\mathbf{B}$, where $\mathbf{B} \rightarrow 0$. Of course, these large inductive electric fields can lead to both intense Joule heating and particle acceleration. It should be noted that $dL/dt = 0$, during pure Joule heating, which is one means of distinguishing ordinary Joule heating, $LdI/dt \neq 0$, and reconnection, $d/dt\ (LI) \neq 0$. However, before examining in detail the tearing instability and its relationship to reconnection, consider first why reconnection lowers the energy of a PMFC and why tearing is a very simple and primitive instability.

Useful insight into how reconnection lowers the energy of the PMFC is gained by using a rubberband analogy. In Figure 18-3(a) the field lines are distorted into nested ellipses by some external force; in Figure 18-3(b) the external force has been removed and the field lines become nested circles. As is well known, ellipses have a smaller area than circles with the same circumference. Hence, because of flux conservation the configuration in Figure 18-3(a) has a higher magnetic energy state than that in Figure 18-3(b), and the energy released in going from the configuration in Figure 18-3(a) to that in Figure 18-3(b) is the work required of the external force to maintain the field in its distorted form. Expressed mathematically, it follows that

$$\Delta\epsilon = \int_{\text{ellipse}} \frac{B^2}{8\pi}\, d^3x - \int_{\text{circle}} \frac{B^2}{8\pi}\, d^3x \ .$$

Consider next the situation where the external force is maintained or even increased as illustrated in Figure 18-3(c). In the ideal MHD theory, the nested ellipses would continue to be compressed and the energy state of the system would continue to increase, since there is no way in which the ideal MHD system can relieve itself of the excess energy being stored in it by its compression. However, if one allows for finite dissipation effects, the ideal MHD constraint is relaxed and reconnection can occur, leading to less distorted ellipses or even circles plus an X-type point. Hence, by allowing for finite dissipation, the system was able to find a lower energy state inaccessible in the ideal MHD theory. The system was able to perform this relaxation in energy by altering the shape of its magnetic surfaces–indicated here by the ellipses or circles–something forbidden by MHD theory. The magnetic energy, so released, will appear localized about the X-point and as enhanced Joule heating in the current filaments formed, which are usually called magnetic islands.

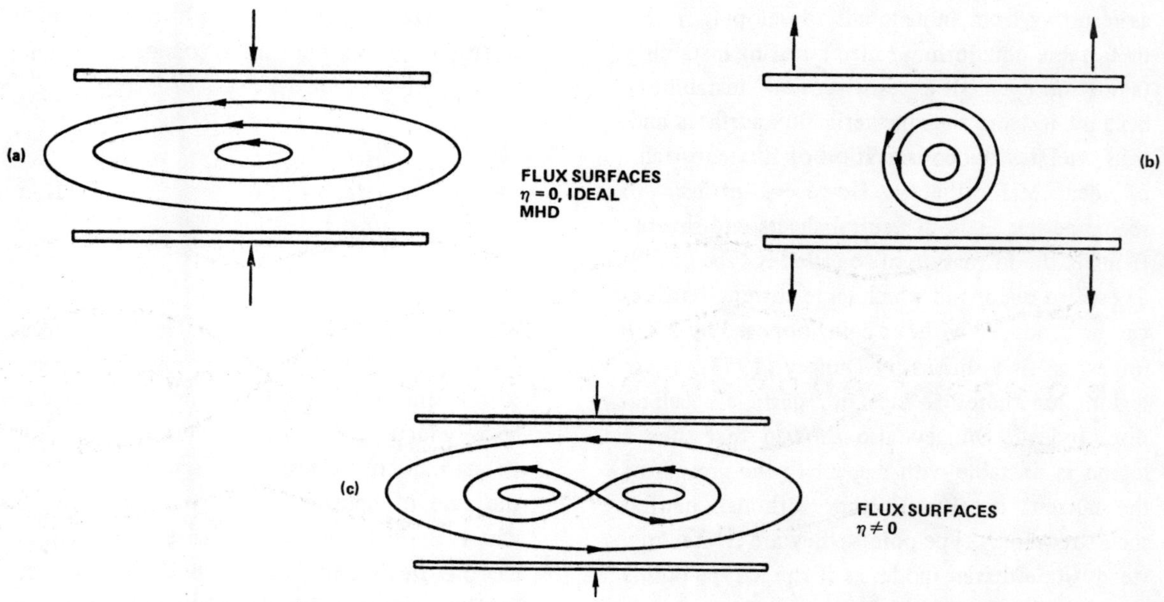

Figure 18-3. (a) Flux surfaces in the ideal MHD approximation are distorted into nested ellipses (higher energy state) by the action of an external force in the form of two conducting plates ($\eta = 0$) being externally forced together; (b) flux surfaces in the ideal MHD approximation relax back to nested circles (lower energy state) once external force is removed; and (c) distorted flux surfaces reconnect in the presence of finite resistivity and external driving force. A magnetically lower energy state is evident by the appearance of more circular flux surfaces after reconnection.

The next question then is: What force causes the current to bunch into this low energy "magnetic island" configuration? Consider n parallel wires each carrying a current in the z direction. Suppose they are constrained by some external force to remain in the $y = 0$ plane (Figure 18-4). Next, allow a sinusoidal perturbation along the x direction to cause displacements of the wires toward one another. Since parallel currents attract one another, the wires will bunch up to form "islands" of wires. If one now lets $n \to \infty$ so as to form a continuous current sheet, a similar perturbation will lead to current bunching or filamentation of the current sheet.

So far, the question of why finite dissipation effects are necessary if reconnection is to occur at all has not been considered. The necessity of dissipation can now be demonstrated as follows: Consider Figure 18-5, which illustrates a neutral sheet in which a current is flowing in the positive z direction and is perpendicular to the equilibrium magnetic field. Note that B_{y0} induced by $J_z (J_\perp)$ vanishes everywhere along the $x = 0$ line, and, that the current J_z is peaked there. If there exists

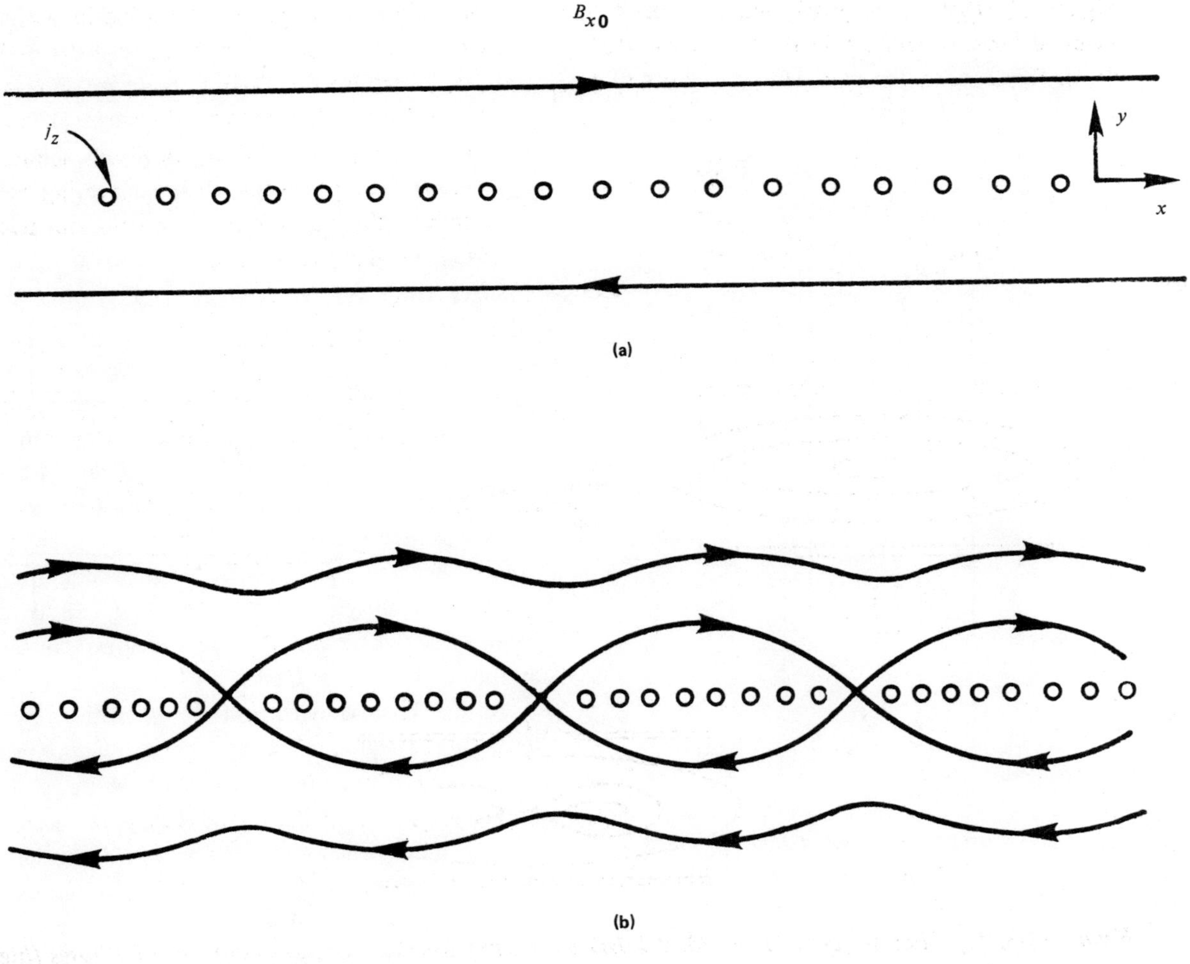

Figure 18-4. (a) The geometry and flux surfaces of an array of wires with a parallel current flowing in the z direction within each of them; and (b) the geometry and flux surfaces of the same array of wires after reconnection, where $n \to \infty$ (n = number of wires) so a "current sheet" is formed.

another component of **B** in the z direction, the field is sheared.* Suppose a perturbation $\exp(ik_y y + \gamma t)$ is applied in the y direction that results in a perturbation to the magnetic field in the x direction δB_x. Using

$$\nabla \times \delta \mathbf{E} = -\frac{1}{c}\frac{\partial \delta \mathbf{B}}{\partial t} , \qquad (18\text{-}57)$$

it follows that

$$\delta E_z = -\frac{\gamma \delta B_z}{ik_y c} . \qquad (18\text{-}58)$$

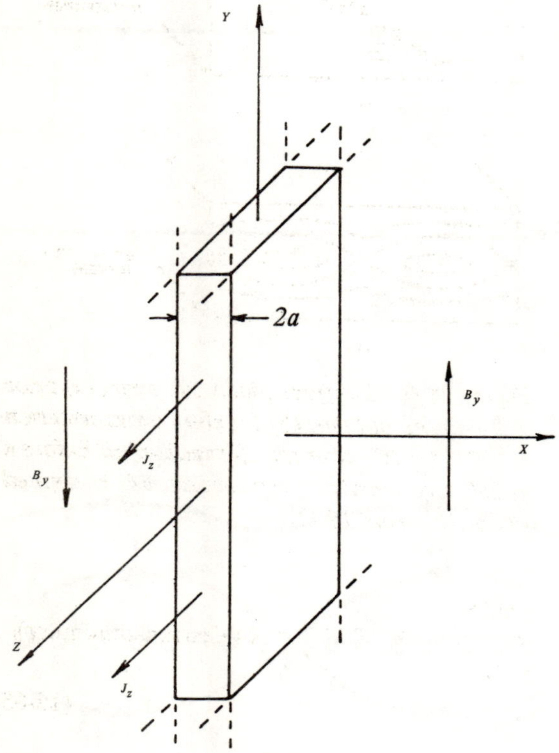

Figure 18-5. The geometry of a neutral sheet. The parameter a is the distance over which magnetic field B_y changes.

*In a three-dimensional configuration, in which three components of **B** are possible, one or two components of **B** could vanish and it would be called a sheared field. However, for a neutral sheet to exist, all three components of **B** must vanish.

δE_z represents an induction field generated by the perturbation. Now, from Ohm's law it follows that

$$\eta \delta J_z = \delta E_z + \frac{\delta V_x B_{y0}}{c} , \qquad (18\text{-}59)$$

but as x approaches zero, B_{y0} approaches zero, so that near $x = 0$

$$\eta \delta J_z \approx \delta E_z = -\frac{\gamma \delta B_x}{ik_y c} . \qquad (18\text{-}60)$$

In the ideal MHD approximation $\eta \to 0$, which implies $\delta B_x \to 0$; that is, no component of **B** at right angles to B_{y0} is generated so as to tear the flux surfaces and form x points. One other point emerges from this analysis; namely, that only where B_{y0} goes to zero is η important since, generally, the $\delta V_x B_{y0}$ term is far greater in magnitude. This suggests that the mathematics of the tearing instability can be treated by separating the system into those regions in which the ideal MHD theory is valid and those regions in which finite dissipation effects are important. However, before beginning a simple treatment of the tearing instability, it is useful to first consider some of the differences between neutral sheets and sheared magnetic fields.

As has been shown, neutral sheets have, by definition, a region in which B goes to zero, but B does not go to zero in a sheared field; instead, only one or two of its components go to zero. How then does one locate such regions? Consider $\mathbf{B}(x)$ as a given sheared field. Next, construct another magnetic field $\tilde{\mathbf{B}}(x)$ which has exactly the same flux surfaces but without shear, and subtract their difference such that

$$\mathbf{B}^*(x) = \mathbf{B}(x) - \tilde{\mathbf{B}}(x) . \qquad (18\text{-}61)$$

Physically, what has been done is a sheared magnetic field has been taken whose direction is changing with x and it has had subtracted from it another which, although it has the same set of flux surfaces (say circles), has no shear; that is, the current density is constant, so the direction of the field is unchanging with x. Hence, there will exist some surface or point in the sheared field where one or more components of $\mathbf{B}^*(x)$ vanish. This procedure is equivalent to transforming to a coordinate system in which field lines are straight, so that by looking parallel to $\mathbf{B}^*$ one is looking at flux surfaces in which a component of $\mathbf{B}^*(x)$ vanishes. To use such a coordinate system is equivalent to using a neutral sheet, but with a component of B parallel to the current such as in Figure 18-5. Figure 18-6 illustrates the procedure as applied to a diffuse pinch.

There are no essential differences between a tearing mode in a neutral sheet and the tearing mode in a sheared field, as long as one can assume incompressibility of the PMFC. This requires consideration of perturbations which last for times longer than the shortest time scale of the PMFC. This means for low β PMFC's, one must consider perturbations that last for times longer than a magnetosonic transit time, while for high β PMFC's, one must consider perturbations that last for times longer than a sonic transit time.

To treat the tearing mode analytically, the argument follows Drake and Lee (1977) and uses the following system of perturbed equations, referring to Figure 18-7 for orientation:

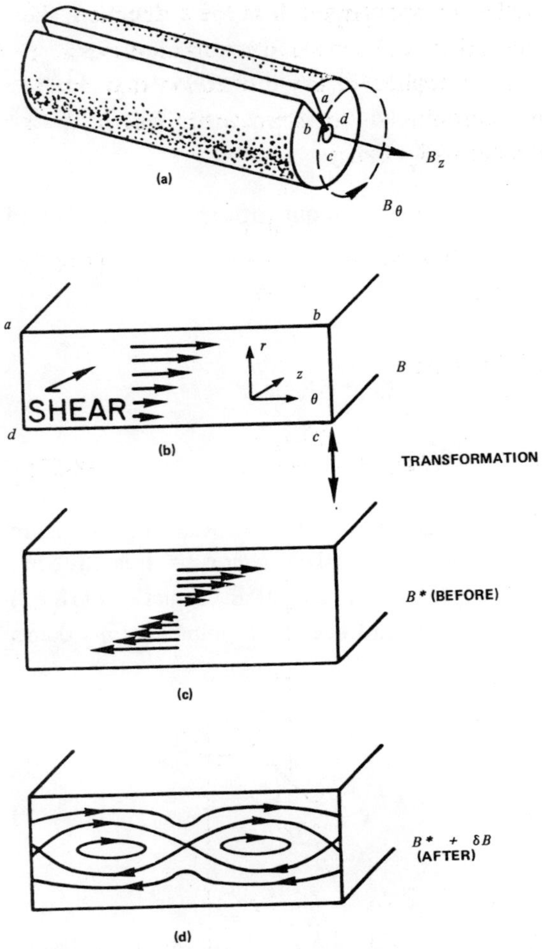

Figure 18-6. A diffuse pinch cut open; (a) prior to being laid out flat; (b) B before transformation to B^*; (c) B^* after transformation but before a radial reconnection perturbation δB is applied (from Bateman, 1978).

$$\delta\mathbf{E} = -\frac{\gamma\delta\mathbf{A}}{c} - i\mathbf{k}\delta\phi \ , \qquad (18\text{-}62)$$

$$\left[\frac{\partial^2}{\partial x^2} - k_y^2\right]\delta\mathbf{A} = -\frac{4\pi\delta\mathbf{J}}{c}\ \text{(Ampere's equation)} \ , \qquad (18\text{-}63)$$

$$\delta\mathbf{E} + \frac{\delta\mathbf{v}\times\mathbf{B}_0}{c} = \eta\delta\mathbf{J}\ \text{(Ohm's law)} \ , \qquad (18\text{-}64)$$

$$\frac{\partial\delta N_e}{\partial t} + \delta\mathbf{V}_e\cdot\nabla N_{0e} = 0\ \text{(electron continuity)} \ , \qquad (18\text{-}65)$$

$$\frac{\partial\delta N_i}{\partial t} + \delta\mathbf{V}_i\cdot\nabla N_{0i} = 0\ \text{(ion continuity)} \ , \qquad (18\text{-}66)$$

$$\left[\frac{\partial^2}{\partial x^2} - k_y^2\right]\delta\phi = -4\pi e(\delta N_i - \delta N_e) = 0\ \text{(quasi-neutrality)} \ , \qquad (18\text{-}67)$$

and

$$\nabla \cdot \delta \mathbf{V}_{e,i} = 0 \text{ (incompressibility)} \ , \qquad (18\text{-}68)$$

where all perturbed quantities have been taken to vary as

$$\delta f = \delta f(x) e^{ik_y y - \gamma t} \ .$$

Ideal MHD Region (η = 0). Referring to Figure 18-7, the ideal MHD region is treated first, where η is taken as zero. Using Equations (18-62) and (18-64), and keeping in mind that $\eta = 0$ and $k_z = 0$,

$$\delta V_x = \frac{\gamma \delta A_z}{B_{0y}} \ . \qquad (18\text{-}69)$$

Notice that B_{0z} does not appear in Equation (18-77), because the PMFC is incompressible. Next take $\delta \mathbf{J} = \delta \mathbf{x} \cdot \nabla \mathbf{J}_0$, which yields $\delta \mathbf{J} = \delta \mathbf{v} \cdot \nabla \mathbf{J}_0/\gamma$, since $\delta \mathbf{v} = \gamma \delta \mathbf{x}$. Using Equations (18-63) and (18-69), it follows that

$$\left(\frac{\partial^2}{\partial x^2} - k_y^2 \right) \delta A_z = - \frac{4\pi}{c} \frac{\partial J_{0z}}{\partial x} \frac{\delta A_z}{B_{0y}} \ , \qquad (18\text{-}70)$$

since

$$\delta J_z = \frac{\delta A_z}{B_{0y}} \frac{\partial J_{0z}}{\partial x} \ .$$

The left-hand side of Equation (18-70) represents the stretching of the field lines, while the right-hand side represents the source of driving energy for the tearing mode. Notice that $\partial J_{0z}/\partial x$ appears in Equation (18-70) just as in (18-52); this is because these equations are equivalent, which illustrates that the driving energy for both the $J_{\|}$-driven ideal MHD and resistive MHD instabilities lies in the physics of the region where $k_{\|}$ vanishes. Equation (18-70) also demonstrates that only when $k_y \delta \ell < 1$ can an instability occur, where

$$\delta \ell \simeq \left(\frac{4\pi}{c} \frac{\partial J_{0z}}{\partial x} \frac{1}{B_{y0}} \right)^{-1/2} ;$$

that is, the wavelength of the perturbation along y must be greater than the characteristic gradient

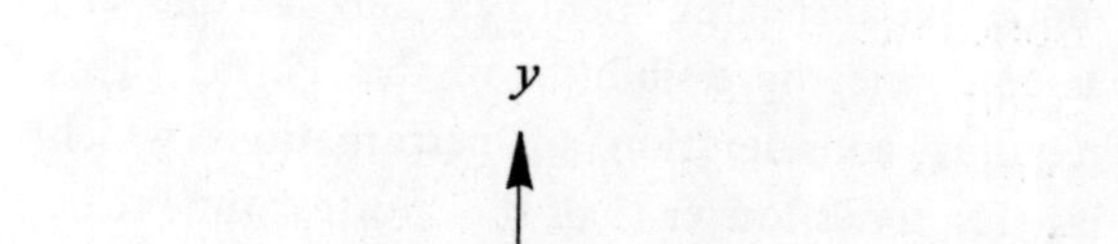

Figure 18-7. The geometry of a resistive layer split into two spatial regions. Within the hatched area, with a thickness Δ, resistivity is important, while outside the hatched area the resistivity is taken to be zero.

scale length of the magnetic field $\delta \ell$. Also, as a general rule the long wavelength tearing modes can extract more energy from the equilibrium field than the short wavelength modes, because the short wavelength modes bend the field lines more, causing greater restoring forces and subsequently lower saturation amplitudes. On the other hand, the long wavelength modes bend the field less and can draw on a larger volume of free energy than can the short wavelength modes.

Resistive Layer ($\eta \neq 0$). From Equation (18-23) one finds the response of the electrons to a perturbed electric field parallel to $\mathbf{B}_0$ is given by

$$\delta V_{e\parallel} = \frac{-e\delta E_{\parallel}}{m_e \nu_c} = \frac{-e(-\gamma \delta A_{\parallel} - ik_{\parallel}\delta\phi)}{m_e \nu_c} \, . \qquad (18\text{-}71)$$

Notice that when $k_{\parallel} \rightarrow 0$ only the induction field is important, and that when ν_c goes to zero, $\delta E_{\parallel}$ must go to zero, or otherwise $\delta V_{e\parallel}$ would go to infinity, which is physically inadmissible. Using Equations (18-65) and (18-71),

$$\delta N_e = \frac{ie\delta E_{\parallel} k_{\parallel} N_{0e}}{m_e \nu_c \gamma} \, , \qquad (18\text{-}72)$$

where the reasonable assumption that electron density perturbations perpendicular to $\mathbf{B}_0$ are negligible is made, since $\Omega_{ce} >> \gamma$ (i.e., the instability has a slow growth rate). If the ions are magnetized, the ion response to the time-varying electric field is a polarization drift (Spitzer, 1962),

$$\delta V_{\perp} = \frac{c^2}{4\pi e V_A^2} \frac{d\delta E_{\perp}}{dt} \, , \qquad (18\text{-}73)$$

where V_A is the Alfvén velocity.

Hence, by using Equations (18-66), (18-73), and (18-67)

$$\delta N_i = \frac{c^2}{4\pi e V_A^2} \frac{\partial^2 \delta\phi}{\partial x^2} \, , \qquad (18\text{-}74)$$

which, on equating with Equation (18-72) (because of the quasineutrality condition in Equation 18-66, which is applicable because of the low frequency of the instability) yields

$$\frac{\partial^2 \delta\phi}{\partial x^2} - \frac{k_{\parallel}^2 \Omega_{ci} \Omega_{ce} \delta\phi}{\nu_c \gamma} = \frac{-ik_{\parallel} \Omega_{ci} \Omega_{ce} \delta A_{\parallel}}{\nu_c c} \, . \qquad (18\text{-}75)$$

This result has a number of implications that clearly demonstrates the distinctions between the ideal and resistive MHD instabilities. Notice that the right-hand side of Equation (18-75) represents a source term for $\delta\phi$, and that in the limit $k_{\parallel} \rightarrow 0$ it follows that $\delta\phi \rightarrow 0$ implying that the electrons experience only an induction field $-\gamma\delta A_{\parallel}/c$, where $k_{\parallel} \rightarrow 0$ (see Equation 18-62). Further, one finds from Equation (18-75) that as ν_c approaches zero (η approaches zero),

$$\frac{\gamma \delta A_{\parallel}}{c} = -ik_{\parallel}\delta\phi \, . \qquad (18\text{-}76)$$

That is, $\delta E_{\parallel} \rightarrow 0$, which is what is required by the ideal MHD theory. The point at which $\delta E_{\parallel}$ vanishes defines the width of the accelerating channel at which $\delta\phi$ becomes important. One can now understand the role that finite resistivity plays in the tearing process. Figure 18-8 shows that the perturbed parallel induction field $-\gamma\delta A_{\parallel}/c$ causes the electrons to flow with a velocity $\delta V_{e\parallel}$. However, because the induction field leads to a charge separation between ions and electrons, a parallel electrostatic field $-ik_{\parallel}\delta\phi$ is also produced which tends to short out the induction field for sufficiently large $k_{\parallel}$, so that $\delta E_{\parallel} = 0$ and acceleration parallel to **B** cannot take place. However, only when η is finite can $\delta E_{\parallel} \neq 0$, where $k_{\parallel} \to 0$, so that particle acceleration as well as restructuring of the magnetic surfaces can take place.

In the discussion so far, it has been tacitly assumed that $\delta A_{\parallel}$ is constant within the region where $\delta E_{\parallel} \neq 0$. This assumption is called the "constant-ψ" approximation in the literature. However, there are tearing modes that violate this assumption. These different types of modes—those which satisfy the constant-ψ approximation and those which do not—are referred to as slow tearing modes and fast tearing modes, respectively. It is useful to clarify the differences between these two modes here, because, until recently, all flare models that used tearing modes have invoked slow tearing modes (e.g., Jaggi, 1964; Sturrock, 1966b, 1967). Only recently have the fast modes been applied to the solar flare phenomena (Spicer, 1976, 1977a, 1981a) and to erupting prominences (Spicer, 1979a).

The slow and fast tearing modes are distinguished in both their growth rates and in their nonlinear behavior. Slow modes in the collisionally dominated regime have a growth rate given by

$$\gamma_s \simeq \frac{S^{2/5}}{\tau_R}, \tag{18-77}$$

where τ_R is the resistive skin time given by Equation (18-8),

$$S = \tau_R/\tau_A, \tag{18-78}$$

$\tau_A = \delta\ell/V_A$, and V_A is the Alfvén velocity. The term, S, is generally referred to as the mag-

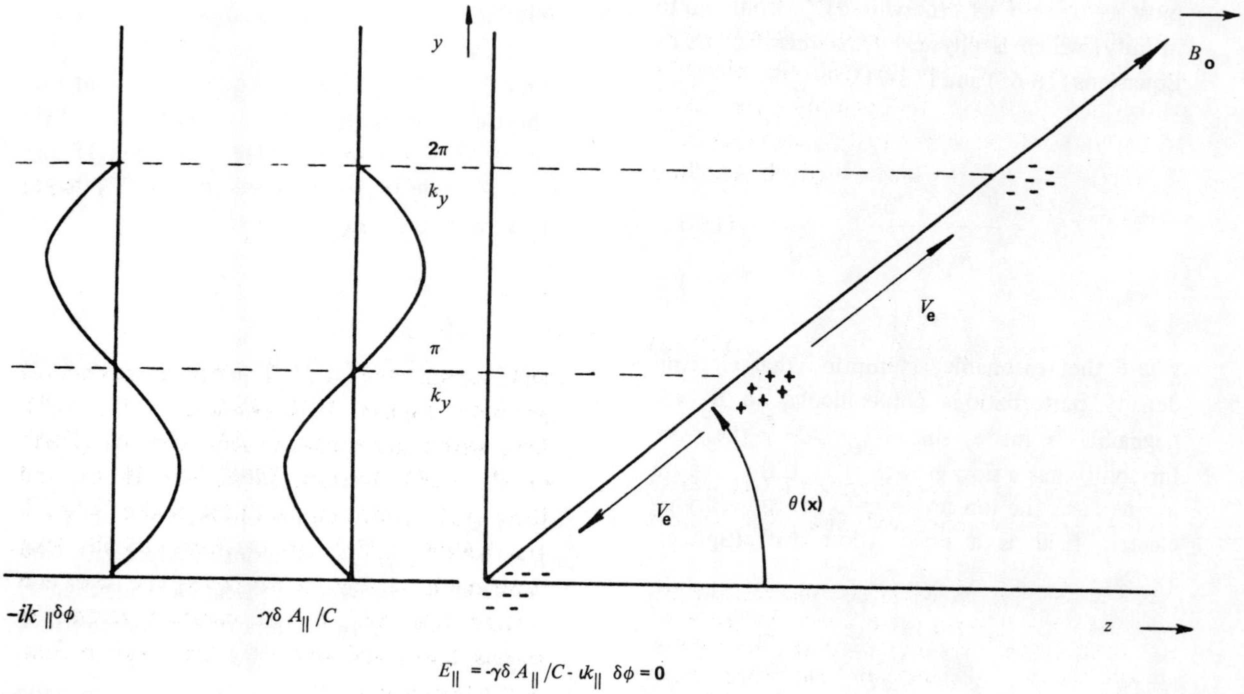

Figure 18-8. Illustrates the physical mechanism responsible for the generation of $\delta\phi$. The induced field $-\gamma\delta A_{\parallel}/c$ generates an electron flow with velocity V_e as shown. The resulting charge separation results in a parallel electrostatic field $-ik_{\parallel}\delta\phi$, which cancels the parallel induction field except for sufficiently small $k_{\parallel}$. Hence, the electrons short out the induction field except around $k_{\parallel} \to 0$ (from Drake and Lee, 1977).

netic Reynolds number, since it is the ratio of the resistive diffusion time and the convection time (the transit time of an Alfvén wave across a layer $\delta\ell$ in thickness) in a magnetized plasma. For $S < 1$, the PMFC is said to be diffusion dominated, while for $S > 1$, it is said to be convection-dominated. For solar plasmas, S is very much less than 1, typically on the order of 10^{11-12}; solar PMFC's are thus totally convection-dominated.

Rutherford (1973) showed that in the non-linear regime exponential growth of the slow tearing mode decreases to algebraic growth with dW/dt constant when $W > \Delta$, where Δ is the width of the region within which $\delta A_{\parallel} \neq 0$ given by (Drake and Lee, 1977)

$$\Delta = \left(\frac{\eta\gamma_s c^2}{4\pi k_{\parallel}'^2 V_A^2}\right)^{1/4} , \qquad (18\text{-}79)$$

$k_{\parallel}'$ is the derivative of $k_{\parallel}$ with respect to the inhomogeneous coordinate earlier taken to be x, and W is the width of the magnetic island as shown in Figure 18-9. The quantity $k_{\parallel}'$ is related to the shear of the magnetic field such that $k_{\parallel}' \simeq k_y x/\ell_s$, where ℓ_s is the shear length. In a diffuse cylindrical pinch,

$$\ell_s \simeq \left[\frac{d}{dr}\left(\frac{rB_z}{B_\theta}\right)\right]^{-1} . \qquad (18\text{-}80)$$

However, numerical simulations of fast tearing modes have demonstrated that fast modes

*As a historic note it should be noted that the first nonlinear study of tearing modes was due to Van Hoven and Cross (1973), whose principal aim, interestingly enough, was to demonstrate that the energy release from tearing instabilities was adequate to explain solar flares. Unfortunately, their aim was not achieved, since they considered only Reynolds numbers of 10^2–10^3. It is well known that the nonlinear behavior of high S ($>10^9$) versus low S ($>10^2$) tearing modes is significantly different.

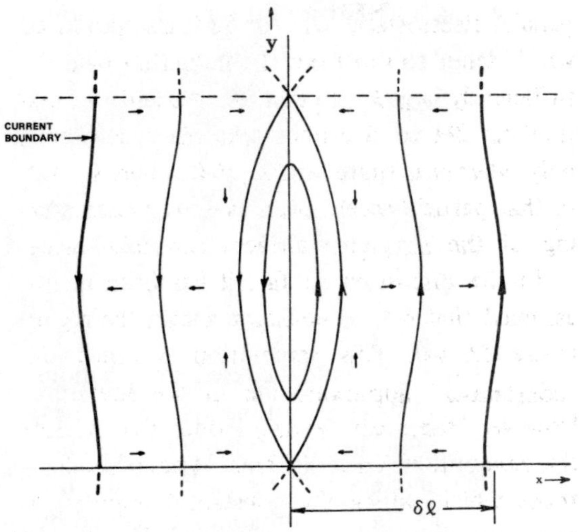

Figure 18-9. The geometry of a magnetic island. The parameter $\delta\ell$ is the distance over which the magnetic field changes significantly.

continue to evolve exponentially to very large amplitudes without entering the Rutherford regime. These fast tearing modes have been found to have growth rates γ_F which have a range

$$\gamma_F \simeq \frac{S^{1/2}}{\tau_R} \text{ to } \frac{S^{2/3}}{\tau_R} , \qquad (18\text{-}81)$$

and include the $m = 1$ mode in cylindrical geometry (Spicer, 1976; Waddell et al., 1979), long wavelength modes in slab geometry (Furth et al., 1963; Wesson, 1966; Van Hoven and Cross, 1973), and double tearing modes (Schnack and Killeen, 1978). All of these basically long wavelength tearing modes have the common feature that $\delta A_{\parallel}$ is not constant across the tearing layer, and that they are a driven form of the tearing mode.*

Recently, Pritchett et al. (1979) have shown that the physical differences between the fast and slow tearing modes can be found by comparing the growth time of each mode with the skin time of the tearing layer. On using Δ for $\delta \ell$ in Equation (18-8) this gives for the skin time

$$\tau_{sk} \approx \frac{4\pi\Delta^2}{\eta c^2} \ . \qquad (18\text{-}82)$$

(Note: $\delta \ell$ not Δ should be used in Equations (18-77) and (18-81) to estimate growth rates, since $\Delta < \delta \ell$.) For the fast mode $\gamma_F^{-1} \approx \tau_{sk}$, while for the slow mode $\gamma_s^{-1} \gg \tau_{sk}$. Physically, this means that the flux perturbations generated by the slow modes have time to communicate across the layer Δ thick during their growth, but flux perturbations generated by the fast modes do not. This difference in communication time means that $\delta E_{\parallel}$ does not have time to penetrate into the magnetic islands for the fast modes, so that the volume of plasma undergoing acceleration by $\delta E_{\parallel}$ remains the same as for the slow modes in their linear regime. On the other hand, $\delta E_{\parallel}$ for the slow modes does have time to penetrate into the islands, causing $\delta E_{\parallel}$ to weaken because of the increase in the tearing layer width, that is, Δ increases to W. Thus, since the accelerating volume and $\delta E_{\parallel}$ for the fast modes are not increasing and decreasing respectively, these modes are unchanged in the nonlinear regime, and the exponential growth must continue.

Figures 18-10 and 18-11 illustrate the $m = 1$ tearing mode in cylindrical geometry and the sheet analog of the double tearing mode, respectively. Note that the currents are antiparallel for the double tearing modes. Figure 18-12 illustrates the flux surfaces and velocity fields found by numerical simulations. It should be emphasized that all of these fast tearing modes are driven, as opposed to the slow tearing modes. For the $m = 1$ tearing mode (usually called a resistive kink), the driver is an $m = 1$ ideal MHD kink which forces the magnetic flux into the X-type point (Figure 18-10). In the case of the double tearing mode, one tearing mode drives the other. The reader should note that $\mathbf{k \cdot B_0}$ vanishes more than once for the double tearing (or for multiple tearing modes), so that the resulting modes are essentially locked in phase with one another. However, this phase locking is not of crucial importance, and the fast reconnection rates will still occur, although at somewhat reduced rates.

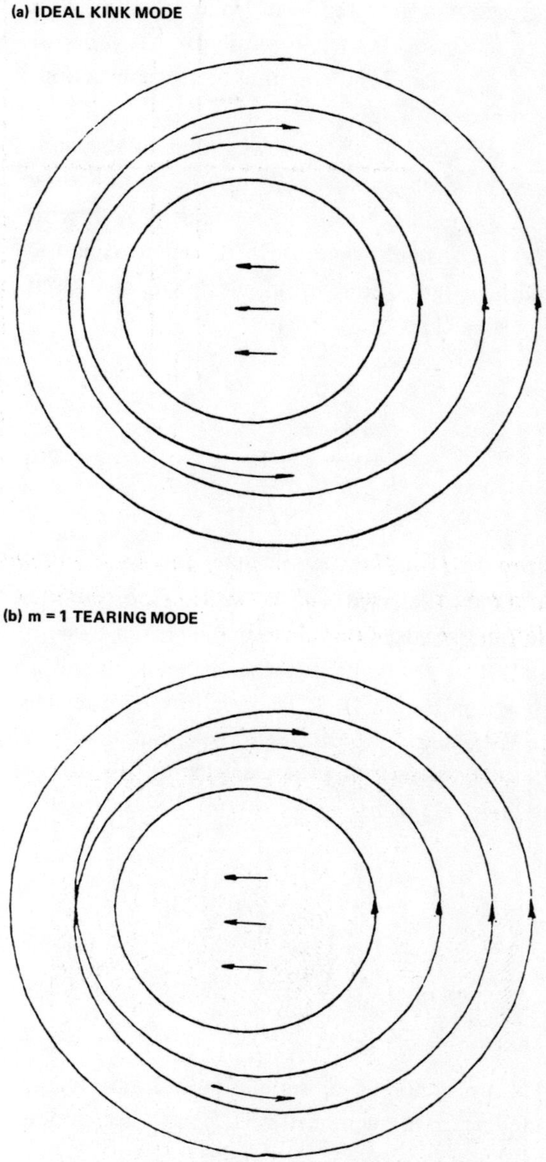

Figure 18-10. (a) The axial displacement of the flux surfaces due to an m = 1 ideal MHD internal kink; and (b) an identical displacement except with finite resistivity thereby allowing the formation of one X-type neutral point. Notice that the flows are such that the ideal m = 1 kink is essentially driving new flux into the X-type point (from Drake, 1978).

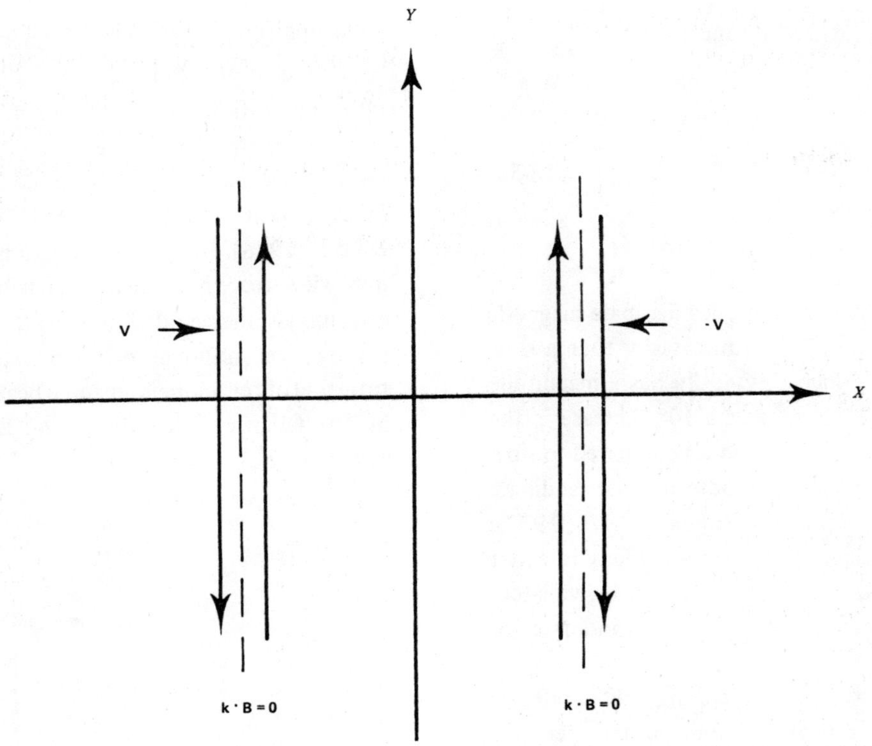

Figure 18-11. The neutral sheet analog of a double tearing mode. Fluid flows in the directions V and –V toward the two neutral sheets indicated by dashed lines. The field dissipation rate will accelerate until no field is left between the two sheets.

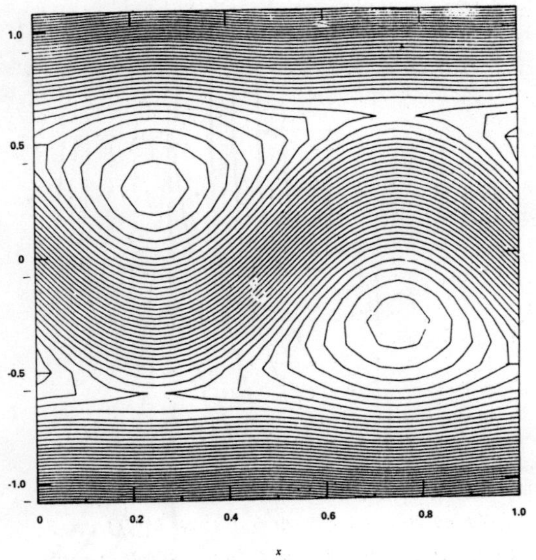

Figure 18-12a. Computed double tearing mode flux surfaces. Singular layers are located in the closed contours, withile the neutral points occur at coordinates (0.25, -0.5) and (0.75, 0.5) (from Schnack and Kileen, 1978).

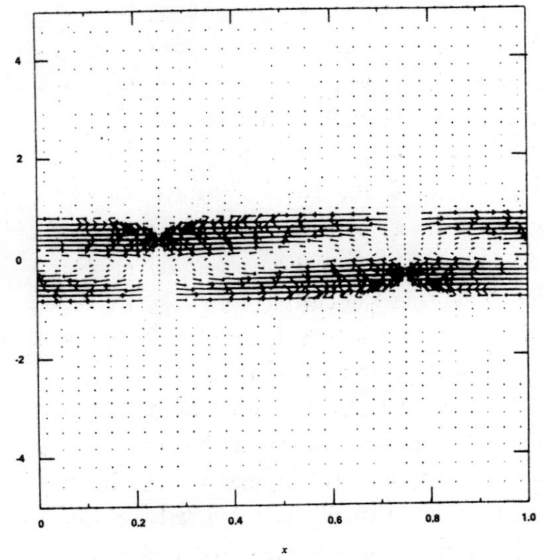

Figure 18-12b. Illustration of vortex velocity flow during double tearing mode. Use of small arrows indicates direction and magnitude of the flows (from Schnack and Kileen, 1978).

Taking the ratio of γ_F and γ_S yields

$$f = \frac{\gamma_F}{\gamma_S} \lesssim S^{4/15} . \qquad (18\text{-}83)$$

Hence, the fast tearing modes dissipate magnetic energy at a rate $S^{4/15}$ times faster than a slow tearing mode. Since S typically has a magnitude of 10^{11} to 10^{12}, one gets a 10^3 increase in the dissipation rate for fast modes compared to slow modes, making the fast modes an ideal candidate for a flare mechanism (Spicer, 1976; 1977a; 1981a). The higher is S, the more likely it is that the constant-ψ approximation will be violated, making fast tearing modes a likely candidate for the Sun.

The rate at which a tearing mode releases magnetic free energy per unit volume per unit time can be approximated by

$$\frac{dE}{dt} \approx \frac{\gamma B_{0y}^2}{4\pi} , \qquad (18\text{-}84)$$

which on taking

$$J_{0z} \approx \frac{c}{4\pi} \frac{B_{0y}}{\delta \ell}$$

gives

$$\frac{dE}{dt} \approx \eta_{\text{eff}} J_{0z}^2 , \qquad (18\text{-}85)$$

where

$$\eta_{\text{eff}} \simeq \frac{(\delta \ell)^2 4\pi\gamma}{c^2} . \qquad (18\text{-}86)$$

It can be demonstrated using linear theory that ~ 10 percent of the magnetic energy released goes into kinetic flows, while ~ 90 percent goes into internal energy (Furth et al., 1963). Similar results have been found in the nonlinear regime (Van Hoven and Cross, 1973; Schnack and Killeen, 1978). In light of Equation (18-84) one may view reconnection by the tearing mode as causing an increased Joule heating within the tearing layer, although of a kind vastly different from that of the anomalous Joule heating discussed in The Origins of Resistivity and Electron Runaways.

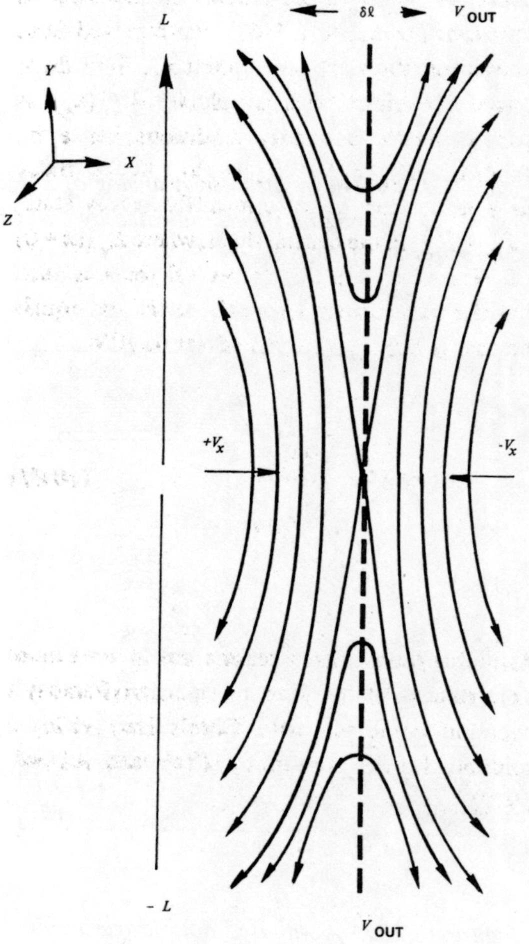

Figure 18-13. Expanded geometry of a neutral sheet about the X-type neutral point illustrating the inflow (V_x) and outflow (V_{out}).

Neutral Sheets and Steady-State Reconnection. The physics of steady-state reconnection and reconnection in neutral sheets has been reviewed frequently in the last few years (e.g., Vasyliunas, 1975; Priest, 1976). Only a brief composite of the many theoretical papers that have treated both steady-state reconnection and neutral sheets is given here. This follows in part Sweet's review (1969), and in part Priest's review (1976), making additional points where necessary. The geometry of a current sheet is given in Figure 18-13. Note that there is only one X-type point in the treatment, and that driven inflow of plasmas from both $x = \pm\infty$ into the $x = 0$ plane forces the field toward the $x = 0$ plane.

The equations governing the steady-state motion in neutral sheet models are the same as Equations (18-62) to (18-67). Far removed from the neutral sheet, at some point x_0, fluid flows toward the sheet with a velocity $V_{x0}(x_0)$ as specified by the boundary conditions; hence, by Ohm's law, $E_{z0}(x_0) = V_{x0}(x_0)B_{y0}(x_0)/c$. Since the electric field is uniform in the steady state, $\eta_0 J_{0z} = E_{z0}$ in the neutral sheet, where $B_{y0}(x = 0) = 0$. The thickness of the neutral sheet is such that the net current across the sheet just equals the change in B_{y0} across the sheet to yield

$$\delta\ell \approx \frac{\eta c^2}{4\pi V_{x0}} \quad . \tag{18-87}$$

Assuming there exists a plasma sink at $\pm\infty$ a more exact solution of the induction equation (Faraday's equation combined with Ohm's law) yields a solution for B_{y0} given by (Yeh and Axford, 1970)

$$B_{y0} = \pm B_0\left(1 - \exp\left[\mp \frac{4\pi V_{x0}x}{\eta c^2}\right]\right) x \lessgtr 0 \ , \tag{18-88}$$

where B_0 is the field at $x = \pm\infty$. The characteristic scale length of the magnetic field change in Equation (18-88) is as given by Equation (18-87). According to Equation (18-87), V_{x0} determines $\delta\ell$; however, Sweet (1958a, 1958b) and Parker (1963) attempted to determine $\delta\ell$ by considering the origin of the plasma sink at the neutral sheet. Parker argued that the fluid flows out of the sheet whose length was 2L in the $\pm y$ direction. For incompressible flow, Parker found by using mass conservation that the pressure gradient across the sheet led to flow that left the system at the Alfvén velocity so that

$$V_{x0}L = V_A \delta\ell \ . \tag{18-89}$$

Hence,

$$\delta\ell \approx \frac{V_{x0}L}{V_A} \ . \tag{18-90}$$

By using Equations (18-89) and (18-87) one finds

$$\delta\ell = \left(\frac{L\eta c^2}{4\pi V_A}\right)^{1/2} , \tag{18-91}$$

and

$$V_{x0} = \left(\frac{V_A \eta c^2}{4\pi L}\right)^{1/2} , \tag{18-92}$$

where V_A, η, and L are assumed given. Petschek (1964) further suggested that L, like $\delta\ell$, should be determined from Equation (18-89) given V_{x0}. Petschek argued semiquantitatively that the MFE will be converted to internal plasma energy away from the neutral X-type point by the presence of slow mode MHD shocks. On the basis of these arguments, Petschek (1964) found that fast reconnection could occur on a time scale $\tau = \tau_A \ln(\tau^*/\tau_A)$, where $\tau^* = 4\pi L^2/c^2\eta$ and $\tau^*_A = L/V_A$. The mechanism proposed by Petschek is almost independent of resistivity because of a logarithmic term. Recently Priest and Soward (1976) have put the Petschek mechanism on firmer mathematical grounds.

It is of interest to digress at this point and compare the single X-type point $m = 1$ fast tearing mode in cylindrical geometry with the single X-type point steady-state sheet models. On comparing Figures 18-10 and 18-13, the reader will note that the one X-type point steady-state reconnection model has a geometry similar to that of the $m = 1$ fast tearing mode if the sheet is rolled into a cylinder so that the points at $y = \pm L$ meet to form a circle. Here $2L$ becomes $2\pi r_0$, where r_0 is the radius at which $\mathbf{k}\cdot\mathbf{B}_0$ vanishes. Further, the $m = 1$ ideal kink mode drives the external flow into the X-type point, and the outflow moves away from the X-type in the $m = 1$ fast tearing modes just as in the sheet. Recent numerical work has shown that as S becomes larger ($\sim 10^6$ is the highest value so far simulated) the behavior of the region about the X-type point becomes more and more like Petschek-type reconnection; similar behavior is expected for the other fast tearing modes (Drake, private communication). Hence, it is our feeling that steady-state reconnection models in sheared current sheets should be considered in other geometries, as just discussed.

An alternative means of shortening the reconnection time is to increase the resistivity by turbulence as discussed in The Origins of Resistivity and Electron Runaways. If the current density reaches the threshold values required for onset of the various instabilities listed in Table 18-1, anomalous resistivity will result. Whether $J_\parallel$ or $J_\perp$ is the driver will depend on whether the PMFC is taken as sheared or whether the PMFC has a neutral sheet. The question of which $J_\parallel$- or $J_\perp$-driven mechanism will occur first will depend on how fast $J_\parallel$ or $J_\perp$ rises as a function of time. This point will be discussed subsequently, but first the $J_\perp$-driven anomalous resistivity mechanisms associated with neutral sheets will be examined.

Sturrock (1967) and Friedman and Hamberger (1968) suggested that some form of increased turbulence would alter the reconnection rate through the resulting increased resistivity. Sturrock (1967) suggested that an increased diffusion coefficient perpendicular to **B** would result if the sheet became turbulent, and that this turbulence would take the Bohm value

$$D_B = \frac{1}{16}\frac{V_{T_e}^2}{\Omega_{ce}} . \tag{18-93}$$

It is easy to demonstrate that the maximum diffusion coefficient possible, involving either collisions or collisionless scattering, is $\sim 8D_B$. This can be seen from the diffusion coefficient perpendicular to **B**, which is

$$D_\perp = \frac{V_{T_e}^2 \tau_e}{1 + (\Omega_{ce}\tau_e)^2} , \tag{18-94}$$

which has a maximum at $\Omega_{ce}\tau_e = 1$; hence, $D_{\perp max} = V_{T_e}^2/2\Omega_{ce}$. Since the only means of obtaining $\Omega_{ce}\tau_e \simeq 1$ in a solar plasma is for the plasma to have reduced τ_e because of some electrostatic instability, Sturrock was implicitly arguing that the resistivity was also anomalous in the sheet. On the other hand, Friedman and Hamberger (1968) argued that $J_\perp$ could easily exceed the threshold for the Buneman instability (see Table 18-1) and settle into a marginally stable condition. However, as noted earlier, if the current density is large enough to cause the Buneman instability, then both rapid heating and particle acceleration will occur, with or without reconnection. Hence, the question arises: What is the need for reconnection in a neutral sheet if the current density is high enough to excite the Buneman instability in the first place? Indeed, as argued by Papadopoulos (1977), it is not possible to achieve any semblance of steady-state anomalous resistivity with the Buneman instability because, as discussed in The Origins of Resistivity and Electron Runaways, the Buneman instability must be driven constantly. Of course other electrostatic instabilities exist that are capable of causing high levels of anomalous resistivity, such as the ion acoustic instability; however, probably the most useful of these is the lower hybrid drift instability which has been recently applied to the Earth's magnetotail (Huba et al., 1977, 1978). This instability has a number of advantages over the instabilities generally applied to neutral sheets in solar physics (e.g., Syrovatskii, 1972; Heyvaerts et al., 1977). Using Table 18-1, which lists the threshold conditions for the lower hybrid drift instability, the reader will note that it is driven by $J_\perp$, it can be excited by currents far weaker than, say, the ion acoustic instability and occurs even when $T_e/T_i < 1$. The level of turbulent resistivity is also substantial. In addition, the lower hybrid drift instability, which is characterized by wavenumbers $\mathbf{k}\cdot\mathbf{B} = 0$, is closely related to the modified two-stream instability $\mathbf{k}\cdot\mathbf{B} \simeq 0$ (Gladd, 1976), and, as has been demonstrated by Lampe and Papadopoulas (1977), is capable of accelerating electrons stochastically to very high energies. No application of lower hybrid drift instability or the modified two-stream instability to neutral sheets in the solar atmosphere has taken place as yet, although it should be relatively straightforward by using the results of Huba et al. (1977, 1978).

Double Layers

A "double layer" is defined as consisting of two equal but oppositely charged, essentially parallel but not necessarily plane, space charge layers (Block, 1977). The potential, electric field and the space charge density vary qualitatively within the layer as shown in Figure 18-14. A double layer is believed to occur when a large potential difference is applied to a finite length plasma, but the potential difference, rather than being felt over the entire length of the system, is concentrated in a shocklike localized region. There are essentially four conditions which must be fulfilled for a double layer to occur (Block, 1977):

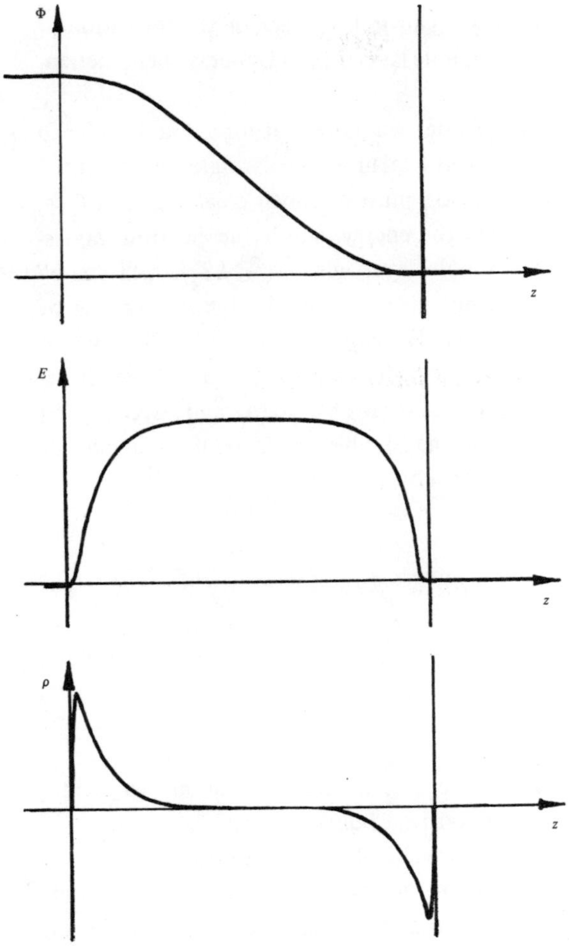

Figures 18-14. The idealized spatial variation of the potential, Φ, electric field, E, and space charge density ρ within a double layer.

1. The potential difference ϕ_0 through the layer must satisfy $|\phi_0| \gtrsim kT_e/e$.
2. The electric field must be much stronger inside the double layer than outside, so that the integrated positive and negative charges nearly cancel one another.
3. Quasineutrality is locally violated in both charge layers.
4. The collisional mean free path must be much greater than the double layer thick-

ness. This follows because the formation of a double layer is a collisionless phenomenon.

The reader will note that for a double layer to be useful in explaining a solar flare, the potential difference ϕ_0 must be much greater than kT_e/e, otherwise the energy gain by an electron traversing a double layer with $\phi_0 \gtrsim kT_e/e$ will not be appreciably greater than the thermal energy of the plasma. Hence, one requires $\phi >> kT_e/e$ which implies that a strong double layer is required. It was shown by Goertz and Joyce (1975) that a strong double layer requires a current density given by

$$|\mathbf{J}| = N_e e V_{T_e} \quad , \qquad (18\text{-}95)$$

which is the current density required to excite the current-driven Buneman instability.

As was noted in The Origins of Resistivity and Electron Runaways, to be able to use current driven microinstabilities, the system—external driver and instability—must be at marginal stability throughout the duration of the flare, or otherwise, the instability will saturate and switch off permanently. A similar argument is applicable to double layers since the double layer must exist for a Δt characteristic of a flare, if it is to be responsible for the flare. Hence, the external driving voltage difference, or equivalently, the electric field, must exist for a time Δt. A double layer, as well as anomalous resistivity $J_{\|}$-driven systems are essentially systems in which a large-scale circuit carrying a current and driven by a generator has a dissipative load within it, which is the double layer or region of anomalous resistivity (i.e., a current interrupter, Alfvén and Carlqvist, 1967). For this reason the whole current needs analysis to understand the nature of the generator and the nature of the load. Hence, the double layer and $J_{\|}$-driven anomalous resistivity systems require special boundary conditions, and the question arises of whether these boundary conditions can be maintained for the duration of the flare.

A further constraint on the double layer is that since it leads primarily to particle acceleration, it must be able to accelerate enough electrons to explain the flare. As shown by Hubbard and Joyce (1979), the thickness of a double layer is roughly

$$L_{DL} \simeq 6\left(\frac{e\phi_0}{kT_e}\right)^{1/2} \lambda_{De} \quad . \qquad (18\text{-}96)$$

Combining Equations (18-40), (18-41), and (18-96) with $L_{DL} = D$ yields

$$N_T \simeq \frac{N_e \Delta t\, (e)^{1/2} \phi_0 A}{(m_e)^{1/2}} \quad . \qquad (18\text{-}97)$$

Hence,

$$e\phi \simeq \left(\frac{N_T}{N_e \Delta t A}\right)^2 m_e \qquad (18\text{-}98)$$

is necessary to accelerate N_T particles during a solar flare, where A is the cross-sectional area of the double layer. This result will be used in the section on Flare Models. The reader should consult the reviews by Block (1972, 1975, and 1978) and Goertz (1979) for more details concerning double layers.

Which Mechanism Occurs First?

As the reader has undoubtedly noticed, for either $J_{\|}$ or $J_{\perp}$ there exists more than one mechanism that could be excited (see Table 18-2). The question naturally arises: Which mechanism for a given value of $J_{\|}$ or $J_{\perp}$ will be excited first, and which mechanism will dominate the dissipation of $J_{\|}$ or $J_{\perp}$? It is relatively straightforward to show that the tearing instability has the lowest threshold and should be excited first, either in sheared fields or in neutral sheets. However, this is not the whole story. An additional piece of information is needed—specifically, the rate at which the current density rises—if one is to decide which mechanism is to be excited first. The reason for this is as follows: Suppose, for example, the Sun were somehow to cause either $J_{\|}$ or $J_{\perp}$ to rise in a time less than a tearing mode growth time (called a strongly driven current as opposed to a weakly driven current). The tearing mode would not have time to develop and dissipate the current before the current density increases to magnitudes sufficient to excite, say, double layers in the case of $J_{\|}$ or the lower hybrid drift instability in the case of $J_{\perp}$. Hence, the rise time of the current density is an observable means of distinguishing, in principle, possible flare mechanisms (Spicer, 1979b). For mechanisms such as double layers and anomalous Joule heating, the $J_{\|}$ required implies magnetic flux changes comparable to $>10^{18}$ mx s^{-1} are necessary (Spicer, 1981a). Further, note that if the current is driven strongly and causes, say, anomalous resistivity for a period comparable to a tearing mode growth time, but with allowance taken for an anomalous resistivity, tearing can occur. Which mechanism will dominate the system energetically will depend on the parameters involved. For weakly driven currents only tearing and ideal MHD kinks in $J_{\|}$ systems are expected, at least initially, and, in $J_{\perp}$-driven systems, only tearing modes followed by steady-state reconnection are expected as discussed by Sweet (1958a, 1958b), Parker (1963), or Petschek (1964).

A Classification of Flare Mechanisms

Throughout this section, various mechanisms proposed over the years to explain solar flares have been reviewed. In particular, it should now be apparent that the source of driving energy for each mechanism was either due to $J_{\|}$ or to $J_{\perp}$. There is a convenient classification scheme that allows one to identify the mechanisms that would be important at a particular altitude in the solar atmosphere and what kind of PMFC's can be expected to have a particular type of mechanism operating within it. Table 18-2 tabulates the mechanisms with their respective source of free energy, as well as their obvious advantages and disadvantages. Also indicated in Table 18-2 is that $J_{\|}$-driven mechanisms will generally be important in closed PMFC's, while $J_{\perp}$-driven mechanisms will generally be important in open PMFC's. In PMFC's where $|J_{\|}| \simeq |J_{\perp}|$, one cannot be as definitive. The association of closed PMFC's with $J_{\|}$ and of open PMFC's with $J_{\perp}$ follows from the fact that $\beta << 1$ is required for $J_{\|}$ to dominate the energetics of the PMFC, which in turn implies that the magnetic field pressure is much greater than the gas pressure, further implying that the PMFC will be closed. On the other hand, $\beta >> 1$ is required for $J_{\perp}$ to dominate the PMFC, which in turn implies that the gas pressure is much greater than the magnetic pressure, further implying that the PMFC will be open. However, most PMFC's are not equilibrium PMFC's but are closer to a steady state or dynamic equilibrium, because there are other body forces in the solar atmosphere, particularly in the photosphere and in the high corona. Consequently, the above arguments are not exact but they do allow one to be more specific as to what type of mechanism can be expected in what kind of PMFC's and what its driver will be. Later in Flare Models this classification scheme will be used to classify various flare models according to their mechanisms. This eliminates the need for reviewing and criticizing in detail all the flare models ever proposed. Instead, attention can be focused on the advantages and disadvantages of a given mechanism, which in turn reflects on the models that use that mechanism.

The above classification scheme also leads naturally to some comments about energy storage prior to flares in the solar atmosphere. Since the driving energy of a $J_{\perp}$-driven mechanism is the pressure gradient and not the magnetic field, flare models that utilize $J_{\perp}$ mechanisms, such as neutral sheets, must, of necessity, require an additional source of driving energy. This

Table 18-2

Mechanisms Classified According to Whether the Driver is $J_{\parallel}$ or $J_{\perp}$

Driver	Mechanism	Requirements and Comments	Advantages	Possible Disadvantages*
$J_{\parallel}$ ($\beta \ll 1$ Closed PMFC)	Anomalous Joule Heating	Strongly driven currents (energy cannot be stored in situ) Transient external driver	Extremely rapid energy release both heating and copious runaways expected.	Requires transient external driver.
	Double Layers	Strongly driven currents (energy cannot be stored in situ) Transient external driver	Primarily a particle acceleration mechanism.	Requires transient external driver.
	Tearing Instabilities	Weakly driven currents (energy can be stored in situ)	Can occur in any sheared PMFC. Heating and particle acceleration.	No obvious disadvantages (but see models).
$J_{\perp}$ ($\beta \gg 1$ Open PMFC)	Reconnection in Neutral Sheets	Weakly driven currents (energy cannot be stored in situ) Transient external driver	Heating and particle acceleration.	Slow energy release except in Petschek regime. Requires B to vanish over large surface. Requires transient external driver.
	Anomalous Joule Heating in Neutral Sheets	Strongly driven currents required (energy cannot be stored in situ) Transient external driver	Rapid heating and particle acceleration.	Requires transient external driver. Requires B to vanish over large surface.

*These disadvantages are of a subjective nature; they may or may not be true disadvantages.

Table 18-2 (continued)

Mechanisms Classified According to Whether the Driver is $J_{\parallel}$ or $J_{\perp}$

Driver	Mechanism	Model	Geometry	Specific Comments	General Comments
$J_{\parallel}$	Double Layer	Current interruption (Alfvén and Carlqvist, 1967)	Loop	Current strongly driven; primarily a nonthermal model.	
	Anomalous Joule Heating	Revised current interruption (Smith and Priest, 1972; Spicer, 1981a)	Loop	Current strongly driven; primarily a thermal model.	All mechanisms in principle will work in any low β PMFC.
	Fast and Slow Tearing Mode	Tearing mode model (Spicer, 1976; 1977a, 1977b, 1978; 1981a; Colgate, 1978)	Loop	Current weakly driven; primarily a thermal model. High field shear required.	Possible problem with Type III radio bursts.
	Anomalous Joule Heating and Tearing Instabilities	Hybrid model of revised current interruption and tearing mode models (Spicer, 1981a)	Loop	Current strongly driven; primarily a thermal model. High field shear required.	
	Reconnection in Neutral sheets (by Sweet-Parker and Slow Tearing)	Gold-Hoyle (1960)	Interacting loops	Too qualitative.	
		Uchida and Sakurai (1979)	Multiple loops	Utilize interchange instability to speed up reconnection.	

Table 18-2 (continued)

Mechanisms Classified According to Whether the Driver is $J_{\parallel}$ or $J_{\perp}$

Driver	Mechanism	Model	Geometry	Specific Comments	General Comments
		Sweet (1958a, 1958b)	Sheet formed between two distinct flux systems		
		Kopp and Pneuman (1976)	Inverted Y PMFC.		
$J_{\perp}$					
	Reconnection in Neutral Sheet (via Petschek, Sweet-Parker, Slow Tearing, and Anomalous Resistivity	Carmichael (1964); Sturrock (1966b, 1967; 1972; 1974)	Inverted Y PMFC.	Difficulty with driver.	
		Emerging Flux Model Priest and Heyvaerts, (1974); Canfield et al. (1974); Heyvaerts et al. (1977); Tur and Priest (1978); and Krivsky (1968)	Sheet between two PMFC's one of which is emerging.	Emerging flux model.	
		Syrovatskii (1966, 1969) Somov and Syrovatskii (1977)	Sheet formed between two distinct flux systems.		

follows because it is logically inconsistent for a pressure gradient to steepen on its own against a balancing magnetic field. Only an additional source of free energy can cause such steepening. This is the reason why the neutral sheet mechanism requires convective flow external to the sheet [i.e., finite V_{x0} in Equation (18-87)] to force new magnetic flux into the reconnecting region. Hence, the neutral sheet mechanism is, in effect, a mechanism that dissipates the convective flow energy of a large remote plasma volume, whereas the magnetic field only serves as an intermediate medium that allows this flow energy through the localized neutral sheet mechanism to be concentrated into kinetic energy. Thus, unless there is some unknown mechanism preventing continuous dissipation of the magnetic flux piling up outside the neutral sheet, preflare storage of magnetic energy around a neutral sheet cannot occur. In the absence of any such mechanism, the neutral sheet mechanism must be a driven mechanism, and must be driven for the duration of the flare. Thus, to identify a neutral sheet as the flare mechanism one must not only detect the neutral sheet, but also identify its external driver such as emerging flux (Canfield et al., 1974; Heyvaerts et al., 1977; Tur and Priest, 1978). Note also that anomalous Joule heating mechanisms driven by $J_{\perp}$ are similar to the neutral sheet mechanisms in that they require an external driver.

Neutral sheets cannot store energy before a flare, but sheared PMFC can, since it is the addition of shear that stabilizes against ideal MHD instabilities, but drives reconnection by tearing instabilities once enough shear is accumulated in the PMFC. Such behavior is common in laboratory devices such as reverse field pinches, where strong shear stabilizes the ideal MHD instabilities but results in fast tearing modes if the shear level is not carefully monitored (Christiansen and Roberts, 1978; Schnack and Killeen, 1979). Thus, preflare storage of magnetic energy in sheared PMFC's can occur and can possibly be detected by searching for evidence of the increase of $J_{\parallel}$ before a flare (cf. Flare Models). However, as discussed in this section, other $J_{\parallel}$-driven mechanisms such as anomalous Joule heating and double layers can occur only if $J_{\parallel}$ is driven externally and if $J_{\parallel}$ rises in a time less than a tearing or kink growth time. Such mechanisms are also incompatible with preflare storage of magnetic energy in situ.

FLARE MODELS

In this section, several topics related to the concept of a flare model are discussed. These topics include the following: requirements of a flare model, triggering mechanisms if applicable, and particle acceleration and heating. A brief description of the various flare models is offered, along with a classification of them under $J_{\parallel}$ and $J_{\perp}$. Flare models which fall outside of this classification scheme will also be discussed. Frequent references will be made to Chapter 7, which reviews flare observations and the constraints imposed on flare theories by these observations.

Requirements of a Flare Model

The objective here is to summarize the generally accepted requirements of a flare model. However, in doing so, the authors will take the liberty of injecting some of their own feelings on the question, and they wish to emphasize to the reader that the question of flare model requirements is still a subjective topic, and one that the theorist should consider cautiously.

Energy Storage. The generally accepted belief is that the entire energy ϵ_F (ergs) of a flare is stored above the photosphere and probably above the chromosphere. This belief is primarily rooted in the undisputed fact, first demonstrated by Parker (1957), that the overwhelmingly dominant form of energy stored above the photosphere is magnetic; in the context of Basic Physical Processes the PMFC's have low β values above the photosphere until reaching altitudes above the transition zone, except in the plages and the chromospheric network. Since a potential field contains no magnetic free energy, current carrying PMFC's are assumed to be the source of flare energy, and it is further assumed that ϵ_F is stored in these currents above the photosphere.

Consider this point in more detail. Notice that one obvious conclusion inherent to the premise that all of ϵ_F is stored above the photosphere is that externally driven flare mechanisms such as neutral sheet or double layer models are eliminated a priori. Indeed, one of the most interesting neutral sheet models yet proposed—that of the emerging flux model or its alternative the emerging sheared loop model—is eliminated unless one is prepared to accept the hypothesis that the flare has its origin in an external driver. In fact, what could be more reasonable than to attribute photospheric or subphotospheric energy sources as the primary cause of flares in view of the fact that the photosphere is "wagging" the corona and not the inverse? However, this is not the whole story, for implicit to both the emerging flux model (e.g., Heyvaerts et al., 1977) and the sheared loop model (Spicer, 1976, 1977a) is the requirement that the initial release of energy caused by the respective models be able to propagate outward and thereby destabilize other nonpotential PMFC's such as prominences. This has the effect of greatly increasing the volume in which the flare energy is released while simultaneously expanding on the available magnetic free energy supply. One can now envision three possible flare scenarios: (1) All of ϵ_F is stored in situ above the photosphere in some equilibrium or slowly evolving steady state and then released. (2) An externally driven mechanism such as a double layer causes the total ϵ_F to be released from some given volume. (3) An externally driven mechanism releases some fraction of ϵ_F, which in turn propagates outward, expanding both the available magnetic free energy supply and flare volume by destabilizing other PMFC's. The choice between (1) and (3) will be determined by what fraction of ϵ_F is required to excite neighboring nonpotential PMFC's, since the external driver can be viewed simply as a trigger if the fraction is small, whereas it must be considered as the primary flare mechanism if it is large. Another point to consider is the energy density of the magnetic free energy. If the energy density of the PMFC is low, the first scenario will require large volumes to accommodate ϵ_F. If, however, the energy density of the PMFC is high before its release, the first scenario will require a mechanism to cause the magnetic free energy to accumulate before it is released. This is not readily accomplished, since a PMFC will tend to expand to minimize its energy density with respect to its surroundings unless the energy accumulation rate exceeds the expansion rate.

In the case of scenarios (2) and (3), the preflare magnetic energy density must be reasonably high if the release of this energy is to either result in the whole of ϵ_F being released in a time characteristic of a flare, or result in a disturbance sufficient to excite the neighboring nonpotential PMFC's into releasing their energy. For driven systems, high magnetic free energy densities are, by definition, required; otherwise the thresholds necessary for their occurrence will not be reached.

Energy Release. The magnitude of ϵ_F released in a given flare model is the flare model requirement *usually* offered as evidence that a given model is workable. The general approach is to take a given magnitude for **B** and calculate the total magnetic energy stored in the volume of some PMFC, that is,

$$\epsilon_T = \int \frac{B^2}{8\pi} \, d^3x \quad ,$$

and then to demonstrate that ϵ_T is released in some time characteristic of a flare. The authors feel this approach is unacceptable because it does not allow for the fact that no flare mechanism will ever dissipate 100 percent of ϵ_T but rather some fraction, since ϵ_T has both potential and nonpotential components. This point is dramatically illustrated by the fact that the loop PMFC causing the compact loop flare still exists after the flare; that is, the total field was not dissipated. What this implies is that $\epsilon_T > \epsilon_F$, if the ϵ_F is to be stored above the photosphere before the flare. Of course, this condition does not apply to driven flare mechanisms, since the flare energy supply is external to the locus of the flare energy release.

The point concerning the available magnetic free energy can be expanded further by noting that, if a flare mechanism is to heat a plasma it must overwhelm the various energy sinks. To see this, note that in the total energy density of the plasma within the PMFC in steady state before the flare is roughly $NkT + \tau P_{loss}$ and that a source of energy E per unit volume is required corresponding to the atmospheric heating mechanism, which maintains the energy density at its steady-state value, such that

$$E = NkT + \tau P_{loss} \quad , \qquad (18\text{-}99)$$

where P_{loss} represents the power density lost by radiation, thermal conduction, and convection, during a period of time τ, which corresponds to the cooling time of the most efficient cooling mechanism, and NkT is just the total internal energy density of the plasma. Thus, to heat the plasma in a time τ' by some mechanism which generates an input power density P_{in}, requires

$$(\epsilon_0 \tau' P_{in} + E) > (NkT + \tau' P_{loss}) \quad , \qquad (18\text{-}100)$$

where ϵ_0 represents the efficiency of the coupling of the heating mechanism to the plasma. Since, in general, $\epsilon_0 \tau' P_{in}$ is much greater than E except during the cooling period, and since $E > NkT$, Equation (18-100) reduces to

$$\epsilon_0 \tau' P_{in} > \tau' P_{loss} \quad . \qquad (18\text{-}101)$$

In the gradual phase of the flare, Equation (18-100) becomes

$$\epsilon \tau'' P_{in} \lesssim NkT + \tau'' P_{loss} - E \quad , \qquad (18\text{-}102)$$

where τ'' is the lifetime of the gradual phase of the flare, and where E has been included again in Equation (18-102). Including E again follows because there is no a priori reason to assume that E is shut off during the flare. It is noteworthy that an efficiency factor is associated with the coupling of the heating mechanism to the plasma, one that is not usually included in flare modeling analysis. This is more significant than it seems, since no mechanism heats a plasma with 100 percent efficiency; lower efficiencies must be allowed for in the model.

As noted above, P_{loss} includes radiation, thermal conduction, and convective losses. It is of interest to examine each of these mechanisms for a given flare mechanism. Assume that $\epsilon_0 \tau' P_{in}$ is sufficient to cause heating so that the temperature rises. As is well known (Cox and Tucker, 1969) the radiation losses in a solar plasma decrease with temperature from $\sim 10^5$ to $\sim 10^7$ K, at which temperature they increase again for constant density conditions. On the other hand, thermal conductive losses parallel to **B** increase rapidly with temperature as $T^{7/2}$, while convective losses will only be important if any large pressure gradients exist. One might ask: Under what circumstances are thermal conduction and convection parallel to **B** unimportant, and what flare mechanisms operate under these circumstances? The answer to the first part of this question is that thermal conduction and convection parallel to **B** become unimportant when the flare mechanism causes heating over a sufficiently large temperature scale length $\delta L_{\parallel}$ parallel to **B**. This is a result of the fact that the cooling time by thermal conduction parallel to **B** scales as $(\delta L_{\parallel})^2$, and the cooling time by convection parallel to **B** scales roughly as $\delta L_{\parallel}$.

Thus, to find a flare mechanism that satisfies this constraint, it requires only that it be a long wavelength heating mechanism parallel to **B**, that is, the wavelength parallel to **B** must be comparable to the length of the PMFC. By definition such mechanisms are fast tearing modes and neutral sheets. Double layers do not satisfy this requirement while anomalous Joule heating may, if it occurs along a sufficiently large distance parallel to **B**. What this requirement implies is that long wavelength heating mechanisms are more efficient plasma heating mechanisms than short wavelength mechanisms, since they need only overwhelm the radiation losses within the scale length $\delta L_{\parallel}$. End losses by conduction and convection must be considered also, but they should expect them to be important only if the ratio of the area of the ends to be heated volume is large, which is not likely for the mechanisms cited. Thermal conduction losses perpendicular to **B** will be negligible even if the conduction coefficient takes the Bohm value. In low β PMFC's convective losses perpendicular to **B** are negligible, since $\nabla P \simeq 0$, except perhaps during the initial heating phase, while for high β PMFC's convection can be very important. However, convection losses will be important in neutral sheets, only within the sheet itself where β is large, and most of the energy will probably go into macroscopic fluid turbulence and fluid flows.

Particle Acceleration and Heating. Particle acceleration is perhaps the most controversial aspect of solar flare theory, apart from the question of which mechanism is the cause of the flare. The fact that particle acceleration is treated as a subject area independent of the primary flare energy release mechanism (Ramaty et al., 1980)* is paradoxical since every mechanism discussed so far accelerates particles. The really relevant question is: Can any of the mechanisms so far proposed accelerate the numbers of electrons and ions required by the observations? The phrase "required by the observations" contains the origins of the paradoxical situation noted above, since solar astronomy is an observational as opposed to an experimental science. Such a situation leaves the theoretician and data analyst in a position in which different interpretations of the same data are fully consistent with that data. A classic example of this situation is the proof of Brown (1974) that a multithermal plasma can mimic any observed nonthermal collisional bremsstrahlung spectrum. One could go even further and state that some multinonthermal plasma can mimic any observed single nonthermal spectrum. For example, a multibi-Maxwellian (thermal plus superthermal) distribution can mimic a power law distribution.

The solution of the integral equations involved is inherently ambiguous, and interpretation is made more difficult by the presence of noise in the data (Craig and Brown, 1976; Brown, 1978). In the case of solar hard X-ray bursts this lack of decisive data leaves open at least two interpretations, one of which leads to the so-called "electron number problem" (Hoyng et al., 1976; Brown and Melrose, 1977) when the bremsstrahlung X-ray spectrum, which usually "fits" a power law spectrum (over about one decade in energy), is interpreted as being caused by a purely nonthermal power law electron distribution colliding with a cold dense target. The analysis of the impulsive hard X-ray data from the ESRO TD 1A satellite (Hoyng et al., 1976) illustrates the so-called "thick target interpretation" problem (e.g., Brown, 1971, 1975; Kane, 1974). These authors show that a thick target interpretation requires about 10^{36} 25 keV electrons per second be accelerated for approximately 10^1 to 10^3 seconds, implying that $\sim 10^{37}$ to 10^{39} 25 keV electrons are necessary to explain medium-large, impulsive hard X-ray bursts. This further implies 10^{30} to 10^{32} ergs is carried by the streaming 25 keV electrons. Ignoring the question of return currents (Hoyng et al., 1976; Brown and Melrose, 1977) associated with such an electron stream, the thick target interpretation is a theoretical dilemma since one can either accept the thick target interpretation as correct and ponder the question of how any mechanism can accelerate 10^{36} 25 keV electrons per second

*This review discussed only the first stage acceleration phase and not the second phase.

or one can challenge the thick target interpretation. Keeping in mind that there is nothing sacred about power laws, and that any multidistribution of thermal and nonthermal electrons (or one or the other) can mimic them, an alternative simple interpretation of the power law spectrum is a multithermal plasma interpretation (Chubb, 1972; Brown, 1974, 1975). This interpretation is diametrically opposed to the nonthermal thick target interpretation in that it assumes that the 25 keV X-ray flux has its origins in the multithermal plasma, that is, in a relaxed electron distribution. It has the additional strength that far fewer electrons are necessary to generate the same X-ray spectrum than in a nonthermal target interpretation. This follows because the nonthermal electrons in a nonthermal source lose their energy primarily in collisions with the cold ambient electrons. In a confined thermal source, on the other hand, the only losses are the bremsstrahlung radiation and the collisional energy losses with the ions, if the electrons and ions have not equilibrated. The electron numbers in these two cases are 10^{-5} and 10^{-3} of those for a thick target interpretation. On the other hand, because of lack of confinement in practice, conductive losses reduce these improvement factors to 10^{-1} to 10^{-2}. For detailed discussions of the strengths of multithermal versus nonthermal interpretation the reader should consult (Brown, Melrose, and Spicer, 1979; Smith and Lilliequist, 1979).

With these two interpretations in mind, one can ask what flare mechanism is consistent with which interpretation of the X-ray bremsstrahlung. Consider the nonthermal target interpretation first. Of all the possible mechanisms, only the $J_{\parallel}$-driven double layer mechanism can come close to satisfying the thick target interpretation, since it is primarily a particle acceleration mechanism. One can use Equation (18-98) to estimate the energy of the electrons accelerated through the double layer. To achieve this one first requires the cross-sectional area of the double layer. Since the threshold condition for a current to form a double layer is $V_D \gtrsim V_{T_e}$, and since it must be maintained at this value for the duration of the impulsive phase, the area is just $2\pi r \delta r$, where δr is the width in which the current flows. Using Ampere's equation yields

$$\delta r = \left(\frac{c}{\omega_{pe}}\right) \delta\beta^{-1/2} \quad , \qquad (18\text{-}103)$$

where

$$\delta\beta = \frac{8\pi N_e k T_e}{\delta B_p^2}$$

and δB_p is the change in the field component induced by $J_{\parallel}$ across the layer δr thick. Hence, Equation (18-98) becomes

$$e\phi \approx 5 \times 10^{-32} \left[\frac{N_T}{N_e^{1/2} r \Delta t}\right]^2 \beta, \text{ keV}. \qquad (18\text{-}104)$$

By using $N_T \simeq 10^{38}$, $N_e \simeq 5 \times 10^{11}$ cm^{-3}, $\Delta t \simeq 100$ s, $r \simeq 5 \times 10^8$ cm, and $\beta \simeq 10^{-3}$, one finds $e\phi \simeq 4 \times 10^8$ keV an energy totally unacceptable observationally. Alternatively, one can use Equation (18-97), employing similar arguments for the area, to obtain

$$N_T \approx 4 \times 10^{15} N_e^{1/2} r \Delta t \left(\frac{e\phi}{\beta}\right)^{1/2} \quad (e\phi \text{ in keV}) \; . \qquad (18\text{-}105)$$

By taking $e\phi \simeq 25$ keV and the values for N_e, Δt, and r previously used, one gets $N_T \simeq 8 \times 10^{33}$ electrons, which is about 1000 times less than the necessary number. Notice that a lower N_e will reduce N_T, while N_t will increase linearly with Δt and r, but even for a judicious selection of these parameters it seems scarcely possible to obtain agreement between theory and observation. In addition, the authors feel the double layer mechanism has theoretical problems, if it is to explain the electron numbers required of the target interpretation.

Turning to the thermal interpretation, it is obvious that reconnection and anomalous Joule dissipation mechanisms, both $J_{\parallel}$ and $J_{\perp}$, result in primarily thermal plasmas with nonthermal tails. Previous estimates by Spicer (1981a) of the temperatures expected from $J_{\parallel}$-driven anomalous Joule dissipation and fast collisional tearing modes indicate electron temperatures of roughly 10 keV for both. Similar results can be expected for neutral sheets (cf. Heyvaerts et al., 1977). The total number of particles accelerated by the anomalous Joule dissipation mechanism and by fast collisional tearing modes have also been estimated by Spicer (1981a), using Equation (18-38) with both the anomalous and the classical collisional frequencies. The numbers obtained still fall short of the numbers required of the thick target approximation, indicating that only weak nonthermal tails are to be expected. Hence, both anomalous Joule dissipation and fast tearing modes are inconsistent with the nonthermal thick target approximation but consistent with the thermal approximations. There is no currently proposed energy release mechanism that is directly consistent with the nonthermal interpretation of hard X-ray bursts. Hence, if the observations require acceptance of the thick target approximation in the future either the flare mechanisms so far discussed must be abandoned, or some additional acceleration mechanism (or mechanisms) must be at work. Langmuir wave acceleration is one such mechanism (Benz, 1977; Melrose, 1978; Hoyng, 1977a, 1977b; Smith, 1977a, 1977b; Hoyng et al., 1980).

Mass Ejections. As discussed in Chapter 7, only a small fraction of flares exhibit mass ejections, and it constitutes a large fraction of the total flare energy released when it does occur. However, the question arises whether the energy associated with mass ejections is really a result of the primary energy release mechanism or is it an indirect result of the triggering of another mechanism, for example, a prominence as discussed under energy storage. If the former possibility is correct, the primary energy release mechanism must provide a pressure pulse constituting a major fraction of the energy release during a flare. Placing theoretical constraints on the primary energy release mechanism which could cause mass ejections is, at this time, a purely subjective issue, since the available observations do not allow one to distinguish between the two choices mentioned above. Nevertheless, the authors feel that if the mass ejections observed are not a result of the triggering by the primary energy release mechanism of other mechanisms into activity, then the energetics of mass ejections can place strong constraints on the primary energy release mechanism by a combination of high power/volume output from the mechanism (local constraint) and a high integrated power output from the mechanism (global constraint).

Miscellaneous Flare Model Requirements. Probably the most obvious flare model requirement is that the PMFC of the model be consistent with the observations. Thus, one requirement is that the flare model employ a mechanism that will work in simple bipolar magnetic regions, since observations clearly demonstrate that some flares occur in such regions (Švestka, 1976; Sturrock et al., 1980). Thus, the model must use not only a mechanism that will operate in a bipolar magnetic region but it also must start with (or produce) a PMFC consistent with the observed PMFC, which appears to be a loop in the case of compact flares and appears to be multiple loops for large double ribbon flares (i.e., assuming that EUV structures delineate field lines).

Other obvious requirements (all of which are discussed in Chapter 7) are that a model needs to be able to explain homologous flares, sympathetic flares, temperature minimum heating, the close relationship between high photospheric shear and flares, the relationship of emerging flux with flares, and the simultaneity (or near simultaneity) of hard X-ray, microwave, EUV, and Type III bursts. Theoretically, the existence of homologous flares implies that the basic PMFC in such cases is not destroyed by the flare, which is consistent with the points made in the sections on Energy Storage and Energy Release. It also suggests a high induction circuit model, where the total current, I, is maintained or replaced after the flare mechanism dissipates the driving energy. Since a high induction circuit model has a high L/R time, the flare mechanism in such a situation must be associated with an $L^{-1}(dL/dt)^{-1}$ time. This means that either the flare mechanism itself generates changes in the inductance, or that $\mathbf{v} \times \mathbf{B}$ forces in the photosphere or convection zone provide such changes. In the former case, tearing modes cause such changes, while in the latter the twisting of the field lines by $\mathbf{v} \times \mathbf{B}$ forces will produce dL/dt. (Some laboratory devices such as Tokamaks possess a high L/R time, which is maintained by external circuits, and tearing modes are observed to occur in such devices, giving rise to what are known as negative voltage spikes which are very large in magnitude, e.g. Bateman, 1978.) Sympathetic flares, if they exist (Švestka, 1976), argue in favor of preflare storage of energy. Thus, a model that uses a driven mechanism such as double layers, must also explain why homologous flares exist, if indeed they do exist.

Heating of the temperature minimum region (Machado et al., 1978) is a recent development that needs further exploration. Any model that uses a transient $J_{\parallel}$ driver may be able to explain temperature minimum heating by Joule heating, since the classical resistivity at the temperature minimum is dominated by electron neutral scattering of current carrying electrons. It is trivial to demonstrate that the current densities required to heat the temperature minimum during a flare are roughly 10^6 statamps/cm^2 which implies mean magnetic fields of about 10^4 gauss distributed over a total area of $\sim 10^{16}$ cm^2. Since these fields would necessarily be transient this may not be unacceptable. Alternatively, if $\int \mathbf{J} \cdot d\mathbf{S} << |\mathbf{J}|\, \mathbf{S}$ (Emslie and Machado, 1979) Joule heating may still be viable. Such a situation will occur if a set of antiparallel currents were concentrated in very small areas within a typical element of spatial resolution. Then it is possible to raise the Joule heating greatly in a local region, since this is $\int \eta J^2 dS$, without increasing the total current $\int \mathbf{J} \cdot d\mathbf{S}$. Such multiple reversals, if they exist, would be susceptible to fast multiple tearing modes and would favor a $J_{\parallel}$-driven flare mechanism.

The frequent occurrence of flares in magnetic field configurations with high photospheric field shear (Švestka, 1976) needs to be reconciled with a given model. Such shear (not to be confused with magnetic shear defined in Ideal MHD Instabilities) results from a displacement of the footpoints of one side of a PMFC with respect to the other as measured from the so-called neutral line. Since magnetic shear would be expected if field lines at different altitudes traversing the neutral had different directions with respect to one another because of photospheric shear, tearing instabilities driven by $J_{\parallel}$ can be expected.

Emerging flux appears to be a sufficient condition for a flare, although not a necessary one. Nevertheless, models must make allowance for emerging flux. Present models have only considered emerging flux as a driver when it interacts directly with preexisting PMFC's to excite a flare. However, emerging flux may represent a manifestation of a more general phenomenon occurring in the photosphere or convection zone. For example, the emerging flux might induce electric fields within other preexisting structures and excite flares, rather than directly interacting with the preexisting PMFC's.

The observed simultaneity of electromagnetic bursts represents a problem for any model. Such simultaneity can be accomplished by a variety of means, for example, by electron beams or by long wavelength mechanisms with high characteristic velocity, that heat the PMFC over a significant fraction of its length.

The escape of high energy electrons to produce Type III bursts can present difficulties for some models which utilize closed rather than open PMFC's. However, the argument can be turned around to make difficulties for open PMFC's because most flares do not cause Type III bursts

(Švestka, 1976), suggesting that a closed PMFC is more common. Nevertheless, the escape mechanism must be explained and it must work within a time short enough to maintain the observed simultaneity (or near simultaneity) with other bursts.

Flare Triggers

Historically there has always been the belief (cf. Sweet, 1969) that a flare requires some external perturbation, or trigger, to excite it. This belief has no observational justification at the present time. However, if one accepts the contention that the flare energy is stored in situ above the photosphere before a flare, the need arises for a trigger mechanism (or mechanisms). On the other hand, mechanisms which require external drivers do not need triggers, since no more is necessary than to switch on the driver; for example, in neutral sheet models, mass flow or emerging flux must appear and exist for the duration of the energy release. This situation is physically distinct from a trigger, since once the perturbation pushes the system "over the brink" the system is on its own. In this regard, Sturrock (1966a) has noted that there are essentially two types of instability onsets: explosive and nonexplosive. The explosive onset occurs when a system is near marginal stability and linearly stable to infinitesimal perturbations but nonlinearly unstable to finite perturbations. On the other hand, the nonexplosive onset occurs when a system is linearly unstable to infinitesimal perturbations. Sturrock (1966a) further argues that an instability must result from an explosive onset if it is to be viable as a flare mechanism. This point of view can be understood by recognizing that, for preflare storage of energy to occur, energy must accumulate in the PMFC in such a way that it is not continuously dissipated because of instabilities excited by infinitesimal perturbations, but rather the energy must accumulate up to some magnitude beyond which a finite perturbation can drive it to instability, which in turn releases the accumulated energy. The questions thus arise: What kinds of instabilities require explosive excitation, and how can energy be accumulated without continuous dissipation? Both of these questions are difficult to answer, but one can gain some insight into them. Consider the latter question first. Aside from instabilities, a PMFC has two important means by which it can lower its magnetic energy density: either by classical Joule dissipation or by expansion. It is easy to show that the classical Joule dissipation time will generally be very large, because the resistivity is so small in the solar atmosphere (except at the temperature minimum), making classical Joule dissipation ineffective for preventing magnetic energy accumulation. However, plasma expansion can lead to serious difficulties if the rate of energy accumulation is less than the rate at which plasma expansion reduces it. All PMFC's have a tendency to expand in an open system such as an exponential atmosphere. Hence, one must either prevent the expansion or increase the energy accumulation rate beyond the expansion rate. In laboratory devices, expansion (which defeats plasma containment for fusion) is prevented by the use of conducting walls and externally imposed magnetic field configurations. Hence, in laboratory devices magnetic energy accumulates, and it is this accumulation of magnetic energy that causes the violent phenomena commonly observed in these devices, such as kinks or tearing modes. One must therefore raise the question: How is a PMFC in the solar atmosphere prevented from expanding? There does not appear to be an easy answer to this question, although it is obvious that additional magnetic fields prevent such expansion in the solar atmosphere if they are nearly potential to begin with and have little expansion energy intrinsic to them, or, alternatively, if they contain additional materials in the magnetic field region. Hence, for preflare energy storage it is not useful to use the term equilibrium configuration in its precise sense, but rather one must assume from the outset that any PMFC considered must be evolving on a time scale far longer than any instabilities expected in it. In this context, some recent work has assumed that the preflare PMFC is slowly evolving, accumulating energy until the system shows indications of losing its quasiequilibrium (Jockers, 1976; Low,

1977; Anzer, 1978; Birn et al., 1978; Heyvaerts et al., 1979; Priest and Milne, 1979; Hood and Priest, 1980). The principle involved is related to bifurcation theory, since, as the relevant parameters are varied, there is a point of bifurcation at which the equilibrium can either go unstable, or go to a more stable regime. Usually the point of bifurcation separates a class of stable equilibria from a class of unstable equilibria. Though bifurcation theory is on firm grounds theoretically, its application to solar flare theory should be viewed with caution, because all treatments to date have imposed some constraint from the outset, such as a symmetry on the PMFC. This has the unfortunate result of reducing the degrees of freedom that the PMFC has available to lower its energy. For example, suppose the condition of axial symmetry on a PMFC such as a prominence were imposed, while simultaneously assuming it to be force-free. Can one then believe the agrument that after twisting the PMFC, it will erupt at some stage into an open PMFC, simply because the force-free PMFC has a higher magnetic field energy density than does the open PMFC? The answer may, in reality, be yes, but on the basis of arguments from bifurcation theory with the above constraint the answer is no! By imposing axial symmetry, all ideal and resistive MHD instabilities with $|m| \geq 1$ have been suppressed. In addition, by imposing the force-free condition, the $m = 0$ mode has been eliminated, since the $m = 0$ mode is easily stabilized in a force-free system ($\beta = 0$) (Newcomb, 1960). Hence, by not being careful, it is possible to eliminate a priori just about every degree of freedom the PMFC had to lower its energy, which makes any conclusions such as those mentioned above fallacious.

The question of preflare storage and triggering is also complicated by the fact that, for those mechanisms in which preflare energy storage is, in principle, possible, the stability analysis currently being used has only global validity for PMFC's with high degrees of symmetry and homogeneity, which solar PMFC's definitely lack. Hence, many of the results discussed so far are only locally valid and, as is well known, local stability tells one nothing about global stability. For example, consider the kink or tearing instabilities, both of which are global modes.

As discussed earlier, one condition for the occurrence of these global modes with high symmetry and homogeneity is that $\mathbf{k} \cdot \mathbf{B}$ vanish. This requires that the PMFC be homogeneous in two spatial directions. However, such is not the case in solar PMFC's, which are intrinsically three-dimensional. Hence, the condition that $\mathbf{k} \cdot \mathbf{B}$ vanish can, at best, be a local condition in a realistic three-dimensional situation, whereas the global condition will be made up of differential operators in those directions previously assumed to be homogeneous. This will have the result that threshold conditions usually advanced for stability are no longer valid and must be used with caution.

A further problem associated with flare triggers and preflare storage is that, while the assumption of force-free PMFC's is reasonable, with the external stresses being accommodated by boundary conditions, the question of how plasma transport processes control parameters such as current density gradients is not accommodated in standard analyses. For example, it is well known that currents tend to flow in regions of low resistivity while avoiding regions of high resistivity, so that one would expect currents to concentrate in regions of high temperature when classical resistivity applies. However, no allowance is made for such inhomogeneous transport effects on the global structure of PMFC's in standard force-free equilibrium analysis (see, for example, Ferraro and Plumpton, 1966). The force-free equilibria usually advocated are thus of questionable validity for solar PMFC's, because even a cursory examination of the observations illustrates that there are strong temperature and density inhomogeneities in solar PMFC's; for example, a prominence has a hot transition sheath (Schmahl, 1979).

Many instabilities have been suggested as triggers for flares, but perhaps the instability most widely believed to have some validity is the so-called thermal instability (Parker, 1953; Field, 1965). Thermal instabilities have their origin in the behavior of the radiative losses with temperature; for example, if the radiative losses decrease with temperature as they do for solar abundances at temperatures of 10^5 K and the thermal conductivity is somehow prevented from removing any excess input of energy, then the temperature of the plasma will increase until either the radiative losses increase with temperature again, or until plasma expansion cools the plasma at a rate faster than the external heating rate. However, the concept of thermal stability has a more general applicability than stated above, and it is well worth examining some of the resulting physical effects which can occur in solar PMFC's. As an illustration, consider the superheating instability (Kadomtsev, 1966), which arises as a result of the fact that Joule heating increases the temperature, T, and reduces the resistivity, η, so that the current density, J, increases, which can increase the Joule heating and so on, providing that radiative and conductive losses are overcome. The growth rate for the heating is just

$$\gamma = -\kappa_{\parallel} k_{\parallel}^2 - \kappa_{\perp} k_{\perp}^2 - \nu_r + \nu_q \left(\frac{k_{\perp}^2 - k_{\parallel}^2}{k^2} \right), \qquad (18\text{-}106)$$

where

$$\nu_r = \frac{2}{3N_e} \frac{dQ_r}{dT_0}, \nu_q = \frac{2J_0^2}{3N_e T_e \sigma_0} \frac{d\ln\sigma_0}{d\ln T_e},$$

$\kappa_{\parallel}$ and $\kappa_{\perp}$ are the parallel and perpendicular thermal conductivities, respectively, Q_r is the radiative function, $\sigma_0 = \eta_0^{-1}$, and the zeros denote the initial values. Equation (18-106) illustrates a number of points mentioned in Basic Physical Processes. Notice that when $k_{\parallel} = (\mathbf{k}\cdot\mathbf{B})\mathbf{B}/B^2$ vanishes, thermal conductivity parallel to **B** plays no role, as noted earlier, and, therefore, is not stabilizing. This result is also true in sheared magnetic fields except that the effect is localized around those surfaces where $\mathbf{k}\cdot\mathbf{B} = 0$. Note also that because $|\kappa_{\parallel}| >> |\kappa_{\perp}|$, perpendicular thermal conductivity will play no role except for short wavelength perturbations perpendicular to **B**: this corresponds to steep temperature gradients on either side of the surface where $\mathbf{k}\cdot\mathbf{B} = 0$ for sheared fields and neutral sheets; hence, it may provide a stabilizing effect. Suppose that $J_0 = 0$, $k_{\parallel} \rightarrow 0$, and the term $\kappa_{\perp} k_{\perp}^2$, is ignored. It follows that $\gamma = -\nu_r$. Hence, radiative instability can occur if $dQ_r/dT_0 < 0$, which occurs for solar plasmas (cf. McWhirter, et al., 1975). Sweet (1969) and Kahler and Kreplin (1970) were the first to point out its possible importance in flares.

Next assume isobaric perturbations and that there exists an external heating function C that is a function of T only. This implies that

$$\gamma = -\nu_r + \frac{2}{3N_0} \frac{dC}{dT_0}. \qquad (18\text{-}107)$$

Hence, if $(2/3N_0)(dC/dT_0) > -\nu_r$ or if $\nu_r < 0$, instability can result. However, for solar plasmas Q_r has both local maxima and minima, implying that unless $(2/3N_0)(dC/dT_0) >> -\nu_r$ always for $\nu_r > 0$ the system can become stabilized around one of the minima, though it will still be unstable to small but finite perturbations. In that case, one should expect $\gamma = 0$ (marginal stability) to determine the marginal temperature.

Returning to the superheating instability (i.e., C is determined by Joule heating), it should be noted that if $k_{\parallel} \rightarrow 0$ instability results when

$$\frac{2J_0^2}{3N_e T_e \sigma_0} \frac{d\ln\sigma_0}{d\ln T_e} > -\nu_r, \qquad (18\text{-}108)$$

$d\ln\sigma_0/d\ln T_0 > 0$, which it is when the resistivity is classical. The superheating instability will then result in highly elongated hot current filaments parallel to **B**. In sheared fields these filaments will be elongated and localized around $\mathbf{k}\cdot\mathbf{B} = 0$. Various authors have proposed the superheating instability as a flare trigger in the context of neutral sheets (Coppi and Friedland, 1971;

Heyvaerts, 1974a) and in sheared fields (Spicer, 1976, 1977a), while nonlinear studies by Sokolov et al. (1977) have demonstrated its applicability to solar conditions.

The discussion is so far only locally valid, since all studies to date have made the WKB approximation. That is, the assumption is made that the wavelength of the perturbation is shorter than the characteristic temperature scale length. Such an approximation ignores the fact that the temperature has steep gradients in various parts of a given solar PMFC. Hence, these arguments are not globally valid at present, but they do indicate some of the basic phenomena expected.

In summary it should be evident that the question of the flare triggering and the associated problem of preflare energy storage are still in the early development stage. However, it should also be evident that these two problems are probably the most fundamental issues in solar flare theory for those who believe in preflare storage of energy, aside from the primary energy release mechanism itself.

Flare Models

The intent in this review is not to review each model in detail, but rather to classify each model according to the mechanism it uses and its source of driving energy. The authors feel that this is the most appropriate approach since the only basic difference then between different models that use a given mechanism and driver is the geometry of the models and in what form the driver manifests itself. Another reason for this approach is that most models, except some very recent models, are highly approximate. They attempt to mimic in a very qualitative fashion the observations which have been made up to the time the given model was prepared. If the reader will examine the original papers for each of these models, he will find that, generally speaking, each model followed but did not lead observations. In this sense, very few models have ever made any useful predictions which permit a valid observational test of the model. In cases where predictions are made, the predictions are often of a nondefinitive nature, in that other models using the same mechanism and driver would also make the same predictions. Finally, one finds predictions which require observations on some unresolvable scale. The current vogue seems to be for loop flare models (Alfvén and Carlqvist, 1967; Spicer, 1976, 1977a, 1981a; Colgate, 1978). It might be noted for historical accuracy that the Alfvén-Carlqvist model was proposed long before it was evident from the data that some flares, so-called compact flares, consisted of one or more loops; so, in this single instance, theory led experiment!

It was noted earlier that other mechanisms have been proposed which fall outside the classification scheme given here. There are basically three: the bottling up of Alfvén wave energy (Pneuman, 1967; Piddington, 1973, 1974), the release of trapped energetic protons and electrons from high altitude mirror configurations (Elliot, 1964, 1968), and adiabatic heating (Crannell et al., 1978; Mätzler et al., 1978). The latter was actually proposed for local high temperature effects rather than as a flare mechanism. Of the three, the most difficult to access theoretically is the Alfvén wave model, because it has not progressed much beyond the hypothesis stage; namely, it has not been demonstrated that Alfvén wave energy can be trapped and stored in the manner envisaged by Pneuman (1967), because there are many processes which can lead to the decay of Alfvén waves. Consequently, Alfvén wave trapping may not occur (cf. Wentzel, 1974, 1977).

The release of trapped energetic protons (200 MeV) and electrons into the conjugate mirrors of a trapping configuration is a very appealing idea, if it can be demonstrated observationally that such particles are indeed trapped before a flare with sufficient numbers. A modification of this idea (Spicer, 1976) is that a shock driven by a pressure pulse or by an erupting prominence can couple to preexisting mirror configurations and drive the various crossfield instabilities listed in Table 18-1. These, in turn, can lead to highly anisotropic ion and electron distributions, which will then precipitate into the mirror conjugates.

This hypothesis eliminates the problem of preflare storage, but the problem of the origins of the shock still remain. Nevertheless, the hypothesis, originated by Elliot (1964, 1968) and modified by Spicer (1976), has promise for the second stage acceleration phase of major double ribbon flares and may help explain the impulsive electromagnetic bursts generated during that phase.

The adiabatic heating hypothesis (Crannell et al., 1978; Mätzler et al., 1978) was introduced because a certain select class of hard X-ray bursts showed a vaguely reversible time profile, which is sometimes indicative of adiabatic heating and cooling. These bursts were also shown to be fully consistent spectrally with a single thermal source. The idea envisaged by these authors was that the heating and cooling of the plasma occurred by adiabatic heating from compression and adiabatic cooling by expansion, instead of heating by a dissipative, nonadiabatic mechanism and cooling by, say, conduction. The only means of compressing a plasma adiabatically in the solar atmosphere is by radial or axial magnetic compression. The X-ray bursts observed had a time scale far exceeding the collisional relaxation time of the plasma. Under these conditions, it can be shown that radial adiabatic compression by an external magnetic field of a plasma with a weak trapped magnetic field leads to the relation (Glasstone and Lovberg, 1960)

$$T = T_0 \left(\frac{B}{B_0}\right)^{4/5} , \qquad (18\text{-}109)$$

where T_0 and B_0 are the initial temperature and field, respectively. Hence, to radially heat a plasma adiabatically from, say, 0.5 keV to 40 keV one requires about 240-fold increase in B. If the initial internal field is comparable to the initial external B, even larger increases are required. Axial compression yields the relation

$$T = T_0 \left(\frac{\ell_0}{\ell}\right)^2 = T_0 \left(\frac{V_0}{V}\right)^2 , \qquad (18\text{-}110)$$

which requires a factor of ~9 reduction in the axial scale size of the containing PMFC, where ℓ_0 is the initial axial scale length of the system, V_0 is the initial volume, and one has assumed no loss of particles from the mirror field so that TV^2 is constant. Radial compression and expansion implies that the emission measure varies as $T^{3/2}$, while for axial compression and expansion the emission measure varies at $T^{1/2}$.

Next consider the question of the initial field strength versus the final field strength after compression. Starting with a 0.5 keV plasma with a density of 10^9 as deduced by Crannell et al. (1978) and Mätzler et al. (1978), a minimum start field of at least 5 gauss is required for plasma containment. Hence, the final field must be $\sim 1.2 \times 10^3$ gauss if radial compression is to work. Further, since the emission measure obtained by these authors was $\sim 5 \times 10^{44}$, they require a volume of at least 5×10^{26} cm^3, which means the emitting volume has a characteristic scale of about 10^9 cm. Fields of 1.2×10^3 gauss over scales of 10^9 at altitudes of 10^9 cm are difficult to reconcile with observations. Also, as noted by Brown and Smith (1979) there is no obvious reason why an adiabatic process must be symmetrical during its heating and cooling phases, as assumed by the authors of the model. Furthermore, even the observed reversibility is unconvincing since the ratios of rise time to fall time for X-ray bursts range from $\lesssim 1/3$ up to 3 (Crannell et al., 1978) and the reversibility is not confirmed in otherwise similar events seen by other observers. Also, most adiabatic heating theory ignores nonadiabatic cooling mechanisms such as radiation, which will alter the functional behavior of temperature versus total emission measures noted above.

The flare models that use magnetic free energy are all basically compatible with the primary flare model requirements as they are presently understood. These are considered next. The essence of many of the flare models currently in vogue is discussed. However, since many of these flare models are similar in many respects, the discussion will focus on describing that model in a class of models which is most complete, while citing references to the others.

Models That Utilize $J_{\parallel}$-Driven Mechanisms

These models fall into two basic categories: current interruption models and tearing mode models. They are considered in turn.

Current Interruption Model. This model, first proposed by Alfvén and Carlqvist (1967), was the first model to emphasize the loop structure recently detected by the Skylab ATM instruments as the basic structure of small compact flares. It was also the first model to emphasize the importance of viewing the flare energy release as a form of current dissipation whatever the proposed mechanism. Alfvén and Carlqvist (1967) also made one other very important contribution aside from their model, by emphasizing the necessity of treating the whole current system. They emphasized that the problem of dissipating current is not just a local problem but a global problem. Even though one may have found a mechanism that dissipates the magnetic free energy fast enough to explain the flare, it remains necessary to demonstrate that it is possible to replenish the magnetic free energy sufficient rate. This rate must be sufficient to maintain the critical parameters at the magnitudes necessary to sustain the flare mechanisms throughout the duration of the flare. In remarks made earlier, this replenishment mechanism was called the external driver.

The current interruption model presently has three versions: (1) a double layer model, (2) an anomalous Joule heating model, and (3) a hybrid model. The first of these was qualitatively developed by Alfvén and Carlqvist (1967) who argued that, if the current density within a magnetic loop reached a critical value characteristic of the value necessary to excite the ion acoustic or Buneman instabilities (Smith and Priest, 1972), then the development of very high electric fields might occur to maintain the original current across the regions where the resistivity became anomalous. These regions are presently called double layers, as discussed in the section on Double Layers. Note also from Table 18-2 that double layers require strong external drivers and that they can operate only in a transient situation. The second version of this model can be traced to the arguments made by Smith and Priest (1972) that the most likely energy release mechanism to occur in this situation would be simply anomalous Joule heating. However, Smith and Priest rejected this version of the model because of some arguments that have since been questioned. A recent treatment by Spicer (1981a) has demonstrated that the anomalous Joule heating version of the current interruption model might work if the strong external driver required is present. The hybrid version of the current interruption is based on maintaining the current density at marginal stability for a period of time longer than an MHD or tearing mode growth time, if the current density is sufficient to generate anomalous resistivity, as noted by Spicer (1981a). Hence, both $J_{\parallel}$-driven electrostatic instabilities, as well as $J_{\parallel}$-driven MHD instabilities will occur in such a model, making it difficult to distinguish between the competing $J_{\parallel}$-driven mechanisms.

The current interruption model in any of the three forms noted requires a strong transient external current driver, and this transient driver must initially raise the current density in a time shorter than an MHD kink or tearing mode growth time (Which Mechanism Occurs First?). Since the current interruption model utilizes the fact that the total current circuit has a high inductance, the external driver must have its source in convection, that is in the $\mathbf{v} \times \mathbf{B}$ forces located in the photosphere. This of course implies an inductance term, L, in the circuit equation with a time constant shorter than the L/R time. While these physical requirements are incompatible with the prevailing opinion that the total flare energy is stored in situ in the solar atmosphere before the flare, there is presently no objective justification for discounting the possibility of a transient external driver.

Tearing Mode Model (TMM). This model, first introduced by Spicer (1976, 1977a), has undergone a number of revisions and improvements since its initial introduction (Spicer, 1978, 1981a, 1981b). The tearing mode model, like the current interruption model, utilizes a current carrying loop (though the geometry of the environment is not crucial to either model). However, it differs fundamentally from the current interruption model in that the $J_{\parallel}$-driven mechanisms used are the MHD kink and tearing mode instabilities. The tearing mode model was the first model to utilize the fast tearing modes. In addition, the importance of nonlinear mode coupling between different tearing modes, and the possibility of overlapping of resonances was first introduced into flare theory within the context of this model. Recent simulations (Waddell et al., 1979; Hicks et al., 1979) of mode coupling in Tokamak PMFC's have confirmed the argument (Spicer, 1976, 1977a) that nonlinear mode coupling of tearing modes should result in explosive reconnection. This supports the view that such mode coupling could be important in solar flares. Further, the importance of multiple tearing modes for certain types of current density profiles has been demonstrated (Spicer, 1976, 1977a, 1981a, 1981b).

The value of the tearing mode model is that it is capable of explaining many aspects of the impulsive phase of the flare without requiring anomalous resistivity and the associated high magnetic field gradients. In addition, the model is rich enough in possibilities to explain a number of phenomena common to flares, such as millisecond microwave burst structure (Slottje, 1978) and quasiperiodic bursts. Since the model was developed to explain the Skylab observations, it is presently consistent with many observations of compact flares.

Colgate (1978) has attempted to explain the gamma ray observations of solar flares, using the tearing mode model, by arguing that it is the ions which must carry the current, rather than the electrons as in the original tearing mode model. The reader should note that the Colgate refers to the tearing mode instability as a filamentation instability, which is true; however, the term filamentation instability is a generic term applying to a broad variety of instabilities that cause the current to filament (e.g., Cap, 1976). Colgate has also concentrated on the secondary processes associated with the tearing mode model, such as X-ray radiation. In doing so, he rejects nonthermal electron beam (i.e., target) interpretations of hard X-ray bursts on the grounds that the magnetic self-energy of the beam would be enormous. However, his treatment ignores return currents, and others have argued that this effectively negates his position on the magnetic self-energy (Hoyng et al., 1976; Brown and Melrose, 1977). Van Hoven (1979) has reproposed the tearing mode model from the above viewpoint.

The TMM can work (1) if $J_{\parallel}$ is externally driven, such as in the current interruption model, but with much weaker field gradients being allowed, or it can work (2) if the loop is emerging from beneath the photosphere and a skin current forms (which is expected as demonstrated by Parker, 1974) or (3) it can develop from a quasiequilibrium PMFC which contains enough shear energy to drive the flare (Spicer, 1977a, 1981a). As far as the latter possibility is concerned, the loop must be flat in the sense that it has a large radius of curvature; otherwise, expansion can become important, making preflare energy storage difficult.

Before proceeding to the $J_{\perp}$-driven models, a number of points should be emphasized concerning the $J_{\parallel}$-driven models: First, they can occur in any PMFC geometry in which $\beta \ll 1$; that is, loops are not necessarily the only geometry in which they will work. For example, any force-free PMFC will do. Second, these models are, at present, applicable only to compact loop flares, although there is some evidence that the large double ribbon flares may consist of flat multiple loops flaring in a domino fashion. Third, all of the arguments concerning the $J_{\parallel}$-driven mechanisms can be applied directly to prominences with kinks (Sakurai, 1976) and tearing modes (Spicer, 1979a).

Models That Use $J_\perp$-Driven Mechanisms

Because of the multitude of $J_\perp$-driven flare models only two $J_\perp$ flare models will be considered here. The first of these models can be called the helmet streamer model, proposed by Carmichael (1964) and developed semiquantitatively by Sturrock (1966b, 1967, 1972, 1974). The second model, developed by a series of authors (Priest and Heyvaerts, 1974; Canfield et al., 1974; Heyvaerts et al., 1977; Tur and Priest, 1978), is referred to here as the emerging flux model. These two models are considered because the former model illustrates some of the difficulties with neutral sheet models and the latter illustrates how these difficulties may be overcome.

The Helmet Streamer Model. This model is essentially a neutral sheet placed on top of a closed PMFC (Figure 18-15); that is, a PMFC is assumed which has both a high β (>>1) and low β (<<1) part, as well as an intermediate β regime. The argument goes that the neutral sheet can reconnect by tearing modes to give rise to the flare. Physically, there are a number of shortcomings associated with such a model: (1) As noted by Priest (1976), the available magnetic free energy in such a model, once dissipated, cannot be replenished automatically. Since the available magnetic free energy is determined by the pressure gradient across the neutral sheet, there must be an external driver to convect in new magnetic flux, or otherwise, only the magnetic free energy associated with ∇P will be dissipated. (2) Since $\beta >> 1$ in an open PMFC, it is necessary for the effective plasma pressure to exceed the magnetic field pressure. However, the typical plasma pressure where helmet streamer PMFC's occur is, at most, 1.0 ergs cm^{-3}; hence, B is at most $(8\pi)^{1/2} \simeq 5$ gauss. Such a PMFC is not expected to exist low in the solar atmosphere in regions capable of flaring. There the field is expected to be $\gtrsim 10^2$ gauss.

An alternate argument is that a closed configuration ($\beta << 1$) erupts into an open ($\beta >> 1$) configuration, at which time reconnection occurs, as was proposed by Barnes and Sturrock (1972). Their argument is that when a force-free field configuration ($\beta << 1$) contains as much energy as the corresponding open field configuration with the same distribution of magnetic flux at the photosphere, the force-free PMFC must either become unstable or metastable and make a transition from a closed PMFC to an open PMFC. It is further argued that if such an eruption occurred, it would necessarily lead to an open PMFC and reconnection would then occur. Consider these points carefully. It is claimed that a force-free PMFC ($J_\parallel$ dominates) evolves into an open PMFC ($J_\perp$ dominates), so that β evolves from a value much less than unity to one much greater than unity. Such a transition may occur if either the configuration expands or the nonpotential portion of B is completely dissipated. In the ideal MHD limit, flux must be conserved and magnetic free energy dissipation cannot occur; hence, $B \to 0$ as the flux surface area increases. However, a force-free field must, by definition, be near equilibrium, so that the only available energy to drive an expansion is the difference in field pressure measured from inside

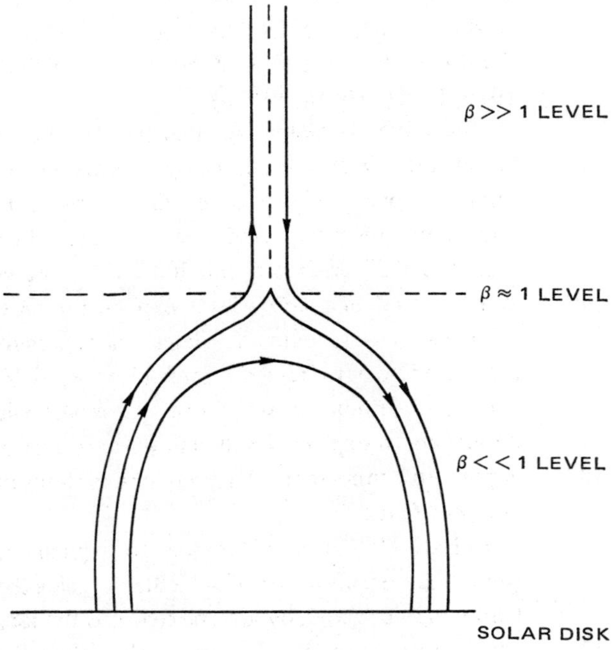

Figure 18-15. The geometry of an idealized helmet streamer. Notice that when $\beta >> 1$ the field lines are open, while when $\beta << 1$ the field lines are closed.

the PMFC to the outside. Since the PMFC has $\beta << 1$, the pressure difference is determined by the weak, albeit finite pressure gradient. From this it is easy to demonstrate that the force-free field will expand with an acceleration which is, at most, roughly c_s^2/R, where R is the radius of curvature of the field lines and c_s the sound velocity. If the closed PMFC is strongly out of equilibrium, the maximum acceleration for expansion is roughly V_A^2/R. A PMFC will only be strongly out of equilibrium if it is suddenly introduced into a region where its own total pressure greatly differs from the background pressure, as can occur with emerging flux or if the PMFC were to become unstable. Since it has been assumed from the outset that the PMFC is force-free, the former possibility is eliminated a priori, so that only the latter possibility is to be considered if the force-free PMFC is to erupt in a transient manner. Otherwise, the expansion would be very slow. Since the PMFC is, by assumption, a force-free one, the source of driving energy is $J_{\parallel}$, not $J_{\perp}$. This means that some combination of $J_{\parallel}$-type instabilities must be excited to increase β so that the force-free PMFC will open. In other words, the flare would be the result of the opening process and not the reclosing of the field by reconnection at some later time, and the relevant mechanisms and models would be those discussed under $J_{\parallel}$ models.

Emerging Flux Model. The emerging flux model (Priest and Heyvaerts, 1974; Canfield et al., 1974; Heyvaerts et al., 1977; Tur and Priest, 1978) was developed to make use of observational evidence that emerging magnetic flux appears to be a sufficient condition for the occurrence of a flare. However, the model is limited to neutral sheet mechanisms. In addition, the emerging flux model clearly demonstrates the importance of considering an external driver, the emerging flux, in the flare process, and, in particular, the need for an external driver for $J_{\perp}$-driven models. The basic idea behind the model is that a neutral sheet develops between the newly emerging flux and the preexisting flux, and various $J_{\perp}$-driven mechanisms are subsequently excited if the speed of the emerging flux is great enough. It is further argued that the emerging flux model acts, in reality, as a trigger to excite preexisting neutral sheets within the preexisting PMFC in which the emerging flux couples. It is the opinion of the authors that, of all the $J_{\perp}$ models, the emerging flux model is the most reasonable and useful as applied to neutral sheet mechanisms.

In comparing all of the flare models it is difficult to objectively assess which is closest to describing the actual flare process or which is the most useful in furthering our understanding. In detail, the tearing mode model and emerging flux models are the most comprehensive and quantitative. However, even though more detail and a greater degree of quantitative prediction is presently being achieved, none of the models is at the stage which would allow detailed predictions or comparisons with data. It can therefore be safely concluded that flare modeling, while probably already using the correct mechanism or mechanisms, is still in its infancy.

Summary and Conclusions

The authors have endeavored to present to the reader a different picture of solar flare theory from that portrayed in most reviews. The picture drawn was the view a plasma physicist might take in attempting to identify which of the many possible mechanisms could explain the rapid conversion of magnetic free energy into the various forms of energy observed during a flare. The observations are currently insufficient in both quantity and quality, (though one hopes data from the Solar Maximum Mission will alleviate things somewhat), and theories are not yet sufficiently predictive to identify the dominant flare mechanism. The authors have therefore tried to sidestep many controversial questions which invariably arise among theoreticians and observers who favor a particular idea or model.

With this in mind, it is of interest to discuss what kinds of theoretical research might be pursued, so as to better identify which of the mechanisms discussed could possibly be the cause of the flare, its driver, and the geometry in which it occurs. Again mechanisms rather than models are emphasized since the principal differences among models that use a given mechanism are their geometries and their drivers. Note that, in particular, one difference among the different mechanisms is that some mechanisms require very strongly driven, transient currents while others do not. Recently, it has been shown (Spicer, 1979b) that a preflare transient buildup of current can, in principle, be distinguished from a slow buildup in current. The measurable (cf. Spicer, 1979b) time interval between the formation of tails in an electron distribution and the onset of Joule heating should therefore be a means of distinguishing a transient versus a slow buildup of current, and should thus allow one to eliminate various possible flare mechanisms. Related to this effect is the fact that all of the mechanisms that require strongly driven transient currents result in plasma microturbulence, which, in turn, will result in plasma radiation at radio wavelengths. Such a diagnostic has been recently discussed by Smith and Spicer (1979). This diagnostic has additional importance in that it is one of the few known means of distinguishing between a thermal and a nonthermal electron distribution, thereby yielding additional information concerning the numbers of nonthermal electrons necessary to produce the plasma radiation. A second diagnostic is the observation of inner shell (K_α) transitions, which require the presence of exciting fast particles in a plasma cool enough for the inner shells to be populated, as would occur in a thick target model. In turn, a determination of the fraction of nonthermal electrons produced by a given flare mechanism will allow one to narrow the choice of mechanisms. Other possible diagnostics would compare the heating rate of a given mechanism (which would have to be very sensitive to the observable parameters for this to work) with the observed rate. The above illustrates a number of possible theoretical diagnostics that have been proposed but that need much further development. There are undoubtedly others to be found.

To distinguish external drivers, one needs to look at how an external driver can be produced in the solar atmosphere, and where the mechanism will manifest itself. For example, it is possible to produce a $J_{\parallel}$ driver only in the photosphere or convection zone, since only very weak body forces exist in the corona, which, in addition, is highly ionized. This makes the production of $J_{\parallel}$ by, say, neutral winds (Heyvaerts, 1974b) impossible in the corona but very probable in the photosphere. Next, consider a $J_{\perp}$ driver. To utilize a particular $J_{\perp}$ mechanism that releases its energy in the lower corona requires that one identify a possible mechanism to force new magnetic flux into a neutral sheet, which either already exists in the lower corona or is about to be formed there. Such a mechanism is the emerging flux, which is the basis of the emerging flux model.

Another helpful means of identifying the possible flare mechanism is to identify the simplest magnetic region in which a flare is known to occur and the geometry of the PMFC in which the flare energy has its origins. As noted under miscellaneous flare requirements the simplest magnetic region appears to be bipolar with a closed PMFC. Such a set of circumstances supports a $J_{\parallel}$-driven mechanism if no total nulls in B are observed, when magnetographs with higher spatial and temporal resolution become available.

In summary, it is evident that more theoretical effort needs to be directed at understanding how different flare mechanisms would manifest themselves observationally so that differences can be tabulated and compared to data. Such an effort will clearly require more detailed calculations both analytically and numerically. Once the broad features of each mechanism are more fully understood and have survived the gauntlet of observational tests, then and only then should detailed models begin to take form, with numerical simulations of the models leading the way.

We are grateful to Professor Derek Tidman and Dr. James Ionson for reading the manuscript and making useful comments. In addition, we thank Dr. Richard Hubbard for discussions on the phenomenon of double layers. Our special thanks go to Lori Kreger for her excellent work in typing the various drafts of this manuscript as well as her patience with us.

REFERENCES

Alfvén, H., Carlqvist, P., 1967, *Solar Phys.* **1**, 220.

Anzer, U., 1968, *Solar Phys.* **3**, 298.

Anzer, U., 1978, *Solar Phys.* **57**, 111.

Barnes, C.W., Sturrock, P.A., 1972, *Astrophys. J.* **174**, 659.

Bateman, G., 1978, *MHD Instabilities* (Cambridge, Mass.: MIT Press, 1978).

Benz, A.O., 1977, *Astrophys. J.* **211**, 270.

Bernstein, I.B., Frieman, E.A., Kruskal, M.D., Kulsrud, R.M., 1958, *Proc. R. Roc. A* **244**, 17.

Birn, J., Goldstein, H., Schindler, K., 1978, *Solar Phys.* **57**, 81.

Block, L.P., 1972, *Cosmic Electrodynamics* **3**, 349.

Block, L.P., 1975, in B. Hultqvist, and L. Stenflo, eds., *Physics of the Hot Plasma in the Magnetosphere* (New York: Plenum, 1975), p. 229.

Block, L.P., 1978, *Astrophys. Space Sci.* **55**, 59.

Boris, J.P., Dawson, J.M., Orens, J.H., Roberts, K.V., 1970, *Phys. Rev. Letters* **25**, 706.

Brown, J.C., 1971, *Solar Phys.* **18**, 489.

Brown, J.C., 1974, in Newkirk, G., ed., IAU Symposium 57, *Coronal Disturbances* (Dordrecht: D. Reidel Publishing Co., 1979), p. 395.

Brown, J.C., 1975, in S.R. Kane, ed., IAU Symposium 68, *Solar Gamma, X-, and EUV Radiation* (Dordrecht: D. Reidel Publishing Co., 1975), p. 245.

Brown, J.C., Melrose, D.B., 1977, *Solar Phys.* **52**, 117.

Brown, J.C., Melrose, D.B., Spicer, D.S., 1979, *Astrophys. J.* **228**, 592.

Brown, J.C., Smith, D.F., 1980, *Rep. Prog. Phys.* **43**, 125.

Canfield, R.C., Priest, E.R., Rust, D.M., 1974, *Flare Related Magnetic Field Dynamics*, HAO, p. 361.

Cap, F.F., 1976, *Handbook on Plasma Instabilities*, vol. 1 (New York: Academic Press, 1976).

Carmichael, H., 1964, in W.N. Hess, ed., *AAS-NASA Symp. on Physics of Solar Flares*, NASA SP-50, p. 451.

Christiansen, J.P., Roberts, K.V., 1978, *Nuclear Fusion* **18**, 181.

Chubb, T.A., 1972, in C. de Jager, ed., *Proc. Leningrad Symp. on Solar Terrestrial Physics* **1** (Dordrecht: D. Reidel Publishing Co., 1972), p. 99.

Colgate, S.A., 1978, *Astrophys. J.* **221**, 1068.

Coppi, B., Friedland, A.B., 1971, *Astrophys. J.* **169**, 379.

Cox, D.P., Tucker, W.H., 1969, *Astrophys. J.* **157**, 1157.

Craig, I.J.D., Brown, J.C., 1976, *Astron. Astrophys.* **49**, 239.

Crannell, C.J., Frost, K.J., Mätzler, C., Ohki, K., Saba, J.L., 1978, *Astrophys. J.* **223**, 620.

Drake, J.F., Lee, Y.C., 1977, *Phys. Fluids* **20**, 1341.

Drake, J.F., 1978, *Phys. Fluids* **21**, 1777.

Dreicer, H., 1959, *Phys. Rev.* **115**, 238.

Dungey, J.W., 1953, *Phil. Mag.* **44**, 725.

Elliot, H., 1964, *Planet. Space Sci.* **12**, 657.

Elliot, H., 1968, Proc. XI COSPAR Symp. *Solar Flares* (Tokyo).

Emslie, G., Machado, M.E., 1979, *Solar Phys.* **64**, 129.

Ferraro, V.C.A., Plumpton, C., 1966, *An Introduction to Magneto-Fluid Mechanics*, 2nd ed. (Oxford: Clarendon Press, 1966).

Field, G.B., 1965, *Astrophys. J.* **142**, 531.

Friedman, M., Hamberger, S.M., 1968, *Astrophys. J.* **152**, 667.

Furth, H.P., 1969, in D.G. Wentzel and D.A. Tidman, eds., *Plasma Instabilities in Astrophysics* (New York: Gordon and Breach, 1969), p. 33.

Furth, H.P., Killeen, J., Rosenbluth, M.N., 1963, *Phys. Fluids* **6**, 459.

Furth, H.P., Killeen, J., Rosenbluth, M.N., Coppi, B., 1966, *Plasma Physics and Controlled Nuclear Fusion Research,* vol. 1, IAEA, p. 103.

Galeev, A.A., Rosner, R., Serio, S., Vaiana, G.S., 1981, *Astrophys J.,* in press.

Gladd, N.T., 1976, *Plasma Phys.* **18**, 27.

Glasstone, S., Lovberg, R.H., 1960, *Controlled Thermonuclear Reactions* (Princeton, N.J.: Van Nostrand, 1960).

Goertz, C.K., 1979, *Rev. Geophys. Space Sci.* **17**, 418.

Goertz, C.K., Joyce, G., 1975, *Astrophys. Space Sci.* **32**, 165.

Gold, T., Hoyle, F., 1960, *Monthly Notices RAS* **120**, 89.

Green, J.M., Johnson, J.L., 1962, *Phys. Fluids* **5**, 510.

Hamasaki, S., Davidson, R.C., Krall, N.A., 1971, *Phys. Fluids* **14**, 2385.

Hasegawa, A., 1975, *Plasma Instabilities and Nonlinear Effects,* vol. 8 of Physics and Chemistry in Space (New York: Springer-Verlag).

Heyvaerts, J., 1974a, *Astron. Astrophys.* **37**, 65.

Heyvaerts, J., 1974b, *Solar Phys.* **38**, 419.

Heyvaerts, J., Lasry, J.M., Schatzman, M., Witomsky, G., 1979, in E. Jensen, ed., *Physics of Solar Prominences,* IAU Colloquium no. 44, p. 174.

Heyvaerts, J., Priest, E.R., Rust, D.M., 1977, *Astrophys. J.* **216**, 123.

Hicks, H.R., Carreras, B., Lynch, S.J., 1979, *Oak Ridge Memo Report* 79/22.

Hirose, A., Skarsgard, H.M., 1976, *Phys. Rev. Letters* **36**, 252.

Hood, A., Priest, E.R., 1979, *Solar Phys.* **64**, 303.

Hood, A., Priest, E.R., 1980, *Solar Phys.* **66**, 113.

Hoyng, P., 1977a, *Astron. Astrophys.* **55**, 23.

Hoyng, P., 1977b, *Astron. Astrophys.* **55**, 31.

Hoyng, P., Brown, J.C., van Beek, H.F., 1976, *Solar Phys.* **48**, 197.

Hoyng, P., Duijveman, A., van Grunsven, T.F.J., Nicholson, D.R., 1980, *Astron. Astrophys.* **91**, 17.

Huba, J.D., Gladd, N.T., Papadopoulos, K., 1977, *Geophys. Res. Letters* **4**, 125.

Huba, J.D., Gladd, N.T., Papadopoulos, K., 1978, *J. Geophys. Res.* **83**, 5217.

Hubbard, R., Joyce, G., 1979, *J. Geophys. Res.*, **84**, no. A8, 4297.

Jaggi, R.K., 1964, in W. Hess, ed., AAS-NASA *Symp. on Physics of Solar Flares*, NASA SP-50, p. 419.

Jockers, K., 1976, *Solar Phys.* **50**, 405.

Kadomtsev, B.B., 1966, in M.A. Leontovich, ed., *Reviews of Plasma Physics* 2 (New York: Consultants Bureau, 1966), p. 153.

Kahler, S.W., Kreplin, R.W., 1970, *Solar Phys.* **14**, 372.

Kane, S.R., 1974, in G.A. Newkirk, ed., *Coronal Disturbances*, IAU Symp. 57 (Dordrecht: D. Reidel Publishing Co., 1974), p. 105.

Kaplan, S.A., Tsytovitch, V.N., 1973, *Plasma Astrophysics* (Oxford: Pergamon Press, 1973).

Kopp, R.A., Pneuman, G.W., 1976, *Solar Phys.* **50**, 85.

Krall, N.A., Trivelpiece, A.W., 1973, *Principles of Plasma Physics* (N.Y.: McGraw Hill, 1973).

Krivsky, L., 1968, *Structure and Development of Solar Active Regions* IAU Symp. 35 (Dordrecht: D. Reidel Publishing Co., 1968), p. 465.

Kruskal, M.D., Bernstein, I.B., 1964, *Phys. Fluids* 7, 407.

Kruskal, M.D., Kulsrud, R.M., 1958, *Phys. Fluids* **1**, 265.

Lampe, M., Papadopoulos, K., 1977, *Astrophys. J.* **212**, 886.

Low, B.C., 1977, *Astrophys. J.* **212**, 234.

Machado, M.E., Emslie, A.G., Brown, J.C., 1978, *Solar Phys.* **58**, 363.

McWhirter, R.W.P., Thoneman, P.C., Wilson, R., 1975, *Astron. Astrophys.* **40**, 63.

Manheimer, W., Boris, J.P., 1977, *Comm. Plasma Physics Cont. Fusion* **3**, 15.

Mätzler, C., Bai, T., Crannell, C.J., Frost, K.J., 1978, *Astrophys. J.* **223**, 1058.

Melrose, D.B., 1980, *Plasma Astrophysics* (N.Y.: Gordon and Breach).

Morse, R.L., Nielson, C.W., 1971, *Phys. Rev. Lett.* **26**, 3.

Mullan, D.J., 1977, *Solar Phys.* **54**, 183.

Newcomb, W.A., 1960, *Annals of Phys.* **10**, 232.

Papadopoulos, K., 1977, *Rev. Geophys. Space Phys.* **15**, 113.

Parker, E.N., 1953, *Astrophys. J.* **117**, 431.

Parker, E.N., 1957, *Phys. Rev.* **107**, 830.

Parker, E.N., 1963, *Astrophys. J. Supp.* **8**, 177.

Parker, E.N., 1974, *Astrophys. J.* **191**, 245.

Petschek, H.E., 1964, in M.N. Hess, ed., AAS-NASA Symp. on *Physics of Solar Flares*, NASA SP-50, p. 425.

Piddington, J.H., 1973, *Solar Phys.* **31**, 229.

Piddington, J.H., 1974, *Solar Phys.* **38**, 465.

Pneuman, G.W., 1967, *Solar Phys.* **2**, 462.

Priest, E.R., Soward, A.M., 1976, IAU Symp. 71, 353.

Priest, E.R., 1976, *Solar Phys.* **47**, 41.

Priest, E.R., Heyvaerts, J., 1974, *Solar Phys.* **36**, 433.

Priest, E.R., Milne, A.M., 1979, *Solar Phys.* **65**, 315.

Pritchett, P.L., Lee, Y.C., Drake, J.F., 1980, *Phys. Fluids* **23**, 1368.

Raadu, M.A., 1972, *Solar Phys.* **22**, 425.

Ramaty et al., 1980, in P.A. Sturrock, ed., *Solar Flares* (Boulder: Colorado Associated University Press, 1980).

Rosner, R., Golub, L., Coppi, B., Vaiana, G.S., 1978, *Astrophys. J.* **222**, 317.

Rutherford, P.H., 1973, *Phys. Fluids* **16**, 1903.

Sakurai, T., 1976, *Publ. Astron. Soc. Japan* **28**, 177.

Schatten, K.H., Mullan, D.J., 1977, *J. Geophys. Res.* 82, 5609.

Schmahl, E.J., 1979, in E. Jensen, ed., *Phys. of Solar Prominences*, IAU Colloquium 44, p. 102.

Schnack, D., Killeen, J., 1978, *Theoretical and Computational Physics*, IAEA, p. 337.

Schnack, D., Killeen, J., 1979, *Nuclear Fusion* **19**, 877.

Shafranov, V.D., 1970, *Sov. Phys. Tech. Phys.* **15**, 175.

Slottje, C., 1978, *Nature* **275**, 520.

Smith, D.F., 1977a, *Astrophys. J.* **212**, 891.

Smith, D.F., 1977b, *Astrophys. J.* **216**, L53.

Smith, D.F., Priest, E.R., 1972, *Astrophys. J.* **176**, 487.

Smith, D.F., Lilliequist, C.G., 1979, *Astrophys. J.* **232**, 582.

Smith, D.F., Spicer, D.S., 1979, *Solar Phys.* **62**, 359.

Sokolov, V.S., Katsnelson, S.S., Kosovichev, A.G., Slavin, V.S., 1977, *Solar Phys.* **51**, 293.

Solov'ev, L.S., 1971, *Soviet Atomic Energy* **30**, 14.

Somov, B.V., Syrovatskii, S.I., 1977, *Solar Phys.* **55**, 393.

Spicer, D.S., 1976, *An Unstable Arch Model of a Solar Flare*, NRL Report 8036.

Spicer, D.S., 1977a, *Solar Phys.* **53**, 305.

Spicer, D.S., 1977b, *Solar Phys.* **51**, 431.

Spicer, D.S., 1977c, *Solar Phys.* **54**, 379.

Spicer, D.S., 1979a, in E. Jensen, ed., *Physics of Solar Prominences*, IAU Colloquium No. 44, p. 307.

Spicer, D.S., 1979b, *Solar Phys.* **64**, 121.

Spicer, D.S., 1980 in P.A. Sturrock, ed., *Proceedings of the Skylab Workshop on Solar Flares* (Boulder: Colorado Associated University Press, 1980).

Spicer, D.S., 1981a, *Solar Phys.*, in press.

Spicer, D.S., 1981b, *Solar Phys.*, in press.

Spitzer, L., Jr., 1962, *Physics of Fully Ionized Gases* (New York: Interscience, 1962).

Sturrock, P.A., 1966a, *Phys. Rev. Lett.* **16**, 270.

Sturrock, P.A., 1966b, *Nature* **211**, 697.

Sturrock, P.A., 1967, K.O. Kipenheuer, ed., *Structure and Development of Solar Active Regions,* IAU Symp. 35, p. 471.

Sturrock, P.A., 1972, in P.A. McIntosh and M. Dryer, eds., *Solar Activity Observations and Predictions* (Cambridge, Mass.: MIT Press, 1972)., p. 163.

Sturrock, P.A., 1974, in G. Newkirk, ed., IAU Symp. 57 (Dordrecht: D. Reidel Publishing Co., 1974), p. 437.

Sturrock, P.A., et al., 1980, ed., *Proceedings of the Skylab Workshop on Solar Flares* (Boulder: Colorado Associated University Press, 1980).

Švestka, Z., 1976, *Solar Flares* (Dordrecht: D. Reidel Publishing Co., 1976).

Sweet, P.A., 1971, in *Solar Magnetic Fields*, R. Howard, ed., IAU Symp 43 (Dordrecht: D. Reidel Publishing Co., 1971), p. 457.

Sweet, P.A., 1958a, in R.D. Davies and F.G. Smith, eds., *The Crab Nebula*, IAU Symp. **46,** 123.

Sweet, P.A., 1958b, *Nuova Cim. Suppl.* **8** (ser. 10) 188.

Sweet, P.A., 1969, *Ann. Rev. Astron. Astrophys.* 7, 149.

Syrovatskii, S.I., 1966, *Astron. Zh* **43**, 340.

Syrovatskii, S.I., 1969, in C. de Jager and Z. Svestka, eds., *Solar Flares and Space Research* (Amsterdam: North-Holland, 1969), p. 346.

Syrovatskii, S.I., 1972, *Comm. on Astrophys. and Space Physics* **4**, 65.

Thomas, J.H., 1978, *Astrophys. J.* **225**, 275.

Tur, T.J., Priest, E.R., 1978, *Solar Phys.* **58**, 181.

Uchida, Y., Sakurai, K., 1977, *Solar Phys.* **51**, 413.

van Hoven, G., 1979, *Astrophys. J.* **232**, 572.

van Hoven, G., Cross, M.A., 1973, *Phys. Rev. A* **4**, 2347.

van Hoven, G., Chiuderi, C., Giachetti, R., 1977, *Astrophys. J.* **213**, 869.

Vasyliunas, V.M., 1975, *Rev. Geophys. Space Phys.* **13**, 303.

Voslamber, D., Callebaut, D.K., 1962, *Phys. Rev.* **128**, 2016.

Waddell, B.V., Carreras, B., Hicks, H.R., Holmes, J.A., 1979, *Phys. Fluids* **22**, 896.

Ware, A.A., 1965, *Culham Lab Rept.* CLM-M53.

Wentzel, D.G., 1974, *Solar Phys.* **39**, 129.

Wentzel, D.G., 1977, *Solar Phys.* **52**, 163.

Wesson, J.A., 1966, *Nuclear Fusion* **6**, 130.

Wesson, J.A., 1978, *Nuclear Fusion* **18**, 87.

Widing, K.G., Spicer, D.S., 1980, *Astrophys. J.* **142.**

Yeh, T., Axford, W.I., 1970, *J. Plasma Phys.* **4**, 207.

Part IV
Looking Ahead

19

THE SUN AS A STAR

Robert J. Rutten and Lawrence E. Cram

INTRODUCTION: THE SOLAR-STELLAR CONNECTION

In the final part of this volume we return to the question posed at its beginning: How does the Sun serve as a guide to the study of the atmospheres of other stars? The question has been discussed in various preceding chapters in connection with specific solar nonthermal phenomena. We now address it explicitly by summarizing this book on solar astrophysics from the point of view of stellar applications.

The most important contribution that solar astrophysics can make to stellar astrophysics is to lead the way to an improved methodology for the interpretation of stellar observations and for the construction of stellar atmospheric models.

Contemporary solar physics focuses on the multitude of nonthermal phenomena shown by the Sun; stellar physics will be greatly enriched if it can incorporate insights obtained from solar *understanding* of the *processes* that underly these phenomena. Conversely, the stars let us study the same processes, in less detail but over a much wider range of environments, provided by the stars' variety of mass, rotation, magnetism, composition, stellar companions, and evolutionary history.

This is a new solar-stellar connection, emphasizing astrophysical processes. It differs from the solar-stellar connection of old, which concentrated on the equilibrium structure of stellar photospheres. In this introduction, we first review the old connection before outlining the new connection and its observational and interpretational consequences, which are then discussed in the remainder of this chapter.

The Classical Solar-Stellar Connection: Equilibrium Modeling of Photospheres

The old connection was a matter of course when solar astrophysics was centered on the study of unresolved observations of the photosphere, with the goal to understand the formation of the spectral lines and the continuum radiation field in terms of atomic physics and the physical conditions of the photosphere. The classical theory of stellar photospheres is based on these studies. We would now call this thermal modeling, because it ignores all nonthermal phenomena by assuming hydrostatic equilibrium and radiative/convective equilibrium. This modeling has had considerable success, and it is extensively used in stellar research, particularly in determining stellar atmospheric parameters such as temperature, pressure, and chemical composition. However, the methodology of classical modeling is far from complete. We outline its basic assumptions and briefly discuss its current state and future improvements.

The basic assumptions of classical modeling are as follows:

1. Radiative/Convective Equilibrium. Energy is carried only by the radiation field, except in layers where a test of convective stability fails. A phenomenological, incomplete model of convection is used to describe energy transport when convection is present. There is no adequate model for convective/radiative energy transport, and

certainly no worker in the field has attempted to derive selfconsistent models which include *all* the consequences of convective instability.

2. Hydrostatic Equilibrium. The atmosphere is stratified in spherically-symmetrical layers with the sum of the gas pressure gradient and radiation pressure gradient balanced by the force of gravity. In a few cases, a "turbulent pressure," crudely representing the Reynolds stress associated with convection, is also included.
3. Constitutive Relations. These consist of the equation to state and a specification of the interaction between radiation and matter. Most classical models are based on an equation of state which reflects Maxwell-Boltzmann-Saha equilibria (detailed balance) and an interaction described in terms of local thermodynamic equilibrium (LTE). However, the low particle densities and anisotropic radiation fields of stellar atmospheres generally imply that detailed balance does not apply. In this case, the only safe way to introduce constitutive relations is to work with the microscopic statistical equilibrium equations for all important atomic states, and to solve these simultaneously with the radiation transfer equation and the equations of hydrostatic and convective/radiative equilibrium. This is the program of "non-LTE classical model photospheres"; it is mathematically complex, and it has been most highly developed for the Sun. The classical solar-stellar connection is therefore still present with some modifications. We discuss it separately for the lower and the upper photosphere.

The current state of the art in modeling the solar photosphere is represented by the elaborate LTE models of Kurucz (1974) and Gustafsson and Bell (1979). A vast number of lines ($\approx 2 \times 10^6$) is explicitly included to reproduce line blanketing; the latter authors concluded that yet more weak lines are needed in the UV to match the solar spectrum.

The next improvement will be to include the effects of departures from LTE on line blanketing. These have been studied in most detail so far by Athay (1970b); this study is also discussed in his book (Athay, 1972), and reviewed by him in Chapter 4. In the deep photosphere, LTE is not a bad assumption for the line source functions ($S_\ell = B_\nu$) if the local mean intensities J_ℓ of the lines and J_ν of the continuum are correctly computed, because there the line blocking ($J_\ell \neq J_\nu$) is more important than the non-LTE imbalance in transitions ($S_\ell \neq B_\nu$). Line blocking actually heats the atmosphere relative to a continuum-only radiative equilibrium model ("backwarming"), because $J_\ell > J_\nu$ for most lines, especially for the weak violet lines which represent the most important contribution in the deep photosphere.

Figure 19-1 shows a comparison of representative one-dimensional models of the deep photosphere. The differences between the various types are of order 100 K throughout the photosphere, which is not more than the uncertainty of each model itself within its own assumptions. This agreement shows that equilibrium modeling gives a reasonable temperature structure for the deep solar photosphere; the mean radial structure is apparently close to thermal. This implies, in turn, that stellar equilibrium models are useful, perhaps "astonishingly good" (Gustafsson and Bell, 1979), for those analyses of stellar photospheres that are not concerned with nonthermal phenomena, notably studies of stellar chemical composition.

How does one improve the classical modeling further? The most obvious shortcoming is the simplistic description of convection, the neglect of its consequences, and the related issue of turbulence. Convective overshooting results in an appreciable amount of convective energy transport in the lower solar photosphere (Edmonds, 1974) but is neglected in mixing length theory; the theory of penetrative convection is far from complete (see Chapter 9 by Moore). The physical fluctuations observed in solar granulation enter the modeling equations nonlinearly and should be included through convection theory; the same holds for granular motions. These contribute significantly to the observed nonthermal line

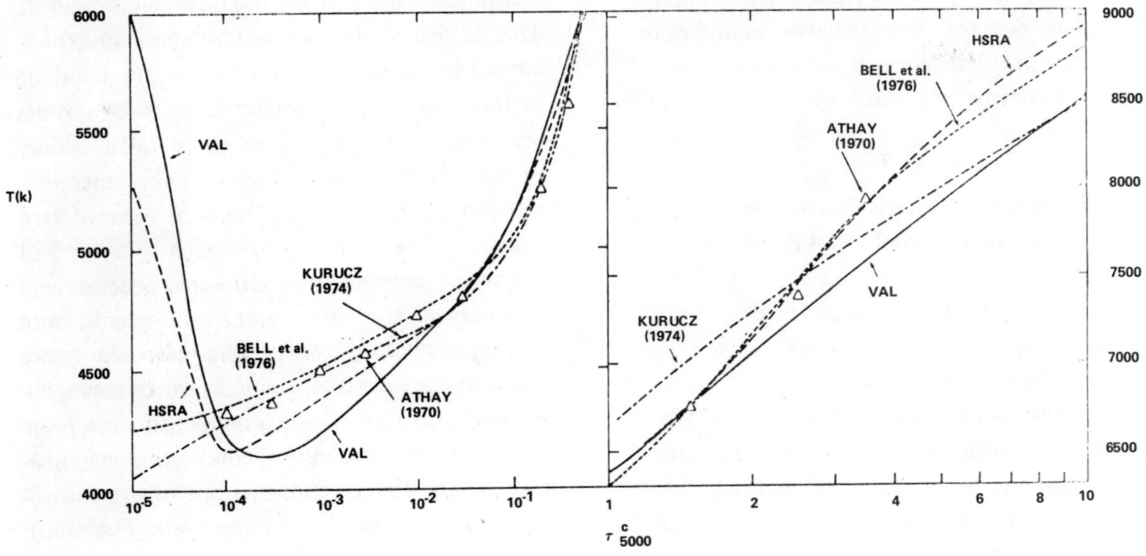

Figure 19-1. Representative one-dimensional models of the solar photosphere. The models by Kurucz (1974) and Bell et al. (1976; see also Gustafsson and Bell, 1979) are theoretical line blanketed LTE models. Athay's (1970b) radiative equilibrium model ignores convection but includes non-LTE line blanketing by the strongest lines and representative groups of other lines. The Harvard-Smithsonian Reference Atmosphere (HSRA, Gingerich et al., 1971) is a semiempirical model based on continuum observations. The VAL model (Vernazza, Avrett and Loeser, 1976, model M) is a semiempirical model based on continuum and line observations (from figures 19 and 20 of Vernazza et al., 1976).

broadening, and perhaps account for all of it, as suggested by Nordlund (see Chapter 2 by Beckers). Turbulence is included as an ad hoc empirical parameter in all classical models, which, therefore, are not fully self-consistent (and should not, therefore, be called "theoretical" or "thermal").

Theoretical modeling of the upper photosphere is yet more complicated. As described by Athay in Chapter 4, the non-LTE imbalance in the stronger line transitions (those at the shoulder of the curve of growth) become important near $\tau^c_{5000} = 10^{-4}$, generally resulting in "surface cooling." To compute line blanketing near the temperature minimum thus requires detailed non-LTE studies for many lines. It has, in addition, become clear that the effects of frequency coherence must be explicitly included for most resonance lines (see Milkey, 1976). Nevertheless, non-LTE partial redistribution (PRD) line transfer is the least uncertain of the complications. The departures from LTE in the H^- continuum are important but their role is still controversial (see Chapter 12 by Jordan). Waves are important too, at least as a probable contributor to line broadening (see Chapter 2 by Beckers), possibly as a dissipator of large amounts of energy (Chapter 12). The magnetic flux tubes expand to a nonnegligible filling factor (see Chapter 17 by Spruit), making any one-dimensional modeling whatsoever questionable. Thus, radiative equilibrium modeling of the upper photosphere will certainly not produce a relevant description of this layer. Its usefulness is restricted to comparison with more realistic models: "the model serves simply to demonstrate its own obsolescence" (Pecker, 1965). Ideally, the differences could be used to infer the amount of local storage and the rate of dissipation of (magneto-) mechanical energy, and should indicate from where the chromosphere and corona get their energy. In practice, as discussed in

Chapter 4 by Athay, neither the current empirical models nor the best radiative equilibrium models are accurate enough to meet this goal. Such comparisons for stars are certainly premature.

The New Solar-Stellar Connection: Nonequilibrium Astrophysical Processes

Contemporary solar physics no longer concentrates on the spatially averaged optical spectrum of the photosphere, but instead on the host of nonthermal phenomena and nonequilibrium processes that are displayed primarily by the outer solar atmosphere, where physical conditions are not controlled by the bulk of the radiative flux but by the magnetic field, mechanical energy, and matter fluxes that have their origin in the convection zone. For a long time, these problems seemed exclusively solar. In the meantime, astrophysics diversified and began studying newly discovered exotic objects such as quasars and pulsars, and the primordial universe. But progress from discovery to understanding requires solid astrophysics, and the exotic objects generally require new nonequilibrium astrophysics. Also, the space revolution now enables us to study the outer atmospheres of the other stars too, resulting in the current shift in emphasis, for all stars, toward their nonthermal phenomena.

In this new era, solar physics remains "the mother of astrophysics" (Parker, 1978), because studies of the detailed structure of the solar atmosphere are among the few astronomical studies which give insight into the *processes* responsible for the occurrence of nonthermal phenomena, so ubiquitous in the universe. There can be little doubt that many of the *new concepts* which are required for progress in these new astrophysical domains will often be conceived, and almost invariably tested, by studies of the Sun. This is so, first, because the solar atmosphere is a domain enormously rich in nonequilibrium processes, and second, because the Sun's proximity makes its atmosphere relatively easy to observe. We measure its wind in situ; we explore its electromagnetic spectrum over the whole spectral range, with high resolution in three spatial dimensions and in time, wavelength, and polarization as well. This has led to the discovery of all the unexpected and interesting phenomena that are described in this book. The major topics of solar physics reviewed in the preceding chapters—the dynamics of the convection zone, including the generation there of oscillations, waves, and the concentrated magnetic fine structure; the activity cycle and the solar eruptions; the nonthermal structure and dynamics of the whole outer atmosphere, from the upper photosphere to the wind—these topics all represent scientific problems which are highly relevant to astrophysics in general, with each topic abounding in well-observed nonthermal phenomena that are direct manifestations of basic astrophysical processes. *Solar phenomena frequently offer an opportunity unique in the whole cosmos to observe in detail universal astrophysical processes at work at their characteristic physical scales.*

An understanding at microscopic scales is often an essential prelude to understanding the macroscopic effects of nonthermal processes, and, in fact, to understanding the global structure of the object under study. Studies of the detailed structure of the solar atmosphere are, therefore, not merely studies of small deviations from an equilibrium structure. They also lay the foundations of nonequilibrium astrophysics, by contributing new methodology and insights that are of wide applicability. Thus, the classical solar-stellar connection, emphasizing the spatially averaged optical spectrum and the equilibrium structure of photospheres, is being extended to wider horizons by connecting the astrophysics of processes observed at their characteristic scales on the Sun with the astrophysics of other objects, often exotic and always remote, that are governed by similar processes but are impossible to study empirically with adequate detail.

The Observational Solar-Stellar Connection: Flux Spectroscopy

Although the proximity of the Sun lets us study the details of many astrophysical processes on their characteristic scales, many phenomena are still inadequately resolved. The maturing of solar space technology, adding spatial resolution to the opening up of new spectral domains, changes this situation. NASA's Solar Optical Telescope (SOT) promises 0.1 arcsec *spatial* resolution, equaling the continuum opacity scale height and the mean free photon path length in the deep photosphere. The SOT should show, finally, what the Sun really looks like, and resolve most fine structure (a notable exception are the tiny flare kernels), and not only in snapshots but over extended periods of time. For example, the SOT will enable the study of the slender photospheric flux tubes, now barely glimpsed as filigree, that are the roots of the corona.

For stars other than the Sun we are less fortunate. There is clearly no hope of observing stars with the spatial resolution that we find necessary to study the fundamental nonthermal processes on the Sun. A SOT resolution element covers less than 10^{-8} of the solar disk, yet exceeds the apparent solid angle subtended by even the largest stars! The basic techniques of stellar observation–photometry, polarimetry, and spectrometry in all spectral domains–permit high resolution in magnitude, wavelength, polarization, and time, but only for the total emergent flux. While solar studies have turned away from just spectral resolution to require high spatial resolution as well, the latter will continue to be absent in stellar data. This constraint lies at the heart of the new solar-stellar astrophysical symbiosis. It implies that, in bridging the gap between studying solar physical processes at their characteristic scales and studying unresolved stars, we need to translate solar results into flux diagnostics. Observationally, this usually means conversion to spectral diagnostics because *spectral* resolution remains the pertinent domain of resolution for stars.

While solar physics and the new solar-stellar connection have the study of nonthermal *processes* as their primary subject, stellar physics is currently in the exciting stage which precedes this emphasis, that of discovering nonthermal *phenomena.* This is, of course, because stellar space instruments now reveal the spectral domains of stellar radiation which originate in outer atmospheres. Figure 19-2 shows Malitson's (1977) compilation of the solar flux spectrum. The quiet Sun continua are formed above the temperature minimum shortward of 1626 Å, and longward of 150 μm (Vernazza et al., 1976, figures 23b and 29). These continua directly exhibit the nonthermal heating of the outer atmosphere. In addition, the X-ray, EUV, and radio parts of the solar flux spectrum display large fluctuations when the Sun is active. Thus, the solar example illustrates that high spectral resolution is not needed in the new spectral domains to discover nonthermal phenomena, but eventually it will help to explain the underlying processes. In contrast, the signatures of the photospheric nonthermal phenomena in the optical part of the spectrum are generally limited to slight changes in line profiles, requiring good to very high spectral resolution. Fortunately, this is now also becoming possible. Thus, throughout the spectrum, techniques are becoming available that enable a redirection of the emphasis of stellar analysis, first from classical photospheres to nonthermal outer atmospheres, then from nonthermal phenomena to nonequilibrium processes. We discuss these techniques within the solar-stellar connection in the next section of this chapter.

The Interpretational Solar-Stellar Connection: One-Dimensional Modeling

The fact that stellar data are always averaged over the true scales of the important processes implies that "one-dimensional" modeling, i.e., modeling the radial variation of the horizontally and temporally averaged mean state, remains by default of paramount importance in the analysis of stellar atmospheres. Ideally, the solar guidance to one-dimensional modeling should come from averaging truly nonthermal models which self-consistently specify the multidimensional, dynamical atmospheric structure in terms of specific nonthermal processes. However, a complete model incorporating all inhomogeneous and time-dependent processes is still far off! Unfortunately, such a model is not even an important goal of solar physics, because solar physicists' main

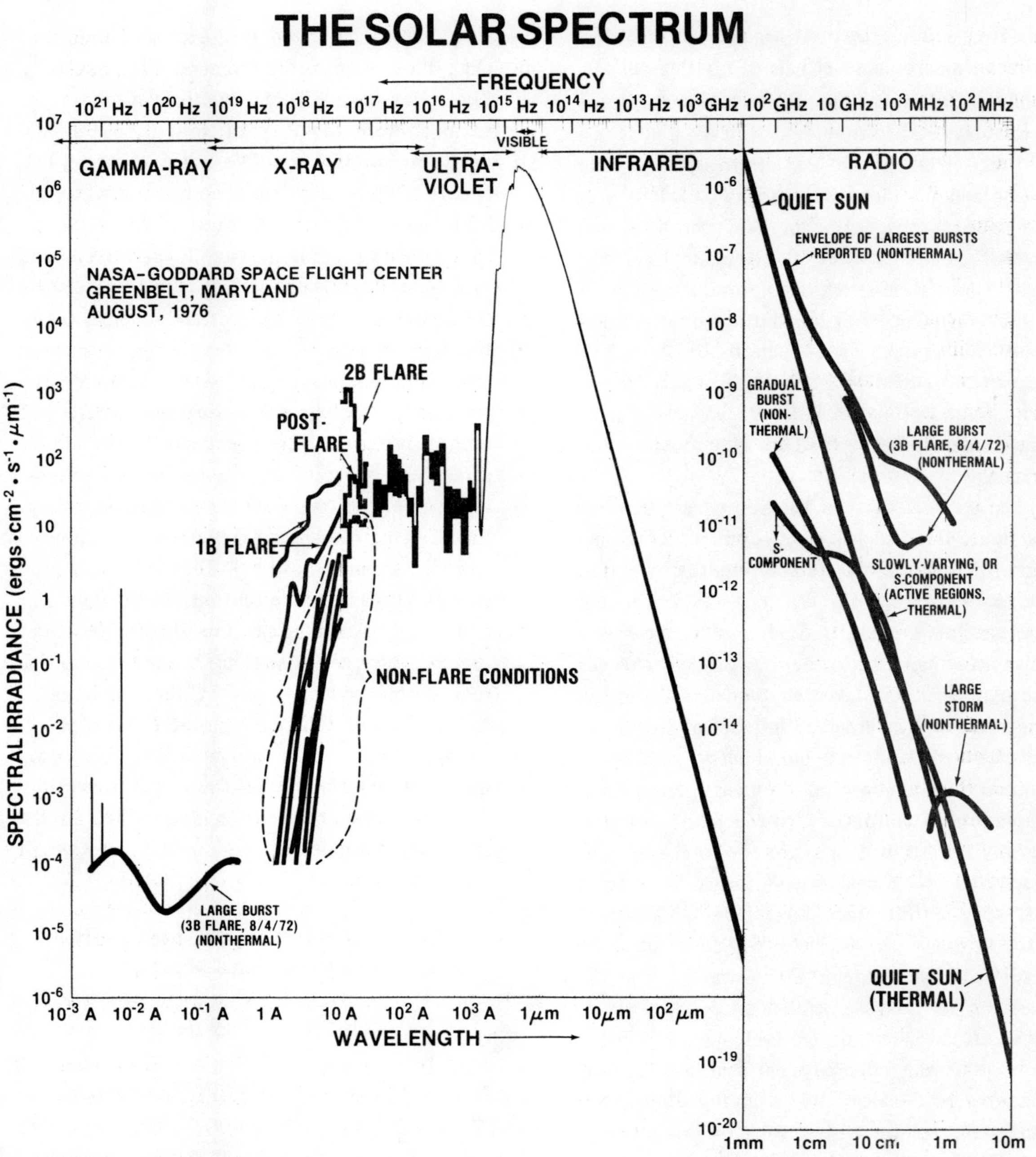

Figure 19-2. The solar irradiance spectrum, compiled from data in "The Solar Output and Its Variation" (White, 1977). Reprinted courtesy of Harriet H. Malitson, Goddard Space Flight Center.

interests generally lie in the processes themselves, not in their grand average. However, to use solar studies as a stepping-stone to studies of stellar atmospheres, it is important to evaluate spatial and temporal averages of solar nonthermal models, to show to what extent one-dimensional modeling is worthwhile, and to guide stellar methodology. The last section of this chapter represents an attempt toward this goal.

It is particularly instructive to compare the results of such fully consistent treatments with the conclusions of semiempirical diagnostic methods. Semiempirical models represent an intermediate class of models between thermal and nonthermal models. They crudely account for the existence of the mean macroscopic effects of nonthermal phenomena without specifying their nature or cause. Such models are not self-consistent: they ignore the detailed physics of inhomogeneous structure, magnetic fields, ordered nonthermal motions, differential rotation, etc., but they, nevertheless, try to include the changes in the mean state of the atmosphere that are due to these phenomena. This is done by introducing ad hoc modeling constructs, such as turbulence or a nonthermal chromospheric-coronal temperature rise. Semiempirical models are designed to reproduce spatially averaged observations, and to represent the horizontally averaged radial structure of the true atmosphere. The success of such models in attaining these two goals depends on the appropriateness of the adopted semiempirical constructs.

In recent years there has been a major thrust in stellar atmospheric studies to apply semiempirical solar diagnostics. Solar one-dimensional semiempirical models are also becoming increasingly sophisticated, employing continuum data throughout the spectrum and detailed non-LTE-PRD line profile analysis. However, a point of diminishing returns may soon be reached, since the diagnostic techniques do not reflect the actual physics. The time-dependent, inhomogeneous nonthermal processes that underly turbulence or the heating of the outer atmosphere may enter the equations in complex nonlinear ways, so that an overly simplified set of constructs may lead to a totally misleading mean model. This obvious point has to be stressed. History shows that we have to be very careful with assumptions that are taken originally for the sake of tractability only. For example, it is clear a priori that photons that leave a star cannot be described by equilibrium thermodynamics, and from quantum mechanics we learn that frequency coherence occurs wherever radiative damping is important. Nevertheless, LTE and CRD (complete redistribution) were standard assumptions for a long time, not proven, not tested, and often wrong. No argument serves to justify a tractability assumption other than a detailed analysis which relaxes the assumption. Thus, the relevance of semiempirical modeling has to be tested through nonthermal modeling; the relevance of one-dimensional modeling has to be tested through inhomogeneous modeling. The Sun represents the primary testing ground for both, the only one for the latter.

A point of diminishing returns may well have been reached in one-dimensional semiempirical modeling of the solar atmosphere; we will discuss this issue in the last section. The trend to apply solar semiempirical diagnostics to the stars will continue as observations of integrated starlight are made in new spectral domains, and with higher spectral resolution and quality. Stellar studies are probably not yet at the point of diminishing returns, although there can be little doubt that we are misled in some important directions by the inappropriateness of semiempirical modeling techniques. To set, or keep, stellar interpretational methodology on the right track will be a major contribution of solar astrophysics in the new solar-stellar connection.

OBSERVING THE SUN AS A STAR

In this section we discuss observational aspects of the new solar-stellar relationship, and we briefly review nonthermal characteristics of the Sun when seen as a star, i.e., when observing the solar flux spectrum.* We concentrate on *spectroscopy* because, as stressed above, spatially averaged spectroscopy is the main domain of observational overlap between the Sun and the stars.

Currently, the new space observations open our eyes to the nonthermal outer atmospheres of stars; eventually, the medium of translating solar insights into the underlying processes to stellar studies will be *resolved line spectrometry*, in which the profiles of the lines are employed as gauges of the temperature, pressure, velocity, and

*"Flux" is a loose term, used both for the radiance (emittance) of a unit area of the solar surface, and the irradiance per unit area on Earth. The former is best called "surface flux"; the latter would be α^2 times smaller, with α the angular radius of the Sun, if the solar radiance were the same everywhere over the solar surface. We use "flux" here in the sense of the irradiance of the top of the Earth's atmosphere.

magnetic field and their variations, throughout the spectrum and throughout the atmosphere. This requires spectrometry with *high spectral purity*, i.e., with high spectral resolution, a stray-light-free, clean instrumental profile, a large signal to noise ratio, and accurate wavelength calibration. We discuss some of the latest techniques and their current state of development, dividing the subject into stellar and solar instrumentation.

Solar-Like Stellar Spectrometry

Solar-like spectrometry of stars with high spectral purity (say $\lambda/\Delta\lambda > 2 \times 10^5$, signal to noise ratio > 500) is just becoming possible in the visual and the near infrared. These new techniques promise to revolutionize optical studies of stars, because they furnish diagnostics of nonequilibrium processes in photospheres.

Such high precision is not yet available in the other parts of the spectrum. However, these other parts originate in the outer regions of stellar atmospheres, where the nonthermal effects are not hidden in minuscule line profile detail, and where moderate spectral purity has already proved to be very informative. This is currently demonstrated by the International Ultraviolet Explorer (IUE). Of course, many new problems are arising that may ultimately require higher spectral purity in these spectral regimes as well.

A good general reference to modern stellar high resolution techniques is the report of the Trieste meeting (Hack, 1978).

Optical Resolved Line Spectrometry. Steps on the way to solar-like quality in optical stellar spectroscopy were the use of double pass échelle scanners (e.g., Smith, 1976), of solar spectrometers for bright stars (Goldberg et al., 1975; Chiu et al., 1977; Freire et al., 1977, 1978), and of the triple Fabry-Perot PEPSIOS Interferometer (Kurucz et al., 1977). Although the spectral purity obtained was sometimes overstated, and, in fact, sometimes inferior to results of careful conventional photographic Coudé spectroscopy (Griffin and Griffin, 1978, 1979b, 1979c, 1980a, 1980b), a recent comparison of four techniques for observing spectral lines of Arcturus (Gray et al., 1979) shows convergence to a new standard of accuracy. The 40 year old solar Utrecht Atlas now has its stellar counterparts in the atlasses of α Boo and α CMI (Griffin, 1968; Griffin and Griffin, 1979a). The latter are based on the highly precise recent photoelectric data from stars.

The best current technique is the use of linear diode arrays, such as the Reticon, in a Coudé or échelle spectrograph, either bare or as the backend in a Digicon image tube. The first setup is slower for weak exposures in the blue, but superior throughout the optical spectrum when a large signal to noise ratio is required (Vogt et al., 1978). Multielement detection is, of course, much faster than scanning with a single detector, except for Fourier Transform spectrometry which cuts the integration time by putting all spectral elements simultaneously on one detector, marking their identity through modulation. The latter technique, usually in the form of Michelson interferometry, is best in the infrared where detector noise is worse than photon noise, so that diluting it over many spectral elements constitutes Fellgett's (1951) multiplex advantage; but its use for very high spectral purity expands toward the violet. An additional advantage is that the built-in laser offers precise absolute wavelength calibration.

The current breakthrough of optical stellar spectroscopy toward high spectral purity is primarily due to the progress of digital detection technology (see Ford, 1979); but there are also important advances in the techniques of guiding and image slicing, in the fabrication of ghost-free holographic gratings and large échelle gratings, in the design of new spectrometers of various types, and in the automation of data acquisition and reduction. This is a rapidly evolving field, extending solar-like quality spectrometry to more than just the brightest stars; the advent of the large telescopes of the next generation which incorporate the new technology should eventually enable precision spectrometry to be achieved for any type of star.

Nonoptical Spectrometry. In the ultraviolet the best current instruments are BUSS (Kondo et al.,

1979) and IUE (Boggess et al., 1978); both use a cross-dispersed échelle format with a SEC Vidicon detector. These instruments accomplish quality resolved line spectroscopy of nonthermal regimes of outer stellar atmospheres throughout the Hertzsprung-Russell diagram, and their success demonstrates how the capability of using solar-like interpretational diagnostics enriches stellar astrophysics. Higher resolution, precision, and sensitivity will eventually come, for example, with the Space Telescope instrumentation.

At the ends of the spectrum, in the X-ray and radio domains, we have no "resolved line" spectroscopy yet. However, we do have detection of stellar emission at these X-ray and radio wavelengths, though without adequate spectral resolution for detailed diagnostic studies of the sort performed with EUV data. The Einstein Observatory has now filled the Hertzsprung-Russell diagram with stellar coronae (Vaiana et al., 1980); radio detections of active giants and binaries offer new diagnostic possibilities (see Hjellming and Gibson, 1980).

Stellar-Like Solar Spectrometry

The basic techniques of stellar observation are applied to the Sun in a highly precise fashion, taking advantage of the large photon flux. Stokes vector magnetographs, high dispersion, stigmatic mixed order spectrographs, tunable, narrow band imaging filters, imaging hard X-ray spectrometers, and other instruments of this genre are often peculiar to solar physics, without direct stellar application. However, their techniques serve as an example: many instrumental concepts are first tested on the Sun, and then are improved in sensitivity to observe the stars. Such sequences have been followed in most spectral domains, for example, in X-ray instrumentation from the first NRL solar sounding rockets (1949) to the Einstein Observatory, in the ultraviolet from the NRL solar rockets (1946) to IUE, in the radio domain from Christiansen's Cross to the VLA.

The solar parallel to stellar resolved line spectrometry is spatially averaged spectrometry, in which the inhomogeneous fine structure is not resolved. A special solar-stellar issue is the observation of the Sun as an unresolved star, doing away also with the solar center to limb variations. We illustrate these topics in this section by concentrating on optical spectroscopy, because it reaches the highest spectral purity. We shall also discuss two solar optical spectrometers.

Spatially Averaged Solar Spectrometry. Very high spectral resolution ($\lambda/\Delta\lambda > 4 \times 10^5$) and signal to noise ratio (>1000) are obtained at the cost of spatial and temporal resolution, in this solar variety of resolved line spectroscopy. It differs from stellar high resolution flux spectrometry only in its higher precision and its resolution of the center to limb variation. *Line profile shapes* are studied in detail, on the assumption that the spectral details of the spatial and temporal mean are significant. Such spectroscopy of the Sun has been valuble in various aspects.

First, it has been the basis of the development of radiative transfer methodology, from the classical theory of stellar atmopheres to the non-LTE formalisms of today; as such it underlies the classical solar-stellar connection. The assumption that the mean is significant has been quite fruitful in this field. For example, the archetype solar example of this assumption is to use a homogeneous model atmosphere to explain the spatially averaged self reversals of the cores of the Ca II H and K resonance lines. Solar observations of high spatial resolution show that these reversals are due to an intricate fine structure of enormous spatial and temporal variation, of which the mean profile is quite unrepresentative. Nevertheless, modeling the unresolved reversals has been of prime importance in the development of non-LTE and PRD methodology.

Second, spatially averaged solar continuum and line spectroscopy supply the observational constraints for semiempirical one-dimensional modeling, which currently provides the most refined picture of the overall structure of the solar atmosphere. The Ca II H and K lines again furnish an example: one-dimensional models have been derived, for the Sun and for other cool stars, from spatially averaged photoelectric observations of the extended wings of H and K, which span the upper photosphere in their height of formation.

Third, solar spatially averaged spectroscopy is useful in defining stellar nonthermal diagnostics. A Ca II H and K example in this respect is the use of their emission cores as an index to the spatial extent of plage-like areas on the surface of cool stars.

Solar Atlases. A traditional format of solar spatially averaged spectrometry has been the "atlas," and producing atlases of the solar spectrum has been a traditional pastime for solar spectroscopists. Now, with solar physics concentrating on spatially resolved dynamical phenomena, the quest for ultimate atlases of the mean spectrum is less popular; but it should be stressed that such atlases remain useful within the solar-stellar connection, in the definition and solar calibration of spatially averaged spectral diagnostics.

Table 19-1 gives a selection of the currently available solar spectrum atlases. One should note that the "ultimate" atlas has not yet appeared. It should provide the *absolute* intentsity spectrum with high purity, for a selection of disk positions covering the center to limb variation; it should include spectral line identifications; and it should appear on magnetic tape. Ideally, one should have such atlases also of the sunspot spectrum, the mean plage spectrum, etc., for various viewing angles, throughout the spectrum, and with polarization information (cf. Rutten, 1978).

Table 19-1

Solar Spectrum Atlases

Beckers, J.M., Bridges, C.A., Gilliam, L.B., 1976, *A High Resolution Spectral Atlas of the Solar Irradiance from 380 to 700 Nanometers,* Sacramento Peak Observatory, Sunspot.

Optical flux spectrum; graphical edition with line identifications; tabular edition with intensity calibration; also on magnetic tape.

Brault, J.W., Testerman, L., 1972, *Kitt Peak Solar Atlas 2942 to 10014 Å, Preliminary Edition,* Kitt Peak National Observatory, Tucson.

Optical intensity spectrum, for the viewing angles $\mu = 1$ and $\mu = 0.2$; no calibration; available only on microfilm.

Delbouille, L., Roland, G., 1963, *Photometric Atlas of the Solar Spectrum from λ 7498 to λ 12016,* Institut d'Astrophysique, Liège.

Near-infrared intensity spectrum of the center of the disk; no calibration.

Delbouille, L., Roland, G., Neven, L., 1973, *Photometric Atlas of the Solar Spectrum from λ 3000 to λ 10000,* Institut d'Astrophysique, Liège.

Optical spectrum of the center of the disk; yet incomplete; available also on magnetic tape.

Hall, D.N.B., 1970, *An Atlas of Infrared Spectra of the Solar Photosphere and of Sunspot Umbrae, in the Spectral Intervals 4040-5095, 5550-6700, 7400-8790* cm^{-1}, Kitt Peak National Observatory, Tucson.

Infrared intensity spectrum of the photosphere, of sunspots, and their ratio, near the center of the disk; no calibration; line identifications added; also on magnetic tape.

Kohl, J.L., Parkinson, W.H., Kurucz, R.L., 1978, *Center and Limb Solar Spectrum in High Spectral Resolution 225.2 nm - 319.6 nm,* Center for Astrophysics, Cambridge, Mass.

UV intensity spectrum for viewing angles $\mu = 1$ and $\mu = 0.23$; intensity calibration; line identifications and LTE prediction added; also on magnetic tape.

Migeotte, M., Neven, L., Swensson, J., 1956, *The Solar Spectrum from 2.8 to 23.7 Microns,* Institut d'Astrophysique, Liege.

Infrared intensity spectrum of the center of the disk; no calibration.

Tousey, R., Milone, E.F., Purcell, J.D., Palm Schneider, W., Tilford, S.G., 1974, *An Atlas of the Solar Ultraviolet Spectrum between 2226 and 2992 Angstroms,* Naval Research Laboratory, Washington, D.C.

UV flux spectrum; intensity calibration.

Solar Spectrometers. We discuss two particular solar optical spectrometers, each of which represents the state of the art within its domain, and each of which sets an example for stellar spectrometer design. The first is the Kitt Peak Fourier Transform Spectrometer (Brault, 1978), which is built for spectral purity. It is a one-meter path difference Michelson interferometer, unsurpassed in spectral resolution, cleanliness of the instrumental profile, spectral range, and wavelength precision, and it is also usable for polarization measurements, even as a full Stokes polarimeter. However, it has no stigmatic capability. Two-dimensional imaging is feasible through replacing the single detector by an array detector, resulting in a Fourier Transform Spectrometer-per-pixel, but at the cost of an "embarrassingly large" data flow to be transformed by computer afterward. The instrument is the ultimate device for spatially averaged spectroscopy. It should soon produce the ultimate mean intensity solar spectral atlas defined above; and it is a direct and inspiring example to stellar high resolution spectroscopy.

The second example is the Sacramento Peak Échelle Spectrograph (Dunn, 1969), which, in contrast, was built for spatial imaging. The instantaneous imaging is one-dimensional, along the slit over which the solar image is stepped to build up a two-dimensional image. The advantage over two-dimensional filtergrams is that the full spectral detail is present. An important feature is the flexible selection of spectral diagnostics. This is important, because on one hand detection of a full-length spectrum at high resolution, in wavelength as well as in position along the slit, is quite unmanageable; and, on the other hand, diagnostically sound studies of solar phenomena usually require simultaneous observation of specially selected segments of the spectrum. This is because line profile diagnostics are never unique, requiring line pairs, for example, Ca II H and K together with the Ca II infrared multiplet (see Athay, 1976). The same holds for stellar interpretation, making free selection of spectral features desirable. In the Sacramento Peak spectrograph this selection is achieved by using the orders of an échelle grating without cross-dispersion. All orders overlap, and one may select short spectral ranges from each with narrow band filters, or with slits in a parallel predisperser spectrum. As a result, virtually any combination of specially chosen diagnostic lines, of widely different wavelengths, can be selected to lie close together on film or on a detector array. The same trick applied to stellar spectrometers results in the same advantage: high resolution detection of only those lines chosen, limiting the data flow, from the 10^6-10^7 pixels needed to detect a two-dimensional IUE-like échelle format working in crossed dispersion at full resolution, to only 10^3-10^4 *selected* pixels that are linearly arranged.

How to Observe the Solar Flux Spectrum. Observations of the solar flux (integrated sunlight, solar irradiance) have, in addition to applications in cometary and planetary physics, a two-fold astrophysical utilization: they reflect global properties of solar parameters, such as the magnetic field or the coronal heating rate, and they serve as an intermediate step between solar and stellar atmospheric diagnostics.

Interest in the former aspect has increased markedly in recent years with the recognition of the importance of solar variability, particularly over the solar rotation period, over the solar activity cycle, or over even longer intervals, and with the parallel increase of interest in stellar activity cycles prompted by O.C. Wilson's (e.g., 1978) monitoring of stellar Ca II H and K emission. A general reference to this subject is the excellent collection of reviews of the Solar Output Workshop in "The Solar Output and Its Variations" (White, 1977).

Interest in the latter aspect rises with the need to translate solar astrophysics into stellar diagnostics of nonthermal phenomena, as stressed above.

Although, perhaps surprisingly, it is not easy to observe the solar flux spectrum, there are various schemes available. We will briefly discuss them following Oranje (1981). One may observe the Moon with a stellar spectrograph (Wilson, 1978), or more stellar-like solar system objects such as Uranus and Neptune, which have a higher albedo. One is then limited by the low spectral purity, by solar standards, of the instrument. Another method is to use a solar spectrometer and add together spectra covering the whole disk (Sheeley, 1967), but this is very laborious. Ideally one should like to convert a normal solar intensity spectrometer into a flux spectrometer without sacrificing its spectral purity, but this is not trivial. If one discards the telescope objective to feed the solar irradiance onto the spectrograph slit (Bumba et al., 1967; Severny, 1969; Livingston et al., 1977; White and Livingston, 1978), a pinhole solar image is produced on the grating. Grating inhomogeneities will affect the weighting over the solar disk, and the slit should be either wide enough so that diffracted limb photons do not miss the grating, or narrow enough that they fall within the flat top of the diffraction pattern (White and Livingston, 1978). In the first case there is loss of resolution; in the second, loss of photons. Bappu and Sivaraman (1977) used a diffusing screen, also with large loss of light. Jebsen and Mitchell (1978) employed twelve flat mirrors to put multiple images on the grating. Beckers et al., (1976, volume I) avoided the imaging on the grating by using a microscope objective to project a 50 μm solar image between the slit jaws, but found that too much light was lost at the grating because of the mismatch in *f* ratio of the telescope and the spectrograph. Their flux atlas (Beckers et al., 1976, volume II) was made instead with a cylindrical lens giving a 50 μm line image parallel to the slit ("the world's smallest and most astigmatic solar telescope"). A pinhole image is then still present along the ruling of the grating.

It is also of interest to achieve partial integration, for instance, only over active regions, or over the quiet areas alone. Oranje (1981) uses a combination of White's (1964) averaging technique and the slit illumination of Beckers et al., (1976) with a cylindrical lens, to obtain spatial averages of freely chosen parts of the disk.

Solar Flux Diagnostics of Nonthermal Phenomena

What would we have known of the solar atmosphere if we had only been able to observe the Sun as we observe the other stars? We would have compared the solar flux spectrum to the predictions of equilibrium model atmospheres and, in the era of ground based astronomy, would have concluded that these models are quite good, disagreeing only in details such as the predicted width of the lines and the shape of the cores of the strongest resonance lines. In the era of space observations the discovery of an extended, hot, and highly variable outer atmosphere would have been a surprise. We would yet have no inkling of the utterly discrete nature of the magnetic field, and its consequential importance in setting the inhomogeneous structure of the outer atmosphere and the activity phenomena.

This would be our current situation for the other stars, except for the fact that we do resolve solar fine structure, and through solar-stellar analogy we *can* surmise more of stellar nonthermal structure than by flux spectroscopy alone. Thus, in discussing solar flux spectroscopy, the question of interest is how its diagnostics represent the actual inhomogeneous structure, and whether they contain information on the underlying processes.

We restrict our discussion to three topics, each representative of an atmospheric regime: turbulence as a measure of subphotospheric dynamics, chromospheric emission features as a diagnostic of the amount of surface magnetic flux, and X-ray emission as a diagnostic to the large-scale topology of the coronal magnetic field. We discuss the first of these diagnostics, turbulence, in most detail because it is the most unsatisfactory; the other ones are covered in detail in the chapters of Part II.

Subphotospheric Dynamics and Turbulence. The major nonequilibrium aspect of the solar photosphere is that it is in a continuous, very complex state of motion. Chapter 2 by Beckers and

Chapter 3 by Deubner review the many resolved contributions: differential rotation, granulation and supergranulation, various oscillations, and possibly pulsations and large-scale flows. In addition, there are the (currently) unresolved motions inferred from residual line broadening, line asymmetries, and the variation of line wavelength shifts from disk center to the limb (Chapter 2). Each of these separate components represents a highly complex gasdynamical phenomenon requiring detailed analysis; but in the solar flux spectrum their only signatures are nonthermal line broadening, line asymmetries, and line shifts. The first, in the form of "turbulence," is most familiar and will be discussed here; but, in fact, the other two diagnostics are much more promising to nonequilibrium studies of stellar photospheres. For example, detailed properties of convective motions, changes of granular contrast with wavelength, etc. can be diagnosed from the bisector shape and shift of various classes of lines in solar flux spectra (Dravins et al., 1980); precise monitoring of very small wavelength shifts in the solar flux spectrum resolves the discrete 5-minute oscillation modes of high radial and low azimuthal order (Claverie et al., 1979).

Beckers summarizes the various contributions of solar motion fields to the total kinematic power, for two heights in the photosphere in Figures 2-11 and 2-12. These graphs are schematic rather than definite; but they show that in the deep photosphere granulation is the dominant contributor of the resolved motions. If the "limb effect" is also of granular origin (Chapter 2), granulation constitutes the larger part of the total power. At the higher level (Figure 2-12), the 5-minute oscillation contributes significantly to the total vertical power. This indicates that granular and oscillatory motions make up a significant part of spatially averaged line broadening measured as "turbulence." Indeed, there is a lively debate now whether or not all solar turbulence can be explained by granulation alone (Nordlund, 1980), or by granulation and 5-minute oscillations together (e.g., Mattig, 1980), or whether there is an appreciable amount of "microvelocities" present also (e.g. Keil, 1980; Cram et al., 1979). Such a component has been tentatively included as a Kolmogoroff turbulence spectrum in Beckers's Figures 2-11 and 2-12.

This leads to the conclusion that granulation and oscillations are at least important contributors to turbulence and to the suggestion therefore that the nonthermal broadening of lines in the flux spectrum could be a useful stellar diagnostic of the dynamics of subphotospheric layers, where both phenomena arise in the case of the Sun. Eventually this prospect may come true, but in practice turbulence is not at all a useful diagnostic yet. This negative view will be briefly advocated here because, while everybody knows that turbulence is an unpleasant ad hoc parameter, the solar example clarifies just how suspect its usage is.

Turbulence is of course nothing but a convenient parameterization of poorly understood line broadening that has no physical meaning in itself. It just indicates the size of the errors made by equilibrium modeling. The neglect of nonthermal motions contributes to these errors, but not exclusively. At best, turbulence gives a rough indication of their general magnitude; at worst, turbulence measures modeling errors that have nothing to do with gasdynamics. Such errors can arise from neglecting departures from LTE or from complete redistribution, or from the use of incorrect damping formalisms, or from other invalid assumptions or procedures in spectral line computation which show up in the comparison with observations.

The turbulence formalism itself is correct only for stochastic "truly" turbulent motions, which are certainly not the only constituent of solar turbulence, nor of the line broadening of supergiants for which the "turbulence" tends to be highly supersonic (see Gray, 1978). (The solar turbulence does nowhere exceed the sound speed much, although it equals it in the transition region; see Figure 4-9 of Chapter 4 by Athay.) The assumption that a convolution suffices (for the local line absorption coefficient for microturbulence, with the emergent line profile for macroturbulence) neglects correlations of motions with brightness fluctuations or with temperature and pressure variations, as, in fact, are observed to occur in granulation. There is no reason to apply only the micro and macro "filters" and leave out the "meso"-scale motions; also, what is macro- or mesoscale to one line, or to one part of a line, will be microscale to another (see Canfield and Beckers, 1976).

Such distrust is strengthened by judging turbulence in the solar-stellar connection. A stellar-like measurement of the solar turbulence (Gray, 1977) gives values of turbulence parameters which differ significantly from the best solar determination of comparable interpretational simplicity (Holweger et al., 1978). The latter analysis employs observed equivalent widths in an LTE study which attributes residual discrepancies only to erroneous oscillator strengths, deriving solar microturbulent and macroturbulent values regarded as definitive. However, such complacency vanishes with increased sophistication, observationally or interpretationally, because one then finds that not the certainty but the uncertainty of the turbulence increases. In studying spatially averaged line profiles from the Sun, there are many more observables than in studying equivalent widths, but they do not increase redundancy, because the number of free fudge parameters in the solar turbulence formalism is just increased accordingly. Stellar microturbulence is usually a single constant, derived from the location of the shoulder of the curve of growth; in contrast solar microturbulence is taken to be a rapidly varying function of both height and viewing angle (see Figure 2-10 of Chapter 2 by Beckers). While these dependences are, of course, present in the processes which underly line broadening, and so should indeed be incorporated, we stress that so far solar turbulence modeling employs these dependences purely to increase fitting freedom: an increase of observational sophistication leading to an increase of fudging, not of understanding. A similar setback accompanies an increase in interpretational sophistication. In PRD line computations, it is not all clear to what extent turbulence affects redistribution in frequency and angle. It is commonly assumed that microturbulence acts just as thermal motions in Doppler redistribution, but Magnan (1975) has shown this to be incorrect, and it may well be that the extent of frequency redistribution through random nonthermal motions differs much from the case in which "turbulence" corrects erroneous line widths. For example, Rutten and Milkey (1979) find that the microturbulence above the temperature minimum cannot be equated with Doppler redistribution of lines seen near the limb. Thus, the interpretational progress from CRD to PRD line computation implies, unfortunately, increased sensitivity to the conceptual errors of turbulence, just as it implies increased sensitivity to the poorly known collisional damping.

Altogether, there is no doubt that the granulation and the 5-minute oscillation contribute a significant part of the photospheric turbulence, but proper modeling of these components is a prerequisite before studying what is left when they are taken out, and before employing observed stellar turbulence as a *physical* diagnostic of stellar photospheric or subphotospheric dynamics.

Chromospheric Diagnostics and the Magnetic Field. However we define the chromosphere (see the opening section of Chapter 4 by Athay), it is the layer where the existence of a nonthermal outer atmosphere becomes evident. Any chromospheric diagnostic is, therefore, a nonthermal one, noting that the chromosphere lies between the almost thermal photosphere and the utterly nonthermal transition zone-corona-wind complex above it. Spectral signatures of the chromosphere generally remain unchanged when spatially integrated Such characteristics are the emission peaks in the Ca II H and K lines and the helium lines in the optical spectrum, the Mg II h and k cores in the UV, and a multitude of EUV emission lines (see Chapter 4 by Athay for details).

Shifting upward from photosphere to chromosphere, there is a bifurcation in the inhomogeneous structure that leaves its marks on the flux spectrum. As with the photospheric granulation and oscillations, there is a globally present, more or less evenly distributed component in the form of the quiet Sun network; but the chromospheric flux diagnostics are also sensitive to the presence of active regions on the disk. These leave no clear signature in the photospheric flux spectrum. There is, therefore, an irregularly patterned, spatially and temporally varying extra component, which modulates the flux diagnostics with extra information. For example, the strengths of the solar Ca II H and K and Mg II h and k flux profile core emissions correlate well with the total plage area which varies with activity, thus permitting one to monitor stellar activity cycles, of which Wilson's (1978) compilation is the landmark example. Such monitoring can also yield stellar active region statistics, and the rotation periods of slowly rotating stars (see Chapter 6 by Zwaan). Yet, the chromospheric flux diagnostics contain more information than just the total plage area. As discussed by Athay in Chapter 4, plages appear very different in different lines and in different parts of the same line, depending on the particular height of formation, temperature sensitivity, and density sensitivity of the spectral features. Thus, there are observational constraints to plage structure. This is extremely important because such studies may give insight into the chromospheric properties of the *magnetic field* of solar-like stars.

The magnetic field generally plays no major role in determining the large-scale structure of the photosphere where gas pressure dominates, but it is concentrated there in the tiny, strong field flux tubes, and organized into the network and activity patterns which set the structure of the corona, in which the magnetic pressure dominates. It is in the chromosphere that we observe the transition. Observational diagnostics for studying the structure and dynamics of the flaring flux tubes and their discrete patterns are needed in order to tie the domains together, connecting the large-scale nonthermal structure of the outer atmosphere to the subphotospheric dynamical processes in which it is rooted.

X-Ray Emission and the Coronal Topology. The current X-ray survey of stellar coronae by the Einstein Observatory represents a landmark in the study of nonthermal outer atmospheres of cool stars, just as the Skylab X-ray data represented a landmark in the study of the solar corona. Zirker, in discussing observations of the corona and the wind in Chapter 5, poses the following major questions: Where and how is the corona heated? Where and how is the solar wind accelerated? Why do the corona and the wind change with time scales ranging from hours to decades? Does the solar magnetic field influence the equilibrium of the solar corona and the wind in an essential way? Obviously, X-ray observations have played a major part in the posing of these questions, and they will certainly contribute to their answers. The same holds for the problems posed by solar flares, of which the observations are discussed in Chapter 7 by Brown, Smith, and Spicer.

The large-scale pattern of inhomogeneous structure that leaves signatures in the solar flux spectrum increases further in complexity from chromosphere to corona: from bifurcation (network and active regions) to the trifurcation of the solar corona reviewed by Zirker: quiet corona, active regions, and coronal holes. This pattern again modulates the flux spectrum in time, so that disentangling similar components in stellar flux spectra is perhaps feasible; and again there are many spectral characteristics which may enable the physical modeling of each component for stars too. Unfortunately, however, there is still no direct diagnostic of the magnetic field, which controls the physics of the corona to a large degree (Chapters 5 and 14). Accepting that the X-ray fine structure follows the field patterns closely, it is clear that there is an essential split into open streamer configurations underlying the holes and the wind, and the closed loop configurations of the active and quiet regions; but, as Zirker points out in the last section of Chapter 5 by quoting Chiuderi et al. (1977), knowledge of the field alignment alone does not suffice to understand the field's structure. Monitoring the X-ray emission of other stars with solar-like coronae may help, by establishing how such large-scale field configurations may vary from star to star.

This overview of solar-stellar observation leads to the conclusion that current observations of the Sun and the stars have greatly broadened the subject of nonequilibrium astrophysics. We can anticipate an exciting decade of discovery on the nature of the interaction of a star with its environment, on the physics of nonthermal stellar atmospheres, and on stellar structure. These prospects are discussed in the following sections.

THE SUN AS AN ASTROPHYSICAL LABORATORY

As emphasized above, the excitement of solar astrophysics lies in the fact that the Sun, almost uniquely in the cosmos, lets us study, in detail, astrophysical processes on the scale and in the environment that is of astrophysical interest. Because of this, solar studies have very often provided both inspiration for and crucial tests of concepts that later have become important in the general framework of astrophysics. We are sure that solar astrophysics will continue to represent a major contribution to general astrophysics as new solar phenomena are discovered, and as long-known phenomena are observed with better instruments, and interpreted with improved theories.

In the section, we discuss several examples of solar investigators that have become, or clearly soon will become, of interest in general astrophysics. Rather than attempt to provide a detailed map of the "two-way street" joining solar and stellar astrophysics (this would amount to a major astrophysical treatise), we will focus on only a few areas of solar research, and discuss their astrophysical implications based on foundations laid in the previous chapters of this volume. We propose to discuss three broad areas:

1. Non-LTE radiative transfer theory, because this is a relatively recently introduced and widely used astrophysical theory with deep roots in solar physics, which is now "mature" and which has led to a "revolution" in the study of stellar atmospheres (Mihalas, 1974).
2. Compressible, radiative gasdynamics, because this is a field of enormous contemporary interest in astrophysics, and several solar studies have had a strong impact on current ideas in the fields of convection, atmospheric oscillations, and the nature of solar mass loss.
3. Magnetogasdynamics and plasma physics, because it is becoming more apparent that this very difficult field will assume ever increasing importance in astrophysics, and solar studies clearly have enormous potential to shed light on important aspects of this discipline.

In this section we will constantly refer to previous chapters of this book. Our objective here is not to summarize these previous sections, but to place the predominantly solar flavor of those sections squarely in the broader astrophysical context. The final section of this chapter will extend this program by trying to place the Sun itself in the context of other stars.

Non-LTE Radiative Transfer

None-LTE radiative transfer theory has been with us for a long time. For example, Milne (1930) wrote down the equations of statistical equilibrium and radiative transfer in terms of atomic rate coefficients, and showed how the source function consisted of a nonlocal "scattering" part, and a local "collisional" part. However, Milne did not recognize the importance of the nonlocal nature of the scattering part, and so he became one of the early proponents of the restrictive and often invalid assumption of LTE. Although many of the first users of LTE were aware of its pitfalls, the concept became engrained in astrophysics during the period 1930-1960, and many spirited defenses of it were exhibited. It remained for astronomers seeking to understand the physics of the solar chromosphere to demonstrate the inadequacy of both the attempts to justify LTE, and the use of LTE itself, in more general studies of radiative transfer in stellar atmospheres.

Another early direction of non-LTE research involved the study of radiative transfer in gaseous nebulae by Menzel and his coworkers (e.g., Menzel, 1966). This work, which led to many important advances in fundamental atomic physics, was restricted by the lack of suitable analytical tools to algebraic solutions of the statistical equilibrium equations. Thus, only limiting cases of optically thick or optically thin media were studied. This limitation led to erroneous conclusions about the structure of the solar chromosphere (see Thomas and Athay, 1961).

It was the extension of this work by Menzel and his coworkers into the domain of optically thick, but not totally opaque, spectral line formation that marked a turning point in the use of non-LTE methods. This extension was initiated by the desire of Thomas and his coworkers (e.g., Thomas and Athay, 1961; Thomas, 1965) to provide a reliable analysis of spectroscopic observations of the solar chromosphere at a total solar eclipse. It was shown that these data demanded chromospheric physical conditions that invalidated the assumption of LTE, and a crude non-LTE diagnostic scheme was gradually assembled. By considering microscopic processes in detail, the solar physicists provided a self-consistent model of the solar chromosphere which was quite unlike previous models (Thomas and Athay 1961, Chapter 9), and which bears a close similarity to modern refined models (Praderie and Thomas, 1976; Vernazza et al., 1976).

It is important to emphasize that prior to this analysis, apparently self-consistent analyses of eclipse observations had been made, giving completely erroneous results. It was only by developing self-consistent and physically-appropriate diagnostics that these errors were revealed. It seems very probable that contemporary astrophysics contains other examples of this kind; we will identify a few candidates in the later parts of this section.

Nowadays, of course, non-LTE methods are used routinely in the spectroscopic study of stellar chromospheres (e.g., Linsky, 1980). However, there has been strong resistance to the idea that non-LTE methods must be used in studies of stellar photospheres, often "justified" by physical arguments. The experience gained in solar chromospheric studies should make us wary of any post hoc attempt to justify LTE. It is true that there are distinct advantages in the simplicity of LTE methods, but simplicity is not a valid reason for adopting a diagnostic technique. The invalid assumption of LTE may be responsible for errors in the inference of stellar atmospheric temperatures, gravities, and even abundances (e.g., Mihalas and Athay, 1973). There is no doubt that the use of LTE in the construction of model stellar atmospheres renders these models most uncertain in precisely those layers where important spectral lines are formed, and where it is particularly desirable to identify any deviations from radiative equilibrium that results from nonradiative heating (see Jordan, Chapter 12).

Although one may regard non-LTE theory as a mature field, it is important to realize that there are still important unsolved problems. Thomas and Athay (1961, chapter 10) listed four important limitations to the early non-LTE work, and we can now identify several others that have been investigated, and will be studied still further in the future.

The Influence of Systematic Velocity Fields. One of the main causes of asymmetries in solar and stellar spectral lines is the existence of systematic velocity gradients in the radiating atmospheres. Such velocity fields enter the equations of non-LTE radiative transfer in several places, and while there has been a lot of work on the general problem of velocity fields and spectral line formation, much remains to be done, both in the study of idealized problems and in the application of refined diagnostics to the interpretation of high quality spectroscopic data.

The primary effect of a velocity field is to Doppler-shift the line absorption profile. Since the solar atmosphere contains a three-dimensional, time-dependent macroscopic velocity field, the emerging spectral line profile is strongly distorted. It is impossible (in theory and in practice) to deduce precisely the three-dimensional atmospheric velocity field from observations of the emergent spectrum. Nevertheless, there have been many studies that relate properties of the emergent line profiles to atmospheric velocity fields via crude diagnostic methods (e.g., the displacement of the line profile bisector), and these have contributed to our understanding of the physical processes occurring in the solar atmosphere. These crude diagnostics are most reliable when they address the formation of spectral lines in the presence of small velocity gradients along the line of sight, and arising from spatially resolved structures in the field of view.

A second effect of a velocity field that is peculiar to non-LTE line formation is the coupling between the amplitude of the line sources function and the velocity field that results from the appearance of the absorption profile in the scattering integral. Athay (1970a) and others have shown that, because of the symmetry of the absorption profile in the local rest frame, this coupling is relatively weak. It may even be safely neglected in studies that are concerned solely with the inference of velocity fields from line shifts and asymmetries; but it is clear that even a weak coupling cannot be ignored in studies that correlate the line shifts and intensity changes, since the latter may result from pressure and temperature changes, and in part from the velocity fields themselves, and the two effects must be disentangled.

A third effect, which is not peculiar to non-LTE (although it is strongly modified by non-LTE effects), is the coupling of the Doppler shifts in the line absorption profile to changes in the shape and strength of the line produced by temperature and pressure fluctuations that must accompany the velocity fields. Many studies of the formation of solar spectral lines, and essentially all studies of the formation of stellar spectral lines, adopt what Cram et al. (1979) called the "kinematic" approximation, in which it is assumed that the only effect of atmospheric dynamical processes is a Doppler shift. But in many circumstances, there are strong correlations between Doppler shifts due to velocity fields and line shape changes due to other factors which lead to diagnostically important consequences. Among these are (1) the solar limb shift, which appears to result from intensity–Doppler shift correlations in the solar granulation (see Beckers, Chapter 2), and (2) the asymmetry of the flux profile of the solar Ca II K line, which appears to result from temperature-velocity-pressure correlations in waves in the solar chromosphere (Cram et al., 1977). Both of these phenomena require further study in the solar atmosphere, since both promise to provide powerful diagnostic tools to study analogous small-scale processes in stellar atmospheres (e.g. Dravins, 1974; Stencel and Mullan, 1980). The entire murky field of stellar atmospheric "turbulence" involves precisely the problems alluded to in this paragraph. It is unlikely that our understanding of this phenomenon will be clarified until reliable dynamical models are coupled with accurate radiative transfer solutions, so that the range of temperature-pressure-velocity interactions in the line formation process can be categorized, and the ones that are relevant in "turbulence" thus identified.

A fourth effect of velocity fields in non-LTE theory is the introduction of time-dependent terms into the equations of statistical equilibrium. Numericaly, the inclusion of these terms is quite straightforward (e.g., Cannon and Cram, 1974) and they may, in some circumstances, lead to important effects. The time evolution of level populations is of particular importance in diagnostics of the chromosphere-corona transition zone in the presence of dynamical processes, because atoms moving through the steep temperature and density gradients are ionized and recombine in radically different environments (Raymond and Dupree, 1978).

The Assumption of Complete Redistribution (CRD). Much work has been devoted to the relaxation of this assumption. Phenomenological models for partial redistribution (PRD) were developed by Hummer (1962), and the past decade or so has seen the introduction of powerful numerical methods that can account for the frequency and angular dependence of the source function that is implied by Hummer's models. There are certain circumstances in which PRD line formation models are significantly different from CRD models (see Mihalas, 1978). One of the diagnostically important circumtances involves the inner wings of strong resonance lines; examples that have received a lot of study in the solar atmosphere include the Hydrogen Lyman lines (Basri et al., 1979), and the resonance doublets of Mg II and Ca II (Shine et al., 1975). There are significant effects on both the absolute intensity and the limb darkening of these inner wings, and the use of PRD methods has resolved a number of hitherto perplexing problems on the formation of these lines in the solar atmosphere (e.g., Vardavas and Cram, 1974).

The introduction of PRD diagnostics into research on strong resonance lines in stellar chromospheres has also led to significant changes there (Linsky, 1980). An important example is is the inference of stellar atmospheric temperature minima: CRD diagnostics based on the inner wings of Ca II and Mg II lines generally lead to models that are too cool, and thus lead to major errors in estimates of the nonradiative heating (or cooling) of the upper photosphere and lower chromosphere. A second example is the fact that the outer edges of the Ca II resonance line emission cores are steeper in PRD models; this feature is important in the Wilson-Bappu effect (e.g., Wilson, 1973, p. 331), and its successful modeling has given astronomers greater confidence in their understanding of this important phenomenon (Ayres, 1979). Several unsolved problems remain in the theory and application of PRD non-LTE methods, and it is probable that significant errors are still being made in both solar and stellar diagnostics because of inadequate treatments of scattering in the formation of spectral lines and continua.

The Use of the Equivalent Two-Level Atom Formulation. While much of the basic physics of non-LTE theory can be illustrated with this crude atomic model, there are only a few spectral lines that may be quantitatively diagnosed with it (these include Ca II, Mg II, and Na I resonance lines in cool stars, and some of the prominent UV resonance lines in hot stars). A detailed account of the various effects of multilevel structure may be found in Athay (1972; also see Chapter 4). Examples of studies that have used multilevel models include Lites (1972, solar Fe I), Cram et al. (1980, solar Fe II), Vernazza et al. (1980, solar H I and other species), and stellar work by Mihalas and coworkers (e.g. Mihalas, 1978).

The basic influence of multilevel structure is to provide alternative paths for atoms to arrive in, or to leave from, a particular atomic configuration. These paths may involve comparable rates, and an accurate quantitative value for the level population is determined only by including all of them. The values of level populations influence the ionization equilibrium, the source function, and the line optical depth scales. Current refined models of the upper photosphere and temperature minimum regions of the solar atmosphere are strongly influenced by the multilevel, non-LTE ionization equilibrium of the dominant electron donors (Vernazza et al., 1980). A similar multilevel, multispecies treatment of the upper photosphere and temperature minimum region will have to be introduced in stellar models when attempts are made to refine atmospheric models on the basis of observations of their UV continua.

The Use of a Plane-Parallel Model Atmosphere. The obvious structuring of the solar surface when observed with high spatial resolution invites an attempt to study radiative transfer in model atmospheres that are not only radially inhomogeneous, but all structured in the horizontal direction. There are several studies of such "multidimensional" radiative transfer based on the assumption of LTE. Even in this simple case, there are subtle, nonlinear effects that demonstrate the need for great caution in the interpretation of the radiation field emitted from a structured atmosphere (e.g. Wilson and Williams, 1972).

Theoretical studies of non-LTE radiative transfer in structured model atmospheres have uncovered even greater subtleties, and illustrative examples have been published showing that one might even infer that a structure is cool and falling when it is, in fact, hot and rising (Cannon, 1976). A recent study by Kneer (1980) shows that nonlocal control of the non-LTE source function can lead to important smoothing of the radiation field, so that the observed emergent intensity does not accurately reflect the structure of the underlying state variables. Naturally, this effect will be important in solar studies, where we wish to interpret spatially resolved observations. It will also be important in stellar diagnostics, since the mean values may be distorted by the horizontal radiative transfer. However, the non-LTE aspects of multidimensional radiative transfer may not be of prime importance. Rather, the greatest diagnostic challenge arises because the very existence of atmospheric inhomogeneities leads to major uncertainties, as a result of the nonunique and nonlinear relations between the atmospheric state variables and the flux-integrated emergent radiation, even if LTE is valid (e.g., Mihalas et al., 1978; Nelson, 1978).

Incorporation of Non-LTE into Gasdynamic Models. Radiative gasdynamics, even within the limits of LTE, is a difficult subject. Theoretical and observational studies in the terrestrial laboratory have led to the development of a number of important concepts (e.g., Pomraning, 1973), but there are several differences between the terrestrial and the solar astrophysical environment that can be clarified only by special studies. Most important among these is the fact that radiation dominates the energy equation in most parts of a stellar atmosphere, while in the laboratory the radiation is typically a small part of the energy equation. Moreover, the energetically important radiation fields in stellar atmospheres are generally neither optically thin nor optically thick, so that there is an intimate coupling between the gasdynamics and the radiative transfer.

Non-LTE further complicates the above picture. The two main effects of non-LTE in radiative gasdynamics are (1) the nonlocal radiative control of the state of the gas, and (2) the introduction of new spatial and temporal scales. The first effect is manisfested in, for example, an equation of state that cannot be written in terms of purely local variables; moreover, the extensive properties of the atmospheric plasma (such as specific heat, opacity, etc.) cannot be locally specified, nor can they be tabulated. The second effect leads to new dynamical phenomena, such as the precursors described by Klein et al. (1976). There is a pressing need for further exploratory studies of radiative gasdynamics with both LTE and non-LTE radiative transfer. Without these studies, we will never develop the physical insight necessary to account for such important processes as solar and stellar chromospheric heating and mass loss.

Radiative Transfer in the Presence of Magnetic and Electric Fields. The most direct way to study the magnetic and electric fields in the solar atmosphere is to study the signature they imprint on the shape and state of polarization of spectral line profiles. The longitudinal Zeeman effect has been usefully exploited in many studies of the structure and evolution of the photospheric magnetic fields, and there have been a few successful attempts to perform vector magnetic field measurements. Unfortunately, to date, all of these studies are compromised by the absence of a reliable diagnostic program that can let the observer relate the observed spectral properties to atmospheric magnetic fields with confidence.

The provision of adequate diagnostics will require work in several directions. While there are phenomenological models for the interaction of radiation with atoms in the presence of magnetic and electric fields, there is, as yet, no axiomatic quantum theory (Landi and Landi, 1975). This deficiency is a source of concern, since there may be collective effects that can significantly influence the polarization signature and the damping of spectral lines. Related problems stem from the absence of a satisfactory theory for collisional rates among atomic substates; uncertainties in these rates may lead to important diagnostic errors in non-LTE analyses. There are other difficulties related to the fact that the non-LTE problem for polarized light must treat the atomic sublevels separately, so that the problem is intrinsically multilevel, and accurate diagnostics (as opposed to exploratory studies) require advanced computational techniques. It is evident that the observational study of solar atmospheric magnetic fields (and, in the future, macroscopic electric fields) will be retarded until there are major advances in our understanding of non-LTE radiative transfer in the presence of such fields. Solar studies will continue to provide almost all quantitative data on magnetic fields in stellar atmospheres, since there are major problems to be solved before we can hope to measure the structured magnetic fields of other stars (see Robinson et al., 1980). Nevertheless, it is important that we have a good understanding of the diagnostic problem to allow the reliable interpretation of the existing kinds of stellar observation.

In summary, we see that while there have been impressive improvements in our understanding of non-LTE radiative transfer theory, there are still important problems that require further study. One of the most difficult aspects of non-LTE theory is the fact that, ultimately, a comprehensive and quantitative diagnostic scheme will certainly require that many of the above problems be solved simultaneously. While this may be feasible with the latest computers and numerical techniques (e.g. Cannon, 1976), one wonders whether there is not another more effective way to proceed. We would like to suggest that a judicious mixture of refined studies of idealized model problems with a coarser application in the analysis of the actual atmospheric state may be fruitful, using the refined studies to isolate the important processes and to show which effects may be safely neglected in a given situation. Solar studies will be of particular importance in such a program, since they can be used to guide the selection of relevant parameters in refined studies and, then, to evaluate the errors and uncertainties that are made in coarser applications. It is probable that the next few years will see a tendency to use detailed solar studies to understand or even to calibrate the necessarily coarser diagnostics used in stellar studies. Such symbiosis promises to lead to major improvements in our understanding of such persistent problems as stellar atmospheric "turbulence."

Radiative Gasdynamics

The Sun and most other stars (neutron stars and the cores of white dwarfs are notable exceptions) are composed entirely of a compressible gas, whose state is strongly influenced by radiative energy transfer. The fundamental equations describing the behavior of such a physical system may be readily derived (e.g. Burgers, 1969), and there is no major controversy associated with this procedure. On the other hand, as emphasized by Liepmann (1979), these equations admit an enormous variety of solutions. The central problem of cosmical gasdynamics, then, is to follow a line of investigation that extracts from this host of solutions those that are most relevant in astrophysics. Observations should be used to make this selection; too often, theorists have appealed to simplicity and tractability of the simplified system.

The diversity of modern studies of radiative gasdynamics in the context of the Sun and other stars has been displayed in several chapters of this volume. Here, we propose to summarize three classes of problems discussed in those chapters, with an emphasis on the role played by solar studies as the prototype for studies of other stars.

Convection. Among the most fundamental of astrophysical concepts are those related to the interpretation of the Hertzprung-Russell diagram in terms of stellar evolution. These concepts rest squarely on the theory of convection in stars, since convection plays a dominant role in energy transport at some time in the life of all stars, and is responsible for the internal mixing of processed nuclei that is thought to account for the circuitous path of a star as it evolves in the H-R plane. The Sun provides us with a unique laboratory, where we may study stellar convection close up; it is sobering to find that there is little, if any, correspondence between the nature of solar convection as we observe it, and the theoretical descriptions that are the basis of stellar convection theory.

This disparity is not necessarily important. For example, Gough (1977) and others have pointed out that, for the most part, the interior of a convecting star will be adiabatically stratified, and that a detailed theory is not required to relate the temperature gradient and heat flux in such circumstances. However, Gough (1977) also emphasized that it is necessary to have a good theory for the transition zone between the convective envelope and the atmosphere, so that solar models may be extrapolated to other solar type stars. Models of red giants, for example, certainly require more refined models of convection. Thus, even if it is indeed true that "mixing length theory is likely to stay with us for a long time" (Gough, 1977), solar studies should be actively pursued with the aim of clarifying the nature of stellar convection processes and improving the theory of stellar convection.

There are two rather distinct points of contact between theory and solar observations, one related to granulation and supergranulation, and the other to the global circulation of the Sun. The former field was discussed by Moore (see Chapter 9), who presented a very plausible account of the observed granulation and supergranulation in terms of penetrative convection. He emphasized that the morphology and evolution of granulation does not correspond to the eddies envisaged in in mixing length models, but rather appears to reflect dynamical instabilities of unsteady cells. The appearance of characteristic scales of motion in the photosphere is not presently understood, but it is another observed property that is in strong disaccord with mixing length theory. While Moore provided a compelling picture, he did not offer a detailed physical model of granulation and supergranulation. In fact, he asserted that "observational results will surely run far in advance of theory for the next few years." In these circumstances, it is evident that solar studies will be of the greatest importance, for only they will provide the detailed observations necessary to test the detailed theories that will be developed, albeit slowly.

As described by Gilman (see Chapter 8), a similar somber picture describes theoretical studies of the global circulation of the Sun. Furthermore, there is in this field a paucity of reliable observations of the kinds of things urgently required by the theorists: the directions and amplitudes of meridional flows, the degree of variability of the solar rotation rate, the physical parameters of giant cells. Therefore, the development of theories in this field will be even more difficult than in the interpretation of granulation and supergranulation. But recent observations of stars have demonstrated that stellar cycles analogous to the solar cycle are widespread among late-type stars, and there is increasing acceptance of the idea that stellar atmospheric heating and local structure may be intimately connected to the presence of atmospheric magnetic fields (e.g. Vaiana and Rosner, 1978). A satisfactory understanding of these phenomena must be based on a reliable model for the internal circulation and convection of stellar envelopes.

The discussions by Moore and by Gilman imply that a promising line of theoretical investigation involves both a solution of the radiative, compressible gasdynamic equations that describe only the actual scales of interest, and also the parameterization of the smaller scales that are not of direct observational interest but, nevertheless, are of crucial importance in controlling the behavior of the larger structures. This method does seem to be widely applied in terrestrial laboratory and engineering investigations, and certainly represents a line that should be followed in astrophysical studies. However, theorists should be cautioned to be wary of the differences in scale between terrestrial and cosmic objects which may make it dangerous to extrapolate laboratory models that are fairly well understood into the astrophysical domain. In the pursuit of this line of attack, observational solar studies will be of value not only in testing the results of theoretical modeling, but also in the calibration of the small-scale processes that are included in the models.

Oscillations. Observation shows that the Sun supports an enormous variety of oscillations, ranging from low order pulsations of the entire Sun to localized high frequency magnetoacoustic waves in discrete magnetic structures in the solar atmosphere. The central importance of these oscillations in contemporary solar physics is demonstrated by the large proportion of chapters in this volume that deal with the various aspects of waves in the solar interior and atmosphere. In this section, we briefly discuss two aspects of these previous chapters–oscillations in the interior, and oscillations in the atmosphere–against the backdrop of studies of oscillations in other stars.

There is a long history of investigations of waves in stars other than the Sun, almost exclusively related to the theory of pulsations of Cepheid variables and related objects (RR Lyrae, δ Scuti, β Cephei, etc.). The thrust of this work (see, e.g., Cox, 1980) has been principally directed toward the development of models for radial pulsations, and there now exists an impressive body of work that rather satisfactorily accounts for the structure, excitation, and amplitude of stellar radial oscillations as these relate to the internal structure of the stars. Unfortunately, the understanding of the effect of these waves on the stellar atmosphere is much less satisfactory.

Recently, there has been growing interest in nonradial pulsations of stars. This development has been spurred by observations of photometric and spectroscopic time variations that are not explainable in terms of radial modes (e.g., Smith, 1978). To date, the stellar observations have revealed the presence of low-order nonradial modes; the observation of high order modes, should they exist, is frustrated by the fact that only the stellar flux spectrum can be observed, so that high order modes suffer enormous cancellation. But with increased instrumental sensitivity, it should be possible to discover high order modes: the work of Claverlie et al. (1979) shows that it is possible to observe the high order solar 5-minute oscillation in the solar flux spectrum if one has a suitable instrument (i.e., an instrument able to measure line shifts of a fraction of a meter/second over a time base of several days). There are no obvious limitations to the construction of such an instrument for stellar studies, although there are, of course, practical problems stemming from the low photon flux from stars.

We expect that there will be a rapid growth of observational and theoretical studies of nonradial stellar oscillations, principally devoted to the refined "seismology" of stellar interiors that is afforded by the observation of a pulsation spectrum, but also allowing a fresh attack on the interpretation of stellar atmospheric "macroturbulence." With the expected improvements in the quality of data on solar and stellar pulsations, it is reasonable to expect that the next decade or so will see new theoretical work that will entail a parallel refinement of models of pulsation and of stellar interiors, and uncover the mechanisms that excite the nonradial oscillations of the Sun and other stars. The work of Ulrich and Rhodes (1977) shows how fruitful this approach has been already in solar studies.

As noted above, there is no satisfactory understanding of the effects of global oscillations on the stellar atmosphere. This situation reflects, in large part, the enormous problems associated with the theoretical study of compressible gas-dynamics in a radiating atmosphere. Similar problems attend the theoretical investigation of other kinds of atmospheric oscillations, such as short period acoustic waves and gravity waves generated in the convection zone (see Stein and Leibacher, Chapter 11) and various magnetoacoustic waves. Nevertheless, study of such waves in stellar atmospheres is an important problem. The dissipation of the energy flux in some presently unidentified wavemode is a favored mechanism for heating the chromospheres of the Sun and other stars. There is growing support for the idea that waves may transfer sufficient momentum in some stellar atmospheres to promote mass loss, and there can be little doubt that waves of diverse kinds are responsible in some measure for the nonthermal broadening of stellar spectral lines, the so-called stellar atmospheric "turbulence."

In the study of waves in stellar atmospheres, the Sun provides the only opportunity to effectively separate the wavemodes themselves, and then to determine which of these modes is relevant in heating, transfer of momentum, and turbulence. In other stars, it is essentially impossible to effect a clear separation of modes since there is no unique modal signature of most kinds of waves in the radiated stellar flux spectrum. Thus, the Sun is the focus of studies of waves in stellar atmospheres. Extrapolations from these solar studies to other stars have been undertaken (e.g., Ulmschneider, 1979) but these are of a gross exploratory nature, and they do not yet make sufficiently refined predictions to permit unambiguous confirmation of their general validity.

Nevertheless, since solar studies have not proved to be as decisive as we might have hoped (e.g., despite many years of research, we still have not decided whether short period acoustic waves heat the solar chromosphere—see Jordan, Chapter 12), there is strong motivation to exploit stellar observations. Gray (1978) has systematized the available data on stellar atmospheric turbulence, and there may be a clue in this material to the dominant wavemodes in stars. Smith (1980) has found, for example, that the systematic increase of "macroturbulence" with decreasing gravity in cool giant stars may be closely related to a systematic pattern of changes in the amplitude and structure of stellar analogs of solar nonradial oscillations. There have also been attempts to systematize the connection between stellar atmospheric heating and mass loss rates (e.g., Linsky, 1980; Stencel and Mullan, 1980), but at the present time the most striking property of the relevant observational material is its defiance of attempts to categorize it in terms of classical stellar atmospheric parameters (e.g., Vaiana et al., 1980). As other authors in this volume have discussed, there are strong indications that there are more physical processes involved in the structure and dynamics of the solar atmosphere, and other stellar atmospheres, than would have been considered even one decade ago.

Mass Loss. The amount of matter ejected from the Sun in the solar wind is small. It involves a minute fraction of the energy output of the Sun, it does not influence the evolution of the present Sun, and it is dwarfed by the spectacular outflows from some other kinds of stars. Nevertheless, the solar wind is of enormous interest, both as a major component of the solar system, and as the only example of a stellar wind that can be studied in detail.

A recurring theme in the several chapters of this volume that deals with solar mass loss (i.e., the solar wind) is the fact that we do not have, at present, a very satisfactory understanding of the physics of the solar wind. Parker's (1963) theory of coronal hydrodynamic expansion, as inspirational as it has been, does not account quantitatively for the observed properties of the solar wind. A number of modifications to that theory have been explored (see Holweg, Chapter 15), but, nevertheless, some of the most fundamental observational constraints, such as the near-Earth state of the wind, or the relation between wind speed and and near-Sun magnetic field geometry, are still not matched by the models.

It is thus reasonable to ask if studies of the solar wind have much to offer astrophysicists who would like to understand stellar winds. In particular, one could ask whether refined solar wind models are of any relevance whatever to the interpretation of stellar wind observations which, of necessity, refer to only the crudest, global parameters of such winds. The answer depends on what one means by the word "interpretation." Thomas (1981) argues that our understanding of the relation between stellar winds and other stellar parameters is so rudimentary that the first step in the "interpretation" of stellar data should involve an emphasis on empirical modeling and the fundamental gross thermodynamics of the wind/atmosphere/interior connection, rather than theoretical, quantitative modeling that excludes a priori some of the most basic physics. On the other hand, since we have access to a broader and more reliable solar data base, theoretical solar models may be constructed with some confidence that they are amenable to verification and refutation. In fact, the eventual understanding of empirical models of stellar winds in terms of physical processes will require the solution of the problems at the forefront of solar research. While stellar work should concentrate currently on providing a reliable empirical model of the gross radial variation of the state variables in the outer stellar atmosphere, solar work can concentrate on investigating the physical mechanisms that are responsible for the particular gross radial variation in the solar atmosphere. Because many of these physical mechanisms act on spatial scales that are small and temporal scales that are rapid, refined solar studies demand a parallel study of both the fine structure and the gross radial structure that results from it.

Most of the discussion of solar coronal and wind physics that appears in this volume does not address some of the questions that are most relevant to stellar astrophysicists. In particular, as Kopp (Chapter 16) has stated, solar wind models involve, in addition to specified equations and boundary conditions, two additional constraints:

"the temperature and electron density at the coronal base." With these, one may construct "self-consistent" wind models, but this is of little value to a stellar astrophysicist who cannot measure the coronal base pressure and temperature, and who is interested in being able to predict the wind properties from parameters that are more "fundamental" than these. The challenge to solar physicists is to provide a theory of the solar wind that rests on such "fundamental" parameters.

There have been a few attempts to provide such a theory. In essence, these attempts (e.g., Ulmschneider, 1967; Hearn and Vardavas, 1980) take the flux of mechanical energy that enters the photosphere as a fundamental parameter. This energy is dissipated in the atmosphere according to a postulated mechanism, to produce a hot corona which, in turn, is responsible for mass loss via the hydrodynamic coronal expansion mechanism described by Parker (1963). There are two major problems with this approach: (1) As several authors in this volume have pointed out, there exists no reliable theory for solar chromospheric and coronal heating (e.g., Wentzel, Chapter 14). There is thus no basis for theoretical predictions of the coronal temperature and density, so that the mass loss models rest on unreliable or demonstrably irrelevant physical processes. (2) Furthermore, there is no reason to expect that such models contain all the relevant physics, either for the solar wind or for stellar winds in general. There will be a transfer of momentum associated with the energy transfer, and this will change the atmospheric structure. Magnetic fields change the forms of energy and momentum fluxes, and also influence the flow patterns. Because the Sun is an open system (Thomas, 1981) there will be mass transfer through the atmosphere. These processes are all ignored in existing studies.

Stellar observations may offer some clues to potentially rewarding lines of solar research. Very large mass loss rates, sometimes more than 10^{10} times the solar rate, are inferred for both very hot and very cold stars, particularly low gravity supergiants. Although there is evidence for the widespread existence of stellar atmospheric heating (chromospheric and coronal), there is no clear empirical relation between the maximum coronal temperature (which is very hard to determine in many kinds of stars) and the mass loss rate. In fact, there appears to be an anticorrelation between mass loss rate and the quantity of matter at coronal temperatures among some latetype giants (Haisch et al., 1980). The dMe stars, which have strong chromospheric and coronal spectral features, do not lose mass at detectable rates. On the other hand, T Tauri stars, which are thought to be stars rather similar to the Sun when it was young, have both high mass loss rates and strong chromospheric and transition zone spectral features.

The stellar data, taken all together, do not provide much support for mass loss models which require a strong relation between coronal temperature and density, and the resulting mass loss rate. Neither does the Sun, for it is the relatively cool coronal holes that appear to be the source of most of the solar wind (see Zirker, Chapter 5). This empirical result contrasts with models based on hydrodynamic expansion, which predict a tight relation between mass loss rate and coronal conditions (although the relation may be hidden by rather small uncertainties in measurements of the former–see Parker, 1963, Chapter 15). There are other problems, too. Stellar mass loss rates are often observed to be variable, and in the few cases where the stellar wind structure can be probed by a nearby companion, there is evidence that the stellar wind contains structure. Variability and structure are also prominent properties of the solar wind.

There are, therefore, intriguing similarities between the solar wind and the winds of other stars. Moreover, these similarities are prominent in general global properties, such as variability, wind structure, and the relationship to the underlying atmospheric structure. These global properties are poorly understood, both in the Sun and in other stars. We conclude that there are major difficiencies in our theoretical understanding of the solar wind. These lie not so much in our understanding of the wind outside the "critical point," and near the Earth, but rather in our understanding of the origins of the wind near the Sun. There must be an intimate connection between the structure of the solar wind outside the critical point, and physical processes occurring in the atmosphere below this region. This connection is poorly understood, and, at present, the subject of few penetrating investigations. We believe that studies of this connection in the Sun will shed light on some of the most pressing problems of stellar winds.

Magnetogasdynamics and Plasma Physics

Magnetic fields and electric currents play a major role, perhaps as important as gravitational fields, in determining the structure and evolution of stars, galaxies, and other astronomical objects. Parker (1979, p. 2) has vividly sketched the role of magnetic fields:

> The magnetic field exists in the universe as an "organism," feeding on the general energy flow from stars and galaxies. The presence of a small amount of weak field causes a small amount of energy to be diverted into generating more field, and that small diversion is responsible for the restless activity in the solar system, in the galaxy, and in the universe. Over astronomical dimensions the magnetic field takes on qualitative characteristics that are unknown in the terrestrial laboratory. The cosmos becomes the laboratory, then, in which to discover and understand the magnetic field and to apprehend its consequences.

Despite the obvious importance of magnetic and electric fields, the study of cosmical electrodynamics has not been a central theme in astrophysics. There are two main reasons for this: (1) The paucity of accurate and extensive observational data has permitted the development of models which "explain" the limited data without including electrodynamic processes (see Spicer and Brown, Chapter 18). (2) The subject of electrodynamics is vast and difficult, and there are many unresolved theoretical and observational problems.

Nevertheless, the need to account for new observational data and the explosion of theoretical and experimental research in plasma laboratories will promote a growing interest in cosmical electrodynamics. Solar physics will be of central importance in this growth, since there exists already a solid background of work on solar magnetism and related phenomena, and the proximity of the Sun allows detailed tests of theoretical ideas before they are extrapolated to distant and therefore less well-observed cosmical objects.

The study of solar magnetism divides naturally into two rather separate domains: (1) the generation and structuring of magnetic fields inside the Sun, and (2) the effects of magnetic fields on the atmospheric structure. These domains reflect a dichotomy in the underlying plasma processes. In the former case, the theoretical description may be derived from magnetohydrodynamics, while in the later case there is growing evidence that the "anomalous" plasma properties that excite so much attention in contemporary terrestrial plasma research find analogs in the solar atmosphere. It is convenient to separate the discussion in this section into these two parts.

Before we begin these discussions, it is of some interest to discuss what Alfvén (1967) has called the "two approaches to cosmical electrodynamics," and to emphasize that there is no essential parallel between the two domains identified above, and these "two approaches." Alfvén's two approaches are distinguished by the following properties: The first approach is based on theoretical investigations that extend the kinetic theory of ordinary gases; it involves mathematically elegant models that are developed with very little contact with experimental plasma physics, and which neglect awkward and complicated phenomena. On the other hand, the second approach is based on an intimate dialogue between laboratory plasma studies and theoretical modeling; the models are not elegant, because the empirical studies show that plasma physics involves an enormous variety of complex phenomena.

Alfvén eloquently advocates the second approach, and there is no doubt that it is superior to "speculative astrophysics" along the lines of the first approach. Studies of plasma processes in the solar atmosphere are increasingly inclined to follow the second approach (see Spicer and Brown, Chapter 18), probably because the observational data are good enough both to demand such an approach, and to show how it can be undertaken. Studies of the generation and structuring of the internal solar magnetic field are more likely to follow the first approach, for reasons outlined by Parker (1978, p. 30): "Observations of the active magnetic fields of the universe tell us that the behaviour is complex. . . . In most cases the observations do not define the circumstances well enough. . . . We concentrate on the basic physics." The high density and high conductivity of the solar interior implies that MHD is a valid approximation, but MHD is one of highly developed mathematical theories criticized as being part of the first approach. Observations of the structure of magnetic fields emerging at the solar surface teach us that, even though the mathematical elegance of MHD theory is, in principle, available, relevant theoretical models must be complex, and developed with the empirical spirit of the second approach.

Origins and Structure of Solar Magnetic Fields. The patterns of temporal and spatial structure of magnetic fields at the solar surface reflect the processes that generate and determine the structure of the fields in the solar interior. It is widely believed that the basic interior processes are related to a turbulent dynamo, which cyclically produces and amplifies magnetic flux in the manner discussed by Gilman (see Chapter 8), although alternative models have been proposed.

The details of the action of this dynamo are almost totally obscure. Most quantitative modeling of the solar dynamo is based on the approximation of "mean field electrodynamics" (Rädler, 1968), but the prominent structuring of the solar magnetic field demands a model that is not predicated on weak fluctuations about a mean field. Mean field models can be adjusted to account for the cyclic behavior of the solar magnetic field, and also for the patterns of flux emergence, but these successes are due to the selection of free parameters such as the distribution of angular momentum inside the Sun. Current solar dynamo models may not be relevant to the physics of solar magnetism. There have been some attempts to study a "flux rope" dynamo, and these may provide greater insight into the workings of the solar dynamo, although like other models that follow Alfvén's second approach, they are mathematically inelegant, incompletely specified, and dauntingly complex (e.g., Piddington, 1978).

Interest in the generation and structuring of the solar magnetic field is currently intense, for two reasons:

1. There is an impressive body of evidence suggesting that the solar cycle is irregular, sometimes involving a lot of "activity" and sometimes almost none (e.g., Eddy, 1978). There is also a large body of evidence, some of it hotly disputed, which strongly suggests that there is a connection between the degree of solar activity and the climate and weather of the Earth (cf., Herman and Goldberg, 1978). There is certainly an intimate relation between solar activity and the behavior of the interplanetary medium and planetary magnetospheres. Intense theoretical and observational research efforts are in progress in an attempt to understand both the origins of the irregularities in the solar cycle, and the physical connections between the solar cycle and related events throughout the solar system.
2. Wilson (1978) has been measuring the intensities of the emission reversals in the Ca II resonance lines in several late-type stars for more than one decade. He has found that these intensities vary on time scales ranging from days to several years. Many stars exhibit cyclic intensity variations, which appear to be direct analogs of the solar cycle, although the amplitude, period, and envelope of the stellar cycle may be quite different from those of the Sun. At present, there is insufficient data to attempt to systematize the forms of the stellar cycles, and there is need for more data on the relations between cycle structure and fundamental stellar properties such as age,

mass, and rotation rate. Stellar cycles are of interest because they provide further tests for theories of solar activity, and because there is growing evidence that magnetic fields and related phenomena are enormously important in the outer atmospheres of many stars.

Atmospheric Magnetic Fields. The richness of cosmic electrodynamic phenomena is amply exhibited in the solar atmosphere. From filigree to flares, the patterns of mass, momentum, and energy transport in the solar atmosphere are modified by the presence of magnetic fields and electric currents. One of the central themes of contemporary solar physics is to understand these phenomena. Many chapters of this volume discuss this work in detail. The question that can be asked is whether studies of the solar phenomena have much to contribute to the general understanding of the structure and evolution of stellar atmospheres.

The answer, we feel, is definitely yes. It has long been clear that magnetic effects are very important in the atmosphere of the magnetic A stars (Cameron, 1967), but until recently, there was not hard evidence for the widespread occurrence of stellar analogs of solar-type electrodynamic phenomena. Compelling evidence now comes from several directions: flare stars have been studied in great detail, and there are several empirical results suggesting very close similarities between solar and stellar flares (Mullan, 1977); stellar cycles have been detected in several solar-type stars (Wilson, 1978), and there is evidence of chromospheric variability in many other stars, strongly indicative of transient atmospheric heating such as occurs in solar flares and plages; finally, there is the detection by the Einstein X-ray satellite of a vast number of stars that emit X-rays, and while this is not direct evidence for atmospheric magnetic fields, it strongly suggests that they are present (Vaiana et al., 1980).

Increased interest in stellar magnetic fields comes at a time when solar physicists are also revising their ideas concerning the importance of solar magnetic fields. For a long time, many solar physicists tended to equate solar magnetic phenomena with solar activity, and to regard the "quiet" Sun as an essentially nonmagnetic object. But the detection of strong photospheric magnetic fields in the network boundaries, even in the quiet Sun, and space observations that show that the chromosphere-corona transition region and the corona itself are highly structured by magnetic fields in both quiet and active regions have inspired a revision of this idea. It is now recognized that many phenomena of the quiet Sun are modified or even controlled by electrodynamic processes.

It is not possible to review here all of the physical processes involved in solar atmospheric magnetism: the chapters by Spruit (Chapter 17) and Spicer and Brown (Chapter 18) will give the reader a fair picture of the directions of current research. It is of interest, however, to summarize the basic effects of solar magnetic fields on the solar atmosphere, in order to provide a backdrop for studies of magnetic effects in other stellar atmospheres. An easy way to provide this summary is to trace the outward evolution of magnetic fields in the solar atmosphere.

1. Photospheric magnetic fields can be arranged in an ordered sequence, characterized by the total magnetic flux in the magnetic elements that make up most of the photospheric field (see Zwaan, Chapter 6). This sequence may be modified by effects related to the temporal evolution of the structures, especially when they are newly emerged. The field modifies the temperature and gas pressure of the photosphere, presumably by interacting with the outward convective heat flux (see Spruit, Chapter 17). It would be impossible to detect the photospheric magnetic field or its influence on photospheric structure if we could not resolve the surface of the Sun. In this respect, one could argue that photospheric magnetic fields are of no direct interest to stellar studies, although there are stars that show more prominent effects, including starspots that modulate the stellar luminosity as the star rotates (Bopp and Evans, 1973).
2. In the solar chromosphere, the magnetic field spreads out as the exterior gas pressure be-

comes less able to confine the intense magnetic pressure. There is a strong correlation between the presence of magnetic field and the intensity of chromospheric radiation, a correlation that holds in both the quiet network and in active region plages. There is growing evidence that even in the centers of the network cells, far from the photospheric loci of the magnetic elements, the field may have spread sufficiently so that the upper chromosphere is pervaded by magnetic field. The field in the boundary regions and in plages is clearly involved in a poorly understood atmospheric heating process. Now it is thought that the field in the cell interiors may also modify the propagation and subsequent dissipation of the mechanical energy flux required for chromospheric heating. It has been sometimes proposed that the magnetic field is essential for chromospheric heating, but most estimates of the distribution of chromospheric heating conclude that the greatest energy requirements occur in the deepest parts, where the obvious effects of the field are well confined to plages and network. It is difficult to determine empirically the contribution of radiation from magnetically influenced chromospheric regions to the solar flux spectrum. Observations by White and Livingston (1978) show that there is a clear correlation between the strength of solar Ca II emission and the solar cycle; Zwaan (1977) has argued that the fact that there are solar-type stars with even lower levels of chromospheric emission than the weak emission of the quiet Sun indicates that there is a strong, magnetically related emission component in even the quiet Sun. Detectable chromospheric activity in solar-type stars (and possibly all stars) may require the presence of a magnetic field, but there is insufficient data to investigate this speculation.

3. The solar corona is strongly modified by the presence of a magnetic field. In fact, the past decade of research on the solar corona has led to a fundamental revision of our ideas: "Introduction of structure is not to be regarded as a refinement of theories based on spatial homogeneity, but rather as a fundamental change in our understanding of the physics of the corona" (Vaiana and Rosner, 1978). This revision, which results from empirical studies of the corona, particularly with imaging X-ray telescopes, has led to fundamental changes in the theoretical study of the corona. The canonical theory of coronal heating by the dissipation of acoustic or gravity waves is being replaced by theories that treat the dissipation of electric currents, either in magnetogasdynamic waves or in plasma instabilities. Solar physicists almost universally picture the corona as a magnetically dominated plasma, and there is a productive dialogue between laboratory plasma physicists and coronal physicists. A strong case can be made that the observation of widespread coronal X-ray emission from stars is evidence for the widespread occurrence of stellar coronae that are in many respects similar to that of the Sun: by inference, then, stellar coronae may be strongly influenced by magnetic fields (Vaiana et al., 1980).

4. The solar wind is a magnetically dominated plasma. Magnetic effects are of crucial importance in the momentum and energy budget of the wind (see Holweg, Chapter 15), and are responsible for much of the gross structure of the wind, and for all of the microstructure. In situ measurements of the interplanetary plasma, magnetic field, and electric currents provide an enormous data base for the application of Alfvén's "second" approach to cosmical electrodynamics. Since the entire solar wind system would be undetectable if we were not close to the Sun, we can only speculate on the possible role of magnetic fields in the more prominent winds of other stars. Electrodynamic effects are not included in models for stellar winds, although it is improbable that the magnetically dominated solar wind is not at least a crude guide to the kinds of processes occurring in other stellar winds.

This attempt to place solar electrodynamics in the context of stellar atmospheres implies that stellar analogs of solar magnetic phenomena are probably widespread. It also shows, however, that there is currently no unimpeachable evidence that such phenomena do play an important role in the atmospheres of stars (apart from a few cases). Given the current observational evidence, most astrophysicists will probably choose the easy path (or appeal to Occam's razor!) and press forward with gasdynamic models that generally exclude magnetic effects. But as stellar observations improve, and where theory encounters increasing difficulties in explaining the new data, it is almost certain that what has been learned in studies of solar magnetism and plasma physics will find wide application in a new generation of stellar atmospheric models.

THE SUN AS A STAR

Solar physics stands apart from stellar astrophysics because the Sun can be studied in much greater detail than other stars, and because the Sun is uniquely important to our life on Earth. Because of these special circumstances, solar physics has become an inward looking discipline, at least in relation to the broad field of stellar astrophysics. This has led some astronomers (Pecker and Thomas, 1976) to the conclusion that solar physics suffers from "ghettosis," a disease whose symptoms are the isolation of solar theory and observation from the mainstream of stellar astrophysics, and whose prognosis is the slow decline of solar physics as an important part of astronomy. Although there are indeed serious problems with solar physics as a discipline, this diagnosis is far too pessimistic. It overlooks, for example, the enormous interest in and the importance of solar studies in the context of solar system, in particular, the study of solar-terrestrial relations. Even if there were no other stars, the Sun would be the subject of intense interest!

On the other hand, there has occurred in recent years a serious breakdown of communication between solar physicists and other astrophysicists. Solar physics is often perceived to be focused on the "meteorology" of the solar atmosphere, to be obsessed with the close scrutiny of astrophysically insignificant phenomena. Evidence for this narrowness is easy to find: solar physicists have their own journal, "Solar Physics," and a stellar astrophysicist who reads this journal will usually become lost in a maze of jargon and references to phenomena that certainly hold no immediate or obvious interest. One could refer to Bruzek and Durrant's *Illustrated Glossary* (1977) to clarify the jargon, but the basic problem of apparent irrelevance to stellar astrophysics would remain.

To close the gap between solar physics and stellar astrophysics, we have to identify those aspects of solar physics that are of immediate interest to stellar astrophysics. When this is done, solar physicists would be wise to concentrate more of their research in these directions, for then solar physics will become a more widely applicable discipline. On the other hand, if solar physics had been wholly devoted to problems of "general astrophysical interest," we would now have extremely precise (but uncertain) estimates of the abundances of all the elements in the solar photosphere, and no knowledge of the corona or solar neutrinos. Thus, some aspects of solar physics are not presently of great general interest, but we can safely predict that they will soon become so.

In this section we want to reexamine solar physics in the context of stellar astrophysics. Our approach involves three phases:

1. A reexaminiation of stellar astrophysics in the light of recent discoveries regarding the nature of stellar atmospheres,
2. An attempt to place solar physics in context in this "modern" picture of stellar atmospheres, and
3. A summary of the relation between the "details" of solar physics and those global solar properties that are identified as relevant in modern stellar astrophysics.

By following a program of this kind, we hope to show where solar physics will fit into the next decade of stellar atmospheric research, and to identify some of the promising directions for relevant observational and theoretical research.

New Directions of Stellar Atmospheric Physics

The old, or "classical," model of a stellar atmosphere involves a thin, passive layer of gas enveloping the star. It assumes that the structure of the layer is completely determined by the conditions of hydrostatic and radiative equilibrium. It permits stellar astrophysicists to make a three-dimensional classification of stars, by relating spectral type, spectral class, and metalicity to effective temperature, surface gravity, and the abundance of trace elements in the atmosphere. The theoretical basis of the models is well defined, and mathematically talented stellar astrophysicists can construct tables of ever more refined model atmospheres (e.g., Kurucz, 1979). These models are widely used: they provide a way to calibrate observational quantities such as the color of the stellar radiation, or the strength of stellar spectral lines, in terms of fundamental stellar parameters. These calibrations have been a very important step in the development of current ideas concerning the structure and evolution of stars and the galaxy.

This classical picture is currently being completely repainted. New observations of stellar atmospheres, particularly with instruments located outside the Earth's atmosphere, show that stellar atmospheres are not passive; they are dynamical structures exhibiting all of the richness of the phenomena long observed in the solar atmosphere, but often in much more spectacular ways.

These discoveries have revitalized the observational study of stellar atmospheres. A few years ago, the thrust of most stellar observations was the basically routine measurement of stellar colors and line profiles, with the aim toward improving the classical classification of a star, or verifying a refinement of the classical theory. Now, stellar observers concentrate on the quest for empirical data that can help unravel the problems of stellar mass loss, stellar atmospheric heating, and stellar variability. It is too soon to predict how much these new studies will influence the conclusions derived from classical studies; at present, our understanding of the new observations is too rudimentary, and the first tasks will be attempts to find order in the chaos.

In another volume of this series, Thomas (1982) discusses these new results. He points out the growing evidence for deviations from the classical model: superionization as evidence for the breakdown of radiative equilibrium, and systematic velocity fields—generally but not always outflows—as evidence for the breakdown of hydrostatic equilibrium. Attempts to systematize these observational properties have been uniformly unsuccessful. For example, stars emitting X-rays can be found in all parts of the H-R diagram, and there is no obvious trend in the strength of the X-ray emission with the taxonomic criteria used to construct the H-R diagram. Indeed, there is a wide range of X-ray luminosities among stars that lie close to each other in the H-R diagram (Vaiana et al., 1980). Similarly, any apparent trends in the inferred mass loss rates have to be measured against the observed fact that mass loss rates can vary markedly with time in a given star, and that stars of similar spectral type and class can exhibit widely different mass loss rates.

Thomas (1982) does identify three empirical results that must be considered in attempts to understand the new stellar astrophysics.

1. Stars exhibit considerable individuality, in contrast to the results of classical taxonomy which permitted the assignment of most stars to a relatively few classes; the phenomena of superionization and systematic velocity fields are characteristics of individual stars, and any attempt to systematize them cuts across some other classification dimension. This individuality has a close parallel in biology: species are defined by certain characteristics, while other more detailed characteristics identify the individuals of a particular species. It might be useful to note that the study of individual differences within species has led to important revelations into the nature of biological structure and the mechanisms of biological evolution (Mayr, 1978).
2. Stars exhibit variability. Poets have often sung of the constant stars, and evidence of stellar

variability was viewed with great consternation by the ancients. Now there is growing evidence of variability among stars of all types and classes. It is true that the variability is often manifested in only minor changes in the stellar spectrum. For example, evidence of stellar cycles in visible stellar spectra is found in only a few strong spectral lines (Wilson, 1978), yet these cycles may be extremely important in the overall behavior of stellar atmospheres. Another example is the relatively minor spectral signature of nonradial oscillations in the B stars (Smith, 1978); these oscillations may be implicated in atmospheric heating and mass loss from such stars. Variability, per se, is the intriguing property. The amplitude of the variability in the observed spectrum may give a totally misleading picture of the implications of its existence.

3. "Peculiarity" is a matter of degree. Peculiar stars have generally been regarded as objects apart from the mainstream of stellar astrophysics. However, it has become clear that the classical symptoms of peculiarity–superionization or subionization, variability, odd spectral line shapes and strengths, associated nebulosity etc.–are found in many stars. The prominence of a particular peculiarity may be greater or smaller in a given star, and this range is a legitimate subject for scientific enquiry. But the more significant fact, from the point of view of modern stellar astrophysics, must be simply the existence of the indicators of "peculiarity" in so many stars. The detection of symptoms of peculiarity in a given star now depends on the sensitivity of the instrument used to observe it, and peculiarity is no longer a pathological state.

To summarize: there is widespread evidence for departures from radiative equilibrium, and equally widespread evidence for departures from hydrostatic equilibrium. The evidence is contained in the radiation fields of the stars, and it has been long suppressed because astronomers have not had access to the spectral regions where it is prominent (i.e., in the far UV and X-ray spectrum), or to the sensitive techniques to measure its subtle manifestations in the visible spectrum. Observational studies of the consequences of these departures reveal three important characteristics: (1) The size of the departures vary from star to star in a way that has little relation to the classical properties of the stars; (2) The size varies with time in a given star; and (3) The effects of the departures result in a crude continuum of spectral signatures, prominent in some stars and undetectable in others.

The Sun's Place in Modern Stellar Astrophysics

It is not hard to see how solar physics fits into these new directions of stellar astrophysics. We have known for four decades that the outer atmosphere of the Sun exhibits enormous departures from radiative equilibrium, and for two decades we have known of departures from hydrostatic equilibrium manifested in the solar wind. Moreover, the most striking consequences of these departures in the solar atmosphere involve spatial structure and temporal variability, which can be related to the star-to-star and time-to-time variation of comparable properties in the stars.

The Sun, therefore, exhibits all of the features of the new stellar astrophysics. The occupation of many solar physicists with solar phenomena that were apparently of little relevance to classical stellar astrophysics now proves to be of great benefit. We can use the Sun as a paradigm in attempts to understand the revolutionary discoveries in stellar astrophysics. One of the main applications of the solar paradigm, at present, is to suggest a pattern of atmospheric structure that may be an almost ubiquitous consequence of departures from radiative and hydrostatic equilibrium.

In particular, the gross temperature distribution in the solar atmosphere, characterized by the pattern of photosphere–chromosphere–corona, results from the general energy balance of the atmosphere. Because the emissivity of the atmospheric plasma falls with the outward decrease in density, a given mechanical heating rate produces a greater temperature rise in the outer layers. In the Sun, the emissivity of coronal material is so low that a nonradiative energy input of less than 10^{-6} of the solar radiant energy flux suffices to raise the coronal temperature to over 10^6 K. We expect that any nonradiative heating in other stars will lead to a temperature structure similar to that in the solar atmosphere, although there will be differences from star to star, resulting from differences in heating processes, density structure, and photospheric conditions.

In the solar atmosphere, departures from hydrostatic equilibrium are prominent in two different ways: there is a pervasive temporal and spatial dependence of the velocity field whose amplitude seems to be limited roughly to the local sound speed in any particular layer, and there is the structured but basically radial flow of the supersonic solar wind. The former velocity field is not responsible for a major change in the hydrostatic density distribution in the atmosphere; the Reynolds' stress associated with a flow at the sound speed will, in the most extreme case, only double the pressure scale height. Nevertheless, dynamically induced extension of the atmospheric scale height is clearly evident in the solar transition zone, where spicules may extend for several thousand kilometers above their internal scale heights. However, the major distortion to the hydrostatic density distribution in the solar atmosphere occurs only where the solar wind becomes supersonic, in the outer corona.

It is important to separate these two kinds of departures from hydrostatic equilibrium. The space- and time-dependent subsonic velocity fields in the solar atmosphere are associated with convective overshoot, pulsations, magnetogasdynamic waves, jets, and other dynamical phenomena. Even though they do not grossly distort the hydrostatic density distribution, they can transport substantial fluxes of mass, momentum, and energy through the atmosphere. In fact, it is not unreasonable to argue that there would be no superionization or radial outflow without these kinds of motions.

It is tempting to identify this class of motions with the well-known but poorly understood phenomenon of stellar atmospheric turbulence. The empirical signature of stellar atmospheric turbulence is the widening of spectral lines beyond the thermal broadening associated with the spectroscopically diagnosed kinetic temperatures. There are many physical processes that could contribute to such widening, but it seems probable that Doppler shifts associated with spatially and temporally inhomogeneous velocity fields are a major component (this is not an endorsement of the conventional methods used to relate observed widening to estimates of velocity amplitudes via micro- and macroturbulence). Certainly in the solar atmosphere, the velocity fields that can be seen directly in spatially resolved observations do contribute to widening of the spectral lines in the solar flux spectrum (see Beckers, Chapter 2), and there is no reason to doubt the existence of a similar effect in stellar spectra. Stellar atmospheric turbulence appears to be ubiquitous (Gray, 1978). Moreover, it shares with superionization and mass loss the property of being extremely difficult to systematize in relation to the classical parameters of the H-R diagram.

The solar paradigm suggests a pattern not only for the temperature structure in a stellar atmosphere, but also the density and velocity structure. But as Thomas (1982) has emphasized, we should be careful not to confuse the empirical paradigm—the Sun has a superheated chromosphere and corona, it has stellar atmospheric turbulence, its density distribution departs from hydrostatic, and it loses mass—with suggested explanations of this structure. In particular, there is a widely held belief that in all stellar atmospheres these three things are intimately connected, insofar as stellar atmospheric turbulence is a manifestation of a mechanical heating agency, which produces the superheating by mechanical dissipation, which in turn produces mass loss by hydrodynamic expansion. Yet, if there is such an intimate connection, empirical evidence for it has been very hard to find, in the Sun and in other stars. In fact, attempts to empirically systematize the relations between these phenomena are so frustating that we can only conclude that the connection is by no means as obvious as had been assumed.

Given the present disturbed climate of stellar atmospheric physics, it is prudent to avoid such speculations, and to seek to understand the observational evidence in a way that is as free as possible from preconceived bias. The central diagnostic problem in stellar astrophysics is to infer from the stellar spectrum the distribution of temperature, density, and velocity fields in the stellar atmosphere. This is an extremely difficult task, since the problem of inverting spectral information is intrinsically ill posed, and it has no unique solution. Additional constraints must be imposed, and those that are most economical are (1) the supposition that the general radial stratification of the solar atmosphere (in terms of temperature, density, and velocity) is an example of a universal atmospheric structure; (2) the adoption of a few simple thermodynamic guidelines, such as requirements of continuity in velocity and density; and (3) an approach that seeks a crude but holistic model, rather than a precise specification of the physical conditions in a narrow layer of the atmosphere.

The solar paradigm may find applications beyond stellar atmospheric physics. For example, there are indications that the Galaxy possesses a "corona" and a "halo" that may be (rough) analogs of solar structures. Active galaxies also exhibit spectral symptoms of superionization, turbulence, and systematic mass flow, and there are quasar models whose structure is suprisingly like that of the solar paradigm. There are even suggestions that such fundamental ideas as thermodynamic irreversibility can be understood in terms of the consequences of the flow of matter and energy from the stars into the expanding universe (Gal-Or, 1976). Although these exotic corners of astrophysics appear to be rather remote from solar physics, concepts developed in the solar context will continue to be a major part of astronomy. The problems raised by new observations of stellar atmospheres will lead to renewed interest in solar physics as a part of stellar astrophysics.

The Origins of the Global Solar Structure

The preceding section underscores the importance of research into the physical origins of the global structure of the solar atmosphere. Left to themselves, solar physicists could well concentrate on sharply focused problems, such as the time evolution of solar granulation, the physics of chromospheric flux tubes, the nature of fluctuations in the solar wind, and the energy release mechanisms of solar flares. But the awareness of the close similarities between the global structure of the solar atmosphere and that of other stars should encourage solar physicists to investigate the broader relations between these detailed processes and the general structure which is the interface between solar and stellar astrophysics.

One must appreciate the two phases to this proposed program of solar physics: first, the study of phenomena in detail, to uncover the basic physics on the scales at which it primarily acts, and second, the integration of the consequences of these phenomena into an explanation of the global stratification of the solar atmosphere. We take exception to Thomas' (1982) contention that reviews of solar phenomena ". . . become lost in the questions of nonradial fine structure, setting aside the overall, radial, outward progression of velocity and temperature. . . " and therefore represent a ". . . misleading use of solar analogy to emphasize departure from an overall, radial, distribution of atmospheric regions." Thomas' position is based on a healthy suspicion of theoretical models for stellar atmospheres, including the solar atmosphere; but in relation to what solar physics has to offer stellar astrophysics, we believe this view is shortsighted. We have high quality observations of the fine structure of the solar atmosphere that are simply unavailable for other stars, and that if we are ever to understand the physical processes responsible for the overall, radial structure, we must understand how the fine scale phenomena lead to atmospheric heating and velocity fields.

There are even cases in which an understanding of nonradial structure is essential in understanding the gross stellar observations. An important example is the question of the origin of the variations observed in the Ca II resonance line cores in late-type stellar spectra (Wilson, 1978). Since the work of Jefferies and Thomas (1960), it has been clear that one possible cause of variations in Ca II emission core strengths could be the coupling of the non-LTE line source function to variations in the radial temperature profile in the chromosphere. Linsky (1980) and his coworkers have exploited this possibility in a large number of semiempirical studies of stellar chromospheres. But there is an alternative explanation that finds increasing acceptance: the Ca II emission is produced in quiet and active regions analogous to those on the Sun, and the main cause of variations is changes in the relative areas of the two atmospheric states. It requires only a small step from this proposition to the important realization that observations of the Ca II variations may then be translated into rough estimates of the variations in the amount of magnetic flux penetrating the stellar photosphere, and, hence, can be used as crucial input data for theoretical studies of the origins of stellar magnetism. Also there is increasing evidence that magnetism may be a vital factor in the determination of the overall structure of many stellar atmospheres.

In the remainder of this section we summarize the relations between the fine scale and the overall structure in the solar atmosphere. This serves two purposes: it brings the various chapters of the volume together, and it lets us identify some of the critical problems at the solar-stellar interface. Our approach starts from the photosphere and works outward: as we proceed through the atmosphere we will attempt to identify the small-scale processes that dominate the gross radial variation in temperature, density, and velocity.

1. Photosphere. In the deepest visible layers of the solar atmosphere, we observe the transition from convective to radiative domination of the energy flux. The relative contributions of the two processes as a function of height are not known accurately (Edmonds, 1974). It is known that the mechanical energy flux falls to less than about 1 percent of the radiative flux, but this value is still enormous in comparison with the total energy requirements for outer atmospheric heating. Photospheric velocity amplitudes may be as large as 50 percent of the sound speed; such velocities lead to easily observable Doppler effects, but do not appreciably alter the density distribution. Mass transfer rates in the photosphere are very large compared with the mass flux in the solar wind; it is clear that essentially all upflowing matter eventually falls again. The structure of the photosphere is quite well matched by radiative models based on the classical assumptions.

2. Chromosphere. By some definitions, the chromosphere is that part of the solar atmosphere where departures from radiative equilibrium first become prominent. One of the most frustrating aspects of modern solar physics is the fact that despite years of intensive effort, it has been impossible to reliably identify the small-scale dynamical processes that are primarily responsible for the nonradiative heating. In the chromosphere, the intimate connection between magnetic fields and atmospheric heating rates first becomes obvious. Chromospheric velocity amplitudes are somewhat larger than those in the photosphere, with values up to and even larger (e.g., spicules) than the sound speed. Just as in the photosphere, the mass transfer rates are orders of magnitude larger than the solar mass loss rate, so that there is a vertical circulation of matter. In general, there is insufficient observational evidence to describe the thermodynamic history of matter as it follows this circulation.

3. Corona. The temperature of the solar atmosphere leaps by two orders of magnitude between the chromosphere and the corona. It is thought that this sudden jump reflects the inability of the low density, optically thin chromospheric plasma to radiate the dissipated magneto-mechanical energy. The transition zone between the chromosphere and corona is a fascinating region where a multitude of dynamical processes occur. The conventional picture of a passive, plane parallel transition zone structured by thermal conduction is replaced by a complex model with energy fluxes strongly modified by the magnetic fields (e.g., Feldman et al., 1979). Velocity amplitudes in the transition zone and inner corona are of the order of the local sound speed (up to 100 km s^{-1}) in the corona. In the inner corona, the circulating mass flow still dominates the mass loss rate of the solar wind.

4. Wind. The layers of the corona where the systematic flow of the solar wind begins to compete with the small-scale circulating flows are almost totally unknown territory. We do not know the temperature profile in the region from 1 solar radius to 10 solar radii above the solar limb, apart from crude estimates derived from the density stratification and the ionization state of the solar wind at Earth. We do not know the velocity fields in these layers, apart from extrapolations back from the Earth. The failure of solar wind models to match conditions at Earth probably reflects our lack of understanding of this critical region. Despite concerted efforts, solar physicists can offer little insight into the physics at the base of the solar wind. The outer parts of the wind are better understood, although there are intriguing questions concerning the interface between the solar wind and the interstellar medium.

5. Activity. Solar activity changes the atmospheric structure in all layers. Activity involves a slow evolution of the atmosphere in response to the emergence and dispersal of magnetic flux, and occasional rapid and violent readjustments of the atmosphere (flares) when magnetic instabilities arise. The slow changes produce sunspots, plages, and intense X-ray emission from the corona, while the flares lead to outbursts of electromagnetic radiation and particles. It is becoming increasingly accepted by solar physicists that solar activity is not a special state of the solar atmosphere; rather, the phenomena that are so prominent around a large activity center occur in scaled-down form throughout the solar atmosphere, even in the quietest areas. Solar activity is the manifestation of electrodynamic processes in the solar atmosphere; without a thorough understanding of these processes it is impossible to fully understand the structure of the solar atmosphere.

REFERENCES

Alfvén, H., 1967, *Ann. Geophys.* **24**, 341.

Athay, R.G., 1970a, *Solar Phys.* **11**, 347.

Athay, R.G., 1979b, *Astrophys. J.* **161**, 713.

Athay, R.G., 1972, "Radiation Transport in Spectral Lines" (Dordrecht: D. Reidel Publishing Co., 1972).

Athay, R.G., 1976, in *Interpretation of Atmospheric Structure in the Presence of Inhomogeneities,* C.J. Cannon, ed. (Sydney: University of Sydney Printing Office, 1976), p. 96.

Ayres, T.R., 1979, *Astrophys. J.* **228**, 509.

Bappu, M.K.V., Sivaraman, K.R., 1977, *Monthly Notices RAS* **178**, 279.

Basri, G.S., Linsky, J.L., Bartoe, J.-D.F., Breuckner, G., Van Hoosier, M.E., 1979, *Astrophys. J.* **230**, 924.

Beckers, J.M., Bridges, C.A., Gilliam, L.B. 1976, *A High Resolution Spectral Atlas of the Solar Irradiance from 380 to 700 Nanometer* (Sacramento Peak Observatory, 1976), Volume I: Tabular Form, Volume II: Graphical Form.

Bell, R.A., Eriksson, K., Gustafsson, B., Nordlund, Å., 1976, *Astron. Astrophys., Supp.,* **23**, 37.

Boggess, A., Carr, F.A., Evans, D.C., Fischel, D., Freeman, H.R., Fuechsel, C.F., Klinglesmith, D.A., Krueger, V.L., Longanecker, G.W., Moore, J.V., Pyle, L.J., Rebar, F., Sizemore, K.O., Sparks, W., Underhill, A.B., Vitagliano, H.D., West, D.K., Macchetto, F., Fitton, B., Barker, P.J., Dunford, B., Gondhalekar, P.M., Hall, J.E., Harrison, V.A.W., Oliver, M.B., Sandford, M.C.W., Vaughan, P.A., Ward, A.K., Anderson, B.E., Boksenberg, A., Coleman, C.I., Snijders, M.A.J., Wilson, R., 1978, *Nature* **275**, 372.

Bopp, B.W., Evans, D.S., 1973, *Monthly Notices RAS* **164**, 343.

Brault, J.W., 1978, in *Future Solar Optical Observations—Needs and Constraints*, G. Godoli, G. Noci, A. Righini, eds. Osservazione e Memorie **106** (Florence: Osservatorio Astrofisico di Arcetri, 1978), p.33.

Bruzek, A., Durrant, C.J., 1977, *Illustrated Glossary of Solar and Solar-Terrestrial Physics* (Dordrecht-Holland: D. Reidel Publishing Co., 1977).

Bumba, V., Ružicková-Topolová, B., 1967, *Solar Phys.* **1**, 216.

Burgers, J.M., 1969, *Flow Equations for Composite Gases* (New York: Academic Press, 1969).

Cameron, R.C., 1967, *The Magnetic and Related Stars* (Baltimore: Mono Book Corporation, 1967).

Canfield, R.C., Beckers, J.M., 1976, in *Physique des Mouvements Dans Les Atmosphères Stellaires,"* R. Cayrel and M. Steinberg, eds., Colloques Internationaux du CNRS No. 250 (Paris: CNRS, 1976), p. 291.

Cannon, C.J., Cram, L.E., 1974, *JQSRT* **14**, 93.

Cannon, C.J., 1976, *Astron. Astrophys.* **52**, 337.

Chiu, H.Y., Adams, P.J., Linsky, J.L., Basri, G.S., Maran, S.P., Hobbs, R.W., 1977, *Astrophys. J.* **211**, 453.

Chiuderi, C., Giachetti, R, van Hoven, G., 1977, *Solar Phys.* **54**, 107.

Claverie, A., Isaak, G.R., McLeod, C.P., van der Raay, H.B., Roca Cortes, T., 1979, *Nature* **282**, 591.

Cox, J.P., 1980, *Theory of Stellar Pulsation* (Princeton, N.J.: Princeton University Press, 1980).

Cram, L.E., Beckers, J.M., Brown, D.R., 1977, *Astron. Astrophys.* **57**, 211.

Cram, L.C., Keil, S.L., Ulmschneider, P., 1979, *Astrophys. J.* **234**, 768.

Cram, L.C., Rutten, R.J., Lites, B.W., 1980, *Astrophys. J.* **241**, 374.

Dravins, B., Lindegren, L., Nordlund, Å, 1980, *Astron. Astrophys.*, in press.

Dravins, D., 1974, *Astron. Astrophys.* **36**, 143.

Dunn, R.B., 1969, *Sky and Telescope* **38**, 368.

Eddy, J.A. ed., 1978, *The New Solar Physics,* (Boulder: Westview Press, 1978).

Edmonds, F.N. Jr., 1974, *Solar Phys.* **38**, 33.

Feldman, U., Doschek, G.A., Mariska, J.T., 1979, *Astrophys. J.* **229**, 369.

Fellgett, P.B., 1951 (Thesis, Cambridge, England).

Ford, W.K., Jr., 1979, *Ann. Rev. Astro. Astrophys.* **17**, 189.

Freire, R., Czarny, J., Felenbok, P., Praderie, F., 1977, *Astron. Astrophys.* **61**, 785.

Freire, R., Czarny, J., Felenbok, P., Praderie, F., 1978, *Astron. Astrophys.* **68**, 89.

Gal-Or, B., 1976, *Found. Phys.* **6**, 407.

Gingerich, O., Noyes, R.W., Kalkofen, W., Cunny, Y., 1971, *Solar Phys.* **18**, 347.

Goldberg, L., Ramsey, L., Testerman, L., Carbon, D., 1975, *Astrophys. J.* **199**, 427.

Gough, D.O., 1977, *Problems of Stellar Convection,* E.A. Spiegel and J.P. Zahn, eds., *Lecture Notes in Physics,* IAU Colloquium 38, vol. 71 (Berlin: Springer-Verlag, 1977) p. 15 or p. 349.

Gray, D.F., 1977, *Astrophys. J.* **218**, 530.

Gray, D.F., 1978, *Solar Phys.* **59**, 193.

Gray, D.F., Smith, M.A., Wynne-Jones, I., Wayte, R.C., Griffin, R., Griffin, R., 1979, *Publ. Astr. Soc. Pacific* **91**, 719.

Griffin, R.F., 1968, *A Photometric Atlas of the Spectrum of Arcturus* (Cambridge, England: Cambridge Philosophical Society, 1968).

Griffin, R., Griffin, R.F., 1978, *Publ. Astron. Soc. Pacific* **90**, 518.

Griffin, R., Griffin R., 1979a, *A Photometric Atlas of the Spectrum of Procyon* (Cambridge, England: Institute of Astronomy, 1979).

Griffin, R., Griffin, R.F., 1979b, *Astrophys. J., Supp.* **41**, 631.

Griffin, R., Griffin, R.F., 1979c, *Astron. Astrophys.* **71**, 36.

Griffin, R., Griffin, R., 1980a, *Astron. Astrophys.* **82**, 385.

Griffin, R., Griffin, R.F., 1980b, *Astrophys. J.* **238**, 217.

Gustafsson, B., Bell, R.A., 1979, *Astron. Astrophys.* **74**, 313.

Hack, M., ed., 1978, "High Resolution Spectrometry," *Proceedings of the 4th Colloquium on Astrophysics* (Trieste, Italy: Osservatorio Astronomico di Trieste, 1978).

Haisch, B.M., Linsky, J.L., Basri, G.S., 1980, *Astrophys. J.* **235**, 519.

Hearn, A.G., Vardavas, I.M., 1980, *Astron. Astrophys.*, in press.

Herman, J.R., Goldberg, R.A., 1978, *Sun, Weather and Climate,* NASA SP-426.

Hjellming, R.M., Gibson, D.M., 1980, in *Radio Physics of the Sun,* M.R. Kundu and T.E. Gergeley, eds., IAU Symposium 86 (Dordrecht: D. Reidel Publishing Co., 1980), p. 209.

Holweger, H., Gehlsen, M., Ruland, F., 1978, *Astron. Astrophys.* **70**, 537.

Hummer, D.G., 1962, *Monthly Notices RAS* **125**, 21.

Jebsen, D.E., Mitchell, W.E., Jr., 1978, *Solar Phys.* **57**, 309.

Jefferies, J.T., Thomas, R.N., 1960, *Astrophys. J.* **131**, 695.

Keil, S.L., 1980, *Astrophys. J.* **237**, 1024.

Klein, R.I., Stein, R.F., Kalkofen, W., 1976, *Astrophys. J.* **205**, 499.

Kneer, F., 1980, *Astron. Astrophys.* **87**, 229.

Kondo, Y., de Jager, C., Hoekstra, R., van der Hucht, K.A., Kamperman, T.M., Lamers, H.J.G. L.M., Modisette, J.L., Morgan, T.H., 1979, *Astrophys. J.* **230**, 526.

Kurucz, R.L., 1974, *Solar Phys.* **34**, 17.

Kurucz, R.L., 1979, *Astrophys. J., Supp.* **40**, 1.

Landi, Landi, 1975, Kurucz, R.L., Traub, W.A., Carleton, N.P., Lester, J.B., 1977 *Astrophys. J.* **217**, 771.

Liepmann, H.W., 1979, *American Sc.* **67**, 221.

Linsky, J.L., 1980, *Ann. Rev. Astro. Astrophys.* **18**, 439.

Lites, B.W., 1972 (Ph. D. Thesis, University of Colorado), NCAR Thesis No. 28.

Livingston, W.C., Milkey, R.W., Slaughter, C., 1977, *Astrophys. J.* **211**, 281.

Magnan, C., 1975, *JQSRT* **15**, 979.

Malitson, H.H., 1977, in *The Solar Output and Its Variation,* O.R. White, ed. (Boulder: Colorado Assoc. Univ. Press, 1977), p. 26.

Mattig, W., 1980, *Astron. Astrophys.* **83**, 129.

Mayr, E., 1978, *Sci. American* **239**, no. 3, 46.

Menzel, D.H., 1966, *Selected Paper on the Transfer of Radiation* (N.Y.: Dover, 1966).

Mihalas, D., 1974, *Astron. J.* **79**, 1111.

Mihalas, D., 1978, *Stellar Atmospheres*, 2nd ed. (San Francisco: Freeman, 1978).

Mihalas, D., Athay, R.G., 1973, *Ann Rev. Astron. Astrophys.* **11**, 187.

Mihalas, D., Auer, L.H., Mihalas, B.R., 1978, *Astrophys. J.* **220**, 1001.

Milkey, R.W., 1976, in *Interpretation of Atmospheric Structure in the Presence of Inhomogeneities,* C.J. Cannon, ed. (Sydney: University of Sydney Printing Office, 1976).

Milne, E.A., 1930, Handbuch der Astrophysik, vol. IIIA (Berlin: Springer Verlag, 1930), pp. 159-164.

Mullan, D.J., 1977, *Solar Phys.* **54**, 183.

Nelson, G.D., 1978, *Solar Phys.* **60**, 5.

Nordlund, Å., 1980, in *Stellar Turbulence,* D.F. Gray and J.L. Linsky, eds., *Lecture Notes in Physics*, IAU Colloquium 51, Vol. 114 (Berlin: Springer-Verlag, 1980).

Oranje, B.J., 1981, in preparation.

Parker, E.N., 1963, *Interplanetary Dynamical Processes* (New York: Interscience, 1963).

Parker, E.N., 1978, *Introduction to the New Solar Physics,* J. Eddy, ed., AAAS Selected Symposia Series (Boulder: Westview Press, 1978), p. 7.

Parker, E.N., 1979, *Cosmical Magnetic Fields: Their Origin and Their Activity* (Oxford: Clarendon, 1979).

Pecker, J.-C., 1965, *Ann. Rev. Astron. Astrophys.* **3**, 135.

Pecker, J.-C., Thomas, R.N., 1976, *Space Sci. Rev.* **19**, 217.

Piddington, J.H., 1978, *Astr. Space Sci.* **55**, 401.

Pomraning, G.C., 1973, *The Equations of Radiation Hydrodynamics* (New York: Pergamon, 1973).

Praderie, F., Thomas, R.N., 1976, *Solar Phys.* **50**, 333.

Rädler, K.-H., 1968, Z. Naturforsch. **23a**, 1841.

Raymond, J.C., Dupree, A.K., 1978, *Astrophys. J.* **222**, 379.

Robinson, R.D., Worden, S.P., Harvey, J.W., 1980, *Astrophys. J.* **236**, L155.

Rutten, R.J., 1978, in *Future Solar Optical Observations–Needs and Constraints,* G. Godoli, G. Noci, A. Righini, eds., *Osservazione e Memorie* **106** (Florence: Osservatorio Astrofisico di Arcetri, 1978), p. 221.

Rutten, R.J., Milkey, R.W., 1979, *Astrophys. J.* **231**, 277.

Severny, A., 1969, *Nature* **224**, 53.

Sheeley, N.R., Jr., 1967, *Astrophys. J.* **147**, 1106.

Shine, R.A., Milkey, R.W., Mihalas, D.M., 1975, *Astrophys. J.* **199**, 718.

Smith, M.A., 1976, *Astrophys. J.* **203**, 603.

Smith, M.A., 1978, *Astrophys. J.* **224**, 927.

Smith, M.A., 1980, *Astrophys. J.* **242**, L115.

Stencel, R.E., Mullan, D.J., 1980, *Astrophys. J.* **238**, 221.

Thomas, R.N., 1965, *Some Aspects of Non-Equilibrium Thermodynamics in the Presence of a Radiation Field* (Boulder: University Colorado Press, 1965).

Thomas, R.N., 1982, *The Stellar Atmosphere* vol., in NASA-CNRS Series.

Thomas, R.N., Athay, R.G., eds., 1961, *Physics of the Solar Chromosphere* (New York: Interscience, 1961).

Ulmschneider, P., 1967, *Zeit. Astrophys.* **67**, 193.

Ulmschneider, P., 1979, *Space Sci. Rev.* **24**, 71.

Ulrich, R.K., Rhodes, E.J., Jr., 1977, *Astrophys. J.* **218**, 521.

Vaiana, G.S., Rosner, R., 1978, *Ann. Rev. Astron. Astrophys.* **16**, 393.

Vaiana, G.S., 15 others, 1980, *Astrophys. J.*, in press, Center for Astrophysics preprint No. 1360.

Vardavas, I.M., Cram, L.E., 1974, *Solar Phys.* **38**, 367.

Vernazza, J.E., Avrett, E.H., Loeser, R., 1976, *Astrophys. J., Supp.* **30**, 1.

Vernazza, J.E., Avrett, E.H., Loeser, R., 1980, *Astrophys. J.*, in press.

Vogt, S.S., Tull, R.G., Kelton, P., 1978, *Appl. Optics* **17**, 574.

White, O.R., 164, *Astrophys. J.* **139**, 1340.

White, O.R., ed., 1977, *The Solar Output and its Variation* (Boulder: Colorado Assoc. Univ. Press, 1977).

White, O.R., Livingston, W., 1978, *Astrophys. J.* **226**, 679.

Wilson, O.C., 1973, in *Stellar Chromospheres*, S.D. Jordan, and E.H. Avrett, eds., NASA SP-317, p. 305.

Wilson, O.C., 1978, *Astrophys. J.* **226**, 379.

Wilson, P.R., Williams, N.V., 1972, *Solar Phys.* **26**, 30.

Zwaan, C., 1977, *Mem. Soc. Astr. Italia* **48**, 525.

INDEX

LIST OF CONTRIBUTING AUTHORS

R. Grant Athay
High Altitude Observatory
National Center for Atmospheric Research
Boulder, Colorado 80307

Jacques M. Beckers
Multiple Mirror Telescope Observatory
University of Arizona
Tucson, Arizona 85721

John C. Brown
Department of Astronomy
University of Glasgow
Glasgow 6128QQ
Scotland, United Kingdom

Lawrence E. Cram
Sacramento Peak Observatory
Sunspot, New Mexico 88349

Franz-Ludwig Deubner
Institut für Astronomie und Astrophysik
D-8700 Würzburg
Federal Republic of Germany

Peter A. Gilman
High Altitude Observatory
National Center for Atmospheric Research
Boulder, Colorado 80307

Joseph V. Hollweg
Space Science Center
University of New Hampshire
Durham, New Hampshire 03824

Stuart D. Jordan
Laboratory for Astronomy and Solar Physics
Goddard Space Flight Center
Greenbelt, Maryland 20771

Roger A. Kopp
Los Alamos Scientific Laboratory
Los Alamos, New Mexico 87545

John W. Leibacher
Space Astronomy Group
Lockheed Palo Alto Research Laboratory
Palo Alto, California 94040

Daniel R. Moore
Department of Mathematics
Imperial College, London
England, United Kingdom

Robert J. Rutten — *Sterrekundig Instituut*
Zonnenburg 2
3512 NL Utrecht
The Netherlands

Dean F. Smith — *Department of Astrogeophysics*
University of Colorado
Boulder, Colorado 80309

Daniel S. Spicer — *E.O. Hulburt Center for Space Research*
U.S. Naval Research Laboratory
Washington, D.C. 20375

Hendrik C. Spruit — *Max Planck Institut für Physik und Astrophysik,*
8046 Garching,
Federal Republic of Germany

Robert F. Stein — *Department of Astronomy and Astrophysics*
Michigan State University
East Lansing, Michigan 48824

Donat G. Wentzel — *Astronomy Program*
University of Maryland
College Park, Maryland 20742

George Withbroe — *Center for Astrophysics*
Cambridge, Massachusetts 02138

Jack B. Zirker — *Sacramento Peak Observatory*
Sunspot, New Mexico 88349

Cornelis Zwaan — *Sterrekundig Instituut*
Zonnenburg 2
3512 NL Utrecht
The Netherlands

☆U.S. GOVERNMENT PRINTING OFFICE: 1983 639 008/38

BIBLIOGRAPHIC DATA SHEET

1. Report No.	2. Government Accession No.	3. Recipient's Catalog No.
NASA SP-450		

4. Title and Subtitle The Sun as a Star	5. Report Date July 1981 6. Performing Organization Code 682
7. Author(s) Stuart D. Jordan	8. Performing Organization Report No. 81F0006
9. Performing Organization Name and Address Goddard Space Flight Center Greenbelt, MD 20771	10. Work Unit No. 389-41-01-06 11. Contract or Grant No. 13. Type of Report and Period Covered Special Publication
12. Sponsoring Agency Name and Address National Aeronautics and Space Administration Washington, D.C. 20546 Centre National de La Recherche Scientifique Paris, France	14. Sponsoring Agency Code

15. Supplementary Notes

16. Abstract

The Sun as a Star is one volume of the joint National Aeronautics and Space Administration (NASA) and Centre National de la Recherche Scientifique (CNRS) series on *Nonthermal Phenomena in Stellar Atmospheres,* presenting observational and diagnostic data and their theoretical interpretations of solar-stellar astrophysics. This volume emphasizes observations and their related signatures in four parts: Introduction; Observations and Diagnostics, the data collected from observations, coupled with Theoretical Interpretations, interleaving the observations with theories describing the data; and Looking Ahead, a speculative discussion of the solar-stellar connection which is evolving. In the final section the volume comes full circle and shows how the Sun might be used as an astrophysical laboratory for testing many of the theories of astrophysics.

17. Key Words (Selected by Author(s))	18. Distribution Statement
astrophysical gasdynamics, chromosphere, convection zone, corona, 5-minute oscillation, nonthermal phenomena, radiative transfer, solar atmosphere, solar flares, solar magnetic field, solar stellar astrophysics, solar wind, stellar atmosphere, stellar chromosphere, stellar coronae, stellar winds, sunspots	Unclassified - Unlimited Subject Category 90

19. Security Classif. (of this report)	20. Security Classif. (of this page)	21. No. of Pages	22. Price*
Unclassified	Unclassified	574	A25

*For sale by the National Technical Information Service, Springfield, Virginia 22151.

GSFC 25-44 (10/77)